> 华为ICT认证系列丛书

华为技术认证

HCIA-AI学习指南

华为技术有限公司 主编

人 民 邮 电 出 版 社
北 京

图书在版编目（CIP）数据

HCIA-AI 学习指南 / 华为技术有限公司主编.
北京 : 人民邮电出版社, 2024. -- (华为 ICT 认证系列丛书). -- ISBN 978-7-115-65018-4

Ⅰ. TP393-62

中国国家版本馆 CIP 数据核字第 2024KZ0576 号

内 容 提 要

本书是根据华为 HCIA-AI 认证培训大纲、HCIA-AI 认证培训教材、HCIA-AI 认证培训实验手册等资料编写而成的，主要讲解机器学习和深度学习的基本原理、基本模型、基本算法，以及如何进行相应的编程实验。本书共 5 章：第 1 章是人工智能概述，第 2 章是数学基础，第 3 章和第 4 章分别是机器学习和深度学习的原理性内容，第 5 章是机器学习和深度学习的实验性内容。

本书适合备考 HCIA-AI 认证的人员、AI 技术爱好者阅读，也可作为高等院校相关专业人工智能课程的参考教材。

◆ 主　　编　华为技术有限公司
责任编辑　李　静
责任印制　马振武

◆ 人民邮电出版社出版发行　　北京市丰台区成寿寺路 11 号
邮编　100164　　电子邮件　315@ptpress.com.cn
网址　https://www.ptpress.com.cn
涿州市京南印刷厂印刷

◆ 开本：787×1092　1/16
印张：29.25　　2024 年 12 月第 1 版
字数：694 千字　　2024 年 12 月河北第 1 次印刷

定价：149.80 元

读者服务热线：(010) 53913866　印装质量热线：(010) 81055316
反盗版热线：(010) 81055315
广告经营许可证：京东市监广登字 20170147 号

编委会

序　言

乘“数”破浪　智驭未来

当前，数字化、智能化已成为经济社会发展的关键驱动力，引领新一轮产业变革。以 5G、云、AI 为代表的数字技术，不断突破边界，实现跨越式发展，数字化、智能化的世界正在加速到来。

数字化的快速发展，带来了数字化人才需求的激增。《中国 ICT 人才生态白皮书》预计，到 2025 年，中国 ICT 人才缺口将超过 2000 万人。此外，社会急迫需要大批云计算、人工智能、大数据等领域的新兴技术人才；伴随技术融入场景，兼具 ICT 技能和行业知识的复合型人才将备受企业追捧。

在日新月异的数字化时代中，技能成为匹配人才与岗位的最基本元素，终身学习逐渐成为全民共识及职场人保持与社会同频共振的必要途径。联合国教科文组织发布的《教育 2030 行动框架》指出，全球教育需迈向全纳、公平、有质量的教育和终身学习。

如何为大众提供多元化、普适性的数字技术教程，形成方式更灵活、资源更丰富、学习更便捷的终身学习推进机制？如何提升全民的数字素养和 ICT 从业者的数字能力？这些已成为社会关注的重点。

作为全球 ICT 领域的领导者，华为积极构建良性的 ICT 人才生态，将多年来在 ICT 行业中积累的经验、技术、人才培养标准贡献出来，联合教育主管部门、高等院校、教育机构和合作伙伴等各方生态角色，通过建设人才联盟、融入人才标准、提升人才能力、传播人才价值，构建教师与学生人才生态、终身教育人才生态、行业从业者人才生态，加速数字化人才培养，持续推进数字包容，实现技术普惠，缩小数字鸿沟。

为满足公众终身学习、提升数字化技能的需求，华为推出了“华为职业认证”，这是围绕“云–管–端”协同的新 ICT 架构打造的覆盖 ICT 领域、符合 ICT 融合发展趋势的人才培养体系和认证标准。目前，华为职业认证内容已融入全国计算机等级考试。

教材是教学内容的主要载体、人才培养的重要保障，华为汇聚技术专家、高校教师、培训名师等，倾心打造“华为 ICT 认证系列丛书”，丛书内容匹配华为相关技术方向认证考试大纲，涵盖云、大数据、5G 等前沿技术方向；包含大量基于真实工作场景的行业案例和实操案例，注重动手能力和实际问题解决能力的培养，实操性强；巧妙串联各知识点，并按照由浅入深的顺序进行知识扩充，使读者思路清晰地掌握知识；配备丰富的学习资源，如 PPT 课件、练习题等，便于读者学习，巩固提升。

在丛书编写过程中，编委会成员、作者、出版社付出了大量心血和智慧，对此表示诚挚的敬意和感谢！

千里之行，始于足下，行胜于言，行而致远。让我们一起从“华为 ICT 认证系列丛书”出发，探索日新月异的信息与通信技术，乘“数”破浪，奔赴前景广阔的美好未来！

前　言

编写说明

华为职业认证分为初级认证、中级认证和高级认证 3 个等级，即 HCIA（Huawei Certified ICT Associate）、HCIP（Huawei Certified ICT Professional）和 HCIE（Huawei Certified ICT Expert），其中 AI 认证方向对应的 3 个等级分别为 HCIA-AI、HCIP-AI 和 HCIE-AI。

本书是华为 HCIA-AI 认证考试的官方教材，由华为技术有限公司联合重庆邮电大学通信与信息工程学院江永红教授主编，旨在帮助读者迅速掌握 HCIA-AI 认证考试所要求的知识和技能。

本书是根据华为 HCIA-AI 认证考试大纲、HCIA-AI 认证培训教材、HCIA-AI 认证培训实验手册等资料编写而成，编者在内容上进行了较大幅度的调整：省去了大部分浅显的或仅需要简单知晓的内容，保留、细化并重新编排了需要深入理解的重点和难点内容。

内容组织

机器学习和深度学习是人工智能的热点领域，也是本书的主题内容。本书共 5 章：第 1 章是人工智能概述，第 2 章是数学基础，第 3 章和第 4 章分别是机器学习和深度学习的原理性内容，第 5 章是机器学习和深度学习的实验性内容。为了便于读者自检学习效果，编者在第 1～4 章的结尾编写了适量的习题，并附有每道习题的答案和解析。

第 1 章：人工智能概述

本章简要地说明了智能与人工智能的基本概念，回顾了 20 世纪 40 年代计算机的诞生过程以及 20 世纪 50 年代 AI 技术研究的正式发端。本章还介绍了 3 个主要的 AI 学派，并解析了机器学习与深度学习在 AI 中的位置关系。本章借助几个 AI 应用的实例，强调 AI 在图像、语音以及文字处理方面的应用是 AI 的 3 种基础应用，很多复杂的应用都离不开这 3 种基础应用的支持和结合。

第 2 章：数学基础

人工智能是以数学为基础的交叉学科，所以足够的数学知识是学好人工智能的基本前提。本章系统地梳理并讲解了机器学习和深度学习需要用到的关键数学知识点，其中线性代数部分包括矢量的概念、矢量的基本运算、矢量的坐标表示法、矢量的方向角、矢量的点积、矩阵的概念、矩阵的基本运算、矢量的矩阵表示法、矩阵的初等变换、线性相关性、逆矩阵、本征值与本征矢量、张量，微积分部分包括导数与偏导数、超曲面与超平面、方向导数与梯度、函数图像中的特殊点、凸集与凸函数、矩阵函数，概率与统计部分包括条件概率公式、全概率公式、贝叶斯公式、期望值与方差、熵、最大似然估计。

第 3 章：机器学习

机器学习是本书的主题内容之一。本章首先介绍了机器学习的基本概念、机器学习方法的分类、机器学习的三要素以及机器学习的整体流程，然后对线性回归、逻辑回归、K-NN、K-Means、SVM、PCA、朴素贝叶斯、决策树、随机森林、集成学习这 10 种传统的机器学习算法进行了深入细致的描述和分析，最后对机器学习的性能评估问题进行了简略的讨论。

第 4 章：深度学习

深度学习是本书的主题内容之二。深度学习是深度神经网络的学习方法，深度神经网络是深度学习方法的模型基础。本章首先铺垫了生物神经网络的基本常识，然后介绍了人工神经元模型和感知器（Perceptron），最后分别对多层感知器（MLP）、卷积神经网络（CNN）、循环神经网络（RNN）这 3 种最为基础且常见的深度神经网络模型和相关的算法进行了深入细致的描述和分析。本章是篇幅最长、内容最多的一章，是全书的重中之重。

第 5 章：编程实验

学习本章需要读者具备基本的 Python 编程知识。本章的实验均选自 HCIA-AI 认证培训实验手册，编者对其进行了适当的改编和增补，其中线性回归、逻辑回归、K-Means 和 GNB 这几个传统的机器学习实验是基于 scikit-learn 实现的，手写体数字识别这个深度学习实验是基于华为的 MindSpore 实现的。

适用范围

- 本书是华为 ICT 学院和华为培训机构指定的 HCIA-AI 认证培训用书，其第一目标读者是希望考取 HCIA-AI 证书的高校学生和社会人员。
- 本书可作为高等院校 AI 课程的教科书或教辅资料。若是 AI 原理性课程，可以只选用本书的第 1、2、3、4 章；若是 AI 实验性课程，则应选用本书的第 5 章，以及第 2、3 章中与实验相对应的原理性知识点。
- 作为自学用书，本书也适合有意及正在从事 AI 相关工作的社会人员。对于没有任何 Python 编程基础或对编程实验不感兴趣的读者，忽略本书的第 5 章即可。

特别提醒

想考取 HCIA-AI 证书的读者，务请通过正规渠道获取完整的 HCIA-AI 认证培训教材和实验手册，并结合本书进行系统而全面的学习。认证培训教材包含以下 7 个部分：

1. 人工智能概览；
2. 机器学习概览；
3. 深度学习概览；
4. AI 开发框架；
5. 华为人工智能平台介绍；
6. 人工智能前沿应用场景；
7. 量子计算与机器学习。

本书只包含其中第 1、2、3 个部分的重点和难点内容，以及实验手册中的部分内容，本书的作用只是帮助上述读者更好地理解这些重点和难点内容。因此，若想顺利考取HCIA-AI证书，仅阅读本书是不够的，必须全面认真地学完认证培训教材的所有内容以及实验手册的所有内容。

由于编者水平有限，加之时间仓促，疏漏之处在所难免，敬请读者批评指正！

本书配套资源可通过扫描封底的“信通社区”二维码，回复数字“650184”获取。

关于华为认证的更多精彩内容，请扫码进入华为人才在线官网了解。

华为人才在线

目　录

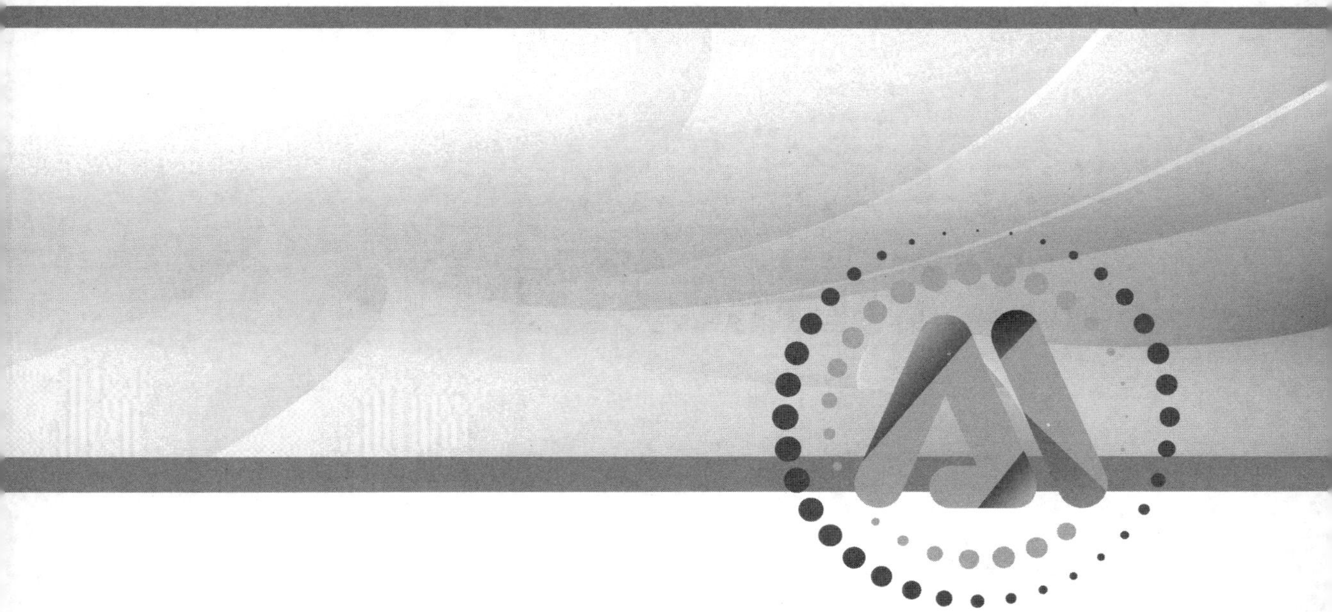

第 1 章 人工智能概述

主要内容

1.1 智能与人工智能

1.2 计算机的诞生

1.3 达特茅斯会议

1.4 三大学派

1.5 机器学习与深度学习

1.6 人工智能的应用

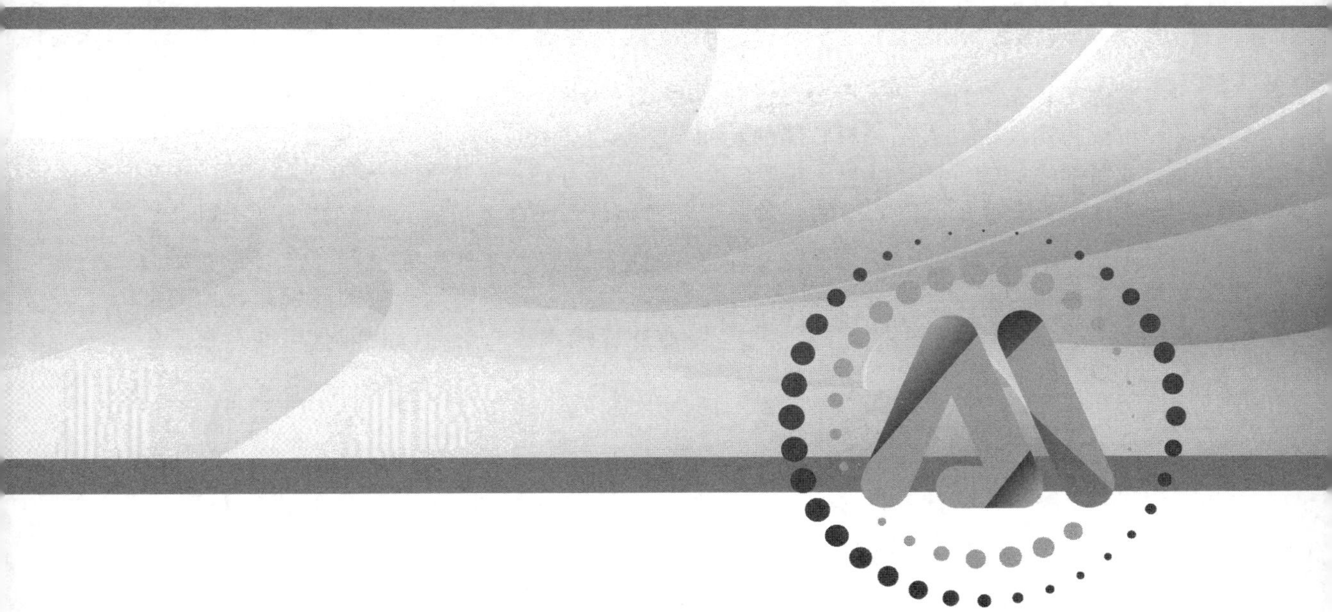

1.1 智能与人工智能

智能是什么？什么是智能？这样的问题也许永远不会有一个明确的答案。

可以肯定地说，人脑是有智能的，而石头是没有智能的。然而，我们却并不清楚智能与非智能之间的界线在哪里，或者二者之间是否存在一条明确的界线。

图 1-1所示是食虫植物中的一种，称为捕蝇草。当有虫子进入捕蝇草的两个叶片之间时，叶片就会迅速合上，将虫子封闭在里面。然后，捕蝇草会分泌汁液对虫子进行溶解，并吸取其营养。那么问题来了：捕蝇草有智能吗？更为一般的问题是，所有的植物都有智能吗？动物呢？微生物呢？细胞呢？病毒呢？另外，智能只可能存在于生命体中吗？

图 1-1　捕蝇草

对于上面这些问题的看法，学术界一直都存在分歧和争议。因为我们至今还无法对**智能（Intelligence）**这个概念给出一个严格而准确的定义，所以对于智能及其相关问题的看法也就必然存在一些分歧和争议。事实上，包括智能在内的很多概念我们都是无法给出严格而准确的定义的，如思维、意识、情感、智慧等等，因为这些概念似乎总会带有无法消除的模糊性。所幸的是，概念的这种模糊性并不会妨碍我们对于这些概念的议论、思考和研究。谁能说清楚什么是幸福呢？谁又没思考过关于幸福的问题呢？

关于智能这个模糊的概念，我们虽然无法把它说得清晰明了，但却总能说些什么。在对智能这个模糊概念的描述中，我们经常会用到一些本身也带有模糊性的说法，如：

- 对因果关系和逻辑关系的认知能力；
- 对环境的反应和适应能力；
- 分析、判断和决策能力；

- 学习能力和理解能力；
- 解决问题的能力；
- 经验的获取、存储和推广能力；
- 信息的感知和推理能力；
- 组织和规划能力；
- 计算能力；
- 创造能力。

上面的这些说法虽然不够精准也不够全面，但已表达出了智能这个概念的基本内涵。

千百年来，人类一直梦想着能够制造出具有智能的机器。直到 20 世纪 40 年代计算机诞生，人类的这一梦想才真正开始一步一步地变为现实。所谓**人工智能（Artificial Intelligence，AI）**，就是泛指对各种**生物智能（Biological Intelligence，BI）**，特别是对人类自身的智能所进行的各种形式的物化过程和物化结果。今天，人工智能已经成为研究用于模拟和扩展生物智能的理论、方法和技术的交叉学科。

1.2　计算机的诞生

人脑的计算能力是人的智能的一个重要方面。为了减轻计算过程中的脑力劳动以及提高计算的速度和精度，人们很早就发明了各种各样的计算工具，如算盘、滑动计算尺、机械计算器等，如图 1-2 所示。其中起源于中国的算盘据称已有上千年的历史，直到现在仍然有一些人在使用它。

算盘

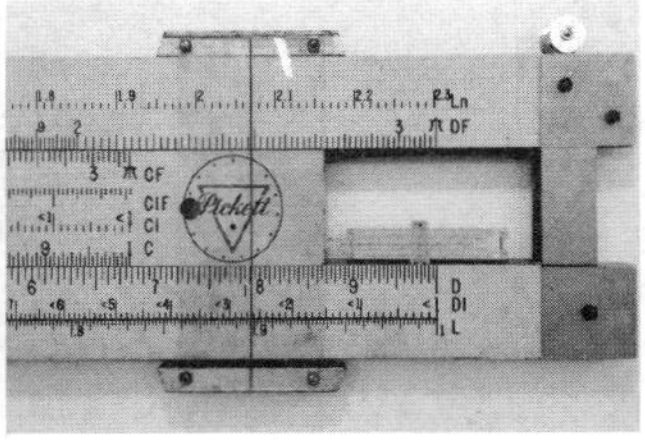

滑动计算尺

机械计算器

图 1-2　早期的计算工具

这些传统的计算工具都是纯机械结构的，与电没有任何关系。在这些传统的机械式计算工具中，堪称顶级杰作的当属 19 世纪英国博学家查尔斯•巴贝奇（Charles Babbage）设计的、名为差分引擎（Difference Engine）的计算装置，如图 1-3 所示。继差分引擎之后，巴贝奇又提出了分析引擎（Analytical Engine）的设计构想和方案。在分析引擎的设计构想和方案中，巴贝奇提到了存储、编程、运算逻辑单元、通过分叉与循环而实现的控制流等概念，这些概念的印迹即使是在今天的计算机中也是清晰可见的。虽然出于种种原因，分析引擎一直未能被完整地制造出来，但它的设计思想和方法对于后来的计算机设计者产生了极为深刻的影响。

今天的**计算机**一词，通常是指**现代计算机（Modern Computer）**，它是一种能够通过编程方式自动进行算术运算和逻辑运算的数字化电子设备。除了日常所见的台式计算机和笔记本计算机这类拥有标准外观的计算机，诸如智能手机、智能腕表、智能眼镜、智能电视等许许多多的电子设备其实都可被视为计算机的化身或衍生体。

Charles Babbage （1791—1871）

后人根据巴贝奇的设计图纸重新制作的差分引擎（局部）

图 1-3 巴贝奇与差分引擎

20 世纪 40 年代是现代计算机的诞生期。在这短短的 10 年时间里，传统计算工具迅速地完成了向现代计算机的演进过程：硬件方面，从机械结构（齿轮）演进到了机电混合结构（继电器），进而又演进到了电子结构（电子管）；软件方面，从无程序演进到了固定程序，进而又演进到了可编程序。在这短短的 10 年时间里，各种各样的在不同程度上拥有现代计算机特征的计算机大量涌现出来，例如：

- Z1（德国）；
- Z2（德国）；
- Z3（德国）；
- Z4（德国）；
- Bombe（英国）；
- Colossus（英国）；
- EDSAC（Electronic Delay Storage Automatic Calculator）（英国）；
- Manchester Baby（英国）；
- MADM（Manchester Automatic Digital Machine）（英国）；
- ABC（Atanasoff-Berry Computer）（美国）；
- Harvard Mark I（美国）；
- ENIAC（Electronic Numerical Integrator and Computer）（美国）；
- IBM SSEC（IBM Selective Sequence Electronic Calculator）（美国）；
- CSIRAC（Commonwealth Scientific and Industrial Research Automatic Computer）（澳大利亚）。

图 1-4（a）展示的是存放于英国国家计算博物馆（The National Museum of Computing）里的 Bombe 复制品，图 1-4（b）展示的是当年 ENIAC 运行的真实场景。在今天看来，早期计算机的体积、重量和功率都非常之大，而运算速度和可靠性却非常之低。

（a）Bombe　（b）ENIAC

图 1-4　早期的计算机

计算机从诞生至今只有短短几十年的时间，但其架构、形态、性能、可靠性以及输入/输出方式等各个方面都早已是今非昔比。今天，每当谈及计算机和人工智能的时候，人们总不免会引出一位伟大的历史人物——英国数学家、计算机科学家、逻辑学家、密码学家、哲学家、理论生物学家、被誉为计算机科学和人工智能之父的阿兰•图灵（Alan Turing），如图 1-5 所示。图灵机（Turing Machine）、图灵完备（Turing Complete）、图灵测试（Turing Test）、图灵奖（Turing Award）等等这些耳熟能详的术语或词汇，无一不折射出图灵对于计算机科学以及人工智能领域的杰出贡献。英国剑桥大学专门为图灵建立了一个永久性的网上档案馆，感兴趣的读者朋友可以去剑桥大学的官网了解更多的情况。

图 1-5　Alan Turing（1912—1954）

1.3　达特茅斯会议

计算机的出现，直接从现实的层面引发了人们对于人工智能的兴趣和研究。1956 年的夏天，名为“人工智能达特茅斯夏季研讨会（Dartmouth Summer Research Project on Artificial Intelligence）”的学术会议[后来简称为**达特茅斯会议（Dartmouth Workshop）**]在美国新罕布什尔州的汉诺威小镇的达特茅斯学院（Dartmouth College）召开。会议的 4 位联合发起人分别是美国计算机及认知科学家约翰 • 麦卡锡（John McCarthy），美国计算机及认知科学家马文 • 明斯基（Marvin Minsky），美国计算机科学家纳撒尼尔 • 罗切斯特（Nathaniel Rochester），美国著名的密码学家、数学家、信息论的主要奠基人克劳德·香农（Claude Shannon）。参加这次会议的人员除了前面提到的 4 位会议发起人，还包括人工神经元模型的创建者沃伦·麦卡洛克（Warren McCulloch），1975 年的图灵奖获得者艾伦·纽威尔（Allen Newell），1978 年的诺贝尔经济学奖获得者赫伯特·西蒙（Herbert Simon），被誉为机器学习之父的亚瑟·塞缪尔（Arthur Samuel）等等，如图 1-6 所示。达特茅斯会议持续了数周，与会人员全面梳理和讨论了有关人工智能的诸多关键性问题和研究设想。这次会议后来被公认为是一个具有重大历史意义的标志性事件，它标志着人工智能作为一个研究领域和一门新兴学科的正式诞生。今天，我们常常会听到“人工智能元年”的说法，指的就是达特茅斯会议召开的这一年，即 1956 年。

图 1-6　达特茅斯会议的发起人和部分与会者

中文的“人工智能”一词是译自英文的“Artificial Intelligence”，而Artificial Intelligence 一词的问世是与达特茅斯会议紧密相关的。达特茅斯会议之前，人工智能领域的研究工作尚处于最初的起步阶段，各种学术观点和研究思想还显得非常模糊和散乱，甚至这一领域本身还没有一个统一的称谓：有人称之为 Intelligent Machine，有人称之为 Thinking Machine，有人称之为 Cybernetics，有人称之为 Automata Theory，有人称之为 Complex Information Processing，如此等等。于是，年轻的麦卡锡萌生了一个想法，他想牵头组织召开一次学术研讨会，旨在全面梳理、规范和澄清有关这一领域的一系列基本问题。那一年是 1955 年，麦卡锡还只是达特茅斯学院的数学助教，年仅 28 岁。也正是在那一年，麦卡锡想到并决定采用 Artificial Intelligence 这个组合词来给这一领域取一个正式的名字。

麦卡锡把自己的想法告诉了在哈佛大学研究数学与神经科学的同龄好友明斯基，并很快得到了明斯基积极的响应。然后，麦卡锡和明斯基又联络上了另外两位关系紧密的“大佬”以寻求支持和帮助，一位是 36 岁的 IBM 信息研究总监罗切斯特，另一位是 39 岁的贝尔电话实验室数学家香农。为了筹集会议经费，麦卡锡他们找到了洛克菲勒基金会（Rockefeller Foundation），并获得了 7,000 美元的会议资助。图 1-7 所展示的就是麦卡锡他们当年向洛克菲勒基金会提交的基金申请建议书，其开头写道：我们建议于 1956 年夏季在位于新罕布什尔州汉诺威的达特茅斯学院举办一次 10 人参加的、为期 2 个月的研究活动……

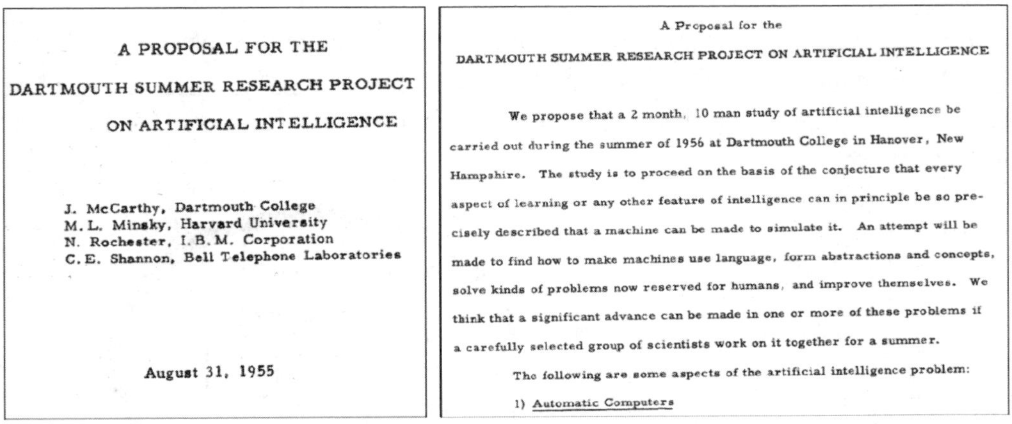
A PROPOSAL FOR THE

DARTMOUTH SUMMER RESEARCH PROJECT

ON ARTIFICIAL INTELLIGENCE

J. McCarthy, Dartmouth College
M. L. Minsky, Harvard University
N. Rochester, I. B. M. Corporation
C. E. Shannon, Bell Telephone Laboratories

August 31, 1955

A Proposal for the

DARTMOUTH SUMMER RESEARCH PROJECT ON ARTIFICIAL INTELLIGENCE

We propose that a 2 month, 10 man study of artificial intelligence be carried out during the summer of 1956 at Dartmouth College in Hanover, New Hampshire. The study is to proceed on the basis of the conjecture that every aspect of learning or any other feature of intelligence can in principle be so precisely described that a machine can be made to simulate it. An attempt will be made to find how to make machines use language, form abstractions and concepts, solve kinds of problems now reserved for humans, and improve themselves. We think that a significant advance can be made in one or more of these problems if a carefully selected group of scientists work on it together for a summer.

The following are some aspects of the artificial intelligence problem:

1) Automatic Computers

图 1-7　建议书的封面和正文首页

麦卡锡他们在建议书的标题中第一次正式使用了 Artificial Intelligence 一词来表示人工智能。几十年后的今天，AI（Artificial Intelligence）一词几乎已是家喻户晓，尽人皆知。当年的那份建议书的落款日期是 1955 年 8 月 31 日，所以这一天也被公认为是 AI 一词的问世之日。

1.4　三大学派

在几十年的 AI 发展历程中，由于基本观点的不同和方法论上的差异，AI 大致形成了三个主要的学派，即**符号 AI（Symbolic AI）学派、控制论（Cybernetics）学派和连接主义（Connectionism）学派**。

符号 AI 学派有时也被称为逻辑主义学派、计算机学派、心理学派等等。符号 AI 学派认为，人的认知基元是符号（Symbol），人的智能主要表现为认知能力和逻辑推理能力，而认知过程和逻辑推理过程在本质上就是对符号的定义、操作和运算的过程。例如，我们都知道，如果符号 a 大于符号 b，并且符号 b 大于符号 c，则必然有符号 a 大于符号 c 这样的结论。又例如，如果符号 a 是符号 b 的一部分，并且符号 b 是符号 c 的一部分，则必然有符号 a 是符号 c 的一部分这样的结论，如此等等。符号 AI 学派最关注的正是诸如此类的逻辑推理规则，以及这些逻辑推理规则所对应的符号操作和运算形式，认为这些内容才是智能最本质的特征。显然，计算机就是一个典型的符号操作和运算系统，因此，符号 AI 学派特别强调如何将人的知识内容符号化、将人的逻辑推理过程规则化，从而实现用计算机来模拟人的智能行为。

如图 1-8 所示，符号•表示一个对象，符号 Person(•)表示对象是一个人，符号 In(•,•)表示前面的对象在后面的对象中，符号 Part_of(•,•)表示前面的对象是后面对象的一部分，符号 Tom 表示名为 Tom 的对象，符号 Room_1 表示名为 Room_1 的对象，符号 Room_2 表示名为 Room_2 的对象，符号 HW_Building 表示名为 HW_Building 的对象。推理过程的输入是 Person(Tom)、In(Tom,Room_2)、Part_of(Room_2,HW_Building)，推理过程所使用的规则是 $In(X,Y) \leftarrow Part\_of(Z,Y) \wedge In(X,Z)$，输出的结论是 In(Person(Tom),HW_Building)。用通俗的语言来描述这个推理过程：因为 Tom 是一个人，且 Tom 在 Room_2 中，而 Room_2 又是 HW_Building 的一部分，所以根据如果 Z 是 Y 的一部分，而 X 又在 Z 中，则 X 必然也在 Y 中这一逻辑推理规则，就可以得出名为 Tom 的这个人在名为 HW_Building 的对象里这一结论。

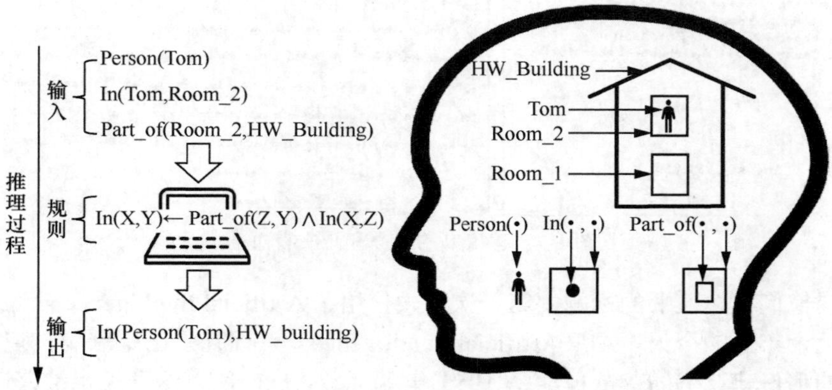

图 1-8 符号化推理过程

符号 AI 学派的早期代表性成果是一个名为逻辑理论家（Logic Theorist，LT）的计算机程序，它的首次亮相就是在上一节介绍过的达特茅斯会议上，其开发者就是前面提到过的艾伦·纽威尔和赫伯特·西蒙，以及一位名叫克里夫·肖（Cliff Shaw）的计算机专家。LT 被许多学者誉为“第一个人工智能程序”，其亮点在于它的自动推理功能。LT 能够证明一些数学定理，并且，在对某些定理的证明过程中，其精妙之处完全出乎了人们的意料。

20 世纪 80 年代是符号 AI 学派的鼎盛时期，当时非常流行的专家系统（Expert System）就是符号 AI 学派的又一个代表性成果。符号 AI 学派的顶级杰作当属后来的 IBM 超级计算机深蓝（Deep Blue）：1997 年 5 月，深蓝以 3.5:2.5 的成绩击败了国际象棋世界冠军加里·卡斯帕罗夫（Garry Kasparov），这一事件在当时轰动了整个世界。

控制论学派有时也被称为行为主义学派、进化论学派等等。在 AI 领域中，控制论学派的基础理论就是大家所熟知的控制论。控制论的创始人是美国数学家和哲学家诺伯特·维纳（Norbert Wiener，如图 1-9 所示）。1948 年，维纳所著的 *Cybernetics—Control and Communication in the Animal and the Machine* 一书出版，这标志着控制论的正式诞生。

图 1-9　Norbert Wiener（1894—1964）

控制论学派认为，生物的智能是进化的产物，生物智能的基础是感知与行为。生物在适应环境的进化过程中，不断地与环境相互作用，不断地感知各种各样的环境变化，同时又不断地产生各种各样的行为以适应这种变化，从而发展出了相应的智能。与符号 AI 学派相比较，控制论学派强调的是智能的外在表现，而符号 AI 学派强调的是智能的内在机理。在控制论学派看来，只要机器的行为表现能够与生物的行为表现相同或相近，那么这样的机器就应该算是有智能的。

设想一下，你曾在某一次旅途中邂逅了一位陌生人，一路上你们谈天说地，聊得非常开心。现在，如果有人告诉你，那个陌生人其实并不是一个真人，而是一个机器人，那么，你还会觉得那个陌生人真正理解了在聊天过程中你说的那些话吗？在控制论学派看来，那个陌生人就是有智能的，就是真正理解了在聊天过程中你说的那些话。而在符号 AI 学派看来，那个陌生人是否具有智能，是否真正理解了在聊天过程中你说的那些话，需要“解剖”那个陌生人，搞清楚那个陌生人的内在工作机理之后才能得出结论。

控制论学派也有不少具有代表性的成果，其中最吸引眼球的莫过于美国波士顿动力（Boston Dynamics）研制出的系列机器人，如图 1-10 所示。大家在网络视频中经常见到的那个跑酷机器人就是波士顿动力研制出的人形机器人阿特拉斯（Atlas），相信大家对“他”的移动性、稳定性、协调性、灵活性以及精彩十足的整体表现都会叹为观止。

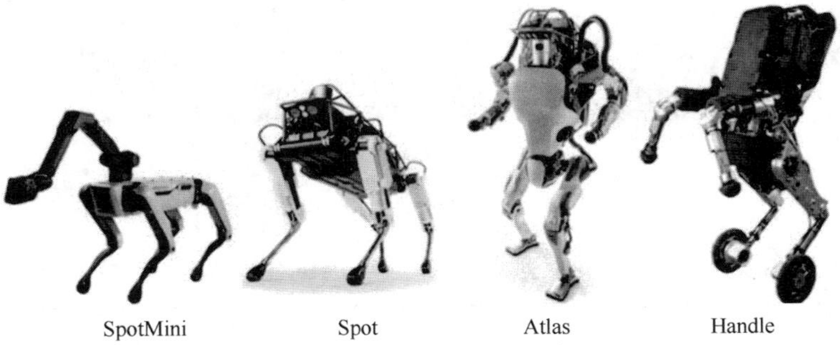

图 1-10　波士顿动力的机器人产品

连接主义学派有时也被称为仿生学派、生理学派等等。连接主义学派认为，人的各种精神现象和思维能力均源自人脑**神经元（Neuron）**的生理活动：神经元是精神现象和思维能力的物质基础，精神现象和思维能力是神经元生理活动的聚集效应。图 1-11 显示了几个在光学显微镜下放大数百倍之后的神经元的真实模样，图中右下角的物体是一个微电极，人们通常使用微电极来测定神经元的活动状态。

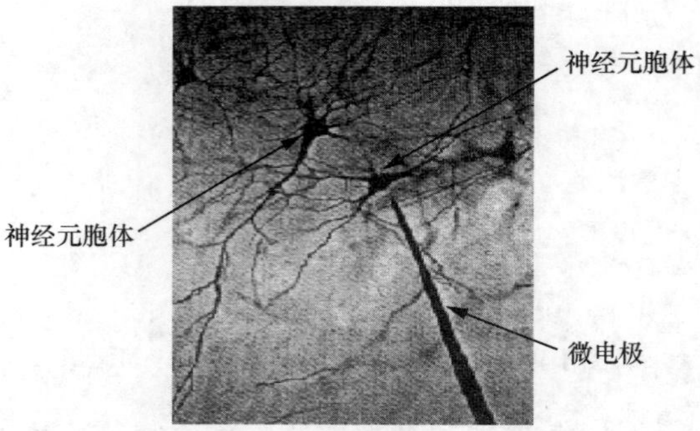

图 1-11 神经元

人脑的体积约为 1,200cm^3，重量约为 1,300g，如图 1-12（a）所示。人脑包含几百亿甚至上千亿个神经元，每个神经元会通过成千上万个**突触（Synapsis）**与成千上万个其他神经元形成具有电化学作用效果的**连接（Connection）**关系，这些连接关系与神经元的活动密不可分。一方面，某个神经元的活动可以通过这种连接关系直接影响到成千上万个其他神经元的活动；另一方面，某个神经元的活动又会通过这种连接关系受到成千上万个其他神经元的活动的直接影响。在连接主义学派看来，人的知识、记忆，以及包括智能在内的各种精神层面的能力就体现在神经元之间的这种广泛的连接关系上：如果人的知识、记忆，以及包括智能在内的各种精神层面的能力发生了变化，则其本质上就是神经元之间的连接关系发生了变化。图 1-12（b）显示的是某一个神经元与大约 4,000 个其他神经元之间的复杂的连接关系。注意，图 1-12（b）中只有一个神经元，其主体部分（胞体部分）位于中央略偏左下的位置，大体呈三角形，而那些密密麻麻的丝状物，有一部分是该神经元的**树突（Dendrite）**，大部分则是来自其他神经元的**轴突（Axon）**的末梢。

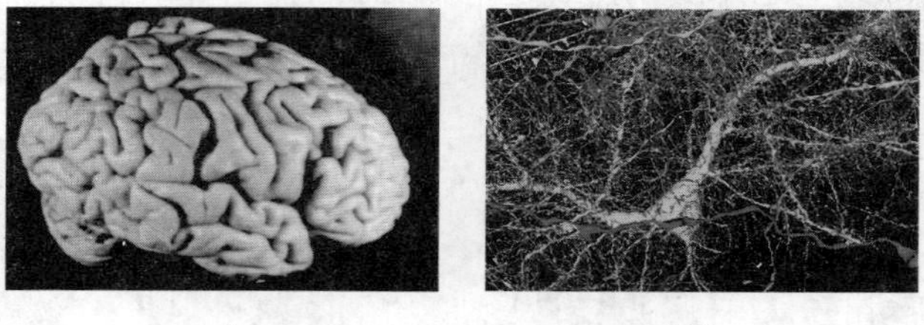

（a）　　　　（b）

图 1-12 人脑及其内部神经元之间的广泛连接

总之，连接主义学派的出发点是包括人脑在内的**生物神经网络（Biological Neural Network，BNN）**的组成结构和工作原理，这也是连接主义学派又被称为仿生学派或生理学派的原因。连接主义学派认为，如果人造的机器系统能够模拟出生物神经网络的组成结构和工作原理，那么这样的机器系统必然也会表现出生物神经网络所具有的那些智能特征和智能行为，这就是所谓的**人工神经网络（Artificial Neural Network，ANN）**。人工神经网络借鉴了生物神经网络的一些原理知识，并结合了许多数学的方法，这些原理和方法目前仍然采用编程的方式在计算机上实现。需要说明的是，人工神经网络只是借鉴了生物神经网络的一些原理知识，并不是在复制或照搬生物神经网络。飞机的发明源自鸟的启示，但飞机的表面并没有插满羽毛，机翼也不会像鸟的翅膀一样上下摆动。

近年来，人工神经网络的研究工作取得了许多令人惊叹的成果，并且这些成果已经在人们的日常生活中得到了广泛的应用。例如，我们平时所使用的各种语音翻译软件或文字翻译软件，我们手机上的“识文字”和“识万物”，我们经常遇到的各种“刷脸系统”，它们的背后其实都有人工神经网络的影子。

1.5　机器学习与深度学习

机器学习（Machine Learning，ML）和**深度学习（Deep Learning，DL）**现已成为人工智能领域中热度最高的两个词汇，它们也分别是本书第 3 章和第 4 章的标题，所以这里有必要对它们之间的关系，以及它们与人工智能之间的关系做一些解释。

图 1-13（a）简明地示意了人工智能、机器学习和深度学习三者之间的基本关系：深度学习是机器学习的一个真子集，而机器学习又是人工智能的一个真子集。由于人工智能的实现从根本上来讲都是通过在计算机上运行程序来完成的，所以我们可以从计算机程序的角度来理解图 1-13（b）（浅灰色区域）、图 1-13（c）（深灰色区域）和图 1-13（d）（黑色区域）。

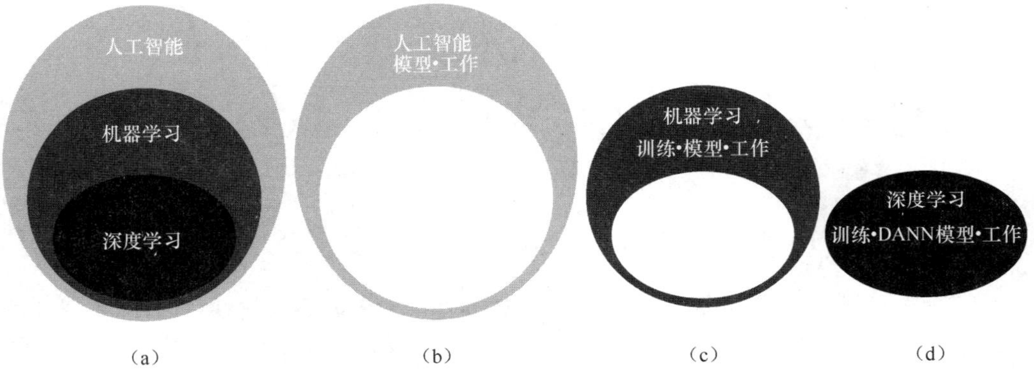

图 1-13　机器学习与深度学习

一个计算机程序虽然是由若干行代码组成的，但实质上总是可以将它抽象为一个数学模型。如此一来，程序的输入就是模型的输入，程序的输出就是模型的输出，而决定程序的输入–输出关系的便是这个模型本身的具体情况，也就是这个模型的结构和模型参数的取值。对于图 1-13（b）中的程序（浅灰色区域中的程序），其模型的结构以及模型参数的取值都是人工预先确定的。对于图 1-13（c）中的程序（深灰色区域中的程序），其模型的结构是人工预先确定的，但模型参数的取值是通过训练而得到的。对于图 1-13（d）中的程序（黑色区域中的程序），其模型的结构也是人工预先确定的，模型参数的取值也是通过训练而得到的，关键的是其模型的结构还必须属于**深度人工神经网络（Deep Artificial Neural Network，DANN）**这个范畴。对于图 1-13（c）和图 1-13（d）中的程序，程序的运作过程分为两个阶段：第一个阶段称为训练阶段，程序在这一阶段的任务是对训练数据进行分析和处理，从而确定出模型参数的最优取值；第二个阶段称为工作阶段，这个阶段也就是程序模型发挥作用并为我们提供服务的阶段。相比之下，图 1-13（b）中的程序只有工作阶段，没有训练阶段，它是直接根据预先确定好的模型结构及模型参数的取值来为我们提供服务的。注意，图 1-13（b）～图 1-13（d）中的程序都可以笼统地称为 AI 程序，但是只有图 1-13（c）和图 1-13（d）中的程序可以称为机器学习程序，并且只有图 1-13（d）中的程序可以称为深度学习程序。

以上在解释深度学习的概念时提到了深度人工神经网络。深度人工神经网络也常常简称为**深度神经网络（Deep Neural Network，DNN）**，而与深度神经网络形成对比的则是**浅层神经网络（Shallow Neural Network，SNN）**。早期的人工神经网络一般都是浅层神经网络。图 1-14 展示了几种浅层神经网络的具体模样，其中图 1-14（a）表示的是由 3 个神经元组成的霍普菲尔德网络（Hopfield Network），图 1-14（b）表示的是由 7 个神经元组成的 BAM（Bidirectional Associative Memory）网络，图 1-14（c）表示的是由 5 个神经元组成的感知器（Perceptron）。在图 1-14 中，圆圈代表神经元，实线箭头代表神经元之间的连接。神经元之间的连接是带有方向性的，箭头的方向就代表连接的方向。从图 1-14 中可以看到，浅层神经网络中的神经元之间的连接不具有多层结构。或者说，浅层神经网络中的连接的层数为 1，即浅层神经网络的深度值为 1。

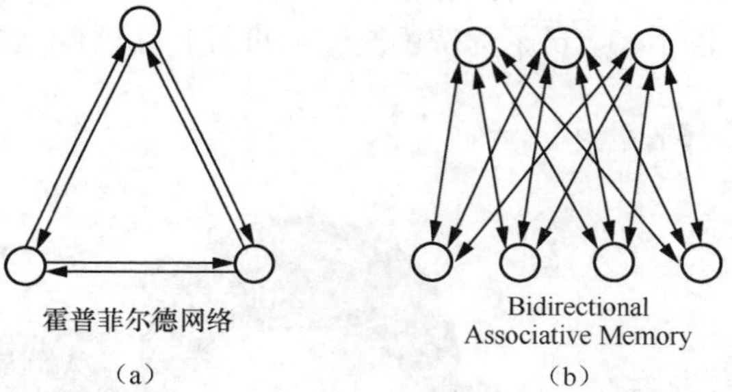

图 1-14 浅层神经网络

深度神经网络也称为**多层神经网络（Multilayer Neural Network，MNN）**。深度神经网络的神经元之间的连接具有明显的多层结构：连接的层数称为深度值，连接的层数越多，深度值越大，网络越深。因为浅层神经网络的功能表现一直不尽如人意，所以目前流行的人工神经网络几乎都是深度神经网络，如多层感知器（MultiLayer Perceptron，MLP）、卷积神经网络（Convolutional Neural Network，CNN）、循环神经网络（Recurrent Neural Network， RNN）等等。图 1-15 展示的深度神经网络是层数为 2、3、6 的多层感知器，即图 1-15（a）～图 1-15（c）这 3 个神经网络的深度值分别是 2、3、6。需要说明的是，深度值大于或等于 2 的神经网络才能被称作深度神经网络。在现实应用中，神经网络的深度值一般都在 10 以下，但也有的深度值达到了几十甚至几百。

深度学习与深度神经网络是密不可分的：深度学习是深度神经网络所采用的学习方法，深度神经网络是深度学习方法的基础架构。另外，由于目前流行的人工神经网络几乎都是深度神经网络，所以人们现在已经习惯于混用人工神经网络和深度学习这两个术语：说深度学习即在说人工神经网络，说人工神经网络即在说深度学习。

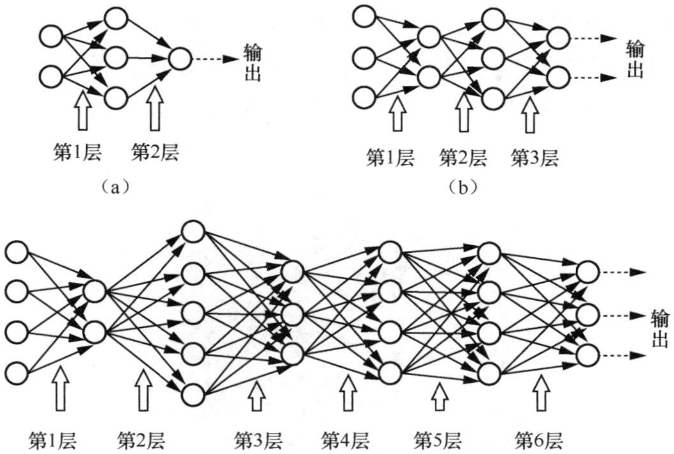

(c)

图 1-15 深度神经网络

最后，在结束本节的内容之前，我们来认识一下美国人工智能先驱人物亚瑟·塞缪尔（Arthur Samuel）和以色列计算机科学家里纳·德克特（Rina Dechter），如图 1-16 所示。1959 年，塞缪尔在他发表的题为“Some Studies in Machine Learning Using the Game of Checkers”的研究论文中，首次提出并使用了 Machine Learning（机器学习）这一术语；1986 年，德克特在她发表的题为“Learning While Searching in Constraint-Satisfaction Problems”的研究论文中，首次提出并使用了 Deep Learning（深度学习）这一术语。

Arthur Samuel（1901—1990） Rina Dechter

图 1-16 塞缪尔与德克特

1.6 人工智能的应用

人的大脑是一个信息处理中心，人体的各种感受器所获得的图像信息、声音信息、触觉信息、温觉信息、嗅觉信息、味觉信息、机体觉信息、运动觉信息、平衡觉信息等等都会传递至大脑并由大脑来进行分析和处理。所有的这些感觉信息中，图像信息和声音信息占据了信息总量的绝大部分，而在图像和声音信息中，语言文字的内容又占据了相当大的比例。因此，人工智能在图像、语音以及文字处理方面的应用便成了人工智能的 3 种基础应用，人工智能的很多复杂应用都离不开这 3 种基础应用的支持和结合，如图 1-17 所示。

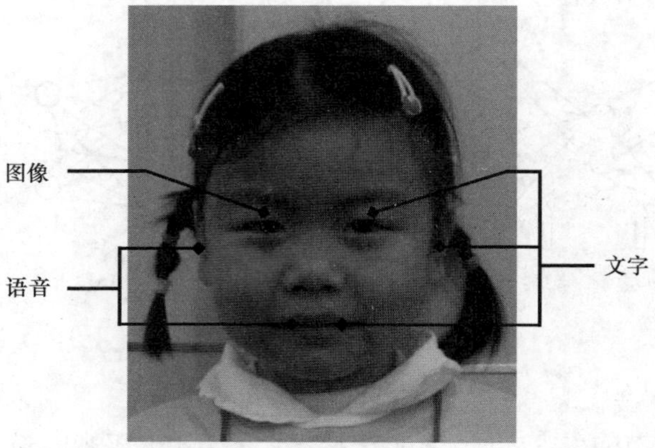

图 1-17 人工智能的 3 种基础应用

随着人工智能技术的不断发展，人工智能的各种应用也已进入我们个人及社会生活的方方面面。在个人生活方面，就以手机来说，其所涉及的人工智能应用就包括指纹解锁、刷脸解锁、刷脸支付、识文字、识万物、智能相册、语音助手、语音搜索、文本朗读、听歌识曲、语言翻译等等。在社会生活方面，人们正致力于各行各业的智能化改造升级，如智能交通、智能城市、智能农业、智能制造、智能安保、智能医疗、智能教育、智能文学艺术等等。事实上，人类社会正在步入一个崭新的时代——人工智能时代。

来看一个 AI 识图的例子。如图 1-18 所示，笔者用手机随意拍摄了两张照片，并用手机上的“识万物”功能对这两张照片中的图像内容进行了识别。识别结果：第 1 张照片为量天尺，相似度为 92%；第 2 张照片为拉布拉多，相似度为 98%。很明显，识别结果是完全正确的。

图 1-18 AI 识图

再来看一个 AI 绘画的例子。目前，在互联网上已经可以找到很多 AI 绘画系统，如

DALL-E、Disco Diffusion、Midjourney 等。使用以上这些 AI 绘画系统时，你只需要在联网的计算机或手机上用英文输入一些指示信息，AI 绘画系统即可根据你所输入的指示信息在几分钟左右生成一幅或若干幅画，并将这些画即刻发送至你的计算机或手机。最近，国内出现了一个名为 Tiamat 的 AI 绘画系统，它可以支持用中文来表示指示信息，图 1-19 所示就是 Tiamat 根据指示信息“夕阳下的摄影师”而生成的 3 幅画（注：原图为彩图）。

图 1-19　AI 绘画

再来看一个 AI 在科学研究方面的应用实例。AlphaFold 是 Google DeepMind 开发的一个专门用于蛋白质结构预测的人工智能程序。2018 年 12 月，AlphaFold 在第十三届 CASP（Critical Assessment of Techniques for Protein Structure Prediction）大赛中一战成名，荣获冠军。2020 年 11 月，AlphaFold 在第十四届 CASP 大赛中再次荣获冠军。AlphaFold 对很多蛋白质结构的预测与真实的结构之间的误差可以小到原子尺度，达到了利用冷冻电子显微镜等复杂仪器才能观察和预测的水平。2021 年 12 月，美国 *Science* 杂志评选出的 2021 年度十大科学突破中，AlphaFold 荣登榜首。图 1-20 截自 *Science* 杂志网页，感兴趣的读者朋友可去 *Science* 杂志的官网上了解更多的情况。

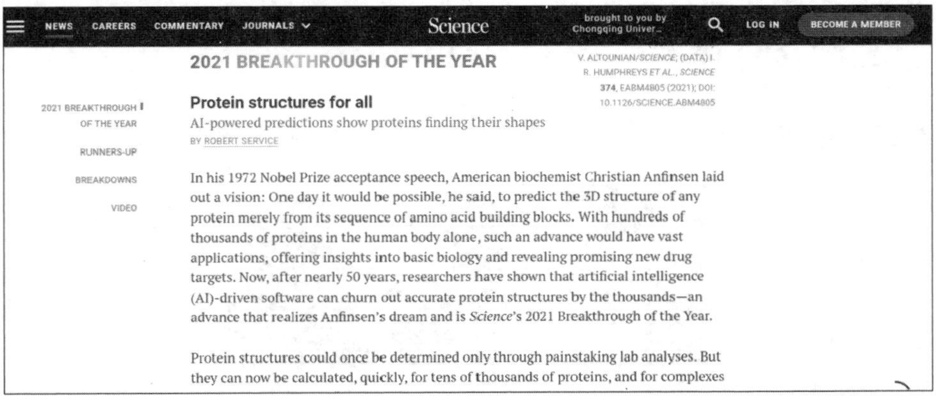

NEWS　CAREERS　COMMENTARY　JOURNALS　Science　brought to you by Chongqing Univer...　LOG IN　BECOME A MEMBER

2021 BREAKTHROUGH OF THE YEAR

V. ALTOUNIAN/SCIENCE; (DATA) I. R. HUMPHREYS ET AL., SCIENCE 374, EABM4805 (2021); DOI: 10.1126/SCIENCE.ABM4805

2021 BREAKTHROUGH OF THE YEAR
RUNNERS-UP
BREAKDOWNS
VIDEO

Protein structures for all

AI-powered predictions show proteins finding their shapes

BY ROBERT SERVICE

In his 1972 Nobel Prize acceptance speech, American biochemist Christian Anfinsen laid out a vision: One day it would be possible, he said, to predict the 3D structure of any protein merely from its sequence of amino acid building blocks. With hundreds of thousands of proteins in the human body alone, such an advance would have vast applications, offering insights into basic biology and revealing promising new drug targets. Now, after nearly 50 years, researchers have shown that artificial intelligence (AI)-driven software can churn out accurate protein structures by the thousands—an advance that realizes Anfinsen's dream and is *Science*'s 2021 Breakthrough of the Year.

Protein structures could once be determined only through painstaking lab analyses. But they can now be calculated, quickly, for tens of thousands of proteins, and for complexes

图 1-20　*Science* 杂志 2021 年度科学突破

据英国 *Nature* 和 *NewScientist* 等杂志 2022 年 7 月 28 日的新闻报道，Google DeepMind

与欧洲生物信息研究所（EMBL-EBI）的合作团队于当日公布了 AlphaFold 带来的又一个惊喜：他们利用 AlphaFold 预测出了超过 100 万个物种的 2.14 亿个蛋白质结构，几乎涵盖了地球上所有已知的蛋白质。这一新的突破将有力推进人们对于生命科学的探索，并对生物及医学领域产生深远的影响。图 1-21 截自 *NewScientist* 杂志网页，感兴趣的读者朋友可去 *NewScientist* 杂志的官网上了解更多的情况。

图 1-21 *NewScientist* 杂志 2022 年 7 月 28 日的新闻报道

最后，作为本节内容的结束，我们使用网上的一个翻译工具将图 1-21 中的英文翻译成中文。英文原文：

DeepMind's protein-folding AI cracks biology's biggest problem. Artificial intelligence firm DeepMind has transformed biology by predicting the structure of nearly all proteins known to science in just 18 months, a breakthrough that will speed drug development and revolutionise basic science.

翻译结果：

DeepMind 的蛋白质折叠人工智能破解生物学最大问题。人工智能公司 DeepMind 在短短 18 个月内预测了几乎所有已知蛋白质的结构，从而改变了生物学，这一突破将加速药物开发并彻底改变基础科学。

习题 1

1.【单选题】在图 1-22 中，被誉为计算机科学和人工智能之父的是（　　）。

（a）　（b）　（c）

图 1-22 照片中的历史

A.（a）　B.（b）　C.（c）

2.【单选题】人工智能元年是指（　　）。

A. 1936 年　　B. 1946 年　　C. 1956 年　　D. 1966 年

3.【单选题】在图 1-23 所示的照片中，达特茅斯会议的 4 位发起人是（　　）。

A. ①③⑤⑦　　B. ②③⑥⑦　　C. ④⑤⑥⑦　　D. ②④⑥⑦

图 1-23　照片中的记忆

4.【单选题】AI 一词的问世之年是（　　）。

A. 1954 年　　B. 1955 年　　C. 1956 年　　D. 1957 年

5.【多选题】AI 三大学派是指（　　）。

A. 信息论学派　　B. 符号 AI 学派　　C. 控制论学派

D. 系统论学派　　E. 连接主义学派

6.【单选题】在图 1-24 中，能够正确地反映出人工智能（AI）、机器学习（ML）和深度学习（DL）这三者之间的基本关系的是（　　）。

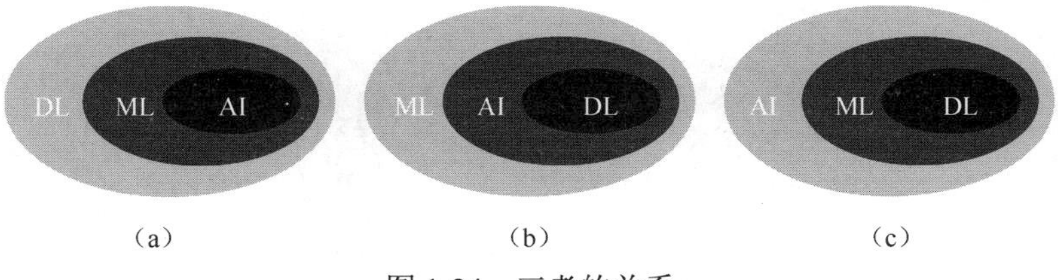

图 1-24　三者的关系

A.（a）　　B.（b）　　C.（c）

7.【单选题】Machine Learning（机器学习）和 Deep Learning（深度学习）这两个术语最早分别出现于（　　）。

A. 1956 年和 1989 年　　B. 1959 年和 1986 年　　C. 1986 年和 2016 年

8.【多选题】人工智能的基础应用是指人工智能在（　　）方面的应用。

A. 文字　　B. 教育　　C. 图像

D. 科技　　E. 语音　　F. 文化

第2章 数学基础

主要内容

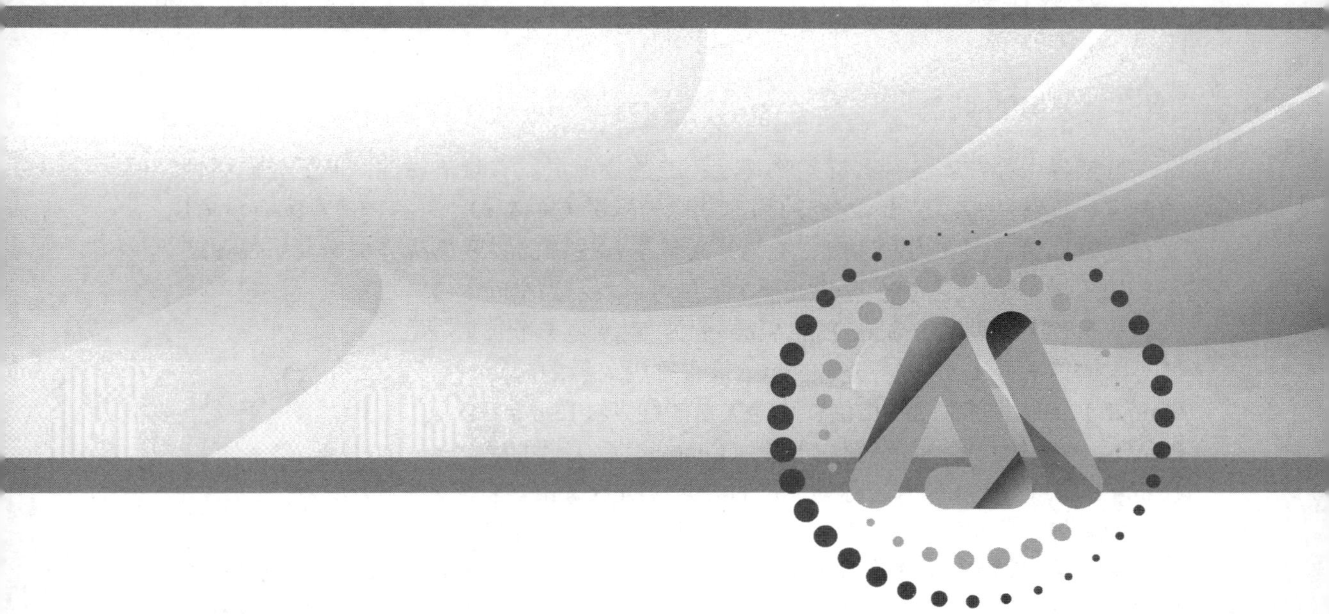

2.1 线性代数

2.1.1 矢量的概念

自然界中存在着各种各样的物理量：有的物理量只有量值属性，而无方向属性，例如温度、面积、功率等等，这样的物理量称为**标量（Scalar）**；有的物理量既有量值属性，又有方向属性，例如力、速度、电场强度等等，这样的物理量称为**矢量（Vector）**。

如图 2-1 所示，在几何学上，一个矢量可以表示为空间中的一条有向线段（Directed Line Segment），也就是一个长度有限的箭头（Arrow）。箭头的起始位置称为矢量的起点（Initial Point），箭头的终止位置称为矢量的终点（Terminal Point），箭头的长度称为矢量的长度（Length）或矢量的**模（Magnitude）**，箭头的方向称为矢量的方向（Direction）。

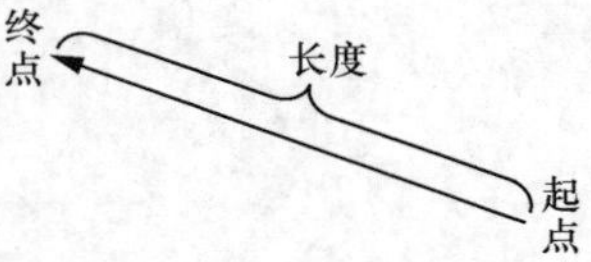

图 2-1　矢量的概念

如果矢量的起始位置（起点）对于所研究的问题是有某种实际意义和影响的，我们就称这样的矢量为**束缚矢量（Bound Vector）**。反之，如果矢量的起始位置（起点）对于所研究的问题没有任何实际意义和影响，我们就称这样的矢量为**自由矢量（Free Vector）**。

两个自由矢量 $\boldsymbol{a}$ 和 $\boldsymbol{b}$，只要它们的模相等，方向相同，我们就认为它们是同一个矢量，或者说这两个自由矢量是相等的，记为 $\boldsymbol{a}=\boldsymbol{b}$。在图 2-2 中，$\boldsymbol{a}$、$\boldsymbol{b}$、$\boldsymbol{c}$ 是 3 个方向和模都相同的矢量，如果它们是束缚矢量，则它们就是 3 个互不相同的矢量；如果它们是自由矢量，则它们就是同一个矢量。显然，两个自由矢量如果经过平移后能够完全重合，那么这两个自由矢量就是相同或相等的。本书后面所涉及的矢量均为自由矢量，所以，若无特别说明，后文中的矢量一词均指自由矢量。

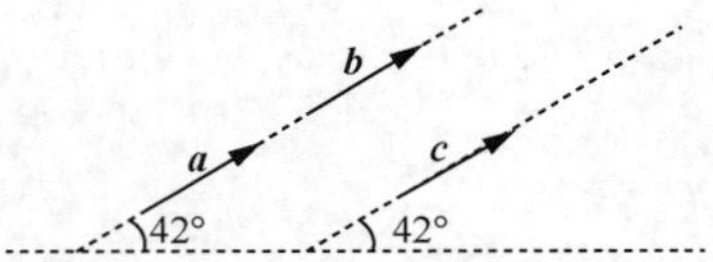

图 2-2　束缚矢量与自由矢量

矢量 $\boldsymbol{a}$ 的模记为 $|\boldsymbol{a}|$，模等于 0 的矢量称为**零矢量（Zero Vector）**，记为 $\boldsymbol{o}$，模等于 1 的矢量称为**单位矢量（Unit Vector）**。如图 2-3 所示，矢量 $\boldsymbol{a}$ 和矢量 $\boldsymbol{b}$ 的夹角是指把它们平移后使得起点位置重合时二者之间形成的夹角，记为 $\widehat{(\boldsymbol{a},\boldsymbol{b})}$ 或 $\widehat{(\boldsymbol{b},\boldsymbol{a})}$，并规定 $0 \leqslant \widehat{(\boldsymbol{a},\boldsymbol{b})} \leqslant \pi$。如果 $\boldsymbol{a}$ 和 $\boldsymbol{b}$ 中至少有一个是零矢量，则规定它们的夹角可以是 $0 \sim \pi$ 的任意值（包括 0 和 π）。如果 $\widehat{(\boldsymbol{a},\boldsymbol{b})}$ 等于 0 或 π，就称 $\boldsymbol{a}$ 与 $\boldsymbol{b}$ 平行，记为 $\boldsymbol{a} \parallel \boldsymbol{b}$。如果 $\widehat{(\boldsymbol{a},\boldsymbol{b})}$ 等于 $\pi/2$，就称 $\boldsymbol{a}$ 与 $\boldsymbol{b}$ 垂直，记为 $\boldsymbol{a} \perp \boldsymbol{b}$。显然，零矢量可以被认为是与任何矢量都平行的或垂直的。

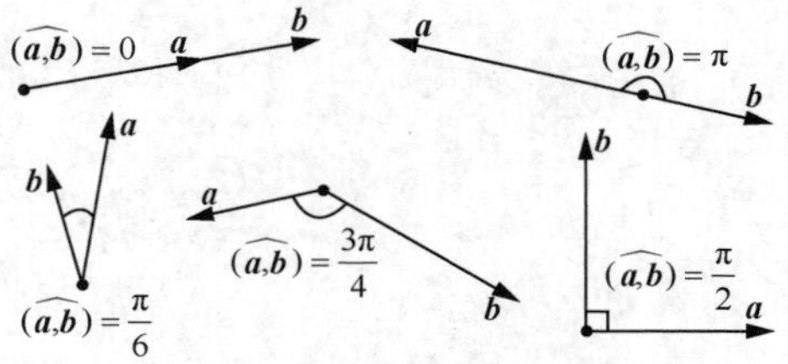

图 2-3　两个矢量的夹角

把若干个平行的矢量进行平移，使得它们的起点重合，此时它们的终点和公共起点必然在同一条直线上，因此，平行的矢量也称为共线（Collinear）的矢量。把若干个矢量进行平移，使得它们的起点重合，如果这时它们的终点和公共起点在同一个平面上，就称这些矢量是共面（Coplanar）的。

2.1.2　矢量的基本运算

在本小节中，矢量的基本运算是指矢量的加法、矢量的减法，以及矢量与标量的乘积。

两个矢量可以进行加法运算，从而得到一个新的矢量，这个新的矢量称为这两个矢量的和矢量。三角形法则和平行四边形法则定义了矢量的加法应该如何进行。

三角形法则：如图 2-4 所示，将矢量 $\boldsymbol{b}$ 平移，使矢量 $\boldsymbol{b}$ 的起点与矢量 $\boldsymbol{a}$ 的终点重合，则以 $\boldsymbol{a}$ 的起点为起点、以 $\boldsymbol{b}$ 的终点为终点的矢量就是 $\boldsymbol{a}$ 与 $\boldsymbol{b}$ 的和矢量 $\boldsymbol{a}+\boldsymbol{b}$ 。

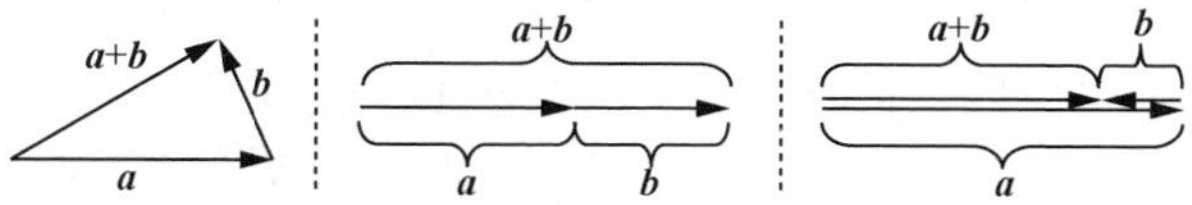

图 2-4　三角形法则

平行四边形法则：如图 2-5 所示，将矢量 $\boldsymbol{b}$ 平移，使得矢量 $\boldsymbol{b}$ 的起点与矢量 $\boldsymbol{a}$ 的起点重合，然后以 $\boldsymbol{a}$ 和 $\boldsymbol{b}$ 为两条边作平行四边形，则以 $\boldsymbol{a}$ 和 $\boldsymbol{b}$ 的公共起点为起点、以公共起点的对端为终点的矢量就是 $\boldsymbol{a}$ 与 $\boldsymbol{b}$ 的和矢量 $\boldsymbol{a}+\boldsymbol{b}$ 。需要说明的是，使用平行四边形法则进行两个矢量的加法运算时，这两个矢量不能是共线的，而使用三角形法则时则没有这样的条件限制。

如图 2-6 所示，$\boldsymbol{a}$ 的负矢量是指模与 $\boldsymbol{a}$ 的模相等、方向与 $\boldsymbol{a}$ 的方向相反的矢量，记作 $-\boldsymbol{a}$ 。矢量 $\boldsymbol{b}$ 减去矢量 $\boldsymbol{a}$ 定义为矢量 $\boldsymbol{b}$ 与矢量 $\boldsymbol{a}$ 的负矢量之和，即 $\boldsymbol{b}-\boldsymbol{a}=\boldsymbol{b}+(-\boldsymbol{a})$ 。这样一来，矢量的加法运算规则就可以用来进行矢量的减法运算。

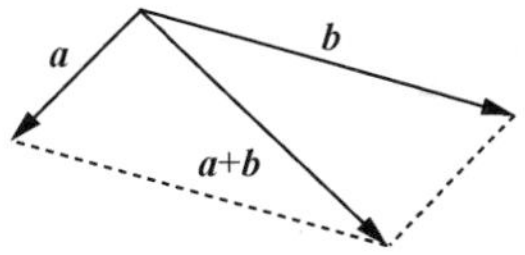

图 2-5　平行四边形法则

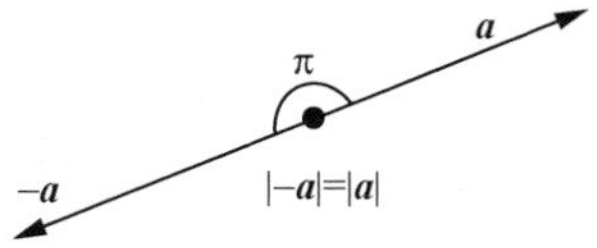

图 2-6　负矢量

矢量的加法运算满足交换律和结合律，即

$$\boldsymbol{a}+\boldsymbol{b}=\boldsymbol{b}+\boldsymbol{a} \text{（交换律）} \tag{2.1}$$

$$(\boldsymbol{a}+\boldsymbol{b})+\boldsymbol{c}=\boldsymbol{a}+(\boldsymbol{b}+\boldsymbol{c}) \text{（结合律）} \tag{2.2}$$

矢量 $\boldsymbol{a}$ 与标量 λ 的乘积也是一个矢量，记为 $\lambda\boldsymbol{a}$ 。矢量 $\lambda\boldsymbol{a}$ 与矢量 $\boldsymbol{a}$ 满足比例法则，即 $|\lambda\boldsymbol{a}|=|\lambda|\times|\boldsymbol{a}|$ 。当 $\lambda>0$ 时，$\lambda\boldsymbol{a}$ 的方向与 $\boldsymbol{a}$ 的方向相同；当 $\lambda<0$ 时，$\lambda\boldsymbol{a}$ 的方向与 $\boldsymbol{a}$ 的方向相反；当 $\lambda=0$ 时，$\lambda\boldsymbol{a}$ 为零矢量（见图 2-7）。

图 2-7　矢量与标量的乘积

矢量与标量的乘积满足结合律和分配律，即

$$\lambda_1(\lambda_2\boldsymbol{a})=\lambda_2(\lambda_1\boldsymbol{a})=(\lambda_1\lambda_2)\boldsymbol{a} \text{（结合律）} \tag{2.3}$$

$$(\lambda_1 + \lambda_2)\boldsymbol{a} = \lambda_1\boldsymbol{a} + \lambda_2\boldsymbol{a}, \lambda(\boldsymbol{a} + \boldsymbol{b}) = \lambda\boldsymbol{a} + \lambda\boldsymbol{b} \text{（分配律）} \tag{2.4}$$

2.1.3 矢量的坐标表示法

在 2.1.1 小节和 2.1.2 小节中，我们是用几何方法来表示矢量的，也就是用空间中的一条有向线段来表示一个矢量。接下来，我们将描述如何用代数方法来表示矢量，也就是如何用坐标来表示矢量。

我们将以 3 维矢量为例，描述在 3 维矢量空间中如何用一个 3 维坐标来表示一个矢量。如图 2-8 所示，首先在 3 维矢量空间中建立 X-Y-Z 直角坐标系，然后将需要用坐标表示的矢量 $\boldsymbol{r}$ 进行平移，使得 $\boldsymbol{r}$ 的起点与坐标原点重合，这样一来，$\boldsymbol{r}$ 的终点位置 M 也就相应地被确定了。一方面，对于不同的矢量 $\boldsymbol{r}$，如此确定出的 M 点的位置也一定是不同的。另一方面，对于空间中的某一点 M，我们总是可以相应地确定出唯一的一个矢量 $\boldsymbol{r}$，使得 $\boldsymbol{r}$ 的起点位于坐标原点，而 $\boldsymbol{r}$ 的终点就是 M 点。以上分析可以得出这样的结论：矢量与空间中的点具有一一对应关系。基于这种对应关系，我们就可以用空间中的一个点来表示一个矢量。因为空间中的点可以用空间坐标来表示，所以我们也就可以用空间坐标来表示一个矢量。如图 2-8 所示，M 点代表的是矢量 $\boldsymbol{r}$，M 点的坐标是 (x, y, z)，所以我们就可以用坐标 (x, y, z) 来表示矢量 $\boldsymbol{r}$，并直接书写成

$$\boldsymbol{r} = (x, y, z) \tag{2.5}$$

注意，式（2.5）中的 (x, y, z) 是起点位于坐标原点时 $\boldsymbol{r}$ 的终点坐标。

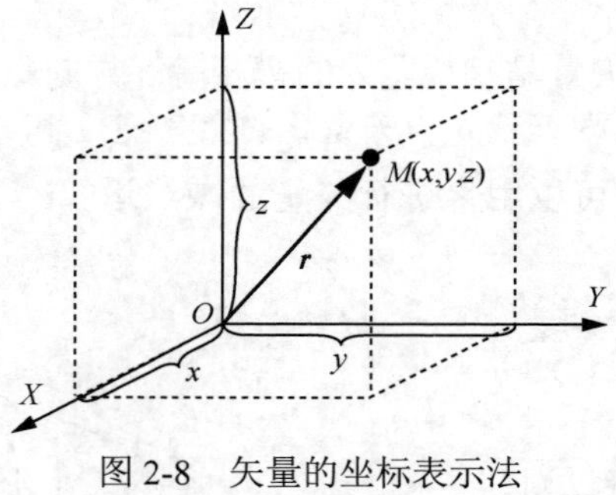

图 2-8 矢量的坐标表示法

在 2.1.2 小节中，进行矢量的加减运算以及矢量与标量的乘积运算时，采用的都是三角形法则、平行四边形法则、比例法则等几何作图法。现在，基于矢量的坐标表示方法，我们就可以采用代数方法来进行这些运算了。假设 $\boldsymbol{a} = (a_x, a_y, a_z)$，$\boldsymbol{b} = (b_x, b_y, b_z)$，则有

$$\boldsymbol{a} + \boldsymbol{b} = (a_x, a_y, a_z) + (b_x, b_y, b_z) = (a_x + b_x, a_y + b_y, a_z + b_z) \tag{2.6}$$

$$\boldsymbol{a} - \boldsymbol{b} = (a_x, a_y, a_z) - (b_x, b_y, b_z) = (a_x - b_x, a_y - b_y, a_z - b_z) \tag{2.7}$$

$$\lambda\boldsymbol{a} = \lambda(a_x, a_y, a_z) = (\lambda a_x, \lambda a_y, \lambda a_z) \tag{2.8}$$

以上在描述矢量的坐标表示法时，针对的是 3 维矢量以及 3 维空间坐标。一般地，对于 N 维矢量以及 N 维空间坐标的情况，式（2.5）、式（2.6）、式（2.7）、式（2.8）的变形分别为

$$\boldsymbol{r}=(r_1,r_2,\cdots,r_N) \tag{2.9}$$

$$\boldsymbol{a}+\boldsymbol{b}=(a_1,a_2,\cdots,a_N)+(b_1,b_2,\cdots,b_N)=(a_1+b_1,a_2+b_2,\cdots,a_N+b_N) \tag{2.10}$$

$$\boldsymbol{a}-\boldsymbol{b}=(a_1,a_2,\cdots,a_N)-(b_1,b_2,\cdots,b_N)=(a_1-b_1,a_2-b_2,\cdots,a_N-b_N) \tag{2.11}$$

$$\lambda\boldsymbol{a}=\lambda(a_1,a_2,\cdots,a_N)=(\lambda a_1,\lambda a_2,\cdots,\lambda a_N) \tag{2.12}$$

作为一个例子，我们现在来求解一个非常简单的 2 维矢量的运算问题。如图 2-9 所示，已知 $\boldsymbol{a}=(1,2)$，$\boldsymbol{b}=(3,1)$，试求 $\boldsymbol{c}=3\boldsymbol{a}-2\boldsymbol{b}$ 的值。求解过程如下：

$$\begin{aligned}\boldsymbol{c}&=3\boldsymbol{a}-2\boldsymbol{b}=3(1,2)-2(3,1)=(3\times1,3\times2)-(2\times3,2\times1)\\&=(3,6)-(6,2)=(3-6,6-2)=(-3,4)\end{aligned}$$

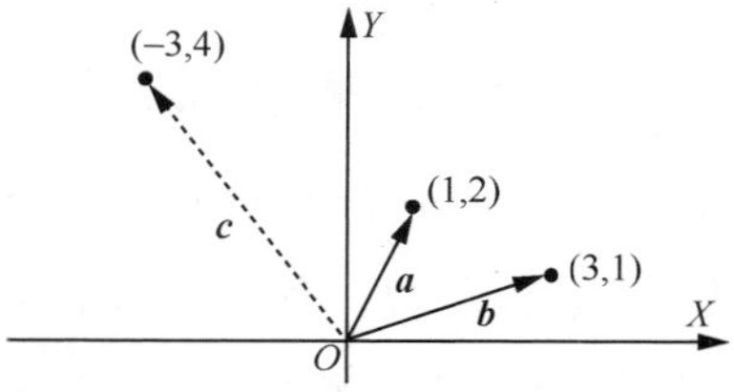

图 2-9　用代数方法进行矢量运算

2.1.4　矢量的方向角

利用矢量的坐标表示法，我们可以很容易地计算出矢量的模。如图 2-8 所示，根据模的定义，3 维矢量 $\boldsymbol{r}=(x,y,z)$ 的模就等于线段 OM 的长度，即

$$|\boldsymbol{r}|=\sqrt{x^2+y^2+z^2} \tag{2.13}$$

类似地，对于 N 维矢量 $\boldsymbol{r}=(r_1,r_2,\cdots,r_N)$，有

$$|\boldsymbol{r}|=\sqrt{r_1^2+r_2^2+\cdots+r_N^2} \tag{2.14}$$

我们知道，矢量是有方向的，零矢量的方向是任意的。那么，我们是用什么来表示矢量的方向的呢？答案：**方向角（Direction Angle）**。如图 2-10 所示，3 维非零矢量 $\boldsymbol{r}=(x,y,z)$ 分别与 X 轴、Y 轴、Z 轴的夹角 θ_1、θ_2、θ_3 称为 $\boldsymbol{r}$ 的 3 个方向角。显然

$$\cos\theta_1=\frac{x}{|\boldsymbol{r}|}=\frac{x}{\sqrt{x^2+y^2+z^2}} \tag{2.15}$$

$$\cos\theta_2=\frac{y}{|\boldsymbol{r}|}=\frac{y}{\sqrt{x^2+y^2+z^2}} \tag{2.16}$$

$$\cos\theta_3=\frac{z}{|\boldsymbol{r}|}=\frac{z}{\sqrt{x^2+y^2+z^2}} \tag{2.17}$$

其中 $\cos\theta_1$、$\cos\theta_2$、$\cos\theta_3$ 相应地称为矢量 $\boldsymbol{r}$ 的 3 个**方向余弦（Direction Cosine）**。注意，3 维矢量有 3 个方向角和 3 个方向余弦，N 维矢量有 N 个方向角和 N 个方向余弦。对于

N 维非零矢量 $\boldsymbol{r}=(r_1,r_2,\cdots,r_N)$，方向余弦的计算公式为

$$\cos\theta_i=\frac{r_i}{|\boldsymbol{r}|}=\frac{r_i}{\sqrt{r_1^2+r_2^2+\cdots+r_N^2}}\quad(i=1,2,\cdots,N)\tag{2.18}$$

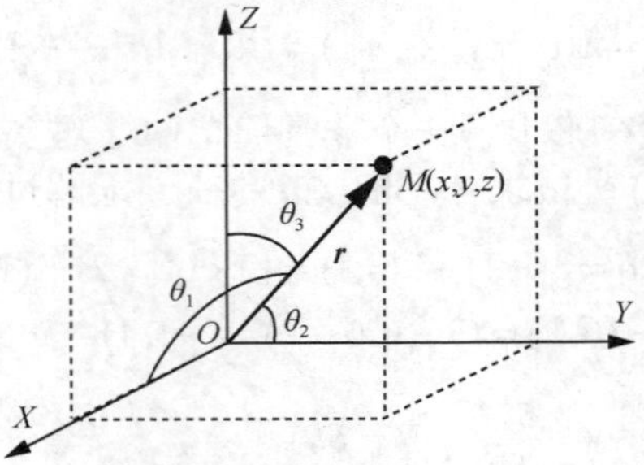

图 2-10　矢量的方向角

如图 2-11 所示，已知 2 维平面上有 M 和 N 两个点，M 点的坐标是 $(-2,1)$，N 点的坐标是 $(-1,\sqrt{3}+1)$，2 维矢量 $\boldsymbol{r}$ 的起点为 M，终点为 N，问 $\boldsymbol{r}$ 的方向角和方向余弦各是多少。解决这个问题时，首先应该注意到矢量 $\boldsymbol{r}$ 是一个 2 维矢量，所以 $\boldsymbol{r}$ 的方向角有两个，方向余弦也有两个。计算过程如下：

$$\boldsymbol{r}=(-1,\sqrt{3}+1)-(-2,1)=(-1+2,\sqrt{3}+1-1)=(1,\sqrt{3})$$

$$|\boldsymbol{r}|=\sqrt{1^2+(\sqrt{3})^2}=2$$

$$\cos\theta_1=\frac{1}{|\boldsymbol{r}|}=\frac{1}{2}\text{（第 1 个方向余弦）}$$

$$\theta_1=\arccos\frac{1}{2}=\frac{\pi}{3}\text{（第 1 个方向角）}$$

$$\cos\theta_2=\frac{\sqrt{3}}{|\boldsymbol{r}|}=\frac{\sqrt{3}}{2}\text{（第 2 个方向余弦）}$$

$$\theta_2=\arccos\frac{\sqrt{3}}{2}=\frac{\pi}{6}\text{（第 2 个方向角）}$$

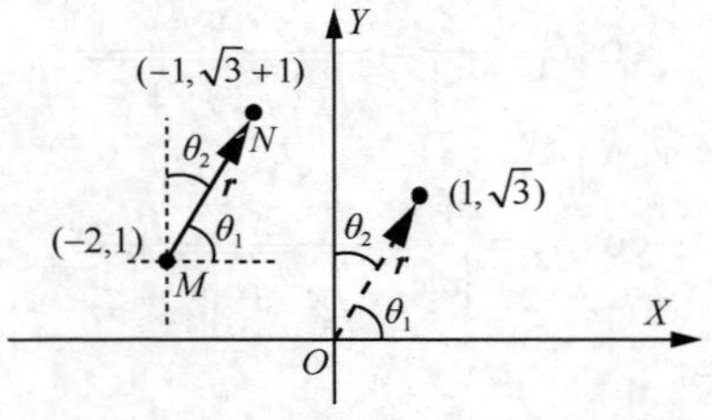

图 2-11　计算方向余弦和方向角

2.1.5　矢量的点积

维数相同的两个矢量除了可以进行加减运算，还可以进行乘积运算。矢量的乘积运

算有两种，一种是矢量积，另一种是数量积（Scalar Product），本书只涉及数量积的内容。对于维数相同的矢量 $\boldsymbol{a}$ 和矢量 $\boldsymbol{b}$，它们的数量积定义为

$$\boldsymbol{a}\cdot\boldsymbol{b}=|\boldsymbol{a}|\times|\boldsymbol{b}|\times\cos(\widehat{\boldsymbol{a},\boldsymbol{b}}) \tag{2.19}$$

式（2.19）中的点号“·”是数量积的运算符号，因此数量积也称为**点积（Dot Product）**。注意，两个矢量的点积运算结果是一个标量，该标量可正可负，也可以为 0。显然，如果两个矢量相互垂直，则它们的点积运算结果必定为 0，这是因为 $\cos\frac{\pi}{2}=0$。

数学上可以证明，点积运算满足交换律、结合律和分配律，即

$$\boldsymbol{a}\cdot\boldsymbol{b}=\boldsymbol{b}\cdot\boldsymbol{a}\ \text{（交换律）} \tag{2.20}$$

$$(\lambda\boldsymbol{a})\cdot\boldsymbol{b}=\lambda(\boldsymbol{a}\cdot\boldsymbol{b})\ \text{（结合律）} \tag{2.21}$$

$$(\boldsymbol{a}+\boldsymbol{b})\cdot\boldsymbol{c}=\boldsymbol{a}\cdot\boldsymbol{c}+\boldsymbol{b}\cdot\boldsymbol{c}，\ \boldsymbol{a}\cdot\left(\boldsymbol{b}+\boldsymbol{c}\right)=\boldsymbol{a}\cdot\boldsymbol{b}+\boldsymbol{a}\cdot\boldsymbol{c}\ \text{（分配律）} \tag{2.22}$$

另外，还可以证明，如果矢量 $\boldsymbol{a}=(a_1,a_2,\cdots,a_N)$，$\boldsymbol{b}=(b_1,b_2,\cdots,b_N)$，则有

$$\boldsymbol{a}\cdot\boldsymbol{b}=a_1b_1+a_2b_2+\cdots+a_Nb_N \tag{2.23}$$

显然，根据式（2.19）和式（2.23）可以推知，如果 N 维矢量 $\boldsymbol{a}$ 和 $\boldsymbol{b}$ 都不是零矢量，则有

$$\cos(\widehat{\boldsymbol{a},\boldsymbol{b}})=\frac{\boldsymbol{a}\cdot\boldsymbol{b}}{|\boldsymbol{a}|\times|\boldsymbol{b}|}=\frac{a_1b_1+a_2b_2+\cdots+a_Nb_N}{\sqrt{a_1^2+a_2^2+\cdots+a_N^2}\times\sqrt{b_1^2+b_2^2+\cdots+b_N^2}} \tag{2.24}$$

如图 2-12 所示，试求矢量 $\boldsymbol{a}$ 与 $\boldsymbol{b}$ 的夹角 φ。求解过程如下：

$$\cos\varphi=\frac{\boldsymbol{a}\cdot\boldsymbol{b}}{|\boldsymbol{a}|\times|\boldsymbol{b}|}=\frac{4\times(-0.5)+1\times2}{\sqrt{4^2+1^2}\times\sqrt{(-0.5)^2+2^2}}=\frac{0}{\sqrt{4^2+1^2}\times\sqrt{(-0.5)^2+2^2}}=0$$

$$\varphi=\arccos0=\frac{\pi}{2}$$

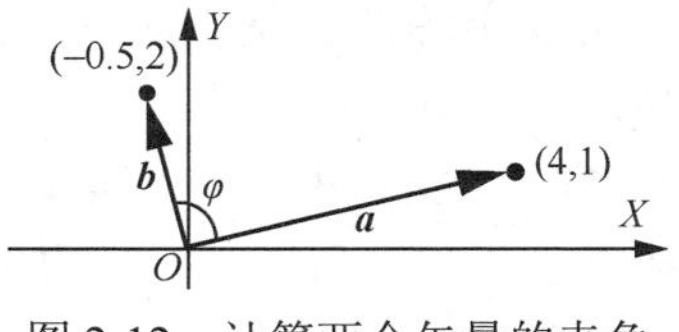

图 2-12　计算两个矢量的夹角

2.1.6　矩阵的概念

河图洛书是中国古代流传下来的两幅神秘图案，图 2-13 的左边部分就是其中的洛书图案。洛书图案包含很多空心圆点和实心圆点，这些圆点一共分为 9 组，每行有 3 组，每列也有 3 组，共有 3 行 3 列，各组所包含的圆点个数由小到大分别是 1，2，3，4，5，6，7，8，9。如图 2-13 的右边部分所示，如果将各组的圆点图案用相应的圆点个数进行替换，则整个洛书图案就变成了一个 3 行 3

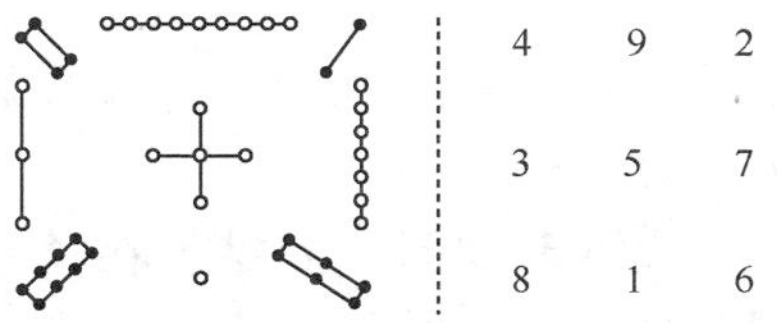

图 2-13　洛书与矩阵

列的矩形数表。这个矩形数表的机巧之处在于，每行的 3 个数字之和都是 15，每列的 3 个数字之和也是 15，主对角线上的 3 个数字之和还是 15，副对角线上的 3 个数字之和同样是 15。顺便提一下，古代的中国人把偶数叫作阴数，把奇数叫作阳数，阴数用实心圆点表示，阳数用空心圆点表示。

所谓**矩阵（Matrix）**，其实就是一个矩形数表。一个 M 行 N 列矩阵，其实就是将 $M \times N$ 个数 $a_{ij}\,(i=1,2,3,\cdots,M;\, j=1,2,3,\cdots,N)$ 排列成 M 行 N 列之后得到的一个矩形数表，记为 $\boldsymbol{A}_{M\times N}$ 或 $(a_{ij})_{M\times N}$，或简记为 $\boldsymbol{A}$，即

$$\boldsymbol{A}_{M\times N}=(a_{ij})_{M\times N}=\begin{bmatrix} a_{11} & a_{12} & \cdots & a_{1N} \\ a_{21} & a_{22} & \cdots & a_{2N} \\ \vdots & \vdots & & \vdots \\ a_{M1} & a_{M2} & \cdots & a_{MN} \end{bmatrix}$$

其中 a_{ij} 称为矩阵 $\boldsymbol{A}_{M\times N}$ 的第 i 行第 j 列元素。现在我们知道了，洛书图案其实就是一个 3 行 3 列矩阵。

一个 M 行 N 列矩阵也可简称为一个 $M \times N$ 矩阵。如果一个 $M \times N$ 矩阵的每个元素都为 0，则称这样的矩阵为**零矩阵（Zero Matrix 或 Null Matrix）**，记为 $\boldsymbol{O}_{M\times N}$ 或简记为 $\boldsymbol{O}$。一个 $N \times N$ 矩阵也可简称为一个 N 阶方阵。如果一个 N 阶方阵的主对角线上的元素均为 1，其余元素均为 0，如下：

$$\begin{bmatrix} 1 & 0 & \cdots & 0 \\ 0 & 1 & \cdots & 0 \\ \vdots & \vdots & & \vdots \\ 0 & 0 & \cdots & 1 \end{bmatrix}$$

则称这样的方阵为 N 阶**单位矩阵（Identity Matrix）**，记为 $\boldsymbol{I}_N$ 或简记为 $\boldsymbol{I}$。零矩阵和单位矩阵都属于特殊矩阵的范畴，特殊矩阵还包括上三角矩阵、下三角矩阵、对角矩阵、对称矩阵、反对称矩阵等，这里不再赘述。

两个矩阵，如果它们的行数相等，列数也相等，则称这两个矩阵是同型的。如果矩阵 $\boldsymbol{A}$ 和矩阵 $\boldsymbol{B}$ 是同型的，$\boldsymbol{A}=(a_{ij})_{M\times N}$，$\boldsymbol{B}=(b_{ij})_{M\times N}$，并且矩阵 $\boldsymbol{A}$ 和矩阵 $\boldsymbol{B}$ 的每个对应元素都是相等的，即

$$a_{ij}=b_{ij}\quad (i=1,2,3,\cdots,M;\, j=1,2,3,\cdots,N)$$

则称矩阵 $\boldsymbol{A}$ 与矩阵 $\boldsymbol{B}$ 是相等的，记为 $\boldsymbol{A}=\boldsymbol{B}$。

2.1.7 矩阵的基本运算

在本小节中，矩阵的基本运算是指矩阵的加、减法，标量与矩阵的乘积，矩阵乘法，矩阵的转置。

矩阵的加法：假设矩阵 $\boldsymbol{A}=(a_{ij})_{M\times N}$，矩阵 $\boldsymbol{B}=(b_{ij})_{M\times N}$，则 $\boldsymbol{A}$ 与 $\boldsymbol{B}$ 的和 $\boldsymbol{A}+\boldsymbol{B}$ 被定义为

$$\boldsymbol{A}+\boldsymbol{B}=(a_{ij}+b_{ij})_{M\times N}=\begin{bmatrix} a_{11} & a_{12} & \cdots & a_{1N} \\ a_{21} & a_{22} & \cdots & a_{2N} \\ \vdots & \vdots & & \vdots \\ a_{M1} & a_{M2} & \cdots & a_{MN} \end{bmatrix}+$$
$$\begin{bmatrix} b_{11} & b_{12} & \cdots & b_{1N} \\ b_{21} & b_{22} & \cdots & b_{2N} \\ \vdots & \vdots & & \vdots \\ b_{M1} & b_{M2} & \cdots & b_{MN} \end{bmatrix}=\begin{bmatrix} a_{11}+b_{11} & a_{12}+b_{12} & \cdots & a_{1N}+b_{1N} \\ a_{21}+b_{21} & a_{22}+b_{22} & \cdots & a_{2N}+b_{2N} \\ \vdots & \vdots & & \vdots \\ a_{M1}+b_{M1} & a_{M2}+b_{M2} & \cdots & a_{MN}+b_{MN} \end{bmatrix} \tag{2.25}$$

很容易证明，矩阵的加法运算满足交换律和结合律，即

$$\boldsymbol{A}+\boldsymbol{B}=\boldsymbol{B}+\boldsymbol{A}\ \text{（交换律）} \tag{2.26}$$

$$\boldsymbol{A}+(\boldsymbol{B}+\boldsymbol{C})=(\boldsymbol{A}+\boldsymbol{B})+\boldsymbol{C}\ \text{（结合律）} \tag{2.27}$$

如果矩阵 $\boldsymbol{B}=(b_{ij})_{M\times N}$，则称 $-\boldsymbol{B}=(-b_{ij})_{M\times N}$ 为 $\boldsymbol{B}$ 的负矩阵。利用负矩阵的概念，矩阵的减法便可转化为矩阵的加法，即

$$\boldsymbol{A}-\boldsymbol{B}=\boldsymbol{A}+(-\boldsymbol{B})=(a_{ij}-b_{ij})_{M\times N} \tag{2.28}$$

标量与矩阵的乘积：假设矩阵 $\boldsymbol{A}=(a_{ij})_{M\times N}$，$\lambda$ 为一个标量，则矩阵 $(\lambda a_{ij})_{M\times N}$ 称为标量 λ 与矩阵 $\boldsymbol{A}$ 的乘积，记为 $\lambda\boldsymbol{A}$ 或 $\boldsymbol{A}\lambda$，即

$$\lambda\boldsymbol{A}=\boldsymbol{A}\lambda=(\lambda a_{ij})_{M\times N}=\begin{bmatrix} \lambda a_{11} & \lambda a_{12} & \cdots & \lambda a_{1N} \\ \lambda a_{21} & \lambda a_{22} & \cdots & \lambda a_{2N} \\ \vdots & \vdots & & \vdots \\ \lambda a_{M1} & \lambda a_{M2} & \cdots & \lambda a_{MN} \end{bmatrix} \tag{2.29}$$

很容易证明，标量与矩阵的乘积满足结合律和分配律，即

$$(\lambda\mu)\boldsymbol{A}=\lambda(\mu\boldsymbol{A})\ \text{（结合律）} \tag{2.30}$$

$$(\lambda+\mu)\boldsymbol{A}=\lambda\boldsymbol{A}+\mu\boldsymbol{A},\ \ \lambda(\boldsymbol{A}+\boldsymbol{B})=\lambda\boldsymbol{A}+\lambda\boldsymbol{B}\ \text{（分配律）} \tag{2.31}$$

矩阵乘法：假设矩阵 $\boldsymbol{A}=(a_{ij})_{M\times L}$，矩阵 $\boldsymbol{B}=(b_{ij})_{L\times N}$，则称矩阵 $\boldsymbol{C}=(c_{ij})_{M\times N}$ 为矩阵 $\boldsymbol{A}$ 与矩阵 $\boldsymbol{B}$ 的乘积，记作 $\boldsymbol{C}=\boldsymbol{A}\boldsymbol{B}$，其中

$$c_{ij}=a_{i1}b_{1j}+a_{i2}b_{2j}+\cdots+a_{iL}b_{Lj}=\sum_{k=1}^{L}a_{ik}b_{kj}\ \ (i=1,2,3,\cdots,M;j=1,2,3,\cdots,N)$$

即

$$\begin{bmatrix} c_{11} & c_{12} & \cdots & c_{1N} \\ c_{21} & c_{22} & \cdots & c_{2N} \\ \vdots & \vdots & & \vdots \\ c_{M1} & c_{M2} & \cdots & c_{MN} \end{bmatrix}=\begin{bmatrix} a_{11} & a_{12} & \cdots & a_{1L} \\ a_{21} & a_{22} & \cdots & a_{2L} \\ \vdots & \vdots & & \vdots \\ a_{M1} & a_{M2} & \cdots & a_{ML} \end{bmatrix}\begin{bmatrix} b_{11} & b_{12} & \cdots & b_{1N} \\ b_{21} & b_{22} & \cdots & b_{2N} \\ \vdots & \vdots & & \vdots \\ b_{L1} & b_{L2} & \cdots & b_{LN} \end{bmatrix}$$

$$=\begin{bmatrix} a_{11}b_{11}+a_{12}b_{21}+\cdots+a_{1L}b_{L1} & \cdots & a_{11}b_{1N}+a_{12}b_{2N}+\cdots+a_{1L}b_{LN} \\ a_{21}b_{11}+a_{22}b_{21}+\cdots+a_{2L}b_{L1} & \cdots & a_{21}b_{1N}+a_{22}b_{2N}+\cdots+a_{2L}b_{LN} \\ \vdots & & \vdots \\ a_{M1}b_{11}+a_{M2}b_{21}+\cdots+a_{ML}b_{L1} & \cdots & a_{M1}b_{1N}+a_{M2}b_{2N}+\cdots+a_{ML}b_{LN} \end{bmatrix} \tag{2.32}$$

很容易证明，矩阵乘法满足结合律和分配律，即

$$\boldsymbol{ABC}=\boldsymbol{A}(\boldsymbol{BC})=(\boldsymbol{AB})\boldsymbol{C}\ \text{（结合律）} \tag{2.33}$$

$$\boldsymbol{A}(\boldsymbol{B}+\boldsymbol{C})=\boldsymbol{AB}+\boldsymbol{AC}\text{，}(\boldsymbol{B}+\boldsymbol{C})\boldsymbol{A}=\boldsymbol{BA}+\boldsymbol{CA}\ \text{（分配律）} \tag{2.34}$$

矩阵的转置（Transpose）：对于矩阵 $\boldsymbol{A}=(a_{ij})_{M\times N}$，定义 $\boldsymbol{A}$ 的转置矩阵为

$$\boldsymbol{A}^{\mathrm{T}}=\begin{bmatrix} a_{11} & a_{12} & \cdots & a_{1N} \\ a_{21} & a_{22} & \cdots & a_{2N} \\ \vdots & \vdots & & \vdots \\ a_{M1} & a_{M2} & \cdots & a_{MN} \end{bmatrix}^{\mathrm{T}}=\begin{bmatrix} a_{11} & a_{21} & \cdots & a_{M1} \\ a_{12} & a_{22} & \cdots & a_{M2} \\ \vdots & \vdots & & \vdots \\ a_{1N} & a_{2N} & \cdots & a_{MN} \end{bmatrix} \tag{2.35}$$

所以，如果 $\boldsymbol{A}$ 是一个 $M\times N$ 矩阵，则 $\boldsymbol{A}^{\mathrm{T}}$ 就是一个 $N\times M$ 矩阵。

很容易证明，矩阵的转置满足下列规则：

$$(\boldsymbol{A}^{\mathrm{T}})^{\mathrm{T}}=\boldsymbol{A} \tag{2.36}$$

$$(\boldsymbol{A}+\boldsymbol{B})^{\mathrm{T}}=\boldsymbol{A}^{\mathrm{T}}+\boldsymbol{B}^{\mathrm{T}} \tag{2.37}$$

$$(\lambda\boldsymbol{A})^{\mathrm{T}}=\lambda\boldsymbol{A}^{\mathrm{T}} \tag{2.38}$$

$$(\boldsymbol{AB})^{\mathrm{T}}=\boldsymbol{B}^{\mathrm{T}}\boldsymbol{A}^{\mathrm{T}} \tag{2.39}$$

对于 N 阶方阵 $\boldsymbol{A}$，如果 $\boldsymbol{A}^{\mathrm{T}}=\boldsymbol{A}$，则称 $\boldsymbol{A}$ 为**对称矩阵（Symmetric Matrix）**；如果 $\boldsymbol{A}^{\mathrm{T}}=-\boldsymbol{A}$，则称 $\boldsymbol{A}$ 为**反对称矩阵（Anti-symmetric Matrix）**。显然，对称矩阵中关于主对角线对称的元素一定是相等的，而反对称矩阵中关于主对角线对称的元素一定是互为相反数。另外，反对称矩阵中主对角线上的元素一定为 0。

来看一个关于矩阵运算的简单例子：已知 $\boldsymbol{A}=\begin{bmatrix} 1 & -2 & 1 \\ 3 & 0 & 1 \end{bmatrix}$，$\boldsymbol{B}=[-1\quad 0\quad 2]$，$\boldsymbol{C}=\begin{bmatrix} 1.5 \\ -1 \end{bmatrix}$，求 $3\boldsymbol{AB}^{\mathrm{T}}-2\boldsymbol{C}$。计算过程如下：

$$\begin{aligned} 3\boldsymbol{AB}^{\mathrm{T}}-2\boldsymbol{C} &= 3\times\begin{bmatrix} 1 & -2 & 1 \\ 3 & 0 & 1 \end{bmatrix}[-1\quad 0\quad 2]^{\mathrm{T}}-2\times\begin{bmatrix} 1.5 \\ -1 \end{bmatrix} \\ &= 3\times\begin{bmatrix} 1 & -2 & 1 \\ 3 & 0 & 1 \end{bmatrix}\begin{bmatrix} -1 \\ 0 \\ 2 \end{bmatrix}-2\times\begin{bmatrix} 1.5 \\ -1 \end{bmatrix} \\ &= 3\times\begin{bmatrix} 1\times(-1)+(-2)\times 0+1\times 2 \\ 3\times(-1)+0\times 0+1\times 2 \end{bmatrix}-2\times\begin{bmatrix} 1.5 \\ -1 \end{bmatrix} \end{aligned}$$

$$
\begin{aligned}
&=3\times\begin{bmatrix}1\\-1\end{bmatrix}-2\times\begin{bmatrix}1.5\\-1\end{bmatrix}\\
&=\begin{bmatrix}3\times1\\3\times(-1)\end{bmatrix}-\begin{bmatrix}2\times1.5\\2\times(-1)\end{bmatrix}\\
&=\begin{bmatrix}3\\-3\end{bmatrix}-\begin{bmatrix}3\\-2\end{bmatrix}\\
&=\begin{bmatrix}3-3\\-3-(-2)\end{bmatrix}\\
&=\begin{bmatrix}0\\-1\end{bmatrix}
\end{aligned}
$$

2.1.8　矢量的矩阵表示法

一个矢量可以用坐标的形式来表示，即一个 N 维矢量 $\boldsymbol{a}$ 可以表示为 $\boldsymbol{a}=(a_1,a_2,a_3,\cdots,a_N)$，其中 $a_i(i=1,2,3,\cdots,N)$ 是 $\boldsymbol{a}$ 的第 i 个分量。另外，一个 N 维矢量 $\boldsymbol{a}$ 还可以表示为一个 $N\times1$ 矩阵或一个 $1\times N$ 矩阵，即

$$\boldsymbol{a}=\begin{bmatrix}a_1\\a_2\\\vdots\\a_N\end{bmatrix}\tag{2.40}$$

或

$$\boldsymbol{a}=[a_1\quad a_2\quad\cdots\quad a_N]\tag{2.41}$$

我们把形如一个 $N\times1$ 矩阵的矢量称为一个 N 维的**列矢量（Column Vector）**，把形如一个 $1\times N$ 矩阵的矢量称为一个 N 维的**行矢量（Row Vector）**。例如，$[3\quad -2\quad -1.8]^{\mathrm{T}}$ 是一个 3 维的列矢量，$[0.7\quad -2\quad 0\quad 1.5]$ 是一个 4 维的行矢量。在本书中，若无特别说明，矢量都是指列矢量。

在 2.1.5 小节中，我们定义了矢量的点积（数量积）运算。采用矢量的矩阵表示法时，N 维矢量 $\boldsymbol{a}=[a_1\quad a_2\quad\cdots\quad a_N]^{\mathrm{T}}$ 和 N 维矢量 $\boldsymbol{b}=[b_1\quad b_2\quad\cdots\quad b_N]^{\mathrm{T}}$ 的点积运算就可以表示为矩阵的乘法，即

$$\boldsymbol{a}\cdot\boldsymbol{b}=\boldsymbol{a}^{\mathrm{T}}\boldsymbol{b}=[a_1\quad a_2\quad\cdots\quad a_N]\begin{bmatrix}b_1\\b_2\\\vdots\\b_N\end{bmatrix}=a_1b_1+a_2b_2+\cdots+a_Nb_N\tag{2.42}$$

如果

$$\boldsymbol{A}=\begin{bmatrix}a_{11}&a_{12}&\cdots&a_{1N}\\a_{21}&a_{22}&\cdots&a_{2N}\\\vdots&\vdots&&\vdots\\a_{M1}&a_{M2}&\cdots&a_{MN}\end{bmatrix}$$

并且

$$\boldsymbol{a}_1=\begin{bmatrix}a_{11}\\a_{21}\\\vdots\\a_{M1}\end{bmatrix}\quad \boldsymbol{a}_2=\begin{bmatrix}a_{12}\\a_{22}\\\vdots\\a_{M2}\end{bmatrix}\quad \cdots\quad \boldsymbol{a}_N=\begin{bmatrix}a_{1N}\\a_{2N}\\\vdots\\a_{MN}\end{bmatrix}$$

则矩阵 $\boldsymbol{A}$ 可以表示为

$$\boldsymbol{A}=[\boldsymbol{a}_1\quad \boldsymbol{a}_2\quad \cdots\quad \boldsymbol{a}_N] \tag{2.43}$$

类似地，如果

$$\boldsymbol{B}=\begin{bmatrix}b_{11} & b_{12} & \cdots & b_{1N}\\ b_{21} & b_{22} & \cdots & b_{2N}\\ \vdots & \vdots & & \vdots\\ b_{M1} & b_{M2} & \cdots & b_{MN}\end{bmatrix}$$

并且

$$\begin{gathered}\boldsymbol{b}_1=[b_{11}\quad b_{12}\quad \cdots\quad b_{1N}]\\ \boldsymbol{b}_2=[b_{21}\quad b_{22}\quad \cdots\quad b_{2N}]\\ \vdots\\ \boldsymbol{b}_M=[b_{M1}\quad b_{M2}\quad \cdots\quad b_{MN}]\end{gathered}$$

则矩阵 $\boldsymbol{B}$ 可以表示为

$$\boldsymbol{B}=\begin{bmatrix}\boldsymbol{b}_1\\ \boldsymbol{b}_2\\ \vdots\\ \boldsymbol{b}_M\end{bmatrix} \tag{2.44}$$

在结束本小节的内容之前，我们简单介绍一下在机器学习或深度学习中经常会遇到的两种特殊类型的矢量，一种是**独热矢量（One-Hot Vector）**，一种是**概率矢量（Probability Vector 或 Stochastic Vector）**。所谓独热矢量，就是某一个分量为 1，其余所有分量都为 0 的矢量。例如，$[0\quad 1\quad 0\quad 0]^{\mathrm{T}}$ 就是一个 4 维的独热矢量，$[0\quad 1\quad 0]^{\mathrm{T}}$ 是一个 3 维的独热矢量，$[0\quad 0\quad 1]^{\mathrm{T}}$ 也是一个 3 维的独热矢量。所谓概率矢量，就是每个分量都是非负值，且所有分量之和等于 1 的矢量。例如，$[0.1\quad 0\quad 0.23\quad 0.2\quad 0.47]^{\mathrm{T}}$ 就是一个 5 维的概率矢量，$[0.3\quad 0.1\quad 0.6]^{\mathrm{T}}$ 是一个 3 维的概率矢量，$[0.01\quad 0\quad 0.99]^{\mathrm{T}}$ 也是一个 3 维的概率矢量。显然，独热矢量是概率矢量的一种特殊情况。独热矢量一定是概率矢量，但概率矢量不一定是独热矢量。

2.1.9 矩阵的初等变换

矩阵的**初等变换（Elementary Transformation）**也是矩阵的一种基本运算。矩阵的初等变换分为**初等行变换（Elementary Row Transformation）**和**初等列变换（Elementary Column Transformation）**。对一个矩阵进行以下 3 种基本操作及其组合操作称为矩阵的初等行变换。

- 行互换操作（Row Switching Operation）：互换矩阵的第 i 行和第 j 行，该基本操作记为 $r_i \leftrightarrow r_j$。
- 行乘操作（Row Multiplying Operation）：矩阵的第 i 行的每个元素都乘以非零常数 k，该基本操作记为 kr_i。
- 行加操作（Row Addition Operation）：矩阵的第 j 行的每个元素都乘以常数 k 后，将其加到第 i 行的对应元素上，该基本操作记为 $r_i + kr_j$。

初等列变换的基本操作与初等行变换的基本操作完全类似，即行互换操作变成了列互换操作、行乘操作变成了列乘操作、行加操作变成了列加操作。另外，初等列变换的 3 种基本操作分别记为 $c_i \leftrightarrow c_j$、kc_i、$c_i + kc_j$。

如果矩阵 $\boldsymbol{A}$ 经过有限次初等行变换能够变成矩阵 $\boldsymbol{B}$，则称 $\boldsymbol{A}$ 与 $\boldsymbol{B}$ 是行等价的（Row Equivalent）；如果矩阵 $\boldsymbol{A}$ 经过有限次初等列变换能够变成矩阵 $\boldsymbol{B}$，则称 $\boldsymbol{A}$ 与 $\boldsymbol{B}$ 是列等价的（Column Equivalent）。更一般地，如果矩阵 $\boldsymbol{A}$ 经过有限次初等变换（若干次初等行变换以及若干次初等列变换）能够变成矩阵 $\boldsymbol{B}$，则称 $\boldsymbol{A}$ 与 $\boldsymbol{B}$ 是等价的（Equivalent），记为 $\boldsymbol{A} \sim \boldsymbol{B}$。在数学上可以证明，如果 $\boldsymbol{A} \sim \boldsymbol{B}$，则 $\boldsymbol{B} \sim \boldsymbol{A}$。

例如，如果 $\boldsymbol{A} = \begin{bmatrix} 2 & 0 \\ 0 & 0 \end{bmatrix}$，$\boldsymbol{B} = \begin{bmatrix} 4 & 12 \\ 2 & 6 \end{bmatrix}$，则通过对 $\boldsymbol{A}$ 进行有限次初等变换后可以发现 $\boldsymbol{A} \sim \boldsymbol{B}$。变换过程如下：

$$\boldsymbol{A} = \begin{bmatrix} 2 & 0 \\ 0 & 0 \end{bmatrix} \overset{r_1 \leftrightarrow r_2}{\Rightarrow} \begin{bmatrix} 0 & 0 \\ 2 & 0 \end{bmatrix} \overset{r_1 + 2r_2}{\Rightarrow} \begin{bmatrix} 4 & 0 \\ 2 & 0 \end{bmatrix} \overset{c_2 + 3c_1}{\Rightarrow} \begin{bmatrix} 4 & 12 \\ 2 & 6 \end{bmatrix} = \boldsymbol{B}$$

另一方面，通过对 $\boldsymbol{B}$ 进行有限次初等变换后可以发现 $\boldsymbol{B} \sim \boldsymbol{A}$，变换过程如下：

$$\boldsymbol{B} = \begin{bmatrix} 4 & 12 \\ 2 & 6 \end{bmatrix} \overset{r_1 - 2r_2}{\Rightarrow} \begin{bmatrix} 0 & 0 \\ 2 & 6 \end{bmatrix} \overset{c_2 - 3c_1}{\Rightarrow} \begin{bmatrix} 0 & 0 \\ 2 & 0 \end{bmatrix} \overset{r_1 \leftrightarrow r_2}{\Rightarrow} \begin{bmatrix} 2 & 0 \\ 0 & 0 \end{bmatrix} = \boldsymbol{A}$$

接下来我们介绍一下**初等矩阵（Elementary Matrix）**的概念。所谓初等矩阵，就是单位矩阵 $\boldsymbol{I}$ 经过一次初等变换后得到的矩阵。初等矩阵有三种：第一种记为 $\boldsymbol{I}(i,j)$，它是对 $\boldsymbol{I}$ 进行了 $r_i \leftrightarrow r_j$ 操作或 $c_i \leftrightarrow c_j$ 操作后得到的矩阵；第二种记为 $\boldsymbol{I}(i(k))$，它是对 $\boldsymbol{I}$ 进行了 kr_i 操作或 kc_i 操作后得到的矩阵；第三种记为 $\boldsymbol{I}(i,j(k))$，它是对 $\boldsymbol{I}$ 进行了 $r_i + kr_j$ 操作或 $c_i + kc_j$ 操作后得到的矩阵。即

$$\boldsymbol{I}(i,j) = \begin{bmatrix} 1 & & & & & & & \\ & \ddots & & & & & & \\ & & 1 & & & & & \\ & & & 0 & \cdots & 1 & & & \\ & & & \vdots & \ddots & \vdots & & & \\ & & & 1 & \cdots & 0 & & & \\ & & & & & & 1 & & \\ & & & & & & & \ddots & \\ & & & & & & & & 1 \end{bmatrix}$$

$$\boldsymbol{I}(i(k))=\begin{bmatrix}1&&&&&&\\&\ddots&&&&&\\&&1&&&&\\&&&k&&&\\&&&&1&&\\&&&&&\ddots&\\&&&&&&1\end{bmatrix}$$

$$\boldsymbol{I}(i,j(k))=\begin{bmatrix}1&&&&&&\\&\ddots&&&&&\\&&1&\cdots&k&&\\&&\vdots&\ddots&\vdots&&\\&&0&\cdots&1&&\\&&&&&\ddots&\\&&&&&&1\end{bmatrix}\text{或}\boldsymbol{I}(i,j(k))=\begin{bmatrix}1&&&&&&\\&\ddots&&&&&\\&&1&\cdots&0&&\\&&\vdots&\ddots&\vdots&&\\&&k&\cdots&1&&\\&&&&&\ddots&\\&&&&&&1\end{bmatrix}$$

现在，我们来了解一下初等变换与初等矩阵之间的对应关系。首先，将矩阵 $\boldsymbol{A}=\begin{bmatrix}1&2\\3&4\\5&6\end{bmatrix}$ 的第 2 行和第 3 行互换，看看得到什么结果：

$$\boldsymbol{A}=\begin{bmatrix}1&2\\3&4\\5&6\end{bmatrix}\overset{r_2\leftrightarrow r_3}{\Rightarrow}\begin{bmatrix}1&2\\5&6\\3&4\end{bmatrix}$$

然后，用 3 阶方阵 $\boldsymbol{I}(2,3)$ 左乘 $\boldsymbol{A}$，看看又会得到什么结果：

$$\boldsymbol{I}(2,3)\boldsymbol{A}=\begin{bmatrix}1&0&0\\0&0&1\\0&1&0\end{bmatrix}\begin{bmatrix}1&2\\3&4\\5&6\end{bmatrix}=\begin{bmatrix}1\times1+0\times3+0\times5&1\times2+0\times4+0\times6\\0\times1+0\times3+1\times5&0\times2+0\times4+1\times6\\0\times1+1\times3+0\times5&0\times2+1\times4+0\times6\end{bmatrix}=\begin{bmatrix}1&2\\5&6\\3&4\end{bmatrix}$$

可以看到，上面两种操作的结果是完全相同的。现在，将矩阵 $\boldsymbol{A}=\begin{bmatrix}1&2\\3&4\\5&6\end{bmatrix}$ 的第 1 列和第 2 列互换，看看得到什么结果：

$$\boldsymbol{A}=\begin{bmatrix}1&2\\3&4\\5&6\end{bmatrix}\overset{c_1\leftrightarrow c_2}{\Rightarrow}\begin{bmatrix}2&1\\4&3\\6&5\end{bmatrix}$$

然后，用 2 阶方阵 $\boldsymbol{I}(1,2)$ 右乘 $\boldsymbol{A}$，看看又会得到什么结果：

$$\boldsymbol{A}\boldsymbol{I}(1,2)=\begin{bmatrix}1&2\\3&4\\5&6\end{bmatrix}\begin{bmatrix}0&1\\1&0\end{bmatrix}=\begin{bmatrix}1\times0+2\times1&1\times1+2\times0\\3\times0+4\times1&3\times1+4\times0\\5\times0+6\times1&5\times1+6\times0\end{bmatrix}=\begin{bmatrix}2&1\\4&3\\6&5\end{bmatrix}$$

可以看到，上面两种操作的结果也是完全相同的。事实上，从数学上可以证明，初等变换与初等矩阵之间存在以下对应关系：

- 对矩阵 $\boldsymbol{A}$ 进行行操作 $r_i \leftrightarrow r_j$，等效于 $\boldsymbol{I}(i,j)\boldsymbol{A}$；对矩阵 $\boldsymbol{A}$ 进行列操作 $c_i \leftrightarrow c_j$，等效于 $\boldsymbol{AI}(i,j)$；
- 对矩阵 $\boldsymbol{A}$ 进行行操作 kr_i，等效于 $\boldsymbol{I}(i(k))\boldsymbol{A}$；对矩阵 $\boldsymbol{A}$ 进行列操作 kc_i，等效于 $\boldsymbol{AI}(i(k))$；
- 对矩阵 $\boldsymbol{A}$ 进行行操作 $r_i + kr_j$，等效于 $\boldsymbol{I}(i,j(k))\boldsymbol{A}$；对矩阵 $\boldsymbol{A}$ 进行列操作 $c_i + kc_j$，等效于 $\boldsymbol{AI}(i,j(k))$。

最后，我们给出数学上的一个结论：一个 $M \times N$ 矩阵 $\boldsymbol{A}$ 与一个 $M \times N$ 矩阵 $\boldsymbol{B}$ 等价的充分必要条件是存在 L 个 $M \times M$ 初等矩阵 $\boldsymbol{P}_1, \boldsymbol{P}_2, \cdots, \boldsymbol{P}_L$ 以及 K 个 $N \times N$ 初等矩阵 $\boldsymbol{Q}_1, \boldsymbol{Q}_2, \cdots, \boldsymbol{Q}_K$，使得

$$\boldsymbol{P}_1\boldsymbol{P}_2\cdots\boldsymbol{P}_L\boldsymbol{A}\boldsymbol{Q}_1\boldsymbol{Q}_2\cdots\boldsymbol{Q}_K = \boldsymbol{B} \tag{2.45}$$

2.1.10　线性相关性

我们把维数相同的若干个行矢量组成的集合称为一个**行矢量组**，把维数相同的若干个列矢量组成的集合称为一个**列矢量组**，行矢量组和列矢量组统称为**矢量组**。例如，$[1\ \ 2\ \ 3]$，$[4\ \ -1\ \ 0]$，$[1\ \ 0\ \ 1]$，$[2\ \ 1\ \ -6]$ 这 4 个矢量就构成了一个矢量组，$[0\ \ 0\ \ 0\ \ 1]^{\mathrm{T}}$，$[-3\ \ 1\ \ 9\ \ 2]^{\mathrm{T}}$，$[1\ \ 3\ \ 5\ \ 7]^{\mathrm{T}}$ 这 3 个矢量也构成了一个矢量组，但 $[-2\ \ 1\ \ 5\ \ 1]$，$[3\ \ 8\ \ 2]$，$[-4\ \ 1\ \ 6]$ 这 3 个矢量就不能算是一个矢量组，$[2\ \ 0\ \ 0\ \ 1]$，$[1\ \ 9\ \ 7\ \ 3]^{\mathrm{T}}$，$[1\ \ 9\ \ 6\ \ 5]$ 这 3 个矢量也不能算是一个矢量组。在本书中，矢量组默认是指列矢量组，除非有特别的说明。

如果 $\boldsymbol{a}_1, \boldsymbol{a}_2, \cdots, \boldsymbol{a}_M$ 是一个矢量组，$k_1, k_2, \cdots, k_M$ 是一组标量，则称

$$k_1\boldsymbol{a}_1 + k_2\boldsymbol{a}_2 + \cdots + k_M\boldsymbol{a}_M$$

为这个矢量组的一个**线性组合**，其中 $k_1, k_2, \cdots, k_M$ 称为这个线性组合的系数。例如，如果

$$\boldsymbol{a}_1 = [1\ \ 2\ \ 1\ \ -1]^{\mathrm{T}}$$

$$\boldsymbol{a}_2 = [2\ \ 1\ \ -1\ \ 3]^{\mathrm{T}}$$

$$\boldsymbol{a}_3 = [1\ \ 1\ \ -1\ \ 5]^{\mathrm{T}}$$

那么 $\boldsymbol{b} = [1\ \ 4\ \ 2\ \ 0]^{\mathrm{T}}$ 就是 $\boldsymbol{a}_1$，$\boldsymbol{a}_2$，$\boldsymbol{a}_3$ 的一个线性组合，因为 $\boldsymbol{b} = 2\boldsymbol{a}_1 - \boldsymbol{a}_2 + \boldsymbol{a}_3$，这个线性组合的系数为 2，-1，1。另外，$\boldsymbol{c} = [-1\ \ 1\ \ 2\ \ -4]^{\mathrm{T}}$ 也是 $\boldsymbol{a}_1$，$\boldsymbol{a}_2$，$\boldsymbol{a}_3$ 的一个线性组合，因为 $\boldsymbol{c} = \boldsymbol{a}_1 - \boldsymbol{a}_2$，这个线性组合的系数为 1，-1，0。特别地，零矢量也是 $\boldsymbol{a}_1$，$\boldsymbol{a}_2$，$\boldsymbol{a}_3$ 的一个线性组合，相应的线性组合的系数全为 0。显然，零矢量是任何一个矢量组的线性组合。

假设 $\boldsymbol{a}_1, \boldsymbol{a}_2, \cdots, \boldsymbol{a}_M$ 是一个矢量组，如果存在一组不全为 0 的标量 $k_1, k_2, \cdots, k_M$，使得等式

$$k_1\boldsymbol{a}_1 + k_2\boldsymbol{a}_2 + \cdots + k_M\boldsymbol{a}_M = \boldsymbol{o}$$

成立，则称$\boldsymbol{a}_1,\boldsymbol{a}_2,\cdots,\boldsymbol{a}_M$**线性相关**，否则称$\boldsymbol{a}_1,\boldsymbol{a}_2,\cdots,\boldsymbol{a}_M$**线性无关**。

根据矢量组线性相关和线性无关的定义，很容易推出这样的结论：如果一个矢量组只包含 1 个矢量，则该矢量组线性无关的充分必要条件是该矢量为非零矢量；如果一个矢量组包含零矢量，则该矢量组一定是线性相关的。

我们来分析一下$\boldsymbol{a}=[3\quad 2]^{\mathrm{T}}$和$\boldsymbol{b}=[4.5\quad 3]^{\mathrm{T}}$这两个矢量的线性相关性。由于$-1.5\boldsymbol{a}+\boldsymbol{b}=\boldsymbol{o}$，所以这两个矢量是线性相关的，$\boldsymbol{a}$和$\boldsymbol{b}$如图 2-14 所示。从图 2-14 中可以看到，矢量$\boldsymbol{a}$和矢量$\boldsymbol{b}$在平面上是共线的。事实上，在数学中早有结论：如果两个 2 维矢量是线性相关的，则它们在平面上一定是共线的，反之亦然；如果两个 2 维矢量是线性无关的，则它们在平面上一定不是共线的，反之亦然。注意，零矢量可被视为是与任何一个矢量共线的。关于矢量组的线性相关性问题，在数学中还有很多定理，其中有一个很有意思的定理，我们在这里不作证明地陈述一下：如果$N>M$，则N个M维矢量一定是线性相关的。例如，3 个 2 维矢量一定是线性相关的，5 个 3 维矢量也一定是线性相关的，如此等等。

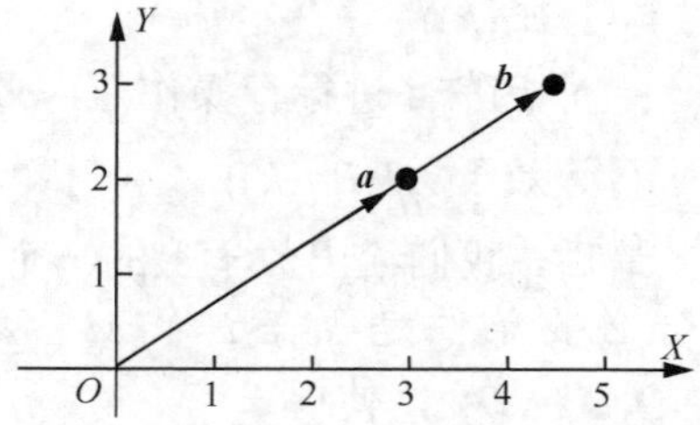

图 2-14　矢量$\boldsymbol{a}$与矢量$\boldsymbol{b}$共线

假设有一个矢量组$\boldsymbol{a}_1,\boldsymbol{a}_2,\cdots,\boldsymbol{a}_M$，从中选出了$R$个矢量$\boldsymbol{x}_1,\boldsymbol{x}_2,\cdots,\boldsymbol{x}_R$，如果满足条件 1：$\boldsymbol{x}_1,\boldsymbol{x}_2,\cdots,\boldsymbol{x}_R$线性无关，并且满足条件 2：$\boldsymbol{a}_1,\boldsymbol{a}_2,\cdots,\boldsymbol{a}_M$中任何$R+1$个矢量都是线性相关的（注：如果$R=M$，则无须考虑条件 2），则称矢量组$\boldsymbol{x}_1,\boldsymbol{x}_2,\cdots,\boldsymbol{x}_R$是矢量组$\boldsymbol{a}_1,\boldsymbol{a}_2,\cdots,\boldsymbol{a}_M$的一个**最大线性无关矢量组**。注意，一个矢量组是可以有多个最大线性无关矢量组的，但可以证明的是，不同的最大线性无关矢量组所包含的矢量个数一定是相等的。

例如，假定$\boldsymbol{a}_1=[3\quad 0]^{\mathrm{T}}$，$\boldsymbol{a}_2=[-1\quad 1]^{\mathrm{T}}$，$\boldsymbol{a}_3=[3\quad 1]^{\mathrm{T}}$（见图 2-15），我们来判断一下$\boldsymbol{a}_1$和$\boldsymbol{a}_2$是不是$\boldsymbol{a}_1$，$\boldsymbol{a}_2$，$\boldsymbol{a}_3$的一个最大线性无关矢量组。显然，从图 2-15 中可以发现$\boldsymbol{a}_1$与$\boldsymbol{a}_2$不是共线的，所以$\boldsymbol{a}_1$和$\boldsymbol{a}_2$是线性无关的，同时，$\boldsymbol{a}_1$，$\boldsymbol{a}_2$，$\boldsymbol{a}_3$又是线性相关的（因为$4\boldsymbol{a}_1+3\boldsymbol{a}_2-3\boldsymbol{a}_3=\boldsymbol{o}$），所以$\boldsymbol{a}_1$和$\boldsymbol{a}_2$就是$\boldsymbol{a}_1$，$\boldsymbol{a}_2$，$\boldsymbol{a}_3$的一个最大线性无关矢量组。类似地，我们发现，$\boldsymbol{a}_1$和$\boldsymbol{a}_3$也是$\boldsymbol{a}_1$，$\boldsymbol{a}_2$，$\boldsymbol{a}_3$的一个最大线性无关矢量组，$\boldsymbol{a}_2$和$\boldsymbol{a}_3$同样是$\boldsymbol{a}_1$，$\boldsymbol{a}_2$，$\boldsymbol{a}_3$的一个最大线性无关矢量组。$\boldsymbol{a}_1$，$\boldsymbol{a}_2$，$\boldsymbol{a}_3$一共有 3 个最大线性无关矢量组，每个最大线性无关矢量组所包含的矢量个数都是 2。

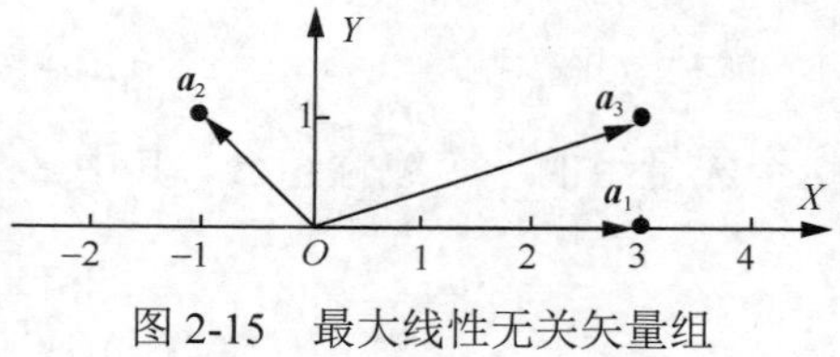

图 2-15　最大线性无关矢量组

接下来说说**秩（Rank）**的概念。对于一个矢量组$\boldsymbol{a}_1,\boldsymbol{a}_2,\cdots,\boldsymbol{a}_M$，如果它的最大线性无关矢量组所包含的矢量个数是$R$，则称$R$是矢量组$\boldsymbol{a}_1,\boldsymbol{a}_2,\cdots,\boldsymbol{a}_M$的秩，或者说矢量组$\boldsymbol{a}_1,\boldsymbol{a}_2,\cdots,\boldsymbol{a}_M$的秩等于$R$。例如，对于图 2-15 所示的$\boldsymbol{a}_1$，$\boldsymbol{a}_2$，$\boldsymbol{a}_3$，它们的秩就等于 2。

对于矩阵

$$A=\begin{bmatrix} a_{11} & a_{12} & \cdots & a_{1N} \\ a_{21} & a_{22} & \cdots & a_{2N} \\ \vdots & \vdots & \vdots & \vdots \\ a_{M1} & a_{M2} & \cdots & a_{MN} \end{bmatrix}$$

我们把行矢量 $[a_{11} \quad a_{12} \quad \cdots \quad a_{1N}]$ 称为矩阵 A 的第 1 个行矢量，把行矢量 $[a_{21} \quad a_{22} \quad \cdots \quad a_{2N}]$ 称为矩阵 A 的第 2 个行矢量，以此类推，把行矢量 $[a_{M1} \quad a_{M2} \quad \cdots \quad a_{MN}]$ 称为矩阵 A 的第 M 个行矢量。类似地，我们把列矢量 $[a_{11} \quad a_{21} \quad \cdots \quad a_{M1}]^{\mathrm{T}}$ 称为矩阵 A 的第 1 个列矢量，把列矢量 $[a_{12} \quad a_{22} \quad \cdots \quad a_{M2}]^{\mathrm{T}}$ 称为矩阵 A 的第 2 个列矢量，以此类推，把列矢量 $[a_{1N} \quad a_{2N} \quad \cdots \quad a_{MN}]^{\mathrm{T}}$ 称为矩阵 A 的第 N 个列矢量。A 的所有 M 个行矢量组成的矢量组的秩称为矩阵 A 的**行秩**，A 的所有 N 个列矢量组成的矢量组的秩称为矩阵 A 的**列秩**。由于数学上可以证明，A 的行秩总是等于 A 的列秩，所以我们把 A 的行秩和 A 的列秩统称为矩阵 A 的秩，并记为 $R(A)$。

例如，对于矩阵

$$A=\begin{bmatrix} 3 & -1 & 3 \\ 0 & 1 & 1 \end{bmatrix}$$

因为前面已经分析说明由 $a_1=[3 \quad 0]^{\mathrm{T}}$，$a_2=[-1 \quad 1]^{\mathrm{T}}$，$a_3=[3 \quad 1]^{\mathrm{T}}$ 这 3 个矢量构成的矢量组的秩是 2（参见图 2-15），所以 A 的列秩等于 2，因此 $R(A)=2$。

在明白了矩阵的秩的含义后，接下来的任务就是要想办法计算出矩阵的秩。计算矩阵的秩有很多种方法，我们要介绍的方法只是其中的一种，即利用矩阵的初等行变换来计算矩阵的秩。但是，在介绍这种方法之前，还得先看看两种特殊模样的矩阵，一种称为行阶梯形矩阵（Row-Echelon Matrix），另一种称为列阶梯形矩阵（Column-Echelon Matrix）。我们把形如图 2-16 的矩阵称为行阶梯形矩阵。行阶梯形矩阵的特点：可以画出一条阶梯线（如图中的虚线），阶梯线的左、下侧的元素全为 0，每级阶梯的高度只有一行，且阶梯线的竖线的右边的第一个元素为非零元素。另外，行阶梯形矩阵经过转置后得到的矩阵称为列阶梯形矩阵，并且，行阶梯形矩阵和列阶梯形矩阵统称为阶梯形矩阵。

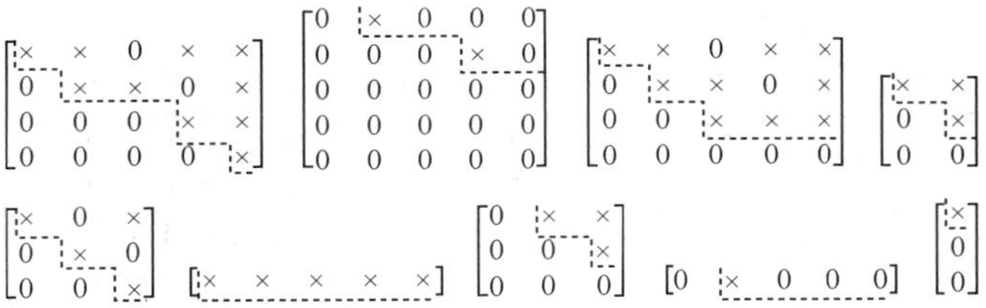

图 2-16　行阶梯形矩阵

数学上有一个结论：一个行阶梯形矩阵的秩就等于这个行阶梯形矩阵的非零行的个数；一个列阶梯形矩阵的秩就等于这个列阶梯形矩阵的非零列的个数。数学上还有一个结论：如果矩阵 A 与矩阵 B 是等价的，则矩阵 A 的秩与矩阵 B 的秩相等。这样一来，对于任意一个矩阵 A，就可以对 A 进行初等行变换，使其变形为一个阶梯形矩阵 B，这个阶梯形矩阵 B 的秩就等于 A 的秩。提醒一下，阶梯形矩阵的秩是一眼就能看出来的。

例如，$A=\begin{bmatrix}-1 & 0 & 2\\ 1 & 1 & 1\\ 2 & 0 & -4\end{bmatrix}$，求 $R(A)=?$ 求解过程如下：

$$A=\begin{bmatrix}-1 & 0 & 2\\ 1 & 1 & 1\\ 2 & 0 & -4\end{bmatrix}\overset{r_3+2r_1}{\Rightarrow}\begin{bmatrix}-1 & 0 & 2\\ 1 & 1 & 1\\ 0 & 0 & 0\end{bmatrix}\overset{r_2+r_1}{\Rightarrow}\begin{bmatrix}-1 & 0 & 2\\ 0 & 1 & 3\\ 0 & 0 & 0\end{bmatrix}=B$$

因为 B 是一个行阶梯形矩阵，其第 1 行和第 2 行是非零行，非零行的个数是 2，所以 $R(A)=R(B)=2$。

又例如，$C=\begin{bmatrix}2 & 3 & 1 & -2\\ -2 & 3 & 5 & 1\\ 1 & 2 & 0 & -1\end{bmatrix}$，求 $R(C)=?$求解过程如下：

$$C=\begin{bmatrix}2 & 3 & 1 & -2\\ -2 & 3 & 5 & 1\\ 1 & 2 & 0 & -1\end{bmatrix}\overset{r_1\leftrightarrow r_3}{\Rightarrow}\begin{bmatrix}1 & 2 & 0 & -1\\ -2 & 3 & 5 & 1\\ 2 & 3 & 1 & -2\end{bmatrix}\overset{r_3-2r_1}{\Rightarrow}\begin{bmatrix}1 & 2 & 0 & -1\\ -2 & 3 & 5 & 1\\ 0 & -1 & 1 & 0\end{bmatrix}$$

$$\overset{r_2+2r_1}{\Rightarrow}\begin{bmatrix}1 & 2 & 0 & -1\\ 0 & 7 & 5 & -1\\ 0 & -1 & 1 & 0\end{bmatrix}\overset{7r_3}{\Rightarrow}\begin{bmatrix}1 & 2 & 0 & -1\\ 0 & 7 & 5 & -1\\ 0 & -7 & 7 & 0\end{bmatrix}\overset{r_3+r_2}{\Rightarrow}\begin{bmatrix}1 & 2 & 0 & -1\\ 0 & 7 & 5 & -1\\ 0 & 0 & 12 & -1\end{bmatrix}=D$$

因为 D 是一个行阶梯形矩阵，其第 1 行、第 2 行、第 3 行是非零行，非零行的个数是 3，所以 $R(C)=R(D)=3$。

2.1.11 逆矩阵

对于 N 阶方阵 A，如果存在 N 阶方阵 B，使得 $AB=BA=I$（单位矩阵）成立，则称 A 为**可逆矩阵（Invertible Matrix）**，或简称 A 是**可逆的（Invertible）**，称 B 为 A 的**逆矩阵（Inverse Matrix）**，记为 $A^{-1}=B$。

例如，如果 $A=\begin{bmatrix}1 & 2\\ 0 & 1\end{bmatrix}$，$B=\begin{bmatrix}1 & -2\\ 0 & 1\end{bmatrix}$，则有

$$AB=\begin{bmatrix}1 & 2\\ 0 & 1\end{bmatrix}\begin{bmatrix}1 & -2\\ 0 & 1\end{bmatrix}=\begin{bmatrix}1\times1+2\times0 & 1\times(-2)+2\times1\\ 0\times1+1\times0 & 0\times(-2)+1\times1\end{bmatrix}=\begin{bmatrix}1 & 0\\ 0 & 1\end{bmatrix}=I$$

$$BA=\begin{bmatrix}1 & -2\\ 0 & 1\end{bmatrix}\begin{bmatrix}1 & 2\\ 0 & 1\end{bmatrix}=\begin{bmatrix}1\times1+(-2)\times0 & 1\times2+(-2)\times1\\ 0\times1+1\times0 & 0\times2+1\times1\end{bmatrix}=\begin{bmatrix}1 & 0\\ 0 & 1\end{bmatrix}=I$$

所以 $AB=BA=I$，$A^{-1}=B=\begin{bmatrix}1 & -2\\ 0 & 1\end{bmatrix}$。

一个矩阵的逆矩阵也简称为该矩阵的**逆（Inverse）**。矩阵的逆有以下几个重要的性质：

- 如果矩阵 A 是可逆的，则 A 的逆是唯一的；
- 如果矩阵 A 是可逆的，则 A^{-1} 和 A^{T} 也都是可逆的，并且 $(A^{-1})^{-1}=A$，

$(\boldsymbol{A}^{\mathrm{T}})^{-1} = (\boldsymbol{A}^{-1})^{\mathrm{T}}$；

- 如果矩阵 $\boldsymbol{A}$ 是可逆的，标量 $k \neq 0$，则 $k\boldsymbol{A}$ 也是可逆的，并且 $(k\boldsymbol{A})^{-1} = \frac{1}{k}\boldsymbol{A}^{-1}$；
- 如果 $\boldsymbol{A}$ 和 $\boldsymbol{B}$ 是同阶方阵，并且 $\boldsymbol{A}$ 和 $\boldsymbol{B}$ 都是可逆的，则 $\boldsymbol{AB}$ 也是可逆的，并且 $(\boldsymbol{AB})^{-1} = \boldsymbol{B}^{-1}\boldsymbol{A}^{-1}$。这个性质可以推广到多个矩阵的情况，即若同阶方阵 $\boldsymbol{A}_1, \boldsymbol{A}_2, \ldots, \boldsymbol{A}_M$ 都是可逆的，则 $\boldsymbol{A}_1\boldsymbol{A}_2\cdots\boldsymbol{A}_M$ 也是可逆的，并且 $(\boldsymbol{A}_1\boldsymbol{A}_2\cdots\boldsymbol{A}_M)^{-1} = \boldsymbol{A}_M^{-1}\cdots\boldsymbol{A}_2^{-1}\boldsymbol{A}_1^{-1}$；
- 如果 $\boldsymbol{A}$ 和 $\boldsymbol{B}$ 是同阶方阵，并且 $\boldsymbol{AB} = \boldsymbol{I}$，则 $\boldsymbol{A}$ 和 $\boldsymbol{B}$ 都是可逆的，并且 $\boldsymbol{A}^{-1} = \boldsymbol{B}$，$\boldsymbol{B}^{-1} = \boldsymbol{A}$。

如果一个方阵的秩等于这个方阵的阶数，则称这个方阵是**满秩的（Full Ranked）**，或者说这个方阵是一个**满秩矩阵（Full-Rank Matrix）**。之前我们介绍过利用初等变换求解矩阵的秩的方法，根据这个方法，我们可以先求出一个方阵的秩，然后根据所求出的秩与该方阵的阶数之间的大小关系就可以判断出该方阵是不是满秩的：如果秩小于阶数，则该方阵不是满秩的；如果秩等于阶数，则该方阵是满秩的；如果秩大于阶数，那肯定是哪里算错了。之所以要强调一下满秩的问题，是因为满秩是一个矩阵可逆的充分必要条件（证明过程略去）。顺便提一下，初等矩阵总是满秩的，即初等矩阵总是可逆的（证明过程略去）。

给定一个满秩的方阵，我们该如何计算出它的逆矩阵呢？求解逆矩阵的方法有很多种，我们要介绍的方法只是其中的一种，即利用初等行变换的方法来求矩阵的逆。在介绍这种方法之前，先说明一下矩阵的串接表示方法：如果矩阵 $\boldsymbol{A}$ 和矩阵 $\boldsymbol{B}$ 的行数相等，则 $[\boldsymbol{A}|\boldsymbol{B}]$ 表示 $\boldsymbol{A}$ 和 $\boldsymbol{B}$ 的列串接矩阵。例如，如果 $\boldsymbol{A} = \begin{bmatrix} 1 & 2 \\ 3 & 4 \end{bmatrix}$，$\boldsymbol{B} = \begin{bmatrix} 5 & 6 \\ 7 & 8 \end{bmatrix}$，则

$$[\boldsymbol{A}|\boldsymbol{B}] = \begin{bmatrix} 1 & 2 & 5 & 6 \\ 3 & 4 & 7 & 8 \end{bmatrix}$$

如果矩阵 $\boldsymbol{A}$ 和矩阵 $\boldsymbol{B}$ 的列数相等，则 $\left[\frac{\boldsymbol{A}}{\boldsymbol{B}}\right]$ 表示 $\boldsymbol{A}$ 和 $\boldsymbol{B}$ 的行串接矩阵。例如，如果 $\boldsymbol{A} = \begin{bmatrix} 1 & 2 \\ 3 & 4 \end{bmatrix}$，$\boldsymbol{B} = \begin{bmatrix} 5 & 6 \\ 7 & 8 \end{bmatrix}$，则

$$\left[\frac{\boldsymbol{A}}{\boldsymbol{B}}\right] = \begin{bmatrix} 1 & 2 \\ 3 & 4 \\ 5 & 6 \\ 7 & 8 \end{bmatrix}$$

数学上有这样一个定理（证明略去）：N 阶方阵 $\boldsymbol{A}$ 可逆的充分必要条件是它能表示成有限个初等矩阵的乘积，即

$$\boldsymbol{A} = \boldsymbol{P}_1\boldsymbol{P}_2\cdots\boldsymbol{P}_L$$

其中 $\boldsymbol{P}_1, \boldsymbol{P}_2, \cdots, \boldsymbol{P}_L$ 均为初等矩阵。根据这个定理，如果 N 阶方阵 $\boldsymbol{A}$ 可逆，就可以把它表示为

$$A = P_1 P_2 \cdots P_L \tag{2.46}$$

式（2.46）的两边左乘$(P_1 P_2 \cdots P_L)^{-1}$，得到

$$(P_1 P_2 \cdots P_L)^{-1} A = (P_1 P_2 \cdots P_L)^{-1}(P_1 P_2 \cdots P_L) \tag{2.47}$$

显然，式（2.47）的左边等于$(P_L)^{-1} \cdots (P_2)^{-1}(P_1)^{-1} A$，右边等于$I$，于是有

$$(P_L)^{-1} \cdots (P_2)^{-1}(P_1)^{-1} A = I \tag{2.48}$$

式（2.48）的两边右乘A^{-1}，得到

$$(P_L)^{-1} \cdots (P_2)^{-1}(P_1)^{-1} A A^{-1} = I A^{-1} \tag{2.49}$$

进而得到

$$(P_L)^{-1} \cdots (P_2)^{-1}(P_1)^{-1} I = A^{-1} \tag{2.50}$$

对比分析式（2.48）与式（2.50）可知，如果A经过一系列的初等行变换可以化为单位矩阵I，那么I经过完全相同的初等行变换就可以化为A^{-1}。基于这样的分析，我们可以将式（2.48）和式（2.50）联合写成

$$(P_L)^{-1} \cdots (P_2)^{-1}(P_1)^{-1} [A \mid I] = [I \mid A^{-1}] \tag{2.51}$$

式（2.51）可以理解为，当需要计算方阵A的逆矩阵时，我们可以对列串接矩阵$[A \mid I]$进行一系列的初等行变换，使最后得到的列串接矩阵中的左边部分成为一个单位矩阵，那么最后得到的列串接矩阵中的右边部分就是A的逆矩阵。接下来，我们通过两个例子来练习一下这种求解逆矩阵的方法。

已知$A = \begin{bmatrix} 0.5 & 1 \\ 1.5 & 2 \end{bmatrix}$，$A^{-1}$的求解过程如下：

$$\begin{bmatrix} 0.5 & 1 & 1 & 0 \\ 1.5 & 2 & 0 & 1 \end{bmatrix} \overset{r_2 - 3r_1}{\Rightarrow} \begin{bmatrix} 0.5 & 1 & 1 & 0 \\ 0 & -1 & -3 & 1 \end{bmatrix} \overset{r_1 + r_2}{\Rightarrow} \begin{bmatrix} 0.5 & 0 & -2 & 1 \\ 0 & -1 & -3 & 1 \end{bmatrix}$$

$$\overset{2r_1}{\Rightarrow} \begin{bmatrix} 1 & 0 & -4 & 2 \\ 0 & -1 & -3 & 1 \end{bmatrix} \overset{-r_2}{\Rightarrow} \begin{bmatrix} 1 & 0 & -4 & 2 \\ 0 & 1 & 3 & -1 \end{bmatrix}$$

于是，$A^{-1} = \begin{bmatrix} -4 & 2 \\ 3 & -1 \end{bmatrix}$。

已知$A = \begin{bmatrix} 1 & 1 & 1 \\ -1 & 0 & -1 \\ -1 & -1 & 0 \end{bmatrix}$，$A^{-1}$的求解过程如下：

$$\begin{bmatrix} 1 & 1 & 1 & 1 & 0 & 0 \\ -1 & 0 & -1 & 0 & 1 & 0 \\ -1 & -1 & 0 & 0 & 0 & 1 \end{bmatrix} \overset{r_3 + r_1}{\Rightarrow} \begin{bmatrix} 1 & 1 & 1 & 1 & 0 & 0 \\ -1 & 0 & -1 & 0 & 1 & 0 \\ 0 & 0 & 1 & 1 & 0 & 1 \end{bmatrix} \overset{r_2 + r_1}{\Rightarrow} \begin{bmatrix} 1 & 1 & 1 & 1 & 0 & 0 \\ 0 & 1 & 0 & 1 & 1 & 0 \\ 0 & 0 & 1 & 1 & 0 & 1 \end{bmatrix}$$

$$\overset{r_1 - r_3}{\Rightarrow} \begin{bmatrix} 1 & 1 & 0 & 0 & 0 & -1 \\ 0 & 1 & 0 & 1 & 1 & 0 \\ 0 & 0 & 1 & 1 & 0 & 1 \end{bmatrix} \overset{r_1 - r_2}{\Rightarrow} \begin{bmatrix} 1 & 0 & 0 & -1 & -1 & -1 \\ 0 & 1 & 0 & 1 & 1 & 0 \\ 0 & 0 & 1 & 1 & 0 & 1 \end{bmatrix}$$

于是，$A^{-1}=\begin{bmatrix}-1 & -1 & -1\\ 1 & 1 & 0\\ 1 & 0 & 1\end{bmatrix}$。

矩阵的逆常用于求解线性方程组。对于以下线性方程组

$$\begin{cases}a_{11}x_1+a_{12}x_2+\cdots+a_{1N}x_N=b_1\\ a_{21}x_1+a_{22}x_2+\cdots+a_{2N}x_N=b_2\\ \qquad\vdots\\ a_{N1}x_1+a_{N2}x_2+\cdots+a_{NN}x_N=b_N\end{cases}\tag{2.52}$$

如果记

$$\boldsymbol{A}=\begin{bmatrix}a_{11} & a_{12} & \cdots & a_{1N}\\ a_{21} & a_{22} & \cdots & a_{2N}\\ \vdots & \vdots & & \vdots\\ a_{N1} & a_{N2} & \cdots & a_{NN}\end{bmatrix},\quad \boldsymbol{x}=\begin{bmatrix}x_1\\ x_2\\ \vdots\\ x_N\end{bmatrix},\quad \boldsymbol{b}=\begin{bmatrix}b_1\\ b_2\\ \vdots\\ b_N\end{bmatrix}$$

则该线性方程组可以表示为以下矩阵形式：

$$\boldsymbol{Ax}=\boldsymbol{b}\tag{2.53}$$

如果 $\boldsymbol{A}^{-1}$ 存在，在式（2.53）的两边左乘 $\boldsymbol{A}^{-1}$，即得

$$\boldsymbol{x}=\boldsymbol{A}^{-1}\boldsymbol{b}\tag{2.54}$$

例如，对于以下线性方程组

$$\begin{cases}x_1+x_2-x_3=1\\ 2x_1+3x_2-2x_3=2\\ 2x_1+x_2-3x_3=3\end{cases}$$

其解为

$$\boldsymbol{x}=\boldsymbol{A}^{-1}\boldsymbol{b}=\begin{bmatrix}1 & 1 & -1\\ 2 & 3 & -2\\ 2 & 1 & -3\end{bmatrix}^{-1}\begin{bmatrix}1\\ 2\\ 3\end{bmatrix}=\begin{bmatrix}7 & -2 & -1\\ -2 & 1 & 0\\ 4 & -1 & -1\end{bmatrix}\begin{bmatrix}1\\ 2\\ 3\end{bmatrix}=\begin{bmatrix}0\\ 0\\ -1\end{bmatrix}$$

即 $x_1=0$，$x_2=0$，$x_3=-1$。

细心的读者可能已经注意到，在讨论矩阵的逆的时候，总是要求所讨论的矩阵是方阵，同时还要求所讨论的方阵是满秩的。在求解式（2.52）那样的线性方程组时，其系数矩阵 $\boldsymbol{A}$ 也是一个方阵，并且要求是满秩的，即 $\boldsymbol{A}^{-1}$是存在的。那么，如果矩阵不是一个方阵，而是一个行数不等于列数的长方阵，或者虽是方阵，但却不是满秩的，在这样的条件下其逆的情况又是怎样的呢？如果线性方程组的系数矩阵不是一个方阵，而是一个长方阵，我们又该如何求解呢？

我们称满秩的方阵为**非奇异矩阵（Non-Singular Matrix）**，称不满秩的方阵为**奇异矩阵（Singular Matrix）**。非奇异矩阵是存在唯一的逆矩阵的，奇异矩阵或长方阵是不存在逆矩阵的。针对奇异矩阵和长方阵，人们定义了**广义逆矩阵（Generalized Inverse Matrix）**

的概念，广义逆矩阵也可简称为**广义逆（Generalized Inverse）**。

假设矩阵 $\boldsymbol{A}$ 是一个 $M \times N$ 矩阵，如果存在 $N \times M$ 矩阵 $\boldsymbol{G}$，使得 $\boldsymbol{AGA} = \boldsymbol{A}$，则称 $\boldsymbol{G}$ 是 $\boldsymbol{A}$ 的一个广义逆矩阵或广义逆。$\boldsymbol{A}$ 的广义逆通常记为 $\boldsymbol{A}^-$，即有 $\boldsymbol{AA}^-\boldsymbol{A} = \boldsymbol{A}$。一般情况下，一个矩阵的广义逆并不是唯一的。另外，我们应该很容易理解，非奇异矩阵的逆其实只是广义逆的一种特殊情况。

想要计算出任意一个矩阵的所有广义逆会涉及很多的知识点，所以这里我们只简单描述一下**行满秩长方阵**的一个广义逆的计算方法。所谓行满秩长方阵，就是指列数大于行数，并且行秩等于行数的矩阵。数学上有这样一个定理：如果 $\boldsymbol{A}$ 是一个行满秩长方阵，则 $\boldsymbol{A}^- = \boldsymbol{A}^{\mathrm{T}}(\boldsymbol{AA}^{\mathrm{T}})^{-1}$ 一定是 $\boldsymbol{A}$ 的一个广义逆。根据这个定理，就可以通过直接计算 $\boldsymbol{A}^{\mathrm{T}}(\boldsymbol{AA}^{\mathrm{T}})^{-1}$ 来得到行满秩长方阵 $\boldsymbol{A}$ 的一个广义逆。

例如，对于行满秩长方阵 $\boldsymbol{A} = \begin{bmatrix} 1 & 0 & 1 \\ 0 & 1 & 0 \end{bmatrix}$，它的一个广义逆为

$$\boldsymbol{A}^- = \boldsymbol{A}^{\mathrm{T}}(\boldsymbol{AA}^{\mathrm{T}})^{-1} = \begin{bmatrix} 1 & 0 \\ 0 & 1 \\ 1 & 0 \end{bmatrix} \left(\begin{bmatrix} 1 & 0 & 1 \\ 0 & 1 & 0 \end{bmatrix} \begin{bmatrix} 1 & 0 \\ 0 & 1 \\ 1 & 0 \end{bmatrix} \right)^{-1}$$

$$= \begin{bmatrix} 1 & 0 \\ 0 & 1 \\ 1 & 0 \end{bmatrix} \begin{bmatrix} 2 & 0 \\ 0 & 1 \end{bmatrix}^{-1} = \begin{bmatrix} 1 & 0 \\ 0 & 1 \\ 1 & 0 \end{bmatrix} \begin{bmatrix} 0.5 & 0 \\ 0 & 1 \end{bmatrix} = \begin{bmatrix} 0.5 & 0 \\ 0 & 1 \\ 0.5 & 0 \end{bmatrix}$$

注意，所求得的矩阵 $\begin{bmatrix} 0.5 & 0 \\ 0 & 1 \\ 0.5 & 0 \end{bmatrix}$ 只是 $\boldsymbol{A}$ 的广义逆中的一个。事实上，$\boldsymbol{A}$ 还存在无穷多个广义逆。

对于线性方程组

$$\begin{cases} a_{11}x_1 + a_{12}x_2 + \cdots + a_{1N}x_N = b_1 \\ a_{21}x_1 + a_{22}x_2 + \cdots + a_{2N}x_N = b_2 \\ \qquad\qquad \vdots \\ a_{M1}x_1 + a_{M2}x_2 + \cdots + a_{MN}x_N = b_M \end{cases} \tag{2.55}$$

如果记

$$\boldsymbol{A} = \begin{bmatrix} a_{11} & a_{12} & \cdots & a_{1N} \\ a_{21} & a_{22} & \cdots & a_{2N} \\ \vdots & \vdots & & \vdots \\ a_{M1} & a_{M2} & \cdots & a_{MN} \end{bmatrix}, \quad \boldsymbol{x} = \begin{bmatrix} x_1 \\ x_2 \\ \vdots \\ x_N \end{bmatrix}, \quad \boldsymbol{b} = \begin{bmatrix} b_1 \\ b_2 \\ \vdots \\ b_M \end{bmatrix}$$

则该线性方程组可表示为矩阵形式：$\boldsymbol{Ax} = \boldsymbol{b}$。根据 M、N、$R(\boldsymbol{A})$ 这三者之间的大小关系的不同，这个方程组的解可能不存在，可能只存在唯一的一个解，还可能存在无穷多个解。显然，如果 $\boldsymbol{A}$ 是一个满秩方阵，则该方程组存在唯一的一个解 $\boldsymbol{x} = \boldsymbol{A}^{-1}\boldsymbol{b}$，这种情况我们之前已经见过了。接下来看看在 $\boldsymbol{A}$ 是行满秩长方阵的情况下可以怎样求出该方程

组的一个特解。数学上有这样一个定理：对于式（2.55）所示的线性方程组，如果其系数矩阵 $\boldsymbol{A}$ 是一个行满秩长方阵，则该线性方程组存在无穷多个解。如果 $\boldsymbol{A}$ 的某个广义逆矩阵为 $\boldsymbol{A}^{-}$，则 $\boldsymbol{A}^{-}\boldsymbol{b}$ 一定是该方程组的一个特解。

例如，对于下面这个线性方程组

$$\begin{cases} x_1 + x_2 = 12 \\ x_1 - x_2 - x_3 = 6 \end{cases}$$

其系数矩阵为 $\boldsymbol{A} = \begin{bmatrix} 1 & 1 & 0 \\ 1 & -1 & -1 \end{bmatrix}$。对 $\boldsymbol{A}$ 进行初等行变换（$r_2 - r_1$）后，可以得到一个行阶梯形矩阵 $\begin{bmatrix} 1 & 1 & 0 \\ 0 & -2 & -1 \end{bmatrix}$。显然，这个行阶梯形矩阵有两个非零行，由此可知 $R(\boldsymbol{A}) = 2$。因此，$\boldsymbol{A}$ 就是一个行满秩长方阵，$\boldsymbol{A}$ 的一个广义逆为

$$\boldsymbol{A}^{-} = \boldsymbol{A}^{\mathrm{T}}(\boldsymbol{A}\boldsymbol{A}^{\mathrm{T}})^{-1} = \begin{bmatrix} 1 & 1 \\ 1 & -1 \\ 0 & -1 \end{bmatrix} \left(\begin{bmatrix} 1 & 1 & 0 \\ 1 & -1 & -1 \end{bmatrix} \begin{bmatrix} 1 & 1 \\ 1 & -1 \\ 0 & -1 \end{bmatrix} \right)^{-1}$$

$$= \begin{bmatrix} 1 & 1 \\ 1 & -1 \\ 0 & -1 \end{bmatrix} \begin{bmatrix} 2 & 0 \\ 0 & 3 \end{bmatrix}^{-1} = \begin{bmatrix} 1 & 1 \\ 1 & -1 \\ 0 & -1 \end{bmatrix} \begin{bmatrix} \frac{1}{2} & 0 \\ 0 & \frac{1}{3} \end{bmatrix} = \begin{bmatrix} \frac{1}{2} & \frac{1}{3} \\ \frac{1}{2} & -\frac{1}{3} \\ 0 & -\frac{1}{3} \end{bmatrix} = \frac{1}{6} \begin{bmatrix} 3 & 2 \\ 3 & -2 \\ 0 & -2 \end{bmatrix}$$

于是，$\boldsymbol{x} = \boldsymbol{A}^{-}\boldsymbol{b} = \frac{1}{6} \begin{bmatrix} 3 & 2 \\ 3 & -2 \\ 0 & -2 \end{bmatrix} \begin{bmatrix} 12 \\ 6 \end{bmatrix} = \begin{bmatrix} 8 \\ 4 \\ -2 \end{bmatrix}$ 就是该方程组的一个特解。

总之，对于式（2.55）所示的线性方程组，M、N、$R(\boldsymbol{A})$ 这三者之间的大小关系不同，其解的结构和求解方法也就不同。考虑到本书的内容要求，这里就不展开描述了。

2.1.12　本征值与本征矢量

每个 N 阶方阵都对应了一个 N 阶**行列式（Determinant）**。方阵 $\boldsymbol{A}$ 的行列式通常记为 $\det\boldsymbol{A}$、$\det(\boldsymbol{A})$ 或 $|\boldsymbol{A}|$。方阵是一个方形数表，而行列式则是一个标量。

先来回顾一下 2 阶行列式和 3 阶行列式的计算公式。2 阶行列式的计算公式为

$$\begin{vmatrix} a_{11} & a_{12} \\ a_{21} & a_{22} \end{vmatrix} = a_{11}a_{22} - a_{21}a_{12}$$

3 阶行列式的计算公式为

$$\begin{vmatrix} a_{11} & a_{12} & a_{13} \\ a_{21} & a_{22} & a_{23} \\ a_{31} & a_{32} & a_{33} \end{vmatrix} = a_{11}a_{22}a_{33} + a_{21}a_{32}a_{13} + a_{31}a_{12}a_{23} - a_{13}a_{22}a_{31} - a_{23}a_{32}a_{11} - a_{33}a_{12}a_{21}$$

例如

$$\begin{vmatrix} 1 & -2 \\ 3 & 4 \end{vmatrix} = 1\times 4 - 3\times(-2) = 10$$

$$\begin{vmatrix} -1 & 0 & 2 \\ 1 & 1 & 1 \\ 2 & 0 & -4 \end{vmatrix} = (-1)\times 1\times(-4) + 1\times 0\times 2 + 2\times 0\times 1$$

$$-2\times 1\times 2 - 1\times 0\times(-1) - (-4)\times 0\times 1 = 0$$

数学上有一个定理：行列式$|\boldsymbol{A}|$不等于 0 的充分必要条件是$\boldsymbol{A}$为满秩方阵。关于行列式的各种定理还有很多，我们在这里就不展开描述了，同时也不去探究N阶行列式的通用计算公式。

接下来再回顾一下从N维空间到N维空间的**线性变换（Linear Transformation）**的基本概念：假设T表示某种变换关系，$\boldsymbol{a}$和$\boldsymbol{b}$是N维空间中的任意两个N维矢量，λ为一个任意的标量，如果

$$T(\boldsymbol{a}+\boldsymbol{b}) = T(\boldsymbol{a}) + T(\boldsymbol{b}) \tag{2.56}$$

和

$$T(\lambda\boldsymbol{a}) = \lambda T(\boldsymbol{a}) \tag{2.57}$$

总是成立的，则称T是从N维空间到N维空间的一个线性变换。式（2.56）表明线性变换满足**加性（Additivity）**，即两个矢量之和经过变换后得到的结果等于这两个矢量分别经过变换后所得到的结果之和。式（2.57）表明线性变换满足**齐性（Homogeneity）**，即一个矢量缩小或放大某个倍数后再进行变换，其结果与这个矢量变换后再缩小或放大同样的倍数是相同的。

将一个N阶方阵$\boldsymbol{A}$与任意一个N维列矢量$\boldsymbol{a}$相乘，所得结果$\boldsymbol{Aa}$必定也是一个N维列矢量，所以这样的方阵与列矢量的相乘运算相当于从N维空间到N维空间的一个变换。进一步地，对于一个N阶方阵$\boldsymbol{A}$、两个任意的N维列矢量$\boldsymbol{a}$和$\boldsymbol{b}$，以及一个任意的标量λ，由于

$$\boldsymbol{A}(\boldsymbol{a}+\boldsymbol{b}) = \boldsymbol{Aa} + \boldsymbol{Ab}$$

$$\boldsymbol{A}(\lambda\boldsymbol{a}) = \lambda(\boldsymbol{Aa})$$

总是成立的，所以这样的方阵与列矢量的相乘运算其实就是从N维空间到N维空间的一个线性变换。总之，通过方阵$\boldsymbol{A}$与任意的列矢量$\boldsymbol{a}$的相乘运算而实现的从列矢量$\boldsymbol{a}$到列矢量$\boldsymbol{Aa}$的变换是一个线性变换，方阵$\boldsymbol{A}$称为这个线性变换的**变换矩阵（Transformation Matrix）**。

例如，假设从 2 维空间到 2 维空间的某个线性变换的变换矩阵为

$$\boldsymbol{A} = \begin{bmatrix} \frac{\sqrt{3}}{2} & -\frac{1}{2} \\ \frac{1}{2} & \frac{\sqrt{3}}{2} \end{bmatrix}$$

被变换的 3 个矢量分别为 $\boldsymbol{a}=[1\quad 0]^{\mathrm{T}}$，$\boldsymbol{b}=[1\quad 1]^{\mathrm{T}}$，$\boldsymbol{c}=[0\quad 2]^{\mathrm{T}}$，则变换后的结果分别是

$$\boldsymbol{Aa}=\begin{bmatrix}\frac{\sqrt{3}}{2} & -\frac{1}{2}\\ \frac{1}{2} & \frac{\sqrt{3}}{2}\end{bmatrix}\begin{bmatrix}1\\0\end{bmatrix}=\begin{bmatrix}\frac{\sqrt{3}}{2}\\ \frac{1}{2}\end{bmatrix}$$

$$\boldsymbol{Ab}=\begin{bmatrix}\frac{\sqrt{3}}{2} & -\frac{1}{2}\\ \frac{1}{2} & \frac{\sqrt{3}}{2}\end{bmatrix}\begin{bmatrix}1\\1\end{bmatrix}=\begin{bmatrix}\frac{\sqrt{3}-1}{2}\\ \frac{\sqrt{3}+1}{2}\end{bmatrix}$$

$$\boldsymbol{Ac}=\begin{bmatrix}\frac{\sqrt{3}}{2} & -\frac{1}{2}\\ \frac{1}{2} & \frac{\sqrt{3}}{2}\end{bmatrix}\begin{bmatrix}0\\2\end{bmatrix}=\begin{bmatrix}-1\\ \sqrt{3}\end{bmatrix}$$

如图 2-17 所示，矢量 $\boldsymbol{a}$ 变换之后，模并没有发生任何变化，变换前后均为 1，但方向沿逆时针旋转了 30°；矢量 $\boldsymbol{b}$ 变换之后，模也没有发生任何变化，变换前后均为 $\sqrt{2}$，但方向也是沿逆时针旋转了 30°；矢量 $\boldsymbol{c}$ 变换之后，模同样没有发生任何变化，变换前后均为 2，但方向同样是沿逆时针旋转了 30°。事实上，从数学上可以证明，变换矩阵

$$\boldsymbol{A}=\begin{bmatrix}\frac{\sqrt{3}}{2} & -\frac{1}{2}\\ \frac{1}{2} & \frac{\sqrt{3}}{2}\end{bmatrix}=\begin{bmatrix}\cos 30^\circ & -\sin 30^\circ\\ \sin 30^\circ & \cos 30^\circ\end{bmatrix}$$

所对应的线性变换是从 2 维空间到 2 维空间的一个沿逆时针方向旋转 30° 的旋转变换：它不会改变矢量的模，只会将矢量的方向沿逆时针旋转 30°。

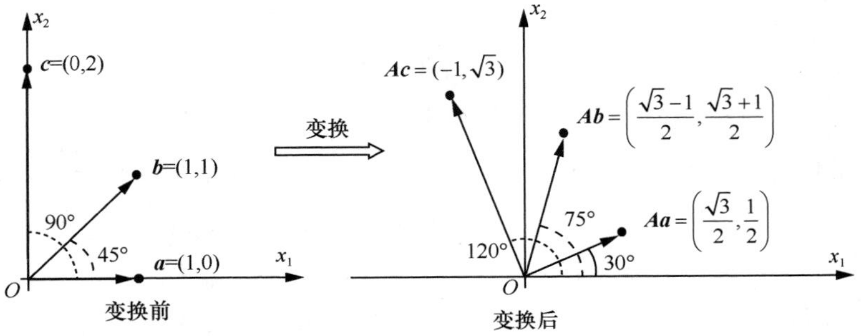

图 2-17　旋转变换

对于方阵 $\boldsymbol{A}$，如果存在标量 λ 和非零列矢量 $\boldsymbol{x}$，使得等式

$$\boldsymbol{Ax}=\lambda\boldsymbol{x} \tag{2.58}$$

成立，则称 λ 为方阵 $\boldsymbol{A}$ 的**本征值（Eigenvalue）**，称 $\boldsymbol{x}$ 为方阵 $\boldsymbol{A}$ 对应于本征值 λ 的**本征矢量（Eigenvector）**。注意，本征值 λ 可以为 0，也可以不为 0，但本征矢量 $\boldsymbol{x}$ 必须是非零矢量。另外，如果 $\boldsymbol{x}$ 是方阵 $\boldsymbol{A}$ 对应于本征值 λ 的本征矢量，则 $k\boldsymbol{x}(k \neq 0)$ 必定也是方阵 $\boldsymbol{A}$ 对应于本征值 λ 的本征矢量。

显然，如果把方阵 $\boldsymbol{A}$ 视为一个线性变换的变换矩阵，$\boldsymbol{x}$ 为方阵 $\boldsymbol{A}$ 对应于本征值 λ 的本征矢量，则本征矢量 $\boldsymbol{x}$ 与其变换后的矢量 $\boldsymbol{Ax}$ 总是共线的：当 $\lambda > 0$ 时，变换后的矢量 $\boldsymbol{Ax}$ 与本征矢量 $\boldsymbol{x}$ 是同向的，所以也是共线的；当 $\lambda < 0$ 时，变换后的矢量 $\boldsymbol{Ax}$ 与本征矢量 $\boldsymbol{x}$ 是反向的，所以也是共线的；当 $\lambda = 0$ 时，变换后的矢量 $\boldsymbol{Ax}$ 为零矢量，而零矢量是与任意矢量共线的。

我们在这里不做解释地直接给出求解方阵 $\boldsymbol{A}$ 的本征值和本征矢量的方法：首先求解关于 λ 的多项式方程 $\det(\boldsymbol{A}-\lambda\boldsymbol{I})=0$，得到本征值 λ_i，然后求解关于 $\boldsymbol{x}$ 的矩阵方程 $(\boldsymbol{A}-\lambda_i\boldsymbol{I})\boldsymbol{x}=\boldsymbol{O}$，所得之解就是方阵 $\boldsymbol{A}$ 对应于本征值 λ_i 的本征矢量。

例如，假定变换矩阵为 $\boldsymbol{A}=\begin{bmatrix}4 & 1\\ 1 & 4\end{bmatrix}$，试求 $\boldsymbol{A}$ 的本征值和本征矢量。求解过程如下：

$$\det(\boldsymbol{A}-\lambda\boldsymbol{I})=0 \rightarrow |\boldsymbol{A}-\lambda\boldsymbol{I}|=0 \rightarrow \begin{vmatrix}4-\lambda & 1\\ 1 & 4-\lambda\end{vmatrix}=0 \rightarrow (4-\lambda)^2-1=0$$

$$\rightarrow (\lambda-3)(\lambda-5)=0 \rightarrow \lambda_1=3, \lambda_2=5$$

对于 $\lambda_1=3$，求解矩阵方程 $(\boldsymbol{A}-3\boldsymbol{I})\boldsymbol{x}_1=\boldsymbol{O}$，有

$$\left(\begin{bmatrix}4 & 1\\ 1 & 4\end{bmatrix}-\begin{bmatrix}3 & 0\\ 0 & 3\end{bmatrix}\right)\boldsymbol{x}_1=\begin{bmatrix}0\\ 0\end{bmatrix} \rightarrow \begin{bmatrix}1 & 1\\ 1 & 1\end{bmatrix}\boldsymbol{x}_1=\begin{bmatrix}0\\ 0\end{bmatrix} \rightarrow \begin{bmatrix}1 & 1\\ 0 & 0\end{bmatrix}\boldsymbol{x}_1=\begin{bmatrix}0\\ 0\end{bmatrix}$$

$$\rightarrow \boldsymbol{x}_1=\begin{bmatrix}k_1\\ -k_1\end{bmatrix} \qquad (k_1 \neq 0)$$

类似地，对于 $\lambda_2=5$，求解矩阵方程 $(\boldsymbol{A}-5\boldsymbol{I})\boldsymbol{x}_2=\boldsymbol{O}$，有

$$\left(\begin{bmatrix}4 & 1\\ 1 & 4\end{bmatrix}-\begin{bmatrix}5 & 0\\ 0 & 5\end{bmatrix}\right)\boldsymbol{x}_2=\begin{bmatrix}0\\ 0\end{bmatrix} \rightarrow \begin{bmatrix}-1 & 1\\ 1 & -1\end{bmatrix}\boldsymbol{x}_2=\begin{bmatrix}0\\ 0\end{bmatrix} \rightarrow \begin{bmatrix}-1 & 1\\ 0 & 0\end{bmatrix}\boldsymbol{x}_2=\begin{bmatrix}0\\ 0\end{bmatrix}$$

$$\rightarrow \boldsymbol{x}_2=\begin{bmatrix}k_2\\ k_2\end{bmatrix} \qquad (k_2 \neq 0)$$

所以，方阵 $\boldsymbol{A}$ 有两个本征值，分别是 $\lambda_1=3$，$\lambda_2=5$。与 λ_1 对应的本征矢量有无穷多个，这无穷多个本征矢量可以表示为 $[k_1 \quad -k_1]^{\mathrm{T}}(k_1 \neq 0)$；与 λ_2 对应的本征矢量也有无穷多个，这无穷多个本征矢量可以表示为 $[k_2 \quad k_2]^{\mathrm{T}}(k_2 \neq 0)$。

基于上面所举的例子，我们来考察一下 $\boldsymbol{a}=[1 \quad -1]^{\mathrm{T}}$，$\boldsymbol{b}=[1 \quad 1]^{\mathrm{T}}$，$\boldsymbol{c}=[1 \quad 0]^{\mathrm{T}}$ 这 3 个矢量在变换之后的方向变化情况。显然，$\boldsymbol{a}$ 是 $\boldsymbol{A}$ 对应于本征值 3 的一个本征矢量，$\boldsymbol{b}$ 是 $\boldsymbol{A}$ 对应于本征值 5 的一个本征矢量，$\boldsymbol{c}$ 不是 $\boldsymbol{A}$ 的一个本征矢量，并且

$$\boldsymbol{Aa}=\begin{bmatrix}4 & 1\\ 1 & 4\end{bmatrix}\begin{bmatrix}1\\ -1\end{bmatrix}=\begin{bmatrix}3\\ -3\end{bmatrix}$$

$$Ab = \begin{bmatrix} 4 & 1 \\ 1 & 4 \end{bmatrix} \begin{bmatrix} 1 \\ 1 \end{bmatrix} = \begin{bmatrix} 5 \\ 5 \end{bmatrix}$$

$$Ac = \begin{bmatrix} 4 & 1 \\ 1 & 4 \end{bmatrix} \begin{bmatrix} 1 \\ 0 \end{bmatrix} = \begin{bmatrix} 4 \\ 1 \end{bmatrix}$$

图 2-18 显示了矢量 $\boldsymbol{a}$、$\boldsymbol{b}$、$\boldsymbol{c}$ 在变换前后的对比情况。从图 2-18 中可以看到，$\boldsymbol{Aa}$ 与 $\boldsymbol{a}$ 是共线的（同向的），$\boldsymbol{Aa}$ 的模变成了 $\boldsymbol{a}$ 的模的 3 倍（$|\lambda_1|$ 倍）；$\boldsymbol{Ab}$ 与 $\boldsymbol{b}$ 是共线的（同向的），$\boldsymbol{Ab}$ 的模变成了 $\boldsymbol{b}$ 的模的 5 倍（$|\lambda_2|$ 倍）；$\boldsymbol{Ac}$ 与 $\boldsymbol{c}$ 不是共线的，$\boldsymbol{Ac}$ 的方向与 $\boldsymbol{c}$ 的方向存在一个偏角。显然，我们在这里观察到的现象与我们前面给出的一些结论是完全一致的。

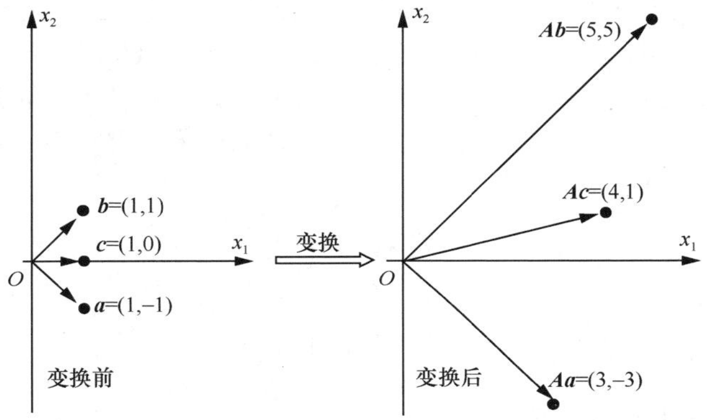

图 2-18　本征矢量示例

2.1.13　张量

所谓**张量（Tensor）**，就是指由若干个同质元素在空间中排列而成的一个阵列（Array）。如果空间的维数是 N，则相应的张量就称为 N 阶张量。注意，张量中的各个元素必须是同质的，即必须具有相同的性质。例如每个元素都是一个实数，或者每个元素都是一个字符串，或者每个元素都是一个逻辑真假值等等。为了简单起见，本小节中我们假定张量的元素均为整数。另外，本小节只对张量本身的基本概念进行描述和讨论，不会涉及张量的运算和操作等内容，这些内容将在第 5 章中进行介绍。

图 2-19 显示的是一个 3 维空间中的整数阵列 $\boldsymbol{T}$，所以 $\boldsymbol{T}$ 就是一个 3 阶张量。由于 $\boldsymbol{T}$ 是一个 3 维阵列，所以它就有 3 个维度，其中第 1 个维度我们习惯称为“层”，第 2 个维度我们称为“行”，第 3 个维度我们称为“列”。从图中可以看到，$\boldsymbol{T}$ 的元素排列成了 3 层 4 行 6 列，所以我们就说 $\boldsymbol{T}$ 的**形状（Shape）**为（3,4,6）。

图 2-19 给出的是 $\boldsymbol{T}$ 这个 3 阶张量的图形表达方式，$\boldsymbol{T}$ 的书写表达式：

$\boldsymbol{T}$ = [[[9,2,6,4,1,3],
[1,5,7,2,5,9],
[8,2,0,8,0,4],
[3,6,5,2,7,1]],
[[3,7,0,1,2,9],

[2,1,8,4,7,1],

[6,0,6,3,7,9],

[7,7,1,9,1,8]],

[[2,3,7,4,1,0],

[6,9,5,1,3,5],

[2,4,6,7,6,1],

[1,3,0,3,5,2]]]

注意，因为 ***T*** 是一个 3 阶张量，所以其书写表达式中的方括号的层数一定是 3。

如果要用书写的方式表示张量 ***T*** 的某个特定的元素，就需要用到索引（Index）方法。我们将张量 ***T*** 的第 *i* 层、第 *j* 行、第 *k* 列的元素记为 ***T***[*i*][*j*][*k*]，其中的 *i* 表示层索引号，*j* 表示行索引号，*k* 表示列索引号。需要特别强调的是，索引号是从 0 开始的，而不是从 1 开始的。所以，对于图 2-19 所显示的那几个特定的元素，书写出来就是

T[0][0][0]=9

T[0][2][4]=0

T[1][2][4]=7

T[2][0][1]=3

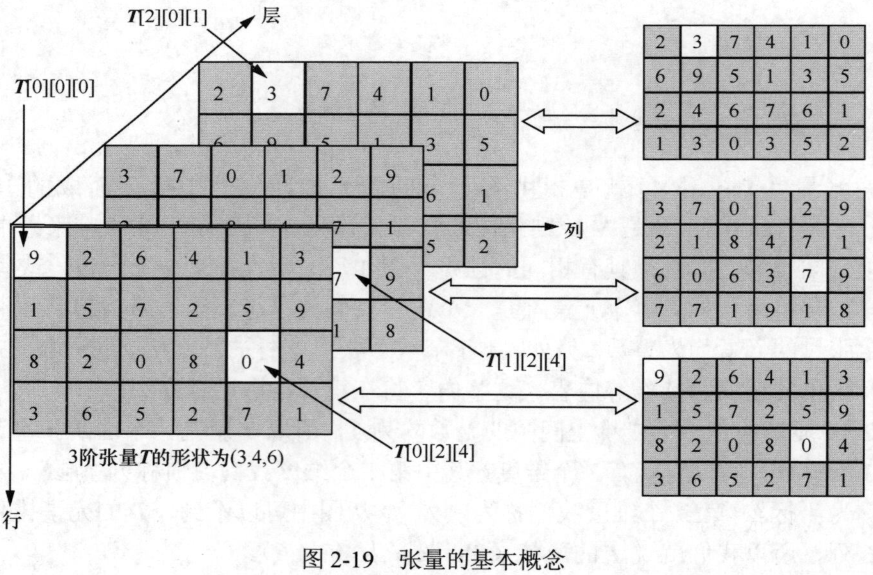

图 2-19　张量的基本概念

图 2-20 给出了另外几个 3 阶张量的例子，其中

A = [[[1,2,7],

[0,3,5]],

[[4,5,2],

[8,9,6]],

[[6,7,2],
[2,1,8]]]

B = [[[6,4],
[1,9]]]

C = [[[2]],
[[1]],
[[9]],
[[7]],
[[6]]]

D = [[[3,9,0]]]

E = [[[3]]]

A[1][1][1] = 9

B[0][0][1] = 4

C[3][0][0] = 7

D[0][0][1] = 9

E[0][0][0] = 3

注意，因为 ***A***、***B***、***C***、***D***、***E*** 都是 3 阶张量，所以其书写表达式中的方括号的层数一定是 3。

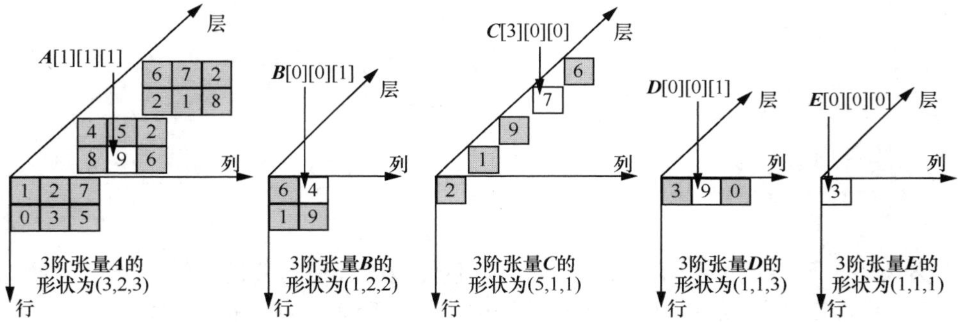

图 2-20　3 阶张量示例

理解了 3 阶张量的概念后，2 阶张量就很容易理解了。3 阶张量是一个具有“层”“行”“列”这 3 个维度的立体阵列，2 阶张量则是一个只有“行”和“列”这两个维度的平面阵列，其第 1 个维度是“行”，第 2 个维度是“列”。图 2-21 给出了几个 2 阶张量的例子，其中

A = [[4,2,8,3],
[7,0,3,9]]

B = [[3],
[1],

[6]]

$\boldsymbol{C}$ = [[2,0,2,7,7]]

$\boldsymbol{D}$ = [[8]]

$\boldsymbol{A}$[1][2] = 3

$\boldsymbol{B}$[1][0] = 1

$\boldsymbol{C}$[0][1] = 0

$\boldsymbol{D}$[0][0] = 8

注意，因为 ***A***、***B***、***C***、***D*** 都是 2 阶张量，所以其书写表达式中的方括号的层数一定是 2。

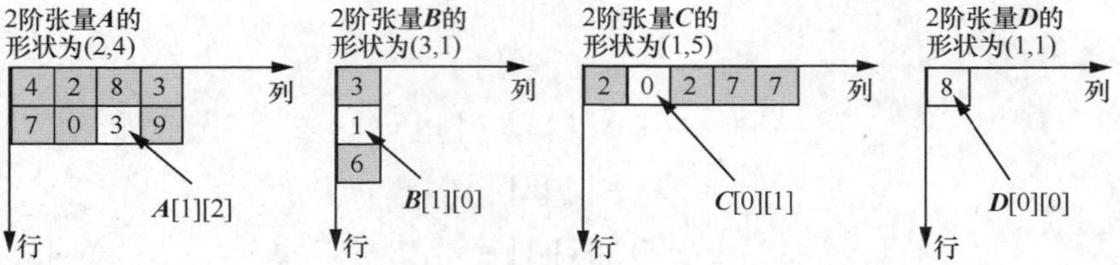

图 2-21　2 阶张量示例

根据对 3 阶张量和 2 阶张量的理解，我们很容易推知，1 阶张量就是指只有“列”这 1 个维度的线性阵列，而 0 阶张量就不再具有任何阵列结构了。图 2-22 给出了几个 1 阶张量和 0 阶张量的例子，其中

$\boldsymbol{A}$ = [2,4,6,8]

$\boldsymbol{B}$ = [1,3,5,7,9]

$\boldsymbol{C}$ = [9]

$\boldsymbol{A}$[2] = 6

$\boldsymbol{B}$[3] = 7

$\boldsymbol{C}$[0] = 9

$\boldsymbol{D}$ = 3

$\boldsymbol{E}$ = 5

$\boldsymbol{F}$ = 8

注意，因为 ***A***、***B***、***C*** 都是 1 阶张量，所以其书写表达式中的方括号的层数一定是 1；因为 ***D***、***E***、***F*** 都是 0 阶张量，所以其书写表达式中不会有任何方括号出现。

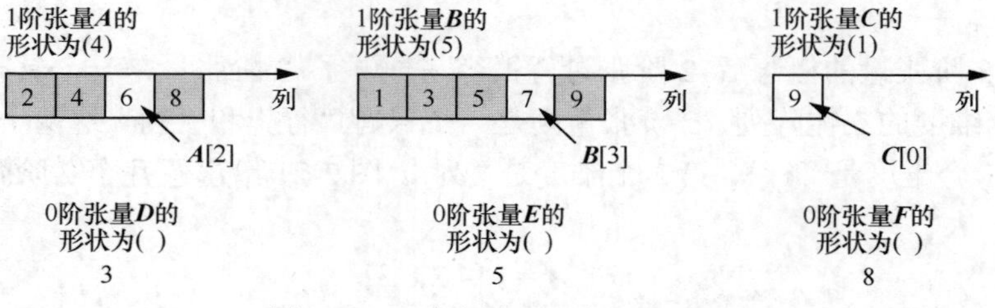

图 2-22　1 阶张量和 0 阶张量示例

至此，我们已经介绍完了 0、1、2、3 阶张量。关于更高阶的张量的概念，相信读者朋友们自会明白，所以这里不再赘述。下面给出一个形状为（2,3,5,4）的 4 阶张量的例

子：

$$
\boldsymbol{G} = [\,[\,[\,[\mathbf{1},4,7,3],\\
[3,4,5,8],\\
[0,3,1,1],\\
[1,4,7,3],\\
[9,3,2,5]\,],\\
[\,[0,3,6,8],\\
[1,3,4,5],\\
[1,5,2,9],\\
[2,8,7,0],\\
[5,3,3,1]\,],\\
[\,[9,7,1,6],\\
[9,1,0,1],\\
[1,1,7,4],\\
[8,8,7,\mathbf{5}],\\
[4,2,9,1]\,]\,],\\
[\,[\,[0,0,1,0],\\
[3,8,5,1],\\
[2,3,6,7],\\
[9,9,8,7],\\
[5,2,3,6]\,],\\
[\,[4,4,6,9],\\
[3,4,1,3],\\
[0,0,0,2],\\
[2,3,4,7],\\
[8,3,7,6]\,],\\
[\,[5,7,3,2],\\
[1,9,6,5],\\
[4,7,2,1],\\
[5,7,1,6],\\
[9,2,9,\mathbf{8}]\,]\,]\,]
$$

$$
\boldsymbol{G}[0][0][0][0] = 1
$$

$$
\boldsymbol{G}[0][2][3][3] = 5
$$

$$
\boldsymbol{G}[1][2][4][3] = 8
$$

最后提醒一下，从张量的角度看，8、[8]、[[8]]、[[[8]]]是有根本性的差别的：8 是一个 0 阶张量，[8]是一个 1 阶张量，[[8]]是一个 2 阶张量，[[[8]]]是一个 3 阶张量。另外，从张量的角度看，我们所熟知的矢量其实就是 1 阶张量，我们所熟知的矩阵其实就是 2 阶张量。

2.2 微积分

2.2.1 导数与偏导数

如图 2-23 所示，假定函数 $y = f(x)$ 在包含 x_0 的一个任意小的开区间上有定义，如果 x 在 x_0 处有一个增量 Δx，那么相应地 y 在 $f(x_0)$ 处也就会有一个增量 Δy。当 Δx 趋于 0 时，如果 Δy 与 Δx 之比存在极限，我们就称函数 $y = f(x)$ 在 x_0 点是可导的，而 Δy 与 Δx 之比的极限就称为函数 $y = f(x)$ 在 x_0 点的**导数（Derivative）**，记为 $f'(x_0)$，即

$$f'(x_0) = \lim_{\Delta x \to 0} \frac{\Delta y}{\Delta x}\bigg|_{x=x_0} = \lim_{\Delta x \to 0} \frac{f(x_0 + \Delta x) - f(x_0)}{\Delta x} \tag{2.59}$$

$f'(x_0)$ 也常常记为 $y'|_{x=x_0}$ 或 $\frac{\mathrm{d}y}{\mathrm{d}x}\Big|_{x=x_0}$ 或 $\frac{\mathrm{d}f(x)}{\mathrm{d}x}\Big|_{x=x_0}$ 或 $\frac{\mathrm{d}f}{\mathrm{d}x}\Big|_{x=x_0}$。

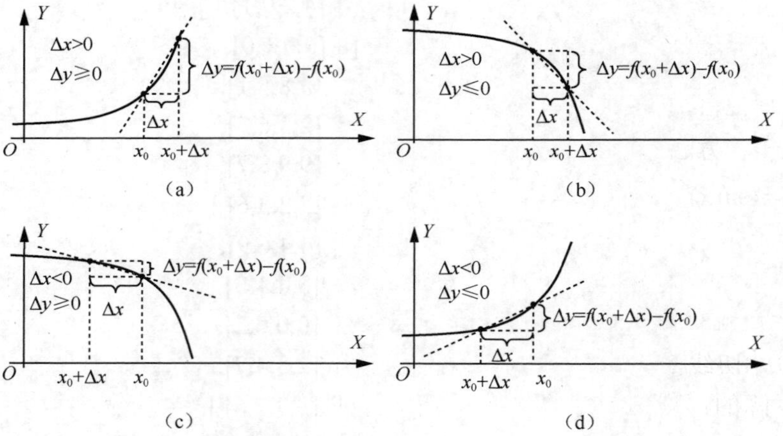

图 2-23 导数的定义

如果函数 $y = f(x)$ 在某个开区间上的每个点都是可导的，那么对于该开区间上的任意一点，就存在一个确定的导数值与之相对应，这样就衍生出了一个新的函数 $f'(x)$。我们把 $f'(x)$ 称作函数 $y = f(x)$ 的**导函数（Derivative Function）**，把 $y = f(x)$ 称作 $f'(x)$ 的原函数。$f'(x)$ 也常常记为 y' 或 $\frac{\mathrm{d}y}{\mathrm{d}x}$ 或 $\frac{\mathrm{d}f(x)}{\mathrm{d}x}$ 或 $\frac{\mathrm{d}f}{\mathrm{d}x}$。

注意，导数与导函数是两个不同的概念：导函数是指一个函数，而导数则是指导函数在某一点的取值。尽管导数与导函数这两个术语的含义严格来讲是不同的，但在实际中人们却经常把导函数也叫作导数。因此，在遇到导数一词的时候，应该根据上下文来准确地判定它究竟指的是导数还是导函数。

本书所涉及的函数都是初等函数（Elementary Function）。所谓初等函数，就是指由若干个基本初等函数（Basic Elementary Function）和常数经过有限次数的四则运算和有

限层次的函数复合之后所得到的函数。基本初等函数共有 5 种，它们分别是形如 $y = x^a$ 的幂函数，形如 $y = a^x$ 的指数函数，形如 $y = \log_a x$ 的对数函数，形如 $y = \sin x$ 、 $y = \cos x$ 、 $y = \tan x$ 等等的三角函数，形如 $y = \arcsin x$ 、 $y = \arccos x$ 、 $y = \arctan x$ 等等的反三角函数。

对于基本初等函数求导函数的方法，这里就不去赘述了，只需要简单地回顾一下**复合函数求导函数的法则**。假定 $y = f_1(u)$ ， $u = f_2(x)$ ，那么对于复合函数 $y = f_1(f_2(x))$ ，有

$$\frac{\mathrm{d}y}{\mathrm{d}x} = \frac{\mathrm{d}y}{\mathrm{d}u}\frac{\mathrm{d}u}{\mathrm{d}x} = \frac{\mathrm{d}f_1}{\mathrm{d}u}\frac{\mathrm{d}f_2}{\mathrm{d}x} \tag{2.60}$$

注意，式（2.60）表示的只是单层次复合函数求导函数的法则，多层次复合函数求导函数的法则需要用到式（2.60）的推广形式来表示。

例如，要求函数 $y = (\sin x)^4$ 的导函数，我们可以引入一个中间变量 $u = \sin x$ ，这样便有 $y = u^4$ ，于是

$$\frac{\mathrm{d}y}{\mathrm{d}x} = \frac{\mathrm{d}y}{\mathrm{d}u}\frac{\mathrm{d}u}{\mathrm{d}x} == \frac{\mathrm{d}u^4}{\mathrm{d}u}\frac{\mathrm{d}\sin x}{\mathrm{d}x} = 4u^3 \times \cos x = 4(\sin x)^3 \cos x$$

我们也可以引入两个中间变量 $v = \sin x$ 和 $u = v^2$ ，这样便有 $y = u^2$ ，于是

$$\frac{\mathrm{d}y}{\mathrm{d}x} = \frac{\mathrm{d}y}{\mathrm{d}u}\frac{\mathrm{d}u}{\mathrm{d}v}\frac{\mathrm{d}v}{\mathrm{d}x} = \frac{\mathrm{d}u^2}{\mathrm{d}u}\frac{\mathrm{d}v^2}{\mathrm{d}v}\frac{\mathrm{d}\sin x}{\mathrm{d}x} = 2u \times 2v \times \cos x = 4v^3\cos x = 4(\sin x)^3 \cos x$$

以上两种方法都运用了复合函数求导函数的法则，并且两种方法都给出了同样的结果，差别只是在于：方法一是将 $y = (\sin x)^4$ 当成一个复合层次为 1 的函数来处理的，而方法二则是将 $y = (\sin x)^4$ 当成一个复合层次为 2 的函数来处理的。

函数在某一点的导数，其实就是函数值在该点处沿 X 轴的正方向的变化率。变化率可大可小，可正可负，也可以为 0。如图 2-24 所示，从几何上看，函数 $y = f(x)$ 在 x_0 点的导数就是函数曲线在 $(x_0, f(x_0))$ 点的切线（Tangent Line）的斜率（Slope）。斜率为正时，切线沿 X 轴的正方向是逐渐上升的；斜率为负时，切线沿 X 轴的正方向是逐渐下降的；斜率为 0 时，切线是水平的；斜率的绝对值越大，切线越陡峭。

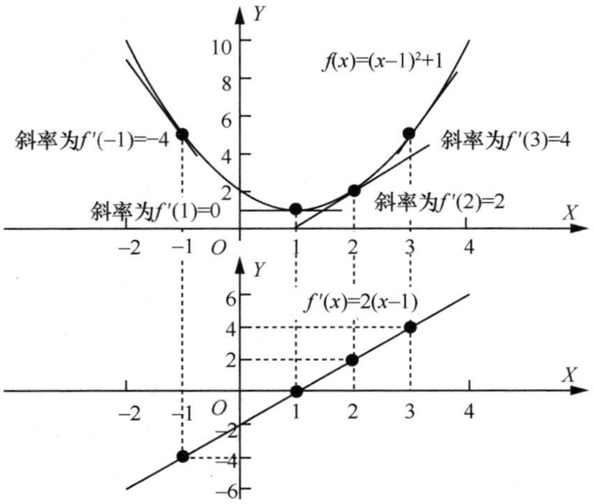

图 2-24　导数的几何意义

函数 $y = f(x)$ 的导函数 $y' = f'(x)$ 仍然是 x 的函数。我们把导函数 $y' = f'(x)$ 再次求导后得到的函数叫作函数 $y = f(x)$ 的 **2 阶导函数**（**Second-Order Derivative Function**），记作 $f''(x)$ 或 $\frac{\mathrm{d}}{\mathrm{d}x}\left(\frac{\mathrm{d}f(x)}{\mathrm{d}x}\right)$ 或 $\frac{\mathrm{d}^2 f(x)}{\mathrm{d}x^2}$ 或 y'' 或 $\frac{\mathrm{d}}{\mathrm{d}x}\left(\frac{\mathrm{d}y}{\mathrm{d}x}\right)$ 或 $\frac{\mathrm{d}^2 y}{\mathrm{d}x^2}$。依次类推，还有 3 阶导函数、4 阶导函数等等。默认情况下，一个函数的导函数是指 1 阶导函数，2 阶导函数以及 2 阶以上的导函数统称为**高阶导函数**（**Higher-Order Derivative Function**），高阶导函数在某一点的取值就叫作**高阶导数**（**Higher-Order Derivative**）。注意，高阶导数与高阶导函数是两个不同的概念：高阶导函数是指一个函数，而高阶导数则是指高阶导函数在某一点的取值。尽管高阶导数与高阶导函数这两个术语的含义严格来讲是不同的，但在实际中人们却经常把高阶导函数叫作高阶导数。因此，在遇到高阶导数一词的时候，应该根据上下文来准确地判定它究竟指的是高阶导数，还是高阶导函数。

前面提到的函数都是**一元函数**（**One-Variate Function**），这是因为函数只有 1 个自变量。在一元函数中，通常用 x 表示自变量，用 y 表示因变量，y 与 x 的函数关系写成 $y = f(x)$。**二元函数**（**Two-Variate Function**）有两个自变量，通常用 x 和 y 来表示这两个自变量，用 z 表示因变量，z 与 x 和 y 的函数关系写成 $z = f(x, y)$。在一元函数中，我们通常用“区间”一词来表示自变量 x 的取值范围；在二元函数中，我们通常用“区域”一词来表示作为自变量的 2 元组 (x, y) 的取值范围。

对于二元函数 $z = f(x, y)$，当只有自变量 x 发生变化而自变量 y 固定不变时，即把自变量 y 当成常数看待时，$z = f(x, y)$ 就成了 x 的一元函数。在这种情况下，z 对 x 的导数就叫作二元函数 $z = f(x, y)$ 对 x 的**偏导数**（**Partial Derivative**）。我们用 $f'_x(x_0, y_0)$ 来表示函数 $z = f(x, y)$ 在 (x_0, y_0) 点对 x 的偏导数，其定义式为

$$f'_x(x_0, y_0) = \lim_{\Delta x \to 0} \frac{f(x_0 + \Delta x, y_0) - f(x_0, y_0)}{\Delta x} \tag{2.61}$$

$f'_x(x_0, y_0)$ 也可以记作 $\left.\frac{\partial z}{\partial x}\right|_{\substack{x=x_0\\y=y_0}}$ 或 $\left.\frac{\partial f}{\partial x}\right|_{\substack{x=x_0\\y=y_0}}$ 或 $\left.\frac{\partial f(x,y)}{\partial x}\right|_{\substack{x=x_0\\y=y_0}}$ 或 $z'_x\big|_{\substack{x=x_0\\y=y_0}}$。

类似地，我们用 $f'_y(x_0, y_0)$ 来表示函数 $z = f(x, y)$ 在 (x_0, y_0) 点对 y 的偏导数，其定义式为

$$f'_y(x_0, y_0) = \lim_{\Delta y \to 0} \frac{f(x_0, y_0 + \Delta y) - f(x_0, y_0)}{\Delta y} \tag{2.62}$$

$f'_y(x_0, y_0)$ 也可以记作 $\left.\frac{\partial z}{\partial y}\right|_{\substack{x=x_0\\y=y_0}}$ 或 $\left.\frac{\partial f}{\partial y}\right|_{\substack{x=x_0\\y=y_0}}$ 或 $\left.\frac{\partial f(x,y)}{\partial y}\right|_{\substack{x=x_0\\y=y_0}}$ 或 $z'_y\big|_{\substack{x=x_0\\y=y_0}}$。

注意，$z = f(x, y)$ 在 (x_0, y_0) 点的偏导数 $f'_x(x_0, y_0)$ 就是偏导函数 $f'_x(x, y)$ 在 (x_0, y_0) 点的取值，$z = f(x, y)$ 在 (x_0, y_0) 点的偏导数 $f'_y(x_0, y_0)$ 就是偏导函数 $f'_y(x, y)$ 在 (x_0, y_0) 点的取值。尽管偏导数与偏导函数这两个术语的含义严格来讲是不同的，但在实际中人们却经常把偏导函数也叫作偏导数。因此，在遇到偏导数一词的时候，应该根据上下文来准

确地判定它究竟指的是偏导数，还是偏导函数。

偏导数的几何意义可以通过图 2-25 来理解：$z=f(x,y)$ 在 (x_0,y_0) 点的偏导数 $f'_x(x_0,y_0)$ 的几何意义就是函数曲面被平面 $y=y_0$ 所截得的曲线 $z=f(x,y_0)$ 在 $(x_0,y_0,f(x_0,y_0))$ 点的切线的斜率，$z=f(x,y)$ 在 (x_0,y_0) 点的偏导数 $f'_y(x_0,y_0)$ 的几何意义就是函数曲面被平面 $x=x_0$ 所截得的曲线 $z=f(x_0,y)$ 在 $(x_0,y_0,f(x_0,y_0))$ 点的切线的斜率。简而言之，$f'_x(x_0,y_0)$ 就是函数 $z=f(x,y)$ 在 (x_0,y_0) 点沿 X 轴的正方向的变化率，$f'_y(x_0,y_0)$ 就是函数 $z=f(x,y)$ 在 (x_0,y_0) 点沿 Y 轴的正方向的变化率。

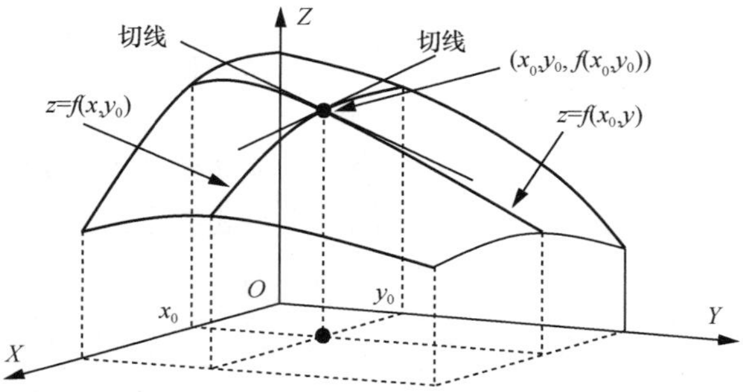

图 2-25　偏导数的几何意义

类似于 2 阶导函数以及更高阶的导函数，偏导函数也有 **2 阶偏导函数（Second-Order Partial Derivative Function）**以及更高阶的偏导函数。函数 $z=f(x,y)$ 的 2 阶偏导函数共有 4 个，分别是

$$f''_{xx}(x,y)=\frac{\partial^2 f(x,y)}{\partial x^2}=\frac{\partial}{\partial x}\left(\frac{\partial f(x,y)}{\partial x}\right)=\frac{\partial^2 z}{\partial x^2}=\frac{\partial}{\partial x}\left(\frac{\partial z}{\partial x}\right)=\lim_{\Delta x\to 0}\frac{f'_x(x+\Delta x,y)-f'_x(x,y)}{\Delta x} \tag{2.63}$$

$$f''_{yy}(x,y)=\frac{\partial^2 f(x,y)}{\partial y^2}=\frac{\partial}{\partial y}\left(\frac{\partial f(x,y)}{\partial y}\right)=\frac{\partial^2 z}{\partial y^2}=\frac{\partial}{\partial y}\left(\frac{\partial z}{\partial y}\right)=\lim_{\Delta y\to 0}\frac{f'_y(x,y+\Delta y)-f'_y(x,y)}{\Delta y} \tag{2.64}$$

$$f''_{xy}(x,y)=\frac{\partial^2 f(x,y)}{\partial x\partial y}=\frac{\partial}{\partial y}\left(\frac{\partial f(x,y)}{\partial x}\right)=\frac{\partial^2 z}{\partial x\partial y}=\frac{\partial}{\partial y}\left(\frac{\partial z}{\partial x}\right)=\lim_{\Delta y\to 0}\frac{f'_x(x,y+\Delta y)-f'_x(x,y)}{\Delta y} \tag{2.65}$$

$$f''_{yx}(x,y)=\frac{\partial^2 f(x,y)}{\partial y\partial x}=\frac{\partial}{\partial x}\left(\frac{\partial f(x,y)}{\partial y}\right)=\frac{\partial^2 z}{\partial y\partial x}=\frac{\partial}{\partial x}\left(\frac{\partial z}{\partial y}\right)=\lim_{\Delta x\to 0}\frac{f'_y(x+\Delta x,y)-f'_y(x,y)}{\Delta x} \tag{2.66}$$

其中式（2.65）和式（2.66）所表示的两个 2 阶偏导函数被特别地称作 **2 阶混合偏导函数（Second-Order Mixed Partial Derivative Function）**。

二元函数的各阶偏导数和各阶偏导函数的概念还可以推广至二元以上的多元函数的情况，这里就不去赘述了。作为本小节内容的结束，我们来回顾一下**多元复合函数求偏导函数的法则**。例如，假定 $z=f(u_1,u_2,\cdots,u_M)$，$u_1=f_1(x_1,x_2,\cdots,x_N)$，$u_2=f_2(x_1,x_2,\cdots,x_N)$，……，$u_M=f_M(x_1,x_2,\cdots,x_N)$，则有

$$\begin{cases}\begin{bmatrix}\dfrac{\partial z}{\partial x_1}\\ \dfrac{\partial z}{\partial x_2}\\ \vdots\\ \dfrac{\partial z}{\partial x_N}\end{bmatrix}=\begin{bmatrix}\dfrac{\partial u_1}{\partial x_1} & \dfrac{\partial u_2}{\partial x_1} & \cdots & \dfrac{\partial u_M}{\partial x_1}\\ \dfrac{\partial u_1}{\partial x_2} & \dfrac{\partial u_2}{\partial x_2} & \cdots & \dfrac{\partial u_M}{\partial x_2}\\ \vdots & \vdots & & \vdots\\ \dfrac{\partial u_1}{\partial x_N} & \dfrac{\partial u_2}{\partial x_N} & \cdots & \dfrac{\partial u_M}{\partial x_N}\end{bmatrix}\begin{bmatrix}\dfrac{\partial z}{\partial u_1}\\ \dfrac{\partial z}{\partial u_2}\\ \vdots\\ \dfrac{\partial z}{\partial u_M}\end{bmatrix}=\begin{bmatrix}\dfrac{\partial f_1}{\partial x_1} & \dfrac{\partial f_2}{\partial x_1} & \cdots & \dfrac{\partial f_M}{\partial x_1}\\ \dfrac{\partial f_1}{\partial x_2} & \dfrac{\partial f_2}{\partial x_2} & \cdots & \dfrac{\partial f_M}{\partial x_2}\\ \vdots & \vdots & & \vdots\\ \dfrac{\partial f_1}{\partial x_N} & \dfrac{\partial f_2}{\partial x_N} & \cdots & \dfrac{\partial f_M}{\partial x_N}\end{bmatrix}\begin{bmatrix}\dfrac{\partial f}{\partial u_1}\\ \dfrac{\partial f}{\partial u_2}\\ \vdots\\ \dfrac{\partial f}{\partial u_M}\end{bmatrix}\\ \text{或}\\ \dfrac{\partial z}{\partial x_j}=\sum_{i=1}^{M}\left(\dfrac{\partial z}{\partial u_i}\dfrac{\partial u_i}{\partial x_j}\right)=\sum_{i=1}^{M}\left(\dfrac{\partial f}{\partial u_i}\dfrac{\partial f_i}{\partial x_j}\right)\qquad (j=1,2,\cdots,N)\end{cases}\tag{2.67}$$

注意，式（2.67）表示的只是多元单层次复合函数求偏导函数的法则，多元多层次复合函数求偏导函数的法则需要用到式（2.67）的推广形式来表示。

例如，要对函数 $z=2x^3y^3+3\mathrm{e}^{2xy}$ 求偏导函数，我们可以引入两个中间变量 $u_1=xy$，$u_2=\mathrm{e}^{2xy}$，这样便有 $z=2u_1^3+3u_2$，于是

$$\begin{aligned}\frac{\partial z}{\partial x}&=\frac{\partial z}{\partial u_1}\frac{\partial u_1}{\partial x}+\frac{\partial z}{\partial u_2}\frac{\partial u_2}{\partial x}=\frac{\partial\left(2u_1^3+3u_2\right)}{\partial u_1}\frac{\partial(xy)}{\partial x}+\frac{\partial\left(2u_1^3+3u_2\right)}{\partial u_2}\frac{\partial \mathrm{e}^{2xy}}{\partial x}\\&=6u_1^2\times y+3\times\mathrm{e}^{2xy}\times 2y=6x^2y^3+6y\mathrm{e}^{2xy}\\\frac{\partial z}{\partial y}&=\frac{\partial z}{\partial u_1}\frac{\partial u_1}{\partial y}+\frac{\partial z}{\partial u_2}\frac{\partial u_2}{\partial y}=\frac{\partial\left(2u_1^3+3u_2\right)}{\partial u_1}\frac{\partial(xy)}{\partial y}+\frac{\partial\left(2u_1^3+3u_2\right)}{\partial u_2}\frac{\partial \mathrm{e}^{2xy}}{\partial y}\\&=6u_1^2\times x+3\times\mathrm{e}^{2xy}\times 2x=6x^3y^2+6x\mathrm{e}^{2xy}\end{aligned}$$

我们也可以只引入一个中间变量 $u=xy$，这样便有 $z=2u^3+3\mathrm{e}^{2u}$，于是

$$\begin{aligned}\frac{\partial z}{\partial x}&=\frac{\partial z}{\partial u}\frac{\partial u}{\partial x}=\frac{\partial\left(2u^3+3\mathrm{e}^{2u}\right)}{\partial u}\frac{\partial(xy)}{\partial x}=(6u^2+6\mathrm{e}^{2u})\times y\\&=(6x^2y^2+6\mathrm{e}^{2xy})\times y=6x^2y^3+6y\mathrm{e}^{2xy}\end{aligned}$$

$$\begin{aligned}\frac{\partial z}{\partial y}&=\frac{\partial z}{\partial u}\frac{\partial u}{\partial y}=\frac{\partial\left(2u^3+3\mathrm{e}^{2u}\right)}{\partial u}\frac{\partial(xy)}{\partial y}=(6u^2+6\mathrm{e}^{2u})\times x\\&=(6x^2y^2+6\mathrm{e}^{2xy})\times x=6x^3y^2+6x\mathrm{e}^{2xy}\end{aligned}$$

以上两种方法都运用了多元复合函数求偏导函数的法则，并且两种方法都给出了同样的结果，差别只是在于中间变量的选择不同而已。

最后需要说明的是，无论是复合函数求导函数的法则，还是多元复合函数求偏导函数的法则，人们通常把它们都统一地称为函数求导的**链式法则**（**Chain Rule**）。

2.2.2 超曲面与超平面

一般地，一元函数的图像是 2 维空间中的一条曲线，图 2-26 展示了两个例子。

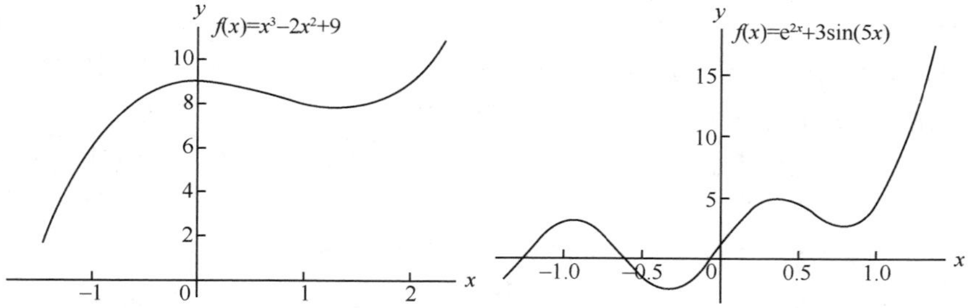

图 2-26　一元函数的图像

特别地，一元线性函数的图像是 2 维空间中的一条直线，图 2-27 展示了两个例子。

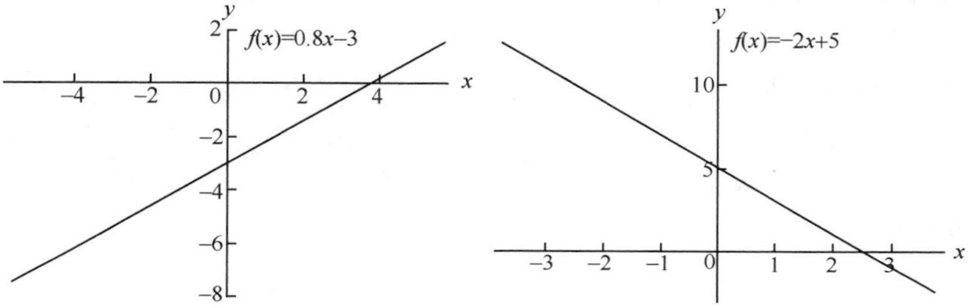

图 2-27　一元线性函数的图像

一般地，二元函数的图像是 3 维空间中的一个曲面，图 2-28 展示了两个例子。

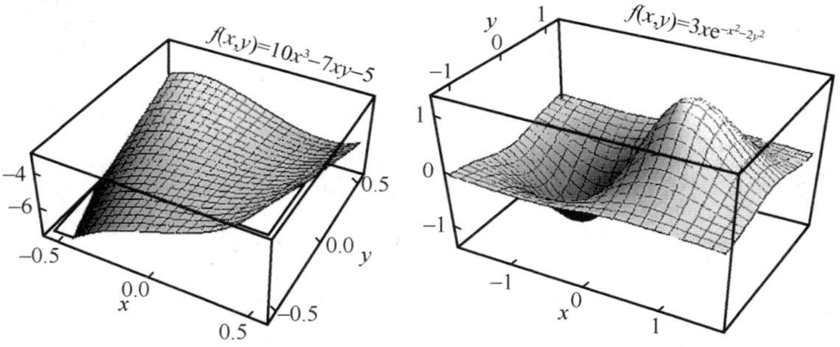

图 2-28　二元函数的图像

特别地，二元线性函数的图像是 3 维空间中的一个平面，图 2-29 展示了两个例子。

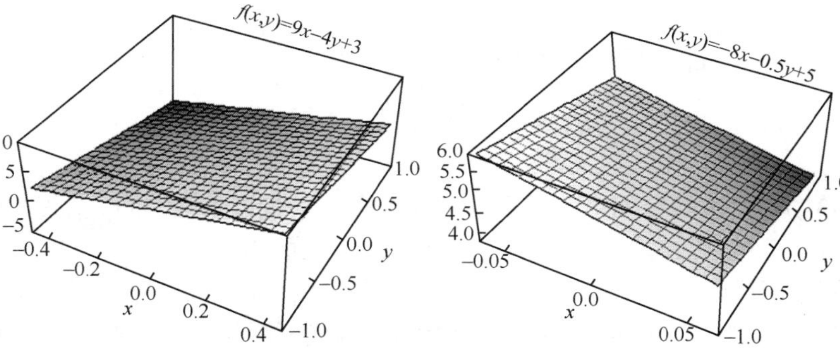

图 2-29　二元线性函数的图像

三元及三元以上的多元函数，其图像是无法在视觉上呈现出来的，只能抽象地去想象。在数学上，对于正整数N，我们把一个$N-1$元函数的图像称为N维空间中的一个$N-1$维**超曲面（Hypersurface）**；特别地，我们把一个$N-1$元线性函数的图像称为N维空间中的一个$N-1$维**超平面（Hyperplane）**。1 维空间中的一个 0 维超曲面或一个 0 维超平面都是一个点；2 维空间中的一个 1 维超曲面就是一条曲线，2 维空间中的一个 1 维超平面就是一条直线；3 维空间中的一个 2 维超曲面就是一个曲面，3 维空间中的一个 2 维超平面就是一个平面。N大于 3 时，N维空间中的$N-1$维超曲面以及$N-1$维超平面都是无法在视觉上呈现出来的。

如图 2-30 所示，1 维空间中的一个 0 维超曲面可以将该 1 维空间分割成两个**半空间（Half-Space）**，即直线上的一个点可以将该直线划分为两个部分；2 维空间中的一个 1 维超曲面可以将该 2 维空间分割成两个半空间，即平面上的一条曲线可以将该平面划分为两个部分；3 维空间中的一个 2 维超曲面可以将该 3 维空间分割成两个半空间，即 3 维空间中的一个曲面可以将该 3 维空间划分为两个部分。一般地，N维空间中的一个$N-1$维超曲面可以将该N维空间分割成两个半空间，而这个超曲面就是这两个半空间的**边界（Boundary）**。

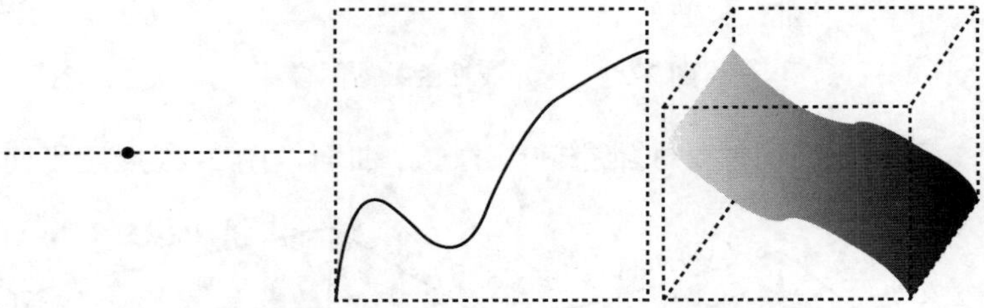

图 2-30　超曲面将空间一分为二

一般地，N维空间中的一个$N-1$维超曲面总是可以表示成

$$f(x_1,x_2,\cdots,x_N)=0 \text{ 或 } f(\boldsymbol{x})=0 \tag{2.68}$$

其中的N维矢量$\boldsymbol{x}=[x_1 \quad x_2 \quad \cdots \quad x_N]^{\mathrm{T}}$是与$N$维空间中的点一一对应的，该$N-1$维超曲面也就是所有满足式（2.68）的点的集合。该$N-1$维超曲面将该N维空间分割成了一个**正半空间（Positive Half-Space）**和一个**负半空间（Negative Half-Space）**，其中正半空间是指所有满足不等式

$$f(\boldsymbol{x})>0 \tag{2.69}$$

的点的集合，负半空间是指所有满足不等式

$$f(\boldsymbol{x})<0 \tag{2.70}$$

的点的集合。

如图 2-31 所示，1 维空间中的一个 0 维超平面可以将该 1 维空间分割成两个半空间，即直线上的一个点可以将该直线划分为两个部分；2 维空间中的一个 1 维超平面可以将该 2 维空间分割成两个半空间，即平面上的一条直线可以将该平面划分为两个部分；3 维空间中的一个 2 维超平面可以将该 3 维空间分割成两个半空间，即 3 维空间中的一个平面可以将该 3 维空间划分为两个部分。一般地，N维空间中的一个$N-1$维超平面可

以将该 N 维空间分割成两个半空间，而这个超平面就是这两个半空间的边界。

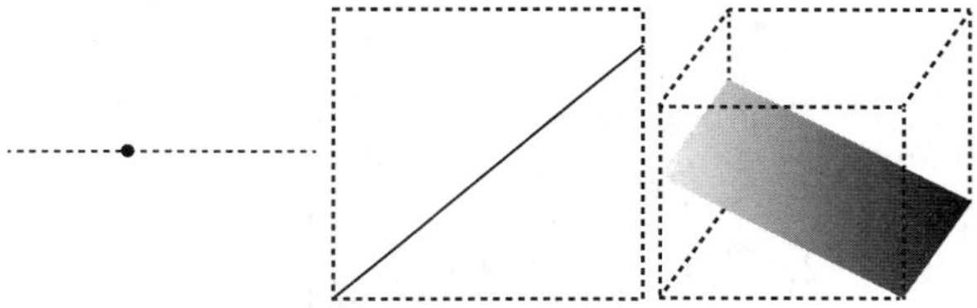

图 2-31　超平面将空间一分为二

一般地，N 维空间中的一个 $N-1$ 维超平面总是可以表示成

$$a_1x_1 + a_2x_2 + \cdots + a_Nx_N - b = 0 \tag{2.71}$$

其中系数 $a_i (i = 1, 2, \cdots, N)$ 不全为 0。式（2.71）也可以表示成

$$\boldsymbol{a}^{\mathrm{T}}\boldsymbol{x} - b = 0 \tag{2.72}$$

其中 $\boldsymbol{a} = [a_1 \quad a_2 \quad \cdots \quad a_N]^{\mathrm{T}}$，$\boldsymbol{x} = [x_1 \quad x_2 \quad \cdots \quad x_N]^{\mathrm{T}}$。$N$ 维矢量 $\boldsymbol{x}$ 是与 N 维空间中的点一一对应的，该 $N-1$ 维超平面也就是所有满足式（2.72）的点的集合。该 $N-1$ 维超平面将该 N 维空间分割成了一个正半空间和一个负半空间，其中正半空间是指所有满足不等式

$$\boldsymbol{a}^{\mathrm{T}}\boldsymbol{x} - b > 0 \tag{2.73}$$

的点的集合，负半空间是指所有满足不等式

$$\boldsymbol{a}^{\mathrm{T}}\boldsymbol{x} - b < 0 \tag{2.74}$$

的点的集合。

2.2.3　方向导数与梯度

我们已经知道，二元函数 $z = f(x, y)$ 的图像是 3 维空间中的一个曲面，它的两个偏导函数 $f_x'(x, y)$ 和 $f_y'(x, y)$ 分别反映了函数 $f(x, y)$ 的值在 (x, y) 点沿着 X 轴正方向和 Y 轴正方向的变化率。我们自然会问，二元函数的函数值在某一点沿着任意一个方向（而非只是 X 轴正方向和 Y 轴正方向这两个特定的方向）的变化率又该如何描述和计算呢？这个问题将引出**方向导数（Direction Derivative）**的概念。

图 2-32 画出了函数 $f(x, y)$ 的自变量 x 和 y 所在的 $X-Y$ 平面，l 是 $X-Y$ 平面上以 $P_0(x_0, y_0)$ 点为起始点的一条射线，l 的两个方向角分别是 α 和 β，l 的参数方程为

$$\begin{cases} x = x_0 + t\cos\alpha \\ y = y_0 + t\cos\beta \end{cases} \quad (t \geqslant 0)$$

$P(x_0 + t\cos\alpha, y_0 + t\cos\beta)$ 为 l 上的另一个点，如果函数值增量 $f(x_0 + t\cos\alpha, y_0 + t\cos\beta) - f(x_0, y_0)$ 与 P 点到 P_0 点的距离 $|PP_0| = t$ 的比值

$$\frac{f(x_0 + t\cos\alpha, y_0 + t\cos\beta) - f(x_0, y_0)}{t}$$

在 P 点沿着 l 的反方向趋于 P_0 点（也就是 $t \to 0^+$）的时候存在极限，我们就称此极限为

函数 $f(x,y)$ 在 $P_0(x_0,y_0)$ 点沿着射线 l 方向的方向导数，记作 $\left.\frac{\partial f}{\partial l}\right|_{(x_0,y_0)}$，即

$$\left.\frac{\partial f}{\partial l}\right|_{(x_0,y_0)}=\lim_{t\to 0^+}\frac{f(x_0+t\cos\alpha, y_0+t\cos\beta)-f(x_0,y_0)}{t} \tag{2.75}$$

从方向导数的定义式（2.75）可知，方向导数 $\left.\frac{\partial f}{\partial l}\right|_{(x_0,y_0)}$ 其实就是函数 $f(x,y)$ 的值在 $P_0(x_0,y_0)$ 点沿着射线 l 方向的变化率。特别地，如果 l 的方向与 X 轴的正方向一致，即 $\alpha=0$、$\beta=\frac{\pi}{2}$，则此时的方向导数 $\left.\frac{\partial f}{\partial l}\right|_{(x_0,y_0)}$ 就是偏导数 $f_x'(x_0,y_0)$；如果 l 的方向与 Y 轴的正方向一致，即 $\alpha=\frac{\pi}{2}$、$\beta=0$，则此时的方向导数 $\left.\frac{\partial f}{\partial l}\right|_{(x_0,y_0)}$ 就是偏导数 $f_y'(x_0,y_0)$。简而言之，偏导数 $f_x'(x_0,y_0)$ 和 $f_y'(x_0,y_0)$ 只是方向导数 $\left.\frac{\partial f}{\partial l}\right|_{(x_0,y_0)}$ 的两种特殊情况。

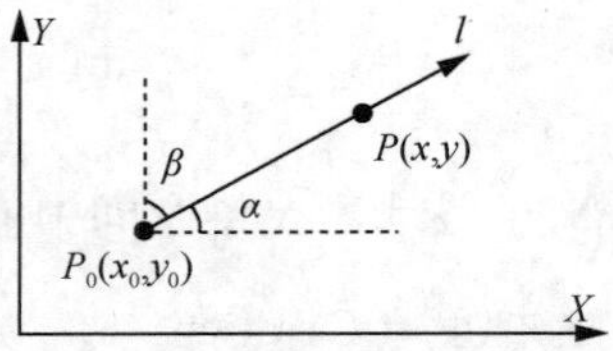

图 2-32 方向导数的定义

数学上有这样一个定理：如果函数 $f(x,y)$ 在 (x_0,y_0) 点是可微分的，l 是 $X-Y$ 平面上以 (x_0,y_0) 点为起点的任意一条射线，那么函数 $f(x,y)$ 在 (x_0,y_0) 点沿着 l 方向的方向导数就一定是存在的，且有

$$\left.\frac{\partial f}{\partial l}\right|_{(x_0,y_0)}=f_x'(x_0,y_0)\cos\alpha+f_y'(x_0,y_0)\cos\beta \tag{2.76}$$

其中 α 和 β 是射线 l 的两个方向角。

来看一个计算方向导数的例子。已知抛物面函数 $z=f(x,y)=0.1x^2+0.1y^2$ 在 (1,1) 点是可微分的，试求函数在该点沿着从 (1,1) 点到 $(1+\sqrt{3},2)$ 点方向的方向导数。求解过程如下（参见图 2-33）：

$$f_x'(1,1)=\left.f_x'(x,y)\right|_{(1,1)}=\left.0.2x\right|_{(1,1)}=0.2\times 1=0.2$$

$$f_y'(1,1)=\left.f_y'(x,y)\right|_{(1,1)}=\left.0.2y\right|_{(1,1)}=0.2\times 1=0.2$$

$$\cos\alpha=\frac{1+\sqrt{3}-1}{\sqrt{(1+\sqrt{3}-1)^2+(2-1)^2}}=\frac{\sqrt{3}}{2}\qquad(\alpha=30°)$$

$$\cos\beta=\frac{2-1}{\sqrt{(1+\sqrt{3}-1)^2+(2-1)^2}}=\frac{1}{2}\qquad(\beta=60°)$$

$$\begin{aligned}\left.\frac{\partial f}{\partial l}\right|_{(1,1)}&=f_x'(1,1)\cos\alpha+f_y'(1,1)\cos\beta\\&=0.2\times\frac{\sqrt{3}}{2}+0.2\times\frac{1}{2}=\frac{\sqrt{3}+1}{10}\end{aligned}$$

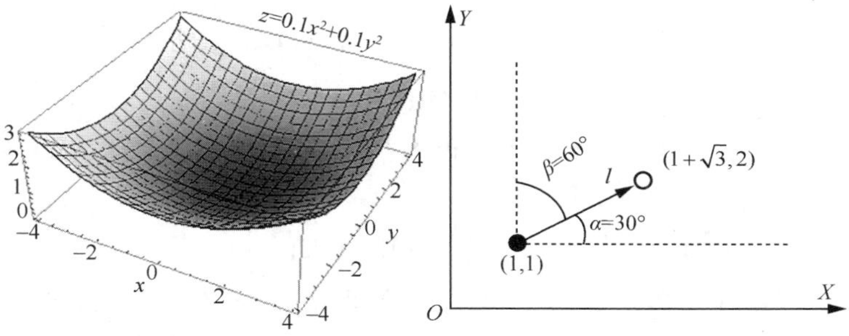

图 2-33　方向导数的计算

梯度（Gradient）是与函数的方向导数紧密相关的一个概念。首先要强调的是，方向导数是一个标量，而梯度则是一个矢量。如果函数 $f(x,y)$ 在 (x_0,y_0) 点的两个偏导数 $f_x'(x_0,y_0)$ 和 $f_y'(x_0,y_0)$ 都存在，则把矢量 $f_x'(x_0,y_0)\boldsymbol{i}+f_y'(x_0,y_0)\boldsymbol{j}$ 称为函数 $f(x,y)$ 在 (x_0,y_0) 点的梯度，其中的矢量 $\boldsymbol{i}$ 是 X 轴的**单位方向矢量（Unit Direction Vector）**，它的模为 1，方向与 X 轴的正方向一致，即 $\boldsymbol{i}=[1\quad 0]$，而其中的矢量 $\boldsymbol{j}$ 则是 Y 轴的单位方向矢量，它的模也为 1，方向与 Y 轴的正方向一致，即 $\boldsymbol{j}=[0\quad 1]$。

函数 $f(x,y)$ 在 (x_0,y_0) 点的梯度记作 $\nabla f(x_0,y_0)$，即

$$\nabla f(x_0,y_0)=f_x'(x_0,y_0)\boldsymbol{i}+f_y'(x_0,y_0)\boldsymbol{j}=\left[f_x'(x_0,y_0)\quad f_y'(x_0,y_0)\right] \tag{2.77}$$

其中 $\nabla=\dfrac{\partial}{\partial x}\boldsymbol{i}+\dfrac{\partial}{\partial y}\boldsymbol{j}$ 称为 2 维的矢量微分算子，其使用方法为

$$\nabla f=\frac{\partial f}{\partial x}\boldsymbol{i}+\frac{\partial f}{\partial y}\boldsymbol{j} \tag{2.78}$$

数学上可以证明：如果函数 $f(x,y)$ 在 (x_0,y_0) 点是可微分的，l 是 $X-Y$ 平面上以 (x_0,y_0) 点为起点的一条射线，l 的两个方向角分别为 α 和 β，则有

$$\left.\frac{\partial f}{\partial l}\right|_{(x_0,y_0)}=f_x'(x_0,y_0)\cos\alpha+f_y'(x_0,y_0)\cos\beta=\left|\nabla f(x_0,y_0)\right|\cos\theta \tag{2.79}$$

其中 θ 为射线 l 与矢量 $\nabla f(x_0,y_0)$ 的夹角。式（2.79）表明以下内容。

- 当 $\theta=0$ 时，也就是 l 的方向与梯度 $\nabla f(x_0,y_0)$ 的方向相同时，$\cos\theta=1$，函数 $f(x,y)$ 的值在 (x_0,y_0) 点沿着 l 方向增加得最快，因为此时函数在 (x_0,y_0) 点沿着 l 方向的方向导数达到了最大值，而这个最大值就是梯度 $\nabla f(x_0,y_0)$ 的模。这同时也表明，函数 $f(x,y)$ 在 (x_0,y_0) 点的梯度 $\nabla f(x_0,y_0)$ 是这样一个矢量，该矢量的方向是函数 $f(x,y)$ 在 (x_0,y_0) 点的方向导数取得最大值的方向，该矢量的模 $\left|\nabla f(x_0,y_0)\right|$ 等于函数 $f(x,y)$ 在 (x_0,y_0) 点的方向导数的最大值。
- 当 $\theta=\pi$ 时，也就是 l 的方向与梯度 $\nabla f(x_0,y_0)$ 的方向相反时，$\cos\theta=-1$，函数 $f(x,y)$ 的值在 (x_0,y_0) 点沿着 l 方向减小得最快，因为此时函数在 (x_0,y_0) 点沿着 l 方向的方向导数达到了最小值，而这个最小值就是梯度 $\nabla f(x_0,y_0)$ 的模的相反数。这同时也表明，函数 $f(x,y)$ 在 (x_0,y_0) 点的**负梯度** $-\nabla f(x_0,y_0)$ 是这样一个矢量，该矢量的方向是函数 $f(x,y)$ 在 (x_0,y_0) 点的方向导数取得最小值的方向，该矢量的模 $\left|-\nabla f(x_0,y_0)\right|$ 的相反数等于函数 $f(x,y)$ 在 (x_0,y_0) 点的方向导数的最小值。

- 当 $\theta=\frac{\pi}{2}$ 时，也就是 l 的方向与梯度 $\nabla f(x_0,y_0)$ 的方向垂直时，$\cos\theta=0$，函数 $f(x,y)$ 的值在 (x_0,y_0) 点沿着 l 方向的变化率为 0。

注意，$\nabla f(x_0,y_0)$ 表示的是函数 $f(x,y)$ 在 (x_0,y_0) 点的梯度，而 $\nabla f(x,y)$ 表示的则是函数 $f(x,y)$ 在任意的 (x,y) 点的梯度，即

$$\nabla f(x,y)=f'_x(x,y)\boldsymbol{i}+f'_y(x,y)\boldsymbol{j}=\begin{bmatrix}f'_x(x,y) & f'_y(x,y)\end{bmatrix} \tag{2.80}$$

因此，我们把 $\nabla f(x,y)$ 称作函数 $f(x,y)$ 的**梯度函数（Gradient Function）**，梯度函数 $\nabla f(x,y)$ 在 (x_0,y_0) 点的取值就是函数 $f(x,y)$ 在 (x_0,y_0) 点的梯度 $\nabla f(x_0,y_0)$。虽然梯度与梯度函数的概念严格来讲是不同的，但在实际中人们却经常把梯度函数也叫作梯度。所以，在遇到梯度一词的时候，应该根据上下文来准确地判定它究竟指的是梯度，还是指的是梯度函数。另外需要说明的是，在本书中我们总是以行矢量的形式来表示梯度或梯度函数，请参见式（2.77）和式（2.80）。

至此，我们以二元函数为例，介绍了函数的方向导数、梯度以及梯度函数的概念和计算方法，这些概念和计算方法可以推广到二元以上的多元函数的情况。一般地，对于 N 元函数 $f(x_1,x_2,\cdots,x_N)$ 以及 N 维自变量空间中的射线 l，有

$$\frac{\partial f}{\partial l}=\frac{\partial f}{\partial x_1}\cos\alpha_1+\frac{\partial f}{\partial x_2}\cos\alpha_2+\cdots+\frac{\partial f}{\partial x_N}\cos\alpha_N \tag{2.81}$$

$$\nabla f=\begin{bmatrix}\frac{\partial f}{\partial x_1} & \frac{\partial f}{\partial x_2} & \cdots & \frac{\partial f}{\partial x_N}\end{bmatrix} \tag{2.82}$$

$$\frac{\partial f}{\partial l}=|\nabla f|\cos\theta \tag{2.83}$$

其中 $\alpha_1,\alpha_2,\cdots,\alpha_N$ 为射线 l 的 N 个方向角，θ 为 l 与 ∇f 之间的夹角。

作为一个例子，我们来求解一下函数 $f(x_1,x_2,x_3,x_4)=x_1^3-4x_2^2+5x_3x_4^2-6$ 的梯度函数 $\nabla f(x_1,x_2,x_3,x_4)$，以及梯度函数在 $(3,0,-2,1)$ 点的取值 $\nabla f(3,0,-2,1)$。求解过程如下：

$$\frac{\partial f}{\partial x_1}=3x_1^2,\ \frac{\partial f}{\partial x_2}=-8x_2,\ \frac{\partial f}{\partial x_3}=5x_4^2,\ \frac{\partial f}{\partial x_4}=10x_3x_4$$

$$\nabla f(x_1,x_2,x_3,x_4)=\begin{bmatrix}\frac{\partial f}{\partial x_1} & \frac{\partial f}{\partial x_2} & \frac{\partial f}{\partial x_3} & \frac{\partial f}{\partial x_4}\end{bmatrix}=\begin{bmatrix}3x_1^2 & -8x_2 & 5x_4^2 & 10x_3x_4\end{bmatrix}$$

$$\nabla f(3,0,-2,1)=[3\times3^2 \quad -8\times0 \quad 5\times1^2 \quad 10\times(-2)\times1]=[27 \quad 0 \quad 5 \quad -20]$$

在上面这个例子中，$f(x_1,x_2,x_3,x_4)=x_1^3-4x_2^2+5x_3x_4^2-6$ 是一个四元函数，该函数的图像是 5 维空间中的一个 4 维超曲面，该 4 维超曲面无法在视觉上呈现出来。函数 $f(x_1,x_2,x_3,x_4)$ 的梯度函数 $\nabla f(x_1,x_2,x_3,x_4)=\begin{bmatrix}3x_1^2 & -8x_2 & 5x_4^2 & 10x_3x_4\end{bmatrix}$，该梯度函数在 $(3,0,-2,1)$ 点的取值为 $\nabla f(3,0,-2,1)=[27 \quad 0 \quad 5 \quad -20]$，即 $[27 \quad 0 \quad 5 \quad -20]$ 就是函数 $f(x_1,x_2,x_3,x_4)$ 在 $(3,0,-2,1)$ 点的梯度。梯度 $[27 \quad 0 \quad 5 \quad -20]$ 是 4 维自变量空间中的一个 4 维矢量，它的方向可以用 4 个方向角来描述，它的模为 $\sqrt{27^2+0^2+5^2+(-20)^2}=\sqrt{1154}$。函数 $f(x_1,x_2,x_3,x_4)$ 在 $(3,0,-2,1)$ 这一点的方向导数的最大可能取值和最小可能取值分别为 $\sqrt{1154}$ 和 $-\sqrt{1154}$。在 $(3,0,-2,1)$ 这一点，函数 $f(x_1,x_2,x_3,x_4)$ 沿着矢量 $[27 \quad 0 \quad 5 \quad -20]$

方向的方向导数的值等于 $\sqrt{1154}$，沿着矢量 $[27 \quad 0 \quad 5 \quad -20]$ 的反方向的方向导数的值等于 $-\sqrt{1154}$，沿着任何其他方向的方向导数的值介于 $-\sqrt{1154}$ 和 $\sqrt{1154}$ 之间。

再来看一个例子，试求抛物面函数 $z = f(x,y) = 0.1x^2 + 0.1y^2$ 在 $(1,1)$ 点的梯度，如图 2-34 所示。求解过程如下：

$$\nabla f(x,y) = \begin{bmatrix} f'_x(x,y) & f'_y(x,y) \end{bmatrix} = [0.2x \quad 0.2y]$$

$$\nabla f(1,1) = \nabla f(x,y)\Big|_{\substack{x=1\\y=1}} = [0.2\times1 \quad 0.2\times1] = [0.2 \quad 0.2]$$

显然，梯度 $\nabla f(1,1)$ 的方向与 X 轴的正方向的夹角是 $45°$，函数 $f(x,y) = 0.1x^2 + 0.1y^2$ 在 $(1,1)$ 点沿着梯度 $\nabla f(1,1)$ 方向的方向导数将取得最大值 $|\nabla f(1,1)| = \sqrt{0.2^2 + 0.2^2} = \sqrt{0.08}$。假设以 $(1,1)$ 点为起点的射线 l 与 X 轴的正方向的夹角是 $30°$，则函数 $f(x,y) = 0.1x^2 + 0.1y^2$ 在 $(1,1)$ 点沿着 l 方向的方向导数为 $\dfrac{\sqrt{3}+1}{10}$（如图 2-33 所示的计算方向导数的例子）。我们可以肯定地说 $\dfrac{\sqrt{3}+1}{10}$ 是小于 $\sqrt{0.08}$ 的，这是因为函数在梯度的方向上的方向导数大于在任何其他方向上的方向导数。事实上，由于梯度 $\nabla f(1,1)$ 的方向与射线 l 的方向的夹角为 $45° - 30° = 15°$，所以根据式（2.83）可知

$$\frac{\sqrt{3}+1}{10} = \sqrt{0.08} \times \cos 15°$$

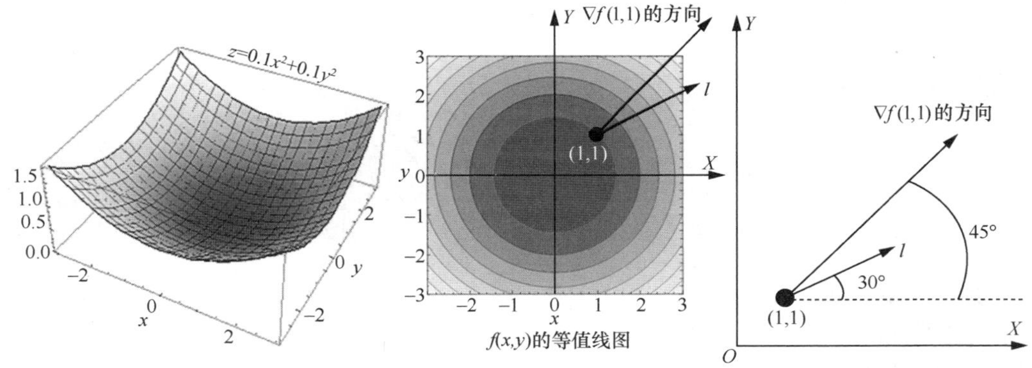

图 2-34　梯度的计算

2.2.4　函数图像中的特殊点

函数或函数图像中的特殊点是指函数或函数图像中那些具有特殊性质的位置点，如拐点、极值点、最值点、驻点、鞍点等等。在机器学习的很多算法中，特别是在深度学习的很多算法中，经常会涉及关于这些特殊点的数学知识。

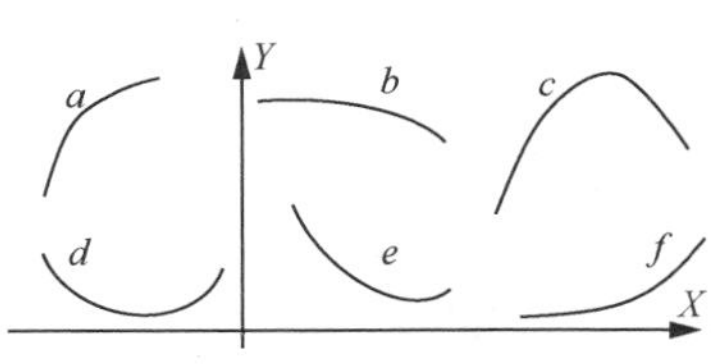

图 2-35　曲线的凹凸性

图 2-35 显示了 2 维平面上的几段曲线。直觉告诉我们，曲线 a、b、c 都是**上凸的（Convex Upwards）**，而曲线 d、e、f 都是**上凹的（Concave Upwards）**。

当然，我们也可以认为曲线 a、b、c 都是**下凹的（Concave Downwards）**，而曲线 d、e、f 都是**下凸的（Convex Downwards）**。因为上凸与下凹是同一个意思，上凹与下凸是同一个意思，因此，为了简化起见同时又避免说法上的混淆，我们规定本小节中的"凹"总是指"上凹"，"凸"总是指"上凸"。这样一来，我们就可以说，图 2-35 中的曲线 a、b、c 都是**凸的（Convex）**，而曲线 d、e、f 都是**凹的（Concave）**。也可以说，a、b、c 都是凸曲线，而 d、e、f 都是凹曲线。

2 维平面上曲线的凹凸性在数学上是如何定义的呢？如图 2-36 所示，假设某一曲线对应的函数为 $f(x)$，如果对于任意的 $\lambda\ (0<\lambda<1)$，以及该函数定义域上的任意两点 x_1 和 x_2，下列不等式

$$f\left(\lambda x_1+(1-\lambda)x_2\right)\leqslant \lambda f(x_1)+(1-\lambda)f(x_2) \tag{2.84}$$

总是成立的，则称该曲线是凹的。特别地，如果下列不等式

$$f\left(\lambda x_1+(1-\lambda)x_2\right)< \lambda f(x_1)+(1-\lambda)f(x_2) \tag{2.85}$$

总是成立的，则称该曲线是**严格凹的（Strictly Concave）**。相反地，如果把不等式（2.84）中的"$\leqslant$"改为"$\geqslant$"，便可相应地得到曲线是凸的的数学定义；如果把不等式（2.85）中的"$<$"改为"$>$"，便可相应地得到曲线是**严格凸的（Strictly Convex）**的数学定义。

根据以上关于 2 维平面上曲线凹凸性的数学定义，我们很容易判断出图 2-37 中 a、b、c 的凹凸性：a 是凹的，但不是严格凹的；b 是凹的，但不是严格凹的；c 是凹的，并且是严格凹的。注意，a 和 b 都是折线，而折线不过是曲线的特殊情况，所以我们仍然可以将 a 和 b 当作曲线来对待。

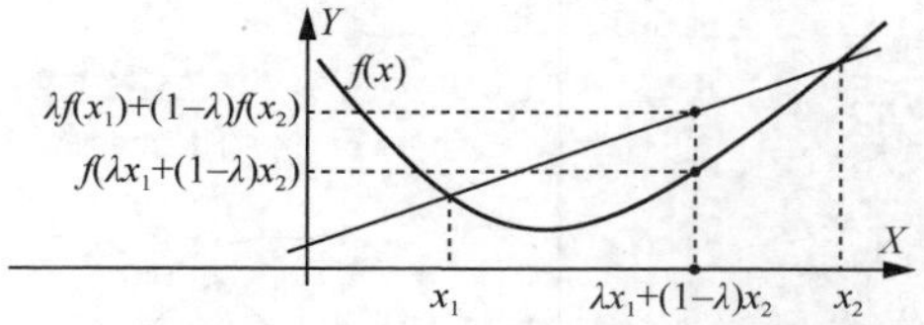

图 2-36 凹凸性的数学定义

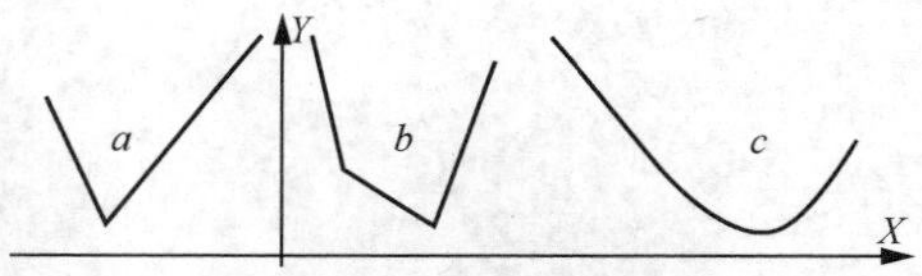

图 2-37 凹与严格凹

如图 2-38 所示，我们可以用切线法来判断 2 维平面上曲线的凹凸性：对于曲线上任何存在切线的点，如果该点的切线不会位于曲线的下方，则曲线就是凸的；对于曲线上任何存在切线的点，如果该点的切线不会位于曲线的上方，则曲线就是凹的。

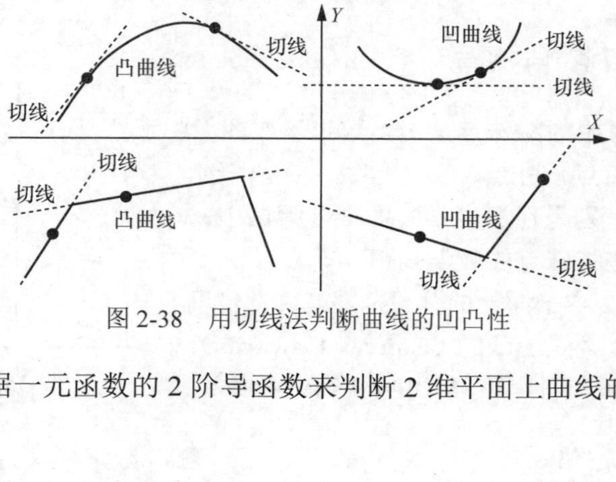

图 2-38 用切线法判断曲线的凹凸性

我们还可以根据一元函数的 2 阶导函数来判断 2 维平面上曲线的凹凸性：如果函数

$f(x)$ 在某个区间上的 2 阶导函数 $f''(x)$ 存在且总是大于等于 0，则该函数的曲线在这个区间上就是凹的；如果函数 $f(x)$ 在某个区间上的 2 阶导函数 $f''(x)$ 存在且总是小于等于 0，则该函数的曲线在这个区间上就是凸的；如果函数 $f(x)$ 在某个区间上的 2 阶导函数 $f''(x)$ 存在且总是大于 0，则该函数的曲线在这个区间上就是严格凹的；如果函数 $f(x)$ 在某个区间上的 2 阶导函数 $f''(x)$ 存在且总是小于 0，则该函数的曲线在这个区间上就是严格凸的。例如，在图 2-39 中，函数 $f(x)=x^3$ 的 2 阶导函数 $f''(x)=6x$。显然，当 $x<0$ 时，$f''(x)$ 总是小于 0；当 $x>0$ 时，$f''(x)$ 总是大于 0。因此，当 $x<0$ 时，曲线是凸的，并且是严格凸的；当 $x>0$ 时，曲线是凹的，并且是严格凹的。

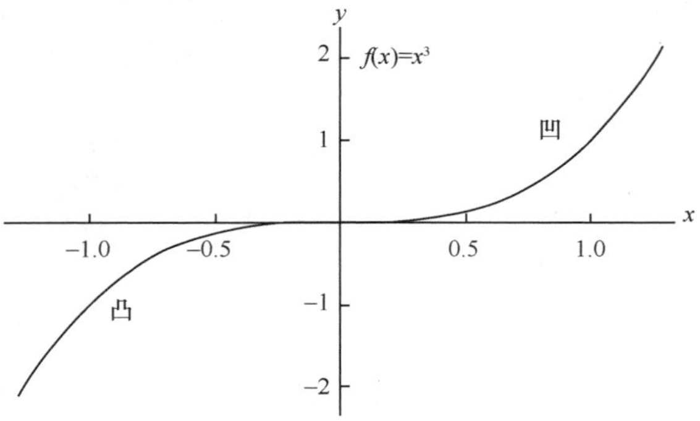

图 2-39　用 2 阶导函数判断曲线的凹凸性

3 维空间中曲面的凹凸性与 2 维平面上曲线的凹凸性非常相似。例如，在图 2-40 中，我们可以观察到曲面 a 和 b 是凸的，曲面 c 和 d 是凹的。或者说，a 和 b 是凸曲面，c 和 d 是凹曲面。

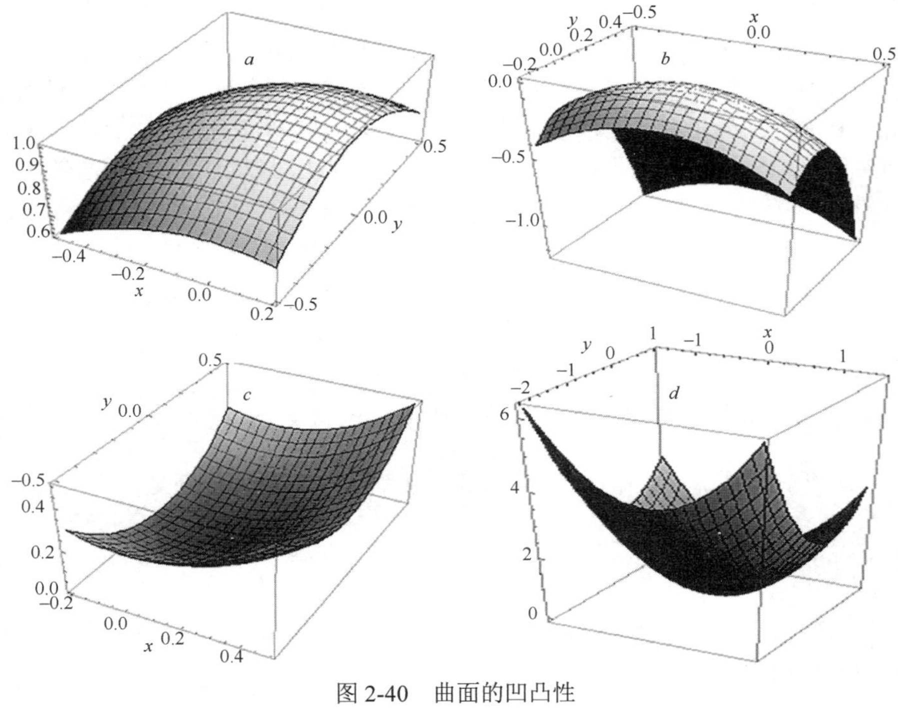

图 2-40　曲面的凹凸性

类似于用切线法判断2维平面上曲线的凹凸性，我们可以用切面法来判断3维空间中曲面的凹凸性。如图2-41所示，对于曲面上任何存在切面的点，如果该点的切面不会位于曲面的下方，则曲面就是凸的；对于曲面上任何存在切面的点，如果该点的切面不会位于曲面的上方，则曲面就是凹的。

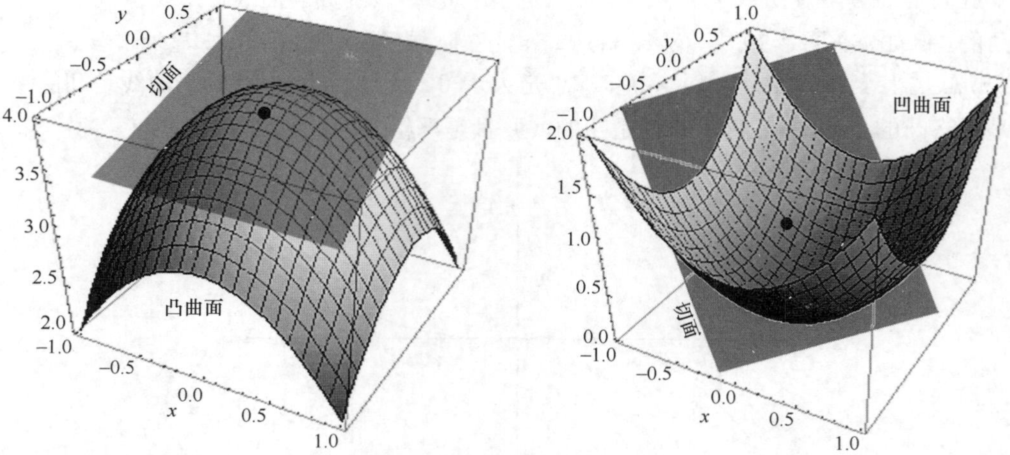

图 2-41 用切面法判断曲面的凹凸性

类似于利用一元函数的2阶导函数来判断2维平面上曲线的凹凸性，我们也可以利用二元函数的2阶偏导函数来判断3维空间中曲面的凹凸性。利用二元函数的2阶偏导函数来判断3维空间中曲面的凹凸性会涉及黑塞矩阵（Hessian Matrix）等较为复杂的知识，所以这里省去不讲。

以上只是对2维平面上曲线的凹凸性以及3维空间中曲面的凹凸性进行了简单的描述。一般地，N维空间中的$N-1$维超曲面都会涉及凹凸性的问题，这里不再赘述。

有了对函数图像凹凸性的基本认识之后，接下来我们将描述2维平面上曲线的**拐点（Inflection Point）**。如果曲线上的某一点的两侧邻域的凹凸性正好相反，一侧严格凹，另一侧严格凸，则称这样的点为曲线的一个拐点。数学上可以证明，对于函数$f(x)$，如果$f''(x_0)$存在且等于0，并且$f''(x)$在x_0的两侧邻域是异号的，那么$\left(x_0, f(x_0)\right)$就是一个拐点。

例如，在图2-42中，曲线a的函数表达式为$f(x)=x^3$，所以，$f'(x)=3x^2$，$f''(x)=6x$。显然，当$x=0$时，$f''(x)=0$；当$x<0$时，$f''(x)<0$；当$x>0$时，$f''(x)>0$。因此，$(0,0)$就是曲线a的一个拐点，并且其左侧是严格凸的，右侧是严格凹的，这与我们的视觉感受是完全一致的。曲线b的函数表达式为$f(x)=x+2\sin 5x$，该曲线有无穷多个拐点，图中只显示了其中的5个，这5个拐点的位置坐标分别是$\left(-\frac{2\pi}{5}, f\left(-\frac{2\pi}{5}\right)\right)$，$\left(-\frac{\pi}{5}, f\left(-\frac{\pi}{5}\right)\right)$，$(0,0)$，$\left(\frac{\pi}{5}, f\left(\frac{\pi}{5}\right)\right)$，$\left(\frac{2\pi}{5}, f\left(\frac{2\pi}{5}\right)\right)$。

需要说明的是，拐点的概念只适用于2维平面上的曲线，3维空间中的曲面以及更高维空间中的超曲面均不涉及拐点的概念。

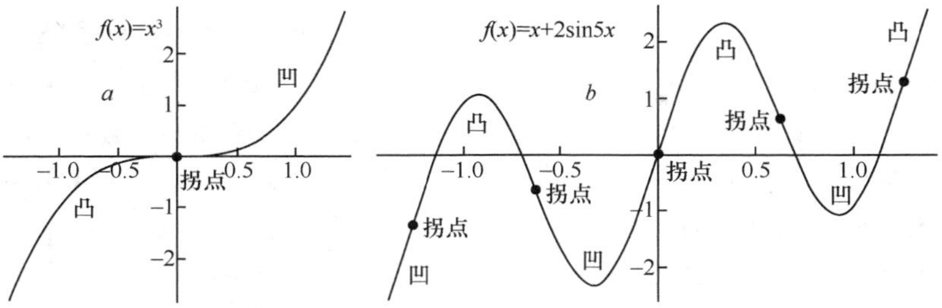

图 2-42　曲线的拐点

我们知道，一元函数的图像是 2 维平面上的一条曲线。如果一元函数 $f(x)$ 在 x_0 点处的函数值 $f(x_0)$ 总是小于等于在 x_0 点的某个邻域内异于 x_0 点处的函数值，就称 $f(x_0)$ 是函数 $f(x)$ 的一个**局部极小值（Local Minimum Value）**，称 $(x_0, f(x_0))$ 是函数 $f(x)$ 的一个**局部极小值点（Local Minimum Point）**。特别地，如果一元函数 $f(x)$ 在 x_0 点处的函数值 $f(x_0)$ 总是小于在 x_0 点的某个邻域内异于 x_0 点处的函数值，就称 $f(x_0)$ 是函数 $f(x)$ 的一个**严格局部极小值（Strict Local Minimum Value）**，称 $(x_0, f(x_0))$ 是函数 $f(x)$ 的一个**严格局部极小值点（Strict Local Minimum Point）**。显然，严格局部极小值是局部极小值的特殊情况，严格局部极小值点是局部极小值点的特殊情况。

如果一元函数 $f(x)$ 在 x_0 点处的函数值 $f(x_0)$ 总是大于等于在 x_0 点的某个邻域内异于 x_0 点处的函数值，就称 $f(x_0)$ 是函数 $f(x)$ 的一个**局部极大值（Local Maximum Value）**，称 $(x_0, f(x_0))$ 是函数 $f(x)$ 的一个**局部极大值点（Local Maximum Point）**。特别地，如果一元函数 $f(x)$ 在 x_0 点处的函数值 $f(x_0)$ 总是大于在 x_0 点的某个邻域内异于 x_0 点处的函数值，就称 $f(x_0)$ 是函数 $f(x)$ 的一个**严格局部极大值（Strict Local Maximum Value）**，称 $(x_0, f(x_0))$ 是函数 $f(x)$ 的一个**严格局部极大值点（Strict Local Maximum Point）**。显然，严格局部极大值是局部极大值的特殊情况，严格局部极大值点是局部极大值点的特殊情况。

如果一元函数 $f(x)$ 在 x_0 点处的函数值 $f(x_0)$ 总是小于等于在其定义域上异于 x_0 点处的函数值，就称 $f(x_0)$ 是函数 $f(x)$ 的一个**全局极小值（Global Minimum Value）**，称 $(x_0, f(x_0))$ 是函数 $f(x)$ 的一个**全局极小值点（Global Minimum Point）**。特别地，如果一元函数 $f(x)$ 在 x_0 点处的函数值 $f(x_0)$ 总是小于在其定义域上异于 x_0 点处的函数值，就称 $f(x_0)$ 是函数 $f(x)$ 的一个**严格全局极小值（Strict Global Minimum Value）**，称 $(x_0, f(x_0))$ 是函数 $f(x)$ 的一个**严格全局极小值点（Strict Global Minimum Point）**。显然，严格全局极小值是全局极小值的特殊情况，严格全局极小值点是全局极小值点的特殊情况。

如果一元函数 $f(x)$ 在 x_0 点处的函数值 $f(x_0)$ 总是大于等于在其定义域上异于 x_0 点处的函数值，就称 $f(x_0)$ 是函数 $f(x)$ 的一个**全局极大值（Global Maximum Value）**，称 $(x_0, f(x_0))$ 是函数 $f(x)$ 的一个**全局极大值点（Global Maximum Point）**。特别地，如果一元函数 $f(x)$ 在 x_0 点处的函数值 $f(x_0)$ 总是大于在其定义域上异于 x_0 点处的函数值，就称 $f(x_0)$ 是函数 $f(x)$ 的一个**严格全局极大值（Strict Global Maximum Value）**，称 $(x_0, f(x_0))$ 是函数 $f(x)$ 的一个**严格全局极大值点（Strict Global Maximum Point）**。显然，严格全局极大值是全局极大值的特殊情况，严格全局极大值点是全局极大值点的特殊情况。

在很多情况下，我们习惯将局部极小值和局部极大值统称为**局部极值（Local Extremum Value）**，将局部极小值点和局部极大值点统称为**局部极值点（Local Extremum Point）**，将全局极小值和全局极大值统称为**全局极值（Global Extremum Value）**，将全局极小值点和全局极大值点统称为**全局极值点（Global Extremum Point）**，将局部极值和全局极值统称为**极值（Extremum Value）**，将局部极值点和全局极值点统称为**极值点（Extremum Point）**。另外，我们还习惯将全局极小值称为**最小值**，将全局极小值点称为**最小值点**，将全局极大值称为**最大值**，将全局极大值点称为**最大值点**，将最小值和最大值统称为**最值**，将最小值点和最大值点统称为**最值点**。

图 2-43 直观地显示了极值点和最值点的概念。在图 2-43 中，$f(x)$ 是定义在闭区间 $[a,b]$ 上的一元函数，其图像是一段连续光滑的曲线。除了 E 点，所有带字母标识的点都是极值点，其中 A、C、F、H、J 都是局部极大值点，B、D、G、I 都是局部极小值点。另外，A 是全局极大值点，即最大值点；G 是全局极小值点，即最小值点。注意，一个局部极小值是完全可能大于一个局部极大值的。例如，B 点所对应的局部极小值就明显大于 H 点所对应的局部极大值。

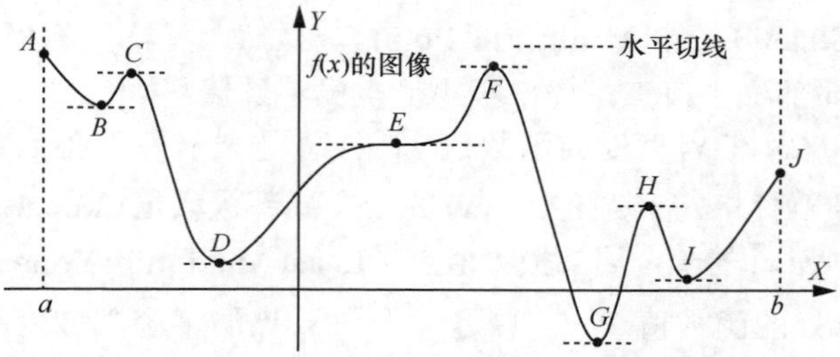

图 2-43 一元函数的极值点和最值点

以上只是对一元函数的极值点和最值点的概念进行了简单的描述。一般地，N 元函数均会涉及极值点和最值点的概念。例如，在图 2-44 中，二元函数 $f(x,y)=x^2+y^2-2$ 的定义域是整个 X-Y 平面，A 点的坐标是 $(0,0,-2)$。从数学上可以证明，A 点是 $f(x,y)$ 唯一的一个极值点，该极值点是 $f(x,y)$ 的全局极小值点，所以也是 $f(x,y)$ 的最小值点。

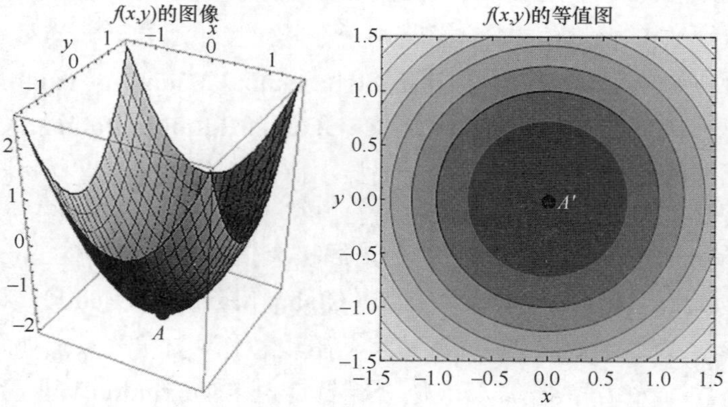

图 2-44 $f(x,y)=x^2+y^2-2$ 的极值点和最值点

又例如，在图 2-45 中，二元函数 $g(x,y)=\mathrm{e}^{-(x+1)^2-(y+1)^2}-1.5\mathrm{e}^{-x^2-y^2}+\mathrm{e}^{-(x-1)^2-(y-1)^2}$ 的定

义域是整个 X-Y 平面。$g(x,y)$ 共有 A 、B 、C 三个极值点，其中 A 和 B 既是局部极大值点，又是全局极大值点，所以也是最大值点。C 既是局部极小值点，又是全局极小值点，所以也是最小值点。注意，C' 的坐标是 $(0,0)$，但 A' 的坐标不是 $(-1,-1)$，B' 的坐标不是 $(1,1)$。

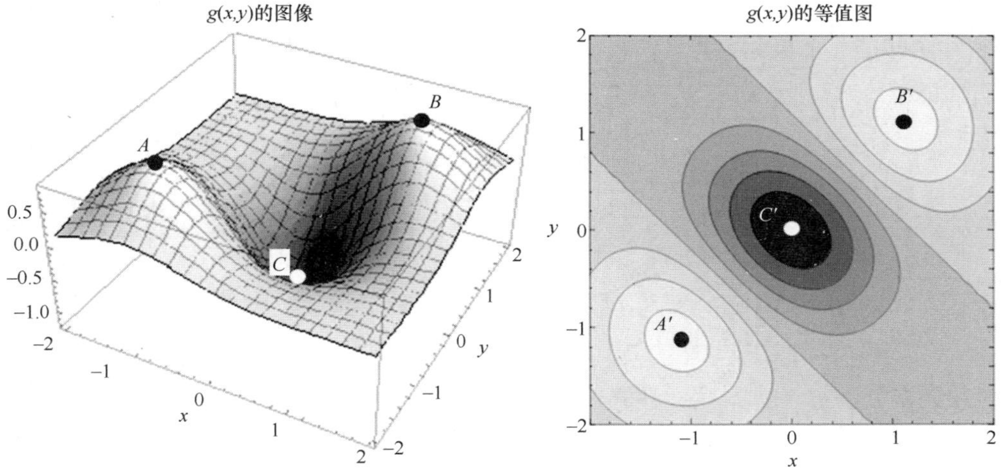

图 2-45　$g(x,y)=\mathrm{e}^{-(x+1)^2-(y+1)^2}-1.5\mathrm{e}^{-x^2-y^2}+\mathrm{e}^{-(x-1)^2-(y-1)^2}$ 的极值点和最值点

接下来说一说**驻点（Stationary Point）**。对于一元函数 $f(x)$，如果 $f(x)$ 在 x_0 点的 1 阶导数 $f'(x_0)$ 存在且等于 0，即 $f(x)$ 在 x_0 点的梯度是一个 1 维的零矢量，则称 $(x_0,f(x_0))$ 是函数 $f(x)$ 的一个驻点。显然，一元函数的驻点处的切线一定是水平的。在图 2-43 中，B 、C 、D 、E 、F 、G 、H 、I 都是驻点，但 A 和 J 不是驻点，因为在 A 点和 J 点处函数的 1 阶导数均不存在。对于二元函数 $f(x,y)$，如果 $f(x,y)$ 在 (x_0,y_0) 点的两个 1 阶偏导数 $f'_x(x_0,y_0)$ 和 $f'_y(x_0,y_0)$ 均存在且均等于 0，即 $f(x,y)$ 在 (x_0,y_0) 点的梯度是一个 2 维的零矢量，则称 $(x_0,y_0,f(x_0,y_0))$ 是函数 $f(x,y)$ 的一个驻点。显然，二元函数的驻点处的切面一定是水平的。在图 2-44 中，A 点就是一个驻点；在图 2-45 中，A 、B 、C 都是驻点。一般地，N 元函数都涉及驻点的概念：N 维超曲面上对应于零梯度的点就是驻点。

数学上可以证明，可导函数的极值点必定是该函数的驻点。但是，函数的驻点可能是极值点，也可能不是极值点。例如，在图 2-43 中，B 、C 、D 、F 、G 、H 、I 都是极值点，所以同时也都是驻点。E 虽然是一个驻点，但却不是一个极值点。

注意，函数的极值点不一定是驻点，只能说可导函数的极值点才必定是驻点，这是因为函数在它的导数不存在的点也可能取得极值。例如，在图 2-46 中，因为 A 点处是一个尖角，所以 $f(x)$ 在 A 点不可导，所以 A 点不是一个驻点，但 A 点显然是一个极小值点。B 点处也是一个尖角，所以 $f(x,y)$ 在 B 点的两个 1 阶偏导数均不存在，所以 B 点也不是一个驻点，但 B 点显然是一个极小值点。

最后来说一说**鞍点（Saddle Point）**。如果 N（$N>1$）元函数的 N 维超曲面上的某一点的 N 个 1 阶偏导数均存在且均等于 0，即函数在该点的梯度是一个 N 维的零矢量，但这个点又不是该函数的极值点，我们就称这个点为该函数的一个鞍点。显然，鞍点的定义是满足驻点的定义的，所以一个鞍点一定就是一个驻点。然而，一个驻点却不一定是一个鞍点：一个驻点可能是一个鞍点，也可能是一个极值点。如图 2-47 所示，二元函数 $z = f(x,y) = x^2 - y^2 + 1$，$M$ 点的坐标为$(0,0,1)$。显然，函数在 M 点处的两个 1 阶偏导数均存在且均为 0，所以 M 是一个驻点，但是 M 显然不是一个极值点，因此 M 就是一个鞍点。仔细观察可以发现，仅从 X 轴方向来看，M 是一个极小值点，但从 Y 轴方向来看，M 却是一个极大值点。

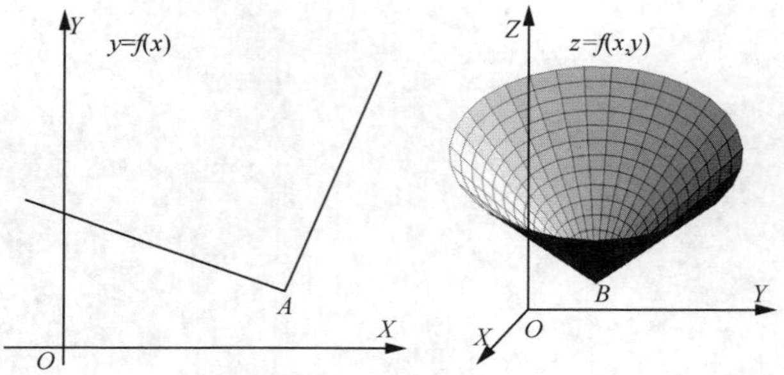

图 2-46 极值点不一定是驻点

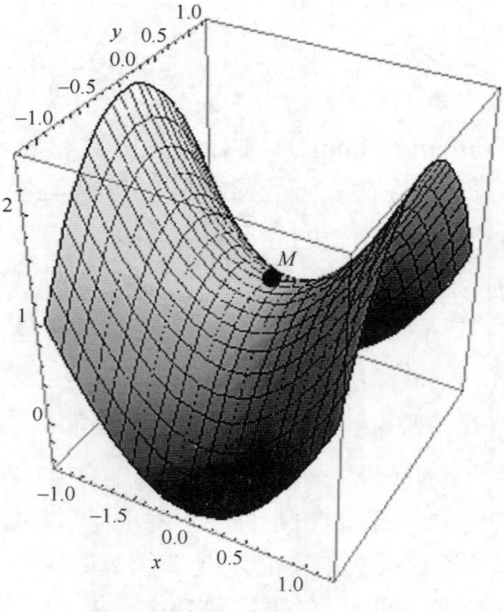

图 2-47 鞍点

2.2.5 凸集与凸函数

凸集（Convex Set）也称为**凸区域（Convex Region）**。一个 $N(N \geqslant 1)$ 维凸集是指 $M(M \geqslant N)$ 维空间中的一个 N 维子集，该子集中的任意两点之间的直线段都被完全包含在该子集中。图 2-48 中的第一行展示了一些 2 维的凸集和非凸集，其中 a、b、c 是凸集，d、e 不是凸集。图 2-48 中的第二行展示了一些 3 维的凸集和非凸集，其中 A、B 是凸集，C、D、E 不是凸集。1 维凸集只有 4 种可能的情况：一条直

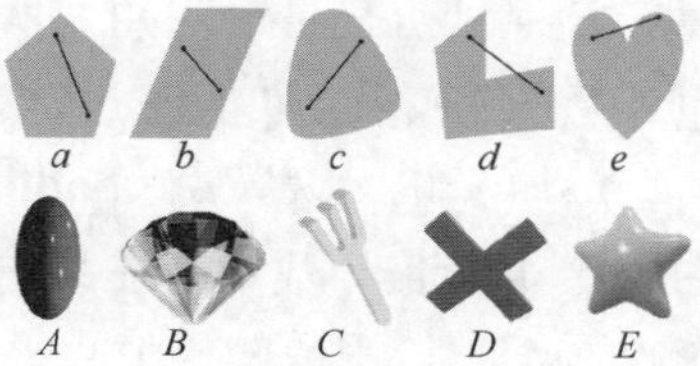

图 2-48 凸集与非凸集

线、一条射线、一条直线段、一个点。显然，大于 3 维的凸集是无法以视觉形象呈现出来的，它们只是数学上的一种抽象。

凸集有一个特别的性质，即任意两个或多个凸集的交集也一定是凸集。凸集的这种性质可以通过图 2-49 中的 2 维凸集的交集示例得到直观的表现。但应注意的是，凸集的并集不一定是凸集。凸集的并集可能是凸集，也可能不是凸集。

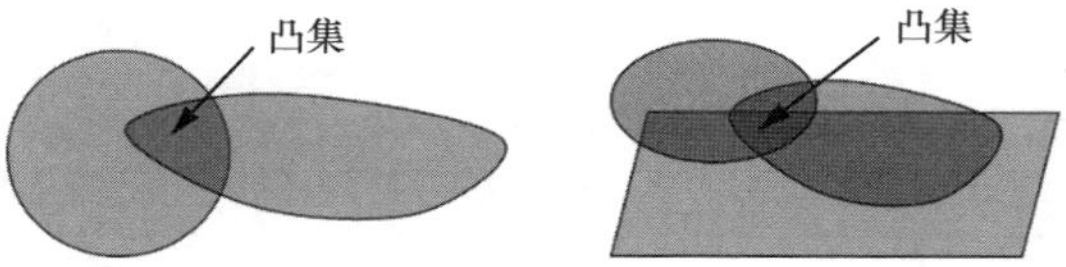

图 2-49　凸集的交集一定是凸集

接下来说一说**凸函数（Convex Function）**的概念。首先需要说明的是，凸函数这一术语中的“凸”的含义在各种文献资料中至今尚未统一。例如，某一篇文献中的凸函数可能正好是指另一篇文献中的**凹函数（Concave Function）**，而某一篇文献中的凹函数可能正好是指另一篇文献中的凸函数。为避免混淆，特别强调一下，本书中凸函数这一术语中的“凸”是指“下凸”，本书中凹函数这一术语中的“凹”是指“下凹”。

假设 $N(N \geqslant 1)$ 元函数 $f(\boldsymbol{x})$ 定义在 N 维空间中的一个 N 维凸集上，如果对于任意的 $0<\lambda<1$，以及该 N 维凸集上的任意两点 $\boldsymbol{x}_1$ 和 $\boldsymbol{x}_2$（注意，$\boldsymbol{x}_1$ 和 $\boldsymbol{x}_2$ 都是 N 维矢量），下列不等式

$$f\left(\lambda \boldsymbol{x}_1+(1-\lambda)\boldsymbol{x}_2\right) \leqslant \lambda f(\boldsymbol{x}_1)+(1-\lambda)f(\boldsymbol{x}_2) \tag{2.86}$$

总是成立的，则称 $f(\boldsymbol{x})$ 是一个 N 元凸函数。特别地，如果下列不等式

$$f\left(\lambda \boldsymbol{x}_1+(1-\lambda)\boldsymbol{x}_2\right) < \lambda f(\boldsymbol{x}_1)+(1-\lambda)f(\boldsymbol{x}_2) \tag{2.87}$$

总是成立的，则称 $f(\boldsymbol{x})$ 是一个 N 元**严格凸函数（Strictly Convex Function）**。相反地，如果不等式（2.86）中的“$\leqslant$”改为“$\geqslant$”，便可相应地得到 N 元凹函数的数学定义；如果不等式(2.87)中的“$<$”改为“$>$”，便可相应地得到 N 元**严格凹函数（Strictly Concave Function）**的数学定义。

细心的读者可能已经注意到，式(2.86)和式(2.87)其实分别就是上一小节中式(2.84)和式（2.85）在维数上的推广。根据式（2.86）和式（2.87），以及上一小节对凹凸性的描述，我们可以得到这样的结论：凸函数的图像一定是下凸的，严格凸函数的图像一定是严格下凸的。注意，一个 N 元函数的图像是下凸的，并不能保证该 N 元函数就一定是凸函数，除非该 N 元函数定义在 N 维空间中的一个 N 维凸集上。

如图 2-50 所示，绝对值函数 $f_1(x)=|x|$ 定义在整个 X 轴上，抛物线函数 $f_2(x)=x^2-10$ 定义在闭区间 $[-2,5]$ 上，抛物面函数 $f(x,y)=x^2+y^2$ 定义在区域 $-1<x<1,-1<y<1$ 上。显然，$f_1(x)$、$f_2(x)$、$f(x,y)$ 这 3 个函数都是定义在凸集上的，并且它们的图像都是下凸的，所以这 3 个函数都是凸函数。另外，$f_2(x)$ 和 $f(x,y)$ 都是严格凸函数，但 $f_1(x)$ 不是。

如图 2-51 所示，函数 $y=f(x)=2+\cos x$ 定义在闭区间 $[0,5]$ 上，函数 $z=f(x,y)=x^2+y^2$ 定义在区域 $1<x^2+y^2$ 上。显然，$f(x)$ 的图像不是下凸的，所以 $f(x)$ 不是一个凸函数。$f(x,y)$ 的图像是下凸的，但 $f(x,y)$ 的定义域并不是一个凸集，所以 $f(x,y)$ 也不是一个凸函数。

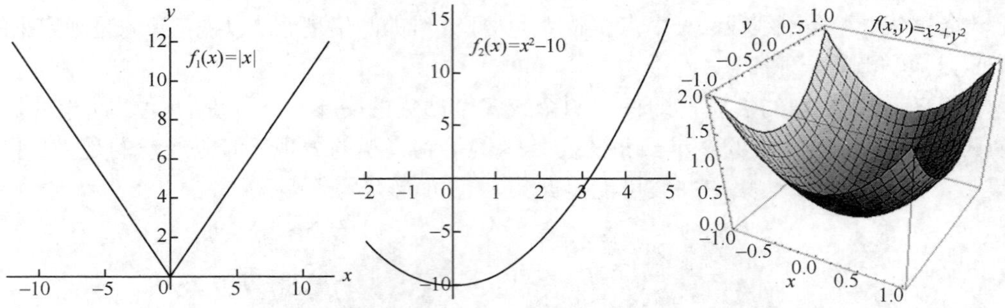

图 2-50　凸函数

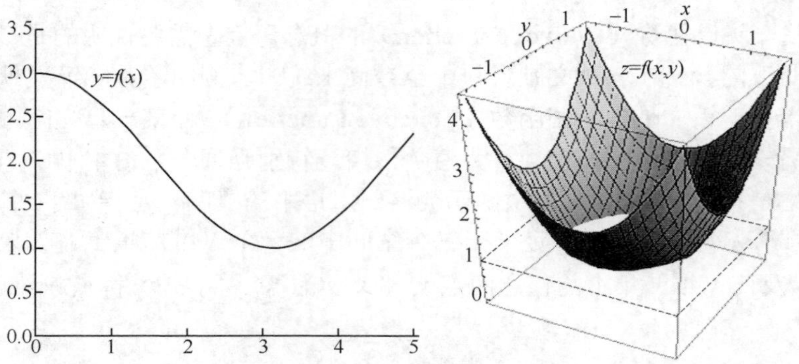

图 2-51　非凸函数

凸函数有一个非常重要的性质，即凸函数的局部极小值点必定是全局极小值点。特别地，严格凸函数有且只有一个全局极小值点。

2.2.6　矩阵函数

所谓函数，其实就是一种映射关系，被映射的量称为自变量，映射后得到的量称为因变量。自变量可以是一个标量、一个矢量、一个矩阵，因变量也可以是一个标量、一个矢量、一个矩阵。根据自变量和因变量的类型的不同，我们可以得到图 2-52 所示的 9 种不同类型的函数，它们分别是标量的标量函数、矢量的标量函数、矩阵的标量函数、标量的矢量函数、矢量的矢量函数、矩阵的矢量函数、标量的矩阵函数、矢量的矩阵函数、矩阵的矩阵函数。接下来我们简单梳理一下每种类型的函数的表达形式及其导数的表达形式。

函数类型		自变量类型		
		标量	矢量	矩阵
因变量类型	标量	标量的标量函数	矢量的标量函数	矩阵的标量函数

函数类型		自变量类型		
		标量	矢量	矩阵
因变量类型	矢量	标量的矢量函数	矢量的矢量函数	矩阵的矢量函数

函数类型		自变量类型		
		标量	矢量	矩阵
因变量类型	矩阵	标量的矩阵函数	矢量的矩阵函数	矩阵的矩阵函数

图 2-52　函数的类型

标量的标量函数通常记为

$$y=f(x) \tag{2.88}$$

其中自变量 x 是一个标量，因变量 y 也是一个标量。显然，标量的标量函数其实就是我们熟知的一元函数。标量的标量函数的导数表示为

$$\frac{\mathrm{d}y}{\mathrm{d}x}=\frac{\mathrm{d}f(x)}{\mathrm{d}x} \tag{2.89}$$

矢量的标量函数通常记为

$$y=f(x_1,x_2,\cdots,x_N) \tag{2.90}$$

或简记为

$$y=f(\boldsymbol{x}) \tag{2.91}$$

其中自变量 $\boldsymbol{x}=\begin{bmatrix}x_1 & x_2 & \cdots & x_N\end{bmatrix}^{\mathrm{T}}$ 是一个列矢量，因变量 y 是一个标量。显然，矢量的标量函数其实就是我们熟知的 N 元函数。矢量的标量函数的导数表示为

$$\frac{\partial y}{\partial \boldsymbol{x}}=\frac{\partial f(\boldsymbol{x})}{\partial \boldsymbol{x}}=\begin{bmatrix}\frac{\partial f(\boldsymbol{x})}{\partial x_1} & \frac{\partial f(\boldsymbol{x})}{\partial x_2} & \cdots & \frac{\partial f(\boldsymbol{x})}{\partial x_N}\end{bmatrix}=\begin{bmatrix}\frac{\partial y}{\partial x_1} & \frac{\partial y}{\partial x_2} & \cdots & \frac{\partial y}{\partial x_N}\end{bmatrix} \tag{2.92}$$

式（2.92）规定了如何表示标量对矢量的导数。注意，在涉及标量对矢量的求导运算时，或者更一般地，在涉及标量、矢量、矩阵之间的求导运算时，我们有两种标记规则：一种称为**分子布局标记（Numerator Layout Notation）规则**，另一种称为**分母布局标记（Denominator Layout Notation）规则**。使用不同的标记规则，求导表达式的模样也会不同。本书默认使用的是分子布局标记规则，式（2.92）也必须在使用分子布局标记规则时才成立。如果使用分母布局标记规则，则有

$$\frac{\partial y}{\partial \boldsymbol{x}}=\frac{\partial f(\boldsymbol{x})}{\partial \boldsymbol{x}}=\begin{bmatrix}\frac{\partial f(\boldsymbol{x})}{\partial x_1} & \frac{\partial f(\boldsymbol{x})}{\partial x_2} & \cdots & \frac{\partial f(\boldsymbol{x})}{\partial x_N}\end{bmatrix}^{\mathrm{T}}=\begin{bmatrix}\frac{\partial y}{\partial x_1} & \frac{\partial y}{\partial x_2} & \cdots & \frac{\partial y}{\partial x_N}\end{bmatrix}^{\mathrm{T}} \tag{2.93}$$

可以看到，式（2.92）表示的是一个行矢量，而式（2.93）表示的是一个列矢量，这种差异就是因为使用了不同的标记规则。再次强调，本书默认使用的是分子布局标记规则。另外，分子布局标记规则与分母布局标记规则是不能混用的，否则在表达式的理解和推导过程中就会出现歧义和错误。

矩阵的标量函数通常记为

$$y=f(x_{11},x_{12},\cdots,x_{1N};x_{21},x_{22},\cdots,x_{2N};\cdots;x_{M1},x_{M2},\cdots,x_{MN}) \tag{2.94}$$

或简记为

$$y=f(\boldsymbol{X}) \tag{2.95}$$

其中自变量 $\boldsymbol{X}=\begin{bmatrix}x_{11} & x_{12} & \cdots & x_{1N}\\ x_{21} & x_{22} & \cdots & x_{2N}\\ \vdots & \vdots & & \vdots\\ x_{M1} & x_{M2} & \cdots & x_{MN}\end{bmatrix}$ 是一个矩阵，因变量 y 是一个标量。矩阵的标量函数的导数表示为

$$\frac{\partial y}{\partial \boldsymbol{X}}=\frac{\partial f(\boldsymbol{X})}{\partial \boldsymbol{X}}=\begin{bmatrix}\frac{\partial f(\boldsymbol{X})}{\partial x_{11}} & \frac{\partial f(\boldsymbol{X})}{\partial x_{21}} & \cdots & \frac{\partial f(\boldsymbol{X})}{\partial x_{M1}}\\ \frac{\partial f(\boldsymbol{X})}{\partial x_{12}} & \frac{\partial f(\boldsymbol{X})}{\partial x_{22}} & \cdots & \frac{\partial f(\boldsymbol{X})}{\partial x_{M2}}\\ \vdots & \vdots & & \vdots\\ \frac{\partial f(\boldsymbol{X})}{\partial x_{1N}} & \frac{\partial f(\boldsymbol{X})}{\partial x_{2N}} & \cdots & \frac{\partial f(\boldsymbol{X})}{\partial x_{MN}}\end{bmatrix}=\begin{bmatrix}\frac{\partial y}{\partial x_{11}} & \frac{\partial y}{\partial x_{21}} & \cdots & \frac{\partial y}{\partial x_{M1}}\\ \frac{\partial y}{\partial x_{12}} & \frac{\partial y}{\partial x_{22}} & \cdots & \frac{\partial y}{\partial x_{M2}}\\ \vdots & \vdots & & \vdots\\ \frac{\partial y}{\partial x_{1N}} & \frac{\partial y}{\partial x_{2N}} & \cdots & \frac{\partial y}{\partial x_{MN}}\end{bmatrix} \tag{2.96}$$

标量的矢量函数通常记为

$$\begin{cases} y_1=f_1(x)\\ y_2=f_2(x)\\ \vdots\\ y_M=f_M(x)\end{cases} \tag{2.97}$$

或简记为

$$\boldsymbol{y}=\boldsymbol{f}(x) \tag{2.98}$$

其中自变量 x 是一个标量，因变量 $\boldsymbol{y}=[y_1 \quad y_2 \quad \cdots \quad y_M]^{\mathrm{T}}$ 是一个列矢量，$\boldsymbol{f}=[f_1 \quad f_2 \quad \cdots \quad f_M]^{\mathrm{T}}$。标量的矢量函数的导数表示为

$$\frac{\partial \boldsymbol{y}}{\partial x}=\frac{\partial \boldsymbol{f}(x)}{\partial x}=\left[\frac{\partial f_1(x)}{\partial x} \quad \frac{\partial f_2(x)}{\partial x} \quad \cdots \quad \frac{\partial f_M(x)}{\partial x}\right]^{\mathrm{T}}=\left[\frac{\partial y_1}{\partial x} \quad \frac{\partial y_2}{\partial x} \quad \cdots \quad \frac{\partial y_M}{\partial x}\right]^{\mathrm{T}} \tag{2.99}$$

矢量的矢量函数通常记为

$$\begin{cases} y_1=f_1(x_1,x_2,\cdots,x_N)=f_1(\boldsymbol{x})\\ y_2=f_2(x_1,x_2,\cdots,x_N)=f_2(\boldsymbol{x})\\ \vdots\\ y_M=f_M(x_1,x_2,\cdots,x_N)=f_M(\boldsymbol{x})\end{cases} \tag{2.100}$$

或简记为

$$\boldsymbol{y}=\boldsymbol{f}(\boldsymbol{x}) \tag{2.101}$$

其中自变量 $\boldsymbol{x}=[x_1 \quad x_2 \quad \cdots \quad x_N]^{\mathrm{T}}$ 是一个列矢量，因变量 $\boldsymbol{y}=[y_1 \quad y_2 \quad \cdots \quad y_M]^{\mathrm{T}}$ 也是一个列矢量，$\boldsymbol{f}=[f_1 \quad f_2 \quad \cdots \quad f_M]^{\mathrm{T}}$。矢量的矢量函数的导数表示为

$$\frac{\partial \boldsymbol{y}}{\partial \boldsymbol{x}}=\frac{\partial \boldsymbol{f}(\boldsymbol{x})}{\partial \boldsymbol{x}}=\begin{bmatrix}\frac{\partial f_1(\boldsymbol{x})}{\partial \boldsymbol{x}}\\ \frac{\partial f_2(\boldsymbol{x})}{\partial \boldsymbol{x}}\\ \vdots\\ \frac{\partial f_M(\boldsymbol{x})}{\partial \boldsymbol{x}}\end{bmatrix}=\begin{bmatrix}\frac{\partial y_1}{\partial \boldsymbol{x}}\\ \frac{\partial y_2}{\partial \boldsymbol{x}}\\ \vdots\\ \frac{\partial y_M}{\partial \boldsymbol{x}}\end{bmatrix}=\begin{bmatrix}\frac{\partial y_1}{\partial x_1} & \frac{\partial y_1}{\partial x_2} & \cdots & \frac{\partial y_1}{\partial x_N}\\ \frac{\partial y_2}{\partial x_1} & \frac{\partial y_2}{\partial x_2} & \cdots & \frac{\partial y_2}{\partial x_N}\\ \vdots & \vdots & & \vdots\\ \frac{\partial y_M}{\partial x_1} & \frac{\partial y_M}{\partial x_2} & \cdots & \frac{\partial y_M}{\partial x_N}\end{bmatrix} \tag{2.102}$$

数学上，式（2.102）表示的矢量对矢量的求导而得到的矩阵被称为雅可比矩阵（Jacobian Matrix）。

矩阵的矢量函数通常记为

$$\begin{cases} y_1 = f_1(x_{11},x_{12},\cdots,x_{1N};x_{21},x_{22},\cdots,x_{2N};\cdots;x_{M1},x_{M2},\cdots,x_{MN}) = f_1(\boldsymbol{X}) \\ y_2 = f_2(x_{11},x_{12},\cdots,x_{1N};x_{21},x_{22},\cdots,x_{2N};\cdots;x_{M1},x_{M2},\cdots,x_{MN}) = f_2(\boldsymbol{X}) \\ \vdots \\ y_P = f_P(x_{11},x_{12},\cdots,x_{1N};x_{21},x_{22},\cdots,x_{2N};\cdots;x_{M1},x_{M2},\cdots,x_{MN}) = f_P(\boldsymbol{X}) \end{cases} \tag{2.103}$$

或简记为

$$\boldsymbol{y} = \boldsymbol{f}(\boldsymbol{X}) \tag{2.104}$$

其中自变量 $\boldsymbol{X} = \begin{bmatrix} x_{11} & x_{12} & \cdots & x_{1N} \\ x_{21} & x_{22} & \cdots & x_{2N} \\ \vdots & \vdots & & \vdots \\ x_{M1} & x_{M2} & \cdots & x_{MN} \end{bmatrix}$ 是一个矩阵，因变量 $\boldsymbol{y} = [y_1 \quad y_2 \quad \cdots \quad y_P]^{\mathrm{T}}$ 是一个列矢量，$\boldsymbol{f} = [f_1 \quad f_2 \quad \cdots \quad f_P]^{\mathrm{T}}$。矩阵的矢量函数的导数表示为

$$\frac{\partial \boldsymbol{y}}{\partial \boldsymbol{X}} = \frac{\partial \boldsymbol{f}(\boldsymbol{X})}{\partial \boldsymbol{X}} = \begin{bmatrix} \dfrac{\partial y_1}{\partial \boldsymbol{X}} \\ \dfrac{\partial y_2}{\partial \boldsymbol{X}} \\ \vdots \\ \dfrac{\partial y_P}{\partial \boldsymbol{X}} \end{bmatrix} = \begin{bmatrix} \begin{bmatrix} \dfrac{\partial y_1}{\partial x_{11}} & \dfrac{\partial y_1}{\partial x_{21}} & \cdots & \dfrac{\partial y_1}{\partial x_{M1}} \\ \dfrac{\partial y_1}{\partial x_{12}} & \dfrac{\partial y_1}{\partial x_{22}} & \cdots & \dfrac{\partial y_1}{\partial x_{M2}} \\ \vdots & \vdots & & \vdots \\ \dfrac{\partial y_1}{\partial x_{1N}} & \dfrac{\partial y_1}{\partial x_{2N}} & \cdots & \dfrac{\partial y_1}{\partial x_{MN}} \end{bmatrix} \\ \begin{bmatrix} \dfrac{\partial y_2}{\partial x_{11}} & \dfrac{\partial y_2}{\partial x_{21}} & \cdots & \dfrac{\partial y_2}{\partial x_{M1}} \\ \dfrac{\partial y_2}{\partial x_{12}} & \dfrac{\partial y_2}{\partial x_{22}} & \cdots & \dfrac{\partial y_2}{\partial x_{M2}} \\ \vdots & \vdots & & \vdots \\ \dfrac{\partial y_2}{\partial x_{1N}} & \dfrac{\partial y_2}{\partial x_{2N}} & \cdots & \dfrac{\partial y_2}{\partial x_{MN}} \end{bmatrix} \\ \vdots \\ \begin{bmatrix} \dfrac{\partial y_P}{\partial x_{11}} & \dfrac{\partial y_P}{\partial x_{21}} & \cdots & \dfrac{\partial y_P}{\partial x_{M1}} \\ \dfrac{\partial y_P}{\partial x_{12}} & \dfrac{\partial y_P}{\partial x_{22}} & \cdots & \dfrac{\partial y_P}{\partial x_{M2}} \\ \vdots & \vdots & & \vdots \\ \dfrac{\partial y_P}{\partial x_{1N}} & \dfrac{\partial y_P}{\partial x_{2N}} & \cdots & \dfrac{\partial y_P}{\partial x_{MN}} \end{bmatrix} \end{bmatrix} \tag{2.105}$$

标量的矩阵函数通常记为

$$\begin{cases} y_{11} = f_{11}(x) \\ y_{12} = f_{12}(x) \\ \vdots \\ y_{1N} = f_{1N}(x) \\ y_{21} = f_{21}(x) \\ y_{22} = f_{22}(x) \\ \vdots \\ y_{2N} = f_{2N}(x) \\ \vdots \\ y_{M1} = f_{M1}(x) \\ y_{M2} = f_{M2}(x) \\ \vdots \\ y_{MN} = f_{MN}(x) \end{cases} \tag{2.106}$$

或简记为

$$\boldsymbol{Y} = \boldsymbol{F}(x) \tag{2.107}$$

其中自变量 x 是一个标量，因变量 $\boldsymbol{Y} = \begin{bmatrix} y_{11} & y_{12} & \cdots & y_{1N} \\ y_{21} & y_{22} & \cdots & y_{2N} \\ \vdots & \vdots & & \vdots \\ y_{M1} & y_{M2} & \cdots & y_{MN} \end{bmatrix}$ 是一个矩阵，$\boldsymbol{F} = \begin{bmatrix} f_{11} & f_{12} & \cdots & f_{1N} \\ f_{21} & f_{22} & \cdots & f_{2N} \\ \vdots & \vdots & & \vdots \\ f_{M1} & f_{M2} & \cdots & f_{MN} \end{bmatrix}$。标量的矩阵函数的导数表示为

$$\frac{\partial \boldsymbol{Y}}{\partial x} = \frac{\partial \boldsymbol{F}(x)}{\partial x} = \begin{bmatrix} \frac{\partial y_{11}}{\partial x} & \frac{\partial y_{12}}{\partial x} & \cdots & \frac{\partial y_{1N}}{\partial x} \\ \frac{\partial y_{21}}{\partial x} & \frac{\partial y_{22}}{\partial x} & \cdots & \frac{\partial y_{2N}}{\partial x} \\ \vdots & \vdots & & \vdots \\ \frac{\partial y_{M1}}{\partial x} & \frac{\partial y_{M2}}{\partial x} & \cdots & \frac{\partial y_{MN}}{\partial x} \end{bmatrix} \tag{2.108}$$

矢量的矩阵函数通常记为

$$\begin{cases} y_{11} = f_{11}(x_1, x_2, \cdots, x_P) \\ y_{12} = f_{12}(x_1, x_2, \cdots, x_P) \\ \vdots \\ y_{1N} = f_{1N}(x_1, x_2, \cdots, x_P) \end{cases}$$

$$\begin{cases} y_{21} = f_{21}(x_1, x_2, \cdots, x_P) \\ y_{22} = f_{22}(x_1, x_2, \cdots, x_P) \\ \vdots \\ y_{2N} = f_{2N}(x_1, x_2, \cdots, x_P) \\ \vdots \\ y_{M1} = f_{M1}(x_1, x_2, \cdots, x_P) \\ y_{M2} = f_{M2}(x_1, x_2, \cdots, x_P) \\ \vdots \\ y_{MN} = f_{MN}(x_1, x_2, \cdots, x_P) \end{cases} \tag{2.109}$$

或简记为

$$\boldsymbol{Y} = \boldsymbol{F}(\boldsymbol{x}) \tag{2.110}$$

其中自变量$\boldsymbol{x} = \begin{bmatrix} x_1 & x_2 & \cdots & x_P \end{bmatrix}^{\mathrm{T}}$是一个列矢量，因变量$\boldsymbol{Y} = \begin{bmatrix} y_{11} & y_{12} & \cdots & y_{1N} \\ y_{21} & y_{22} & \cdots & y_{2N} \\ \vdots & \vdots & & \vdots \\ y_{M1} & y_{M2} & \cdots & y_{MN} \end{bmatrix}$是一个矩阵，$\boldsymbol{F} = \begin{bmatrix} f_{11} & f_{12} & \cdots & f_{1N} \\ f_{21} & f_{22} & \cdots & f_{2N} \\ \vdots & \vdots & & \vdots \\ f_{M1} & f_{M2} & \cdots & f_{MN} \end{bmatrix}$。矢量的矩阵函数的导数表示为

$$\frac{\partial \boldsymbol{Y}}{\partial \boldsymbol{x}} = \frac{\partial \boldsymbol{F}(\boldsymbol{x})}{\partial \boldsymbol{x}} = \begin{bmatrix} \frac{\partial y_{11}}{\partial \boldsymbol{x}} & \frac{\partial y_{12}}{\partial \boldsymbol{x}} & \cdots & \frac{\partial y_{1N}}{\partial \boldsymbol{x}} \\ \frac{\partial y_{21}}{\partial \boldsymbol{x}} & \frac{\partial y_{22}}{\partial \boldsymbol{x}} & \cdots & \frac{\partial y_{2N}}{\partial \boldsymbol{x}} \\ \vdots & \vdots & & \vdots \\ \frac{\partial y_{M1}}{\partial \boldsymbol{x}} & \frac{\partial y_{M2}}{\partial \boldsymbol{x}} & \cdots & \frac{\partial y_{MN}}{\partial \boldsymbol{x}} \end{bmatrix}$$

$$= \begin{bmatrix} \begin{bmatrix} \frac{\partial y_{11}}{\partial x_1} & \frac{\partial y_{11}}{\partial x_2} & \cdots & \frac{\partial y_{11}}{\partial x_P} \end{bmatrix} & \begin{bmatrix} \frac{\partial y_{12}}{\partial x_1} & \frac{\partial y_{12}}{\partial x_2} & \cdots & \frac{\partial y_{12}}{\partial x_P} \end{bmatrix} & \cdots & \begin{bmatrix} \frac{\partial y_{1N}}{\partial x_1} & \frac{\partial y_{1N}}{\partial x_2} & \cdots & \frac{\partial y_{1N}}{\partial x_P} \end{bmatrix} \\ \begin{bmatrix} \frac{\partial y_{21}}{\partial x_1} & \frac{\partial y_{21}}{\partial x_2} & \cdots & \frac{\partial y_{21}}{\partial x_P} \end{bmatrix} & \begin{bmatrix} \frac{\partial y_{22}}{\partial x_1} & \frac{\partial y_{22}}{\partial x_2} & \cdots & \frac{\partial y_{22}}{\partial x_P} \end{bmatrix} & \cdots & \begin{bmatrix} \frac{\partial y_{2N}}{\partial x_1} & \frac{\partial y_{2N}}{\partial x_2} & \cdots & \frac{\partial y_{2N}}{\partial x_P} \end{bmatrix} \\ \vdots & \vdots & & \vdots \\ \begin{bmatrix} \frac{\partial y_{M1}}{\partial x_1} & \frac{\partial y_{M1}}{\partial x_2} & \cdots & \frac{\partial y_{M1}}{\partial x_P} \end{bmatrix} & \begin{bmatrix} \frac{\partial y_{M2}}{\partial x_1} & \frac{\partial y_{M2}}{\partial x_2} & \cdots & \frac{\partial y_{M2}}{\partial x_P} \end{bmatrix} & \cdots & \begin{bmatrix} \frac{\partial y_{MN}}{\partial x_1} & \frac{\partial y_{MN}}{\partial x_2} & \cdots & \frac{\partial y_{MN}}{\partial x_P} \end{bmatrix} \end{bmatrix} \tag{2.111}$$

矩阵的矩阵函数通常记为

$$\begin{cases} y_{11} = f_{11}(x_{11}, x_{12}, \cdots, x_{1Q}; x_{21}, x_{22}, \cdots, x_{2Q}; \cdots; x_{P1}, x_{P2}, \cdots, x_{PQ}) = f_{11}(\boldsymbol{X}) \\ y_{12} = f_{12}(x_{11}, x_{12}, \cdots, x_{1Q}; x_{21}, x_{22}, \cdots, x_{2Q}; \cdots; x_{P1}, x_{P2}, \cdots, x_{PQ}) = f_{12}(\boldsymbol{X}) \\ \vdots \\ y_{1N} = f_{1N}(x_{11}, x_{12}, \cdots, x_{1Q}; x_{21}, x_{22}, \cdots, x_{2Q}; \cdots; x_{P1}, x_{P2}, \cdots, x_{PQ}) = f_{1N}(\boldsymbol{X}) \\ y_{21} = f_{21}(x_{11}, x_{12}, \cdots, x_{1Q}; x_{21}, x_{22}, \cdots, x_{2Q}; \cdots; x_{P1}, x_{P2}, \cdots, x_{PQ}) = f_{21}(\boldsymbol{X}) \\ y_{22} = f_{22}(x_{11}, x_{12}, \cdots, x_{1Q}; x_{21}, x_{22}, \cdots, x_{2Q}; \cdots; x_{P1}, x_{P2}, \cdots, x_{PQ}) = f_{22}(\boldsymbol{X}) \\ \vdots \\ y_{2N} = f_{2N}(x_{11}, x_{12}, \cdots, x_{1Q}; x_{21}, x_{22}, \cdots, x_{2Q}; \cdots; x_{P1}, x_{P2}, \cdots, x_{PQ}) = f_{2N}(\boldsymbol{X}) \\ \vdots \\ y_{M1} = f_{M1}(x_{11}, x_{12}, \cdots, x_{1Q}; x_{21}, x_{22}, \cdots, x_{2Q}; \cdots; x_{P1}, x_{P2}, \cdots, x_{PQ}) = f_{M1}(\boldsymbol{X}) \\ y_{M2} = f_{M2}(x_{11}, x_{12}, \cdots, x_{1Q}; x_{21}, x_{22}, \cdots, x_{2Q}; \cdots; x_{P1}, x_{P2}, \cdots, x_{PQ}) = f_{M2}(\boldsymbol{X}) \\ \vdots \\ y_{MN} = f_{MN}(x_{11}, x_{12}, \cdots, x_{1Q}; x_{21}, x_{22}, \cdots, x_{2Q}; \cdots; x_{P1}, x_{P2}, \cdots, x_{PQ}) = f_{MN}(\boldsymbol{X}) \end{cases} \tag{2.112}$$

或简记为

$$\boldsymbol{Y} = \boldsymbol{F}(\boldsymbol{X}) \tag{2.113}$$

其中自变量 $\boldsymbol{X} = \begin{bmatrix} x_{11} & x_{12} & \cdots & x_{1Q} \\ x_{21} & x_{22} & \cdots & x_{2Q} \\ \vdots & \vdots & & \vdots \\ x_{P1} & x_{P2} & \cdots & x_{PQ} \end{bmatrix}$ 是一个矩阵，因变量 $\boldsymbol{Y} = \begin{bmatrix} y_{11} & y_{12} & \cdots & y_{1N} \\ y_{21} & y_{22} & \cdots & y_{2N} \\ \vdots & \vdots & & \vdots \\ y_{M1} & y_{M2} & \cdots & y_{MN} \end{bmatrix}$ 也是一个矩阵， $\boldsymbol{F} = \begin{bmatrix} f_{11} & f_{12} & \cdots & f_{1N} \\ f_{21} & f_{22} & \cdots & f_{2N} \\ \vdots & \vdots & & \vdots \\ f_{M1} & f_{M2} & \cdots & f_{MN} \end{bmatrix}$。矩阵的矩阵函数的导数表示为

$$\frac{\partial \boldsymbol{Y}}{\partial \boldsymbol{X}} = \frac{\partial \boldsymbol{F}(\boldsymbol{X})}{\partial \boldsymbol{X}} = \begin{bmatrix} \frac{\partial y_{11}}{\partial \boldsymbol{X}} & \frac{\partial y_{12}}{\partial \boldsymbol{X}} & \cdots & \frac{y_{1N}}{\partial \boldsymbol{X}} \\ \frac{\partial y_{21}}{\partial \boldsymbol{X}} & \frac{\partial y_{22}}{\partial \boldsymbol{X}} & \cdots & \frac{y_{2N}}{\partial \boldsymbol{X}} \\ \vdots & \vdots & & \vdots \\ \frac{\partial y_{M1}}{\partial \boldsymbol{X}} & \frac{\partial y_{M2}}{\partial \boldsymbol{X}} & \cdots & \frac{\partial y_{MN}}{\partial \boldsymbol{X}} \end{bmatrix}$$

$$
= \begin{bmatrix}
\begin{bmatrix}
\frac{\partial y_{11}}{\partial x_{11}} & \frac{\partial y_{11}}{\partial x_{21}} & \cdots & \frac{\partial y_{11}}{\partial x_{P1}} \\
\frac{\partial y_{11}}{\partial x_{12}} & \frac{\partial y_{11}}{\partial x_{22}} & \cdots & \frac{\partial y_{11}}{\partial x_{P2}} \\
\vdots & \vdots & & \vdots \\
\frac{\partial y_{11}}{\partial x_{1Q}} & \frac{\partial y_{11}}{\partial x_{2Q}} & \cdots & \frac{\partial y_{11}}{\partial x_{PQ}}
\end{bmatrix} &
\begin{bmatrix}
\frac{\partial y_{12}}{\partial x_{11}} & \frac{\partial y_{12}}{\partial x_{21}} & \cdots & \frac{\partial y_{12}}{\partial x_{P1}} \\
\frac{\partial y_{12}}{\partial x_{12}} & \frac{\partial y_{12}}{\partial x_{22}} & \cdots & \frac{\partial y_{12}}{\partial x_{P2}} \\
\vdots & \vdots & & \vdots \\
\frac{\partial y_{12}}{\partial x_{1Q}} & \frac{\partial y_{12}}{\partial x_{2Q}} & \cdots & \frac{\partial y_{12}}{\partial x_{PQ}}
\end{bmatrix} & \cdots &
\begin{bmatrix}
\frac{\partial y_{1N}}{\partial x_{11}} & \frac{\partial y_{1N}}{\partial x_{21}} & \cdots & \frac{\partial y_{1N}}{\partial x_{P1}} \\
\frac{\partial y_{1N}}{\partial x_{12}} & \frac{\partial y_{1N}}{\partial x_{22}} & \cdots & \frac{\partial y_{1N}}{\partial x_{P2}} \\
\vdots & \vdots & & \vdots \\
\frac{\partial y_{1N}}{\partial x_{1Q}} & \frac{\partial y_{1N}}{\partial x_{2Q}} & \cdots & \frac{\partial y_{1N}}{\partial x_{PQ}}
\end{bmatrix} \\
\begin{bmatrix}
\frac{\partial y_{21}}{\partial x_{11}} & \frac{\partial y_{21}}{\partial x_{21}} & \cdots & \frac{\partial y_{21}}{\partial x_{P1}} \\
\frac{\partial y_{21}}{\partial x_{12}} & \frac{\partial y_{21}}{\partial x_{22}} & \cdots & \frac{\partial y_{21}}{\partial x_{P2}} \\
\vdots & \vdots & & \vdots \\
\frac{\partial y_{21}}{\partial x_{1Q}} & \frac{\partial y_{21}}{\partial x_{2Q}} & \cdots & \frac{\partial y_{21}}{\partial x_{PQ}}
\end{bmatrix} &
\begin{bmatrix}
\frac{\partial y_{22}}{\partial x_{11}} & \frac{\partial y_{22}}{\partial x_{21}} & \cdots & \frac{\partial y_{22}}{\partial x_{P1}} \\
\frac{\partial y_{22}}{\partial x_{12}} & \frac{\partial y_{22}}{\partial x_{22}} & \cdots & \frac{\partial y_{22}}{\partial x_{P2}} \\
\vdots & \vdots & & \vdots \\
\frac{\partial y_{22}}{\partial x_{1Q}} & \frac{\partial y_{22}}{\partial x_{2Q}} & \cdots & \frac{\partial y_{22}}{\partial x_{PQ}}
\end{bmatrix} & \cdots &
\begin{bmatrix}
\frac{\partial y_{2N}}{\partial x_{11}} & \frac{\partial y_{2N}}{\partial x_{21}} & \cdots & \frac{\partial y_{2N}}{\partial x_{P1}} \\
\frac{\partial y_{2N}}{\partial x_{12}} & \frac{\partial y_{2N}}{\partial x_{22}} & \cdots & \frac{\partial y_{2N}}{\partial x_{P2}} \\
\vdots & \vdots & & \vdots \\
\frac{\partial y_{2N}}{\partial x_{1Q}} & \frac{\partial y_{2N}}{\partial x_{2Q}} & \cdots & \frac{\partial y_{2N}}{\partial x_{PQ}}
\end{bmatrix} \\
\vdots & \vdots & \vdots & \vdots \\
\begin{bmatrix}
\frac{\partial y_{M1}}{\partial x_{11}} & \frac{\partial y_{M1}}{\partial x_{21}} & \cdots & \frac{\partial y_{M1}}{\partial x_{P1}} \\
\frac{\partial y_{M1}}{\partial x_{12}} & \frac{\partial y_{M1}}{\partial x_{22}} & \cdots & \frac{\partial y_{M1}}{\partial x_{P2}} \\
\vdots & \vdots & & \vdots \\
\frac{\partial y_{M1}}{\partial x_{1Q}} & \frac{\partial y_{M1}}{\partial x_{2Q}} & \cdots & \frac{\partial y_{M1}}{\partial x_{PQ}}
\end{bmatrix} &
\begin{bmatrix}
\frac{\partial y_{M2}}{\partial x_{11}} & \frac{\partial y_{M2}}{\partial x_{21}} & \cdots & \frac{\partial y_{M2}}{\partial x_{P1}} \\
\frac{\partial y_{M2}}{\partial x_{12}} & \frac{\partial y_{M2}}{\partial x_{22}} & \cdots & \frac{\partial y_{M2}}{\partial x_{P2}} \\
\vdots & \vdots & & \vdots \\
\frac{\partial y_{M2}}{\partial x_{1Q}} & \frac{\partial y_{M2}}{\partial x_{2Q}} & \cdots & \frac{\partial y_{M2}}{\partial x_{PQ}}
\end{bmatrix} & \cdots &
\begin{bmatrix}
\frac{\partial y_{MN}}{\partial x_{11}} & \frac{\partial y_{MN}}{\partial x_{21}} & \cdots & \frac{\partial y_{MN}}{\partial x_{P1}} \\
\frac{\partial y_{MN}}{\partial x_{12}} & \frac{\partial y_{MN}}{\partial x_{22}} & \cdots & \frac{\partial y_{MN}}{\partial x_{P2}} \\
\vdots & \vdots & & \vdots \\
\frac{\partial y_{MN}}{\partial x_{1Q}} & \frac{\partial y_{MN}}{\partial x_{2Q}} & \cdots & \frac{\partial y_{MN}}{\partial x_{PQ}}
\end{bmatrix}
\end{bmatrix} \tag{2.114}
$$

式（2.105）、式（2.111）、式（2.114）中都出现了矩阵嵌套的情况。式（2.105）中，若要确定某一元素的位置，则首先需要 1 个索引参数来确定它所在的子矩阵块，然后需要 2 个索引参数来确定它在该子矩阵块中的位置。也就是说，我们需要且只需要 3 个索引参数就能确定某一元素的位置，因此式（2.105）其实是一个关于 3 阶张量的等式。类似地，式（2.111）也是一个关于 3 阶张量的等式，而式（2.114）则是一个关于 4 阶张量的等式。

2.3 概率与统计

2.3.1 条件概率公式

条件概率（Conditional Probability）是指某一事件在另一事件已经发生了的条件下发生的概率。事件 A 在事件 B 已经发生了的条件下发生的概率记为 $P(A|B)$，$P(A|B)$ 也

称为在事件 B 已经发生了的条件下事件 A 的条件概率。数学上可以证明

$$P(A \mid B)=\frac{P(AB)}{P(B)} \tag{2.115}$$

式（2.115）就是著名的条件概率公式，其中的 $P(B)$ 表示事件 B 发生的概率，且 $P(B) \neq 0$，$P(AB)$ 表示事件 A 和事件 B 均发生的概率。

例如，将两个骰子各掷一次，事件 A 表示“两个骰子的点数不同”，事件 B 表示“两个骰子均未出现 3 点”，试求 $P(A \mid B)$。求解过程如下：

$$P(B)=\frac{5\times 5}{6\times 6}=\frac{25}{36}$$

$$P(AB)=\frac{5\times 4}{6\times 6}=\frac{20}{36}$$

$$P(A|B)=\frac{P(AB)}{P(B)}=\frac{20}{36}\times\frac{36}{25}=\frac{4}{5}$$

也可以使用穷举法来进行计算，并可得到同样的结果，如图 2-53 所示。

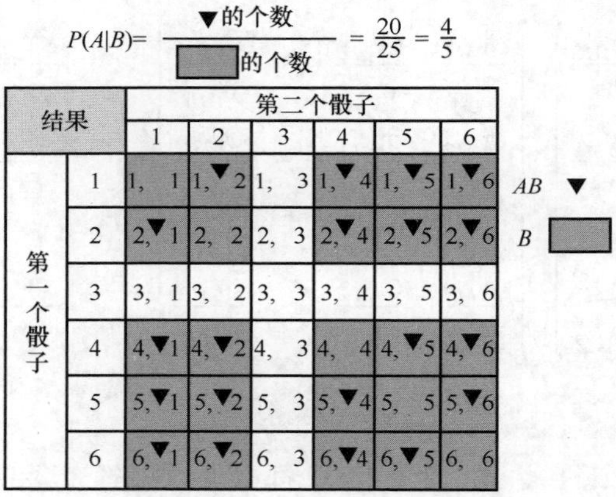

图 2-53　计算条件概率

又例如，张某是一个气象爱好者，同时也是一个歌唱爱好者，并且几十年来一直坚持每天写日记，在日记中记录当天是否唱了歌，以及当天是晴天、阴天，还是雨天。张某根据几十年来的日记记录发现，晴天的天数占总天数的 50%，阴天的天数占总天数的 35%，雨天的天数占总天数的 15%，他唱歌的天数占总天数的 80%，在晴天唱歌的天数占总天数的 50%，在阴天唱歌的天数占总天数的 25%，在雨天唱歌的天数占总天数的 5%。如果 A 表示“唱歌”，B_1 表示“晴天”，B_2 表示“阴天”，B_3 表示“雨天”，试求 $P(B_1|A)$、$P(B_2|A)$、$P(B_3|A)$。求解过程如下：

$$P(A)=80\% \quad P(AB_1)=50\% \quad P(AB_2)=25\% \quad P(AB_3)=5\%$$

$$P(B_1 \mid A)=\frac{P(AB_1)}{P(A)}=\frac{0.5}{0.8}=\frac{10}{16}$$

$$P(B_2 \mid A)=\frac{P(AB_2)}{P(A)}=\frac{0.25}{0.8}=\frac{5}{16}$$

$$P(B_3 \mid A) = \frac{P(AB_3)}{P(A)} = \frac{0.05}{0.8} = \frac{1}{16}$$

从计算结果可知，如果某一天张某唱歌了，那么这一天是晴天、阴天、雨天的概率分别是$10/16$、$5/16$、$1/16$，这说明张某唱歌是与天气情况（晴天、阴天、雨天）存在**相关性（Correlation）**的。但是需要说明的是，相关性并不等于**因果性（Causation）**，天气的情况并不会受到张某是否唱歌的影响。一般地，如果事件 X 的发生或多或少会影响到事件 Y 的发生，我们就说 X 与 Y 存在因果性，X 为因，Y 为果。如果事件 X 的发生与事件 Y 的发生在统计意义上存在一定的关联性，我们就说 X 与 Y 存在相关性。如果 X 与 Y 存在因果性，则 X 与 Y 一定存在相关性。如果 X 与 Y 存在相关性，则 X 与 Y 可能存在因果性，也可能不存在因果性。鸡叫与天亮是存在相关性的，但却不存在因果性：鸡叫不叫完全不会影响到天亮不亮。

假设某一事件为 A，另一事件为 B，如果

$$P(AB) = P(A)P(B) \tag{2.116}$$

则称 A 与 B 是相互**独立的（Independent）**。事件的独立性还有另一种定义方式：假设某一事件为 A，另一事件为 B，如果

$$P(A \mid B) = P(A) \tag{2.117}$$

则称 A 与 B 是相互独立的。以上两种关于事件独立性的定义是完全等价的，因为，如果 $P(AB) = P(A)P(B)$，则必然有 $P(A|B) = \frac{P(AB)}{P(B)} = \frac{P(A)P(B)}{P(B)} = P(A)$；反之，如果 $P(A \mid B) = P(A)$，则必然有 $P(AB) = P(A \mid B)P(B) = P(A)P(B)$。事件 A 与事件 B 是相互独立的，通俗地讲就是指这两个事件中任何一个事件发生的概率完全不受另一个事件是否发生的影响。

回到张某唱歌的例子，我们来看看张某唱歌这件事与出现晴天这件事是不是相互独立的。$P(A) = 0.8$，$P(A \mid B_1) = \frac{P(AB_1)}{P(B_1)} = \frac{0.5}{0.5} = 1$，$P(A) \neq P(A \mid B_1)$，因此 A 与 B_1 不是相互独立的，即张某唱歌这件事与出现晴天这件事不是相互独立的。如果进一步计算，就会得到 $P(A \mid B_2) = \frac{P(AB_2)}{P(B_2)} = \frac{0.25}{0.35} = \frac{5}{7} \neq P(A)$，$P(A \mid B_3) = \frac{P(AB_3)}{P(B_3)} = \frac{0.05}{0.15} = \frac{1}{3} \neq P(A)$，因此 A 与 B_2 也不是相互独立的，A 与 B_3 同样也不是相互独立的。概括地说就是，张某唱歌这件事与天气情况之间不是相互独立的，而是相关的。事实上，$P(A \mid B_3) = \frac{1}{3}$，$P(A \mid B_2) = \frac{5}{7}$，$P(A \mid B_1) = 1$，这 3 个条件概率的值说明：张某不太喜欢在雨天唱歌，比较喜欢在阴天唱歌，最喜欢在晴天唱歌，而且是逢晴必唱。

2.3.2　全概率公式

事件 B_1、B_2 …… B_N 两两互不相容，是指如果 $i \neq j$，则 $P(B_i B_j) = 0$。如果事件 B_1、B_2 …… B_N 两两互不相容，并且 B_1、B_2 …… B_N 的并集就是整个事件空间，则称 B_1、

B_2 …… B_N 构成了一个完备事件组。例如，掷一次骰子，其整个事件空间可以被看成 6 个事件的并集。这 6 个事件分别是，点数为 1，点数为 2，点数为 3，点数为 4，点数为 5，点数为 6。显然，这 6 个事件是两两互不相容的，因为点数不可能既是 3 又是 5，既是 1 又是 2，等等。另外，掷一次骰子的结果必是这 6 个事件之一。因此，这 6 个事件就是一个完备事件组。

同样是掷一次骰子，其整个事件空间也可以被看成两个事件的并集。这两个事件分别是，点数为偶数，点数为奇数。显然，这两个事件也是两两互不相容的，因为点数不可能既是偶数又是奇数。另外，掷一次骰子的结果必是这两个事件之一。因此，这两个事件也是一个完备事件组。

还是掷一次骰子，其整个事件空间还可以被看成 3 个事件的并集。这 3 个事件分别是，点数小于 4，点数等于 4，点数大于 4。显然，这 3 个事件还是两两互不相容的，因为点数不可能既小于 4 又等于 4，既小于 4 又大于 4，既等于 4 又大于 4。另外，掷一次骰子的结果必是这 3 个事件之一。因此，这 3 个事件当然还是一个完备事件组。

如果事件 B_1、B_2 …… B_N 构成了某个事件空间的一个完备事件组，那么对于同一事件空间中的任意事件 A，就有

$$\begin{aligned} P(A) &= P(A|B_1)P(B_1) + P(A|B_2)P(B_2) + \cdots + P(A|B_N)P(B_N) \\ &= \sum_{i=1}^{N} P(A|B_i)P(B_i) \end{aligned} \tag{2.118}$$

式（2.118）就是著名的**全概率公式（Formula of Total Probability）**。全概率公式的基本意思：一个比较复杂的事件 A 可以被分解为 N 个比较简单的条件事件 $A|B_1, A|B_2, \cdots, A|B_N$，而事件 A 的全概率 $P(A)$ 就等于各个条件事件 $A|B_i$ 的概率 $P(A|B_i)$ 的加权和，加权系数为 $P(B_i)$。说 A 是一个比较复杂的事件，是指直接计算 A 的概率比较困难；说条件事件 $A|B_i$ 比较简单，是指比较容易计算得到条件事件 $A|B_i$ 的概率 $P(A|B_i)$ 以及事件 B_i 的概率 $P(B_i)$。

我们也可以从假想的因果关系来理解全概率公式。需要说明的是，这里所说的因果关系不一定是真正的因果关系，可能只是一种相关性。把 B_i 看成原因事件，A 看成结果事件，B_i 可能会导致结果 A。N 个原因事件 B_1、B_2 …… B_N 两两互不相容，而结果 A 必是这 N 个原因中的某一个原因所致。$P(B_1)$ 是原因事件 B_1 发生的概率，而 B_1 会导致产生结果 A 的概率为 $P(A|B_1)$，因此 B_1 对于结果 A 的出现会贡献出 $P(A|B_1)P(B_1)$ 的概率；$P(B_2)$ 是原因事件 B_2 发生的概率，而 B_2 会导致产生结果 A 的概率为 $P(A|B_2)$，因此 B_2 对于结果 A 的出现会贡献出 $P(A|B_2)P(B_2)$ 的概率；依次类推，$P(B_N)$ 是原因事件 B_N 发生的概率，而 B_N 会导致产生结果 A 的概率为 $P(A|B_N)$，因此 B_N 对于结果 A 的出现会贡献出 $P(A|B_N)P(B_N)$ 的概率。最后，结果 A 出现的概率 $P(A)$ 等于每个原因贡献出的概率 $P(A|B_i)P(B_i)$ 的和，这就是式（2.118）所表示的全概率公式，也是**全概率（Total Probability）**这一说法的由来。

例如，某乒乓球工厂共有 3 台生产设备，第一、二、三台设备生产的乒乓球的次品率分别是 1%、2%、3%。某一天，第一、二、三台设备分别生产了 3000、2000、1000

个乒乓球，所有乒乓球被混匀之后装在一个大箱子里。问：如果从箱子里随机取出一个乒乓球，则该乒乓球是次品的概率有多大？

求解过程：用 B_1 表示“该乒乓球是第一台设备生产的”，B_2 表示“该乒乓球是第二台设备生产的”，B_3 表示“该乒乓球是第三台设备生产的”，A 表示“该乒乓球是次品”，则有

$$P(B_1)=\frac{3000}{3000+2000+1000}=\frac{3}{6}$$

$$P(B_2)=\frac{2000}{3000+2000+1000}=\frac{2}{6}$$

$$P(B_3)=\frac{1000}{3000+2000+1000}=\frac{1}{6}$$

$$P(A\,|\,B_1)=1\%$$

$$P(A\,|\,B_2)=2\%$$

$$P(A\,|\,B_3)=3\%$$

$$\begin{aligned}P(A)&=P(A\,|\,B_1)P(B_1)+P(A\,|\,B_2)P(B_2)+P(A\,|\,B_3)P(B_3)\\&=1\%\times\frac{3}{6}+2\%\times\frac{2}{6}+3\%\times\frac{1}{6}=\frac{1}{60}\end{aligned}$$

所以，如果从箱子里随机取出一个乒乓球，则该乒乓球是次品的概率为 $P(A)=1/60$。

再来看一个关于娃娃机的例子。甲、乙两个小朋友决定采用轮流抓取的办法来得到娃娃机里剩下的最后一个娃娃，谁成功抓取到了就归谁。假设娃娃被一次抓取成功的概率已经被娃娃机厂家设定为0.1，这个概率与抓取者的技巧水平无关。由于甲的年龄较小，所以甲最先开始抓。如果甲没有成功抓取到，就轮到乙抓。如果乙没有成功抓取到，就又轮到甲抓。如此不断地重复下去，直到娃娃被某个小朋友成功抓取出来。问：甲、乙得到娃娃的概率各是多少？

求解过程：设 A 表示事件“甲得到娃娃”，B 表示事件“乙得到娃娃”，U 表示事件“甲第一次抓取成功”，V 表示事件“甲第一次抓取失败”，X 表示事件“娃娃被一次抓取成功”。根据题意，有

$$P(U)=P(X)=0.1,\ P(A)+P(B)=1,\ P(U)+P(V)=1,\ P(A\,|\,U)=1,\ P(A\,|\,V)=P(B)$$

利用全概率公式，有

$$P(A)=P(A\,|\,U)P(U)+P(A\,|\,V)P(V)$$

$$\Rightarrow P(A)=P(A\,|\,U)P(U)+P(B)\big(1-P(U)\big)$$

$$\Rightarrow P(A)=P(U)+P(B)\big(1-P(U)\big)$$

$$\Rightarrow P(A)=P(U)+\big(1-P(A)\big)\big(1-P(U)\big)$$

$$\Rightarrow P(A)=P(U)+1-P(U)-P(A)+P(A)P(U)$$

$$\Rightarrow P(A) = 1 - P(A) + P(A)P(U)$$

$$\Rightarrow 2P(A) = 1 + P(A)P(U)$$

$$\Rightarrow 2P(A) - P(A)P(U) = 1$$

$$\Rightarrow P(A) = \frac{1}{2 - P(U)}$$

$$\Rightarrow P(A) = \frac{1}{2 - P(X)} = \frac{1}{2 - 0.1} = \frac{10}{19}$$

$$\Rightarrow P(B) = 1 - P(A) = 1 - \frac{10}{19} = \frac{9}{19}$$

所以，最终的结果：甲得到娃娃的概率为$\frac{10}{19}$，乙得到娃娃的概率为$\frac{9}{19}$。

2.3.3 贝叶斯公式

托马斯·贝叶斯（Thomas Bayes）是 18 世纪英国著名的统计学家和哲学家，图 2-54 是流传下来的唯一的一张他本人的肖像画。尽管不时会有学者质疑画中之人是否真的是贝叶斯本人，但这张画所代表的贝叶斯的形象已经广为人们接受，并常见于各种书籍、杂志以及网络媒体上。

图 2-54 Thomas Bayes（1701—1761）

对于同一事件空间中的任意两个不同的事件 A 和 B，有

$$P(B|A) = \frac{P(A|B)P(B)}{P(A)} \tag{2.119}$$

式（2.119）就是著名的**贝叶斯公式（Bayes′ Formula）**，其中的 $P(A)$ 称为事件 A 的**先验概率（Prior Probability）**，$P(B)$ 称为事件 B 的先验概率，$P(B|A)$ 称为在事件 A 已经发生了的条件下事件 B 的**后验概率（Posterior Probability）**，$P(A|B)$ 称为在事件 A 已经发生了的条件下事件 B 的**似然（Likelihood）**。

类似于全概率公式，我们可以从假想的因果关系来理解贝叶斯公式（2.119）。需要说明的是，这里所说的因果关系不一定是真正的因果关系，可能只是一种相关性。把 B 看成原因事件，A 看成结果事件，B 可能会导致 A，在原因事件 B 已经发生了的条件下，结果事件 A 发生的概率是 $P(A|B)$。注意，除了 B 这个原因事件，可能还存在若干个别的原因事件，这些原因事件都可能会导致结果事件 A 的发生。$P(B)$ 称为原因事件 B 的先验概率，它是指原因事件 B 在结果事件 A 还没有发生之前发生的概率。先验概率就是先前的概率的意思，这里的先前是指结果事件 A 发生之前。$P(B|A)$ 称为在事件 A 已经发生了的条件下事件 B 的后验概率，它是指在结果事件 A 已经发生了的条件下，A 的发生是原因事件 B 的发生所致的概率。后验概率就是之后的概率的意思，这里的之后是指结果事件 A 发生之后。式（2.119）反映了原因事件 B 的后验概率 $P(B|A)$ 与原因事件 B 的先验概率 $P(B)$ 之间的关系，具体来说就是，先验概率 $P(B)$ 乘上比例系数 $\frac{P(A|B)}{P(A)}$ 之后就得到了后验概率 $P(B|A)$。显然，后验概率可能比先验概率大，也可能比先验概率小，还可能与先验概率相等，具体的大小关系取决于比例系数 $\frac{P(A|B)}{P(A)}$ 的值。特别地，如果事件 A 与事件 B 是相互独立的，则比例系数 $\frac{P(A|B)}{P(A)}$ 的值就等于 1，此时 B 的后验概率 $P(B|A)$ 就等于 B 的先验概率 $P(B)$。

如果事件 B_1、B_2 …… B_N 构成了某个事件空间的一个完备事件组，那么对于同一事件空间中的任意事件 A，有

$$\begin{aligned}P(B_i|A)&=\frac{P(AB_i)}{P(A)}=\frac{P(A|B_i)P(B_i)}{P(A)}\\&=\frac{P(A|B_i)P(B_i)}{P(A|B_1)P(B_1)+P(A|B_2)P(B_2)+\cdots+P(A|B_N)P(B_N)}\\&=\frac{P(A|B_i)P(B_i)}{\sum_{i=1}^{N}P(A|B_i)P(B_i)}\end{aligned}\tag{2.120}$$

式（2.120）是另一种形式的贝叶斯公式，其中的 $P(A)$ 称为事件 A 的先验概率，$P(B_i)$ 称为事件 B_i 的先验概率，$P(B_i|A)$ 称为在事件 A 已经发生了的条件下事件 B_i 的后验概率，$P(A|B_i)$ 称为在事件 A 已经发生了的条件下事件 B_i 的似然。

我们还是可以从假想的因果关系来理解贝叶斯公式（2.120）。把 B_i 看成原因事件，A 看成结果事件，原因事件 B_i 的发生可能会导致结果事件 A 的发生。N 个原因事件 B_1、B_2 …… B_N 两两互不相容，而结果 A 的发生必是这 N 个原因事件中的某一事件发生所致。在原因事件 B_i 已经发生了的条件下，结果事件 A 发生的概率是 $P(A|B_i)$。$P(B_i)$ 称为事件 B_i 的先验概率，它是指原因事件 B_i 在结果事件 A 发生之前发生的概率。$P(B_i|A)$ 称为在事件 A 已经发生了的条件下事件 B_i 的后验概率，它是指在结果事件 A 已经发生了的条件下，A 的发生是 B_i 的发生所致的概率。式（2.120）反映了原因事件 B_i 的后验概率 $P(B_i|A)$ 与原因事件 B_i 的先验概率 $P(B_i)$ 之间的关系，具体来说就是，先验概率 $P(B_i)$ 乘

上比例系数 $\frac{P(A|B_i)}{\sum_{i=1}^{N} P(A|B_i)P(B_i)}$ 之后就得到后验概率 $P(B_i|A)$。

比较贝叶斯公式（2.120）与全概率公式（2.118），并从因果关系来理解它们的话，我们会发现，全概率公式其实是“从原因推结果”，而贝叶斯公式则是“从结果推原因”。全概率公式是说，如果知道了每个原因本身发生的概率，以及知道了每个原因发生后会有多大的概率导致结果发生，那么就可以推算出结果最终发生的概率。贝叶斯公式则是告诉我们，如果结果已经发生了，那么应该如何推算该结果是因为哪个原因所致的概率。

回到上一小节中生产乒乓球的例子：如果从箱子中随机取出一个乒乓球，发现该乒乓球是次品，那么该乒乓球是第一、第二、第三台设备生产的概率分别是多少？

求解过程：用 B_1 表示“该乒乓球是第一台设备生产的”，B_2 表示“该乒乓球是第二台设备生产的”，B_3 表示“该乒乓球是第三台设备生产的”，A 表示“该乒乓球是次品”，则有

$$P(B_1|A)=\frac{P(A|B_1)P(B_1)}{P(A)}=\frac{1\%\times\frac{3}{6}}{\frac{1}{60}}=30\%$$

$$P(B_2|A)=\frac{P(A|B_2)P(B_2)}{P(A)}=\frac{2\%\times\frac{2}{6}}{\frac{1}{60}}=40\%$$

$$P(B_3|A)=\frac{P(A|B_3)P(B_3)}{P(A)}=\frac{3\%\times\frac{1}{6}}{\frac{1}{60}}=30\%$$

所以，该乒乓球是第一、第二、第三台设备生产的概率分别是30%、40%、30%。这个结果表明，尽管第三台设备生产的乒乓球的次品率最高，但从箱子里取出来的这个次品球却最有可能是第二台设备生产的。另外，尽管第三台设备生产的乒乓球的次品率是第一台设备的 3 倍，但从箱子里取出来的这个次品球来自第三台设备的可能性和来自第一台设备的可能性却是相等的。

2.3.4 期望值与方差

一个**随机变量（Random Variable）**的**累积分布函数（Cumulative Distribution Function，CDF）**完全地描述了该随机变量的所有特性。随机变量 X 的累积分布函数通常记为 $F_X(x)$，并定义为

$$F_X(x)=P(X\leqslant x) \tag{2.121}$$

其中 $P(X\leqslant x)$ 表示随机变量 X 的取值小于等于 x 的概率。注意，式（2.121）给出的关于累积分布函数的定义既适用于离散型随机变量，也适用于连续型随机变量。

对于一个离散型随机变量，其所有的特性除了可以用累积分布函数来进行描述，还

可以用**概率质量函数（Probability Mass Function，PMF）**来进行描述。离散型随机变量 X 的概率质量函数通常记为 $f_X(x)$，并定义为

$$f_X(x) = P(X = x) \tag{2.122}$$

其中 $P(X = x)$ 表示离散型随机变量 X 的取值为 x 的概率。

对于一个连续型随机变量，其所有的特性除了可以用累积分布函数来进行描述，还可以用**概率密度函数（Probability Density Function，PDF）**来进行描述。连续型随机变量 X 的概率密度函数通常也记为 $f_X(x)$，它与累积分布函数 $F_X(x)$ 的关系如下：

$$f_X(x) = \frac{\mathrm{d}F_X(x)}{\mathrm{d}x} \tag{2.123}$$

$$F_X(x) = \int_{-\infty}^{x} f_X(t)\mathrm{d}t \tag{2.124}$$

注意，$f_X(x)$ 既表示离散型随机变量 X 的概率质量函数，也表示连续型随机变量 X 的概率密度函数，所以，对于 $f_X(x)$ 的具体含义，我们需要根据随机变量 X 是离散型还是连续型来正确地进行区分。随机变量的**概率分布（Probability Distribution）**也是一个常用术语，它是离散型随机变量的**离散概率分布（Discrete Probability Distribution）**和连续型随机变量的**连续概率分布（Continuous Probability Distribution）**的统称，而离散概率分布就是指离散型随机变量的概率质量函数，连续概率分布就是指连续型随机变量的概率密度函数。

随机变量 X 的**期望值（Expectation）**通常记为 $E(X)$ 或 $E[X]$ 或 μ。对于离散型随机变量 X，其期望值定义为

$$E(X) = \sum_i x_i P(X = x_i) = \sum_i x_i f_X(x_i) \tag{2.125}$$

其中 x_i 是离散型随机变量 X 可能的取值。离散型随机变量 X 的可能取值可以是有限个，也可以是可数无限（Countably Infinite）个。$P(X = x_i)$ 是离散型随机变量 X 取值为 x_i 的概率，$f_X(x)$ 是离散型随机变量 X 的概率质量函数。对于连续型随机变量 X，其期望值定义为

$$E(X) = \int x f_X(x)\mathrm{d}x \tag{2.126}$$

其中积分范围为连续型随机变量 X 的取值范围，$f_X(x)$ 为连续型随机变量 X 的概率密度函数。

式（2.125）及式（2.126）表明，离散型随机变量的期望值就是随机变量以其概率值为权系数的取值的加权之和，连续型随机变量的期望值就是随机变量以其概率密度值为权系数的取值的加权积分。顺便提一下，随机变量的期望值也常常被称为**统计平均值（Statistical Mean）**，或直接简称为**均值（Mean）**。

随机变量 X 的**方差（Variance）**通常记为 $\mathrm{var}(X)$ 或 $\mathrm{var}[X]$ 或 σ_X^2 或 σ^2。随机变量 X 的方差定义为

$$\mathrm{var}(X) = E[(X - E(X))^2] = E(X^2) - E(X)^2 \tag{2.127}$$

另外，方差的平方根 $\sqrt{\mathrm{var}(X)}$ 或 $\sqrt{\mathrm{var}[X]}$ 或 σ_X 或 σ 称为**标准差（Standard Deviation）**。方差或标准差反映了随机变量的取值相对于其期望值的分散程度：方差或标准差越小，则随机变量的取值整体上越靠近其期望值；方差或标准差越大，则随机变量的取值整体上越远离其期望值。

如果连续型随机变量 X 的概率密度函数为

$$f_X(x)=\frac{1}{\sqrt{2\pi}\sigma}\mathrm{e}^{-\frac{(x-\mu)^2}{2\sigma^2}} \tag{2.128}$$

则称 X 服从**正态分布（Normal Distribution）**或**高斯分布（Gaussian Distribution）**，记为 $X\sim N(\mu,\sigma^2)$，其中 μ 为 X 的期望值，σ 为 X 的标准差。如果 $X\sim N(0,1)$，则称 X 服从**标准正态分布（Standard Normal Distribution）**或**标准高斯分布（Standard Gaussian Distribution）**。

图 2-55 中的左边展示了 $X\sim N(0,9)$ 的概率密度函数的图像，右边展示了 $X\sim N(0,25)$ 的概率密度函数的图像。左、右两边的正态随机变量的期望值都是 0，但左边的正态随机变量的方差较小，等于 9，故其概率密度函数的图像比较“瘦高”，右边的正态随机变量的方差较大，等于 25，故其概率密度函数的图像比较“矮胖”。另外，图 2-55 还分别列出了左、右两边的正态随机变量的一些随机抽样值，并直观地展示了这些抽样值的分散程度。可以看得出来，左边的 16 个随机抽样值整体上比较靠近期望值 0，右边的 16 个随机抽样值整体上比较远离期望值 0。

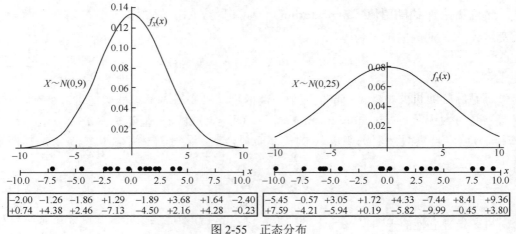

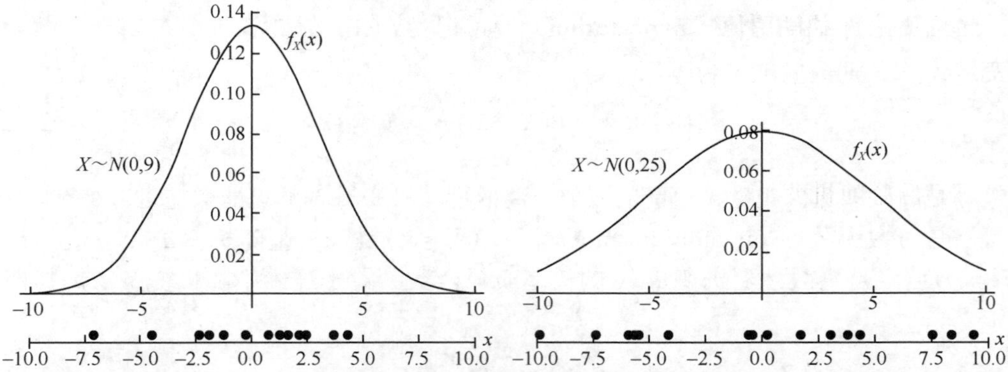

−2.00	−1.26	−1.86	+1.29	−1.89	+3.68	+1.64	−2.40
+0.74	+4.38	+2.46	−7.13	−4.50	+2.16	+4.28	−0.23

−5.45	−0.57	+3.05	+1.72	+4.33	−7.44	+8.41	+9.36
+7.59	−4.21	−5.94	+0.19	−5.82	−9.99	−0.45	+3.80

图 2-55　正态分布

对于两个随机变量 X 和 Y，它们的**协方差（Covariance）**通常记为 $\mathrm{cov}(X,Y)$ 或 $\mathrm{cov}[X,Y]$ 或 σ_{XY}^2。随机变量 X 和 Y 的协方差定义为

$$\mathrm{cov}(X,Y)=E\big[(X-E(X))(Y-E(Y))\big] \tag{2.129}$$

比较协方差的定义式（2.129）与方差的定义式（2.127），可以看出方差其实是协方差的一种特殊情况，即

$$\mathrm{var}(X)=\mathrm{cov}(X,X) \tag{2.130}$$

协方差 $\mathrm{cov}(X,Y)$ 的值反映了随机变量 X 和 Y 之间的**线性相关（Linear Dependance）**

程度。如果 $\mathrm{cov}(X,Y)$ 的值为正，则意味着当一个随机变量取值越大时，另一个随机变量也更容易取值越大，当一个随机变量取值越小时，另一个随机变量也更容易取值越小；如果 $\mathrm{cov}(X,Y)$ 的值为负，则意味着当一个随机变量取值越大时，另一个随机变量反而容易取值越小，当一个随机变量取值越小时，另一个随机变量反而更容易取值越大。以图 2-56 的左边部分为例，图中的平行四边形灰色区域为连续型随机变量 X 和 Y 共同的取值区域，其中 X 的取值范围为$[a_1,a_4]$，Y 的取值范围为$[b_1,b_6]$。当 X 取某个值时，Y 会在相应的范围内随机均匀地取值。例如，当 X 的取值为 a_2 时，Y 会在 b_2 和 b_4 之间随机均匀地取值；当 X 的取值为 a_3 时，Y 会在 b_3 和 b_5 之间随机均匀地取值。从图中可以看出，从统计意义上讲，当 X 的取值越大时，Y 的取值总的来说也越大，当 X 的取值越小时，Y 的取值总的来说也越小，因此可以断定，X 和 Y 的协方差应该是正值。在图 2-56 的右边部分中，用同样的方法可以推知，X 和 Y 的协方差应该是负值。

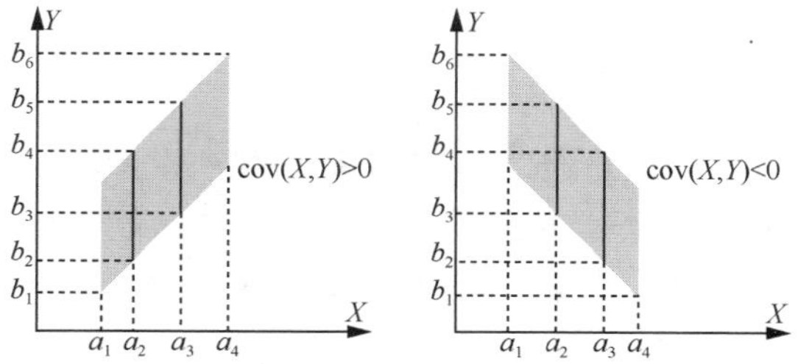

图 2-56 协方差

特别地，对于随机变量 X 和 Y，如果 $\mathrm{cov}(X,Y)=0$，我们就说这两个随机变量是**线性不相关的（Linearly Uncorrelated）**。注意，两个随机变量是线性不相关的，并不意味这两个随机变量之间就一定不存在相关性，因为这两个随机变量之间有可能是存在非线性相关性的。

对于两个随机变量 X 和 Y，其**联合累积分布函数（Joint Cumulative Distribution Function，JCDF）**记为 $F_{X,Y}(x,y)$，定义为

$$F_{X,Y}(x,y)=P(X\leqslant x,Y\leqslant y) \tag{2.131}$$

其中 $P(X\leqslant x,Y\leqslant y)$ 表示 X 的取值小于等于 x 且 Y 的取值小于等于 y 的概率。如果

$$F_{X,Y}(x,y)=F_X(x)F_Y(y) \tag{2.132}$$

总是成立的，则称随机变量 X 和 Y 是相互**独立的（Independent）**。式（2.132）给出的关于随机变量独立性的定义既适用于离散型随机变量，也适用于连续型随机变量。

对于随机变量 X 和 Y，式（2.132）还可等效为

$$f_{X,Y}(x,y)=f_X(x)f_Y(y) \tag{2.133}$$

对于离散型随机变量 X 和 Y，式（2.133）中的 $f_{X,Y}(x,y)$ 代表 X 和 Y 的**联合概率质量函数（Joint Probability Mass Function，JPMF）**，$f_X(x)$ 和 $f_Y(y)$ 分别代表 X 的概率质量函数和 Y 的概率质量函数；对于连续型随机变量 X 和 Y，式（2.133）中的 $f_{X,Y}(x,y)$ 代表 X 和 Y 的**联合概率密度函数（Joint Probability Density Function，JPDF）**，$f_X(x)$ 和 $f_Y(y)$ 分别代表 X 的概率密度函数和 Y 的概率密度函数。

对于随机变量 X 和 Y，如果它们是相互独立的，则根据式（2.132）或式（2.133）

可以推出

$$E[XY]=E[X]E[Y] \tag{2.134}$$

但是，根据式（2.134）是不能反推出式（2.132）或式（2.133）的。

如果随机变量 X 和 Y 相互独立，则它们一定是**不相关的（Uncorrelated）**，当然也就一定是线性不相关的。这就意味着，如果 X 和 Y 相互独立，则它们的协方差一定为 0。要证明这一点其实非常容易，因为 X 和 Y 相互独立，所以 $E[XY]=E[X]E[Y]$，于是

$$\begin{aligned}
&\text{cov}(X,Y)=E[(X-E(X))(Y-E(Y))]\\
&=E[XY]-E[X]E[Y]-E[X]E[Y]+E[X]E[Y]\\
&=E[XY]-E[X]E[Y]\\
&=0
\end{aligned}$$

但反过来，X 和 Y 的协方差为 0，并不意味着 X 和 Y 就一定是相互独立的，只能说明 X 和 Y 之间不存在线性相关性。

2.3.5 熵

克劳德·香农（Claude Shannon）是美国著名的密码学家、数学家、信息论的主要奠基人（见图 2-57）。1948 年，香农发表了一篇划时代的论文——“A Mathematical Theory of Communication”，从此开辟了**信息论（Information Theory）**的新天地。

图 2-57 Claude Shannon（1916—2001）

信息论是在概率论的基础之上建立起来的。在信息论中，一个随机事件 A 对应的**信息量（Quantities of Information）** I_A 定义为

$$I_A=\log\frac{1}{P_A} \tag{2.135}$$

其中 P_A 表示随机事件 A 发生的概率。在式（2.135）中，对数的底通常规定为 2 或自然常数 e。如果底为 2，则相应的信息量的单位为**比特（Bit）**；如果底为自然常数 e，则相应的信息量的单位为**奈特（Nat）**。

例如，假设随机事件 A 发生的概率 $P_A=0.125$，则

$$I_A=\log_2\frac{1}{P_A}=\log_2\frac{1}{0.125}=\log_2 8=3\,(\text{bit})$$

或

$$I_A = \ln\frac{1}{P_A} = \ln\frac{1}{0.125} = \ln 8 \approx 2.08\,(\text{nat})$$

也就是说，如果随机事件 A 发生的概率 $P_A = 0.125$，则 A 对应的信息量就等于 3 比特或 2.08 奈特。也可以说，如果随机事件 A 发生的概率 $P_A = 0.125$，那么当 A 真的发生时，A 就给我们提供了 3 比特或 2.08 奈特的信息量。还可以说，如果随机事件 A 发生的概率 $P_A = 0.125$，那么当我们观察到 A 真的发生时，我们所获得的信息量就是 3 比特或 2.08 奈特。

在式（2.135）中，由于 $\frac{1}{P_A}$ 与 P_A 成反比，而对数函数又是一个严格单调递增函数，所以如果 P_A 越小，则 I_A 越大，如果 P_A 越大，则 I_A 越小。特别地，必然事件的发生概率为 1，其对应的信息量为 0；不可能事件发生的概率为 0，其对应的信息量为无穷大。在现实世界中，由于我们不可能观察到不可能事件的发生，所以我们也就不可能获得无穷大的信息量。

在信息论中，除了信息量这个基本概念，还有一个非常重要的基本概念，这就是**熵（Entropy）**。对于一个随机变量 X，如果其概率分布为 $p(x)$，则定义 X 的熵或分布 $p(x)$ 的熵为

$$H(X) = H(p) = E\left[\log\frac{1}{p(x)}\right] \tag{2.136}$$

式（2.136）中，对数的底通常规定为 2 或自然常数 e。如果底为 2，则相应的熵的单位为比特；如果底为自然常数 e，则相应的熵的单位为奈特。如果 X 是离散型随机变量，则 $p(x)$ 表示的是 X 的概率质量函数，式（2.136）可相应地表示为

$$H(X) = H(p) = \sum_x p(x)\log\frac{1}{p(x)} \tag{2.137}$$

如果 X 是连续型随机变量，则 $p(x)$ 表示的是 X 的概率密度函数，式（2.136）可相应地表示为

$$H(X) = H(p) = \int p(x)\log\frac{1}{p(x)}\mathrm{d}x \tag{2.138}$$

随机变量或随机变量的概率分布的熵总是大于或等于 0 的，最小为 0，最大无上界。一个随机变量的熵的大小反映了该随机变量的不确定性程度：熵越小，则该随机变量的不确定性程度就越小；熵越大，则该随机变量的不确定性程度就越大。特别地，如果一个随机变量的熵为 0，则说明该随机变量的不确定性程度为 0，也即该随机变量是完全确定的，已经不再具有任何随机性了。随机性或不确定性也常常称为混乱度，而混乱度的反义词是有序度。一个随机变量的熵越小，就说明该随机变量的混乱度越小或有序度越大；反之，一个随机变量的熵越大，就说明该随机变量的混乱度越大或有序度越小。特别地，如果一个随机变量的熵为 0，则说明该随机变量是完全有序的。

图 2-58 显示了 4 个离散型随机变量 X_1、X_2、X_3、X_4 的概率质量函数 $p_{X_1}(x)$、$p_{X_2}(x)$、$p_{X_3}(x)$、$p_{X_4}(x)$，根据熵的定义可以计算出

$$H(X_1) = H(p_{X_1}) = p_{X_1}(2)\log_2\frac{1}{p_{X_1}(2)} = 1\times\log_2\frac{1}{1} = 0\,(\text{bit})$$

$$H(X_2)=H(p_{X_2})=p_{X_2}(1)\log_2\frac{1}{p_{X_2}(1)}+p_{X_2}(2)\log_2\frac{1}{p_{X_2}(2)}+p_{X_2}(3)\log_2\frac{1}{p_{X_2}(3)}$$

$$=\frac{1}{4}\log_2 4+\frac{1}{4}\log_2 4+\frac{1}{2}\log_2 2=\frac{1}{4}\times 2+\frac{1}{4}\times 2+\frac{1}{2}\times 1=1.5\,(\text{bit})$$

$$H(X_3)=H(p_{X_3})=p_{X_3}(1)\log_2\frac{1}{p_{X_3}(1)}+p_{X_3}(2)\log_2\frac{1}{p_{X_3}(2)}+p_{X_3}(3)\log_2\frac{1}{p_{X_3}(3)}$$

$$=\frac{1}{3}\log_2 3+\frac{1}{3}\log_2 3+\frac{1}{3}\log_2 3=\log_2 3\approx 1.585\,(\text{bit})$$

$$H(X_4)=H(p_{X_4})=\sum_{i=1}^{4}p_{X_4}(i)\log_2\frac{1}{p_{X_4}(i)}$$

$$=\frac{1}{4}\log_2 4+\frac{1}{4}\log_2 4+\frac{1}{4}\log_2 4+\frac{1}{4}\log_2 4=\log_2 4=2\,(\text{bit})$$

计算结果表明，$H(X_1)<H(X_2)<H(X_3)<H(X_4)$，所以$X_1$、$X_2$、$X_3$、$X_4$这 4 个随机变量的混乱度是在逐步增大的，或者说$p_{X_1}$、$p_{X_2}$、$p_{X_3}$、$p_{X_4}$这 4 个概率分布的混乱度是在逐步增大的。

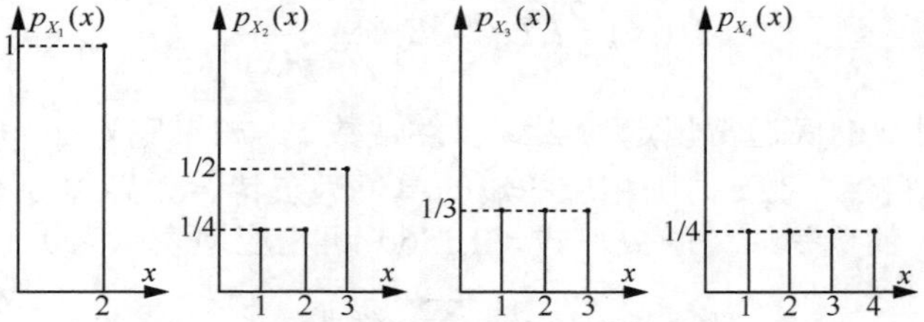

图 2-58 熵的计算示例

所罗门·库尔伯克（Solomon Kullback）和理查德·莱布勒（Richard Leibler）都是美国著名的密码学专家，也是曾经的同事（见图 2-59）。1951 年，他们共同提出了**相对熵（Relative Entropy）**的概念，相对熵也通常被称为 ***K-L* 散度（Kullback-Leibler Divergence）**。

Solomon Kullback (1907—1994)　Richard Leibler (1914—2003)

图 2-59 库尔伯克与莱布勒

假设 $p(x)$ 和 $q(x)$ 是同一概率空间中的两个概率分布，若概率空间是离散的，则定义

$$D_{KL}(p\,\|\,q)=\sum_x p(x)\log\left[\frac{p(x)}{q(x)}\right] \tag{2.139}$$

若概率空间是连续的，则定义

$$D_{KL}(p \| q) = \int p(x) \log\left[\frac{p(x)}{q(x)}\right] dx \tag{2.140}$$

式（2.139）中的 $p(x)$ 和 $q(x)$ 是概率质量函数，式（2.140）中的 $p(x)$ 和 $q(x)$ 是概率密度函数。$D_{KL}(p \| q)$ 称为从概率分布 q 到概率分布 p 的 *K-L* 散度，或称为从概率分布 q 到概率分布 p 的相对熵，或称为概率分布 p 相对于概率分布 q 的熵。$D_{KL}(p \| q)$ 反映了概率分布 q 与概率分布 p 的差异，但这种差异是没有对称性的，因为根据 *K-L* 散度的定义不能推导出 $D_{KL}(p \| q)$ 等于 $D_{KL}(q \| p)$。*K-L* 散度还有很多深层的数学意义，这里就不去赘述了。

在现实应用中，p 通常表示某种实际存在但却是未知的概率分布，q 表示对概率分布 p 的估计，因此 $D_{KL}(p \| q)$ 表示估计的概率分布 q 与实际的概率分布 p 之间的差异。式（2.139）和式（2.140）中，对数的底通常规定为 2 或自然常数 e。如果底为 2，则相应的 *K-L* 散度的单位为比特；如果底为自然常数 e，则相应的 *K-L* 散度的单位为奈特。

图 2-60 展示了 p、q_1、q_2 三个离散概率分布，可以计算出

$$D_{KL}(p \| q_1) = \frac{1}{3}\ln\left(\frac{1}{3}\times\frac{6}{1}\right) + \frac{1}{3}\ln\left(\frac{1}{3}\times\frac{6}{2}\right) + \frac{1}{3}\ln\left(\frac{1}{3}\times\frac{6}{3}\right) \approx 0.0959\ (\text{nat})$$

$$D_{KL}(p \| q_2) = \frac{1}{3}\ln\left(\frac{1}{3}\times\frac{6}{3}\right) + \frac{1}{3}\ln\left(\frac{1}{3}\times\frac{6}{2}\right) + \frac{1}{3}\ln\left(\frac{1}{3}\times\frac{6}{1}\right) \approx 0.0959\ (\text{nat})$$

$$D_{KL}(q_1 \| q_2) = \frac{1}{6}\ln\left(\frac{1}{6}\times\frac{6}{3}\right) + \frac{2}{6}\ln\left(\frac{2}{6}\times\frac{6}{2}\right) + \frac{3}{6}\ln\left(\frac{3}{6}\times\frac{6}{1}\right) \approx 0.3662\ (\text{nat})$$

$$D_{KL}(q_2 \| q_1) = \frac{3}{6}\ln\left(\frac{3}{6}\times\frac{6}{1}\right) + \frac{2}{6}\ln\left(\frac{2}{6}\times\frac{6}{2}\right) + \frac{1}{6}\ln\left(\frac{1}{6}\times\frac{6}{3}\right) \approx 0.3662\ (\text{nat})$$

$$D_{KL}(q_1 \| p) = \frac{1}{6}\ln\left(\frac{1}{6}\times\frac{3}{1}\right) + \frac{2}{6}\ln\left(\frac{2}{6}\times\frac{3}{1}\right) + \frac{3}{6}\ln\left(\frac{3}{6}\times\frac{3}{1}\right) \approx 0.0872\ (\text{nat})$$

从以上计算结果可以看到，$D_{KL}(p \| q_1)$ 的值 0.0959 nat 并不等于 $D_{KL}(q_1 \| p)$ 的值 0.0872 nat，这说明 *K-L* 散度的确不具有对称性。尽管 $D_{KL}(q_1 \| q_2)$ 的值 0.3662 nat 等于 $D_{KL}(q_2 \| q_1)$ 的值 0.3662 nat，但这只是巧合而已，并不能说明 *K-L* 散度具有对称性。另外，虽然概率分布 q_1 和概率分布 q_2 的差异看上去很明显，但是从它们到概率分布 p 的 *K-L* 散度却是相等的，都等于 0.0959 nat。

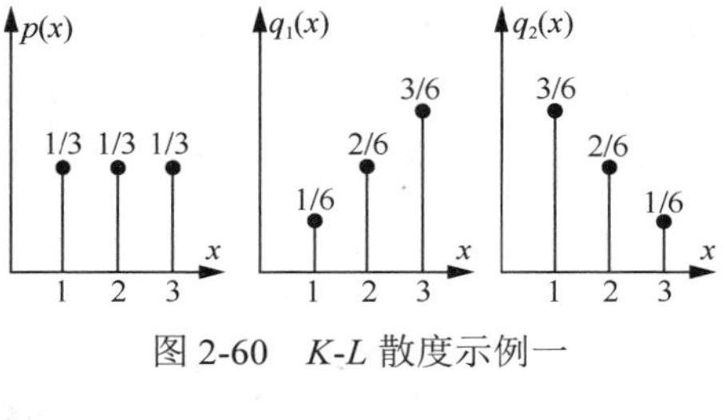

图 2-60　*K-L* 散度示例一

图 2-61 中，$p(x)$ 是标准正态分布 $N(0,1)$，$q_1(x)$ 是正态分布 $N(1,1)$，$q_2(x)$ 是正态分布 $N(2,1)$。从这三个分布的曲线位置可以看出 $q_2(x)$ 与 $p(x)$ 的差异明显要大于 $q_1(x)$ 与 $p(x)$ 的差异，因为 $q_2(x)$ 的位置比 $q_1(x)$ 的位置多右移了一个单位。$D_{KL}(p \| q_1)$ 反映了 $q_1(x)$ 与 $p(x)$ 的差异，$D_{KL}(p \| q_1)$ 的值等于曲线 S_1 从 $-\infty$ 到 $+\infty$ 的积分；$D_{KL}(p \| q_2)$ 反映

了 $q_2(x)$ 与 $p(x)$ 的差异，$D_{KL}(p\|q_2)$ 的值等于曲线 S_2 从 $-\infty$ 到 $+\infty$ 的积分。根据曲线 S_1 和 S_2 的具体形状以及积分的含义，可以明显地看出 $D_{KL}(p\|q_2)$ 的值要大于 $D_{KL}(p\|q_1)$ 的值。

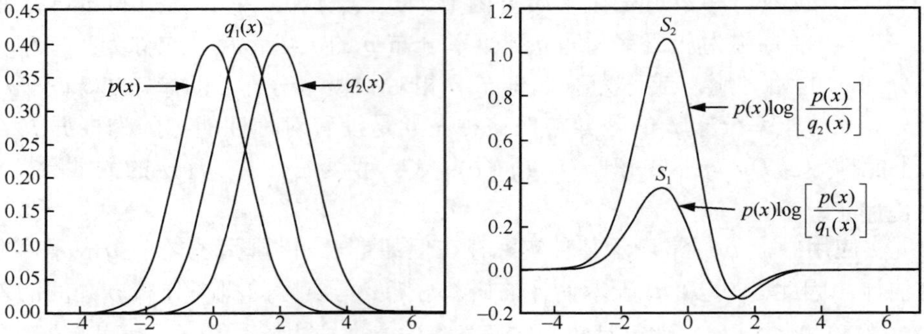

图 2-61 *K-L* 散度示例二

假设 $p(x)$ 和 $q(x)$ 是同一概率空间中的两个概率分布，若概率空间是离散的，则定义

$$H(p,q)=\sum_x p(x)\log\frac{1}{q(x)} \tag{2.141}$$

若概率空间是连续的，则定义

$$H(p,q)=\int p(x)\log\frac{1}{q(x)}\mathrm{d}x \tag{2.142}$$

式（2.141）中的 $p(x)$ 和 $q(x)$ 是概率质量函数，式（2.142）中的 $p(x)$ 和 $q(x)$ 是概率密度函数，$H(p,q)$ 称为概率分布 q 相对于概率分布 p 的**交叉熵（Cross Entropy）**。在现实应用中，p 通常表示某种实际存在但却是未知的概率分布，q 表示对分布 p 的估计，$H(p,q)$ 表示估计的概率分布 q 与实际的概率分布 p 之间的差异。式（2.141）和式（2.142）中，对数的底通常规定为 2 或自然常数 e。如果底为 2，则相应的交叉熵的单位为比特；如果底为自然常数 e，则相应的交叉熵的单位为奈特。

根据式（2.141）、式（2.142）、式（2.139）和式（2.140），很容易推导出

$$H(p,q)=H(p)+D_{KL}(p\|q) \tag{2.143}$$

其中 $H(p)$ 是概率分布 p 的熵。

$D_{KL}(p\|q)$ 和 $H(p,q)$ 都反映了概率分布 q 与概率分布 p 之间的差异。式（2.143）表明，交叉熵 $H(p,q)$ 等于在 $H(p)$ 的基础之上叠加了 *K-L* 散度 $D_{KL}(p\|q)$，所以如果 $D_{KL}(p\|q)$ 的值越大，则 $H(p,q)$ 的值也越大，反之亦然。特别地，当 $q=p$ 时，$D_{KL}(p\|q)=0$，$H(p,q)=H(p)$。

在图 2-60 所示的例子中，可以计算出

$$H(p)=\frac{1}{3}\ln(3)+\frac{1}{3}\ln(3)+\frac{1}{3}\ln(3)\approx 1.0986\ (\text{nat})$$
$$D_{KL}(p\|q_1)\approx 0.0959\ (\text{nat})$$
$$H(p,q_1)=\frac{1}{3}\ln(6)+\frac{1}{3}\ln(3)+\frac{1}{3}\ln(2)\approx 1.1945\ (\text{nat})$$

显然，$1.1945 = 1.0986 + 0.0959$，所以这正好印证了等式（2.143）的正确性。

之前我们说过，在实际应用中，p 通常表示某种实际存在但却是未知的概率分布，q 表示对概率分布 p 的估计，$H(p,q)$ 表示估计的概率分布 q 与实际的概率分布 p 之间的差异。显然，我们总是希望对概率分布 p 的估计能够尽量准确，估计的概率分布 q 与实际的概率分布 p 之间的差异能够尽量小，也即交叉熵 $H(p,q)$ 的取值能够尽量小，而实现这一目的的思想方法我们称为**最小交叉熵原理（Principle of Minimum Cross Entropy）**。

2.3.6　最大似然估计

设 X 是一个随机变量，其概率分布函数为 $p_w(x)$，其中 w 是概率分布函数 $p_w(x)$ 中的一个参数，则函数

$$L(w \mid x) = p_w(x) \tag{2.144}$$

称为参数 w 的**似然函数（Likelihood Function）**。如果 X 是离散型随机变量，则 $p_w(x)$ 为其概率质量函数；如果 X 是连续型随机变量，则 $p_w(x)$ 为其概率密度函数。

以 X 是一个离散型随机变量为例，我们来解释一下似然函数 $L(w \mid x)$ 的含义。首先要明确的是，似然函数 $L(w \mid x)$ 的自变量是参数 w，似然函数 $L(w \mid x)$ 的取值是随着参数 w 的取值变化而变化的。需要特别强调的是，在计算似然函数 $L(w \mid x)$ 的取值时，必须假设已经对随机变量 X 进行了抽样，并且抽样后得到的样本值为 x。也就是说，一方面，在计算似然函数 $L(w \mid x)$ 的取值的过程中，样本值 x 是已知的、确定的、固定不变的。另一方面，似然函数 $L(w \mid x)$ 的取值大小是等于 $p_w(x)$ 的，也即等于概率质量函数对应于样本值 x 的取值，也就是等于随机变量 X 取值为 x 的概率。注意，虽然样本值 x 是已知的、确定的、固定不变的，但如果参数 w 的取值不同，则概率质量函数 $p_w(x)$ 对应于该样本值 x 的取值也会不同，也即似然函数 $L(w \mid x)$ 的取值会因参数 w 的取值不同而不同。

来看一个抛掷 1 次硬币的随机实验。假设 X 是一个离散型随机变量，它有两个可能的取值：0 或 1。如果 $X=1$，则表示抛掷结果是硬币正面朝上；如果 $X=0$，则表示抛掷结果是硬币正面朝下。假设硬币是特制的，其材质及分布结构可以用参数 w 来表示，w 的取值范围为闭区间 $[-3,3]$。w 的取值为正时，抛掷一次的结果更容易出现硬币正面朝上的情况，并且如果 w 的取值越接近 3，则抛掷一次的结果越容易出现硬币正面朝上的情况；w 的取值为负时，抛掷一次的结果更容易出现硬币正面朝下的情况，并且如果 w 的取值越接近−3，则抛掷一次的结果越容易出现硬币正面朝下的情况。特别地，如果 $w=3$，则抛掷一次的结果一定是硬币正面朝上；如果 $w=-3$，则抛掷一次的结果一定是硬币正面朝下；如果 $w=0$，则抛掷一次的结果是硬币正面朝上或朝下的概率都是 0.5。更一般地，随机变量 X 的概率质量函数 $p_w(x)$ 可表示为

$$p_w(x) = \begin{cases} 0.5 - \dfrac{1}{6}w & (x=0) \\ 0.5 + \dfrac{1}{6}w & (x=1) \end{cases} \tag{2.145}$$

现在，假设抛掷 1 次硬币的结果已经出来了，结果是硬币正面朝上，即 $X=1$，那

么相应的似然函数 $L(w|X=1)$ 或 $L(w|1)$ 的表达式是怎样的呢？根据式（2.144），有

$$L(w|1)=p_w(1) \tag{2.146}$$

将式（2.145）中 $x=1$ 时的表达形式代入式（2.146），可得

$$L(w|1)=0.5+\frac{1}{6}w \tag{2.147}$$

式（2.147）就是在抛掷 1 次硬币后且结果为硬币正面朝上的前提下参数 w 的似然函数，图 2-62 展示了该似然函数的图像。

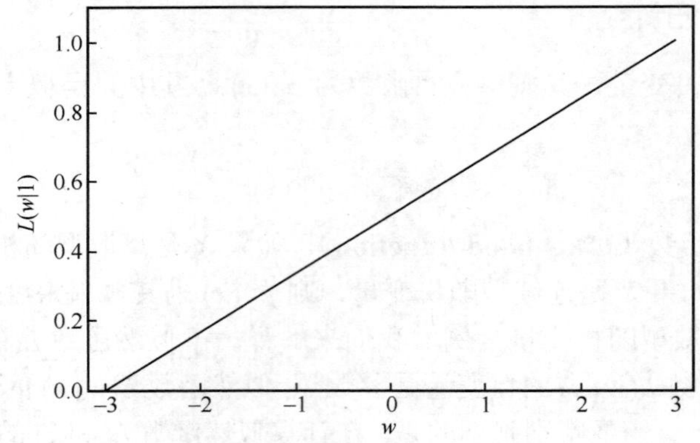

图 2-62　似然函数 $L(w|1)$

如果仍然假设抛掷 1 次硬币的结果已经出来了，但结果是硬币正面朝下，即 $X=0$，那么相应的似然函数 $L(w|X=0)$ 或 $L(w|0)$ 的表达式又该是怎样的呢？根据式（2.144），有

$$L(w|0)=p_w(0) \tag{2.148}$$

将式（2.145）中 $x=0$ 时的表达形式代入式（2.148），可得

$$L(w|0)=0.5-\frac{1}{6}w \tag{2.149}$$

式（2.149）就是在抛掷 1 次硬币后且结果为硬币正面朝下的前提下参数 w 的似然函数，图 2-63 展示了该似然函数的图像。

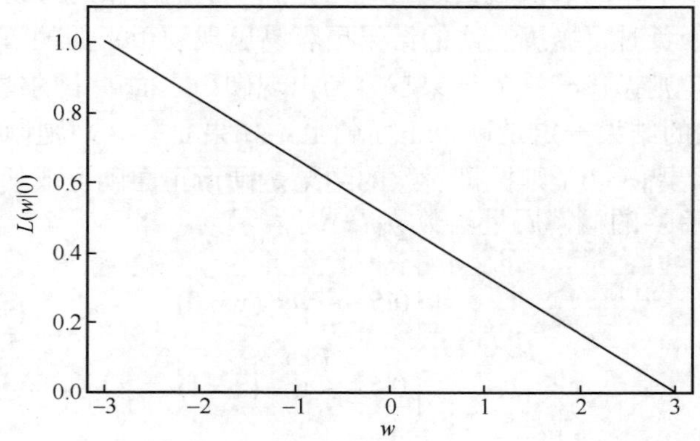

图 2-63　似然函数 $L(w|0)$

如果不是抛掷 1 次硬币，而是连续抛掷 4 次硬币，那么似然函数的情况又是怎样的呢？连续抛掷 4 次硬币，其结果有 16 种基本可能，相应地，随机变量 X 就有 16 个不同的可能取值。我们用 $X=0000$ 表示第 1、2、3、4 次都是硬币正面朝下；$X=0001$ 表示第 1、2、3 次硬币正面朝下，第 4 次硬币正面朝上；$X=0011$ 表示第 1、2 次硬币正面朝下，第 3、4 次硬币正面朝上；$X=1111$ 表示第 1、2、3、4 次都是硬币正面朝上；如此等等。这样一来，随机变量 X 的概率质量函数就可以表示为

$$p_w(x)=\begin{cases}\left(0.5-\dfrac{1}{6}w\right)^4 & (x=0000)\\ \left(0.5-\dfrac{1}{6}w\right)^3\left(0.5+\dfrac{1}{6}w\right) & (x=0001\text{或}0010\text{或}0100\text{或}1000)\\ \left(0.5-\dfrac{1}{6}w\right)^2\left(0.5+\dfrac{1}{6}w\right)^2 & (x=0011\text{或}0110\text{或}1100\text{或}0101\text{或}1010\text{或}1001)\\ \left(0.5-\dfrac{1}{6}w\right)\left(0.5+\dfrac{1}{6}w\right)^3 & (x=1110\text{或}1101\text{或}1011\text{或}0111)\\ \left(0.5+\dfrac{1}{6}w\right)^4 & (x=1111)\end{cases}\tag{2.150}$$

假设连续抛掷 4 次硬币的结果是 $X=0100$，则相应的似然函数为

$$L(w\,|\,0100)=p_w(0100)=\left(0.5-\frac{1}{6}w\right)^3\left(0.5+\frac{1}{6}w\right)\tag{2.151}$$

假设连续抛掷 4 次硬币的结果是 $X=0101$，则相应的似然函数为

$$L(w\,|\,0101)=p_w(0101)=\left(0.5-\frac{1}{6}w\right)^2\left(0.5+\frac{1}{6}w\right)^2\tag{2.152}$$

假设连续抛掷 4 次硬币的结果是 $X=1110$，则相应的似然函数为

$$L(w\,|\,1110)=p_w(1110)=\left(0.5-\frac{1}{6}w\right)\left(0.5+\frac{1}{6}w\right)^3\tag{2.153}$$

图 2-64 展示了似然函数 $L(w\,|\,0100)$、$L(w\,|\,0101)$ 和 $L(w\,|\,1110)$ 的函数曲线。

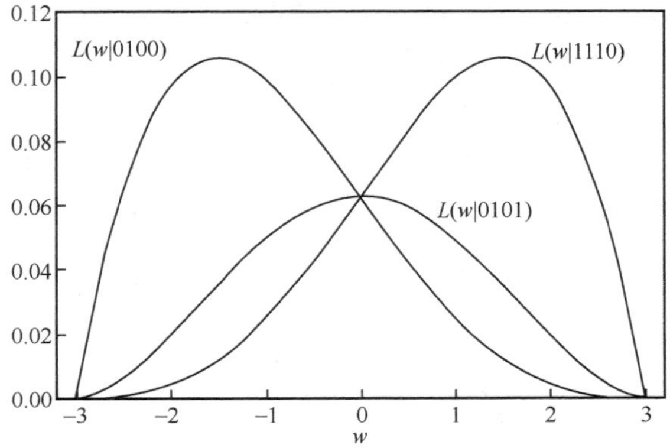

图 2-64　似然函数 $L(w\,|\,0100)$、$L(w\,|\,0101)$ 和 $L(w\,|\,1110)$ 的函数曲线

假设 X 是一个随机变量，其概率分布函数为 $p_w(x)$，并且我们已经知道了 $p_w(x)$ 的数学表达式，只是还不知道该表达式中的参数 w 的值是多少，而我们的任务则是要对参数 w 的值给出一个最优的、最合适的估计。现在，我们对随机变量 X 进行一次抽样，得到的抽样值（样本值）为 x，然后我们希望根据这次抽样的结果估计出 w 的值，要求 w 的估计值要使得似然函数 $L(w|x)$ 的取值最大，这一过程或方法就叫作**最大似然估计（Maximum Likelihood Estimation，MLE）**，用数学语言表达就是

$$w = \underset{w}{\operatorname{argmax}}\, L(w|x) \tag{2.154}$$

为什么最大似然估计就是我们要寻找的最优的、最合适的估计呢？以 X 是一个离散型随机变量为例，我们来解释一下最大似然估计背后的逻辑。对 X 进行一次抽样，得到的抽样值为 x 的概率等于 X 的概率质量函数在 x 这一点的取值，也即 $p_w(x)$。显然，如果 $p_w(x)$ 的值越小，对 X 进行一次抽样恰好就得到抽样值 x 的可能性就越小；如果 $p_w(x)$ 的值越大，对 X 进行一次抽样恰好就得到抽样值 x 的可能性就越大。现在，已经发生了的事实是，我们对 X 进行了一次抽样，并且真的就得到了抽样值 x。对于这样的结果，最合理的解释当然是，因为 $p_w(x)$ 的值已经尽量大了，所以才导致我们所看到的事实结果，也即一次抽样就得到了抽样值 x。除此解释外，我们找不到任何其他更为合理的解释。难道是因为 $p_w(x)$ 的值太小，所以我们才能对 X 进行一次抽样就得到抽样值 x？基于以上的描述和分析，我们自然会认为，对于未知参数 w 的最优最合适的估计值，应该是能够使得 $p_w(x)$ 的取值最大化的那个值。根据式（2.144）可知，$p_w(x)$ 的值是等于 $L(w|x)$ 的值的，所以，对于未知参数 w 的最优、最合适的估计值，应该是能够使得似然函数 $L(w|x)$ 的取值最大化的那个值，这就是最大似然估计背后的逻辑，也是最优方程式（2.154）的来龙去脉。

求解最优方程式（2.154）是一个纯粹的数学问题。在很多情况下，函数 $L(w|x)$ 是处处可导的，所以可以通过寻找函数 $L(w|x)$ 的驻点来找到其最大值点。根据 2.2.4 小节中所学的内容可知，所谓驻点，就是满足

$$\frac{\mathrm{d}L(w|x)}{\mathrm{d}w} = 0 \tag{2.155}$$

的那些点。求解方程式（2.155），得到所有的驻点。在这些驻点中，函数 $L(w|x)$ 的取值最大的那个或那些点就是函数 $L(w|x)$ 的最大值点。找到了函数 $L(w|x)$ 的最大值点，也就相应地找到了参数 w 的最大似然估计值。

回到前面提到的连续抛掷 4 次硬币的例子：假设抛掷出来的结果是 $X = 0101$，那么根据最大似然估计方法，估计出的 w 的值应该是多少呢？求解过程如下：

$$\frac{\mathrm{d}L(w|x)}{\mathrm{d}w} = 0$$

$$\Rightarrow \quad \frac{\mathrm{d}L(w|0101)}{\mathrm{d}w} = 0$$

$$\Rightarrow \quad \frac{\mathrm{d}\left[\left(0.5-\frac{1}{6}w\right)^2\left(0.5+\frac{1}{6}w\right)^2\right]}{\mathrm{d}w}=0$$

$$\Rightarrow \quad \frac{\mathrm{d}\left[\left(0.5^2-\frac{1}{36}w^2\right)^2\right]}{\mathrm{d}w}=0$$

$$\Rightarrow \quad w(w^2-9)=0$$

$$\Rightarrow \quad w=-3\text{或}w=3\text{或}w=0$$

$$\because \quad L(-3\,|\,0101)=0 \quad L(3\,|\,0101)=0 \quad L(0\,|\,0101)=0.0625$$

$$\therefore \quad \text{去掉}w=-3\text{及}w=3\text{，最后得到}w=0$$

还是连续抛掷 4 次硬币这个例子：假设抛掷出来的结果是 $X=1110$，那么根据最大似然估计方法，估计出的 w 的值又该是多少呢？求解过程如下：

$$\frac{\mathrm{d}L(w\,|\,x)}{\mathrm{d}w}=0$$

$$\Rightarrow \quad \frac{\mathrm{d}L(w\,|\,1110)}{\mathrm{d}w}=0$$

$$\Rightarrow \quad \frac{\mathrm{d}\left[\left(0.5-\frac{1}{6}w\right)\left(0.5+\frac{1}{6}w\right)^3\right]}{\mathrm{d}w}=0$$

$$\Rightarrow \quad w^3+4.5w^2-13.5=0$$

$$\Rightarrow \quad (w-1.5)(w+3)^2=0$$

$$\Rightarrow \quad w=1.5\text{或}w=-3$$

$$\because \quad L(1.5\,|\,1110)\approx 0.1055 \quad L(-3\,|\,1110)=0$$

$$\therefore \quad \text{去掉}w=-3\text{，最后得到}w=1.5$$

图 2-65 显示的是以上两个计算最大似然估计的例子。从图中可以看到，如果连续抛掷 4 次硬币的结果是 $X=0101$，则似然函数在 $w=0$ 的位置取得最大值，所以参数 w 的最大似然估计值就是 0；如果连续抛掷 4 次硬币的结果是 $X=1110$，则似然函数在 $w=1.5$ 的位置取得最大值，所以参数 w 的最大似然估计值就是 1.5。

最大似然估计与我们的日常经验和直觉判断是完全一致的。例如，如果连续抛掷 4 次硬币的结果是 $X=0101$，也就是两次正面朝上，两次正面朝下，这说明硬币很“中性”。之前我们说过，w 的取值范围是在 $-3\sim3$。w 的取值越接近 -3，则抛掷一次的结果越容易出现硬币正面朝下的情况；取值越接近 3，则抛掷一次的结果越容易出现硬币正面朝上的情况。现在的结果是两次正面朝上，两次正面朝下，说明 w 的位置不偏不倚，那就应该取 -3 与 3 的中间值，而 -3 与 3 的中间值正好就是 0。又例如，如果连续抛掷 4 次硬币的结果是 $X=1110$，也就是三次正面朝上，一次正面朝下，这就说明 w 的位置应该远离 -3 而接近 3。由于正面朝上的次数与正面朝下的次数之比是 3:1，所以 w 到 -3 的距离应该是 w 到 3 的距离的 3 倍，而 $w=1.5$ 恰好就是这个位置点。

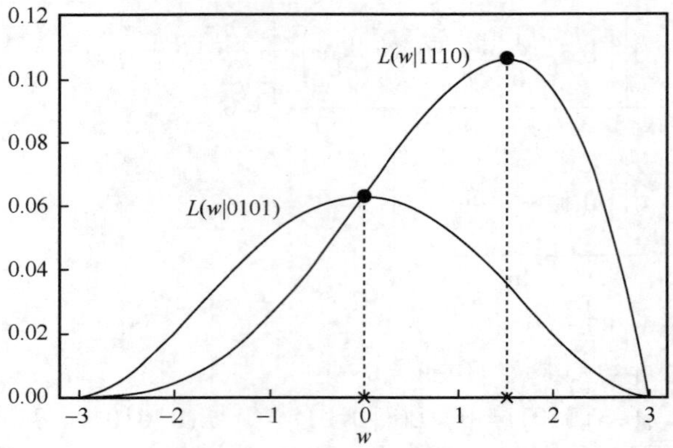

图 2-65 最大似然估计

在很多情况下，似然函数 $L(w|x)$ 的表达式都是若干项连乘的形式。例如，式(2.151)、式（2.152)、式（2.153）所表示的似然函数都是 4 项连乘的形式，这是因为连续抛掷了 4 次硬币。如果是连续抛掷了 100 次硬币，则似然函数将会是 100 项连乘的形式。多项连乘的形式在计算上是非常繁杂的，所以，为了计算的简便性，人们引入了**对数似然函数（Log-Likelihood Function）**的概念。

所谓对数似然函数，就是似然函数的对数。以符号 $\mathcal{L}$ 表示对数似然函数，则对数似然函数定义为

$$\mathcal{L}(w|x)=\log L(w|x)=\log p_w(x) \tag{2.156}$$

式（2.156）中的对数的底通常规定为 2 或自然常数 e。底的值不同，则计算得到的对数似然函数的值也不同。本书规定底为自然常数 e，所以 log 可以用 ln 代替。由于

$$\ln(a_1\times a_2\times\cdots\times a_N)=\ln(a_1)+\ln(a_2)+\cdots+\ln(a_N)$$

所以，如果 $L(w|x)$ 是多项连乘的形式，则 $\mathcal{L}(w|x)$ 就是多项连加的形式。从计算的繁杂性方面来讲，多项连加的形式比多项连乘的形式要简单得多。

由于对数函数本身是一个严格单调递增函数，所以函数 $\mathcal{L}(w|x)$ 的曲线只是相当于函数 $L(w|x)$ 的曲线在竖直方向上进行了非线性压缩。因此，如果 $(w_0,L(w_0|x))$ 是函数 $L(w|x)$ 的一个驻点，则 $(w_0,\mathcal{L}(w_0|x))$ 必定也是函数 $\mathcal{L}(w|x)$ 的一个驻点，反之亦然。特别地，如果 $(w_0,L(w_0|x))$ 是函数 $L(w|x)$ 的一个最大值点，则 $(w_0,\mathcal{L}(w_0|x))$ 必定也是函数 $\mathcal{L}(w|x)$ 的一个最大值点，反之亦然。这样一来，最大似然估计就可以转化为**最大对数似然估计（Maximum Log-Likelihood Estimation，MLLE）**，也即优化方程式（2.154）可变形为

$$w=\underset{w}{\operatorname{argmax}}\,\mathcal{L}(w|x) \tag{2.157}$$

同时式（2.155）也可变形为

$$\frac{\mathrm{d}\mathcal{L}(w|x)}{\mathrm{d}w}=0 \tag{2.158}$$

本小节一开始我们就假设 X 是一个随机变量，其概率分布函数为 $p_w(x)$，其中 w 是分布函数 $p_w(x)$ 中的一个参数。实际上，更一般的假设应该是，$\boldsymbol{X}$ 是一个多维随机矢量，

其概率分布函数为 $p_{\boldsymbol{w}}(\boldsymbol{x})$，其中 $\boldsymbol{w}$ 是分布函数 $p_{\boldsymbol{w}}(\boldsymbol{x})$ 中的多维参数矢量。需要注意的是，由于 $\boldsymbol{X}$ 是一个多维随机矢量，所以其抽样值 $\boldsymbol{x}$ 自然是同维数的矢量。还需要注意的是，参数矢量 $\boldsymbol{w}$ 的维数与抽样矢量 $\boldsymbol{x}$ 的维数是没有任何关系的。最后需要注意的是，概率分布函数 $p_{\boldsymbol{w}}(\boldsymbol{x})$ 是一个矢量的标量函数，自变量是矢量 $\boldsymbol{x}$，因变量是一个标量。

在以上更为一般的假设条件下，似然函数的定义式（2.144）应变形为

$$L(\boldsymbol{w} \mid \boldsymbol{x}) = p_{\boldsymbol{w}}(\boldsymbol{x}) \tag{2.159}$$

注意，此时似然函数 $L(\boldsymbol{w} \mid \boldsymbol{x})$ 是一个矢量的标量函数，自变量是参数矢量 $\boldsymbol{w}$，因变量仍然是一个标量。优化方程式（2.154）应变形为

$$\boldsymbol{w} = \underset{\boldsymbol{w}}{\operatorname{argmax}}\, L(\boldsymbol{w} \mid \boldsymbol{x}) \tag{2.160}$$

驻点方程式（2.155）应变形为

$$\frac{\partial L(\boldsymbol{w} \mid \boldsymbol{x})}{\partial \boldsymbol{w}} = \boldsymbol{o} \tag{2.161}$$

对数似然函数的定义式（2.156）应变形为

$$\mathcal{L}(\boldsymbol{w} \mid \boldsymbol{x}) = \log L(\boldsymbol{w} \mid \boldsymbol{x}) = \log p_{\boldsymbol{w}}(\boldsymbol{x}) \tag{2.162}$$

优化方程式（2.157）应变形为

$$\boldsymbol{w} = \underset{\boldsymbol{w}}{\operatorname{argmax}}\, \mathcal{L}(\boldsymbol{w} \mid \boldsymbol{x}) \tag{2.163}$$

驻点方程式（2.158）应变形为

$$\frac{\partial \mathcal{L}(\boldsymbol{w} \mid \boldsymbol{x})}{\partial \boldsymbol{w}} = \boldsymbol{o} \tag{2.164}$$

习题 2

1.【单选题】如图 2-66 所示，矢量的“矢”字是（　　）。

图 2-66　甲骨文

A.（a）　　B.（b）　　C.（c）　　D.（d）

2.【多选题】对于图 2-67 中的矢量 $\boldsymbol{a}$、$\boldsymbol{b}$、$\boldsymbol{c}$、$\boldsymbol{d}$，描述正确的是（　　）。

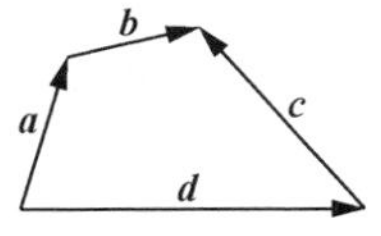

图 2-67　4 个矢量

A. $\boldsymbol{a} = \boldsymbol{c} + \boldsymbol{d} - \boldsymbol{b}$　　B. $\boldsymbol{d} = \boldsymbol{a} + \boldsymbol{b} - \boldsymbol{c}$　　C. $\boldsymbol{c} = \boldsymbol{a} + \boldsymbol{b} - \boldsymbol{d}$

3. 【多选题】在图 2-68 中，E 点的坐标是 $(-3,0)$，F 点的坐标是 $(0,2)$，G 点的坐标是 $(3,0)$。对于图中的矢量 $\boldsymbol{a}$、$\boldsymbol{b}$、$\boldsymbol{c}$，描述正确的是（　　）。

A. $\boldsymbol{a}=(3,2)$　　B. $\boldsymbol{b}=(-3,-2)$　　C. $\boldsymbol{c}=(6,0)$　　D. $\boldsymbol{c}=(-3,3)$

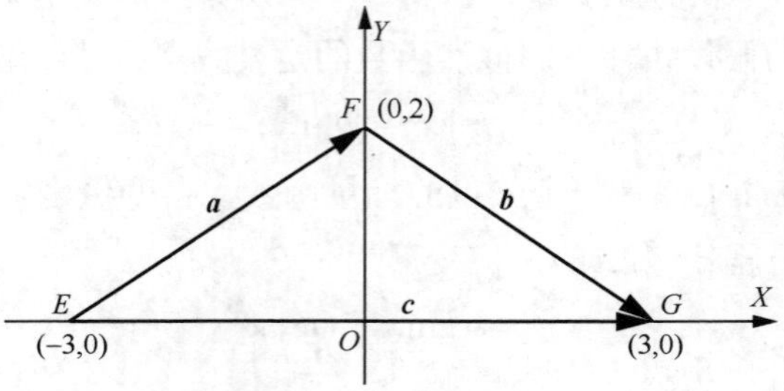

图 2-68　3 个矢量

4. 【多选题】已知 2 维矢量 $\boldsymbol{a}$ 的起点位置坐标是 $(0,2)$，终点位置坐标是 $(1,2)$，2 维矢量 $\boldsymbol{b}$ 的起点位置坐标是 $(-1,-1)$，终点位置坐标是 $(-1,-2)$，则下列等式中成立的是（　　）。

A. $|\boldsymbol{a}|=|\boldsymbol{b}|=1$

B. $\boldsymbol{a}\cdot\boldsymbol{b}=0$

C. $(\boldsymbol{a}-\boldsymbol{b})$ 与 $\boldsymbol{b}$ 的夹角是 $135°$

5. 【单选题】已知 3 维矢量 $\boldsymbol{a}$ 的起点位置坐标是 $(1,0,0)$，终点位置坐标是 $(1,2,2)$，则 $\boldsymbol{a}$ 的 3 个方向余弦是（　　）。

A. $\frac{\sqrt{2}}{2}$，0，$-\frac{\sqrt{2}}{2}$　　B. 90°，45°，45°　　C. 0，$\frac{\sqrt{2}}{2}$，$\frac{\sqrt{2}}{2}$

6. 【多选题】$\boldsymbol{A}$、$\boldsymbol{B}$、$\boldsymbol{C}$ 为 3 个矩阵，则下列陈述中正确的是（　　）。

A. 如果 $\boldsymbol{A}$ 和 $\boldsymbol{B}$ 都是非零矩阵，且 $\boldsymbol{AB}$ 存在，则 $\boldsymbol{AB}$ 可能会是一个零矩阵

B. 如果 $\boldsymbol{AB}$ 与 $\boldsymbol{BA}$ 都存在且同型，则 $\boldsymbol{AB}$ 与 $\boldsymbol{BA}$ 一定相等

C. 如果 $\boldsymbol{ABC}$ 存在，则 $\boldsymbol{B}$ 的行数一定等于 $\boldsymbol{A}$ 的列数，且 $\boldsymbol{B}$ 的列数一定等于 $\boldsymbol{C}$ 的行数

D. 如果 $\boldsymbol{ABC}$ 存在，则 $(\boldsymbol{ABC})^{\mathrm{T}}$ 一定等于 $\boldsymbol{A}^{\mathrm{T}}\boldsymbol{B}^{\mathrm{T}}\boldsymbol{C}^{\mathrm{T}}$

7. 【单选题】已知矩阵 $\boldsymbol{E}$、$\boldsymbol{F}$、$\boldsymbol{G}$ 分别为

$$\boldsymbol{E}=\begin{bmatrix}3&0&4&0\\0&0&2&0\\0&0&0&1\\0&0&0&0\end{bmatrix}\qquad\boldsymbol{F}=\begin{bmatrix}1&0&4&0\\0&5&0&9\\0&0&-2&-3\\0&0&2&3\end{bmatrix}\qquad\boldsymbol{G}=\begin{bmatrix}1&0&0&0\\0&1&0&0\\0&0&1&0\\1&0&1&0\end{bmatrix}$$

则下列选项中正确的是（　　）。

A. $\boldsymbol{E}$ 的秩是 3，$\boldsymbol{F}$ 的秩是 4，$\boldsymbol{G}$ 的秩是 2

B. $\boldsymbol{E}$ 的秩是 3，$\boldsymbol{F}$ 的秩是 3，$\boldsymbol{G}$ 的秩是 3

C. $\boldsymbol{E}$ 的秩是 3，$\boldsymbol{F}$ 的秩是 4，$\boldsymbol{G}$ 的秩是 3

D. $\boldsymbol{E}$ 的秩是 3，$\boldsymbol{F}$ 的秩是 3，$\boldsymbol{G}$ 的秩是 2

8. 【多选题】已知矩阵 $\boldsymbol{E}=\begin{bmatrix}1&-1\\-1&1\end{bmatrix}$，则 $\boldsymbol{E}$ 的本征矢量包括（　　）。

A. $\begin{bmatrix}3\\3\end{bmatrix}$　　B. $\begin{bmatrix}3\\-3\end{bmatrix}$　　C. $\begin{bmatrix}0\\0\end{bmatrix}$

9.【单选题】已知张量 $\boldsymbol{T}$ 的表达式为

$$\boldsymbol{T}=[\,[\,[1],\ [5],\ [3]\,],\ [\,[5],\ [5],\ [6]\,]\,]$$

则下列选项中正确的是（　　）。

A. $\boldsymbol{T}$ 是一个 6 阶张量　　B. $\boldsymbol{T}$ 的形状为（1,3,2）　　C. $\boldsymbol{T}[1][1][0]=5$

10.【单选题】已知函数 $y=x^x\ (x>0)$，则下列选项中正确的是（　　）。

A. $\dfrac{\mathrm{d}y}{\mathrm{d}x}=1+\ln x\quad(x>0)$

B. $\dfrac{\mathrm{d}y}{\mathrm{d}x}=x^x(1+\ln x)\quad(x>0)$

C. $\dfrac{\mathrm{d}y}{\mathrm{d}x}=x^x\ln x\quad(x>0)$

11.【单选题】方程式 $x_1+2x_2-3x_3+4x_4-5x_5+6=0$ 对应的是（　　）。

A. 7 维空间中的一个 6 维超平面　　B. 6 维空间中的一个 5 维超平面

C. 5 维空间中的一个 4 维超平面　　D. 4 维空间中的一个 3 维超平面

12.【单选题】函数 $f(x)=4x^3-2\sin(x^2-1)-\mathrm{e}^{2x}+3$ 在 $x=1$ 处沿 X 轴的反方向的变化率是（　　）。

A. $8-2\mathrm{e}^2$　　B. $12-2\mathrm{e}^2$　　C. $2\mathrm{e}^2-12$　　D. $2\mathrm{e}^2-8$

13.【单选题】定义在 X-Y 平面上的函数 $f(x,y)=x^2y^2-x+y+2$ 在 $(-1,1)$ 处的梯度矢量是（　　）。

A. $[3\quad -3]$　　B. $[-3\quad 3]$　　C. $[1\quad 3]$　　D. $[3\quad -1]$

14.【单选题】如果 l 是 X-Y 平面上的一条射线，其两个方向角均为 45°，则函数 $f(x,y)=x^2y^2-x+y+2$ 在 $(-1,1)$ 处沿 l 方向的方向导数是（　　）。

A. 0　　B. 1　　C. $\dfrac{\sqrt{2}}{2}$　　D. -1

15.【单选题】如果 l 是 X-Y 平面上的一条射线，其两个方向角分别为 30° 和 60°，则函数 $f(x,y)=x^2y^2-x+y+2$ 在 $(-1,1)$ 处沿 l 方向的方向导数是（　　）。

A. $\dfrac{3}{2}(1+\sqrt{3})$　　B. $\dfrac{3}{2}(1+\sqrt{2})$　　C. $\dfrac{3}{2}(1-\sqrt{2})$　　D. $\dfrac{3}{2}(1-\sqrt{3})$

16.【多选题】下列陈述中错误的是（　　）。

A. 函数在某一点沿着该点的梯度方向的方向导数有可能是一个负值

B. 函数在某一点沿着与该点的梯度方向垂直的方向的方向导数有可能是一个负值

C. 函数在某一点沿着各个方向的方向导数有可能均为负值

17.【多选题】如图 2-69 所示，函数 $f(x)$ 定义在闭区间$[a,b]$上，其图像是由若干个半圆弧和四分之一圆弧无缝拼接而成的，则下列陈述中错误的是（　　）。

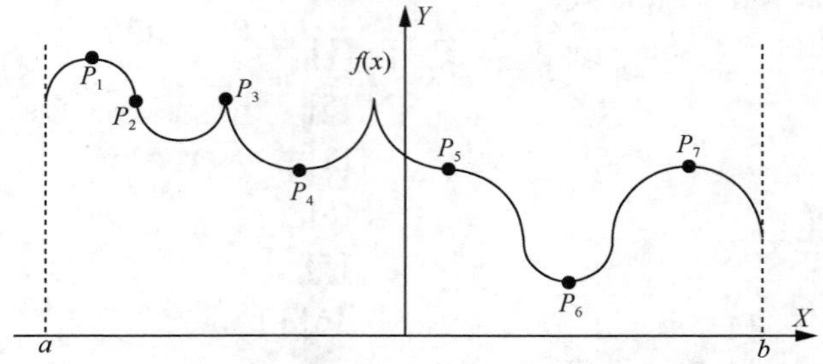

图 2-69　函数 $f(x)$ 的图像

A. P_1是一个驻点　　B. P_2是一个拐点

C. P_3是一个极值点　　D. P_4是一个最值点

E. P_5是一个驻点　　F. P_5是一个鞍点

G. P_6是一个最值点　　H. P_7是一个拐点

18.【多选题】对于一个多元函数，下列陈述中错误的是（　　）。

A. 一个极值点可能也是一个鞍点

B. 一个驻点可能也是一个拐点

C. 一个极值点必定也是一个驻点

D. 一个最大值点不可能是一个最小值点

E. 一个极大值点所对应的函数值必定大于一个极小值点所对应的函数值

19.【多选题】下列陈述中错误的是（　　）。

A. 两个凸集的交集必定也是一个凸集

B. 两个凸集的并集必定也是一个凸集

C. 一个凸函数不可能是一个凹函数

D. 凸函数有且只有一个全局极小值点

20.【单选题】一共有 4 个人，每个人随机地默想 10、20、30、40、50 这 5 个数值中的某一个数值，则不同的人默想到了同一个数值的概率是（　　）。

A. $\frac{3}{4}$　　B. $\frac{3}{5}$　　C. $\frac{84}{125}$　　D. $\frac{101}{125}$

21.【单选题】总共有 3 个箱子，第 1 个箱子中装有 25 个红色乒乓球和 75 个绿色乒乓球，第 2 个箱子中装有 25 个绿色乒乓球和 75 个蓝色乒乓球，第 3 个箱子中装有 25 个蓝色乒乓球和 75 个红色乒乓球。小张随机地选中了其中的一个箱子，然后从该箱子中随机地取出了一个乒乓球，则小张取出的乒乓球是红色乒乓球的概率为（　　）。

A. $\frac{1}{3}$　　B. $\frac{1}{4}$　　C. $\frac{2}{3}$　　D. $\frac{3}{4}$

22.【单选题】X、Y、Z 三人进行射击打靶训练，X 单开一枪能命中靶心的概率为4%，Y 单开一枪能命中靶心的概率为6%，Z 单开一枪能命中靶心的概率为3%。整个训

练过程中 X 开了 15 枪，Y 开了 5 枪，Z 开了 10 枪，最后发现只有一枪命中了靶心，则下列陈述中正确的是（　　）。

A. 命中靶心的这一枪最有可能是 X 开的

B. 命中靶心的这一枪最有可能是 Y 开的

C. 命中靶心的这一枪最有可能是 Z 开的

23.【多选题】下列选项中正确的是（　　）。

A. $\lim_{x\to 0^+} x\ln x = 0$　　B. $\lim_{x\to 0^+} x^2\ln x = 0$　　C. $\lim_{x\to 0^+} x^x = 1$

24.【单选题】图 2-70 显示的是概率密度函数 $p_1(x)$、$p_2(x)$、$p_3(x)$ 的图像，$H(p_1)$、$H(p_2)$、$H(p_3)$ 分别表示概率密度函数 $p_1(x)$、$p_2(x)$、$p_3(x)$ 的熵，则下列选项中正确的是（　　）。

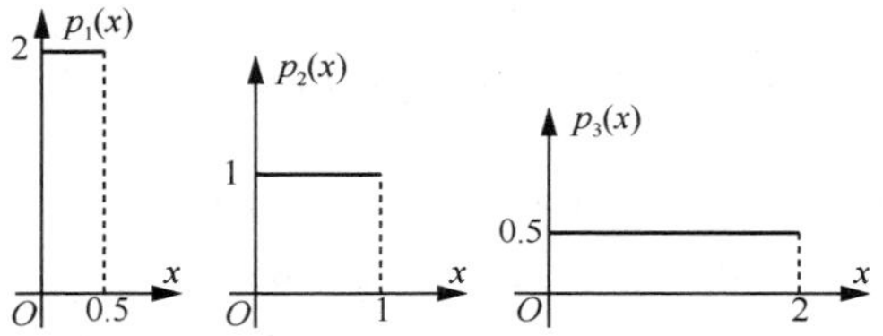

图 2-70　概率密度函数 $p_1(x)$、$p_2(x)$、$p_3(x)$ 的图像

A. $H(p_1) > H(p_2) > H(p_3)$

B. $H(p_1) < H(p_2) < H(p_3)$

C. $H(p_1) = H(p_2) = H(p_3)$

25.【单选题】图 2-71 显示的是概率密度函数 $p_1(x)$ 和 $p_2(x)$ 的图像，$H(p_1)$ 和 $H(p_2)$ 分别表示概率密度函数 $p_1(x)$ 和 $p_2(x)$ 的熵，则下列选项中正确的是（　　）。

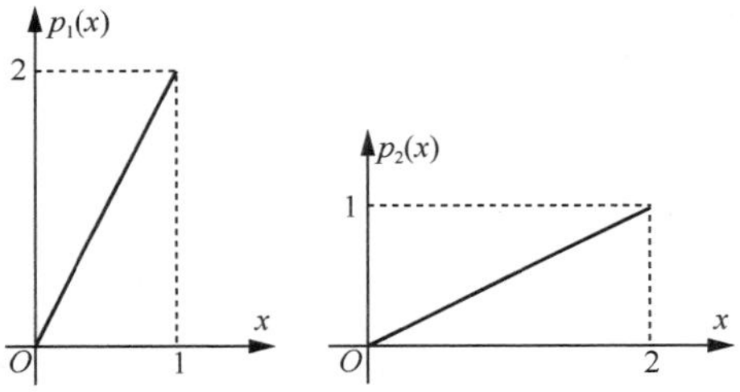

图 2-71　概率密度函数 $p_1(x)$ 和 $p_2(x)$ 的图像

A. $H(p_1) > H(p_2)$　　B. $H(p_1) < H(p_2)$　　C. $H(p_1) = H(p_2)$

26.【单选题】图 2-72 显示的是概率密度函数 $p_1(x)$ 和 $p_2(x)$ 的图像，$H(p_1)$ 和 $H(p_2)$ 分别表示概率密度函数 $p_1(x)$ 和 $p_2(x)$ 的熵，则下列选项中正确的是（　　）。

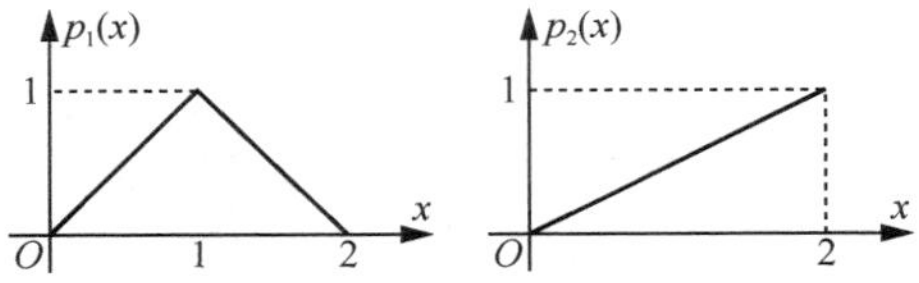

图 2-72　概率密度函数 $p_1(x)$ 和 $p_2(x)$ 的图像

A. $H(p_1) > H(p_2)$　　B. $H(p_1) < H(p_2)$　　C. $H(p_1) = H(p_2)$

27.【多选题】图 2-73 显示的是概率质量函数 $p(x)$ 和 $q(x)$ 的图像，$D_{KL}(p\|q)$ 表示 $p(x)$ 相对于 $q(x)$ 的熵，$H(p,q)$ 表示 $q(x)$ 相对于 $p(x)$ 的交叉熵，则下列选项中正确的是（　）。

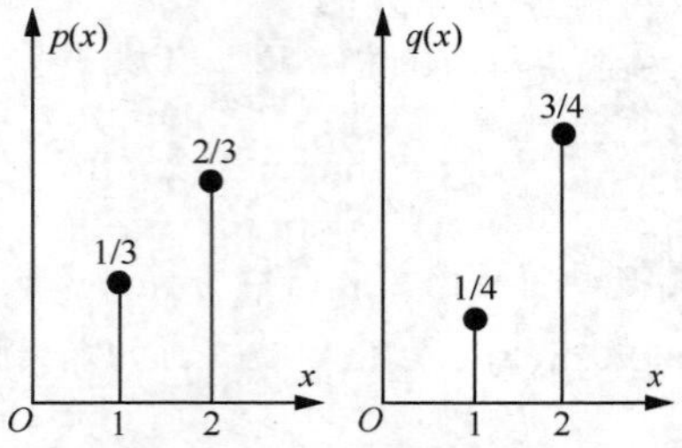

图 2-73　概率质量函数 $p(x)$ 和 $q(x)$ 的图像

A. $D_{KL}(p\|q) \approx 0.017372$ nat　$H(p,q) \approx 0.653886$ nat
B. $D_{KL}(p\|q) \approx 0.017372$ bit　$H(p,q) \approx 0.653886$ bit
C. $D_{KL}(p\|q) \approx 0.025062$ bit　$H(p,q) \approx 0.943358$ bit
D. $D_{KL}(p\|q) \approx 0.653886$ nat　$H(p,q) \approx 0.017372$ nat

28.【单选题】已知连续型随机变量 X 的概率密度函数为

$$p_w(x) = \frac{1}{w} \quad (0 \leqslant x \leqslant w; w > 0)$$

其中 w 是一个未知的参数。现在对 X 进行一次抽样，得到的抽样值是 5，则 w 的最大似然估计值是（　）。

A. 1　　B. 2　　C. 5　　D. 10

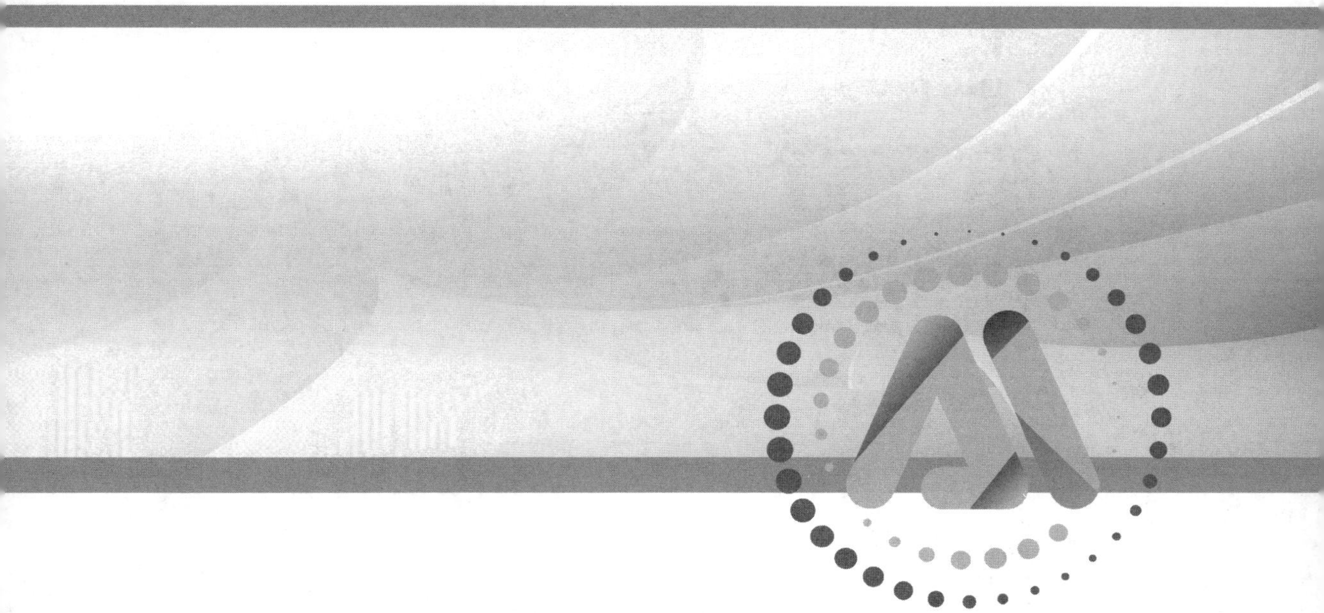

第 3 章 机器学习

主要内容

3.1 机器学习的基本概念

3.2 机器学习方法的分类

3.3 机器学习的三要素

3.4 机器学习的整体流程

3.5 常见的机器学习算法

3.6 机器学习的性能评估

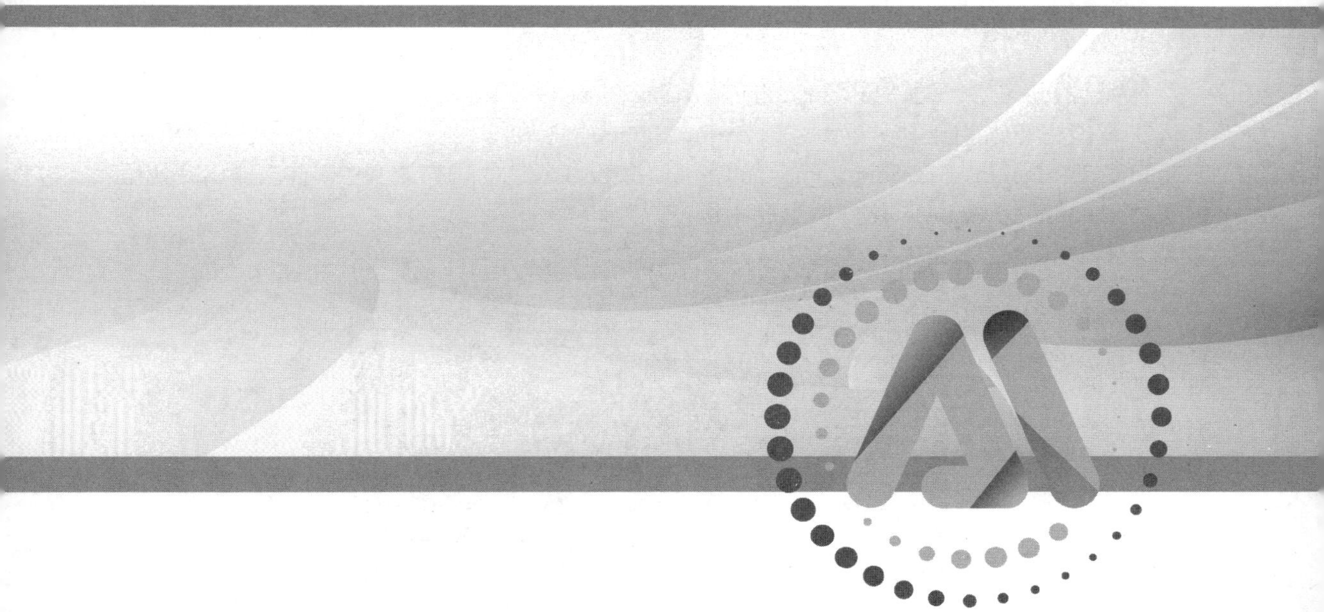

3.1 机器学习的基本概念

“机器学习”一词译自“machine learning”。1959 年，美国著名的计算机游戏专家、人工智能先驱人物亚瑟·塞缪尔（Arthur Samuel）（见图 3-1）在他发表的题为“Some Studies in Machine Learning Using the Game of Checkers”的研究论文中，首次提出并使用了“Machine Learning”这一概念和术语。

图 3-1 Arthur Samuel（1901–1990）

机器学习是一个带有模糊性的概念，所以我们很难对机器学习给出一个严格而精准的定义。曾担任卡内基梅隆大学机器学习系主任的汤姆·米切尔（Tom Mitchell）教授在他 1997 年出版的 *Machine Learning* 一书中这样描述：机器学习就是对计算机算法的研究，这种算法能够使得计算机程序的性能可以通过从经验中进行学习而自动得到提升（见图 3-2）。在这本书中，米切尔从功能的角度给出了一个关于机器学习的定义：“A computer program is said to learn from experience E with respect to some class of tasks T and performance measure P if its performance at tasks in T, as measured by P, improves with experience E”。把这段话翻译成中文就是“如果一个计算机程序对于某一类任务 T 的性能 P 能够基于经验 E 而得到提升，我们就说这个计算机程序能够针对任务 T 和性能 P 从经验 E 中进行学习”。米切尔的这段话现已成为关于机器学习的最具影响力的定义性描述，经常被各种文献资料广泛地引用。

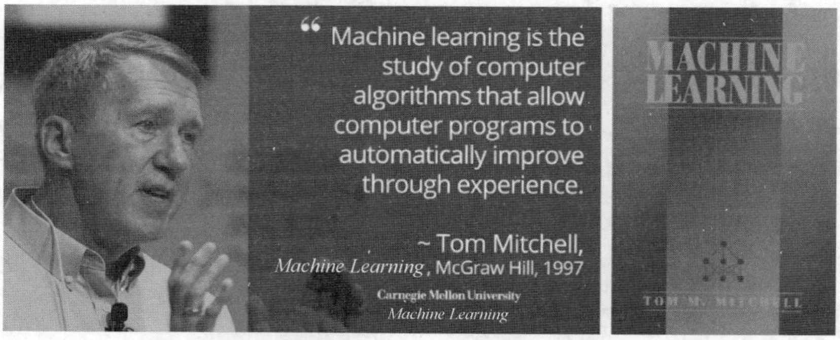

图 3-2 米切尔与他的《机器学习》一书

根据米切尔给出的关于机器学习的定义，我们需要认识到，机器学习中的机器是指计算机程序，而这里所说的计算机是指广义的计算机，如智能手机、智能腕表、智能眼镜、智能电视等，当然也包括常见的台式计算机或笔记本计算机，还包括难得一见的巨型计算机和超级计算机。机器学习本身所指的是一个过程，即计算机程序进行学习的过程，学习的对象是经验，即从经验中进行学习，而学习的目的则是要提高程序在完成某一类任务时所表现出的性能。注意，对于机器，所谓的经验通常是指人们收集、整理并提供给机器进行学习的数据，这样的数据也称为**训练数据（Training Data）**。从机器的角度看，机器是从训练数据中进行学习；从人的角度看，人们是用训练数据对机器进行训练。

在 1.5 节中解释图 1-13 的时候我们说过，机器学习程序的运作过程分为训练阶段和工作阶段。在训练阶段，程序模型的结构是人工预先确定的，但模型参数的取值是程序本身根据人们事先设计好的**学习算法（Learning Algorithm）**对训练数据进行学习之后得到的。注意，只有当模型的结构以及模型参数的取值都确定之后，才能说模型得到了最终的确定。也就是说，训练阶段是确定模型参数的取值，进而确定出最终模型的阶段。显然，在给定了模型结构和训练数据的前提下，如果学习算法越好，最终确定出的模型就会越好，程序在工作阶段所表现出的性能就会越好。米切尔在机器学习定义中所提到的性能 P，指的就是机器学习程序在工作阶段所表现出的性能。

刚才提到了学习算法这个概念，并且说明了机器学习程序是根据人们事先设计好的学习算法来对训练数据进行学习的。事实上，设计并应用机器学习算法正是整个机器学习领域的核心内容。在机器学习领域中，算法研究人员的主要工作就是要设计出各种各样的、适合于不同应用场景的机器学习算法，而普通工程师的主要工作则是要理解和熟悉各种机器学习算法的原理和特点，并且能够针对实际应用的需要选择合适的机器学习算法。

总之，机器学习的核心就是学习算法：学习算法作用于训练数据便能得到相应的模型，模型作用于工作数据便能提供我们所需要的服务（见图 3-3）。

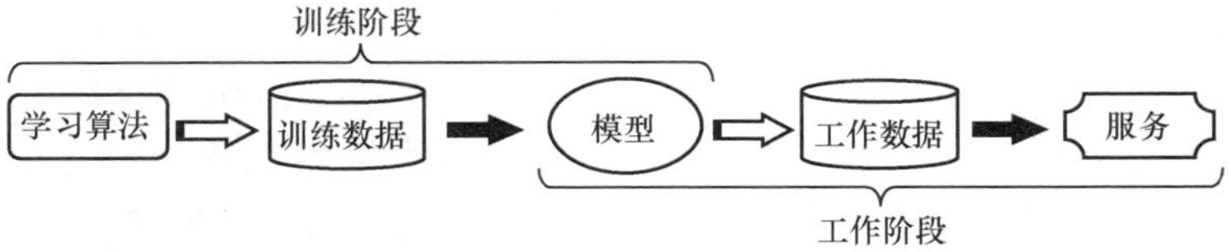

图 3-3　训练阶段与工作阶段

再次强调，一个模型的具体情况是由两方面的因素决定的，其一是模型的结构，其二是模型参数的取值。模型的结构是指模型的数学表达式的形式，模型参数是指模型的数学表达式中的参数。例如，如果模型的数学表达式为 $y = k_1x + k_2\ (k_1 \neq 0)$，其中自变量 x 表示模型的输入，因变量 y 表示模型的输出，那么模型的结构就是一个一次多项式，模型参数就是指 k_1 和 k_2 这两个参数。由于模型的结构是一个一次多项式，所以这里我们姑且称为一次模型。注意，一次模型只是说明了模型的结构，它并不是一个具体的模型。只有当模型中的参数 k_1 和 k_2 的取值都确定之后，相应的模型才是一个明确而具体的模型。又例如，如果模型的数学表达式为 $y = k_1x^2 + k_2x + k_3\ (k_1 \neq 0)$，其中自变量 x 表示模型的输入，因变量 y 表示模型的输出，那么模型的结构就是一个二次多项式，模型参数

就是指 k_1、k_2、k_3 这 3 个参数。由于模型的结构是一个二次多项式，所以这里我们姑且称为二次模型。同样，二次模型也只是说明了模型的结构，它并不是一个具体的模型。只有当模型中的参数 k_1、k_2、k_3 的取值都确定之后，相应的模型才是一个明确而具体的模型。显然，一次模型的函数图像是一条直线，二次模型的函数图像是一条抛物线（见图 3-4）。

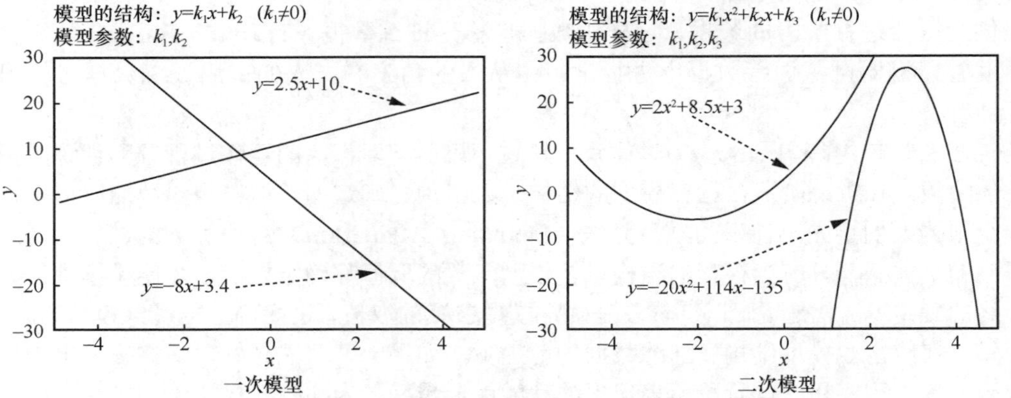

图 3-4　模型的结构与模型参数

为了更容易理解机器学习的基本过程，我们来看一个简单的例子。假设某个应用问题只涉及两个变量，一个是自变量 x，一个是因变量 y。y 与 x 之间存在一种**本真（Ground Truth）**关系，本真关系原则上可以用本真模型来表达。注意，本真关系是 y 与 x 之间的一种真实的关系，但这种关系对我们来说却是隐性的、未知的。我们的目的就是要尽可能精准地知道本真关系究竟是一种怎样的关系，也就是要设法得到一个与本真模型尽量吻合的模型，然后利用所得到的模型来获取相应的**预测（Prediction）**服务。

为此，我们可以首先通过一些办法来获得足够多的关于 x 和 y 的观测数据，这些观测数据可以用 X-Y 平面上的数据点来表示，如图 3-5（a）所示。在图 3-5（a）中，每一个圆点代表了一个数据点，每个数据点都是用于训练的一个**样本（Sample）**，这些训练样本的集合称为**训练集（Training set）**。注意，样本也称为**样例（Example）**或**实例（Instance）**。显然，每个样本都是对本真关系的一次抽样，所以每个样本都能反映出一点有关本真关系的信息，并且样本的质量越好、个数越多，整个训练集所反映出的关于本真关系的信息就越准确、越全面。

之前所说的训练数据，指的就是训练集中的各个训练样本。有了这些训练数据之后，接下来的任务就是要让机器学习程序采用某种学习算法来对这些训练数据进行学习处理，从而确定出 y 与 x 之间的具体的关系模型。为此，我们需要事先确定好模型的结构：假设我们对这个应用问题的性质和特点进行了分析、研究之后，认为 y 与 x 之间的关系应该是一种线性关系，那么模型的结构就可相应地确定为一次模型，也即 $y=k_1x+k_2\ (k_1\neq 0)$。现在，模型的结构已经确定好了，但模型的两个参数 k_1 和 k_2 应该取什么值才最好呢？这个时候，学习算法就该上场了。针对一次模型结构，学习算法对训练数据进行学习处理之后，便可自动计算出参数 k_1 和 k_2 的最优取值，此过程也就是所谓的学习过程或训练过程，此阶段也就是所谓的学习阶段或训练阶段。不妨假定学习算

法计算出的参数 k_1 的最优取值为 b_1，参数 k_2 的最优取值为 b_2，这样就得到了一个明确而具体的模型：$y=b_1x+b_2$。显然，模型的图像是 X-Y 平面上的一条直线，直线的具体位置和方向是由 k_1 和 k_2 的取值决定的。所谓 k_1 和 k_2 的取值最优，实质上是指相应的直线能够与训练集中的各个训练样本从整体上**拟合（Fitting）**得最好，如图 3-5（b）所示。

在得到了 $y=b_1x+b_2$ 这样一个明确而具体的模型之后，机器学习程序就可以根据这个模型来为我们提供预测服务，此阶段也就是所谓的工作阶段。例如，在工作阶段，当 x 的观测值为 x_0 时，机器学习程序就会将 x_0 代入模型 $y=b_1x+b_2$，从而计算出 $y_b=b_1x_0+b_2$，这个 y_b 也就是对自变量 x 取值为 x_0 时相应的因变量 y 的预测值，如图 3-5（b）所示。

在以上描述中，我们是将模型的结构确定成了一次模型。如果我们对这个应用问题的性质和特点进行了分析、研究之后，认为 y 与 x 之间的关系更应该是一个二次多项式关系，那么模型的结构就应该确定为 $y=k_1x^2+k_2x+k_3\ (k_1\neq 0)$，而学习算法的任务则是要根据训练数据自动计算出模型参数 k_1、k_2、k_3 的最优取值。如果学习算法计算出的参数 k_1 的最优取值为 c_1，参数 k_2 的最优取值为 c_2，参数 k_3 的最优取值为 c_3，那么所得到的具体的模型就是 $y=c_1x^2+c_2x+c_3$，如图 3-5（c）所示。显然，模型的图像是 X-Y 平面上的一条抛物线，所谓 k_1、k_2、k_3 的取值最优，实质上是指相应的抛物线能够与训练集中的各个训练样本从整体上拟合得最好。从图 3-5（c）可以看到，在工作阶段，如果 x 的观测值为 x_0，则相应的因变量 y 的预测值为 $y_c=c_1x_0^2+c_2x_0+c_3$。

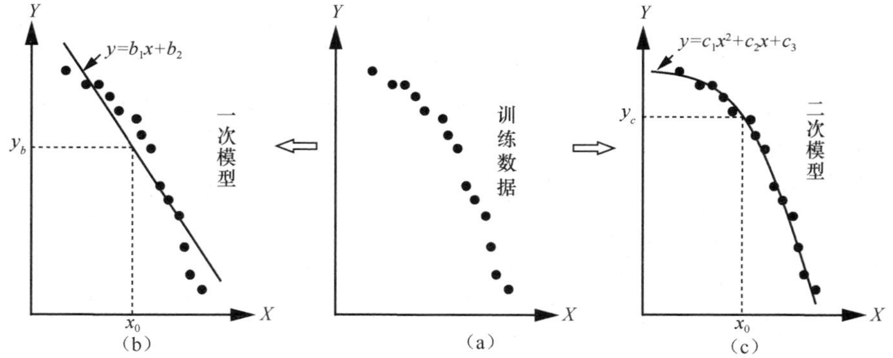

图 3-5　机器学习的基本过程

基于对上面这个例子的认识和理解，我们可以从**函数逼近（Function Approximation）**的角度来看待机器学习的基本过程。一个应用问题总是隐含了 M 个作为输出的因变量与 N 个作为输入的自变量之间的真实的函数关系，这种函数关系在形式上可以表示为

$$\boldsymbol{y}=\boldsymbol{f}(\boldsymbol{x}) \tag{3.1}$$

其中 $\boldsymbol{x}$ 是一个 N 维矢量，它的 N 个分量表示的是 N 个自变量，$\boldsymbol{y}$ 是一个 M 维矢量，它的 M 个分量表示的是 M 个因变量，$\boldsymbol{f}$ 称为**本真函数（Ground Truth Function）**，它表示的是因变量矢量 $\boldsymbol{y}$ 与自变量矢量 $\boldsymbol{x}$ 之间的本真关系。

注意，本真函数 $\boldsymbol{f}$ 对我们来说是隐性的、未知的，我们只能通过观测所得到的 n 个样本 $(\boldsymbol{x}_1,\dot{\boldsymbol{y}}_1),(\boldsymbol{x}_2,\dot{\boldsymbol{y}}_2),\cdots,(\boldsymbol{x}_n,\dot{\boldsymbol{y}}_n)$ 来获取一些关于本真函数 $\boldsymbol{f}$ 的情况信息，这 n 个样本的集合就是训练集，其中的 $\dot{\boldsymbol{y}}_i$ 可以表示为

$$\dot{y}_i = \dot{f}(x_i), \quad i = 1, 2, \cdots, n \tag{3.2}$$

$\dot{f}$ 称为**样本函数（Sample Function）**，它是一个离散函数，并且对我们来说它是已知的，其所表示的函数映射关系就是将 x_i 映射为 $\dot{y}_i$，其中 $i = 1, 2, \cdots, n$。因为每一个样本都相当于对本真函数 f 的一次抽样，所以样本函数 $\dot{f}$ 也就相当于本真函数 f 的一个抽样函数。但是需要说明的是，抽样值 $\dot{f}(x_i)$ 与本真值 $f(x_i)$ 之间有可能会存在一定的偏差，这是因为在实际的观测过程中通常会存在各种各样的误差因素。总之，我们可以将样本函数 $\dot{f}$ 看成是对本真函数 f 的一种近似，并且样本的个数越多，样本自带的误差越小，这种近似的程度就越高。

我们知道，在训练阶段，机器学习程序在对训练集中的各个样本进行学习处理之后，就会得到模型参数的最优取值（注意，模型的结构是人为设定好了的），从而确定出一个最终的、具体的模型，此模型所表达的函数关系为 $\ddot{f}$，即有

$$\ddot{y} = \ddot{f}(x) \tag{3.3}$$

$\ddot{f}$ 称为**拟合函数（Fitting Function）**，它是机器学习程序在训练过程中对训练集中的各个样本进行最优拟合之后而得到的。显然，要让机器学习程序能够尽量准确地提供预测服务，拟合函数 $\ddot{f}$ 就应该尽量逼近本真函数 f。

然而，本真函数 f 是隐性的、未知的，拟合函数 $\ddot{f}$ 如何才能去逼近一个隐性的、未知的函数呢？所幸的是，样本函数 $\dot{f}$ 是已知的、现成的，并且样本函数 $\dot{f}$ 是本真函数 f 的一种近似，所以我们可以让拟合函数 $\ddot{f}$ 通过直接逼近样本函数 $\dot{f}$ 来间接地逼近本真函数 f。简单地说就是，从函数逼近的角度来看，所谓机器学习过程，其实就是拟合函数 $\ddot{f}$ 通过直接逼近样本函数 $\dot{f}$ 来间接地逼近本真函数 f 的过程，如图 3-6 所示。注意，在图 3-6 中，横坐标代表的是 N 维自变量空间，纵坐标代表的是 M 维因变量空间，每一个圆点代表的是 $N+M$ 维空间中的一个点，虚曲线代表的是 $N+M$ 维空间中的一个 $N+M-1$ 维超曲面，实曲线代表的也是 $N+M$ 维空间中的一个 $N+M-1$ 维超曲面。

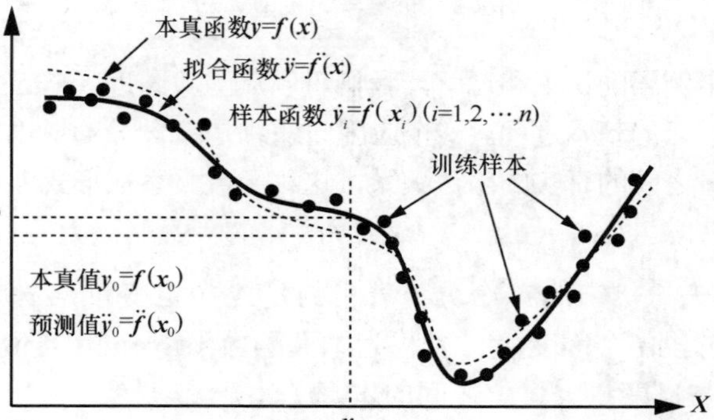

图 3-6　函数逼近

我们还可以从逻辑学的角度来看待机器学习的基本过程。在逻辑学中，**归纳推理**

（**Inductive Reasoning**）是指通过对若干观察到的具体问题进行分析，从而总结出一般性原则的过程，这也就是从特殊到一般的**泛化**（**Generalization**）过程；**演绎推理**（**Deductive Reasoning**）则是指根据一般性原则来处理新的具体问题的过程，这也就是从一般到特殊的**特化**（**Specialization**）过程。在机器学习中，对训练数据进行学习就相当于对观察到的具体问题进行分析，确定出具体的模型就相当于总结出一般性原则，将模型应用于工作数据就相当于根据一般性原则处理新的具体问题。也就是说，在机器学习中，训练阶段就相当于一个归纳推理的泛化过程，工作阶段就相当于一个演绎推理的特化过程。

通常情况下，机器学习程序在训练过程中需要用到的训练数据一般都是人们事先就制备好的，而非程序自己生成的。人们通过各种方法获取到原始的训练数据，并且在很多情况下还必须对这些原始数据进行筛选整理之类的预处理，预处理完成之后的数据才能作为真正可用的训练数据提供给程序学习使用。

2016 年 3 月 9 日至 3 月 15 日，Google DeepMind 团队开发的 AI 围棋程序 AlphaGo 以 5 战 4 胜的成绩击败了世界围棋高手李世石（Lee Sedol），这无疑是一个震惊全球的历史性事件，如图 3-7 所示。由于 AlphaGo 后来又出了一些性能更优的版本，所以通常将战胜李世石的那个程序版本叫作 AlphaGo Lee。在 AlphaGo Lee 与李世石开赛之前，Google DeepMind 团队从 KGS（Kiseido Go Server）围棋服务器的数据库中挑选出了约 160 万盘世界围棋高手对弈的棋局，并从这些棋局中挑选出了约 3000 万步走棋的方法作为训练数据对 AlphaGo Lee 进行了训练。

图 3-7　AlphaGo vs Lee Sedol

然而，在某些情况下，机器学习程序在训练过程中所使用的训练数据还可以完全由程序本身自主地生成，无须人的任何干预。AlphaGo 在 AlphaGo Lee 之后又出了好几个性能更优的版本，其中一个叫 AlphaGo Zero。AlphaGo Zero 特别令人惊讶的地方便是它可以将自己对弈自己的棋局数据作为训练数据来进行自我训练。也就是说，AlphaGo Zero 可以通过不断的自我对弈来不断地进行自我训练，从而不断地提升自己的棋艺水平。对于 AlphaGo Zero，人们只需要告诉它关于围棋的规则性知识，比如什么是"气"，什么是"提子"，什么是"禁着点"，什么是"死"，什么是"活"，什么是"输"，什么是"赢"，等等。除了这些规则性知识，AlphaGo Zero 对下棋的策略和技巧一开始是一无所知的，也就是说它的棋艺水平一开始完全是 0（Zero）。那么，AlphaGo Zero 最后的实际表现又如何呢？Google DeepMind 团队曾经让 AlphaGo Zero 连续不断地自我对弈了三天三夜，一共对弈了约 490 万盘棋，然后让 AlphaGo Zero 跟 AlphaGo Lee 进行对战。对战的结果是，AlphaGo Zero 以 100∶0 的成绩完胜了 AlphaGo Lee。

机器学习所要解决的应用问题主要有两大类，一类是**回归**（**Regression**）问题，另一类是**分类**（**Classification**）问题。关于这两类问题，后文还会有进一步的描述和讨论。简单来说就是，如果式（3.1）中的因变量矢量 $\boldsymbol{y}$ 是一个连续矢量，也即 $\boldsymbol{y}$ 的各个分量都是连续取值的，则相应的问题就属于回归问题的范畴。如果因变量矢量 $\boldsymbol{y}$ 是一个离散矢量，也即 $\boldsymbol{y}$ 的各个分量都是离散取值的，则相应的问题就属于分类问题的范畴。

对于分类问题，$\boldsymbol{y}$ 的不同的离散值对应了不同的**类别**（**Class** 或 **Category**）。例如，对于 0～9 这 10 个阿拉伯数字的识别分类问题，$\boldsymbol{y}$ 可定义成 10 维的独热矢量，$\boldsymbol{y}$ 的取值、对应的类别以及所代表的阿拉伯数字可做图 3-8 所示的规定。顺便提醒一下，独热矢量是一种典型的离散矢量，独热矢量的概念曾在 2.1.8 小节中进行过介绍。

$\boldsymbol{y}$的取值	对应的类别	阿拉伯数字
$[1\ 0\ 0\ 0\ 0\ 0\ 0\ 0\ 0\ 0]^T$	第0类	0
$[0\ 1\ 0\ 0\ 0\ 0\ 0\ 0\ 0\ 0]^T$	第1类	1
$[0\ 0\ 1\ 0\ 0\ 0\ 0\ 0\ 0\ 0]^T$	第2类	2
$[0\ 0\ 0\ 1\ 0\ 0\ 0\ 0\ 0\ 0]^T$	第3类	3
$[0\ 0\ 0\ 0\ 1\ 0\ 0\ 0\ 0\ 0]^T$	第4类	4
$[0\ 0\ 0\ 0\ 0\ 1\ 0\ 0\ 0\ 0]^T$	第5类	5
$[0\ 0\ 0\ 0\ 0\ 0\ 1\ 0\ 0\ 0]^T$	第6类	6
$[0\ 0\ 0\ 0\ 0\ 0\ 0\ 1\ 0\ 0]^T$	第7类	7
$[0\ 0\ 0\ 0\ 0\ 0\ 0\ 0\ 1\ 0]^T$	第8类	8
$[0\ 0\ 0\ 0\ 0\ 0\ 0\ 0\ 0\ 1]^T$	第9类	9

图 3-8　阿拉伯数字的识别分类

除了回归问题和分类问题，机器学习还可以用于解决**聚类**（**Clustering**）问题。关于聚类问题，后文还会有进一步的描述和讨论，这里先直观地展示一下聚类的基本含义。图 3-9（a）是分布在 2 维坐标平面上一些数据点，图 3-9（b）～图 3-9（d）是机器学习程序将这些数据点分别聚合成 2 类、3 类、4 类后得到的结果。

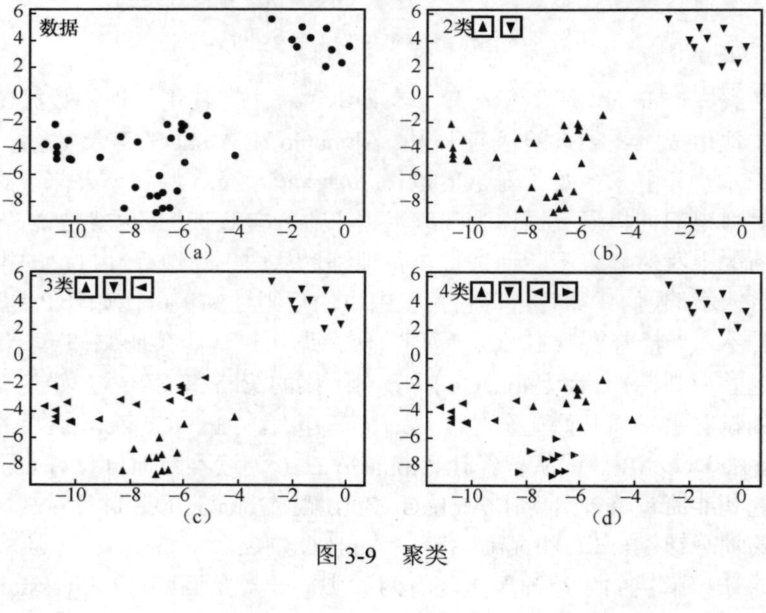

图 3-9　聚类

3.2 机器学习方法的分类

机器学习方法通常分为3个大的类别，即**监督学习（Supervised Learning）**、**非监督学习（Unsupervised Learning）**和**强化学习（Reinforcement Learning）**。

在监督学习中，每个训练样本都是一个形如$(\boldsymbol{x}_i, \dot{\boldsymbol{y}}_i)$或$(\boldsymbol{x}_i, \dot{\boldsymbol{f}}(\boldsymbol{x}_i))$的二元组，下标$i$表示训练样本的编号，$\dot{\boldsymbol{f}}$表示样本函数[参见式（3.2）]，$\boldsymbol{x}_i$称为编号为$i$的样本矢量或样本输入矢量，$\dot{\boldsymbol{y}}_i$称为$\boldsymbol{x}_i$对应的**期望输出（Desired Output）**或**期望输出矢量（Desired Output Vector）**，也称为$\boldsymbol{x}_i$对应的**标签（Label）**或**标签矢量（Label Vector）**。注意，$\dot{\boldsymbol{y}}_i$并不是程序模型作用于$\boldsymbol{x}_i$后产生的输出。程序模型作用于$\boldsymbol{x}_i$后产生的输出称为$\boldsymbol{x}_i$对应的**实际输出（Actual Output）**或**实际输出矢量（Actual Output Vector）**，记为$\ddot{\boldsymbol{y}}_i$，且有$\ddot{\boldsymbol{y}}_i = \ddot{\boldsymbol{f}}(\boldsymbol{x}_i)$，其中的$\ddot{\boldsymbol{f}}$表示拟合函数[参见式（3.3）]。

在监督学习开始之前，我们首先需要根据具体的情况定义出合适的**目标函数（Objective Function）**。目标函数也称为**代价函数（Cost Function）**或**损失函数（Loss Function）**。目标函数通常记为J，J的取值是一个非负的标量值，这个标量值应该能够从整体上反映出各个$\ddot{\boldsymbol{y}}_i$与$\dot{\boldsymbol{y}}_i$之间的差异：$\ddot{\boldsymbol{y}}_i$与$\dot{\boldsymbol{y}}_i$之间的差异越大，则J的值就越大；$\ddot{\boldsymbol{y}}_i$与$\dot{\boldsymbol{y}}_i$之间的差异越小，则J的值就越小。

之前我们说过，所谓机器学习过程，其实就是拟合函数$\ddot{\boldsymbol{f}}$通过直接逼近样本函数$\dot{\boldsymbol{f}}$来间接地逼近本真函数$\boldsymbol{f}$的过程。对于监督学习，通常情况下目标函数J的最终取值无疑是越小越好，这是因为J的取值越小，就说明$\ddot{\boldsymbol{y}}_i$越逼近$\dot{\boldsymbol{y}}_i$，也即拟合函数$\ddot{\boldsymbol{f}}$越逼近样本函数$\dot{\boldsymbol{f}}$。显然，给定了训练样本$(\boldsymbol{x}_i, \dot{\boldsymbol{y}}_i)$之后，$\dot{\boldsymbol{y}}_i$就成了不变的常量，于是$J$的取值就会只随$\ddot{\boldsymbol{y}}_i$的取值变化而变化，而$\ddot{\boldsymbol{y}}_i$的取值又是由模型参数$\boldsymbol{w}$的取值决定的，所以目标函数$J$实质上是模型参数$\boldsymbol{w}$的函数，记为$J(\boldsymbol{w})$。这样一来，监督学习过程其实就是通过调整优化模型参数$\boldsymbol{w}$的取值来最小化目标函数$J(\boldsymbol{w})$的过程。

在监督学习中，每个训练样本$(\boldsymbol{x}_i, \dot{\boldsymbol{y}}_i)$都是带有标签$\dot{\boldsymbol{y}}_i$的。标签$\dot{\boldsymbol{y}}_i$的作用是监督指导机器程序应该如何正确地进行学习，也即监督指导机器程序应该如何正确地调整、修改模型参数$\boldsymbol{w}$的取值，因此标签也被称作**监督信号（Supervisory Signal）**。与监督学习不同，非监督学习中的训练样本都是不带标签的。在非监督学习中，机器程序需要在没有监督指导的情况下发掘出训练样本数据内在的一些结构和规律，然后利用这些结构和规律去更好地解决新的问题。非监督学习方法包含了很多具体的算法，如：K-Means聚类算法、赫布型学习（Hebbian Learning）算法、霍普菲尔德学习（Hopfield Learning）算法、玻尔兹曼学习（Boltzmann Learning）算法、赫尔姆霍茨学习（Helmholtz Learning）算法、自组织映射学习（Self-organizing Map Learning，SOM Learning）算法、自编码器学习（Autoencoder Learning）算法，等等。

监督学习和非监督学习都是从经验数据中得到学习。在监督学习中，经验数据是一些带有标签的训练样本；在非监督学习中，经验数据是一些不带标签的训练样本。无论是监督学习还是非监督学习，机器程序需要学习的经验数据都是人们事先就已经准备好的。从这个意义讲，监督学习和非监督学习都是一种被动学习方法：给机器程序提供什么样的经验数据，机器程序就学习什么样的经验数据。与之不同的是，强化学习是一种主动学习方法：强化学习类的机器程序可以完全自主地生成所需的经验数据，并从这些经验数据中得到相应的学习。

如图 3-10 所示，强化学习包含了 3 个基本要素，分别是**状态（State）**、**动作（Action）**、**奖惩值（Reward）**。在强化学习的术语中，机器程序被称为 **Intelligent Agent**，中文翻译为**智能体**。在强化学习中，智能体会不断地、主动地与环境进行互动，从互动中获取经验，从经验中得到学习。最开始，智能体会观测到环境的初始状态 S_0，然后会根据初始状态 S_0 对环境施加一个初始动作 A_0。然后，环境在动作 A_0 的作用下，其状态会变化成 S_1，同时环境会反馈给智能体一个奖惩值 R_1。然后，智能体会根据新观测到的状态 S_1 对环境施加下一个动作 A_1。然后，环境在动作 A_1 的作用下，其状态会变化成 S_2，同时环境会反馈给智能体一个奖惩值 R_2。然后，智能体会根据新观测到的状态 S_2 对环境施加下一个动作 A_2。然后，环境在动作 A_2 的作用下，其状态会变化成 S_3，同时环境会反馈给智能体一个奖惩值 R_3。然后，智能体会根据新观测到的状态 S_3 对环境施加下一个动作 A_3。以此类推，不断重复，这个过程就是强化学习过程，在此过程中生成的一系列的动作值、奖惩值和状态值（$S_0, A_0, R_1, S_1, A_1, R_2, S_2, A_2, R_3, S_3, A_3, \cdots$）都是经验数据。可以看到，强化学习中的经验数据并不是人们事先就已经准备好的，而是智能体在与环境的互动过程中不断地、动态地产生出来的。

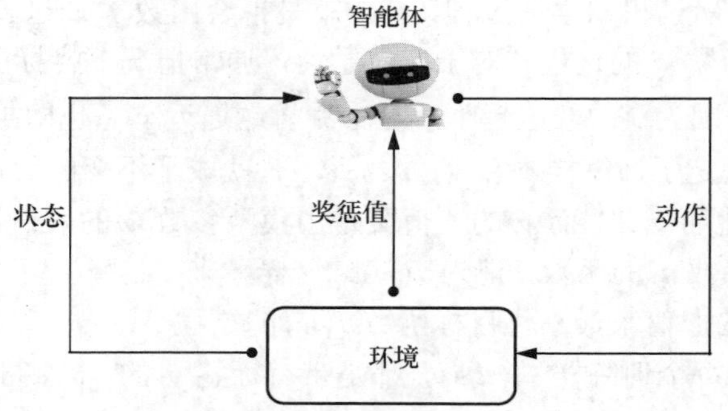

图 3-10　强化学习

监督学习、非监督学习以及强化学习只是对机器学习方法进行初级分类后得到的 3 个大类。如果对机器学习方法进行逐级分类，则会得到一棵结构复杂的分类树。例如，强化学习又可分为基于价值的强化学习、基于策略的强化学习、基于模型的强化学习。需要说明的是，我们只有在对具体的算法进行学习了解之后，才能对相应的机器学习方法真正地有所理解和领悟。考虑到本书的内容设计要求，后文中涉及的具体算法除了个别属于非监督学习方法的范畴，其余的都属于监督学习方法的范畴。

监督学习、非监督学习和强化学习是机器学习方法的 3 个大类，但三者之间并无严格的界限，这是因为它们之间的关系具有一定的重叠性，如图 3-11 所示。例如，有一种机器学习方法被称为**半监督学习（Semi-Supervised Learning）方法**。在半监督学习的训练集中，有的训练样本是带有标签的，有的训练样本是不带标签的。实际上，半监督学习是监督学习和非监督学习的一种结合，它位于监督学习和非监督学习的重叠区域。

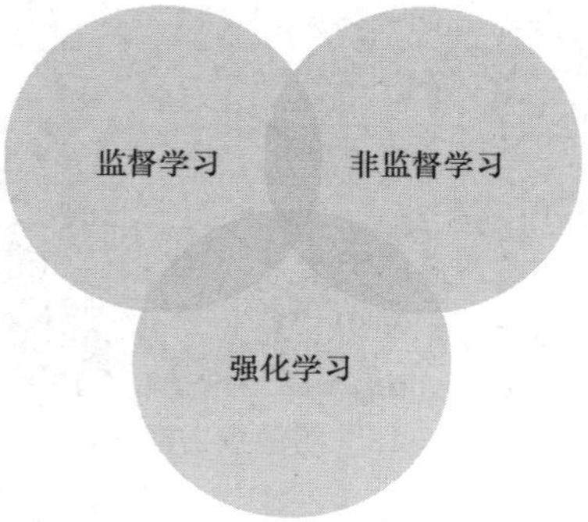

图 3-11　学习方法的重叠性

需要说明的是，在现实应用中，只要有利于问题的解决，使用什么样的机器学习方法或是将哪些学习方法进行结合使用，都是可以灵活自由地选择的。例如，AlphaGo Lee 就使用了包括监督学习和强化学习在内的多种学习方法。

3.3　机器学习的三要素

如图 3-12 所示，机器学习的三要素是**数据（Data）**、**算力（Computing Power）**和**算法（Algorithm）**。数据为机器学习提供了学习资源，算力决定了机器是否有满足学习要求的运算能力，算法则告诉了机器应该如何进行有效的学习。近年来，由于算力的提升、算法的改进、大数据的支持，机器学习取得了突飞猛进的发展。目前，机器学习已经成为 AI 的主角，所以人们也经常将数据、算力和算法称作 AI 三要素。

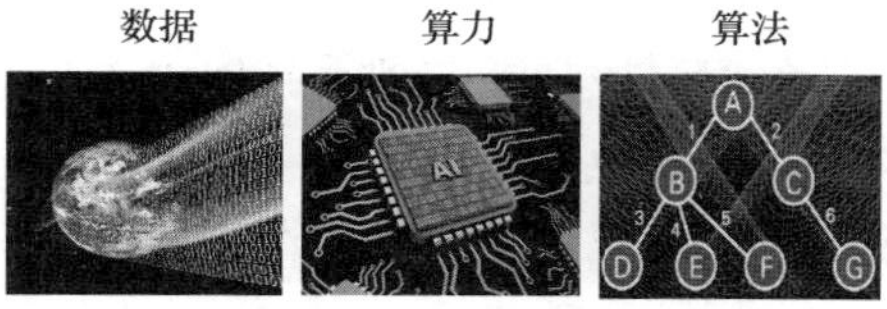

图 3-12　机器学习的三要素

数据对于机器学习的重要性是显而易见的。一般地，要想机器得到有效的学习，我们就应该事先为机器准备好合适的学习数据。例如，假设我们要编写一个能够检测街景中是否有人的机器程序，我们就需要事先拍摄一些街景照片，其中一些街景中有人，另一些街景中没有人。所拍摄的这些街景照片只是原始数据，还不能直接就用于训练机器。为了让机器在学习的时候能够明白什么是人物特征，什么是作为背景的街景特征，我们还需要对拍摄的原始照片进行一些处理工作，也就是对照片中的人物部分进行标注，如图 3-13 所示。这里所说的标注，就是使用标注工具（通常是一些绘图编辑工具）在照片中有人的位置画一个界框。界框的作用是告诉机器，界框里面的图像特征是人物特征，界框外面的图像特征是作为背景的街景特征。使用大量的、经过标注的街景照片对机器进行训练之后，机器就能够从新的街景照片中区分出人物特征和作为背景的街景特征，从而检测出新的街景照片中究竟是有人还是没人。

图 3-13　图像数据标注

不只是图像数据需要经过标注等处理之后才能作为机器学习的训练数据，语音数据、文字数据也是如此。以文字数据为例，在对机器进行自然语言训练的时候，所使用的文字数据通常也需要事先进行标注等处理工作。用于自然语言训练的文字数据库叫作语料库，图 3-14 是我国国家语言文字工作委员会的现代汉语语料库中关于分词和词性标注语料的样本。所谓分词，就是把组成一个句子的各个词汇区分开来，例如，“我今天非常高兴”这个句子中就包含了 4 个词汇，分别是“我”“今天”“非常”“高兴”。分词工作对人来说是比较容易的事，但对机器来说就非常困难了，未经训练的机器是完全不知道哪些字在哪些条件下合在一起才能成为一个词。所谓词性，就是指一个词是名词还是动词，是形容词还是副词，如此等等。同样地，词性的判断对人来说是比较容易的事，但对机器来说就非常困难了。要让机器具备分词能力和词性判断的能力，就需要使用大量的关于分词和词性判断的训练样本来对机器进行训练。在这些训练样本中，已经对分词和词性的情况进行了人工标注。例如，在图 3-14 中，斜杠符号“/”用来表示词与词之间的分界线，不同的英文字母用来表示不同的词性。

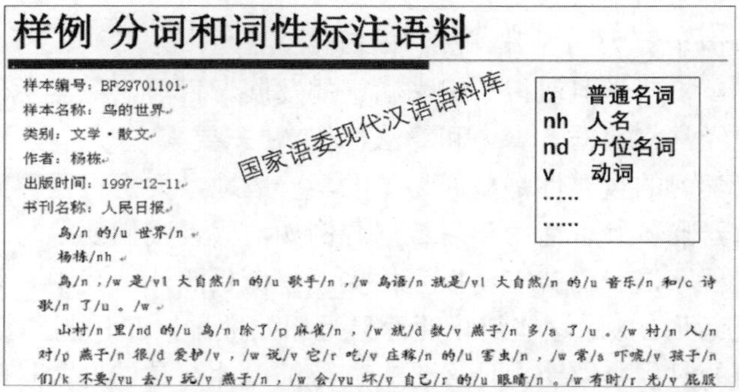

样例 分词和词性标注语料

样本编号：BF29701101
样本名称：鸟的世界
类别：文学・散文
作者：杨栋
出版时间：1997-12-11
书刊名称：人民日报

国家语委现代汉语语料库

n　普通名词
nh　人名
nd　方位名词
v　动词
……
……

鸟/n 的/u 世界/n

杨栋/nh

鸟/n ，/w 是/vl 大自然/n 的/u 歌手/n ，/w 鸟语/n 就是/vl 大自然/n 的/u 音乐/n 和/c 诗歌/n 了/u 。/w

山村/n 里/nd 的/u 鸟/n 除了/p 麻雀/n ，/w 就/d 数/v 燕子/n 多/a 了/u 。/w 村/n 人/n 对/p 燕子/n 很/d 爱护/v ，/w 说/v 它/r 吃/v 庄稼/n 的/u 害虫/n ，/w 常/a 吓唬/v 孩子/n 们/k 不要/vu 去/v 玩/v 燕子/n ，/w 会/vu 坏/v 自己/r 的/u 眼睛/n 。/w 有时/r 光/v 屁股

图 3-14　文字数据标注

机器学习需要大量的数据，大量的数据标注工作需要投入大量的人力。近年来，一种新的职业应运而生，这就是数据标注员，也称为 AI 标注员。

为了满足机器学习对于各种训练数据的海量需求，人们创建了成百上千的专门用于机器学习的数据库。这些数据库种类繁多，功能各异：有的是针对人脸识别，有的是针对物件识别，有的是针对语音识别，有的是针对音乐特征识别，有的是针对文本生成，

有的是针对语言翻译，有的是针对图文转换，有的是针对医学影像诊断，有的是针对气象预报，如此等等，举不胜举。

在众多的机器学习数据库中，特别值得一提的是由美籍华裔科学家李飞飞领导开发的 ImageNet 数据库，如图 3-15 所示。

图 3-15　李飞飞和 ImageNet

ImageNet 是一个巨型的、具有层次结构的、专门用于视觉对象检测和识别的数据库。ImageNet 包含的图片总共超过了 14,000,000 张，每张图片都配有人工标注的信息，其中有超过 1,000,000 张图片带有界框标记。这 14,000,000 多张图片分属 22,000 多个类别，如飞机类、卡车类、轿车类、马类、猫类、狗类等等，每个类别的图片数量都有数百张。图 3-16 显示的是一些来自 ImageNet 的图片样例。ImageNet 数据库项目开始于 2006 年，通过亚马逊众包服务，有近 5 万名普通人参与了图片的收集、标注和整理等工作，2009 年项目基本告成。2010 年至 2017 年，每年一届的全球 ILSVRC（ImageNet Large Scale Visual Recognition Challenge）大赛都是机器图像识别领域当年的顶级事件。机器图像识别能够取得今天这样令人惊叹的成就，并在实际生活中得到广泛的普及应用，ImageNet 以及 8 届 ILSVRC 大赛可谓功不可没。目前，ImageNet 已经成为用来衡量机器学习和计算机视觉技术的基准之一。

图 3-16　ImageNet 图片样例

除了数据，机器学习还需要强大的算力支撑。所谓算力，就是指计算机的计算能力，也就是计算机的运算速度。计算机自诞生以来，其运算速度就一直在以惊人的速度不断提高，这里略举几例：图 3-17（a）是我国研制的第一台电子计算机，代号 103 机，诞生于 1958 年，它的运算速度只有 30 次/s；图 3-17（b）是我国研制的第一台运算速度达到 1 亿次/s 的计算机——银河-Ⅰ，它诞生于 1983 年；图 3-17（c）是我国现有的超级计算机之一——神威•太湖之光，其运算速度达到了 9.3 亿亿次/s，在 2021 年全球超算 500 强榜单中排名第四。

（a）（b）（c）

图 3-17 计算机的发展

在现在的计算机系统架构中，决定计算机运算速度的核心器件除了 **CPU**，还有各种各样的**协处理器（Coprocessor）**。CPU 一般负责通用的信息处理运算，协处理器则负责专项的信息处理运算，二者之间的协作配合，可以极大地提升计算机系统的整体运算速度。顺便提一下，计算机**显卡（Display Adapter 或 Graphics Card）**和计算机**声卡（Sound Card 或 Audio Card）**其实就是两种最为常见的协处理器。

最近十几年来，以机器学习为主角的 AI 技术迅猛发展，对算力的要求不断提高，一种新型的芯片也因此应运而生，这就是 AI 芯片。AI 芯片也称为 **AI 加速器（AI Accelerator）**，平时我们常说的**图形处理器（Graphics Processing Unit，GPU）**、**张量处理器（Tensor Processing Unit，TPU）**、**神经处理器（Neural Processing Unit，NPU）**等其实都是 AI 加速器的不同化身而已，如图 3-18 所示。AI 加速器是一种协处理器，其主要作用就是采用**并行计算（Parallel Computing）**方式对大量的矢量及矩阵数据进行专门的运算处理，从而减轻 CPU 的工作负担，使整个计算系统的总体运算速度显著提升。

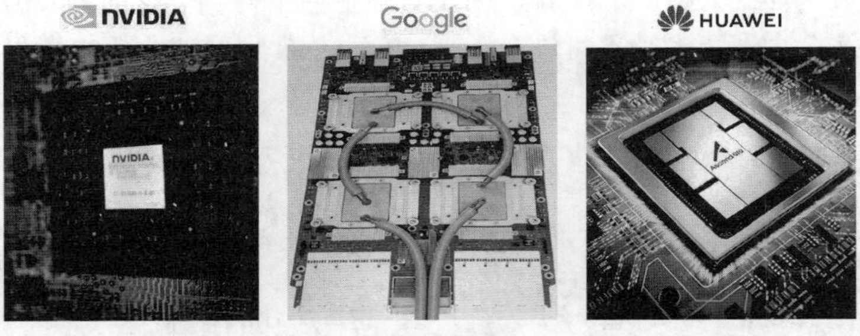

NVIDIA推出的GPU　Google推出的TPU　华为推出的NPU

图 3-18 AI 加速器

机器学习通常会涉及大量的图像信息、语音信息以及文字信息的运算处理，其中图像信息通常表现为矩阵形式的数据，语音和文字信息通常表现为矢量形式的数据，而矩阵运算和矢量运算所需要的运算量大得惊人。例如，两个 256 阶的方阵相乘就需要 $256\times256\times256=16,777,216$ 次乘法运算和 $255\times256\times256=16,711,680$ 次加法运算。从目前的技术发展水平来看，并行计算方法才是有效提升矩阵及矢量运算速度的可行办法。图 3-19 是一个非常简单的例子：两个 2 阶方阵相乘。数一数图中等号右边的乘号“×”个数和加号“+”个数就知道，完成两个 2 阶方阵相乘需要进行 8 次乘法运算和 4 次加法运算。如果采用 CPU 传统的串行计算方法，耗费的时间将是 8 个乘法时间加上 4 个加法时间。然而，通过仔细分析，我们会发现等号右边的每个乘法都是彼此独立的，也就是每个乘法的结果都不依赖于任何别的乘法的结果，因此，这 8 个乘法原则上就可以并行地同时进行计算。这样一来，原来需要的 8 个乘法时间就可以缩短为 1 个乘法时间。加法的情况也类似，利用并行计算方法，原来需要的 4 个加法时间可以缩短为 1 个加法时间。当然了，这里的分析及结论都是极其简约化和理想化的，实际的实现过程其实非常复杂并且需要付出一些别的时间代价。但总的来说，并行计算可以显著地缩短运算时间，这也正是各种 AI 加速器大显身手的地方。

串行计算：8个乘法时间+4个加法时间

$$\begin{bmatrix} a_{11} & a_{12} \\ a_{21} & a_{22} \end{bmatrix}\begin{bmatrix} b_{11} & b_{12} \\ b_{21} & b_{22} \end{bmatrix}=\begin{bmatrix} a_{11}\times b_{11}+a_{12}\times b_{21} & a_{11}\times b_{12}+a_{12}\times b_{22} \\ a_{21}\times b_{11}+a_{22}\times b_{21} & a_{21}\times b_{12}+a_{22}\times b_{22} \end{bmatrix}$$

并行计算：1个乘法时间+1个加法时间

图 3-19　串行计算与并行计算

GPU、TPU、NPU 等等这些 AI 加速器之所以能够对矢量及矩阵数据进行并行计算处理，是因为其内部结构的设计就与传统 CPU 存在巨大的差异。图 3-20 显示了 GPU 的内部结构示意简图及其与传统 CPU 的对比。DRAM（Dynamic Random Access Memory）是临时存放数据的场所；Cache 是高速缓存，是进行高速数据交换的场所；Control 是控制单元，用来控制包括运算流程在内的各种流程。可以看到，与 GPU 的控制单元相比，CPU 的控制单元所占的物理空间要大得多，这是因为 CPU 要控制各种各样复杂的流程，所以其控制单元的内部结构要复杂得多，自然需要占用很大的物理空间。GPU 的控制单元主要专注于控制矢量及矩阵运算的简单流程，其内部结构要简单得多，占用的物理空间也就很小。在图 3-20 中，CPU 的控制单元需要控制它旁边的 4 个 ALU（Arithmetic Logic Unit，算术逻辑单元），GPU 的每个控制单元需要控制它所在行的 9 个 ALU。ALU 是专门进行算术运算和逻辑运算的场所，加、减、乘、除、与、或、非等运算过程就发生在这里。CPU 包含的 ALU 一般只有几个，GPU 包含的 ALU 则是成千上万（注：图中只画出了 72 个 ALU）。GPU 的每个 ALU 只需专门进行矢量及矩阵处理的基本运算，所以其内部结构相对简单，占用的物理空间也就很小。GPU 之所以能够进行高度的并行运算，根本原因就在于它有数目众多的 ALU，并且每个 ALU 都可以同时独立地进行运算。

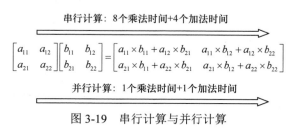

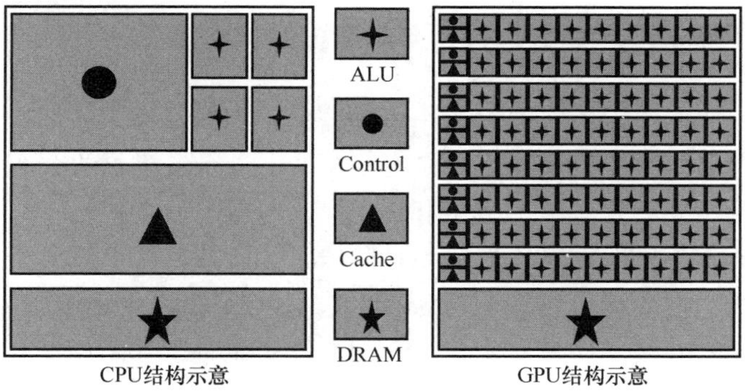

图 3-20　CPU 与 GPU

有了足够的数据支持和算力支撑，机器还需要知道应该如何进行有效的学习，这就是学习算法。学习算法是机器学习的第三个要素，也是决定机器智能的关键因素。之前我们说过，在机器学习领域中，算法研究人员的主要工作就是要设计出各种各样的、适合于不同应用场景的机器学习算法，而普通工程师的主要工作则是要理解和熟悉各种机器学习算法的原理和特点，并能够针对实际应用的需要选择使用合适的机器学习算法。在 3.5 节中，我们将介绍一些传统的机器学习算法；在第 4 章中，我们将介绍一些基于深度神经网络模型的机器学习算法。

3.4 机器学习的整体流程

如图 3-21 所示，机器学习的整体流程可以大致分为 4 个阶段，分别是设计阶段（Design Phase）、训练阶段（Training Phase）、测试阶段（Test Phase）和运行阶段（Running Phase）。注意，图中的运作过程（Operational Process）是训练、测试和运行这 3 个阶段的总称。

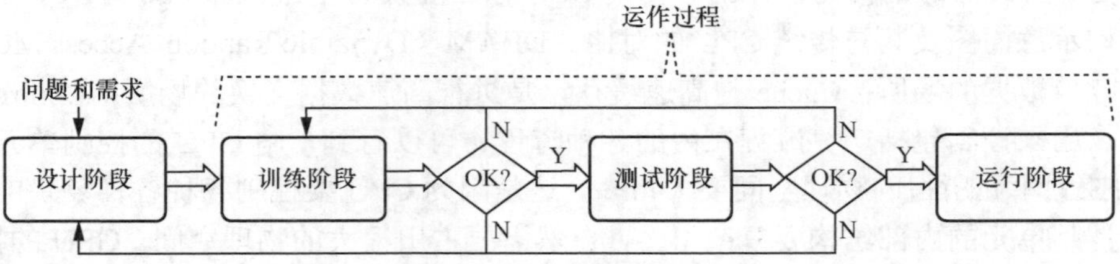

图 3-21 机器学习的整体流程

细心的读者可能已经注意到，在 1.5 节和 3.1 节中，我们是把机器程序的运作过程划分成了两个阶段，即训练阶段和工作阶段，而这里却是把运作过程划分成了 3 个阶段，即训练阶段、测试阶段和运行阶段。之所以如此，是因为在 1.5 节和 3.1 节中我们故意省去了测试阶段，目的是简化当时的描述，避免将问题发散化。现在我们知道了，实际的情况是训练阶段之后还有一个测试阶段。另外需要说明的是，这里所说的运行阶段其实就是指 1.5 节和 3.1 节中所说的工作阶段：二者的含义是完全一样的，只是用词不同而已。还需要说明的是，尽管实际的情况是机器程序的运作过程分成了训练、测试和运行这 3 个阶段，但在很多情况下人们仍习惯于将机器程序的运作过程简化成训练和工作这 2 个阶段来进行描述。

接下来，我们将基于深度神经网络模型和监督学习方法来对机器学习的整体流程进行描述。关于深度神经网络的概念，我们在 1.5 节中进行过简单的介绍。在第 4 章中，我们会对深度神经网络做进一步的分析和讨论。

机器学习整体流程的第一个阶段是设计阶段，该阶段的主要任务是根据问题和需求确定出模型的结构。对于深度神经网络模型来说，其模型的结构就是指神经网络总共包含了多少**层（Layer）**，每层包含了多少个神经元，每个神经元采用了什么形式的**激活函数（Activation Function）**。

神经网络的第一层称为**输入层（Input Layer）**，输入层的神经元个数很容易根据问题和需求确定。例如，如果神经网络的输入是 40×60 的灰色图像，那么输入层的神经元个数就应该确定为 $40 \times 60 = 2,400$，输入层的各个神经元的输出值就是其对应的像素点的像素值。如果神经网络的输入是 40×60 的彩色图像，那么输入层的神经元个数就应该确定为 $40 \times 60 \times 3 = 7,200$，其中每 3 个神经元构成了一个三元组，不同的三元组对应了不同的像素点，某个三元组的 3 个神经元的输出值就是该三元组对应的那个像素点的红、绿、蓝水平值，这 3 个水平值合称为那个像素点的像素值。需要说明的是，对于灰色图像，像素点的像素值也称为“灰度值”。本书后文中所分析和讨论的图像均为灰色图像，不会涉及彩色图像。因此，本书后文中出现的“像素值”一词和“灰度值”一词是同一个意思，二者可以混用。

神经网络的最后一层称为**输出层（Output Layer）**，输出层的神经元个数也很容易根据问题和需求确定。例如，如果神经网络是用来识别 0～9 这 10 个手写阿拉伯数字的，那么输出层的神经元个数就可以确定为 10。在这 10 个神经元中，每个神经元代表一个阿拉伯数字，且某个神经元的输出值就表示输入图像属于该神经元所代表的那个阿拉伯数字的概率值。

确定了输入层和输出层的神经元个数之后，还需要确定神经网络的**中间层（Middle Layers）**的层数。中间层最少可以只有一层，最多无上限规定。因为中间层位于输入层和输出层之间，所以中间层也叫作**隐含层（Hidden Layers）**。在确定了隐含层的层数之后，还必须确定各隐含层的神经元的个数。隐含层的层数以及各个隐含层的神经元的个数会直接影响神经网络的性能表现，确定出合适的隐含层的层数以及各隐含层的神经元的个数是一项极具经验性的工作，没有现成的法则或公式可以套用。对于很多常见的应用问题，隐含层一般在几层到几十层比较合适，各隐含层的神经元一般在几十个到几千个比较合适。

在确定了神经网络一共有多少层、每层有多少个神经元之后，还必须确定每个神经元的激活函数的具体形式。关于激活函数的概念，4.2.1 节中会有具体的描述和说明。确定好每个神经元的激活函数的具体形式后，设计阶段的任务便告结束。

设计阶段的任务是确定模型的结构。对于深度神经网络模型，确定了神经网络一共有多少层、每层有多少个神经元、每个神经元采用什么形式的激活函数，就意味着已经确定了模型的结构，或者说已经确定了模型的数学表达式的形式。需要特别说明的是，一般来说，深度神经网络模型的数学表达式是一个极其复杂的多元多层次复合函数，并且表达式中的参数个数非常多，动辄成千上万。

训练阶段的任务是确定出模型参数的最优取值。对于深度神经网络模型，模型参数是指神经元之间的连接的**权重值（Weight）**以及神经元本身的**阈值（Threshold）**，这些权重值参数和阈值参数也就是模型的数学表达式中的参数。关于权重值和阈值的概念，4.2.1 小节中会有具体的描述和说明。

一个神经网络中包含的权重值和阈值的个数取决于该神经网络的规模。神经网络的规模越大，模型参数（神经元的阈值和神经元之间的连接的权重值）的个数就越多。在实际应用中，深度神经网络模型的参数个数一般是几万、几十万、几百万，直至几千万，但也有一些令人惊讶的意外。例如，OpenAI 的 GPT-3 的模型参数的个数达到了 1.75 千亿；而 Google 的 Switch Transformer，其模型参数的个数更是达到了 1.6 万亿。

训练开始之前，需要准备好训练集。为了便于后面的描述，假定训练集中总共包含了 n 个训练样本 $(\boldsymbol{x}_i, \dot{\boldsymbol{y}}_i)$，其中 $\boldsymbol{x}_i$ 是第 i 个训练样本矢量，$\dot{\boldsymbol{y}}_i$ 是 $\boldsymbol{x}_i$ 对应的期望输出矢量，$\boldsymbol{x}_i$ 对应的实际输出矢量记为 $\ddot{\boldsymbol{y}}_i$。注意，矢量 $\boldsymbol{x}_i$ 的维数等于神经网络的输入层的神经元的个数，矢量 $\dot{\boldsymbol{y}}_i$ 和 $\ddot{\boldsymbol{y}}_i$ 的维数等于神经网络的输出层的神经元的个数。另外，在训练开始之前，还必须确定好**学习率（Learning Rate）**的取值，同时给每个权重值参数和每个阈值参数赋予随机值，这些随机值也就是模型参数的初始值。学习率是一个人为设定的、取值为正的参数，但这个参数并不是模型本身的参数，而是一种外在的、能够对训练的进程和训练的效果产生一定影响的参数，这样的参数我们称为**超参数（Hyperparameter）**。

训练开始后的第 1 步工作如下。

① 计算当前的系统训练误差。

- 根据模型参数的当前值以及模型的数学表达式，计算出 $\ddot{\boldsymbol{y}}_1$ 的值，进而计算出 $\ddot{\boldsymbol{y}}_1$ 与 $\dot{\boldsymbol{y}}_1$ 之间的差异值，这个差异值称为 $\boldsymbol{x}_1$ 的当前的**训练误差（Training Error）**。
- 根据模型参数的当前值以及模型的数学表达式，计算出 $\ddot{\boldsymbol{y}}_2$ 的值，进而计算出 $\ddot{\boldsymbol{y}}_2$ 与 $\dot{\boldsymbol{y}}_2$ 之间的差异值，这个差异值称为 $\boldsymbol{x}_2$ 的当前的训练误差。
- 根据模型参数的当前值以及模型的数学表达式，计算出 $\ddot{\boldsymbol{y}}_3$ 的值，进而计算出 $\ddot{\boldsymbol{y}}_3$ 与 $\dot{\boldsymbol{y}}_3$ 之间的差异值，这个差异值称为 $\boldsymbol{x}_3$ 的当前的训练误差。
- 依次类推，最后根据模型参数的当前值以及模型的数学表达式，计算出 $\ddot{\boldsymbol{y}}_n$ 的值，进而计算出 $\ddot{\boldsymbol{y}}_n$ 与 $\dot{\boldsymbol{y}}_n$ 之间的差异值，这个差异值称为 $\boldsymbol{x}_n$ 的当前的训练误差。
- 将以上计算出的 $\boldsymbol{x}_1$、$\boldsymbol{x}_2$、$\boldsymbol{x}_3$……$\boldsymbol{x}_n$ 的训练误差求和，这个和称为当前的**系统训练误差（System Training Error）**。

② 更新模型参数的取值：根据 $\boldsymbol{x}_1$ 的当前的训练误差和学习率，计算出每个模型参数的增量值，并根据这些增量值对每个模型参数的取值进行更新，更新后的取值成为模型参数的新的当前值。

训练开始后的第 2 步工作如下。

① 计算当前的系统训练误差。

- 根据模型参数的当前值以及模型的数学表达式，计算出 $\ddot{\boldsymbol{y}}_1$ 的值，进而计算出 $\ddot{\boldsymbol{y}}_1$ 与 $\dot{\boldsymbol{y}}_1$ 之间的差异值，这个差异值称为 $\boldsymbol{x}_1$ 的当前的训练误差。
- 根据模型参数的当前值以及模型的数学表达式，计算出 $\ddot{\boldsymbol{y}}_2$ 的值，进而计算出 $\ddot{\boldsymbol{y}}_2$ 与 $\dot{\boldsymbol{y}}_2$ 之间的差异值，这个差异值称为 $\boldsymbol{x}_2$ 的当前的训练误差。
- 根据模型参数的当前值以及模型的数学表达式，计算出 $\ddot{\boldsymbol{y}}_3$ 的值，进而计算出 $\ddot{\boldsymbol{y}}_3$ 与 $\dot{\boldsymbol{y}}_3$ 之间的差异值，这个差异值称为 $\boldsymbol{x}_3$ 的当前的训练误差。
- 依次类推，最后根据模型参数的当前值以及模型的数学表达式，计算出 $\ddot{\boldsymbol{y}}_n$ 的值，进而计算出 $\ddot{\boldsymbol{y}}_n$ 与 $\dot{\boldsymbol{y}}_n$ 之间的差异值，这个差异值称为 $\boldsymbol{x}_n$ 的当前的训练误差。
- 将以上计算出的 $\boldsymbol{x}_1$、$\boldsymbol{x}_2$、$\boldsymbol{x}_3$……$\boldsymbol{x}_n$ 的训练误差求和，这个和称为当前的系统训练误差。

② 更新模型参数的取值：根据 $\boldsymbol{x}_2$ 的当前的训练误差和学习率，计算出每个模型参数的增量值，并根据这些增量值对每个模型参数的取值进行更新，更新后的取值成为模型参数的新的当前值。

训练开始后的第 3 步工作如下。

① 计算当前的系统训练误差。

- 根据模型参数的当前值以及模型的数学表达式，计算出 $\ddot{y}_1$ 的值，进而计算出 $\ddot{y}_1$ 与 $\dot{y}_1$ 之间的差异值，这个差异值称为 $\boldsymbol{x}_1$ 的当前的训练误差。
- 根据模型参数的当前值以及模型的数学表达式，计算出 $\ddot{y}_2$ 的值，进而计算出 $\ddot{y}_2$ 与 $\dot{y}_2$ 之间的差异值，这个差异值称为 $\boldsymbol{x}_2$ 的当前的训练误差。
- 根据模型参数的当前值以及模型的数学表达式，计算出 $\ddot{y}_3$ 的值，进而计算出 $\ddot{y}_3$ 与 $\dot{y}_3$ 之间的差异值，这个差异值称为 $\boldsymbol{x}_3$ 的当前的训练误差。
- 依次类推，最后根据模型参数的当前值以及模型的数学表达式，计算出 $\ddot{y}_n$ 的值，进而计算出 $\ddot{y}_n$ 与 $\dot{y}_n$ 之间的差异值，这个差异值称为 $\boldsymbol{x}_n$ 的当前的训练误差。
- 将以上计算出的 $\boldsymbol{x}_1$、$\boldsymbol{x}_2$、$\boldsymbol{x}_3$……$\boldsymbol{x}_n$ 的训练误差求和，这个和称为当前的系统训练误差。

② 更新模型参数的取值：根据 $\boldsymbol{x}_3$ 的当前的训练误差和学习率，计算出每个模型参数的增量值，并根据这些增量值对每个模型参数的取值进行更新，更新后的取值成为模型参数的新的当前值。

依次类推，训练开始后的第 n 步工作如下。

① 计算当前的系统训练误差。

- 根据模型参数的当前值以及模型的数学表达式，计算出 $\ddot{y}_1$ 的值，进而计算出 $\ddot{y}_1$ 与 $\dot{y}_1$ 之间的差异值，这个差异值称为 $\boldsymbol{x}_1$ 的当前的训练误差。
- 根据模型参数的当前值以及模型的数学表达式，计算出 $\ddot{y}_2$ 的值，进而计算出 $\ddot{y}_2$ 与 $\dot{y}_2$ 之间的差异值，这个差异值称为 $\boldsymbol{x}_2$ 的当前的训练误差。
- 根据模型参数的当前值以及模型的数学表达式，计算出 $\ddot{y}_3$ 的值，进而计算出 $\ddot{y}_3$ 与 $\dot{y}_3$ 之间的差异值，这个差异值称为 $\boldsymbol{x}_3$ 的当前的训练误差。
- 依次类推，最后根据模型参数的当前值以及模型的数学表达式，计算出 $\ddot{y}_n$ 的值，进而计算出 $\ddot{y}_n$ 与 $\dot{y}_n$ 之间的差异值，这个差异值称为 $\boldsymbol{x}_n$ 的当前的训练误差。
- 将以上计算出的 $\boldsymbol{x}_1$、$\boldsymbol{x}_2$、$\boldsymbol{x}_3$……$\boldsymbol{x}_n$ 的训练误差求和，这个和称为当前的系统训练误差。

② 更新模型参数的取值：根据 $\boldsymbol{x}_n$ 的当前的训练误差和学习率，计算出每个模型参数的增量值，并根据这些增量值对每个模型参数的取值进行更新，更新后的取值成为模型参数的新的当前值。

第 1 轮训练包含了上述第 1 步工作、第 2 步工作……第 n 步工作，其中每步工作称为一次**迭代（Iteration）**。因此，第 1 步工作也称为第 1 次迭代，第 2 步工作也称为第 2 次迭代……第 n 步工作也称为第 n 次迭代。第 n 次迭代完成之后，就意味着第 1 轮训练结束了，接着开始第 2 轮训练。第 2 轮训练包含了第 $n+1$ 次迭代、第 $n+2$ 次迭代……第 $2n$ 次迭代，其中第 $n+1$ 次迭代过程完全类似于第 1 次迭代，第 $n+2$ 次迭代过程完全类似于第 2 次迭代……第 $2n$ 次迭代过程完全类似于第 n 次迭代。第 2 轮训练结束后，接着开始第 3 轮训练，如此不断地重复下去。

从以上描述可知，训练的方式是一种迭代训练方式。训练过程中，每完成一次迭代，模型的每个参数的取值就会发生一次改变，系统训练误差的取值也会发生一次改变。一般情况下，随着迭代次数的不断增加，系统训练误差的取值会变得越来越小。当系统训练误差的取值一旦小于事先设定的、取值足够小的**误差容限（Error Tolerance Limit）**时，我们就认为模型的每个参数的取值都已经调整到了最优，训练过程已经收敛，训练阶段到此结束。顺便提一下，在 3.2 节中我们说过：监督学习过程其实就是通过调整优化模型参数的取值来最小化目标函数的过程。在这里，所谓的目标函数其实就是系统训练误差。

然而，也有可能会出现这样的情况，那就是迭代次数已经非常大了，但是系统训练误差的取值却一直不能小于误差容限。这样的情况往往说明模型参数的初始值选取得不合适，或者学习率的大小选取得不合适，或者模型结构本身就存在问题（很可能是神经网络的隐含层的层数太少，或者是各隐含层的神经元的个数太少）。遇到这样的情况，我们就只能终止训练，返回去重新选取模型参数的初始值再从头开始训练，同时可能还需要调整学习率的大小，或者，重新回到设计阶段去修改模型的结构，也就是重新确定神经网络的隐含层的层数以及各隐含层的神经元的个数，甚至是改变神经元激活函数本身的形式。

如果训练阶段顺利结束，就可以进入测试阶段。在测试开始之前，需要准备好**测试集（Testing Set）**。测试集是由若干个**测试样本（Test Sample）**组成的集合，测试样本也称为**测试样例（Test Example）**或**测试实例（Test Instance）**。与训练样本一样，每个测试样本也是一个二元组，记为$(\boldsymbol{x}_i, \dot{\boldsymbol{y}}_i)$，下标 i 表示测试样本的编号，$\boldsymbol{x}_i$ 称为编号为 i 的测试样本矢量或测试样本输入矢量，$\dot{\boldsymbol{y}}_i$ 称为 $\boldsymbol{x}_i$ 对应的期望输出或期望输出矢量，也称为 $\boldsymbol{x}_i$ 对应的标签或标签矢量。注意，$\dot{\boldsymbol{y}}_i$ 并不是程序模型作用于 $\boldsymbol{x}_i$ 后产生的输出。程序模型作用于 $\boldsymbol{x}_i$ 后产生的输出称为 $\boldsymbol{x}_i$ 对应的实际输出或实际输出矢量，记为 $\ddot{\boldsymbol{y}}_i$。为了便于后面的描述，假定测试集中总共包含了 m 个测试样本，测试样本的编号从 1、2、3 开始，一直到 m。测试集的规模一般是训练集的规模的十分之一到五分之一，也即 m 等于 n 的十分之一到五分之一，但这只是经验值而已，并无严格的理论规定。需要特别强调的是，训练阶段使用过的训练样本是不能作为测试样本使用的，否则就失去了测试的意义。

测试开始后，首先根据训练结束时的模型参数的取值以及模型的数学表达式，计算出 $\ddot{\boldsymbol{y}}_1$ 的值，进而计算出 $\ddot{\boldsymbol{y}}_1$ 与 $\dot{\boldsymbol{y}}_1$ 之间的差异值，这个差异值称为 $\boldsymbol{x}_1$ 的**测试误差（Test Error）**。然后，根据训练结束时的模型参数的取值以及模型的数学表达式，计算出 $\ddot{\boldsymbol{y}}_2$ 的值，进而计算出 $\ddot{\boldsymbol{y}}_2$ 与 $\dot{\boldsymbol{y}}_2$ 之间的差异值，这个差异值称为 $\boldsymbol{x}_2$ 的测试误差。如此重复下去，直到计算出 $\boldsymbol{x}_m$ 的测试误差。最后，将已经计算出的 $\boldsymbol{x}_1$、$\boldsymbol{x}_2$……$\boldsymbol{x}_m$ 的测试误差求和，这个和称为**系统测试误差（System Test Error）**。注意，在测试阶段是不需要计算模型参数的增量值的，也不会对模型参数的取值进行任何修改。测试的目的是要检验通过训练得到的模型参数的取值是不是足够令人满意，所以在整个测试阶段，模型参数的取值必须始终保持为训练阶段结束时的取值。

显然，我们总是希望系统测试误差越小越好，但事实上，系统测试误差一般总是会大于系统训练误差。通常情况下，如果系统测试误差与系统训练误差的比值不超过 1.1，我们就认为测试通过，否则就认为测试失败。需要说明的是，1.1 只是一个经验值，并无严格的理论规定。

造成测试失败的原因一般有两个，一个是**过度训练（Over-training）**而导致了**过拟合（Over-fitting）**情况的发生，另一个是模型的规模太大而导致了过拟合情况的发生。过拟合情况是指这样一种不合常理的现象，即系统训练误差很小但系统测试误差却很大。总之，如果测试阶段通过不了，我们就只能面临两种选择：要么退回到训练阶段重新进行训练并设法避免过度训练，要么退回到设计阶段重新调整模型的规模大小。关于过拟合问题、过度训练问题，以及模型的规模大小问题，我们会在 4.3 节中进行更多的描述和讨论。

如果测试阶段顺利通过，就可以进入运行阶段。所谓运行阶段，就是机器为人们提供实际应用和服务的阶段。例如，当你以刷脸的方式通过一个门禁系统时，一定有一个人脸识别系统正处于运行阶段。再次重复一下，这里所说的运行阶段，指的就是 1.5 节和 3.1 节中提到的机器程序的工作阶段。

3.5　常见的机器学习算法

3.5.1　线性回归

关于**回归（Regression）**现象的思考和分析最早可追溯至弗朗西斯•高尔顿（Francis Galton）在统计学上的一些研究工作。高尔顿是大名鼎鼎的进化论奠基人达尔文的表弟，他本人也是英国著名的博物学家、统计学家和生物学家，优生学（Eugenics）这个术语就出自高尔顿，如图 3-22 所示。

图 3-22　Francis Galton（1822—1911）

高尔顿首次描述和解释了**向均值回归（Regression to the Mean）**这一普遍存在的现象。所谓向均值回归，就是指如果一个随机变量的某个抽样值偏离其均值的程度非常大，那么这个随机变量的下一个抽样值就有很大的可能性回到离均值比较近的位置。高尔顿在研究父亲与儿子的身高关系时发现：如果父亲太高，那么儿子矮于父亲的概率将大于高过父亲的概率；如果父亲太矮，那么儿子高过父亲的概率将大于矮于父亲的概率，这就是一种典型的回归现象。试想一下，如果父亲太高，而儿子高过父亲的概率还大于矮于父亲的概率，那么子孙们岂不是将一代一代地越来越高？反之，如果父亲太矮，而儿子矮于父亲的概率还大于高过父亲的概率，那么子孙们岂不是将一代一代地越来越矮？

今天，回归一词的含义已经变得非常宽泛，并且它有的时候是指问题或现象的属性，即所谓的回归属性，有的时候又是指研究问题或现象的方法，即所谓的回归方法。本小节标题中的回归二字，指的就是回归方法。

回归方法有很多种，**线性回归（Linear Regression）**方法只是其中的一种。线性回归本身又有 3 种情况，分别是**简单线性回归（Simple Linear Regression）**、**多元线性回归**

（Multiple Linear Regression）和一般线性回归**（General Linear Regression）**。本小节重点介绍简单线性回归。

如图 3-23 所示，假设有两个连续变量 x 和 y，x 为自变量，y 为因变量，它们之间的本真关系是某种线性关系，即

$$y = f(x) = k_0 + k_1 x \tag{3.4}$$

式中的 f 表示本真线性函数，其图像用虚直线 l 表示。需要说明的是，由于 y 与 x 之间的本真线性关系是隐性的、未知的，所以虚直线 l 其实是不可见的。$(x_1, \dot{y}_1), (x_2, \dot{y}_2), \cdots, (x_n, \dot{y}_n)$ 是 n 个观测样本，在图中表示为 n 个圆点。注意，由于干扰（Interference）及噪声（Noise）的影响，这些圆点不可能都恰好落在虚直线 l 上。$\dot{y}_i$ 与 x_i 的关系可表示为

$$\dot{y}_i = \dot{f}(x_i),\ i = 1, 2, \cdots, n \tag{3.5}$$

式中的 $\dot{f}$ 表示样本函数。实直线 $\ddot{l}$ 是 n 个观测样本的拟合直线，其表达式为

$$\ddot{y} = \ddot{f}(x) = w_0 + w_1 x \tag{3.6}$$

式中的 $\ddot{f}$ 表示拟合线性函数。

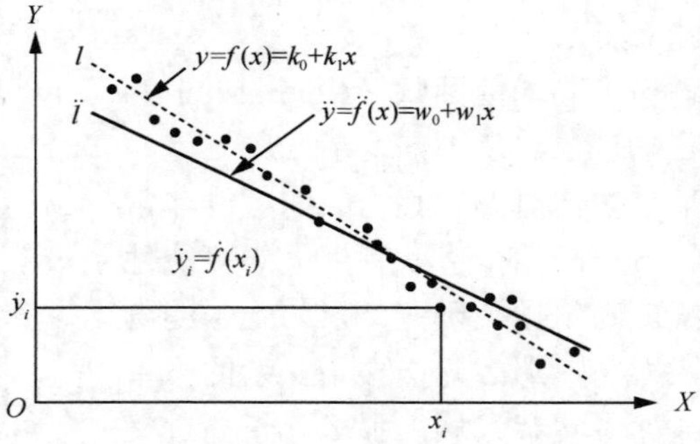

图 3-23 简单线性回归

所谓线性回归，是指拟合直线 $\ddot{l}$ 应该尽量逼近本真直线 l，实现的方法是让拟合直线 $\ddot{l}$ 与 n 个观测样本在整体上尽量吻合，使得 $\ddot{l}$ 成为这 n 个观测样本的统计意义上的均值直线。也可以说，所谓线性回归，就是根据这 n 个观测样本来让拟合线性关系式（3.6）成为本真线性关系式（3.4）的最优估计，或者说是让 w_0 和 w_1 分别成为 k_0 和 k_1 的最优估计。从 3.1 节中讨论过的函数逼近的角度来看，所谓线性回归，就是让拟合线性函数 $\ddot{f}$ 通过直接逼近样本函数 $\dot{f}$ 来间接地逼近本真线性函数 f。

$\dot{f}$ 与 $\ddot{f}$ 的关系可表示为

$$\begin{cases} \dot{f}(x_1) = \ddot{f}(x_1) + \varepsilon_1 \\ \dot{f}(x_2) = \ddot{f}(x_2) + \varepsilon_2 \\ \vdots \\ \dot{f}(x_n) = \ddot{f}(x_n) + \varepsilon_n \end{cases} \text{或} \begin{cases} \dot{y}_1 = \ddot{y}_1 + \varepsilon_1 \\ \dot{y}_2 = \ddot{y}_2 + \varepsilon_2 \\ \vdots \\ \dot{y}_n = \ddot{y}_n + \varepsilon_n \end{cases} \text{或} \begin{cases} \dot{y}_1 = (w_0 + w_1 x_1) + \varepsilon_1 \\ \dot{y}_2 = (w_0 + w_1 x_2) + \varepsilon_2 \\ \vdots \\ \dot{y}_n = (w_0 + w_1 x_n) + \varepsilon_n \end{cases} \tag{3.7}$$

式中的$\varepsilon_1, \varepsilon_2, \cdots, \varepsilon_n$是由于干扰和噪声引起的**随机误差（Random Error）**。式（3.7）可以简写成

$$\dot{\boldsymbol{y}} = \ddot{\boldsymbol{y}} + \boldsymbol{\varepsilon} \tag{3.8}$$

其中

$$\ddot{\boldsymbol{y}} = \boldsymbol{X}\boldsymbol{w} \tag{3.9}$$

$$\ddot{\boldsymbol{y}} = \begin{bmatrix} \ddot{y}_1 & \ddot{y}_2 & \cdots & \ddot{y}_n \end{bmatrix}^{\mathrm{T}} \tag{3.10}$$

$$\dot{\boldsymbol{y}} = \begin{bmatrix} \dot{y}_1 & \dot{y}_2 & \cdots & \dot{y}_n \end{bmatrix}^{\mathrm{T}} \tag{3.11}$$

$$\boldsymbol{\varepsilon} = \begin{bmatrix} \varepsilon_1 & \varepsilon_2 & \cdots & \varepsilon_n \end{bmatrix}^{\mathrm{T}} \tag{3.12}$$

$$\boldsymbol{w} = \begin{bmatrix} w_0 & w_1 \end{bmatrix}^{\mathrm{T}} \tag{3.13}$$

$$\boldsymbol{X} = \begin{bmatrix} 1 & x_1 \\ 1 & x_2 \\ \vdots & \vdots \\ 1 & x_n \end{bmatrix} \tag{3.14}$$

要让$\ddot{f}$尽量逼近于$\dot{f}$，也就是要让$\ddot{\boldsymbol{y}}$尽量逼近于$\dot{\boldsymbol{y}}$。式（3.10）和式（3.11）表明$\ddot{\boldsymbol{y}}$和$\dot{\boldsymbol{y}}$是两个n维矢量，从几何上看也就是n维空间中的两个点，所以要让$\ddot{\boldsymbol{y}}$尽量逼近于$\dot{\boldsymbol{y}}$，也就是要让这两个点之间的距离最小。然而，为了数学推导过程的简便性，一般都是让这两个点的距离的平方最小：距离的平方最小与距离最小是完全等效的，本质上没有任何区别。于是，我们可以将$\ddot{\boldsymbol{y}}$和$\dot{\boldsymbol{y}}$这两个点的距离的平方定义为目标函数$J(\boldsymbol{w})$

$$J(\boldsymbol{w}) = |\dot{\boldsymbol{y}} - \ddot{\boldsymbol{y}}|^2 = |\dot{\boldsymbol{y}} - \boldsymbol{X}\boldsymbol{w}|^2 = |\boldsymbol{\varepsilon}|^2 \tag{3.15}$$

式（3.15）表明，目标函数$J(\boldsymbol{w})$的值是取决于$\boldsymbol{w}$的值的，所以接下来将面临一个**优化（Optimization）**任务，即如何确定出$\boldsymbol{w}$的值，以使得目标函数$J(\boldsymbol{w})$的取值最小。用数学语言表达就是

$$\boldsymbol{w} = \underset{\boldsymbol{w}}{\operatorname{argmin}}\, J(\boldsymbol{w}) = \underset{\boldsymbol{w}}{\operatorname{argmin}} |\dot{\boldsymbol{y}} - \boldsymbol{X}\boldsymbol{w}|^2 \tag{3.16}$$

对于优化方程式（3.16）的求解，可以有两种方法：一种是数值逼近法，另一种是解析法。机器学习的方法就属于数值逼近法，数值逼近法一般只能得到 $\boldsymbol{w}$ 的近似解。对于优化方程式（3.16），人们早已利用解析法得到了它的精确解。我们这里绕过数值逼近法，简单地描述一下用解析法求解优化方程式（3.16）的大致思路和最终结果。

数学分析表明，目标函数 $J(\boldsymbol{w})=\left|\dot{\boldsymbol{y}}-\boldsymbol{X}\boldsymbol{w}\right|^2$ 是一个凸函数，所以该函数存在唯一的一个极值点，这个极值点也是该函数唯一的最小值点，而这个最小值点正是优化方程式（3.16）的唯一解。$J(\boldsymbol{w})$ 是一个矢量的标量函数（复习 2.2.6 小节的内容），其极值点必须满足梯度矢量为零矢量的条件，即

$$\nabla J(\boldsymbol{w})=\frac{\partial J(\boldsymbol{w})}{\partial \boldsymbol{w}}=\boldsymbol{o} \tag{3.17}$$

根据式（2.92），将式（3.17）变形为

$$\begin{bmatrix}\dfrac{\partial J(\boldsymbol{w})}{\partial w_0} & \dfrac{\partial J(\boldsymbol{w})}{\partial w_1}\end{bmatrix}=\begin{bmatrix}0 & 0\end{bmatrix} \tag{3.18}$$

如果将方程式（3.18）展开，就会得到关于 w_0 和 w_1 的二元一次方程组。我们这里省去将方程式（3.18）展开的过程，也省去求解关于 w_0 和 w_1 的二元一次方程组的过程，直接以矩阵的形式给出方程式（3.17）的解

$$\boldsymbol{w}=(\boldsymbol{X}^{\mathrm{T}}\boldsymbol{X})^{-1}\boldsymbol{X}^{\mathrm{T}}\dot{\boldsymbol{y}} \tag{3.19}$$

这个解也就是优化方程式（3.16）的唯一解。

举一个简单的例子。假设有两个连续变量 x 和 y，y 与 x 之间存在隐性的本真线性关系 $y=k_0+k_1x$，观测样本只有 3 个，分别是 $A(-2,0), B(1,3), C(2,8)$，那么，根据式(3.11)和式（3.14），有

$$\dot{\boldsymbol{y}}=\begin{bmatrix}0\\3\\8\end{bmatrix} \quad \boldsymbol{X}=\begin{bmatrix}1 & -2\\1 & 1\\1 & 2\end{bmatrix} \tag{3.20}$$

将式（3.20）代入式（3.19），可得

$$\boldsymbol{w}=(\boldsymbol{X}^{\mathrm{T}}\boldsymbol{X})^{-1}\boldsymbol{X}^{\mathrm{T}}\dot{\boldsymbol{y}}=\left(\begin{bmatrix}1 & -2\\1 & 1\\1 & 2\end{bmatrix}^{\mathrm{T}}\begin{bmatrix}1 & -2\\1 & 1\\1 & 2\end{bmatrix}\right)^{-1}\begin{bmatrix}1 & -2\\1 & 1\\1 & 2\end{bmatrix}^{\mathrm{T}}\begin{bmatrix}0\\3\\8\end{bmatrix}$$

$$=\begin{bmatrix}3 & 1\\1 & 9\end{bmatrix}^{-1}\begin{bmatrix}1 & -2\\1 & 1\\1 & 2\end{bmatrix}^{\mathrm{T}}\begin{bmatrix}0\\3\\8\end{bmatrix}=\begin{bmatrix}\dfrac{9}{26} & -\dfrac{1}{26}\\-\dfrac{1}{26} & \dfrac{3}{26}\end{bmatrix}\begin{bmatrix}1 & 1 & 1\\-2 & 1 & 2\end{bmatrix}\begin{bmatrix}0\\3\\8\end{bmatrix}=\begin{bmatrix}\dfrac{40}{13}\\\dfrac{23}{13}\end{bmatrix}$$

也即 $w_0 = \dfrac{40}{13}$，$w_1 = \dfrac{23}{13}$。所以，拟合线性关系式 $\ddot{y} = \dfrac{40}{13} + \dfrac{23}{13}x$ 就是对 y 与 x 之间的本真线性关系式 $y = k_0 + k_1 x$ 的最优估计，如图 3-24 所示。有了 $\ddot{y} = \dfrac{40}{13} + \dfrac{23}{13}x$ 这个关系式，我们就可以利用它来完成预测任务。例如，当知道 x 的值为 -3 时，就可以预测相应的 y 的值为 $\dfrac{40}{13} + \dfrac{23}{13} \times (-3) = -\dfrac{29}{13}$。特别说明一下，这个例子几乎没有任何实用意义，预测精度也会很低，这是因为样本的个数太少，只有 3 个。在实际应用中，样本的个数往往需要成千上万：样本数量越大，统计意义才越强，预测精度才会越高。

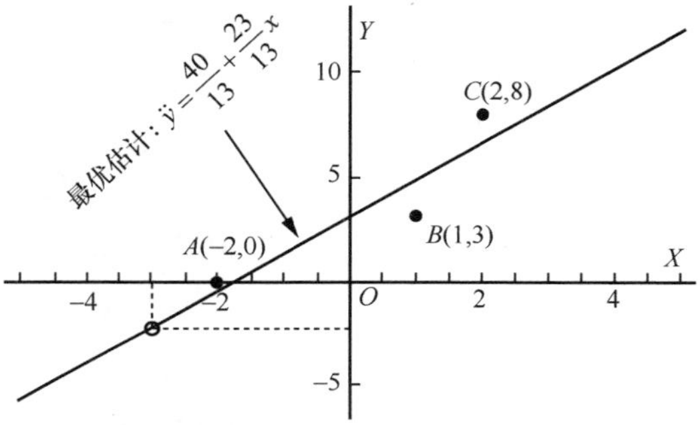

图 3-24　简单线性回归示例

以上所描述的有关线性回归的情况叫作简单线性回归，这是因为一开始就假定了自变量 x 是一个标量，因变量 y 也是一个标量。如果自变量是一个 N 维矢量（$N \geqslant 1$），因变量仍然是一个标量，并且因变量与自变量矢量的各个分量呈线性关系，即因变量是自变量矢量的各个分量的线性组合，那么这样的情况就叫作多元线性回归。如果自变量是一个 N 维矢量（$N \geqslant 1$），因变量是一个 M 维矢量（$M \geqslant 1$），并且因变量矢量的每一个分量都与自变量矢量的各个分量呈线性关系，即因变量矢量的每一个分量都是自变量矢量的各个分量的线性组合，那么这样的情况就叫作一般线性回归。

对于多元线性回归，n 个观测样本为

$$
\begin{gathered}
(\boldsymbol{x}_1, \dot{y}_1) \rightarrow (x_{11}, x_{12}, \cdots, x_{1N}, \dot{y}_1) \\
(\boldsymbol{x}_2, \dot{y}_2) \rightarrow (x_{21}, x_{22}, \cdots, x_{2N}, \dot{y}_2) \\
\vdots \\
(\boldsymbol{x}_n, \dot{y}_n) \rightarrow (x_{n1}, x_{n2}, \cdots, x_{nN}, \dot{y}_n)
\end{gathered}
$$

观测矢量为

$$\dot{\boldsymbol{y}} = \begin{bmatrix} \dot{y}_1 & \dot{y}_2 & \cdots & \dot{y}_n \end{bmatrix}^{\mathrm{T}}$$

拟合矢量为

$$\ddot{\boldsymbol{y}} = \begin{bmatrix} \ddot{y}_1 & \ddot{y}_2 & \cdots & \ddot{y}_n \end{bmatrix}^{\mathrm{T}}$$

误差矢量为

$$\boldsymbol{\varepsilon}=\begin{bmatrix}\varepsilon_1 & \varepsilon_2 & \cdots & \varepsilon_n\end{bmatrix}^{\mathrm{T}}$$

观测矢量、拟合矢量、误差矢量之间的关系为

$$\dot{\boldsymbol{y}}=\ddot{\boldsymbol{y}}+\boldsymbol{\varepsilon}$$

其中

$$\ddot{\boldsymbol{y}}=\boldsymbol{X}\boldsymbol{w}$$

$$\boldsymbol{X}=\begin{bmatrix}1 & x_{11} & x_{12} & \cdots & x_{1N}\\ 1 & x_{21} & x_{22} & \cdots & x_{2N}\\ \vdots & \vdots & \vdots & & \vdots\\ 1 & x_{n1} & x_{n2} & \cdots & x_{nN}\end{bmatrix}$$

$$\boldsymbol{w}=\begin{bmatrix}w_0 & w_1 & \cdots & w_N\end{bmatrix}^{\mathrm{T}}$$

目标函数 $J(\boldsymbol{w})$ 为

$$J(\boldsymbol{w})=\left|\dot{\boldsymbol{y}}-\ddot{\boldsymbol{y}}\right|^2=\left|\dot{\boldsymbol{y}}-\boldsymbol{X}\boldsymbol{w}\right|^2=|\boldsymbol{\varepsilon}|^2$$

优化方程式为

$$\boldsymbol{w}=\underset{\boldsymbol{w}}{\operatorname{argmin}}\,J(\boldsymbol{w})=\underset{\boldsymbol{w}}{\operatorname{argmin}}\left|\dot{\boldsymbol{y}}-\boldsymbol{X}\boldsymbol{w}\right|^2$$

最优解为

$$\boldsymbol{w}=(\boldsymbol{X}^{\mathrm{T}}\boldsymbol{X})^{-1}\boldsymbol{X}^{\mathrm{T}}\dot{\boldsymbol{y}} \tag{3.21}$$

比较式（3.21）与式（3.19）可知，多元线性回归的最优解与简单线性回归的最优解在形式上是完全一样的，差别仅在于表达式中一些矢量或矩阵的尺寸不同而已。

对于一般线性回归，n 个观测样本为

$$\begin{gathered}(\boldsymbol{x}_1,\dot{\boldsymbol{y}}_1)\rightarrow\left(x_{11},x_{12},\cdots,x_{1N},\dot{y}_{11},\dot{y}_{12},\cdots,\dot{y}_{1M}\right)\\ (\boldsymbol{x}_2,\dot{\boldsymbol{y}}_2)\rightarrow\left(x_{21},x_{22},\cdots,x_{2N},\dot{y}_{21},\dot{y}_{22},\cdots,\dot{y}_{2M}\right)\\ \vdots\\ (\boldsymbol{x}_n,\dot{\boldsymbol{y}}_n)\rightarrow\left(x_{n1},x_{n2},\cdots,x_{nN},\dot{y}_{n1},\dot{y}_{n2},\cdots,\dot{y}_{nM}\right)\end{gathered}$$

观测矩阵为

$$\dot{\boldsymbol{Y}}=\begin{bmatrix}\dot{y}_{11} & \dot{y}_{12} & \cdots & \dot{y}_{1M}\\ \dot{y}_{21} & \dot{y}_{22} & \cdots & \dot{y}_{2M}\\ \vdots & \vdots & & \vdots\\ \dot{y}_{n1} & \dot{y}_{n2} & \cdots & \dot{y}_{nM}\end{bmatrix}$$

拟合矩阵为

$$\ddot{\boldsymbol{Y}}=\begin{bmatrix} \ddot{y}_{11} & \ddot{y}_{12} & \cdots & \ddot{y}_{1M} \\ \ddot{y}_{21} & \ddot{y}_{21} & \cdots & \ddot{y}_{2M} \\ \vdots & \vdots & & \vdots \\ \ddot{y}_{n1} & \ddot{y}_{n2} & \cdots & \ddot{y}_{nM} \end{bmatrix}$$

误差矩阵为

$$\boldsymbol{\varepsilon}=\begin{bmatrix} \varepsilon_{11} & \varepsilon_{12} & \cdots & \varepsilon_{1M} \\ \varepsilon_{21} & \varepsilon_{22} & \cdots & \varepsilon_{2M} \\ \vdots & \vdots & & \vdots \\ \varepsilon_{n1} & \varepsilon_{n2} & \cdots & \varepsilon_{nM} \end{bmatrix}$$

观测矩阵、拟合矩阵、误差矩阵之间的关系为

$$\dot{\boldsymbol{Y}}=\ddot{\boldsymbol{Y}}+\boldsymbol{\varepsilon}$$

其中

$$\ddot{\boldsymbol{Y}}=\boldsymbol{X}\boldsymbol{W}$$

$$\boldsymbol{X}=\begin{bmatrix} 1 & x_{11} & x_{12} & \cdots & x_{1N} \\ 1 & x_{21} & x_{22} & \cdots & x_{2N} \\ \vdots & \vdots & \vdots & & \vdots \\ 1 & x_{n1} & x_{n2} & \cdots & x_{nN} \end{bmatrix}$$

$$\boldsymbol{W}=\begin{bmatrix} w_{10} & w_{20} & \cdots & w_{M0} \\ w_{11} & w_{21} & \cdots & w_{M1} \\ \vdots & \vdots & & \vdots \\ w_{1N} & w_{2N} & \cdots & w_{MN} \end{bmatrix}$$

目标函数 $J(\boldsymbol{W})$ 为

$$J(\boldsymbol{W})=\left|\dot{\boldsymbol{Y}}-\ddot{\boldsymbol{Y}}\right|^2=\left|\dot{\boldsymbol{Y}}-\boldsymbol{X}\boldsymbol{W}\right|^2=|\boldsymbol{\varepsilon}|^2$$

优化方程式为

$$\boldsymbol{W}=\underset{\boldsymbol{W}}{\operatorname{argmin}}\,J(\boldsymbol{W})=\underset{\boldsymbol{W}}{\operatorname{argmin}}\left|\dot{\boldsymbol{Y}}-\boldsymbol{X}\boldsymbol{W}\right|^2$$

最优解为

$$\boldsymbol{W}=(\boldsymbol{X}^{\mathrm{T}}\boldsymbol{X})^{-1}\boldsymbol{X}^{\mathrm{T}}\dot{\boldsymbol{Y}} \tag{3.22}$$

比较式（3.22）与式（3.21）可知，一般线性回归的最优解与多元线性回归的最优解在形式上是完全一样的，差别仅在于表达式中一些矢量或矩阵的尺寸不同而已。显然，多元线性回归是一般线性回归的特例，而简单线性回归又是多元线性回归的特例。

3.5.2 逻辑回归

学习**逻辑回归（Logistic Regression）**之前，应该先知道什么是**逻辑函数（Logistic Function）**。如图 3-25 所示，逻辑函数的一般表达式为

$$f(x)=\frac{1}{1+e^{-(k_0+k_1x)}}=\frac{1}{1+e^{-(x-\mu)/s}}\ (k_1>0) \tag{3.23}$$

式中 $\mu=-\frac{k_0}{k_1}$，$s=\frac{1}{k_1}>0$。特别地，如果 $k_0=0$，$k_1=1$，也即 $\mu=0$，$s=1$，则相应的逻辑函数称为**标准逻辑函数（Standard Logistic Function）**，其表达式为

$$f(x)=\frac{1}{1+e^{-x}} \tag{3.24}$$

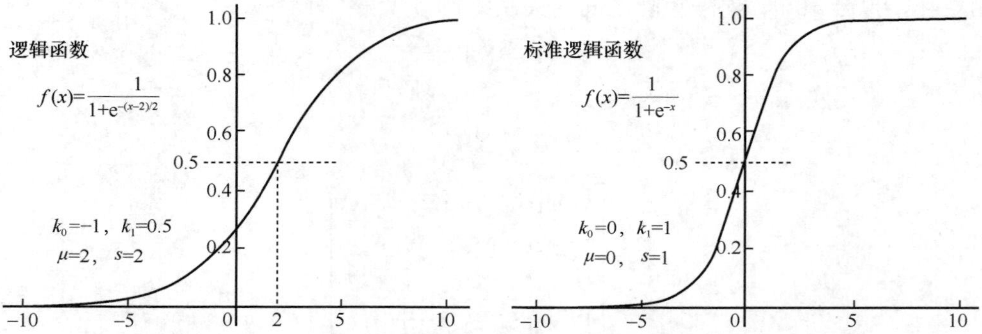

图 3-25　逻辑函数与标准逻辑函数

逻辑函数是一个严格单调递增函数，其图像是 S 形曲线，并且任何一个逻辑函数的曲线都可以通过对标准逻辑函数曲线进行水平平移及横向压扩而得到。逻辑函数的函数值总是在 0～1 区间，所以它非常适合于表示概率值。参数 k_0 和 k_1，或 μ 和 s 决定了逻辑函数曲线的位置和形状，其中 μ 称为位置参数，s 称为比例参数。如果 $s(s>0)$ 的值越小，则函数曲线的斜坡部分上升越快；如果 s 的值越大，则函数曲线的斜坡部分上升越慢。在 $x=\mu$ 的位置，函数的取值总是 0.5，并且 $(\mu,0.5)$ 是函数曲线唯一的一个拐点，拐点的左侧是上凹的，拐点的右侧是上凸的。函数值在拐点的左侧总是小于 0.5 的，并且 x 的值越小，函数值越接近于 0；函数值在拐点的右侧总是大于 0.5 的，并且 x 的值越大，函数值越接近于 1。

接下来我们将通过一个有关跳高的例子来逐步引入和讲解逻辑回归的思想和方法。假设某中学某年级某班级有 30 位男生，他们的体育课考试项目中有跳高达标这一项。为了搞清楚能否达标与训练时长之间的关系，体育老师记录了每位男生的训练时长，然后进行了跳高测试。测试的时候，老师把标杆的高度设置为达标线的高度，每个男生都跳一次，跳过了达标线即算达标，记为“√”，没跳过达标线即算不达标，记为“×”。注意，在这样的测试过程中，每个男生具体跳了多高是测量不出来的，老师也并不关心每个男生所跳的具体高度，只关心是否跳过了达标线。图 3-26 给出了体育老师记录的信息。

学生编号	1	2	3	4	5	6	7	8	9	10	11	12	13	14	15
训练时长（小时）	1.0	1.3	1.6	2.0	2.4	2.7	3.0	3.3	3.7	4.0	4.2	4.6	4.9	5.2	5.5
是否达标	×	×	×	×	×	×	×	×	×	√	×	√	×	×	√

学生编号	16	17	18	19	20	21	22	23	24	25	26	27	28	29	30
训练时长（小时）	5.8	6.0	6.0	6.3	6.6	6.9	7.2	7.5	7.9	8.1	8.4	8.8	9.0	9.3	9.6
是否达标	×	√	×	×	√	√	×	√	√	√	√	√	√	√	√

图 3-26　原始样本数据

根据经验常识可知，训练时长越短，一般就跳得越低，达标的可能性就越小；训练时长越长，一般就跳得越高，达标的可能性就越大。但是，例外的情况也总是有的。例如，17 号男生和 18 号男生都是训练了 6.0 小时，17 号男生达标了，18 号男生却没有达标。又例如，10 号男生只训练了 4.0 小时却达标了，14 号男生训练了 5.2 小时却没有达标。显然，由于身高、体重、身体素质等方面存在个体差异，所以出现例外的情况不足为奇：能否达标跟训练时长有很强的关联性，但能否达标并非完全取决于训练时长。

刚才说到，根据经验常识我们知道，训练时长越短，一般就跳得越低，达标的可能性就越小；训练时长越长，一般就跳得越高，达标的可能性就越大。根据经验常识我们还知道，达标的可能性并不是随着训练时长的增加而线性增长的，应该是先有一个平缓的增长期，然后有一个较快的增长期，最后又有一个平缓的增长期。根据以上的认识可知，达标的可能性与训练时长之间的关系非常适合于用逻辑函数来进行表达。

刚才还说到，体育老师进行跳高测试并记录样本数据的目的是搞清楚考试能否达标与训练时长之间的关系。为此，体育老师把图 3-26 所示的原始样本数据交给了数学老师，并请数学老师帮他解答这个问题。下面，我们就从数学老师的角度来继续进行问题的分析和讨论。

为了分析和讨论的简便性，我们先对图 3-26 中的原始样本数据进行整理，也就是将每个样本表示为 $(x_i, \dot{y}_i)$ 的形式，其中 i 表示男生的编号，x_i 表示 i 号男生的训练时长，$\dot{y}_i$ 表示 i 号男生是否达标。如果达标，则 $\dot{y}_i = 1$；如果没达标，则 $\dot{y}_i = 0$。注意，$\dot{y}_i$ 只是一个类别变量，它的取值没有大小意义，不同的取值只表示不同的类别而已。整理后的样本数据如图 3-27 所示。

i	1	2	3	4	5	6	7	8	9	10
$(x_i,\dot{y}_i)$	(1.0,0)	(1.3,0)	(1.6,0)	(2.0,0)	(2.4,0)	(2.7,0)	(3.0,0)	(3.3,0)	(3.7,0)	(4.0,1)

i	11	12	13	14	15	16	17	18	19	20
$(x_i,\dot{y}_i)$	(4.2,0)	(4.6,1)	(4.9,0)	(5.2,0)	(5.5,1)	(5.8,0)	(6.0,1)	(6.0,0)	(6.3,0)	(6.6,1)

i	21	22	23	24	25	26	27	28	29	30
$(x_i,\dot{y}_i)$	(6.9,1)	(7.2,0)	(7.5,1)	(7.9,1)	(8.1,1)	(8.4,1)	(8.8,1)	(9.0,1)	(9.3,1)	(9.6,1)

图 3-27　整理后的样本数据

现在，设想有一个取值为 0 或 1 的离散型随机变量Y，其实际的但却未知的概率质量函数为$p(y)$，$Y=1$表示跳高达标事件，$Y=0$表示跳高不达标事件，所以$p(1)$表示实际的跳高达标概率，$p(0)$表示实际的跳高不达标概率，且有$p(0)+p(1)=1$。同时，我们用$q(y)$来表示对实际的但却未知的概率质量函数$p(y)$的估计，所以$q(1)$表示估计的跳高达标概率，$q(0)$表示估计的跳高不达标概率，且有$q(0)+q(1)=1$。

接下来，我们引入一个概率估计函数$g(x)$，x表示的是跳高训练的时长，$g(x)$表示的是估计的跳高达标概率。之前我们说过，达标的可能性与训练时长之间的关系非常适合用逻辑函数来表达，于是我们就将$g(x)$确定为具有如下形式的逻辑函数

$$g(x)=\frac{1}{1+\mathrm{e}^{-(w_0+w_1x)}} \tag{3.25}$$

其中的w_0和w_1是需要求解的两个参数。由于$q(1)$表示的是估计的跳高达标概率，$g(x)$表示的也是估计的跳高达标概率，且$q(0)=1-q(1)$，于是有

$$q(1)=g(x)=\frac{1}{1+\mathrm{e}^{-(w_0+w_1x)}} \tag{3.26}$$

$$q(0)=1-g(x) \tag{3.27}$$

根据式（2.141）给出的关于交叉熵的定义可知，$q(y)$相对于$p(y)$的交叉熵为

$$H(p,q)=\sum_y p(y)\log\frac{1}{q(y)} \tag{3.28}$$

即

$$H(p,q)=p(1)\ln\frac{1}{q(1)}+p(0)\ln\frac{1}{q(0)} \tag{3.29}$$

即

$$H(p,q)=p(1)\ln\frac{1}{q(1)}+[1-p(1)]\ln\frac{1}{1-q(1)} \tag{3.30}$$

也即

$$H(p,q)=p(1)\ln\frac{1}{g(x)}+[1-p(1)]\ln\frac{1}{1-g(x)} \tag{3.31}$$

根据 2.3.5 小节中提到的最小交叉熵原理，我们无疑是希望式（3.30）或式（3.31）中的$H(p,q)$能够得到最小化。现在，图 3-27 提供了 30 个样本数据，所以我们要做的就是根据这 30 个样本数据来最小化$H(p,q)$。注意，每一个样本数据都会给出一个$H(p,q)$的值，所以我们要做的是让这 30 个$H(p,q)$的值的平均值最小。将此平均值取名为$JJ(\boldsymbol{w})$，其表达式为

$$JJ(\boldsymbol{w})=\frac{1}{30}\sum_{i=1}^{30}H(p_i,q_i)=\frac{1}{30}\sum_{i=1}^{30}\left\{p_i(1)\ln\frac{1}{q_i(1)}+[1-p_i(1)]\ln\frac{1}{1-q_i(1)}\right\} \tag{3.32}$$

或

$$JJ(\boldsymbol{w})=\frac{1}{30}\sum_{i=1}^{30}\left\{p_i(1)\ln\frac{1}{g(x_i)}+[1-p_i(1)]\ln\frac{1}{1-g(x_i)}\right\} \tag{3.33}$$

式（3.33）中的 $\boldsymbol{w}=\begin{bmatrix}w_0 & w_1\end{bmatrix}^{\mathrm{T}}$，$w_0$ 和 w_1 是 $g(x)$ 的表达式中的两个参数[见式（3.25）]，i 表示男生的编号，也就是样本的编号。注意，在式（3.33）中，由于 $p(y)$ 是隐性的，所以我们永远也不可能知道 $p_i(1)$ 的真值是多少，或者说，我们永远也不可能知道第 i 个男生能够达标的真实概率是多少。故此，我们最多只能得到对 $JJ(\boldsymbol{w})$ 的估计值，并且合理且唯一的办法就是用观测值 $\dot{y}_i$ 去代替 $p_i(1)$。另外，要让 $JJ(\boldsymbol{w})$ 的值最小，等同于要让 $30\times JJ(\boldsymbol{w})$ 的值最小。于是，我们定义目标函数为 $J(\boldsymbol{w})$，它相当于将 $JJ(\boldsymbol{w})$ 放大了 30 倍，并且 $JJ(\boldsymbol{w})$ 中的 $p_i(1)$ 被替换成了 $\dot{y}_i$，即

$$J(\boldsymbol{w})=\sum_{i=1}^{30}\left[\dot{y}_i\ln\frac{1}{g(x_i)}+(1-\dot{y}_i)\ln\frac{1}{1-g(x_i)}\right] \tag{3.34}$$

如此一来，我们的任务就转换成了寻找能够最小化目标函数 $J(\boldsymbol{w})$ 的 $\boldsymbol{w}$。显然，要让 $J(\boldsymbol{w})$ 最小，等同于要让 $J(\boldsymbol{w})$ 的相反数最大。$J(\boldsymbol{w})$ 的相反数为

$$\begin{aligned}-J(\boldsymbol{w})&=-\sum_{i=1}^{30}\left[\dot{y}_i\ln\frac{1}{g(x_i)}+(1-\dot{y}_i)\ln\frac{1}{1-g(x_i)}\right]\\&=\sum_{i=1}^{30}\left[\dot{y}_i\ \ln g(x_i)+(1-\dot{y}_i)\ln(1-g(x_i))\right]\end{aligned} \tag{3.35}$$

于是我们再定义函数 $\mathcal{J}(\boldsymbol{w})=-J(\boldsymbol{w})$，即

$$\mathcal{J}(\boldsymbol{w})=\sum_{i=1}^{30}\{\dot{y}_i\ln g(x_i)+(1-\dot{y}_i)\ln[1-g(x_i)]\} \tag{3.36}$$

这样一来，我们的任务就变成了寻找能够最大化 $\mathcal{J}(\boldsymbol{w})$ 的 $\boldsymbol{w}$，也就是要求解如下的优化方程式

$$\boldsymbol{w}=\underset{\boldsymbol{w}}{\operatorname{argmax}}\,\mathcal{J}(\boldsymbol{w})=\underset{\boldsymbol{w}}{\operatorname{argmax}}\sum_{i=1}^{30}\{\dot{y}_i\ln g(x_i)+(1-\dot{y}_i)\ln[1-g(x_i)]\} \tag{3.37}$$

求解优化方程式（3.37）的任务我们先不用急，稍后再说。现在，我们另辟蹊径，看看如何根据最大似然估计原理来解决这个问题。回顾 2.3.6 小节的内容，特别是参考其中连续抛掷 4 次硬币的例子，再根据图 3-27 提供的样本数据，便可得到似然函数 $L(\boldsymbol{w})$

$$L(\boldsymbol{w})=\prod_{i\in\Phi}g(x_i)\prod_{i\in\Psi}[1-g(x_i)] \tag{3.38}$$

其中

$$\boldsymbol{w}=\begin{bmatrix}w_0 & w_1\end{bmatrix}^{\mathrm{T}}$$

$$g(x_i)=\frac{1}{1+\mathrm{e}^{-(w_0+w_1x_i)}}$$

$$\varPhi=\{10,12,15,17,20,21,23,24,25,26,27,28,29,30\}$$

$$\varPsi=\{1,2,3,4,5,6,7,8,9,11,13,14,16,18,19,22\}$$

$\prod\limits_{i\in\varPhi}g(x_i)$ 表示对所有达标男生的 $g(x_i)$ 进行连乘，$\prod\limits_{i\in\varPsi}[1-g(x_i)]$ 表示对所有未达标男生的 $(1-g(x_i))$ 进行连乘。似然函数 $L(\boldsymbol{w})$ 的对数似然函数为

$$\mathcal{L}(\boldsymbol{w})=\ln L(\boldsymbol{w})=\sum_{i\in\varPhi}\ln g(x_i)+\sum_{i\in\varPsi}\ln[1-g(x_i)] \tag{3.39}$$

对式（3.39）稍做变形，便可得到

$$\mathcal{L}(\boldsymbol{w})=\sum_{i=1}^{30}\{\dot{y}_i\ln g(x_i)+(1-\dot{y}_i)\ln[1-g(x_i)]\} \tag{3.40}$$

根据最大似然估计原理，我们的任务就是要求解如下的优化方程式

$$\boldsymbol{w}=\underset{\boldsymbol{w}}{\operatorname{argmax}}\,\mathcal{L}(\boldsymbol{w})=\underset{\boldsymbol{w}}{\operatorname{argmax}}\sum_{i=1}^{30}\{\dot{y}_i\ln g(x_i)+(1-\dot{y}_i)\ln[1-g(x_i)]\} \tag{3.41}$$

将式（3.40）与式（3.36）进行对比，式（3.41）与式（3.37）进行对比，我们惊奇地发现最大似然估计原理与最小交叉熵原理在这里是完全相通的，得出的结果也完全相同。

最后的任务就是求解优化方程式（3.41）[或方程式（3.37）]。数学分析表明，$\mathcal{L}(\boldsymbol{w})$ 是一个凹函数，该函数存在唯一的一个极值点，这个极值点也是该函数唯一的最大值点，同时也是方程式（3.41）的解。$\mathcal{L}(\boldsymbol{w})$ 是一个矢量的标量函数，其极值点必须满足梯度矢量为零矢量的条件[参见式（2.164）]，即

$$\nabla\mathcal{L}(\boldsymbol{w})=\frac{\partial\mathcal{L}(\boldsymbol{w})}{\partial\boldsymbol{w}}=\boldsymbol{o} \tag{3.42}$$

参见式（2.92），将式（3.42）变形为

$$\begin{bmatrix}\dfrac{\partial\mathcal{L}(\boldsymbol{w})}{\partial w_0} & \dfrac{\partial\mathcal{L}(\boldsymbol{w})}{\partial w_1}\end{bmatrix}=[0\quad 0] \tag{3.43}$$

将方程式（3.43）展开，得到关于 w_0 和 w_1 的方程组

$$\begin{cases}\dfrac{\partial\mathcal{L}(\boldsymbol{w})}{\partial w_0}=\displaystyle\sum_{i=1}^{30}\left[\dot{y}_i-\frac{1}{1+\mathrm{e}^{-(w_0+w_1x_i)}}\right]=0\\[2ex]\dfrac{\partial\mathcal{L}(\boldsymbol{w})}{\partial w_1}=\displaystyle\sum_{i=1}^{30}\left[\dot{y}_i-\frac{1}{1+\mathrm{e}^{-(w_0+w_1x_i)}}\right]x_i=0\end{cases} \tag{3.44}$$

式（3.44）的复杂结构决定了我们无法通过解析法求得其精确解，所以只能用数值计算的方式得到其近似解。编程求解方程式（3.44），可得到如下的近似解

$$w_0 \approx -4.9846, \quad w_1 \approx 0.8641 \tag{3.45}$$

由此也可计算出

$$\mu = -\frac{w_0}{w_1} \approx \frac{4.9846}{0.8641} \approx 5.7685, \ s = \frac{1}{w_1} \approx \frac{1}{0.8641} \approx 1.1573 \tag{3.46}$$

式（3.45）就是优化方程式（3.41）的近似解，至此我们终于找到了能够最好地吻合样本数据的概率估计函数 $g(x)$

$$g(x) = \frac{1}{1+\mathrm{e}^{4.9846-0.8641x}} \tag{3.47}$$

图 3-28 给出了 $g(x)$ 的函数曲线，曲线的拐点坐标是 $(5.7685, 0.5)$，图形顶部的 14 个圆点代表的是达标的 14 位男生的样本数据，图形底部的 16 个圆点代表的是未达标的 16 位男生的样本数据。

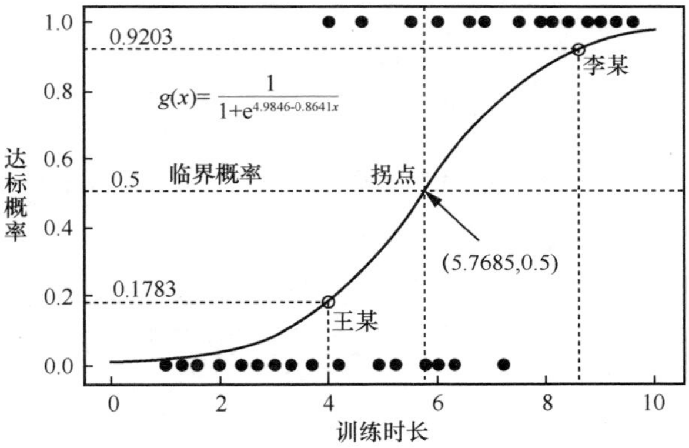

图 3-28　概率估计函数 $g(x)$ 的函数曲线

体育老师想知道达标情况与训练时长之间的关系，答案就是式（3.47）所示的 $g(x)$ 的表达式。有了这个表达式，我们就可以利用它来完成预测任务。例如，如果同年级的某位男生王某训练了 4 小时（见图 3-28），则可以预测王某能够达标的概率等于

$$g(4) \approx \frac{1}{1+\mathrm{e}^{4.9846-0.8641\times 4}} \approx 0.1783$$

如果同年级的另一位男生李某训练了 8.6 小时（见图 3-28），则可以预测李某能够达标的概率等于

$$g(8.6) \approx \frac{1}{1+\mathrm{e}^{4.9846-0.8641\times 8.6}} \approx 0.9203$$

由于通常情况下都是将 0.5 设定为临界概率，所以得到达标情况与训练时长之间的关系：如果训练时长大于或等于 5.7685 小时（μ 的值），则可认为是能够达标；如果训练时长

小于 5.7685 小时（μ 的值），则可认为是不能达标。故此，可以认为王某不能够达标，李某能够达标。

关于逻辑回归的知识我们就学到这里。需要说明的是，逻辑回归的知识还有很多，本小节所描述的内容只能算是逻辑回归最简单的版本，而实际应用中多是一些扩展版或升级版。例如，在逻辑函数表达式（3.24）中，自变量只有一个 x。如果有 N 个自变量 $x_1, x_2, \cdots, x_N$，则逻辑函数的表达式就变成了

$$f(x_1, x_2, \cdots, x_N) = \frac{1}{1 + \mathrm{e}^{-(k_0 + k_1 x_1 + k_2 x_2 + \cdots + k_N x_N)}} \tag{3.48}$$

这样一来，后续的数学处理过程就会相应地发生一些改变。还需要说明的是，本小节所描述的逻辑回归只适合于解决**二分类（Binary Classification）问题**，这一点很好理解。如图 3-29 所示，我们可以事先人为地设定一个临界概率 P_{T}，如果 x 满足条件 $f(x) \geqslant P_{\mathrm{T}}$，则将 x 划分到 A 类；如果 x 满足条件 $f(x) < P_{\mathrm{T}}$，则将 x 划分到 B 类。最后需要说明的是，在实际应用中，我们还经常会遇到**多分类（Multinomial Classification 或 Multiclass Classification）问题**，这时就可能需要用到一种扩展形式的逻辑回归，称为**多类逻辑回归（Multinomial Logistic Regression）**。

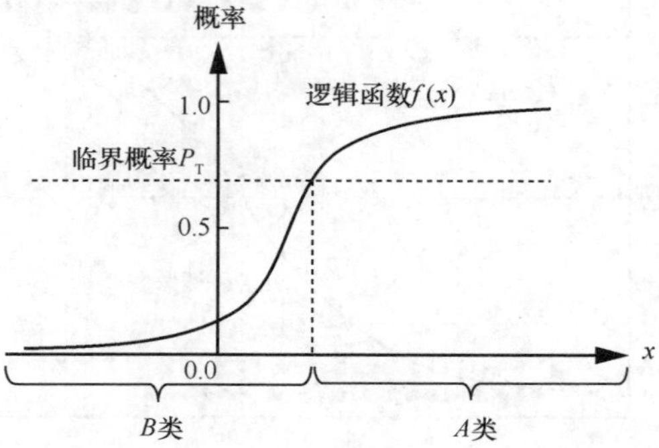

图 3-29 二分类问题

3.5.3 K-NN

K-NN 算法也称为 **K 近邻算法**，英文全称是 **K-Nearest Neighbors Algorithm**。K-NN 算法属于监督学习方法的范畴，它既可以用于解决分类问题，也可以用于解决回归问题。用于解决分类问题时，K-NN 算法也常常称为 **K-NN 分类算法（K-NN Classification Algorithm）**；用于解决回归问题时，K-NN 算法也常常称为 **K-NN 回归算法（K-NN Regression Algorithm）**。

我们先从 K-NN 分类算法的一个例子说起。如图 3-30 所示，不算叉号，平面上共有 11 个数据点，有的数据点用方块表示，有的数据点用圆点表示，有的数据点用三角形表示。这 11 个数据点构成了一个训练集，其中的每一个数据点都是一个训练样本，且每个训练样本都带有相应的类别信息：方块表示类别 1，圆点表示类别 2，三角形表示类别 3。现在，我们有了一个用叉号表示的数据点，它是一个新的、不带类别信息的数据点。那么，根据训练集提供的信息，K-NN 分类算法将把这个新的数据点划分到 3 个已知类别

中的哪一类呢？

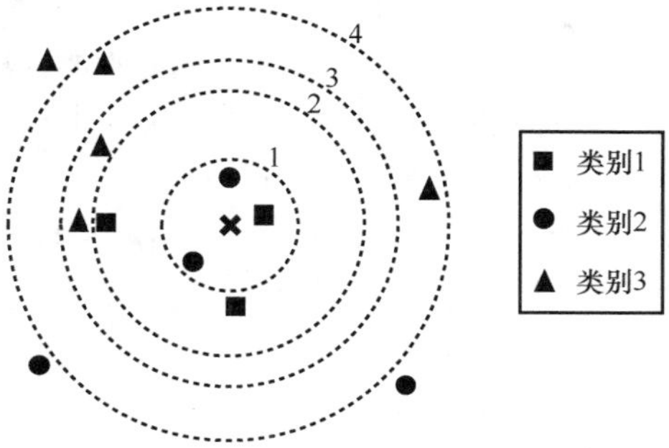

图 3-30　K-NN 分类算法

要使用 K-NN 分类算法对数据进行分类，必须事先选定 K 的取值。K 必须是一个正整数，其大小的选择是没有严格的理论规定的，一般是根据具体问题和需求以及以往的经验而定。假设选定 K 值为 3，那么 3-NN 分类算法该如何对叉号所代表的数据点进行分类呢？由于 K 值为 3，所以需要找出 3 个离叉号最近的训练样本。从图 3-30 中可以看到，所找到的这 3 个训练样本位于第 1 个虚线圆圈内（注：图中的 4 个虚线圆圈都是同心圆，叉号位于圆心的位置）。在这 3 个训练样本中，方块的个数是 1，圆点的个数是 2，三角形的个数是 0，也即圆点的个数是最多的，于是 3-NN 分类算法将把叉号所代表的数据点划分到圆点表示的类别，也即类别 2。

假设选定 K 值为 5，那么 5-NN 分类算法该如何对叉号所代表的数据点进行分类呢？由于 K 值为 5，所以需要找出 5 个离叉号最近的训练样本。从图 3-30 中可以看到，所找到的这 5 个训练样本位于第 2 个虚线圆圈内。在这 5 个训练样本中，方块的个数是 3，圆点的个数是 2，三角形的个数是 0，也即方块的个数是最多的，于是 5-NN 分类算法将把叉号所代表的数据点划分到方块表示的类别，也即类别 1。

假设选定 K 值为 7，那么 7-NN 分类算法该如何对叉号所代表的数据点进行分类呢？由于 K 值为 7，所以需要找出 7 个离叉号最近的训练样本。从图 3-30 中可以看到，所找到的这 7 个训练样本位于第 3 个虚线圆圈内。在这 7 个训练样本中，方块的个数是 3，圆点的个数是 2，三角形的个数是 2，也即方块的个数是最多的，于是 7-NN 分类算法将把叉号所代表的数据点划分到方块表示的类别，也即类别 1。

假设选定 K 值为 9，那么 9-NN 分类算法该如何对叉号所代表的数据点进行分类呢？由于 K 值为 9，所以需要找出 9 个离叉号最近的训练样本。从图 3-30 中可以看到，所找到的这 9 个训练样本位于第 4 个虚线圆圈内。在这 9 个训练样本中，方块的个数是 3，圆点的个数是 2，三角形的个数是 4，也即三角形的个数是最多的，于是 9-NN 分类算法将把叉号所代表的数据点划分到三角形表示的类别，也即类别 3。

细心的读者可能已经注意到了，K-NN 分类算法在得到训练集信息后立刻就能够对新的数据点进行分类处理。也就是说，K-NN 分类算法没有明显的训练阶段，或者说其训练阶段和工作阶段没有明显的界线之分。K-NN 分类算法是在对新的数据点进行分类处理的时候才同时开始学习利用训练集信息的，从这个意义上讲，K-NN 分类算法不是一种先学后用的算法，而是一种边学边用的算法。

细心的读者可能还注意到了，在图 3-30 所示的例子中，K-NN 分类算法所选定的 K 值都是奇数。如果将 K 值选定为偶数 4，情况又会怎样呢？如图 3-31 所示，图中的训练样本和叉号的位置分布与图 3-30 是完全一样的，4-NN 分类算法在对叉号所代表的数据点进行分类之前找出了 4 个离叉号最近的训练样本，这 4 个训练样本位于虚线圆圈内，其中方块的个数是 2，圆点的个数是 2，三角形的个数是 0。显然，方块的个数和圆点的个数是相等的，且均为最大值 2，于是这就出现了所谓的平局现象。事实上，无论 K 值是奇数还是偶数，K-NN 分类算法都有可能遇到平局的情况。但理论分析表明，从统计意义上讲，K 值是奇数时遇到平局的概率要小于 K 值是偶数时遇到平局的概率。例如，对于二分类问题，K 值是奇数时的 K-NN 分类算法绝对不会遇到平局的情况，但 K 值是偶数时的 K-NN 分类算法就有可能遇到平局的情况。在实际应用中，人们总是倾向于尽量避免遇到平局的情况，所以 K-NN 分类算法中的 K 值一般都选定为奇数。

对于平局的情况，K-NN 分类算法必须有相应的处理规则。规则的制定非常灵活，并无严格的约束和限制。例如，对于图 3-31 所示的平局情况，可以简单地将叉号所代表的数据点完全随机地划分到类别 1 或类别 2，也可以将叉号所代表的数据点划分到类别 2（原因是训练集中圆点的总数 4 大于方块的总数 3），还可以根据一些更复杂的算法来对叉号所代表的数据点进行分类。

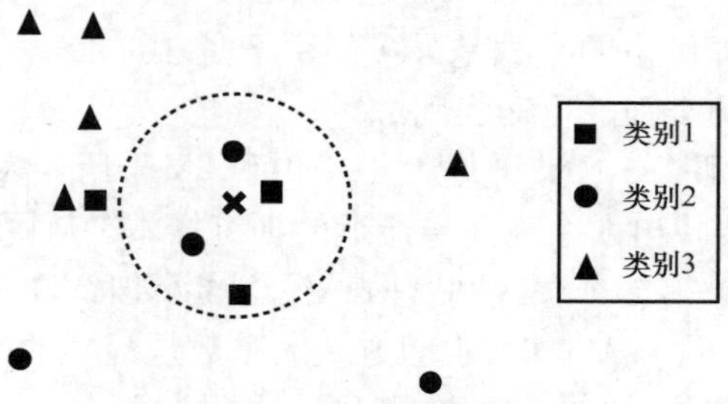

图 3-31 4-NN 分类算法

以上讨论针对的都是基本的 K-NN 分类算法。对于基本的 K-NN 分类算法，我们可以给出一般性的描述：$(\boldsymbol{x}_1,\dot{y}_1),(\boldsymbol{x}_2,\dot{y}_2),\cdots,(\boldsymbol{x}_n,\dot{y}_n)$ 是训练集中的所有 n 个训练样本，其中 $N(N \geqslant 1)$ 维矢量 $\boldsymbol{x}_i$ 是第 i 个训练样本矢量，标量 $\dot{y}_i$ 是 $\boldsymbol{x}_i$ 的类别值，这个类别值也就是 $\boldsymbol{x}_i$ 对应的标签信息或期望输出。类别值一般为正整数，但作为类别值的正整数并无大小的意义，只表示类别信息。对于一个新的 N 维数据矢量 $\boldsymbol{x}$，基本的 K-NN 分类算法会首先计算出每个训练样本到 $\boldsymbol{x}$ 的距离值，然后找出距离值最小的 K 个训练样本。在这 K 个训练样本中，如果第 j 类的样本的个数最多，则基本的 K-NN 分类算法就会将 $\boldsymbol{x}$ 划分到第 j 类；如果遇到平局等特殊情况，则基本的 K-NN 分类算法将按照事先设定的规则对 $\boldsymbol{x}$ 进行分类处理。

基本的 K-NN 分类算法有许多不足之处，所以在实际应用中，人们通常会根据需要对它进行相应的调整和改进。例如，基本的 K-NN 分类算法遵循的是一种**简单多数投票（Simple Majority Voting）规则**，在对一个新的数据点进行分类时，距离该数据点最近的 K 个训练样本每个都投出一票给自己所在的那个类别，得票最多的那个类别就是新的数据点被划归的类别。根据这种简单多数投票规则，基本的 K-NN 分类算法完全不会考

虑这 K 个训练样本与新数据点的距离远近差别，相当于每个训练样本所投出的那一票都拥有 $1/K$ 的权重值。但在实际应用中，无论是凭经验还是凭直觉，人们都倾向于认为，与新数据点更近的训练样本所投之票理应拥有更大的权重值，这样就出现了基于**加权多数投票（Weighted Majority Voting）规则**的 K-NN 分类算法。在加权多数投票规则中，某个训练样本所投之票的权重值与该训练样本到新数据点的距离的倒数成正比。

图 3-32 给出了一个基于加权多数投票规则的 9-NN 分类算法的例子，图中每个训练样本旁边的数值代表的是该训练样本到新数据点叉号的距离值，离叉号最近的那个方块所投之票的权重值等于

$$\frac{\frac{1}{0.5}}{\frac{1}{0.5}+\frac{1}{1}+\frac{1}{2}+\frac{1}{2}+\frac{1}{1}+\frac{1}{\sqrt{8}}+\frac{1}{\sqrt{8}}+\frac{1}{\sqrt{8}}+\frac{1}{\sqrt{8}}}=\frac{2}{5+\sqrt{2}}$$

另一个方块所投之票的权重值等于

$$\frac{\frac{1}{1}}{\frac{1}{0.5}+\frac{1}{1}+\frac{1}{2}+\frac{1}{2}+\frac{1}{1}+\frac{1}{\sqrt{8}}+\frac{1}{\sqrt{8}}+\frac{1}{\sqrt{8}}+\frac{1}{\sqrt{8}}}=\frac{1}{5+\sqrt{2}}$$

与叉号的距离为 1 的圆点所投之票的权重值等于

$$\frac{\frac{1}{1}}{\frac{1}{0.5}+\frac{1}{1}+\frac{1}{2}+\frac{1}{2}+\frac{1}{1}+\frac{1}{\sqrt{8}}+\frac{1}{\sqrt{8}}+\frac{1}{\sqrt{8}}+\frac{1}{\sqrt{8}}}=\frac{1}{5+\sqrt{2}}$$

与叉号的距离为 2 的圆点所投之票的权重值等于

$$\frac{\frac{1}{2}}{\frac{1}{0.5}+\frac{1}{1}+\frac{1}{2}+\frac{1}{2}+\frac{1}{1}+\frac{1}{\sqrt{8}}+\frac{1}{\sqrt{8}}+\frac{1}{\sqrt{8}}+\frac{1}{\sqrt{8}}}=\frac{0.5}{5+\sqrt{2}}$$

每个三角形所投之票的权重值等于

$$\frac{\frac{1}{\sqrt{8}}}{\frac{1}{0.5}+\frac{1}{1}+\frac{1}{2}+\frac{1}{2}+\frac{1}{1}+\frac{1}{\sqrt{8}}+\frac{1}{\sqrt{8}}+\frac{1}{\sqrt{8}}+\frac{1}{\sqrt{8}}}=\frac{\frac{1}{\sqrt{8}}}{5+\sqrt{2}}$$

于是，方块类的加权得票数为

$$\frac{2}{5+\sqrt{2}}+\frac{1}{5+\sqrt{2}}=\frac{3}{5+\sqrt{2}}$$

圆点类的加权得票数为

$$\frac{1}{5+\sqrt{2}}+\frac{0.5}{5+\sqrt{2}}+\frac{0.5}{5+\sqrt{2}}=\frac{2}{5+\sqrt{2}}$$

三角形类的加权得票数为

$$\frac{\frac{1}{\sqrt{8}}}{5+\sqrt{2}}\times 4=\frac{\sqrt{2}}{5+\sqrt{2}}$$

因为$\frac{3}{5+\sqrt{2}}>\frac{2}{5+\sqrt{2}}>\frac{\sqrt{2}}{5+\sqrt{2}}$，也即方块类的加权得票数最多，所以基于加权多数投票规则的 9-NN 分类算法会将叉号所代表的数据点划分到类别 1。显然，如果采用的是基于简单多数投票规则的 9-NN 分类算法，则叉号所代表的数据点将会被划分到类别 3。

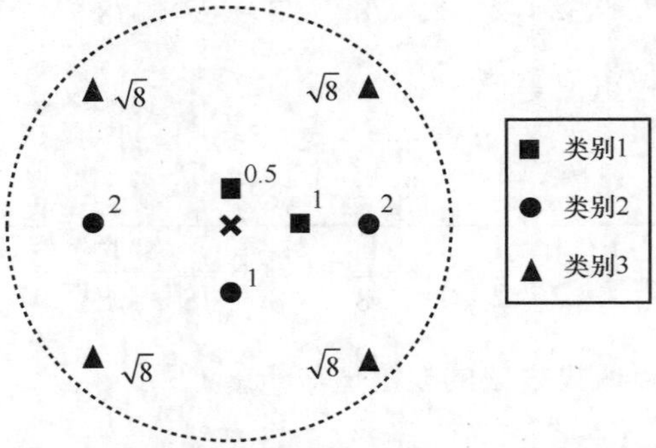

图 3-32　基于加权多数投票规则的 9-NN 分类算法

K-NN 算法除了可以用于解决分类问题，还可以用于解决回归问题。基本的 K-NN 回归算法的描述：$(\boldsymbol{x}_1,\dot{y}_1),(\boldsymbol{x}_2,\dot{y}_2),\cdots,(\boldsymbol{x}_n,\dot{y}_n)$是训练集中的所有$n$个训练样本，其中$N(N\geqslant 1)$维矢量$\boldsymbol{x}_i$是第$i$个训练样本矢量，标量$\dot{y}_i$的取值是连续的，它是$\boldsymbol{x}_i$对应的标签信息或期望输出。对于一个新的$N$维数据矢量$\boldsymbol{x}$，基本的 K-NN 回归算法会首先计算出每个训练样本到$\boldsymbol{x}$的距离值，然后找出距离值最小的K个训练样本，最后计算出这K个训练样本的期望输出的算术平均值，该算术平均值也就是基本的 K-NN 回归算法预测出的数据矢量$\boldsymbol{x}$对应的输出值。

如图 3-33 所示，训练样本矢量$[-0.5\quad 4]^{\mathrm{T}}$对应的期望输出值是 109.5，训练样本矢量$[3\quad 2]^{\mathrm{T}}$对应的期望输出值是 106.8，训练样本矢量$[1\quad 1]^{\mathrm{T}}$对应的期望输出值是 103.2。对于叉号所代表的新的数据矢量$\boldsymbol{x}=[1\quad 2]^{\mathrm{T}}$，基本的 3-NN 回归算法预测出的它所对应的输出值将会是$(109.5+106.8+103.2)/3=106.5$。

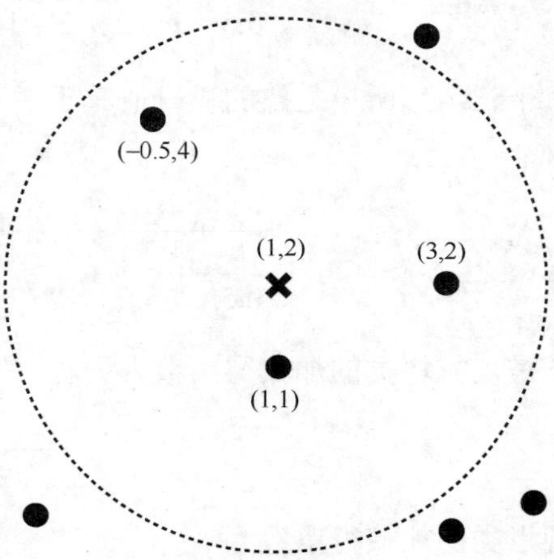

图 3-33　基本的 3-NN 回归算法

与基本的 K-NN 分类算法一样，基本的 K-NN 回归算法也有许多不足之处，所以在实际应用中，人们通常会根据需要对它进行相应的调整和改进。例如，基本的 K-NN 回归算法在计算预测值的时候用到的是算术平均值，实际应用中更多是采用加权算术平均值。另外，无论是 K-NN 分类算法，还是 K-NN 回归算法，为了找到 K 个近邻样本，都会涉及距离的计算。一般情况下，所谓的距离是指欧氏距离（Euclidean Distance），但在有的情况下，也可能需要用到曼哈顿距离（Manhattan Distance），或汉明距离（Hamming Distance），或马哈拉诺比斯距离（Mahalanobis Distance）等。

3.5.4 K-Means

K−均值聚类（K-means Clustering）算法通常简称为 **K-Means**，它属于非监督学习方法的范畴。由于 K−均值聚类算法的名称与 K-NN 算法的名称中都有一个 K，所以二者特别容易混淆。事实上，除了名称中都有 K，二者之间其实没有任何关系，它们是完全不同的两种算法。

关于 K−均值聚类算法，我们先来看一个例子。如图 3-34 中的 a_0 所示，数轴上有 A、B、C 这 3 个点，每个点的位置坐标在图中已经标出。如果要求把这 3 个点聚合为两类，并遵从“靠得近的算同一类”这个规则，那么聚合的结果应该是怎样的呢？显然，总共可能有 3 种聚合结果，分别如图中的 a_1、a_2、a_3 所示。a_1 是指将 A 和 B 聚合为类别 1，将 C 聚合为类别 2；a_2 是指将 A 聚合为类别 1，将 B 和 C 聚合为类别 2；a_3 是指将 A 和 C 聚合为类别 1，将 B 聚合为类别 2。很明显，凭借直观的视觉感受，我们会觉得 a_1 才最能体现“靠得近的算同一类”这个规则，因而 a_1 才是最合适的聚合结果。

“靠得近的算同一类”转换成数学语言就是“各类方差之和最小原则”。其含义：对于不同的聚合方法，首先计算出每个类别的方差，然后将各个类别的方差相加，如果相加之后的和最小，则相应的聚合方法才算最符合“靠得近的算同一类”这个规则。某个类别的方差是指该类别的各个成员到该类别的**质心（Centroid）**的距离的平方的和，而某个类别的质心则是指该类别的所有成员的中心位置。

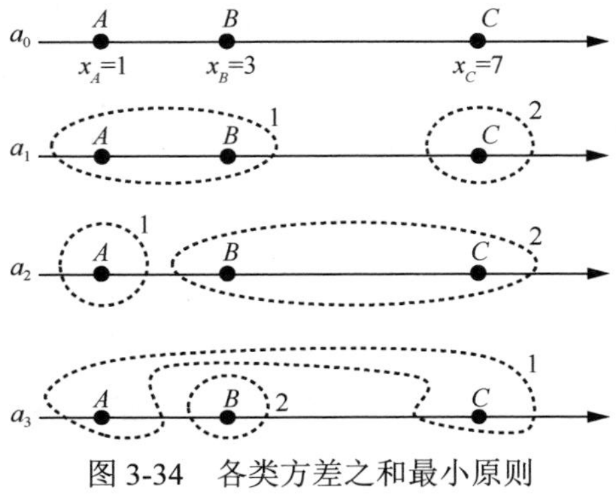

图 3-34　各类方差之和最小原则

针对图 3-34 所示的例子，先计算 a_1 情况下各类方差之和是多少。在 a_1 情况下，类别 1 的成员有 A 和 B，所以类别 1 的质心的位置坐标为

$$z_1 = \frac{x_A + x_B}{2} = \frac{1+3}{2} = 2$$

类别 1 的方差为

$$D_1 = (x_A - z_1)^2 + (x_B - z_1)^2 = (1-2)^2 + (3-2)^2 = 2$$

类别 2 的成员只有 C，所以类别 2 的质心的位置坐标为

$$z_2 = x_C = 7$$

类别 2 的方差为

$$D_2 = (x_C - z_2)^2 = (7-7)^2 = 0$$

所以，在 a_1 情况下，各类方差之和为

$$D = D_1 + D_2 = 2 + 0 = 2$$

接下来计算 a_2 情况下各类方差之和是多少。在 a_2 情况下，类别 1 的成员只有 A，所以类别 1 的质心的位置坐标为

$$z_1 = x_A = 1$$

类别 1 的方差为

$$D_1 = (x_A - z_1)^2 = (1-1)^2 = 0$$

类别 2 的成员有 B 和 C，所以类别 2 的质心的位置坐标为

$$z_2 = \frac{x_B + x_C}{2} = \frac{3+7}{2} = 5$$

类别 2 的方差为

$$D_2 = (x_B - z_2)^2 + (x_C - z_2)^2 = (3-5)^2 + (7-5)^2 = 8$$

所以，在 a_2 情况下，各类方差之和为

$$D = D_1 + D_2 = 0 + 8 = 8$$

最后计算 a_3 情况下各类方差之和是多少。在 a_3 情况下，类别 1 的成员有 A 和 C，所以类别 1 的质心的位置坐标为

$$z_1 = \frac{x_A + x_C}{2} = \frac{1+7}{2} = 4$$

类别 1 的方差为

$$D_1 = (x_A - z_1)^2 + (x_C - z_1)^2 = (1-4)^2 + (7-4)^2 = 18$$

类别 2 的成员只有 B，所以类别 2 的质心的位置坐标为

$$z_2 = x_B = 3$$

类别 2 的方差为

$$D_2 = (x_B - z_2)^2 = (3-3)^2 = 0$$

所以，在 a_3 情况下，各类方差之和为

$$D = D_1 + D_2 = 18 + 0 = 18$$

综合以上的计算可知，a_1、a_2、a_3 情况下各类方差之和分别为 2、8、18。因此，根据“各类方差之和最小原则”，a_1 才是最合适的聚合结果。

将图 3-34 所示的例子进行推广，便可得到对 K−均值聚类算法的一般性描述：假设 $\boldsymbol{x}_1, \boldsymbol{x}_2, \cdots, \boldsymbol{x}_n$ 是训练集中的所有 n 个训练样本矢量，每个训练样本矢量都是不带标签信息的，参数 K 是人为事先设定的一个正整数，则 K−均值聚类算法会根据各类方差之和 D 取最小值的原则将这 n 个训练样本矢量聚合为 K 类，其中的 D 定义为

$$D = \sum_{i=1}^{K} \sum_{\boldsymbol{x}_j \in C_i} |\boldsymbol{x}_j - \boldsymbol{z}_i|^2 \tag{3.49}$$

式（3.49）中的 $\boldsymbol{z}_i$ 为类别 i 的质心矢量，定义为

$$\boldsymbol{z}_i = \frac{1}{\# C_i} \sum_{\boldsymbol{x}_j \in C_i} \boldsymbol{x}_j \tag{3.50}$$

其中，C_i 表示被聚合到类别 i 的训练样本矢量的集合，$\# C_i$ 表示集合 C_i 所包含的训练样本矢量的个数。

K−均值聚类算法一般是采用迭代优化方式来实现的，算法过程如下。

- 第 1 步，从训练集中随机选取 K 个训练样本矢量分别作为 K 个类别的初始质心矢量。
- 第 2 步，将训练集中的每个训练样本矢量划分到离它最近的质心矢量所属的类别，然后计算出各类方差之和 D 的值。
- 第 3 步，重新计算 K 个类别的质心矢量。
- 第 4 步，迭代重复第 2 步和第 3 步，如果连续两次迭代得到的 D 值的差值小于事先人为设定的容限值，则认为算法已经收敛，训练过程结束，最后得到的 K 个类别的质心矢量以及各个训练样本矢量所属的类别就是算法的最终输出。

图 3-35 给出了 K−均值聚类的 4 个示例，这些示例中的训练样本矢量均为 2 维矢量。图 3-35（a）和图 3-35（b）所采用的训练集是完全一样的，都包含了 25 个训练样本矢量，并且训练样本矢量的分布情况也是相同的。图 3-35（a）使用的是 2−均值聚类算法，图 3-35（b）使用的是 3−均值聚类算法。图 3-35（c）和图 3-35（d）所采用的训练集也是完全一样的，都包含了 30 个训练样本矢量，并且训练样本矢量的分布情况也是相同的。

图 3-35（c）使用的是 2–均值聚类算法，图 3-35（d）使用的是 3–均值聚类算法。图中所展示的是算法运行的结果，其中的加号“+”表示的是质心矢量的位置，圆点、三角形和方块代表不同的类别。

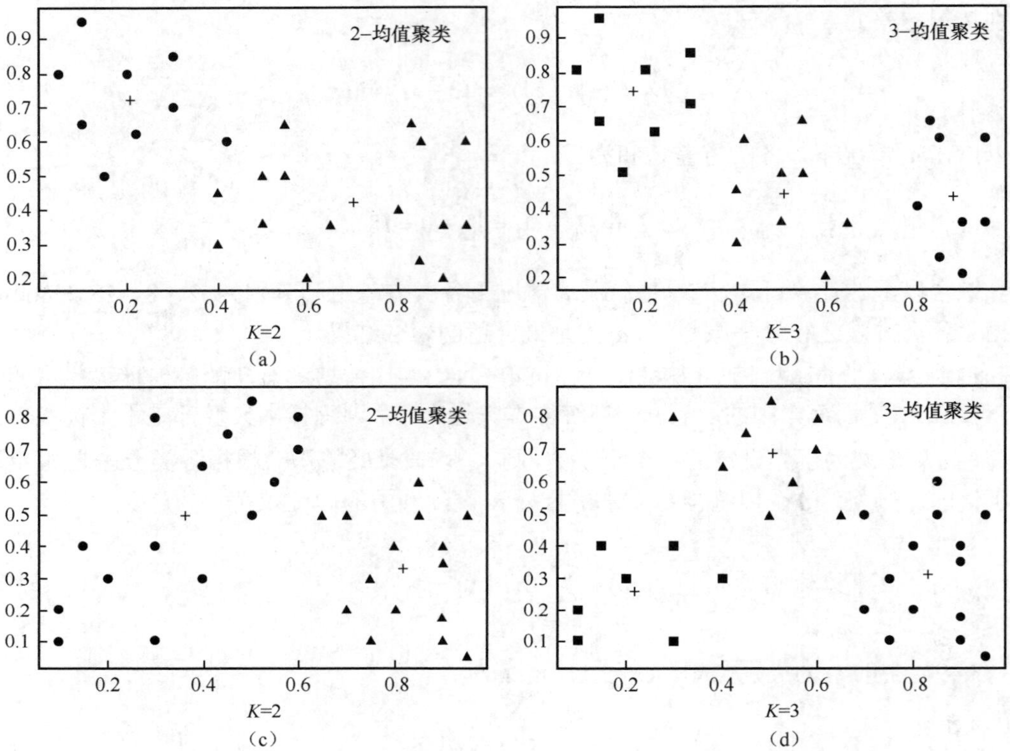

图 3-35　K–均值聚类示例

对于 K–均值聚类算法来说，训练阶段的任务就是将训练集中的所有训练样本矢量聚合为 K 个不同的类别，并得到 K 个不同类别的质心矢量的位置。在工作阶段（运行阶段），对于一个新的样本矢量，K–均值聚类算法将会把它划分到离它最近的那个质心矢量所属的类别。

需要说明的是，以上关于 K–均值聚类算法的描述针对的只是该算法最基本的形态。在实际应用中，人们会根据具体的需要对基本的 K–均值聚类算法进行相应的调整和改进。关于 K–均值聚类算法，估计读者朋友一定还有很多的疑问。例如，如何合理地选定参数 K 的值？初始质心矢量的不同选择是否会导致不同的聚类结果？初始质心矢量的不同选择是否会影响到算法的收敛速度？算法收敛之后所得到的聚类结果一定是全局最优的吗？算法中使用的距离度量除了欧氏距离还有哪些别的度量形式？如此等等。对于这些问题的分析和讨论已经超出了本书的内容范围，感兴趣的读者朋友请自行查阅相关的资料进行深入的学习和探究。

3.5.5 SVM

SVM（Support-Vector Machine，支持矢量机）算法的主要贡献者是苏联数学家弗拉基米尔·万普尼克（Vladimir Vapnik），如图 3-36 所示。SVM 算法是一种极具影响力的机器学习算法，应用非常广泛。

在介绍 SVM 算法之前，我们需要搞清楚**线性可分性（Linear Separability）**的概念。假设在 N 维空间中存在若干个 A 类数据点和若干个 B 类数据点，如果存在一个 $N-1$ 维超平面，使得所有的 A 类数据点都位于该超平面的某一侧，而所有的 B 类数据点都位于该超平面的另一侧，我们就说这些 A 类数据点和 B 类数据点是**线性可分的（Linearly Separable）**，否则就说这些 A 类数据点和 B 类数据点是**非线性可分的（Non-Linearly Separable）**。在 2 维平面空间中，线性可分性问题可以得到非常形象而直观的展现，因为此时的 1 维超平面其实就是直线。如图 3-37 所示，对于（a）和（b）这两种情况，因为所有的 A 类数据点和所有的 B 类数据点都可以分别位于一条直线的两侧，所以这些 A 类数据点和 B 类数据点是线性可分的。对于（c）和（d）这两种情况，我们无论如何也找不到能够完全分割 A 类数据点和 B 类数据点的直线，所以这些 A 类数据点和 B 类数据点不是线性可分的，或者说是非线性可分的。

图 3-36　Vladimir Vapnik

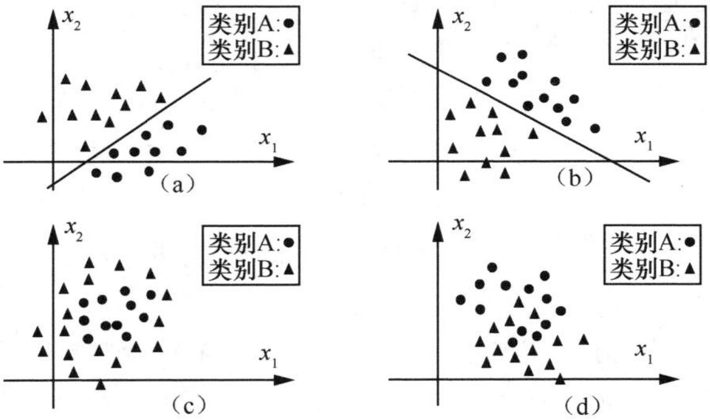

图 3-37　线性可分性

在机器学习的线性分类问题中，如果训练集中的 N 维训练样本矢量只有 A、B 两种类别，并且这两种类别的训练样本矢量是线性可分的，则机器学习的算法程序在训练阶段的任务就是要自动寻找一个能够完全分割 A、B 两类训练样本矢量的 $N-1$ 维超平面 H，该超平面 H 也称为**决策边界（Decision Boundary）**。决策边界 H 会将整个 N 维空间分割成两个半空间（见图 2-31），我们姑且将 A 类训练样本矢量所在的半空间称为 H^A，将 B 类训练样本矢量所在的半空间称为 H^B。在工作阶段（运行阶段），算法程序的任务则是要根据决策边界 H 的位置对新的数据矢量进行类别划分：如果新的数据矢量落入了半空间 H^A，则该数据矢量将被划分到类别 A；如果新的数据矢量落入了半空间 H^B，则该数据矢量将被划分到类别 B。

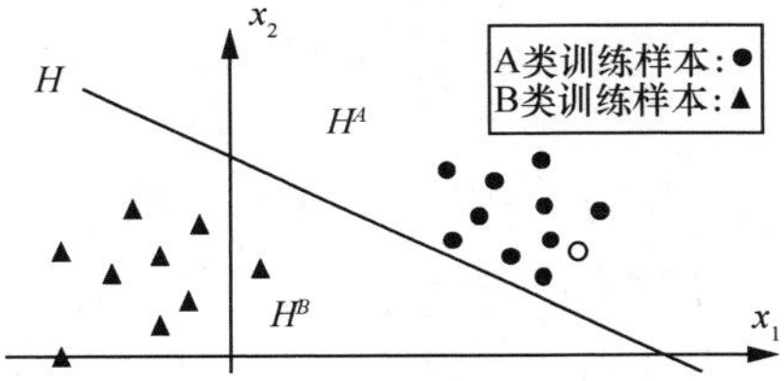

图 3-38　根据决策边界进行类别划分

如图 3-38 所示，训练集中包含了 10 个实心圆点和 9 个实心三角形，这些实心圆点和实心三角形都是 2 维的训练样本矢量，直线 H 是算法程序在训练阶段结束时确定出的决策边界。在工作阶段，算法程序接收到一个新的 2 维数据矢量，该数据矢量在图中表示为空心圆点。由于该空心圆点落入了半空间 H^A，因此该数据矢量将被算法程序划分到类别 A。

机器学习的算法程序在根据决策边界的位置对新的数据矢量 $\boldsymbol{x}$ 进行分类时，如果将 $\boldsymbol{x}$ 划分到了类别 A，而 $\boldsymbol{x}$ 的真实类别正是 A，或者将 $\boldsymbol{x}$ 划分到了类别 B，而 $\boldsymbol{x}$ 的真实类别正是 B，我们就说算法程序进行了一次正确的分类。反之，如果将 $\boldsymbol{x}$ 划分到了类别 A，而 $\boldsymbol{x}$ 的真实类别却是 B，或者将 $\boldsymbol{x}$ 划分到了类别 B，而 $\boldsymbol{x}$ 的真实类别却是 A，我们就说算法程序进行了一次错误的分类。毫无疑问，我们总是希望正确分类的概率越大越好。正确分类的概率越大，就意味着算法程序的泛化误差（Generalization Error）越小，也即算法程序的泛化能力越强。显然，算法程序的泛化误差完全取决于它在训练阶段结束时确定出的决策边界的位置：决策边界的位置越合适，则泛化误差就会越小，泛化能力就会越强。

如图 3-39 所示，训练集中包含了 13 个实心圆点和 12 个实心三角形，这些实心圆点和实心三角形都是 2 维的训练样本矢量，直线 H 是算法程序在训练阶段结束时确定出的决策边界，该决策边界完全分割了 A、B 两类训练样本，同时也将整个 2 维平面空间划分成了半空间 H^A 和半空间 H^B。两个空心三角形是新的数据矢量，它们的真实类别都是 A（从图中可以看得出来，它们与 A 类训练样本的距离很近，与 B 类训练样本的距离很远）。然而，由于这两个数据矢量都落入了半空间 H^B，所以它们都将被算法程序错误地划分到类别 B。显然，造成如此错误的原因是决策边界 H 的位置与 A 类样本靠得太近，而与 B 类样本离得太远。如果决策边界是在 H_1 的位置，那么情况又会怎样呢？虽然 H_1 的位置不偏不倚，与 A 类样本的距离和与 B 类样本的距离基本相等，但是这个距离本身非常之小，所以仍然很容易导致错误分类的情况发生。如果以 H_1 作为决策边界，则两个新的数据矢量中仍然有一个会被算法程序错误地分类。再来看看 H_2 的位置：一方面，H_2 与 A 类样本和 B 类样本保持了基本相等的距离；另一方面，这个距离又得到了最大化。如果以 H_2 作为决策边界，则两个新的数据矢量均不会被算法程序错误地分类。总之，看上去 H_2 才应该是最优的决策边界，而 SVM 算法的主要功能正是寻找和确定类似于 H_2 的最优的决策边界。

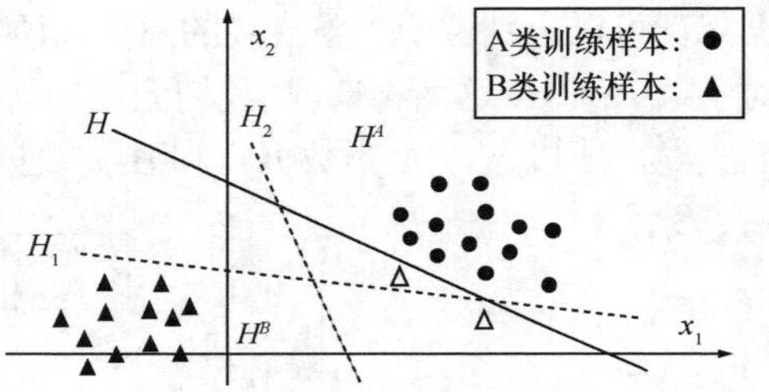

图 3-39　决策边界的位置

当然，最优的决策边界不能只是看上去是最优的，还必须有严格的、数学意义上的准确性。为此，我们需要解释一下 SVM 算法中的 3 个基本概念，即**边距（Margin）**、**边距区域（Margin Region）**和**支持矢量（Support-Vector）**。如图 3-40 所示，实心圆点和实心三角形表示的训练样本矢量都是 2 维矢量，假设有两条平行的直线，其中一条直线上只有一个或多个 A 类训练样本，无 B 类训练样本，另一条直线上只有一个或多个 B 类训练样本，无 A 类训练样本，并且这两条平行直线之间没有任何别的训练样本，那么这两条平行直线之间的区域就叫作边距区域，这两条平行直线之间的距离叫作该边距区域的边距，位于这两条平行直线上的所有训练样本矢量统称为支持矢量。例如，图中的

直线 L_1 平行于直线 L_2，它们之间的区域就构成了一个边距区域，姑且称为边距区域 1，相应的边距姑且称为边距 1，L_1 上有一个 B 类支持矢量，L_2 上有一个 A 类支持矢量。图中的直线 L_3 平行于直线 L_4，它们之间的区域也构成了一个边距区域，姑且称为边距区域 2，相应的边距姑且称为边距 2，L_3 上有一个 B 类支持矢量，L_4 上有两个 A 类支持矢量。图中虽然只画出了两个边距区域，但实际上还存在无穷多个边距区域。如果边距区域 2 是所有边距区域中具有最大边距的边距区域，那么边距区域 2 就正是 SVM 算法要寻找的最优边距区域，而位于 L_3 和 L_4 之间的、与 L_3 和 L_4 等距的那条直线 L 就是 SVM 算法确定的最优的决策边界。注意，虽然图 3-40 所展示的只是 2 维平面空间中的情况，但其涉及的所有概念均可推广至任意维空间。在 2 维、3 维、更高维空间中，根据 SVM 算法确定出的最优的决策边界也分别称为**最大边距直线（Maximum Margin Line）、最大边距平面（Maximum Margin Plane）、最大边距超平面（Maximum Margin Hyperplane）**。

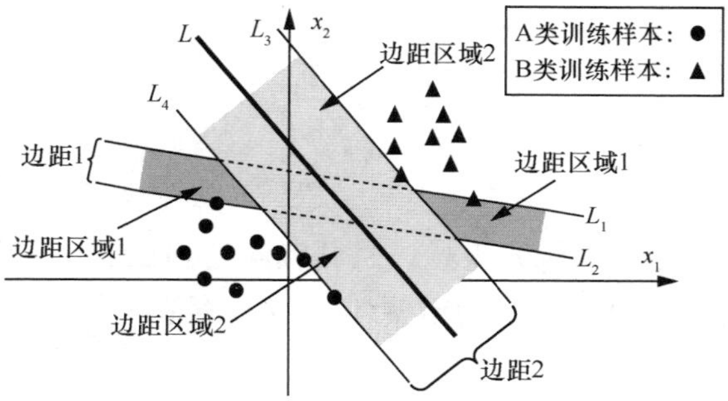

图 3-40　SVM 算法的基本概念

如图 3-41 所示，假设 $(\boldsymbol{x}_1,\dot{y}_1),(\boldsymbol{x}_2,\dot{y}_2),\cdots,(\boldsymbol{x}_n,\dot{y}_n)$ 是训练集中的所有 n 个训练样本，训练样本的类别只有 A 类和 B 类，并且这两类训练样本是线性可分的，其中 $N(N\geqslant1)$ 维矢量 $\boldsymbol{x}_i$ 是第 i 个训练样本矢量，标量 $\dot{y}_i$ 是 $\boldsymbol{x}_i$ 的类别值，也就是 $\boldsymbol{x}_i$ 对应的标签信息或期望输出。$\dot{y}_i$ 的取值为1时，表示 $\boldsymbol{x}_i$ 的类别是 A；$\dot{y}_i$ 的取值为 -1 时，表示 $\boldsymbol{x}_i$ 的类别是 B。注意，$\dot{y}_i$ 的不同取值并不具有大小意义，只是用来表达不同的类别信息而已。超平面 H_1 和超平面 H_{-1} 之间的区域为边距区域，H_1 上只有一个或多个 A 类训练样本，无 B 类训练样本，H_{-1} 上只有一个或多个 B 类训练样本，无 A 类训练样本。H 是位于 H_1 和 H_{-1} 之间的、与 H_1 和 H_{-1} 等距的超平面。

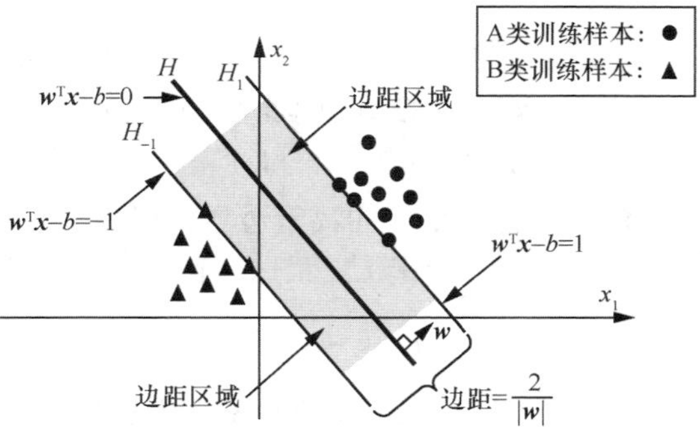

图 3-41　SVM 算法的工作原理

从数学上可以证明，H 的方程可以表示为

$$\boldsymbol{w}^{\mathrm{T}}\boldsymbol{x}-b=0 \tag{3.51}$$

H_1 的方程可以表示为

$$\boldsymbol{w}^{\mathrm{T}}\boldsymbol{x}-b=1 \tag{3.52}$$

H_{-1} 的方程可以表示为

$$\boldsymbol{w}^{\mathrm{T}}\boldsymbol{x}-b=-1 \tag{3.53}$$

从数学上还可以证明

$$\text{边距}=\frac{2}{|\boldsymbol{w}|} \tag{3.54}$$

在以上几个等式中，$\boldsymbol{x}=[x_1 \quad x_2 \quad \cdots \quad x_N]^{\mathrm{T}}$ 为 N 维列矢量，待优化的参数矢量 $\boldsymbol{w}=[w_1 \quad w_2 \quad \cdots \quad w_N]^{\mathrm{T}}$ 也是 N 维列矢量，且其方向是垂直于超平面 H 的，待优化的参数 b 是一个标量。方程式（3.52）的约束条件是

$$\boldsymbol{w}^{\mathrm{T}}\boldsymbol{x}_i-b\geqslant 1 \quad for \quad \dot{y}_i=1 \quad (i=1,2,\cdots,n) \tag{3.55}$$

此约束条件保证了超平面 H_1 正好穿过各个 A 类支持矢量，同时又位于所有其他 A 类训练样本的下侧。式（3.53）的约束条件是

$$\boldsymbol{w}^{\mathrm{T}}\boldsymbol{x}_i-b\leqslant -1 \quad for\ \dot{y}_i=-1 \quad (i=1,2,\cdots,n) \tag{3.56}$$

此约束条件保证了超平面 H_{-1} 正好穿过各个 B 类支持矢量，同时又位于所有其他 B 类训练样本的上侧。式（3.55）和式（3.56）这两个约束条件还可以进一步简化成一个约束条件，即

$$\dot{y}_i(\boldsymbol{w}^{\mathrm{T}}\boldsymbol{x}_i-b)\geqslant 1 \quad (i=1,2,\cdots,n) \tag{3.57}$$

式（3.54）表明，边距是与参数矢量的模 $|\boldsymbol{w}|$ 成反比的，所以要想使边距最大化，就必须让 $|\boldsymbol{w}|$ 最小化。于是，SVM 算法在训练阶段的任务就是要找到能够满足条件式（3.57）的并且使 $|\boldsymbol{w}|$ 的值最小化的参数矢量 $\boldsymbol{w}$ 和标量 b。一旦找到了这样的 $\boldsymbol{w}$ 和 b，H 的方程式（3.51）也就确定了，也即最优的决策边界就确定了。

在 SVM 算法的工作阶段（运行阶段），对于一个新的 N 维数据矢量 $\boldsymbol{x}$，如果

$$\boldsymbol{w}^{\mathrm{T}}\boldsymbol{x}-b>0$$

则说明该数据矢量位于决策边界 H 的上侧，所以该数据矢量将被 SVM 算法划分到类别 A。如果

$$w^T x - b < 0$$

则说明该数据矢量位于决策边界 H 的下侧，所以该数据矢量将被 SVM 算法划分到类别 B。如果

$$w^T x - b = 0$$

则说明该数据矢量恰好位于决策边界 H 上。对于这种特殊情况，SVM 算法可以根据人为事先设定的规则对 $\boldsymbol{x}$ 进行类别划分（请回顾一下 3.5.3 小节中 KNN 处理平局的方法）。

关于 SVM 算法的具体实现过程，感兴趣的读者朋友请自行查阅相关资料进行学习和探究，本书在此不做赘述。图 3-42 是 SVM 算法程序在训练阶段的几个示意性运行结果，其中第二行的 3 个小图是与第一行的 3 个小图一一对应的：第一行的小图只显示了最优的决策边界，第二行的小图则既显示了最优的决策边界，也显示了相应的边距区域。

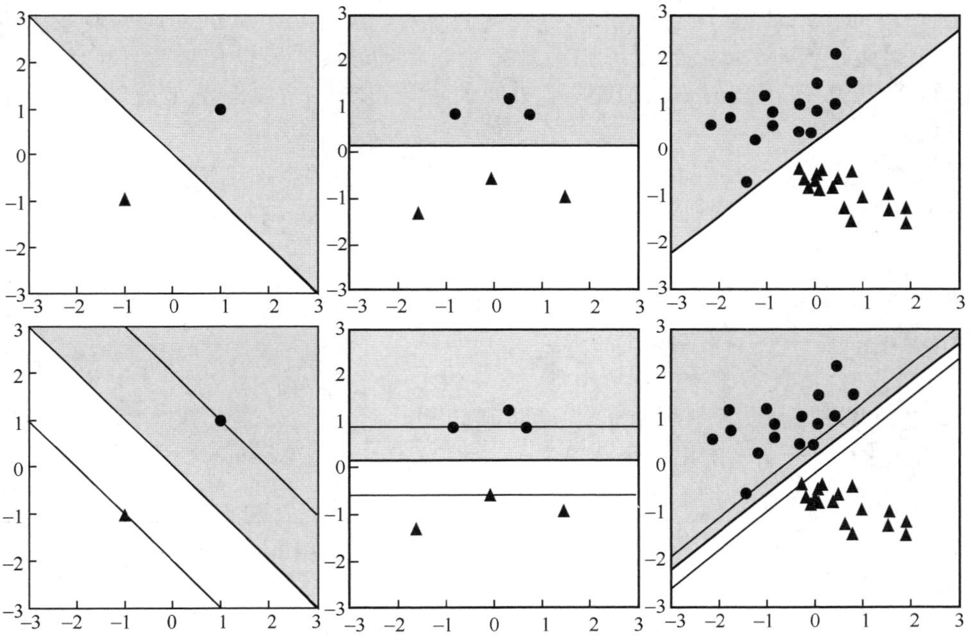

图 3-42　SVM 算法程序确定出的最优决策边界

到此为止，我们所讨论的 SVM 算法只能算是最基本的 SVM 算法，也叫作**硬边距（Hard-Margin）SVM 算法**。硬边距 SVM 算法在实际应用中会暴露出诸多的问题和缺陷。例如，在图 3-43 中，被标记为奇异样本的那个训练样本距离 A 类样本的中心位置非常近，同时距离 B 类样本的中心位置非常远，但它却带有 B 类标签，这显然是有违常理的。然而，在实际的应用环境中，奇异样本的出现常常是难以避免的，这有可能是环境

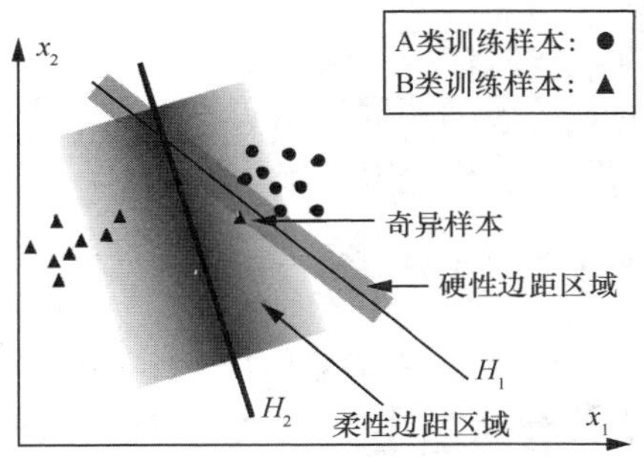

图 3-43　柔边距 SVM 示例一

的干扰所致，也可能是人们在制备训练样本时所犯的一些低级错误所致。遇到有奇异样本的情况，硬边距 SVM 算法会怎么做呢？从图 3-43 中可以看到，硬边距 SVM 算法找到的决策边界将会是 H_1，与 H_1 关联的边距区域我们相应地称为硬性边距区域，硬性边距区域的边距我们称为硬边距。可以看到，硬性边距区域非常窄，硬边距非常小，其后果就是算法的泛化误差很大，泛化能力很差。例如，由于位于 H_1 下侧的数据点都将被划分到类别 B，这就很有可能会导致许多 A 类数据点被错误地划分到类别 B。如果采用**柔边距（Soft-Margin）SVM 算法**，则情况就会大为改善。柔边距 SVM 算法确定出的决策边界是 H_2，相应的边距区域称为柔性边距区域，柔性边距区域的边距称为柔边距。因为柔性边距区域的范围是模糊的，所以柔边距的长度并没有一个确切的值。从图 3-43 中可以看到，一方面，虽然硬边距 SVM 算法能够完全分割所有的 A 类训练样本和所有的 B 类训练样本，也即硬边距 SVM 算法对所有的训练样本都是收敛的，但其确定出来的决策边界 H_1 的位置却明显是不太合适的，所以算法最终的泛化误差会很大。另一方面，尽管柔边距 SVM 算法确定出的决策边界 H_2 不能完全分割所有的 A 类训练样本和所有的 B 类训练样本，也即柔边距 SVM 算法的训练并不是完全收敛的，具体来说是对奇异样本不收敛，但其确定出来的决策边界 H_2 的位置却明显要合适得多，所以算法最终的泛化误差也会小得多。

在图 3-43 所示的例子中，尽管出现了奇异样本，但整个训练集中的 A 类训练样本和 B 类训练样本还是线性可分的，所以硬边距 SVM 算法还是能够确定出一个决策边界的。图 3-44 所显示的问题就严重得多了：由于奇异样本的出现，A 类训练样本和 B 类训练样本已经不再是线性可分的了。在这种情况下，硬边距 SVM 算法无论怎么训练都是无法完全收敛的，也即硬边距 SVM 算法根本就无法确定出一个决策边界。然而，柔边距 SVM 算法本来就不要求必须是完全收敛的，所以柔边距 SVM 算法仍然能够确定出一个比较合适的决策边界 H。

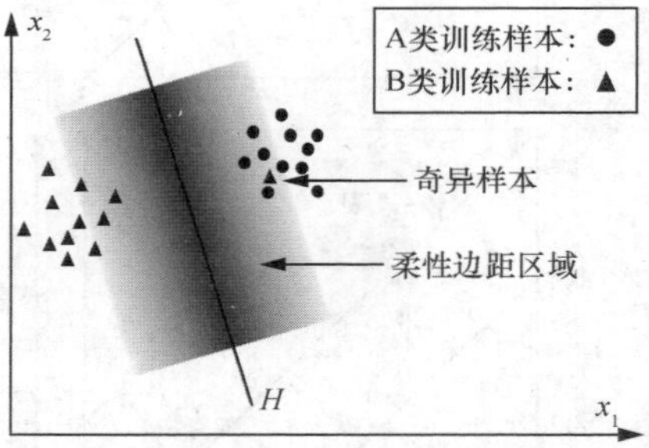

图 3-44 柔边距 SVM 示例二

总之，从整体上看，柔边距 SVM 算法要明显优于硬边距 SVM 算法，人们在实际应用中也更偏好柔边距 SVM 算法。关于 SVM 算法，还有很多的扩展知识有待读者朋友们自行去学习探究。例如，柔边距 SVM 算法背后的数学机理是怎样的？其具体的实现过程又是怎样的？如何对 SVM 算法进行改进，使之不但能解决本质上是线性可分的分类问题，还能够解决本质上是非线性可分的分类问题？如何对 SVM 算法进行改进，使之不但能解决分类问题，还能够解决回归问题？

3.5.6 PCA

PCA 的英文全称是 **Principal Component Analysis**，中文一般翻译为**主元分析**或**主成分分析**，本书采用主成分分析这种译法。主成分分析中的**主成分（Principal Component）**通常简写成 PC。例如，主成分 1 可简写成 PC1，主成分 2 可简写成 PC2。

PCA 的研究对象是一个矩形数表，也就是一个矩阵。PCA 首先要做的事情是找出隐藏在某个矩阵中的各个 PC，然后基于这些 PC 对这个矩阵进行一系列后续的处理。下面我们先来看看 PCA 是如何一步一步地找出隐藏在某个矩阵中的各个 PC 的。

假设 $\boldsymbol{A}$ 是一个 $M \times N$ 矩阵，即

$$\boldsymbol{A} = \begin{bmatrix} a_{11} & a_{12} & \cdots & a_{1N} \\ a_{21} & a_{22} & \cdots & a_{2N} \\ \vdots & \vdots & & \vdots \\ a_{M1} & a_{M2} & \cdots & a_{MN} \end{bmatrix} \tag{3.58}$$

$\boldsymbol{a}_i$ 表示 $\boldsymbol{A}$ 的第 i 个列矢量，即

$$\boldsymbol{a}_1 = \begin{bmatrix} a_{11} \\ a_{21} \\ \vdots \\ a_{M1} \end{bmatrix} \quad \boldsymbol{a}_2 = \begin{bmatrix} a_{12} \\ a_{22} \\ \vdots \\ a_{M2} \end{bmatrix} \quad \cdots \quad \boldsymbol{a}_N = \begin{bmatrix} a_{1N} \\ a_{2N} \\ \vdots \\ a_{MN} \end{bmatrix} \tag{3.59}$$

则 $\boldsymbol{A}$ 也可以表示为［参见式（2.43）］

$$\boldsymbol{A} = \begin{bmatrix} \boldsymbol{a}_1 & \boldsymbol{a}_2 & \cdots & \boldsymbol{a}_N \end{bmatrix} \tag{3.60}$$

定义 $\boldsymbol{a}_i$ 的均值为

$$\overline{\boldsymbol{a}}_i = \frac{a_{1i} + a_{2i} + \cdots + a_{Mi}}{M} \quad (i = 1, 2, \cdots, N) \tag{3.61}$$

定义 $M \times N$ 矩阵 $\boldsymbol{B}$ 为

$$\boldsymbol{B} = \begin{bmatrix} b_{11} & b_{12} & \cdots & b_{1N} \\ b_{21} & b_{22} & \cdots & b_{2N} \\ \vdots & \vdots & & \vdots \\ b_{M1} & b_{M2} & \cdots & b_{MN} \end{bmatrix} = \boldsymbol{A} - \begin{bmatrix} \overline{\boldsymbol{a}}_1 & \overline{\boldsymbol{a}}_2 & \cdots & \overline{\boldsymbol{a}}_N \\ \overline{\boldsymbol{a}}_1 & \overline{\boldsymbol{a}}_2 & \cdots & \overline{\boldsymbol{a}}_N \\ \vdots & \vdots & & \vdots \\ \overline{\boldsymbol{a}}_1 & \overline{\boldsymbol{a}}_2 & \cdots & \overline{\boldsymbol{a}}_N \end{bmatrix} = \begin{bmatrix} a_{11} - \overline{\boldsymbol{a}}_1 & a_{12} - \overline{\boldsymbol{a}}_2 & \cdots & a_{1N} - \overline{\boldsymbol{a}}_N \\ a_{21} - \overline{\boldsymbol{a}}_1 & a_{22} - \overline{\boldsymbol{a}}_2 & \cdots & a_{2N} - \overline{\boldsymbol{a}}_N \\ \vdots & \vdots & & \vdots \\ a_{M1} - \overline{\boldsymbol{a}}_1 & a_{M2} - \overline{\boldsymbol{a}}_2 & \cdots & a_{MN} - \overline{\boldsymbol{a}}_N \end{bmatrix} \tag{3.62}$$

$\boldsymbol{b}_i$ 表示 $\boldsymbol{B}$ 的第 i 个列矢量，即

$$\boldsymbol{b}_1 = \begin{bmatrix} b_{11} \\ b_{21} \\ \vdots \\ b_{M1} \end{bmatrix} \quad \boldsymbol{b}_2 = \begin{bmatrix} b_{12} \\ b_{22} \\ \vdots \\ b_{M2} \end{bmatrix} \quad \cdots \quad \boldsymbol{b}_N = \begin{bmatrix} b_{1N} \\ b_{2N} \\ \vdots \\ b_{MN} \end{bmatrix} \tag{3.63}$$

则 $\boldsymbol{B}$ 也可以表示为

$$\boldsymbol{B} = \begin{bmatrix} \boldsymbol{b}_1 & \boldsymbol{b}_2 & \cdots & \boldsymbol{b}_N \end{bmatrix} \tag{3.64}$$

定义 $\boldsymbol{b}_i$ 的均值为

$$\overline{\boldsymbol{b}}_i = \frac{b_{1i} + b_{2i} + \cdots + b_{Mi}}{M} \quad (i = 1, 2, \cdots, N) \tag{3.65}$$

根据式（3.65）、式（3.62）和式（3.61）可以推知

$$\overline{\boldsymbol{b}}_i = \frac{b_{1i} + b_{2i} + \cdots + b_{Mi}}{M} = \frac{(a_{1i} - \overline{\boldsymbol{a}}_i) + (a_{2i} - \overline{\boldsymbol{a}}_i) + \cdots + (a_{Mi} - \overline{\boldsymbol{a}}_i)}{M}$$

$$\overline{\boldsymbol{b}}_i = \frac{a_{1i} + a_{2i} + \cdots + a_{Mi}}{M} - \frac{M\,\overline{\boldsymbol{a}}_i}{M}$$

$$\overline{\boldsymbol{b}}_i = \overline{\boldsymbol{a}}_i - \overline{\boldsymbol{a}}_i$$

$$\overline{\boldsymbol{b}}_i = 0 \quad (i = 1, 2, \cdots, N) \tag{3.66}$$

由于矩阵 $\boldsymbol{B}$ 的各个列矢量 $\boldsymbol{b}_i$ 的均值 $\overline{\boldsymbol{b}}_i$ 总是等于 0 的，所以我们把矩阵 $\boldsymbol{B}$ 称为矩阵 $\boldsymbol{A}$ 的去均值后的矩阵。定义 $\boldsymbol{b}_i$ 与 $\boldsymbol{b}_j$ 的协方差 $\mathrm{cov}(\boldsymbol{b}_i, \boldsymbol{b}_j)$ 为

$$\mathrm{cov}(\boldsymbol{b}_i, \boldsymbol{b}_j) = \frac{1}{M}\sum_{k=1}^{M}(b_{ki} - \overline{\boldsymbol{b}}_i)(b_{kj} - \overline{\boldsymbol{b}}_j) \quad (i = 1, 2, \cdots, N; j = 1, 2, \cdots, N) \tag{3.67}$$

则显然有 $\mathrm{cov}(\boldsymbol{b}_j, \boldsymbol{b}_i) = \mathrm{cov}(\boldsymbol{b}_i, \boldsymbol{b}_j)$。特别地，协方差 $\mathrm{cov}(\boldsymbol{b}_i, \boldsymbol{b}_i)$ 即 $\boldsymbol{b}_i$ 的方差。另外，由于 $\overline{\boldsymbol{b}}_i = 0$，所以式（3.67）可简化为

$$\mathrm{cov}(\boldsymbol{b}_i, \boldsymbol{b}_j) = \frac{1}{M}\sum_{k=1}^{M} b_{ki} b_{kj} = \frac{1}{M}\boldsymbol{b}_i \cdot \boldsymbol{b}_j = \frac{1}{M}\boldsymbol{b}_i^{\mathrm{T}}\boldsymbol{b}_j \quad (i = 1, 2, \cdots, N; j = 1, 2, \cdots, N) \tag{3.68}$$

定义 $\boldsymbol{B}$ 的协方差矩阵为 $\boldsymbol{C}$，即

$$\boldsymbol{C} = \mathrm{cov}(\boldsymbol{B}, \boldsymbol{B}) = \begin{bmatrix} \mathrm{cov}(\boldsymbol{b}_1, \boldsymbol{b}_1) & \mathrm{cov}(\boldsymbol{b}_1, \boldsymbol{b}_2) & \cdots & \mathrm{cov}(\boldsymbol{b}_1, \boldsymbol{b}_N) \\ \mathrm{cov}(\boldsymbol{b}_2, \boldsymbol{b}_1) & \mathrm{cov}(\boldsymbol{b}_2, \boldsymbol{b}_2) & \cdots & \mathrm{cov}(\boldsymbol{b}_2, \boldsymbol{b}_N) \\ \vdots & \vdots & & \vdots \\ \mathrm{cov}(\boldsymbol{b}_N, \boldsymbol{b}_1) & \mathrm{cov}(\boldsymbol{b}_N, \boldsymbol{b}_2) & \cdots & \mathrm{cov}(\boldsymbol{b}_N, \boldsymbol{b}_N) \end{bmatrix} \tag{3.69}$$

很明显，协方差矩阵 $\boldsymbol{C}$ 是一个 $N \times N$ 实对称方阵。根据 2.1.12 小节中所学的内容，我们可以求出矩阵 $\boldsymbol{C}$ 的 N 个本征值以及各个本征值对应的本征矢量。假设 $\boldsymbol{C}$ 的 N 个本征值按从大到小的顺序依次为 $\lambda_1, \lambda_2, \cdots, \lambda_N$，与本征值 λ_1 对应的本征矢量记为 $\boldsymbol{t}_1$，与本征值 λ_2 对应的本征矢量记为 $\boldsymbol{t}_2$，依次类推，与本征值 λ_N 对应的本征矢量记为 $\boldsymbol{t}_N$，则 $\boldsymbol{t}_1$ 就是 $\boldsymbol{A}$ 的主成分 1，也即 PC1，$\boldsymbol{t}_2$ 就是 $\boldsymbol{A}$ 的主成分 2，也即 PC2，依次类推，$\boldsymbol{t}_N$ 就是 $\boldsymbol{A}$ 的主成分 N，也即 PCN。以上所描述的寻找矩阵 $\boldsymbol{A}$ 的各个主成分的过程如图 3-45 所示。

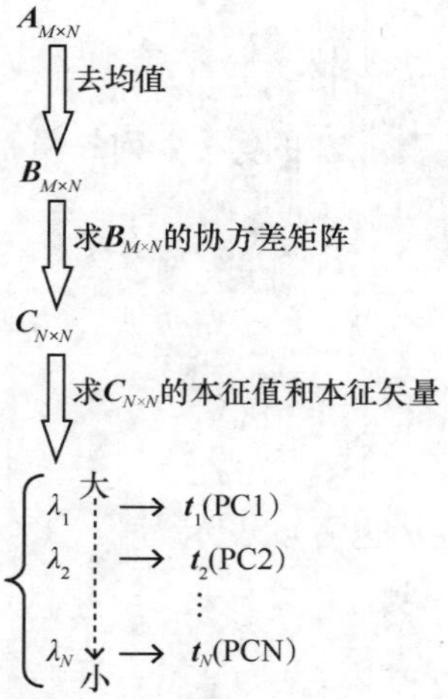

图 3-45　寻找矩阵 $\boldsymbol{A}$ 的各个主成分的过程

现在我们清楚了，一个主成分其实就是一个矢量，不同的主成分就是不同的矢量。我们暂且不去关心主成分的作用和意义，先用一个例子来熟悉一下寻找一个矩阵的各个主成分的过程。

假设某校某班级进行了两个科目的考试，图 3-46 记录了这个班级中的 3 位同学的成绩，并且显示了根据这个成绩得到的一个 3×2 矩阵 $\boldsymbol{A}$。

成绩	科目1	科目2
同学1	50	81
同学2	70	82
同学3	96	86

$$\Rightarrow A=\begin{bmatrix}50 & 81\\70 & 82\\96 & 86\end{bmatrix}$$

图 3-46　3 位同学的成绩情况

显然，矩阵 $\boldsymbol{A}$ 的两个列矢量为

$$\boldsymbol{a}_1=\begin{bmatrix}50\\70\\96\end{bmatrix}\quad \boldsymbol{a}_2=\begin{bmatrix}81\\82\\86\end{bmatrix}$$

所以

$$\overline{\boldsymbol{a}}_1=\frac{50+70+96}{3}=72\quad \overline{\boldsymbol{a}}_2=\frac{81+82+86}{3}=83$$

对 $\boldsymbol{A}$ 去均值后得到的矩阵为

$$\boldsymbol{B}=\boldsymbol{A}-\begin{bmatrix}\overline{\boldsymbol{a}}_1 & \overline{\boldsymbol{a}}_2\\ \overline{\boldsymbol{a}}_1 & \overline{\boldsymbol{a}}_2\\ \overline{\boldsymbol{a}}_1 & \overline{\boldsymbol{a}}_2\end{bmatrix}=\begin{bmatrix}50 & 81\\70 & 82\\96 & 86\end{bmatrix}-\begin{bmatrix}72 & 83\\72 & 83\\72 & 83\end{bmatrix}=\begin{bmatrix}-22 & -2\\-2 & -1\\24 & 3\end{bmatrix}$$

于是

$$\boldsymbol{b}_1=\begin{bmatrix}-22\\-2\\24\end{bmatrix}\quad \boldsymbol{b}_2=\begin{bmatrix}-2\\-1\\3\end{bmatrix}$$

$$\operatorname{cov}(\boldsymbol{b}_1,\boldsymbol{b}_1)=\frac{1}{3}\boldsymbol{b}_1^{\mathrm{T}}\boldsymbol{b}_1=\frac{1}{3}\begin{bmatrix}-22 & -2 & 24\end{bmatrix}\begin{bmatrix}-22\\-2\\24\end{bmatrix}=\frac{1064}{3}$$

$$\operatorname{cov}(\boldsymbol{b}_2,\boldsymbol{b}_1)=\operatorname{cov}(\boldsymbol{b}_1,\boldsymbol{b}_2)=\frac{1}{3}\boldsymbol{b}_1^{\mathrm{T}}\boldsymbol{b}_2=\frac{1}{3}\begin{bmatrix}-22 & -2 & 24\end{bmatrix}\begin{bmatrix}-2\\-1\\3\end{bmatrix}=\frac{118}{3}$$

$$\operatorname{cov}(\boldsymbol{b}_2,\boldsymbol{b}_2)=\frac{1}{3}\boldsymbol{b}_2^{\mathrm{T}}\boldsymbol{b}_2=\frac{1}{3}\begin{bmatrix}-2 & -1 & 3\end{bmatrix}\begin{bmatrix}-2\\-1\\3\end{bmatrix}=\frac{14}{3}$$

所以 $\boldsymbol{B}$ 的协方差矩阵 $\boldsymbol{C}$ 为

$$\boldsymbol{C}=\begin{bmatrix}\operatorname{cov}(\boldsymbol{b}_1,\boldsymbol{b}_1) & \operatorname{cov}(\boldsymbol{b}_1,\boldsymbol{b}_2)\\ \operatorname{cov}(\boldsymbol{b}_2,\boldsymbol{b}_1) & \operatorname{cov}(\boldsymbol{b}_2,\boldsymbol{b}_2)\end{bmatrix}=\frac{1}{3}\begin{bmatrix}1064 & 118\\118 & 14\end{bmatrix}$$

求解矩阵 $\boldsymbol{C}$ 的本征值和本征矢量，得到

$$\lambda_1=\frac{1}{3}(539+\sqrt{289549})\approx 359.0325$$

$$\lambda_2 = \frac{1}{3}(539 - \sqrt{289549}) \approx 0.3008$$

$$\boldsymbol{t}_1 = \begin{bmatrix} \frac{1}{118}(525 + \sqrt{289549}) \\ 1 \end{bmatrix} \approx \begin{bmatrix} 9.0093 \\ 1 \end{bmatrix}$$

$$\boldsymbol{t}_2 = \begin{bmatrix} \frac{1}{118}(525 - \sqrt{289549}) \\ 1 \end{bmatrix} \approx \begin{bmatrix} -0.1110 \\ 1 \end{bmatrix}$$

至此，我们便找到了矩阵 $\boldsymbol{A}$ 的两个主成分，分别是

$$\text{PC1} = \boldsymbol{t}_1 = \begin{bmatrix} \frac{1}{118}(525 + \sqrt{289549}) \\ 1 \end{bmatrix} \approx \begin{bmatrix} 9.0093 & 1 \end{bmatrix}^{\mathrm{T}}$$

$$\text{PC2} = \boldsymbol{t}_2 = \begin{bmatrix} \frac{1}{118}(525 - \sqrt{289549}) \\ 1 \end{bmatrix} \approx \begin{bmatrix} -0.1110 & 1 \end{bmatrix}^{\mathrm{T}}$$

接下来我们将解释主成分 PC1 和 PC2 的作用和意义。因为 PC1 和 PC2 都是矢量，那么它们的方向有什么关系呢？为此，我们将 $\boldsymbol{t}_1$ 和 $\boldsymbol{t}_2$ 进行点积运算

$$\boldsymbol{t}_1 \cdot \boldsymbol{t}_2 = \boldsymbol{t}_1^{\mathrm{T}} \boldsymbol{t}_2 = \begin{bmatrix} \frac{1}{118}(525 + \sqrt{289549}) & 1 \end{bmatrix} \begin{bmatrix} \frac{1}{118}(525 - \sqrt{289549}) \\ 1 \end{bmatrix} = 0$$

因为 $\boldsymbol{t}_1$ 和 $\boldsymbol{t}_2$ 的点积等于 0，所以这就说明 $\boldsymbol{t}_1$ 的方向与 $\boldsymbol{t}_2$ 的方向是相互垂直的，也即 PC1 和 PC2 是相互垂直的（见图 3-47）。其实这并不意外，因为数学上有这样一个定理：对于一个实对称方阵，其不同的本征值所对应的本征矢量之间总是相互垂直的。协方差矩阵 $\boldsymbol{C}$ 正是一个实对称方阵，而 λ_1 和 λ_2 是 $\boldsymbol{C}$ 的两个不同的本征值，$\boldsymbol{t}_1$ 和 $\boldsymbol{t}_2$ 分别是 λ_1 和 λ_2 所对应的本征矢量，所以 $\boldsymbol{t}_1$ 和 $\boldsymbol{t}_2$ 当然是相互垂直的。

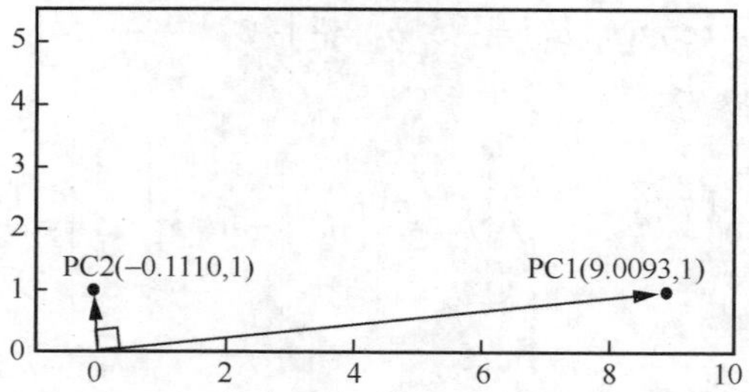

图 3-47　PC1 与 PC2 相互垂直

图 3-48 显示了我们所研究的那 3 位同学的成绩分布情况，每位同学的成绩都对应了 2 维平面空间上的 1 个数据点。每位同学的成绩都涉及两个维度，一个维度是科目 1，另一个维度是科目 2。图 3-48 还显示了这 3 位同学的成绩数据点在科目 1 维度上的投影 $u_1 = 50$、$u_2 = 70$、$u_3 = 96$，以及在科目 2 维度上的投影 $v_1 = 81$、$v_2 = 82$、$v_3 = 86$。很明显，u_1、u_2、u_3 这 3 个点彼此之间的距离较远，或者说这 3 个点之间的差异较大，而 v_1、v_2、v_3

这 3 个点彼此之间的距离很近，或者说这 3 个点之间的差异很小。用数学语言描述就是，u_1、u_2、u_3 的方差较大，而 v_1、v_2、v_3 的方差很小。具体计算一下这两个方差可以得到

$$\sigma_u^2 = \frac{1}{3}\left[\left(50-\frac{50+70+96}{3}\right)^2+\left(70-\frac{50+70+96}{3}\right)^2+\left(96-\frac{50+70+96}{3}\right)^2\right]=\frac{1064}{3}$$
$$\approx 354.6667$$

$$\sigma_v^2 = \frac{1}{3}\left[\left(81-\frac{81+82+86}{3}\right)^2+\left(82-\frac{81+82+86}{3}\right)^2+\left(86-\frac{81+82+86}{3}\right)^2\right]=\frac{14}{3}\approx 4.6667$$

可以看到，u_1、u_2、u_3 的方差 σ_u^2 比 v_1、v_2、v_3 的方差 σ_v^2 大了很多倍。

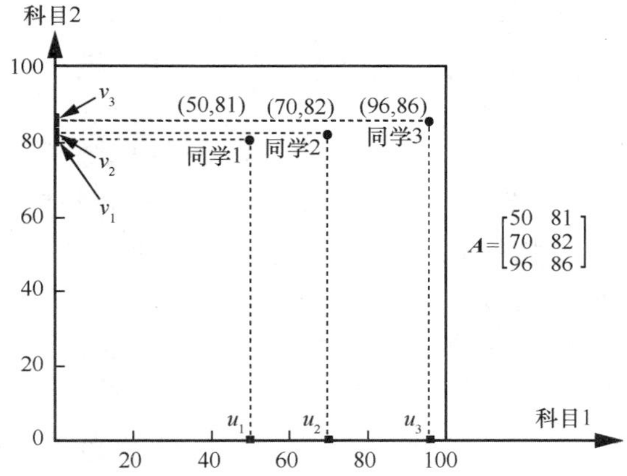

图 3-48　原始成绩分布

现在问题来了，为了减少数据总量，我们必须去掉科目 1 或科目 2 的成绩，只保留其中一个科目的成绩，那么我们应该去谁留谁呢？或者说，是保留 u_1、u_2、u_3 呢，还是保留 v_1、v_2、v_3？在实际应用中，对于某一类研究对象的描述通常会涉及很多个方面，也就是很多个维度，这里不妨假设有 N 个方面或 N 个维度，每个维度我们称为一个特征。这样一来，对于某一类研究对象中的任意一个对象，我们就可以用一个 N 维矢量来对其进行描述，该矢量的某个维度（分量）的数据就是该对象在某个特定方面的描述值，这样的 N 维矢量我们称为该对象的**特征矢量（Feature Vector）**。例如，图 3-46 中的矩阵 $\boldsymbol{A}$ 的 3 个行矢量就是 3 个 2 维特征矢量，第 1 行的 2 维行矢量 $\begin{bmatrix}50 & 81\end{bmatrix}$ 就是描述同学 1 的特征矢量，第 2 行的 2 维行矢量 $\begin{bmatrix}70 & 82\end{bmatrix}$ 就是描述同学 2 的特征矢量，第 3 行的 2 维行矢量 $\begin{bmatrix}96 & 86\end{bmatrix}$ 就是描述同学 3 的特征矢量。如果还有更多的同学，就还有更多这样的 2 维特征矢量。在有的情况下，出于减少数据量的目的或者别的什么目的，可能需要对 N 维特征矢量进行**降维（Dimensionality Reduction）**处理，也就是将每个对象所对应的 N 维特征矢量一致性地转换为 K 维特征矢量（$K<N$）。在对象个数不变的情况下，特征矢量的维度降低了，数据总量自然也就减少了。

在数据降维方法中，简单粗暴的做法就是直接去掉特征矢量中的某些维度（分量）。然而，即使采用这种简单粗暴的做法，也得考虑应该去掉哪些维度，保留哪些维度。信

息论告诉我们，如果要去掉所有对象的特征矢量中的某一个维度的数据，同时又要让保留下来的维度的数据所蕴含的信息量尽量多，或者说让损失的信息量尽量少，那么就应该去掉方差最小的那个维度的数据；如果要去掉所有对象的特征矢量中的某两个维度的数据，同时又要让损失的信息量尽量少，那么就应该去掉方差最小和次最小的那两个维度的数据，依次类推。之所以应该这样做，是因为信息论中已有明确的结论：在数据个数不变的情况下，方差越大，也即数据之间的差异越大，则数据所蕴含的信息量也就越大；方差越小，也即数据之间的差异越小，则数据所蕴含的信息量也就越小。根据以上的分析说明，现在我们应该清楚了，对于科目 1 这个维度的 3 个数据 u_1、u_2、u_3，以及科目 2 这个维度的 3 个数据 v_1、v_2、v_3，我们应该去掉 v_1、v_2、v_3，而保留 u_1、u_2、u_3，也即去掉科目 2 的成绩而保留科目 1 的成绩。其实这种做法在直觉上也是比较好理解的：这 3 位同学的科目 2 成绩彼此都很接近，所以不太能从整体上反映出这 3 位同学在成绩方面的差异性，3 位同学在成绩方面的差异性主要体现在科目 1 的成绩。总而言之，差异性是需要考虑的关键的因素。

矩阵 $\boldsymbol{A}$ 包含了 3 位同学的原始成绩数据，矩阵 $\boldsymbol{B}$ 是对原始成绩去均值后得到的成绩数据。从信息论的角度来看，矩阵 $\boldsymbol{B}$ 与矩阵 $\boldsymbol{A}$ 所包含的信息量是相等的，或者说，从差异性的角度来看，矩阵 $\boldsymbol{B}$ 与矩阵 $\boldsymbol{A}$ 是完全等价的。然而，从数学处理的简便性角度来说，处理矩阵 $\boldsymbol{B}$ 要比处理矩阵 $\boldsymbol{A}$ 方便得多，所以接下来我们就基于矩阵 $\boldsymbol{B}$ 来继续进行问题的分析和讨论。图 3-49 是对原始成绩去均值后得到的成绩数据的图像化展示，每位同学的成绩都对应了 2 维平面空间上的 1 个数据点，图中还显示了这 3 位同学的成绩数据点在科目 1 维度上的投影 u_1'、u_2'、u_3'，以及在科目 2 维度上的投影 v_1'、v_2'、v_3'。计算 u_1'、u_2'、u_3' 的方差 $\sigma_{u'}^2$ 以及 v_1'、v_2'、v_3' 的方差 $\sigma_{v'}^2$

$$\sigma_{u'}^2=\frac{1}{3}\left[(u_1')^2+(u_2')^2+(u_3')^2\right]=\frac{1}{3}\left[(-22)^2+(-2)^2+(24)^2\right]=\frac{1064}{3}\approx 354.6667$$

$$\sigma_{v'}^2=\frac{1}{3}\left[(v_1')^2+(v_2')^2+(v_3')^2\right]=\frac{1}{3}\left[(-2)^2+(-1)^2+(3)^2\right]=\frac{14}{3}\approx 4.6667$$

可以看到，$\sigma_{u'}^2$ 与 σ_u^2 是相等的，$\sigma_{v'}^2$ 与 σ_v^2 是相等的。同样地，如果为了减少数据总量，我们必须去掉科目 1 或科目 2 的成绩，那么合理的做法应该是去掉科目 2 的成绩而保留科目 1 的成绩。注意，去掉科目 2 的成绩而保留科目 1 的成绩，数据总量就减少了一半。因为一共有 3 位同学，每位同学原来有两个科目的成绩，所以原来总共有 6 个成绩数据，而现在每位同学只有科目 1 的成绩，所以现在总共只有 3 个成绩数据。

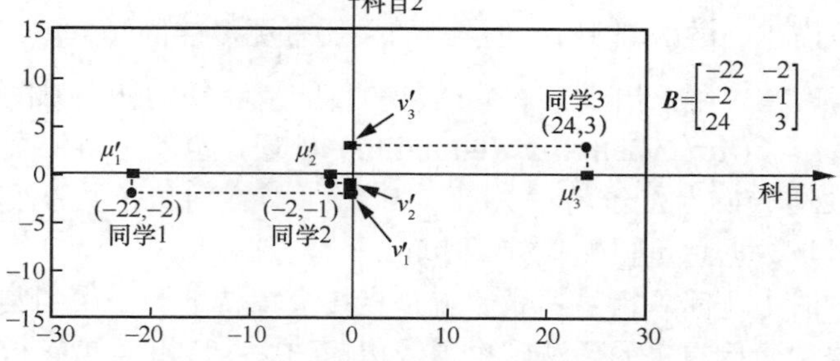

图 3-49　去均值后的成绩分布

新的问题又来了：如果要求数据总量减半，那么还有没有比只保留科目 1 的成绩更好的办法呢？也就是说，有没有办法让数据总量从 6 个减为 3 个，但留下的 3 个数据所包含的信息量比这 3 位同学的科目 1 成绩所包含的信息量更多呢？答案是肯定的，我们将一步一步地进行说明。

将矩阵 $\boldsymbol{B}$ 的数据重新展示在图 3-50 中，同时将 PC1 和 PC2 的方向展示出来。因为 PC1 和 PC2 相互垂直，且均通过了原点，所以 PC1 和 PC2 可以构成一个新的直角坐标系。从图中可以看到，PC1 的方向与科目 1 的方向存在一个夹角 θ ，其大小为

$$\theta \approx \arctan\left(\frac{1}{9.0093}\right) \approx 6.3337°$$

仔细观察图 3-50，我们会有这样的感觉：如果将 3 位同学的成绩数据点分别投影到 PC1 方向上和科目 1 方向上，那么 PC1 方向上 3 个投影点之间的距离会比科目 1 方向上 3 个投影点之间的距离更大一些；如果将 3 位同学的成绩数据点分别投影到 PC2 方向上和科目 2 方向上，那么 PC2 方向上 3 个投影点之间的距离会比科目 2 方向上 3 个投影点之间的距离更小一些。

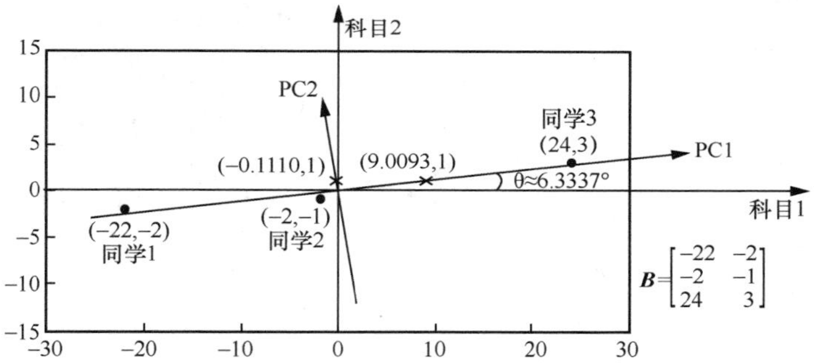

图 3-50　科目 1−科目 2 坐标系与 PC1−PC2 坐标系

为了证实上述感觉，我们需要进行坐标变换。参见式（2.43)，将本征矢量 $\boldsymbol{t}_1$ 和 $\boldsymbol{t}_2$ 并列放置，可以得到一个方阵 $\boldsymbol{T}$

$$\boldsymbol{T} = \begin{bmatrix}\boldsymbol{t}_1 & \boldsymbol{t}_2\end{bmatrix} \approx \begin{bmatrix} 9.0093 & -0.1110 \\ 1 & 1 \end{bmatrix}$$

将 $\boldsymbol{T}$ 的两个列矢量进行归一化处理，使其模长为 1。处理后得到的方阵记为 $\overleftarrow{\boldsymbol{R}}$ ，即

$$\overleftarrow{\boldsymbol{R}} \approx \begin{bmatrix} \dfrac{9.0093}{\sqrt{9.0093^2+1^2}} & \dfrac{-0.1110}{\sqrt{(-0.1110)^2+1^2}} \\ \dfrac{1}{\sqrt{9.0093^2+1^2}} & \dfrac{1}{\sqrt{(-0.1110)^2+1^2}} \end{bmatrix} \approx \begin{bmatrix} 0.9939 & -0.1103 \\ 0.1103 & 0.9939 \end{bmatrix}$$

数学上可以证明，方阵 $\overleftarrow{\boldsymbol{R}}$ 是一个**正交矩阵（Orthogonal Matrix）**，也即它的逆矩阵就是它的转置矩阵，或者说，它的每个行矢量的模都等于 1，且不同的行矢量之间是相互垂直的，同时它的每个列矢量的模也都等于 1，且不同的列矢量之间也是相互垂直的。正

交矩阵所对应的线性变换是一个旋转变换，$\bar{\boldsymbol{R}}$ 所对应的线性变换正好是一个逆时针旋转 $\theta \approx 6.3337°$ 的变换。将方阵 $\bar{\boldsymbol{R}}$ 进行转置，可以得到方阵 $\vec{\boldsymbol{R}}$

$$\vec{\boldsymbol{R}} = \left(\bar{\boldsymbol{R}}\right)^{\mathrm{T}} \approx \begin{bmatrix} 0.9939 & 0.1103 \\ -0.1103 & 0.9939 \end{bmatrix}$$

数学上可以证明，$\vec{\boldsymbol{R}}$ 对应的线性变换正好是一个顺时针旋转 $\theta \approx 6.3337°$ 的变换。从图 3-50 中可以看到，如果需要得到 3 位同学的成绩数据点在 PC1−PC2 坐标系下的坐标，就需要对 3 个成绩数据点进行顺时针旋转变换，且旋转角度为 $\theta \approx 6.3337°$，变换的方法为

$$\boldsymbol{D} = \left(\vec{\boldsymbol{R}}\boldsymbol{B}^{\mathrm{T}}\right)^{\mathrm{T}} = \boldsymbol{B}\vec{\boldsymbol{R}} \approx \begin{bmatrix} -22 & -2 \\ -2 & -1 \\ 24 & 3 \end{bmatrix} \begin{bmatrix} 0.9939 & -0.1103 \\ 0.1103 & 0.9939 \end{bmatrix} \approx \begin{bmatrix} -22.0864 & 0.4388 \\ -2.0981 & -0.7733 \\ 24.1845 & 0.3345 \end{bmatrix}$$

矩阵 $\boldsymbol{D}$ 的第 1 行、第 2 行、第 3 行分别就是同学 1、同学 2、同学 3 的成绩数据点在 PC1−PC2 坐标系下的坐标，如图 3-51 所示。假设 3 位同学的成绩数据点在 PC1 维度上的投影分别为 u_1''、u_2''、u_3''，在 PC2 维度上的投影分别为 v_1''、v_2''、v_3''（说明：因为 3 位同学的成绩数据点距离 PC1 轴太近了，所以图中不方便画出 u_1''、u_2''、u_3'' 和 v_1''、v_2''、v_3'' 这些投影点），那么 u_1''、u_2''、u_3'' 的方差 $\sigma_{u''}^2$，以及 v_1''、v_2''、v_3'' 的方差 $\sigma_{v''}^2$ 分别为

$$\sigma_{u''}^2 = \frac{1}{3}\left[(u_1'')^2 + (u_2'')^2 + (u_3'')^2\right] \approx \frac{1}{3}\left[(-22.0864)^2 + (-2.0981)^2 + (24.1845)^2\right] \approx 359.0337$$

$$\sigma_{v''}^2 = \frac{1}{3}\left[(v_1'')^2 + (v_2'')^2 + (v_3'')^2\right] \approx \frac{1}{3}\left[(0.4388)^2 + (-0.7733)^2 + (0.3345)^2\right] \approx 0.3008$$

显然，$\sigma_{u''}^2(359.0337) > \sigma_{u'}^2(354.6667)$，$\sigma_{v''}^2(0.3008) < \sigma_{v'}^2(4.6667)$，这就证实了我们之前的感觉：如果将 3 位同学的成绩数据点分别投影到 PC1 方向和科目 1 方向上，那么 PC1 方向上 3 个投影点之间的距离会比科目 1 方向上 3 个投影点之间的距离更大一些；如果将 3 位同学的成绩数据点分别投影到 PC2 方向和科目 2 方向上，那么 PC2 方向上 3 个投影点之间的距离会比科目 2 方向上 3 个投影点之间的距离更小一些。

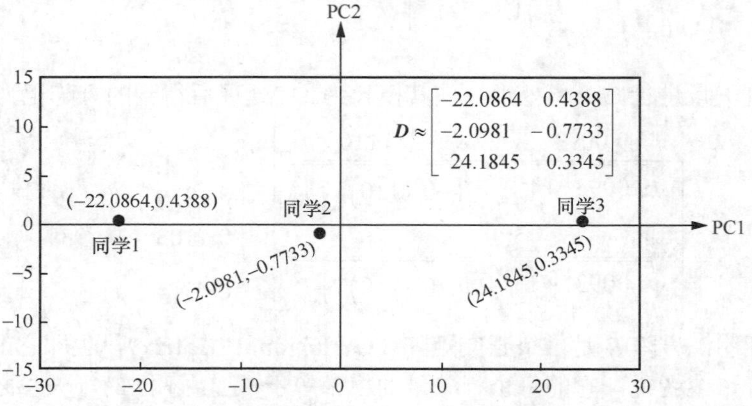

图 3-51 PC1−PC2 坐标系下的成绩分布

将$\sigma_{u'}^2$、$\sigma_{v'}^2$、$\sigma_{u''}^2$、$\sigma_{v''}^2$的大小进行排序，有

$$\sigma_{u''}^2(359.0337) > \sigma_{u'}^2(354.6667) > \sigma_{v'}^2(4.6667) > \sigma_{v''}^2(0.3008)$$

这就说明，u_1''、u_2''、u_3''这 3 个数据蕴含的信息量最大，u_1'、u_2'、u_3'这 3 个数据蕴含的信息量次之，v_1'、v_2'、v_3'这 3 个数据蕴含的信息量再次之，v_1''、v_2''、v_3''这 3 个数据蕴含的信息量最小。现在来回答之前提出的问题：有没有办法让数据总量从 6 个减为 3 个，但留下的 3 个数据所包含的信息量比这 3 位同学的 3 个科目 1 成绩所包含的信息量更多呢？显然，办法已经有了，那就是去掉蕴含信息量最小的v_1''、v_2''、v_3''这 3 个数据，保留蕴含信息量最大的u_1''、u_2''、u_3''这 3 个数据：

$$u_1'' \approx -22.0864, \quad u_2'' \approx -2.0981, \quad u_3'' \approx 24.1845$$

顺便提一下，细心的读者可能已经注意到，$\sigma_{u''}^2(359.0337)$ 好像是与本征值 $\lambda_1(359.0325)$ 相等的，而$\sigma_{v''}^2(0.3008)$ 好像是与本征值 $\lambda_2(0.3008)$ 相等的。是的，从数学上可以证明，$\sigma_{u''}^2$ 就是等于 λ_1，$\sigma_{v''}^2$ 就是等于 λ_2。另外说明一下，$\sigma_{u''}^2(359.0337)$ 与 $\lambda_1(359.0325)$ 在数值上存在微小的差异，这是由于近似计算引入了误差。

需要特别强调的是，u_1''、u_2''、u_3''这 3 个数据既不是 3 位同学科目 1 的成绩，也不是 3 位同学科目 2 的成绩，而是 3 位同学的科目 1 成绩和科目 2 成绩的综合。更准确地说，u_1''、u_2''、u_3''是这 3 位同学的科目 1 成绩和科目 2 成绩的一种线性组合。如果把u_1''、u_2''、u_3''这 3 个数据重新放置到科目 1−科目 2 坐标系中去看，就可以近似恢复这 3 个同学的科目 1 成绩以及科目 2 成绩。恢复的方法为

$$\boldsymbol{E} = \left(\vec{\boldsymbol{R}}\begin{bmatrix} u_1'' & 0 \\ u_2'' & 0 \\ u_3'' & 0 \end{bmatrix}^{\mathrm{T}}\right)^{\mathrm{T}} = \begin{bmatrix} u_1'' & 0 \\ u_2'' & 0 \\ u_3'' & 0 \end{bmatrix}\vec{\boldsymbol{R}}$$

$$\approx \begin{bmatrix} -22.0864 & 0 \\ -2.0981 & 0 \\ 24.1845 & 0 \end{bmatrix}\begin{bmatrix} 0.9939 & 0.1103 \\ -0.1103 & 0.9939 \end{bmatrix} \approx \begin{bmatrix} -21.9517 & -2.4361 \\ -2.0853 & -0.2314 \\ 24.0370 & 2.6676 \end{bmatrix}$$

矩阵 $\boldsymbol{E}$ 的第 1 行就是恢复出来的同学 1 的科目 1 成绩和科目 2 成绩，分别是 −21.9517 和 −2.4361，而同学 1 的真实成绩分别是 −22 和 −2（矩阵 $\boldsymbol{B}$ 的第 1 行）；矩阵 $\boldsymbol{E}$ 的第 2 行就是恢复出来的同学 2 的科目 1 成绩和科目 2 成绩，分别是 −2.0853 和 −0.2314，而同学 2 的真实成绩分别是 −2 和 −1（矩阵 $\boldsymbol{B}$ 的第 2 行）；矩阵 $\boldsymbol{E}$ 的第 3 行就是恢复出来的同学 3 的科目 1 成绩和科目 2 成绩，分别是 24.0370 和 2.6676，而同学 3 的真实成绩分别是 24 和 3（矩阵 $\boldsymbol{B}$ 的第 3 行）。从以上比较可以看出，恢复出来的数据非常接近原来的真实数据。图 3-52 显示了恢复出来的数据点的分布和原来的真实数据点的分布，图中的加号表示原来的真实数据点，圆点表示恢复出来的数据点。可以看到，3 个圆点与 3 个加号非常接近。当然，恢复出来的数据与原来的真实数据还是存在一些误差的，这是因为在之前的降维处理过程中丢弃了v_1''、v_2''、v_3''这 3 个数据，损失了一些信息。

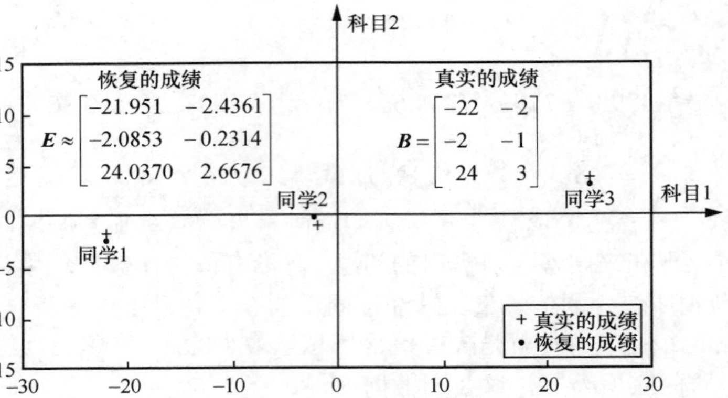

图 3-52　成绩数据的恢复

至此，我们应该对 PCA 的工作原理和工作过程有了一个比较完整的认识。PCA 的核心作用是对原始的特征矢量进行降维处理。降维的目的是减少数据量，同时又尽可能多地保留原始数据中的重要信息。在本小节所举的示意性例子中，原始的特征矢量的维数是 2，降维后的特征矢量的维数是 1，降维的百分比是 50%，数据总量减少了一半。在现实应用中，是否需要对原始的特征矢量进行降维处理，以及降维的百分比应该为多少，这些问题是需要根据具体的情况和需求来确定的。

在机器学习中，PCA 通常是作为一种前置算法来使用的，即在需要的时候用它来对原始的训练数据进行降维处理，以期提高后续学习算法的学习效率和学习效果。另外，PCA 也可以作为一种专门的数据压缩技术来使用。事实上，在数据压缩特别是图像压缩方面，PCA 技术已经得到了非常成功和广泛的应用。

3.5.7　朴素贝叶斯

在 2.3.3 小节中，我们学习并讨论过贝叶斯公式（2.119）及式（2.120）。贝叶斯公式也称为**贝叶斯定理（Bayes′ Theorem）**、**贝叶斯定律（Bayes′ Law）**或**贝叶斯规则（Bayes′ Rule）**。

分类问题是机器学习需要解决的主要问题之一。在各种各样的分类算法中，有一簇基于贝叶斯定理的分类算法，称为**贝叶斯分类（Bayes Classification）算法**。在贝叶斯分类算法中又有一个子簇，称为**朴素贝叶斯分类（Naïve Bayes Classification）算法**。基于朴素贝叶斯分类算法的分类器称为**朴素贝叶斯分类器（Naïve Bayes Classifier）**，简称为 **NB 分类器**。

假设 $\boldsymbol{x}=(x_1,x_2,\cdots,x_N)$ 是一个 $N(N\geqslant 1)$ 维随机矢量，其每一个分量 $x_i\,(i=1,2,\cdots,N)$ 都是一个随机变量，并且各个分量彼此独立且服从同样的概率分布。C 表示类别随机变量，它有 K 个可能的取值 $C_1,C_2,\cdots,C_K$，这些取值表示的是随机矢量 $\boldsymbol{x}$ 的样本所属的类别值。针对上述假设，NB 分类器最终需要完成的工作任务是，将随机矢量 $\boldsymbol{x}$ 的任意一个样本尽可能正确地映射到 $C_1,C_2,\cdots,C_K$ 中的某一个类别值。NB 分类器中的朴素（Naïve）一词在这里有“简单而理想化”的意思，因为 NB 分类器对随机矢量 $\boldsymbol{x}$ 的各个分量做出了“彼此独立且服从同样的概率分布”这样一个简单而理想化的假定。

NB 分类器的基本工作思路：首先计算出 $\boldsymbol{x}$ 的某个样本属于各个类别的概率值，然

后将该样本划分到对应于概率值最大的那个类别。因此，NB 分类器需要首先计算出 K 个条件概率 $p(C_m|\boldsymbol{x})$，其中 $m=1,2,\cdots,K$。

根据贝叶斯定理，有

$$p(C_m|\boldsymbol{x})=\frac{p(C_m)p(\boldsymbol{x}|C_m)}{P(\boldsymbol{x})}\quad (m=1,2,\cdots,K) \tag{3.70}$$

式（3.70）中的分子部分为

$$\begin{aligned}&p(C_m)p(\boldsymbol{x}|C_m)=p(\boldsymbol{x},C_m)=p(x_1,x_2,\cdots,x_N,C_m)\\&=p(x_1\,|\,x_2,\cdots,x_N,C_m)p(x_2,\cdots,x_N,C_m)\\&=p(x_1\,|\,x_2,\cdots,x_N,C_m)p(x_2\,|\,x_3,\cdots,x_N,C_m)p(x_3,\cdots,x_N,C_m)\\&=\cdots\\&=p(x_1\,|\,x_2,\cdots,x_N,C_m)p(x_2\,|\,x_3,\cdots,x_N,C_m)\cdots p(x_{N-1}\,|\,x_N,C_m)p(x_N\,|\,C_m)P(C_m)\end{aligned} \tag{3.71}$$

由于假定了 $\boldsymbol{x}$ 的各个分量都是彼此独立的，所以有

$$p\left(x_i\,|\,x_{i+1},\cdots,x_N,C_m\right)=p\left(x_i\,|\,C_m\right)\quad \left(i=1,2,\cdots,N-1\right) \tag{3.72}$$

将式（3.72）代入式（3.71），得到

$$\begin{aligned}&p(x_1,x_2,\cdots,x_N,C_m)=p(x_1\,|\,C_m)p(x_2\,|\,C_m)\cdots p(x_N\,|\,C_m)P(C_m)\\&=p(C_m)\prod_{i=1}^{N}p(x_i\,|\,C_m)\end{aligned} \tag{3.73}$$

综合式（3.73）、式（3.71）和式（3.70）可以得到

$$p(C_m|\boldsymbol{x})=\frac{1}{p(\boldsymbol{x})}p(C_m)\prod_{i=1}^{N}p(x_i\,|\,C_m)\quad (m=1,2,\cdots,K) \tag{3.74}$$

前面我们说过，NB 分类器的基本工作思路是先计算出 $\boldsymbol{x}$ 的某个样本属于各个类别的概率值，然后将该样本划分到对应于概率值最大的那个类别。式（3.74）已经给出了 $\boldsymbol{x}$ 的某个样本属于各个类别的概率值，所以接下来只需要确定出概率值最大的是哪个类别即可，也即

$$C_?=\underset{C_m}{\operatorname{argmax}}\;p(C_m|\boldsymbol{x})=\underset{C_m}{\operatorname{argmax}}\;\frac{1}{p(\boldsymbol{x})}p(C_m)\prod_{i=1}^{N}p(x_i\,|\,C_m)\quad (m=1,2,\cdots,K) \tag{3.75}$$

显然，$p(\boldsymbol{x})$ 在式（3.75）中只起着常数项的作用，因此可以将式（3.75）简化为

$$C_?=\underset{C_m}{\operatorname{argmax}}\;p(C_m)\prod_{i=1}^{N}p(x_i\,|\,C_m)\quad (m=1,2,\cdots,K) \tag{3.76}$$

式（3.76）就是 NB 分类器遵从的分类规则，式子左边的 $C_?$ 就是 NB 分类器对于随机矢

量 $\boldsymbol{x}$ 的某个样本的分类结果。

式（3.76）中，C_m 是离散型类别随机变量 C 的取值，所以 $p(C_m)$ 表示的是一个概率值，也就是离散型随机变量 C 取值为 C_m 的概率值。然而，式中的 $p(x_i \mid C_m)$ 是一个条件概率值，还是一个条件概率密度值？显然，这个问题的答案就取决于随机矢量 $\boldsymbol{x}$ 的第 i 个分量 x_i 是一个离散型随机变量，还是一个连续型随机变量。如果 x_i 是一个离散型随机变量，则 $p(x_i \mid C_m)$ 就是一个条件概率值；如果 x_i 是一个连续型随机变量，则 $p(x_i \mid C_m)$ 就是一个条件概率密度值。

事实上，根据随机矢量 $\boldsymbol{x}$ 及其各个分量的性质和特点的不同，可以对 NB 分类器做进一步的细分。例如，如果随机矢量 $\boldsymbol{x}=(x_1,x_2,\cdots,x_N)$ 的每一个分量 x_i 都是连续型随机变量，并且 x_i 对于每一个类别 C_m 的条件概率分布 $p(x_i \mid C_m)$ 都是高斯分布，则相应的 NB 分类器就称为**高斯朴素贝叶斯分类器（Gaussian Naïve Bayes Classifier）**，简称为 **GNB 分类器**；如果随机矢量 $\boldsymbol{x}=(x_1,x_2,\cdots,x_N)$ 的每一个分量 x_i 都是离散型随机变量，并且 x_i 对于每一个类别 C_m 的条件概率分布 $p(x_i \mid C_m)$ 都是伯努利分布（Bernoulli Distribution），则相应的 NB 分类器就称为**伯努利朴素贝叶斯分类器（Bernoulli Naïve Bayes Classifier）**，简称为 **BNB 分类器**；如果随机矢量 $\boldsymbol{x}=(x_1,x_2,\cdots,x_N)$ 的每一个分量 x_i 都是离散型随机变量，并且 $\boldsymbol{x}$ 对于每一个类别 C_m 的条件概率分布 $p(\boldsymbol{x} \mid C_m)$ 都是多项式分布（Multinomial Distribution），则相应的 NB 分类器就称为**多项式朴素贝叶斯分类器（Multinomial Naïve Bayes Classifier）**，简称为 **MNB 分类器**。GNB 分类器、BNB 分类器、MNB 分类器是 NB 分类器中最常见的 3 种具体形态，其中的 GNB 分类器将是我们下面要继续分析和讨论的内容。

对于 GNB 分类器来讲，式（3.76）中的 $p(x_i \mid C_m)$ 就需要作为高斯分布 $N(\mu,\sigma^2)$ 来进行对待和处理[参见（式 2.128）]。由于 i 的取值是从 1 到 N，m 的取值是从 1 到 K，所以总共会有 $N \times K$ 个高斯分布有待处理。在这 $N \times K$ 个高斯分布中，每一个高斯分布都会涉及一个均值参数 μ 和一个方差参数 σ^2，那我们又如何才能知道这些均值参数和方差参数的具体值是多少呢？答案是，谁也无法知道这些均值参数和方差参数的真值是多少，但是可以通过对训练样本的学习得到这些均值参数和方差参数的估计值。

我们将通过一个具体的例子来对 GNB 分类器的工作过程进行详细说明。假设一个养鸡场散养了数万只鸡，其中有的是公鸡，有的是母鸡，有的是阉鸡。从该养鸡场随机取出 20 只鸡，并对这 20 只鸡的腿长和体重进行测量，同时也对这 20 只鸡的雌雄类别进行记录，得到了图 3-53 所示的测量数据。

测量数据

No.	腿长/cm x_1	体重/kg x_2	类别 C
1	14.70	2.61	公鸡(C_1)
2	15.20	2.38	公鸡(C_1)
3	15.10	2.25	公鸡(C_1)
4	15.20	2.53	公鸡(C_1)
5	13.10	3.51	母鸡(C_2)
6	13.10	3.42	母鸡(C_2)
7	13.10	3.03	母鸡(C_2)
8	12.90	3.45	母鸡(C_2)
9	13.10	3.90	母鸡(C_2)
10	13.20	3.61	母鸡(C_2)
11	13.10	3.42	母鸡(C_2)
12	12.80	3.20	母鸡(C_2)
13	13.10	2.91	母鸡(C_2)
14	12.80	3.31	母鸡(C_2)
15	14.90	3.19	阉鸡(C_3)
16	16.40	3.10	阉鸡(C_3)
17	14.90	3.43	阉鸡(C_3)
18	15.60	3.18	阉鸡(C_3)
19	14.60	3.17	阉鸡(C_3)
20	14.90	3.32	阉鸡(C_3)

图 3-53　测量数据表

以 x_1 表示鸡的腿长，x_2 表示鸡的体重，C 表示鸡的雌雄类别，C_1、C_2、C_3 分别表示公鸡类、母鸡类、阉鸡类，那么根据之前的描述，$p(x_1 \mid C_1)$ 就是指公鸡的腿长所服从的高斯分布的概率密度函数，$p(x_2 \mid C_1)$ 是指公鸡的体重所服从的高斯分布的概率密度函数，$p(x_1 \mid C_2)$ 是指母鸡的腿长所服从的高斯分布的概率密度函数，$p(x_2 \mid C_2)$ 是指母鸡的体重所服从的高斯分布的概率密度函数，$p(x_1 \mid C_3)$ 是指阉鸡的腿长所服从的高斯分布的概率密度函数，$p(x_2 \mid C_3)$ 是指阉鸡的体重所服从的高斯分布的概率密度函数。接下来的任务是根据图 3-53 中的测量数据表中的训练样本数据计算出这 6 个高斯分布的均值和方差的估计值。

以 μ_{1-C_1} 表示 $p(x_1 \mid C_1)$ 这个高斯分布的均值，$\hat{\mu}_{1-C_1}$ 表示对 μ_{1-C_1} 的估计，则 $\hat{\mu}_{1-C_1}$ 就等于测量数据表中腿长那一列的前 4 个数值的平均值，即

$$\hat{\mu}_{1-C_1} = \frac{14.70 + 15.20 + 15.10 + 15.20}{4} = 15.05$$

以 $\sigma^2_{1-C_1}$ 表示 $p(x_1 \mid C_1)$ 这个高斯分布的方差，$\hat{\sigma}^2_{1-C_1}$ 表示对 $\sigma^2_{1-C_1}$ 的估计，则

$$\hat{\sigma}^2_{1-C_1} = \frac{(14.70 - \hat{\mu}_{1-C_1})^2 + (15.20 - \hat{\mu}_{1-C_1})^2 + (15.10 - \hat{\mu}_{1-C_1})^2 + (15.20 - \hat{\mu}_{1-C_1})^2}{4} = 0.0425$$

以 μ_{2-C_1} 表示 $p(x_2 \mid C_1)$ 这个高斯分布的均值，$\hat{\mu}_{2-C_1}$ 表示对 μ_{2-C_1} 的估计，则 $\hat{\mu}_{2-C_1}$ 就等于测量数据表中体重那一列的前 4 个数值的平均值，即

$$\hat{\mu}_{2-C_1} = \frac{2.61 + 2.38 + 2.25 + 2.53}{4} = 2.4425$$

以 $\sigma^2_{2-C_1}$ 表示 $p(x_2 \mid C_1)$ 这个高斯分布的方差，$\hat{\sigma}^2_{2-C_1}$ 表示对 $\sigma^2_{2-C_1}$ 的估计，则

$$\hat{\sigma}^2_{2-C_1} = \frac{(2.61 - \hat{\mu}_{2-C_1})^2 + (2.38 - \hat{\mu}_{2-C_1})^2 + (2.25 - \hat{\mu}_{2-C_1})^2 + (2.53 - \hat{\mu}_{2-C_1})^2}{4} \approx 0.0192$$

依次类推，继续计算出 $\hat{\mu}_{1-C_2}$、$\hat{\sigma}^2_{1-C_2}$、$\hat{\mu}_{2-C_2}$、$\hat{\sigma}^2_{2-C_2}$、$\hat{\mu}_{1-C_3}$、$\hat{\sigma}^2_{1-C_3}$、$\hat{\mu}_{2-C_3}$、$\hat{\sigma}^2_{2-C_3}$ 的值，可以得到图 3-54 所示的参数估计表。

$\hat{\mu}_{1-C_1}$=15.0500	$\hat{\sigma}^2_{1-C_1}$=0.0425	$\hat{\mu}_{2-C_1}$=2.4425	$\hat{\sigma}^2_{2-C_1}$≈0.0192
$\hat{\mu}_{1-C_2}$=13.0300	$\hat{\sigma}^2_{1-C_2}$=0.0181	$\hat{\mu}_{2-C_2}$=3.3760	$\hat{\sigma}^2_{2-C_2}$≈0.0729
$\hat{\mu}_{1-C_3}$≈15.2167	$\hat{\sigma}^2_{1-C_3}$≈0.3714	$\hat{\mu}_{2-C_3}$≈3.2317	$\hat{\sigma}^2_{2-C_3}$≈0.0121

图 3-54　参数估计表

注意，式（3.76）还涉及 $p(C_m)$ 的值，也就是 $p(C_1)$、$p(C_2)$、$p(C_3)$ 这 3 个先验概率值。由于不知道养鸡场的公鸡总数、母鸡总数、阉鸡总数，所以我们就只能通过测量数据表中的样本数据来对这 3 个先验概率值进行估计，也即 $p(C_1)$ 的估计值为 $4/20 = 0.2$，$p(C_2)$ 的估计值为 $10/20 = 0.5$，$p(C_3)$ 的估计值为 $6/20 = 0.3$。

一旦得到了 $p(C_1)$、$p(C_2)$、$p(C_3)$ 的估计值以及图 3-54 中的各个参数的估计值，便可认为 GNB 分类器已经完成了训练学习的任务。接下来，该 GNB 分类器就可以对新的样本进行分类了。例如，假设从这个养鸡场随机取出一只鸡，记为 A，测得 A 的腿长为 13.5cm，体重为 3.1kg，则有

$$p(C_1)\prod_{i=1}^{N}p(x_i \mid C_1)=p(C_1)p(x_1 \mid C_1)p(x_2 \mid C_1)$$

$$=p(C_1)\times\frac{1}{\sqrt{2\pi\sigma_{1-C_1}^2}}\exp\left[\frac{-(13.5-\mu_{1-C_1})^2}{2\sigma_{1-C_1}^2}\right]\times\frac{1}{\sqrt{2\pi\sigma_{2-C_1}^2}}\exp\left[\frac{-(3.1-\mu_{2-C_1})^2}{2\sigma_{2-C_1}^2}\right]$$

$$\approx p(C_1)\times\frac{1}{\sqrt{2\pi\hat{\sigma}_{1-C_1}^2}}\exp\left[\frac{-(13.5-\hat{\mu}_{1-C_1})^2}{2\hat{\sigma}_{1-C_1}^2}\right]\times\frac{1}{\sqrt{2\pi\hat{\sigma}_{2-C_1}^2}}\exp\left[\frac{-(3.1-\hat{\mu}_{2-C_1})^2}{2\hat{\sigma}_{2-C_1}^2}\right]$$

$$\approx 0.2\times\frac{1}{\sqrt{2\pi\times 0.0425}}\exp\left[\frac{-\left(13.5-15.05\right)^2}{2\times 0.0425}\right]\times\frac{1}{\sqrt{2\pi\times 0.0192}}\exp\left[\frac{-\left(3.1-2.4425\right)^2}{2\times 0.0192}\right]$$

$$\approx 7.4973\times 10^{-18}$$

$$p(C_2)\prod_{i=1}^{N}p(x_i \mid C_2)=p(C_2)p(x_1 \mid C_2)p(x_2 \mid C_2)$$

$$=p(C_2)\times\frac{1}{\sqrt{2\pi\sigma_{1-C_2}^2}}\exp\left[\frac{-(13.5-\mu_{1-C_2})^2}{2\sigma_{1-C_2}^2}\right]\times\frac{1}{\sqrt{2\pi\sigma_{2-C_2}^2}}\exp\left[\frac{-(3.1-\mu_{2-C_2})^2}{2\sigma_{2-C_2}^2}\right]$$

$$\approx p(C_2)\times\frac{1}{\sqrt{2\pi\hat{\sigma}_{1-C_2}^2}}\exp\left[\frac{-(13.5-\hat{\mu}_{1-C_2})^2}{2\hat{\sigma}_{1-C_2}^2}\right]\times\frac{1}{\sqrt{2\pi\hat{\sigma}_{2-C_2}^2}}\exp\left[\frac{-(3.1-\hat{\mu}_{2-C_2})^2}{2\hat{\sigma}_{2-C_2}^2}\right]$$

$$\approx 0.5\times\frac{1}{\sqrt{2\pi\times 0.0181}}\exp\left[\frac{-\left(13.5-13.03\right)^2}{2\times 0.0181}\right]\times\frac{1}{\sqrt{2\pi\times 0.0729}}\exp\left[\frac{-\left(3.1-3.376\right)^2}{2\times 0.0729}\right]$$

$$\approx 0.0029$$

$$p(C_3)\prod_{i=1}^{N}p(x_i \mid C_3)=p(C_3)p(x_1 \mid C_3)p(x_2 \mid C_3)$$

$$=p(C_3)\times\frac{1}{\sqrt{2\pi\sigma_{1-C_3}^2}}\exp\left[\frac{-(13.5-\mu_{1-C_3})^2}{2\sigma_{1-C_3}^2}\right]\times\frac{1}{\sqrt{2\pi\sigma_{2-C_3}^2}}\exp\left[\frac{-(3.1-\mu_{2-C_3})^2}{2\sigma_{2-C_3}^2}\right]$$

$$\approx p(C_3)\times\frac{1}{\sqrt{2\pi\hat{\sigma}_{1-C_3}^2}}\exp\left[\frac{-(13.5-\hat{\mu}_{1-C_3})^2}{2\hat{\sigma}_{1-C_3}^2}\right]\times\frac{1}{\sqrt{2\pi\hat{\sigma}_{2-C_3}^2}}\exp\left[\frac{-(3.1-\hat{\mu}_{2-C_3})^2}{2\hat{\sigma}_{2-C_3}^2}\right]$$

$$\approx 0.3\times\frac{1}{\sqrt{2\pi\times 0.3714}}\exp\left[\frac{-\left(13.5-15.2167\right)^2}{2\times 0.3714}\right]\times\frac{1}{\sqrt{2\pi\times 0.0121}}\exp\left[\frac{-\left(3.1-3.2317\right)^2}{2\times 0.0121}\right]$$

$$\approx 0.0067$$

比较以上3个值 7.4973×10^{-18}、0.0029、0.0067，发现最大值为0.0067，也即式（3.76）中的 $C_? = C_3$，因此A这只鸡将被GNB分类器划分到阉鸡类。

注意，7.4973×10^{-18}、0.0029、0.0067这3个值只有相对大小的意义，它们并不是概率值，它们的和也无须满足等于1的约束条件。根据这3个值，可以很容易推算出A这只鸡属于公鸡类、母鸡类、阉鸡类的概率各是多少，即

$$\text{A属于公鸡类的概率} = \frac{7.4973\times10^{-18}}{7.4973\times10^{-18}+0.0029+0.0067} \approx 0$$

$$\text{A属于母鸡类的概率} = \frac{0.0029}{7.4973\times10^{-18}+0.0029+0.0067} \approx 0.3$$

$$\text{A属于阉鸡类的概率} = \frac{0.0067}{7.4973\times10^{-18}+0.0029+0.0067} \approx 0.7$$

再例如，假设从这个养鸡场又随机取出一只鸡，记为B，测得B的腿长为15.4cm，体重为2.31kg，则有

$$p(C_1)\prod_{i=1}^{N} p(x_i \mid C_1) = p(C_1)p(x_1 \mid C_1)p(x_2 \mid C_1)$$

$$= p(C_1)\times\frac{1}{\sqrt{2\pi\sigma_{1-C_1}^2}}\exp\left[\frac{-(15.4-\mu_{1-C_1})^2}{2\sigma_{1-C_1}^2}\right]\times\frac{1}{\sqrt{2\pi\sigma_{2-C_1}^2}}\exp\left[\frac{-(2.31-\mu_{2-C_1})^2}{2\sigma_{2-C_1}^2}\right]$$

$$\approx p(C_1)\times\frac{1}{\sqrt{2\pi\hat{\sigma}_{1-C_1}^2}}\exp\left[\frac{-(15.4-\hat{\mu}_{1-C_1})^2}{2\hat{\sigma}_{1-C_1}^2}\right]\times\frac{1}{\sqrt{2\pi\hat{\sigma}_{2-C_1}^2}}\exp\left[\frac{-(2.31-\hat{\mu}_{2-C_1})^2}{2\hat{\sigma}_{2-C_1}^2}\right]$$

$$\approx 0.2\times\frac{1}{\sqrt{2\pi\times0.0425}}\exp\left[\frac{-(15.4-15.05)^2}{2\times0.0425}\right]\times\frac{1}{\sqrt{2\pi\times0.0192}}\exp\left[\frac{-(2.31-2.4425)^2}{2\times0.0192}\right]$$

$$\approx 0.1669$$

$$p(C_2)\prod_{i=1}^{N} p(x_i \mid C_2) = p(C_2)p(x_1 \mid C_2)p(x_2 \mid C_2)$$

$$= p(C_2)\times\frac{1}{\sqrt{2\pi\sigma_{1-C_2}^2}}\exp\left[\frac{-(15.4-\mu_{1-C_2})^2}{2\sigma_{1-C_2}^2}\right]\times\frac{1}{\sqrt{2\pi\sigma_{2-C_2}^2}}\exp\left[\frac{-(2.31-\mu_{2-C_2})^2}{2\sigma_{2-C_2}^2}\right]$$

$$\approx p(C_2)\times\frac{1}{\sqrt{2\pi\hat{\sigma}_{1-C_2}^2}}\exp\left[\frac{-(15.4-\hat{\mu}_{1-C_2})^2}{2\hat{\sigma}_{1-C_2}^2}\right]\times\frac{1}{\sqrt{2\pi\hat{\sigma}_{2-C_2}^2}}\exp\left[\frac{-(2.31-\hat{\mu}_{2-C_2})^2}{2\hat{\sigma}_{2-C_2}^2}\right]$$

$$\approx 0.5\times\frac{1}{\sqrt{2\pi\times0.0181}}\exp\left[\frac{-(15.4-13.03)^2}{2\times0.0181}\right]\times\frac{1}{\sqrt{2\pi\times0.0729}}\exp\left[\frac{-(2.31-3.376)^2}{2\times0.0729}\right]$$

$$\approx 3.7034\times10^{-71}$$

$$p(C_3)\prod_{i=1}^{N}p(x_i\,|\,C_3)=p(C_3)p(x_1\,|\,C_3)p(x_2\,|\,C_3)$$

$$=p(C_3)\times\frac{1}{\sqrt{2\pi\sigma_{1-C_3}^2}}\exp\left[\frac{-(15.4-\mu_{1-C_3})^2}{2\sigma_{1-C_3}^2}\right]\times\frac{1}{\sqrt{2\pi\sigma_{2-C_3}^2}}\exp\left[\frac{-(2.31-\mu_{2-C_3})^2}{2\sigma_{2-C_3}^2}\right]$$

$$\approx p(C_3)\times\frac{1}{\sqrt{2\pi\hat{\sigma}_{1-C_3}^2}}\exp\left[\frac{-(15.4-\hat{\mu}_{1-C_3})^2}{2\hat{\sigma}_{1-C_3}^2}\right]\times\frac{1}{\sqrt{2\pi\hat{\sigma}_{2-C_3}^2}}\exp\left[\frac{-(2.31-\hat{\mu}_{2-C_3})^2}{2\hat{\sigma}_{2-C_3}^2}\right]$$

$$\approx 0.3\times\frac{1}{\sqrt{2\pi\times 0.3714}}\exp\left[\frac{-(15.4-15.2167)^2}{2\times 0.3714}\right]\times\frac{1}{\sqrt{2\pi\times 0.0121}}\exp\left[\frac{-(2.31-3.2317)^2}{2\times 0.0121}\right]$$

$$\approx 4.0326\times 10^{-16}$$

比较以上 3 个值 0.1669 、3.7034×10^{-71} 、 4.0326×10^{-16} ，发现最大值为 0.1669 ，也即式（3.76）中的 $C_? = C_1$，因此 B 这只鸡将被 GNB 分类器划分到公鸡类。

同样地，0.1669 、3.7034×10^{-71}、4.0326×10^{-16} 这 3 个值只有相对大小的意义，它们并不是概率值，它们的和也无须满足等于 1 的约束条件。根据这 3 个值，可以很容易推算出 B 这只鸡属于公鸡类、母鸡类、阉鸡类的概率各是多少，即

$$\text{B属于公鸡类的概率}=\frac{0.1669}{0.1669+3.7034\times10^{-71}+4.0326\times10^{-16}}\approx 1$$

$$\text{B属于母鸡类的概率}=\frac{3.7034\times10^{-71}}{0.1669+3.7034\times10^{-71}+4.0326\times10^{-16}}\approx 0$$

$$\text{B属于阉鸡类的概率}=\frac{4.0326\times10^{-16}}{0.1669+3.7034\times10^{-71}+4.0326\times10^{-16}}\approx 0$$

注意，前面我们说过，由于不知道养鸡场的公鸡总数、母鸡总数、阉鸡总数，所以我们就只能通过测量数据表中的样本数据来对 $p(C_1)$、$p(C_2)$、$p(C_3)$ 这 3 个先验概率值进行估计，也即 $p(C_1)$ 的估计值为 $4/20=0.2$ ， $p(C_2)$ 的估计值为 $10/20=0.5$ ， $p(C_3)$ 的估计值为 $6/20=0.3$ 。显然，如果知道了养鸡场的公鸡总数、母鸡总数、阉鸡总数，那么就应该用 (公鸡总数)/(公鸡总数+母鸡总数+阉鸡总数)、(母鸡总数)/(公鸡总数+母鸡总数+阉鸡总数)、(阉鸡总数)/(公鸡总数+母鸡总数+阉鸡总数) 这 3 个值来分别作为对 $p(C_1)$、 $p(C_2)$、 $p(C_3)$ 的估计，因为这 3 个值无疑是对 $p(C_1)$、 $p(C_2)$、 $p(C_3)$ 的最优估计。

3.5.8 决策树

在各种各样的机器学习算法中，有一类算法称为**决策树算法（Decision Tree Algorithm）**。在训练阶段，决策树算法的学习对象是一个与决策相关的数表，学习完成之后会得到一棵决策树。在工作阶段（运行阶段），决策树算法会根据所学得的决策树以及相应的前提条件对决策值进行预测。

决策树算法属于监督学习方法的范畴，它有很多种具体的形态，如 **ID3（Iterative Dichotomiser 3）算法**、**C4.5（Classifier 4.5）算法**、CART（Classification And Regression

Tree）算法、CHAID（Chi-square Automatic Interaction Detection）算法、MARS（Multivariate Adaptive Regression Spline）算法等等。在本小节中，我们只选取其中的 ID3 和 C4.5 这两种具体的算法进行学习。ID3 中的数字 3 并无特别的含义，它只是算法的版本号而已，C4.5 中的 4.5 也是如此。

在学习 ID3 算法和 C4.5 算法之前，有必要再增补一点关于熵的基础知识。在 2.3.5 小节中，我们给出了熵的定义：对于一个随机变量 X，如果其概率分布为 $p(x)$，则定义 X 的熵或分布 $p(x)$ 的熵为

$$H(X)=H(p)=E\left[\log\frac{1}{p(x)}\right] \tag{3.77}$$

式（3.77）定义的熵也称为随机变量 X 的**信息熵（Information Entropy）**。在 ID3 算法和 C4.5 算法中，涉及的随机变量都是离散型随机变量，也即式（3.77）可以写成

$$H(X)=H(p)=\sum_{x}p(x)\log\frac{1}{p(x)} \tag{3.78}$$

式（3.78）中的 $p(x)$ 表示的是 X 的概率质量函数。

进一步地，对于随机变量 X 和 Y，定义

$$H(X|y)=H(X|Y=y)=E\left[\log\frac{1}{p(x\,|\,y)}\right] \tag{3.79}$$

式中的 $H(X|y)$ 称为在随机变量 Y 的取值等于 y 的条件下随机变量 X 的信息熵，也称为在随机变量 Y 的取值等于 y 的条件下随机变量 X 的**条件熵（Conditional Entropy）**。式（3.79）中的 $p(x\,|\,y)$ 为在随机变量 Y 的取值等于 y 的条件下随机变量 X 的概率分布。在 ID3 算法和 C4.5 算法中，涉及的随机变量都是离散型随机变量，也即式（3.79）可以写成

$$H(X|y)=H(X|Y=y)=\sum_{x}p(x\,|\,y)\log\frac{1}{p(x\,|\,y)} \tag{3.80}$$

式中的 $p(x\,|\,y)$ 为在随机变量 Y 的取值等于 y 的条件下随机变量 X 的概率质量函数。

更进一步地，对于离散型随机变量 X 和 Y，定义

$$H(X|Y)=\sum_{y}q(y)H(X|Y=y)=\sum_{y}q(y)\sum_{x}p(x\,|\,y)\log\frac{1}{p(x\,|\,y)} \tag{3.81}$$

式中的 $H(X|Y)$ 称为在已知随机变量 Y 的条件下随机变量 X 的信息熵，也称为在已知随机变量 Y 的条件下随机变量 X 的条件熵。注意，式（3.81）中的 $q(y)$ 是随机变量 Y 的概率质量函数。

最后，定义

$$IG(X,Y)=H(X)-H(X\,|\,Y) \tag{3.82}$$

式中的 $IG(X,Y)$ 称为在已知随机变量 Y 的条件下随机变量 X 的**信息增益（Information Gain）**。由于信息熵 $H(X)$ 反映的是随机变量 X 的不确定性程度，条件熵 $H(X\,|\,Y)$ 反映

的是在已知随机变量 Y 的条件下随机变量 X 的不确定性程度，所以信息增益 $IG(X,Y)=H(X)-H(X|Y)$ 反映的是在已知随机变量 Y 的条件下随机变量 X 的不确定性程度的减少量。

增补了以上关于信息熵、条件熵、信息增益的基本介绍之后，接下来我们就正式开始学习 ID3 算法以及 C4.5 算法。

ID3 算法的训练集是一个类似于图 3-55 所示的、用数表形式表示的数据集。在数表 1 中，第 1 列是训练样本的编号，编号为 1 的那一行表示训练集中的第 1 个训练样本，编号为 2 的那一行表示训练集中的第 2 个训练样本，依次类推。数表 1 所表示的训练集总共只包含了 14 个训练样本，但在实际应用中，训练集中的训练样本的个数可能成千上万。数表 1 中的 U、V、X、Y、D 是 5 个离散型随机变量，其中的 D 称为决策随机变量，其他的称为因素随机变量（也称为属性随机变量或特征随机变量）。数表 1 中的因素随机变量只有 U、V、X、Y 这 4 个，但在实际应用中，因素随机变量的个数很可能远远不止 4 个。数表 1 中 U 所在的那一列中，u_1、u_2、u_3 是因素随机变量 U 的 3 个不同的取值，称为因素值。类似地，v_1、v_2、v_3 是因素随机变量 V 的 3 个不同的因素值，x_1、x_2 是因素随机变量 X 的两个不同的因素值，y_1、y_2 是因素随机变量 Y 的两个不同的因素值。特别地，d_1、d_2 是决策随机变量 D 的两个不同的取值，称为决策值。注意，由于 U、V、X、Y 和 D 都是离散型随机变量，所以因素值和决策值都是离散值。另外，决策值的个数必须大于或等于 2，否则就不存在所谓的决策了。

No.	U	V	X	Y	D
1	u_1	v_1	x_1	y_1	d_1
2	u_1	v_1	x_1	y_2	d_1
3	u_2	v_1	x_1	y_1	d_2
4	u_3	v_2	x_1	y_1	d_2
5	u_3	v_3	x_2	y_1	d_2
6	u_3	v_3	x_2	y_2	d_1
7	u_2	v_3	x_2	y_2	d_2
8	u_1	v_2	x_1	y_1	d_1
9	u_1	v_3	x_2	y_1	d_2
10	u_3	v_2	x_2	y_1	d_2
11	u_1	v_2	x_2	y_2	d_2
12	u_2	v_2	x_1	y_2	d_2
13	u_2	v_1	x_2	y_1	d_2
14	u_3	v_2	x_1	y_2	d_1

图 3-55　数表 1

如何理解数表 1 中各个训练样本的含义呢？以编号为 9 的那个训练样本为例，该样本的数据内容是 $u_1-v_3-x_2-y_1 \Rightarrow d_2$，其含义就是，如果因素 U 的因素值为 u_1、因素 V 的因素值为 v_3、因素 X 的因素值为 x_2、因素 Y 的因素值为 y_1，那么决策值就应该是 d_2。也可以这样理解：样本矢量 $[u_1 \quad v_3 \quad x_2 \quad y_1]^{\mathrm{T}}$ 对应的期望输出或标签值等于 d_2。又例如，编号为 14 的那个样本的数据内容是 $u_3-v_2-x_1-y_2 \Rightarrow d_1$，其含义就是，如果因素 U 的因素值为 u_3、因素 V 的因素值为 v_2、因素 X 的因素值为 x_1、因素 Y 的因素值为 y_2，那么决策值就应该是 d_1。也可以这样理解：样本矢量 $[u_3 \quad v_2 \quad x_1 \quad y_2]^{\mathrm{T}}$ 对应的期望输出或标签值等于 d_1。

对数表 1 有了以上的基本认识和理解之后，接下来的事情便是计算信息熵 $H(D)$ 以及信息增益 $IG(D,U)$、$IG(D,V)$、$IG(D,X)$、$IG(D,Y)$。需要特别指出的是，利用训练集中的样本数据来进行与熵值有关的计算时，所涉及的概率值一律是以样本数据中的"比例值"来代替。例如，在数表 1 中，随机变量 D 总共有 14 次取值，其中 5 次（样本编号为 1、2、6、8、14）取值为 d_1，9 次（样本编号为 3、4、5、7、9、10、11、12、13）取值为 d_2，所以，我们就用比例值 5/14 作为随机变量 D 取值为 d_1 的概率值，用比例值 9/14 作为随机变量 D 取值为 d_2 的概率值。根据这样的概率值计算 $H(D)$，得到

$$H(D)=\frac{5}{14}\log_2\frac{14}{5}+\frac{9}{14}\log_2\frac{14}{9}\approx 0.9403\ (\text{bit})$$

为了便于计算 $IG(D,U)$，需要将图 3-55 中的数表 1 重新排序，得到图 3-56 所示的数表。根据图 3-56 所示的数表，先计算 $H(D|U)$，得到

$$H(D|U)=\frac{5}{14}\left(\frac{3}{5}\log_2\frac{5}{3}+\frac{2}{5}\log_2\frac{5}{2}\right)+\frac{4}{14}\left(0+\frac{4}{4}\log_2\frac{4}{4}\right)+\frac{5}{14}\left(\frac{2}{5}\log_2\frac{5}{2}+\frac{3}{5}\log_2\frac{5}{3}\right)$$
$$\approx 0.6935\ (\text{bit})$$

进而计算 $IG\left(D,U\right)$，得到

$$IG(D,U)=H(D)-H(D|U)\approx 0.9403-0.6935\approx 0.2468\ (\text{bit})$$

	No.	U	V	X	Y	D	
	1	u_1	v_1	x_1	y_1	d_1	
	2	u_1	v_1	x_1	y_2	d_1	
u_1: $\frac{5}{14}$	8	u_1	v_2	x_1	y_1	d_1	d_1: $\frac{3}{5}$ d_2: $\frac{2}{5}$
	9	u_1	v_3	x_2	y_1	d_2	
	11	u_1	v_2	x_2	y_2	d_2	
	3	u_2	v_1	x_1	y_1	d_2	
u_2: $\frac{4}{14}$	7	u_2	v_3	x_2	y_2	d_2	d_1: $\frac{0}{4}$ d_2: $\frac{4}{4}$
	12	u_2	v_2	x_1	y_2	d_2	
	13	u_2	v_1	x_2	y_1	d_2	
	4	u_3	v_2	x_1	y_1	d_2	
	5	u_3	v_3	x_2	y_1	d_2	
u_3: $\frac{5}{14}$	6	u_3	v_3	x_2	y_2	d_1	d_1: $\frac{2}{5}$ d_2: $\frac{3}{5}$
	10	u_3	v_2	x_2	y_1	d_2	
	14	u_3	v_2	x_1	y_2	d_1	

图 3-56　计算 $IG(D,U)$

为了便于计算 $IG(D,V)$，需要将图 3-55 中的数表 1 重新排序，得到图 3-57 所示的数表。根据图 3-57 所示的数表，先计算 $H(D|V)$，得到

$$H(D|V)=\frac{4}{14}\left(\frac{2}{4}\log_2\frac{4}{2}+\frac{2}{4}\log_2\frac{4}{2}\right)+\frac{6}{14}\left(\frac{2}{6}\log_2\frac{6}{2}+\frac{4}{6}\log_2\frac{6}{4}\right)+\frac{4}{14}\left(\frac{1}{4}\log_2\frac{4}{1}+\frac{3}{4}\log_2\frac{4}{3}\right)$$
$$\approx 0.9111(\text{bit})$$

进而计算 $IG(D,V)$，得到

$$IG(D,V)=H(D)-H(D|V)\approx 0.9403-0.9111\approx 0.0292\ (\text{bit})$$

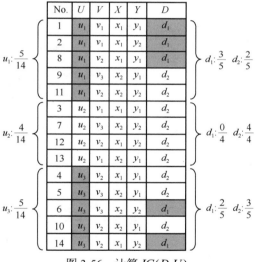

	No.	U	V	X	Y	D	
v_1: $\frac{4}{14}$	1	u_1	v_1	x_1	y_1	d_1	d_1: $\frac{2}{4}$ d_2: $\frac{2}{4}$
	2	u_1	v_1	x_1	y_2	d_1	
	3	u_2	v_1	x_1	y_1	d_2	
	13	u_2	v_1	x_2	y_1	d_2	
v_2: $\frac{6}{14}$	4	u_3	v_2	x_1	y_1	d_2	d_1: $\frac{2}{6}$ d_2: $\frac{4}{6}$
	8	u_1	v_2	x_1	y_1	d_1	
	10	u_3	v_2	x_2	y_1	d_2	
	11	u_1	v_2	x_2	y_2	d_2	
	12	u_2	v_2	x_1	y_2	d_2	
	14	u_3	v_2	x_1	y_2	d_1	
v_3: $\frac{4}{14}$	5	u_3	v_3	x_2	y_1	d_2	d_1: $\frac{1}{4}$ d_2: $\frac{3}{4}$
	6	u_3	v_3	x_2	y_2	d_1	
	7	u_2	v_3	x_2	y_2	d_2	
	9	u_1	v_3	x_2	y_1	d_2	

图 3-57　计算 $IG(D,V)$

为了便于计算 $IG(D,X)$，需要将图 3-55 中的数表 1 重新排序，得到图 3-58 所示的数表。根据图 3-58 所示的数表，先计算 $H(D|X)$，得到

$$H(D|X)=\frac{7}{14}\left(\frac{4}{7}\log_2\frac{7}{4}+\frac{3}{7}\log_2\frac{7}{3}\right)+\frac{7}{14}\left(\frac{1}{7}\log_2\frac{7}{1}+\frac{6}{7}\log_2\frac{7}{6}\right)\approx 0.7885\ (\text{bit})$$

进而计算 $IG(D,X)$，得到

$$IG(D,X)=H(D)-H(D|X)\approx 0.9403-0.7885\approx 0.1518\ (\text{bit})$$

	No.	U	V	X	Y	D	
x_1: $\frac{7}{14}$	1	u_1	v_1	x_1	y_1	d_1	d_1: $\frac{4}{7}$ d_2: $\frac{3}{7}$
	2	u_1	v_1	x_1	y_2	d_1	
	3	u_2	v_1	x_1	y_1	d_2	
	4	u_3	v_2	x_1	y_1	d_2	
	8	u_1	v_2	x_1	y_1	d_1	
	12	u_2	v_2	x_1	y_2	d_2	
	14	u_3	v_2	x_1	y_2	d_1	
x_2: $\frac{7}{14}$	5	u_3	v_3	x_2	y_1	d_2	d_1: $\frac{1}{7}$ d_2: $\frac{6}{7}$
	6	u_3	v_3	x_2	y_2	d_1	
	7	u_2	v_3	x_2	y_2	d_2	
	9	u_1	v_3	x_2	y_1	d_2	
	10	u_3	v_2	x_2	y_1	d_2	
	11	u_1	v_2	x_2	y_2	d_2	
	13	u_2	v_1	x_2	y_1	d_2	

图 3-58　计算 $IG(D,X)$

为了便于计算 $IG(D,Y)$，需要将图 3-55 中的数表 1 重新排序，得到图 3-59 所示的数表。根据图 3-59 所示的数表，先计算 $H(D|Y)$，得到

$$H(D|Y)=\frac{8}{14}\left(\frac{2}{8}\log_2\frac{8}{2}+\frac{6}{8}\log_2\frac{8}{6}\right)+\frac{6}{14}\left(\frac{3}{6}\log_2\frac{6}{3}+\frac{3}{6}\log_2\frac{6}{3}\right)\approx 0.8922\ (\text{bit})$$

进而计算 $IG(D,Y)$，得到

$$IG(D,Y) = H(D) - H(D|Y) \approx 0.9403 - 0.8922 \approx 0.0481\,(\text{bit})$$

No.	U	V	X	Y	D
1	u_1	v_1	x_1	y_1	d_1
3	u_2	v_1	x_1	y_1	d_2
4	u_3	v_2	x_1	y_1	d_2
5	u_3	v_3	x_2	y_1	d_2
8	u_1	v_2	x_1	y_1	d_1
9	u_1	v_3	x_2	y_1	d_2
10	u_3	v_2	x_2	y_1	d_2
13	u_2	v_1	x_2	y_1	d_2
2	u_1	v_1	x_1	y_2	d_1
6	u_3	v_3	x_2	y_2	d_1
7	u_2	v_3	x_2	y_2	d_2
11	u_1	v_2	x_2	y_2	d_2
12	u_2	v_2	x_1	y_2	d_2
14	u_3	v_2	x_1	y_2	d_1

$y_1: \frac{8}{14}$　$d_1: \frac{2}{8}$　$d_2: \frac{6}{8}$

$y_2: \frac{6}{14}$　$d_1: \frac{3}{6}$　$d_2: \frac{3}{6}$

图 3-59　计算 $IG(D,Y)$

到此为止，信息增益 $IG(D,U)$、$IG(D,V)$、$IG(D,X)$、$IG(D,Y)$ 的值已经计算出来了，分别为 0.2468 bit、0.0292 bit、0.1518 bit、0.0481 bit。根据 ID3 算法的要求，我们需要确定出对应信息增益值最大的那个因素，并根据那个因素来对训练集（也就是数表 1）进行分裂。因为 $IG(D,U)$ 的值最大，所以我们需要根据因素 U 来对数表 1 进行分裂。因素 U 有 3 个不同的因素值 u_1、u_2、u_3，分裂过程中每个因素值都会引出 1 个子数表，所以分裂之后会得到 3 个子数表。注意，根据图 3-55 来进行分裂或根据图 3-56 来进行分裂都是可以的，但根据图 3-56 来进行分裂要简便得多。分裂后的结果如图 3-60 所示，分裂出的子数表分别为数表 1-1、数表 1-2、数表 1-3。从图 3-60 中可以看到，从数表 1 分裂得到数表 1-1、数表 1-2、数表 1-3 的过程也就是从根节点（节点 1）进行分叉，从而得到 3 个子节点（节点 1-1、节点 1-2、节点 1-3）的过程。

数表1

u_1：

No.	V	X	Y	D
1	v_1	x_1	y_1	d_1
2	v_1	x_1	y_2	d_1
8	v_2	x_1	y_1	d_1
9	v_3	x_2	y_1	d_2
11	v_2	x_2	y_2	d_2

数表1-1

u_2：

No.	V	X	Y	D
3	v_1	x_1	y_1	d_2
7	v_3	x_2	y_2	d_2
12	v_2	x_1	y_2	d_2
13	v_1	x_2	y_1	d_2

数表1-2

u_3：

No.	V	X	Y	D
4	v_2	x_1	y_1	d_2
5	v_3	x_2	y_1	d_2
6	v_3	x_2	y_2	d_1
10	v_2	x_2	y_1	d_2
14	v_2	x_1	y_2	d_1

数表1-3

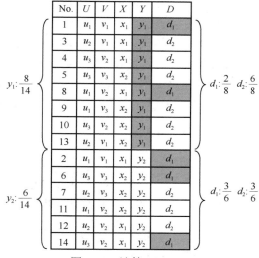

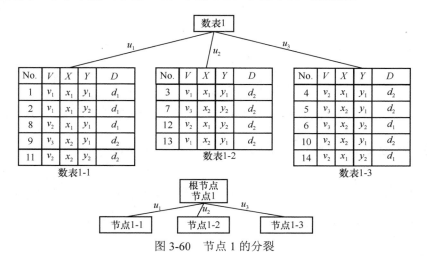

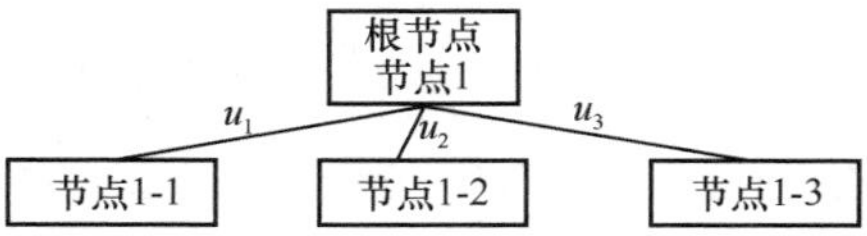

图 3-60　节点 1 的分裂

ID3 算法是一种递归算法，它首先对根节点进行分裂，得到若干个一级子节点，然后又对每个一级子节点进行分裂，得到若干个二级子节点，再对每个二级子节点进行分裂，得到若干个三级子节点，依次类推，最终得到若干个叶节点，叶节点是不能再进行分裂的终极节点。根节点、各级子节点、叶节点以及它们之间的连接便构成了一棵树，称为 ID3 决策树。在 ID3 决策树中，除了根节点和叶节点，所有的节点都称为中间节点。ID3 算法看上去比较繁杂，步骤也较多，但其原理和方法其实是非常简单的。

接下来的任务是对节点 1-1、节点 1-2、节点 1-3 这 3 个一级子节点进行分裂。先从节点 1-1 开始，将图 3-60 中的数表 1-1 进行重新排序，得到图 3-61，并计算出

$$H(D)=\frac{3}{5}\log_2\frac{5}{3}+\frac{2}{5}\log_2\frac{5}{2}\approx 0.9710\ (\text{bit})$$

$$H(D|V)=\frac{2}{5}\left(\frac{2}{2}\log_2\frac{2}{2}+0\right)+\frac{2}{5}\left(\frac{1}{2}\log_2\frac{2}{1}+\frac{1}{2}\log_2\frac{2}{1}\right)+\frac{1}{5}\left(0+\frac{1}{1}\log_2\frac{1}{1}\right)=0.4\ (\text{bit})$$

$$IG(D,V)=H(D)-H(D|V)\approx 0.9710-0.4\approx 0.5710\ (\text{bit})$$

数表1-1

	No.	V	X	Y	D		
v_1: $\frac{2}{5}$	1	v_1	x_1	y_1	d_1	d_1: $\frac{2}{2}$	d_2: $\frac{0}{2}$
	2	v_1	x_1	y_2	d_1		
v_2: $\frac{2}{5}$	8	v_2	x_1	y_1	d_1	d_1: $\frac{1}{2}$	d_2: $\frac{1}{2}$
	11	v_2	x_2	y_2	d_2		
v_3: 1/5	9	v_3	x_2	y_1	d_2	d_1:0/1	d_2:1/1

图 3-61　计算 $IG(D,V)$ 时采用的数表 1-1

将图 3-60 中的数表 1-1 重现于图 3-62 中，并计算出

$$H(D|X)=\frac{3}{5}\left(\frac{3}{3}\log_2\frac{3}{3}+0\right)+\frac{2}{5}\left(0+\frac{2}{2}\log_2\frac{2}{2}\right)=0\ (\text{bit})$$

$$IG(D,X)=H(D)-H(D|X)\approx 0.9710-0\approx 0.9710\ (\text{bit})$$

数表1-1

	No.	V	X	Y	D		
x_1: $\frac{3}{5}$	1	v_1	x_1	y_1	d_1	d_1: $\frac{3}{3}$	d_2: $\frac{0}{3}$
	2	v_1	x_1	y_2	d_1		
	8	v_2	x_1	y_1	d_1		
x_2: $\frac{2}{5}$	9	v_3	x_2	y_1	d_2	d_1: $\frac{0}{2}$	d_2: $\frac{2}{2}$
	11	v_2	x_2	y_2	d_2		

图 3-62　计算 $IG(D,X)$ 时采用的数表 1-1

将图 3-60 中的数表 1-1 进行重新排序，得到图 3-63，并计算出

$$H(D|Y)=\frac{3}{5}\left(\frac{2}{3}\log_2\frac{3}{2}+\frac{1}{3}\log_2\frac{3}{1}\right)+\frac{2}{5}\left(\frac{1}{2}\log_2\frac{2}{1}+\frac{1}{2}\log_2\frac{2}{1}\right)\approx 0.9510\ (\text{bit})$$

$$IG(D,Y)=H(D)-H(D|Y)\approx 0.9710-0.9510\approx 0.0200\ (\text{bit})$$

数表1-1

No.	V	X	Y	D
1	v_1	x_1	y_1	d_1
8	v_2	x_1	y_1	d_1
9	v_3	x_2	y_1	d_2
2	v_1	x_1	y_2	d_1
11	v_2	x_2	y_2	d_2

y_1: $\frac{3}{5}$（No. 1、8、9）　d_1: $\frac{2}{3}$　d_2: $\frac{1}{3}$

y_2: $\frac{2}{5}$（No. 2、11）　d_1: $\frac{1}{2}$　d_2: $\frac{1}{2}$

图 3-63　计算 $IG(D,Y)$ 时采用的数表 1-1

至此，我们根据数表 1-1 计算出了信息增益 $IG(D,V)$、$IG(D,X)$、$IG(D,Y)$ 的值，分别为 0.5710 bit 、 0.9710 bit 、 0.0200 bit 。因为 $IG(D,X)$ 的值最大，所以我们需要根据因素 X 来对数表 1-1 进行分裂。因素 X 有两个不同的因素值 x_1、x_2，分裂过程中每个因素值都会引出 1 个子数表，所以分裂之后会得到两个子数表。分裂后的结果如图 3-64 所示，分裂出的新数表分别为数表 1-1-1 和数表 1-1-2。注意，数表 1-1-1 中的决策值恒为 d_1，这就意味着数表 1-1-1 对应的节点已经是叶节点了，该叶节点对应的决策值为 d_1。同样地，数表 1-1-2 中的决策值恒为 d_2，这就意味着数表 1-1-2 对应的节点也已经是叶节点了，该叶节点对应的决策值为 d_2。

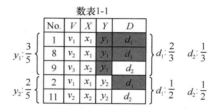

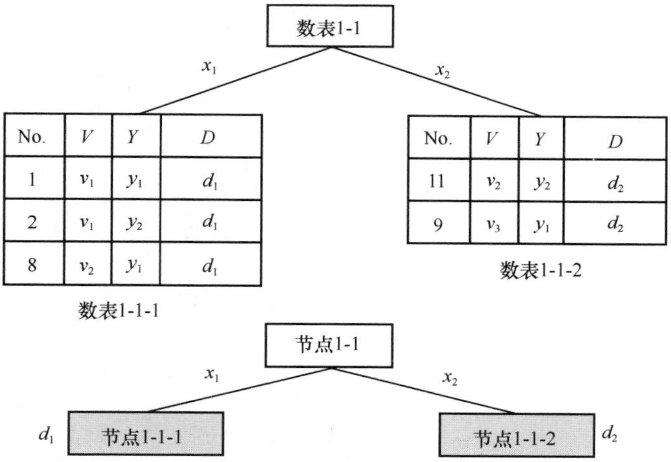

图 3-64　节点 1-1 的分裂

对节点 1-1 完成分裂后，接下来就该对节点 1-2 进行分裂。然而，观察图 3-60 中的数表 1-2 可以发现，数表 1-2 中的决策值恒为 d_2，这就意味着数表 1-2 对应的节点 1-2 已经是叶节点了，该叶节点对应的决策值为 d_2。

接下来对节点 1-3 进行分裂。将图 3-60 中的数表 1-3 重新排序，得到图 3-65，并计算出

$$H(D)=\frac{2}{5}\log_2\frac{5}{2}+\frac{3}{5}\log_2\frac{5}{3}\approx 0.9710\ (\text{bit})$$

$$H(D|V)=\frac{3}{5}\left(\frac{1}{3}\log_2\frac{3}{1}+\frac{2}{3}\log_2\frac{3}{2}\right)+\frac{2}{5}\left(\frac{1}{2}\log_2\frac{2}{1}+\frac{1}{2}\log_2\frac{2}{1}\right)\approx 0.9510\ (\text{bit})$$

$$IG(D,V)=H(D)-H(D|V)\approx 0.9710-0.9510\approx 0.0200\ (\text{bit})$$

数表1-3

	No.	V	X	Y	D	
v_2: $\frac{3}{5}$	4	v_2	x_1	y_1	d_2	d_1: $\frac{1}{3}$ d_2: $\frac{2}{3}$
	10	v_2	x_2	y_1	d_2	
	14	v_2	x_1	y_2	d_1	
v_3: $\frac{2}{5}$	5	v_3	x_2	y_1	d_2	d_1: $\frac{1}{2}$ d_2: $\frac{1}{2}$
	6	v_3	x_2	y_2	d_1	

图 3-65 计算 $IG(D,V)$ 时采用的数表 1-3

将图 3-60 中的数表 1-3 重新排序，得到图 3-66，并计算出

$$H(D \mid X) = \frac{2}{5}\left(\frac{1}{2}\log_2\frac{2}{1} + \frac{1}{2}\log_2\frac{2}{1}\right) + \frac{3}{5}\left(\frac{1}{3}\log_2\frac{3}{1} + \frac{2}{3}\log_2\frac{3}{2}\right) \approx 0.9510\ (\text{bit})$$

$$IG(D,X) = H(D) - H(D \mid X) \approx 0.9710 - 0.9510 \approx 0.0200\ (\text{bit})$$

数表1-3

	No.	V	X	Y	D	
x_1: $\frac{2}{5}$	4	v_2	x_1	y_1	d_2	d_1: $\frac{1}{2}$ d_2: $\frac{1}{2}$
	14	v_2	x_1	y_2	d_1	
x_2: $\frac{3}{5}$	5	v_3	x_2	y_1	d_2	d_1: $\frac{1}{3}$ d_2: $\frac{2}{3}$
	6	v_3	x_2	y_2	d_1	
	10	v_2	x_2	y_1	d_2	

图 3-66 计算 $IG(D,X)$ 时采用的数表 1-3

将图 3-60 中的数表 1-3 重新排序，得到图 3-67，并计算出

$$H(D \mid Y) = \frac{3}{5}\left(0 + \frac{3}{3}\log_2\frac{3}{3}\right) + \frac{2}{5}\left(\frac{2}{2}\log_2\frac{2}{2} + 0\right) = 0\ (\text{bit})$$

$$IG(D,Y) = H(D) - H(D \mid Y) \approx 0.9710 - 0 \approx 0.9710\ (\text{bit})$$

数表1-3

	No.	V	X	Y	D	
y_1: $\frac{3}{5}$	4	v_2	x_1	y_1	d_2	d_1: $\frac{0}{3}$ d_2: $\frac{3}{3}$
	5	v_3	x_2	y_1	d_2	
	10	v_2	x_2	y_1	d_2	
y_2: $\frac{2}{5}$	6	v_3	x_2	y_2	d_1	d_1: $\frac{2}{2}$ d_2: $\frac{0}{2}$
	14	v_2	x_1	y_2	d_1	

图 3-67 计算 $IG(D,Y)$ 时采用的数表 1-3

至此，我们根据数表 1-3 计算出了信息增益 $IG(D,V)$、$IG(D,X)$、$IG(D,Y)$ 的值，分别为 0.0200 bit、0.0200 bit、0.9710 bit。因为 $IG(D,Y)$ 的值最大，所以我们需要根据因素 Y 来对数表 1-3 进行分裂。因素 Y 有两个不同的因素值 y_1、y_2，分裂过程中每个因素值都会引出 1 个子数表，所以分裂之后会得到两个子数表。分裂后的结果如图 3-68 所示，分裂出的新数表分别为数表 1-3-1 和数表 1-3-2。注意，数表 1-3-1 中的决策值恒为 d_2，这就意味着数表 1-3-1 对应的节点已经是叶节点了，该叶节点对应的决策值为 d_2。同样地，数表 1-3-2 中的决策值恒为 d_1，这就意味着数表 1-3-2 对应的节点也已经是叶节点了，该叶节点对应的决策值为 d_1。

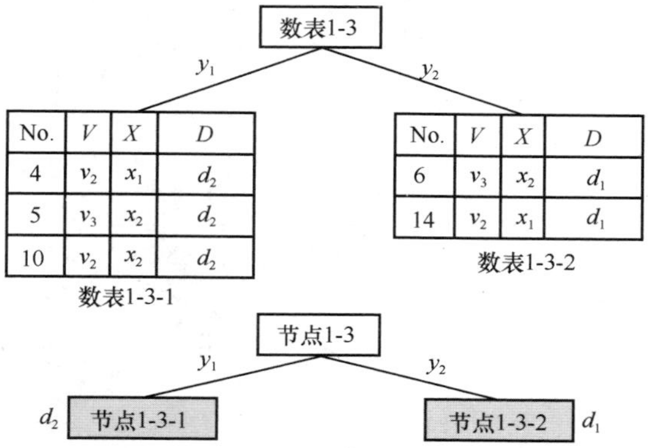

数表1-3-1

No.	V	X	D
4	v_2	x_1	d_2
5	v_3	x_2	d_2
10	v_2	x_2	d_2

数表1-3-2

No.	V	X	D
6	v_3	x_2	d_1
14	v_2	x_1	d_1

图 3-68　节点 1-3 的分裂

将图 3-60、图 3-64、图 3-68 中的数表分裂情况进行整合，便可得到图 3-69 所示的完整的数表分裂情况。

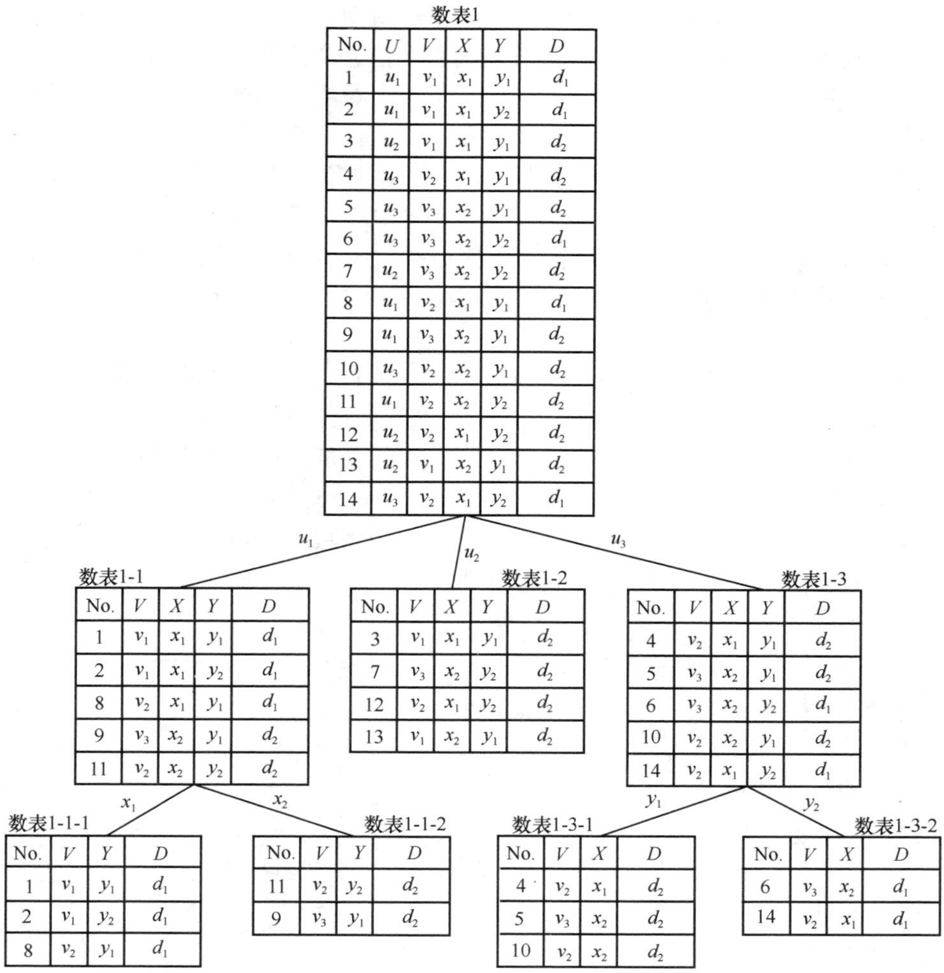

数表1

No.	U	V	X	Y	D
1	u_1	v_1	x_1	y_1	d_1
2	u_1	v_1	x_1	y_2	d_1
3	u_2	v_1	x_1	y_1	d_2
4	u_3	v_2	x_1	y_1	d_2
5	u_3	v_3	x_2	y_1	d_2
6	u_3	v_3	x_2	y_2	d_1
7	u_2	v_3	x_2	y_2	d_2
8	u_1	v_2	x_1	y_1	d_1
9	u_1	v_3	x_2	y_1	d_2
10	u_3	v_2	x_2	y_1	d_2
11	u_1	v_2	x_2	y_2	d_2
12	u_2	v_2	x_1	y_2	d_2
13	u_2	v_1	x_2	y_1	d_2
14	u_3	v_2	x_1	y_2	d_1

数表1-1

No.	V	X	Y	D
1	v_1	x_1	y_1	d_1
2	v_1	x_1	y_2	d_1
8	v_2	x_1	y_1	d_1
9	v_3	x_2	y_1	d_2
11	v_2	x_2	y_2	d_2

数表1-2

No.	V	X	Y	D
3	v_1	x_1	y_1	d_2
7	v_3	x_2	y_2	d_2
12	v_2	x_1	y_2	d_2
13	v_1	x_2	y_1	d_2

数表1-3

No.	V	X	Y	D
4	v_2	x_1	y_1	d_2
5	v_3	x_2	y_1	d_2
6	v_3	x_2	y_2	d_1
10	v_2	x_2	y_1	d_2
14	v_2	x_1	y_2	d_1

数表1-1-1

No.	V	Y	D
1	v_1	y_1	d_1
2	v_1	y_2	d_1
8	v_2	y_1	d_1

数表1-1-2

No.	V	Y	D
11	v_2	y_2	d_2
9	v_3	y_1	d_2

数表1-3-1

No.	V	X	D
4	v_2	x_1	d_2
5	v_3	x_2	d_2
10	v_2	x_2	d_2

数表1-3-2

No.	V	X	D
6	v_3	x_2	d_1
14	v_2	x_1	d_1

图 3-69　完整的数表分裂情况

将图 3-60、图 3-64、图 3-68 中的节点分叉情况进行整合，便可得到一棵如图 3-70 所示的 ID3 决策树。

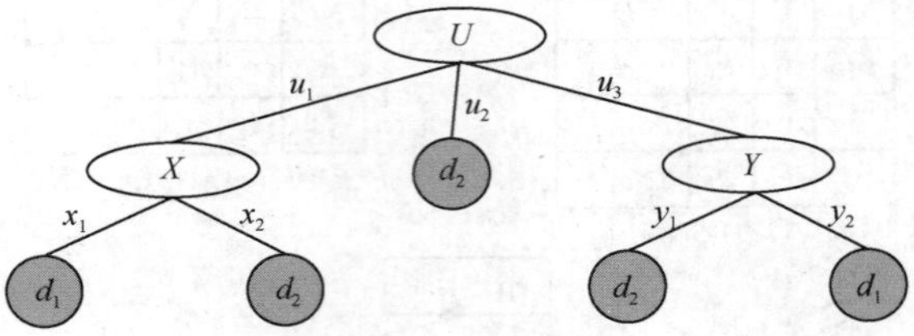

图 3-70 ID3 决策树

ID3 算法可以将一个庞大而繁杂的、与决策有关的数表转化为一棵相对简明的、条理清晰的决策树。在决策树的生成过程中，ID3 算法的主要工作就是对数表不断地进行递归式分裂，直到数表中的决策值为同一个值时才停止。在数表的分裂过程中，最为关键的一点就是分裂因素（注：分裂因素也称为分裂属性或分裂特征）的选取，也就是确定出要根据哪一个因素来对数表进行分裂。在 ID3 算法看来，决策随机变量的最大信息增益所对应的那个因素就应该是数表的分裂因素：信息增益越大，决策随机变量的不确定性的减少量就越大，因此，选择最大的信息增益所对应的那个因素作为数表的分裂因素，就能够快速而有效地消除决策随机变量的不确定性，从而得到明确一致的决策值。

ID3 算法的学习或训练阶段是指根据一个与决策有关的训练集数表一步一步地构造出一棵决策树的阶段。训练阶段完成后，所得到的 ID3 决策树就可以用于在新的因素条件下对决策值进行预测。例如，ID3 算法在完成了对图 3-55 所示的数表 1 的学习之后，便会得到一棵图 3-70 所示的决策树。根据这棵决策树，就可以在新的因素条件下对决策值进行预测。

例如，假设新的因素条件是 $u_2-v_3-x_1-y_1$，因为根节点是一个 U 节点，所以应该首先检查因素条件中 U 的取值。由于因素条件 $u_2-v_3-x_1-y_1$ 中 U 的取值为 u_2，所以应该从根节点出发沿着 u_2 那条分支到达下一级子节点。从图 3-71（a）可以看到，下一级子节点是一个决策值为 d_2 的叶节点，所以对于因素条件 $u_2-v_3-x_1-y_1$，预测的决策值就是 d_2。

又例如，假设新的因素条件是 $u_1-v_3-x_1-y_2$，因为根节点是一个 U 节点，所以应该首先检查因素条件中 U 的取值。由于因素条件 $u_1-v_3-x_1-y_2$ 中 U 的取值为 u_1，所以应该从根节点出发沿着 u_1 那条分支到达下一级子节点。从图 3-71（b）可以看到，下一级子节点是一个 X 节点，所以接下来应该检查因素条件中 X 的取值。由于因素条件 $u_1-v_3-x_1-y_2$ 中 X 的取值为 x_1，所以应该从这个 X 子节点沿着 x_1 那条分支到达下一级子节点。从图中可以看到，下一级子节点是一个决策值为 d_1 的叶节点，所以对于因素条件 $u_1-v_3-x_1-y_2$，预测的决策值就是 d_1。

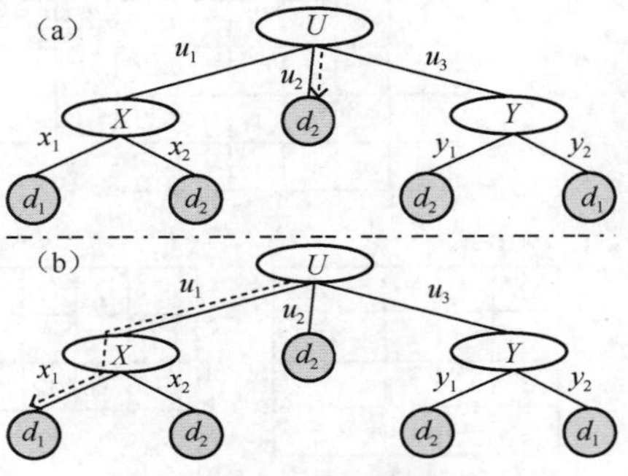

图 3-71 决策值的预测

为了简便起见，我们在描述 ID3 算法时，各个因素变量和因素值都是以英文字母来代替的，决策变量和决策值也是如此。在实际应用中，这些英文字母其实是一些文字描述或数字符号。例如，在图 3-55 所示的数表 1 中，U 可以表示“天气情况”，而 u_1、u_2、u_3 则可以分别表示“晴天”“雨天”“阴天”；V 可以表示“门票价格”，而 v_1、v_2、v_3 则可以分别表示“昂贵”“适中”“便宜”；X 可以表示“交通路况”，而 x_1 和 x_2 则可以分别表示“通畅”和“堵车”；Y 可以表示“景点类别”，而 y_1 和 y_2 则可以分别表示“自然”和“人文”；决策变量 D 可以表示“是否一游？”，而 d_1 和 d_2 则可以分别表示决策值“是”和“否”。这样一来，数表 1 就相当于一个旅游意愿调查表（见图 3-72），被调查的人数是 14，调查的目的是想知道天气情况、门票价格、交通路况、景点类别这几个因素会如何影响人们去某个旅游景点参观游玩的意愿。

No.	天气情况	门票价格	交通路况	景点类别	是否一游?
1	晴天	昂贵	通畅	自然	是
2	晴天	昂贵	通畅	人文	是
3	雨天	昂贵	通畅	自然	否
4	阴天	适中	通畅	自然	否
5	阴天	便宜	堵车	自然	否
6	阴天	便宜	堵车	人文	是
7	雨天	便宜	堵车	人文	否
8	晴天	适中	通畅	自然	是
9	晴天	便宜	堵车	自然	否
10	阴天	适中	堵车	自然	否
11	晴天	适中	堵车	人文	否
12	雨天	适中	通畅	人文	否
13	雨天	昂贵	堵车	自然	否
14	阴天	适中	通畅	人文	是

图 3-72　旅游意愿调查表

将 ID3 算法作用于图 3-72 所示的调查表，就可以得到图 3-73 所示的旅游意愿决策树。有了这棵决策树，我们就可以快速而有效地对人们去某个旅游景点参观游玩的意愿进行一个预判。例如，如果是雨天，则可以预判人们不愿意去参观景点；如果是晴天，且道路通畅，则可以预判人们愿意去参观景点。当然了，图 3-72 中的旅游意愿调查表只是一个简单的、示意性的调查表。在真实的应用环境中，调查表的内容设计要复杂得多，被调查的人数也应该远远不止 14。

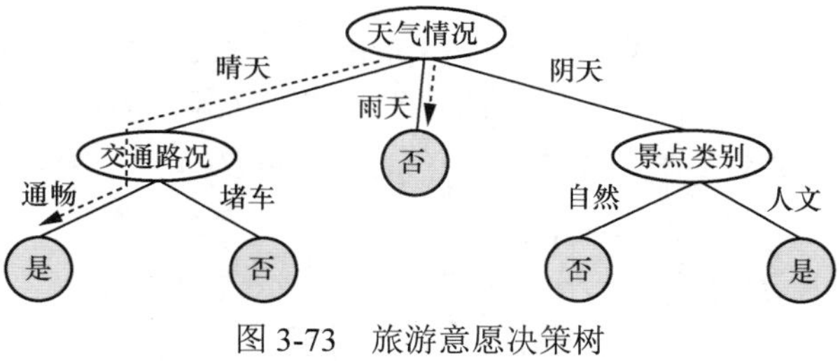

图 3-73　旅游意愿决策树

关于 ID3 算法的知识我们就学到这里，下面开始学习 C4.5 算法。C4.5 中的 C 是 Classifier 这个英文单词的首字母，Classifier 的中文意思是分类器。从本质上讲，决策问题就是分类问题：对于一个决策问题，如果因素变量有 N 个，决策值有 M 个，则相应的决策问题其实就是将一个 N 维矢量划分到 M 个类别中的某一类的分类问题，而所谓的决策值其实就是类别值。

ID3 算法和 C4.5 算法的开发者都是美国著名的决策论专家罗斯•昆兰（Ross Quinlan）。ID3 的开发在先，C4.5 在后，C4.5 是对 ID3 的改进和扩展。C4.5 与 ID3 的主要差异是二者在构建决策树的过程中分裂因素的选取规则有所不同。

在 ID3 算法中，对应于信息增益最大的那个因素将被选定为分裂因素。例如，对于图 3-74 中的数表，在使用 ID3 算法来构建决策树时，计算 $H(D)$、$H(D|X)$、$H(D|Y)$、$H(D|Z)$、$IG(D,X)$、$IG(D,Y)$、$IG(D,Z)$ 得到

$$H(D)=\frac{4}{9}\log_2\frac{9}{4}+\frac{5}{9}\log_2\frac{9}{5}\approx 0.9911\,(\text{bit})$$

$$H(D|X)=\frac{5}{9}\left(\frac{4}{5}\log_2\frac{5}{4}+\frac{1}{5}\log_2\frac{5}{1}\right)\approx 0.4011\,(\text{bit})$$

$$H(D|Y)=\frac{3}{9}\left(\frac{2}{3}\log_2\frac{3}{2}+\frac{1}{3}\log_2\frac{3}{1}\right)\approx 0.3061\,(\text{bit})$$

$$H(D|Z)=0\,(\text{bit})$$

$$IG(D,X)=H(D)-H(D|X)\approx 0.9911-0.4011\approx 0.5900\,(\text{bit})$$

$$IG(D,Y)=H(D)-H(D|Y)\approx 0.9911-0.3061\approx 0.6850\,(\text{bit})$$

$$IG(D,Z)=H(D)-H(D|Z)\approx 0.9911-0\approx 0.9911\,(\text{bit})$$

由于信息增益 $IG(D,Z)$ 的值最大，所以 ID3 算法将选取因素 Z 作为分裂因素来对数表进行分裂，分裂后可以直接得到图 3-74 中的 ID3 决策树。

No.	X	Y	Z	D
1	x_1	y_1	z_1	d_1
2	x_1	y_1	z_2	d_1
3	x_1	y_2	z_3	d_1
4	x_1	y_2	z_4	d_1
5	x_2	y_3	z_5	d_2
6	x_2	y_3	z_6	d_2
7	x_2	y_4	z_7	d_2
8	x_2	y_4	z_8	d_2
9	x_1	y_1	z_9	d_2

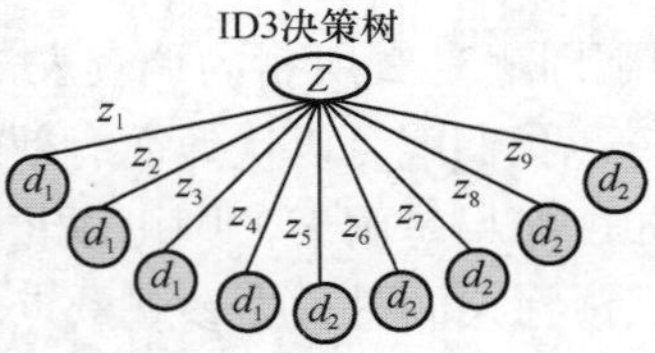

图 3-74　ID3 根据信息增益确定分裂因素

在 C4.5 算法中，对应于**信息增益率（Information Gain Ratio，IGR）**最大的那个因素将被选定为分裂因素。对于图 3-74 中的数表，如同计算决策随机变量 D 的熵 $H(D)$ 一样，我们还可以计算出因素随机变量 X、Y、Z 的熵 $H(X)$、$H(Y)$、$H(Z)$，得到

$$H(X)=\frac{5}{9}\log_2\frac{9}{5}+\frac{4}{9}\log_2\frac{9}{4}\approx 0.9911\,(\text{bit})$$

$$H(Y)=\frac{3}{9}\log_2\frac{9}{3}+3\times\frac{2}{9}\log_2\frac{9}{2}\approx 1.9749\,(\text{bit})$$

$$H(Z)=9\times\frac{1}{9}\log_2\frac{9}{1}\approx 3.1699\,(\text{bit})$$

然后定义 $IGR(D,X)=IG(D,X)/H(X)$ 为 X 的信息增益率，$IGR(D,Y)=IG(D,Y)/H(Y)$ 为 Y 的信息增益率，$IGR(D,Z)=IG(D,Z)/H(Z)$ 为 Z 的信息增益率。计算 $IGR(D,X)$、$IGR(D,Y)$、$IGR(D,Z)$ 的值，得到

$$IGR(D,X)=IG(D,X)/H(X)\approx 0.5900/0.9911\approx 0.5953$$
$$IGR(D,Y)=IG(D,Y)/H(Y)\approx 0.6850/1.9749\approx 0.3469$$
$$IGR(D,Z)=IG(D,Z)/H(Z)\approx 0.9911/3.1699\approx 0.3127$$

因为 $IGR(D,X)$ 的值最大，所以 C4.5 算法将选取 X 作为分裂因素来对数表进行分裂，分裂后得到的子数表如图 3-75 所示。

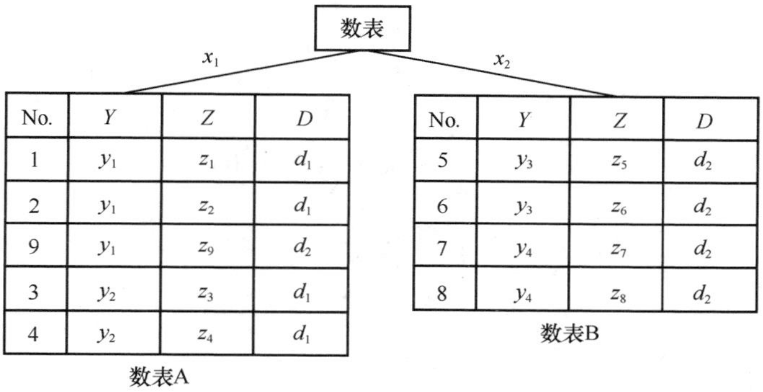

No.	Y	Z	D
1	y_1	z_1	d_1
2	y_1	z_2	d_1
9	y_1	z_9	d_2
3	y_2	z_3	d_1
4	y_2	z_4	d_1

数表A

No.	Y	Z	D
5	y_3	z_5	d_2
6	y_3	z_6	d_2
7	y_4	z_7	d_2
8	y_4	z_8	d_2

数表B

图 3-75　C4.5 根据信息增益率确定分裂因素

在图 3-75 中，数表 B 不能再继续分裂，因为决策随机变量 D 的取值已经为恒定值 d_2。接下来对数表 A 进行分裂，计算

$$H(D)=\frac{4}{5}\log_2\frac{5}{4}+\frac{1}{5}\log_2\frac{5}{1}\approx 0.7219\ (\text{bit})$$
$$H(Y)=\frac{3}{5}\log_2\frac{5}{3}+\frac{2}{5}\log_2\frac{5}{2}\approx 0.9710\ (\text{bit})$$
$$H(Z)=5\times\frac{1}{5}\log_2\frac{5}{1}\approx 2.3219\ (\text{bit})$$
$$H(D\mid Y)=\frac{3}{5}\left(\frac{2}{3}\log_2\frac{3}{2}+\frac{1}{3}\log_2\frac{3}{1}\right)+\frac{2}{5}\left(\frac{2}{2}\log_2\frac{2}{2}+0\right)\approx 0.5510\ (\text{bit})$$
$$H(D\mid Z)=0\ (\text{bit})$$
$$IG(D,Y)=H(D)-H(D\mid Y)\approx 0.7219-0.5510\approx 0.1709\ (\text{bit})$$
$$IG(D,Z)=H(D)-H(D\mid Z)\approx 0.7219-0\approx 0.7219\ (\text{bit})$$
$$IGR(D,Y)=IG(D,Y)/H(Y)\approx 0.1709/0.9710\approx 0.1760$$
$$IGR(D,Z)=IG(D,Z)/H(Z)\approx 0.7219/2.3219\approx 0.3109$$

由于 $IGR(D,Z)>IGR(D,Y)$，所以 C4.5 算法将选取 Z 作为分裂因素来对数表 A 进行分裂，最终可以得到图 3-76 所示的 C4.5 决策树。

No.	X	Y	Z	D
1	x_1	y_1	z_1	d_1
2	x_1	y_1	z_2	d_1
3	x_1	y_2	z_3	d_1
4	x_1	y_2	z_4	d_1
5	x_2	y_3	z_5	d_2
6	x_2	y_3	z_6	d_2
7	x_2	y_4	z_7	d_2
8	x_2	y_4	z_8	d_2
9	x_1	y_1	z_9	d_2

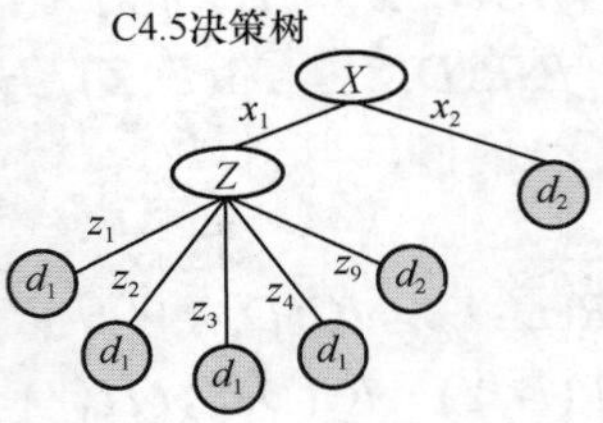

图 3-76　C4.5 决策树

比较图 3-74 中的 ID3 决策树与图 3-76 中的 C4.5 决策树，可以看到，对于同一个数表，由于分裂因素的选取规则不同，因此得到了两棵不同的决策树。

再来看一个例子。对于图 3-77 中的数表，计算得到

$$H(D)=\frac{4}{8}\log_2\frac{8}{4}+\frac{4}{8}\log_2\frac{8}{4}=1\,(\text{bit})$$

$$H(X)=\frac{4}{8}\log_2\frac{8}{4}+\frac{4}{8}\log_2\frac{8}{4}=1\,(\text{bit})$$

$$H(Y)=4\times\frac{2}{8}\log_2\frac{8}{2}=2\,(\text{bit})$$

$$H(Z)=8\times\frac{1}{8}\log_2\frac{8}{1}=3\,(\text{bit})$$

$$H(D\,|\,X)=2\times\frac{4}{8}\left(\frac{4}{4}\log_2\frac{4}{4}+0\right)=0\,(\text{bit})$$

$$H(D\,|\,Y)=4\times\frac{2}{8}\left(\frac{2}{2}\log_2\frac{2}{2}+0\right)=0\,(\text{bit})$$

$$H(D\,|\,Z)=8\times\frac{1}{8}\left(\frac{1}{1}\log_2\frac{1}{1}+0\right)=0\,(\text{bit})$$

$$IG(D,X)=H(D)-H(D\,|\,X)=1-0=1\,(\text{bit})$$

$$IG(D,Y)=H(D)-H(D\,|\,Y)=1-0=1\,(\text{bit})$$

$$IG(D,Z)=H(D)-H(D\,|\,Z)=1-0=1\,(\text{bit})$$

$$IGR(D,X)=\frac{IG(D,X)}{H(X)}=\frac{1}{1}=1$$

$$IGR(D,Y)=\frac{IG(D,Y)}{H(Y)}=\frac{1}{2}$$

$$IGR(D,Z)=\frac{IG(D,Z)}{H(Z)}=\frac{1}{3}$$

由于信息增益 $IG(D,X)$ 、$IG(D,Y)$ 、$IG(D,Z)$ 的值均为 1 bit，出现了平局的情况，所以 ID3 算法无法判定应该选取哪个因素作为这个数表的分裂因素，一般只能随机地选取 X 、Y 、Z 中的某个因素作为分裂因素，或者根据人为事先设定的规则来确定分裂因素。但从信息增益率的角度来看，$IGR(D,X)$ 的值是最大的，所以 C4.5 将会选取 X 作为分裂因素，并构建出相应的 C4.5 决策树。

No.	X	Y	Z	D
1	x_1	y_1	z_1	d_1
2	x_1	y_1	z_2	d_1
3	x_1	y_2	z_3	d_1
4	x_1	y_2	z_4	d_1
5	x_2	y_3	z_5	d_2
6	x_2	y_3	z_6	d_2
7	x_2	y_4	z_7	d_2
8	x_2	y_4	z_8	d_2

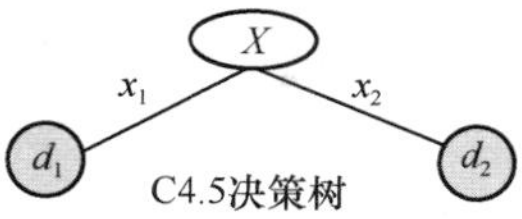

图 3-77　ID3 与 C4.5 的差异

数学分析表明，从统计意义上讲，如果某个因素的熵值越大，则针对该因素的决策随机变量的条件熵就越小，于是针对该因素的信息增益也就越大。ID3 算法是选取对应于信息增益最大的因素作为分裂因素，这就意味着 ID3 算法偏向于选择熵值大的因素作为分裂因素。图 3-74 所示的是这种情况的一个极端的例子：在图 3-74 的数表中，因素 Z 在不同的样本中有着不同的取值，所以因素 Z 的熵 $H(Z)$ 取得了最大值（3.1699 bit），同时条件熵 $H(D|Z)$ 取得了最小值（0 bit），于是信息增益 $IG(D,Z)$ 取得了最大值（0.9911 bit），结果就是 Z 被 ID3 算法选取成为分裂因素。然而，ID3 算法在选取分裂因素时的这种偏向性在某些情况下会显示出明显的不合理性。例如，就图 3-74 所示的例子来看，ID3 算法选取了 Z 作为分裂因素，并得到了一棵 ID3 决策树。如果将这棵 ID3 决策树与相应的数表进行比对分析就会发现：z_1 在数表中只出现了 1 次，相应的决策值为 d_1，于是 ID3 便认为 z_1 会导致 d_1，并体现在了决策树中；z_2 在数表中也只出现了 1 次，相应的决策值为 d_1，于是 ID3 便认为 z_2 也会导致 d_1，并体现在了决策树中；z_3 在数表中也只出现了 1 次，相应的决策值为 d_1，于是 ID3 便认为 z_3 也会导致 d_1，并体现在了决策树中；最后，z_9 在数表中只出现了 1 次，相应的决策值为 d_2，于是 ID3 便认为 z_9 会导致 d_2。显然，这一系列的推断都是没有什么合理性和说服力的。

与 ID3 算法不同，C4.5 算法是选取对应于信息增益率最大的因素作为分裂因素，而信息增益率等于信息增益与因素的熵值之比，所以这样一来，C4.5 算法就在一定程度上抑制了 ID3 算法选取熵值大的因素作为分裂因素的偏向性。或者说，C4.5 算法也是具有偏向性的，它偏向于选取熵值小的因素作为分裂因素，这种反向的偏向性在一定程度上抵消了 ID3 算法原有的偏向性。

C4.5 算法是对 ID3 算法的改进和扩展。除了在分裂因素的选取规则上有所不同，C4.5 算法还可以处理因素值为连续值的情况以及因素值出现缺失的情况，这里不再赘述。最后需要说明的是，在多数情况下，对于同一个数表，所生成的 C4.5 决策树和 ID3 决策树是完全相同或差异很小的，但在某些情况下，所生成的 C4.5 决策树和 ID3 决策树就会显示出明显的不同。

3.5.9　随机森林

通过 3.5.8 小节的学习我们知道，基于一个与决策有关的训练数据集，可以相应地构建出一棵决策树，进而可以根据所构建的决策树在新的因素条件下对决策值进行预测。实际上，基于同一个给定的训练数据集，还可以同时构建出多棵决策树，而不仅仅是一棵决策树。在新的因素条件下进行决策预测时，每棵决策树都可以独立地对决策值给出自己的预测，而最终的预测结果则是所有决策树的预测结果的某种综合。如同森林是由很多的树构成一样，我们把如此构建出的由多棵决策树组成的系统称为一个**决策森林**（**Decision Forest**）。

如果决策森林中的每一棵决策树的结构和内容都是一模一样的，那么在进行决策预测时，每棵决策树给出的预测结果必然也是一模一样的，这样的决策森林显然是毫无价值和意义的。事实上，在基于同一个给定的训练数据集构建多棵决策树的过程中，我们总是会有意地引入某种随机性，从而使得所构建的多棵决策树彼此之间在结构和内容上可以呈现出一定程度的差异性。因此，为了强调上述随机性的存在，我们通常将决策森林更完整地称为**随机决策森林**（**Random Decision Forest**），或简称为**随机森林**（**Random Forest**）。注意，一个随机森林中的任意两棵树，其结构和内容可能是一模一样的，也可能存在差异；如果这两棵树的结构和内容是一模一样的，则它们在新的因素条件下对决策值的预测结果必然是相同的；如果这两棵树的结构和内容存在差异，则它们在新的因素条件下对决策值的预测结果可能是不同的，也可能是相同的。

接下来我们就通过一个简单的例子来描述如何构建一个随机森林，图 3-78 给出了这个例子会使用到的原始数据集。我们将基于这个原始数据集构建一个由 3 棵 ID3 树组成的随机森林，这 3 棵树分别取名为 ID3-1、ID3-2、ID3-3。细心的读者可能已经注意到了，图 3-78 中的原始数据集其实就是 3.5.8 小节中图 3-55 所示的数表 1，因此，对于该数据集中各个字母的含义这里就不再赘述了。

原始数据集

No.	U	V	X	Y	D
1	u_1	v_1	x_1	y_1	d_1
2	u_1	v_1	x_1	y_2	d_1
3	u_2	v_1	x_1	y_1	d_2
4	u_3	v_2	x_1	y_1	d_2
5	u_3	v_3	x_2	y_1	d_2
6	u_3	v_3	x_2	y_2	d_1
7	u_2	v_3	x_2	y_2	d_2
8	u_1	v_2	x_1	y_1	d_1
9	u_1	v_3	x_2	y_1	d_2
10	u_3	v_2	x_2	y_1	d_2
11	u_1	v_2	x_2	y_2	d_2
12	u_2	v_2	x_1	y_2	d_2
13	u_2	v_1	x_2	y_1	d_2
14	u_3	v_2	x_1	y_2	d_1

图 3-78 原始数据集

首先，根据图 3-78 所示的原始数据集重新生成 3 个数据集，这 3 个数据集分别取名为 DS-1、DS-2、DS-3。然后，用 DS-1 作为真正的训练数据集构建出 ID3-1，用 DS-2 作为真正的训练数据集构建出 ID3-2，用 DS-3 作为真正的训练数据集构建出 ID3-3。

生成 DS-1 时，首先从原始数据集中随机地抽取出一个样本，并将该样本作为 DS-1 中的第 1 个训练样本，然后将该样本放回到原始数据集中。然后，再次从原始数据集中随机地抽取出一个样本，并将该样本作为 DS-1 中的第 2 个训练样本，然后将该样本放回到原始数据集中。接着，又一次从原始数据集中随机地抽取出一个样本，并将该样本作为 DS-1 中的第 3 个训练样本，然后将该样本放回到原始数据集中。依次类推，总共对原始数据集进行 14 次随机抽样，便得到了一个新的、规模大小与原始数据集相同的数据集 DS-1。DS-2 和 DS-3 的生成方法与 DS-1 的生成方法完全一样，这里不再赘述。上述抽样方式称为**放回抽样**（**Sampling With Replacement**），这就好比一个口袋中装有一些红球、一些黄球和一些绿球，每次从口袋中随机地取出一个球，记录下该球的颜色，再将球放回到口袋中。放回抽样也称为**自助抽样**或**自举抽样**（下文统称为"自举抽样"），这些说法都是来自英文的 **Bootstrap Sampling**。

假设，采用自举抽样方法，我们得到了图 3-79 所示的数据集 DS-1、DS-2 和 DS-3。仔细观察可以发现，在生成 DS-1 的过程中，编号为 3 的样本被抽中了 3 次，编号为 12 的样本被抽中了 2 次，编号为 6、8、10 的样本未被抽中。在生成 DS-2 的过程中，编号为 5 的样本被抽中了 3 次，编号为 7 的样本被抽中了 2 次，编号为 9 的样本被抽中了 2

次，编号为 3、6、8、13 的样本未被抽中。在生成 DS-3 的过程中，编号为 2 的样本被抽中了 2 次，编号为 5 的样本被抽中了 3 次，编号为 13 的样本被抽中了 3 次，编号为 1、6、8、11、12 的样本未被抽中。按照标准的术语习惯，图 3-78 中的数据集称为**原始数据集（Original Dataset）**，图 3-79 中的 DS-1 称为第 1 个**自举数据集（Bootstrap Dataset）**，编号为 6、8、10 的样本的集合称为 DS-1 的**袋外数据集（Out-of-Bag Dataset）**；DS-2 称为第 2 个自举数据集，编号为 3、6、8、13 的样本的集合称为 DS-2 的袋外数据集；DS-3 称为第 3 个自举数据集，编号为 1、6、8、11、12 的样本的集合称为 DS-3 的袋外数据集。

DS-1

No.	U	V	X	Y	D
3	u_2	v_1	x_1	y_1	d_2
3	u_2	v_1	x_1	y_1	d_2
12	u_2	v_2	x_1	y_2	d_2
13	u_2	v_1	x_2	y_1	d_2
5	u_3	v_3	x_2	y_1	d_2
9	u_1	v_3	x_2	y_1	d_2
11	u_1	v_2	x_2	y_2	d_2
12	u_2	v_2	x_1	y_2	d_2
3	u_2	v_1	x_1	y_1	d_2
2	u_1	v_1	x_1	y_2	d_1
7	u_2	v_3	x_2	y_2	d_2
14	u_3	v_2	x_1	y_2	d_1
1	u_1	v_1	x_1	y_1	d_1
4	u_3	v_2	x_1	y_1	d_2

DS-2

No.	U	V	X	Y	D
14	u_3	v_2	x_1	y_2	d_1
9	u_1	v_3	x_2	y_1	d_2
5	u_3	v_3	x_2	y_1	d_2
7	u_2	v_3	x_2	y_2	d_2
5	u_3	v_3	x_2	y_1	d_2
4	u_3	v_2	x_1	y_1	d_2
9	u_1	v_3	x_2	y_1	d_2
1	u_1	v_1	x_1	y_1	d_1
7	u_2	v_3	x_2	y_2	d_2
11	u_1	v_2	x_2	y_2	d_2
2	u_1	v_1	x_1	y_2	d_1
10	u_3	v_2	x_2	y_1	d_2
12	u_2	v_2	x_1	y_2	d_2
5	u_3	v_3	x_2	y_1	d_2

DS-3

No.	U	V	X	Y	D
9	u_1	v_3	x_2	y_1	d_2
13	u_2	v_1	x_2	y_1	d_2
5	u_3	v_3	x_2	y_1	d_2
2	u_1	v_1	x_1	y_2	d_1
4	u_3	v_2	x_1	y_1	d_2
5	u_3	v_3	x_2	y_1	d_2
14	u_3	v_2	x_1	y_2	d_1
13	u_2	v_1	x_2	y_1	d_2
2	u_1	v_1	x_1	y_2	d_1
3	u_2	v_1	x_1	y_1	d_2
10	u_3	v_2	x_2	y_1	d_2
5	u_3	v_3	x_2	y_1	d_2
13	u_2	v_1	x_2	y_1	d_2
7	u_2	v_3	x_2	y_2	d_2

图 3-79　自举抽样

在得到了图 3-79 所示的自举数据集 DS-1、DS-2 和 DS-3 之后，就可以用 DS-1 作为真正的训练数据集构建 ID3-1，用 DS-2 作为真正的训练数据集构建 ID3-2，用 DS-3 作为真正的训练数据集构建 ID3-3。构建 ID3-1、ID3-2、ID3-3 的方法和过程是完全一样的，这在 3.5.8 小节中已有描述，所以这里不再赘述，构建出的 3 棵 ID3 树如图 3-80 所示。注意，如果使用的训练数据集不同，则构建出的决策树可能不同，也可能相同。就我们所举的这个例子来看，3 棵 ID3 树彼此之间均存在差异。

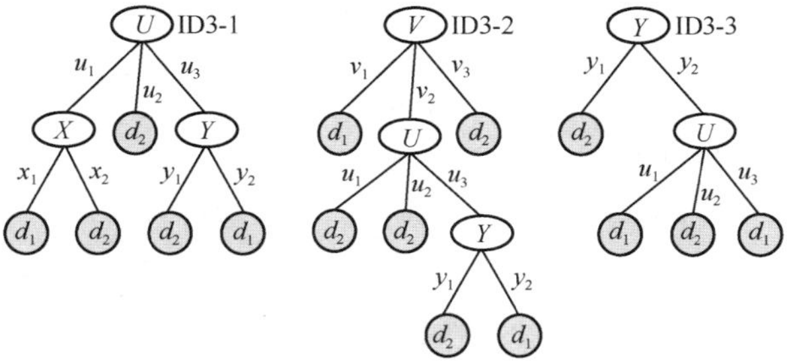

图 3-80　3 棵 ID3 决策树

接下来，我们就可以利用图 3-80 中的 ID3-1、ID3-2 和 ID3-3 这 3 棵决策树在新的因素条件下对决策值进行预测了。由于编号为 6 的样本同时出现在了 DS-1、DS-2 和 DS-3 的袋外数据集中，这就意味着在构建 ID3-1、ID3-2 和 ID3-3 这 3 棵决策树的过程中编号为 6 的样本从未亮过相，所以不妨就用该样本作为一个测试样本。编号为 6 的样本为

$u_3 - v_3 - x_2 - y_2 \Rightarrow d_1$，进行测试的时候，需要去掉决策值 d_1，只将因素部分的值 $u_3 - v_3 - x_2 - y_2$ 作为输入分别提供给决策树 ID3-1、ID3-2 和 ID3-3。图 3-81 中的 3 条虚线分别显示了决策树 ID3-1、ID3-2 和 ID3-3 对输入因素 $u_3 - v_3 - x_2 - y_2$ 的处理过程。可以看到，ID3-1 的输出值为 d_1，ID3-2 的输出值为 d_2，ID3-3 的输出值为 d_1。那么，作为一个由 ID3-1、ID3-2 和 ID3-3 这 3 棵决策树组成的随机森林，该随机森林的输出又是什么呢？一般地，随机森林的输出是根据多数表决制来决定的。在这个例子中，由于 d_1 取得了 2 票，d_2 只取得了 1 票，所以最终随机森林的输出值为 d_1。也就是说，对于 $u_3 - v_3 - x_2 - y_2$ 这样的因素条件，随机森林做出的决策预判是 d_1。

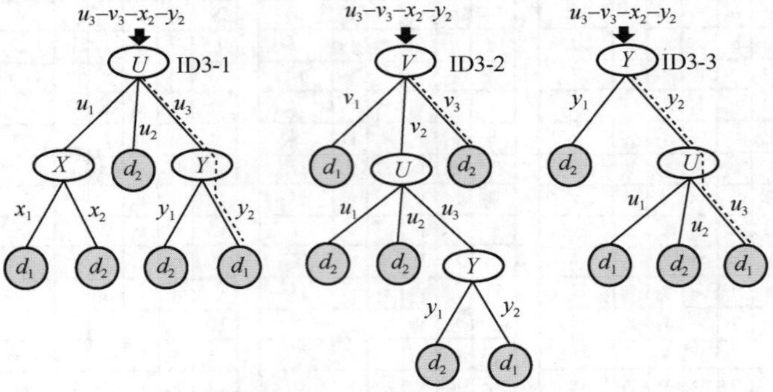

图 3-81 随机森林的输出值由多数表决制决定

至此，通过一个简单的例子，我们完整地描述了随机森林的构建和工作过程。读者可能会有这样的疑问：既然已经有了诸如 ID3、C4.5 等等这样的决策树算法，为何还需要随机森林算法呢？这是因为从统计学上可以证明，随机森林算法在性能上要优于单棵的决策树算法。或者说，从统计意义上讲，随机森林算法在对决策进行预判时，其准确率要高于单棵的决策树算法。当然，相对于单棵的决策树算法，随机森林算法的计算量会随着森林规模的增大而增大。另外还需要注意的是，在实际应用中，随机森林的规模并非越大越好：规模太大时，不仅会过度耗费计算量，在性能方面也不会再有明显的提升。经验表明，在大多数情况下，几十或上百棵树的随机森林规模是比较合适的。

在本小节所举的例子中，自举数据集 DS-1、DS-2 和 DS-3 的规模大小是与原始数据集的规模大小相同的，均为 14 行（14 个样本）5 列（4 个因素列，1 个决策列）。实际上，自举数据集的规模大小是可以根据需要进行灵活调整的。通常情况下，如果原始数据集中的样本太多，则在生成自举数据集的时候，抽样次数可以适当小于原始数据集中的样本的个数；如果原始数据集中的因素太多，则在生成自举数据集的时候，可以只随机地保留原始数据集中的部分因素。例如，在图 3-82 中，自举数据集 DS-1′、DS-2′和 DS-3′中样本的个数和因素的个数都小于原始的数据集，但这并不妨碍我们根据这 3 个自举数据集构建出一个由 3 棵 ID3 决策树 ID3-1′、ID3-2′和 ID3-3′组成的随机森林。虽然 ID3-1′只会关注因素 U、X、Y 对决策值的影响，ID3-2′只会关注因素 U、V、X 对决策值的影响，ID3-3′只会关注因素 V、X、Y 对决策值的影响，但从整体来看，由 ID3-1′、ID3-2′和 ID3-3′组成的随机森林仍然会综合考虑到所有的因素（U、V、X、Y）对决策值的影响。

原始数据集

No.	U	V	X	Y	D
1	u_1	v_1	x_1	y_1	d_1
2	u_1	v_1	x_1	y_2	d_1
3	u_2	v_1	x_1	y_1	d_2
4	u_3	v_2	x_1	y_1	d_2
5	u_3	v_3	x_2	y_1	d_2
6	u_3	v_3	x_2	y_2	d_1
7	u_2	v_3	x_2	y_2	d_2
8	u_1	v_2	x_1	y_1	d_1
9	u_1	v_3	x_2	y_1	d_2
10	u_3	v_2	x_2	y_1	d_2
11	u_1	v_2	x_2	y_2	d_2
12	u_2	v_2	x_1	y_2	d_2
13	u_2	v_1	x_2	y_1	d_2
14	u_3	v_2	x_1	y_2	d_1

自举数据集DS-1′

No.	U	X	Y	D
7	u_2	x_2	y_2	d_2
3	u_2	x_1	y_1	d_2
12	u_2	x_1	y_2	d_2
11	u_1	x_2	y_2	d_2
5	u_3	x_2	y_1	d_2
9	u_1	x_2	y_1	d_2
3	u_2	x_1	y_1	d_2
12	u_2	x_1	y_2	d_2
14	u_3	x_1	y_2	d_1
13	u_2	x_2	y_1	d_2
4	u_3	x_1	y_1	d_2

自举数据集DS-2′

No.	U	V	X	D
10	u_3	v_2	x_2	d_2
14	u_3	v_2	x_1	d_1
9	u_1	v_3	x_2	d_2
7	u_2	v_3	x_2	d_2
7	u_2	v_3	x_2	d_2
4	u_3	v_2	x_1	d_2
9	u_1	v_3	x_2	d_2
1	u_1	v_1	x_1	d_1
5	u_3	v_3	x_2	d_2
11	u_1	v_2	x_2	d_2
2	u_1	v_1	x_1	d_1

自举数据集DS-3′

No.	V	X	Y	D
2	v_1	x_1	y_2	d_1
13	v_1	x_2	y_1	d_2
5	v_3	x_2	y_1	d_2
2	v_1	x_1	y_2	d_1
4	v_2	x_1	y_1	d_2
9	v_3	x_2	y_1	d_2
14	v_2	x_1	y_2	d_1
7	v_3	x_2	y_2	d_2
3	v_1	x_1	y_1	d_2
10	v_2	x_2	y_1	d_2
5	v_3	x_2	y_1	d_2

图 3-82　自举数据集的规模

在本小节所举的例子中，组成随机森林的 3 棵决策树都是 ID3 决策树。实际上，组成随机森林的决策树可以都是 ID3 决策树，也可以都是 C4.5 决策树或别的某种决策树，还可以是各种不同的决策树的组合。另外，在本小节所举的例子中，多数表决制只涉及 3 个投票者，即 ID3-1、ID3-2 和 ID3-3，或 ID3-1′、ID3-2′ 和 ID3-3′，决策值只有两个，即 d_1 和 d_2。但在实际应用中，决策值可能远不止两个，而投票者也可能远不止 3 个。根据多数表决制规则，如果某个决策值的得票数高于任何一个其他决策值的得票数，则该决策值会被选择作为随机森林的最终输出。如果出现了平局的情况，一般就只能在得票数最高的决策值中随机地选取一个作为随机森林的最终输出，或者根据人为事先设定的规则来确定出随机森林的最终输出。

总结起来讲，随机森林算法主要包含了两个部分的内容：其一是采用自举抽样方法从原始数据集生成若干个自举数据集，然后根据每一个自举数据集构建出一棵相应的决策树，从而得到一个由若干棵决策树组成的随机森林，这一部分内容简称为**自举（Bootstrap）**；其二是在新的因素条件下进行决策预测的时候，每一棵决策树都独立地对决策值给出自己的预测，而最终的预测结果是所有这些决策树的预测结果的某种综合，这一部分内容简称为**聚合（Aggregating）**。因为如此，所以随机森林算法有时也称为**自举聚合（Bootstrap Aggregating）方法**或 **Bagging 方法**。注意，这里的 Bagging 是一个拆拼词，它是由Bootstrap和Aggregating拆拼而成的。Bagging 一词的发明者是美国著名的统计学家里奥•布雷曼（Leo Breiman），他是随机森林算法的主要贡献者，同时也是机器学习领域的代表性人物之一（见图 3-83）。

图 3-83　Leo Breiman（1928—2005）

3.5.10　集成学习

中文里有“博采众长”之说，英文里有“wisdom of the crowd”，二者都是在强调“集总效应”。在机器学习领域中，我们给凡是能够体现这种集总效应的学习方法取了一个统一的名字，叫作**集成学习（Ensemble Learning）**或**集成方法（Ensemble Method）**或**集成学习方法（Ensemble Learning Method）**。因此，集成学习是指一种学习范式，而非一种具体的学习算法。

集成学习涉及若干个**个体学习器（Individual Learner）**。如果各个个体学习器的算法类型是完全相同的，则相应的集成学习方法就称为**同质集成方法（Homogeneous Ensemble Method）**，否则就称为**异质集成方法（Heterogeneous Ensemble Method）**。在有的文献资料中，常常把同质集成方法中的个体学习器称为**基元学习器（Base Learner）**，而把异质集成方法中的个体学习器称为**组件学习器（Component Learner）**。

集成学习方法可以分为同质集成方法和异质集成方法，还可以分为**并行集成方法（Parallel Ensemble Method）**和**串行集成方法（Sequential Ensemble Method）**。在集成学习中，如果各个个体学习器的训练学习次序可以是并行的，则相应的集成学习方法就称为并行集成方法；如果各个个体学习器的训练学习次序必须是串行的，也即有先后顺序的，则相应的集成学习方法就称为串行集成方法。

并行集成方法的示意如图 3-84 所示，图中的参数 N 是一个人为预先设定的大于 1 的整数，这 N 个个体学习器与 1 个**聚合器（Aggregator）**相结合，便构成了 1 个**并行集成学习器（Parallel Ensemble Leaner）**。在训练阶段，并行集成学习器中的每个个体学习器能够且应该独立地完成自己的训练学习任务，彼此之间不存在任何依赖关系和相互影响，因而各个个体学习器的训练学习次序可以是并行的。在工作阶段，并行集成学习器中的每个个体学习器也能够且应该独立地进行工作和输出，彼此之间不存在任何依赖关系和相互影响。聚合器在工作阶段才开始发挥作用，它的作用是将各个个体学习器的输出进行某种形式的综合，从而得到整个并行集成学习器的最终输出。

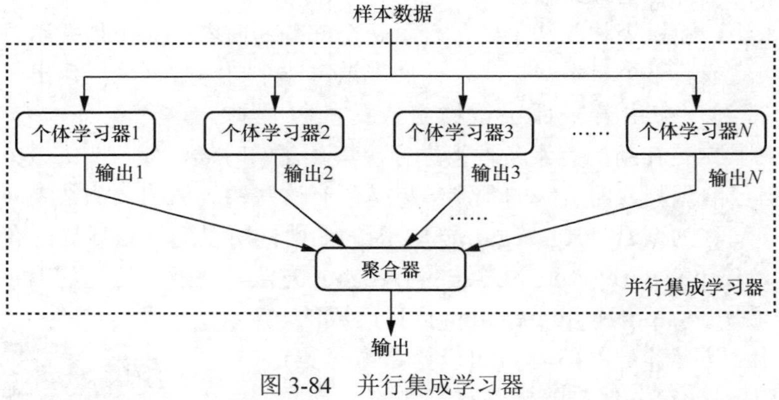

图 3-84 并行集成学习器

实际上，我们在上一个小节中学习过的随机森林算法就是一种典型的并行集成学习方法。在上一个小节中，我们曾举过一个由 3 棵决策树 ID3-1、ID3-2、ID3-3 构成的随机森林的例子，该例子中的随机森林其实就是一个并行集成学习器，其中的 ID3-1、ID3-2、ID3-3 就是 3 个个体学习器，其中执行多数表决制的部分就相当于一个聚合器。由于 3 个个体学习器采用的都是相同的 ID3 算法，所以该随机森林也是一个同质集成学习器。

串行集成方法的示意如图 3-85 所示，图中的参数 N 也是一个人为预先设定的大于 1

的整数，这 N 个个体学习器与 1 个聚合器相结合，便构成了 1 个**串行集成学习器**（**Sequential Ensemble Leaner**）。在串行集成学习器中，个体学习器也称为**弱学习器**（**Weak Learner**），整个串行集成学习器也称为**强学习器**（**Strong Learner**）。与并行集成学习器不同，在串行集成学习器的训练阶段，个体学习器之间是存在依赖关系和相互影响的，因而各个个体学习器的训练学习必须按先后次序来进行。也就是说，个体学习器 1 完成训练学习任务之后，个体学习器 2 才能开始进行训练学习；个体学习器 2 完成训练学习任务之后，个体学习器 3 才能开始进行训练学习；依次类推，最后完成训练学习任务的是个体学习器 N。与并行集成学习器一样，在工作阶段，串行集成学习器的每个个体学习器能够且应该独立地进行工作和输出，彼此之间不存在任何依赖关系和相互影响。串行集成学习器的聚合器也是在工作阶段才开始发挥作用的，它的作用是将各个个体学习器的输出进行某种形式的综合，从而得到整个串行集成学习器的最终输出。

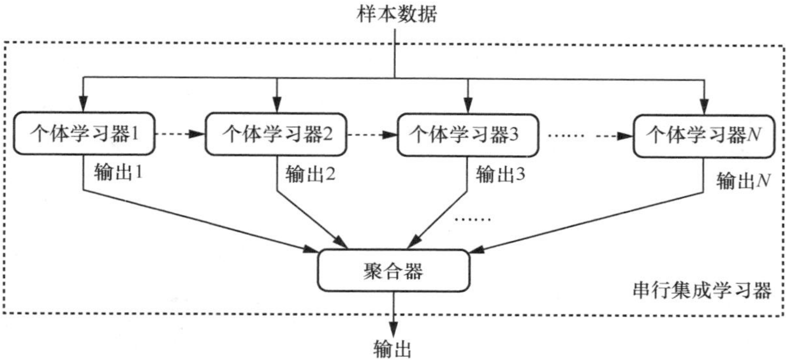

图 3-85　串行集成学习器

串行集成学习方法中的典型代表是**提升法**（**Boosting**），它可以将多个弱学习器提升成为一个强学习器。提升法的原理过程：首先让个体学习器 1 完成在训练集上的训练学习任务，然后根据个体学习器 1 的训练学习效果对训练集中的各个样本进行权重值分配，个体学习器 1 学得越好的样本分配的权重值越小，个体学习器 1 学得越差的样本分配的权重值越大。接下来，在带有权重值信息的训练集上开始个体学习器 2 的训练学习，并且训练学习的重点是针对那些权重值较大的样本。个体学习器 2 完成训练学习任务之后，根据个体学习器 2 的训练学习效果又重新对训练集中的各个样本进行权重值分配，个体学习器 2 学得越好的样本分配的权重值越小，个体学习器 2 学得越差的样本分配的权重值越大。接下来，在带有新的权重值信息的训练集上开始个体学习器 3 的训练学习，并且训练学习的重点是针对那些权重值较大的样本。依次类推，直到所有的个体学习器都完成了各自的训练学习任务。

注意，提升法并不是一种具体的算法，而是一类算法。在提升法中，最为常见的一种具体算法当属**自适应提升法**（**Ada**ptive **Boost**ing），简称为 **AdaBoost**。关于 AdaBoost 的细节内容这里不再赘述，感兴趣的读者朋友请自行查阅相关资料进行学习和探究。

最后我们来了解一下集成学习方法的集总效应。在上一个小节中我们说过，从统计学上可以证明，随机森林算法在性能上要优于单棵的决策树算法。更一般地讲就是，如果组成集成学习器的个体学习器在工作方式上彼此独立、在性能上彼此相等或比较接近的话，那么集成学习器在性能上就会优于每一个个体学习器。例如，假设有一个二分类问题，为此我们构建了一个由 5 个个体学习器和 1 个聚合器组成的集成学习器。假设每个个体学习器都是一个独立工作的二分类器，并且每个个体学习器的分类准确率都是 65%，聚合器采用多数表决制，那么整个集成学习器的分类准确率会是多少呢？根据组合学及概率论的知识，很容易推算出该集成学习器的分类准确率为

$$C_3^5 \times 0.65^3 \times (1-0.65)^2 + C_4^5 \times 0.65^4 \times (1-0.65)^1 + C_5^5 \times 0.65^5 \times (1-0.65)^0 \approx 76.5\%$$

式中的 C_k^n 表示 n 中取 k 的组合。如果个体学习器的个数增加至 55 个，则该集成学习器的分类准确率将会提升至

$$\sum_{k=28}^{55} C_k^{55} \times 0.65^k \times (1-0.65)^{55-k} \approx 98.9\%$$

图 3-86 显示了个体学习器的分类准确率分别为 50%、55%、65%时，该集成学习器的分类准确率随着个体学习器个数的变化而变化的情况。对于二分类问题，个体学习器的个数通常都选取为奇数，这是为了避免采用多数表决制时遇到平局的情况。

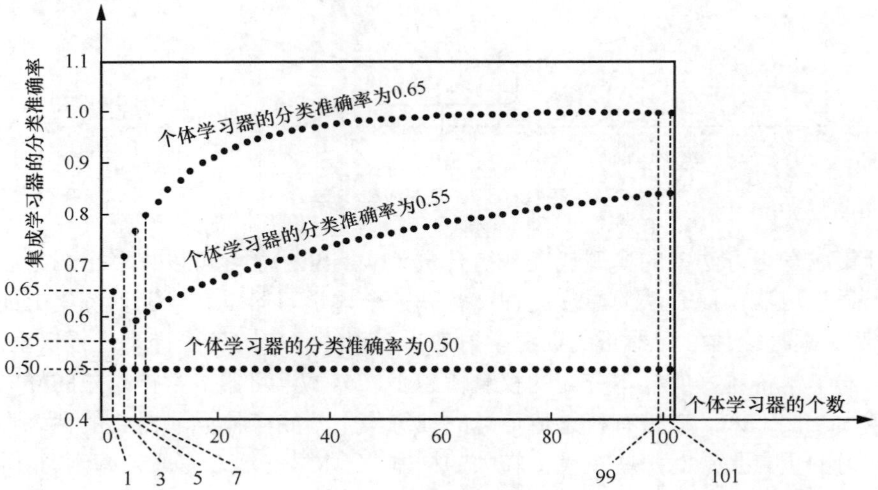

图 3-86 集成学习器的性能变化曲线

集成学习器既可以用于解决分类问题，也可以用于解决回归问题，这完全取决于其个体学习器的属性。集成学习器中的聚合器的作用是对各个个体学习器的工作输出进行某种形式的综合，从而得到整个集成学习器的最终输出结果。对于分类问题，综合的形式通常是对各个个体学习器的工作输出进行多数表决；对于回归问题，综合的形式通常是对各个个体学习器的工作输出进行加权求和。

在多数表决制中，投票的方式通常有两种，一种是**硬投票（Hard Voting）方式**，另一种是**软投票（Soft Voting）方式**。如果个体学习器在对输入样本进行分类时，其输出值只能是某个明确的类别值，则相应的投票方式就是且只能是硬投票方式。例如，图 3-87 显示了一个集成学习器正在处理一个三分类问题，可能的类别值为 C_1、C_2、C_3。对于

某个输入样本，个体学习器1、2、3、4、5的输出分别是C_2、C_1、C_2、C_2、C_3，即C_1得了1票，C_2得了3票，C_3得了1票。因此，根据硬投票方式的多数表决制，得票数最多的C_2将会是集成学习器的最终输出。

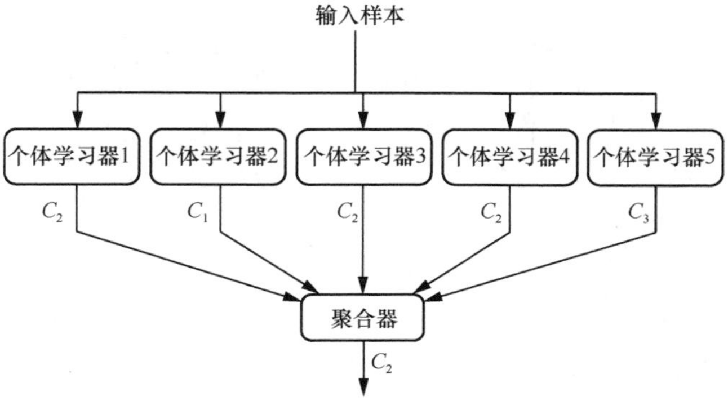

图3-87　硬投票方式

如果个体学习器在对输入样本进行分类时，其输出值可以是对应于各个类别的概率值、概率密度值、权重值等等，则相应的投票方式既可以是硬投票方式，也可以是软投票方式。例如，在图3-88中，对于一个三分类问题，灰色区域显示了5个个体学习器对于某个输入样本的输出概率值。如果采用硬投票方式，则个体学习器1会输出C_1（因为C_1的概率值为0.90，大于C_2的概率值0.05以及C_3的概率值0.05），个体学习器2会输出C_3，个体学习器3会输出C_3，个体学习器4会输出C_3，个体学习器5会输出C_2。这样一来，C_3得到3票，C_1得到1票，C_2得到1票，因此集成学习器最终的输出将会是得票数最多的C_3。如果采用软投票方式，则C_1获得的平均概率值为

$$\frac{0.90+0.33+0.35+0.31+0.35}{5}=0.448$$

C_2获得的平均概率值为0.264，C_3获得的平均概率值为0.288。由于C_1获得的平均概率值最高，所以集成学习器最终的输出将会是C_1。

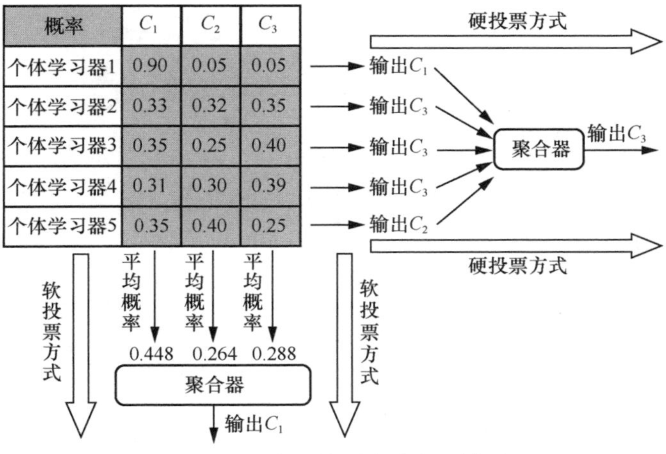

图3-88　硬投票方式与软投票方式

3.6 机器学习的性能评估

机器学习的性能评估是指通过测试的方法，并采用一些性能度量指标来定量地标示机器学习程序的工作性能的好坏程度。对于回归问题，最常见的性能度量指标有MAE（Mean Absolute Error，平均绝对误差）和MSE（Mean Squared Error，平均平方误差），其他的还有RMSE（Root Mean Squared Error，均方根误差）、MAPE（Mean Absolute Percentage Error，平均绝对百分比误差）、R^2（Coefficient of Determination，决定系数）等；对于分类问题，最基本的性能度量指标有Accuracy（准确率）、Precision（精确率）、Recall（召回率），其他的还有Specificity（特异度）、$F_1-\text{score}$、$F_\beta-\text{score}$等。下面我们省去其他指标，只对MAE、MSE、Accuracy、Precision、Recall这5个指标进行简要的描述和说明。

对于一个回归问题，假定测试集总共包含$(\boldsymbol{x}_1,\dot{\boldsymbol{y}}_1)$、$(\boldsymbol{x}_2,\dot{\boldsymbol{y}}_2)$……$(\boldsymbol{x}_m,\dot{\boldsymbol{y}}_m)$这$m$个测试样本，其中$\boldsymbol{x}_i=\begin{bmatrix}x_{i,1} & x_{i,2} & \cdots & x_{i,N}\end{bmatrix}^{\mathrm{T}}$是第$i$个测试样本矢量，$\dot{\boldsymbol{y}}_i=\begin{bmatrix}\dot{y}_{i,1} & \dot{y}_{i,2} & \cdots & \dot{y}_{i,M}\end{bmatrix}^{\mathrm{T}}$是对应于$\boldsymbol{x}_i$的期望输出矢量，$\ddot{\boldsymbol{y}}_i=\begin{bmatrix}\ddot{y}_{i,1} & \ddot{y}_{i,2} & \cdots & \ddot{y}_{i,M}\end{bmatrix}^{\mathrm{T}}$是机器学习程序给出的对应于$\boldsymbol{x}_i$的实际输出矢量，则MAE的定义为

$$\text{MAE}=\frac{1}{m}\sum_{i=1}^{m}|\ddot{\boldsymbol{y}}_i-\dot{\boldsymbol{y}}_i|=\frac{1}{m}\sum_{i=1}^{m}\sqrt{\sum_{k=1}^{M}\left(\ddot{y}_{i,k}-\dot{y}_{i,k}\right)^2} \tag{3.83}$$

MSE的定义为

$$\text{MSE}=\frac{1}{m}\sum_{i=1}^{m}|\ddot{\boldsymbol{y}}_i-\dot{\boldsymbol{y}}_i|^2=\frac{1}{m}\sum_{i=1}^{m}\sum_{k=1}^{M}\left(\ddot{y}_{i,k}-\dot{y}_{i,k}\right)^2 \tag{3.84}$$

例如，如果$m=3$，$\dot{\boldsymbol{y}}_1=\begin{bmatrix}0.5 & 3.6\end{bmatrix}^{\mathrm{T}}$，$\dot{\boldsymbol{y}}_2=\begin{bmatrix}2.5 & 5.7\end{bmatrix}^{\mathrm{T}}$，$\dot{\boldsymbol{y}}_3=\begin{bmatrix}8.0 & 3.2\end{bmatrix}^{\mathrm{T}}$，$\ddot{\boldsymbol{y}}_1=\begin{bmatrix}0.4 & 3.7\end{bmatrix}^{\mathrm{T}}$，$\ddot{\boldsymbol{y}}_2=\begin{bmatrix}2.5 & 5.6\end{bmatrix}^{\mathrm{T}}$，$\ddot{\boldsymbol{y}}_3=\begin{bmatrix}7.8 & 3.1\end{bmatrix}^{\mathrm{T}}$，则有

$$\begin{aligned}
&\text{MAE}=\frac{1}{3}\sum_{i=1}^{3}\left|\ddot{\boldsymbol{y}}_i-\dot{\boldsymbol{y}}_i\right|=\frac{1}{3}\sum_{i=1}^{3}\sqrt{\sum_{k=1}^{2}\left(\ddot{y}_{i,k}-\dot{y}_{i,k}\right)^2}\\
&=\frac{1}{3}\left[\sqrt{(0.4-0.5)^2+(3.7-3.6)^2}+\sqrt{(2.5-2.5)^2+(5.6-5.7)^2}+\sqrt{(7.8-8.0)^2+(3.1-3.2)^2}\right]\\
&\approx 0.1550
\end{aligned}$$

$$\begin{aligned}
&\text{MSE}=\frac{1}{3}\sum_{i=1}^{3}\left|\ddot{\boldsymbol{y}}_i-\dot{\boldsymbol{y}}_i\right|^2=\frac{1}{3}\sum_{i=1}^{3}\sum_{k=1}^{2}\left(\ddot{y}_{i,k}-\dot{y}_{i,k}\right)^2\\
&=\frac{1}{3}\left\{\left[(0.4-0.5)^2+(3.7-3.6)^2\right]+\left[(2.5-2.5)^2+(5.6-5.7)^2\right]+\left[(7.8-8.0)^2+(3.1-3.2)^2\right]\right\}\\
&\approx 0.0267
\end{aligned}$$

显然，MAE 或 MSE 的值越小，则说明机器学习程序的工作性能越好。

Accuracy、Precision、Recall 这几个性能指标都是针对分类问题的，我们将通过一个类别总数为 3 的分类问题来描述对它们的定义。假定测试集中的 A 类样本的个数为 N_{A}，B 类样本的个数为 N_{B}，C 类样本的个数为 N_{C}，被机器学习程序判定为 A 类样本的 A 类样本的个数为 N_{AA}，被机器学习程序判定为 B 类样本的 A 类样本的个数为 N_{AB}，被机器学习程序判定为 C 类样本的 A 类样本的个数为 N_{AC}，被机器学习程序判定为 A 类样本的 B 类样本的个数为 N_{BA}，被机器学习程序判定为 B 类样本的 B 类样本的个数为 N_{BB}，被机器学习程序判定为 C 类样本的 B 类样本的个数为 N_{BC}，被机器学习程序判定为 A 类样本的 C 类样本的个数为 N_{CA}，被机器学习程序判定为 B 类样本的 C 类样本的个数为 N_{CB}，被机器学习程序判定为 C 类样本的 C 类样本的个数为 N_{CC}，则准确率 Accuracy 的定义为

$$\text{Accuracy} = \frac{N_{\mathrm{AA}} + N_{\mathrm{BB}} + N_{\mathrm{CC}}}{N_{\mathrm{A}} + N_{\mathrm{B}} + N_{\mathrm{C}}} \tag{3.85}$$

针对类别 A 的精确率 $\text{Precision}_{\mathrm{A}}$ 的定义为

$$\text{Precision}_{\mathrm{A}} = \frac{N_{\mathrm{AA}}}{N_{\mathrm{AA}} + N_{\mathrm{BA}} + N_{\mathrm{CA}}} \tag{3.86}$$

针对类别 B 的精确率 $\text{Precision}_{\mathrm{B}}$ 的定义为

$$\text{Precision}_{\mathrm{B}} = \frac{N_{\mathrm{BB}}}{N_{\mathrm{AB}} + N_{\mathrm{BB}} + N_{\mathrm{CB}}} \tag{3.87}$$

针对类别 C 的精确率 $\text{Precision}_{\mathrm{C}}$ 的定义为

$$\text{Precision}_{\mathrm{C}} = \frac{N_{\mathrm{CC}}}{N_{\mathrm{AC}} + N_{\mathrm{BC}} + N_{\mathrm{CC}}} \tag{3.88}$$

针对类别 A 的召回率 $\text{Recall}_{\mathrm{A}}$ 的定义为

$$\text{Recall}_{\mathrm{A}} = \frac{N_{\mathrm{AA}}}{N_{\mathrm{A}}} \tag{3.89}$$

针对类别 B 的召回率 $\text{Recall}_{\mathrm{B}}$ 的定义为

$$\text{Recall}_{\mathrm{B}} = \frac{N_{\mathrm{BB}}}{N_{\mathrm{B}}} \tag{3.90}$$

针对类别 C 的召回率 $\text{Recall}_{\mathrm{C}}$ 的定义为

$$\text{Recall}_{\mathrm{C}} = \frac{N_{\mathrm{CC}}}{N_{\mathrm{C}}} \tag{3.91}$$

例如，如果测试情况如图 3-89 所示，则有

$$\begin{array}{lll} N_{\mathrm{A}} = 8 & N_{\mathrm{B}} = 10 & N_{\mathrm{C}} = 7 \\ N_{\mathrm{AA}} = 6 & N_{\mathrm{AB}} = 1 & N_{\mathrm{AC}} = 1 \\ N_{\mathrm{BA}} = 1 & N_{\mathrm{BB}} = 7 & N_{\mathrm{BC}} = 2 \\ N_{\mathrm{CA}} = 1 & N_{\mathrm{CB}} = 0 & N_{\mathrm{CC}} = 6 \end{array}$$

由此可以计算出

$$\text{Accuracy} = \frac{N_{\text{AA}} + N_{\text{BB}} + N_{\text{CC}}}{N_{\text{A}} + N_{\text{B}} + N_{\text{C}}} = \frac{6+7+6}{8+10+7} \times 100\% = 76\%$$

$$\text{Precision}_{\text{A}} = \frac{N_{\text{AA}}}{N_{\text{AA}} + N_{\text{BA}} + N_{\text{CA}}} = \frac{6}{6+1+1} \times 100\% = 75\%$$

$$\text{Precision}_{\text{B}} = \frac{N_{\text{BB}}}{N_{\text{AB}} + N_{\text{BB}} + N_{\text{CB}}} = \frac{7}{1+7+0} \times 100\% = 87.5\%$$

$$\text{Precision}_{\text{C}} = \frac{N_{\text{CC}}}{N_{\text{AC}} + N_{\text{BC}} + N_{\text{CC}}} = \frac{6}{1+2+6} \times 100\% \approx 66.7\%$$

$$\text{Recall}_{\text{A}} = \frac{N_{\text{AA}}}{N_{\text{A}}} = \frac{6}{8} \times 100\% = 75\%$$

$$\text{Recall}_{\text{B}} = \frac{N_{\text{BB}}}{N_{\text{B}}} = \frac{7}{10} \times 100\% = 70\%$$

$$\text{Recall}_{\text{C}} = \frac{N_{\text{CC}}}{N_{\text{C}}} = \frac{6}{7} \times 100\% \approx 85.7\%$$

样本编号	1	2	3	4	5	6	7	8	9	10	11	12	13	14	15	16	17	18	19	20	21	22	23	24	25
样本类别	A	A	A	A	A	A	A	A	B	B	B	B	B	B	B	B	B	B	C	C	C	C	C	C	C
判定结果	A	B	A	A	A	C	A	A	B	B	C	B	B	B	A	B	B	C	C	C	C	C	A	C	C

图 3-89　测试情况

Accuracy、Precision、Recall 这几个不同的指标从不同的角度反映了机器学习程序的工作性能。注意，Accuracy 是一个总指标，它不针对某个具体的类别，或者说它已经综合考虑到了所有的类别。Precision 和 Recall 都是分指标，必须针对具体的类别，所以有 $\text{Precision}_{\text{A}}$、$\text{Precision}_{\text{B}}$、$\text{Precision}_{\text{C}}$ 之分，以及有 Recall_{A}、Recall_{B}、Recall_{C} 之分。总的来说，Accuracy、Precision、Recall 的值越接近于 1，则说明机器学习程序的工作性能越好。

习题 3

1. 【单选题】AlphaGo 曾经以 5 战 4 胜的成绩击败了世界围棋高手李世石（Lee Sedol），这一轰动全球的历史性事件发生于（　　）。

   A. 2019 年　　B. 2016 年　　C. 2015 年　　D. 2006 年

2. 【单选题】机器学习需要研究的原理性核心问题是（　　）。

   A. 数据问题　　B. 算力问题　　C. 算法问题

3. 【单选题】我国研制成功的第一台电子计算机是（　　）。

   A. 103 机　　B. 104 机　　C. 银河－I　　D. 银河－II

4. 【单选题】已知下列方程中有一个是对 (0,0)、(1,1)、(2,1) 这 3 个数据点进行线性回归后得到的拟合直线方程，那么该拟合直线方程应该是（　　）。

A. $y=-\frac{1}{2}x-\frac{1}{6}$　　B. $y=-\frac{1}{2}x+\frac{1}{6}$　　C. $y=\frac{1}{2}x-\frac{1}{6}$　　D. $y=\frac{1}{2}x+\frac{1}{6}$

5.【单选题】3.5.2 小节中我们讨论过跳高达标问题。如果现在只对甲同学和乙同学进行了测试，测试情况：甲同学的训练时长是 3 小时，结果是未达标；乙同学的训练时长是 8 小时，结果是达标了。假设丙同学的训练时长是 6 小时，那么根据逻辑回归方法来预测丙同学能够达标的概率，则预测的结果将会是（　　）。

A. 能够达标的概率大于 0.5

B. 能够达标的概率等于 0.5

C. 能够达标的概率小于 0.5

6.【单选题】如果采用基本的 7-NN 分类算法对图 3-90 中的叉号所代表的数据点进行分类，则分类的结果将会是（　　）。

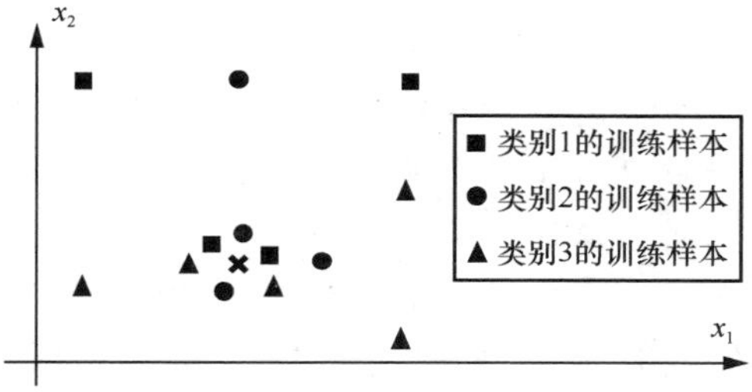

图 3-90　对叉号所代表的数据点进行分类

A. 类别 1　　B. 类别 2　　C. 类别 3

7.【多选题】关于 K-NN 算法和 K–均值聚类算法，下列陈述中错误的是（　　）。

A. K-NN 算法和 K–均值聚类算法都属于监督学习方法

B. K-NN 算法和 K–均值聚类算法都属于非监督学习方法

C. K-NN 算法既可用于解决分类问题，也可用于解决回归问题

D. K–均值聚类算法既可用于解决分类问题，也可用于解决回归问题

8.【多选题】如图 3-91 所示，直线 l_1、l_2、l 相互平行，且 l 与 l_1 和 l_2 等距，$\boldsymbol{u}$ 点位于 l_1 上，$\boldsymbol{v}$ 点位于 l_2 上，则下列陈述中错误的是（　　）。

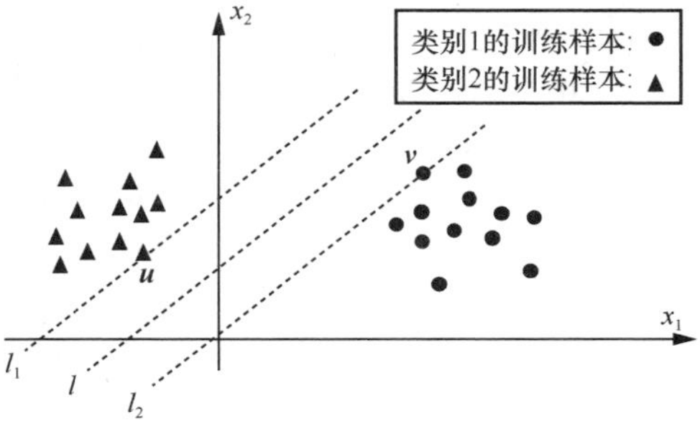

图 3-91　一个线性可分的二分类问题

A. $\boldsymbol{u}$ 和 $\boldsymbol{v}$ 都是对应于 l 的支持矢量

B. l 不能作为决策边界

C. l 是 SVM 算法确定出的最优决策边界

9.【单选题】矩阵 $\boldsymbol{E}=\begin{bmatrix}4 & 1 & 0 & 3\\ 4 & 3 & 0 & 1\end{bmatrix}^{\mathrm{T}}$，则下列陈述中正确的是（　　）。

A. $\begin{bmatrix}-1\\ 0\end{bmatrix}$和$\begin{bmatrix}1\\ 1\end{bmatrix}$分别是 $\boldsymbol{E}$ 的第 1 个主成分和第 2 个主成分

B. $\begin{bmatrix}1\\ 1\end{bmatrix}$和$\begin{bmatrix}-1\\ 1\end{bmatrix}$分别是 $\boldsymbol{E}$ 的第 1 个主成分和第 2 个主成分

C. $\begin{bmatrix}-1\\ 0\end{bmatrix}$和$\begin{bmatrix}0\\ 1\end{bmatrix}$分别是 $\boldsymbol{E}$ 的第 1 个主成分和第 2 个主成分

D. $\begin{bmatrix}-1\\ 1\end{bmatrix}$和$\begin{bmatrix}0\\ 1\end{bmatrix}$分别是 $\boldsymbol{E}$ 的第 1 个主成分和第 2 个主成分

10.【多选题】下列陈述中正确的是（　　）。

A. 贝叶斯分类算法包含了朴素贝叶斯分类算法

B. 朴素贝叶斯分类算法包含了高斯朴素贝叶斯分类算法

C. 高斯朴素贝叶斯分类算法包含了伯努利朴素贝叶斯分类算法

D. 伯努利朴素贝叶斯分类算法包含了多项式朴素贝叶斯分类算法

11.【多选题】X 和 Y 均为离散型随机变量，$H(X)$ 表示 X 的熵，$H(X|Y)$ 表示在已知 Y 的条件下 X 的条件熵，$IG(X,Y)$ 表示在已知 Y 的条件下 X 的信息增益，$IGR(X,Y)$ 表示在已知 Y 的条件下 X 的信息增益率。已知概率值和条件概率值如下：

$P(X=1)=\frac{3}{10}$　　$P(X=2)=\frac{7}{10}$　　$P(Y=3)=\frac{4}{10}$　　$P(Y=4)=\frac{6}{10}$

$P(X=1|Y=3)=\frac{1}{4}$　　$P(X=2|Y=3)=\frac{3}{4}$

$P(X=1|Y=4)=\frac{1}{3}$　　$P(X=2|Y=4)=\frac{2}{3}$

则下列选项中正确的是（　　）。

A. $H(X)\approx 0.610864$ (nat)　　B. $H(X|Y)\approx 0.606843$ (nat)

C. $IG(X,Y)\approx 0.004022$ (nat)　　D. $IGR(X,Y)\approx 0.005976$

12.【多选题】关于 ID3 算法和 C4.5 算法，下列陈述中正确的是（　　）。

A. ID3 中的 ID 的全称是 Iterative Dichotomiser，3 是算法的版本号

B. C4.5 中的 C 的全称是 Classifier，4.5 是算法的版本号

C. 生成 ID3 决策树的过程中，分裂因素是决策随机变量的最大信息增益所对应的那个因素

D. 生成 C4.5 决策树的过程中，分裂因素是决策随机变量的最大信息增益率所对应的那个因素

13.【单选题】图 3-92 是某个决策问题的决策树，其中 U、V、X、Y 为 4 个因素随机变量，D 为决策随机变量，u_1、u_2 是对应于 U 的两个因素值，v_1、v_2、v_3 是对应于 V 的 3 个因素值，x_1、x_2 是对应于 X 的两个因素值，y_1、y_2、y_3 是对应于 Y 的 3 个因素值，d_1、d_2、d_2 是对应于 D 的 3 个决策值。如果因素条件是 $u_2-v_1-x_1-y_3$，

则在决策树上的决策路径是（　　）。

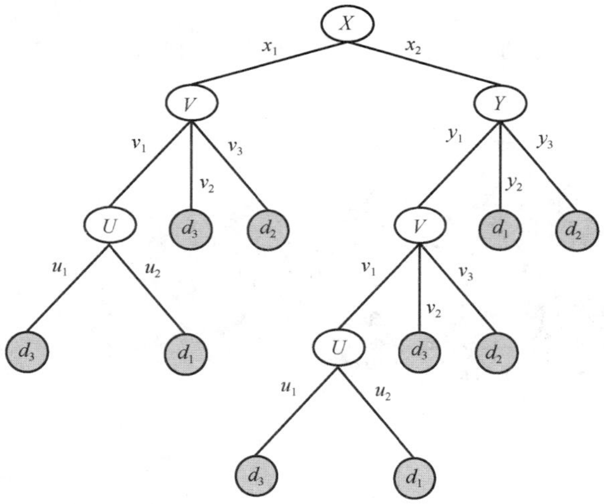

图 3-92　决策树

A. $X-x_2-Y-y_1-V-v_1-U-u_2-d_1$　　B. $X-x_1-V-v_1-U-u_1-d_3$

C. $X-x_2-Y-y_1-V-v_1-U-u_1-d_3$　　D. $X-x_1-V-v_1-U-u_2-d_1$

14.【多选题】关于随机森林算法和集成学习方法，下列陈述中正确的是（　　）。

A. 随机森林算法是一种典型的并行集成学习方法

B. 随机森林中的决策树可以是同一种决策树，也可以是不同种类的决策树

C. 随机森林算法有时也称为 Bagging 方法

D. 在串行集成学习器中，个体学习器也称为弱学习器，整个串行集成学习器也称为强学习器

E. 串行集成学习方法中的典型代表是提升法（Boosting）。提升法并不是一种具体的算法，而是一类算法。在提升法中，最为常见的一种具体算法是自适应提升法（Adaptive Boosting），简称为 AdaBoost

15.【单选题】假设有一个集成学习器，它由 3 个独立工作的个体学习器和一个采用简单多数表决制的聚合器组成。如果这 3 个个体学习器的分类准确率分别为 85%、87%、89%，则整个集成学习器的分类准确率最接近（　　）。

A. 92%　　B. 93%　　C. 94%　　D. 95%

16.【单选题】假设有一个集成学习器，它由 3 个独立工作的个体学习器和一个采用简单多数表决制的聚合器组成。如果这 3 个个体学习器的分类准确率分别为 55%、60%、89%，则整个集成学习器的分类准确率最接近（　　）。

A. 92%　　B. 84%　　C. 79%　　D. 76%

17.【单选题】测试某个二分类器的性能时，该分类器将 X 类样本判定成了 X 类样本的个数为 97，将 X 类样本判定成了 Y 类样本的个数为 3，将 Y 类样本判定成了 Y 类样本的个数为 93，将 Y 类样本判定成了 X 类样本的个数为 7，则该分类器的准确率 Accuracy 应该是（　　）。

A. 94%　　B. 95%　　C. 96%　　D. 97%

第4章 深度学习

主要内容

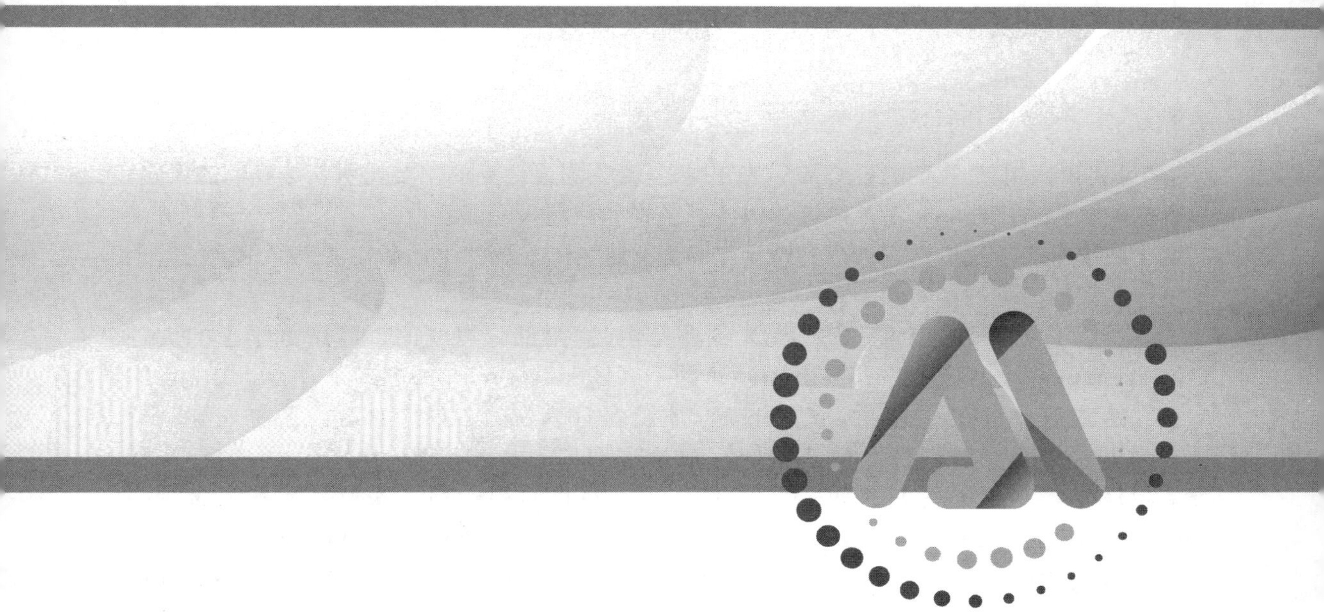

4.1 生物神经网络

4.1.1 大脑与神经元

我们的智能是我们的思维活动的表现之一，而思维活动的主要场所就是我们的大脑。我们能够学习，能够思考，能够解决各种各样的问题，能够创造出一个又一个的奇迹，这一切都得益于我们拥有一个神奇无比、美妙绝伦的大脑。下面我们就来简单地了解一下有关人的大脑的基本知识。

我们平常所说的**大脑（Brain）**主要是由 3 个部分组成的，即**解剖学上的大脑（Cerebrum）**、**小脑（Cerebellum）**和**脑干（Brainstem）**，如图 4-1 所示。Brain 的最大组成部分是 Cerebrum，Cerebrum 本身又分为左、右两个部分，俗称左半脑和右半脑。与我们的理性、情感和知识最紧密相关的是 Cerebrum，与我们的身体平衡及运动控制最紧密相关的是 Cerebellum，与我们的心跳、呼吸等基本生命活动最紧密相关的是 Brainstem。Brainstem 是 Cerebrum 与**脊髓（Spinal Cord）**之间的连接桥梁，Brain 与 Spinal Cord 一起共同构成了**中枢神经系统（Central Nervous System）**。需要说明的是，图 4-1 只是大脑组成结构的一个简单示意，忽略了很多的细节内容。

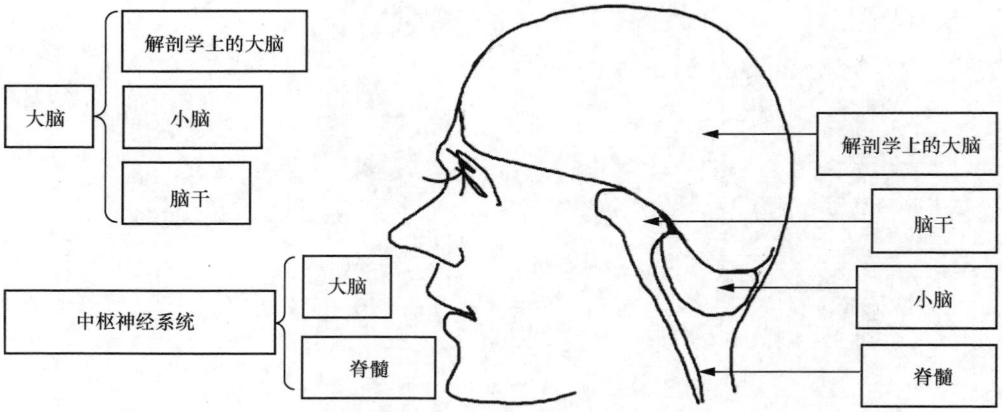

图 4-1 大脑的基本组成

大脑的体积约为 1,200cm^3，重量约为 1,300g。大脑包含了约 100,000,000,000 个不同种类的**神经细胞（Nerve Cell）**，以及数量大致相当的其他类型的细胞。神经细胞也称为**神经元（Neuron）**，图 4-2 显示了一种典型神经元的基本组成结构：一个**细胞体（Soma）**、一条细长的**轴突（Axon）**，以及数量众多的**树突（Dendrite）**。神经元胞体的内部有细胞核（Nucleus），轴突从神经元胞体延展出来，其末尾部分会分裂形成数量众多的分支，这些分支称为**轴突末梢（Axon Terminal）**。轴突也就是我们平常所说的**神经纤维（Nerve Fiber）**，其长度可以达到几厘米甚至几十厘米。

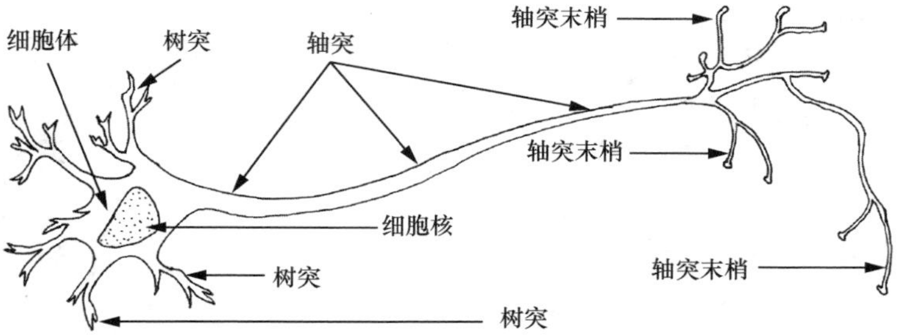

图 4-2　神经元的基本组成

神经元上总是不停地发生着非常复杂的电化学活动（Electrochemical Activity），这些电化学活动决定了神经元处于什么样的**状态（State）**。神经元的状态有两种：**兴奋（Excitation）状态**和**抑制（Inhibition）状态**。神经元通过具有特殊渗透作用的**隔膜（Membrane，细胞膜）**来实现与环境的隔离以及与环境的物质交换。神经元处于抑制状态时，其隔膜的内外电位差约为 –70 mV，此电位差也称为神经元的**静息电动势（Resting Potential）**。神经元处于兴奋状态时，其隔膜的内外电位差约为 +20 mV，此电位差也称为神经元的**动作电动势（Action Potential）**。

4.1.2　神经元之间的连接

神经元与神经元之间存在着广泛的**连接（Connection）**关系和相互作用。一个神经元上的电化学活动一方面会受到成千上万个其他神经元上的电化学活动的影响，另一方面又会影响到成千上万个其他神经元上的电化学活动。神经元与神经元之间是通过**突触（Synapse）**来实现连接关系的。如图 4-3 所示，神经元 1 与神经元 2 之间的连接部位位于神经元 1 的轴突末梢与神经元 2 的树突之间，也就是图中的小方框所示的部位，该部位就是神经元 1 与神经元 2 之间的一个突触。

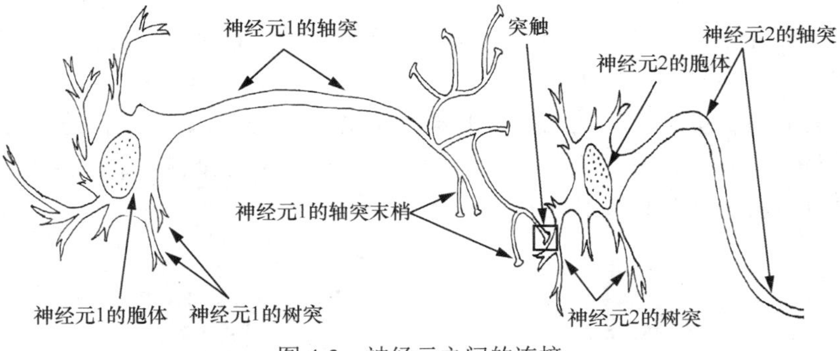

图 4-3　神经元之间的连接

突触是神经元与神经元之间的连接部位，但这种连接并不是一种物理性连接，而是一种电化学意义上的连接。突触实际上是一个非常狭窄的缝隙，神经元之间的影响和作用就发生在这个缝隙区域。图 4-4 是图 4-3 中突触部位的放大图，从这个放大图中可以清楚地看到，所谓的突触其实就是一个非常狭窄的缝隙，缝隙的一侧是神经元 1 的轴突末梢，缝隙的另一侧是神经元 2 的树突。缝隙的轴突一侧称为突触的发送侧，缝隙的树突一侧称为突触的接受侧。当神经元 1 处于兴奋状态时，在动作电动势的作用下，突触的发送侧会产生并释放出一些被称为神经递质的化学物质。神经递质会横跨突触缝隙并到达突触的接受侧，然后在神经元 2 的树突上引起相应的电化学反应。对于图 4-3 或图 4-4 中的突触，神经元 1 称为**突触前神经元**（**Pre-synaptic Neuron**），神经元 2 称为**突触后神经元**（**Post-synaptic Neuron**）。突触前神经元的末梢纤维释放出的神经递质在突触后神经元的树突上引起的电化学效应称为突触前神经元对突触后神经元产生的**刺激**（**Stimulus**）。

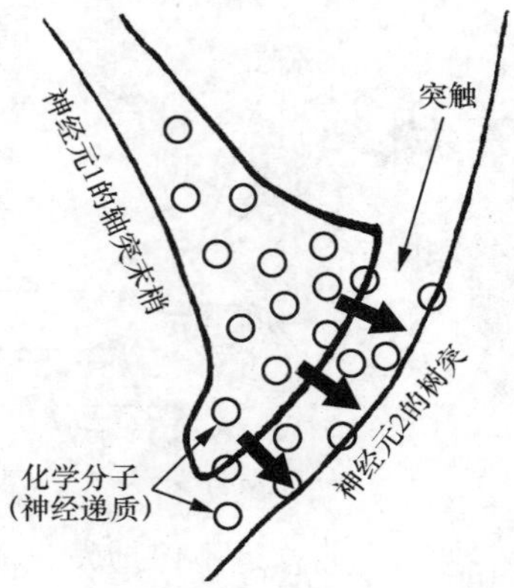

图 4-4　突触

突触主要有两种类型，一种是兴奋型，另一种是抑制型。如果突触前神经元处于兴奋状态，并通过突触作用于突触后神经元之后，其刺激效果是有助于突触后神经元变成或保持兴奋状态，则这样的突触称为兴奋型突触；如果突触前神经元处于兴奋状态，并通过突触作用于突触后神经元之后，其刺激效果是有助于突触后神经元变成或保持抑制状态，则这样的突触就称为抑制型突触。

突触的作用效果是有强弱之分的，突触的作用效果的强弱程度是指突触前神经元对于突触后神经元的影响程度：如果突触的作用效果越强，则突触前神经元兴奋时对于突触后神经元的刺激作用也就越强；如果突触的作用效果越弱，则突触前神经元兴奋时对于突触后神经元的刺激作用也就越弱。我们通常采用取值为实数的**权重**（**Weight**）**值**来表征突触的类型以及突触的作用效果的强弱程度：如果权重值为正，则表示突触是兴奋型的；如果权重值为负，则表示突触是抑制型的；权重值的绝对值越大，则表示突触的作用效果越强；权重值的绝对值越小，则表示突触的作用效果越弱。

需要说明的是，一个突触的类型及作用效果的强弱程度并不是一成不变的，也即一个突触的权重值并不是恒定不变的。事实上，在大脑的活动过程中，突触的类型及作用效果的强弱程度是会或快或慢地发生变化的，并且这种变化又会反过来影响大脑本身的活动。不仅如此，从较长的时间跨度上看，神经元的数量、神经纤维特别是神经末梢纤维的数量、突触的数量等等都是在不断地发生变化的。一般地，在大脑的生长发育阶段，这些数量会逐渐增加，而在大脑的衰老阶段，这些数量会逐渐减少。图 4-5 显示了大脑神经系统从新生儿到半岁的变化情况。

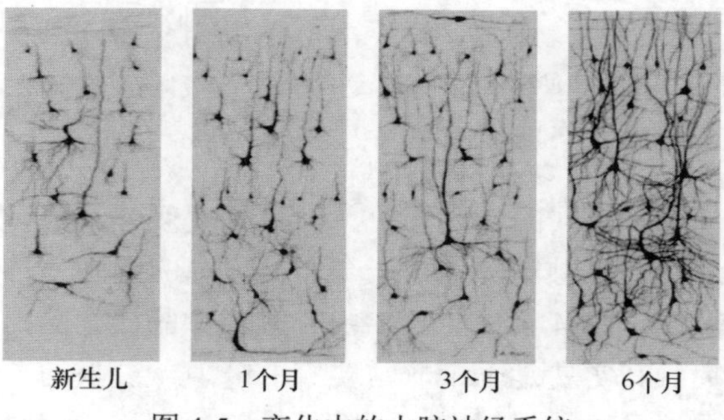

图 4-5　变化中的大脑神经系统

一个神经元的轴突的尾部可以分叉出成千上万条末梢纤维，而每一条末梢纤维都可以在其端头处与其他神经元的树突之间形成突触。这就意味着，一个神经元可以通过其末梢纤维端头处的成千上万个突触作用于成千上万个其他的神经元。也可以说，一个神经元可以在它的树突上通过成千上万个突触接受来自成千上万个其他神经元的刺激作用。前面曾说过，大脑中包含了约 100,000,000,000 个神经元，那么据此粗略估算可知，大脑中突触的数量可以多达 1,000,000,000,000,000 个，也即千万亿个！因此，简单来说，大脑就是一个超级庞大且超级复杂的网络系统，它包含了约千亿个神经元以及约千万亿个突触，其中每一个神经元就是一个网络节点，而每一个突触就是一个网络连接（见图 4-6）。

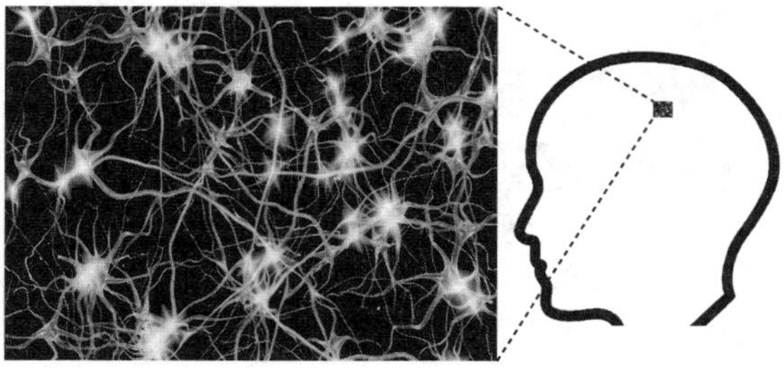

图 4-6　大脑神经网络

4.1.3　神经信息处理过程

我们都知道，在计算机中，对信息进行处理的主要部件是 CPU。那么，在我们的大脑中，对信息进行处理的部件又是什么呢？到目前为止，我们还没有在大脑中发现有类似于 CPU 的结构组织。研究结果表明，原来大脑中的每一个神经元本身就是一个功能简单的**信息处理单元（Information Processing Element）**。虽然每一个作为信息处理单元的神经元对于信息的处理都非常简单，但是这些神经元可以高度并行地发挥各自的信息处理作用。从整体上看，大脑所表现出来的各种复杂而神奇的功能其实只是大脑中海量的神经元并行地发挥各自的简单功能而产生出来的集聚效应。

既然每一个神经元本身就是一个信息处理单元，那么对于任何一个特定的神经元来说，必然就有相应的信息输入和信息输出。一个神经元的信息输入是指该神经元在其树突上通过突触接受的若干其他神经元对它的刺激，而一个神经元的信息输出则是指该神经元隔膜内外的电位差。因此，当神经元处于抑制状态时，其信息输出就是静息电动势；当神经元处于兴奋状态时，其信息输出就是动作电动势。顺便说明一下，神经元的信息输入也可以称为神经元的输入信息，并且都可以简称为神经元的输入；神经元的信息输出也可以称为神经元的输出信息，并且都可以简称为神经元的输出。

如图 4-7 所示，单个的神经元对于信息的处理过程可以简略地描述为，神经元在它的树突上通过突触接受 N 个其他神经元对它的刺激，这 N 个刺激相当于是该神经元获得的、经过突触作用之后的 N 个输入。然后，该神经元的胞体会对这 N 个刺激进行累计求和，并由此得到一个总的刺激量，这个总的刺激量称为该神经元获得的总输入。接下来，该神经元的胞体会计算出这个总的刺激量与胞体内在的一个**阈值（Threshold）**的差值，这个差值称为该神经元获得的**净输入（Net Input）**。如果净输入为负值，则该神经元就会处于抑制状态，同时产生并输出静息电动势；如果净输入为非负值，则该神经元就会处于兴奋状态，同时产生并输出动作电动势。注意，动作电动势会沿着轴突传递到轴突末端的 M 个突触，使这 M 个突触的发送侧释放出神经递质，进而引起对 M 个其他神经元的刺激。

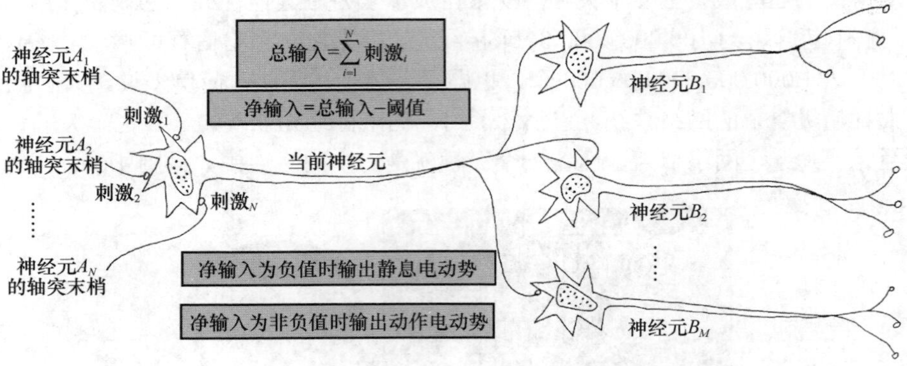

图 4-7 神经信息处理过程

受生物化学过程的制约，相较于 CPU 处理信息的速度，单个神经元处理信息的速度是相当缓慢的。在硅芯片中，完成一次基本的信息处理过程（例如完成一次“与”运算或“非”运算）所需的时间大致在纳秒（10^{-9} 秒）级，而单个神经元完成一次基本的信息处理过程所需的时间大致在毫秒（10^{-3} 秒）级，二者相差了大约 6 个数量级。尽管单个的神经元处理信息的速度并不是很快，但是由于这些神经元能够并行地对信息进行处理，所以整个大脑仍然可以在很短的时间内处理大量的信息。可以说，我们能够拥有敏捷的思维活动能力，主要就是得益于神经元的这种并行工作方式。

4.1.4 记忆与学习

记忆即存储，存储即记忆。熟悉计算机技术的人都知道，计算机是具有存储或记忆信息的功能的。如图 4-8 所示，计算机使用的存储体通常有内存条、磁盘、光盘等等，并且信息都是以二进制 0 和 1 的形式存储在这些存储体中的。例如，在内存条中，0 和 1 可以分别表示为低电位和高电位；在磁盘中，0 和 1 可以分别表示为磁南极和磁北极；在光盘中，0 和 1 可以分别表示为盘面对于激光的低反射率和高反射率。也就是说，在内存条中，信息的微观表征是电位的低或高；在磁盘中，信息的微观表征是磁极的南或北；在光盘中，信息的微观表征是盘面反射率的低或高。总之，我们完全清楚信息是如何被记忆在这些人造存储体中的。或者说，我们完全清楚信息在这些人造存储体中是如何体现的。或者说，我们完全清楚信息在这些人造存储体中的微观表征是怎样的。

图 4-8 常见的计算机存储体

显然，我们的大脑也是具有存储或记忆信息的功能的，因为我们能记住亲朋好友的相貌，能记住美妙的音乐，能记住家乡小吃的味道，能记住唐诗宋词，能记住公式 $e^{i\theta}=\cos\theta+i\sin\theta$，能记住某次愉快的旅途经历，如此等等。我们不禁会问，所有这些记忆信息在我们的大脑中是如何体现的呢？这些信息同样也是以 0 和 1 的形式存储在大脑中的吗？这些信息在大脑中的微观表征是怎样的呢？科学家们经过多年的研究发现，信息在大脑中的微观表征原来就是大脑中各个神经元胞体的内在的阈值以及各个突触的类型及其作用效果的强弱程度。或者说，信息在大脑中的微观表征就是大脑中各个神经元的阈值的取值情况以及各个突触的权重值的取值情况。从数学的角度看，每一个神经元的阈值都相当于一个取值可变的参数，每一个突触的权重值也相当于一个取值可变的参数。大脑中包含了约千亿个神经元以及约千万亿个突触，这就意味着大脑神经系统总共包含了约千亿个神经元阈值参数以及约千万亿个突触权重值参数，而所有这些参数的取值情况就代表了大脑所存储的全部信息。

大脑不仅具有惊人的记忆能力，同时还具有神奇的学习能力。除了本能，我们所拥有的一切知识和能力都是经过后天的学习而得到的。那么，学习过程的生物学本质是什么呢？或者说，学习过程在大脑中的微观表征是怎样的呢？科学家们经过多年的研究发现，学习过程其实就是优化调整神经元的阈值以及突触的权重值的过程。或者说，学习过程其实就是对神经元的阈值参数的取值以及突触的权重值参数的取值进行优化调整的过程。

总之，大体上可以这样说，一个大脑中所有神经元的阈值参数的取值情况以及所有突触的权重值参数的取值情况就代表了这个大脑所拥有的所有知识和记忆。如果这些参数的取值发生了变化，就意味着这个大脑所拥有的知识和记忆发生了变化，而所谓的学习过程其实就是对这些参数的取值进行优化调整的过程。

4.1.5　人脑与计算机

尽管计算机被形象地称作电脑，并且在完成某些智能型任务方面，特别是在数值运算方面已经远远优胜于人脑，但是在更多的方面，人脑的出色表现仍然是计算机所望尘莫及的。

相对于计算机，人脑具有如下几个明显的特点，这些特点源于人脑与计算机在结构和运作方面的根本性差异。同时，这些特点也正是我们在设计和实现人工智能系统时最值得参考和借鉴的因素。

- 人脑具有极强的学习能力。人脑的智能是各种能力的总称，学习能力则是其中的关键性基础能力，因为除了本能，我们的一切能力几乎都是通过学习而得到的。相比之下，计算机原本只是既定程序的执行者，谈不上具有任何的学习能力。如何让计算机也能像人脑一样具有学习能力，这已成为人工智能的研究热点，此即所谓的机器学习。
- 人脑具有极强的顽健性。成年人的大脑每天都有成千上万个神经细胞死亡，但从整体上看，大脑的功能和性能并不会因此而受到明显的影响。昨天会写的字，今天仍然会写；昨天会唱的歌，今天仍然会唱；昨天明白了的道理，今天仍然是明白的。与之形成对比的是，即使是计算机程序的一个小小的错误，或是计算机内存的某一个存储位出现了问题，都有可能导致整个计算机无法正常工作，甚至是彻底宕机。顽健性一词是译自英文的 robustness，有人也将 robustness 翻译成健壮性、稳健性、强健性、鲁棒性等等。

- 人脑精于模糊信息的处理。要让计算机能够正确有效地处理模糊信息是一件极其困难的事情，而人脑却精于此道。这种差异性或许源自二者所使用的语言的差异性：计算机所使用的各种编程语言，如 Python 语言、Java 语言、R 语言等等，都是不带任何歧义性的人工语言，而人类所使用的各种自然语言，如汉语、英语、法语等等，都是带有歧义性的模糊语言。来看一个横穿马路的例子：假设你偶尔会横穿车来车往的马路。当你穿过马路之后，不妨问问你自己，开始的时候，你的左边有几辆车？每辆车的速度是多少？每辆车的位置在哪里？你的右边有几辆车？每辆车的速度是多少？每辆车的位置在哪里？当你到达马路中央的时候，你的左边有几辆车？每辆车的速度是多少？每辆车的位置在哪里？你的右边有几辆车？每辆车的速度是多少？每辆车的位置在哪里？如此等等。几乎可以肯定的是，你的回答中少不了诸如“大概”“好像”“估计”“左右”“可能”之类的模糊性词汇。也就是说，你什么都不是很清楚很确定，可你却安全地穿过了马路，这便是你的大脑在处理模糊信息方面所展现出的神奇能力。
- 人脑具有高度并行的计算和存储能力。对于计算机来说，CPU 是其专门的信息计算场所，内存是其专门的信息存储场所，计算和存储彼此是分离的，并且计算过程和存储过程从根本上来讲都是串行的。而在人的大脑中，每个神经元都是一个独立的信息计算场所，每个神经元的每个突触都是一个独立的信息存储场所。也就是说，每个神经元既是计算的场所，也是存储的场所，计算和存储是一体的，并且计算过程和存储过程都是高度并行的。尽管人们一直在探索计算机的并行计算和存储方法，并已取得了骄人的成绩，但其并行的程度相对于人脑目前还相去甚远。

至此，我们已经完成了对大脑这种生物神经网络的基本介绍。需要特别说明的是，从神经生物学专业的角度来看，本书所介绍的这些知识都是极其肤浅和片面的。例如，在介绍突触的时候，我们只是描述了最为典型的、相对数量最多的“轴突-树突型突触”。“轴突-树突型突触”简称为“轴-树突”，突触前是某个神经元的轴突，突触后是另一个神经元的树突。实际上，除了“轴-树突”，还存在相对数量较少的“轴-体突”“轴-轴突”“树-树突”等等，如图 4-9 所示。又例如，神经元本身大致可分为 3 种类型：感觉神经元（Sensory Neuron）、中间神经元（Interneuron）、运动神经元（Motor Neuron）。感觉神经元接收的输入信息是来自外部环境的声音刺激（对应声觉）、压力刺激（对应触觉）、温度刺激（对应温觉）、光刺激（对应视觉）等等，其输出的信息将通过其他的神经元传递给脊髓和大脑进行分析处理。运动神经元接收的输入信息来自大脑和脊髓，其输出的信息将直接作用于肌肉细胞并控制肌肉的运动。中间神经元是指脊髓和大脑中的这样一种神经元，它的输入来自其他神经元的输出，它的输出是其他神经元的输入。我们之前所描述的神经元，实际上只是指中间神经元。

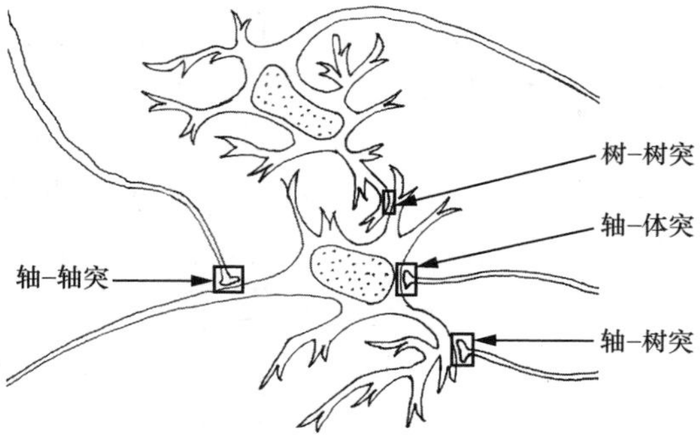

轴–树突： 全称为“轴突–树突型突触”，突触前是某个神经元的轴突，突触后是另一个神经元的树突。
轴–体突： 全称为“轴突–胞体型突触”，突触前是某个神经元的轴突，突触后是另一个神经元的胞体。
轴–轴突： 全称为“轴突–轴突型突触”，突触前是某个神经元的轴突，突触后是另一个神经元的轴突。
树–树突： 全称为“树突–树突型突触”，突触前是某个神经元的树突，突触后是另一个神经元的树突。

图 4-9　突触类型的多样性

总之，本书只是从大脑的神经生物学知识中选取部分与人工神经网络紧密相关的内容进行了简单的描述，对于生物神经系统感兴趣的读者朋友请查阅相关的专业资料进行深入的学习和探究。

4.2　麦卡洛克–皮兹模型与感知器

4.2.1　麦卡洛克–皮兹模型

显然，要设计和实现一个人工神经网络，必须首先对单个的、作为信息处理单元的生物神经元进行数学建模。1943 年，美国神经生理学家沃伦 • 麦卡洛克（Warren McCulloch）和美国逻辑学家沃尔特 • 皮兹（Walter Pitts）（见图 4-10）联合创建了关于生物神经元的数学模型，该模型后来被称为**麦卡洛克–皮兹模型**，简称 **MCP（McCulloch-Pitts）模型**，也称为**人工神经元（Artificial Neuron）模型**。MCP 模型虽然非常简单，但它却是人工神经网络的理论基石，同时也是我们学习和研究人工神经网络的最佳切入点。

Warren McCulloch
（1898—1969）

Walter Pitts
（1923—1969）

图 4-10　MCP 模型的创建者

图 4-11 是 MCP 模型的图形化表示，请认真仔细地复习完 4.1.3 小节的内容后再来领会这个图的意思。在图 4-11 中，椭圆可以被形象地理解成当前神经元的胞体；最左边的 N 个箭头可以被理解成 N 个其他神经元的轴突与当前神经元的树突之间形成的 N 个“轴–树突”，这些突触的权重值分别为 $w_1, w_2, \cdots, w_N$，它们的取值可以是任意实数；最右边的水平箭头可以被理解成当前神经元的轴突。

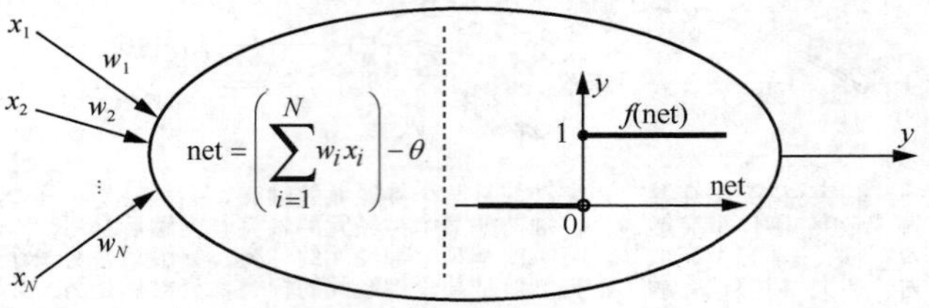

图 4-11　MCP 模型

在 MCP 模型中，如果当前神经元的状态为兴奋状态，则其输出变量 y 的取值就被规定为 1，这同时也相当于用 1 来表示神经元的动作电动势；如果当前神经元的状态为抑制状态，则其输出变量 y 的取值就被规定为 0，这同时也相当于用 0 来表示神经元的静息电动势。也可以反过来说，如果当前神经元的输出变量 y 的取值为 1，则表明当前神经元处于兴奋状态；如果当前神经元的输出变量 y 的取值为 0，则表明当前神经元处于抑制状态。

在图 4-11 中，$x_1, x_2, \cdots, x_N$ 表示的是当前神经元获得的、未经突触作用的 N 个输入，同时也表示当前神经元所在的神经网络中的 N 个其他神经元的输出，所以它们的取值只能是 1 或 0。注意，当前神经元获得的、经过突触作用之后的 N 个输入分别是 $w_1x_1, w_2x_2, \cdots, w_Nx_N$，这 N 个输入的总和 $\sum_{i=1}^{N} w_i x_i$ 称为当前神经元的总输入。

net 是一个英文单词，其中文意思之一是“净的”。我们在这里将 net 作为变量名，用于表示当前神经元的净输入。净输入 net 与输入 $x_i (i = 1,2,3,\cdots,N)$、突触的权重值 $w_i (i = 1,2,3,\cdots,N)$、神经元的阈值 θ 的关系为

$$\mathrm{net} = (w_1x_1 + w_2x_2 + \cdots + w_Nx_N) - \theta = \left(\sum_{i=1}^{N} w_i x_i\right) - \theta \tag{4.1}$$

式（4.1）表明，神经元的净输入等于神经元的总输入与神经元的阈值之差。

在 4.1.3 小节中有这样的文字描述：“如果净输入为负值，则该神经元就会处于抑制状态，同时产生并输出静息电动势；如果净输入为非负值，则该神经元就会处于兴奋状态，同时产生并输出动作电动势……”这段文字转换成数学语言就是，若 $\mathrm{net} < 0$，则 $y = 0$；若 $\mathrm{net} \geqslant 0$，则 $y = 1$。这说明，神经元的输出 y 与神经元的净输入 net 之间的关系可以表示为**单位阶跃函数（Unit Step Function）**。

一个神经元的输出变量 y 与其净输入变量 net 之间的关系函数 $y = f(\mathrm{net})$ 称为该神经元的**激活函数（Activation Function）**，图 4-11 中椭圆的右半部分表示的就是当前神经元的激活函数。在这里，激活函数的具体形式是单位阶跃函数，图 4-12 显示了单位阶跃

函数的图像，其函数表达式为

$$y = f(\text{net}) = \begin{cases} 1 & \text{net} \geqslant 0 \\ 0 & \text{net} < 0 \end{cases} \tag{4.2}$$

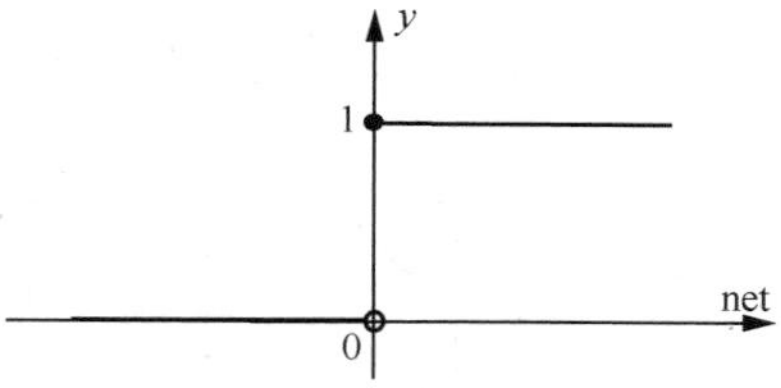

图 4-12　单位阶跃函数

以上所描述的 MCP 模型称为**基本型 MCP**，其工作过程可简述为，当前神经元将同一神经网络中的若干个其他神经元的输出作为输入，然后对这些输入进行加权求和。如果所得之和小于自己的阈值，则当前神经元的输出就为 0；如果所得之和大于或等于自己的阈值，则当前神经元的输出就为 1。

注意，基本型 MCP 有几个限制条件：第一，$x_1, x_2, \cdots, x_N$ 必须是同一神经网络中其他神经元的输出，取值只能是 0 或 1；第二，输出变量 y 的取值只能是 0 或 1；第三，激活函数必须是单位阶跃函数。如果放开这些限制条件，即 $x_1, x_2, \cdots, x_N$ 既可以是同一神经网络中其他神经元的输出，也可以是该神经网络的外部输入（相当于来自外部环境的刺激），$x_1, x_2, \cdots, x_N$ 以及 y 的取值可以为任意实数，激活函数可以是单位阶跃函数，也可以是任何其他形式的函数，则这样的 MCP 模型称为**增强型 MCP**。显然，基本型 MCP 只是增强型 MCP 的一种特殊情况。若无特别说明，MCP 一般总是指增强型 MCP。

除了单位阶跃函数，常见的激活函数还有**分段线性函数（Piecewise Linear Function）**、**整流线性函数（Rectified Linear Function）**、**软整流函数（Softplus Function）**、**逻辑函数（Logistic Function）**、**双曲正切函数（Hyperbolic Tangent Function）**等等。

图 4-13 显示的是分段线性函数的图像，它包含了两条水平线和一条斜线。分段线性函数的表达式为

$$y = f(\text{net}) = \begin{cases} 0 & \text{net} \leqslant -a \\ \dfrac{1}{2}\left(\dfrac{\text{net}}{a} + 1\right) & -a < \text{net} < a \\ 1 & \text{net} \geqslant a \end{cases} \tag{4.3}$$

式中的控制参数 a 是一个正实数。显然，a 的取值越小，则函数图像的斜线部分就越陡峭。

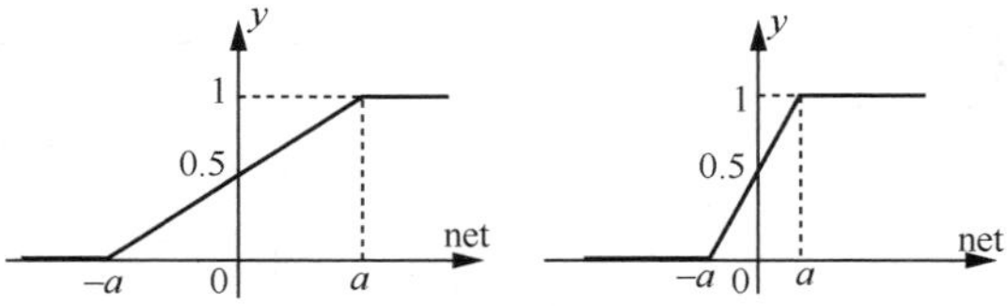

图 4-13　分段线性函数

图 4-14 显示的是整流线性函数的图像。整流线性函数的表达式为

$$y = f(\text{net}) = \max(0, \text{net}) = \begin{cases} 0 & \text{net} \leqslant 0 \\ \text{net} & \text{net} > 0 \end{cases} \tag{4.4}$$

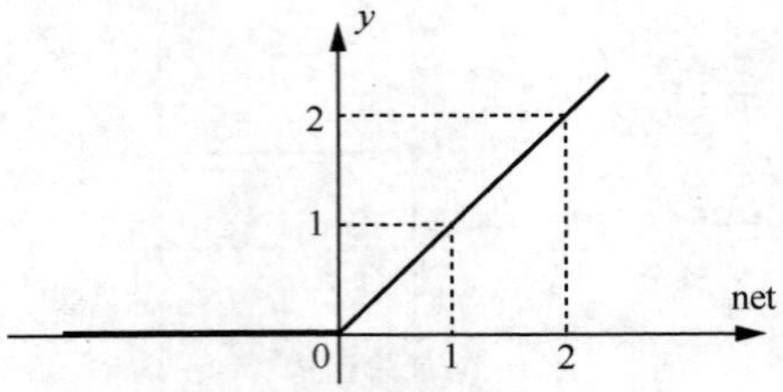

图 4-14　整流线性函数

习惯上，人们经常把激活函数为整流线性函数的MCP称为整流线性单元（**R**ectified **L**inear **U**nit），简称为 **ReLU**。有的时候，人们也习惯将整流线性函数本身称为 ReLU 或 relu。

图 4-15 显示的是软整流函数的图像，它是对整流线性函数的一种平滑逼近。软整流函数的表达式为

$$y = f(\text{net}) = \ln(1 + \mathrm{e}^{\text{net}}) \tag{4.5}$$

式中的符号 ln 表示取自然对数。

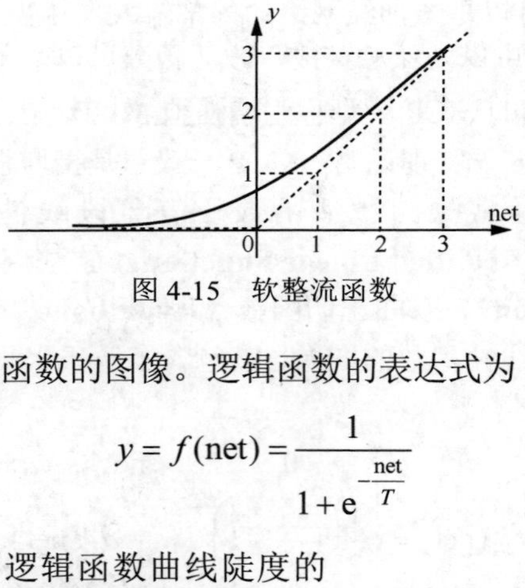

图 4-15　软整流函数

图 4-16 显示的是逻辑函数的图像。逻辑函数的表达式为

$$y = f(\text{net}) = \frac{1}{1 + \mathrm{e}^{-\frac{\text{net}}{T}}} \tag{4.6}$$

式中的参数 T 是一个控制逻辑函数曲线陡度的正实数。显然，T 的取值越小，曲线就越陡峭。读者朋友们应该还记得，在 3.5.2 小节中我们曾对逻辑函数的性质进行过详细的分析和讨论。

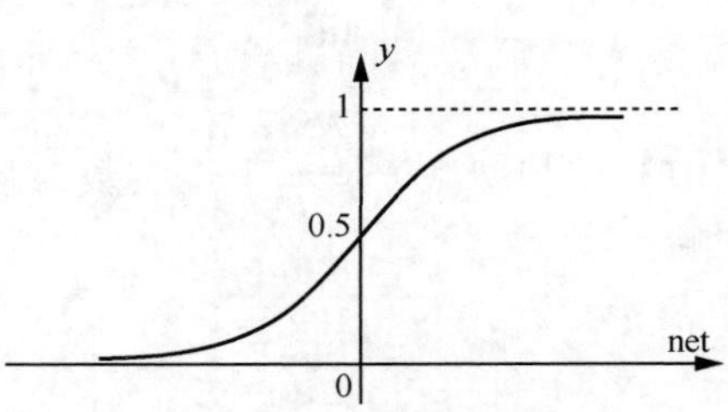

图 4-16　逻辑函数

图 4-17 显示的是双曲正切函数的图像。如同正切函数是正弦函数与余弦函数之比，双曲正切函数是双曲正弦函数与双曲余弦函数之比。双曲正弦函数的表达式为

$$y = \sinh \text{net} = \frac{\mathrm{e}^{\text{net}} - \mathrm{e}^{-\text{net}}}{2} \tag{4.7}$$

双曲余弦函数的表达式为

$$y = \cosh \text{net} = \frac{e^{\text{net}} + e^{-\text{net}}}{2} \tag{4.8}$$

双曲正切函数的表达式为

$$y = f(\text{net}) = \tanh \text{net} = \frac{\sinh \text{net}}{\cosh \text{net}} = \frac{e^{\text{net}} - e^{-\text{net}}}{e^{\text{net}} + e^{-\text{net}}} \tag{4.9}$$

双曲正切函数和逻辑函数都称为 **S 形函数（Sigmoid Function）**，这是因为它们的函数曲线的形状都像英文字母中的 S。

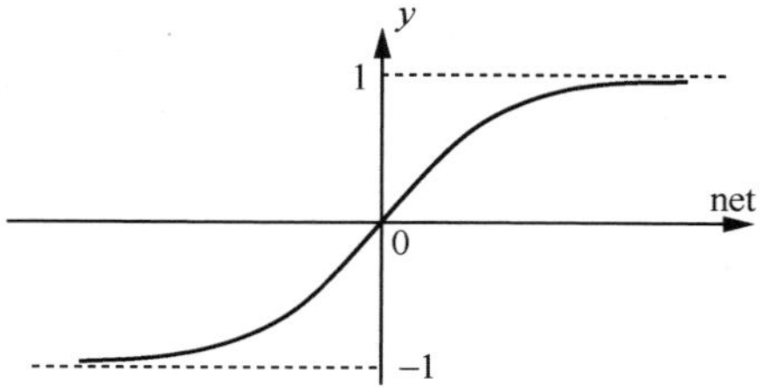

图 4-17　双曲正切函数

激活函数有时也称为**增益函数（Gain Function）**、**传递函数（Transfer Function）**等等。就目前来看，在实际应用中所使用的各种不同的激活函数都有一个共同的性质，那就是单调递增性，也即神经元的输出值不会随着其净输入值的增大而减小。需要说明的是，不同的激活函数在连续性、可导性、有界性等方面是有可能存在差异的。例如，就前面所展示的几种激活函数来看，单位阶跃函数在原点处不是连续的，而其他几种函数则是处处连续的。又例如，整流线性函数在原点处虽然连续，但却不可导（左导数为 0，右导数为 1），而软整流函数、逻辑函数、双曲正切函数都是处处可导的。再例如，整流线性函数和软整流函数都是没有上界的，而其他几种函数都是上下有界的。总之，不同的激活函数可能具有不同的数学性质，而激活函数的数学性质是会影响到神经元的行为特点的，进而影响到整个神经网络的学习和工作表现。因此，在设计人工神经网络的时候，选择什么样的激活函数将是一个非常重要的考虑因素。

4.2.2　模式识别初探

人工智能的研究目的是要设计并制造出能够完成智能型任务的智能机器。在各种各样的智能型任务中，有一种基础性的任务类型，这就是**模式识别（Pattern Recognition）**。

模式识别中的“模式（Pattern）”是一个带有模糊性的词汇，我们很难针对它给出一个严格而准确的定义。美籍日本科学家、模式识别领域的先驱人物之一渡边慧（Satosi Watanabe，1910—1993，见图 4-18）在他所著的 *Pattern Recognition: Human and Mechanical* 一书中将“模式”描述为虽然不能被定义清楚但却总可以有个名字的存在体。从这个意义上讲，一个苹果、一张照片、一段录音等任何可以被命名的事物都可以被看作一个模式。

我们能够看出照片中的某个人是不是自己的熟人，能够看懂一段潦草的文字究竟写的是什么内容，能够听出树上的声音是蝉鸣还是鸟叫，能够听懂普通话以及很多方言。如此等等，所有这些都是现实生活中的模式识别的例子。模式识别主要分为两大类：一类是对图像模式的识别，即**图像识别**（**Image Recognition**）；另一类是对语音模式的识别，即**语音识别**（**Speech Recognition**）。

图 4-18　渡边慧和他的儿子（1949 年）

通俗地讲，模式识别中的“模式”就是指具有某些特征的对象（Object），而模式识别中的“识别”就是指分辨出对象所具有的这些特征。在很多情况下，分辨出对象所具有的特征是为了根据这些特征将对象进行分类，所以模式识别也经常被称作**模式分类**（**Pattern Classification**）。

图 4-19 列出了 7 个对象，分别是 *a*、*b*、*c*、*d*、*e*、*f*、*g*。显然，如果我们的关注点是想区分手写体和印刷体这两种字体，那么这些对象就应该分为两类。其中的 *b*、*d*、*e*、*g* 应该被划分为同一类，属于手写体类；*a*、*c*、*f* 应该被划分为同一类，属于印刷体类。基于这样的关注点来看，*b*、*d*、*e*、*g* 之间的相似度很高，并且都带有明显的手写体特征，*a*、*c*、*f* 之间的相似度也很高，并且都带有明显的印刷体特征，但 *b*、*d*、*e*、*g* 与 *a*、*c*、*f* 之间的相似度很低。然而，如果我们的关注点是想识别出每个对象是 10 个阿拉伯数字中的哪一个，那么这些对象就应该分为 3 类。其中的 *a*、*g* 应该被划分为同一类，属于阿拉伯数字 5；*b*、*c*、*e* 应该被划分为同一类，属于阿拉伯数字 2；*d*、*f* 应该被划分为同一类，属于阿拉伯数字 9。基于这样的关注点来看，*a*、*g* 之间的相似度很高，并且都带有明显的阿拉伯数字 5 的特征；*b*、*c*、*e* 之间的相似度也很高，并且都带有明显的阿拉伯数字 2 的特征；*d*、*f* 之间的相似度也很高，并且都带有明显的阿拉伯数字 9 的特征。总结起来讲就是，在模式分类中，特征相似度高的对象应该划分到同一类别，特征相似度低的对象应该划分到不同的类别。同时需要强调的是，特征相似度的大小是与关注点紧密相关的，特征相似度的大小会随着关注点的不同而不同。

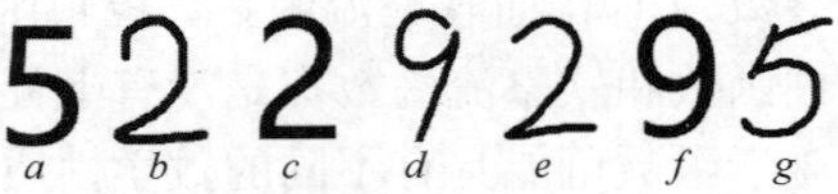

图 4-19　特征相似度与关注点

上面一段文字所描述的内容其实就是模式识别领域中著名的**丑小鸭定理**（**Ugly Duckling Theorem**）。注意，这里所说的丑小鸭并不是指相貌难看的小鸭子，而是指幼雏阶段的白天鹅。如图 4-20 所示，A 为白天鹅爸爸，B 为白天鹅妈妈，C 为 A 和 B 所生的幼崽。丑小鸭定理的大意是说，在画家的眼里，A、B 之间的特征相似度要远远大于 A、C 之间或 B、C 之间的特征相似度，而在遗传学家的眼里，A、C 之间或 B、C 之间的特征相似度要远远大于 A、B 之间的特征相似度。画家和遗传学家的关注点不同，所以他们得出的关于相似度的结论也就不同。顺便提一下，提出并论证丑小鸭

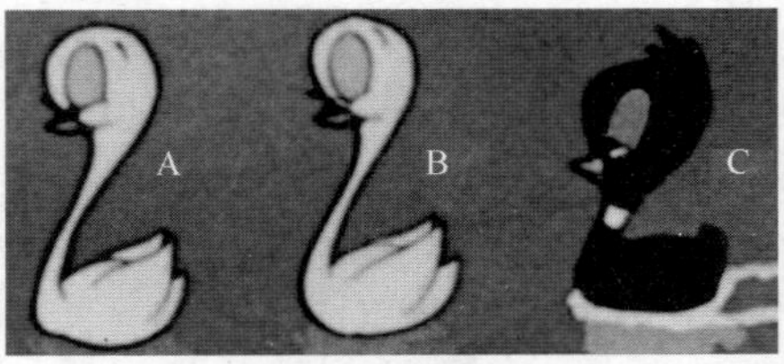

图 4-20　丑小鸭定理

定理的正是前面提到过的美籍日本科学家渡边慧。

描述和研究模式识别问题时，我们通常会用一个 N 维矢量 $\boldsymbol{x}=[x_1 \quad x_2 \quad \cdots \quad x_N]^{\mathrm{T}}$ 来表示一个模式对象，并称 $\boldsymbol{x}$ 为该模式对象所对应的 N 维**模式矢量（Pattern Vector）**。一个 N 维模式矢量对应了 N 维**模式空间（Pattern Space）**中的一个点，不同的 N 维模式矢量对应了 N 维模式空间中不同的点。

例如，如果关注点是人的高矮轻重，我们就可以用一个 2 维模式矢量 $\boldsymbol{x}=[x_1 \quad x_2]^{\mathrm{T}}$ 来表示作为模式对象的某个人，其中 x_1 是此人的身高值，x_2 是此人的体重值。图 4-21 表示的是对 7 个职业篮球运动员及 8 个职业赛马骑手的身高和体重的测量情况，图中的每一个圆点都表示了一个职业篮球运动员所对应的 2 维模式矢量，每一个三角形都表示了一个职业赛马骑手所对应的 2 维模式矢量。显然，由于职业篮球运动员的身高和体重的测量值都要明显地大于职业赛马骑手，所以圆点的位置分布区域是在三角形的位置分布区域的右上方。

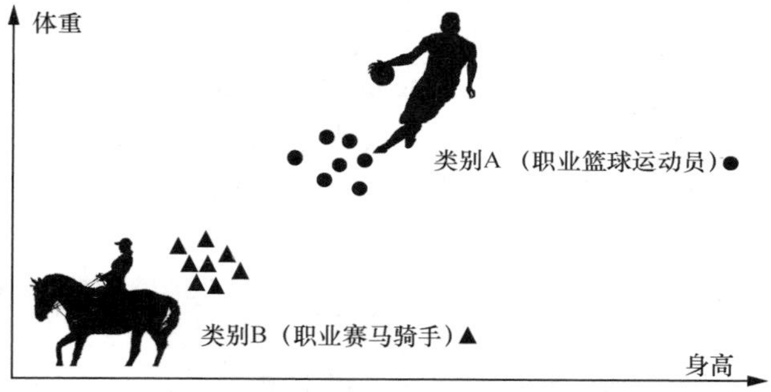

图 4-21　2 维模式空间中的模式矢量

图像、语音、文字等几乎任何形式的模式对象都是可以表示为矢量的。我们再举一个例子，看看如何将一个灰色图像表示为一个矢量。图像是由若干个像素点组成的，灰色图像的每个像素点都对应了一个灰度值。我们可以规定灰度值的范围是从 0 到 1，灰度值越小表示越白，灰度值越大表示越黑，0 表示纯白，1 表示纯黑。图 4-22 显示了将一个竖直方向上有 5 个像素点、水平方向上有 7 个像素点的灰色图像表示为一个 35 维矢量的操作过程。彩色图像表示为矢量的过程要复杂一些，语音及文字表示为矢量的过程要更复杂一些，我们在这里就不展开去深究了。

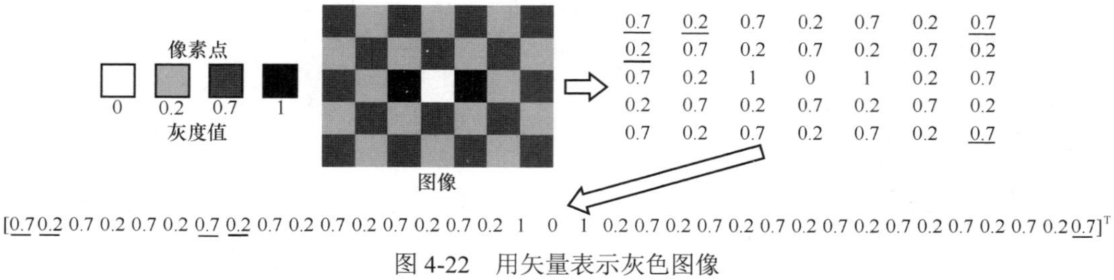

图 4-22　用矢量表示灰色图像

从数学的角度看，所谓模式识别，就是要将某个待识别的模式对象所对应的 N 维模式矢量尽量正确地映射到 K 个已知的模式类别中。为了简单和直观起见，我们只着重讨论一下 2 维模式空间（N=2）中的二分类（$K=2$）问题，如图 4-23 所示。

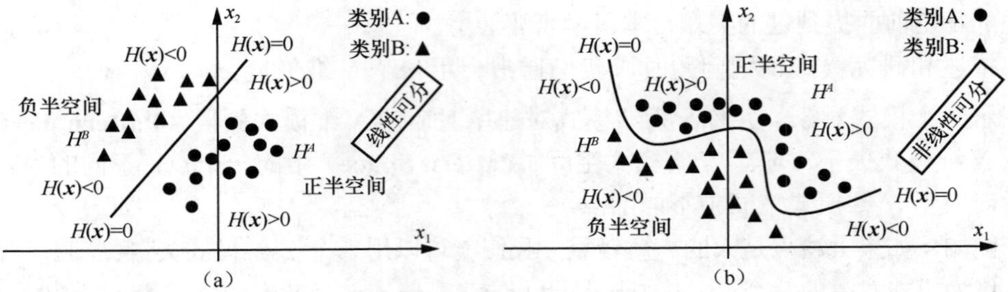

图 4-23 2 维模式空间中的二分类问题

图 4-23（a）显示的是线性可分的模式识别问题，图中的直线是一个决策边界，所有的 A 类模式矢量都位于该直线划分出的正半空间 H^A 中，而所有的 B 类模式矢量都位于该直线划分出的负半空间 H^B 中。该决策边界对应了一个线性直线方程式

$$H(\boldsymbol{x})=0 \tag{4.10}$$

式中的线性函数 $H(\boldsymbol{x})$ 称为**决策函数（Decision Function）**。注意，令决策函数等于 0 所得到的等式就是决策边界的方程式。显然，$\boldsymbol{x}$ 为 A 类模式矢量与决策函数 $H(\boldsymbol{x})$ 为正值互为充分必要条件，$\boldsymbol{x}$ 为 B 类模式矢量与决策函数 $H(\boldsymbol{x})$ 为负值互为充分必要条件，即

$$\begin{aligned} \boldsymbol{x}\in A &\Leftrightarrow H(\boldsymbol{x})>0 \\ \boldsymbol{x}\in B &\Leftrightarrow H(\boldsymbol{x})<0 \end{aligned} \tag{4.11}$$

也就是说，决策边界将整个模式空间划分成了正半空间 H^A 和负半空间 H^B。A 类模式矢量为正性模式矢量，位于正半空间 H^A 中；B 类模式矢量为负性模式矢量，位于负半空间 H^B 中。显而易见，如果非要反过来让 H^A 成为负半空间，H^B 成为正半空间，则只需要将 $-H(\boldsymbol{x})$ 作为决策函数，其他无须作任何改变。后面的描述和讨论中，我们总是将 H^A 定为正半空间，H^B 定为负半空间。

图 4-23（b）显示的是非线性可分的模式识别问题。对它的描述完全可以套用上一段文字的内容，只需注意两点变化：其一，决策函数 $H(\boldsymbol{x})$ 不再是一个线性函数，而是一个非线性函数；其二，决策边界 $H(\boldsymbol{x})=0$ 不再是一条直线，而是一条曲线。

通常情况下，模式识别中的决策边界并不是唯一的，而是可以有多个甚至无穷多个决策边界。例如，对于图 4-24（a），实直线和虚直线都可以作为决策边界；对于图 4-24（b），实曲线和虚曲线都可以作为决策边界。

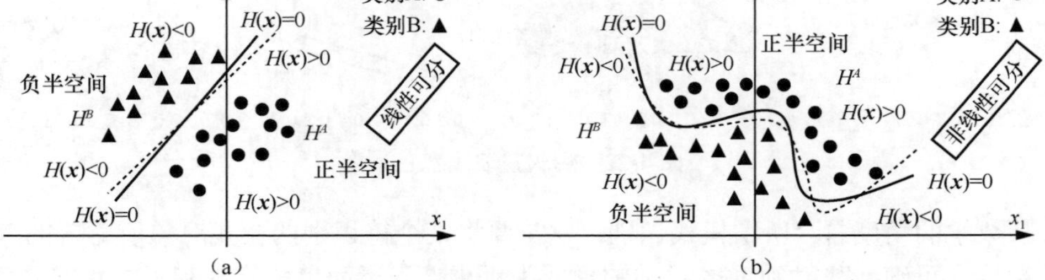

图 4-24 决策边界不一定是唯一的

从几何角度看，一个模式对象的类别是由并且只能是由该模式对象所对应的模式矢量在模式空间中的具体位置决定的。如果我们已经知道了所有可能的 A 类对象和所有可能的 B 类对象所对应的模式矢量在模式空间中的具体位置，那么模式识别本身的意义也就消失了，这是因为其实已经没有任何对象需要被识别分类了。实际情况是，我们通常只能知道部分 A 类对象和部分 B 类对象所对应的模式矢量在模式空间中的具体位置。我们所能做的只能是根据已经知道的这些 A 类模式矢量和 B 类模式矢量在模式空间中的位置分布情况确定出一个合适的决策边界，使得已经知道的这些 A 类模式矢量和 B 类模式矢量分别位于该决策边界划分出的正半空间和负半空间中。然后，根据这样得到的决策边界，我们就可以对于后来遇到的、类别未知的模式对象进行类别划分：如果它位于决策边界划分出的正半空间中，则判定它属于 A 类对象；如果它位于决策边界划分出的负半空间中，则判定它属于 B 类对象。上述描述中，确定决策边界的过程阶段称为模式识别的训练阶段，根据决策边界对类别未知的模式对象进行类别判定的过程阶段称为模式识别的工作阶段。

决策边界的位置是否合适是至关重要的，因为决策边界的位置直接决定了对于模式对象的类别判定的准确率：决策边界的位置越合适，模式类别判定的准确率就越大；决策边界的位置越不合适，模式类别判定的准确率就越小。刚才说过，决策边界是根据已经知道的 A 类模式矢量和 B 类模式矢量在模式空间中的位置分布情况来确定的，我们把这些类别已知的、用于确定决策边界位置的模式对象称为训练样本。显然，要得到位置合适的决策边界，训练样本的数量就应该足够多，同时训练样本所对应的模式矢量在模式空间中的位置分布就应该具有足够的代表性。

在图 4-25 中，圆点表示 A 类训练样本，三角形表示 B 类训练样本，图 4-25（a）中的直线和图 4-25（b）中的曲线是训练阶段结束后确定出的决策边界。可以看到，训练过程已经完全收敛，也即所有的 A 类训练样本都已位于决策边界所划分出的正半空间中，所有的 B 类训练样本都已位于决策边界所划分出的负半空间中。在工作阶段，模式对象 $\boldsymbol{u}$ 落入了正半空间 H^A，即 $H(\boldsymbol{u})>0$，所以 $\boldsymbol{u}$ 会被判定为一个 A 类对象。如果 $\boldsymbol{u}$ 的真实类别的确是 A，那么这次判定就是正确的；如果 $\boldsymbol{u}$ 的真实类别是 B，那么这就发生了误判的情况。另外，在工作阶段，模式对象 $\boldsymbol{v}$ 正好落在了决策边界上，所以 $\boldsymbol{v}$ 的类别难以判定，通常只能随机地或者根据别的条件来对 $\boldsymbol{v}$ 的类别进行判定。如果 $\boldsymbol{v}$ 的真实类别是 A，但却被判定成了 B 类，或者真实类别是 B，但却被判定成了 A 类，那么这就又发生了误判的情况。

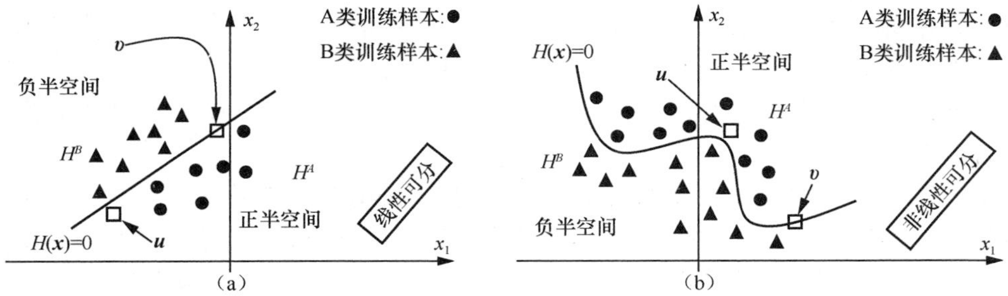

图 4-25　模式类别的判定可能会出现差错

由于在工作阶段，模式对象可能会落在决策边界上，所以我们可以对训练收敛的条件以及类别判定的规则作一些调整。在训练阶段，训练收敛的条件调整为

$$\begin{aligned} \forall \boldsymbol{x} \in T_{\mathrm{A}} \quad &\Rightarrow \quad H(\boldsymbol{x}) \geqslant 0 \\ \forall \boldsymbol{x} \in T_{\mathrm{B}} \quad &\Rightarrow \quad H(\boldsymbol{x}) < 0 \end{aligned} \tag{4.12}$$

其中 T_{A} 表示所有 A 类训练样本的集合，T_{B} 表示所有 B 类训练样本的集合，$H(\boldsymbol{x})$ 表示决策函数，$H(\boldsymbol{x})=0$ 为决策边界的方程式。也就是说，如果能确定出一个决策边界，使得任意一个 A 类训练样本都位于决策边界上或决策边界划分出的正半空间中，同时使得任意一个 B 类训练样本都位于决策边界划分出的负半空间中，则训练就算已经完全收敛。在工作阶段，模式对象的类别判定规则调整为

$$\begin{aligned} H(\boldsymbol{x}) \geqslant 0 \quad &\Rightarrow \boldsymbol{x} \in \mathrm{A} \\ H(\boldsymbol{x}) < 0 \quad &\Rightarrow \boldsymbol{x} \in \mathrm{B} \end{aligned} \tag{4.13}$$

也就是说，如果一个模式对象落在了决策边界上或决策边界划分出的正半空间中，则判定该对象为 A 类对象；如果一个模式对象落在了决策边界划分出的负半空间中，则判定该对象为 B 类对象。

图 4-23～图 4-25 以及以上所有的描述和讨论针对的都是 2 维模式空间中的二分类问题，这些内容完全可以推广至 3 维或更高维模式空间中的二分类问题。总的来说，对于二分类问题，其决策函数及决策边界的情况还是相对比较简单的。对于类别数大于 2 的多分类问题，其决策函数及决策边界的情况会复杂得多，这里就不去深究了。

4.2.3 感知器

1958 年，30 岁的美国心理学家弗兰克·罗森布莱特（Frank Rosenblatt）（见图 4-26）提出了名为 Perceptron 的人工神经网络模型及其训练算法。罗森布莱特从数学上证明了：对于任何线性可分的二分类模式识别问题，Perceptron 训练算法总是收敛的。也就是说，对于任何线性可分的二分类模式识别问题，Perceptron 训练算法一定能够在有限的训练步数之内自动找到一个合适的超平面，使得两种不同类别的训练样本可以分别位于该超平面的两侧。

图 4-26 Frank Rosenblatt（1928—1971）

Perceptron 通常被翻译为**感知器**，有的学者也将它翻译为感知机，本书采用的是感知器这种译法。感知器的出现，极大地引发了当时的人工智能学术团体对于人工神经网络的研究兴趣。一般认为，人工神经网络的第一次研究热潮就是源自感知器的出现。

接下来，我们先描述一下感知器的组成结构，再描述其训练算法。图 4-27 显示的就是感知器的组成结构，细心的读者应该会惊奇地发现，感知器看上去好像是与 MCP 模型一模一样的。是的，在仔细比较了图 4-27 与图 4-11 之后，可以确信感知器与 MCP 模型的组成结构是完全一样的。那么问题来了，1958 年才出现的感知器与 1943 年就出现

的 MCP 模型有什么不同之处呢？原来，不同之处就在于算法：MCP 模型只是明确地建立了人工神经元的输入–输出关系，而感知器则是在此基础之上引入了一种训练算法，这种算法能够自动地调整人工神经元的权重值参数和阈值参数的取值，从而使得其输入–输出关系可以满足某些特定的要求。

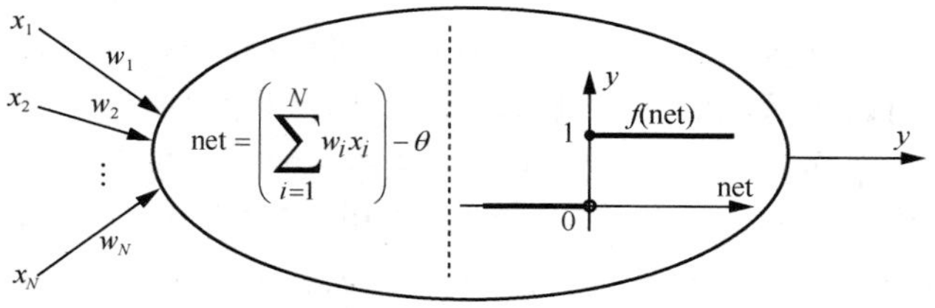

图 4-27　感知器的组成结构

图 4-27 中，$\boldsymbol{x}=[x_1 \quad x_2 \quad \cdots \quad x_N]^{\mathrm{T}}$ 是感知器的 N 维输入矢量，net 是感知器的净输入

$$\text{net}=\left(\sum_{i=1}^{N} w_i x_i\right)-\theta=\boldsymbol{w}^{\mathrm{T}}\boldsymbol{x}-\theta \tag{4.14}$$

式中的 $\boldsymbol{w}=[w_1 \quad w_2 \quad \cdots \quad w_N]^{\mathrm{T}}$ 是感知器的权重值矢量，θ 是感知器的阈值。感知器的激活函数 $f(\text{net})$ 为单位阶跃函数

$$y=f(\text{net})=\text{step}(\text{net})=\begin{cases}1 & \text{net}\geqslant 0\\ 0 & \text{net}<0\end{cases} \tag{4.15}$$

式中的 y 为感知器的输出。注意，感知器的自由参数（Free Parameter）一共有 $N+1$ 个，即 N 个权重值 w_1、w_2……w_N 和 1 个阈值 θ。

式（4.14）表明，净输入变量 net 是 x_1、x_2……x_N 的一个线性函数，即

$$\text{net}=H(\boldsymbol{x})=\boldsymbol{w}^{\mathrm{T}}\boldsymbol{x}-\theta=\left(\sum_{i=1}^{N} w_i x_i\right)-\theta \tag{4.16}$$

如果将 $\boldsymbol{x}=[x_1 \quad x_2 \quad \cdots \quad x_N]^{\mathrm{T}}$ 看成一个 N 维模式矢量，则线性方程式

$$\text{net}=0 \text{ 或 } H(\boldsymbol{x})=0 \text{ 或 } \boldsymbol{w}^{\mathrm{T}}\boldsymbol{x}-\theta=0 \text{ 或 } \left(\sum_{i=1}^{N} w_i x_i\right)-\theta=0 \tag{4.17}$$

就对应了 N 维模式空间中的一个 $N-1$ 维超平面。显然，对于一个 N 维模式空间中的线性可分的二分类模式识别问题，只要调整好这个 $N-1$ 维超平面的位置，则此超平面就可以成为一个合适的决策边界，而相应的决策函数就是 $H(\boldsymbol{x})$。注意，此超平面的位置完全是由感知器的自由参数 w_1、w_2……w_N 和 θ 的取值决定的，所以调整这个超平面的位置就是指调整参数 w_1、w_2……w_N 和 θ 的取值。

再来看看感知器的输出变量 y 的作用。首先我们要清楚的是，净输入 net 的值就是决策函数 $H(\boldsymbol{x})$ 的值[见式（4.16）]。这样一来，根据式（4.13）和式（4.15）可知：如果

y 的取值为 1，则说明决策函数的值为正或为 0，也即 $\boldsymbol{x}$ 将被判定为一个 A 类模式矢量；如果 y 的取值为 0，则说明决策函数的值为负，也即 $\boldsymbol{x}$ 将被判定为一个 B 类模式矢量。简而言之，y 的作用就相当于一个模式类别判定指示器：如果 y 的取值为 1，则说明当前输入的模式矢量 $\boldsymbol{x}$ 将被判定为 A 类；如果 y 的取值为 0，则说明当前输入的模式矢量 $\boldsymbol{x}$ 将被判定为 B 类。

与一般的机器学习过程一样，感知器的运作过程也分为训练阶段、测试阶段和运行阶段，请参见图 3-21。下面我们省去测试阶段，只对感知器的训练阶段和运行阶段进行简要的描述。注意，感知器的运行阶段就是指感知器的工作阶段。

感知器的训练阶段：训练开始之前，感知器的所有参数 w_1、w_2……w_N 和 θ 的取值均设定为随机值，也就是说，感知器所表示的 $N-1$ 维超平面在 N 维模式空间中的位置一开始是随机的。随着训练的开始和一步一步地进行，感知器会根据训练样本所包含的信息一步一步地自动调整 w_1、w_2……w_N 和 θ 的取值，这就相当于感知器在一步一步地自动调整超平面或决策边界的位置。最后，当满足以下训练收敛条件时

$$\begin{aligned} y &= \text{step}(\text{net}) = \text{step}(H(\boldsymbol{x})) \\ &= \text{step}(\boldsymbol{w}^{\text{T}}\boldsymbol{x}-\theta) = \text{step}\left(\left(\sum_{i=1}^{N} w_i x_i\right)-\theta\right) = \begin{cases} 1 & (\forall \boldsymbol{x} \in T_{\text{A}}) \\ 0 & (\forall \boldsymbol{x} \in T_{\text{B}}) \end{cases} \end{aligned} \tag{4.18}$$

训练阶段即告结束。式（4.18）中，T_{A} 表示所有 A 类训练样本的集合，T_{B} 表示所有 B 类训练样本的集合，$\text{step}(\cdot)$ 表示单位阶跃函数。式（4.18）的几何含义是，所有的 A 类训练样本已位于超平面上或超平面所划分出的正半空间中，所有的 B 类训练样本已位于超平面所划分出的负半空间中。

感知器的运行阶段：训练阶段结束后，感知器的参数 w_1、w_2……w_N 和 θ 的取值满足式（4.18），且它们的取值在运行阶段是固定不变的。在运行阶段，感知器将根据如下的规则对输入的模式矢量进行类别判定

$$\begin{aligned} \text{for } \forall \boldsymbol{x}, \text{if } y &= \text{step}(\text{net}) = \text{step}(H(\boldsymbol{x})) = \text{step}(\boldsymbol{w}^{\text{T}}\boldsymbol{x}-\theta) \\ &= \text{step}\left(\left(\sum_{i=1}^{N} w_i x_i\right)-\theta\right) = \begin{cases} 1 & \text{then } x \in \text{A} \\ 0 & \text{then } x \in \text{B} \end{cases} \end{aligned} \tag{4.19}$$

式（4.19）的几何含义是，如果输入的模式矢量 $\boldsymbol{x}$ 落在了超平面上或超平面所划分出的正半空间中，则判定其为 A 类模式矢量；如果输入的模式矢量 $\boldsymbol{x}$ 落在了超平面所划分出的负半空间中，则判定其为 B 类模式矢量。

有了以上对感知器的基本认识后，接下来我们就开始描述**感知器训练算法（Perceptron Training Algorithm）**。T_{A} 表示所有 A 类训练样本的集合，T_{B} 表示所有 B 类训练样本的集合，$T = T_{\text{A}} \cup T_{\text{B}}$ 表示整个训练集。感知器训练算法是一种迭代算法，我们用 $n(n=1,2,3,\cdots)$ 来表示第 n 次迭代训练，$\boldsymbol{x}^{(n)}$ 表示第 n 次迭代训练时输入给感知器的训练样本矢量，$\boldsymbol{w}^{(n)}$ 和 $\theta^{(n)}$ 分别表示第 n 次迭代训练时感知器的权重值矢量和阈值，$y^{(n)}$ 表示第 n 次迭代训练时感知器基于参数 $\boldsymbol{w}^{(n)}$ 和 $\theta^{(n)}$ 对输入的训练样本矢量 $\boldsymbol{x}^{(n)}$ 进行计算处理后得到的输出值。在迭代训练过程中，需要周期性地逐个遍历训练集 T 中的每一个训

练样本，但遍历的顺序可以是任意的。例如，假设 T_{A} 中共有 3 个 A 类训练样本 A_1、A_2、A_3，T_{B} 中共有 4 个 B 类训练样本 B_1、B_2、B_3、B_4，则遍历的顺序可以如图 4-28（a）所示，也可以如图 4-28（b）所示，也可以按别的顺序进行遍历。

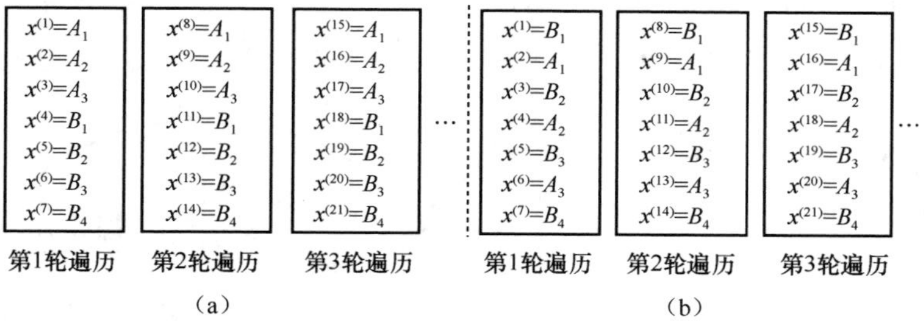

图 4-28 遍历顺序

感知器训练算法的具体描述如下。

步骤 1：初始化。设置迭代次数 n 为初始值 1，设置 $\boldsymbol{w}^{(1)}$ 为一个 $N\times 1$ 的随机值矩阵，设置 $\theta^{(1)}$ 为一个随机值，选定一个常数 $\eta(0<\eta\leqslant 1)$ 作为学习率，学习率也称为**训练步长（Training Step Length）**。

步骤 2：收敛性判断。如果基于参数 $\boldsymbol{w}^{(n)}$ 和 $\theta^{(n)}$ 的感知器能够对训练集 $T=T_{\mathrm{A}}\cup T_{\mathrm{B}}$ 中的每一个样本都做出正确的类别判定，则说明训练已经收敛，训练阶段即告结束，否则就进入步骤 3。

步骤 3：更新权重值和阈值的取值。

- 如果 $\boldsymbol{x}^{(n)}\in T_{\mathrm{A}}$，并且 $y^{(n)}=\mathrm{step}\left([\boldsymbol{w}^{(n)}]^{\mathrm{T}}\boldsymbol{x}^{(n)}-\theta^{(n)}\right)=1$（基于参数 $\boldsymbol{w}^{(n)}$ 和 $\theta^{(n)}$ 的感知器对 $\boldsymbol{x}^{(n)}$ 的类别做出了正确的判定），则 $\boldsymbol{w}^{(n+1)}=\boldsymbol{w}^{(n)}$，$\theta^{(n+1)}=\theta^{(n)}$。
- 如果 $\boldsymbol{x}^{(n)}\in T_{\mathrm{B}}$，并且 $y^{(n)}=\mathrm{step}\left([\boldsymbol{w}^{(n)}]^{\mathrm{T}}\boldsymbol{x}^{(n)}-\theta^{(n)}\right)=0$（基于参数 $\boldsymbol{w}^{(n)}$ 和 $\theta^{(n)}$ 的感知器对 $\boldsymbol{x}^{(n)}$ 的类别做出了正确的判定），则 $\boldsymbol{w}^{(n+1)}=\boldsymbol{w}^{(n)}$，$\theta^{(n+1)}=\theta^{(n)}$。
- 如果 $\boldsymbol{x}^{(n)}\in T_{\mathrm{A}}$，并且 $y^{(n)}=\mathrm{step}\left([\boldsymbol{w}^{(n)}]^{\mathrm{T}}\boldsymbol{x}^{(n)}-\theta^{(n)}\right)=0$（基于参数 $\boldsymbol{w}^{(n)}$ 和 $\theta^{(n)}$ 的感知器对 $\boldsymbol{x}^{(n)}$ 的类别做出了错误的判定），则 $\boldsymbol{w}^{(n+1)}=\boldsymbol{w}^{(n)}+\eta\boldsymbol{x}^{(n)}$，$\theta^{(n+1)}=\theta^{(n)}-\eta$。
- 如果 $\boldsymbol{x}^{(n)}\in T_{\mathrm{B}}$，并且 $y^{(n)}=\mathrm{step}\left([\boldsymbol{w}^{(n)}]^{\mathrm{T}}\boldsymbol{x}^{(n)}-\theta^{(n)}\right)=1$（基于参数 $\boldsymbol{w}^{(n)}$ 和 $\theta^{(n)}$ 的感知器对 $\boldsymbol{x}^{(n)}$ 的类别做出了错误的判定），则 $\boldsymbol{w}^{(n+1)}=\boldsymbol{w}^{(n)}-\eta\boldsymbol{x}^{(n)}$，$\theta^{(n+1)}=\theta^{(n)}+\eta$。

步骤 4：继续迭代。将迭代次数 n 的值加 1，然后回到步骤 2。

以上就是关于感知器训练算法的具体描述。需要说明几点：第一，$\boldsymbol{w}^{(1)}$ 和 $\theta^{(1)}$ 的值不会影响到该算法的收敛性；第二，$\boldsymbol{w}^{(1)}$ 和 $\theta^{(1)}$ 的值通常会影响到该算法收敛时所经历的总的迭代次数；第三，只要 η 满足条件 $0<\eta\leqslant 1$，则该算法就一定是收敛的；第四，η 的值通常会影响到该算法收敛时所经历的总的迭代次数；第五，罗森布莱特从数学上证明了该算法的收敛性，但我们在这里不再复现其证明过程，感兴趣的读者朋友可自行查阅相关资料进行了解和学习。

最后，我们通过一个 2 维模式空间中的线性可分的二分类问题来加深对感知器的全面理解。如图 4-29 所示，$T_{\mathrm{A}}=\{A_1,A_2,A_3\}$，$T_{\mathrm{B}}=\{B_1,B_2\}$，其中

$$A_1 = [-4 \quad 4]^T \quad A_2 = [1 \quad 4]^T \quad A_3 = [3 \quad 2]^T$$
$$B_1 = [-1 \quad 1]^T \quad B_2 = [2 \quad -3]^T$$

训练过程中对训练样本的遍历顺序为 $A_1 \to A_2 \to A_3 \to B_1 \to B_2 \to A_1 \to A_2 \to A_3 \to B_1 \to B_2 \to \cdots\cdots$ 设置 $\boldsymbol{w}^{(1)}$ 为 $[-1 \quad 1]^T$，设置 $\theta^{(1)}$ 为 1，选定训练步长 η 为 0.3。

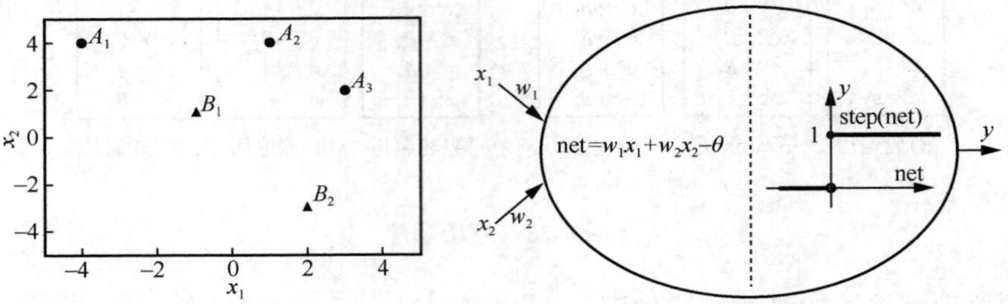

图 4-29 感知器示例（训练之前）

第 1 次迭代训练（见图 4-30）：

$$\boldsymbol{x}^{(1)} = A_1 = [-4 \quad 4]^T$$
$$\boldsymbol{w}^{(1)} = [-1 \quad 1]^T, \theta^{(1)} = 1$$
$$y^{(1)} = \text{step}\left([\boldsymbol{w}^{(1)}]^T \boldsymbol{x}^{(1)} - \theta^{(1)}\right) = \text{step}(7.0) = 1$$

因为 $\boldsymbol{x}^{(1)} = A_1 \in T_A$，并且 $y^{(1)} = 1$，说明训练样本 A_1 的类别被感知器正确地判定，于是有

$$\boldsymbol{w}^{(2)} = \boldsymbol{w}^{(1)} = [-1 \quad 1]^T$$
$$\theta^{(2)} = \theta^{(1)} = 1$$

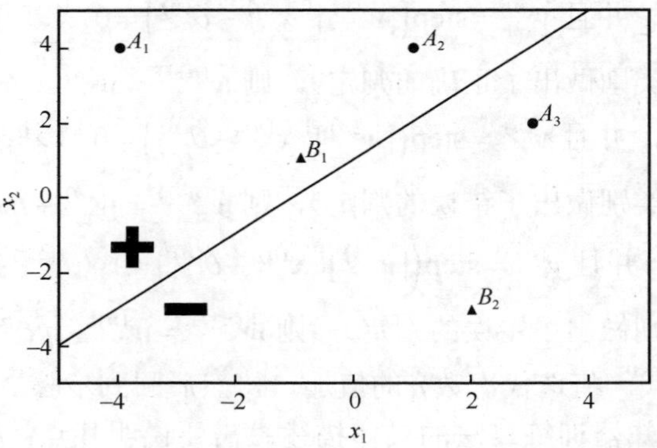

图 4-30 第 1 次迭代：$\boldsymbol{w}^{(1)} = [-1 \quad 1]^T$，$\theta^{(1)} = 1$

第 2 次迭代训练（见图 4-31）：

$$\boldsymbol{x}^{(2)} = A_2 = [1 \quad 4]^T$$
$$\boldsymbol{w}^{(2)} = [-1 \quad 1]^T, \theta^{(2)} = 1$$
$$y^{(2)} = \text{step}\left([\boldsymbol{w}^{(2)}]^T \boldsymbol{x}^{(2)} - \theta^{(2)}\right) = \text{step}(2.0) = 1$$

因为 $\boldsymbol{x}^{(2)} = A_2 \in T_{\mathrm{A}}$，并且 $y^{(2)} = 1$，说明训练样本 A_2 的类别被感知器正确地判定，于是有

$$\boldsymbol{w}^{(3)} = \boldsymbol{w}^{(2)} = [-1 \quad 1]^{\mathrm{T}}$$
$$\theta^{(3)} = \theta^{(2)} = 1$$

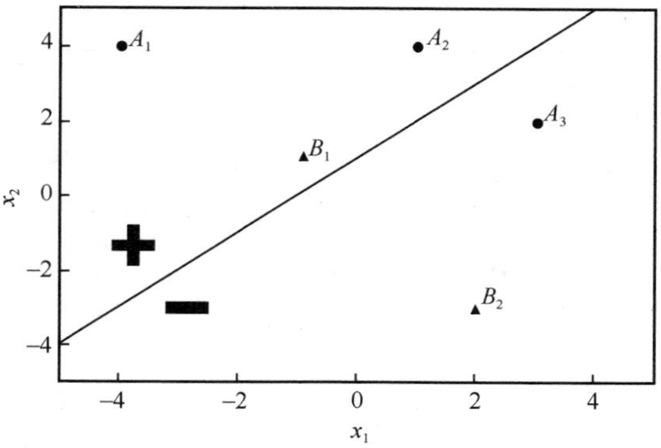

图 4-31　第 2 次迭代：$\boldsymbol{w}^{(2)} = [-1 \quad 1]^{\mathrm{T}}$，$\theta^{(2)} = 1$

第 3 次迭代训练（见图 4-32）：

$$\boldsymbol{x}^{(3)} = A_3 = [3 \quad 2]^{\mathrm{T}}$$
$$\boldsymbol{w}^{(3)} = [-1 \quad 1]^{\mathrm{T}}, \theta^{(3)} = 1$$
$$y^{(3)} = \mathrm{step}\left([\boldsymbol{w}^{(3)}]^{\mathrm{T}} \boldsymbol{x}^{(3)} - \theta^{(3)}\right) = \mathrm{step}(-2.0) = 0$$

因为 $\boldsymbol{x}^{(3)} = A_3 \in T_{\mathrm{A}}$，并且 $y^{(3)} = 0$，说明训练样本 A_3 的类别被感知器错误地判定，于是有

$$\boldsymbol{w}^{(4)} = \boldsymbol{w}^{(3)} + 0.3\boldsymbol{x}^{(3)} = [-0.1 \quad 1.6]^{\mathrm{T}}$$
$$\theta^{(4)} = \theta^{(3)} - 0.3 = 0.7$$

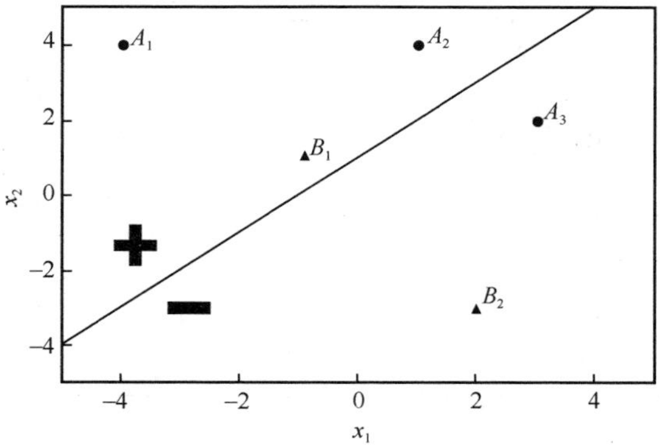

图 4-32　第 3 次迭代：$\boldsymbol{w}^{(3)} = [-1 \quad 1]^{\mathrm{T}}$，$\theta^{(3)} = 1$

第 4 次迭代训练（见图 4-33）：

$$\boldsymbol{x}^{(4)} = B_1 = [-1 \quad 1]^{\mathrm{T}}$$
$$\boldsymbol{w}^{(4)} = [-0.1 \quad 1.6]^{\mathrm{T}}, \ \theta^{(4)} = 0.7$$

$$y^{(4)} = \text{step}\left([\boldsymbol{w}^{(4)}]^{\text{T}} \boldsymbol{x}^{(4)} - \theta^{(4)}\right) = \text{step}(1.0) = 1$$

因为 $\boldsymbol{x}^{(4)} = B_1 \in T_{\text{B}}$，并且 $y^{(4)} = 1$，说明训练样本 B_1 的类别被感知器错误地判定，于是有

$$\boldsymbol{w}^{(5)} = \boldsymbol{w}^{(4)} - 0.3\boldsymbol{x}^{(4)} = [0.2 \quad 1.3]^{\text{T}}$$

$$\theta^{(5)} = \theta^{(4)} + 0.3 = 1.0$$

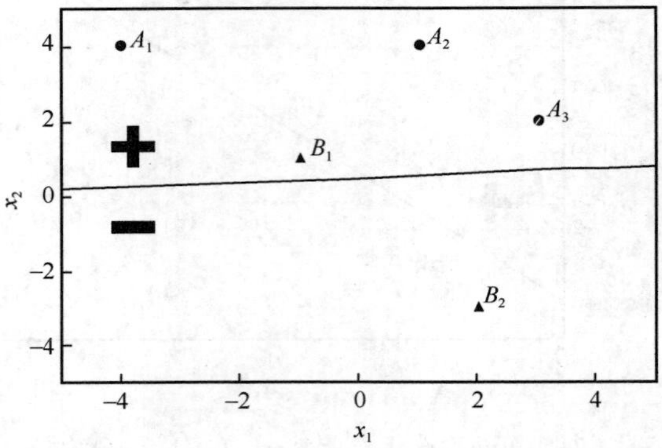

图 4-33　第 4 次迭代：$\boldsymbol{w}^{(4)} = [-0.1 \quad 1.6]^{\text{T}}$，$\theta^{(4)} = 0.7$

第 5 次迭代训练（见图 4-34）：

$$\boldsymbol{x}^{(5)} = B_2 = [2 \quad -3]^{\text{T}}$$

$$\boldsymbol{w}^{(5)} = [0.2 \quad 1.3]^{\text{T}}，\theta^{(5)} = 1.0$$

$$y^{(5)} = \text{step}\left([\boldsymbol{w}^{(5)}]^{\text{T}} \boldsymbol{x}^{(5)} - \theta^{(5)}\right) = \text{step}(-4.5) = 0$$

因为 $\boldsymbol{x}^{(5)} = B_2 \in T_{\text{B}}$，并且 $y^{(5)} = 0$，说明训练样本 B_2 的类别被感知器正确地判定，于是有

$$\boldsymbol{w}^{(6)} = \boldsymbol{w}^{(5)} = [0.2 \quad 1.3]^{\text{T}}$$

$$\theta^{(6)} = \theta^{(5)} = 1.0$$

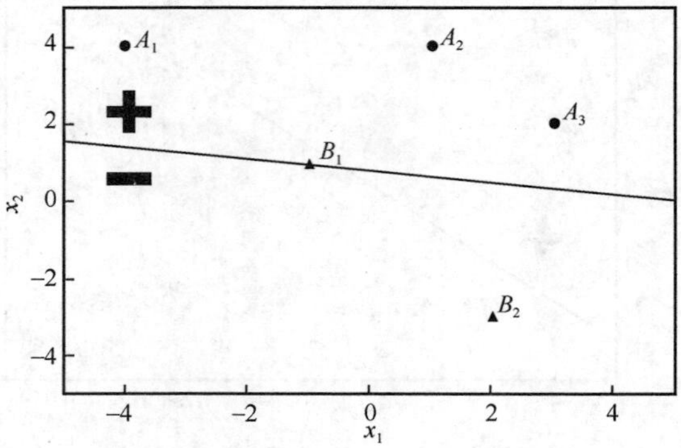

图 4-34　第 5 次迭代：$\boldsymbol{w}^{(5)} = [0.2 \quad 1.3]^{\text{T}}$，$\theta^{(5)} = 1.0$

第 6 次迭代训练（见图 4-35）：

$$\boldsymbol{x}^{(6)} = A_1 = [-4 \quad 4]^{\text{T}}$$

$$\boldsymbol{w}^{(6)} = [0.2 \quad 1.3]^{\text{T}}，\theta^{(6)} = 1.0$$

$$y^{(6)}=\text{step}\Big([\boldsymbol{w}^{(6)}]^{\mathrm{T}}\boldsymbol{x}^{(6)}-\theta^{(6)}\Big)=\text{step}(3.4)=1$$

因为$\boldsymbol{x}^{(6)}=A_1\in T_{\mathrm{A}}$，并且$y^{(6)}=1$，说明训练样本$A_1$的类别被感知器正确地判定，于是有

$$\boldsymbol{w}^{(7)}=\boldsymbol{w}^{(6)}=[0.2\quad 1.3]^{\mathrm{T}}$$
$$\theta^{(7)}=\theta^{(6)}=1.0$$

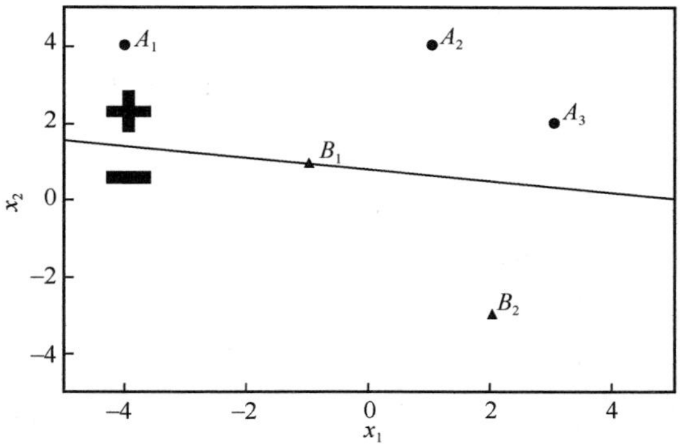

图 4-35　第 6 次迭代：$\boldsymbol{w}^{(6)}=[0.2\quad 1.3]^{\mathrm{T}}$，$\theta^{(6)}=1.0$

第 7 次迭代训练（见图 4-36）：

$$\boldsymbol{x}^{(7)}=A_2=[1\quad 4]^{\mathrm{T}}$$
$$\boldsymbol{w}^{(7)}=[0.2\quad 1.3]^{\mathrm{T}},\ \theta^{(7)}=1.0$$
$$y^{(7)}=\text{step}\Big([\boldsymbol{w}^{(7)}]^{\mathrm{T}}\boldsymbol{x}^{(7)}-\theta^{(7)}\Big)=\text{step}(4.4)=1$$

因为$\boldsymbol{x}^{(7)}=A_2\in T_{\mathrm{A}}$，并且$y^{(7)}=1$，说明训练样本$A_2$的类别被感知器正确地判定，于是有

$$\boldsymbol{w}^{(8)}=\boldsymbol{w}^{(7)}=[0.2\quad 1.3]^{\mathrm{T}}$$
$$\theta^{(8)}=\theta^{(7)}=1.0$$

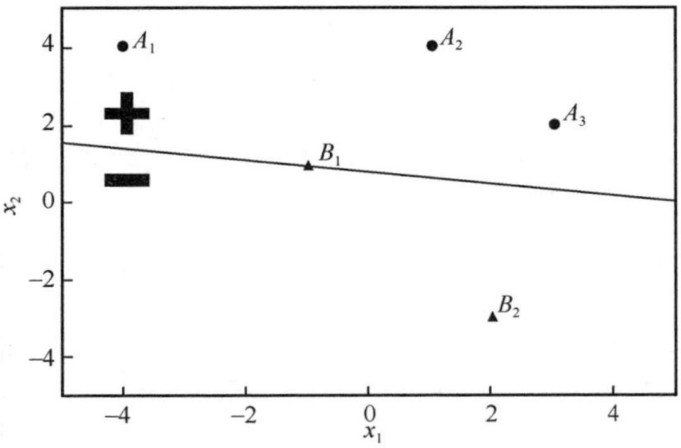

图 4-36　第 7 次迭代：$\boldsymbol{w}^{(7)}=[0.2\quad 1.3]^{\mathrm{T}}$，$\theta^{(7)}=1.0$

第 8 次迭代训练（见图 4-37）：

$$\boldsymbol{x}^{(8)}=A_3=[3\quad 2]^{\mathrm{T}}$$

$$\boldsymbol{w}^{(8)}=[0.2\quad 1.3]^{\mathrm{T}},\ \theta^{(8)}=1.0$$
$$y^{(8)}=\operatorname{step}\left([\boldsymbol{w}^{(8)}]^{\mathrm{T}}\boldsymbol{x}^{(8)}-\theta^{(8)}\right)=\operatorname{step}(2.2)=1$$

因为 $\boldsymbol{x}^{(8)}=A_3\in T_{\mathrm{A}}$，并且 $y^{(8)}=1$，说明训练样本 A_3 的类别被感知器正确地判定，于是有

$$\boldsymbol{w}^{(9)}=\boldsymbol{w}^{(8)}=[0.2\quad 1.3]^{\mathrm{T}}$$
$$\theta^{(9)}=\theta^{(8)}=1.0$$

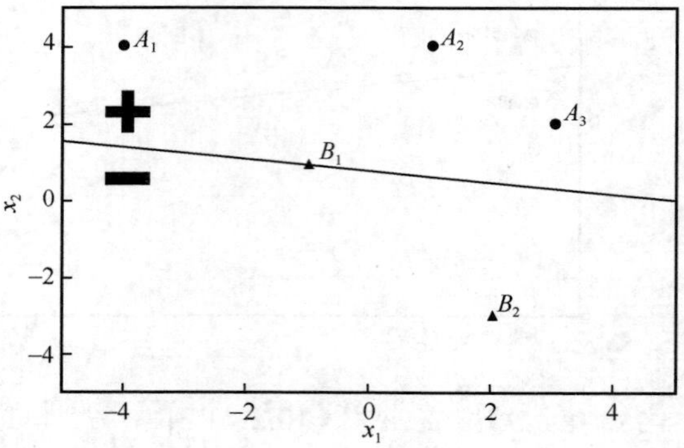

图 4-37　第 8 次迭代：$\boldsymbol{w}^{(8)}=[0.2\quad 1.3]^{\mathrm{T}}$，$\theta^{(8)}=1.0$

第 9 次迭代训练（见图 4-38）：

$$\boldsymbol{x}^{(9)}=B_1=[-1\quad 1]^{\mathrm{T}}$$
$$\boldsymbol{w}^{(9)}=[0.2\quad 1.3]^{\mathrm{T}},\ \theta^{(9)}=1.0$$
$$y^{(9)}=\operatorname{step}\left([\boldsymbol{w}^{(9)}]^{\mathrm{T}}\boldsymbol{x}^{(9)}-\theta^{(9)}\right)=\operatorname{step}(0.1)=1$$

因为 $\boldsymbol{x}^{(9)}=B_1\in T_{\mathrm{B}}$，并且 $y^{(9)}=1$，说明训练样本 B_1 的类别被感知器错误地判定，于是有

$$\boldsymbol{w}^{(10)}=\boldsymbol{w}^{(9)}-0.3\boldsymbol{x}^{(9)}=[0.5\quad 1.0]^{\mathrm{T}}$$
$$\theta^{(10)}=\theta^{(9)}+0.3=1.3$$

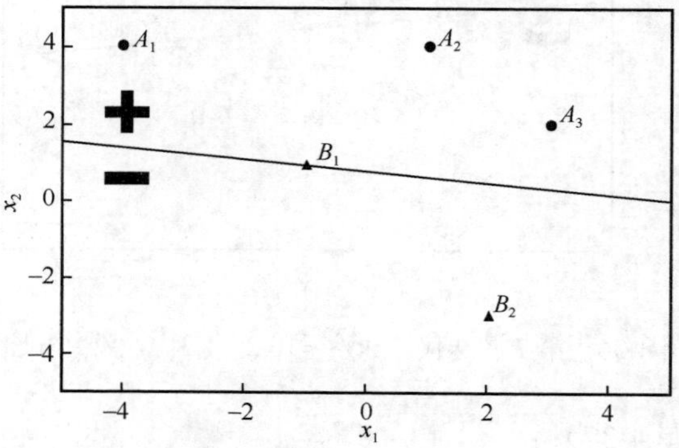

图 4-38　第 9 次迭代：$\boldsymbol{w}^{(9)}=[0.2\quad 1.3]^{\mathrm{T}}$，$\theta^{(9)}=1.0$

第 10 次迭代训练（见图 4-39）：

$$\boldsymbol{x}^{(10)} = B_2 = \begin{bmatrix}2 & -3\end{bmatrix}^{\mathrm{T}}$$
$$\boldsymbol{w}^{(10)} = \begin{bmatrix}0.5 & 1.0\end{bmatrix}^{\mathrm{T}}，\ \theta^{(10)} = 1.3$$
$$y^{(10)} = \mathrm{step}\left(\left[\boldsymbol{w}^{(10)}\right]^{\mathrm{T}} \boldsymbol{x}^{(10)} - \theta^{(10)}\right) = \mathrm{step}(-3.3) = 0$$

因为 $\boldsymbol{x}^{(10)} = B_2 \in T_{\mathrm{B}}$，并且 $y^{(10)} = 0$，说明训练样本 B_2 的类别被感知器正确地判定，于是有

$$\boldsymbol{w}^{(11)} = \boldsymbol{w}^{(10)} = \begin{bmatrix}0.5 & 1.0\end{bmatrix}^{\mathrm{T}}$$
$$\theta^{(11)} = \theta^{(10)} = 1.3$$

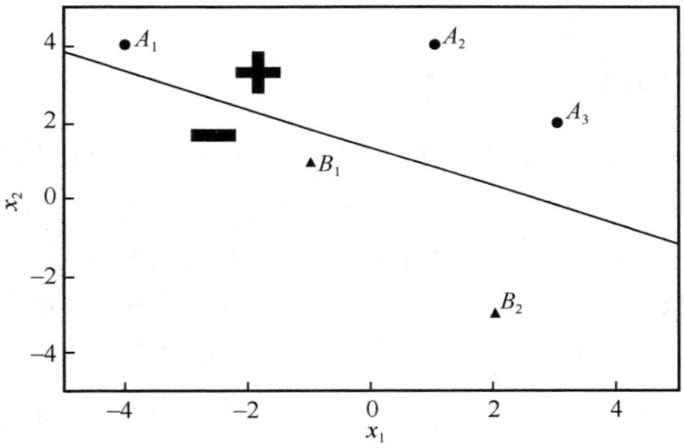

图 4-39　第 10 次迭代：$\boldsymbol{w}^{(10)} = \begin{bmatrix}0.5 & 1.0\end{bmatrix}^{\mathrm{T}}$，$\theta^{(10)} = 1.3$

可以看到，第 9 次迭代训练完成之后，得到 $\boldsymbol{w}^{(10)} = \begin{bmatrix}0.5 & 1.0\end{bmatrix}^{\mathrm{T}}$，$\theta^{(10)} = 1.3$，此时的决策边界已经能够将 A_1、A_2、A_3 与 B_1、B_2 完全分隔开，这说明训练已经完全收敛，如图 4-40 所示。

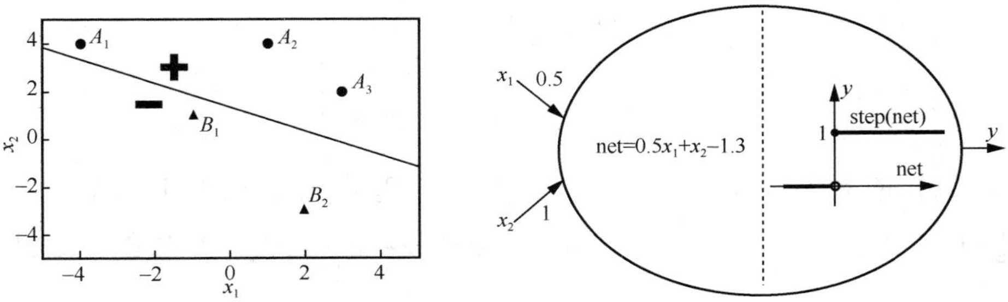

图 4-40　感知器示例（训练之后）

在运行阶段，当输入一个模式矢量之后，感知器的输出值 y 就表示了对该模式矢量的类别判定结果：1 表示 A 类，0 表示 B 类。例如，假设输入模式矢量 $D = \begin{bmatrix}0.5 & 3\end{bmatrix}^{\mathrm{T}}$，则有

$$y=\text{step}\left(\begin{bmatrix}0.5 & 1.0\end{bmatrix}\begin{bmatrix}0.5\\3\end{bmatrix}-1.3\right)=\text{step}(1.95)=1$$

所以模式矢量 D 的类别将被判定为 A 类，如图 4-41 所示。

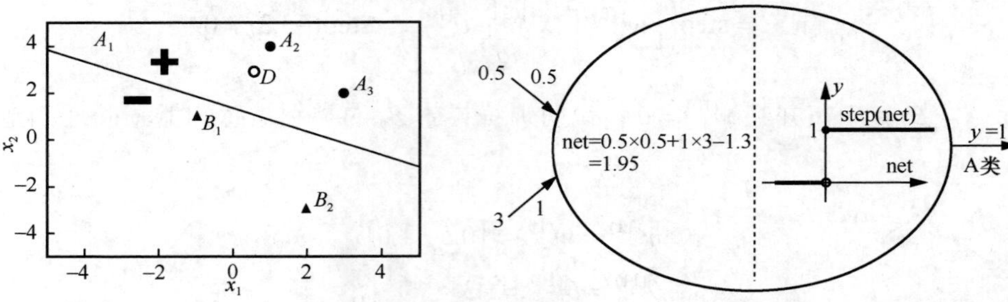

图 4-41　感知器示例（运行阶段）

4.2.4　多线性可分问题

图 4-42 显示的是由 M 个感知器并行排列而组成的一个**单层感知器（Single Layer Perceptron，SLP）**。在一个 SLP 中，每个感知器的权重值的个数是相同的，每个感知器的输入也是相同的，但不同的感知器对输入的计算处理过程是彼此独立无关的。在图 4-42 中，感知器 1 的 N 个权重值为 w_{11}、w_{21}……w_{N1}，阈值为 θ_1；感知器 2 的 N 个权重值为 w_{12}、w_{22}……w_{N2}，阈值为 θ_2；依次类推，感知器 M 的 N 个权重值为 w_{1M}、w_{2M}……w_{NM}，阈值为 θ_M。$\boldsymbol{x}=\begin{bmatrix}x_1 & x_2 & \cdots & x_N\end{bmatrix}^{\mathrm{T}}$ 是一个 N 维矢量，它既是整个 SLP 的输入，同时也是该 SLP 中的每一个感知器的输入。感知器 1 独立地对 $\boldsymbol{x}$ 进行计算处理，得到输出值 y_1；感知器 2 独立地对 $\boldsymbol{x}$ 进行计算处理，得到输出值 y_2；依次类推，感知器 M 独立地对 $\boldsymbol{x}$ 进行计算处理，得到输出值 y_M。整个 SLP 的输出是一个 M 维矢量，表示为 $\boldsymbol{y}=\begin{bmatrix}y_1 & y_2 & \cdots & y_M\end{bmatrix}^{\mathrm{T}}$。如果用

$$\boldsymbol{W}=\begin{bmatrix}w_{11} & w_{21} & \cdots & w_{N1}\\ w_{12} & w_{22} & \cdots & w_{N2}\\ \vdots & \vdots & \cdots & \vdots\\ w_{1M} & w_{2M} & \cdots & w_{NM}\end{bmatrix}$$

表示该 SLP 的权重值矩阵，$\boldsymbol{\theta}=\begin{bmatrix}\theta_1 & \theta_2 & \cdots & \theta_M\end{bmatrix}^{\mathrm{T}}$ 表示该 SLP 的阈值矢量，$\mathbf{net}=\begin{bmatrix}\text{net}_1 & \text{net}_2 & \cdots & \text{net}_M\end{bmatrix}^{\mathrm{T}}$ 表示该 SLP 的净输入矢量，则该 SLP 的输入–输出关系可以表示为

$$\boldsymbol{y}=\mathbf{step}(\mathbf{net})=\mathbf{step}(\boldsymbol{W}\boldsymbol{x}-\boldsymbol{\theta}) \tag{4.20}$$

其中 $\mathbf{step}=\begin{bmatrix}\text{step} & \text{step} & \cdots & \text{step}\end{bmatrix}^{\mathrm{T}}$。注意，式（4.20）表示的是矢量的矢量函数[请参见 2.2.6 小节中的式（2.100）和式（2.101）]，它相当于从 N 维空间到 M 维空间的一个非线性映射。

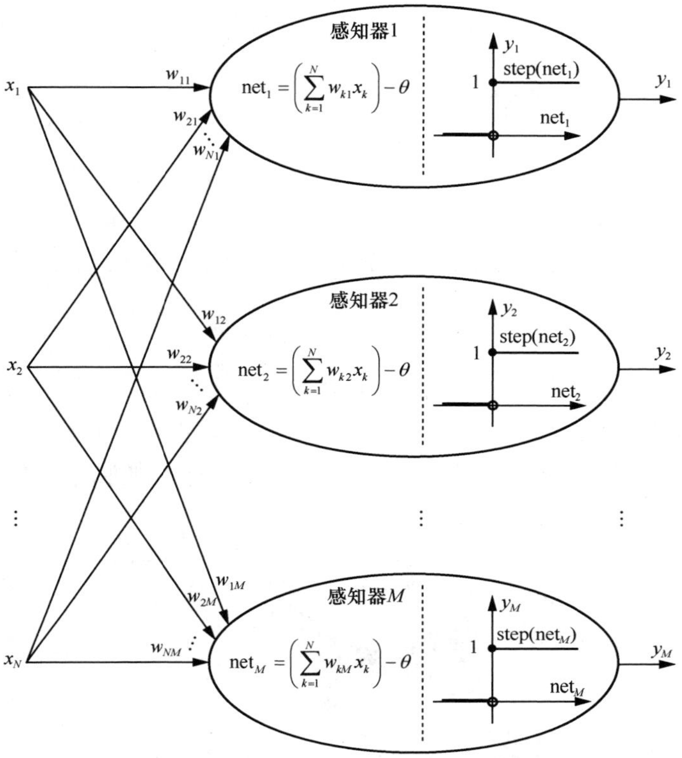

图 4-42　M 个感知器组成的一个 SLP

图 4-43 显示的是由 3 个感知器组成的一个 SLP，其输入矢量是 2 维矢量，输出矢量是 3 维矢量。接下来我们将根据图 4-43 所示的 SLP 来讨论一下 2 维模式空间中的多分类问题。所谓多分类问题，是指类别数大于或等于 2 的模式分类问题，我们之前讨论过的二分类问题只是多分类问题的一种最简单的情况。

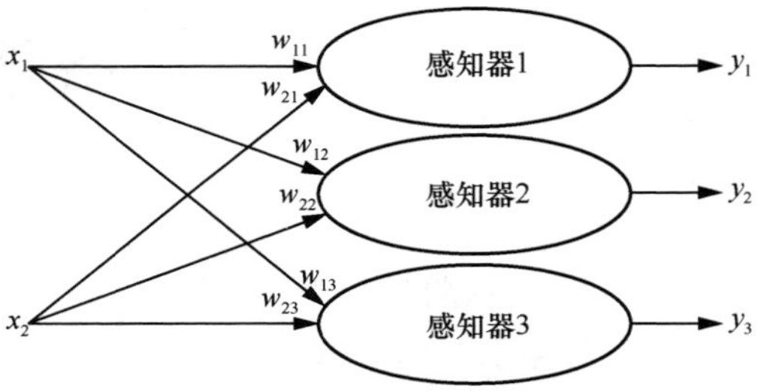

图 4-43　3 个感知器组成的一个 SLP

根据 4.2.3 小节所学的内容以及图 4-43 所示的 SLP 的组成可知，感知器 1 所对应的决策边界是 2 维模式空间中的一条直线，记为 H_1。类似地，感知器 2 所对应的决策边界也是 2 维模式空间中的一条直线，记为 H_2。感知器 3 所对应的决策边界同样是 2 维模式空间中的一条直线，记为 H_3。显然，H_1 会将整个 2 维模式空间划分为两个半空间，其中正半空间记为 H_1^+，负半空间记为 H_1^-。类似地，H_2 划分出的正半空间记为 H_2^+，负半空间记为 H_2^-，H_3 划分出的正半空间记为 H_3^+，负半空间记为 H_3^-。回忆 2.2.5 小节所学的内容可知，每一个半空间都是一个凸区域，而任意两个或多个凸区域的交集也一定是一个凸区域，所以 H_1^+、H_1^-、H_2^+、H_2^-、H_3^+、H_3^- 这 6 个凸区域彼此进行交集之后，最多可以形成 7 个彼此互不重叠的凸区域[见图 4-44（a）]，最少可以形成 2 个彼此互不重叠的凸区域[见图 4-44（b）]。

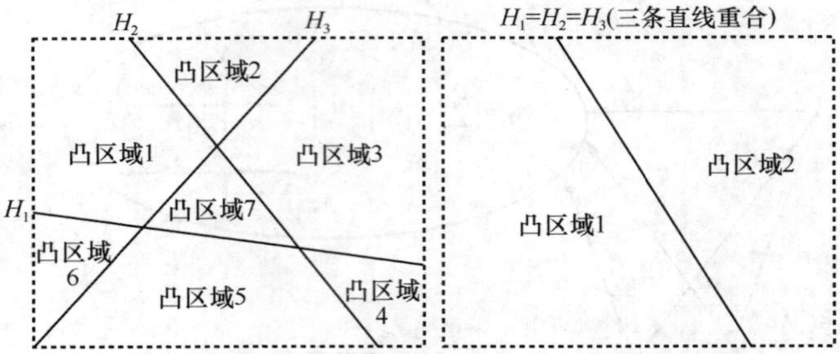

（a）　　　　　　（b）

图 4-44　模式空间的分割

图 4-45 显示的是一个四分类问题，模式类别分别记为C_1、C_2、C_3、C_4，黑色的区域是各类模式对象的分布区域。观察发现：所有C_1类的模式对象都在凸区域 3 中，所有C_2类的模式对象都在凸区域 1 中，所有C_3类的模式对象都在凸区域 2 中，所有C_4类的模式对象都在凸区域 4 中，并且凸区域 3、凸区域 1、凸区域 2、凸区域 4 互不重叠。

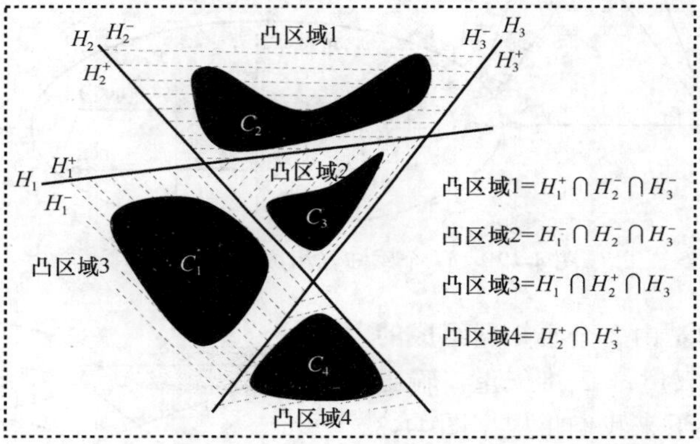

图 4-45　2 维模式空间中的四分类问题

图 4-46 显示的是一个二分类问题，模式类别分别记为C_1和C_2。观察发现：所有C_1类的模式对象都在凸区域 2 中，所有C_2类的模式对象都在凸区域 1 中，并且凸区域 2 与凸区域 1 互不重叠。

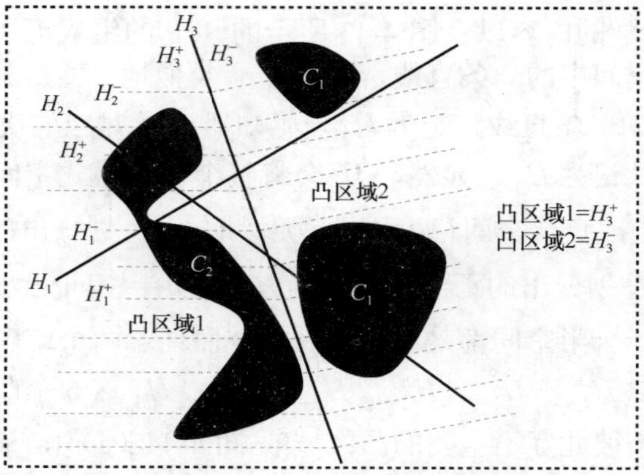

图 4-46　2 维模式空间中的二分类问题

图 4-47 显示的是一个三分类问题，模式类别分别记为 C_1、C_2、C_3。观察发现：所有 C_1 类的模式对象都在凸区域 2 中，所有 C_2 类的模式对象都在凸区域 1 中，所有 C_3 类的模式对象都在凸区域 3 中，并且凸区域 2、凸区域 1、凸区域 3 互不重叠。

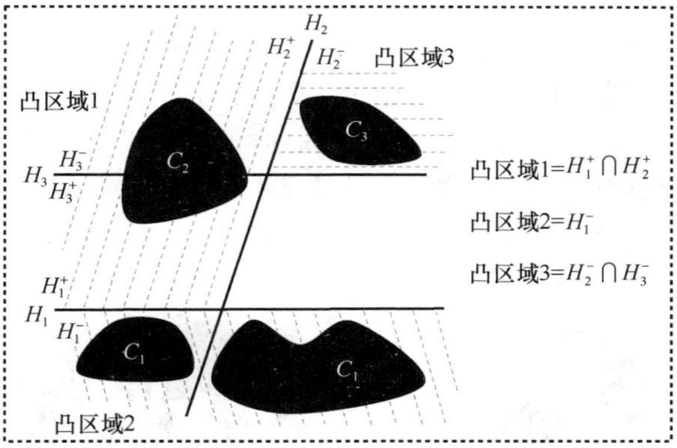

图 4-47　2 维模式空间中的三分类问题

总结以上对图 4-45、图 4-46 和图 4-47 的观察，可以发现模式对象在模式空间中的分布都同时满足以下 3 个条件：第一，同一类别的模式对象分布在同一个凸区域中；第二，不同类别的模式对象分布在不同的凸区域中；第三，条件一和条件二中所涉及的各个凸区域之间互不重叠。如果多个类别的模式对象在模式空间中的分布能够同时满足上述三个条件，则称这些模式对象是**多线性可分的（Multi-Linearly Separable）**，否则就称这些模式对象是**非多线性可分的（Non Multi-Linearly Separable）**。现在我们知道了，图 4-45～图 4-47 中的模式对象都是多线性可分的。

数学上可以证明，对于任何一个多线性可分的多分类问题，采用一个由足够多的感知器组成的 SLP 是一定可以得到正确解的。也就是说，不管模式的类别数是多少，只要模式对象是多线性可分的，我们就一定可以用一个由足够多的感知器组成的 SLP 把这些模式对象按类别进行分隔，使得同一类别的模式对象分布在同一个凸区域中，不同类别的模式对象分布在不同的凸区域中，并且所有这些凸区域之间彼此互不重叠。

例如，对于图 4-45 所示的多线性可分的四分类问题，稍作分析便可知，要想得到正确解，至少需要用到 3 条直线，所以相应的 SLP 包含 3 个或 3 个以上的感知器即可。又例如，对于图 4-46 所示的多线性可分的二分类问题，稍作分析便可知，要想得到正确解，至少需要用到 1 条直线，所以相应的 SLP 包含 1 个或 1 个以上的感知器即可。再例如，对于图 4-47 所示的多线性可分的三分类问题，稍作分析便可知，要想得到正确解，至少需要用到 2 条直线，所以相应的 SLP 包含 2 个或 2 个以上的感知器即可。显然，图 4-45～图 4-47 所示的多分类问题都是可以用图 4-43 所示的 SLP 来得到正确解的。当然，对于图 4-46 所示的多分类问题，直接用一个感知器也是能够得到正确解的；对于图 4-47 所示的多分类问题，用一个包含 2 个感知器的 SLP 也是能够得到正确解的。

总之，对于多线性可分的模式分类问题，采用 SLP 方法是一定有解的。至于应该如何求解，也即应该如何确定 SLP 中所包含的感知器的个数，应该如何用 SLP 的输出矢量来表示不同的模式类别，以及应该如何对 SLP 进行训练从而得到其各个权重值和阈值的合适取值等等，这里就不展开去分析和讨论了，主要的原因是 SLP 在现实应用中的作用非常有限，并且即使某个应用问题可以采用 SLP 方法来解决，其成本代价和复杂程度通常也比采用其他方法要高得多。

现在来看看非多线性可分的模式分类问题的例子，如图 4-48 所示。图 4-48（a）是 2 维模式空间中的一个二分类问题，图 4-48（b）是 2 维模式空间中的一个三分类问题。显然，无论是图 4-48（a）还是图 4-48（b），无论使用多少条直线来分割 2 维模式空间，都不可能满足多线性可分所要求的那 3 个条件。因此，图 4-48（a）和图 4-48（b）所显现的模式对象的分布情况都是非多线性可分的。数学上可以证明，对于任何一个非多线性可分的模式分类问题，采用 SLP 方法是绝对不可能得到正确解的。

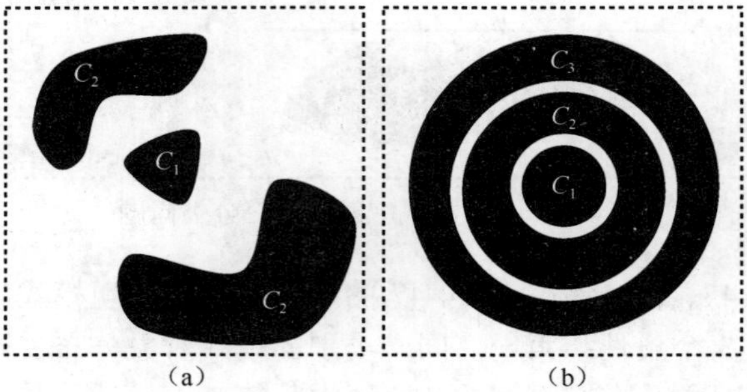

图 4-48　2 维模式空间中的非多线性可分问题

在 3.5.5 小节中，我们首次谈及了线性可分和非线性可分的概念。在 4.2.2 小节和 4.2.3 小节中，我们对线性可分和非线性可分的模式分类问题做了进一步的分析和讨论。在本小节中，我们又引入了多线性可分和非多线性可分的概念。那么，线性可分这个概念与多线性可分这个概念之间是一种什么样的关系呢？仔细回顾并梳理一下之前进行过的分析和讨论后可知，线性可分原来只是多线性可分的一种特殊情况，也即线性可分其实就是指只有 2 种模式类别的多线性可分。类似地，非线性可分原来只是非多线性可分的一种特殊情况，也即非线性可分其实就是指只有 2 种模式类别的非多线性可分。

然而，需要说明的是，在现实习惯中，人们几乎不使用多线性可分和非多线性可分这两个术语，而总是使用线性可分和非线性可分这两个术语。也就是说，线性可分一般就是指模式类别数大于 2 的多线性可分，也指模式类别数等于 2 的线性可分；非线性可分一般就是指模式类别数大于 2 的非多线性可分，也指模式类别数等于 2 的非线性可分。

4.2.5　XOR 问题

熟悉数字逻辑电路的读者朋友一定还记得有 3 种最基本的逻辑门（Logic Gate），即与门（AND Gate）、或门（OR Gate）和非门（NOT Gate）。并且，除了这 3 种最基本的逻辑门，还有一些其他种类的逻辑门，其中一种叫**异或门（XOR gate）**。**异或（XOR）**是一种二值逻辑运算，数字 1 代表逻辑真，数字 0 代表逻辑假。XOR 的运算规则是，当两个作为输入的逻辑变量中有且只有一个取值为 1 时，输出变量才取值为 1，否则输出变量取值为 0，如图 4-49 所示。顺便说一下，XOR 是 eXclusive OR 的简写，另外一种简写是 EOR（Exclusive OR），所以 EOR 和 XOR 其实是一回事。

显然之一，我们可以将 XOR 运算的输入–输出关系看成一个 2 维模式空间中的二分类问题：模式矢量$[0\quad 1]^T$和$[1\quad 0]^T$属于 A 类，模式矢量$[0\quad 0]^T$和$[1\quad 1]^T$属于 B 类，如图 4-50 所示。显然之二，我们不可能找到这样一条直线，能够将图 4-50 中的两个 A 类模式矢量与两个 B 类模式矢量完全分隔开。显然之三，使用多条直线时，我们无法使得图 4-50 中的两个 A 类模式矢量位于同一个凸区域中，同时又使得两个 B 类模式矢量位于另一个凸区域中，并且这两个凸区域互不重叠。也就是说，无论我们是采用单个感知器的方法，还是采用 SLP 方法，都不可能得到此二分类问题的正确解。从根本上讲，XOR 对应的是 2 维模式空间中的一个非线性可分的二分类问题，而感知器或 SLP 对于任何非线性可分的模式分类问题都是束手无策的。

输入		输出
x_1	x_2	y
0	1	1
1	0	1
0	0	0
1	1	0

图 4-49　XOR 运算的输入–输出关系

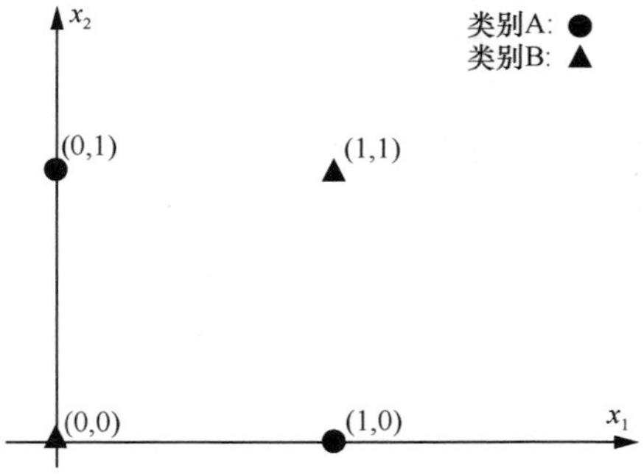

图 4-50　XOR 问题

美国认知科学家马文·明斯基和美国数学及计算机科学家西蒙·派珀特曾经合著过一本名为 *Perceptrons：An Introduction to Computational Geometry* 的书，该书于 1969 年首次出版，其主要内容就是对感知器及 SLP 的分析和研究，如图 4-51 所示。该书从数学的角度严格地论证了感知器及 SLP 的作用和缺陷，其中最为核心的结论之一便是，感知器及 SLP 对于包括 XOR 问题在内的任何非线性可分的模式分类问题都是无解的。要知道，在现实应用中，绝大部分的模式分类问题都是非线性可分的分类问题，这就意味着感知器及 SLP 的实用价值微乎其微，因此该书的出版对于人工神经网络领域的研究工作产生了深刻而久远的影响。一部分学者认为，这种影响是积极的，认为它及时地消除了人们对于感知器及 SLP 的美好但不切实际的期望。另一部分学者则认为，这种影响是消极的，认为它给当时的人工神经网络领域泼了一盆令人绝望的冰水，并直接导致了该研究领域接下来将近 20 年的低谷期。这一漫长的低谷期后来被人们称为 AI 的冬天（AI Winter）。

图 4-51　*Perceptrons：An Introduction to Computational Geometry* 及其作者

4.3 多层感知器

4.3.1 并行排列和串行连接

对于 XOR 这种看似极为简单的分类问题，图 4-42 所示的 SLP 却是无法给出正确解的。在 SLP 中，各个感知器是并行排列的，它们各自独立地对相同的输入信息进行计算处理，所以某一个感知器的输出值不会影响到任何其他感知器的输出值。不妨设想一下，如果把多个感知器既并行排列，又串行连接，情况会怎样呢？

图 4-52 给出了解决 XOR 问题的一种方案。此方案用到了 3 个感知器 E、F 和 G，图中标注出了各个感知器的权重值和阈值的取值。我们将 E 和 F 并行排列，然后将 G 串行连接于后，使得感知器 E 的输出 y_E 和感知器 F 的输出 y_F 都成为感知器 G 的输入，这样就构建起了一个具有多层连接结构的神经网络，整个神经网络的最终输出是感知器 G 的输出 y_G。接下来，我们将验证这样的一个神经网络对于 XOR 问题是否能够得到正确解。

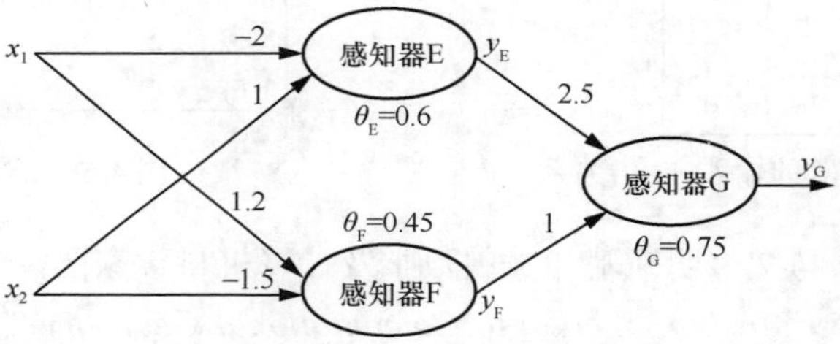

图 4-52 XOR 问题的解决方案（1）

图 4-53 中的表格所给出的验证计算过程表明：当神经网络的输入矢量为 A 类矢量 $[0\quad 1]^T$ 和 $[1\quad 0]^T$ 时，神经网络的输出 $y_G=1$；当神经网络的输入矢量为 B 类矢量 $[0\quad 0]^T$ 和 $[1\quad 1]^T$ 时，神经网络的输出 $y_G=0$。所以，图 4-52 所示的神经网络的确给出了 XOR 问题的正确解。

$[x_1\quad x_2]^T$	net_E	net_F	$[y_E\quad y_F]^T$	net_G	y_G	类别
$[0\quad 1]^T$	$[-2\quad 1]\begin{bmatrix}0\\1\end{bmatrix}-0.6=0.4>0$	$[1.2\quad -1.5]\begin{bmatrix}0\\1\end{bmatrix}-0.45$ $=-1.95<0$	$[1\quad 0]^T$	$[2.5\quad 1]\begin{bmatrix}1\\0\end{bmatrix}-0.75$ $=1.75>0$	1	A类
$[1\quad 0]^T$	$[-2\quad 1]\begin{bmatrix}1\\0\end{bmatrix}-0.6=-2.6<0$	$[1.2\quad -1.5]\begin{bmatrix}1\\0\end{bmatrix}-0.45$ $=0.75>0$	$[0\quad 1]^T$	$[2.5\quad 1]\begin{bmatrix}0\\1\end{bmatrix}-0.75$ $=0.25>0$	1	A类
$[0\quad 0]^T$	$[-2\quad 1]\begin{bmatrix}0\\0\end{bmatrix}-0.6=-0.6<0$	$[1.2\quad -1.5]\begin{bmatrix}0\\0\end{bmatrix}-0.45$ $=-0.45<0$	$[0\quad 0]^T$	$[2.5\quad 1]\begin{bmatrix}0\\0\end{bmatrix}-0.75$ $=-0.75<0$	0	B类
$[1\quad 1]^T$	$[-2\quad 1]\begin{bmatrix}1\\1\end{bmatrix}-0.6=-1.6<0$	$[1.2\quad -1.5]\begin{bmatrix}1\\1\end{bmatrix}-0.45$ $=-0.75<0$	$[0\quad 0]^T$	$[2.5\quad 1]\begin{bmatrix}0\\0\end{bmatrix}-0.75$ $=-0.75<0$	0	B类

图 4-53 XOR 问题的验证计算过程（1）

为了直观地理解图 4-52 所示的神经网络是如何求得 XOR 的正确解的，我们来看看图 4-54。显然，感知器 E 的输入空间是 x_1-x_2 空间，它对应了 x_1-x_2 空间中的一条直线 H_E，该直线将 x_1-x_2 空间划分成了正半空间 H_E^+ 和负半空间 H_E^-。根据感知器 E 的参数的取值，可知直线 H_E 的方程是

$$H_E：\ -2x_1+x_2-0.6=0$$

类似地，感知器 F 的输入空间也是 x_1-x_2 空间，它对应了 x_1-x_2 空间中的一条直线 H_F，该直线将 x_1-x_2 空间划分成了正半空间 H_F^+ 和负半空间 H_F^-。根据感知器 F 的参数的取值，可知直线 H_F 的方程是

$$H_F：\ 1.2x_1-1.5x_2-0.45=0$$

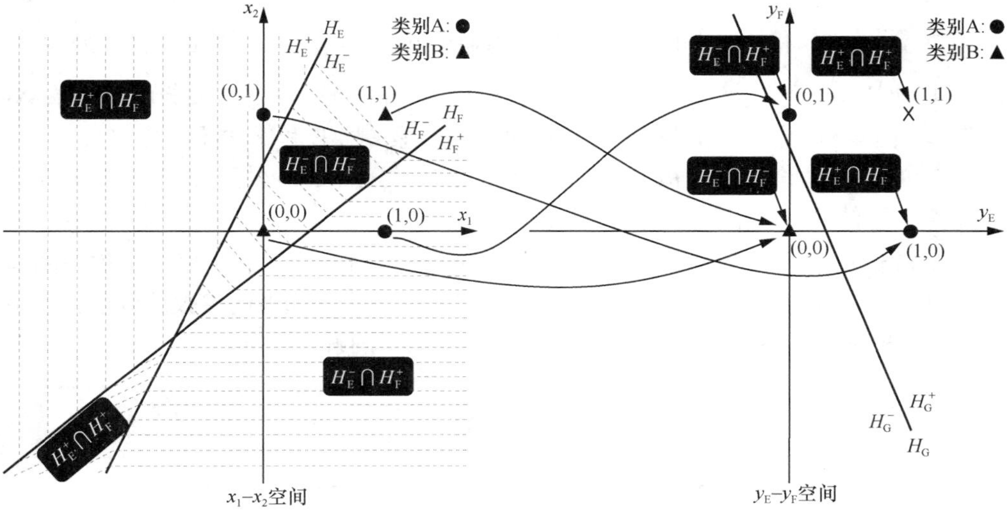

图 4-54　直观理解 XOR 问题的解决过程（1）

从图 4-54 中可以看到，H_E 和 H_F 这两条直线将 x_1-x_2 空间划分成了 $H_E^+\cap H_F^+$、$H_E^-\cap H_F^-$、$H_E^+\cap H_F^-$ 和 $H_E^-\cap H_F^+$ 这 4 个凸区域，A 类矢量 $[0\quad 1]^T$ 位于区域 $H_E^+\cap H_F^-$ 中，A 类矢量 $[1\quad 0]^T$ 位于区域 $H_E^-\cap H_F^+$ 中，B 类矢量 $[0\quad 0]^T$ 和 $[1\quad 1]^T$ 均位于区域 $H_E^-\cap H_F^-$ 中。稍做分析便可知，x_1-x_2 空间的 $H_E^+\cap H_F^+$ 区域中的每一个点都将被映射到 y_E-y_F 空间中的 $[1\quad 1]^T$ 这个点，x_1-x_2 空间的 $H_E^-\cap H_F^-$ 区域中的每一个点都将被映射到 y_E-y_F 空间中的 $[0\quad 0]^T$ 这个点，x_1-x_2 空间的 $H_E^+\cap H_F^-$ 区域中的每一个点都将被映射到 y_E-y_F 空间中的 $[1\quad 0]^T$ 这个点，x_1-x_2 空间的 $H_E^-\cap H_F^+$ 区域中的每一个点都将被映射到 y_E-y_F 空间中的 $[0\quad 1]^T$ 这个点。因此，x_1-x_2 空间中的矢量 $[0\quad 1]^T$ 将被映射到 y_E-y_F 空间中的矢量 $[1\quad 0]^T$，x_1-x_2 空间中的矢量 $[1\quad 0]^T$ 将被映射到 y_E-y_F 空间中的矢量 $[0\quad 1]^T$，而 x_1-x_2 空间中的矢量 $[0\quad 0]^T$ 和 $[1\quad 1]^T$ 都将被映射到 y_E-y_F 空间中的同一个矢量 $[0\quad 0]^T$。

另一方面，感知器 G 的输入空间是 $y_E - y_F$ 空间（见图 4-52），它对应了 $y_E - y_F$ 空间中的一条直线 H_G（见图 4-54），根据感知器 G 的参数的取值，可知直线 H_G 的方程是

$$H_G: \ 2.5x_1 + x_2 - 0.75 = 0$$

从图 4-54 中可以看到，H_G 这条直线将 $y_E - y_F$ 空间划分成了正半空间 H_G^+ 和负半空间 H_G^-，并且 $y_E - y_F$ 空间中的点 $[1 \quad 0]^T$ 和点 $[0 \quad 1]^T$ 均位于 H_G^+ 中，而 $y_E - y_F$ 空间中的点 $[0 \quad 0]^T$ 位于 H_G^- 中。因此，$y_E - y_F$ 空间中的点 $[1 \quad 0]^T$ 和点 $[0 \quad 1]^T$（分别对应于 $x_1 - x_2$ 空间中的点 $[0 \quad 1]^T$ 和点 $[1 \quad 0]^T$）将使得 $y_G = 1$，而 $y_E - y_F$ 空间中的点 $[0 \quad 0]^T$（同时对应于 $x_1 - x_2$ 空间中的点 $[0 \quad 0]^T$ 和点 $[1 \quad 1]^T$）将使得 $y_G = 0$。也就是说，当神经网络的输入为 A 类矢量 $[0 \quad 1]^T$ 和 $[1 \quad 0]^T$ 时，神经网络的输出 $y_G = 1$，当神经网络的输入为 B 类矢量 $[0 \quad 0]^T$ 和 $[1 \quad 1]^T$ 时，神经网络的输出 $y_G = 0$，这样的输入-输出关系正好就是 XOR 的正确解。图 4-54 所描述的过程内容可以总结为，感知器 E 和感知器 F 先将 $x_1 - x_2$ 空间中非线性可分的 4 个点映射成 $y_E - y_F$ 空间中线性可分的 3 个点，然后感知器 G 再对 $y_E - y_F$ 空间中的这 3 个点进行线性分割。

图 4-55 给出了解决 XOR 问题的另一种方案。图 4-55 所示的神经网络结构与图 4-52 所示的神经网络结构是完全一样的，不同之处仅在于各个感知器的参数的取值。接下来验证一下这种解决方案是否也能够得到 XOR 问题的正确解。

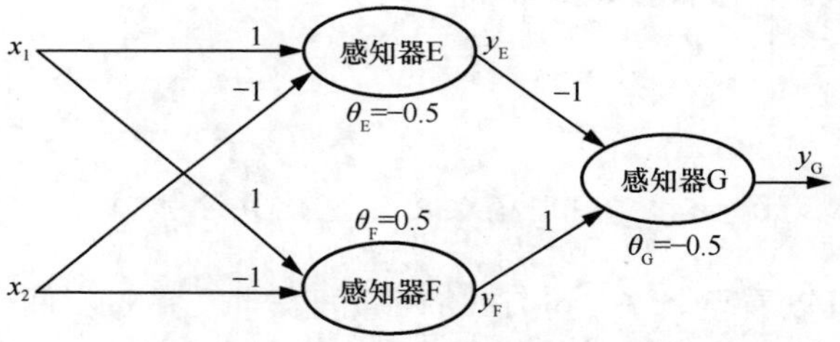

图 4-55 XOR 问题的解决方案（2）

图 4-56 中的表格所给出的验证计算过程表明：当神经网络的输入矢量为 A 类矢量 $[0 \quad 1]^T$ 和 $[1 \quad 0]^T$ 时，神经网络的输出 $y_G = 1$；当神经网络的输入矢量为 B 类矢量 $[0 \quad 0]^T$ 和 $[1 \quad 1]^T$ 时，神经网络的输出 $y_G = 0$。所以，图 4-55 所示的神经网络也能够给出 XOR 问题的正确解。

为了直观地理解图 4-55 所示的神经网络是如何求得 XOR 的正确解的，我们来看看图 4-57。显然，感知器 E 的输入空间是 $x_1 - x_2$ 空间，它对应了 $x_1 - x_2$ 空间中的一条直线 H_E，该直线将 $x_1 - x_2$ 空间划分成了正半空间 H_E^+ 和负半空间 H_E^-。根据感知器 E 的参数的取值，可知直线 H_E 的方程是

$$H_E: \ x_1 - x_2 + 0.5 = 0$$

$[x_1\quad x_2]^{\mathrm{T}}$	$\mathrm{net}_{\mathrm{E}}$	$\mathrm{net}_{\mathrm{F}}$	$[y_{\mathrm{E}}\quad y_{\mathrm{F}}]^{\mathrm{T}}$	$\mathrm{net}_{\mathrm{G}}$	y_{G}	类别
$[0\quad 1]^{\mathrm{T}}$	$[1\quad -1]\begin{bmatrix}0\\1\end{bmatrix}-(-0.5)=-0.5<0$	$[1\quad -1]\begin{bmatrix}0\\1\end{bmatrix}-0.5=-1.5<0$	$[0\quad 0]^{\mathrm{T}}$	$[-1\quad 1]\begin{bmatrix}0\\0\end{bmatrix}-(-0.5)=0.5>0$	1	A类
$[1\quad 0]^{\mathrm{T}}$	$[1\quad -1]\begin{bmatrix}1\\0\end{bmatrix}-(-0.5)=1.5>0$	$[1\quad -1]\begin{bmatrix}1\\0\end{bmatrix}-0.5=0.5>0$	$[1\quad 1]^{\mathrm{T}}$	$[-1\quad 1]\begin{bmatrix}1\\1\end{bmatrix}-(-0.5)=0.5>0$	1	A类
$[0\quad 0]^{\mathrm{T}}$	$[1\quad -1]\begin{bmatrix}0\\0\end{bmatrix}-(-0.5)=0.5>0$	$[1\quad -1]\begin{bmatrix}0\\0\end{bmatrix}-0.5=-0.5<0$	$[1\quad 0]^{\mathrm{T}}$	$[-1\quad 1]\begin{bmatrix}1\\0\end{bmatrix}-(-0.5)=-0.5<0$	0	B类
$[1\quad 1]^{\mathrm{T}}$	$[1\quad -1]\begin{bmatrix}1\\1\end{bmatrix}-(-0.5)=0.5>0$	$[1\quad -1]\begin{bmatrix}1\\1\end{bmatrix}-0.5=-0.5<0$	$[1\quad 0]^{\mathrm{T}}$	$[-1\quad 1]\begin{bmatrix}1\\0\end{bmatrix}-(-0.5)=-0.5<0$	0	B类

图 4-56　XOR 问题的验证计算过程（2）

类似地，感知器 F 的输入空间也是 x_1-x_2 空间，它对应了 x_1-x_2 空间中的一条直线 H_{F}，该直线将 x_1-x_2 空间划分成了正半空间 H_{F}^{+} 和负半空间 H_{F}^{-}。根据感知器 F 的参数的取值，可知直线 H_{F} 的方程是

$$H_{\mathrm{F}}:\quad x_1-x_2-0.5=0$$

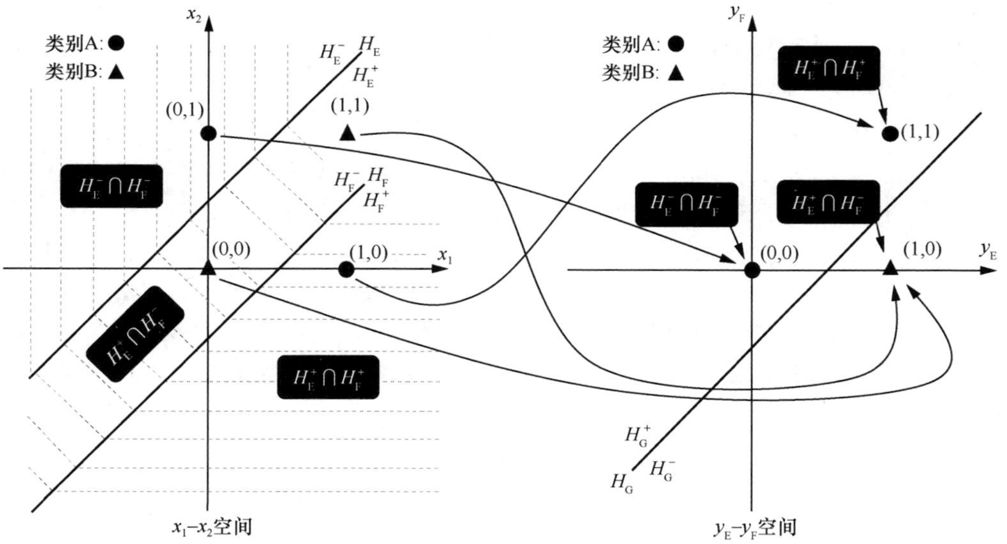

图 4-57　直观理解 XOR 问题的解决过程（2）

从图 4-57 中可以看到，H_{E} 和 H_{F} 这两条直线将 x_1-x_2 空间划分成了 $H_{\mathrm{E}}^{+}\cap H_{\mathrm{F}}^{+}$、$H_{\mathrm{E}}^{-}\cap H_{\mathrm{F}}^{-}$ 和 $H_{\mathrm{E}}^{+}\cap H_{\mathrm{F}}^{-}$ 这 3 个凸区域，A 类矢量 $[0\quad 1]^{\mathrm{T}}$ 位于区域 $H_{\mathrm{E}}^{-}\cap H_{\mathrm{F}}^{-}$ 中，A 类矢量 $[1\quad 0]^{\mathrm{T}}$ 位于区域 $H_{\mathrm{E}}^{+}\cap H_{\mathrm{F}}^{+}$ 中，B 类矢量 $[0\quad 0]^{\mathrm{T}}$ 和 $[1\quad 1]^{\mathrm{T}}$ 均位于区域 $H_{\mathrm{E}}^{+}\cap H_{\mathrm{F}}^{-}$ 中。稍做分析便可知，x_1-x_2 空间的 $H_{\mathrm{E}}^{+}\cap H_{\mathrm{F}}^{+}$ 区域中的每一个点都将被映射到 $y_{\mathrm{E}}-y_{\mathrm{F}}$ 空间中的 $[1\quad 1]^{\mathrm{T}}$ 这个点，x_1-x_2 空间的 $H_{\mathrm{E}}^{-}\cap H_{\mathrm{F}}^{-}$ 区域中的每一个点都将被映射到 $y_{\mathrm{E}}-y_{\mathrm{F}}$ 空间中的 $[0\quad 0]^{\mathrm{T}}$ 这个点，x_1-x_2 空间的 $H_{\mathrm{E}}^{+}\cap H_{\mathrm{F}}^{-}$ 区域中的每一个点都将被映射到 $y_{\mathrm{E}}-y_{\mathrm{F}}$ 空间中的

$[1\quad 0]^{\mathrm{T}}$ 这个点。因此，x_1-x_2 空间中的矢量 $[0\quad 1]^{\mathrm{T}}$ 将被映射到 $y_{\mathrm{E}}-y_{\mathrm{F}}$ 空间中的矢量 $[0\quad 0]^{\mathrm{T}}$，x_1-x_2 空间中的矢量 $[1\quad 0]^{\mathrm{T}}$ 将被映射到 $y_{\mathrm{E}}-y_{\mathrm{F}}$ 空间中的矢量 $[1\quad 1]^{\mathrm{T}}$，而 x_1-x_2 空间中的矢量 $[0\quad 0]^{\mathrm{T}}$ 和 $[1\quad 1]^{\mathrm{T}}$ 都将被映射到 $y_{\mathrm{E}}-y_{\mathrm{F}}$ 空间中的同一个矢量 $[1\quad 0]^{\mathrm{T}}$。

另一方面，感知器 G 的输入空间是 $y_{\mathrm{E}}-y_{\mathrm{F}}$ 空间（见图 4-55），它对应了 $y_{\mathrm{E}}-y_{\mathrm{F}}$ 空间中的一条直线 H_{G}（见图 4-57），根据感知器 G 的参数的取值，可知直线 H_{G} 的方程是

$$H_{\mathrm{G}}：\ -x_1+x_2+0.5=0$$

从图 4-57 中可以看到，H_{G} 这条直线将 $y_{\mathrm{E}}-y_{\mathrm{F}}$ 空间划分成了正半空间 H_{G}^{+} 和负半空间 H_{G}^{-}，并且 $y_{\mathrm{E}}-y_{\mathrm{F}}$ 空间中的点 $[0\quad 0]^{\mathrm{T}}$ 和点 $[1\quad 1]^{\mathrm{T}}$ 均位于 H_{G}^{+} 中，而 $y_{\mathrm{E}}-y_{\mathrm{F}}$ 空间中的点 $[1\quad 0]^{\mathrm{T}}$ 位于 H_{G}^{-} 中。因此，$y_{\mathrm{E}}-y_{\mathrm{F}}$ 空间中的点 $[0\quad 0]^{\mathrm{T}}$ 和点 $[1\quad 1]^{\mathrm{T}}$（分别对应于 x_1-x_2 空间中的点 $[0\quad 1]^{\mathrm{T}}$ 和点 $[1\quad 0]^{\mathrm{T}}$）将使得 $y_{\mathrm{G}}=1$，而 $y_{\mathrm{E}}-y_{\mathrm{F}}$ 空间中的点 $[1\quad 0]^{\mathrm{T}}$（同时对应于 x_1-x_2 空间中的点 $[0\quad 0]^{\mathrm{T}}$ 和点 $[1\quad 1]^{\mathrm{T}}$）将使得 $y_{\mathrm{G}}=0$。也就是说，当神经网络的输入为 A 类矢量 $[0\quad 1]^{\mathrm{T}}$ 和 $[1\quad 0]^{\mathrm{T}}$ 时，神经网络的输出 $y_{\mathrm{G}}=1$，当神经网络的输入为 B 类矢量 $[0\quad 0]^{\mathrm{T}}$ 和 $[1\quad 1]^{\mathrm{T}}$ 时，神经网络的输出 $y_{\mathrm{G}}=0$，这样的输入–输出关系正好就是 XOR 的正确解。图 4-57 所描述的过程内容可以总结为，感知器 E 和感知器 F 先将 x_1-x_2 空间中非线性可分的 4 个点映射成 $y_{\mathrm{E}}-y_{\mathrm{F}}$ 空间中线性可分的 3 个点，然后感知器 G 再对 $y_{\mathrm{E}}-y_{\mathrm{F}}$ 空间中的这 3 个点进行线性分割。

至此，我们总共给出并解释了 XOR 问题的两种解决方案，这两种方案所采用的神经网络的结构是完全一样的，不同之处仅仅在于神经网络的各个参数的取值差异。需要说明的是，基于图 4-52 或图 4-55 所示的神经网络结构，我们其实可以有无穷多种方案都能够正确地求解 XOR 问题，这些方案的差异仅仅体现在各个参数的取值不同而已。还有就是，除了图 4-52 或图 4-55 所示的神经网络结构，其实还有很多不同的神经网络结构都可以用来正确地求解 XOR 问题。例如，只要参数的取值恰当，图 4-58 所示的两种神经网络结构也是可以给出 XOR 问题的正确解的。

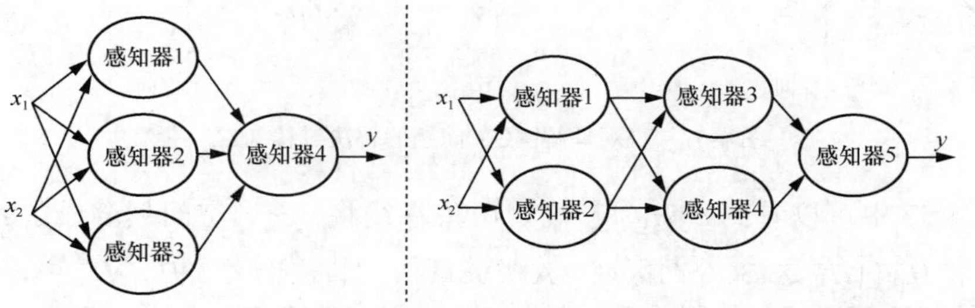

图 4-58　两种不同的神经网络结构

从以上描述可以看到，XOR 问题的求解主要涉及两个方面的问题，其一是如何确定神经网络的结构，其二是如何确定神经网络的参数取值。因为 XOR 问题本身只是一个极其简单的非线性可分的分类问题，所以只需要用到寥寥几个具有并行排列和串行连接

结构的感知器，各个感知器的参数取值也只需要通过简单的人工推算就能确定。但是，绝大多数现实中的应用问题都远比 XOR 问题复杂得多，因此，如何合理地选择确定神经网络的结构，如何利用训练算法自动计算确定神经网络的参数取值，这些都是需要进一步分析和讨论的问题，同时也是我们后面将要学习的主要内容。

4.3.2　多层感知器的基本结构

在 4.2.1 小节中，我们描述和分析了 MCP 模型，并且知道了基本型 MCP 与增强型 MCP 的差别。若无特别说明，MCP 都是指增强型 MCP，基本型 MCP 只是增强型 MCP 的一种特殊情况。在 4.2.3 小节中，我们描述和分析了感知器。所谓感知器，其实就是具有训练算法的，并且激活函数为单位阶跃函数的 MCP。在 4.2.4 小节中，我们描述和分析了 SLP。SLP 是由若干个感知器并行排列而成的，由于它无法求解任何非线性可分的分类问题（例如 XOR 问题），实际应用极受限制，所以我们也就省去了关于它的训练算法的描述和分析。在上一个小节中，我们按照一种新的方式将很少的几个感知器连接起来，使其既有并行排列结构，又有串行连接结构，这样的结构模型轻松地解决了 XOR 问题。

如果将若干个 MCP 按照图 4-59 所示的连接方式组织起来，便可得到一种功能强大、应用广泛的人工神经网络模型，这种模型的英文全称是 **Multi-Layer Perceptron**，简称 **MLP**，中文翻译为**多层感知器**。需要说明的是，人们更习惯于用人工神经元或直接就用神经元来指 MLP 中的 MCP。细心的读者应该还记得，在 4.2.1 小节中我们曾说过，MCP 也称为人工神经元。

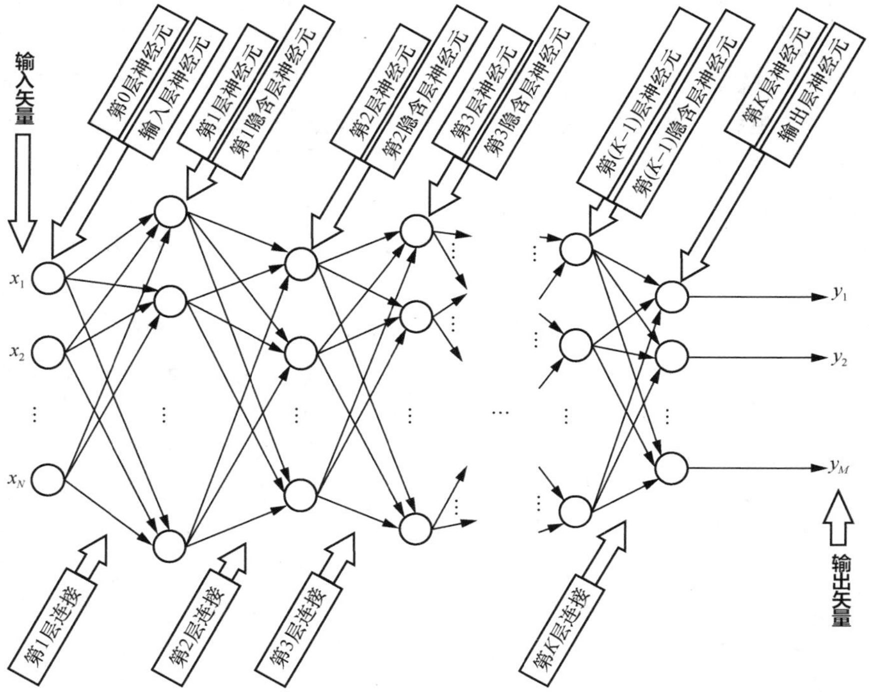

图 4-59　MLP 的基本结构

MLP 的“**层（Layer）**”是一个比较容易混淆和产生误解的概念。我们首先应该清楚的是，“层”有神经元层和连接层之分。在图 4-59 中，顶部的标注指示的是神经元层，底部的标注指示的是连接层。

从图 4-59 顶部的标注可知，MLP 的第 0 层神经元称为**输入层神经元（Input-Layer Neurons）**，最后一层神经元称为**输出层神经元（Output-Layer Neurons）**，输入层与输出层之间的神经元称为**隐含层神经元（Hidden-Layer Neurons）**。注意，只有输入层和输出层而无隐含层时是不能称为 MLP 的，此时应称为 SLP，并且 SLP 的输出层神经元只有 1 个时应该更准确地称为感知器，因此，图 4-59 中的 K 必须至少为 2。在谈及 MLP 的神经元层的时候，人们经常会使用“上一层”或“前一层”的说法，以及“下一层”或“后一层”的说法。其含义是，如果当前的神经元层是第 l 层，则上一层或前一层是指第 $(l-1)$ 神经元层，下一层或后一层是指第 $(l+1)$ 神经元层。

从图 4-59 底部的标注可知，由于 K 必须至少为 2，所以 MLP 必须至少包含 2 个连接层。也就是说，连接层数小于 2 时是不能称为 MLP 的。在谈及 MLP 的连接层的时候，人们也经常会使用“上一层”或“前一层”的说法，以及“下一层”或“后一层”的说法。其含义是，如果当前的连接层是第 l 层，则上一层或前一层是指第 $(l-1)$ 连接层，下一层或后一层是指第 $(l+1)$ 连接层。

注意，在 MLP 中，每个隐含层神经元和每个输出层神经元才是真正意义上的 MCP，只有这些神经元才会接收各自的输入，并通过加权求和的方式计算各自的总输入，然后将各自的总输入减去各自的阈值得到各自的净输入，最后将各自的净输入代入各自的激活函数计算出各自的输出值。在 MLP 中，每个输入层神经元都不是真正的 MCP，它们不接收任何输入，没有权重值，没有阈值，也没有激活函数，它们不进行任何信息计算和处理，它们只有输出值，并且某个输入层神经元的输出值直接就是该 MLP 的输入矢量的某个分量值。也就是说，MLP 的输入层神经元只是扮演了占位符（Place Holder）的角色，它们只是放置 MLP 的输入的位置而已。

与 MLP 一样，感知器或 SLP 的输入层神经元也不是真正的 MCP，它们只是放置感知器或 SLP 的输入的位置而已。习惯上，在绘制感知器、SLP 以及 MLP 的结构图时，可以画出输入层神经元，也可以不画出来。例如，图 1-14（c）的感知器是画出了输入层神经元的，图 4-27 中的感知器是没有画出输入层神经元的，图 4-43 中的 SLP 是没有画出输入层神经元的，图 4-58 中的 MLP 也是没有画出输入层神经元的。在图 4-60 中，左右两边的感知器、SLP 和 MLP 是完全等同的，不同之处仅仅在于左边的没有画出输入层神经元，而右边的是画出了输入层神经元的。

需要特别强调的是，由于 MLP 的输入层神经元只是占位符而已，并非真正的神经元，所以人们在谈及 MLP 的层数时，习惯上是不计输入层的，只计隐含层的层数和输出层。因此，一个 3 层 MLP 是指该 MLP 总共包含了 1 个输入层、2 个隐含层和 1 个输出层；一个 5 层 MLP 是指该 MLP 总共包含了 1 个输入层、4 个隐含层和 1 个输出层；一个 2 层 MLP 是指该 MLP 总共包含了 1 个输入层、1 个隐含层和 1 个输出层。也就是说，MLP 的层数其实是指其连接层的层数。

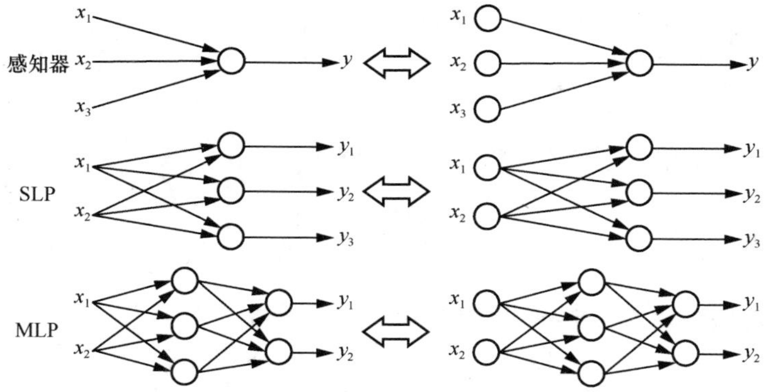

图 4-60　输入层神经元可画可不画

在 1.5 节中，我们已经了解过浅层神经网络与深度神经网络的概念。我们已经知道，神经网络的连接层的层数称为神经网络的深度值；连接的层数越多，深度值越大，网络越深。我们还知道，深度值大于或等于 2 的神经网络才能被称作深度神经网络，否则只能算是浅层神经网络。现在我们应该非常清楚，感知器和 SLP 都属于浅层神经网络的范畴，而 MLP 则是一种深度神经网络。

从数学的角度看，图 4-59 中的 MLP 所对应或表达的是从 N 维输入空间到 M 维输出空间的一种函数映射关系。把 $x_1, x_2, \cdots, x_N$ 看成是 N 维矢量 $\boldsymbol{x} = [x_1 \quad x_2 \quad \cdots \quad x_N]^{\mathrm{T}}$ 的 N 个分量，把 $y_1, y_2, \cdots, y_M$ 看成是 M 维矢量 $\boldsymbol{y} = [y_1 \quad y_2 \quad \cdots \quad y_M]^{\mathrm{T}}$ 的 M 个分量，则 MLP 所对应或表达的就是一个矢量的矢量函数[请复习 2.2.6 小节的内容，并参见式（2.100）和式（2.101）]，也就是 M 维输出矢量 $\boldsymbol{y}$ 与 N 维输入矢量 $\boldsymbol{x}$ 之间的关系函数，这个函数的表达式在形式上可以写成

$$\begin{cases} y_1 = f_1(x_1, x_2, \cdots, x_N) = f_1(\boldsymbol{x}) \\ y_2 = f_2(x_1, x_2, \cdots, x_N) = f_2(\boldsymbol{x}) \\ \qquad\qquad \vdots \\ y_M = f_M(x_1, x_2, \cdots, x_N) = f_M(\boldsymbol{x}) \end{cases} \tag{4.21}$$

或简记为

$$\boldsymbol{y} = \boldsymbol{f}(\boldsymbol{x}) \tag{4.22}$$

其中 $\boldsymbol{x} = [x_1 \quad x_2 \quad \cdots \quad x_N]^{\mathrm{T}}$，$\boldsymbol{y} = [y_1 \quad y_2 \quad \cdots \quad y_M]^{\mathrm{T}}$，$\boldsymbol{f} = [f_1 \quad f_2 \quad \cdots \quad f_M]^{\mathrm{T}}$。

通常情况下，如果想要了解某个函数的特点和属性，那么首先就得写出该函数的具体表达式，然后对表达式进行观察、变换和分析，从而发现函数的各种特点和属性。然而，这样的方法对于 MLP 所对应的函数来说几乎是完全不可行的。式（4.21）中，每一个 f_i 都是一个自变量为 $x_1, x_2, \cdots, x_N$ 的 N 元函数，而 N 的值动辄就是几十、几百、几千、几万甚至更多。同时，f_i 又是一个多层次复合函数，并且 MLP 的层数越多，复合的层次就越多。因此，随着 MLP 的深度值的增大，以及随着各层神经元数量的增加，f_i 的具体表达式将变得异常繁杂，所以要写出 f_i 的具体表达式几乎是完全不可能的。

例如，图 4-61 显示的是一个规模很小的 MLP，其中的 w_i 代表各个神经元的权重值，θ_i 代表各个神经元的阈值，g_i 代表各个神经元的激活函数，u_1 和 u_2 代表隐含层的两个神经元的输出。现在，我们不妨来尝试写出该 MLP 所对应的函数的具体表达式。首先，根据输出层神经元的输入–输出关系，可以写出

$$\begin{cases} y_1 = g_3(w_5u_1 + w_6u_2 - \theta_3) \\ y_2 = g_4(w_7u_1 + w_8u_2 - \theta_4) \end{cases} \tag{4.23}$$

然后，根据隐含层神经元的输入–输出关系，可以写出

$$\begin{cases} u_1 = g_1(w_1x_1 + w_2x_2 - \theta_1) \\ u_2 = g_2(w_3x_1 + w_4x_2 - \theta_2) \end{cases} \tag{4.24}$$

将式（4.24）中的 u_1 和 u_2 代入式（4.23），得到

$$\begin{cases} y_1 = g_3(w_5g_1(w_1x_1 + w_2x_2 - \theta_1) + w_6g_2(w_3x_1 + w_4x_2 - \theta_2) - \theta_3) \\ y_2 = g_4(w_7g_1(w_1x_1 + w_2x_2 - \theta_1) + w_8g_2(w_3x_1 + w_4x_2 - \theta_2) - \theta_4) \end{cases} \tag{4.25}$$

假设各个神经元的激活函数 g_i 都是一个标准逻辑函数[参见式（3.24）]:

$$g_i(x) = \frac{1}{1+\mathrm{e}^{-x}} \tag{4.26}$$

将式（4.26）代入式（4.25），得到

$$\begin{cases} y_1 = \dfrac{1}{1+\mathrm{e}^{-\left(\frac{w_5}{1+\mathrm{e}^{-(w_1x_1+w_2x_2-\theta_1)}}+\frac{w_6}{1+\mathrm{e}^{-(w_3x_1+w_4x_2-\theta_2)}}-\theta_3\right)}} \\ y_2 = \dfrac{1}{1+\mathrm{e}^{-\left(\frac{w_7}{1+\mathrm{e}^{-(w_1x_1+w_2x_2-\theta_1)}}+\frac{w_8}{1+\mathrm{e}^{-(w_3x_1+w_4x_2-\theta_2)}}-\theta_4\right)}} \end{cases} \tag{4.27}$$

式（4.27）就是图 4-61 中的 MLP 所对应的函数的具体表达式。

可以看到，图 4-61 中的 MLP 的规模虽然很小，但其对应的函数的具体表达式却非常繁杂。另外，面对如此繁杂的函数表达式，我们也几乎不可能通过解析的方式发现函数的特点和属性。例如，它是不是凸函数？它有多少个极值点？它的极值点的位置分布情况如何？如此等等。总之，在通常情况下，我们实际上是不可能写出 MLP 所对应的函数的具体表达式的，即使写出来了也几乎没有任何实际的意义。事实上，对于 MLP 所对应的函数，我们更在意的是它的数值计算特性，而非它的解析特性。

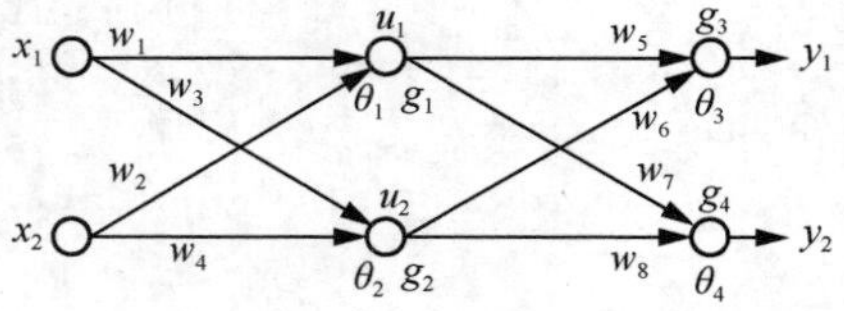

图 4-61　一个规模很小的 MLP

虽然我们难以写出并分析清楚 MLP 所对应的函数的具体表达式，但是我们却给了 MLP 一个非常特别的名号，叫作**万能函数逼近器（Universal Function Approximator）**，这是因为从数学上已经证明：如果不限制 MLP 的层数以及各隐含层神经元的个数，也

不限制激活函数的具体形式，那么只要 MLP 的各个神经元的权重值和阈值的取值得当，式（4.21）中的 $y_i = f_i(x_1, x_2, \cdots, x_N)$ $(i = 1, 2, \cdots, M)$ 就能够以任意小的误差逼近任意一个 N 元函数。也就是说，从理论上讲，MLP 能够以任意小的误差表达出 M 维输出矢量 $\boldsymbol{y}$ 与 N 维输入矢量 $\boldsymbol{x}$ 之间的任何一种函数映射关系。

需要说明的是，上面提到的证明只是一种存在性证明，而非一种构造性证明。也就说，给定一个 M 维输出矢量 $\boldsymbol{y}$ 与 N 维输入矢量 $\boldsymbol{x}$ 之间的函数映射关系，一定存在这样的 MLP，其所对应或表达的函数映射关系能够以任意小的误差逼近所给定的函数映射关系。但是，如何构造出这样的 MLP，也即 MLP 的层数应该是多少、各隐含层神经元的个数应该是多少、应该采用什么样的激活函数、各个神经元的权重值和阈值的取值应该是多少，所有这些问题都没有现成的答案，也没有什么套路和方法可以保证我们一定能够构造出这样的 MLP。

4.3.3　多层感知器的设计与运作

在 3.4 节中，我们基于深度神经网络模型及监督训练方式对机器学习的整体流程进行了详细的描述。MLP 正是一种采用监督训练方式的深度神经网络模型，所以，关于 MLP 的设计与运作过程，需请读者朋友们认真复习 3.4 节的内容。在本小节中，我们所要做的只是基于 MLP 来对 3.4 节的内容进行一个简单的总结。为了方便起见，我们将图 3-21 所示的内容重现在了图 4-62 中。

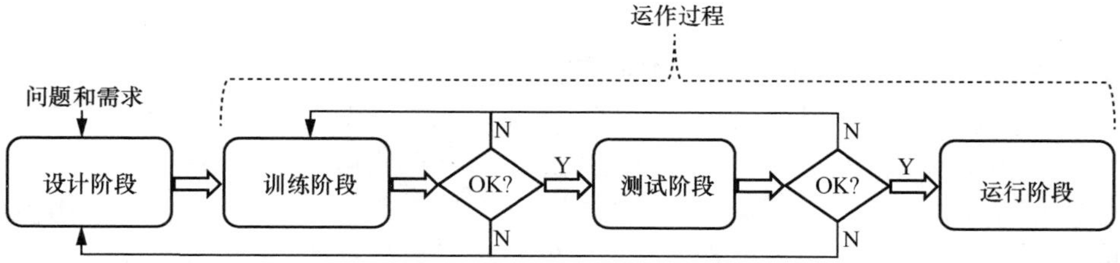

图 4-62　MLP 的设计与运作

如图 4-63 所示，在 MLP 的设计阶段，我们的任务是要根据应用问题本身的具体情况确定好 MLP 的输入层神经元的个数、输出层神经元的个数、连接层的层数、各个隐含层的神经元的个数、各个神经元的激活函数的具体形式。

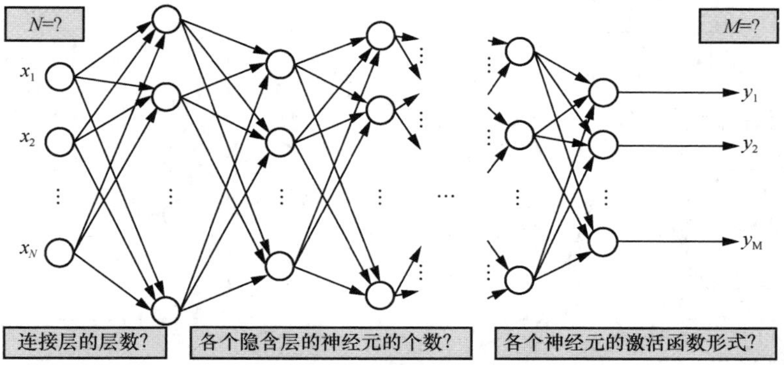

图 4-63　MLP 的设计阶段

如图 4-64 所示，在训练阶段，MLP 的输入是带有标签信息的训练样本矢量。训练的目的是要将各个神经元的权重值和阈值从随机的初始取值优化调整成我们认为的最优取值，训练收敛的标志是系统训练误差已经下降至一个我们认为的足够小的值，因为足够小的系统训练误差才能说明 MLP 所表达的函数关系已经足够逼近训练样本输入矢量与其期望输出矢量之间的对应关系。如果训练无法收敛，就需要返回去重新选取各个神经元的权重值和阈值的初始值，然后从头开始训练，同时也可能需要调整学习率的大小，或者，重新退回到设计阶段去调整 MLP 的隐含层的层数以及各个隐含层的神经元的个数，甚至是改变神经元的激活函数形式。

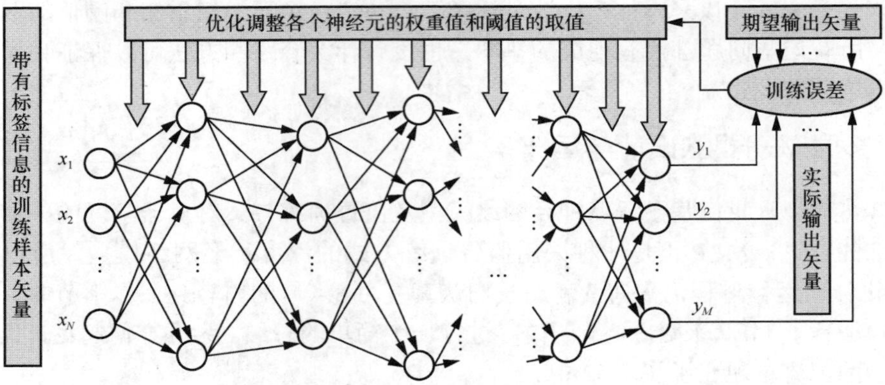

图 4-64　MLP 的训练阶段

如图 4-65 所示，在测试阶段，MLP 的输入是带有标签信息的测试样本矢量。在测试过程中，各个神经元的权重值和阈值的取值都必须保持为训练收敛结束时的取值。测试的目的是要检验 MLP 是否已经真正地学到了隐含在应用问题中的并通过训练样本反映出的输入–输出关系，而不只是简单刻板地记住了训练样本输入矢量与其期望输出矢量之间的对应关系。只有当系统测试误差足够小时，才能说明 MLP 真正做到了能学会用。如果测试阶段无法通过，出现了过拟合现象，这时就需要退回到训练阶段重新进行训练，并设法避免过度训练情况的发生，甚至可能需要退回到设计阶段去重新调整 MLP 的规模大小。关于过拟合问题、过度训练问题以及 MLP 的规模大小问题，我们会在 4.3.10、4.3.11、4.3.12 小节中进行更多的描述和讨论。

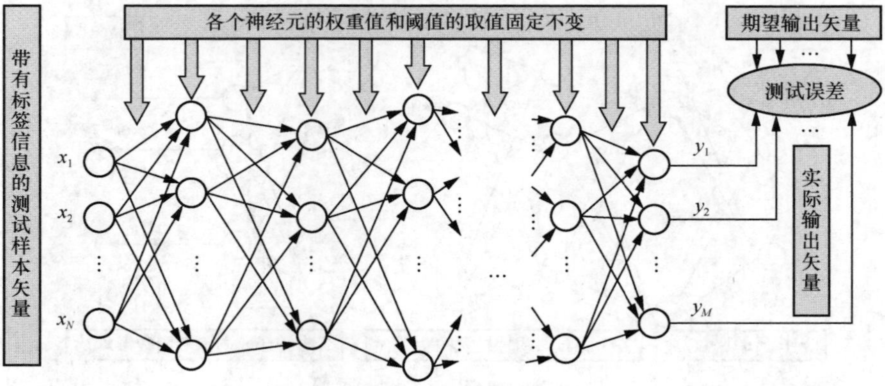

图 4-65　MLP 的测试阶段

如图 4-66 所示，在运行阶段，MLP 的输入不再是带有标签的训练样本矢量或测试样本矢量，而是不带标签的工作数据。运行阶段也就是工作阶段，是 MLP 提供应用服务的阶段。

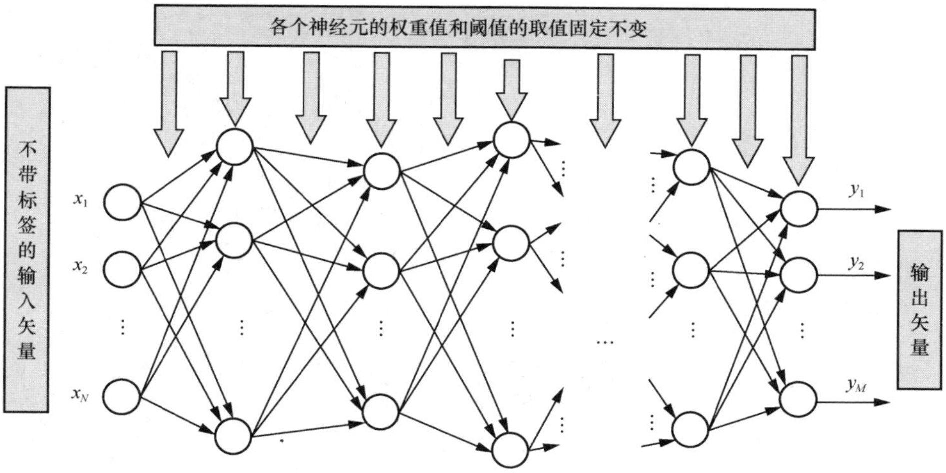

图 4-66 MLP 的运行阶段

4.3.4 前向计算与后向计算

如图 4-67 所示，MLP 的计算涉及两个方向：一个是前向，也称为正向；另一个是后向，也称为反向。前向或正向是指从输入层指向输出层的方向，后向或反向是指从输出层指向输入层的方向。**前向计算（Forward Computation）**也称为正向计算，**后向计算（Backward Computation）**也称为反向计算。另外，前向计算也称为前向传递（Forward Pass）或正向传递，后向计算也称为后向传递（Backward Pass）或反向传递。接下来我们将以举例的方式来解释前向计算与后向计算的具体含义。

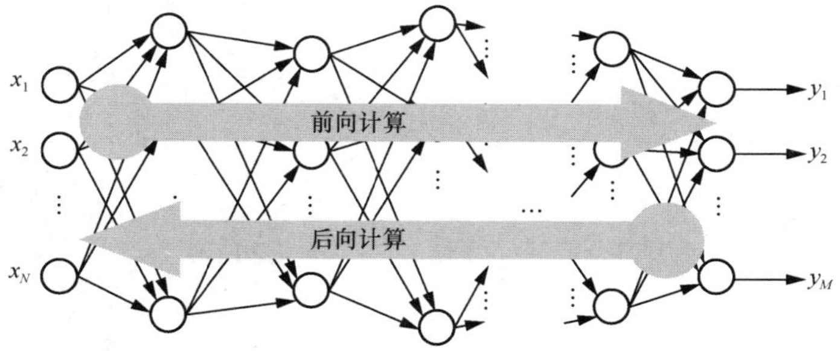

图 4-67 前向计算与后向计算

首先我们需要知道并记住前向计算的目标：在给定了 MLP 的模型参数（各个神经元的阈值和权重值）的前提下，根据 MLP 的输入矢量的值计算出 MLP 的输出矢量的值。例如，图 4-68 显示的是一个规模很小的 3 层 MLP，图中的 $w_{ij}^{[k]}$ 表示的是第 $(k-1)$ 层神经元中的第 i 个神经元与第 k 层神经元中的第 j 个神经元之间的连接的权重值，$\theta_i^{[k]}$ 表示的是第 k 层神经元中的第 i 个神经元的阈值，$y_i^{[k]}$ 表示的是第 k 层神经元中的

第 i 个神经元的输出值，$g(\cdot)$ 表示的是各个神经元的激活函数。针对图 4-68 所示的 MLP，前向计算的目标就是要根据输入矢量 $\boldsymbol{x}=\begin{bmatrix}x_1 & x_2\end{bmatrix}^{\mathrm{T}}$ 的值计算出输出矢量 $\boldsymbol{y}=\begin{bmatrix}y_1 & y_2\end{bmatrix}^{\mathrm{T}}$ 的值。

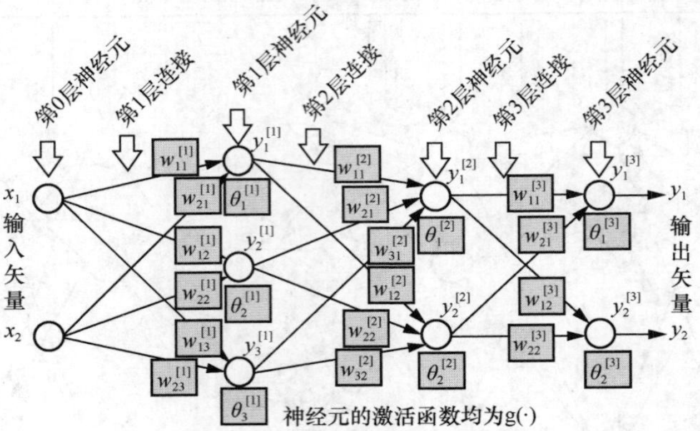

图 4-68　前向计算示例

显然，$y_1 = y_1^{[3]}$，$y_2 = y_2^{[3]}$，根据第 3 层神经元的输入–输出关系，有

$$\begin{cases} y_1 = y_1^{[3]} = g\left(w_{11}^{[3]} y_1^{[2]} + w_{21}^{[3]} y_2^{[2]} - \theta_1^{[3]}\right) \\ y_2 = y_2^{[3]} = g\left(w_{12}^{[3]} y_1^{[2]} + w_{22}^{[3]} y_2^{[2]} - \theta_2^{[3]}\right) \end{cases} \tag{4.28}$$

所以，想要计算出 y_1 和 y_2 的值，必须先计算出 $y_1^{[2]}$ 和 $y_2^{[2]}$ 的值。根据第 2 层神经元的输入–输出关系，有

$$\begin{cases} y_1^{[2]} = g\left(w_{11}^{[2]} y_1^{[1]} + w_{21}^{[2]} y_2^{[1]} + w_{31}^{[2]} y_3^{[1]} - \theta_1^{[2]}\right) \\ y_2^{[2]} = g\left(w_{12}^{[2]} y_1^{[1]} + w_{22}^{[2]} y_2^{[1]} + w_{32}^{[2]} y_3^{[1]} - \theta_2^{[2]}\right) \end{cases} \tag{4.29}$$

所以，想要计算出 $y_1^{[2]}$ 和 $y_2^{[2]}$ 的值，必须先计算出 $y_1^{[1]}$、$y_2^{[1]}$、$y_3^{[1]}$ 的值。根据第 1 层神经元的输入–输出关系，有

$$\begin{cases} y_1^{[1]} = g\left(w_{11}^{[1]} x_1 + w_{21}^{[1]} x_2 - \theta_1^{[1]}\right) \\ y_2^{[1]} = g\left(w_{12}^{[1]} x_1 + w_{22}^{[1]} x_2 - \theta_2^{[1]}\right) \\ y_3^{[1]} = g\left(w_{13}^{[1]} x_1 + w_{23}^{[1]} x_2 - \theta_3^{[1]}\right) \end{cases} \tag{4.30}$$

因此，要想根据输入矢量 $\boldsymbol{x}=\begin{bmatrix}x_1 & x_2\end{bmatrix}^{\mathrm{T}}$ 的值计算出输出矢量 $\boldsymbol{y}=\begin{bmatrix}y_1 & y_2\end{bmatrix}^{\mathrm{T}}$ 的值，就必须先根据式（4.30）计算出第 1 层神经元的输出值 $y_1^{[1]}$、$y_2^{[1]}$、$y_3^{[1]}$，再根据式（4.29）计算出第 2 层神经元的输出值 $y_1^{[2]}$、$y_2^{[2]}$，最后根据式（4.28）计算出第 3 层神经元的输出值 $y_1^{[3]}$、$y_2^{[3]}$，这也就是 y_1 和 y_2 的值。图 4-69 显示了前向计算的步骤和方向，图中的箭头指向可以清楚地告诉我们前向计算的确是一步一步地在向前进行计算。

一般地，所谓前向计算，就是指在给定了 MLP 的模型参数（各个神经元的阈值和权重值）的前提下，先根据输入矢量的值计算出第 1 层的各个神经元的输出值，再根据第 1 层的各个神经元的输出值计算出第 2 层的各个神经元的输出值，再根据第 2 层的各个神经元的输出值计算出第 3 层的各个神经元的输出值，如此重复下去，直到最终计算出 MLP 的输出矢量的值。

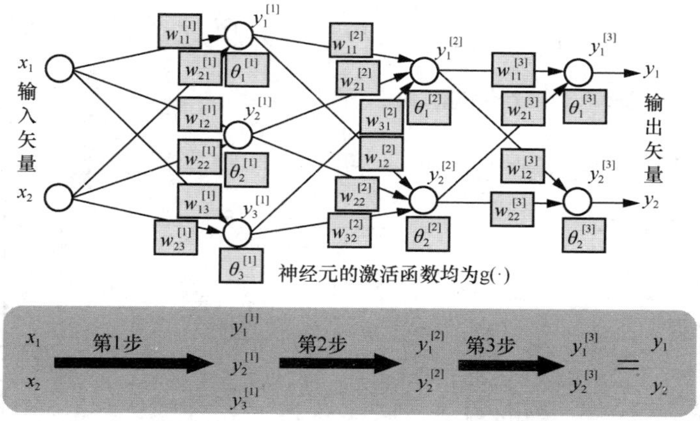

图 4-69 前向计算的方向和步骤

解释完了前向计算，我们现在来解释后向计算。解释后向计算之前，有必要回顾一下关于训练误差的概念。在 3.4 节中，我们初次接触到了训练误差的概念，后来在 4.3.3 小节中又提及过这一概念。训练误差分为两种：一种是某个训练样本的训练误差，我们用符号 E 来表示，E 是误差 error 一词的首字母；另一种是训练集中每个训练样本的训练误差之和，这个和称为系统训练误差或网络训练误差，我们用符号 E_{sys} 来表示，E_{sys} 的下标 sys 是系统一词 system 的前 3 个字母。一个训练样本的训练误差 E 是指该训练样本所对应的实际输出矢量与相应的期望输出矢量之间的差异，不管这种差异的具体形式是如何定义的，它的取值都必须是一个非负的标量值。显然，影响 E 的取值有两个因素，一个是期望输出矢量，另一个是实际输出矢量，但是由于期望输出矢量的值是事先给定的，相当于固定不变的常量，所以真正影响 E 的取值的因素其实是实际输出矢量。我们知道，实际输出矢量的值又是由训练样本矢量的值和 MLP 的模型参数的值共同决定的，而训练样本矢量的值是已经给定了的，相当于固定不变的常量，所以最终真正影响 E 的取值的因素其实只是 MLP 的模型参数的取值，也就是各个神经元的权重值和阈值的取值。这样一来，我们就可以将 E 看成是一个函数，称为训练样本的**训练误差函数（Training Error Function）**，记为 $f_e(\cdot)$，该函数的自变量就是 MLP 的各个神经元的权重值和阈值。例如，对于图 4-70 所示的 MLP，E 可表示为

$$
\begin{aligned}
E = f_e(&w_{11}^{[1]}, w_{21}^{[1]}, \theta_1^{[1]}, w_{12}^{[1]}, w_{22}^{[1]}, \theta_2^{[1]}, w_{13}^{[1]}, w_{23}^{[1]}, \theta_3^{[1]}, \\
&w_{11}^{[2]}, w_{21}^{[2]}, w_{31}^{[2]}, \theta_1^{[2]}, w_{12}^{[2]}, w_{22}^{[2]}, w_{32}^{[2]}, \theta_2^{[2]}, \\
&w_{11}^{[3]}, w_{21}^{[3]}, \theta_1^{[3]}, w_{12}^{[3]}, w_{22}^{[3]}, \theta_2^{[3]})
\end{aligned}
\tag{4.31}
$$

式中的 23 个参数变量 $w_{11}^{[1]}$、$w_{21}^{[1]}$、$\theta_1^{[1]}$ …… $\theta_2^{[3]}$ 就是训练误差函数 $f_e(\cdot)$ 的 23 个自变量。

有了以上关于训练样本的训练误差函数 E 的认识之后，后向计算理解起来就非常容易了。首先我们需要知道并记住，后向计算的目标是，在给定了某个训练样本矢量及其对应的期望输出矢量的前提下，计算出该训练样本的训练误差函数 E 对其各个参数变量的偏导数，也就是计算出 E 对 MLP 的各个模型参数的偏导数。例如，对于图 4-70 所示的 MLP，后向计算的目标就是要计算出 $\frac{\partial E}{\partial w_{11}^{[1]}}$、$\frac{\partial E}{\partial w_{21}^{[1]}}$、$\frac{\partial E}{\partial \theta_1^{[1]}}$ …… $\frac{\partial E}{\partial \theta_2^{[3]}}$ 这 23 个偏导数。注意，因为 E 是参数变量 $w_{11}^{[1]}$、$w_{21}^{[1]}$、$\theta_1^{[1]}$ …… $\theta_2^{[3]}$ 的函数，所以 $\frac{\partial E}{\partial w_{11}^{[1]}}$、$\frac{\partial E}{\partial w_{21}^{[1]}}$、$\frac{\partial E}{\partial \theta_1^{[1]}}$ …… $\frac{\partial E}{\partial \theta_2^{[3]}}$ 这 23 个偏导数中的每一个同样也是参数变量 $w_{11}^{[1]}$、$w_{21}^{[1]}$、$\theta_1^{[1]}$ …… $\theta_2^{[3]}$ 的函数。

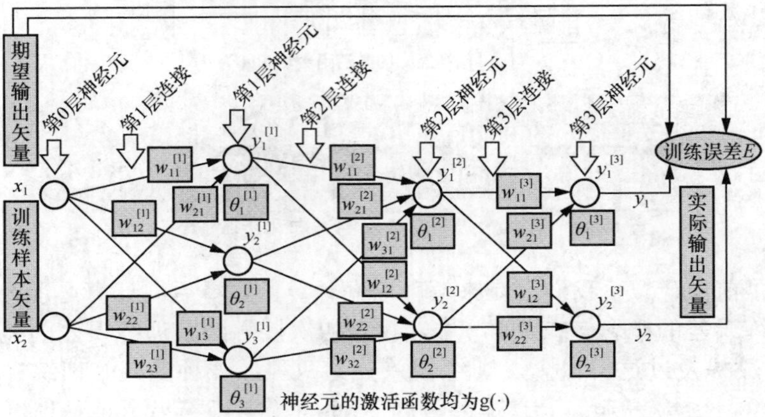

图 4-70　后向计算示例

首先来看看如何计算第 1 个偏导数 $\frac{\partial E}{\partial w_{11}^{[1]}}$。根据函数求导的链式法则（见 2.2.1 小节的结尾段落），有

$$\frac{\partial E}{\partial w_{11}^{[1]}} = \frac{\partial E}{\partial \mathrm{net}_1^{[1]}} \frac{\partial \mathrm{net}_1^{[1]}}{\partial w_{11}^{[1]}} \tag{4.32}$$

式（4.32）中等号右边的 $\mathrm{net}_1^{[1]}$ 代表的是第 1 层神经元中的第 1 个神经元的净输入，即

$$\mathrm{net}_1^{[1]} = w_{11}^{[1]} x_1 + w_{21}^{[1]} x_2 - \theta_1^{[1]} \tag{4.33}$$

于是，式（4.32）中等号右边的 $\frac{\partial \mathrm{net}_1^{[1]}}{\partial w_{11}^{[1]}}$ 可以变形为

$$\frac{\partial \mathrm{net}_1^{[1]}}{\partial w_{11}^{[1]}} = \frac{\partial \left(w_{11}^{[1]} x_1 + w_{21}^{[1]} x_2 - \theta_1^{[1]} \right)}{\partial w_{11}^{[1]}} = x_1 \tag{4.34}$$

将式（4.34）代入式（4.32）后，式（4.32）就变形为

$$\frac{\partial E}{\partial w_{11}^{[1]}} = \frac{\partial E}{\partial \mathrm{net}_1^{[1]}} x_1 \tag{4.35}$$

根据函数求导的链式法则，式（4.35）中等号右边的 $\frac{\partial E}{\partial \text{net}_1^{[1]}}$ 可变形为

$$\frac{\partial E}{\partial \text{net}_1^{[1]}} = \frac{\partial E}{\partial y_1^{[1]}} \frac{\partial y_1^{[1]}}{\partial \text{net}_1^{[1]}} \tag{4.36}$$

由于 $y_1^{[1]} = g\left(\text{net}_1^{[1]}\right)$，所以式（4.36）中等号右边的 $\frac{\partial y_1^{[1]}}{\partial \text{net}_1^{[1]}}$ 可变形为

$$\frac{\partial y_1^{[1]}}{\partial \text{net}_1^{[1]}} = \frac{\partial\left[g\left(\text{net}_1^{[1]}\right)\right]}{\partial \text{net}_1^{[1]}} = g'\left(\text{net}_1^{[1]}\right) \tag{4.37}$$

根据函数求导的链式法则，式（4.36）中等号右边的 $\frac{\partial E}{\partial y_1^{[1]}}$ 可变形为

$$\begin{aligned}
\frac{\partial E}{\partial y_1^{[1]}} &= \frac{\partial E}{\partial \text{net}_1^{[2]}} \frac{\partial \text{net}_1^{[2]}}{\partial y_1^{[1]}} + \frac{\partial E}{\partial \text{net}_2^{[2]}} \frac{\partial \text{net}_2^{[2]}}{\partial y_1^{[1]}} \\
&= \frac{\partial E}{\partial \text{net}_1^{[2]}} \frac{\partial\left(w_{11}^{[2]} y_1^{[1]} + w_{21}^{[2]} y_2^{[1]} + w_{31}^{[2]} y_3^{[1]} - \theta_1^{[2]}\right)}{\partial y_1^{[1]}} + \\
&\quad \frac{\partial E}{\partial \text{net}_2^{[2]}} \frac{\partial\left(w_{12}^{[2]} y_1^{[1]} + w_{22}^{[2]} y_2^{[1]} + w_{32}^{[2]} y_3^{[1]} - \theta_2^{[2]}\right)}{\partial y_1^{[1]}} \\
&= \frac{\partial E}{\partial \text{net}_1^{[2]}} w_{11}^{[2]} + \frac{\partial E}{\partial \text{net}_2^{[2]}} w_{12}^{[2]}
\end{aligned} \tag{4.38}$$

根据函数求导的链式法则，有

$$\frac{\partial E}{\partial w_{11}^{[2]}} = \frac{\partial E}{\partial \text{net}_1^{[2]}} \frac{\partial \text{net}_1^{[2]}}{\partial w_{11}^{[2]}} = \frac{\partial E}{\partial \text{net}_1^{[2]}} \frac{\partial\left(w_{11}^{[2]} y_1^{[1]} + w_{21}^{[2]} y_2^{[1]} + w_{31}^{[2]} y_3^{[1]} - \theta_1^{[2]}\right)}{\partial w_{11}^{[2]}} = \frac{\partial E}{\partial \text{net}_1^{[2]}} y_1^{[1]} \tag{4.39}$$

对式（4.39）中第 1 个等号左边的内容与第 3 个等号右边的内容进行对调并稍作调整，就得到

$$\frac{\partial E}{\partial \text{net}_1^{[2]}} = \frac{1}{y_1^{[1]}} \frac{\partial E}{\partial w_{11}^{[2]}} \tag{4.40}$$

类似地，根据函数求导的链式法则，有

$$\frac{\partial E}{\partial w_{12}^{[2]}} = \frac{\partial E}{\partial \text{net}_2^{[2]}} \frac{\partial \text{net}_2^{[2]}}{\partial w_{12}^{[2]}} = \frac{\partial E}{\partial \text{net}_2^{[2]}} \frac{\partial\left(w_{12}^{[2]} y_1^{[1]} + w_{22}^{[2]} y_2^{[1]} + w_{32}^{[2]} y_3^{[1]} - \theta_2^{[2]}\right)}{\partial w_{12}^{[2]}} = \frac{\partial E}{\partial \text{net}_2^{[2]}} y_1^{[1]} \tag{4.41}$$

对式（4.41）中第 1 个等号左边的内容与第 3 个等号右边的内容进行对调并稍作调整，就得到

$$\frac{\partial E}{\partial \text{net}_2^{[2]}} = \frac{1}{y_1^{[1]}} \frac{\partial E}{\partial w_{12}^{[2]}} \tag{4.42}$$

将式（4.40）和式（4.42）一起代入式（4.38）的右边，则式（4.38）就变形为

$$\frac{\partial E}{\partial y_1^{[1]}} = \frac{w_{11}^{[2]}}{y_1^{[1]}} \frac{\partial E}{\partial w_{11}^{[2]}} + \frac{w_{12}^{[2]}}{y_1^{[1]}} \frac{\partial E}{\partial w_{12}^{[2]}} \tag{4.43}$$

将式（4.37）和式（4.43）一起代入式（4.36）的右边，则式（4.36）就变形为

$$\frac{\partial E}{\partial \text{net}_1^{[1]}} = \frac{g'(\text{net}_1^{[1]})}{y_1^{[1]}}\left(w_{11}^{[2]}\frac{\partial E}{\partial w_{11}^{[2]}} + w_{12}^{[2]}\frac{\partial E}{\partial w_{12}^{[2]}}\right) \tag{4.44}$$

将式（4.44）代入式（4.35）的右边，则式（4.35）就变形为

$$\frac{\partial E}{\partial w_{11}^{[1]}} = g'(\text{net}_1^{[1]})\frac{x_1}{y_1^{[1]}}\left(w_{11}^{[2]}\frac{\partial E}{\partial w_{11}^{[2]}} + w_{12}^{[2]}\frac{\partial E}{\partial w_{12}^{[2]}}\right) \tag{4.45}$$

式（4.45）就是推导出来的计算 $\frac{\partial E}{\partial w_{11}^{[1]}}$ 的公式。采用推导式（4.45）的方法，还可以推导出计算 $\frac{\partial E}{\partial w_{21}^{[1]}}$、$\frac{\partial E}{\partial \theta_1^{[1]}}$、$\frac{\partial E}{\partial w_{12}^{[1]}}$、$\frac{\partial E}{\partial w_{22}^{[1]}}$、$\frac{\partial E}{\partial \theta_2^{[1]}}$、$\frac{\partial E}{\partial w_{13}^{[1]}}$、$\frac{\partial E}{\partial w_{23}^{[1]}}$、$\frac{\partial E}{\partial \theta_3^{[1]}}$ 的公式，所有这些公式可汇总为

$$\begin{cases}
\begin{cases}
\frac{\partial E}{\partial w_{11}^{[1]}} = g'\left(\text{net}_1^{[1]}\right)\frac{x_1}{y_1^{[1]}}\left(w_{11}^{[2]}\frac{\partial E}{\partial w_{11}^{[2]}} + w_{12}^{[2]}\frac{\partial E}{\partial w_{12}^{[2]}}\right) \\
\frac{\partial E}{\partial w_{21}^{[1]}} = g'\left(\text{net}_1^{[1]}\right)\frac{x_2}{y_1^{[1]}}\left(w_{11}^{[2]}\frac{\partial E}{\partial w_{11}^{[2]}} + w_{12}^{[2]}\frac{\partial E}{\partial w_{12}^{[2]}}\right) \\
\frac{\partial E}{\partial \theta_1^{[1]}} = g'\left(\text{net}_1^{[1]}\right)\frac{(-1)}{y_1^{[1]}}\left(w_{11}^{[2]}\frac{\partial E}{\partial w_{11}^{[2]}} + w_{12}^{[2]}\frac{\partial E}{\partial w_{12}^{[2]}}\right)
\end{cases} \\
\begin{cases}
\frac{\partial E}{\partial w_{12}^{[1]}} = g'\left(\text{net}_2^{[1]}\right)\frac{x_1}{y_2^{[1]}}\left(w_{21}^{[2]}\frac{\partial E}{\partial w_{21}^{[2]}} + w_{22}^{[2]}\frac{\partial E}{\partial w_{22}^{[2]}}\right) \\
\frac{\partial E}{\partial w_{22}^{[1]}} = g'\left(\text{net}_2^{[1]}\right)\frac{x_2}{y_2^{[1]}}\left(w_{21}^{[2]}\frac{\partial E}{\partial w_{21}^{[2]}} + w_{22}^{[2]}\frac{\partial E}{\partial w_{22}^{[2]}}\right) \\
\frac{\partial E}{\partial \theta_2^{[1]}} = g'\left(\text{net}_2^{[1]}\right)\frac{(-1)}{y_2^{[1]}}\left(w_{21}^{[2]}\frac{\partial E}{\partial w_{21}^{[2]}} + w_{22}^{[2]}\frac{\partial E}{\partial w_{22}^{[2]}}\right)
\end{cases} \\
\begin{cases}
\frac{\partial E}{\partial w_{13}^{[1]}} = g'\left(\text{net}_3^{[1]}\right)\frac{x_1}{y_3^{[1]}}\left(w_{31}^{[2]}\frac{\partial E}{\partial w_{31}^{[2]}} + w_{32}^{[2]}\frac{\partial E}{\partial w_{32}^{[2]}}\right) \\
\frac{\partial E}{\partial w_{23}^{[1]}} = g'\left(\text{net}_3^{[1]}\right)\frac{x_2}{y_3^{[1]}}\left(w_{31}^{[2]}\frac{\partial E}{\partial w_{31}^{[2]}} + w_{32}^{[2]}\frac{\partial E}{\partial w_{32}^{[2]}}\right) \\
\frac{\partial E}{\partial \theta_3^{[1]}} = g'\left(\text{net}_3^{[1]}\right)\frac{(-1)}{y_3^{[1]}}\left(w_{31}^{[2]}\frac{\partial E}{\partial w_{31}^{[2]}} + w_{32}^{[2]}\frac{\partial E}{\partial w_{32}^{[2]}}\right)
\end{cases}
\end{cases} \tag{4.46}$$

现在来分析一下式（4.46）。在式（4.46）中，等号左边是 E 对 MLP 的第 1 层的 9 个参数变量的偏导数 $\frac{\partial E}{\partial w_{11}^{[1]}}$、$\frac{\partial E}{\partial w_{21}^{[1]}}$、$\frac{\partial E}{\partial \theta_1^{[1]}}$、$\frac{\partial E}{\partial w_{12}^{[1]}}$、$\frac{\partial E}{\partial w_{22}^{[1]}}$、$\frac{\partial E}{\partial \theta_2^{[1]}}$、$\frac{\partial E}{\partial w_{13}^{[1]}}$、$\frac{\partial E}{\partial w_{23}^{[1]}}$、$\frac{\partial E}{\partial \theta_3^{[1]}}$，等号右边出现了 E 对 MLP 的第 2 层的 6 个参数变量的偏导数 $\frac{\partial E}{\partial w_{11}^{[2]}}$、$\frac{\partial E}{\partial w_{21}^{[2]}}$、$\frac{\partial E}{\partial w_{31}^{[2]}}$、$\frac{\partial E}{\partial w_{12}^{[2]}}$、$\frac{\partial E}{\partial w_{22}^{[2]}}$、$\frac{\partial E}{\partial w_{32}^{[2]}}$。由于各个神经元的激活函数已经给定为 $g(\cdot)$，所以式（4.46）中

等号右边的 $g'\left(\mathrm{net}_1^{[1]}\right)$、$g'\left(\mathrm{net}_2^{[1]}\right)$、$g'\left(\mathrm{net}_3^{[1]}\right)$ 都是可以直接计算出来的。由于输入的训练样本矢量是已经给定了的，所以式（4.46）中等号右边的 x_1 和 x_2 就是现成的已知量。另外，式（4.46）中等号右边的 $y_1^{[1]}$、$y_2^{[1]}$、$y_3^{[1]}$ 均可以通过前向计算而得到计算结果。因此，式（4.46）表明，如果想要计算出等号左边的 E 对第 1 层的 9 个参数变量的偏导数 $\frac{\partial E}{\partial w_{11}^{[1]}}$、$\frac{\partial E}{\partial w_{21}^{[1]}}$、$\frac{\partial E}{\partial \theta_1^{[1]}}$、$\frac{\partial E}{\partial w_{12}^{[1]}}$、$\frac{\partial E}{\partial w_{22}^{[1]}}$、$\frac{\partial E}{\partial \theta_2^{[1]}}$、$\frac{\partial E}{\partial w_{13}^{[1]}}$、$\frac{\partial E}{\partial w_{23}^{[1]}}$、$\frac{\partial E}{\partial \theta_3^{[1]}}$，则必须先计算出等号右边的 E 对第 2 层的 6 个参数变量的偏导数 $\frac{\partial E}{\partial w_{11}^{[2]}}$、$\frac{\partial E}{\partial w_{21}^{[2]}}$、$\frac{\partial E}{\partial w_{31}^{[2]}}$、$\frac{\partial E}{\partial w_{12}^{[2]}}$、$\frac{\partial E}{\partial w_{22}^{[2]}}$、$\frac{\partial E}{\partial w_{32}^{[2]}}$，并且，只要计算出了等号右边的 $\frac{\partial E}{\partial w_{11}^{[2]}}$、$\frac{\partial E}{\partial w_{21}^{[2]}}$、$\frac{\partial E}{\partial w_{31}^{[2]}}$、$\frac{\partial E}{\partial w_{12}^{[2]}}$、$\frac{\partial E}{\partial w_{22}^{[2]}}$、$\frac{\partial E}{\partial w_{32}^{[2]}}$ 这 6 个偏导数，就一定能够计算出等号左边的 $\frac{\partial E}{\partial w_{11}^{[1]}}$、$\frac{\partial E}{\partial w_{21}^{[1]}}$、$\frac{\partial E}{\partial \theta_1^{[1]}}$、$\frac{\partial E}{\partial w_{12}^{[1]}}$、$\frac{\partial E}{\partial w_{22}^{[1]}}$、$\frac{\partial E}{\partial \theta_2^{[1]}}$、$\frac{\partial E}{\partial w_{13}^{[1]}}$、$\frac{\partial E}{\partial w_{23}^{[1]}}$、$\frac{\partial E}{\partial \theta_3^{[1]}}$ 这 9 个偏导数，这是因为等号右边的 $g'\left(\mathrm{net}_1^{[1]}\right)$、$g'\left(\mathrm{net}_2^{[1]}\right)$、$g'\left(\mathrm{net}_3^{[1]}\right)$、$y_1^{[1]}$、$y_2^{[1]}$、$y_3^{[1]}$ 都是可以计算出来的，而 x_1 和 x_2 是现成的已知量。

那么，新的问题来了：如何计算出 $\frac{\partial E}{\partial w_{11}^{[2]}}$、$\frac{\partial E}{\partial w_{21}^{[2]}}$、$\frac{\partial E}{\partial w_{31}^{[2]}}$、$\frac{\partial E}{\partial w_{12}^{[2]}}$、$\frac{\partial E}{\partial w_{22}^{[2]}}$、$\frac{\partial E}{\partial w_{32}^{[2]}}$ 这 6 个偏导数呢？采用前面推导式（4.45）和式（4.46）的方法，我们可以继续推导出如下计算公式：

$$
\begin{cases}
\begin{cases}
\frac{\partial E}{\partial w_{11}^{[2]}} = g'\left(\mathrm{net}_1^{[2]}\right)\frac{y_1^{[1]}}{y_1^{[2]}}\left(w_{11}^{[3]}\frac{\partial E}{\partial w_{11}^{[3]}} + w_{12}^{[3]}\frac{\partial E}{\partial w_{12}^{[3]}}\right) \\
\frac{\partial E}{\partial w_{21}^{[2]}} = g'\left(\mathrm{net}_1^{[2]}\right)\frac{y_2^{[1]}}{y_1^{[2]}}\left(w_{11}^{[3]}\frac{\partial E}{\partial w_{11}^{[3]}} + w_{12}^{[3]}\frac{\partial E}{\partial w_{12}^{[3]}}\right) \\
\frac{\partial E}{\partial w_{31}^{[2]}} = g'\left(\mathrm{net}_1^{[2]}\right)\frac{y_3^{[1]}}{y_1^{[2]}}\left(w_{11}^{[3]}\frac{\partial E}{\partial w_{11}^{[3]}} + w_{12}^{[3]}\frac{\partial E}{\partial w_{12}^{[3]}}\right) \\
\frac{\partial E}{\partial \theta_1^{[2]}} = g'\left(\mathrm{net}_1^{[2]}\right)\frac{(-1)}{y_1^{[2]}}\left(w_{11}^{[3]}\frac{\partial E}{\partial w_{11}^{[3]}} + w_{12}^{[3]}\frac{\partial E}{\partial w_{12}^{[3]}}\right)
\end{cases} \\
\begin{cases}
\frac{\partial E}{\partial w_{12}^{[2]}} = g'\left(\mathrm{net}_2^{[2]}\right)\frac{y_1^{[1]}}{y_2^{[2]}}\left(w_{21}^{[3]}\frac{\partial E}{\partial w_{21}^{[3]}} + w_{22}^{[3]}\frac{\partial E}{\partial w_{22}^{[3]}}\right) \\
\frac{\partial E}{\partial w_{22}^{[2]}} = g'\left(\mathrm{net}_2^{[2]}\right)\frac{y_2^{[1]}}{y_2^{[2]}}\left(w_{21}^{[3]}\frac{\partial E}{\partial w_{21}^{[3]}} + w_{22}^{[3]}\frac{\partial E}{\partial w_{22}^{[3]}}\right) \\
\frac{\partial E}{\partial w_{32}^{[2]}} = g'\left(\mathrm{net}_2^{[2]}\right)\frac{y_3^{[1]}}{y_2^{[2]}}\left(w_{21}^{[3]}\frac{\partial E}{\partial w_{21}^{[3]}} + w_{22}^{[3]}\frac{\partial E}{\partial w_{22}^{[3]}}\right) \\
\frac{\partial E}{\partial \theta_2^{[2]}} = g'\left(\mathrm{net}_2^{[2]}\right)\frac{(-1)}{y_2^{[2]}}\left(w_{21}^{[3]}\frac{\partial E}{\partial w_{21}^{[3]}} + w_{22}^{[3]}\frac{\partial E}{\partial w_{22}^{[3]}}\right)
\end{cases}
\end{cases}
\tag{4.47}
$$

在式（4.47）中，等号左边是 E 对 MLP 的第 2 层的 8 个参数变量的偏导数 $\frac{\partial E}{\partial w_{11}^{[2]}}$、$\frac{\partial E}{\partial w_{21}^{[2]}}$、$\frac{\partial E}{\partial w_{31}^{[2]}}$、$\frac{\partial E}{\partial \theta_1^{[2]}}$、$\frac{\partial E}{\partial w_{12}^{[2]}}$、$\frac{\partial E}{\partial w_{22}^{[2]}}$、$\frac{\partial E}{\partial w_{32}^{[2]}}$、$\frac{\partial E}{\partial \theta_2^{[2]}}$，等号右边出现了 E 对 MLP 的第 3 层的 4 个参数变量的偏导数 $\frac{\partial E}{\partial w_{11}^{[3]}}$、$\frac{\partial E}{\partial w_{21}^{[3]}}$、$\frac{\partial E}{\partial w_{12}^{[3]}}$、$\frac{\partial E}{\partial w_{22}^{[3]}}$。由于各个神经元的激活函数已经给定为 $g(\cdot)$，所以式（4.47）中等号右边的 $g'\left(\text{net}_1^{[2]}\right)$ 和 $g'\left(\text{net}_2^{[2]}\right)$ 都是可以直接计算出来的。另外，式（4.47）中等号右边的 $y_1^{[1]}$、$y_2^{[1]}$、$y_3^{[1]}$、$y_1^{[2]}$、$y_2^{[2]}$ 均可以通过前向计算而得到计算结果。因此，式（4.47）表明，如果想要计算出等号左边的 E 对第 2 层的 8 个参数变量的偏导数 $\frac{\partial E}{\partial w_{11}^{[2]}}$、$\frac{\partial E}{\partial w_{21}^{[2]}}$、$\frac{\partial E}{\partial w_{31}^{[2]}}$、$\frac{\partial E}{\partial \theta_1^{[2]}}$、$\frac{\partial E}{\partial w_{12}^{[2]}}$、$\frac{\partial E}{\partial w_{22}^{[2]}}$、$\frac{\partial E}{\partial w_{32}^{[2]}}$、$\frac{\partial E}{\partial \theta_2^{[2]}}$，则必须先计算出等号右边的 E 对第 3 层的 4 个参数变量的偏导数 $\frac{\partial E}{\partial w_{11}^{[3]}}$、$\frac{\partial E}{\partial w_{21}^{[3]}}$、$\frac{\partial E}{\partial w_{12}^{[3]}}$、$\frac{\partial E}{\partial w_{22}^{[3]}}$，并且，只要计算出了等号右边的 $\frac{\partial E}{\partial w_{11}^{[3]}}$、$\frac{\partial E}{\partial w_{21}^{[3]}}$、$\frac{\partial E}{\partial w_{12}^{[3]}}$、$\frac{\partial E}{\partial w_{22}^{[3]}}$ 这 4 个偏导数，就一定能够计算出等号左边的 $\frac{\partial E}{\partial w_{11}^{[2]}}$、$\frac{\partial E}{\partial w_{21}^{[2]}}$、$\frac{\partial E}{\partial w_{31}^{[2]}}$、$\frac{\partial E}{\partial \theta_1^{[2]}}$、$\frac{\partial E}{\partial w_{12}^{[2]}}$、$\frac{\partial E}{\partial w_{22}^{[2]}}$、$\frac{\partial E}{\partial w_{32}^{[2]}}$、$\frac{\partial E}{\partial \theta_2^{[2]}}$ 这 8 个偏导数，这是因为等号右边的 $g'\left(\text{net}_1^{[2]}\right)$、$g'\left(\text{net}_2^{[2]}\right)$、$y_1^{[1]}$、$y_2^{[1]}$、$y_3^{[1]}$、$y_1^{[2]}$、$y_2^{[2]}$ 都是可以计算出来的。

那么，又一个新的问题来了：如何计算出 $\frac{\partial E}{\partial w_{11}^{[3]}}$、$\frac{\partial E}{\partial w_{21}^{[3]}}$、$\frac{\partial E}{\partial w_{12}^{[3]}}$、$\frac{\partial E}{\partial w_{22}^{[3]}}$ 这 4 个偏导数呢？注意，$w_{11}^{[3]}$、$w_{21}^{[3]}$、$w_{12}^{[3]}$、$w_{22}^{[3]}$ 这些参数变量都是 MLP 的最后一层的参数变量，所以推导 $\frac{\partial E}{\partial w_{11}^{[3]}}$、$\frac{\partial E}{\partial w_{21}^{[3]}}$、$\frac{\partial E}{\partial w_{12}^{[3]}}$、$\frac{\partial E}{\partial w_{22}^{[3]}}$ 的方法与前面推导式（4.45）、式（4.46）、式（4.47）的方法稍有不同，并且更为简单一些。以推导 $\frac{\partial E}{\partial w_{11}^{[3]}}$ 为例，根据函数求导的链式法则，有

$$\frac{\partial E}{\partial w_{11}^{[3]}} = \frac{\partial E}{\partial \text{net}_1^{[3]}} \frac{\partial \text{net}_1^{[3]}}{\partial w_{11}^{[3]}} \tag{4.48}$$

式（4.48）中等号右边的 $\text{net}_1^{[3]}$ 代表的是第 3 层神经元中的第 1 个神经元的净输入，即

$$\text{net}_1^{[3]} = w_{11}^{[3]} y_1^{[2]} + w_{21}^{[3]} y_2^{[2]} - \theta_1^{[3]} \tag{4.49}$$

于是，式（4.48）中等号右边的 $\frac{\partial \text{net}_1^{[3]}}{\partial w_{11}^{[3]}}$ 可以变形为

$$\frac{\partial \text{net}_1^{[3]}}{\partial w_{11}^{[3]}} = \frac{\partial\left(w_{11}^{[3]} y_1^{[2]} + w_{21}^{[3]} y_2^{[2]} - \theta_1^{[3]}\right)}{\partial w_{11}^{[3]}} = y_1^{[2]} \tag{4.50}$$

将式（4.50）代入式（4.48）后，式（4.48）就变形为

$$\frac{\partial E}{\partial w_{11}^{[3]}}=\frac{\partial E}{\partial \mathrm{net}_1^{[3]}}y_1^{[2]} \tag{4.51}$$

根据函数求导的链式法则，式（4.51）中等号右边的 $\frac{\partial E}{\partial \mathrm{net}_1^{[3]}}$ 可变形为

$$\frac{\partial E}{\partial \mathrm{net}_1^{[3]}}=\frac{\partial E}{\partial y_1}\frac{\partial y_1}{\partial \mathrm{net}_1^{[3]}} \tag{4.52}$$

由于 $y_1=g\left(\mathrm{net}_1^{[3]}\right)$，所以式（4.52）中等号右边的 $\frac{\partial y_1}{\partial \mathrm{net}_1^{[3]}}$ 可变形为

$$\frac{\partial y_1}{\partial \mathrm{net}_1^{[3]}}=\frac{\partial\left[g\left(\mathrm{net}_1^{[3]}\right)\right]}{\partial \mathrm{net}_1^{[3]}}=g'\left(\mathrm{net}_1^{[3]}\right) \tag{4.53}$$

将式（4.53）代入式（4.52），式（4.52）就变形为

$$\frac{\partial E}{\partial \mathrm{net}_1^{[3]}}=\frac{\partial E}{\partial y_1}g'\left(\mathrm{net}_1^{[3]}\right) \tag{4.54}$$

将式（4.54）代入式（4.51），式（4.51）就变形为

$$\frac{\partial E}{\partial w_{11}^{[3]}}=g'\left(\mathrm{net}_1^{[3]}\right)y_1^{[2]}\frac{\partial E}{\partial y_1} \tag{4.55}$$

式（4.55）就是推导出来的计算 $\frac{\partial E}{\partial w_{11}^{[3]}}$ 的公式。采用推导式（4.55）的方法，还可以推导出计算 $\frac{\partial E}{\partial w_{21}^{[3]}}$、$\frac{\partial E}{\partial \theta_1^{[3]}}$、$\frac{\partial E}{\partial w_{12}^{[3]}}$、$\frac{\partial E}{\partial w_{22}^{[3]}}$、$\frac{\partial E}{\partial \theta_2^{[3]}}$ 的公式，所有这些公式可汇总为

$$\begin{cases}\begin{cases}\dfrac{\partial E}{\partial w_{11}^{[3]}}=g'\left(\mathrm{net}_1^{[3]}\right)y_1^{[2]}\dfrac{\partial E}{\partial y_1}\\ \dfrac{\partial E}{\partial w_{21}^{[3]}}=g'\left(\mathrm{net}_1^{[3]}\right)y_2^{[2]}\dfrac{\partial E}{\partial y_1}\\ \dfrac{\partial E}{\partial \theta_1^{[3]}}=-g'\left(\mathrm{net}_1^{[3]}\right)\dfrac{\partial E}{\partial y_1}\end{cases}\\ \begin{cases}\dfrac{\partial E}{\partial w_{12}^{[3]}}=g'\left(\mathrm{net}_2^{[3]}\right)y_1^{[2]}\dfrac{\partial E}{\partial y_2}\\ \dfrac{\partial E}{\partial w_{22}^{[3]}}=g'\left(\mathrm{net}_2^{[3]}\right)y_2^{[2]}\dfrac{\partial E}{\partial y_2}\\ \dfrac{\partial E}{\partial \theta_2^{[3]}}=-g'\left(\mathrm{net}_2^{[3]}\right)\dfrac{\partial E}{\partial y_2}\end{cases}\end{cases} \tag{4.56}$$

现在来分析一下式（4.56）中等号的右边。由于各个神经元的激活函数已经给定为 $g(\cdot)$，所以 $g'\left(\mathrm{net}_1^{[3]}\right)$ 和 $g'\left(\mathrm{net}_2^{[3]}\right)$ 都是可以直接计算出来的，同时 $y_1^{[2]}$ 和 $y_2^{[2]}$ 均可以通过

前向计算而得到计算结果。由于 E 是训练样本矢量对应的实际输出矢量$[y_1 \quad y_2]^{\mathrm{T}}$与相应的期望输出矢量之间的差异量，所以无论 E 的具体定义形式如何，其定义式中必然会出现 y_1 和 y_2。因此，直接根据 E 的定义式将 E 分别对 y_1 和 y_2 求偏导数就可以得到 $\frac{\partial E}{\partial y_1}$ 和 $\frac{\partial E}{\partial y_2}$。这样一来，根据以上的分析，我们发现式（4.56）中等号右边的每一项都是可以计算出来的，因此，等号左边的 $\frac{\partial E}{\partial w_{11}^{[3]}}$、$\frac{\partial E}{\partial w_{21}^{[3]}}$、$\frac{\partial E}{\partial \theta_1^{[3]}}$、$\frac{\partial E}{\partial w_{12}^{[3]}}$、$\frac{\partial E}{\partial w_{22}^{[3]}}$、$\frac{\partial E}{\partial \theta_2^{[3]}}$ 这 6 个偏导数也都是可以计算出来的。

至此，我们可以总结一下后向计算的目标和步骤。针对图 4-70 所示的 MLP，后向计算的目标是要计算出某个训练样本的训练误差函数 E 对每一个模型参数变量的偏导数。实现这一目标需要 3 个步骤：第 1 步，根据式（4.56）直接计算出 E 对 MLP 的第 3 层的各个模型参数变量的偏导数；第 2 步，将第 1 步得到的计算结果代入式（4.47），从而计算出 E 对 MLP 的第 2 层的各个模型参数变量的偏导数；第 3 步，将第 2 步得到的计算结果代入式（4.46），从而计算出 E 对 MLP 的第 1 层的各个模型参数变量的偏导数。上述 3 个步骤完成之后，后向计算的目标也就完成了。图 4-71 显示了后向计算的方向和步骤，图中的箭头指向可以清楚地告诉我们后向计算的确是一步一步地在向后进行计算。

一般地，所谓后向计算，就是指在给定了某个训练样本矢量及其对应的期望输出矢量的前提下，计算出该训练样本的训练误差函数 E 对 MLP 的各个参数变量（各个神经元的阈值和权重值）的偏导数。计算的步骤：首先直接计算出 E 对倒数第 1 层的各个模型参数变量的偏导数，然后利用所得的结果计算出 E 对倒数第 2 层的各个模型参数变量的偏导数，接着利用所得的结果计算出 E 对倒数第 3 层的各个模型参数变量的偏导数，如此重复下去，直到最后计算出 E 对第 1 层的各个模型参数变量的偏导数。

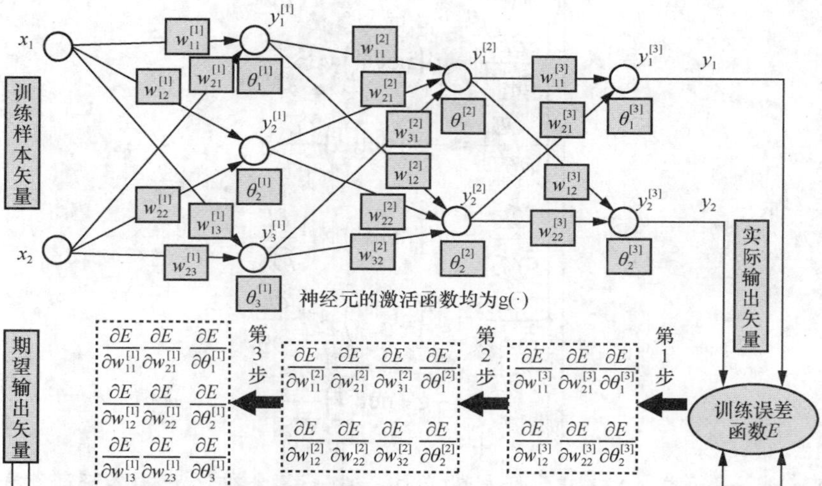

图 4-71 后向计算的方向和步骤

4.3.5 梯度下降法

根据 2.2.3 小节所学的内容可知，一个多元函数在某一点沿某一方向的变化率就等于该函数在该点沿该方向的方向导数。特别地，一个多元函数在某一点沿着该点的梯度方向的变化率是最大的，且变化率就等于该点的梯度矢量的模；一个多元函数在某一点沿着该点的负梯度方向的变化率是最小的，且变化率就等于该点的梯度矢量的模的相反数。根据 2.2.6 小节所学的内容可知，这里所说的多元函数其实就是矢量的标量函数。因此，如果矢量的标量函数在某一点的自变量矢量的变化方向与该点的负梯度方向一致，那么相应的函数值就能够得到最快的下降，而基于这样的认识理解来快速降低函数值的方法就称为**最速下降法（Method of Steepest Descent）**或**梯度下降（Gradient Descent）法**，简称 **GD 法**。

考虑一个处处可微的二元函数 $E = f_e(v_1, v_2)$，函数的因变量是标量 E，函数名是 f_e，函数的自变量是标量 v_1 和标量 v_2。显然，$f_e(v_1, v_2)$ 就是一个矢量的标量函数，其自变量矢量为 $\boldsymbol{v} = [v_1 \quad v_2]^{\mathrm{T}}$，因变量标量为 E。根据 2.2.3 小节和 2.2.6 小节所学的内容可知[参见式（2.92）]：

$$\nabla E = \nabla f_e(v_1, v_2) = \frac{\partial E}{\partial \boldsymbol{v}} = \frac{\partial f_e(v_1, v_2)}{\partial \boldsymbol{v}} = \begin{bmatrix} \dfrac{\partial E}{\partial v_1} & \dfrac{\partial E}{\partial v_2} \end{bmatrix} = \begin{bmatrix} \dfrac{\partial f_e(v_1, v_2)}{\partial v_1} & \dfrac{\partial f_e(v_1, v_2)}{\partial v_2} \end{bmatrix} \tag{4.57}$$

其中 $\nabla f_e(v_1, v_2)$ 是函数 $f_e(v_1, v_2)$ 对应的梯度函数。注意，梯度函数 $\nabla f_e(v_1, v_2)$ 是矢量的矢量函数，其自变量矢量仍然是列矢量 $\boldsymbol{v} = [v_1 \quad v_2]^{\mathrm{T}}$，而因变量矢量则是行矢量 $\begin{bmatrix} \dfrac{\partial f_e(v_1, v_2)}{\partial v_1} & \dfrac{\partial f_e(v_1, v_2)}{\partial v_2} \end{bmatrix}$。

我们都知道，二元函数的图像是 3 维空间中的一个 2 维曲面，所以，不失一般性地，假设函数 $f_e(v_1, v_2)$ 的图像如图 4-72 所示。如果自变量矢量 $\boldsymbol{v}$ 的当前值为 $\boldsymbol{v}_A = [v_{1A} \quad v_{2A}]^{\mathrm{T}}$，那么因变量标量 E 的当前值就是 $f_e(\boldsymbol{v}_A) = f_e(v_{1A}, v_{2A})$，也即自变量的当前位置是在 A 点，A 点在函数曲面上的对应点是 A' 点，A' 点的坐标是 $(v_{1A}, v_{2A}, f_e(v_{1A}, v_{2A}))$。现在，为了降低函数的取值，我们将自变量从 A 点沿着某个方向移动一个非常非常小的距离到达 B 点，相应地，曲面上的对应点会从 A' 点移动到 B' 点，B' 点的坐标是 $(v_{1B}, v_{2B}, f_e(v_{1B}, v_{2B}))$。问题来了，自变量从 A 点沿着什么方向移动后，才能使得 $f_e(v_{1B}, v_{2B})$ 的值比 $f_e(v_{1A}, v_{2A})$ 的值小，并且小得最多呢？梯度下降法告诉我们：移动的方向应该与梯度矢量 $\nabla f_e(v_{1A}, v_{2A})$ 的方向相反，或者说与 $-\nabla f_e(v_{1A}, v_{2A})$ 的方向一致，用数学语言表示就是

$$[\overrightarrow{AB}]^{\mathrm{T}} = -\eta \nabla f_e(v_{1A}, v_{2A}) \tag{4.58}$$

其中 $\overrightarrow{AB}$ 表示起点为 A、终点为 B 的列矢量，η 为一个大于 0 的常数，称为**步长（Step-Length）**，转置符号 T 的出现是为了保证等号的左、右两边均为行矢量。注意，之前我们说过，A 点到 B 点的距离非常非常小，这就意味着 η 的取值必须足够小才行。如果 η 的取值太大，那么前面的分析和描述就不一定正确了。

显然，矢量 $\overrightarrow{AB}$ 就是自变量矢量 $\boldsymbol{v}$ 的增量，也即

$$\Delta\boldsymbol{v} = [\Delta v_1, \Delta v_2]^{\mathrm{T}} = [v_{1B} - v_{1A}, v_{2B} - v_{2A}]^{\mathrm{T}} = \overrightarrow{AB} \tag{4.59}$$

将式（4.59）与式（4.58）、式（4.57）结合之后可以得到

$$[\Delta v_1, \Delta v_2] = -\eta \nabla f_e(v_{1A}, v_{2A}) = -\eta \left[\frac{\partial E}{\partial v_1} \quad \frac{\partial E}{\partial v_2}\right]\Bigg|_{v_1=v_{1A}, v_2=v_{2A}} \tag{4.60}$$

式（4.60）的展开形式为

$$\begin{cases} \Delta v_1 = -\eta \left.\dfrac{\partial E}{\partial v_1}\right|_{v_1=v_{1A}, v_2=v_{2A}} \\ \Delta v_2 = -\eta \left.\dfrac{\partial E}{\partial v_2}\right|_{v_1=v_{1A}, v_2=v_{2A}} \end{cases} \tag{4.61}$$

式（4.61）告诉了我们应该如何计算 v_1 的增量 Δv_1、v_2 的增量 Δv_2，Δv_1 和 Δv_2 之间的比例必须与 $\left.\dfrac{\partial E}{\partial v_1}\right|_{v_1=v_{1A}, v_2=v_{2A}}$ 和 $\left.\dfrac{\partial E}{\partial v_2}\right|_{v_1=v_{1A}, v_2=v_{2A}}$ 之间的比例相等，也即 $\Delta v_1 : \Delta v_2$ 必须等于 $\left.\dfrac{\partial E}{\partial v_1}\right|_{v_1=v_{1A}, v_2=v_{2A}} : \left.\dfrac{\partial E}{\partial v_2}\right|_{v_1=v_{1A}, v_2=v_{2A}}$。显然，计算出 Δv_1 和 Δv_2 之后，再计算 B 点的位置坐标就非常容易了，即

$$\begin{cases} v_{1B} = v_{1A} + \Delta v_1 = v_{1A} - \eta \left.\dfrac{\partial E}{\partial v_1}\right|_{v_1=v_{1A}, v_2=v_{2A}} \\ v_{2B} = v_{2A} + \Delta v_2 = v_{2A} - \eta \left.\dfrac{\partial E}{\partial v_2}\right|_{v_1=v_{1A}, v_2=v_{2A}} \end{cases} \tag{4.62}$$

梯度下降法是一种迭代计算方法，自变量从初始位置 A 点移动到 B 点仅仅是完成了第 1 次迭代。如图 4-72 所示，第 2 次迭代是从 B 点移动到 C 点，起点为 B、终点为 C 的矢量 $\overrightarrow{BC}$ 的方向应该与梯度矢量 $\nabla f_e(v_{1B}, v_{2B})$ 的方向相反，或者说与 $-\nabla f_e(v_{1B}, v_{2B})$ 的方向一致，此时有

$$[\Delta v_1, \Delta v_2] = -\eta \nabla f_e(v_{1B}, v_{2B}) = -\eta \left[\frac{\partial E}{\partial v_1} \quad \frac{\partial E}{\partial v_2}\right]\Bigg|_{v_1=v_{1B}, v_2=v_{2B}} \tag{4.63}$$

$$\begin{cases} \Delta v_1 = -\eta \left.\dfrac{\partial E}{\partial v_1}\right|_{v_1=v_{1B}, v_2=v_{2B}} \\ \Delta v_2 = -\eta \left.\dfrac{\partial E}{\partial v_2}\right|_{v_1=v_{1B}, v_2=v_{2B}} \end{cases} \tag{4.64}$$

$$
\begin{cases}
v_{1C} = v_{1B} + \Delta v_1 = v_{1B} - \eta \left.\dfrac{\partial E}{\partial v_1}\right|_{v_1=v_{1B},v_2=v_{2B}} \\
v_{2C} = v_{2B} + \Delta v_2 = v_{2B} - \eta \left.\dfrac{\partial E}{\partial v_2}\right|_{v_1=v_{1B},v_2=v_{2B}}
\end{cases}
\tag{4.65}
$$

完成了第 2 次迭代（从 B 点移动到 C 点）后，继续进行第 3 次迭代（从 C 点移动到 D 点），如此重复下去，直到最终到达 M 点。M 点的特殊性在于，它在函数曲面上的对应点 M' 是一个驻点（请复习 2.2.4 小节中关于驻点的基本概念）。在梯度下降法的术语中，M' 这样的点称为收敛点（Convergence Point）。

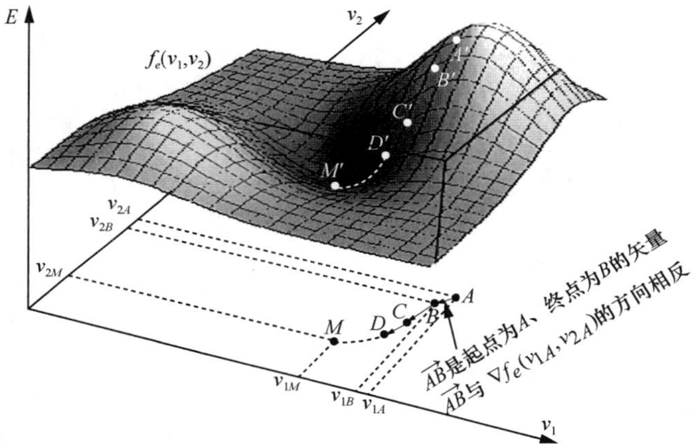

图 4-72 梯度下降法

注意，在梯度下降法的整个迭代过程中，函数 $f_e(v_1,v_2)$ 的取值一直在不断变小，也即

$$
f_e(v_{1A},v_{2A}) > f_e(v_{1B},v_{2B}) > f_e(v_{1C},v_{2C}) > f_e(v_{1D},v_{2D}) > \cdots > f_e(v_{1M},v_{2M}) \tag{4.66}
$$

但是需要强调的是，只有当步长 η 足够小时，这一串不等式才能够成立，否则其严格的递减性可能会被破坏。最后，当迭代到 M 点时，梯度下降法就会自动停止迭代，这是因为 M 点在函数曲面上的对应点 M' 是一个驻点，函数 $f_e(v_1,v_2)$ 在 M 点沿任意方向的方向导数都是 0，梯度函数 $\nabla f_e(v_1,v_2)$ 在 M 点的取值 $\nabla f_e(v_{1M},v_{2M})$ 必然是一个零矢量。参照式（4.61）或式（4.64）可知，此时 Δv_1 和 Δv_2 均为 0，这就意味着自变量的位置在 M 点不会再发生任何改变，也即自变量的位置将会一直停留在 M 点。

梯度下降法的收敛点 M' 一定是一个驻点，所以 M' 可能是一个局部极小值点，也可能是一个鞍点。根据 2.2.5 小节所学的内容可知，如果 $f_e(v_1,v_2)$ 是一个凸函数，则梯度下降法的收敛点 M' 一定是 $f_e(v_1,v_2)$ 的最小值点。

需要说明的是，图 4-72 所示的梯度下降法其实并不是严格意义上的梯度下降法，而只是梯度下降法的一种近似。何也？因为严格意义上的梯度下降法遵循的应该是偏微分方程组，而不是像式（4.61）和式（4.62）那样的差分方程组。严格意义上的梯度下降法要求步长 η 必须是无穷小，或者说每次迭代时自变量移动的距离必须是无穷小。

目前的计算机一般都是数字计算机，计算方式是离散的，所以在计算机上是无法实现严格意义上的梯度下降法的。从图 4-72 中可以看到，从 A 点到 M 点是 v_1-v_2 平面上的一条带有多个折点的有向折线，而从 A' 点到 M' 点则是 v_1-v_2-E 空间中的一条带有多个折点的有向折线。若是采用严格意义上的梯度下降法，那么从 A 点到 M 点将是 v_1-v_2 平面上的一条光滑的有向曲线，而从 A' 点到 M' 点将是 v_1-v_2-E 空间中的一条光滑的有向曲线。

为了更直观，我们刚才一直在用二元函数 $E=f_e(v_1,v_2)$ 来对梯度下降法进行分析和描述，并得出了一些结论。事实上，对于任意一个 $P(P\geqslant 1)$ 元函数，只要它是处处可微的，那么我们所做的分析和描述以及得到的结论也都是成立的。一般地，对于 P 元函数 $E=f_e(v_1,v_2,\cdots,v_P)$，梯度下降法的迭代计算公式可以简写为

$$[\Delta \boldsymbol{v}]^{\mathrm{T}}=-\eta\nabla f_e(\boldsymbol{v}) \tag{4.67}$$

其中 $\boldsymbol{v}=[v_1\quad v_2\quad \cdots\quad v_P]^{\mathrm{T}}$。式（4.67）的展开形式为

$$\begin{cases}\Delta v_1=-\eta\dfrac{\partial E}{\partial v_1}\\ \Delta v_2=-\eta\dfrac{\partial E}{\partial v_2}\\ \quad\vdots\\ \Delta v_P=-\eta\dfrac{\partial E}{\partial v_P}\end{cases} \tag{4.68}$$

式（4.68）告诉了我们应该如何计算 Δv_1、Δv_2 …… Δv_P，同时也告诉我们，$\Delta v_1:\Delta v_2:\Delta v_3\cdots\Delta v_P$ 必须等于 $\dfrac{\partial E}{\partial v_1}:\dfrac{\partial E}{\partial v_2}:\dfrac{\partial E}{\partial v_3}\cdots\dfrac{\partial E}{\partial v_P}$。

显然之一，对于 P 元函数 $E=f_e(v_1,v_2,\cdots,v_P)$，我们完全可以将 v_1、v_2 …… v_P 看成是一个 MLP 的 P 个参数变量（各个神经元的权重值和阈值），这样一来，E 或 $f_e(v_1,v_2,\cdots,v_P)$ 就相当于 4.3.4 小节中定义的训练样本的训练误差函数。显然之二，训练 MLP 的目的是要寻找一组 v_1、v_2 …… v_P 的值，这组值可以使得训练误差函数 $f_e(v_1,v_2,\cdots,v_P)$ 的取值足够小，而梯度下降法正好就告诉了我们如何寻找这样的一组值。

梯度下降法是一种迭代式数值计算方法。也许有读者朋友会问，为何我们不直接用解析的方法来寻找一组可以使得训练误差函数 $f_e(v_1,v_2,\cdots,v_P)$ 的取值足够小的 v_1、v_2 …… v_P 的值呢？试想一下，$f_e(v_1,v_2,\cdots,v_P)$ 是一个 P 元函数，而 P 的值动辄就是几万、几十万、几百万甚至更大，如此惊人繁杂的一个函数，我们连它的数学表达式都几乎写不出来，更别提对它进行任何解析操作了。

还有读者朋友可能会问，为何我们不用穷举搜索式数值计算方法来寻找一组可以使得训练误差函数 $f_e(v_1,v_2,\cdots,v_P)$ 的取值足够小的 v_1、v_2 …… v_P 的值呢？也就是说，先设定一个取值间隔，然后计算 v_1、v_2 …… v_P 的各种取值组合所对应的函数值，并在此过程中去发现哪一个取值组合可以使得函数 $f_e(v_1,v_2,\cdots,v_P)$ 的取值足够小。要回答这个问

题，我们不妨先来做一个简单的算术计算。假设取值间隔为 0.1，v_i 的取值范围限定为从 −0.5 到 +0.5，P 的值假定为 10,000，那么仅仅是对如此微小的一个范围进行穷举搜索，就需要进行大约 $10^{10,000}$ 个函数值的计算。显而易见，穷举搜索式数值计算方法毫无可行性可言。

4.3.6　BP 算法

在 4.2.3 小节中我们曾提到，20 世纪 50 年代末，弗兰克·罗森布莱特提出了感知器模型及其训练算法，由此引发了人工神经网络的第一次研究热潮。在 4.2.5 小节中我们又提到，20 世纪 60 年代末，马文·明斯基和西蒙·派珀特合著的 *Perceptrons: an Introduction to Computational Geometry* 一书出版之后，人工神经网络的研究工作进入了近 20 年的低谷期，这一漫长的低谷期后来被人们称为 AI 的冬天。

20 世纪 80 年代初，人工神经网络领域逐渐开始回暖，这是因为一些专家和学者用他们长期不懈的努力所取得的研究成果重新点燃了人们对于人工神经网络的研究热情和美好愿望，其中一位点火人便是美国物理学家及神经科学家约翰·霍普菲尔德(John Hopfield)，如图 4-73 所示。1982 年，霍普菲尔德在他发表的题为"Neural networks and physical systems with emergent collective computational abilities"的研究论文中提出了一种新颖别致的人工神经网络模型——**霍普菲尔德网络**。后来的许多专家和学者认为，正是这一事件拉开了人工神经网络的第二次研究热潮的序幕。细心的读者应该还记得，我们在 1.5 节中曾经提到过霍普菲尔德网络，并且在图 1-14 中展示过一个由 3 个神经元组成的霍普菲尔德网络。但是，由于霍普菲尔德网络不属于深度学习或深度神经网络的范畴，所以本书不会去描述和讨论有关霍普菲尔德网络的任何具体内容，感兴趣的读者朋友可以自行查阅相关资料进行学习和研究。

图 4-73　John Hopfield

20 世纪 80 年代的中后期到 90 年代初期，人工神经网络领域迎来了它的第二次研究热潮。1986 年，美国心理学家大卫·鲁梅尔哈特（David Rumelhart）和加拿大计算机科学家杰弗里·辛顿（Geoffrey Hinton）（见图 4-74）等人联合发表了一篇具有里程碑意义的研究论文——"Learning representations by back-propagating errors"，此文的核心内容是关于多层感知器 MLP 的内在结构分析以及一种利用反向传播的误差信号对 MLP 进行训练的算法——BP 算法。其实，自从 1958 年罗森布莱特提出单层结构的 Perceptron 模型之后，不少学者就一直在进一步研究多层感知器 MLP 的结构和功能，并且已经发现 MLP

David Rumelhart　（1942—2011）　Geoffrey Hinton

图 4-74　鲁梅尔哈特与辛顿

的参数（各个神经元的阈值和权重值）如果取值得当，就应该可以解决包括 XOR 问题在内的非线性可分问题。然而遗憾的是，一方面，如何通过算法对 MLP 进行训练，从而使其能够自动找到参数的恰当取值，这一问题始终没有得到很好的解决。另一方面，BP 算法的雏形其实早在 20 世纪 60 年代就在控制论研究领域出现了，其后还出现了一些改进型版本。遗憾的是，多年以来，MLP 和 BP 算法始终是在各自游走，未能相遇。鲁梅尔哈特和辛顿等人的精妙之举正是让 BP 算法和 MLP 相遇相知，并且将二者进行了巧妙而完美的结合。自此以后，MLP 便拥有了一种普遍实用且行之有效的训练学习算法，同时 BP 算法也找到了一片可以尽显神通的广阔天地。用文学化的语言来表述许多专家学者的观点就是，BP 与 MLP 碰撞出的美妙音符，不仅构成了人工神经网络第二次研究热潮的主旋律，更是成了整个深度学习世界的灵魂之音。

BP 算法是一种简称，其英文全称是 **Back-Propagation Algorithm**，中文全称是**反向传播算法**。BP 算法巧妙地利用了我们在 4.3.4 小节中学习过的反向计算方法，但它从根本上讲其实就是我们在 4.3.5 小节中学习过的梯度下降法。一般地，任何一种算法都有其基本形态，也有其变异之后的各种形态，接下来我们就开始基本形态的 BP 算法的学习。

如图 4-59 所示，假设 MLP 的输入层（第 0 层）有 N 个神经元，输出层（第 K 层）有 M 个神经元，$\boldsymbol{x}=[x_1 \quad x_2 \quad \cdots \quad x_N]^{\mathrm{T}}$ 表示某个训练样本矢量，$\boldsymbol{y}=[y_1 \quad y_2 \quad \cdots \quad y_M]^{\mathrm{T}}$ 表示训练样本矢量 $\boldsymbol{x}$ 对应的实际输出矢量，$\dot{\boldsymbol{y}}=[\dot{y}_1 \quad \dot{y}_2 \quad \cdots \quad \dot{y}_M]^{\mathrm{T}}$ 表示训练样本矢量 $\boldsymbol{x}$ 对应的期望输出矢量，每个神经元的激活函数假定均为 $g(\cdot)$，$w_{ij}^{[l]}$ 表示第 $(l-1)$ 层神经元中的第 i 个神经元与第 l 层神经元中的第 j 个神经元之间连接的权重值，$\theta_j^{[l]}$ 表示第 l 层神经元中的第 j 个神经元的阈值，其中 $1 \leqslant l \leqslant K$。显然，实际输出矢量 $\boldsymbol{y}$ 对应了 M 维空间中的一个点，期望输出矢量 $\dot{\boldsymbol{y}}$ 也对应了 M 维空间中的一个点，而基本的 BP 算法一般是采用这两个点之间的欧氏距离、欧氏距离的平方、欧氏距离的平方的常数倍来度量实际输出矢量 $\boldsymbol{y}$ 与期望输出矢量 $\dot{\boldsymbol{y}}$ 之间的差异。采用欧氏距离也好，或是欧氏距离的平方也好，或是欧氏距离的平方的常数倍也好，本质上是没有什么不同的，因为这 3 种值的增减性是完全一致的，它们都能够正确合理地反映出实际输出矢量 $\boldsymbol{y}$ 与期望输出矢量 $\dot{\boldsymbol{y}}$ 之间的差异。在本小节中，为了简化算法的推导过程和表现形式，我们将采用欧氏距离的平方的二分之一来度量实际输出矢量 $\boldsymbol{y}$ 与期望输出矢量 $\dot{\boldsymbol{y}}$ 之间的差异，也就是将训练样本矢量 $\boldsymbol{x}$ 的训练误差定义为

$$E=\frac{1}{2}\sum_{j=1}^{M}(\dot{y}_j-y_j)^2 \tag{4.69}$$

BP 算法是要告诉我们，应该如何对 MLP 的各个参数值进行调整，也即应该如何对 MLP 的各个 $w_{ij}^{[l]}$ 和 $\theta_j^{[l]}$ 的值进行调整，才能使得相应的训练误差 E 的值能够最快地得到下降。要知道如何对 $w_{ij}^{[l]}$ 和 $\theta_j^{[l]}$ 的值进行调整，就意味着要计算出合适的 $\Delta w_{ij}^{[l]}$ 和 $\Delta\theta_j^{[l]}$ 的值。根据式（4.68）可知，要想计算出合适的 $\Delta w_{ij}^{[l]}$ 和 $\Delta\theta_j^{[l]}$ 的值，关键就是要计算出 $\dfrac{\partial E}{\partial w_{ij}^{[l]}}$

和 $\dfrac{\partial E}{\partial \theta_j^{[l]}}$ 的值。下面我们就先来推导一下计算 $\dfrac{\partial E}{\partial w_{ij}^{[l]}}$ 的公式。

根据函数求导的链式法则，有

$$\frac{\partial E}{\partial w_{ij}^{[l]}}=\frac{\partial E}{\partial \text{net}_j^{[l]}}\frac{\partial \text{net}_j^{[l]}}{\partial w_{ij}^{[l]}} \tag{4.70}$$

式（4.70）中等号右边的 $\text{net}_j^{[l]}$ 表示的是第 l 层神经元中的第 j 个神经元的净输入，即

$$\text{net}_j^{[l]}=\left(\sum_k w_{kj}^{[l]}y_k^{[l-1]}\right)-\theta_j^{[l]} \tag{4.71}$$

其中 $y_k^{[l-1]}$ 表示的是第 $(l-1)$ 层神经元中的第 k 个神经元的实际输出值。显然，式（4.70）中等号右边的 $\dfrac{\partial \text{net}_j^{[l]}}{\partial w_{ij}^{[l]}}$ 可以变形为

$$\begin{aligned}\frac{\partial \text{net}_j^{[l]}}{\partial w_{ij}^{[l]}}&=\frac{\partial}{\partial w_{ij}^{[l]}}\left[\left(\sum_k w_{kj}^{[l]}y_k^{[l-1]}\right)-\theta_j^{[l]}\right]\\&=\frac{\partial}{\partial w_{ij}^{[l]}}\left[w_{ij}^{[l]}y_i^{[l-1]}+\left(\sum_{k'\neq i} w_{k'j}^{[l]}y_{k'}^{[l-1]}\right)-\theta_j^{[l]}\right]=y_i^{[l-1]}\end{aligned} \tag{4.72}$$

将式（4.72）代入式（4.70）后，式（4.70）就变形为

$$\frac{\partial E}{\partial w_{ij}^{[l]}}=\frac{\partial E}{\partial \text{net}_j^{[l]}}y_i^{[l-1]} \tag{4.73}$$

根据函数求导的链式法则，式（4.73）中等号右边的 $\dfrac{\partial E}{\partial \text{net}_j^{[l]}}$ 可变形为

$$\frac{\partial E}{\partial \text{net}_j^{[l]}}=\frac{\partial E}{\partial y_j^{[l]}}\frac{\partial y_j^{[l]}}{\partial \text{net}_j^{[l]}} \tag{4.74}$$

由于 $y_j^{[l]}=g(\text{net}_j^{[l]})$，所以式（4.74）中等号右边的 $\dfrac{\partial y_j^{[l]}}{\partial \text{net}_j^{[l]}}$ 可变形为

$$\frac{\partial y_j^{[l]}}{\partial \text{net}_j^{[l]}}=g'(\text{net}_j^{[l]}) \tag{4.75}$$

式(4.74)中等号右边的 $\dfrac{\partial E}{\partial y_j^{[l]}}$ 需要分 $l=K$ 和 $l<K$ 这两种情况分别进行处理。如果 $l=K$，则第 l 层神经元就是第 K 层神经元，也就是输出层神经元，此时有

$$\frac{\partial E}{\partial y_j^{[l]}}=\frac{\partial E}{\partial y_j}=\frac{\partial}{\partial y_j}\left[\frac{1}{2}\sum_{j'=1}^{M}(\dot{y}_{j'}-y_{j'})^2\right]=(y_j-\dot{y}_j) \tag{4.76}$$

如果$l<K$，则根据函数求导的链式法则，有

$$\begin{aligned}\frac{\partial E}{\partial y_j^{[l]}}&=\sum_k\left(\frac{\partial E}{\partial \mathrm{net}_k^{[l+1]}}\frac{\partial \mathrm{net}_k^{[l+1]}}{\partial y_j^{[l]}}\right)\\&=\sum_k\left\{\frac{\partial E}{\partial \mathrm{net}_k^{[l+1]}}\frac{\partial}{\partial y_j^{[l]}}\left[\left(\sum_m w_{mk}^{[l+1]}y_m^{[l]}\right)-\theta_k^{[l+1]}\right]\right\}\\&=\sum_k\left\{\frac{\partial E}{\partial \mathrm{net}_k^{[l+1]}}\frac{\partial}{\partial y_j^{[l]}}\left[\left(w_{jk}^{[l+1]}y_j^{[l]}+\sum_{m'\neq j}w_{m'k}^{[l+1]}y_{m'}^{[l]}\right)-\theta_k^{[l+1]}\right]\right\}\\&=\sum_k\left(\frac{\partial E}{\partial \mathrm{net}_k^{[l+1]}}w_{jk}^{[l+1]}\right)\end{aligned} \tag{4.77}$$

如果$l=K$，则将式（4.75）和式（4.76）代入式（4.74），可得

$$\frac{\partial E}{\partial \mathrm{net}_j^{[l]}}=g'\left(\mathrm{net}_j^{[l]}\right)(y_j-\dot{y}_j) \tag{4.78}$$

再将式（4.78）代入式（4.73），可得

$$\frac{\partial E}{\partial w_{ij}^{[l]}}=g'\left(\mathrm{net}_j^{[l]}\right)y_i^{[l-1]}(y_j-\dot{y}_j) \tag{4.79}$$

式（4.79）就是当$l=K$时计算$\frac{\partial E}{\partial w_{ij}^{[l]}}$的公式。如果$l<K$，则将式（4.75）和式（4.77）代入式（4.74），可得

$$\frac{\partial E}{\partial \mathrm{net}_j^{[l]}}=g'\left(\mathrm{net}_j^{[l]}\right)\sum_k\left(\frac{\partial E}{\partial \mathrm{net}_k^{[l+1]}}w_{jk}^{[l+1]}\right) \tag{4.80}$$

再将式（4.80）代入式（4.73），可得

$$\begin{aligned}\frac{\partial E}{\partial w_{ij}^{[l]}}&=g'(\mathrm{net}_j^{[l]})y_i^{[l-1]}\sum_k\left(\frac{\partial E}{\partial \mathrm{net}_k^{[l+1]}}w_{jk}^{[l+1]}\right)=g'(\mathrm{net}_j^{[l]})y_i^{[l-1]}\sum_k\left(\frac{1}{y_j^{[l]}}y_j^{[l]}\frac{\partial E}{\partial \mathrm{net}_k^{[l+1]}}w_{jk}^{[l+1]}\right)\\&=g'(\mathrm{net}_j^{[l]})y_i^{[l-1]}\sum_k\left[\frac{1}{y_j^{[l]}}\left(y_j^{[l]}\frac{\partial E}{\partial \mathrm{net}_k^{[l+1]}}\right)w_{jk}^{[l+1]}\right]=g'(\mathrm{net}_j^{[l]})y_i^{[l-1]}\sum_k\left[\frac{w_{jk}^{[l+1]}}{y_j^{[l]}}\left(y_j^{[l]}\frac{\partial E}{\partial \mathrm{net}_k^{[l+1]}}\right)\right]\\&=g'(\mathrm{net}_j^{[l]})y_i^{[l-1]}\sum_k\left[\frac{w_{jk}^{[l+1]}}{y_j^{[l]}}\left(\frac{\partial E}{\partial w_{jk}^{[l+1]}}\right)\right]=g'(\mathrm{net}_j^{[l]})\frac{y_i^{[l-1]}}{y_j^{[l]}}\sum_k\left(w_{jk}^{[l+1]}\frac{\partial E}{\partial w_{jk}^{[l+1]}}\right)\end{aligned} \tag{4.81}$$

式（4.81）就是当 $l<K$ 时计算 $\frac{\partial E}{\partial w_{ij}^{[l]}}$ 的公式。

至此，我们推导出了当 $l=K$ 时 $\frac{\partial E}{\partial w_{ij}^{[l]}}$ 的计算公式（4.79），以及当 $l<K$ 时 $\frac{\partial E}{\partial w_{ij}^{[l]}}$ 的计算公式（4.81）。推导 $\frac{\partial E}{\partial \theta_j^{[l]}}$ 的方法和过程与推导 $\frac{\partial E}{\partial w_{ij}^{[l]}}$ 的方法和过程是完全一样的，所以这里不再赘述。将 $\frac{\partial E}{\partial w_{ij}^{[l]}}$ 的计算公式和 $\frac{\partial E}{\partial \theta_j^{[l]}}$ 的计算公式进行汇总，得到

$$\begin{cases} \text{当} l=K\text{时}\begin{cases} \dfrac{\partial E}{\partial w_{ij}^{[l]}}=g'\left(\text{net}_j^{[l]}\right)y_i^{[l-1]}(y_j-\dot{y}_j) \\ \dfrac{\partial E}{\partial \theta_j^{[l]}}=-g'\left(\text{net}_j^{[l]}\right)(y_j-\dot{y}_j) \end{cases} \\ \text{当} l<K\text{时}\begin{cases} \dfrac{\partial E}{\partial w_{ij}^{[l]}}=g'\left(\text{net}_j^{[l]}\right)\dfrac{y_i^{[l-1]}}{y_j^{[l]}}\sum_k\left(w_{jk}^{[l+1]}\dfrac{\partial E}{\partial w_{jk}^{[l+1]}}\right) \\ \dfrac{\partial E}{\partial \theta_j^{[l]}}=-g'\left(\text{net}_j^{[l]}\right)\dfrac{1}{y_j^{[l]}}\sum_k\left(w_{jk}^{[l+1]}\dfrac{\partial E}{\partial w_{jk}^{[l+1]}}\right) \end{cases} \end{cases} \tag{4.82}$$

式(4.82)就是 $\frac{\partial E}{\partial w_{ij}^{[l]}}$ 和 $\frac{\partial E}{\partial \theta_j^{[l]}}$ 的计算公式，计算顺序：首先计算出 $l=K$ 时的 $\frac{\partial E}{\partial w_{ij}^{[l]}}$ 和 $\frac{\partial E}{\partial \theta_j^{[l]}}$，然后计算出 $l=K-1$ 时的 $\frac{\partial E}{\partial w_{ij}^{[l]}}$ 和 $\frac{\partial E}{\partial \theta_j^{[l]}}$，接着计算出 $l=K-2$ 时的 $\frac{\partial E}{\partial w_{ij}^{[l]}}$ 和 $\frac{\partial E}{\partial \theta_j^{[l]}}$，依次类推，最后计算出 $l=1$ 时的 $\frac{\partial E}{\partial w_{ij}^{[l]}}$ 和 $\frac{\partial E}{\partial \theta_j^{[l]}}$，这样的计算过程正是后向计算方法的体现。

我们之前说了，BP 算法是要告诉我们应该如何对 $w_{ij}^{[l]}$ 和 $\theta_j^{[l]}$ 的值进行调整，也即如何计算出合理的 $\Delta w_{ij}^{[l]}$ 和 $\Delta \theta_j^{[l]}$，从而使得相应的训练误差 E 的值能够最快地得到下降。故此，根据式（4.68）和式（4.82），有

$$\begin{cases} \text{当} l=K\text{时}\begin{cases} \Delta w_{ij}^{[l]}=-\eta g'\left(\text{net}_j^{[l]}\right)y_i^{[l-1]}(y_j-\dot{y}_j) \\ \Delta \theta_j^{[l]}=\eta g'\left(\text{net}_j^{[l]}\right)(y_j-\dot{y}_j) \end{cases} \\ \text{当} l<K\text{时}\begin{cases} \Delta w_{ij}^{[l]}=-\eta g'\left(\text{net}_j^{[l]}\right)\dfrac{y_i^{[l-1]}}{y_j^{[l]}}\sum_k\left(w_{jk}^{[l+1]}\dfrac{\partial E}{\partial w_{jk}^{[l+1]}}\right) \\ \Delta \theta_j^{[l]}=\eta g'\left(\text{net}_j^{[l]}\right)\dfrac{1}{y_j^{[l]}}\sum_k\left(w_{jk}^{[l+1]}\dfrac{\partial E}{\partial w_{jk}^{[l+1]}}\right) \end{cases} \end{cases} \tag{4.83}$$

在式（4.83）中针对 $l<K$ 时的两个等式里面，η 与 $\dfrac{\partial E}{\partial w_{jk}^{[l+1]}}$ 是可以结合在一起的，即

$$-\eta \times \frac{\partial E}{\partial w_{jk}^{[l+1]}} = \Delta w_{jk}^{[l+1]} \tag{4.84}$$

将式（4.84）代入式（4.83），则式（4.83）可变形为

$$\begin{cases} \text{当}l=K\text{时}\begin{cases}\Delta w_{ij}^{[l]} = -\eta g'\left(\text{net}_j^{[l]}\right) y_i^{[l-1]}(y_j - \dot{y}_j) \\ \Delta\theta_j^{[l]} = \eta g'\left(\text{net}_j^{[l]}\right)(y_j - \dot{y}_j)\end{cases} \\ \\ \text{当}l<K\text{时}\begin{cases}\Delta w_{ij}^{[l]} = g'\left(\text{net}_j^{[l]}\right)\dfrac{y_i^{[l-1]}}{y_j^{[l]}}\sum_k\left(w_{jk}^{[l+1]}\Delta w_{jk}^{[l+1]}\right) \\ \Delta\theta_j^{[l]} = -g'\left(\text{net}_j^{[l]}\right)\dfrac{1}{y_j^{[l]}}\sum_k\left(w_{jk}^{[l+1]}\Delta w_{jk}^{[l+1]}\right)\end{cases}\end{cases} \tag{4.85}$$

式（4.85）就是在训练误差 E 定义为式（4.69）的前提下，BP 算法的通用计算公式。

注意，在式（4.85）中，激活函数 $g(\cdot)$ 的具体形式是未做具体规定的。我们这里不妨假设 $g(\cdot)$ 是一个标准逻辑函数[参见式（3.24）]，即

$$g(\text{net}) = \frac{1}{1+\text{e}^{-\text{net}}} \tag{4.86}$$

则有

$$\begin{aligned} g'(\text{net}) &= \frac{\text{d}}{\text{d(net)}}\left(\frac{1}{1+\text{e}^{-\text{net}}}\right) \\ &= \left[\frac{-1}{(1+\text{e}^{-\text{net}})^2}\right]\frac{\text{d}}{\text{d(net)}}(1+\text{e}^{-\text{net}}) \\ &= \left[\frac{-1}{(1+\text{e}^{-\text{net}})^2}\right]\text{e}^{-\text{net}}\frac{\text{d}}{\text{d(net)}}(-\text{net}) \\ &= \left[\frac{1}{(1+\text{e}^{-\text{net}})^2}\right]\text{e}^{-\text{net}} \\ &= \frac{1}{(1+\text{e}^{-\text{net}})}\frac{\text{e}^{-\text{net}}}{(1+\text{e}^{-\text{net}})} \\ &= \frac{1}{(1+\text{e}^{-\text{net}})}\frac{(1+\text{e}^{-\text{net}})-1}{(1+\text{e}^{-\text{net}})} \\ &= \frac{1}{(1+\text{e}^{-\text{net}})}\left[1-\frac{1}{(1+\text{e}^{-\text{net}})}\right] \\ &= g(\text{net})\left[1-g(\text{net})\right] \end{aligned} \tag{4.87}$$

因为

$$y_j^{[l]} = g\left(\text{net}_j^{[l]}\right) \tag{4.88}$$

所以，将式（4.88）代入式（4.87）后可得

$$g'\left(\text{net}_j^{[l]}\right) = y_j^{[l]}\left(1 - y_j^{[l]}\right) \tag{4.89}$$

将式（4.89）代入式（4.85），得到

$$\begin{cases} 当 l = K 时 \begin{cases} \Delta w_{ij}^{[l]} = -\eta y_j^{[l]}\left(1 - y_j^{[l]}\right) y_i^{[l-1]}(y_j - \dot{y}_j) \\ \Delta \theta_j^{[l]} = \eta y_j^{[l]}\left(1 - y_j^{[l]}\right)(y_j - \dot{y}_j) \end{cases} \\ 当 l < K 时 \begin{cases} \Delta w_{ij}^{[l]} = \left(1 - y_j^{[l]}\right) y_i^{[l-1]} \sum_k \left(w_{jk}^{[l+1]} \Delta w_{jk}^{[l+1]}\right) \\ \Delta \theta_j^{[l]} = -\left(1 - y_j^{[l]}\right) \sum_k \left(w_{jk}^{[l+1]} \Delta w_{jk}^{[l+1]}\right) \end{cases} \end{cases} \tag{4.90}$$

式（4.90）就是在训练误差 E 定义为式（4.69）、激活函数为标准逻辑函数的情况下的 BP 算法计算公式。

图 4-75 给出了 BP 算法的整个流程，其各个步骤的说明如下。

第①步：初始化工作包括设定当前的迭代次数为初始值 1，设定迭代次数的上限值 $N_{\max}$，设定训练步长 η 的值，设定系统训练误差 E_{sys} 的容限值 ε，设定 MLP 的模型参数（各个神经元的阈值和权重值）的随机初始值。理论和实践表明，模型参数的初始值应该设定为绝对值较小的随机值。模型参数的初始值的绝对值如果太大，则有可能导致训练效率低下甚至完全没有训练效果。另外，各个模型参数的初始值也不能设定为同一个值，否则会导致训练完全没有效果。

第②步：根据 MLP 的模型参数的当前值并利用前向计算方法，计算出训练集中的每一个训练样本对应的实际输出矢量，再根据式（4.69）计算出每一个训练样本的训练误差，然后对所有的训练样本的训练误差求和，从而得到 MLP 当前的系统训练误差 E_{sys}。注意，在计算得到某个训练样本对应的实际输出矢量之前，实际上已经计算并得到了该训练样本矢量作为输入矢量时 MLP 的各个隐含层神经元的实际输出值。

第③步：比较当前的系统训练误差 E_{sys} 与 ε 的大小。如果当前的系统训练误差 E_{sys} 小于 ε，则进入第⑧步，否则进入第④步。

第④步：比较当前的迭代次数与 $N_{\max}$ 的大小。如果当前的迭代次数等于 $N_{\max}$，则进入第⑨步，否则进入第⑤步。

第⑤步：每一次迭代训练都需要从训练集中选取一个训练样本，第 1 次迭代训练时选取训练集中的第 1 个训练样本，第 2 次迭代训练时选取训练集中的第 2 个训练样本，第 3 次迭代训练时选取训练集中的第 3 个训练样本。依次类推，当遍历完训练集中的所有样本后，又从头选取第 1 个训练样本，然后选取第 2 个训练样本，选取第 3 个训练样本，如此重复下去。

第⑥步：根据第⑤步中选取的训练样本并利用后向计算方法计算出各个模型参数的增量值，也即根据第⑤步中选取的训练样本并利用式（4.90）计算出各个 $\Delta w_{ij}^{[l]}$ 和 $\Delta\theta_j^{[l]}$ 的值。注意，式（4.90）中的各个 $y_j^{[l]}$ 是当 MLP 的输入矢量为第⑤步中选取的训练样本矢量时，MLP 的各个隐含层和输出层的神经元的实际输出值，而这些值是在第②步中就已经计算出来了的。

第⑦步：更新 MLP 的各个参数的取值，更新方法是将 $w_{ij}^{[l]}$ 和 $\theta_j^{[l]}$ 的当前值分别加上增量值 $\Delta w_{ij}^{[l]}$ 和 $\Delta\theta_j^{[l]}$，从而得到 $w_{ij}^{[l]}$ 和 $\theta_j^{[l]}$ 的新的取值，这些新的取值成为 MLP 的模型参数的新的当前值。然后，将当前的迭代次数加上 1，并返回到第②步进行下一次迭代训练。

第⑧步：训练成功，结束训练。

第⑨步：训练失败，终止训练。

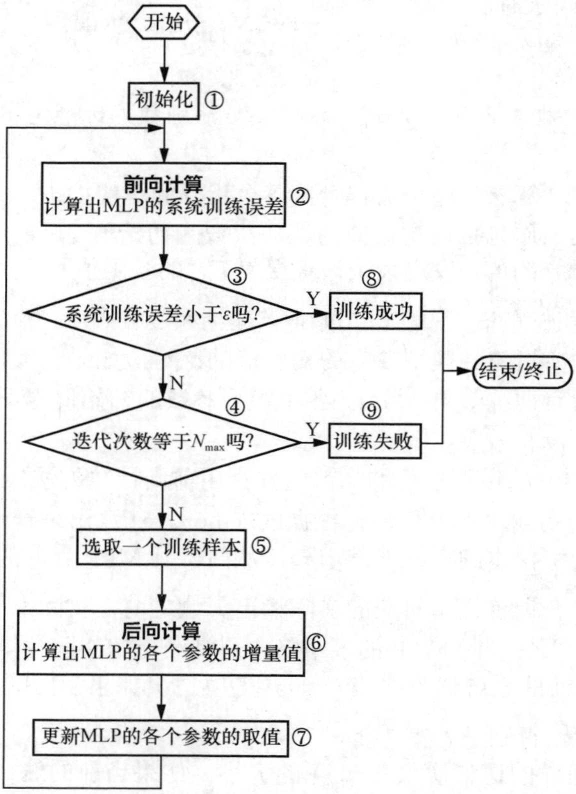

图 4-75　BP 算法流程

接下来，我们通过图 4-76 所示的例子来熟悉一下 BP 算法流程。此例所采用的 MLP 的结构极为简单，只有 1 个输入层神经元，1 个隐含层神经元，1 个输出层神经元。输入矢量是 1 维矢量，相当于一个标量，所以我们用 x 表示；输出矢量也是 1 维矢量，相当于一个标量，所以我们用 y 表示。我们希望将这个 MLP 的输入–输出关系训练成“逻辑非”的关系，即输入 x 为 0 时，期望输出 $\dot{y}$ 为 1；输入 x 为 1 时，期望输出 $\dot{y}$ 为 0。

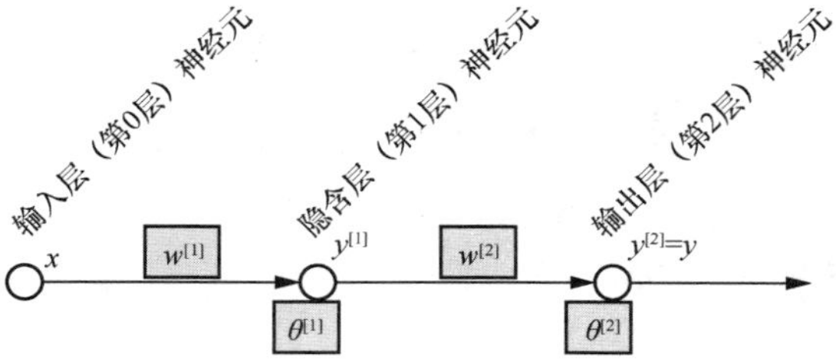

图 4-76　BP 算法流程示例

显然，如果采用标准逻辑函数作为输出层神经元的激活函数，那么输出层神经元的输出值就不可能为 0 或 1，而只可能介于 0 和 1 之间。然而，这并无大碍，因为当输出值足够小时，比如小于 0.05 时，我们就可以认为输出值相当于 0，而当输出值足够大时，比如大于 0.95 时，我们就可以认为输出值相当于 1。故此，我们就选用标准逻辑函数作为隐含层神经元和输出层神经元的激活函数 $g(\cdot)$。

在这个例子中，训练集中的训练样本只有两个，第 1 个是 $(x=0,\dot{y}=1)$，第 2 个是 $(x=1,\dot{y}=0)$，训练样本的训练误差采用的定义式是式（4.69），系统训练误差 E_{sys} 的容限值 ε 设定为 0.0009，训练步长 η 的值设定为 35，迭代次数的上限值 $N_{\max}$ 设定为 100，MLP 的各个模型参数的初始值设定为以下随机值

$$\text{初始值：} w^{[1]}=-0.2,\quad \theta^{[1]}=0.3,\quad w^{[2]}=0.2,\quad \theta^{[2]}=-0.1 \tag{4.91}$$

接下来我们就参照图 4-75 所示的 BP 算法流程展示一下前 3 次迭代训练的完整过程以及第 4 次迭代训练的部分过程。

第 1 次迭代训练

对于训练样本 $(x=0,\dot{y}=1)$，有

$$\text{net}^{[1]}=w^{[1]}\times x-\theta^{[1]}=-0.2\times 0-0.3=-0.3$$

$$y^{[1]}=g\left(\text{net}^{[1]}\right)=\frac{1}{1+\text{e}^{-\text{net}^{[1]}}}=\frac{1}{1+\text{e}^{0.3}}\approx 0.4255574832$$

$$\text{net}^{[2]}=w^{[2]}\times y^{[1]}-\theta^{[2]}\approx 0.2\times 0.4255574832-(-0.1)\approx 0.1851114966$$

$$y=y^{[2]}=g(\text{net}^{[2]})=\frac{1}{1+\text{e}^{-\text{net}^{[2]}}}\approx\frac{1}{1+\text{e}^{-0.1851114966}}\approx 0.5461461779$$

$$E_1=\frac{1}{2}(y-\dot{y})^2\approx\frac{1}{2}(0.5461461779-1)^2\approx 0.1029916459$$

对于训练样本 $(x=1,\dot{y}=0)$，有

$$\text{net}^{[1]}=w^{[1]}\times x-\theta^{[1]}=-0.2\times 1-0.3=-0.5$$

$$y^{[1]}=g(\text{net}^{[1]})=\frac{1}{1+\text{e}^{-\text{net}^{[1]}}}=\frac{1}{1+\text{e}^{0.5}}\approx 0.3775406688$$

$$\text{net}^{[2]}=w^{[2]}\times y^{[1]}-\theta^{[2]}\approx 0.2\times 0.3775406688-(-0.1)\approx 0.1755081338$$

$$y=y^{[2]}=g(\text{net}^{[2]})=\frac{1}{1+\text{e}^{-\text{net}^{[2]}}}\approx\frac{1}{1+\text{e}^{-0.1755081338}}\approx 0.5437647502$$

$E_2=\frac{1}{2}(y-\dot{y})^2\approx\frac{1}{2}(0.5437647502-0)^2\approx0.1478400518$

由于 $E_{\text{sys}}=E_1+E_2\approx0.1029916459+0.1478400518\approx0.2508316977>\varepsilon(0.0009)$，且迭代次数 1 小于上限 $N_{\max}$ 的值 100，所以训练还需继续进行。

选取第 1 个训练样本 $(x=0,\dot{y}=1)$，有

$y^{[1]}\approx0.4255574832$（前面计算过了）

$y=y^{[2]}\approx0.5461461779$（前面计算过了）

根据式（4.90）计算 MLP 的各个模型参数的增量值：

$$\begin{aligned}\Delta w^{[2]}&=-\eta y^{[2]}(1-y^{[2]})y^{[1]}(y-\dot{y})\\&\approx-35\times0.5461461779\times(1-0.5461461779)\times0.4255574832\times(0.5461461779-1)\\&\approx1.6755877210\end{aligned}$$

$$\begin{aligned}\Delta\theta^{[2]}&=\eta y^{[2]}(1-y^{[2]})(y-\dot{y})\\&\approx35\times0.5461461779\times(1-0.5461461779)\times(0.5461461779-1)\\&\approx-3.9373945639\end{aligned}$$

$$\begin{aligned}\Delta w^{[1]}&=(1-y^{[1]})xw^{[2]}\Delta w^{[2]}\\&\approx(1-0.4255574832)\times0\times0.2\times1.6755877210=0\end{aligned}$$

$$\begin{aligned}\Delta\theta^{[1]}&=-(1-y^{[1]})w^{[2]}\Delta w^{[2]}\\&\approx-(1-0.4255574832)\times0.2\times1.6755877210\approx-0.1925057655\end{aligned}$$

更新 MLP 的各个模型参数的取值：

$w^{[1]}=-0.2+\Delta w^{[1]}=-0.2+0=-0.2$

$\theta^{[1]}=0.3+\Delta\theta^{[1]}\approx0.3-0.1925057655\approx0.1074942345$

$w^{[2]}=0.2+\Delta w^{[2]}\approx0.2+1.6755877210\approx1.8755877210$

$\theta^{[2]}=-0.1+\Delta\theta^{[2]}\approx-0.1-3.9373945639\approx-4.0373945639$

第 2 次迭代训练

对于训练样本 $(x=0,\dot{y}=1)$，有

$\text{net}^{[1]}=w^{[1]}\times x-\theta^{[1]}\approx-0.2\times0-0.1074942345\approx-0.1074942345$

$y^{[1]}=g(\text{net}^{[1]})=\frac{1}{1+\text{e}^{-\text{net}^{[1]}}}\approx\frac{1}{1+\text{e}^{0.1074942345}}\approx0.4731522885$

$$\begin{aligned}\text{net}^{[2]}&=w^{[2]}\times y^{[1]}-\theta^{[2]}\\&\approx1.8755877210\times0.4731522885+4.0373945639\approx4.9248331865\end{aligned}$$

$y=y^{[2]}=g(\text{net}^{[2]})=\frac{1}{1+\text{e}^{-\text{net}^{[2]}}}\approx\frac{1}{1+\text{e}^{-4.9248331865}}\approx0.9927884464$

$E_1=\frac{1}{2}(y-\dot{y})^2\approx\frac{1}{2}(0.9927884464-1)^2\approx0.0000260033$

对于训练样本 $(x=1,\dot{y}=0)$，有

$\text{net}^{[1]}=w^{[1]}\times x-\theta^{[1]}\approx-0.2\times1-0.1074942345\approx-0.3074942345$

$y^{[1]}=g(\text{net}^{[1]})=\frac{1}{1+\text{e}^{-\text{net}^{[1]}}}\approx\frac{1}{1+\text{e}^{0.3074942345}}\approx0.4237264853$

$$\text{net}^{[2]} = w^{[2]} \times y^{[1]} - \theta^{[2]}$$
$$\approx 1.8755877210 \times 0.4237264853 + 4.0373945639 \approx 4.8321307569$$
$$y = y^{[2]} = g(\text{net}^{[2]}) = \frac{1}{1+\mathrm{e}^{-\text{net}^{[2]}}} \approx \frac{1}{1+\mathrm{e}^{-4.8321307569}} \approx 0.9920934891$$
$$E_2 = \frac{1}{2}(y-\dot{y})^2 \approx \frac{1}{2}(0.9920934891-0)^2 \approx 0.4921247455$$

由于 $E_{\text{sys}} = E_1 + E_2 \approx 0.0000260033 + 0.4921247455 \approx 0.4921507488 > \varepsilon(0.0009)$，且迭代次数 2 小于上限 $N_{\max}$ 的值 100，所以训练还需继续进行。

选取第 2 个训练样本 $(x=1, \dot{y}=0)$，有

$y^{[1]} \approx 0.4237264853$（前面计算过了）

$y = y^{[2]} \approx 0.9920934891$（前面计算过了）

根据式（4.90）计算 MLP 的各个模型参数的增量值：

$$\Delta w^{[2]} = -\eta y^{[2]}(1-y^{[2]})y^{[1]}(y-\dot{y})$$
$$\approx -35 \times 0.9920934891 \times (1-0.9920934891) \times 0.4237264853 \times (0.9920934891-0)$$
$$\approx -0.1154100768$$
$$\Delta\theta^{[2]} = \eta y^{[2]}(1-y^{[2]})(y-\dot{y})$$
$$\approx 35 \times 0.9920934891 \times (1-0.9920934891) \times (0.9920934891-0)$$
$$\approx 0.2723692777$$
$$\Delta w^{[1]} = (1-y^{[1]})xw^{[2]}\Delta w^{[2]}$$
$$\approx (1-0.4237264853) \times 1 \times 1.8755877210 \times (-0.1154100768) \approx -0.1247411578$$
$$\Delta\theta^{[1]} = -(1-y^{[1]})w^{[2]}\Delta w^{[2]}$$
$$\approx -(1-0.4237264853) \times 1.8755877210 \times (-0.1154100768) \approx 0.1247411578$$

更新 MLP 的各个模型参数的取值：

$$w^{[1]} = -0.2 + \Delta w^{[1]} \approx -0.2 - 0.1247411578 \approx -0.3247411578$$
$$\theta^{[1]} \approx 0.1074942345 + \Delta\theta^{[1]} \approx 0.1074942345 + 0.1247411578 \approx 0.2322353923$$
$$w^{[2]} \approx 1.8755877210 + \Delta w^{[2]} \approx 1.8755877210 - 0.1154100768 \approx 1.7601776442$$
$$\theta^{[2]} \approx -4.0373945639 + \Delta\theta^{[2]} \approx -4.0373945639 + 0.2723692777 \approx -3.7650252862$$

第 3 次迭代训练

对于训练样本 $(x=0, \dot{y}=1)$，有

$$\text{net}^{[1]} = w^{[1]} \times x - \theta^{[1]} \approx -0.3247411578 \times 0 - 0.2322353923 \approx -0.2322353923$$
$$y^{[1]} = g(\text{net}^{[1]}) = \frac{1}{1+\mathrm{e}^{-\text{net}^{[1]}}} \approx \frac{1}{1+\mathrm{e}^{0.2322353923}} \approx 0.4422006942$$
$$\text{net}^{[2]} = w^{[2]} \times y^{[1]} - \theta^{[2]}$$
$$\approx 1.7601776442 \times 0.4422006942 + 3.7650252862 \approx 4.5433770624$$
$$y = y^{[2]} = g(\text{net}^{[2]}) = \frac{1}{1+\mathrm{e}^{-\text{net}^{[2]}}} \approx \frac{1}{1+\mathrm{e}^{-4.5433770624}} \approx 0.9894745412$$
$$E_1 = \frac{1}{2}(y-\dot{y})^2 \approx \frac{1}{2}(0.9894745412-1)^2 \approx 0.0000553926$$

对于训练样本 $(x=1, \dot{y}=0)$，有

$$\text{net}^{[1]} = w^{[1]} \times x - \theta^{[1]} \approx -0.3247411578 \times 1 - 0.2322353923 \approx -0.5569765501$$

$$y^{[1]} = g(\text{net}^{[1]}) = \frac{1}{1+\text{e}^{-\text{net}^{[1]}}} \approx \frac{1}{1+\text{e}^{0.5569765501}} \approx 0.3642473159$$

$$\begin{aligned}\text{net}^{[2]} &= w^{[2]} \times y^{[1]} - \theta^{[2]} \\ &\approx 1.7601776442 \times 0.3642473159 + 3.7650252862 \approx 4.4061652686\end{aligned}$$

$$y = y^{[2]} = g(\text{net}^{[2]}) = \frac{1}{1+\text{e}^{-\text{net}^{[2]}}} \approx \frac{1}{1+\text{e}^{-4.4061652686}} \approx 0.9879452114$$

$$E_2 = \frac{1}{2}(y - \dot{y})^2 \approx \frac{1}{2}(0.9879452114 - 0)^2 \approx 0.4880178704$$

由于 $E_{\text{sys}} = E_1 + E_2 \approx 0.0000553926 + 0.4880178704 \approx 0.4880732630 > \varepsilon(0.0009)$，且迭代次数 3 小于上限 $N_{\max}$ 的值 100，所以训练还需继续进行。

选取第 1 个训练样本 $(x = 0, \dot{y} = 1)$，有

$y^{[1]} \approx 0.4422006942$（前面计算过了）

$y = y^{[2]} \approx 0.9894745412$（前面计算过了）

根据式（4.90）计算 MLP 的各个模型参数的增量值：

$$\begin{aligned}\Delta w^{[2]} &= -\eta y^{[2]}(1 - y^{[2]})y^{[1]}(y - \dot{y}) \\ &\approx -35 \times 0.9894745412 \times (1 - 0.9894745412) \times 0.4422006942 \times (0.9894745412 - 1) \\ &\approx 0.0016965793\end{aligned}$$

$$\begin{aligned}\Delta \theta^{[2]} &= \eta y^{[2]}(1 - y^{[2]})(y - \dot{y}) \\ &\approx 35 \times 0.9894745412 \times (1 - 0.9894745412) \times (0.9894745412 - 1) \\ &\approx -0.0038366726\end{aligned}$$

$$\begin{aligned}\Delta w^{[1]} &= (1 - y^{[1]})xw^{[2]}\Delta w^{[2]} \\ &\approx (1 - 0.4422006942) \times 0 \times 1.7601776442 \times 0.0016965793 = 0\end{aligned}$$

$$\begin{aligned}\Delta \theta^{[1]} &= -(1 - y^{[1]})w^{[2]}\Delta w^{[2]} \\ &\approx -(1 - 0.4422006942) \times 1.7601776442 \times 0.0016965793 \approx -0.0016657454\end{aligned}$$

更新 MLP 的各个模型参数的取值：

$$w^{[1]} \approx -0.3247411578 + \Delta w^{[1]} \approx -0.3247411578 + 0 \approx -0.3247411578$$

$$\theta^{[1]} \approx 0.2322353923 + \Delta \theta^{[1]} \approx 0.2322353923 - 0.0016657454 \approx 0.2305696469$$

$$w^{[2]} \approx 1.7601776442 + \Delta w^{[2]} \approx 1.7601776442 + 0.0016965793 \approx 1.7618742235$$

$$\theta^{[2]} \approx -3.7650252862 + \Delta \theta^{[2]} \approx -3.7650252862 - 0.0038366726 \approx -3.7688619589$$

第 4 次迭代训练

对于训练样本 $(x = 0, \dot{y} = 1)$，有

$$\text{net}^{[1]} = w^{[1]} \times x - \theta^{[1]} \approx -0.3247411578 \times 0 - 0.2305696469 \approx -0.2305696469$$

$$y^{[1]} = g(\text{net}^{[1]}) = \frac{1}{1+\text{e}^{-\text{net}^{[1]}}} \approx \frac{1}{1+\text{e}^{0.2305696469}} \approx 0.4426116052$$

$$\text{net}^{[2]} = w^{[2]} \times y^{[1]} - \theta^{[2]} \approx 1.7618742235 \times 0.4426116052 + 3.7688619589 \approx 4.5486879371$$

$$y = y^{[2]} = g(\text{net}^{[2]}) = \frac{1}{1+\text{e}^{-\text{net}^{[2]}}} \approx \frac{1}{1+\text{e}^{-4.5486879371}} \approx 0.9895297087$$

$E_1=\frac{1}{2}(y-\dot{y})^2\approx\frac{1}{2}(0.9895297087-1)^2\approx 0.0000548135$

对于训练样本 $(x=1,\dot{y}=0)$，有

$\text{net}^{[1]}=w^{[1]}\times x-\theta^{[1]}\approx -0.3247411578\times 1-0.2305696469\approx -0.5553108047$

$y^{[1]}=g(\text{net}^{[1]})=\frac{1}{1+\text{e}^{-\text{net}^{[1]}}}\approx\frac{1}{1+\text{e}^{0.5553108047}}\approx 0.3646331417$

$$\begin{aligned}\text{net}^{[2]}&=w^{[2]}\times y^{[1]}-\theta^{[2]}\\&\approx 1.7618742235\times 0.3646331417+3.7688619589\approx 4.4112996923\end{aligned}$$

$y=y^{[2]}=g(\text{net}^{[2]})=\frac{1}{1+\text{e}^{-\text{net}^{[2]}}}\approx\frac{1}{1+\text{e}^{-4.4112996923}}\approx 0.9880062067$

$E_2=\frac{1}{2}(y-\dot{y})^2\approx\frac{1}{2}(0.9880062067-0)^2\approx 0.4880781323$

由于 $E_{\text{sys}}=E_1+E_2\approx 0.0000548135+0.4880781323\approx 0.4881329458>\varepsilon(0.0009)$，且迭代次数 4 小于上限 $N_{\max}$ 的值 100，所以训练还需继续进行。

以上就是前 3 次迭代训练的完整过程以及第 4 次迭代训练的部分过程。第 1 次迭代训练完成之后的结果是

$$\begin{cases}w^{[1]}=-0.2\\\theta^{[1]}=0.3\\w^{[2]}=0.2\\\theta^{[2]}=-0.1\\E_{\text{sys}}\approx 0.2508316977\end{cases}\Rightarrow\begin{cases}w^{[1]}=-0.2\\\theta^{[1]}\approx 0.1074942345\\w^{[2]}\approx 1.8755877210\\\theta^{[2]}\approx -4.0373945639\\E_{\text{sys}}\approx 0.4921507488\end{cases}\tag{4.92}$$

第 2 次迭代训练完成之后的结果是

$$\begin{cases}w^{[1]}=-0.2\\\theta^{[1]}\approx 0.1074942345\\w^{[2]}\approx 1.8755877210\\\theta^{[2]}\approx -4.0373945639\\E_{\text{sys}}\approx 0.4921507488\end{cases}\Rightarrow\begin{cases}w^{[1]}\approx -0.3247411578\\\theta^{[1]}\approx 0.2322353923\\w^{[2]}\approx 1.7601776442\\\theta^{[2]}\approx -3.7650252862\\E_{\text{sys}}\approx 0.4880732630\end{cases}\tag{4.93}$$

第 3 次迭代训练完成之后的结果是

$$\begin{cases}w^{[1]}\approx -0.3247411578\\\theta^{[1]}\approx 0.2322353923\\w^{[2]}\approx 1.7601776442\\\theta^{[2]}\approx -3.7650252862\\E_{\text{sys}}\approx 0.4880732630\end{cases}\Rightarrow\begin{cases}w^{[1]}\approx -0.3247411578\\\theta^{[1]}\approx 0.2305696469\\w^{[2]}\approx 1.7618742235\\\theta^{[2]}\approx -3.7688619589\\E_{\text{sys}}\approx 0.4881329458\end{cases}\tag{4.94}$$

笔者用编程的方式实现了这个例子，程序的运行结果表明，第 78 次迭代训练完成之后的

结果是

$$\begin{cases} w^{[1]} \approx -8.6448901544 \\ \theta^{[1]} \approx -3.5028801353 \\ w^{[2]} \approx 7.2143324066 \\ \theta^{[2]} \approx 3.3976602044 \\ E_{\text{sys}} \approx 0.0009178468 \end{cases} \Rightarrow \begin{cases} w^{[1]} \approx -8.6464920310 \\ \theta^{[1]} \approx -3.5012782587 \\ w^{[2]} \approx 7.2141090677 \\ \theta^{[2]} \approx 3.4360877290 \\ E_{\text{sys}} \approx 0.0009045791 \end{cases} \tag{4.95}$$

由于系统训练误差 E_{sys} 的值 0.0009045791 大于误差容限 ε 的值 0.0009，并且迭代次数 78 小于上限 $N_{\max}$ 的值 100，所以训练还需继续进行。第 79 次迭代训练完成之后的结果是

$$\begin{cases} w^{[1]} \approx -8.6464920310 \\ \theta^{[1]} \approx -3.5012782587 \\ w^{[2]} \approx 7.2141090677 \\ \theta^{[2]} \approx 3.4360877290 \\ E_{\text{sys}} \approx 0.0009045791 \end{cases} \Rightarrow \begin{cases} w^{[1]} \approx -8.6464920310 \\ \theta^{[1]} \approx -3.5065440540 \\ w^{[2]} \approx 7.2390418805 \\ \theta^{[2]} \approx 3.4104029723 \\ E_{\text{sys}} \approx 0.0008961953 \end{cases} \tag{4.96}$$

此时系统训练误差 E_{sys} 的值 0.0008961953 已经小于误差容限 ε 的值 0.0009，所以训练目标已经实现，训练成功结束。这样，我们便得到了一个图 4-77 所示的具有“逻辑非门”功能的 MLP，该 MLP 的隐含层神经元和输出层神经元采用了标准逻辑函数作为激活函数。

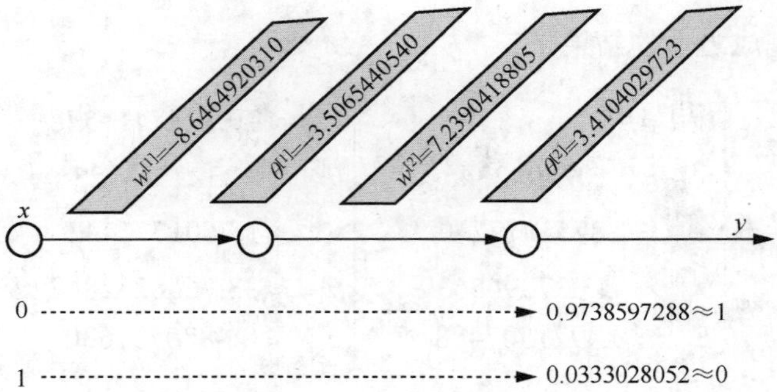

图 4-77　逻辑非门

在 MLP 的整个训练过程中，系统训练误差 E_{sys} 的值随着迭代次数的增加而变化的曲线称为训练曲线，图 4-78（a）所显示的就是我们所举的这个例子的完整的训练曲线。可以看到，在训练的初期，E_{sys} 的值出现了较大的上下波动，但当迭代次数大约在 30 时，E_{sys} 的值便迅速地下降至 0 的附近，其后不再有大的波动。图 4-78（b）所显示的是迭代次数从 30 到 79 这一段的特写，可以看到，当迭代次数达到 79 时，E_{sys} 的值下降到了误差容限值 0.0009 之下。

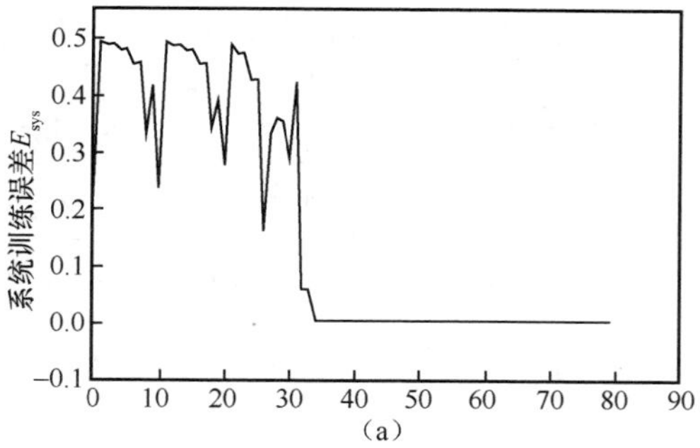

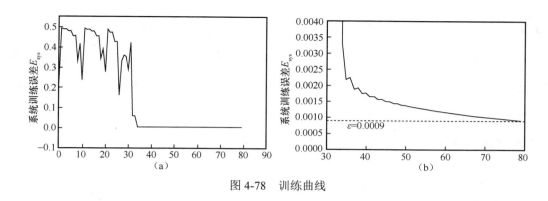

图 4-78　训练曲线

4.3.7　批量训练方式

一个 MLP 通常会拥有几万个、几十万个、几百万个甚至更多的模型参数。也就是说，一个 MLP 的参数空间通常是一个维数非常大的高维空间，每个训练样本的训练误差函数都会涉及几万个、几十万个、几百万个甚至更多的自变量。在接下来的分析和描述中，为了简便起见，特别是为了直观地表现训练误差函数的图像情况，我们不妨假定所研究的 MLP 仅仅只有一个模型参数，记为 w，同时还假定用于训练这个 MLP 的训练样本总共只有两个，其中第 1 个训练样本的训练误差函数记为 $E_1 = f_{e1}(w)$，第 2 个训练样本的训练误差函数记为 $E_2 = f_{e2}(w)$。由于 MLP 的系统训练误差 E_{sys} 等于各个训练样本的训练误差之和，所以这里有 $E_{sys} = E_1 + E_2 = f_{e1}(w) + f_{e2}(w)$。图 4-79 直观地显示了某一局部区域上 E_1、E_2、E_{sys} 的函数图像关系，即曲线 E_{sys} 等于曲线 E_1 和曲线 E_2 的叠加。

从图 4-79 中可以看到，参数 w 的取值为 w_1 时对应了 E_1 的一个极小值点 M_1'，参数 w 的取值为 w_2 时对应了 E_2 的一个极小值点 M_2'，参数 w 的取值为 w_3 时对应了 E_{sys} 的一个极小值点 M_3'。如果 w 的初始值为 a_0，那么单从 E_1 方面来考虑，则训练的目标应该是使得 w 尽量靠近 w_1，而单从 E_2 方面来考虑，则训练的目标应该是使得 w 尽量靠近 w_2。然而我们知道，MLP 的训练目标并不是要使得某个特定的训练样本的训练误差尽量小，而是要使得系统训练误差尽量小，所以对于图 4-79 所显示的情况来看，正确的训练目标应该是使得 w 尽量靠近 w_3。

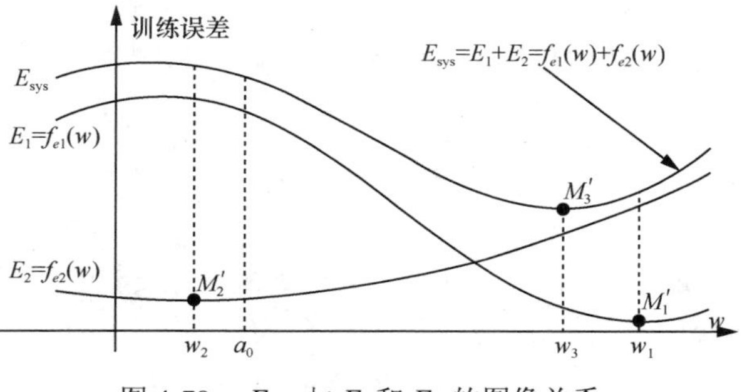

图 4-79　E_{sys} 与 E_1 和 E_2 的图像关系

那么，上一小节中所描述过的 BP 算法流程（见图 4-75）在训练误差函数的图像上

是如何表现的呢？如图 4-80 所示，根据 BP 算法流程，第 1 次迭代是选取第 1 个训练样本来对 MLP 进行训练。由于 $\left.\frac{\partial f_{e1}(w)}{\partial w}\right|_{w=a_0}<0$，所以 $\Delta w=-\eta\left.\frac{\partial f_{e1}(w)}{\partial w}\right|_{w=a_0}>0$，因此第 1 次迭代训练完成之后，$w$ 的值会从初始值 a_0 修改为 a_1，这在 E_1 曲线上表现为从 A_0 跳到了 A_1，在 E_2 曲线上表现为从 B_0 跳到了 B_1，而在 E_{sys} 曲线上表现为从 C_0 跳到了 C_1。第 2 次迭代是选取第 2 个训练样本来对 MLP 进行训练，由于 $\left.\frac{\partial f_{e2}(w)}{\partial w}\right|_{w=a_1}>0$，所以 $\Delta w=-\eta\left.\frac{\partial f_{e2}(w)}{\partial w}\right|_{w=a_1}<0$，因此第 2 次迭代训练完成之后，$w$ 的值会从 a_1 修改为 a_2，这在 E_2 曲线上表现为从 B_1 跳到了 B_2，在 E_1 曲线上表现为从 A_1 跳到了 A_2，而在 E_{sys} 曲线上表现为从 C_1 跳到了 C_2。第 3 次迭代是选取第 1 个训练样本来对 MLP 进行训练，由于 $\left.\frac{\partial f_{e1}(w)}{\partial w}\right|_{w=a_2}<0$，所以 $\Delta w=-\eta\left.\frac{\partial f_{e1}(w)}{\partial w}\right|_{w=a_2}>0$，因此第 3 次迭代训练完成之后，$w$ 的值会从 a_2 修改为 a_3，这在 E_1 曲线上表现为从 A_2 跳到了 A_3，在 E_2 曲线上表现为从 B_2 跳到了 B_3，而在 E_{sys} 曲线上表现为从 C_2 跳到了 C_3。第 4 次迭代是选取第 2 个训练样本来对 MLP 进行训练，由于 $\left.\frac{\partial f_{e2}(w)}{\partial w}\right|_{w=a_3}>0$，所以 $\Delta w=-\eta\left.\frac{\partial f_{e2}(w)}{\partial w}\right|_{w=a_3}<0$，因此第 4 次迭代训练完成之后，$w$ 的值会从 a_3 修改为 a_4，这在 E_2 曲线上表现为从 B_3 跳到了 B_4，在 E_1 曲线上表现为从 A_3 跳到了 A_4，而在 E_{sys} 曲线上表现为从 C_3 跳到了 C_4。第 5 次迭代是选取第 1 个训练样本来对 MLP 进行训练，由于 $\left.\frac{\partial f_{e1}(w)}{\partial w}\right|_{w=a_4}<0$，所以 $\Delta w=-\eta\left.\frac{\partial f_{e1}(w)}{\partial w}\right|_{w=a_4}>0$，因此第 5 次迭代训练完成之后，$w$ 的值会从 a_4 修改为 a_5，这在 E_1 曲线上表现为从 A_4 跳到了 A_5，在 E_2 曲线上表现为从 B_4 跳到了 B_5，而在 E_{sys} 曲线上表现为从 C_4 跳到了 C_5。第 6 次迭代是选取第 2 个训练样本来对 MLP 进行训练，由于 $\left.\frac{\partial f_{e2}(w)}{\partial w}\right|_{w=a_5}>0$，所以 $\Delta w=-\eta\left.\frac{\partial f_{e2}(w)}{\partial w}\right|_{w=a_5}<0$，因此第 6 次迭代训练完成之后，$w$ 的值会从 a_5 修改为 a_6，这在 E_2 曲线上表现为从 B_5 跳到了 B_6，在 E_1 曲线上表现为从 A_5 跳到了 A_6，而在 E_{sys} 曲线上表现为从 C_5 跳到了 C_6。以上过程一直重复下去，直至 E_1 曲线上的动点跳到了 X，E_2 曲线上的动点跳到了 Y，E_{sys} 曲线上的动点跳到了 M_3'。

从图 4-72 中我们可以看到，采用梯度下降法时，训练误差函数图像上的动点的轨迹应该是折点高度不断下降的一条折线。然而，这与我们在图 4-80 中看到的情况完全不符。在图 4-80 中可以看到，w 的取值变化情况是 $a_0 \to a_1 \to a_2 \to a_3 \to a_4 \to a_5 \to a_6 \to \cdots \to w_3$，曲线 E_1 上的动点的轨迹是 $A_0 \to A_1 \to A_2 \to A_3 \to A_4 \to A_5 \to A_6 \to \cdots \to X$，曲线 E_2 上的动点的轨迹是 $B_0 \to B_1 \to B_2 \to B_3 \to B_4 \to B_5 \to B_6 \to \cdots \to Y$，曲线 E_{sys} 上的动点的轨迹

是 $C_0 \to C_1 \to C_2 \to C_3 \to C_4 \to C_5 \to C_6 \to \cdots \to M_3'$。无论是在曲线 E_1 上、曲线 E_2 上，还是在曲线 E_{sys} 上，动点（折点）的高度总是时高时低，并且曲线 E_2 上的动点的高度总体上不是在逐渐下降，反而是在逐渐上升。总之，每条曲线上的动点的轨迹都不符合 4.3.5 小节中所描述的梯度下降法的特征，而在 4.3.6 小节中我们明明说过，BP 算法就是一种梯度下降法，那这又是怎么一回事呢？

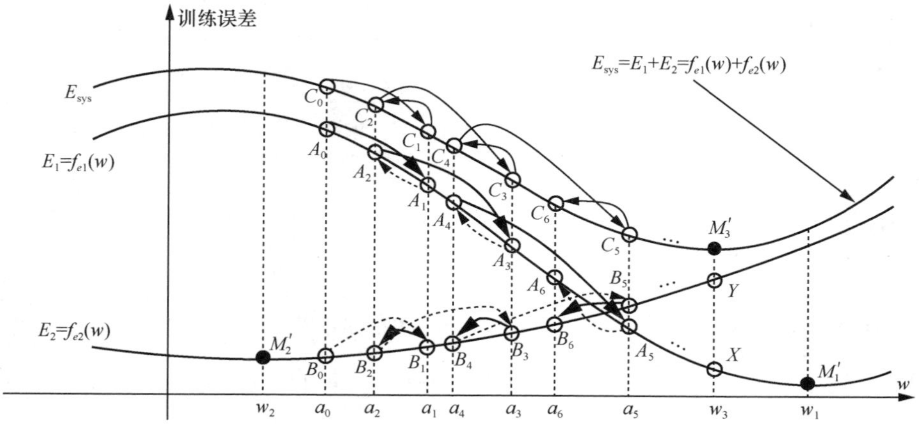

图 4-80　在线训练方式

原来，梯度下降法有两种，一种叫作**随机梯度下降法（Stochastic Gradient Descent）**，简称 **SGD 方法**，另一种叫作**纯梯度下降法（Pure Gradient Descent）**，简称 **PGD 方法**。一般情况下，人们习惯于把 SGD 方法和 PGD 方法统称为梯度下降法。采用 SGD 方法时，无论训练步长 η 的取值如何，系统训练误差 E_{sys} 的值都有可能会随机性地时大时小，但总的趋势是逐渐减小的，相应地，E_{sys} 图像上的动点也就可能会随机性地时高时低，但总的趋势是逐渐降低的。采用 PGD 方法时，只要训练步长 η 的取值足够小，系统训练误差 E_{sys} 的值就不会时大时小，而是严格单调地减小，相应地，E_{sys} 图像上的动点也就不会时高时低，而是严格单调地降低。另一方面，BP 算法也有两种（注：学完本小节内容之后会发现其实是有 3 种），一种叫作**在线训练（On-Line Training）方式**的 BP 算法，这种方式的 BP 算法实质上是一种 SGD 方法，另一种叫作**全批量训练（Full Batch Training）方式**的 BP 算法，这种方式的 BP 算法实质上是一种 PGD 方法。特别需要强调的是，采用在线训练方式的 BP 算法时，每次从训练集中选取一个训练样本对 MLP 进行训练之后，都会立即对 MLP 的每个模型参数的取值进行一次更新。4.3.6 小节中所举的“逻辑非门”的例子，其训练方式就是在线训练方式，也就是一种 SGD 方法，这也说明了图 4-78 所示的训练曲线为什么会出现随机性的上下波动情况。现在我们应该反应过来了，原来图 4-80 所对应的 BP 算法，也即 4.3.6 小节中所描述的 BP 算法，实际上是在线训练方式的 BP 算法，或者说是一种 SGD 方法。

那么，相对于在线训练方式的 BP 算法，全批量训练方式的 BP 算法又有什么不同之处呢？同样是针对图 4-79 所示的例子，我们来看一下全批量训练方式的 BP 算法是如何工作的，如图 4-81 所示。一开始，参数 w 的初始值为 a_0，选取第 1 个训练样本来对 MLP

进行训练，计算出参数 w 的修改量为 $-\eta \left.\frac{\partial f_{e1}(w)}{\partial w}\right|_{w=a_0}$，但是暂时不要对参数 w 的取值进行修改，而是继续选取第 2 个训练样本来对 MLP 进行训练，计算出参数 w 的修改量为 $-\eta \left.\frac{\partial f_{e2}(w)}{\partial w}\right|_{w=a_0}$。至此，训练集完成了第 1 轮遍历，也即训练集中的每一个训练样本都已经完成了一次训练，而这个时间点才是修改参数 w 的取值的时间点，并且实际的修改量是根据每一次训练计算出的修改量的代数和，也即

$$\Delta w = -\eta \left.\frac{\partial f_{e1}(w)}{\partial w}\right|_{w=a_0} - \eta \left.\frac{\partial f_{e2}(w)}{\partial w}\right|_{w=a_0} \tag{4.97}$$

而修改后的参数的取值为

$$a_1 = a_0 + \Delta w = a_0 - \eta \left.\frac{\partial f_{e1}(w)}{\partial w}\right|_{w=a_0} - \eta \left.\frac{\partial f_{e2}(w)}{\partial w}\right|_{w=a_0} \tag{4.98}$$

接下来开始训练集的第 2 轮遍历，选取第 1 个训练样本来对 MLP 进行训练，计算出参数 w 的修改量为 $-\eta \left.\frac{\partial f_{e1}(w)}{\partial w}\right|_{w=a_1}$，但是暂时不要对参数 w 的取值进行修改，而是继续选取第 2 个训练样本来对 MLP 进行训练，计算出参数 w 的修改量为 $-\eta \left.\frac{\partial f_{e2}(w)}{\partial w}\right|_{w=a_1}$。至此，训练集完成了第 2 轮遍历，同时也到了第 2 次修改参数 w 的取值的时间点，实际的修改量为

$$\Delta w = -\eta \left.\frac{\partial f_{e1}(w)}{\partial w}\right|_{w=a_1} - \eta \left.\frac{\partial f_{e2}(w)}{\partial w}\right|_{w=a_1} \tag{4.99}$$

而修改后的参数的取值为

$$a_2 = a_1 + \Delta w = a_1 - \eta \left.\frac{\partial f_{e1}(w)}{\partial w}\right|_{w=a_1} - \eta \left.\frac{\partial f_{e2}(w)}{\partial w}\right|_{w=a_1} \tag{4.100}$$

接下来开始训练集的第 3 轮遍历，选取第 1 个训练样本来对 MLP 进行训练，计算出参数 w 的修改量为 $-\eta \left.\frac{\partial f_{e1}(w)}{\partial w}\right|_{w=a_2}$，但是暂时不要对参数 w 的取值进行修改，而是继续选取第 2 个训练样本来对 MLP 进行训练，计算出参数 w 的修改量为 $-\eta \left.\frac{\partial f_{e2}(w)}{\partial w}\right|_{w=a_2}$。至此，训练集完成了第 3 轮遍历，同时也到了第 3 次修改参数 w 的取值的时间点，实际的修改量为

$$\Delta w = -\eta \left.\frac{\partial f_{e1}(w)}{\partial w}\right|_{w=a_2} - \eta \left.\frac{\partial f_{e2}(w)}{\partial w}\right|_{w=a_2} \tag{4.101}$$

而修改后的参数的取值为

$$a_3 = a_2 + \Delta w = a_2 - \eta \frac{\partial f_{e1}(w)}{\partial w}\bigg|_{w=a_2} - \eta \frac{\partial f_{e2}(w)}{\partial w}\bigg|_{w=a_2} \tag{4.102}$$

以上过程不断地重复下去，w 的取值就会越来越靠近 w_3。从图 4-81 中可以看到，曲线 E_{sys} 上的动点的轨迹是 $C_0 \to C_1 \to C_2 \to C_3 \to \cdots \to M_3'$，动点的高度一直是在严格地单调降低，没有出现时高时低的现象。显然，全批量训练方式与在线训练方式之间的主要差异就在于修改参数的取值的时间点不同：若是采用全批量训练方式，则训练集每完成一轮遍历时，才统一对 MLP 的每个参数的取值进行一次修改；若是采用在线训练方式，则每次从训练集中选取一个训练样本对 MLP 进行训练之后，都会立即对 MLP 的每个参数的取值进行一次修改。

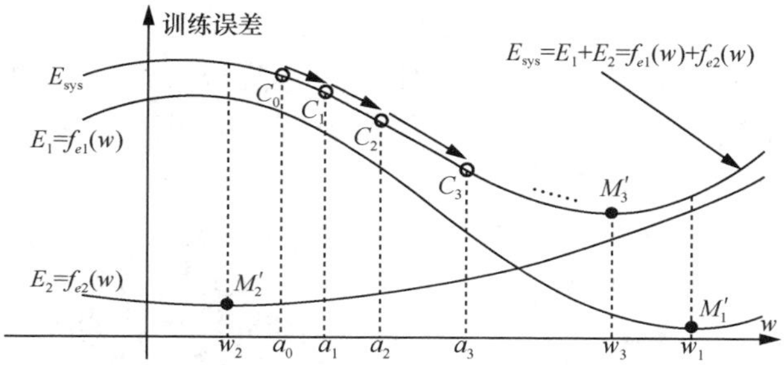

图 4-81　全批量训练方式

也许有读者朋友会问，全批量训练方式所用到的式（4.97）、式（4.99）、式（4.101）这些计算参数的实际修改量的公式是如何推导而来的呢？事实上，由于

$$E_{sys} = E_1 + E_2 = f_{e1}(w) + f_{e2}(w)$$

而根据梯度下降法的原理，有

$$\Delta w = -\eta \frac{\partial E_{sys}}{\partial w} = -\eta \frac{\partial (E_1 + E_2)}{\partial w} = -\eta \frac{\partial \left[f_{e1}(w) + f_{e2}(w) \right]}{\partial w} = -\eta \frac{\partial f_{e1}(w)}{\partial w} - \eta \frac{\partial f_{e2}(w)}{\partial w} \tag{4.103}$$

所以，式（4.97）、式（4.99）、式（4.101）这些计算公式只不过是式（4.103）在参数 w 的不同取值点 a_0、a_1、a_2 的具体运用罢了。

为了更清楚、更一般地说明全批量训练方式与在线训练方式之间的主要差异，我们现在假定训练集中包含 100 个训练样本。如果采用在线训练方式，那么每次从训练集中选取一个训练样本对 MLP 进行训练之后，都会立即对 MLP 的每个参数的取值进行一次修改。当完成训练集的第 1 轮遍历时，就意味着对 MLP 的每个参数的取值都已经进行了 100 次修改，或者说对 MLP 的每个参数的取值都已经进行了 100 次迭代。当完成训练集的第 2 轮遍历时，就意味着对 MLP 的每个参数的取值都已经进行了 200 次修改，或者说对 MLP 的每个参数的取值都已经进行了 200 次迭代，依次类推。如果采用全批量训练方式，那么每次从训练集中选取一个训练样本对 MLP 进行训练之后，并不会立即对 MLP 的参数的取值进行修改，而只是计算出并记住 MLP 的每个参数的取值对应于本次训练的修改量应该是多少。只有当完成训练集的第 1 轮遍历时，才会统一对 MLP 的每个参数的取值进行第 1 次修改，并且某个特定的参数的取值的实际修改量等于该参数对应的最近这 100 次训练的修改量之代数和。也就是说，只有当完成训练集的第 1 轮遍历时，才会对 MLP 的每个参数的取值进行第 1 次迭代。类似地，只有当完成训练集的第 2 轮遍历时，才会对 MLP 的每个参数的取值进行第 2 次修改，或者说进行第 2 次迭代，依次类推。无论是在线训练方式还是全批量训练方式，对 MLP 的每个参数的取值进行完一次修改才叫作进行完一次迭代，也即迭代的次数是指对 MLP 的每个参数的取值进行修改的次数。

除了在线训练方式和全批量训练方式，另外还有一种训练方式，叫作**批量训练（Batch Training）方式**。假定训练集中包含 100 个训练样本，我们不妨将这 100 个训练样本均匀地分成 4 组，每一组称为一批或一个批次，第 1 批包含了第 1 个到第 25 个样本，第 2 批包含了第 26 个到第 50 个样本，第 3 批包含了第 51 个到第 75 个样本，第 4 批包含了第 76 个到第 100 个样本。每个批次所包含的训练样本的个数称为 batch-size，所以这里的 batch-size 等于 25。训练开始后，第 1 批训练样本完成第 1 轮遍历时，对 MLP 的每个参数的取值进行第 1 次修改，每个参数的实际修改量的计算方法这里不再赘述。然后，第 2 批训练样本完成第 1 轮遍历时，对 MLP 的每个参数的取值进行第 2 次修改；第 3 批训练样本完成第 1 轮遍历时，对 MLP 的每个参数的取值进行第 3 次修改；第 4 批训练样本完成第 1 轮遍历时，对 MLP 的每个参数的取值进行第 4 次修改；第 1 批训练样本完成第 2 轮遍历时，对 MLP 的每个参数的取值进行第 5 次修改；第 2 批训练样本完成第 2 轮遍历时，对 MLP 的每个参数的取值进行第 6 次修改，依次类推。注意，与在线训练方式和全批量训练方式类似，采用批量训练方式时，对 MLP 的每个参数的取值进行完一次修改才叫作进行完一次迭代，也即迭代的次数是指对 MLP 的每个参数的取值进行修改的次数。

显然，在线训练方式和全批量训练方式实际上是批量训练方式的两种极端情况：如果 batch-size 等于 1，则相应的批量训练方式就成了在线训练方式；如果 batch-size 等于训练集中的训练样本的总数，则相应的批量训练方式就成了全批量训练方式。一般地，批量训练方式的 BP 算法是一种随机梯度下降法：batch-size 越小，则其随机性越大；batch-size 越大，则其随机性越小。特别地，当 batch-size 等于训练集中的训练样本的总数时，批量训练方式的 BP 算法就成了一种纯梯度下降法。

问题来了：对于同一个应用问题，采用在线训练方式、批量训练方式、全批量训练方式所得到的结果会是一样的吗？答案：可能一样，可能不一样。也就是说，假设采用在线训练方式所找到的 E_{sys} 函数上的那个收敛点是 A，采用批量训练方式所找到的 E_{sys} 函数上的那个收敛点是 B，采用全批量训练方式所找到的 E_{sys} 函数上的那个收敛点是 C，那么 A 可能与 C 重合，也可能不重合，B 可能与 C 重合，也可能不重合，并且 A 与 B 可能是同一个点，也可能是不同的点。之所以如此，是因为影响训练结果的因素太多太复杂：参数的初始值、训练步长 η 的取值大小、batch-size 的大小、各个训练样本的训练误差函数的特点等等，所有这些因素都会影响到最终的训练结果。然而，尽管采用在线训练方式、批量训练方式、全批量训练方式分别得到的结果 A、B、C 可能会不一样，但是从数学上可以证明，A、B、C 在统计意义上的期望位置是完全相同的。另外，从实际应用的角度来看，A、B、C 是不是同一个点并不是那么重要，重要的是只要 E_{sys} 的值足够小就行了。

最后还需要说明一下，在线训练方式、批量训练方式、全批量训练方式在应用场景、计算量的大小、对训练样本中的噪声的敏感性等方面也都是存在一定的差异的，但我们这里就不去深究这些问题了。总的来说，3 种训练方式各有所长，也各有所短，它们都在实际中得到了广泛的应用。

4.3.8　初始位置与伪极小值点

在 MLP 的训练开始之前，我们需要随机地设定 MLP 的各个模型参数（各个神经元的阈值和权重值）的初始值。接下来我们用图形化举例的方式简单地分析说明一下，初始值不同，则训练的效率以及训练的结果也就可能不同。注意，这里所说的训练结果是指在迭代训练次数足够多的前提下，系统训练误差 E_{sys} 最终的收敛值，而训练效率则是指系统训练误差 E_{sys} 收敛的速度。训练效率高意味着训练的收敛速度快、收敛所需的迭代次数少、收敛所需的时间短。反之，训练效率低意味着训练的收敛速度慢、收敛所需的迭代次数多、收敛所需的时间长。

如图 4-82 所示，坐标横轴表示 MLP 的参数空间，坐标纵轴表示 MLP 的系统训练误差 E_{sys}。本来，参数空间一般都是维数非常多的高维空间，但为了直观地展示出系统训练误差 E_{sys} 的函数图像，我们这里姑且将参数空间简化地想象成是 1 维空间。这样一来，图 4-82 中的曲线就可以被看成是某个 MLP 的系统训练误差 E_{sys} 的函数图像。另外，图中的 ε 表示的是人为设定的、取值足够小的系统训练误差容限。

从图 4-82 中可以看到，系统训练误差函数 E_{sys} 总共有 5 个极小值点，分别是 B_1、B_2、B_3、B_4、B_5，其中 B_4 是最小值点。C_1 是一个驻点，但不是一个极值点。B_1、B_2、B_3、B_4、B_5、C_1 这 6 个点的梯度矢量均为零矢量，也即这 6 个点都是驻点，所以只要迭代次数足够大，则最终的训练结果必然就是这 6 个点中的某一个点。在 B_1、B_2、B_3、B_4、B_5、C_1 这 6 个点中，B_1、B_2、B_5、C_1 的位置高于误差容限 ε，B_3 和 B_4 的位置低于误差容限 ε。显然，训练的目标是要使得 E_{sys} 收敛到 B_3 或 B_4，并且最理想的目标是收敛到 B_4。

假设采用的训练方式是全批量训练方式（PGD 方法），并且训练步长 η 的取值足够小，那么 E_{sys} 的值在训练过程中就总是严格单调地减小的。这样一来，一方面，如果初始位置落在了 A_1 或 A_2，则 E_{sys} 就只能收敛到 B_1；如果初始位置落在了 A_3，则 E_{sys} 就只能收敛到 B_2；如果初始位置落在了 A_7，则 E_{sys} 就只能收敛到 C_1。因此，如果初始位置落在了 A_1 或 A_2 或 A_3 或 A_7，则训练目标就根本不可能实现。另一方面，如果初始位置落在了 A_4 或 A_5 或 A_6，则训练目标就应该是可以实现的：如果初始位置落在了 A_4 或 A_5，则 E_{sys} 就会收敛到 B_3；如果初始位置落在了 A_6，则 E_{sys} 就会收敛到 B_4。

从图 4-82 中还可以看到，如果初始位置落在了 A_5，则训练的收敛速度会非常快，也即 E_{sys} 很快就能够收敛到 B_3。如果初始位置落在了 A_4，虽然最终的训练结果也会是 B_3，但训练的收敛速度会非常慢，这是因为在 A_4 与 B_3 之间出现了一个高原。在梯度下降法的术语中，位置较高、范围很大、坡度很小的区域称为**高原（Plateau）**。高原上各点的梯度矢量的模很小，这就会导致 MLP 的参数在每次迭代训练后的修改量也很小，所以要想横跨高原区域就需要很多的迭代次数，也即需要很长的训练时间。

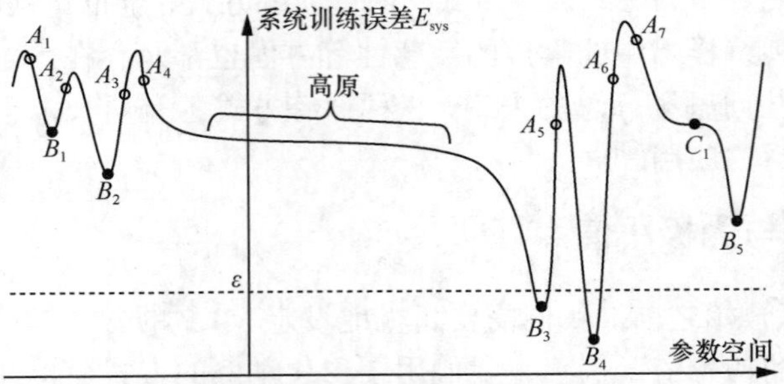

图 4-82　初始位置与伪极小值点

刚才说到，由于高原的存在，如果初始位置落在了 A_4，则需要很多的迭代次数或很长的训练时间才能收敛到 B_3。实际上，还有可能会出现这样一种情况，那就是高原的坡度非常非常小，高原上各点的梯度矢量的模非常非常接近于 0，同时由于计算机舍入误差的影响，梯度矢量被强行等于零矢量。一旦出现这样的情况，就意味着训练过程将会一直停滞在高原上，因为这样的高原实际上已经与驻点别无二致。

在梯度下降法的术语中，位置高于系统训练误差容限 ε 的驻点和高原统称为**伪极小值点（False Minimum）**。例如，图 4-82 中的 B_1、B_2、B_5、C_1 和高原都是伪极小值点。在训练过程中，系统训练误差函数 E_{sys} 上的动点一旦到达了某个伪极小值点，就有可能一直停滞在这个伪极小值点的位置，或者需要极其漫长的训练时间才能逃逸出这个位置。

图 4-82 展示的是参数空间为 1 维空间的情况。如果参数空间是 2 维的，那么 E_{sys} 函数的图像就应该是 3 维空间中的一个曲面，B_1、B_2、B_3、B_4、B_5 这样的极小值点就很像是传统炒锅的锅底那个点，C_1 这样的驻点就很像是马鞍上的那个鞍点（见图 4-83）。如果参数空间的维数等于或大于 3，那么 E_{sys} 函数的图像就无法直观地呈现出来了。

图 4-83　极小值点与鞍点

综上所述，由于伪极小值点的存在，MLP 的训练目标是否能够实现就或多或少要看运气的好坏了。如果运气好，参数的初始位置选取得合适，则训练目标一般很快就可以实现。如果运气不好，参数的初始位置选取得不合适，则训练目标就可能无法实现，或者需要很长的训练时间才能实现。总之，MLP 的训练能否成功是存在一定的不确定性的，目前还没有绝对可靠的方法能够绝对保证训练总是成功。模拟退火（Simulated Annealing）法、遗传算法（Fenetic Algorithm）、噪声注入（Noise Injection）法等等，这些方法可以在一定程度上增大从伪极小值点迅速逃逸的可能性，从而增大训练成功的概率。本书省去了对这些方法的描述和分析，感兴趣的读者朋友可自行去了解学习。

4.3.9 学习率

学习率也称为训练步长，本书是以希腊字母 η 来表示它。注意，学习率并不是 MLP 模型本身的一个参数，而是一个人为设定的、取值为正的、能够对 MLP 的训练效率和训练结果产生重要影响的超参数。我们已经知道，如果 MLP 的模型参数（各个神经元的阈值和权重值）的初始取值不一样，就有可能导致训练的收敛速度和最终结果不一样。同样地，如果学习率 η 的取值不一样，那么也有可能导致训练的收敛速度和最终结果不一样。

假定训练方式采用的是全批量训练方式，根据相应的 PGD 原理，有

$$\Delta \boldsymbol{w} = -\eta \frac{\partial E_{\text{sys}}}{\partial \boldsymbol{w}}$$

所以

$$|\Delta \boldsymbol{w}| = \left|-\eta \frac{\partial E_{\text{sys}}}{\partial \boldsymbol{w}}\right| = \eta \left|\frac{\partial E_{\text{sys}}}{\partial \boldsymbol{w}}\right|$$

上式表明，MLP 的参数矢量在每次迭代训练之后的改变量的大小等于学习率与 E_{sys} 的梯度矢量的模的乘积：当学习率 η 确定时，参数矢量 $\boldsymbol{w}$ 的改变量的大小 $|\Delta \boldsymbol{w}|$ 正比于 E_{sys} 的梯度矢量的模 $\left|\frac{\partial E_{\text{sys}}}{\partial \boldsymbol{w}}\right|$；当 E_{sys} 的梯度矢量的模 $\left|\frac{\partial E_{\text{sys}}}{\partial \boldsymbol{w}}\right|$ 确定时，参数矢量 $\boldsymbol{w}$ 的改变量的大小 $|\Delta \boldsymbol{w}|$ 正比于学习率 η 。

通常情况下，η 的取值越小，训练收敛所需的迭代次数就越多，训练的收敛速度就越慢。但是，如果 η 的取值太小，就会导致收敛速度太慢的情况发生，这种情况称为**下冲（Undershoot）**现象。图 4-84（a）显示的是 η 的取值合适的情况：迭代次数较少，收敛速度较快；图 4-84（b）显示的就是下冲现象：迭代次数太多，收敛速度太慢。

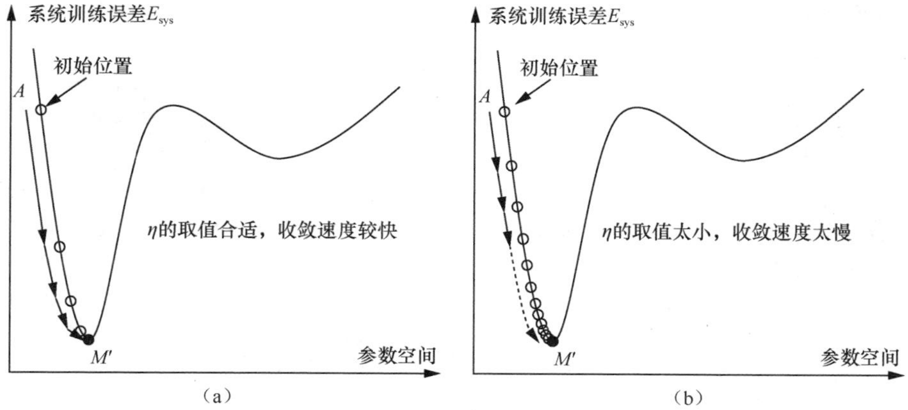

图 4-84　下冲现象

通常情况下，η 的取值越大，训练收敛所需的迭代次数就越少，训练的收敛速度就越快。但是，如果 η 的取值太大，就有可能导致一些异常情况发生，这些异常情况称为**过冲（Overshoot）**现象。例如，η 的取值太大时，就有可能导致振荡（Oscillation）现象，从而使得训练的收敛速度不是变快，反而是变得非常之慢，这种振荡现象就是一种

过冲现象。图 4-85（a）显示的是η的取值合适的情况：迭代次数较少，收敛速度较快；图 4-85（b）显示的就是振荡现象：迭代次数太多，收敛速度太慢。

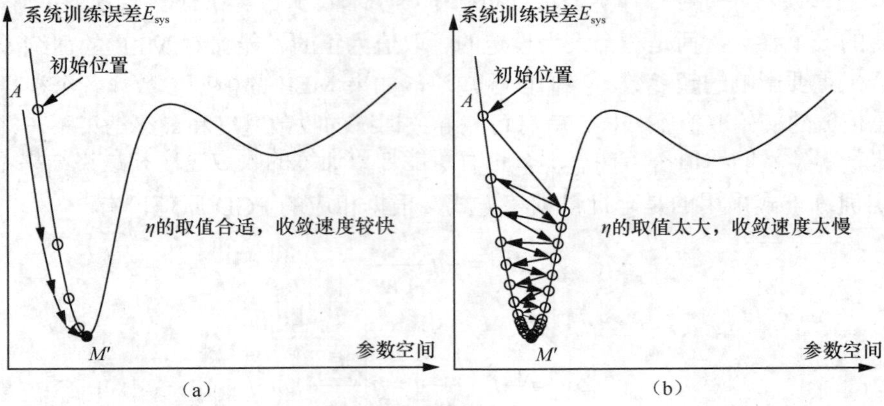

图 4-85　过冲现象之一

η的取值太大时，还有可能会导致“跳槽”现象，这种现象也是一种过冲现象。图 4-86（a）显示的是η的取值合适的情况。在图 4-85（b）中，虽然η的取值太大而导致了振荡现象，但训练最终还是收敛到了M'点。然而，在图 4-86（b）中，由于η的取值比在图 4-85（b）中还要大很多，因此便出现了跳槽的现象，最终的收敛点不是M'点，而是M''点。注意，在图 4-86（b）中，从B点到C点的跨度突然只有从A点到B点的跨度的一半，这是因为B点处的坡度（梯度矢量的模）只有A点处的坡度（梯度矢量的模）的一半。跳槽可以改变训练的最终结果，这可能是好事，也可能是坏事。如果从槽底位置较高的槽跳到了槽底位置较低的槽，这便是好事；如果从槽底位置较低的槽跳到了槽底位置较高的槽，这便是坏事。

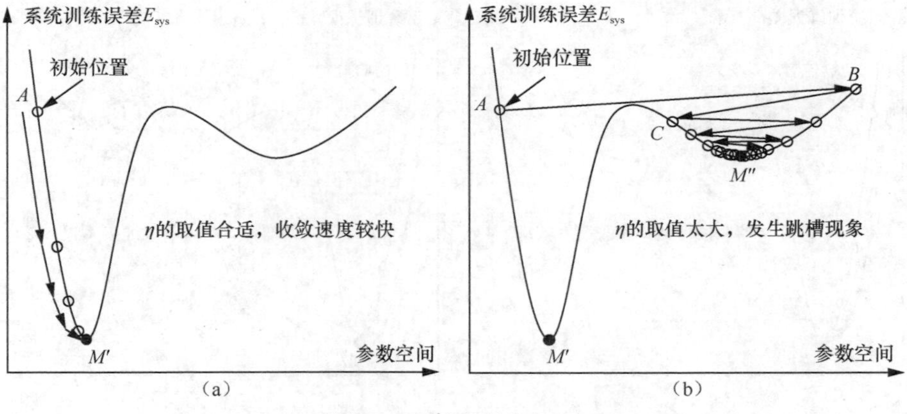

图 4-86　过冲现象之二

学习率的取值太小或太大都有可能导致训练效率低下甚至训练失败的情况。由于缺乏一个普适而有效的计算公式来确定出大小合适的η值，所以直觉和经验在确定η值大小的过程中就起着非常重要的作用。在很多情况下，我们也许不得不先尝试性地选取不同大小的η值进行试验，再根据试验情况来确定出η的合适取值。

为了既加快整体的训练速度，提高训练效率，又尽量避免出现过冲的情形，人们探索出了一些行之有效的方法来指导 η 值的选取工作。例如，通过对 BP 算法过程的仔细分析和梳理，一些学者发现，通常情况下，系统训练误差 E_{sys} 的值相对于越靠近 MLP 输出层的参数越敏感。也就是说，一般而言，系统训练误差函数 E_{sys} 相对于越靠近 MLP 输出层的参数的偏导数的绝对值越大。根据这一认识，我们就可以针对 MLP 的不同层的参数选用不同大小的学习率：对于越靠近输入层的参数，在迭代修改这些参数的取值时，选用的 η 值越大；对于越靠近输出层的参数，在迭代修改这些参数的取值时，选用的 η 值越小，如图 4-87 所示。总之，这种方法的基本思想就是将 η 的取值与不同层的参数进行关联。

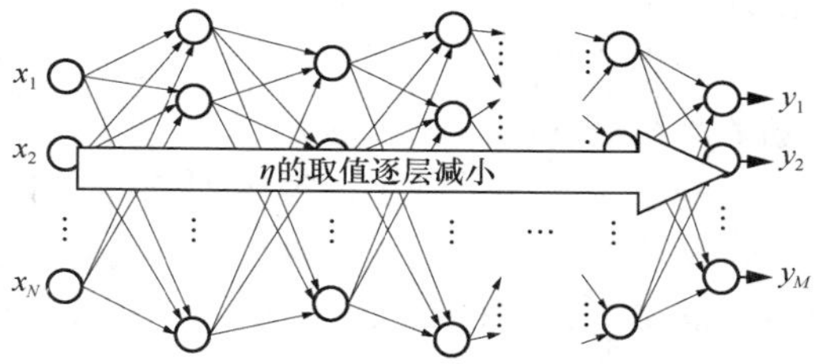

图 4-87　将 η 的取值与不同层的参数进行关联

η 的取值除了可以与不同层的参数进行关联，还可以与迭代训练的不同阶段进行关联：训练初期，η 取较大值；训练后期，η 取较小值。进一步地，我们还可以将 η 的取值与不同层的参数以及训练的不同阶段进行灵活的组合关联，但这无疑也会增加算法本身的复杂性以及计算所需的工作量。

4.3.10　欠拟合与过拟合

学习本小节的内容之前，敬请读者朋友们认真复习一下图 3-6 所涉及的内容，因为本小节的大部分内容几乎就是对图 3-6 所涉及的内容的复现。特别地，本小节中出现的 $\boldsymbol{f}_{\text{True}}$ 其实就相当于图 3-6 中的本真函数，而本小节中出现的 $\boldsymbol{f}_{\text{MLP}}$ 其实就相当于图 3-6 中的拟合函数。

一个应用问题，其本身总是内含了某种本真的输入–输出映射关系。一方面，我们可以将这种映射关系进行数学化处理，使之表示为一个函数，记为 $\boldsymbol{f}_{\text{True}}$。另一方面，在 4.3.2 小节中我们曾说过，MLP 是一种万能函数逼近器，原则上它能够以任意精度表达出任何函数，我们在这里把 MLP 所表达的函数记为 $\boldsymbol{f}_{\text{MLP}}$。从数学的角度看，要用一个 MLP 来解决一个应用问题，其实就是要让这个 MLP 所表达的函数 $\boldsymbol{f}_{\text{MLP}}$ 尽量逼近该应用问题的 $\boldsymbol{f}_{\text{True}}$。注意，$\boldsymbol{f}_{\text{True}}$ 是一个隐性的、未知的函数。试想一下，如果 $\boldsymbol{f}_{\text{True}}$ 是一个已经为我们所知的函数，那么还需要 $\boldsymbol{f}_{\text{MLP}}$ 去多此一举地逼近它干什么呢？

既然 $\boldsymbol{f}_{\text{True}}$ 是未知的，那么又该如何让 $\boldsymbol{f}_{\text{MLP}}$ 去逼近一个未知的存在呢？答案：监督训练。我们知道，在监督训练中，每一个训练样本都是一个 2 元组，它包含了一个样本矢量以及这个样本矢量所对应的期望输出矢量，而每一个样本矢量与其所对应的期望输出矢量之间的映射关系实质上就是对 $\boldsymbol{f}_{\text{True}}$ 的一个抽样。如果训练样本的质量足够好、数量足够多，那么我们就能够从这些训练样本中获取到足够多的关于 $\boldsymbol{f}_{\text{True}}$ 的信息，进而得到 $\boldsymbol{f}_{\text{True}}$ 的真实原型。这就好比信号分析原理中的奈奎斯特抽样定理（Nyquist Sampling Theorem）所陈述的那样，一个连续的信号是可以通过密度足够大、数量足够多的抽样值完全复现出来的。图 4-88 显示了 $\boldsymbol{f}_{\text{MLP}}$、训练样本、$\boldsymbol{f}_{\text{True}}$ 这三者之间的基本关系，其中的实曲线表示的是 $\boldsymbol{f}_{\text{MLP}}$，实心圆点表示的是训练样本，虚曲线表示的是 $\boldsymbol{f}_{\text{True}}$。注意，

由于 f_{True} 的未知性，所以图中的虚曲线只能算是我们假想出来的 f_{True} 的函数图像。总之，我们的基本思路是，用训练样本对 MLP 进行监督训练，使得 f_{MLP} 能够从整体上尽量精准地拟合各个训练样本，从而使得 f_{MLP} 能够从整体上尽量精准地逼近 f_{True}。这一思路对应到图 4-88 就是，让实曲线尽量拟合各个实心圆点，从而使得实曲线能够从整体上与虚曲线尽量吻合。

既然训练样本实质上就是对 f_{True} 的抽样，那么图 4-88 中的那些实心圆点为何没有准确地落在虚曲线上呢？这是因为，由于干扰及噪声的影响，训练样本数据通常总是会带有一些误差：误差越小，说明训练样本的质量越好，实心圆点离虚曲线就越近；误差越大，说明训练样本的质量越差，实心圆点离虚曲线就越远。训练样本的质量足够好、数量足够多，这是使用 MLP 来解决实际问题的先决条件。

也许有读者朋友会问，图 4-88 中的那些实心圆点为何没有精准地落在实曲线上呢？显然，此问题的核心在于 MLP 的系统训练误差 E_{sys}：实心圆点离实曲线的远近程度完全取决于 E_{sys} 的大小。只有当 E_{sys} 的值为 0 时，才意味着 f_{MLP} 已经完全精准地拟合了所有的训练样本，此时所有的实心圆点才会精准地落在实曲线上。

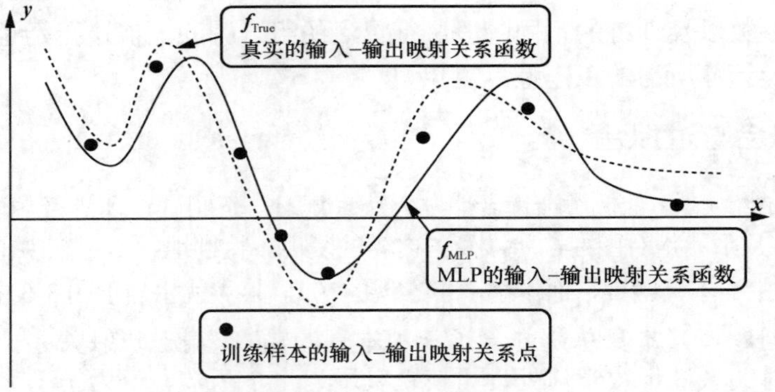

图 4-88　训练样本与 f_{MLP} 和 f_{True}

让实曲线足够精准地拟合实心圆点，也即让 E_{sys} 的值足够小，这只是对监督训练的基本要求。但是，E_{sys} 的值越小，并不一定就说明 f_{MLP} 与 f_{True} 的逼近程度越高。或者说，实曲线与实心圆点离得越近，并不一定就说明实曲线与虚曲线的逼近程度就越高。虚曲线实际上是不可见的，那么我们又该如何来检验实曲线与虚曲线的逼近程度呢？答案：测试。如果实曲线与测试样本的整体拟合程度越高，也即 MLP 的系统测试误差越小，就说明实曲线与虚曲线的逼近程度越高，也即 f_{MLP} 与 f_{True} 的逼近程度越高。

如图 4-89 所示，实心圆点代表的是训练样本的输入–输出映射关系点，实心三角形代表的是测试样本的输入–输出映射关系点，虚线空心圆点和虚线空心三角形均代表 f_{True} 上的输入–输出映射关系点，实线空心圆点和实线空心三角形均代表 f_{MLP} 上的输入–输出映射关系点。显然，测试样本的质量越好、数量越多，测试的结论才越可靠。在理想的条件下，每一个实心三角形都应该落在虚曲线上。然而，由于干扰及噪声的影响，测试样本数据通常也会带有一些误差：误差越小，说明测试样本的质量越好，实心三角形离虚曲线就越近；误差越大，说明测试样本的质量越差，实心三角形离虚曲线就越远。测试样本的质量足够好、数量足够多，这是要得到可靠的测试结论的先决条件。

就图 4-89 所显示的情况来看，一方面，实心圆点与实曲线的距离很小，说明 MLP 的系统训练误差 E_{sys} 很小；另一方面，实心三角形与实曲线的距离也很小，说明 MLP 的系统测试误差也很小。如果 MLP 训练结束时的系统训练误差以及其后的系统测试误差都很小，我们就说出现了**期望拟合（Desired Fitting）**的情况，图 4-89 显示的就是期望拟合的一个例子。从图 4-89 中可以看到，在期望拟合情况下，实曲线与虚曲线的逼近程度很高，也即 f_{MLP} 与 f_{True} 的逼近程度很高。

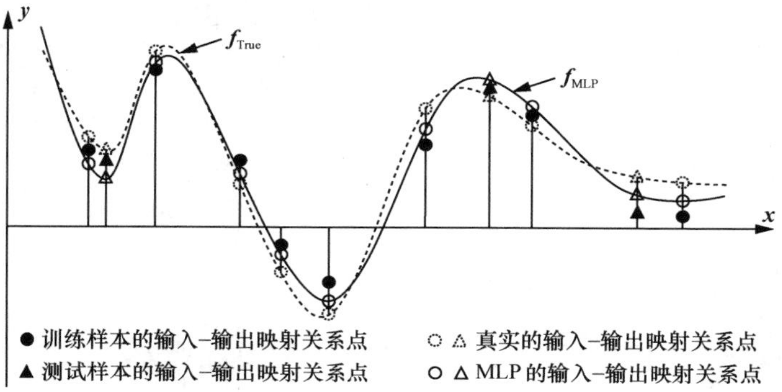

图 4-89　期望拟合

基于种种原因，如果 MLP 在训练结束时的系统训练误差 E_{sys} 仍然很大，我们就说出现了**欠拟合（Underfitting）**现象。如果系统训练误差 E_{sys} 很大，则几乎必然会导致系统测试误差也很大，因此欠拟合现象发生时，系统训练误差和系统测试误差都会很大，其结果就是 f_{MLP} 与 f_{True} 的逼近程度很低。图 4-90 显示的就是欠拟合现象的一个例子：实心圆点与实曲线的距离很大，实心三角形与实曲线的距离也很大，结果就是实曲线与虚曲线的逼近程度很低。

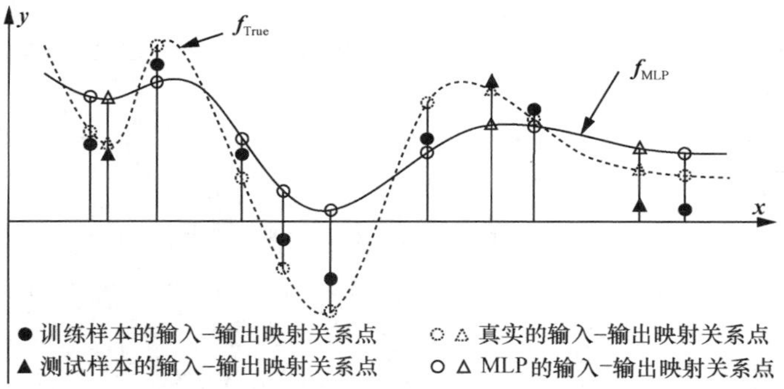

图 4-90　欠拟合现象示例

导致出现欠拟合现象的原因有很多。例如，如果 MLP 的规模太小，那么就很有可能导致其系统训练误差函数 E_{sys} 本身的最小值都很大，这样一来，无论怎样训练，E_{sys} 的值都会很大。又例如，虽然 MLP 的规模大小没有什么问题，其系统训练误差函数 E_{sys} 本身有不少取值很小的区域，但是训练陷入了伪极小值点，因此 E_{sys} 的值无法进一步降低。再例如，虽然 MLP 的规模大小没有什么问题，其系统训练误差函数 E_{sys} 本身也有不少取值很小的区域，但是由于迭代训练的次数太少，结果导致 E_{sys} 的值在训练结束时还没有来得及降低。在上述 3 种情况中，如果是第一种情况，则只有通过增大 MLP 的规模才有可能消除欠拟合现象；如果是第二种情况，则通过调整 MLP 参数的初始值及学习率就有可能逃逸出伪极小值点，从而消除欠拟合现象；如果是第三种情况，则只需要增加迭代训练次数。然而，真正的麻烦在于，欠拟合现象发生的时候，我们往往很难分清其背后的原因究竟是哪一种。

系统训练误差很小，并不意味着系统测试误差就一定很小。如果 MLP 训练结束时的系统训练误差 E_{sys} 很小，但其后的系统测试误差却很大，我们就说出现了**过拟合（Overfitting）**现象，如图 4-91 所示。从图 4-91 中可以看到，实心圆点与实曲线的距离很近，也即系统训练误差 E_{sys} 很小，但实心三角形与实曲线的距离却很远，也即系统测试误差很大。发生过拟合现象时，实曲线与虚曲线的逼近程度很低，也即 f_{MLP} 与 f_{True} 的逼近程度很低。

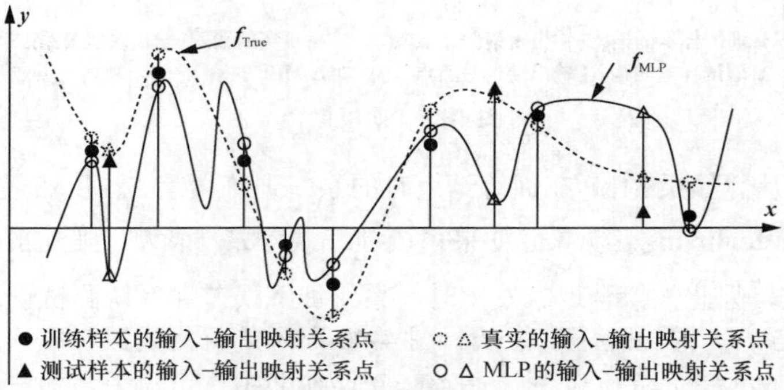

图 4-91　过拟合现象示例

导致出现过拟合现象的原因主要有两种，一种是因为 MLP 的规模太大，另一种是因为过度训练。关于这两种原因，我们会在 4.3.11 小节和 4.3.12 小节中进行分析和说明。

4.3.11　规模与容量

MLP 的输入层神经元的个数和输出层神经元的个数是根据需要解决的应用问题的特点而确定的。当输入层神经元的个数和输出层神经元的个数确定之后，MLP 的**规模（Size）**就取决于它的隐含层的层数以及各个隐含层的神经元的个数。一般地，如果隐含层的层数越多以及各个隐含层的神经元个数越多，我们就说 MLP 的规模越大；如果隐含层的层数越少以及各个隐含层的神经元个数越少，我们就说 MLP 的规模越小。

注意，这里所说的规模大小只是一种模糊的度量，并无严格的定义和严格的计算方法。在有的情况下，我们能够比较出两个 MLP 的规模大小，但在有的情况下，我们却无法比较。例如，在图 4-92 中，如果将 MLP-A 与 MLP-B 进行比较，就会发现 MLP-A 完全可以视为 MLP-B 的一个真子集，所以 MLP-A 的规模无疑是小于 MLP-B 的规模的。如果将 MLP-A 与 MLP-C 进行比较，也会发现 MLP-A 完全可以视为 MLP-C 的一个真子集，所以 MLP-A 的规模无疑也是小于 MLP-C 的规模的。然而，如果将 MLP-B 与 MLP-C 进行比较，就会发现情况比较复杂：从隐含层神经元的总数来看，MLP-B 和 MLP-C 都有 9 个，二者是相等的；从模型参数（神经元的阈值和权重值）的个数来看，MLP-B 有 44 个，MLP-C 有 38 个，前者大于后者；从隐含层的层数来看，MLP-B 有 3 层，MLP-C 有 4 层，后者大于前者。对于这样的情况，我们就无法说得清楚 MLP-B 与 MLP-C 的规模究竟是谁大谁小了。

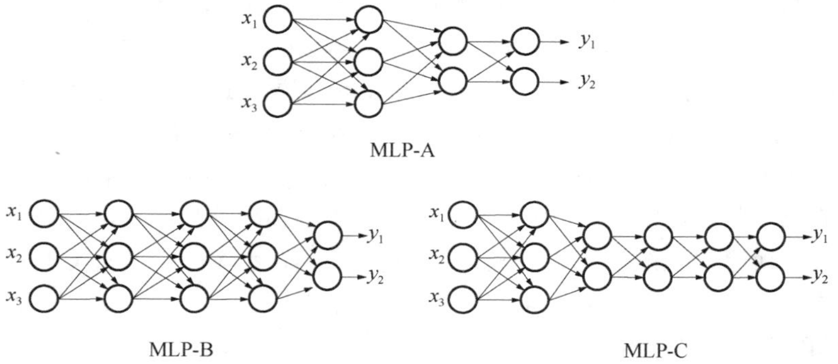

图 4-92　MLP 的规模

在图 4-93 中有两个函数表达式，x 为自变量，y 为因变量，a_1、a_2、a_3 是函数表达式 1 的 3 个参数，b_1、b_2、b_3、b_4 是函数表达式 2 的 4 个参数。表达式 1 是二次函数的通用表达式，表达式 2 是三次函数的通用表达式。显然，表达式 1 能够表达任意的常数、任意的一次函数、任意的二次函数，表达式 2 不仅能够表达任意的常数、任意的一次函数、任意的二次函数，而且能够表达任意的三次函数。也就是说，表达式 2 不仅能够表达表达式 1 所能表达的函数，而且能够表达表达式 1 不能表达的函数。从这个意义上讲，我们就认为表达式 2 比表达式 1 拥有更强的函数表达能力，或者说表达式 2 比表达式 1 拥有更大的**容量（Capacity）**。一般地，一个函数表达式的容量是指该表达式能够表达各种不同函数的能力：容量越小，表达能力就越差；容量越大，表达能力就越强。注意，这里所说的容量也只是一种模糊的度量，并无严格的定义和严格的计算方法。在有的情况下，我们能够比较出两个表达式的容量谁大谁小，但在有的情况下，我们却无法比较。例如，在图 4-93 中，由于表达式 1 完全可以被视为表达式 2 的一个真子集，所以我们可以肯定地说表达式 2 比表达式 1 拥有更大的容量。又例如，表达式 $y = a_1 \sin x + a_2 \cos x$ 的容量和表达式 $y = b_1 \cos(x + b_2)$ 的容量是相同的，因为这两个看似不同的表达式实质上就是同一个表达式。然而，对于表达式 $y = a_1 x + a_2 \sin x + a_3 \ln x$ 和表达式 $y = b_1 x + b_2 \cos x + b_3 e^x$，我们就无法给出关于它们的容量大小的比较结果了。

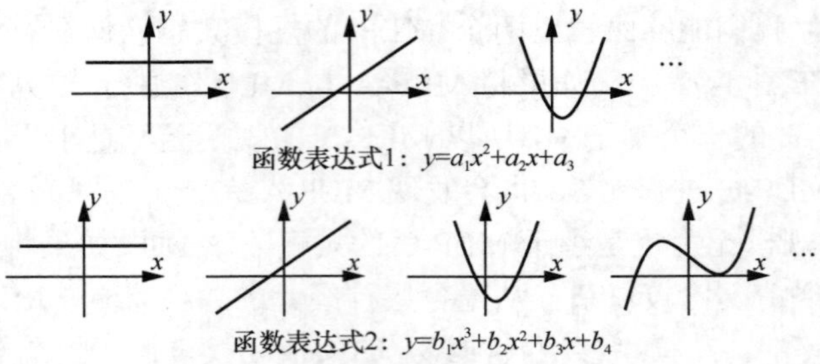

图 4-93　函数表达式的容量

从数学的角度来看，一个 MLP 就对应了一个函数表达式，于是我们便把一个 MLP 所对应的函数表达式的容量称为这个 MLP 的容量。研究表明，MLP 的容量是与 MLP 的规模紧密相关的。一般地，MLP 的规模越大，容量也就越大，表达各种函数的能力就越强；MLP 的规模越小，容量也就越小，表达各种函数的能力就越弱。

MLP 的容量大小与上一小节中描述过的欠拟合现象和过拟合现象关系甚密。研究表明：一般地，MLP 的容量越小，就越容易发生欠拟合现象；MLP 的容量越大，就越容易发生过拟合现象。欠拟合现象和过拟合现象都是我们不愿遇到的非正常现象，所以针对一个特定的应用问题，MLP 的规模大小应该与之相匹配。如果 MLP 的规模太小，就容易发生欠拟合现象，系统训练误差总是居高不下；如果 MLP 的规模太大，就容易发生过拟合现象，虽然系统训练误差很容易下降到低位，但系统测试却难以过关。

为何 MLP 的规模太大就容易发生过拟合现象呢？对于这个问题，我们可以作以下比喻性的理解：MLP 的规模太大，就意味着 MLP 的函数表达式的结构非常复杂，且包含的自由参数（神经元的阈值和权重值）的个数非常之多，这就相当于图 4-91 中的那条实曲线非常“柔软”。如此柔软的一条曲线可以无须顾及那些实心圆点的整体分布形状，而是只需要在每一个实心圆点附近灵活地弯曲变形，这样就可以非常精准地拟合所有的实心圆点。其最终的效果就是，虽然系统训练误差非常小，但实曲线与虚曲线的整体相似度却非常低，系统测试误差非常大。如果将实曲线看作一个信号波形，那么这个信号存在的问题就是，低频成分不足，高频成分有余。

另一方面，为何 MLP 的规模太小就容易发生欠拟合现象呢？ MLP 的规模太小，就意味着 MLP 的函数表达式的结构过于简单，且包含的自由参数（神经元的阈值和权重值）的个数非常之少，这就相当于图 4-90 中的那条实曲线过于“僵硬”。如此僵硬的一条曲线很难在每一个实心圆点附近灵活地弯曲变形，因此很难比较精准地拟合各个实心圆点。其最终的效果就是，系统训练误差很大，实曲线与虚曲线只有一些粗略的相似性，系统测试误差很大。如果将实曲线看作一个信号波形，那么这个信号存在的问题就是，高频成分不足，低频成分有余。

既然规模太大和太小都不好，那么，对于一个特定的应用问题，究竟应该选取多大规模的 MLP 才算合适呢？或者说，对于一个特定的应用问题，MLP 的隐含层的层数以及各个隐含层的神经元的个数究竟该是多少才合适呢？对此问题，目前只有一些简略的理论指导，尚无行之有效的具体办法。也就是说，要解决这样的问题，主要还得靠经验、靠直觉、靠试错。

4.3.12　欠训练与过度训练

一般情况下，如果 MLP 的规模大小是合适的，那么 MLP 的系统训练误差越小，系统测试误差就会越小。但是，如果系统训练误差太小了，那么有时候就会出现系统测试误差反而会很大的情况，这无疑是一种奇怪的反常现象。我们知道，如果系统训练误差很小，而系统测试误差却很大，这便是所谓的过拟合现象。所以，也就是说，即使 MLP 的规模大小是合适的，有时候也是会发生过拟合现象的。

我们用图 4-94 来示意上述反常现象。在图 4-94 中，从训练的初始位置到 P' 这一阶段，随着迭代训练次数的逐步增加，MLP 的系统训练误差和系统测试误差都会逐步减小，但都还未减小到我们认为的足够小的程度，因此，这一阶段称为**欠训练（Under-Trained）阶段**。随着迭代训练次数的进一步增加，训练会进入从 P' 到 Q' 这一阶段。在此阶段，随着迭代训练次数的继续增加，MLP 的系统训练误差和系统测试误差都会继续进一步减小，并且都已小到了我们认为的足够小的程度，因此，这一阶段称为**期望训练（Desirably-Trained）阶段**。随着迭代训练次数的更进一步增加，训练会进入从 Q' 到 M' 这一阶段。在此阶段，随着迭代次数的继续增加，MLP 的系统训练误差会继续逐步减小，然而反常的是，系统测试误差不但不会继续减小，反而会越来越大，因此，这一奇怪的反常阶段称为**过度训练（Over-Trained）阶段**。

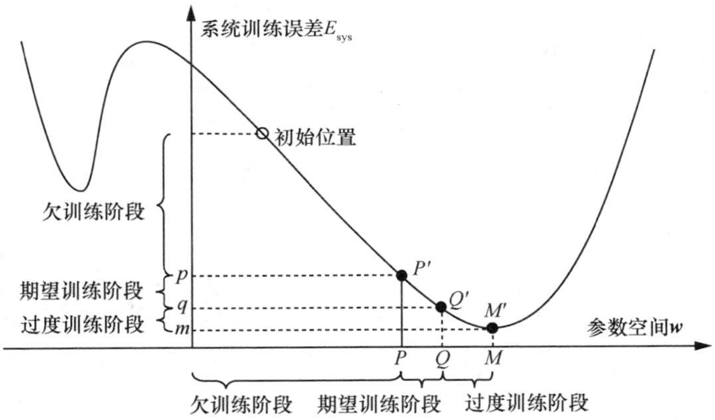

图 4-94　3 个阶段（1）

图 4-95 同样是对上述反常情况的示意。图 4-95 中的横轴代表的是迭代训练次数，从训练开始到迭代次数为 n_1 这一阶段是欠训练阶段，从迭代次数为 n_1 到迭代次数为 n_2 这一阶段是期望训练阶段，迭代次数为 n_2 之后的阶段是过度训练阶段。从图 4-95 中可以看到，在过度训练阶段，随着迭代训练次数的增加，系统训练误差会继续变得越来越小，但系统测试误差却反而会变得越来越大。

显然，欠训练（迭代训练次数太少）导致的结果就是欠拟合现象的发生，过度训练（迭代训练次数太多）导致的结果就是过拟合现象的发生。因此，要想避免欠训练或过度训练情况，系统训练误差容限 ε 就应该设定得大小合适，不能太大，也不能太小。例如，从图 4-95 中可以看到，如果设定 $\varepsilon = \varepsilon_2$，则训练会在期望训练阶段结束，这正是我们希望发生的情况。如果设定$\varepsilon=\varepsilon_1$，则训练会在欠训练阶段结束，这就会导致欠拟合现象。如果设定$\varepsilon=\varepsilon_3$，则训练会在过度训练阶段结束，这就会导致过拟合现象。如果设定$\varepsilon=\varepsilon_4$，则无论迭代训练多少次，系统训练误差都不可能下降到误差容限ε之下。

有的读者朋友可能会认为，确定出大小合适的系统训练误差容限ε是一件很容易的事情，因为根据图 4-95 可以很容易知道将ε的值取在p与q之间就行了。然而，我们应该清醒地认识到，图 4-94 或图 4-95 中的P'、Q'、M'的位置或p、q、m的值实际上是无法预知的。更为重要的是，ε的大小实际上应该是由应用问题本身的属性和特点来决定的。那么，对于一个特定的应用问题，究竟应该如何确定出大小合适的系统训练误差容限ε呢？对此问题，目前只有一些简略的理论指导，尚无行之有效的具体办法。也就是说，要解决这样的问题，主要还得靠经验、靠直觉、靠试错。

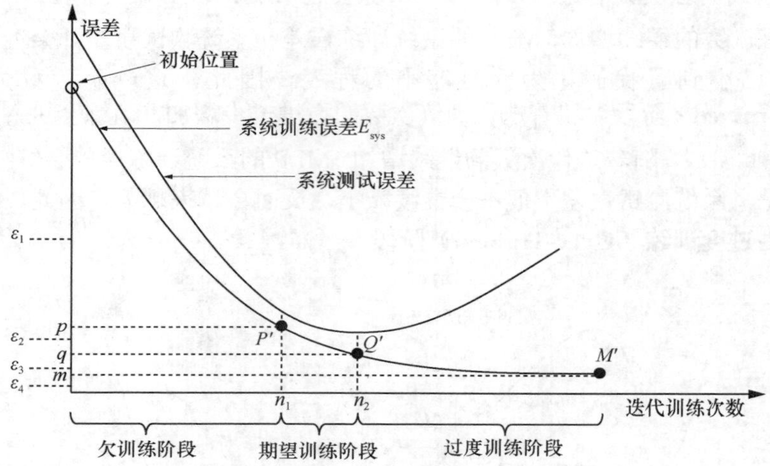

图 4-95　3 个阶段（2）

上一小节所学的内容告诉我们，如果 MLP 的规模太小，就有可能发生欠拟合现象，而本小节所学的内容告诉我们，即使 MLP 的规模大小是合适的，但如果出现了欠训练情况，那么也是会发生欠拟合现象的。同样，上一小节所学的内容告诉我们，如果 MLP 的规模太大，就有可能发生过拟合现象，而本小节所学的内容告诉我们，虽然 MLP 的规模大小是合适的，但是如果出现了过度训练情况，那么也是会发生过拟合现象的。事实上，出现欠拟合现象时，我们很难判断这究竟是 MLP 的规模太小所致，还是欠训练所致，甚或是训练陷入了伪极小值点所致。同样地，出现过拟合现象时，我们也很难判断这究竟是 MLP 的规模太大所致，还是过度训练所致。

最后我们来对比分析一下欠训练情况和过度训练情况。对于欠训练情况，由于迭代次数太少，所以系统训练误差很大，f_{MLP}与训练样本的拟合程度很低，于是f_{MLP}与f_{True}的逼近程度就很低，最终导致系统测试误差很大，整个过程在逻辑关系上是非常清晰的，也是很容易理解的。然而，对于过度训练情况，当系统训练误差很小的时候，为何系统测试误差反而却很大呢？这个问题大致可以这样来理解：因为干扰和噪声的影响，所以训练样本本身一般就是带有误差的，因此我们本来就不应该要求f_{MLP}去过于精准地拟合那些本身就带有误差的训练样本。从拟人的角度看，f_{MLP} 如果过于在意自己与每个训练样本的拟合精度，就很有可能会顾及不到训练样本的整体分布形态，也即过分地顾及了点却忽视了线，过分地顾及了局部却忽视了整体。这样的后果就是，f_{MLP} 与每个带有误差的训练样本的拟合程度都非常之高，系统训练误差显得非常之小，但 f_{MLP} 与 f_{True} 的逼近程度却反而很低，最终导致系统测试误差非常之大。

4.3.13　结构变化

到目前为止，我们所讨论过的 MLP 都是标准结构的 MLP，它们有几个共同的特点：第一，相邻两层的神经元之间是**全连接（Fully-Connected）**的；第二，每个模型参数（神经元的阈值和权重值）都是自由参数，彼此之间没有任何约束关系；第三，每一层神经元都是线状排列的。然而，在实际应用中，出于各种各样的需求和考虑，我们是允许 MLP 的标准结构发生一些变化的。

例如，我们可以用**部分连接（Partially-Connected）**的方式取代全连接方式，如图 4-96 所示。图 4-96（a）是一个全连接结构的 MLP，它的每一层连接都是全连接的。图 4-96（b）是一个部分连接结构的 MLP，它的第 1 层连接和第 3 层连接都是部分连接的，只有第 2 层连接是全连接的。

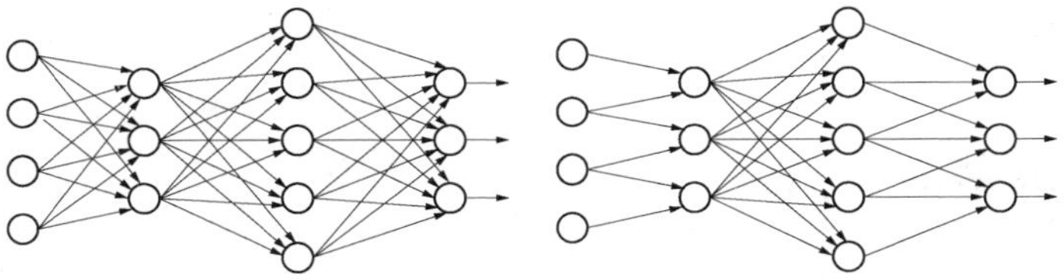

（a）全连接　（b）部分连接

图 4-96　连接方式

又例如，我们可以对 MLP 的某些模型参数的取值情况进行限制性约束，如图 4-97 所示。在图 4-97 中定义了 3 个权重值共享组：共享组 1 包含了第 1 层连接中的 2 个连接，共享组 2 包含了第 2 层连接中的 3 个连接，共享组 3 包含了第 3 层连接中的 3 个连接。这里的限制性约束是指同一个共享组中的不同连接的权重值的取值必须总是保持相等的状态，这些不同连接的权重值实质上等同于同一个自由参数。例如，在训练过程中，如果我们需要将共享组 1 中的某一个连接的权重值修改为 5.20，则必须将共享组 1 中的 2 个连接的权重值全部都修改为 5.20；如果需要将共享组 2 中的某一个连接的权重值修改为 8.21，则必须将共享组 2 中的 3 个连接的权重值全部都修改为 8.21；如果需要将共享组 3 中的某一个连接的权重值修改为 11.16，则必须将共享组 3 中的 3 个连接的权重值全部都修改为 11.16。总之，我们必须把同一个权重值共享组中的不同连接的权重值当成同一个权重值来进行处理。

以上所描述的限制性约束方式称为权重值共享（Weight Sharing），类似的还有阈值共享（Threshold Sharing）。权重值共享和阈值共享统称为参数共享（Parameter Sharing）。参数共享有些什么作用我们在这里就不去深究了，但读者至少需要明白，参数共享可以大幅减少 MLP 的自由参数的个数，并因此减少算法程序的计算量和存储量。

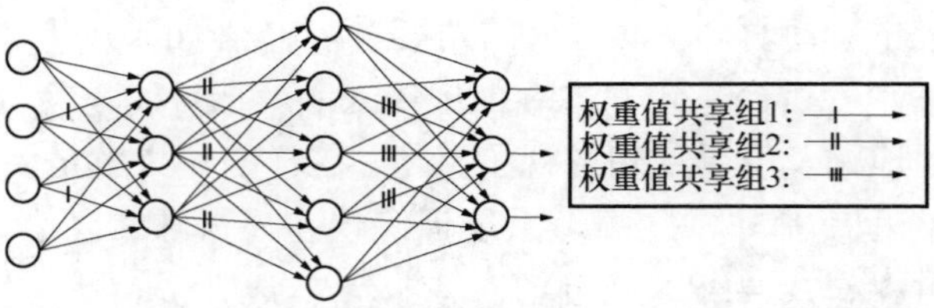

图 4-97 权重值共享

采用图形化的方式来表现一个 MLP 的结构模型时，各层神经元的排列方式通常都是线状排列的。但在有的情况下，特别是需要对诸如图像类的二维数据进行处理时，我们更习惯于将神经元的排列方式由线状排列调整为面状排列。

例如，图 4-98（a）是线状排列的，图 4-98（b）是面状排列的。尽管它们看上去好像不同，但实质上它们只是同一个 MLP 的不同化身而已。

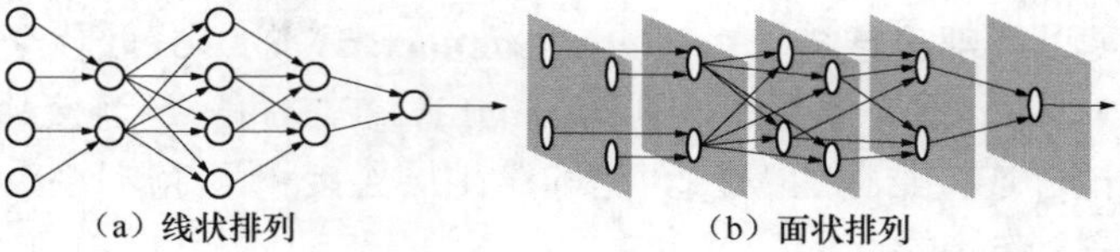

图 4-98 神经元的排列方式

4.4 卷积神经网络

4.4.1 卷积运算与相关运算

卷积（Convolution）运算是对两个函数进行的一种数学运算，运算的结果是一个新的函数。函数 $f(x)$ 与函数 $g(x)$ 的卷积运算定义为

$$s(x) = f(x) * g(x) = \int_{-\infty}^{+\infty} f(t)g(x-t)\mathrm{d}t \tag{4.104}$$

其中的 * 是卷积运算符号，函数 $s(x)$ 称为 $f(x)$ 与 $g(x)$ 的卷积运算结果，也称为 $f(x)$ 与 $g(x)$ 的卷积函数，或简称为 $f(x)$ 与 $g(x)$ 的卷积。

两个离散函数也可以进行卷积运算，称为离散卷积，离散卷积的结果是一个新的离散函数。对于离散函数 $f(n)$ 和 $g(n)$，它们的离散卷积运算定义为

$$s(n) = f(n) * g(n) = \sum_{k=-\infty}^{+\infty} f(k)g(n-k) \tag{4.105}$$

式（4.104）和式（4.105）针对的都是一元函数的卷积情况，分别称为 1 维连续卷积和 1 维离散卷积。两个二元函数也可以进行卷积运算，称为 2 维卷积。连续函数 $f(x,y)$ 与连续函数 $g(x,y)$ 的 2 维连续卷积运算定义为

$$s(x,y) = f(x,y) * g(x,y) = \int_{-\infty}^{+\infty}\int_{-\infty}^{+\infty} f(u,v)g(x-u,y-v)\mathrm{d}u\mathrm{d}v \tag{4.106}$$

离散函数 $f(n,m)$ 与离散函数 $g(n,m)$ 的 2 维离散卷积运算定义为

$$s(n,m)=f(n,m)*g(n,m)=\sum_{l=-\infty}^{+\infty}\sum_{k=-\infty}^{+\infty}f(k,l)g(n-k,m-l) \tag{4.107}$$

相关（Correlation）运算也是对两个函数进行的一种数学运算，运算的结果是一个新的函数。连续函数 $f(x)$ 与连续函数 $g(x)$ 的 1 维连续相关运算定义为

$$r(x)=f(x)◎g(x)=\int_{-\infty}^{+\infty}f(t)g(t+x)\mathrm{d}t \tag{4.108}$$

离散函数 $f(n)$ 与离散函数 $g(n)$ 的 1 维离散相关运算定义为

$$r(n)=f(n)◎g(n)=\sum_{m=-\infty}^{+\infty}f(m)g(m+n) \tag{4.109}$$

连续函数 $f(x,y)$ 与连续函数 $g(x,y)$ 的 2 维连续相关运算定义为

$$r(x,y)=f(x,y)◎g(x,y)=\int_{-\infty}^{+\infty}\int_{-\infty}^{+\infty}f(u,v)g(u+x,v+y)\mathrm{d}u\mathrm{d}v \tag{4.110}$$

离散函数 $f(n,m)$ 与离散函数 $g(n,m)$ 的 2 维离散相关运算定义为

$$r(n,m)=f(n,m)◎g(n,m)=\sum_{k=-\infty}^{+\infty}\sum_{l=-\infty}^{+\infty}f(k,l)g(k+n,l+m) \tag{4.111}$$

式（4.108）～式（4.111）中的◎是相关运算符号。

式（4.104）～式（4.11）给出了 1 维的、2 维的、连续的、离散的卷积运算和相关运算的数学定义。就本书的内容要求来看，我们完全没有必要去深究这 8 个数学定义式引出的一系列数学知识。事实上，我们后面要学的内容除了与定义式（4.111）有一定的关系，与其他的 7 个定义式均无任何关系。

4.4.2　卷积特征映射图

深度学习领域中的神经网络模型是多种多样的，4.3 节中所介绍的 MLP 只是其中一种常见的模型。还有一种常见的、在图像信息处理方面表现尤为出色的模型，称为**卷积神经网络（Convolutional Neural Network）**，简称 **CNN**。需要特别说明的是，卷积神经网络这个称谓中的卷积一词并不是指卷积运算，而是指相关运算，并且一般主要是指 2 维离散相关运算[式（4.111）]。也就是说，卷积神经网络这个称谓实际上是一个流传甚广、但又已经被普遍接受的讹称。本书也同样遵从这样的称谓习惯，所以接下来我们会将相关运算说成卷积运算，同时将相关运算符号◎说成卷积运算符号。

如果说 MLP 像是一个通才，那么 CNN 就像是一个专才，这是因为 CNN 在图像信息处理方面的表现尤为出色。所谓图像，其数学的抽象就是数表。如果只考虑灰色图像，那么一个尺寸为 $N\times M$ 的图像就对应了一个尺寸为 $N\times M$ 的数表，图像中某一位置上的像素点的灰度值就是数表中同一位置上的那个数的数值。反之亦然，一个尺寸为 $N\times M$ 的数表对应了一个尺寸为 $N\times M$ 的图像，数表中某一位置上的那个数的数值就是图像中同一位置上的那个像素点的灰度值。总而言之，图像即数表，数表即图像；图像可以抽象成为数表，数表可以视觉化为图像。例如，如果我们将像素点的灰度值规定为 0～255

的整数值，值越小，像素点越黑，值越大，像素点越白，0 表示纯黑，255 表示纯白，那么，在图 4-99 中，图 4-99（a）所示的尺寸为18×18的图像就对应了图 4-99（b）所示的尺寸为18×18的数表，也可以说图 4-99（b）所示的尺寸为18×18的数表对应了图 4-99（a）所示的尺寸为18×18的图像。注意，灰度值的取值范围以及它与像素点的视觉灰度之间的对应关系是可以根据实际需要而人为规定的，并且灰度值可以是整数，也可以是小数，可以为正，也可以为负，还可以为 0。

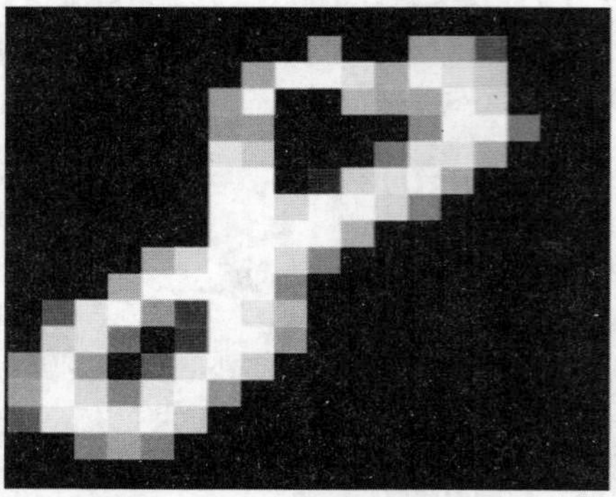

（a）

0	0	0	0	0	0	0	0	0	0	0	0	0	0	0	0	0	0
0	0	0	0	1	12	0	11	39	137	37	0	152	147	84	0	0	0
0	0	1	0	0	0	41	160	250	255	235	162	255	238	206	11	13	0
0	0	0	16	9	9	150	251	45	21	184	159	154	255	233	40	0	0
10	0	0	0	0	0	145	146	3	10	0	11	124	253	255	107	0	0
0	0	3	0	4	15	236	216	0	0	38	109	247	240	169	0	11	0
1	0	2	0	0	0	253	253	23	62	224	241	255	164	0	5	0	0
6	0	0	4	0	3	252	250	228	255	255	234	112	28	0	2	17	0
0	2	1	4	0	21	255	253	251	255	172	31	8	0	1	0	0	0
0	0	4	0	163	225	251	255	229	120	0	0	0	0	0	11	0	0
0	0	21	162	255	255	254	255	126	6	0	10	14	6	0	0	9	0
3	79	242	255	141	66	255	245	189	7	8	0	0	5	0	0	0	0
26	221	237	98	0	67	251	255	144	0	8	0	0	7	0	0	11	0
125	255	141	0	87	244	255	208	3	0	0	13	0	1	0	1	0	0
145	248	228	116	235	255	141	34	0	11	0	1	0	0	0	1	3	0
85	237	253	246	255	210	21	1	0	1	0	0	6	2	4	0	0	0
6	23	112	157	114	32	0	0	0	0	2	0	8	0	7	0	0	0
0	0	0	0	0	0	0	0	0	0	0	0	0	0	0	0	0	0

（b）

图 4-99 图像与数表

如图 4-100 所示，CNN 在进行图像信息处理的过程中，经常需要将两个图像进行卷积运算，运算的结果是第三个图像。在图 4-100 中，图像I的尺寸为$N\times M$，正整数N和正整数M的实际取值一般都在几十、几百或几千的数量级。图像K称为**卷积核（Convolution Kernel）**，卷积核的尺寸简称为核尺寸（Kernel Size），这里表示为$J\times J$，正整数J的实际取值一般是 2、3、4、5、6、7。注意，卷积核K的尺寸一般总是远远小于图像I的尺寸。图像I与卷积核K完成卷积运算之后会得到图像F，F称为图像I的、对应于卷积核K的**卷积特征映射图（Convolutional Feature Map）**。在明白了I与K的具体的卷积运算过程之后，我们很容易推算出F的尺寸必定是$(N-J+1)\times(M-J+1)$。另外，图 4-100 中的粗线方框称为**滑动窗口（Sliding Window）**，它们的尺寸总是与卷积核K的尺寸完全相同。

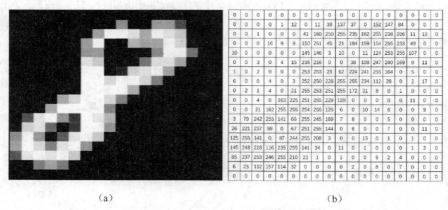

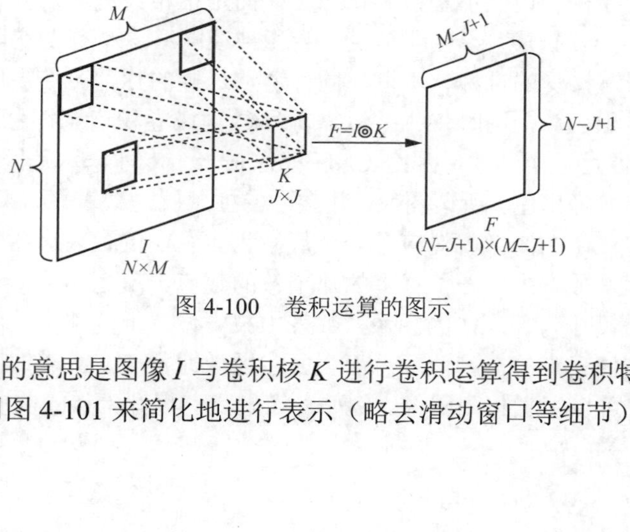

图 4-100 卷积运算的图示

图 4-100 表示的意思是图像I与卷积核K进行卷积运算得到卷积特征映射图F，同样的意思还可以用图 4-101 来简化地进行表示（略去滑动窗口等细节）。

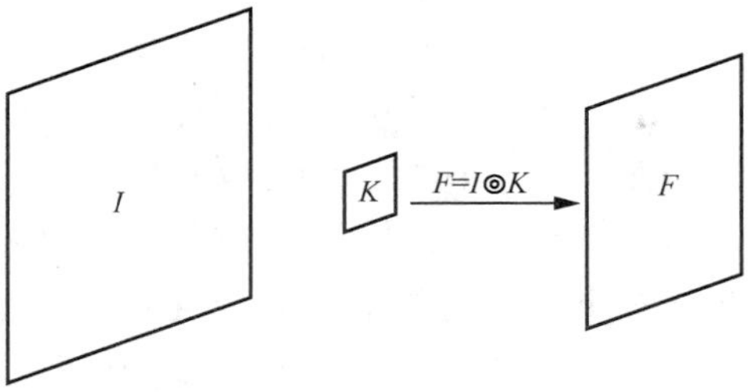

图 4-101　卷积运算的简化图示

下面用一个例子来说明卷积运算的详细过程，如图 4-102 所示。在图 4-102 中，图像 I 的尺寸为 3×4，i_{nm} 表示其各个像素点的像素值；卷积核 K 的尺寸为 2×2，k_{nm} 表示其各个像素点的像素值；卷积特征映射图 F 的尺寸为 $(3-2+1)\times(4-2+1)=2\times3$，$f_{nm}$ 表示其各个像素点的像素值。

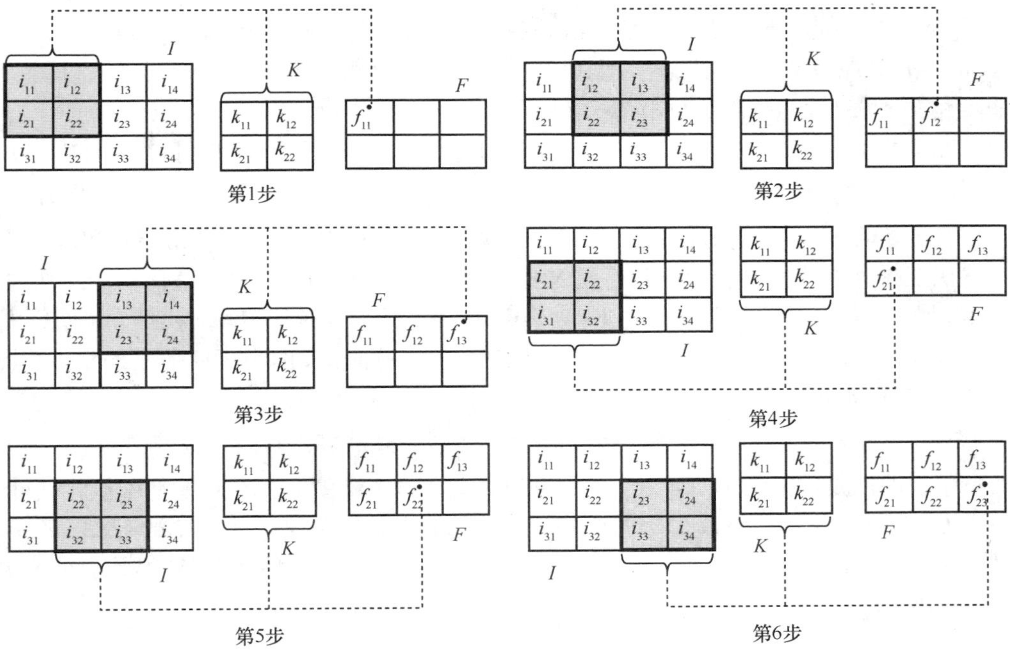

图 4-102　卷积运算过程

卷积运算的第 1 步，将滑动窗口移动到图像 I 的左上角，然后将 K 中的各个像素值与滑动窗口中对应位置的像素值相乘，再对各个相乘的结果进行求和，这个和就是图像 F 的第 1 行第 1 列那个像素点的像素值 f_{11}。卷积运算的第 2 步，将滑动窗口右移一个像素点的位置，然后将 K 中的各个像素值与滑动窗口中对应位置的像素值相乘，再对各个相乘的结果进行求和，这个和就是图像 F 的第 1 行第 2 列那个像素点的像素值 f_{12}。依次类推，第 6 步结束后，整个卷积运算过程也就结束了，各个 f_{nm} 的计算方法见式(4.112)。需要注意的是，从第 3 步过渡到第 4 步时，滑动窗口一方面需要左移到头，另一方面还需要下移一个像素点的位置。最后提醒一下，虽然整个运算实质上是 I 与 K 的 2 维离散相关运算，但我们习惯上还是说成是 I 与 K 的卷积运算。

$$
\begin{cases}
f_{11} = i_{11} \times k_{11} + i_{12} \times k_{12} + i_{21} \times k_{21} + i_{22} \times k_{22} \\
f_{12} = i_{12} \times k_{11} + i_{13} \times k_{12} + i_{22} \times k_{21} + i_{23} \times k_{22} \\
f_{13} = i_{13} \times k_{11} + i_{14} \times k_{12} + i_{23} \times k_{21} + i_{24} \times k_{22} \\
f_{21} = i_{21} \times k_{11} + i_{22} \times k_{12} + i_{31} \times k_{21} + i_{32} \times k_{22} \\
f_{22} = i_{22} \times k_{11} + i_{23} \times k_{12} + i_{32} \times k_{21} + i_{33} \times k_{22} \\
f_{23} = i_{23} \times k_{11} + i_{24} \times k_{12} + i_{33} \times k_{21} + i_{34} \times k_{22}
\end{cases}
\tag{4.112}
$$

CNN 在进行图像信息处理的过程中，还经常需要将同一个图像同时分别与多个（一般是几个到十几个）不同的但尺寸相同的卷积核进行卷积。图 4-103 显示的是图像 I 同时分别与 4 个不同的但尺寸相同的卷积核 K_1、K_2、K_3、K_4 进行卷积的情况。注意，F_1 是 I 与 K_1 的卷积运算结果，F_2 是 I 与 K_2 的卷积运算结果，F_3 是 I 与 K_3 的卷积运算结果，F_4 是 I 与 K_4 的卷积运算结果。F_1、F_2、F_3、F_4 都是卷积特征映射图，但 F_1 是图像 I 的、对应于卷积核 K_1 的卷积特征映射图，F_2 是图像 I 的、对应于卷积核 K_2 的卷积特征映射图，F_3 是图像 I 的、对应于卷积核 K_3 的卷积特征映射图，F_4 是图像 I 的、对应于卷积核 K_4 的卷积特征映射图。显然，有多少个卷积核，就会得到多少个卷积特征映射图，不同的卷积特征映射图对应了不同的卷积核。

在图 4-103 中，K_1、K_2、K_3、K_4 这 4 个卷积核排列成了两行两列，F_1、F_2、F_3、F_4 这 4 个卷积特征映射图也排列成了两行两列，这样排列的目的仅仅是整体构图好看一点。事实上，各个卷积核以及各个卷积特征映射图的排列方式是没有任何限制和规定的，因为它们的排列方式并不会影响到问题的实质，仅仅会影响到我们对于整体构图的视觉感受而已。例如，我们完全可以将 K_1、K_2、K_3、K_4 这 4 个卷积核竖直地排成一列，而将 F_1、F_2、F_3、F_4 这 4 个卷积特征映射图水平地排成一行，从而得到图 4-104 所示的整体构图。图 4-104 和图 4-103 所表达的含义是完全相同的，都表达了 $F_1 = I \circledcirc K_1$、$F_2 = I \circledcirc K_2$、$F_3 = I \circledcirc K_3$、$F_4 = I \circledcirc K_4$ 这 4 个卷积运算关系，不同的只是整体构图有些差异而已。另外，需要特别说明的是，无论是图 4-103 中的 F，还是图 4-104 中的 F，我们都不能将它理解为是由 F_1、F_2、F_3、F_4 这 4 个图像合并之后得到的 1 个新图像。正确的理解应该是，F 不是 1 个图像，而是 1 个包含了 F_1、F_2、F_3、F_4 这 4 个图像的集合；F 不是 1 个图像，F 是 4 个图像。

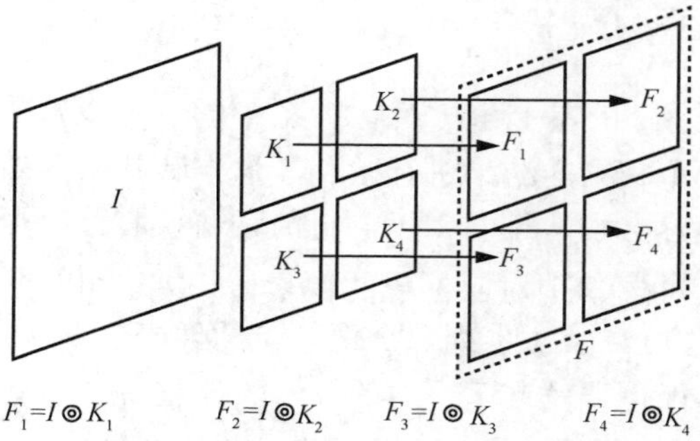

图 4-103　同一个图像与多个不同的卷积核进行卷积（1）

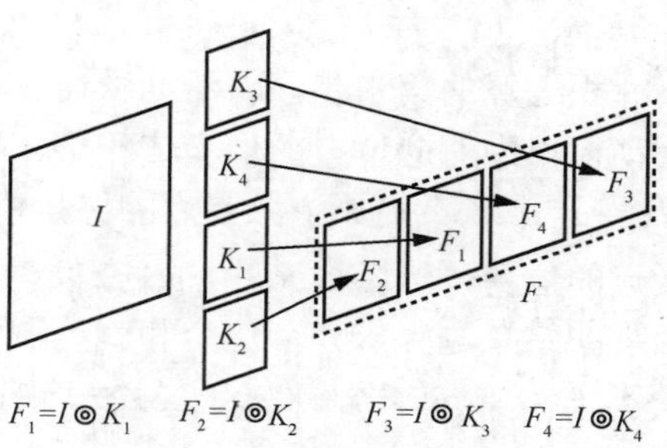

图 4-104　同一个图像与多个不同的卷积核进行卷积（2）

CNN 在进行图像信息处理的过程中，往往还需要将多个（一般是几个、几十个、几百个）不同的但尺寸相同的图像同时分别与多个（一般是几个到十几个）不同的但尺寸相同的卷积核进行卷积。图 4-105 显示的是 4 个不同的但尺寸相同的图像 I_1、I_2、I_3、I_4 同时分别与两个不同的但尺寸相同的卷积核 K_1、K_2 进行卷积的情况。由于需要进行卷积的图像的个数为 4，卷积核的个数为 2，所以得到的卷积特征映射图的个数为 $4\times2=8$。需要说明的是，图中的 F_{11} 是图像 I_1 的、对应于卷积核 K_1 的卷积特征映射图，F_{12} 是图像 I_1 的、对应于卷积核 K_2 的卷积特征映射图，F_{21} 是图像 I_2 的、对应于卷积核 K_1 的卷积特征映射图，依次类推。还需要说明的是，图中的 F 并不是由 F_{11}、F_{21}、F_{31}、F_{41}、F_{12}、F_{22}、F_{32}、F_{42} 这 8 个图像合并之后得到的 1 个新图像，而是包含了这 8 个图像的 1 个集合。同样地，图中的 I 并不是由 I_1、I_2、I_3、I_4 这 4 个图像合并之后得到的 1 个新图像，而是包含了这 4 个图像的 1 个集合。最后需要说明的是，I_1、I_2、I_3、I_4 这 4 个图像不一定非得是 CNN 的原始输入图像，它们有可能是 CNN 在信息处理过程中产生的中间图像（也称为过程图像）。例如，图 4-105 中的 I_1、I_2、I_3、I_4 这 4 个图像可能就是图 4-104 中的 F_1、F_2、F_3、F_4 这 4 个卷积特征映射图。

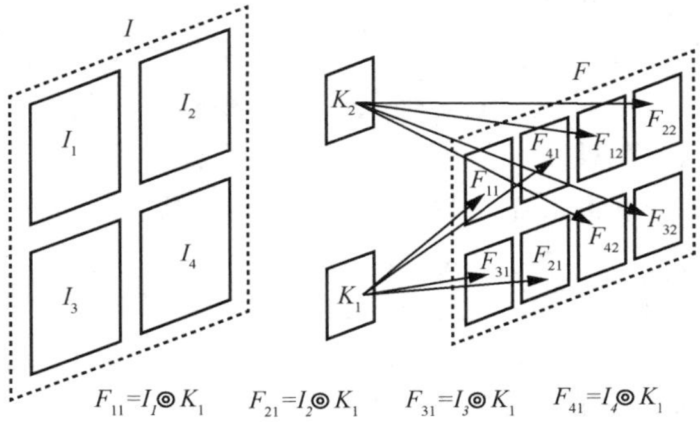

$F_{11}=I_1⊚K_1$　$F_{21}=I_2⊚K_1$　$F_{31}=I_3⊚K_1$　$F_{41}=I_4⊚K_1$

$F_{12}=I_1⊚K_2$　$F_{22}=I_2⊚K_2$　$F_{32}=I_3⊚K_2$　$F_{42}=I_4⊚K_2$

图 4-105　多个不同的图像与多个不同的卷积核进行卷积（1）

图 4-105 还可以被简化成图 4-106 所示的样子，这是因为我们之前解释过，需要进行卷积的图像、卷积核、卷积特征映射图的排列方式并无任何实质性的重要性，仅仅会影响到我们对于整体构图的视觉感受而已。图 4-106 比图 4-105 看上去简洁了许多，但二者表达的含义却是完全相同的。

在 CNN 的术语中，“层”是指一个“平面”，同一层就是同一个平面，不同的层就是不同的平面。当把多个不同的图像同时分别与多个不同的卷积核进行卷积运算的时候，这些图像必须是属于同一层的图像，也即这些图像必须位于同一个平面之中，而运算之后得到的各个卷积特征映射图通通都属于另外一个不同的层，也即运算之后得到的各个卷积特征映射图都位于另外一个不同的平面之中。因此，在图 4-106 中，尽管 4 个图像 I_1、I_2、I_3、I_4 在视觉上排列出了立体效果，但在理念上我们应该清楚它们是同一层的 4 个图像，所以应该把它们想象成是位于同一个平面上的，就如同它们在图 4-105 中那样。同样地，在图 4-106 中，尽管 8 个卷积特征映射图在视觉上排列出了立体效果，但在理念上我们应该清楚它们是同一层的 8 个图像，所以应该把它们想象成是位于同一个平面上的，就如同它们在图 4-105 中那样。

$$F_{11}=I_1 \circledast K_1 \qquad F_{21}=I_2 \circledast K_1 \qquad F_{31}=I_3 \circledast K_1 \qquad F_{41}=I_4 \circledast K_1$$
$$F_{12}=I_1 \circledast K_2 \qquad F_{22}=I_2 \circledast K_2 \qquad F_{32}=I_3 \circledast K_2 \qquad F_{42}=I_4 \circledast K_2$$

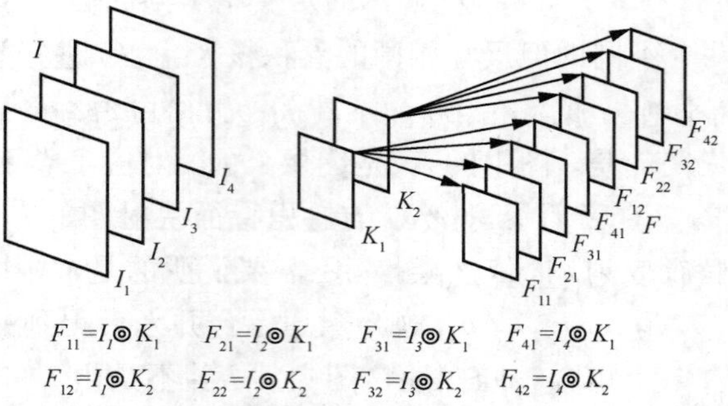

图 4-106　多个不同的图像与多个不同的卷积核进行卷积（2）

至此，我们描述了如何将一个图像与一个卷积核进行卷积运算，如何将一个图像同时分别与多个不同的但尺寸相同的卷积核进行卷积运算，以及如何将多个不同的但尺寸相同的图像同时分别与多个不同的但尺寸相同的卷积核进行卷积运算。那么，卷积运算的意义何在呢？或者说，卷积运算的功能作用是什么呢？这个问题的简约回答就是**特征提取（Feature Extraction）**。一般地，一个卷积核就是一个尺寸很小的、表示了某种特定特征的图像。一个尺寸相对很大的图像与一个卷积核进行卷积运算的过程，其实就相当于在该图像中提取该卷积核所表示的那种特征的过程，而特征提取的结果就反映在卷积运算所得到的卷积特征映射图中。接下来我们还是通过一个例子来进一步说明卷积运算所具有的特征提取功能。

如图 4-107 所示，图像 I 是一个尺寸为 11×11 的灰色图像；卷积核 K_1 是一个尺寸为 3×3 的灰色图像，它是一个表示加号（+）特征的卷积核；卷积核 K_2 也是一个尺寸为 3×3 的灰色图像，它是一个表示叉号（×）特征的卷积核。在 I、K_1、K_2 中，白色像素点是背景像素点，其像素值为 0，灰色像素点是图案像素点，其像素值为 1。

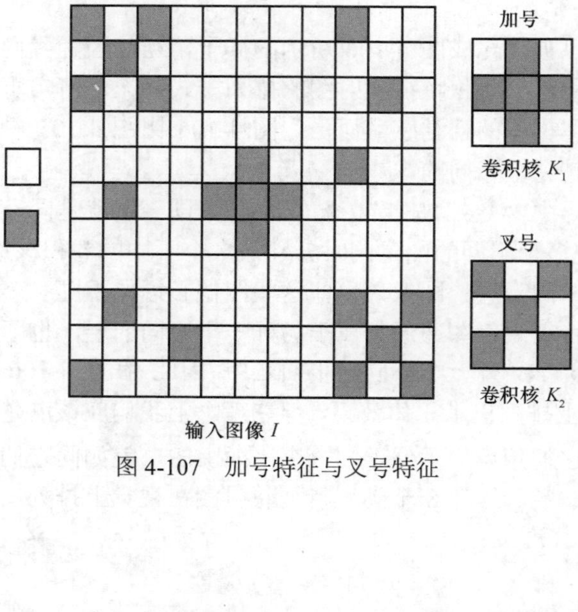

图 4-107　加号特征与叉号特征

如图 4-108 所示，图像 I 同时分别与卷积核 K_1 和 K_2 进行卷积运算，得到卷积特征映射图 F_1 和 F_2。I 与 K_1 进行卷积的过程，就是在 I 中提取加号特征的过程，提取的结果反映在 F_1 中；I 与 K_2 进行卷积的过程，就是在 I 中提取叉号特征的过程，提取的结果反映在 F_2 中。在图 4-108 中标注了像素值与视觉灰度之间的对应关系：像素值越大，像素点越黑。

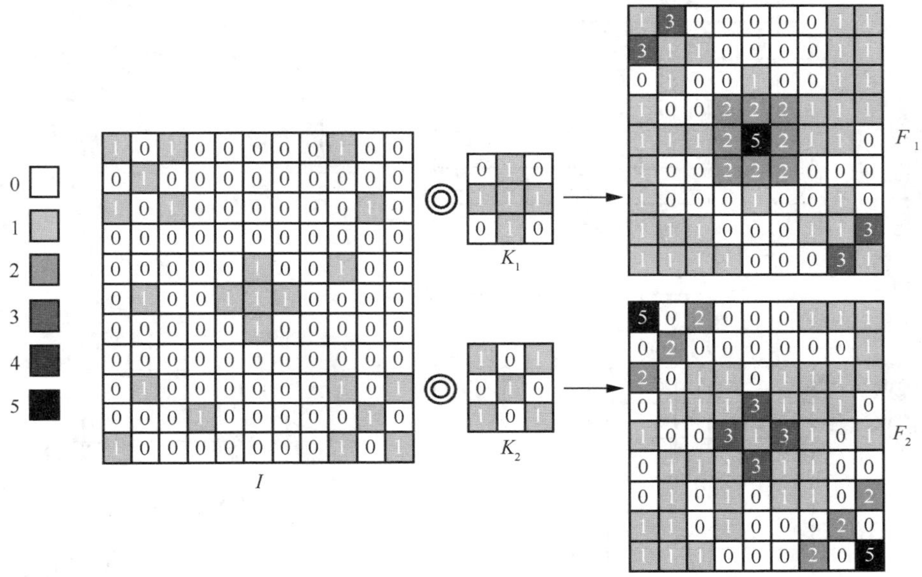

图 4-108　卷积运算与特征提取

那么，应该如何来分析和解读所得到的特征映射图呢？简单而粗略地说就是，在特征映射图中，如果某个区域的像素值越小，就说明被卷积的图像中相同位置的那个区域的图案与该特征映射图对应的那个卷积核所表示的特征图案的接近程度越低；如果某个区域的像素值越大，就说明被卷积的图像中相同位置的那个区域的图案与该特征映射图对应的那个卷积核所表示的特征图案的接近程度越高。如图 4-109 所示，在特征映射图 F_1 中，正中央的实线圆圈标注的区域出现了很大的像素值 5，这就说明图像 I 的正中央的位置区域应该存在很像是加号的图案，而在 F_1 的左上角及右下角的虚线圆圈标注的区域出现了较大的像素值 3，这就说明图像 I 的左上角区域及右下角区域应该存在比较像是加号的图案。另一方面，F_2 的正中央的虚线圆圈标注的区域出现了比较大的像素值 3，这就说明图像 I 的正中央的位置区域应该存在比较像是叉号的图案，而在 F_2 的左上角及右下角的实线圆圈标注的区域出现了很大的像素值 5，这就说明图像 I 的左上角区域及右下角区域应该存在很像是叉号的图案。综合对 F_1 和 F_2 的分析，得到大致结论：图像 I 的正中央区域的图案很像是加号，但也有些像是叉号；图像 I 的左上角区域及右下角区域的图案很像是叉号，但也有些像是加号。更为简要的结论就是，在图像 I 的正中央区域提取到了加号特征，在图像 I 的左上角区域及右下角区域提取到了叉号特征。显然，这样的结论与我们在图中的亲眼所见是完全一致的。

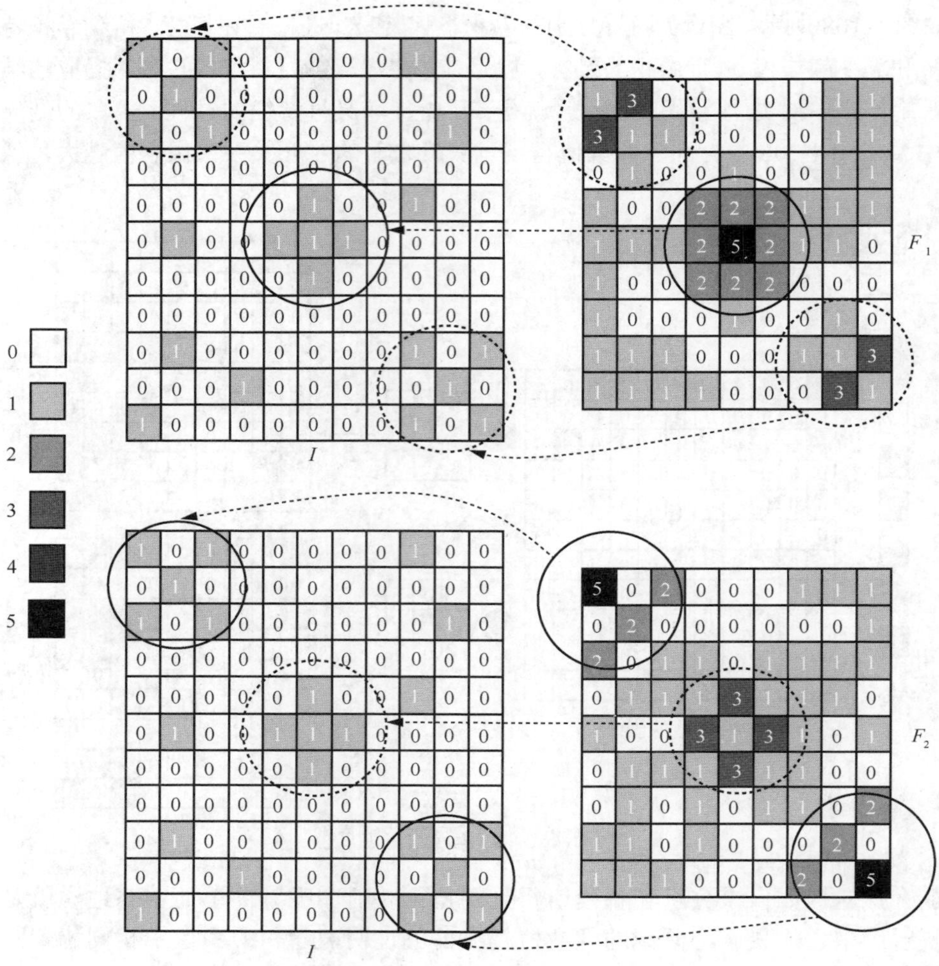

图 4-109 卷积特征映射图的分析和解读

4.4.3 池化特征映射图

在对图像信息进行处理的过程中，CNN 一定会进行卷积运算，同时一般也会进行**池化（Pooling）**运算。对一个图像 I 进行池化运算后，得到的结果是另外一个新的图像 P，这个新的图像 P 称为图像 I 的**池化特征映射图（Pooled Feature Map）**。

下面用一个例子来说明池化运算的详细过程，如图 4-110 所示。在图 4-110 中，图像 I 的尺寸是 6×9，i_{nm} 表示其各个像素点的像素值。粗线方框表示的是滑动窗口，滑动窗口的尺寸称为**池化尺寸（Pooling Size）**，这里为 3×3。图像 I 经过 3×3 池化运算后得到一个尺寸为 4×7 的图像 P，P 称为图像 I 的 3×3 池化特征映射图，p_{nm} 是其各个像素点的像素值。

池化运算的第 1 步，将滑动窗口移动到图像 I 的左上角，然后对窗口内的像素值进行池化，池化得到的结果就是图像 P 的第 1 行第 1 列那个像素点的像素值 p_{11}。池化运算的第 2 步，将滑动窗口右移一个像素点的位置，然后对窗口内的像素值进行池化，池化得到的结果就是图像 P 的第 1 行第 2 列那个像素点的像素值 p_{12}。池化运算的第 3 步，将滑动窗口继续右移一个像素点的位置，然后对窗口内的像素值进行池化，池化得到的结果就是图像 P 的第 1 行第 3 列那个像素点的像素值 p_{13}。依次类推，第 28 步结束后，整个池化运算过程也就结束了。需要注意的是，从第 7 步过渡到第 8 步、从第 14 步过渡到第 15 步、从第 21 步过渡到第 22 步时，滑动窗口一方面需要左移到头，另一方面还需要下移一个像素点的位置。

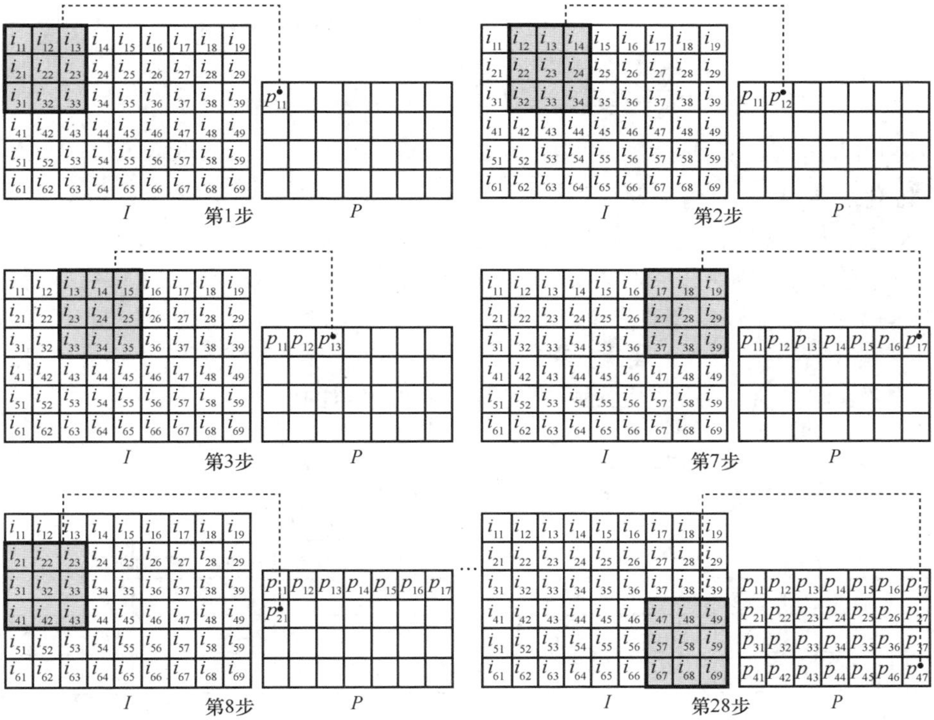

图 4-110　池化运算过程

常见的池化运算有两种，一种叫作**平均池化（Mean Pooling）**，另一种叫作**最大池化（Max Pooling）**。所谓平均池化，是指将滑动窗口内的所有像素值的算术平均值作为池化运算的结果；所谓最大池化，是指将滑动窗口内的所有像素值中的最大值作为池化运算的结果。对于图 4-110 所示的池化运算，如果采用的是平均池化，则有

$$\begin{cases} p_{11} = \left(i_{11} + i_{12} + i_{13} + i_{21} + i_{22} + i_{23} + i_{31} + i_{32} + i_{33}\right) \div 9 \\ p_{12} = \left(i_{12} + i_{13} + i_{14} + i_{22} + i_{23} + i_{24} + i_{32} + i_{33} + i_{34}\right) \div 9 \\ p_{13} = \left(i_{13} + i_{14} + i_{15} + i_{23} + i_{24} + i_{25} + i_{33} + i_{34} + i_{35}\right) \div 9 \\ \vdots \\ p_{17} = \left(i_{17} + i_{18} + i_{19} + i_{27} + i_{28} + i_{29} + i_{37} + i_{38} + i_{39}\right) \div 9 \\ p_{21} = \left(i_{21} + i_{22} + i_{23} + i_{31} + i_{32} + i_{33} + i_{41} + i_{42} + i_{43}\right) \div 9 \\ \vdots \\ p_{47} = \left(i_{47} + i_{48} + i_{49} + i_{57} + i_{58} + i_{59} + i_{67} + i_{68} + i_{69}\right) \div 9 \end{cases} \tag{4.113}$$

如果采用的是最大池化，则有

$$\begin{cases} p_{11} = \max\left(i_{11}, i_{12}, i_{13}, i_{21}, i_{22}, i_{23}, i_{31}, i_{32}, i_{33}\right) \\ p_{12} = \max\left(i_{12}, i_{13}, i_{14}, i_{22} i_{23}, i_{24}, i_{32}, i_{33}, i_{34}\right) \\ p_{13} = \max\left(i_{13}, i_{14}, i_{15}, i_{23}, i_{24}, i_{25}, i_{33}, i_{34}, i_{35}\right) \\ \vdots \\ p_{17} = \max\left(i_{17}, i_{18}, i_{19}, i_{27}, i_{28}, i_{29}, i_{37}, i_{38}, i_{39}\right) \\ p_{21} = \max\left(i_{21}, i_{22}, i_{23}, i_{31}, i_{32}, i_{33}, i_{41}, i_{42}, i_{43}\right) \\ \vdots \\ p_{47} = \max\left(i_{47}, i_{48}, i_{49}, i_{57}, i_{58}, i_{59}, i_{67}, i_{68}, i_{69}\right) \end{cases} \quad (4.114)$$

式（4.114）中的符号max表示取最大值，例如，$\max(3,-5,7)=7$，$\max(3.6,-5,3.6,0,1.8)=3.6$。

在池化运算过程中，滑动窗口每次移动的位移量叫作池化的**步幅（Stride）**。在图4-110中，滑动窗口每次移动的位移量是1个像素点，所以其池化的步幅为1。如果我们将池化的步幅修改为3，则会得到图4-111所示的池化运算结果。从图4-111中可以看到，整个池化运算过程现在只需要6步就可以完成，所得到的池化特征映射图P的尺寸从原来的4×7变成了现在的2×3。注意，在图4-111中，从第3步过渡到第4步时，滑动窗口一方面需要左移到头，另一方面还需要下移3个像素点的位置。

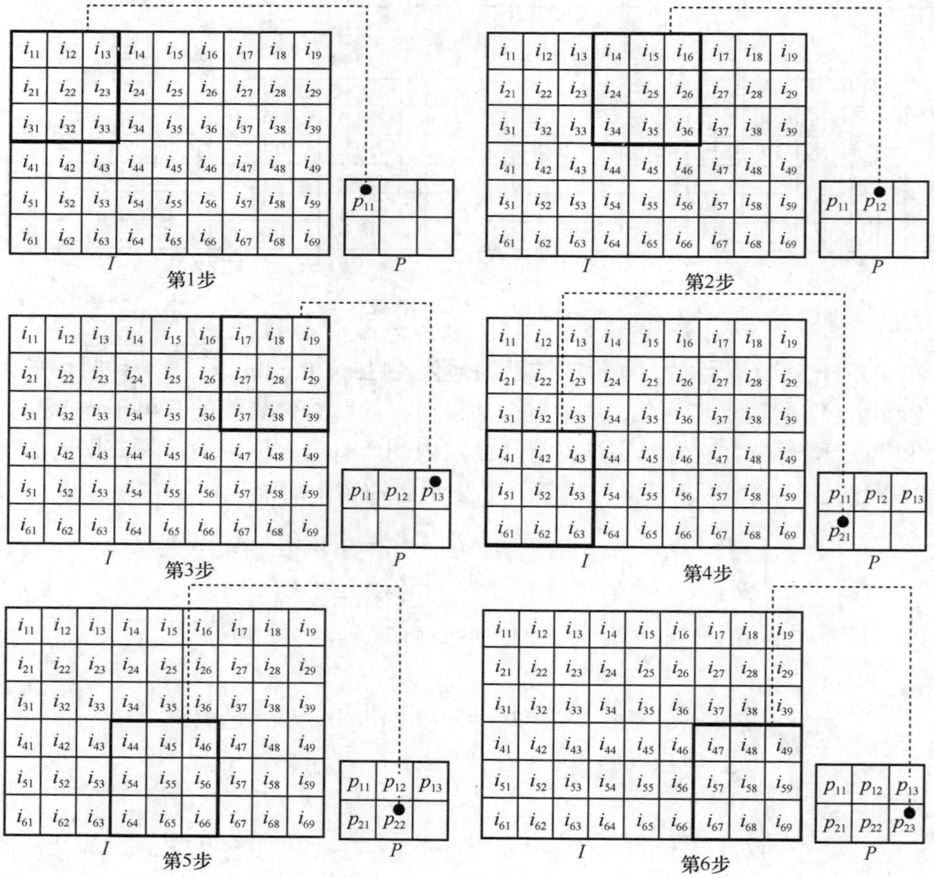

图4-111 池化步幅为3

显然，对于图 4-111 所示的池化运算，如果采用的是平均池化，则有

$$\begin{cases} p_{11} = (i_{11} + i_{12} + i_{13} + i_{21} + i_{22} + i_{23} + i_{31} + i_{32} + i_{33}) \div 9 \\ p_{12} = (i_{14} + i_{15} + i_{16} + i_{24} + i_{25} + i_{26} + i_{34} + i_{35} + i_{36}) \div 9 \\ p_{13} = (i_{17} + i_{18} + i_{19} + i_{27} + i_{28} + i_{29} + i_{37} + i_{38} + i_{39}) \div 9 \\ p_{21} = (i_{41} + i_{42} + i_{43} + i_{51} + i_{52} + i_{53} + i_{61} + i_{62} + i_{63}) \div 9 \\ p_{22} = (i_{44} + i_{45} + i_{46} + i_{54} + i_{55} + i_{56} + i_{64} + i_{65} + i_{66}) \div 9 \\ p_{23} = (i_{47} + i_{48} + i_{49} + i_{57} + i_{58} + i_{59} + i_{67} + i_{68} + i_{69}) \div 9 \end{cases} \tag{4.115}$$

如果采用的是最大池化，则有

$$\begin{cases} p_{11} = \max(i_{11}, i_{12}, i_{13}, i_{21}, i_{22}, i_{23}, i_{31}, i_{32}, i_{33}) \\ p_{12} = \max(i_{14}, i_{15}, i_{16}, i_{24}, i_{25}, i_{26}, i_{34}, i_{35}, i_{36}) \\ p_{13} = \max(i_{17}, i_{18}, i_{19}, i_{27}, i_{28}, i_{29}, i_{37}, i_{38}, i_{39}) \\ p_{21} = \max(i_{41}, i_{42}, i_{43}, i_{51}, i_{52}, i_{53}, i_{61}, i_{62}, i_{63}) \\ p_{22} = \max(i_{44}, i_{45}, i_{46}, i_{54}, i_{55}, i_{56}, i_{64}, i_{65}, i_{66}) \\ p_{23} = \max(i_{47}, i_{48}, i_{49}, i_{57}, i_{58}, i_{59}, i_{67}, i_{68}, i_{69}) \end{cases} \tag{4.116}$$

在进行池化运算的过程中，我们会发现有的时候滑动窗口无法与图像的边界对齐。例如，在图 4-112 中，图像 I 的尺寸是 7×7，池化尺寸是 3×3，池化步幅是 3。从图中可以看到，第 3 步、第 6 步、第 7 步、第 8 步、第 9 步的滑动窗口无法与图像 I 的边界对齐。遇到这样的情况，p_{13}、p_{23}、p_{31}、p_{32}、p_{33} 的值该如何计算呢？

对于边界无法对齐的问题，通常的解决方案是采用**零填充（Zero Padding）**方法对图像的尺寸进行适当的扩充，使得扩充后的图像的尺寸与池化尺寸以及池化步幅的大小刚好匹配，从而避免边界无法对齐的情况。所谓零填充方法，就是指在原来的图像的边沿增加背景色的像素点。假定图像的背景色是白色，并且假定白色对应的像素值为 0，那么零填充方法就是指在原来的图像的边沿增加像素值为 0 的像素点，如图 4-113 所示。在图 4-113 中，图像 I 原来的尺寸是 7×7，我们在其右边沿增加了两列像素值为 0 的像素点，同时在其下边沿增加了两行像素值为 0 的像素点，这样一来，扩充后的尺寸就变成了 9×9，在池化尺寸为 3×3、池化步幅为 3 的情况下就不会出现边界无法对齐的问题了。如果图 4-113 中所采用的池化方法是平均池化，则有

$$\begin{cases} p_{13} = (i_{17} + i_{27} + i_{37} + 0 + 0 + 0 + 0 + 0 + 0) \div 9 \\ p_{23} = (i_{47} + i_{57} + i_{67} + 0 + 0 + 0 + 0 + 0 + 0) \div 9 \\ p_{31} = (i_{71} + i_{72} + i_{73} + 0 + 0 + 0 + 0 + 0 + 0) \div 9 \\ p_{32} = (i_{74} + i_{75} + i_{76} + 0 + 0 + 0 + 0 + 0 + 0) \div 9 \\ p_{33} = (i_{77} + 0 + 0 + 0 + 0 + 0 + 0 + 0 + 0) \div 9 \end{cases} \tag{4.117}$$

如果是最大池化，则有

$$\begin{cases} p_{13} = \max\left(i_{17}, i_{27}, i_{37}, 0\right) \\ p_{23} = \max\left(i_{47}, i_{57}, i_{67}, 0\right) \\ p_{31} = \max\left(i_{71}, i_{72}, i_{73}, 0\right) \\ p_{32} = \max\left(i_{74}, i_{75}, i_{76}, 0\right) \\ p_{33} = \max\left(i_{77}, 0\right) \end{cases} \tag{4.118}$$

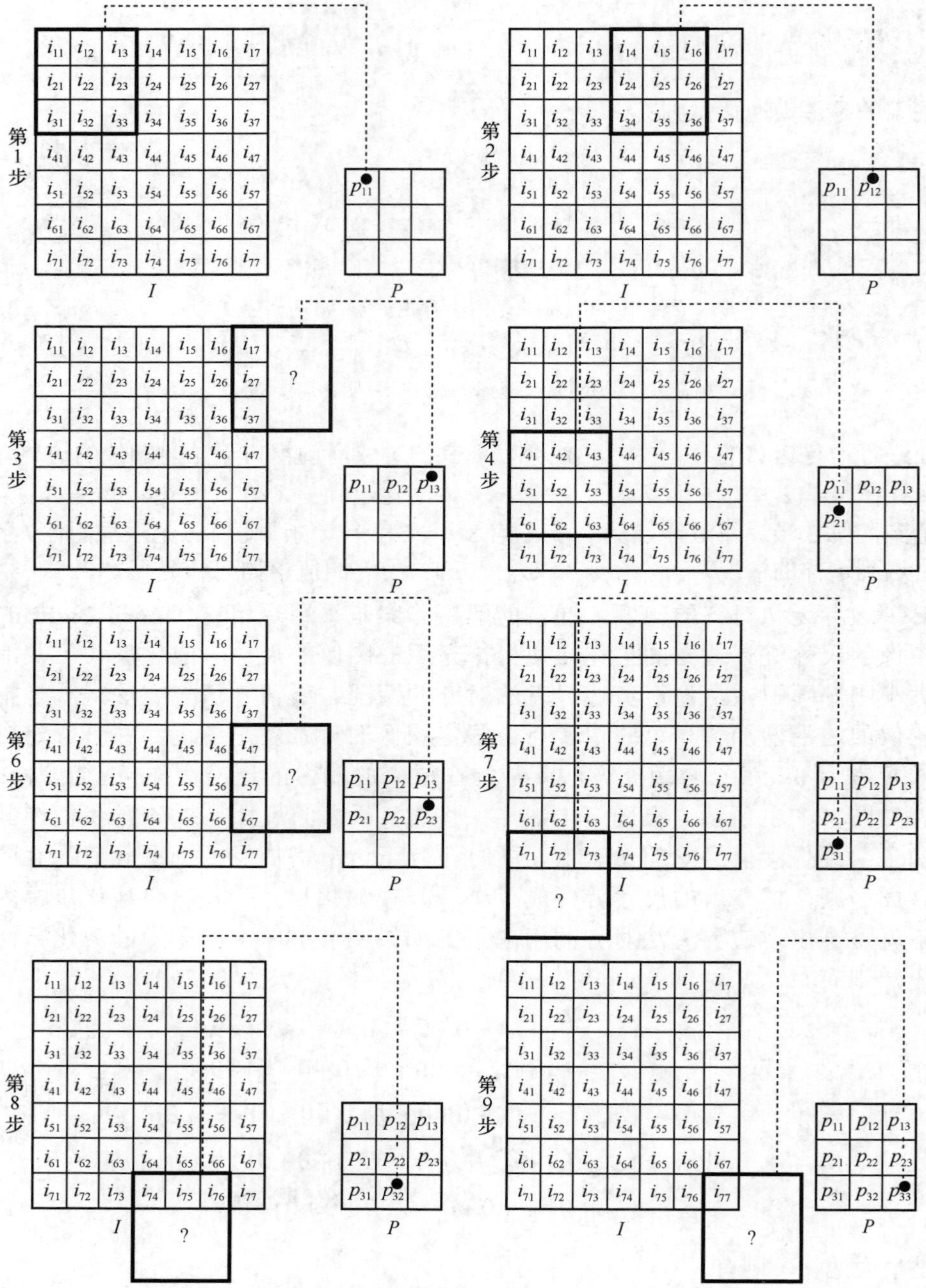

图 4-112　边界无法对齐的情况

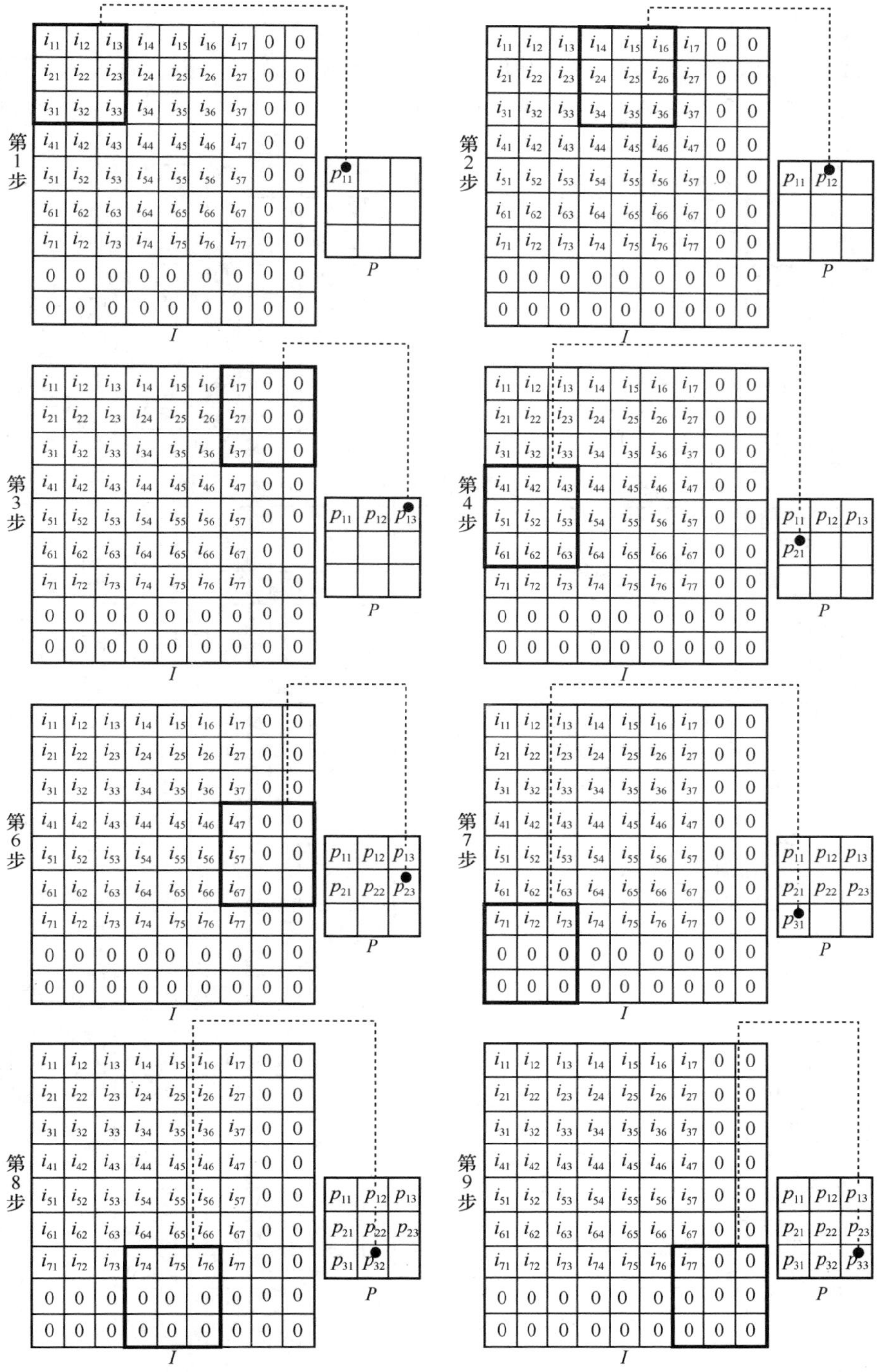

图 4-113　零填充方法之一

在图 4-113 中，我们是在图像的右边沿及下边沿增加了像素点，但零填充方法并未规定只能在图像的右边沿及下边沿增加像素点。实际应用中，在哪些边沿进行零填充以及填充的宽度是多少，这些问题都是可以根据具体的需要来灵活确定的。例如，在图 4-114

中，我们就是在图像的上边沿及下边沿各增加了一行像素值为 0 的像素点，同时在左边沿及右边沿各增加了一列像素值为 0 的像素点。这样一来，扩充后的尺寸同样变成了 9×9，池化尺寸为 3×3、池化步幅为 3 的情况下同样不会出现边界无法对齐的问题。

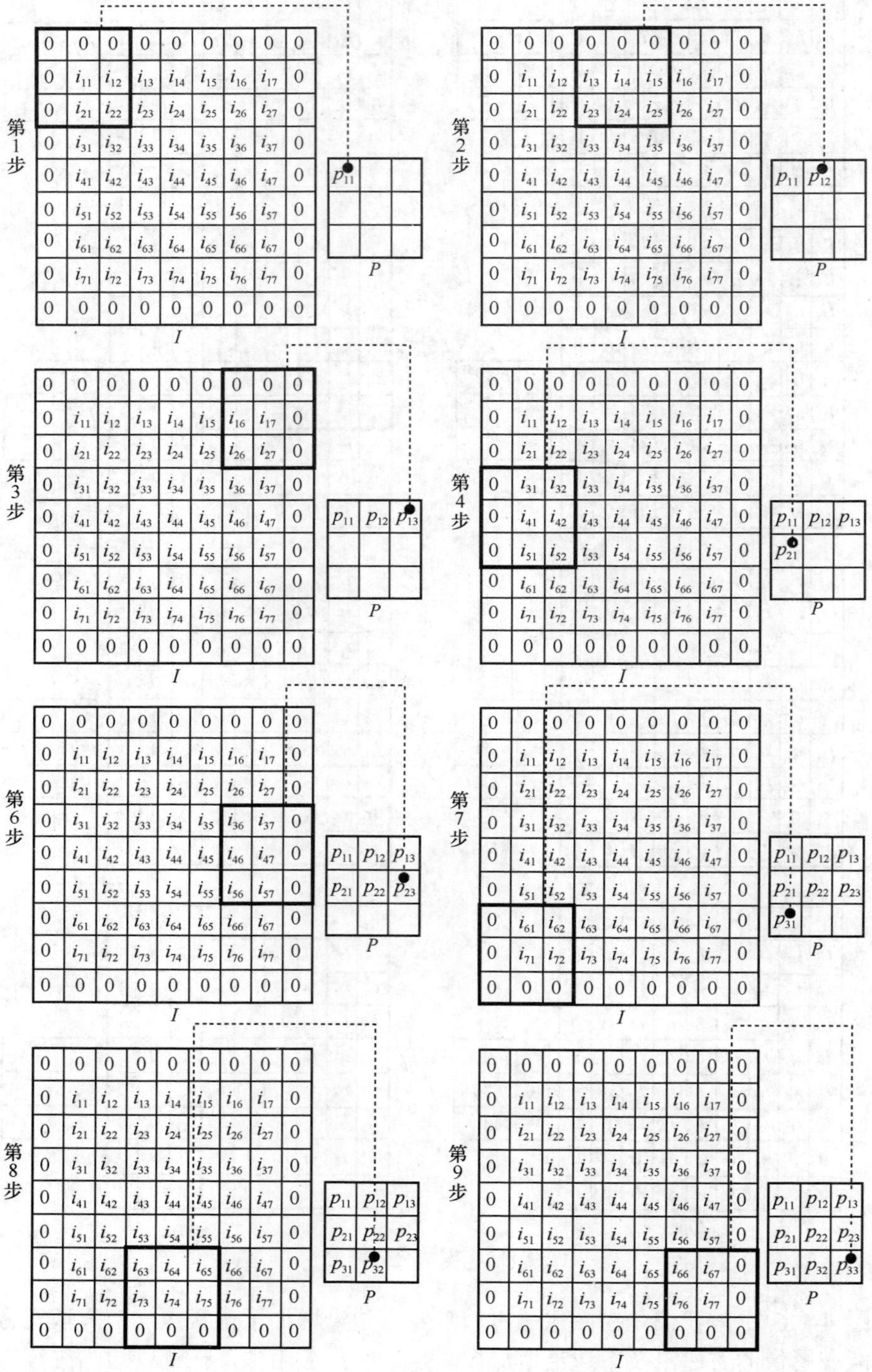

图 4-114 零填充方法之二

然而，比较图 4-113 和图 4-114 可以看到，由于零填充的位置不同，虽然得到的两个池化特征映射图的尺寸同样都是3×3，但这两个池化特征映射图中对应位置上的像素点的像素值却显然是不一样的。例如，如果是平均池化，那么图 4-113 中的 p_{33} 就等于 $i_{77}\div9$，而图 4-114 中的 p_{33} 却等于 $(i_{66}+i_{67}+i_{76}+i_{77})\div9$。所以我们不禁会问，出现这样的差异算是严重的问题吗？此问题的回答是否定的。首先，在实际应用中，需要进行池化运算的一般都是尺寸较大或很大的图像，而图像所包含的重要的信息内容一般都是位于图像的中心部位或比较接近中心的部位，而不是位于图像的边沿部位。因此，在图像的边沿进行零填充几乎不会对图像所表达的重要的信息内容产生任何影响。其次，零填充的位置不同，所得到的池化特征映射图的像素值很可能就存在差异，但这种差异是无关紧要的，因为这种差异几乎不会对池化特征映射图所表达的重要的信息内容产生任何影响。例如，虽然图 4-115（a）与图 4-115（b）在很多对应位置上的像素点的像素值是不一样的，但是它们同样都表达了心形图案这一重要的信息内容。

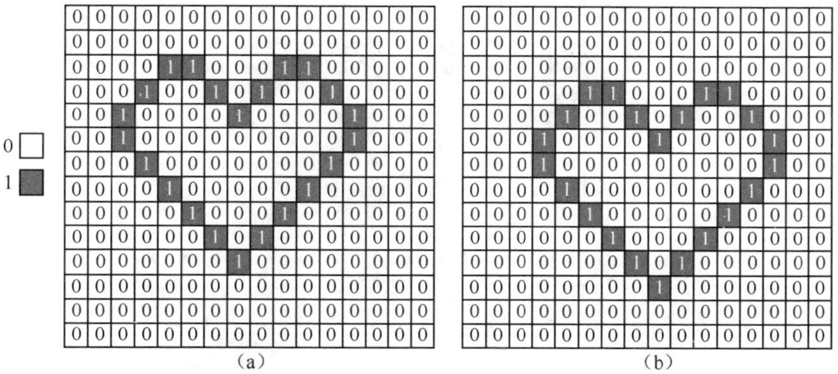

图 4-115　心形图案

至此，概括起来讲，池化运算总共涉及池化种类（平均池化或最大池化）、池化尺寸、池化步幅、零填充的位置这 4 个因素。对一个特定的图像进行池化运算时，这 4 个因素共同决定了最终得到的池化特征映射图的尺寸及各个像素点的像素值。在实际应用中，图像的尺寸一般都远远大于池化尺寸，而池化尺寸一般多为2×2或3×3，4×4及更大的池化尺寸一般很少会用到。需要注意的是，如果池化尺寸是$S\times S$，那么池化步幅一般都不应该超过S，否则就会漏掉一些像素点，从而导致图像信息的损失。另外，池化运算可能会遇到滑动窗口无法与图像的边界对齐的问题，并由此引出了零填充方法，而在上一小节讲述卷积运算的过程中，我们却完全没有提及滑动窗口与图像边界对齐的问题。之所以如此，是因为在卷积运算过程中，滑动窗口每次移动的位移量一般总是 1 个像素点，所以自然也就不会出现滑动窗口与图像的边界无法对齐的问题。

卷积运算的作用是特征提取，那么池化运算的作用又是什么呢？显而易见，池化运算最主要的作用是压缩图像尺寸从而减少数据量。例如，尺寸为600×900的图像经过步幅为 3 的3×3池化运算之后，所得到的池化特征映射图的尺寸便减小为200×300，这意味着数据量已经减少为原来的九分之一。数据量的减少程度显然是与池化尺寸的大小以及池化步幅的大小紧密相关的：池化尺寸越大、池化步幅越大，则数据量的减少程度也就越高。在实际应用中，选择多大的池化尺寸以及多大的池化步幅，应以尽量不丢失不损坏图像中的重要信息内容为首要的考虑因素。如图 4-116 所示，原始图像 a 的尺寸为 256×256，图像 b 是对图像 a 进行了步幅为 2 的 2×2 平均池化后得到的池化特征映射图，其尺寸为 128×128，其数据量为图像 a 的 25%；图像 c 是对图像 a 进行了步幅为 4 的 4×4 平均池化后得到的池化特征映射图，其尺寸为 64×64，其数据量为图像 a 的 6.25%；图像 d 是对图像 a 进行了步幅为 8 的 8×8 平均池化后得到的池化特征映射图，其尺寸为 32×32，其数据量为图像 a 的 1.5625%；图像 e 是对图像 a 进行了步幅为 32 的 32×32 平均池化后得到的池化特征映射图，其尺寸为 8×8，其数据量为图像 a 的 0.09765625%。可以明显地看到，图像 b 基本上完全保留了图像 a 中的所有信息；图像 c 保留了图像 a 中的主要信息，但很多细节信息丢失比较严重；图像 d 虽然还能够隐约地体现出图像 a 中的主要信息（一个戴着帽子的女人的头像），但所有的细节信息已全部丢失；图像 e 中已无任何有价值的信息，图像 a 中的所有信息已完全丢失。

图 4-116　池化运算的作用和效果

至此，我们已经知道了如何对一个图像进行池化运算，并且明白了池化运算的主要作用和意义。需要说明的是，进行池化运算的图像可以是 CNN 的原始输入图像，也可以是 CNN 在信息处理过程中产生的各种中间图像。另外，CNN 在进行图像信息处理的过程中，往往还需要对多个（一般是几个、几十个、几百个）不同的但尺寸相同的图像同时分别进行池化种类相同、池化尺寸相同、池化步幅相同、零填充方法相同的池化运算。例如，图 4-117(a)显示了对 4 个不同的但尺寸相同的图像 I_1、I_2、I_3、I_4 同时分别进行池化种类相同、池化尺寸相同、池化步幅相同、零填充方法相同的池化运算的情况，P_1、P_2、P_3、P_4 是尺寸相同的分别对应于 I_1、I_2、I_3、I_4 的池化特征映射图。图 4-117(b)表达的意思与图 4-117（a）完全相同，只是画面的构图不同而已。需要注意的是，在图 4-117 中，I 并不是由 I_1、I_2、I_3、I_4 这 4 个图像合并而成的 1 个新图像，而是 1 个包含了 I_1、I_2、I_3、I_4 这 4 个图像的集合；同样地，P 也并不是由 P_1、P_2、P_3、P_4 这 4 个图像合并而成的 1 个新图像，而是 1 个包含了 P_1、P_2、P_3、P_4 这 4 个图像的集合。还需要注意的是，在图 4-117 中，I（也即 I_1、I_2、I_3、I_4）属于 CNN 的某一层，或者说位于 CNN 的某一个平面，P（也即 P_1、P_2、P_3、P_4）属于 CNN 的另外一层，或者说位于 CNN 的另外一个平面。

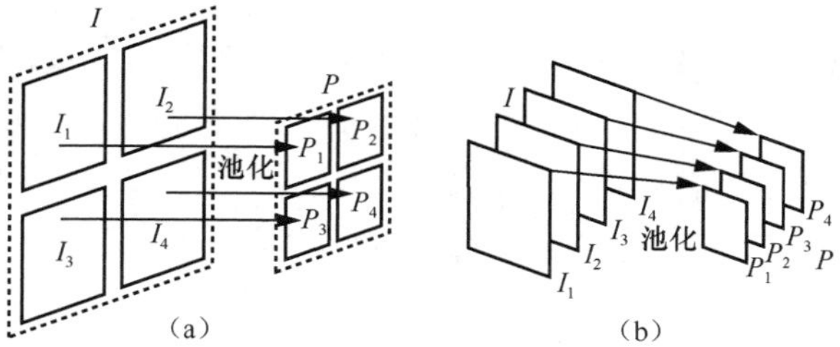

图 4-117　对多个图像同时进行池化运算

4.4.4　激活特征映射图

在对图像信息进行处理的过程中，CNN 经常需要用激活函数 $g(\cdot)$ 对一个图像 I 的每个像素点的像素值进行映射，映射之后得到的新图像 T 称为图像 I 的**激活特征映射图（Activation Feature Map）**。关于激活函数的知识，我们在 4.2.1 小节中专门进行过介绍。

例如，在图 4-118 中，图像 I 的尺寸为 6×9，i_{nm} 是其各个像素点的像素值，$g(\cdot)$ 为激活函数，t_{nm} 是 i_{nm} 被激活函数 $g(\cdot)$ 映射之后得到的值，也即 $i_{nm}=g(i_{nm})$，而 T 就是图像 I 的激活特征映射图。

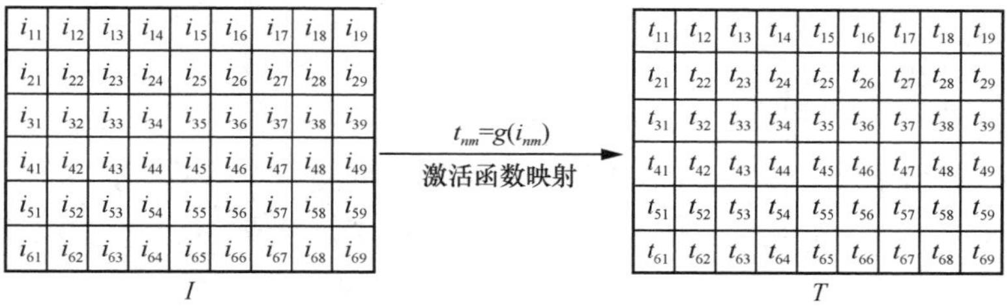

图 4-118　激活特征映射图

图 4-119 显示了图 4-118 的一种具体情况。注意，激活特征映射图 T 的尺寸总是与图像 I 的尺寸完全相同的。

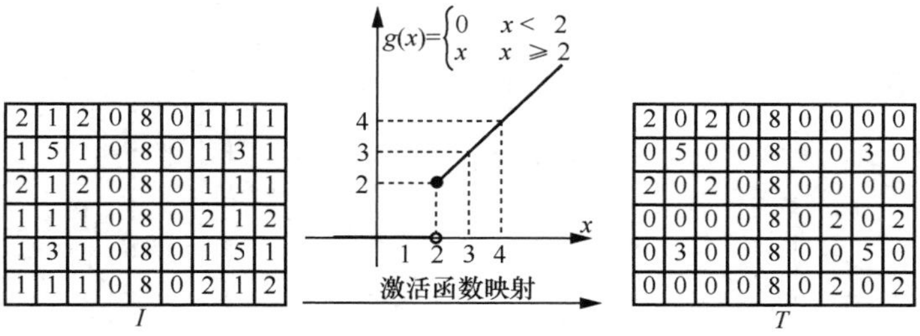

图 4-119　激活特征映射图示例

需要说明的是，进行激活函数映射的图像可以是 CNN 的原始输入图像，也可以是 CNN 在信息处理过程中产生的各种中间图像，例如卷积特征映射图、池化特征映射图等等。另外，CNN 还经常需要用同一个激活函数同时分别对多个不同的但尺寸相同的图像进行激活函数映射。

例如，图 4-120（a）显示了用激活函数 $g(\cdot)$ 同时分别对 4 个不同的但尺寸相同的图像 I_1、I_2、I_3、I_4 进行映射的情况，T_1、T_2、T_3、T_4 是尺寸相同的分别对应于 I_1、I_2、I_3、I_4 的激活特征映射图。图 4-120（b）表达的意思与图 4-120（a）完全相同，只是画面的构图不同而已。需要注意的是，在图 4-120 中，I 并不是由 I_1、I_2、I_3、I_4 这 4 个图像合并而成的 1 个新图像，而是 1 个包含了 I_1、I_2、I_3、I_4 这 4 个图像的集合；同样地，T 也并不是由 T_1、T_2、T_3、T_4 这 4 个图像合并而成的 1 个新图像，而是 1 个包含了 T_1、T_2、T_3、T_4 这 4 个图像的集合。还需要注意的是，在图 4-120 中，I（也即 I_1、I_2、I_3、I_4）属于 CNN 的某一层，或者说位于 CNN 的某一个平面，T（也即 T_1、T_2、T_3、T_4）属于 CNN 的另外一层，或者说位于 CNN 的另外一个平面。

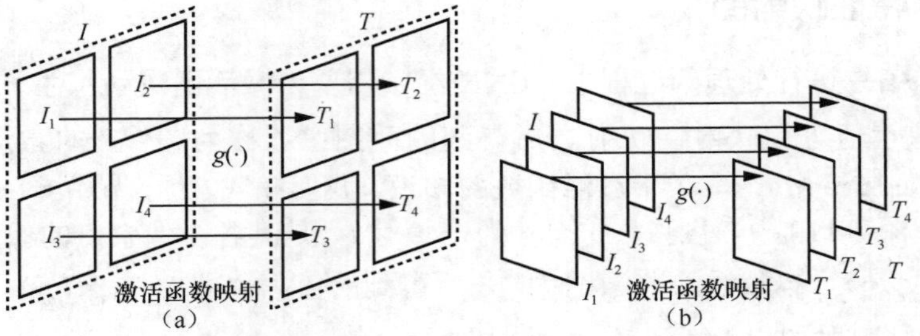

图 4-120　对多个图像同时进行激活函数映射

4.4.5　CNN 的一般结构

图 4-121 显示的是一个关于 CNN 的结构示例。从图中可以看到，这个 CNN 包含了前部和后部两大部分，其中前部是由 6 个平面（6 个层）组成，后部则是一个 3 层 MLP。接下来，我们将从左至右一步一步地对这个 CNN 进行分解和描述。

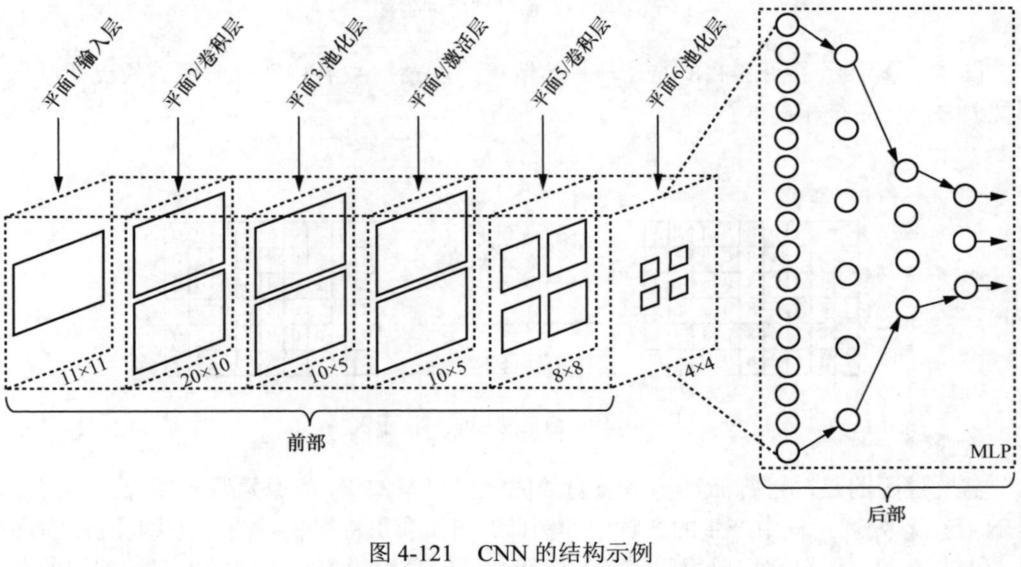

图 4-121　CNN 的结构示例

图 4-122 是图 4-121 所示的 CNN 的平面 1 和平面 2 的特写图。在 CNN 的术语中，“平面”与“层”是同一个概念。从图 4-122 中可以看到，这个 CNN 的原始输入图像 X 位于平面 1 上，所以平面 1 就是这个 CNN 的输入层。图 4-122 显示，原始输入图像 X 同时分别与卷积核 W 和卷积核 $\dot{W}$ 进行卷积，得到两个卷积特征映射图 A 和 B，其中 A 是 X 的对应于 W 的卷积特征映射图，B 是 X 的对应于 $\dot{W}$ 的卷积特征映射图，A 和 B 均位于平面 2 上。由于 X 的尺寸为 11×11，W 和 $\dot{W}$ 的尺寸为 2×2，所以 A 和 B 的尺寸为 $(11-2+1)\times(11-2+1)=10\times10$。在 CNN 的术语中，卷积特征映射图所在的平面称为**卷积层**，所以这里的平面 2 就是这个 CNN 的一个卷积层。注意，CNN 一定会涉及卷积核的使用，但卷积核本身并不属于 CNN 中的任何一个层。因此，这里的卷积核 W 和卷积核 $\dot{W}$ 既不属于平面 1，也不属于平面 2。

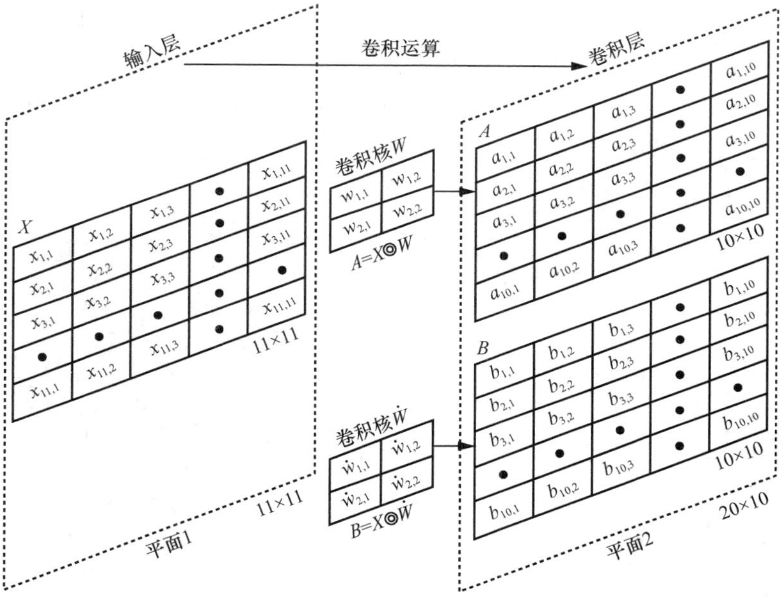

图 4-122　从平面 1 到平面 2（1）

CNN 是一种神经网络模型，模型中的神经元就是指图像（注：不包括卷积核图像）中的像素点。输入层中的神经元称为输入层神经元，简称为**输入神经元**；卷积层中的神经元称为卷积层神经元，简称为**卷积神经元**；池化层中的神经元称为池化层神经元，简称为**池化神经元**；激活层中的神经元称为激活层神经元，简称为**激活神经元**。需要特别强调的是，一个神经元的输出值就是指该神经元对应的那个像素点的像素值，或者反过来说，一个像素点的像素值就是该像素点对应的那个神经元的输出值。

注意，输入神经元是没有输入值的，也不进行任何信息处理工作，只有直接的输出值。卷积神经元、池化神经元、激活神经元都是有输入值的，并且都需要对自己的输入值进行处理之后才能得到相应的输出值。图 4-123 是以神经元的表现形式重现了图 4-122 的内容，其中的卷积神经元的输入–输出关系为

$$a_{i,j}=w_{1,1}x_{i,j}+w_{1,2}x_{i,j+1}+w_{2,1}x_{i+1,j}+w_{2,2}x_{i+1,j+1}\quad(1\leqslant i\leqslant10,1\leqslant j\leqslant10)\qquad(4.119)$$

$$b_{i,j}=\dot{w}_{1,1}x_{i,j}+\dot{w}_{1,2}x_{i,j+1}+\dot{w}_{2,1}x_{i+1,j}+\dot{w}_{2,2}x_{i+1,j+1} \quad (1\leqslant i\leqslant 10,1\leqslant j\leqslant 10) \quad (4.120)$$

式（4.119）表明，$x_{i,j}$、$x_{i,j+1}$、$x_{i+1,j}$、$x_{i+1,j+1}$经过4个权重值$w_{1,1}$、$w_{1,2}$、$w_{2,1}$、$w_{2,2}$加权并求和，便得到了卷积特征映射图A中位于第i行第j列的卷积神经元的输出值$a_{i,j}$；式（4.120）表明，$x_{i,j}$、$x_{i,j+1}$、$x_{i+1,j}$、$x_{i+1,j+1}$经过4个权重值$\dot{w}_{1,1}$、$\dot{w}_{1,2}$、$\dot{w}_{2,1}$、$\dot{w}_{2,2}$加权并求和，便得到了卷积特征映射图B中位于第i行第j列的卷积神经元的输出值$b_{i,j}$。根据式（4.119）和式（4.120）以及图4-123可知，这里的卷积神经元是没有激活函数的，也没有阈值参数，只有权重值参数。卷积特征映射图A中的每个卷积神经元都只有4个权重值，这4个权重值也就是卷积核W的4个像素值$w_{1,1}$、$w_{1,2}$、$w_{2,1}$、$w_{2,2}$；卷积特征映射图B中的每个卷积神经元也都只有4个权重值，这4个权重值也就是卷积核$\dot{W}$的4个像素值$\dot{w}_{1,1}$、$\dot{w}_{1,2}$、$\dot{w}_{2,1}$、$\dot{w}_{2,2}$。注意，这里用到了4.3.13小节中介绍过的参数共享机制，也即卷积特征映射图A中的每个神经元都共享了$w_{1,1}$、$w_{1,2}$、$w_{2,1}$、$w_{2,2}$这4个权重值，卷积特征映射图B中的每个神经元都共享了$\dot{w}_{1,1}$、$\dot{w}_{1,2}$、$\dot{w}_{2,1}$、$\dot{w}_{2,2}$这4个权重值。

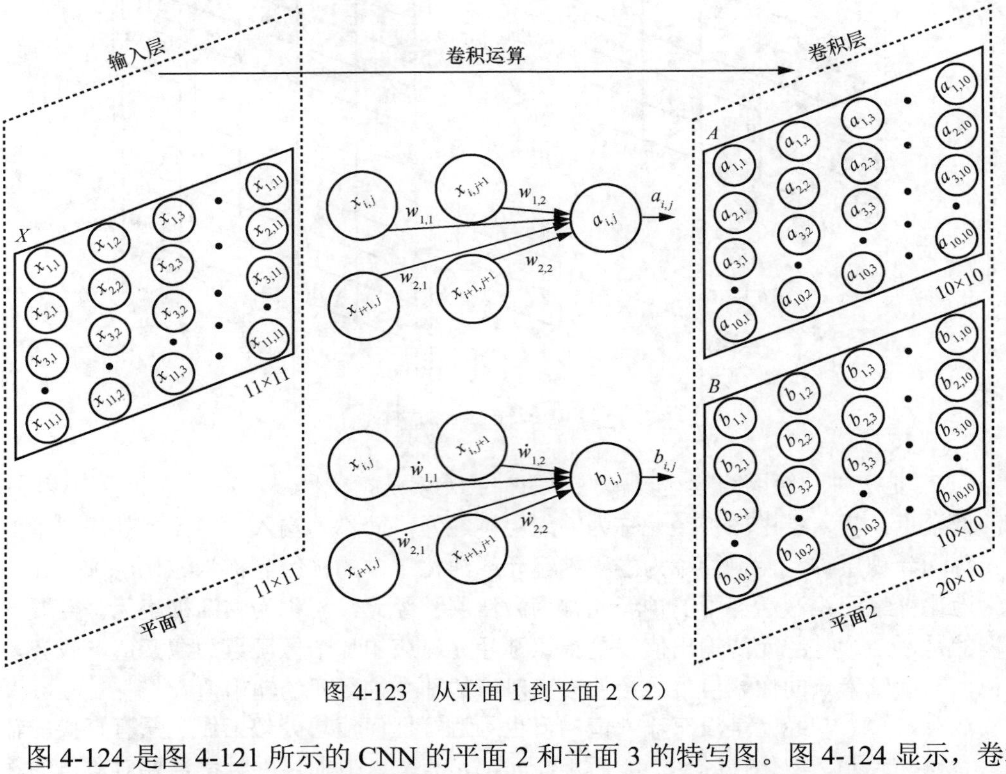

图4-123　从平面1到平面2（2）

图4-124是图4-121所示的CNN的平面2和平面3的特写图。图4-124显示，卷积特征映射图A和B经过步幅为2的2×2平均池化后，得到两个池化特征映射图$\overline{A}$和$\overline{B}$，其中$\overline{A}$是A的池化特征映射图，$\overline{B}$是B的池化特征映射图。由于A和B的尺寸为10×10，池化尺寸为2×2，池化步幅为2，所以$\overline{A}$和$\overline{B}$的尺寸为5×5。在CNN的术语中，池化特征映射图所在的平面称为**池化层**，所以这里的平面3就是这个CNN的一个池化层。

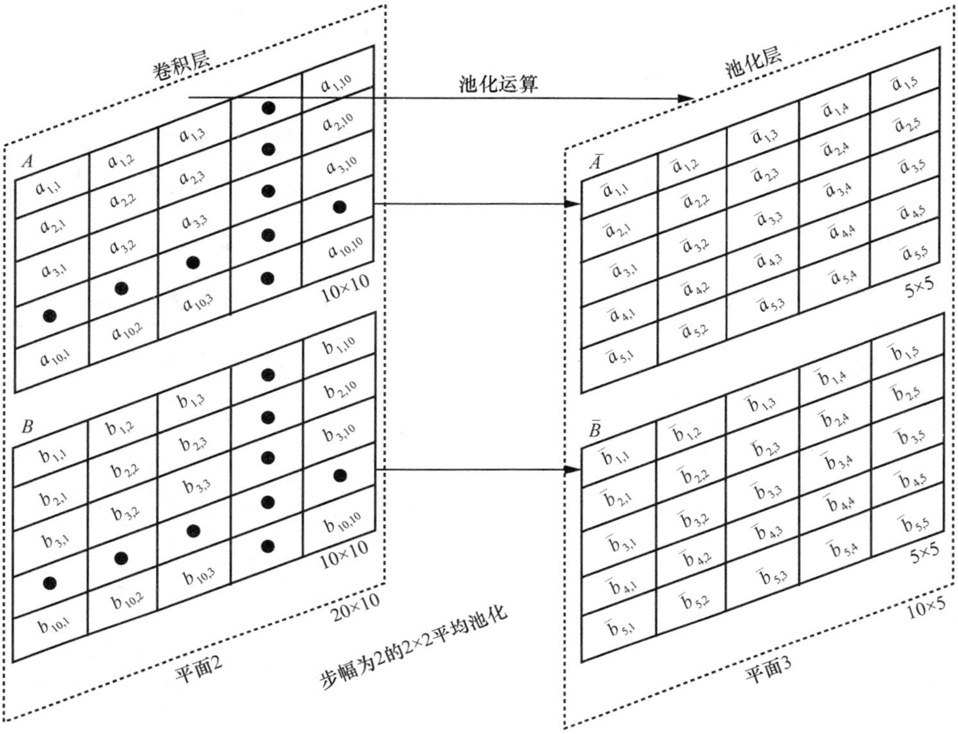

图 4-124　从平面 2 到平面 3（1）

图 4-125 是以神经元的表现形式重现了图 4-124 的内容，其中的池化神经元的输入-输出关系为

$$\overline{a}_{i,j}=\frac{1}{4}a_{2i-1,2j-1}+\frac{1}{4}a_{2i-1,2j}+\frac{1}{4}a_{2i,2j-1}+\frac{1}{4}a_{2i,2j}\quad(1\leqslant i\leqslant 5,1\leqslant j\leqslant 5)\qquad(4.121)$$

$$\overline{b}_{i,j}=\frac{1}{4}b_{2i-1,2j-1}+\frac{1}{4}b_{2i-1,2j}+\frac{1}{4}b_{2i,2j-1}+\frac{1}{4}b_{2i,2j}\quad(1\leqslant i\leqslant 5,1\leqslant j\leqslant 5)\qquad(4.122)$$

式（4.121）表明，$a_{2i-1,2j-1}$、$a_{2i-1,2j}$、$a_{2i,2j-1}$、$a_{2i,2j}$ 的平均加权并求和，便得到了池化特征映射图 $\overline{A}$ 中位于第 i 行第 j 列的池化神经元的输出值 $\overline{a}_{i,j}$；式（4.122）表明，$b_{2i-1,2j-1}$、$b_{2i-1,2j}$、$b_{2i,2j-1}$、$b_{2i,2j}$ 的平均加权并求和，便得到了池化特征映射图 $\overline{B}$ 中位于第 i 行第 j 列的池化神经元的输出值 $\overline{b}_{i,j}$。根据式（4.121）和式（4.122）以及图 4-125 可知，这里的池化神经元是没有激活函数的，也没有阈值参数，只有权重值参数。在平面 3 上，每个池化神经元都只有 4 个权重值，每个权重值的取值均为 $\frac{1}{4}$。

图 4-126 是图 4-121 所示的 CNN 的平面 3 和平面 4 的特写图。图 4-126 显示，池化特征映射图 $\overline{A}$ 和 $\overline{B}$ 经过激活函数 $g(\cdot)$ 映射后，得到两个激活特征映射图 C 和 D，其中 C 是 $\overline{A}$ 的激活特征映射图，D 是 $\overline{B}$ 的激活特征映射图。激活特征映射图所在的平面称为**激活层**，所以这里的平面 4 就是这个 CNN 的一个激活层。

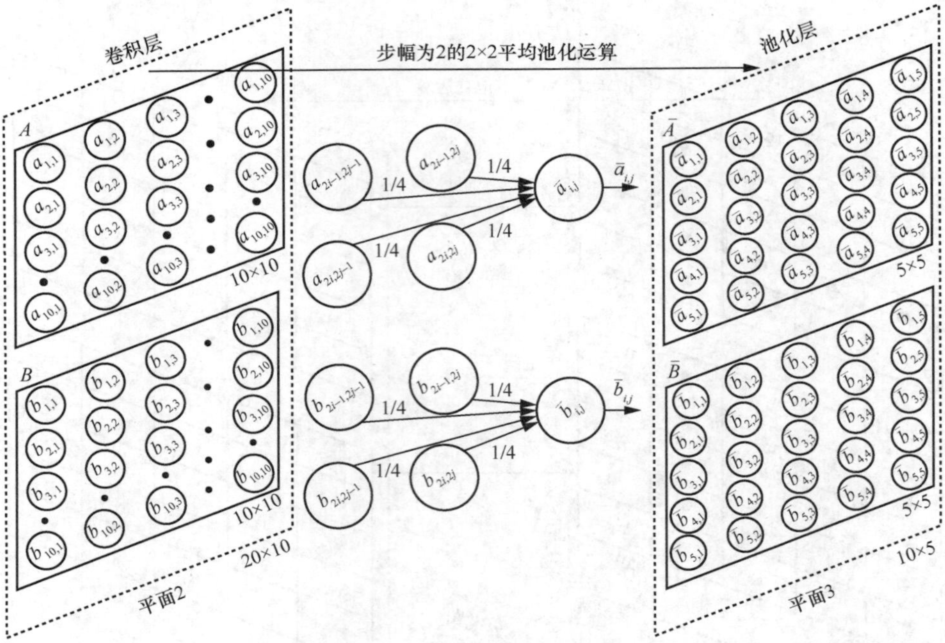

图 4-125　从平面 2 到平面 3（2）

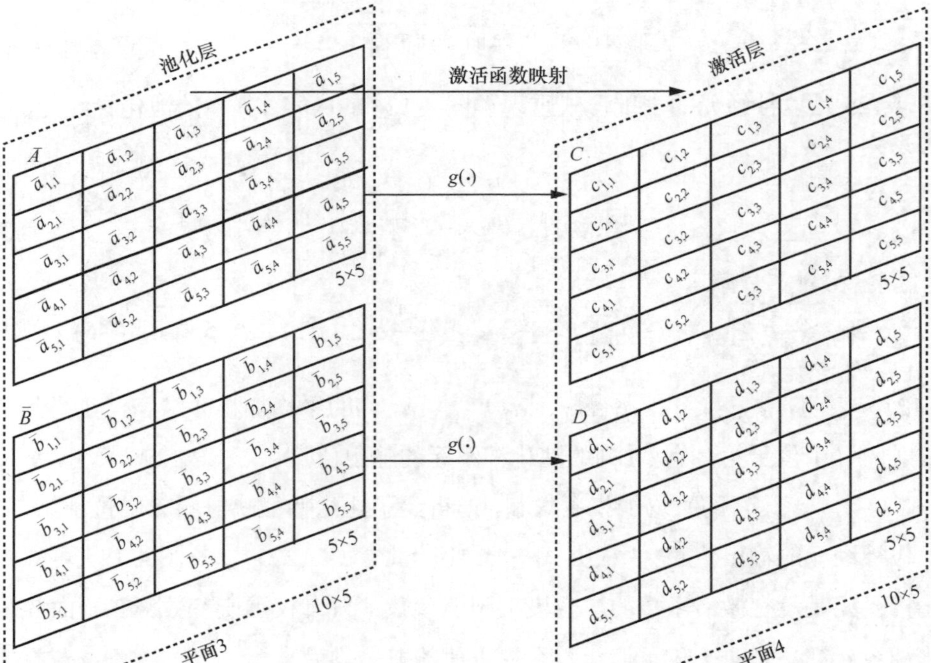

图 4-126　从平面 3 到平面 4（1）

图 4-127 是以神经元的表现形式重现了图 4-126 的内容，其中的激活神经元的输入-输出关系为

$$c_{i,j} = g(\bar{a}_{i,j}) \quad (1 \leqslant i \leqslant 5, 1 \leqslant j \leqslant 5) \tag{4.123}$$

$$d_{i,j} = g(\bar{b}_{i,j}) \quad (1 \leqslant i \leqslant 5, 1 \leqslant j \leqslant 5) \tag{4.124}$$

式（4.123）表明，$\bar{a}_{i,j}$ 经过激活函数 $g(\cdot)$ 映射后，便得到了激活特征映射图 C 中位于第 i 行第 j 列的激活神经元的输出值 $c_{i,j}$；式（4.124）表明，$\bar{b}_{i,j}$ 经过激活函数 $g(\cdot)$ 映射后，便得到了激活特征映射图 D 中位于第 i 行第 j 列的激活神经元的输出值 $d_{i,j}$。根据式（4.123）和式（4.124）以及图 4-127 可知，激活神经元是没有阈值参数的，只有激活函数以及 1 个取值为 1 的权重值。

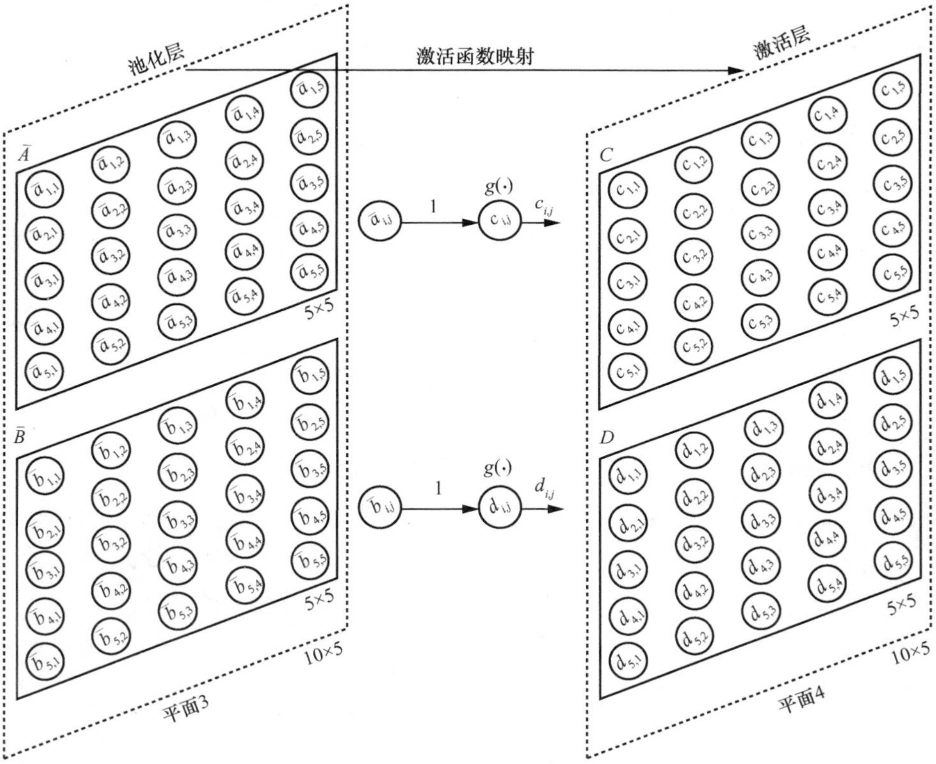

图 4-127　从平面 3 到平面 4（2）

图 4-128 是图 4-121 所示的 CNN 的平面 4 和平面 5 的特写图。图 4-128 显示，平面 4 上的 C 和 D 同时分别与卷积核 $\ddot{W}$ 和卷积核 $\dddot{W}$ 进行卷积，得到 4 个卷积特征映射图 P、Q、R、S，其中 P 是 C 的对应于 $\ddot{W}$ 的卷积特征映射图，Q 是 D 的对应于 $\ddot{W}$ 的卷积特征映射图，R 是 C 的对应于 $\dddot{W}$ 的卷积特征映射图，S 是 D 的对应于 $\dddot{W}$ 的卷积特征映射图。卷积特征映射图 P、Q、R、S 均位于平面 5 上，所以平面 5 是这个 CNN 的一个卷积层。显然，由于 C 和 D 的尺寸为 5×5，$\ddot{W}$ 和 $\dddot{W}$ 的尺寸为 2×2，所以 P、Q、R、S 的尺寸为 $(5-2+1) \times (5-2+1) = 4 \times 4$。注意，卷积核 $\ddot{W}$ 和卷积核 $\dddot{W}$ 既不属于平面 4，也不属于平面 5。

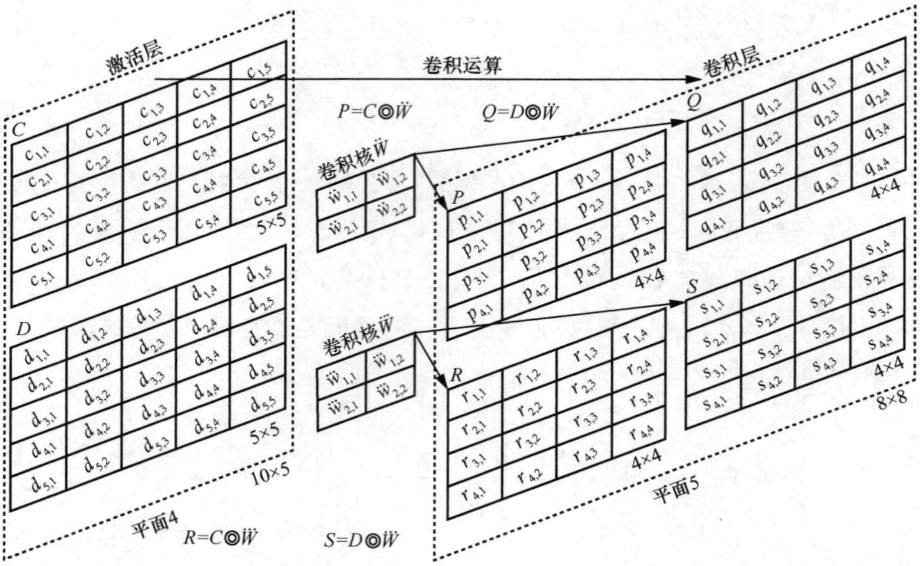

图 4-128　从平面 4 到平面 5（1）

图 4-129 显示了平面 4 上的激活神经元与平面 5 上的卷积神经元之间的连接关系。平面 5 上的卷积神经元的输入–输出关系为

$$p_{i,j}=\ddot{w}_{1,1}c_{i,j}+\ddot{w}_{1,2}c_{i,j+1}+\ddot{w}_{2,1}c_{i+1,j}+\ddot{w}_{2,2}c_{i+1,j+1}\quad(1\leqslant i\leqslant 4,1\leqslant j\leqslant 4)\tag{4.125}$$

$$q_{i,j}=\ddot{w}_{1,1}d_{i,j}+\ddot{w}_{1,2}d_{i,j+1}+\ddot{w}_{2,1}d_{i+1,j}+\ddot{w}_{2,2}d_{i+1,j+1}\quad(1\leqslant i\leqslant 4,1\leqslant j\leqslant 4)\tag{4.126}$$

$$r_{i,j}=\ddot{w}_{1,1}c_{i,j}+\ddot{w}_{1,2}c_{i,j+1}+\ddot{w}_{2,1}c_{i+1,j}+\ddot{w}_{2,2}c_{i+1,j+1}\quad(1\leqslant i\leqslant 4,1\leqslant j\leqslant 4)\tag{4.127}$$

$$s_{i,j}=\ddot{w}_{1,1}d_{i,j}+\ddot{w}_{1,2}d_{i,j+1}+\ddot{w}_{2,1}d_{i+1,j}+\ddot{w}_{2,2}d_{i+1,j+1}\quad(1\leqslant i\leqslant 4,1\leqslant j\leqslant 4)\tag{4.128}$$

可以看到，平面 5 上的卷积神经元是没有激活函数的，也没有阈值参数。从式（4.125）～式(4.128)以及图 4-129 可知，卷积特征映射图 P 和 Q 中的每个卷积神经元都共享了 $\ddot{w}_{1,1}$、$\ddot{w}_{1,2}$、$\ddot{w}_{2,1}$、$\ddot{w}_{2,2}$ 这 4 个权重值，这 4 个权重值也就是卷积核 $\ddot{W}$ 的 4 个像素值；卷积特征映射图 R 和 S 中的每个卷积神经元都共享了 $\ddot{w}_{1,1}$、$\ddot{w}_{1,2}$、$\ddot{w}_{2,1}$、$\ddot{w}_{2,2}$ 这 4 个权重值，这 4 个权重值也就是卷积核 $\ddot{W}$ 的 4 个像素值。

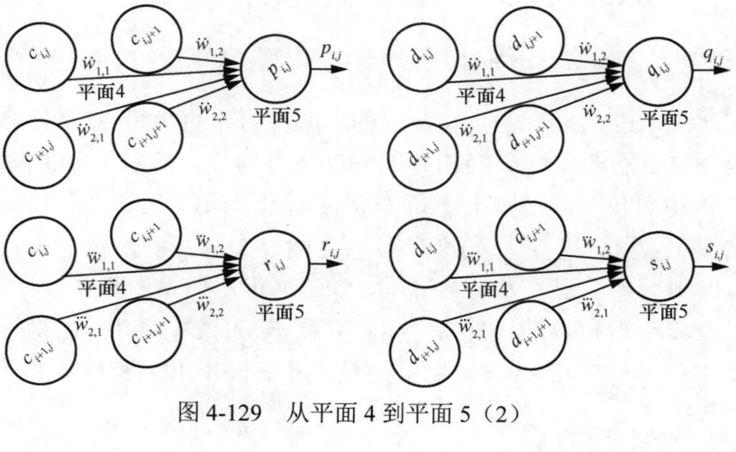

图 4-129　从平面 4 到平面 5（2）

图 4-130 是图 4-121 所示的 CNN 的平面 5 和平面 6 的特写图。图 4-130 显示，4 个卷积特征映射图 P 、Q 、R 、S 经过步幅为 2 的 2×2 平均池化后，得到 4 个池化特征映射图 $\overline{P}$ 、$\overline{Q}$ 、$\overline{R}$ 、$\overline{S}$ ，其中 $\overline{P}$ 是 P 的池化特征映射图，$\overline{Q}$ 是 Q 的池化特征映射图，$\overline{R}$ 是 R 的池化特征映射图，$\overline{S}$ 是 S 的池化特征映射图。由于 P 、Q 、R 、S 的尺寸为 4×4 ，池化尺寸为 2×2 ，池化步幅为 2，所以 $\overline{P}$ 、$\overline{Q}$ 、$\overline{R}$ 、$\overline{S}$ 的尺寸为 2×2 。

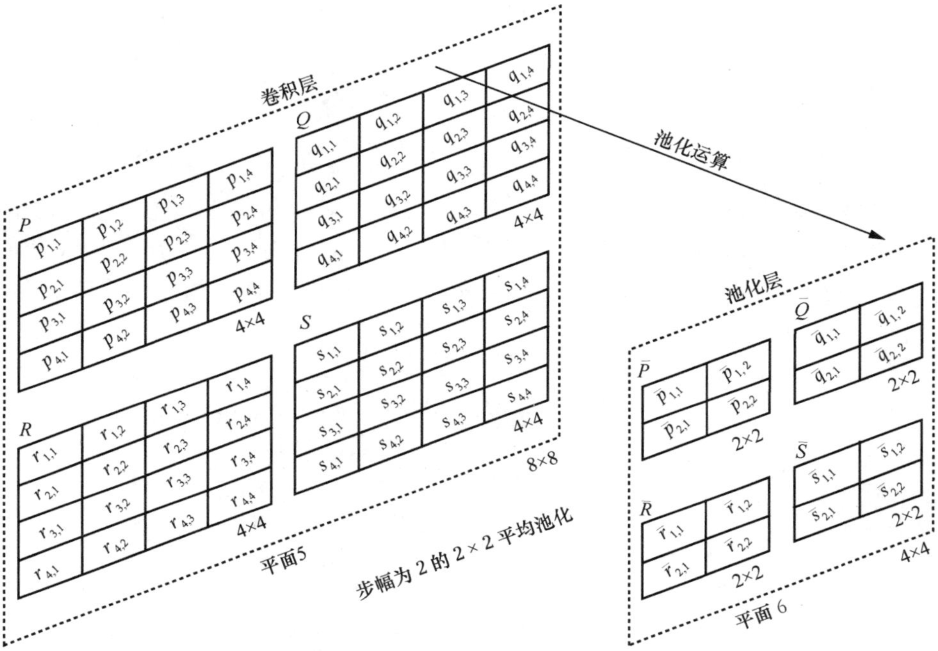

图 4-130　从平面 5 到平面 6（1）

图 4-131 显示了平面 5 上的卷积神经元与平面 6 上的池化神经元之间的连接关系。平面 6 上的池化神经元的输入–输出关系为

$$\overline{p}_{i,j}=\frac{1}{4}p_{2i-1,2j-1}+\frac{1}{4}p_{2i-1,2j}+\frac{1}{4}p_{2i,2j-1}+\frac{1}{4}p_{2i,2j}\quad(1\leqslant i\leqslant 2,1\leqslant j\leqslant 2)\qquad(4.129)$$

$$\overline{q}_{i,j}=\frac{1}{4}q_{2i-1,2j-1}+\frac{1}{4}q_{2i-1,2j}+\frac{1}{4}q_{2i,2j-1}+\frac{1}{4}q_{2i,2j}\quad(1\leqslant i\leqslant 2,1\leqslant j\leqslant 2)\qquad(4.130)$$

$$\overline{r}_{i,j}=\frac{1}{4}r_{2i-1,2j-1}+\frac{1}{4}r_{2i-1,2j}+\frac{1}{4}r_{2i,2j-1}+\frac{1}{4}r_{2i,2j}\quad(1\leqslant i\leqslant 2,1\leqslant j\leqslant 2)\qquad(4.131)$$

$$\overline{s}_{i,j}=\frac{1}{4}s_{2i-1,2j-1}+\frac{1}{4}s_{2i-1,2j}+\frac{1}{4}s_{2i,2j-1}+\frac{1}{4}s_{2i,2j}\quad(1\leqslant i\leqslant 2,1\leqslant j\leqslant 2)\qquad(4.132)$$

可以看到，平面 6 上的池化神经元是没有激活函数的，也没有阈值参数，每个池化神经元都只有 4 个取值为 $\frac{1}{4}$ 的权重值。

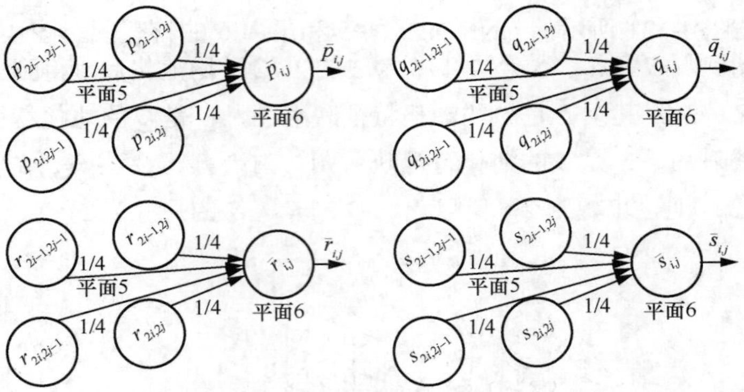

图 4-131　从平面 5 到平面 6（2）

图 4-132 是图 4-121 所示的 CNN 从平面 6 到其后部的特写图。可以看到，这个 CNN 的后部其实就是我们所熟知的标准结构的 MLP。这个 MLP 是一个 3 层 MLP，相邻两层的神经元之间是全连接的，其中输入层神经元有 16 个，第 1 隐含层神经元有 6 个，第 2 隐含层神经元有 4 个，输出层神经元有 3 个。注意，这个 MLP 的 16 个输入层神经元其实就是平面 6 上的 16 个神经元。

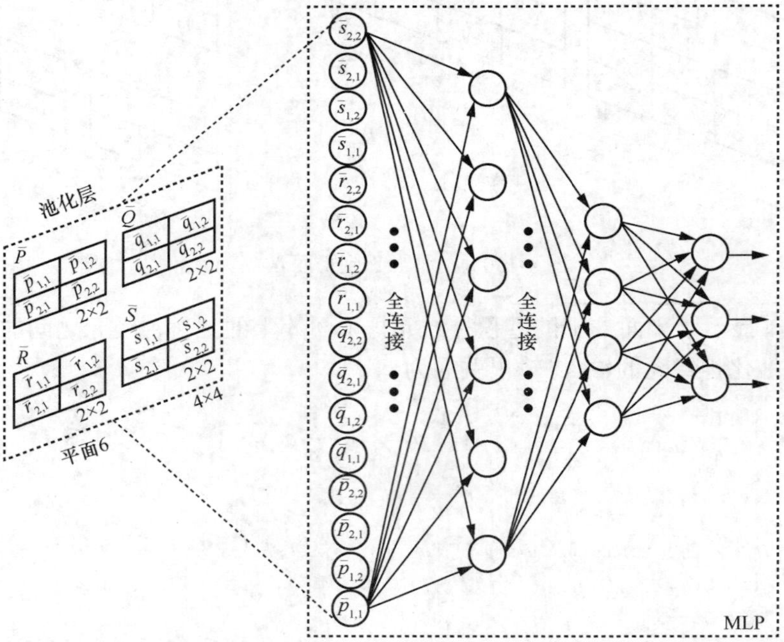

图 4-132　从平面 6 到 MLP

至此，我们便完成了对图 4-121 所示的 CNN 的分解和描述，相信读者朋友们对于 CNN 的结构应该有了一个初步的了解和认识。需要说明的是，图 4-121 所示的 CNN 只能说是 CNN 的一个特例，因为实际的 CNN 可能会存在各种各样的变化和差异。例如，图 4-121 所示的 CNN 中的卷积神经元是没有激活函数的，也没有阈值参数，只有权重值参数。实际上，卷积神经元除了必须有权重值参数，也可以附加上阈值参数，或者附加上激活函数，或者既附加上阈值参数又附加上激活函数。如果卷积神经元附加上了激活函数，则相应的卷积层就相当于自带了一个激活层。又例如，图 4-121 所示的 CNN 中的池化神经元是没有激活函数的，也没有阈值参数，只有权重值参数。实际上，池化神经元除了必须有权重值参数，也可以附加上阈值参数，或者附加上激活函数，或者既附加上阈值参数又附加上激活函数。如果池化神经元附加上了激活函数，则相应的池化层就相当于自带了一个激活层。再例如，图 4-121 所示的 CNN 的后部是一个 MLP，实际上，CNN 的后部除了可以是 MLP，也可以是径向基函数网络（Radial Basis Function Network，RBFN）、循环神经网络（Recurrent Neural Network，RNN）等其他种类的模型网络。图 4-133 给出了 CNN 的一般结构：除了要求卷积层的层数必须大于或等于 1，卷积层的具体层数、池化层的具体层数、激活层的具体层数，以及各层之间的排列顺序都是根据设计需求而定的，没有任何硬性要求。

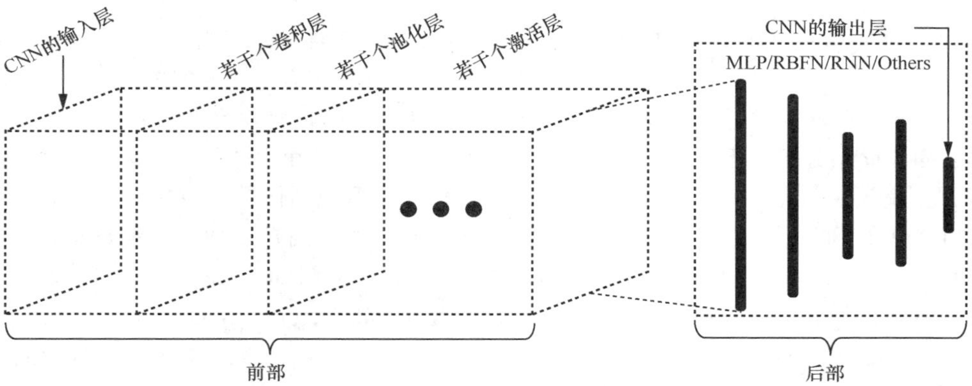

图 4-133　CNN 的一般结构

4.4.6　LeNet-5

在卷积神经网络的研究工作中，有两位公认的杰出贡献者，一位是日本计算机科学家福岛邦彦（Kunihiko Fukushima），一位是法国计算机科学家杨立昆（Yann LeCun），如图 4-134 所示。1979 年，受生物学上著名的胡贝尔-维泽尔（Hubel-Wiesel）实验的启发，福岛提出了名为 Neocognitron 的人工神经网络模型，此模型被认为是卷积神经网络的原理性雏形。1998 年，以杨立昆为首的研究团队推出了名为 LeNet-5 的人工神经网络模型，此模型被认为是第一个具有成熟结构，并且在实际应用中大获成功的卷积神经网络模型。顺便提一下，“杨立昆”是 2017 年 Yann LeCun 在清华大学演讲时现场公布的他给自己取的中文名字。

图 4-134　CNN 研究工作的杰出贡献者

LeNet-5 是一种专门用于手写体字符及手写体字符串识别的 CNN，图 4-135 显示的是其整体结构。LeNet-5 中的 5 是版本号，较早前的版本有 LeNet-1 和 LeNet-4。LeNet-5 一经问世，便被广泛地应用在银行、证券等金融行业中，用于识别各种金融票证上的手书内容。

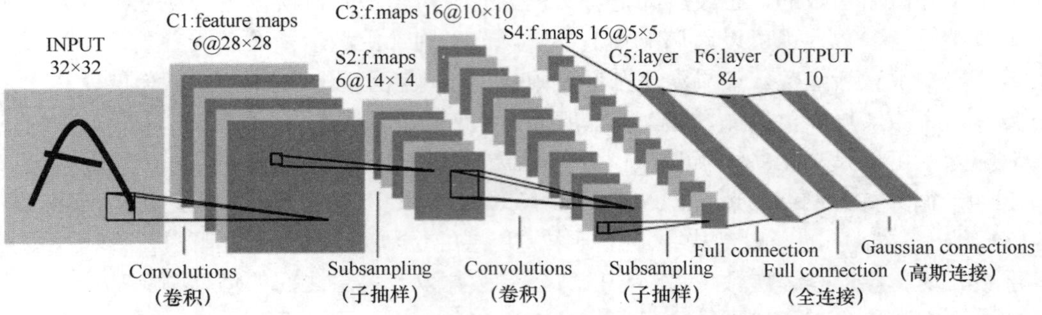

图 4-135　LeNet-5 的整体结构

INPUT 层：LeNet-5 的输入层。LeNet-5 规定输入图像的尺寸必须是 32×32，图像内容是手写的 ASCII 字符，包括 26 个大写及小写的英文字母、阿拉伯数字 0 到 9、标点符号等等。LeNet-5 不仅可以识别单个的手写字符，经过修改调整后还可以识别手写字符串。为了简略起见，接下来的描述将只涉及 LeNet-5 对于单个手写阿拉伯数字 0～9 的训练识别情况。针对单个手写阿拉伯数字 0～9 的训练识别任务，LeNet-5 使用了包含 60,000 个手写阿拉伯数字的训练集以及包含 10,000 个手写阿拉伯数字的测试集，这个训练集和这个测试集统称为 MNIST 数据集（Modified NIST Database）。MNIST 数据集是对美国 NIST 数据集（National Institute of Standards and Technology Database）中的 SD-1（Special Database 1）和 SD-3（Special Database 3）进行混合、重组和调整而得到的，图 4-136 展示了 MNIST 数据集中的部分样本。LeNet-5 要求输入的图像必须是灰色图像，并且规定像素值的最小取值为 –0.1，对应于白色的背景色，最大取值为 1.175，对应于纯黑色。之所以规定像素值的最小取值为 –0.1，最大取值为 1.175，是因为这样可以使得手写阿拉伯数字图像中的像素点的像素值的统计平均值大约为 0，方差大约为 1，从而有助于提升 LeNet-5 的训练速度。MNIST 数据集中的训练及测试样本图像本身的尺寸是 20×20，居中位于一个 28×28 的区域，但是考虑到池化边界对齐问题，特别是为了保证输入图像的各种潜在的重要特征能够出现在特征映射图中尽量靠近中心的位置，所以 LeNet-5 要求使用零填充方法将原始输入图像的尺寸增大至 32×32。注意，零填充的像素点均为白色的背景像素点，所以填充点的像素值一律为 –0.1。

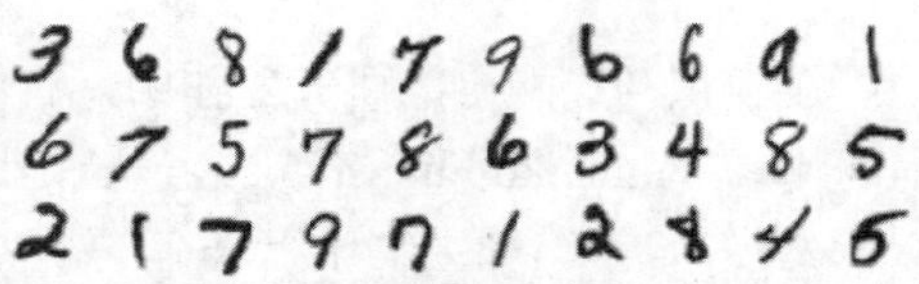

图 4-136　MNIST 数据集中的部分样本

C1 层：LeNet-5 的一个卷积层，这一层共有 6 个卷积特征映射图，每个卷积特征映射图的尺寸是 28×28。这 6 个卷积特征映射图是由输入图像同时分别与 6 个不同的但尺寸均为 5×5 的卷积核进行卷积而得到的。由于卷积核的尺寸是 5×5，而输入图像的尺寸是 32×32，所以得到的每个卷积特征映射图的尺寸是(32−5+1)×(32−5+1)=28×28。需要指出的是，这里的每个卷积核都带有 1 个待训练的偏置量（bias）参数，输入图像与某个卷积核进行卷积之后，所得到的卷积特征映射图上的每个像素点的像素值都需要加上与该卷积核对应的那个偏置量参数。另外需要指出的是，每个卷积核的 5×5=25 个像素点的像素值也是待训练的参数，因此 C1 层需要训练的自由参数总共有 25×6+6=156 个。

S2 层：LeNet-5 的一个池化层，这一层共有 6 个池化特征映射图，每个池化特征映射图的尺寸是 14×14。注意，图 4-135 中的 Subsampling 一词常被翻译为子采样，它其实就是池化的意思。需要说明的是，虽然 S2 层在这里被称为一个池化层，但这个池化层中的 6 个池化特征映射图的来历却比较特别。这 6 个池化特征映射图是对 C1 层中的 6 个卷积特征映射图先进行步幅为 2 的 2×2 池化，再用双曲正切函数进行映射后而得到的。另外，其池化的方法既不是单纯的平均池化，也不是单纯的最大池化，而是对池化窗口中的 4 个像素点的像素值相加之后乘以 1 个待训练的系数参数，再加上 1 个待训练的偏置量参数。注意，同一个池化特征映射图共享同一个系数参数和同一个偏置量参数，但不同的池化特征映射图使用的是不同的系数参数和不同的偏置量参数。因此，S2 层需要训练的自由参数总共有 6+6=12 个。

C3 层：LeNet-5 的一个卷积层，这一层共有 16 个卷积特征映射图，每个卷积特征映射图的尺寸是 10×10。这 16 个卷积特征映射图是由 S2 层中的 6 个池化特征映射图的不同组合与 16 个不同的卷积核进行卷积而得到的。由于 S2 层中的每个池化特征映射图的尺寸为 14×14，每个卷积核的尺寸均为 5×5，所以 C3 层中的每个卷积特征映射图的尺寸是(14−5+1)×(14−5+1)=10×10。那么，如何从 S2 层中的 6 个池化特征映射图计算得到 C3 层中的 16 个卷积特征映射图呢？要回答这个问题，需要仔细看一看图 4-137。在图 4-137 中，16 个卷积核的标号分别是 0、1、2、3……15，S2 层中的 6 个池化特征映射图的标号分别是 0、1、2、3、4、5。卷积核标号为 0 的那一列的解释如下：将 S2 层中的标号为 0 的池化特征映射图与标号为 0 的卷积核的第 1 个模板进行卷积，得到 1 个尺寸为 10×10 的卷积特征映射图；将 S2 层中的标号为 1 的池化特征映射图与标号为 0 的卷积核的第 2 个模板进行卷积，又得到 1 个尺寸为 10×10 的卷积特征映射图；将 S2 层中的标号为 2 的池化特征映射图与标号为 0 的卷积核的第 3 个模板进行卷积，又得到 1 个尺寸为 10×10 的卷积特征映射图；将得到的这 3 个卷积特征映射图相加（相同位置的像素点的像素值相加），这样就得到 1 个新的、尺寸为 10×10 的卷积特征映射图；将这个新的卷积特征映射图的每个像素点的像素值都加上 1 个与标号为 0 的卷积核对应的待训练的偏置量参数，这样就得到 1 个更新的、尺寸为 10×10 的卷积特征映射图；对这个更新的卷积特征映射图的每个像素点的像素值进行双曲正切函数映射，这样就得到了 C3 层中的第 0 个卷积特征映射图。注意，标号为 0 的卷积核包含了 3 个不同的模板，这 3 个不同的模板共享了同一个偏置量参数。这 3 个模板的尺寸都是 5×5，且每个模板的 5×5=25 个像素点的像素值都是待训练的自由参数。类似地，卷积核标号为 13 的那一列的解释如下：将 S2 层中的标号为 1 的池化特征映射图与标号为 13 的卷积核的第 1 个模板进行卷积，得到 1 个尺寸为 10×10 的卷积特征映射图；将 S2 层中的标号为 2 的池化特征映射图与标号为 13 的卷积核的第 2 个模板进行卷积，又得到 1 个尺寸为 10×10 的卷积特征映射图；将 S2 层中的标号为 4 的池化特征映射图与标号为 13 的卷积核的第 3 个模板进行卷积，又得到 1 个尺寸为 10×10 的卷积特征映射图；将 S2 层中的标号为 5 的池化特征映射图与标号为 13 的卷积核的第 4 个模板进行卷积，又得到 1 个尺寸为 10×10 的卷积特征映射图；将得到的这 4 个卷积特征映射图相加（相同位置的像素点的像素值相加），这样就得到 1 个新的、尺寸为 10×10 的卷积特征映射图；将这个新的卷积特征映射图的每个像素点的像素值都加上 1 个与标号为 13 的卷积核对应的待训练的偏置量参数，这样就得到 1 个更新的、尺寸为 10×10 的卷积特征映射图；对这个更新的卷积特征映射图的每个像素点的像素值进行双曲正切函数映射，这样就得到了 C3 层中的第 13 个卷积特征映射图。注意，标号为 13 的卷积核包含了 4 个不同的模板，这 4 个不同的模板共享了同一个偏置量参数。这 4 个模板的尺寸都是 5×5，且每个模板的 5×5=25 个像素点的像素值都是待训练的自由参数。根据以上描述，我们很容易知道，C3 层需要训练的自由参数总共有 25×60+16=1,516 个。

图 4-137　从 S2 层到 C3 层

S4 层：LeNet-5 的一个池化层，这一层有 16 个池化特征映射图，每个池化特征映射图的尺寸是 5×5。这 16 个池化特征映射图是对 C3 层中的 16 个卷积特征映射图先进行池化步幅为 2 的 2×2 池化，再进行激活函数映射后而得到的，池化和激活函数映射的过程与从 C1 层到 S2 层的池化和激活函数映射的过程完全一样，所以这里不再赘述。显然，S4 层需要训练的自由参数总共有 16+16=32 个。

C5 层：C5、F6、OUTPUT 层合在一起相当于一个 MLP，C5 就是这个 MLP 的输入层，同时也是一个卷积层。C5 层包含了 120 个卷积特征映射图，每个卷积特征映射图的尺寸是 1×1，图 4-135 是以线状排列的 120 个神经元来表示这 120 个尺寸为 1×1 的卷积特征映射图的。这 120 个卷积特征映射图是 S4 层中的 16 个池化特征映射图与 120 个不同的卷积核进行卷积得到的，每个卷积核的尺寸皆为 5×5。具体的过程：S4 层中的 16 个池化特征映射图分别与第 1 个卷积核的 16 个不同的、但尺寸皆为 5×5 的模板进行卷积，这样就得到 16 个尺寸为 1×1 的卷积特征映射图，然后将这 16 个卷积特征映射图相加，再加上 1 个与第 1 个卷积核对应的待训练的偏置量参数，这样便得到了 C5 层中的第 1 个卷积特征映射图。然后，S4 层中的 16 个池化特征映射图分别与第 2 个卷积核的 16 个不同的、但尺寸皆为 5×5 的模板进行卷积，这样就得到 16 个尺寸为 1×1 的卷积特征映射图，然后将这 16 个卷积特征映射图相加，再加上 1 个与第 2 个卷积核对应的待训练的偏置量参数，这样便得到了 C5 层中的第 2 个卷积特征映射图。依次类推，最后，S4 层中的 16 个池化特征映射图分别与第 120 个卷积核的 16 个不同的、但尺寸皆为 5×5 的模板进行卷积，这样就得到 16 个尺寸为 1×1 的卷积特征映射图，然后将这 16 个卷积特征映射图相加，再加上 1 个与第 120 个卷积核对应的待训练的偏置量参数，这样便得到了 C5 层中的第 120 个卷积特征映射图。注意，每个卷积核的每个模板的 5×5=25 个参数都是待训练的自由参数，所以 C5 层需要训练的自由参数总共有 120×16×25+120=48,120 个。

F6 层： 共有 84 个神经元，每个神经元都有自己的 1 个偏置量参数，并且每个神经元都与 C5 层中的每个神经元有一个连接，每一个连接都有一个相应的权重值参数。在 F6 层中，每个神经元的净输入为 C5 层中 120 个神经元的输出值的加权和再加上与该神经元对应的那个偏置量参数，该净输入的值经过双曲正切函数映射后便得到了该神经元的输出值。显然，F6 层需要训练的自由参数总共有 120×84+84=10,164 个。

OUTPUT 层： 前面说过，C5、F6、OUTPUT 层合在一起相当于一个 MLP，C5 层就是这个 MLP 的输入层。显然，F6 层就是这个 MLP 的隐含层，而 OUTPUT 层既是这个 MLP 的输出层，同时也是整个 LeNet-5 的输出层。OUTPUT 层共有 10 个神经元，这 10 个神经元分别对应了需要识别的阿拉伯数字 0 到 9。OUTPUT 层中的每个神经元都与 F6 层中的每个神经元有一个连接，其中第 i 个神经元的输出值 y_i 为

$$y_i = \sum_{j=0}^{83}(x_j - w_{ji})^2 \qquad (i = 0,1,2,3,4,5,6,7,8,9) \tag{4.133}$$

式（4.133）中，x_j（j=0,1,2,⋯,83）是 F6 层中的第 j 个神经元的输出值，w_{ji} 是 F6 层中的第 j 个神经元与 OUTPUT 层中的第 i 个神经元之间的连接的权重值。注意，w_{ji} 的值是预先精心设定好了的，并不需要进行训练。例如，OUTPUT 层中的第 0 个神经元的权重值共有 84 个，每个权重值或为 1，或为 –1，为 1 代表一个黑色像素点，为 –1 代表一个白色像素点。这样一来，第 0 个神经元的权重值矢量正好就对应了一个尺寸为 12×7 的图像，这个图像也就是图 4-138 中第 2 行第 1 列的那个表示阿拉伯数字 0 的图像。类似地，OUTPUT 层中的第 9 个神经元的权重值同样有 84 个，每个权重值或为 1，或为 –1，为 1 代表一个黑色像素点，为 –1 代表一个白色像素点。这样一来，第 9 个神经元的权重值矢量正好就对应了一个尺寸为 12×7 的图像，这个图像也就是图 4-138 中第 2 行第 10 列的那个表示阿拉伯数字 9 的图像。需要说明的是，图 4-138 显示的是针对整个 ASCII 字符集的设计图案，所以不只是包含了 0～9 这 10 个阿拉伯数字。另外，由于我们这里只关心 LeNet-5 识别 0～9 这 10 个阿拉伯数字的情况，所以 OUTPUT 层只需要包含 10 个神经元。OUTPUT 层的神经元的输出值一定是非负的[参见式（4.133）]，如果第 i（i=0,1,2,3,4,5,6,7,8,9）个神经元的输出值最小，就说明 LeNet-5 认为原始的输入图像与阿拉伯数字 i 的相似度最高。特别强调一下，OUTPUT 层没有任何需要训练的参数，因为 OUTPUT 层的每个神经元的每个权重值都是预先设定好了的。

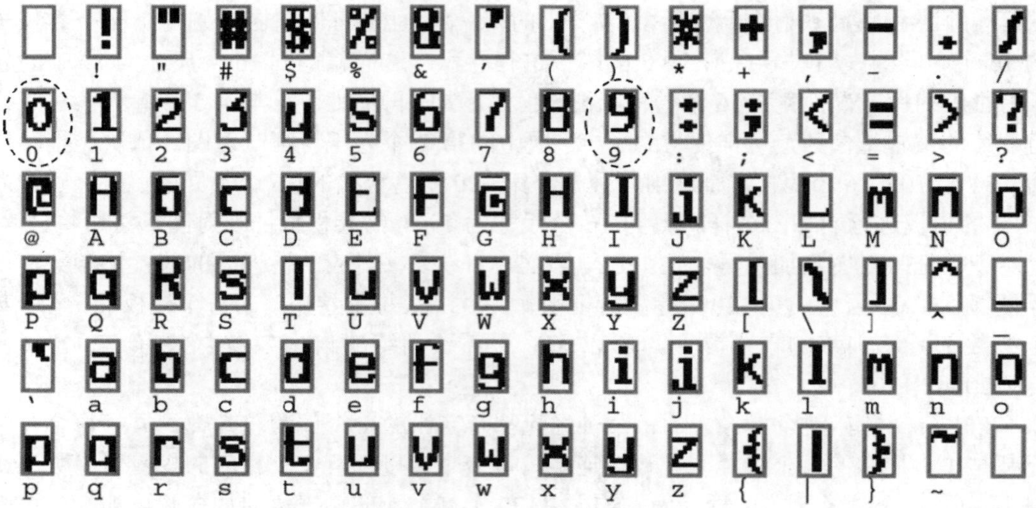

图 4-138　按照 12×7 的尺寸预先设计好的 ASCII 字符集

至此，我们已经完成了对 LeNet-5 各层的描述和分析。从整体上看，如果不计 INPUT 层，则 LeNet-5 总共包含了 7 层，即 C1 层、S2 层、C3 层、S4 层、C5 层、F6 层、OUTPUT 层，需要训练的自由参数总共有 156(C1)+12(S2)+1,516(C3)+32(S4)+48,120(C5)+10,164(F6) = 60,000 个。LeNet-5 采用的训练算法是 BP 算法，BP 算法用于 LeNet-5 时的具体计算公式这里就不展开去描述了。需要强调的是，在 LeNet-5 中，表达图像特征的各个卷积核的参数值（也就是卷积核图像中各个像素点的像素值）不再是依照传统的方式由人工预先设计确定并固定为常数值，而是通过训练过程自动生成，这就意味着 LeNet-5 可以自主发现图像中那些不同的阿拉伯数字所具有的关键特征。

图 4-139 展示了 LeNet-5 的训练和测试的基本情况。从图 4-139 中可以看到，训练集遍历 10 次左右之后，训练就基本收敛了。训练收敛后的 LeNet-5 在对训练集中的样本进行类别判断时，误判率基本稳定在 0.5%左右，在对测试集中的样本进行类别判断时，误判率基本稳定在 1%左右。试验表明，如果在训练集中混入一些对原来的样本进行平移、缩放、挤压、拉伸等处理后的样本，则测试误判率还可以进一步降低至 0.8%左右。0.8%是一个什么概念呢？普通人对于手写阿拉伯数字的识别误判率就在 0.8%左右。

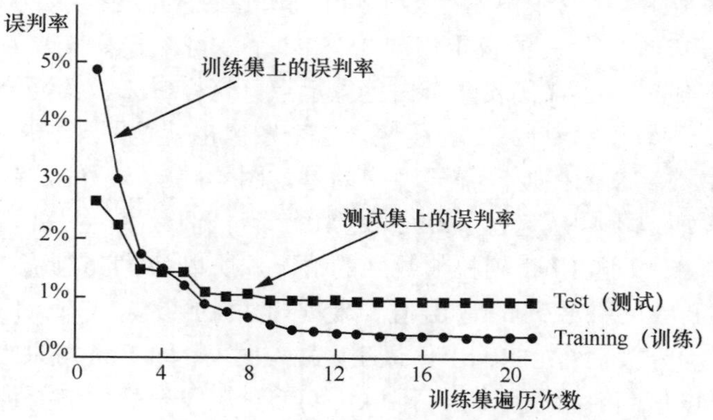

图 4-139　LeNet-5 的训练和测试情况

图 4-140 显示了 LeNet-5 在识别手写阿拉伯数字时的一些误判的例子。图中的每个小图下方箭头左端的数字是正确结果，箭头右端的数字是 LeNet-5 给出的错误结果。可以看到，有一些误判是比较明显的，例如第 1 行第 1 列、第 8 行第 1 列、第 8 行第 2 列等等。然而，有一些误判应该是情有可原的，因为即使是人也极有可能会犯同样的错误，例如第 2 行第 10 列、第 4 行第 8 列、第 7 行第 10 列等等。

图 4-140　LeNet-5 误判举例

图 4-141 显示了 LeNet-5 识别手写阿拉伯数字 4 的整个过程。图 4-141 中右下角的方框内显示的是原始的输入图像，也就是 LeNet-5 的 INPUT 层的内容；左边第 1 列的 6 个图像块是 LeNet-5 的 C1 层的 6 个卷积特征映射图；左边第 2 列的 6 个图像块是 LeNet-5 的 S2 层的 6 个池化特征映射图；左边第 3 列的 16 个图像块是 LeNet-5 的 C3 层的 16 个卷积特征映射图；左边第 4 列的 16 个图像块是 LeNet-5 的 S4 层的 16 个池化特征映射图；左边第 5 列的 120 个图像块是 LeNet-5 的 C5 层的 120 个尺寸为 1×1 的卷积特征映射图，这其实就是 120 个像素点。图 4-141 的右边中部是 LeNet-5 的 F6 层的 84 个神经元的输出值对应的尺寸为 12×7 的图像。图 4-141 的右边上部显示的是 LeNet-5 对于原始输入图像的识别结果。

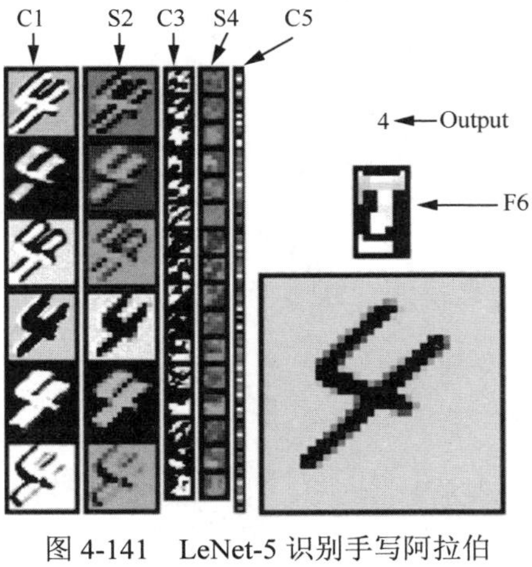

图 4-141　LeNet-5 识别手写阿拉伯数字 4 的过程

接下来我们通过一些例子来直观地了解一下 LeNet-5 对于手写阿拉伯数字的识别能力。例如，LeNet-5 能够将图 4-142（a）所示的输入图像正确地识别为 4，并且该图像向右下方平移一段距离之后[如图 4-142（b）所示]，LeNet-5 仍能将之正确地识别为 4。

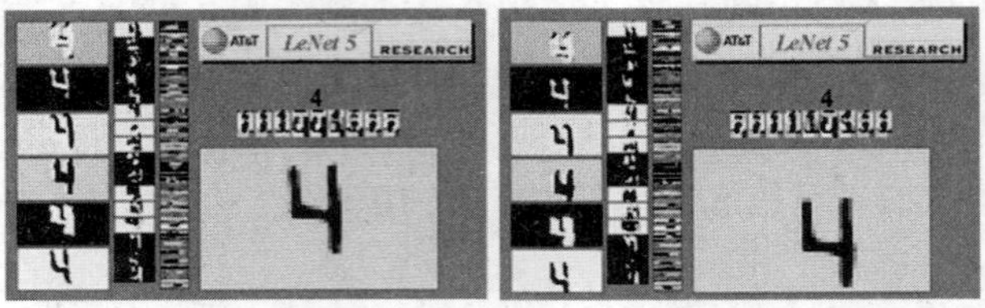

（a）（b）

图 4-142 平移图像

又例如，LeNet-5 能够将图 4-143（a）所示的输入图像正确地识别为 4，并且该图像缩小了一定的程度之后[如图 4-143（b）所示]，LeNet-5 仍能将之正确地识别为 4。

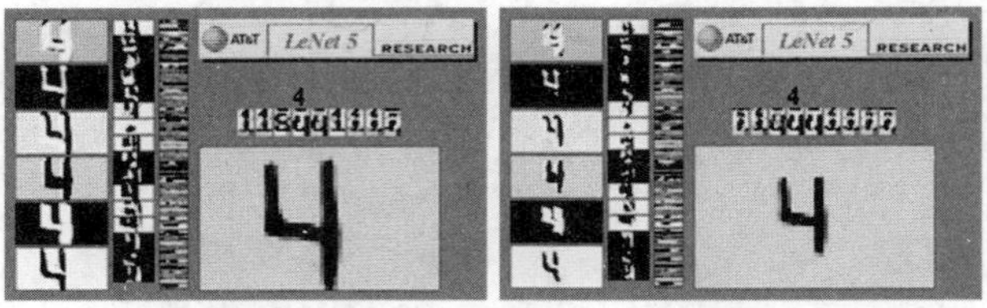

（a）（b）

图 4-143 缩小图像

又例如，LeNet-5 能够将图 4-144（a）所示的输入图像正确地识别为 4，并且该图像旋转一定的角度之后[如图 4-144（b）所示]，LeNet-5 仍能将之正确地识别为 4。

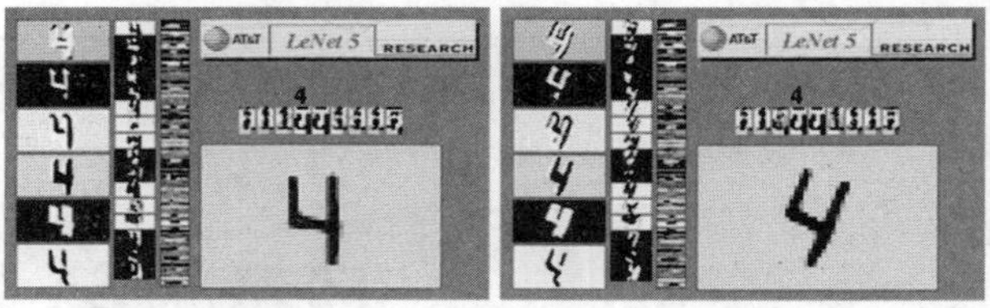

（a）（b）

图 4-144 旋转图像

又例如，LeNet-5 能够将图 4-145（a）所示的输入图正确地识别为 4，并且该图像垂直挤压一定的程度之后[如图 4-145（b）所示]，LeNet-5 仍能将之正确地识别为 4。

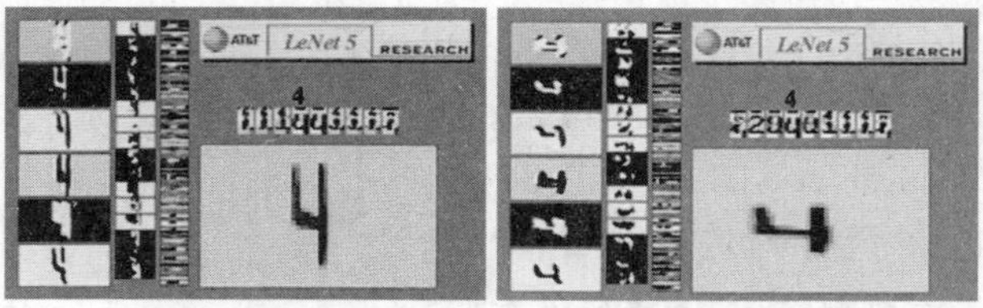

（a）（b）

图 4-145 挤压图像

又例如，LeNet-5 能够将图 4-146（a）所示的输入图像正确地识别为 6，并且该图像的笔画变粗一定的程度之后[如图 4-146（b）所示]，LeNet-5 仍能将之正确地识别为 6。

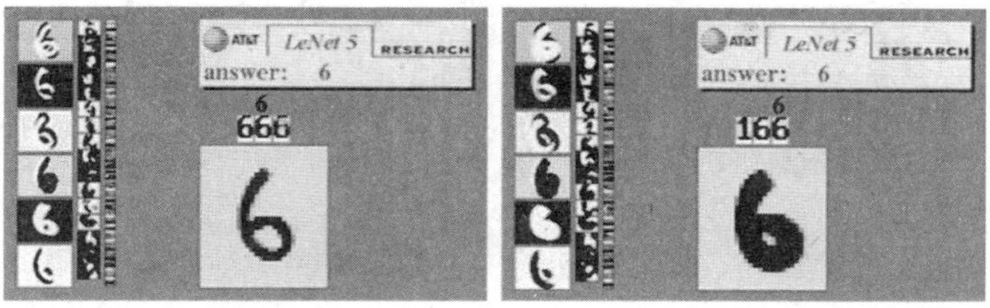

（a）　（b）

图 4-146　笔画变粗

又例如，LeNet-5 能够将图 4-147（a）所示的书写风格奇特的 2 正确地识别为 2，也能够将图 4-147（b）所示的书写风格奇特的 3 正确地识别为 3。

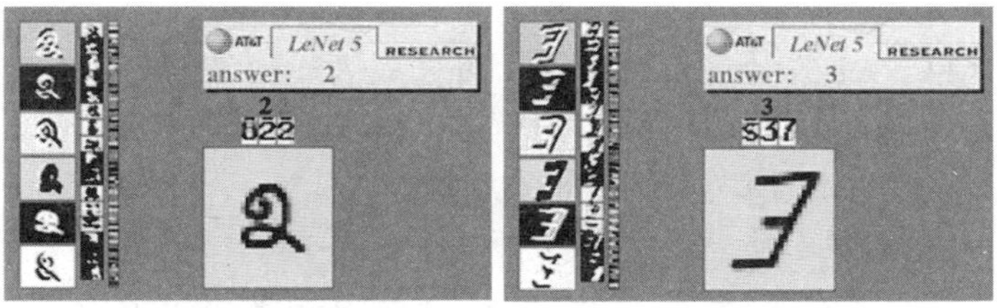

（a）　（b）

图 4-147　改变书写风格

又例如，LeNet-5 能够将图 4-148（a）所示的 2 的变体正确地识别为 2，也能够将图 4-148（b）所示的 3 的变体正确地识别为 3，还能够将图 4-148（c）和图 4-148（d）所示的 4 的变体正确地识别为 4。

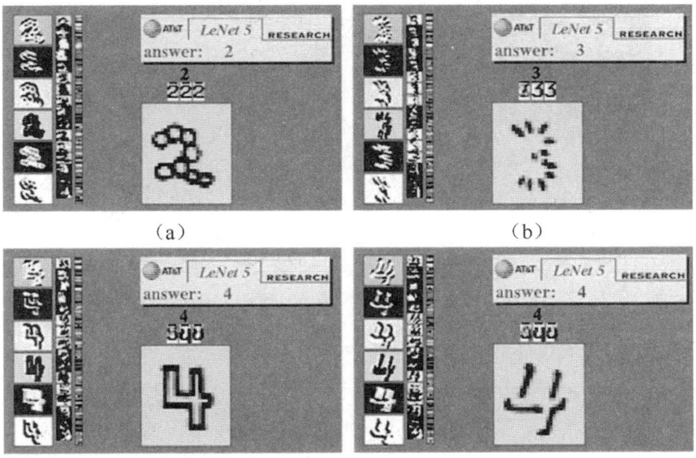

（a）　（b）

（c）　（d）

图 4-148　图像变体

又例如，LeNet-5 能够将图 4-149（a）和图 4-149（b）所示的受到干扰的 2 正确地识别为 2，也能够将图 4-149（c）和图 4-149（d）所示的受到干扰的 4 正确地识别为 4。

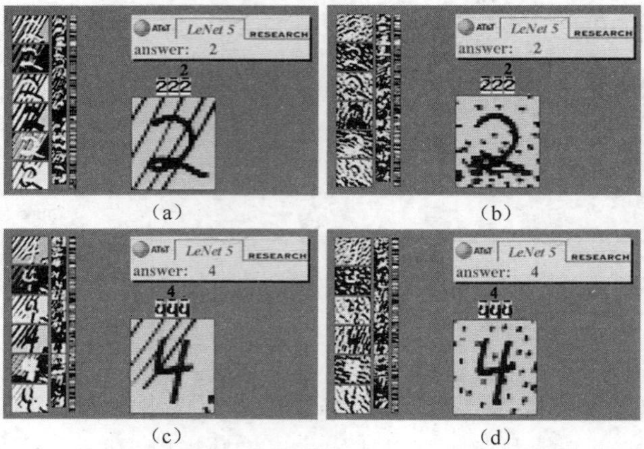

（a） （b）

（c） （d）

图 4-149 受干扰的图像

最后提一下，LeNet-5 经过修改调整后可以成为一个 SDNN（Space Displacement Neural Network），LeNet-5 SDNN 在识别手写字符串方面表现非常出色。例如，LeNet-5 SDNN 能够将图 4-150（a）所示的图像正确地识别为 145，将图 4-150（b）所示的图像正确地识别为 34，将图 4-150（c）和图 4-150（d）所示的图像正确地识别为 384。

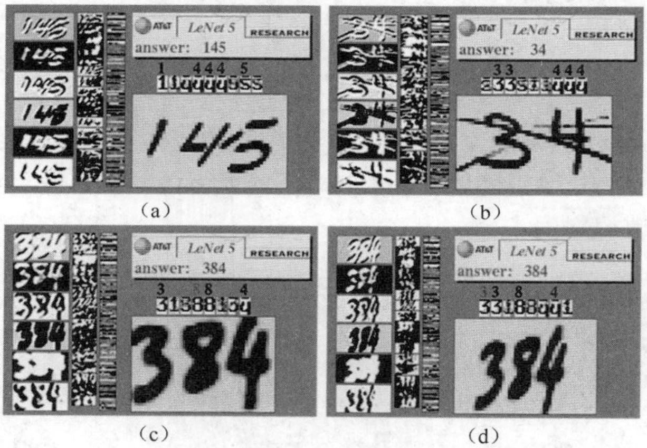

（a） （b）

（c） （d）

图 4-150 LeNet-5 SDNN 识别手写字符串

关于 LeNet-5 的描述和分析就到此为止。需要进一步深入了解 LeNet-5 的读者朋友可去网上查阅杨立昆团队于 1998 年发表的题为“Gradient-Based Learning Applied to Document Recognition”的研究论文，如图 4-151 所示。

PROC. OF THE IEEE, NOVEMBER 1998

Gradient-Based Learning Applied to Document Recognition

Yann LeCun, Léon Bottou, Yoshua Bengio, and Patrick Haffner

图 4-151 LeNet-5 的研究论文

4.4.7　Hubel-Wiesel 实验

《深度学习》([美]伊恩•古德费洛、[加]约书亚•本吉奥、[加]亚伦•库维尔合著，赵申剑、黎或君、符天凡、李凯合译，人民邮电出版社，2017 年）一书中的第 221 页有这样一句话："卷积网络也许是生物学启发人工智能的最为成功的案例"。要理解这句话的含义，就不能不提到 Hubel-Wiesel 实验。

1959 年，加拿大神经生理学家戴维•胡贝尔（David Hubel）和瑞典神经生理学家托斯滕•维泽尔（Torsten Wiesel）合作进行了一次关于猫的视觉神经系统的著名实验，后来称为 Hubel-Wiesel 实验。在那次实验中，他们先将猫进行轻微麻醉，然后在猫的后脑部位钻个小孔，并通过这个小孔向猫的位于后脑部位的视觉皮层插入微电极，电极的另一端通过电子线路外接上扬声器。利用这样的装置，当微电极触及的、位于视觉皮层中的神经细胞对静止或运动的图像产生响应时（也即出现兴奋状态时），扬声器就会不断噼啪地发出声响。图 4-152（a）所示就是那次实验现场的 Hubel（穿浅色上衣者）和 Wiesel（穿深色上衣者），图 4-152（b）和图 4-152（c）是那次实验现场的猫。顺便提一下，那次实验一共用了 24 只猫。

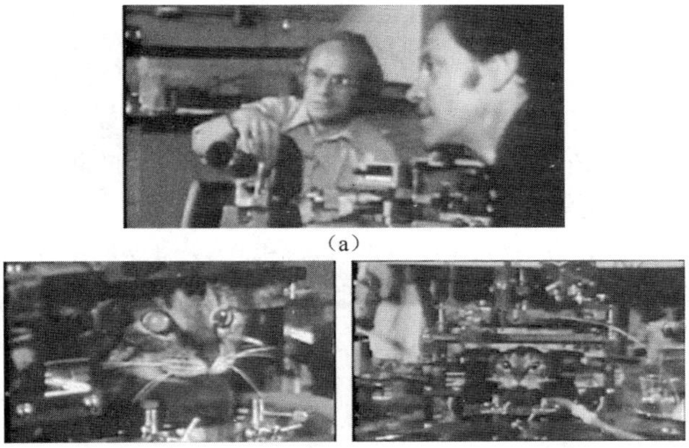

（a）

（b）　　　　（c）

图 4-152　Hubel-Wiesel 实验

实验过程大致是这样的：在猫的眼前放置一个屏幕，然后用幻灯投影仪向屏幕投射不同的图像。图像主要有亮棒和暗棒两种，这些亮棒或暗棒要么静止于屏幕的某个区域，要么按一定的方向划过屏幕的某些区域，从而形成特定的视觉式样。在某些情况下，扬声器不会发出声响，而在另一些情况下，扬声器就会发出噼啪的声音。例如，在测试一种被称为简单皮层细胞（Simple Cortical Cell）的神经元时，如果将图 4-153（a）所示的倾斜约 45°的亮棒向西北方向或东南方向平移，扬声器就会噼啪作响；如果将图 4-153（b）所示的倾斜约 135°的亮棒向东北方向或西南方向平移，扬声器就不会发出声音；如果将图 4-153（c）所示的垂直亮棒向东或向西平移，扬声器也不会发出声音；如果将图 4-153（d）所示的倾斜约 45°的暗棒放置于屏幕中央且背景亮度由亮变暗，扬声器就会噼啪作响。又例如，在测试一种被称为复杂皮层细胞（Complex Cortical Cell）的神经元时，如果将图 4-153（e）所示的垂直亮棒在矩形框的范围内左右移动，扬声器就会噼啪作响，但如果在矩形框的范围之外左右移动，扬声器就不会发出声音；如果将图 4-153（f）所示的垂直暗棒在矩形框的范围内左右移动，扬声器就会噼啪作响，但如果在矩形框的范围之外左右移动，扬声器就不会发出声音。总之，根据实验中出现的各种各样的现象，并利用神经生理学的相关知识，他们得到了关于视觉神经系统工作机制的很多认识和推断。

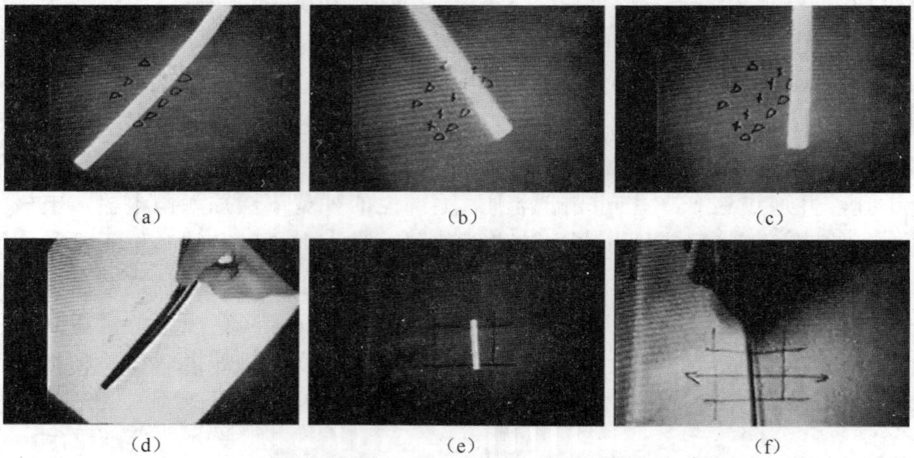

图 4-153 Hubel-Wiesel 实验过程示意

Hubel 和 Wiesel 于 1959 年合作进行的这次实验，以及他们后来进行的多次合作实验，对于认识和理解视觉神经系统的信息处理机制作出了杰出的贡献，二人也因此荣获了 1981 年的诺贝尔生理学或医学奖（Nobel Prize in Physiology or Medicine）。

Hubel 和 Wiesel 发现，单个简单皮层细胞或单个复杂皮层细胞都只对特定局部范围内的具有特定方向的条形图样刺激产生响应，这两种细胞的最大不同是单个简单皮层细胞在视网膜上对应的光感受细胞的分布区域较小，而单个复杂皮层细胞在视网膜上对应的光感受细胞的分布区域较大。光感受细胞的这种分布区域在神经生理学上被称为“receptive field”，通常翻译为“接受域”。在 CNN 中，卷积核的引入正是源于简单皮层细胞或复杂皮层细胞只对局部范围内的特定图样产生响应这一发现，而卷积窗口或池化窗口的引入正是源于对接受域的理解和认识。

从麦卡洛克-皮兹模型的诞生之日起，人工神经网络就被深深地烙了仿生学的印记。Hubel-Wiesel 实验的贡献，直接引出了卷积神经网络的闪亮登场。期待在不久的将来，脑科学的进一步发展还会给人工神经网络的研究工作带来更多更大的惊奇。

4.5 循环神经网络

4.5.1 时序性

熟悉数字逻辑电路的人都知道，数字逻辑电路有组合逻辑电路（Combinational Logic Circuit）和时序逻辑电路（Sequential Logic Circuit）之分。二者的差别在于**时序性**

（**Sequentiality**）：组合逻辑电路是没有时序性的，其在当前时刻的输出只与当前时刻的输入有关，而与当前时刻之前的各个时刻的输入无关；时序逻辑电路是具有时序性的，其在当前时刻的输出不仅与当前时刻的输入有关，而且与当前时刻之前的各个时刻的输入有关。一般地，没有时序性的系统也称为无记忆的系统，具有时序性的系统也称为有记忆的系统。

类似地，人工神经网络模型也可以分为两类：一类是没有时序性的，另一类是具有时序性的。我们在前两节学习过的 MLP 和 CNN，从其基本的形态和基本的应用来看，都是没有时序性的：模型在当前时刻的输出只与当前时刻的输入有关，而与当前时刻之前的各个时刻的输入无关。例如，如果使用 MLP 或 CNN 按先后次序对 A、B、C 这 3 个图像分别进行识别分类，那么对图像 B 的识别分类结果只会与图像 B 本身有关，而不会与图像 A 有任何关系。同样地，对图像 C 的识别分类结果只会与图像 C 本身有关，而不会与图像 B 和图像 A 有任何关系。在现实应用中，使用人脸识别技术的门禁系统就是一个典型的没有时序性的系统，因为你能否被放行通过门禁系统是与你前面那些人的面部模样没有任何关系的。

循环神经网络（Recurrent Neural Network，RNN）是一种具有时序性的人工神经网络模型。图 4-154 显示的就是一个简单的 RNN，该 RNN 总共有 3 个神经元层，其中输入层有 3 个神经元，输出层有 4 个神经元，隐含层有 2 个神经元。在 RNN 的术语中，隐含层神经元的输出称为 RNN 的**隐含状态（Hidden State）**，隐含层的各个神经元的输出值所组成的矢量称为 RNN 的**隐含状态矢量（Hidden State Vector）**。另外，在 RNN 的术语中，隐含层也称为**循环层（Recurrent Layer）**。

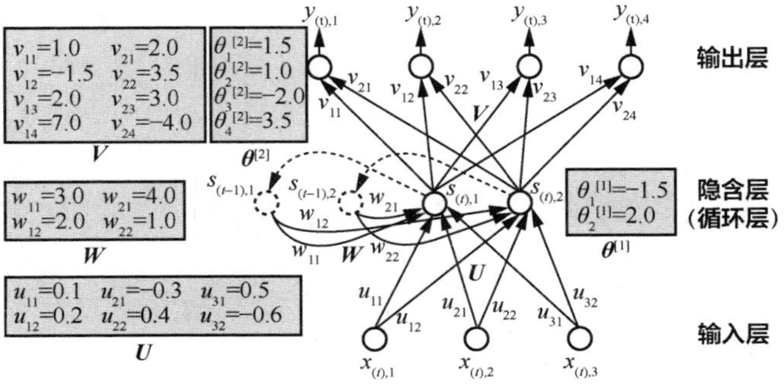

图 4-154　一个简单的 RNN

在涉及 RNN 的时序性问题时，我们通常总是规定 0 时刻为初始时刻，0 时刻之后的下一个时刻是 1 时刻，1 时刻之后的下一个时刻是 2 时刻，依次类推。另外，如果当前时刻是 t 时刻，则上一个时刻（或前一个时刻）就是指 $t-1$ 时刻，下一个时刻（或后一个时刻）就是指 $t+1$ 时刻。对于图 4-154 所示的 RNN，其 t 时刻的输入矢量是一个 3 维矢量，记为

$$\boldsymbol{x}_{(t)}=\begin{bmatrix}x_{(t),1}\\x_{(t),2}\\x_{(t),3}\end{bmatrix}\tag{4.134}$$

其 t 时刻的隐含状态矢量是一个 2 维矢量，记为

$$\boldsymbol{s}_{(t)}=\begin{bmatrix}s_{(t),1}\\ s_{(t),2}\end{bmatrix} \tag{4.135}$$

其 t 时刻的输出矢量（输出层的输出矢量）是一个 4 维矢量，记为

$$\boldsymbol{y}_{(t)}=\begin{bmatrix}y_{(t),1}\\ y_{(t),2}\\ y_{(t),3}\\ y_{(t),4}\end{bmatrix} \tag{4.136}$$

需要说明的是，图 4-154 中的两个虚线圆圈表示的是隐含状态矢量的缓存位置，每一个虚线圆圈表示的并非一个神经元，而是一个缓存单元。如果当前时刻为 t 时刻，则这两个缓存单元所存储的内容就是上一个时刻（即 $t-1$ 时刻）的隐含状态矢量的值。另外，图 4-154 中的实线箭头（最顶上的 4 个实线箭头除外）表示的是神经元之间的连接，并且每一个连接都有一个相应的权重值，但虚线箭头只是表示隐含层的神经元的输出值应该缓存在哪里，所以虚线箭头没有相应的权重值。

在图 4-154 中，$\boldsymbol{U}$ 表示的是从输入层到隐含层的连接矩阵

$$\boldsymbol{U}=\begin{bmatrix}u_{11} & u_{21} & u_{31}\\ u_{12} & u_{22} & u_{32}\end{bmatrix}=\begin{bmatrix}0.1 & -0.3 & 0.5\\ 0.2 & 0.4 & -0.6\end{bmatrix} \tag{4.137}$$

其中的 u_{ij} 表示的是从输入层的第 i 个神经元到隐含层的第 j 个神经元的连接的权重值。$\boldsymbol{V}$ 表示的是从隐含层到输出层的连接矩阵

$$\boldsymbol{V}=\begin{bmatrix}v_{11} & v_{21}\\ v_{12} & v_{22}\\ v_{13} & v_{23}\\ v_{14} & v_{24}\end{bmatrix}=\begin{bmatrix}1.0 & 2.0\\ -1.5 & 3.5\\ 2.0 & 3.0\\ 7.0 & -4.0\end{bmatrix} \tag{4.138}$$

其中的 v_{ij} 表示的是从隐含层的第 i 个神经元到输出层的第 j 个神经元的连接的权重值。$\boldsymbol{W}$ 表示的是从隐含层的缓存单元到隐含层的神经元的连接矩阵

$$\boldsymbol{W}=\begin{bmatrix}w_{11} & w_{21}\\ w_{12} & w_{22}\end{bmatrix}=\begin{bmatrix}3.0 & 4.0\\ 2.0 & 1.0\end{bmatrix} \tag{4.139}$$

其中的 w_{ij} 表示的是从隐含层的第 i 个缓存单元到隐含层的第 j 个神经元的连接的权重值。$\boldsymbol{\theta}^{[1]}$ 表示的是隐含层神经元的阈值矢量

$$\boldsymbol{\theta}^{[1]}=\begin{bmatrix}\theta_1^{[1]}\\ \theta_2^{[1]}\end{bmatrix}=\begin{bmatrix}-1.5\\ 2.0\end{bmatrix} \tag{4.140}$$

其中的 $\theta_1^{[1]}$ 表示的是隐含层的第 1 个神经元的阈值，$\theta_2^{[1]}$ 表示的是隐含层的第 2 个神经元的阈值。$\boldsymbol{\theta}^{[2]}$ 表示的是输出层神经元的阈值矢量

$$\boldsymbol{\theta}^{[2]} = \begin{bmatrix} \theta_1^{[2]} \\ \theta_2^{[2]} \\ \theta_3^{[2]} \\ \theta_4^{[2]} \end{bmatrix} = \begin{bmatrix} 1.5 \\ 1.0 \\ -2.0 \\ 3.5 \end{bmatrix} \tag{4.141}$$

其中的 $\theta_1^{[2]}$ 表示的是输出层的第 1 个神经元的阈值，$\theta_2^{[2]}$ 表示的是输出层的第 2 个神经元的阈值，$\theta_3^{[2]}$ 表示的是输出层的第 3 个神经元的阈值，$\theta_4^{[2]}$ 表示的是输出层的第 4 个神经元的阈值。另外，我们用 $g^{[1]}(\cdot)$ 表示隐含层的各个神经元的激活函数，用 $g^{[2]}(\cdot)$ 表示输出层的各个神经元的激活函数。

初始时刻（0 时刻）的 RNN 的隐含状态矢量称为**初始隐含状态矢量（Initial Hidden State Vector）**，记为 $\boldsymbol{s}_{(0)}$。通常情况下，我们总是将 RNN 的初始隐含状态矢量设定为零矢量，即 $\boldsymbol{s}_{(0)} = \boldsymbol{o}$。因此，对于图 4-154 所示的 RNN，我们将 $\boldsymbol{s}_{(0)}$ 设定为一个 2 维零矢量，即

$$\boldsymbol{s}_{(0)} = \begin{bmatrix} s_{(0),1} \\ s_{(0),2} \end{bmatrix} = \begin{bmatrix} 0 \\ 0 \end{bmatrix} \tag{4.142}$$

需要特别强调的是，由于规定 0 时刻为初始时刻，所以从 1 时刻起 RNN 才开始有输入矢量和输出矢量。初始时刻的 RNN 既没有输入矢量，也没有输出矢量，只有初始隐含状态矢量 $\boldsymbol{s}_{(0)}$。

现在，针对图 4-154 所示的 RNN，假定 1 时刻、2 时刻、3 时刻的输入矢量分别为

$$\boldsymbol{x}_{(1)} = \begin{bmatrix} x_{(1),1} \\ x_{(1),2} \\ x_{(1),3} \end{bmatrix} = \begin{bmatrix} 1 \\ 0 \\ 1 \end{bmatrix} \tag{4.143}$$

$$\boldsymbol{x}_{(2)} = \begin{bmatrix} x_{(2),1} \\ x_{(2),2} \\ x_{(2),3} \end{bmatrix} = \begin{bmatrix} 1 \\ 0 \\ 1 \end{bmatrix} \tag{4.144}$$

$$\boldsymbol{x}_{(3)} = \begin{bmatrix} x_{(3),1} \\ x_{(3),2} \\ x_{(3),3} \end{bmatrix} = \begin{bmatrix} 0 \\ 1 \\ 1 \end{bmatrix} \tag{4.145}$$

接下来我们将根据 RNN 的前向计算方法（注：前向计算方法中的“前向”是指从输入层指向输出层的方向）一步一步地计算出 1 时刻、2 时刻、3 时刻的 RNN 的输出矢量分别是多少，也即分别计算出输出矢量 $\boldsymbol{y}_{(1)}$、$\boldsymbol{y}_{(2)}$、$\boldsymbol{y}_{(3)}$ 的值。通过这样的计算，我们就可以对 RNN 的时序性有一个完整而清晰的认识。为了简化起见，假定激活函数 $g^{[1]}(\cdot)$ 和 $g^{[2]}(\cdot)$ 均为标准逻辑函数，即

$$g^{[1]}(z) = g^{[2]}(z) = \frac{1}{1+\mathrm{e}^{-z}} \tag{4.146}$$

并且规定

$$g^{[1]}\left(\begin{bmatrix} z_1 \\ z_2 \end{bmatrix}\right)=\begin{bmatrix} g^{[1]}(z_1) \\ g^{[1]}(z_2) \end{bmatrix}=\begin{bmatrix} \dfrac{1}{1+\mathrm{e}^{-z_1}} \\ \dfrac{1}{1+\mathrm{e}^{-z_2}} \end{bmatrix} \quad g^{[2]}\left(\begin{bmatrix} z_1 \\ z_2 \\ z_3 \\ z_4 \end{bmatrix}\right)=\begin{bmatrix} g^{[2]}(z_1) \\ g^{[2]}(z_2) \\ g^{[2]}(z_3) \\ g^{[2]}(z_4) \end{bmatrix}=\begin{bmatrix} \dfrac{1}{1+\mathrm{e}^{-z_1}} \\ \dfrac{1}{1+\mathrm{e}^{-z_2}} \\ \dfrac{1}{1+\mathrm{e}^{-z_3}} \\ \dfrac{1}{1+\mathrm{e}^{-z_4}} \end{bmatrix} \tag{4.147}$$

首先开始计算 $\boldsymbol{s}_{(1)}$，计算方法为

$$\boldsymbol{s}_{(1)}=g^{[1]}\left(\boldsymbol{U}\boldsymbol{x}_{(1)}+\boldsymbol{W}\boldsymbol{s}_{(0)}-\boldsymbol{\theta}^{[1]}\right) \tag{4.148}$$

将 $\boldsymbol{U}$ 的值[式（4.137）]、$\boldsymbol{x}_{(1)}$ 的值[式（4.143）]、$\boldsymbol{W}$ 的值[式（4.139）]、$\boldsymbol{s}_{(0)}$ 的值[式（4.142）]、$\boldsymbol{\theta}^{[1]}$ 的值[式（4.140）]代入式（4.148），有

$$\begin{aligned}\boldsymbol{s}_{(1)}&=g^{[1]}\left(\begin{bmatrix} 0.1 & -0.3 & 0.5 \\ 0.2 & 0.4 & -0.6 \end{bmatrix}\begin{bmatrix} 1 \\ 0 \\ 1 \end{bmatrix}+\begin{bmatrix} 3.0 & 4.0 \\ 2.0 & 1.0 \end{bmatrix}\begin{bmatrix} 0 \\ 0 \end{bmatrix}-\begin{bmatrix} -1.5 \\ 2.0 \end{bmatrix}\right) \\ &=g^{[1]}\left(\begin{bmatrix} 2.1 \\ -2.4 \end{bmatrix}\right)=\begin{bmatrix} g^{[1]}(2.1) \\ g^{[1]}(-2.4) \end{bmatrix}=\begin{bmatrix} \dfrac{1}{1+\mathrm{e}^{-2.1}} \\ \dfrac{1}{1+\mathrm{e}^{2.4}} \end{bmatrix}\approx\begin{bmatrix} 0.89090318 \\ 0.0831727 \end{bmatrix}\end{aligned} \tag{4.149}$$

然后计算 $\boldsymbol{y}_{(1)}$，计算方法为

$$\boldsymbol{y}_{(1)}=g^{[2]}\left(\boldsymbol{V}\boldsymbol{s}_{(1)}-\boldsymbol{\theta}^{[2]}\right) \tag{4.150}$$

将 $\boldsymbol{V}$ 的值[式（4.138）]、$\boldsymbol{s}_{(1)}$ 的值[式（4.149）]、$\boldsymbol{\theta}^{[2]}$ 的值[式（4.141）]代入式（4.150），有

$$\begin{aligned}\boldsymbol{y}_{(1)}&\approx g^{[2]}\left(\begin{bmatrix} 1.0 & 2.0 \\ -1.5 & 3.5 \\ 2.0 & 3.0 \\ 7.0 & -4.0 \end{bmatrix}\begin{bmatrix} 0.89090318 \\ 0.0831727 \end{bmatrix}-\begin{bmatrix} 1.5 \\ 1.0 \\ -2.0 \\ 3.5 \end{bmatrix}\right) \\ &\approx g^{[2]}\left(\begin{bmatrix} -0.44275143 \\ -2.04525033 \\ 4.03132445 \\ 2.40363147 \end{bmatrix}\right)\approx\begin{bmatrix} g^{[2]}(-0.44275143) \\ g^{[2]}(-2.04525033) \\ g^{[2]}(4.03132445) \\ g^{[2]}(2.40363147) \end{bmatrix}\approx\begin{bmatrix} \dfrac{1}{1+\mathrm{e}^{0.44275143}} \\ \dfrac{1}{1+\mathrm{e}^{2.04525033}} \\ \dfrac{1}{1+\mathrm{e}^{-4.03132445}} \\ \dfrac{1}{1+\mathrm{e}^{-2.40363147}} \end{bmatrix}\approx\begin{bmatrix} 0.39108555 \\ 0.11453319 \\ 0.98255879 \\ 0.9171038 \end{bmatrix}\end{aligned} \tag{4.151}$$

接下来计算 $\boldsymbol{s}_{(2)}$，计算方法为

$$\boldsymbol{s}_{(2)} = g^{[1]}\left(\boldsymbol{U}\boldsymbol{x}_{(2)} + \boldsymbol{W}\boldsymbol{s}_{(1)} - \boldsymbol{\theta}^{[1]}\right) \tag{4.152}$$

将 $\boldsymbol{U}$ 的值[式(4.137)]、$\boldsymbol{x}_{(2)}$ 的值[式(4.144)]、$\boldsymbol{W}$ 的值[式(4.139)]、$\boldsymbol{s}_{(1)}$ 的值[式(4.149)]、$\boldsymbol{\theta}^{[1]}$ 的值[式（4.140）]代入式（4.152），有

$$\begin{aligned}
\boldsymbol{s}_{(2)} &\approx g^{[1]}\left(\begin{bmatrix} 0.1 & -0.3 & 0.5 \\ 0.2 & 0.4 & -0.6 \end{bmatrix}\begin{bmatrix} 1 \\ 0 \\ 1 \end{bmatrix} + \begin{bmatrix} 3.0 & 4.0 \\ 2.0 & 1.0 \end{bmatrix}\begin{bmatrix} 0.89090318 \\ 0.0831727 \end{bmatrix} - \begin{bmatrix} -1.5 \\ 2.0 \end{bmatrix}\right) \\
&\approx g^{[1]}\left(\begin{bmatrix} 5.10540032 \\ -0.53502095 \end{bmatrix}\right) \approx \begin{bmatrix} g^{[1]}(5.10540032) \\ g^{[1]}(-0.53502095) \end{bmatrix} \approx \begin{bmatrix} \dfrac{1}{1+\mathrm{e}^{-5.10540032}} \\ \dfrac{1}{1+\mathrm{e}^{0.53502095}} \end{bmatrix} \\
&\approx \begin{bmatrix} 0.99397264 \\ 0.3693466 \end{bmatrix}
\end{aligned} \tag{4.153}$$

然后计算 $\boldsymbol{y}_{(2)}$，计算方法为

$$\boldsymbol{y}_{(2)} = g^{[2]}\left(\boldsymbol{V}\boldsymbol{s}_{(2)} - \boldsymbol{\theta}^{[2]}\right) \tag{4.154}$$

将 $\boldsymbol{V}$ 的值[式（4.138）]、$\boldsymbol{s}_{(2)}$ 的值[式（4.153）]、$\boldsymbol{\theta}^{[2]}$ 的值[式（4.141）]代入式（4.154），有

$$\begin{aligned}
\boldsymbol{y}_{(2)} &\approx g^{[2]}\left(\begin{bmatrix} 1.0 & 2.0 \\ -1.5 & 3.5 \\ 2.0 & 3.0 \\ 7.0 & -4.0 \end{bmatrix}\begin{bmatrix} 0.99397264 \\ 0.3693466 \end{bmatrix} - \begin{bmatrix} 1.5 \\ 1.0 \\ -2.0 \\ 3.5 \end{bmatrix}\right) \\
&\approx g^{[2]}\left(\begin{bmatrix} 0.23266583 \\ -1.19824587 \\ 5.09598506 \\ 1.98042209 \end{bmatrix}\right) \approx \begin{bmatrix} g^{[2]}(0.23266583) \\ g^{[2]}(-1.19824587) \\ g^{[2]}(5.09598506) \\ g^{[2]}(1.98042209) \end{bmatrix} \approx \begin{bmatrix} \dfrac{1}{1+\mathrm{e}^{-0.23266583}} \\ \dfrac{1}{1+\mathrm{e}^{1.19824587}} \\ \dfrac{1}{1+\mathrm{e}^{-5.09598506}} \\ \dfrac{1}{1+\mathrm{e}^{-1.98042209}} \end{bmatrix} \\
&\approx \begin{bmatrix} 0.55790547 \\ 0.23178741 \\ 0.99391597 \\ 0.87872615 \end{bmatrix}
\end{aligned} \tag{4.155}$$

接下来计算 $\boldsymbol{s}_{(3)}$，计算方法为

$$\boldsymbol{s}_{(3)} = g^{[1]}\left(\boldsymbol{U}\boldsymbol{x}_{(3)} + \boldsymbol{W}\boldsymbol{s}_{(2)} - \boldsymbol{\theta}^{[1]}\right) \tag{4.156}$$

将 $\boldsymbol{U}$ 的值[式(4.137)]、$\boldsymbol{x}_{(3)}$ 的值[式(4.145)]、$\boldsymbol{W}$ 的值[式(4.139)]、$\boldsymbol{s}_{(2)}$ 的值[式(4.153)]、$\boldsymbol{\theta}^{[1]}$ 的值[式（4.140）]代入式（4.156），有

$$\begin{aligned}\boldsymbol{s}_{(3)} &\approx g^{[1]}\left(\begin{bmatrix}0.1 & -0.3 & 0.5\\0.2 & 0.4 & -0.6\end{bmatrix}\begin{bmatrix}0\\1\\1\end{bmatrix}+\begin{bmatrix}3.0 & 4.0\\2.0 & 1.0\end{bmatrix}\begin{bmatrix}0.99397264\\0.3693466\end{bmatrix}-\begin{bmatrix}-1.5\\2.0\end{bmatrix}\right)\\&\approx g^{[1]}\left(\begin{bmatrix}6.1593043\\0.15729187\end{bmatrix}\right)\approx\begin{bmatrix}g^{[1]}(6.1593043)\\g^{[1]}(0.15729187)\end{bmatrix}\approx\begin{bmatrix}\dfrac{1}{1+e^{-6.1593043}}\\\dfrac{1}{1+e^{-0.15729187}}\end{bmatrix}\\&\approx\begin{bmatrix}0.99789074\\0.53924209\end{bmatrix}\end{aligned}\tag{4.157}$$

然后计算 $\boldsymbol{y}_{(3)}$，计算方法为

$$\boldsymbol{y}_{(3)}=g^{[2]}\left(\boldsymbol{V}\boldsymbol{s}_{(3)}-\boldsymbol{\theta}^{[2]}\right)\tag{4.158}$$

将 $\boldsymbol{V}$ 的值[式（4.138）]、$\boldsymbol{s}_{(3)}$ 的值[式（4.157）]、$\boldsymbol{\theta}^{[2]}$ 的值[式（4.141）]代入式（4.158），有

$$\begin{aligned}\boldsymbol{y}_{(3)} &\approx g^{[2]}\left(\begin{bmatrix}1.0 & 2.0\\-1.5 & 3.5\\2.0 & 3.0\\7.0 & -4.0\end{bmatrix}\begin{bmatrix}0.99789074\\0.53924209\end{bmatrix}-\begin{bmatrix}1.5\\1.0\\-2.0\\3.5\end{bmatrix}\right)\\&\approx g^{[2]}\left(\begin{bmatrix}0.57637492\\-0.60948877\\5.61350775\\1.32826677\end{bmatrix}\right)\approx\begin{bmatrix}g^{[2]}(0.57637492)\\g^{[2]}(-0.60948877)\\g^{[2]}(5.61350775)\\g^{[2]}(1.32826677)\end{bmatrix}\approx\begin{bmatrix}\dfrac{1}{1+e^{-0.57637492}}\\\dfrac{1}{1+e^{0.60948877}}\\\dfrac{1}{1+e^{-5.61350775}}\\\dfrac{1}{1+e^{-1.32826677}}\end{bmatrix}\\&\approx\begin{bmatrix}0.64023285\\0.35217583\\0.99636501\\0.79055379\end{bmatrix}\end{aligned}\tag{4.159}$$

至此，我们已经分别计算出了 $\boldsymbol{y}_{(1)}$、$\boldsymbol{y}_{(2)}$、$\boldsymbol{y}_{(3)}$ 的值，计算过程的中间结果（RNN 的隐含状态矢量）和最终结果（RNN 的输出矢量）如图 4-155 所示。从图 4-155 中可以看到，该 RNN 的输入是一个时间序列，序列的每一个元素都是一个 3 维矢量；该 RNN 的隐含状态也是一个时间序列，序列的每一个元素都是一个 2 维矢量；该 RNN 的输出同样是一个时间序列，序列的每一个元素都是一个 4 维矢量。

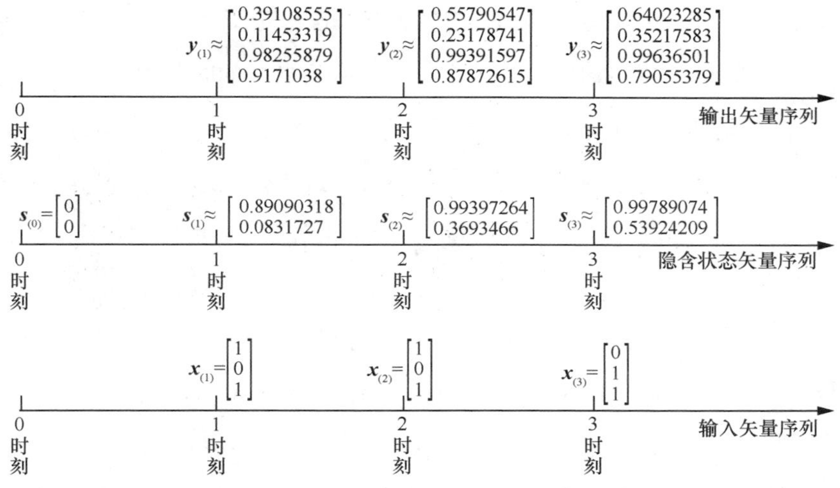

图 4-155　计算结果

图 4-156 是上述计算过程的计算关系图，图中的每一个箭头都代表了一个计算关系，每个箭头的旁边都标注了相应的计算关系式。沿着这些箭头的指向，我们很容易看出，影响输出矢量 $\boldsymbol{y}_{(1)}$ 的输入矢量有 $\boldsymbol{x}_{(1)}$，影响输出矢量 $\boldsymbol{y}_{(2)}$ 的输入矢量有 $\boldsymbol{x}_{(1)}$ 和 $\boldsymbol{x}_{(2)}$，影响输出矢量 $\boldsymbol{y}_{(3)}$ 的输入矢量有 $\boldsymbol{x}_{(1)}$、$\boldsymbol{x}_{(2)}$ 和 $\boldsymbol{x}_{(3)}$。也就是说，对于图 4-154 所示的 RNN，其当前时刻的输出不仅与当前时刻的输入有关，而且与当前时刻之前的各个时刻的输入有关。而这，正是 RNN 所具有的时序性的体现。

另外，从图 4-156 中还可以看到，输出矢量 $\boldsymbol{y}_{(1)}$、$\boldsymbol{y}_{(2)}$、$\boldsymbol{y}_{(3)}$ 都会受到初始隐含状态矢量 $\boldsymbol{s}_{(0)}$ 的影响。也就是说，RNN 在初始时刻的隐含状态会影响到 RNN 在后续各个时刻的输出。我们之前说过，通常情况下，我们总是将 RNN 的初始隐含状态矢量设定为零矢量，这样做的目的其实就是消除初始隐含状态对于后续各个时刻的输出的影响。

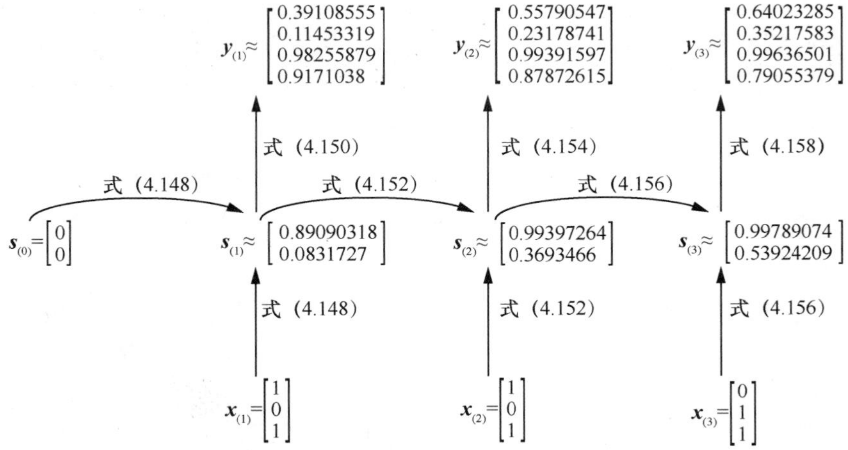

图 4-156　计算关系

对于前面的计算过程举例，我们假定了 RNN 的输入是一个长度为 3 的时间序列

$\{x_{(1)}, x_{(2)}, x_{(3)}\}$，所以相应地，RNN 的输出就是一个长度同样为 3 的时间序列 $\{y_{(1)}, y_{(2)}, y_{(3)}\}$。一般地，如果 RNN 的输入是一个长度为 T_{max} 的时间序列 $\{x_{(1)}, x_{(2)}, x_{(3)}, \cdots, x_{(T_{max}-1)}, x_{(T_{max})}\}$，则 RNN 的输出就是一个长度同样为 T_{max} 的时间序列 $\{y_{(1)}, y_{(2)}, y_{(3)}, \cdots, y_{(T_{max}-1)}, y_{(T_{max})}\}$。例如，对于图 4-154 所示的 RNN，如果输入是一个长度为 5 的时间序列

$$\left\{\begin{bmatrix}1\\0\\1\end{bmatrix}, \begin{bmatrix}1\\0\\1\end{bmatrix}, \begin{bmatrix}0\\1\\1\end{bmatrix}, \begin{bmatrix}0\\0\\0\end{bmatrix}, \begin{bmatrix}1\\1\\1\end{bmatrix}\right\}$$

则 RNN 的输出就是一个长度同样为 5 的时间序列

$$\left\{\begin{bmatrix}0.39108555\\0.11453319\\0.98255879\\0.9171038\end{bmatrix}, \begin{bmatrix}0.55790547\\0.23178741\\0.99391597\\0.87872615\end{bmatrix}, \begin{bmatrix}0.64023285\\0.35217583\\0.99636501\\0.79055379\end{bmatrix}, \begin{bmatrix}0.68135732\\0.42781447\\0.99723895\\0.72478915\end{bmatrix}, \begin{bmatrix}0.69071013\\0.44600527\\0.99741342\\0.70830259\end{bmatrix}\right\}$$

4.5.2 单向 RNN

根据时序的方向性，RNN 可以分为两大类：一类是**单向 RNN（Unidirectional RNN，URNN）**，另一类是**双向 RNN（Bidirectional RNN，BRNN）**。URNN 与 BRNN 的区别在于：URNN 在 t 时刻的输出是与 t 时刻以及 t 时刻之前的各个时刻的输入有关的，但与 t 时刻之后的各个时刻的输入无关；而 BRNN 在 t 时刻的输出则与 t 时刻、t 时刻之前的各个时刻，以及 t 时刻之后的各个时刻的输入都有关。

也许有读者朋友会心生疑问：时间本身是单向性的，是不可能倒流的，那么 BRNN 在当前时刻之后的各个时刻的输入怎么可能会影响到当前时刻的输出呢？原来，时序性中的“时序”一词实际上是一种泛指，它可以是指任何一种位置顺序，而这里所说的位置可以是指时间位置，可以是指空间位置，可以是指索引编号位置等等。虽然时间不能倒流，也即时间位置的变化只具有单向性，但空间、索引编号或其他什么位置的变化却是可以具有双向性的。例如，有一个文本序列：

Great things come from hard work and perseverance

在这个文本序列中，如果把 come 一词看作当前位置的内容，那么上一个（前一个）位置的内容就是 things 一词，下一个（后一个）位置的内容就是 from 一词。显然，在这个例子中，所说的位置是指空间位置：它（空间位置）既可以向后（右）移动，也可以向前（左）移动。

图 4-154 所示的是只有 1 个隐含层的 URNN 的例子，这样的 URNN 称为单隐层 URNN。一般地，单隐层 URNN 通常可以简洁地表示成图 4-157 所示的结构形式。图中的 $\boldsymbol{x}$ 表示的是单隐层 URNN 的输入矢量，$\boldsymbol{x}$ 的维数等于输入层神经元的个数；$\boldsymbol{s}$ 表示的是单隐层 URNN 的隐含状态矢量，$\boldsymbol{s}$ 的维数等于隐含层神经元的个数；$\boldsymbol{y}$ 表示的是单隐层 URNN 的输出矢量，$\boldsymbol{y}$ 的维数等于输出层神经元的个数；$\boldsymbol{U}$ 表示的是从输入

层到隐含层的连接矩阵；$\boldsymbol{V}$ 表示的是从隐含层到输出层的连接矩阵；$\boldsymbol{W}$ 表示的是从上一个时刻（前一个时刻）的隐含层到当前时刻的隐含层的连接矩阵，实质上就是从隐含层的缓存单元到隐含层的神经元的连接矩阵；$\boldsymbol{\theta}^{[1]}$ 表示的是隐含层的各个神经元的阈值所组成的阈值矢量；$\boldsymbol{\theta}^{[2]}$ 表示的是输出层的各个神经元的阈值所组成的阈值矢量。需要特别指出的是，图 4-157 中的每一个◯表示的都是某一层神经元，而非某一个神经元。

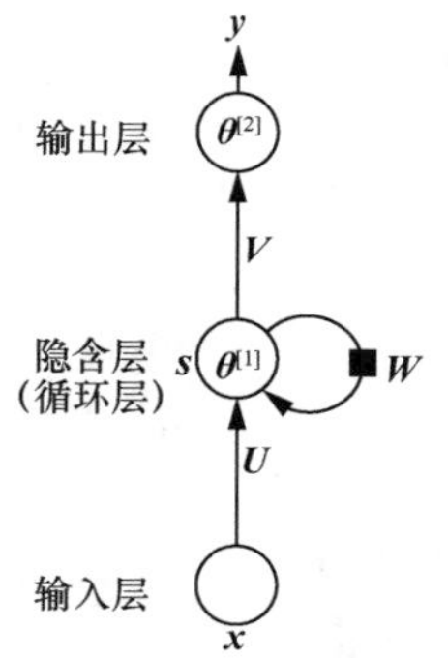

图 4-157　单隐层 URNN

图 4-157 所示的单隐层 URNN 虽然看上去非常简洁，但却没有直观地体现出时序特性，所以人们也经常采用图 4-158 所示的展开形式来表示一个单隐层 URNN。

单隐层 URNN 的前向计算方法为

$$\boldsymbol{s}_{(t)} = g^{[1]}\left(\boldsymbol{U}\boldsymbol{x}_{(t)} + \boldsymbol{W}\boldsymbol{s}_{(t-1)} - \boldsymbol{\theta}^{[1]}\right) \quad t = 1,2,3,\cdots,T_{\max} \tag{4.160}$$

$$\boldsymbol{y}_{(t)} = g^{[2]}\left(\boldsymbol{V}\boldsymbol{s}_{(t)} - \boldsymbol{\theta}^{[2]}\right) \quad t = 1,2,3,\cdots,T_{\max} \tag{4.161}$$

式（4.160）默示了初始时刻为 0 时刻，初始隐含状态矢量为 $\boldsymbol{s}_{(0)}$。另外，式（4.160）中的 $g^{[1]}(\cdot)$ 表示的是隐含层的神经元的激活函数，式（4.161）中的 $g^{[2]}(\cdot)$ 表示的是输出层的神经元的激活函数。注意，单隐层 URNN 只在1、2 …… $T_{\max}$ 时刻才有输入和输出，在 0 时刻是没有输入和输出的。

如果将式（4.160）不断循环地代入式（4.161），则有

$$\begin{aligned}
\boldsymbol{y}_{(t)} &= g^{[2]}\left(\boldsymbol{V}\boldsymbol{s}_{(t)} - \boldsymbol{\theta}^{[2]}\right) \\
\boldsymbol{y}_{(t)} &= g^{[2]}\left(\boldsymbol{V}\left(g^{[1]}\left(\boldsymbol{U}\boldsymbol{x}_{(t)} + \boldsymbol{W}\boldsymbol{s}_{(t-1)} - \boldsymbol{\theta}^{[1]}\right)\right) - \boldsymbol{\theta}^{[2]}\right) \\
\boldsymbol{y}_{(t)} &= g^{[2]}\left(\boldsymbol{V}\left(g^{[1]}\left(\boldsymbol{U}\boldsymbol{x}_{(t)} + \boldsymbol{W}\left(g^{[1]}\left(\boldsymbol{U}\boldsymbol{x}_{(t-1)} + \boldsymbol{W}\boldsymbol{s}_{(t-2)} - \boldsymbol{\theta}^{[1]}\right)\right) - \boldsymbol{\theta}^{[1]}\right)\right) - \boldsymbol{\theta}^{[2]}\right) \\
\boldsymbol{y}_{(t)} &= \cdots \\
\boldsymbol{y}_{(t)} &= g^{[2]}\Bigg(\boldsymbol{V}\Bigg(g^{[1]}\Bigg(\boldsymbol{U}\boldsymbol{x}_{(t)} + \boldsymbol{W}\Bigg(g^{[1]}\Bigg(\boldsymbol{U}\boldsymbol{x}_{(t-1)} + \cdots + \boldsymbol{W}\left(g^{[1]}\left(\boldsymbol{U}\boldsymbol{x}_{(1)} + \boldsymbol{W}\boldsymbol{s}_{(0)} - \boldsymbol{\theta}^{[1]}\right)\right) \\
&\qquad - \cdots - \boldsymbol{\theta}^{[1]}\Bigg)\Bigg) - \boldsymbol{\theta}^{[1]}\Bigg)\Bigg) - \boldsymbol{\theta}^{[2]}\Bigg)
\end{aligned} \tag{4.162}$$

可以看到，式（4.162）的左边为 $\boldsymbol{y}_{(t)}$，右边出现了 $\boldsymbol{x}_{(t)}$、$\boldsymbol{x}_{(t-1)}$ …… $\boldsymbol{x}_{(1)}$ 以及 $\boldsymbol{s}_{(0)}$，这就说明单隐层 URNN 在 t 时刻的输出矢量 $\boldsymbol{y}_{(t)}$ 不仅与 t 时刻的输入矢量 $\boldsymbol{x}_{(t)}$ 有关，而且与 t 时刻之前的各个时刻的输入矢量有关。另外，单隐层 URNN 在 t 时刻的输出矢量 $\boldsymbol{y}_{(t)}$ 也与它的初始隐含状态矢量 $\boldsymbol{s}_{(0)}$ 有关。通常情况下，初始隐含状态矢量 $\boldsymbol{s}_{(0)}$ 总是设定为零矢量。

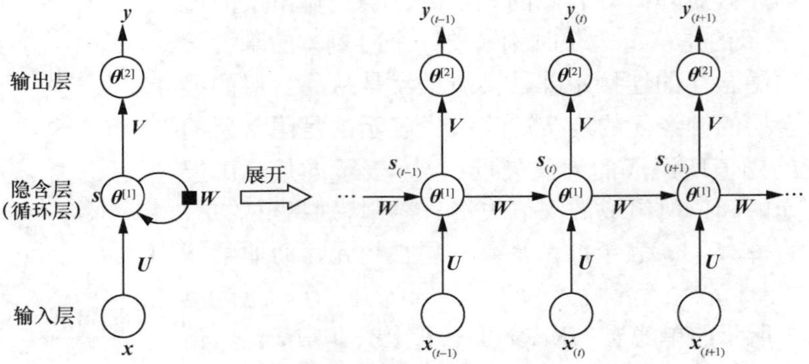

图 4-158 展开形式的单隐层 URNN

URNN 可以只包含 1 个隐含层，也可以包含多个隐含层。图 4-159 显示的是双隐层 URNN 的一般结构：其中 $\boldsymbol{x}$ 表示的是输入矢量，$\boldsymbol{x}$ 的维数等于输入层神经元的个数；$\boldsymbol{s}^{[1]}$ 表示的是隐含层 1 的输出矢量，也就是隐含层 1 的隐含状态矢量，$\boldsymbol{s}^{[1]}$ 的维数等于隐含层 1 的神经元的个数；$\boldsymbol{s}^{[2]}$ 表示的是隐含层 2 的输出矢量，也就是隐含层 2 的隐含状态矢量，$\boldsymbol{s}^{[2]}$ 的维数等于隐含层 2 的神经元的个数；$\boldsymbol{y}$ 表示的是双隐层 URNN 的输出矢量，$\boldsymbol{y}$ 的维数等于输出层神经元的个数；$\boldsymbol{U}^{[1]}$ 表示的是从输入层到隐含层 1 的连接矩阵；$\boldsymbol{U}^{[2]}$ 表示的是从隐含层 1 到隐含层 2 的连接矩阵；$\boldsymbol{V}$ 表示的是从隐含层 2 到输出层的连接矩阵；$\boldsymbol{W}^{[1]}$ 表示的是从上一个时刻（前一个时刻）的隐含层 1 到当前时刻的隐含层 1 的连接矩阵，实质上就是从隐含层 1 的缓存单元到隐含层 1 的神经元的连接矩阵；$\boldsymbol{W}^{[2]}$ 表示的是从上一个时刻（前一个时刻）的隐含层 2 到当前时刻的隐含层 2 的连接矩阵，实质上就是从隐含层 2 的缓存单元到隐含层 2 的神经元的连接矩阵；$\boldsymbol{\theta}^{[1]}$ 表示的是隐含层 1 的各个神经元的阈值所组成的阈值矢量；$\boldsymbol{\theta}^{[2]}$ 表示的是隐含层 2 的各个神经元的阈值所组成的阈值矢量；$\boldsymbol{\theta}^{[3]}$ 表示的是输出层的各个神经元的阈值所组成的阈值矢量。

双隐层 URNN 的前向计算方法为

$$\boldsymbol{s}_{(t)}^{[1]} = g^{[1]}\left(\boldsymbol{U}^{[1]}\boldsymbol{x}_{(t)} + \boldsymbol{W}^{[1]}\boldsymbol{s}_{(t-1)}^{[1]} - \boldsymbol{\theta}^{[1]}\right) \quad t = 1,2,3,\cdots,T_{\max} \tag{4.163}$$

$$\boldsymbol{s}_{(t)}^{[2]} = g^{[2]}\left(\boldsymbol{U}^{[2]}\boldsymbol{s}_{(t)}^{[1]} + \boldsymbol{W}^{[2]}\boldsymbol{s}_{(t-1)}^{[2]} - \boldsymbol{\theta}^{[2]}\right) \quad t = 1,2,3,\cdots,T_{\max} \tag{4.164}$$

$$\boldsymbol{y}_{(t)} = g^{[3]}\left(\boldsymbol{V}\boldsymbol{s}_{(t)}^{[2]} - \boldsymbol{\theta}^{[3]}\right) \quad t = 1,2,3,\cdots,T_{\max} \tag{4.165}$$

式（4.163）和式（4.164）默示了初始时刻为 0 时刻，隐含层 1 的初始隐含状态矢量为 $\boldsymbol{s}_{(0)}^{[1]}$，隐含层 2 的初始隐含状态矢量为 $\boldsymbol{s}_{(0)}^{[2]}$。另外，式（4.163）中的 $g^{[1]}(\cdot)$、式（4.164）中的 $g^{[2]}(\cdot)$、式（4.165）中的 $g^{[3]}(\cdot)$ 分别表示隐含层 1、隐含层 2 以及输出层的神经元的激活函数。注意，双隐层 URNN 只在1、2 …… $T_{\max}$ 时刻才有输入和输出，在 0 时刻是没有输入和输出的。

很容易证明，与单隐层 URNN 一样，双隐层 URNN 在 t 时刻的输出矢量 $\boldsymbol{y}_{(t)}$ 不仅与 t 时刻的输入矢量 $\boldsymbol{x}_{(t)}$ 有关，而且与 t 时刻之前的各个时刻的输入矢量有关。另外，双隐层 URNN 在 t 时刻的输出矢量 $\boldsymbol{y}_{(t)}$ 也与它的两个初始隐含状态矢量 $\boldsymbol{s}_{(0)}^{[1]}$ 和 $\boldsymbol{s}_{(0)}^{[2]}$ 有关。通常

情况下，$\boldsymbol{s}_{(0)}^{[1]}$ 和 $\boldsymbol{s}_{(0)}^{[2]}$ 总是设定为零矢量。

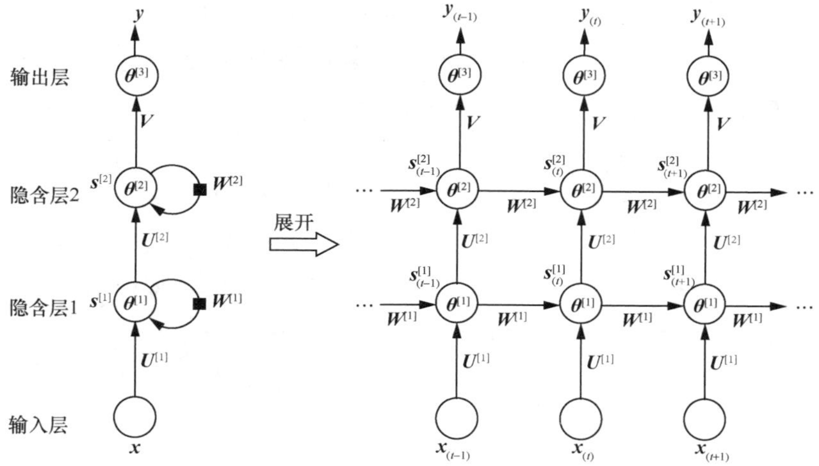

图 4-159　双隐层 URNN

一般地，对于一个包含了 N 个隐含层的 URNN，其在 t 时刻的输出矢量 $\boldsymbol{y}_{(t)}$ 不仅与 t 时刻的输入矢量 $\boldsymbol{x}_{(t)}$ 有关，而且与 t 时刻之前的各个时刻的输入矢量有关。另外，其在 t 时刻的输出矢量 $\boldsymbol{y}_{(t)}$ 也与它的 N 个初始隐含状态矢量 $\boldsymbol{s}_{(0)}^{[1]}$、$\boldsymbol{s}_{(0)}^{[2]}$ …… $\boldsymbol{s}_{(0)}^{[N]}$ 有关。通常情况下，$\boldsymbol{s}_{(0)}^{[1]}$、$\boldsymbol{s}_{(0)}^{[2]}$ …… $\boldsymbol{s}_{(0)}^{[N]}$ 总是设定为零矢量。

4.5.3　双向 RNN

简单地说，一个 BRNN 就是两个时序方向相反的 URNN 的结合体。图 4-160 显示的是单隐层 BRNN 的一般结构，图中各个符号的含义如下。

- $\boldsymbol{x}_{(t-1)}$、$\boldsymbol{x}_{(t)}$、$\boldsymbol{x}_{(t+1)}$：分别表示 $t-1$ 时刻、t 时刻、$t+1$ 时刻 BRNN 的输入矢量。
- $\boldsymbol{y}_{(t-1)}$、$\boldsymbol{y}_{(t)}$、$\boldsymbol{y}_{(t+1)}$：分别表示 $t-1$ 时刻、t 时刻、$t+1$ 时刻 BRNN 的输出矢量。
- $\vec{\boldsymbol{s}}_{(t-1)}$、$\vec{\boldsymbol{s}}_{(t)}$、$\vec{\boldsymbol{s}}_{(t+1)}$：分别表示 $t-1$ 时刻、t 时刻、$t+1$ 时刻 BRNN 的右向隐含状态矢量。
- $\overleftarrow{\boldsymbol{s}}_{(t-1)}$、$\overleftarrow{\boldsymbol{s}}_{(t)}$、$\overleftarrow{\boldsymbol{s}}_{(t+1)}$：分别表示 $t-1$ 时刻、t 时刻、$t+1$ 时刻 BRNN 的左向隐含状态矢量。
- $\vec{\boldsymbol{U}}$：从输入层到隐含层的右向子层的连接矩阵。
- $\overleftarrow{\boldsymbol{U}}$：从输入层到隐含层的左向子层的连接矩阵。
- $\vec{\boldsymbol{V}}$：从隐含层的右向子层到输出层的连接矩阵。
- $\overleftarrow{\boldsymbol{V}}$：从隐含层的左向子层到输出层的连接矩阵。
- $\vec{\boldsymbol{W}}$：从上一个时刻（前一个时刻）隐含层的右向子层到当前时刻隐含层的右向子层的连接矩阵，实质上就是从隐含层右向子层的缓存单元到隐含层右向子层的神经元的连接矩阵。
- $\overleftarrow{\boldsymbol{W}}$：从下一个时刻（后一个时刻）隐含层的左向子层到当前时刻隐含层的左向子

层的连接矩阵，实质上就是从隐含层左向子层的缓存单元到隐含层左向子层的神经元的连接矩阵。

- $\vec{\theta}^{[1]}$：隐含层的右向子层的各个神经元的阈值所组成的阈值矢量。
- $\overleftarrow{\theta}^{[1]}$：隐含层的左向子层的各个神经元的阈值所组成的阈值矢量。
- $\theta^{[2]}$：输出层的各个神经元的阈值所组成的阈值矢量。

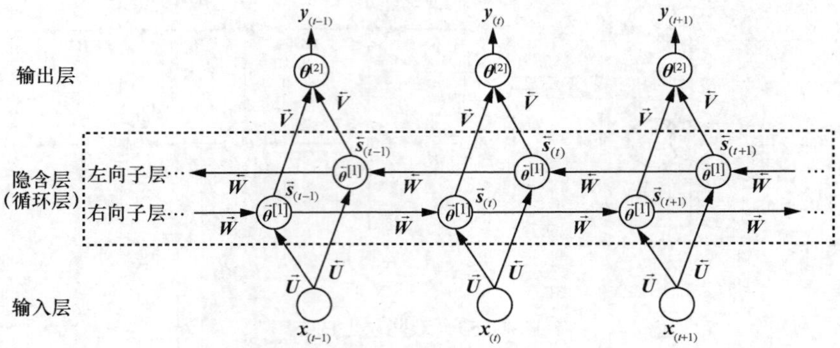

图 4-160　单隐层 BRNN

单隐层 BRNN 的前向计算方法为

$$\vec{s}_{(t)} = g^{[1]}\left(\vec{U}x_{(t)} + \vec{W}\,\vec{s}_{(t-1)} - \vec{\theta}^{[1]}\right) \quad t = 1,2,3,\cdots,T_{\max} \tag{4.166}$$

$$\overleftarrow{s}_{(t)} = g^{[1]}\left(\overleftarrow{U}x_{(t)} + \overleftarrow{W}\,\overleftarrow{s}_{(t+1)} - \overleftarrow{\theta}^{[1]}\right) \quad t = T_{\max}, T_{\max}-1,\cdots 2,1 \tag{4.167}$$

$$y_{(t)} = g^{[2]}\left(\vec{V}\,\vec{s}_{(t)} + \overleftarrow{V}\,\overleftarrow{s}_{(t)} - \theta^{[2]}\right) \quad t = 1,2,3,\cdots,T_{\max} \tag{4.168}$$

式（4.166）默示了右向（正向）时序的初始时刻为 0 时刻，右向初始隐含状态矢量为$\vec{s}_{(0)}$；式（4.167）默示了左向（反向）时序的初始时刻为$T_{\max}+1$时刻，左向初始隐含状态矢量为$\overleftarrow{s}_{(T_{\max}+1)}$。另外，$g^{[1]}(\cdot)$表示隐含层的神经元的激活函数，$g^{[2]}(\cdot)$表示输出层的神经元的激活函数。注意，单隐层 BRNN 只在1、2 …… $T_{\max}$时刻才有输入和输出，在 0 时刻和$T_{\max}+1$时刻是没有输入和输出的。

很容易证明，单隐层 BRNN 在t时刻的输出矢量$y_{(t)}$不仅与t时刻的输入矢量$x_{(t)}$有关，而且与t时刻之前的各个时刻以及t时刻之后的各个时刻的输入矢量有关。另外，单隐层 BRNN 在t时刻的输出矢量$y_{(t)}$也与它的右向初始隐含状态矢量$\vec{s}_{(0)}$和左向初始隐含状态矢量$\overleftarrow{s}_{(T_{\max}+1)}$有关。通常情况下，$\vec{s}_{(0)}$和$\overleftarrow{s}_{(T_{\max}+1)}$总是设定为零矢量。

BRNN 可以只包含 1 个隐含层，也可以包含多个隐含层。图 4-161 显示的是双隐层 BRNN 的一般结构，图中各个符号的含义如下。

- $x_{(t-1)}$、$x_{(t)}$、$x_{(t+1)}$：分别表示$t-1$时刻、t时刻、$t+1$时刻 BRNN 的输入矢量。
- $y_{(t-1)}$、$y_{(t)}$、$y_{(t+1)}$：分别表示$t-1$时刻、t时刻、$t+1$时刻 BRNN 的输出矢量。
- $\vec{s}^{[1]}_{(t-1)}$、$\vec{s}^{[1]}_{(t)}$、$\vec{s}^{[1]}_{(t+1)}$：分别表示$t-1$时刻、t时刻、$t+1$时刻隐含层 1 的右向子层的

隐含状态矢量。

- $\overleftarrow{s}_{(t-1)}^{[1]}$、$\overleftarrow{s}_{(t)}^{[1]}$、$\overleftarrow{s}_{(t+1)}^{[1]}$：分别表示 $t-1$ 时刻、t 时刻、$t+1$ 时刻隐含层 1 的左向子层的隐含状态矢量。
- $\vec{s}_{(t-1)}^{[2]}$、$\vec{s}_{(t)}^{[2]}$、$\vec{s}_{(t+1)}^{[2]}$：分别表示 $t-1$ 时刻、t 时刻、$t+1$ 时刻隐含层 2 的右向子层的隐含状态矢量。
- $\overleftarrow{s}_{(t-1)}^{[2]}$、$\overleftarrow{s}_{(t)}^{[2]}$、$\overleftarrow{s}_{(t+1)}^{[2]}$：分别表示 $t-1$ 时刻、t 时刻、$t+1$ 时刻隐含层 2 的左向子层的隐含状态矢量。
- $\vec{\boldsymbol{U}}^{[1]}$：从输入层到隐含层 1 的右向子层的连接矩阵。
- $\overleftarrow{\boldsymbol{U}}^{[1]}$：从输入层到隐含层 1 的左向子层的连接矩阵。
- $\vec{\boldsymbol{U}}1^{[2]}$：从隐含层 1 的右向子层到隐含层 2 的右向子层的连接矩阵。
- $\vec{\boldsymbol{U}}2^{[2]}$：从隐含层 1 的左向子层到隐含层 2 的右向子层的连接矩阵。
- $\overleftarrow{\boldsymbol{U}}1^{[2]}$：从隐含层 1 的右向子层到隐含层 2 的左向子层的连接矩阵。
- $\overleftarrow{\boldsymbol{U}}2^{[2]}$：从隐含层 1 的左向子层到隐含层 2 的左向子层的连接矩阵。
- $\vec{\boldsymbol{V}}$：从隐含层 2 的右向子层到输出层的连接矩阵。
- $\overleftarrow{\boldsymbol{V}}$：从隐含层 2 的左向子层到输出层的连接矩阵。
- $\vec{\boldsymbol{W}}^{[1]}$：从上一个时刻（前一个时刻）隐含层 1 的右向子层到当前时刻隐含层 1 的右向子层的连接矩阵，实质上就是从隐含层 1 的右向子层的缓存单元到隐含层 1 的右向子层的神经元的连接矩阵。
- $\overleftarrow{\boldsymbol{W}}^{[1]}$：从下一个时刻（后一个时刻）隐含层 1 的左向子层到当前时刻隐含层 1 的左向子层的连接矩阵，实质上就是从隐含层 1 的左向子层的缓存单元到隐含层 1 的左向子层的神经元的连接矩阵。
- $\vec{\boldsymbol{W}}^{[2]}$：从上一个时刻（前一个时刻）隐含层 2 的右向子层到当前时刻隐含层 2 的右向子层的连接矩阵，实质上就是从隐含层 2 的右向子层的缓存单元到隐含层 2 的右向子层的神经元的连接矩阵。
- $\overleftarrow{\boldsymbol{W}}^{[2]}$：从下一个时刻（后一个时刻）隐含层 2 的左向子层到当前时刻隐含层 2 的左向子层的连接矩阵，实质上就是从隐含层 2 的左向子层的缓存单元到隐含层 2 的左向子层的神经元的连接矩阵。
- $\vec{\boldsymbol{\theta}}^{[1]}$：隐含层 1 的右向子层的各个神经元的阈值所组成的阈值矢量。
- $\overleftarrow{\boldsymbol{\theta}}^{[1]}$：隐含层 1 的左向子层的各个神经元的阈值所组成的阈值矢量。
- $\vec{\boldsymbol{\theta}}^{[2]}$：隐含层 2 的右向子层的各个神经元的阈值所组成的阈值矢量。
- $\overleftarrow{\boldsymbol{\theta}}^{[2]}$：隐含层 2 的左向子层的各个神经元的阈值所组成的阈值矢量。
- $\boldsymbol{\theta}^{[3]}$：输出层的各个神经元的阈值所组成的阈值矢量。

双隐层 BRNN 的前向计算方法为

$$\vec{s}_{(t)}^{[1]} = g^{[1]}\left(\vec{\boldsymbol{U}}^{[1]}\boldsymbol{x}_{(t)} + \vec{\boldsymbol{W}}^{[1]}\vec{s}_{(t-1)}^{[1]} - \vec{\boldsymbol{\theta}}^{[1]}\right) \quad t = 1,2,3,\cdots,T_{\max} \tag{4.169}$$

$$\overleftarrow{s}_{(t)}^{[1]} = g^{[1]}\left(\overleftarrow{\boldsymbol{U}}^{[1]}\boldsymbol{x}_{(t)} + \overleftarrow{\boldsymbol{W}}^{[1]}\overleftarrow{s}_{(t+1)}^{[1]} - \overleftarrow{\boldsymbol{\theta}}^{[1]}\right) \quad t = T_{\max}, T_{\max}-1,\cdots,2,1 \tag{4.170}$$

$$\vec{\boldsymbol{s}}^{[2]}_{(t)} = g^{[2]}\left(\overrightarrow{\boldsymbol{U1}}^{[2]}\vec{\boldsymbol{s}}^{[1]}_{(t)} + \overrightarrow{\boldsymbol{U2}}^{[2]}\overleftarrow{\boldsymbol{s}}^{[1]}_{(t)} + \vec{\boldsymbol{W}}^{[2]}\vec{\boldsymbol{s}}^{[2]}_{(t-1)} - \vec{\boldsymbol{\theta}}^{[2]}\right) \quad t=1,2,3,\cdots,T_{\max} \tag{4.171}$$

$$\overleftarrow{\boldsymbol{s}}^{[2]}_{(t)} = g^{[2]}\left(\overleftarrow{\boldsymbol{U1}}^{[2]}\vec{\boldsymbol{s}}^{[1]}_{(t)} + \overleftarrow{\boldsymbol{U2}}^{[2]}\overleftarrow{\boldsymbol{s}}^{[1]}_{(t)} + \overleftarrow{\boldsymbol{W}}^{[2]}\overleftarrow{\boldsymbol{s}}^{[2]}_{(t+1)} - \overleftarrow{\boldsymbol{\theta}}^{[2]}\right) \quad t=T_{\max},T_{\max}-1,\cdots 2,1 \tag{4.172}$$

$$\boldsymbol{y}_{(t)} = g^{[3]}\left(\vec{\boldsymbol{V}}\vec{\boldsymbol{s}}^{[2]}_{(t)} + \overleftarrow{\boldsymbol{V}}\overleftarrow{\boldsymbol{s}}^{[2]}_{(t)} - \boldsymbol{\theta}^{[3]}\right) \quad t=1,2,3,\cdots,T_{\max} \tag{4.173}$$

式（4.169）和式（4.171）默示了右向（正向）时序的初始时刻为 0 时刻，隐含层 1 的右向初始隐含状态矢量为$\vec{\boldsymbol{s}}^{[1]}_{(0)}$，隐含层 2 的右向初始隐含状态矢量为$\vec{\boldsymbol{s}}^{[2]}_{(0)}$；式（4.170）和式（4.172）默示了左向（反向）时序的初始时刻为$T_{\max}+1$时刻，隐含层 1 的左向初始隐含状态矢量为$\overleftarrow{\boldsymbol{s}}^{[1]}_{(T_{\max}+1)}$，隐含层 2 的左向初始隐含状态矢量为$\overleftarrow{\boldsymbol{s}}^{[2]}_{(T_{\max}+1)}$。另外，$g^{[1]}(\cdot)$表示隐含层 1 的神经元的激活函数，$g^{[2]}(\cdot)$表示隐含层 2 的神经元的激活函数，$g^{[3]}(\cdot)$表示输出层的神经元的激活函数。注意，双隐层 BRNN 只在1、2 …… $T_{\max}$时刻才有输入和输出，在 0 时刻和$T_{\max}+1$时刻是没有输入和输出的。

很容易证明，双隐层 BRNN 在t时刻的输出矢量$\boldsymbol{y}_{(t)}$不仅与t时刻的输入矢量$\boldsymbol{x}_{(t)}$有关，而且与t时刻之前的各个时刻以及t时刻之后的各个时刻的输入矢量有关。另外，双隐层 BRNN 在t时刻的输出矢量$\boldsymbol{y}_{(t)}$也与它的右向初始隐含状态矢量$\vec{\boldsymbol{s}}^{[1]}_{(0)}$和$\vec{\boldsymbol{s}}^{[2]}_{(0)}$，以及它的左向初始隐含状态矢量$\overleftarrow{\boldsymbol{s}}^{[1]}_{(T_{\max}+1)}$和$\overleftarrow{\boldsymbol{s}}^{[2]}_{(T_{\max}+1)}$有关。通常情况下，$\vec{\boldsymbol{s}}^{[1]}_{(0)}$、$\overleftarrow{\boldsymbol{s}}^{[1]}_{(T_{\max}+1)}$、$\vec{\boldsymbol{s}}^{[2]}_{(0)}$、$\overleftarrow{\boldsymbol{s}}^{[2]}_{(T_{\max}+1)}$总是设定为零矢量。

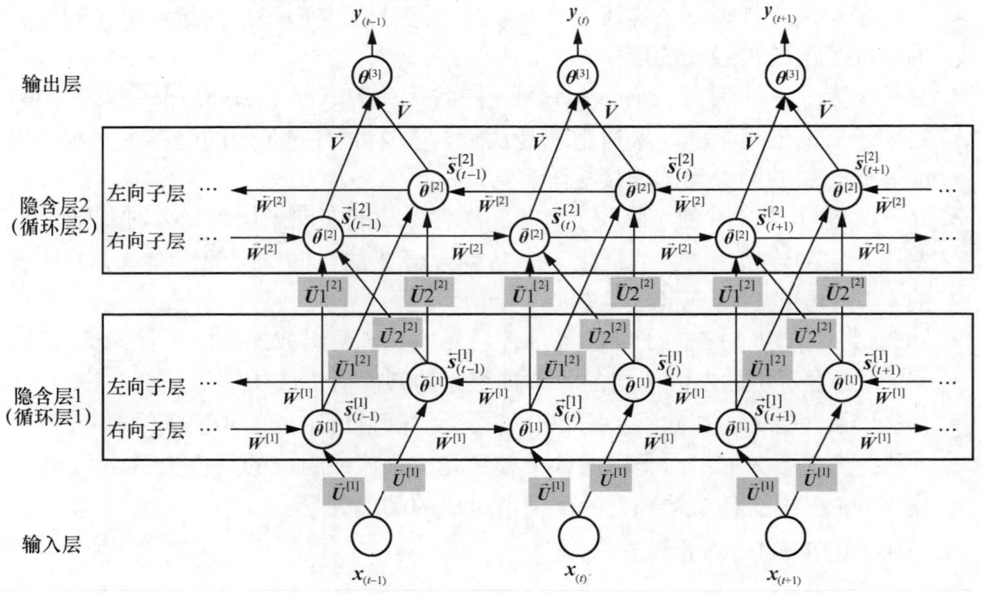

图 4-161　双隐层 BRNN

一般地，对于一个包含了N个隐含层的 BRNN，其在t时刻的输出矢量$\boldsymbol{y}_{(t)}$不仅与t时刻的输入矢量$\boldsymbol{x}_{(t)}$有关，而且与t时刻之前的各个时刻以及t时刻之后的各个时刻的输入矢量有关。另外，其在 t 时刻的输出矢量 $\boldsymbol{y}_{(t)}$ 也与它的 $2N$ 个初始隐含状态矢量 $\vec{\boldsymbol{s}}_{(0)}^{[1]}$、$\overleftarrow{\boldsymbol{s}}_{(T_{\max}+1)}^{[1]}$、$\vec{\boldsymbol{s}}_{(0)}^{[2]}$、$\overleftarrow{\boldsymbol{s}}_{(T_{\max}+1)}^{[2]}$……$\vec{\boldsymbol{s}}_{(0)}^{[N]}$、$\overleftarrow{\boldsymbol{s}}_{(T_{\max}+1)}^{[N]}$ 有关。通常情况下，$\vec{\boldsymbol{s}}_{(0)}^{[1]}$、$\overleftarrow{\boldsymbol{s}}_{(T_{\max}+1)}^{[1]}$、$\vec{\boldsymbol{s}}_{(0)}^{[2]}$、$\overleftarrow{\boldsymbol{s}}_{(T_{\max}+1)}^{[2]}$……$\vec{\boldsymbol{s}}_{(0)}^{[N]}$、$\overleftarrow{\boldsymbol{s}}_{(T_{\max}+1)}^{[N]}$ 总是设定为零矢量。

4.5.4　BPTT 算法

RNN 的训练通常是采用 **BPTT（Back-Propagation Through Time）算法**。从本质上讲，BPTT 算法和 BP 算法都是梯度下降法。二者的主要差别：BPTT 算法一方面会涉及从神经网络的输出层指向输入层的反向计算，另一方面还会涉及时序方向上的反向计算，而 BP 算法只会涉及从神经网络的输出层指向输入层的反向计算。另外，采用 BP 算法对神经网络进行训练时，每一个训练样本都是一个矢量，而采用 BPTT 算法对神经网络进行训练时，每一个训练样本都是一个由若干个矢量组成的时间序列。

BPTT 算法既可以用于训练 URNN，也可以用于训练 BRNN。接下来，我们将忽略 BPTT 算法的具体计算公式及其推导过程，只针对 URNN 就其整体训练方法和步骤做概念性的描述。

假定 URNN 的输入层有 N 个神经元，输出层有 M 个神经元。假定训练集总共包含了 K 个训练样本：编号为 1 的训练样本记为 $\mathcal{X}^{\langle 1\rangle}$，编号为 2 的训练样本记为 $\mathcal{X}^{\langle 2\rangle}$……编号为 K 的训练样本记为 $\mathcal{X}^{\langle K\rangle}$。注意，每一个训练样本都是一个由若干个矢量组成的时间序列，即

$$\begin{cases} \mathcal{X}^{\langle 1\rangle} = \left\{\boldsymbol{x}_{(1)}^{\langle 1\rangle}, \boldsymbol{x}_{(2)}^{\langle 1\rangle}, \cdots, \boldsymbol{x}_{(T_1)}^{\langle 1\rangle}\right\} \\ \mathcal{X}^{\langle 2\rangle} = \left\{\boldsymbol{x}_{(1)}^{\langle 2\rangle}, \boldsymbol{x}_{(2)}^{\langle 2\rangle}, \cdots, \boldsymbol{x}_{(T_2)}^{\langle 2\rangle}\right\} \\ \quad\vdots \\ \mathcal{X}^{\langle i\rangle} = \left\{\boldsymbol{x}_{(1)}^{\langle i\rangle}, \boldsymbol{x}_{(2)}^{\langle i\rangle}, \cdots, \boldsymbol{x}_{(T_i)}^{\langle i\rangle}\right\} \\ \quad\vdots \\ \mathcal{X}^{\langle K\rangle} = \left\{\boldsymbol{x}_{(1)}^{\langle K\rangle}, \boldsymbol{x}_{(2)}^{\langle K\rangle}, \cdots, \boldsymbol{x}_{(T_K)}^{\langle K\rangle}\right\} \end{cases} \tag{4.174}$$

在式（4.174）中，$\boldsymbol{x}_{(j)}^{\langle i\rangle}$ 表示的是编号为 i 的训练样本 $\mathcal{X}^{\langle i\rangle}$ 的第 j 个矢量。式（4.174）表明，编号为 1 的训练样本 $\mathcal{X}^{\langle 1\rangle}$ 是由 T_1 个矢量组成的时间序列，编号为 2 的训练样本 $\mathcal{X}^{\langle 2\rangle}$ 是由 T_2 个矢量组成的时间序列……编号为 K 的训练样本 $\mathcal{X}^{\langle K\rangle}$ 是由 T_K 个矢量组成的时间序列。注意，不同的训练样本所包含的矢量个数可能是相等的，也可能是不相等的，即当 $p \neq q$ 时，T_p 和 T_q 可能相等，也可能不等。另外，矢量 $\boldsymbol{x}_{(j)}^{\langle i\rangle}$ 的维数为 N，N 为 URNN 的输入层的神经元的个数。

与 BP 算法一样，BPTT 算法也是一种监督学习算法，每一个作为训练样本的时间序列 $\mathcal{X}^{\langle i\rangle}$ 都有一个与之相对应的期望输出时间序列 $\dot{\mathcal{Y}}^{\langle i\rangle}$：

$$\begin{cases} \dot{\mathcal{Y}}^{\langle 1\rangle}=\left\{\dot{\boldsymbol{y}}_{(1)}^{\langle 1\rangle},\dot{\boldsymbol{y}}_{(2)}^{\langle 1\rangle},\cdots,\dot{\boldsymbol{y}}_{(T_1)}^{\langle 1\rangle}\right\} \\ \dot{\mathcal{Y}}^{\langle 2\rangle}=\left\{\dot{\boldsymbol{y}}_{(1)}^{\langle 2\rangle},\dot{\boldsymbol{y}}_{(2)}^{\langle 2\rangle},\cdots,\dot{\boldsymbol{y}}_{(T_2)}^{\langle 2\rangle}\right\} \\ \qquad\vdots \\ \dot{\mathcal{Y}}^{\langle i\rangle}=\left\{\dot{\boldsymbol{y}}_{(1)}^{\langle i\rangle},\dot{\boldsymbol{y}}_{(2)}^{\langle i\rangle},\cdots,\dot{\boldsymbol{y}}_{(T_i)}^{\langle i\rangle}\right\} \\ \qquad\vdots \\ \dot{\mathcal{Y}}^{\langle K\rangle}=\left\{\dot{\boldsymbol{y}}_{(1)}^{\langle K\rangle},\dot{\boldsymbol{y}}_{(2)}^{\langle K\rangle},\cdots,\dot{\boldsymbol{y}}_{(T_K)}^{\langle K\rangle}\right\} \end{cases} \tag{4.175}$$

在式（4.175）中，$\dot{\boldsymbol{y}}_{(j)}^{\langle i\rangle}$ 表示的是期望输出时间序列 $\dot{\mathcal{Y}}^{\langle i\rangle}$ 的第 j 个矢量。注意，矢量 $\dot{\boldsymbol{y}}_{(j)}^{\langle i\rangle}$ 的维数为 M，M 为 URNN 的输出层的神经元的个数。比较式（4.175）与式（4.174）可知，时间序列 $\dot{\mathcal{Y}}^{\langle i\rangle}$ 的长度与时间序列 $\mathcal{X}^{\langle i\rangle}$ 的长度是相等的，均为 T_i。

$\dot{\mathcal{Y}}^{\langle i\rangle}$ 表示的是训练样本 $\mathcal{X}^{\langle i\rangle}$ 对应的期望输出时间序列，也称为训练样本 $\mathcal{X}^{\langle i\rangle}$ 对应的标签时间序列，其具体的内容值是在训练开始之前就已经给定了的。在训练的过程中，还需要根据 URNN 的各个神经元的阈值参数和权重值参数计算出 $\mathcal{X}^{\langle i\rangle}$ 所对应的实际输出时间序列 $\mathcal{Y}^{\langle i\rangle}$：

$$\begin{cases} \mathcal{Y}^{\langle 1\rangle}=\left\{\boldsymbol{y}_{(1)}^{\langle 1\rangle},\boldsymbol{y}_{(2)}^{\langle 1\rangle},\cdots,\boldsymbol{y}_{(T_1)}^{\langle 1\rangle}\right\} \\ \mathcal{Y}^{\langle 2\rangle}=\left\{\boldsymbol{y}_{(1)}^{\langle 2\rangle},\boldsymbol{y}_{(2)}^{\langle 2\rangle},\cdots,\boldsymbol{y}_{(T_2)}^{\langle 2\rangle}\right\} \\ \qquad\vdots \\ \mathcal{Y}^{\langle i\rangle}=\left\{\boldsymbol{y}_{(1)}^{\langle i\rangle},\boldsymbol{y}_{(2)}^{\langle i\rangle},\cdots,\boldsymbol{y}_{(T_i)}^{\langle i\rangle}\right\} \\ \qquad\vdots \\ \mathcal{Y}^{\langle K\rangle}=\left\{\boldsymbol{y}_{(1)}^{\langle K\rangle},\boldsymbol{y}_{(2)}^{\langle K\rangle},\cdots,\boldsymbol{y}_{(T_K)}^{\langle K\rangle}\right\} \end{cases} \tag{4.176}$$

在式（4.176）中，$\boldsymbol{y}_{(j)}^{\langle i\rangle}$ 表示的是 $\mathcal{X}^{\langle i\rangle}$ 所对应的实际输出时间序列 $\mathcal{Y}^{\langle i\rangle}$ 的第 j 个矢量。注意，矢量 $\boldsymbol{y}_{(j)}^{\langle i\rangle}$ 的维数为 M，M 为 URNN 的输出层的神经元的个数。

矢量 $\boldsymbol{y}_{(j)}^{\langle i\rangle}$ 与矢量 $\dot{\boldsymbol{y}}_{(j)}^{\langle i\rangle}$ 的差异值记为 $E_{(j)}^{\langle i\rangle}$，$E_{(j)}^{\langle i\rangle}$ 的定义形式可以根据需要而定。例如，$E_{(j)}^{\langle i\rangle}$ 可以定义为矢量 $\boldsymbol{y}_{(j)}^{\langle i\rangle}$ 与矢量 $\dot{\boldsymbol{y}}_{(j)}^{\langle i\rangle}$ 的欧氏距离的平方，也即

$$E_{(j)}^{\langle i\rangle}=\left|\dot{\boldsymbol{y}}_{(j)}^{\langle i\rangle}-\boldsymbol{y}_{(j)}^{\langle i\rangle}\right|^2 \quad (i=1,2,\cdots,K;j=1,2,\cdots,T_i) \tag{4.177}$$

注意，无论 $E_{(j)}^{\langle i\rangle}$ 的定义形式如何，$E_{(j)}^{\langle i\rangle}$ 必须是一个非负的标量值。训练样本 $\mathcal{X}^{\langle i\rangle}$ 的训练误差记为 $E^{\langle i\rangle}$，URNN 的系统训练误差记为 E_{sys}。E_{sys}、$E^{\langle i\rangle}$、$E_{(j)}^{\langle i\rangle}$ 这三者之间的关系为

$$E^{\langle i\rangle}=\sum_{j=1}^{T_i}E_{(j)}^{\langle i\rangle} \quad (i=1,2,\cdots,K) \tag{4.178}$$

$$E_{\text{sys}} = \sum_{i=1}^{K} E^{\langle i \rangle} \tag{4.179}$$

训练开始前的初始化工作主要包括：设定训练步长η的值，设定系统训练误差E_{sys}的容限值ε，设定 URNN 的模型参数（各个神经元的阈值和权重值）的随机初始值。

训练开始时，将时间复位至 0 时刻，并将 URNN 的各个初始隐含状态矢量设定为零矢量。然后，将$\boldsymbol{x}_{(1)}^{\langle 1 \rangle}$、$\boldsymbol{x}_{(2)}^{\langle 1 \rangle}$……$\boldsymbol{x}_{(T_1)}^{\langle 1 \rangle}$分别作为 URNN 在1时刻、2时刻……$T_1$时刻的输入矢量，并根据 URNN 模型参数的当前值以及 URNN 的前向计算方法（注：前向计算方法中的“前向”是指从输入层指向输出层的方向）分别计算出 URNN 的实际输出矢量$\boldsymbol{y}_{(1)}^{\langle 1 \rangle}$、$\boldsymbol{y}_{(2)}^{\langle 1 \rangle}$……$\boldsymbol{y}_{(T_1)}^{\langle 1 \rangle}$，进而分别计算出$E_{(1)}^{\langle 1 \rangle}$、$E_{(2)}^{\langle 1 \rangle}$……$E_{(T_1)}^{\langle 1 \rangle}$以及$E^{\langle 1 \rangle}$。然后，在$T_1$时刻，根据$E^{\langle 1 \rangle}$以及 URNN 的反向计算方法（注：反向计算方法中的“反向”是指从输出层指向输入层的方向）计算出 URNN 各个模型参数的增量值，并根据这些增量值对 URNN 的各个模型参数的当前值进行更新。至此，针对样本$\mathcal{X}^{\langle 1 \rangle}$的第 1 次训练便告结束。

然后，将时间重新复位至 0 时刻，并将 URNN 的各个初始隐含状态矢量设定为零矢量。然后，将$\boldsymbol{x}_{(1)}^{\langle 2 \rangle}$、$\boldsymbol{x}_{(2)}^{\langle 2 \rangle}$……$\boldsymbol{x}_{(T_2)}^{\langle 2 \rangle}$分别作为 URNN 在1时刻、2时刻……$T_2$时刻的输入矢量，并根据 URNN 模型参数的当前值以及 URNN 的前向计算方法分别计算出 URNN 的实际输出矢量$\boldsymbol{y}_{(1)}^{\langle 2 \rangle}$、$\boldsymbol{y}_{(2)}^{\langle 2 \rangle}$……$\boldsymbol{y}_{(T_2)}^{\langle 2 \rangle}$，进而分别计算出$E_{(1)}^{\langle 2 \rangle}$、$E_{(2)}^{\langle 2 \rangle}$……$E_{(T_2)}^{\langle 2 \rangle}$以及$E^{\langle 2 \rangle}$。然后，在$T_2$时刻，根据$E^{\langle 2 \rangle}$以及 URNN 的反向计算方法计算出 URNN 各个模型参数的增量值，并根据这些增量值对 URNN 的各个模型参数的当前值进行更新。至此，针对样本$\mathcal{X}^{\langle 2 \rangle}$的第 1 次训练便告结束。

按照以上方法进行类推，直至完成针对样本$\mathcal{X}^{\langle K \rangle}$的第 1 次训练。至此，整个训练集便完成了第 1 轮遍历。接下来开始对训练集进行第 2 轮遍历，也就是将时间重新复位至 0 时刻，并将 URNN 的各个初始隐含状态矢量设定为零矢量。然后，将$\boldsymbol{x}_{(1)}^{\langle 1 \rangle}$、$\boldsymbol{x}_{(2)}^{\langle 1 \rangle}$……$\boldsymbol{x}_{(T_1)}^{\langle 1 \rangle}$分别作为 URNN 在1时刻、2时刻……$T_1$时刻的输入矢量，并根据 URNN 模型参数的当前值以及 URNN 的前向计算方法分别计算出 URNN 的实际输出矢量$\boldsymbol{y}_{(1)}^{\langle 1 \rangle}$、$\boldsymbol{y}_{(2)}^{\langle 1 \rangle}$……$\boldsymbol{y}_{(T_1)}^{\langle 1 \rangle}$，进而分别计算出$E_{(1)}^{\langle 1 \rangle}$、$E_{(2)}^{\langle 1 \rangle}$……$E_{(T_1)}^{\langle 1 \rangle}$以及$E^{\langle 1 \rangle}$。然后，在$T_1$时刻，根据$E^{\langle 1 \rangle}$以及 URNN 的反向计算方法计算出 URNN 各个模型参数的增量值，并根据这些增量值对 URNN 的各个模型参数的当前值进行更新。至此，针对样本$\mathcal{X}^{\langle 1 \rangle}$的第 2 次训练便告结束。依次类推，直至完成针对样本$\mathcal{X}^{\langle K \rangle}$的第 2 次训练。至此，整个训练集便完成了第 2 轮遍历。接下来是对训练集的第 3 轮遍历、第 4 轮遍历……在此过程中，系统训练误差E_{sys}一旦小于容限值ε，则说明训练已经收敛，训练过程便告结束。图 4-162 概念性地展示了采用 BPTT 对 URNN 进行训练的方法和步骤。

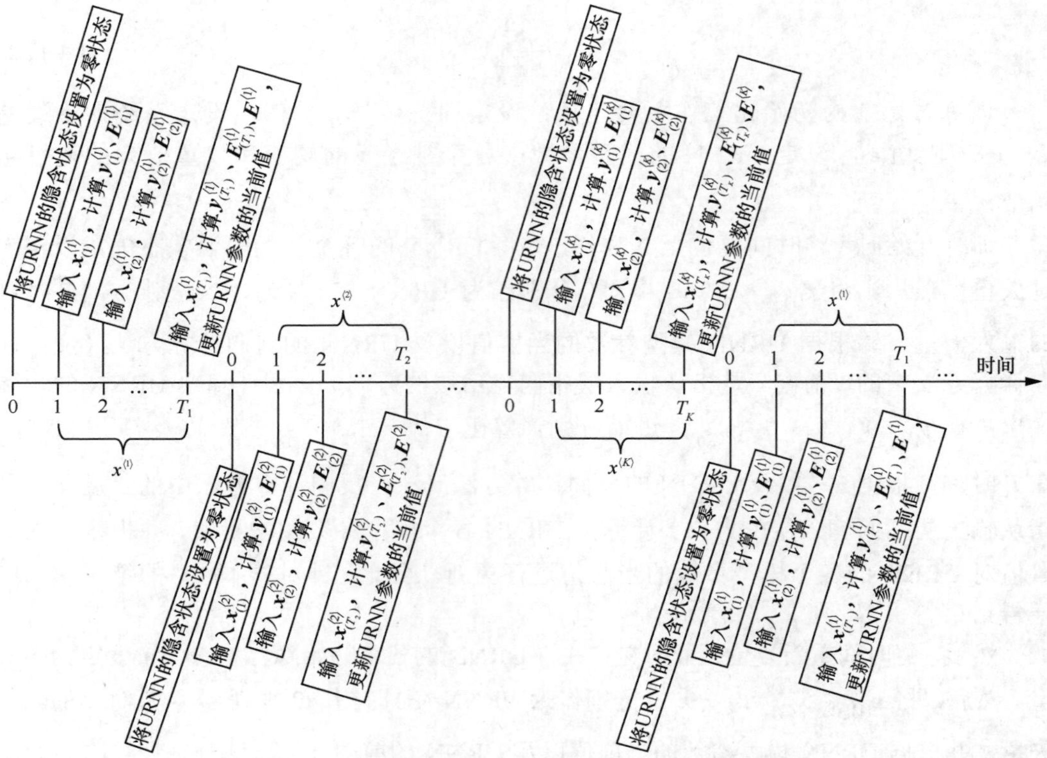

图 4-162 采用 BPTT 训练 URNN 的方法和步骤

与 BP 算法一样，采用 BPTT 算法训练 URNN 时，也有在线训练方式、批量训练方式、全批量训练方式之分。显然，图 4-162 显示的是一种在线训练方式，因为每一个样本在完成一次训练之后，URNN 的各个模型参数的当前值都会立即被更新一次。

4.5.5 梯度消失问题

如图 4-163 所示，考虑一个简单的 N 层 MLP，其简单之处在于该 MLP 的每一层只有一个神经元，并且隐含层神经元和输出层神经元均采用标准逻辑函数 $g(\text{net}) = 1/(1+\mathrm{e}^{-\text{net}})$ 作为其激活函数。显然，根据函数求导的链式法则，可以得到训练样本的误差函数 E 对权重值 $w^{[1]}$ 的偏导数为

$$\frac{\partial E}{\partial w^{[1]}} = \frac{\partial E}{\partial y}\frac{\partial y^{[N]}}{\partial \text{net}^{[N]}}\frac{\partial \text{net}^{[N]}}{\partial y^{[N-1]}}\frac{\partial y^{[N-1]}}{\partial \text{net}^{[N-1]}}\frac{\partial \text{net}^{[N-1]}}{\partial y^{[N-2]}}\cdots\frac{\partial y^{[2]}}{\partial \text{net}^{[2]}}\frac{\partial \text{net}^{[2]}}{\partial y^{[1]}}\frac{\partial y^{[1]}}{\partial \text{net}^{[1]}}\frac{\partial \text{net}^{[1]}}{\partial w^{[1]}}$$

$$\Rightarrow \quad \frac{\partial E}{\partial w^{[1]}} = \frac{\partial E}{\partial y} g'\left(\text{net}^{[N]}\right) w^{[N]} g'\left(\text{net}^{[N-1]}\right) w^{[N-1]} \cdots g'\left(\text{net}^{[2]}\right) w^{[2]} g'\left(\text{net}^{[1]}\right) x$$

$$\Rightarrow \quad \frac{\partial E}{\partial w^{[1]}} = \left[g'\left(\text{net}^{[N]}\right) g'\left(\text{net}^{[N-1]}\right) \cdots g'\left(\text{net}^{[2]}\right) g'\left(\text{net}^{[1]}\right) \right] \left[\frac{\partial E}{\partial y} w^{[N]} w^{[N-1]} \cdots w^{[3]} w^{[2]} x \right]$$

$$\Rightarrow \quad \frac{\partial E}{\partial w^{[1]}} = \lambda \times \varphi \qquad (4.180)$$

同样，根据函数求导的链式法则，可以得到该 MLP 的输出 y 对输入 x 的导数为

$$\frac{\mathrm{d}y}{\mathrm{d}x}=\frac{\partial y^{[N]}}{\partial \mathrm{net}^{[N]}}\frac{\partial \mathrm{net}^{[N]}}{\partial y^{[N-1]}}\frac{\partial y^{[N-1]}}{\partial \mathrm{net}^{[N-1]}}\frac{\partial \mathrm{net}^{[N-1]}}{\partial y^{[N-2]}}\cdots\frac{\partial y^{[2]}}{\partial \mathrm{net}^{[2]}}\frac{\partial \mathrm{net}^{[2]}}{\partial y^{[1]}}\frac{\partial y^{[1]}}{\partial \mathrm{net}^{[1]}}\frac{\partial \mathrm{net}^{[1]}}{\partial x}$$

$$\Rightarrow\ \frac{\mathrm{d}y}{\mathrm{d}x}=g'\left(\mathrm{net}^{[N]}\right)w^{[N]}g'\left(\mathrm{net}^{[N-1]}\right)w^{[N-1]}\cdots g'\left(\mathrm{net}^{[2]}\right)w^{[2]}g'\left(\mathrm{net}^{[1]}\right)w^{[1]}$$

$$\Rightarrow\ \frac{\mathrm{d}y}{\mathrm{d}x}=\left[g'\left(\mathrm{net}^{[N]}\right)g'\left(\mathrm{net}^{[N-1]}\right)\cdots g'\left(\mathrm{net}^{[2]}\right)g'\left(\mathrm{net}^{[1]}\right)\right]\left[w^{[N]}w^{[N-1]}\cdots w^{[2]}w^{[1]}\right]$$

$$\Rightarrow\ \frac{\mathrm{d}y}{\mathrm{d}x}=\lambda\times\omega \tag{4.181}$$

式（4.180）和式（4.181）中的 λ 为

$$\lambda=g'(\mathrm{net}^{[N]})g'(\mathrm{net}^{[N-1]})\cdots g'(\mathrm{net}^{[2]})g'(\mathrm{net}^{[1]}) \tag{4.182}$$

式（4.180）中的 φ 为

$$\varphi=\frac{\partial E}{\partial y}w^{[N]}w^{[N-1]}\cdots w^{[3]}w^{[2]}x \tag{4.183}$$

式（4.181）中的 ω 为

$$\omega=w^{[N]}w^{[N-1]}\cdots w^{[2]}w^{[1]} \tag{4.184}$$

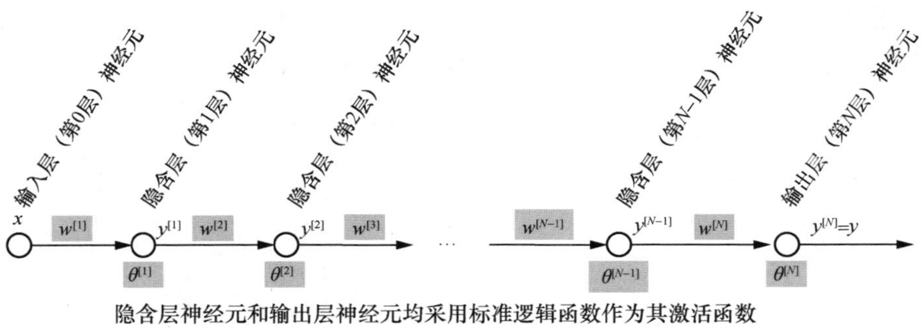

图 4-163　梯度消失问题

式（4.182）表明，λ 是一个 N 项连乘式，其中每一项都是标准逻辑函数 $g(\mathrm{net})$ 的导数 $g'(\mathrm{net})$。图 4-164 展示了 $g(\mathrm{net})$ 和 $g'(\mathrm{net})$ 的函数曲线，从图中可以看到，$g'(\mathrm{net})$ 的取值范围是 $0<g'(\mathrm{net})\leqslant 0.25$。由此可知，$\lambda$ 的取值范围是

$$0<\lambda\leqslant 0.25^N \tag{4.185}$$

显然，N 的值越大，λ 的值就越接近于 0，并且 λ 会随着 N 的增大呈指数急剧地接近于 0。例如，当 $N=8$ 时，λ 的值将等于或小于 $0.25^8\approx 0.000015$；当 $N=15$ 时，λ 的值将等于或小于 $0.25^{15}\approx 0.000000001$。总之，当 N 的值较大或很大时，λ 的值会接近于或非常接近于 0。

式（4.180）显示，$\dfrac{\partial E}{\partial w^{[1]}}$ 等于 λ 与 φ 的乘积。当 N 的值较大或很大时，λ 的值必定

会接近于或非常接近于 0，这就有可能会导致 $\frac{\partial E}{\partial w^{[1]}}$ 的值也接近于或非常接近于 0。我们知道，如果采用 BP 算法对该 MLP 进行训练，那么权重值 $w^{[1]}$ 的修改量 $\left|\Delta w^{[1]}\right|$ 就应该等于学习率 η 与 $\left|\frac{\partial E}{\partial w^{[1]}}\right|$ 的乘积，也即

$$\left|\Delta w^{[1]}\right| = \eta\left|\frac{\partial E}{\partial w^{[1]}}\right| \tag{4.186}$$

因此，当 N 的值较大或很大时，$\left|\Delta w^{[1]}\right|$ 的值就可能会接近于或非常接近于 0。如果 $\left|\Delta w^{[1]}\right|$ 的值接近于或非常接近于 0，就意味着权重值 $w^{[1]}$ 的取值在训练过程中的变化将会是微乎其微的，或者说对权重值 $w^{[1]}$ 的训练将不会有什么实质性的效果。特别地，受计算机舍入误差的影响，$\left|\Delta w^{[1]}\right|$ 的值完全有可能被强行等于 0，这样的话，$w^{[1]}$ 的取值在训练过程中就不会发生任何变化，或者说对权重值 $w^{[1]}$ 的训练就不会有任何效果。

式（4.181）显示，$\frac{\mathrm{d}y}{\mathrm{d}x}$ 等于 λ 与 ω 的乘积。当 N 的值较大或很大时，λ 的值必定会接近于或非常接近于 0，这就有可能会导致 $\frac{\mathrm{d}y}{\mathrm{d}x}$ 的值也接近于或非常接近于 0。如果 $\frac{\mathrm{d}y}{\mathrm{d}x}$ 的值接近于或非常接近于 0，就意味着因 x 的取值变化而引起的 y 的取值变化将会是微乎其微的。特别地，受计算机舍入误差的影响，$\frac{\mathrm{d}y}{\mathrm{d}x}$ 的值完全有可能被强行等于 0，这样的话，输出 y 就完全不会随着输入 x 的变化而发生任何变化了。

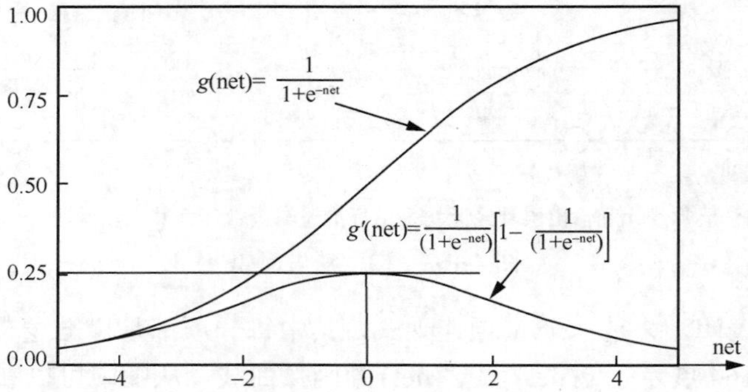

图 4-164　标准逻辑函数及其导数

前面两个段落的内容概括起来就是，对于图 4-163 所示的 MLP，如果网络的层数 N 较大或很大，式（4.182）所示的连乘式的作用就有可能会导致 $\frac{\partial E}{\partial w^{[1]}}$ 的值接近于或非常接近于甚至等于 0，同时也可能会导致 $\frac{\mathrm{d}y}{\mathrm{d}x}$ 的值接近于或非常接近于甚至等于 0。如此一来的后果就是，对 MLP 的第 1 个隐含层的权重值 $w^{[1]}$ 的训练将不会有什么实质性的效果甚至完全没有任何效果，同时 MLP 的输出 y 对于 MLP 的输入 x 的变化将不会有什么实质性的反应甚至完全没有任何反应。注意，MLP 的输入也是 MLP 的第 1 个

隐含层的输入。

以上描述针对的只是 MLP 的第 1 个隐含层的权重值和第 1 个隐含层的输入。事实上，稍做分析便可知道，对于第 2 个隐含层、第 3 个隐含层等等远离输出层的那些隐含层，同样的问题也是存在的。也就是说，对于图 4-163 所示的 MLP，如果网络的层数 N 较大或很大，式（4.182）所示的连乘式的作用就有可能会导致误差函数 E 对远离输出层的那些隐含层的权重值的偏导数接近于或非常接近于甚至等于 0，同时也可能会导致 MLP 的输出对远离输出层的那些隐含层的输入的导数接近于或非常接近于甚至等于 0。如此一来的后果就是，对远离输出层的那些隐含层的权重值的训练将不会有什么实质性的效果甚至完全没有任何效果，同时 MLP 的输出对于远离输出层的那些隐含层的输入的变化将不会有什么实质性的反应甚至完全没有任何反应。

在图 4-163 所示的 MLP 中，采用的激活函数 $g(\text{net})$ 是标准逻辑函数，其导数 $g'(\text{net})$ 的最大值是小于 1 的，由于式（4.182）所示的连乘式的作用，λ 的值必然会随着 N 的增大而急剧地接近于 0。事实上，即使采用的激活函数不是标准逻辑函数，并且即使激活函数的导数的最大值不是小于 1 的，由于式（4.182）所示的连乘式的作用，λ 的值也是有可能会随着 N 的增大而急剧地接近于或非常接近于甚至等于 0 的。一旦 λ 的值接近于或非常接近于甚至等于 0，就有可能会导致误差函数 E 对远离输出层的那些隐含层的权重值的偏导数接近于或非常接近于甚至等于 0，同时也可能会导致 MLP 的输出对远离输出层的那些隐含层的输入的导数接近于或非常接近于甚至等于 0。如此一来的后果就是，对远离输出层的那些隐含层的权重值的训练将不会有什么实质性的效果甚至完全没有任何效果，同时 MLP 的输出对于远离输出层的那些隐含层的输入的变化将不会有什么实质性的反应甚至完全没有任何反应。

另外，在图 4-163 所示的 MLP 中，我们特地限制了 MLP 的每一层只有一个神经元，这只是为了简化描述和分析。事实上，放开这个限制后，我们前面描述过的问题同样也是存在的。更进一步地，不仅是 MLP 或 CNN 或 RNN，对于任何采用 BP 算法或 BPTT 算法的深度神经网络模型来说，如果网络的层数较大或很大，则都会存在我们前面所描述过的问题。

至此，我们可以做出如下总结：对于任何采用 BP 算法或 BPTT 算法的深度神经网络模型来说，网络的层数如果较大或很大，就有可能会导致误差函数对远离输出层的那些隐含层的各个权重值的偏导数接近于或非常接近于甚至等于 0，同时也可能会导致网络的输出矢量的各个分量对远离输出层的那些隐含层的输入矢量的各个分量的偏导数接近于或非常接近于甚至等于 0，这样的问题我们称为**梯度消失问题（Vanishing Gradient Problem）**。一旦出现了梯度消失问题，其后果就是对远离输出层的那些隐含层的各个权重值的训练将不会有什么实质性的效果甚至完全没有任何效果，同时网络的输出矢量对于远离输出层的那些隐含层的输入矢量的变化将不会有什么实质性的反应甚至完全没有任何反应。显然，网络的层数越大，出现梯度消失问题的可能性也就越大，并且其后果越严重。

也许有读者朋友会问：以上所描述的问题为何被称为梯度消失问题呢？回顾一下梯度的概念以及它与偏导数的关系，再联系一下前面提到的误差函数对远离输出层的那些隐含层的各个权重值的偏导数的取值情况，以及网络的输出矢量的各个分量对远离输出层的那些隐含层的输入矢量的各个分量的偏导数的取值情况，答案自然也就清楚了。简言之：所谓梯度消失，也即梯度趋零。

对于任何采用 BP 算法或 BPTT 算法的深度神经网络模型来说，如果网络的层数较大或很大，则不仅可能会出现梯度消失问题，而且可能会出现**梯度爆炸问题（Exploding Gradient Problem）**。关于梯度爆炸问题，敬请读者朋友们自行去了解和学习，这里就不再赘述了。

在现实应用中，梯度消失问题和梯度爆炸问题都是经常容易发生的问题。但总的来说，梯度消失问题的频发程度更高，隐蔽性更强，解决梯度消失问题的难度也更大。对于梯度消失问题，常见的解决方法有限制网络的层数、使用特殊的激活函数、对模型参数进行合理的初始化、批归一化（Batch Normalization）、残差连接（Residual Connection）等等。对于梯度爆炸问题，常见的解决方法有限制网络的层数、使用特殊的激活函数、对模型参数进行合理的初始化、批归一化、权重值正则化（Weight Regularization）、梯度剪裁（Gradient Clipping）等等。

4.5.6 LSTM

在 4.5.1 小节中我们说过，基本形态的 MLP 和 CNN 都是没有时序的。对于没有时序的深度神经网络来说，梯度消失问题是在从网络的输出层到输入层的方向上发生的：离输出层越远，梯度消失得越严重。对于像 RNN 这样的有时序的深度神经网络来说，梯度消失问题不仅会在从网络的输出层到输入层的方向上发生，同时也会在时序方向上发生：离当前时刻越远，梯度消失得越严重。对于 URNN，如果当前时刻是 t 时刻，则当 k 较大或很大时，在 $t-k$ 时刻及其之前的时刻就可能会发生梯度消失问题。对于 BRNN，如果当前时刻是 t 时刻，则当 k 较大或很大时，在 $t-k$ 时刻及其之前的时刻以及 $t+k$ 时刻及其之后的时刻就可能会发生梯度消失问题。

上一小节的末尾处提到了一些解决梯度消失问题的方法，这些方法在一定程度可以比较有效地解决在从网络的输出层到输入层方向上的梯度消失问题，但是对于时序方向上的梯度消失问题却是无能为力的。20 世纪 90 年代早期，德国计算机科学家塞普·霍赫赖特（Sepp Hochreiter）和尤尔根·施密德胡贝尔（Jürgen Schmidhuber）创造性地提出了一种能够有效地解决在时序方向上产生的梯度消失问题的新模型——**LSTM（Long Short Term Memory）**，如图 4-165 所示。LSTM 的出现，极大地推动了人工神经网络的发展和应用。目前，LSTM 已经成为自然语言处理方面的主力模型。

Sepp Hochreiter　Jürgen Schmidhuber

图 4-165　LSTM 的主要贡献者

LSTM 是 RNN 的一种变体（Variant）：单隐层单向 LSTM 对应于单隐层 URNN，多隐层单向 LSTM 对应于多隐层 URNN，单隐层双向 LSTM 对应于单隐层 BRNN，多隐层双向 LSTM 对应于多隐层 BRNN。接下来，我们只详细地描述一下单隐层单向 LSTM 的组成结构。为了术语的清晰性以及限定讨论的范围，我们下面用 RNN 来特指图 4-158 所示的单隐层 URNN，用 LSTM 来特指该单隐层 URNN 所对应的单隐层单向 LSTM。

对于图 4-158 所示的 RNN 的基本理解应该是，RNN 在 t 时刻的输出 $\boldsymbol{y}_{(t)}$ 直接与 t 时刻的隐含状态 $\boldsymbol{s}_{(t)}$ 有关[见式（4.161）]，而 t 时刻的隐含状态 $\boldsymbol{s}_{(t)}$ 又是与 t 时刻的输入 $\boldsymbol{x}_{(t)}$ 以及所有的历史输入信息 $\boldsymbol{x}_{(t-1)}$、$\boldsymbol{x}_{(t-2)}$ …… $\boldsymbol{x}_{(1)}$ 有关的[见式（4.160）并考虑该式的循环性]。如果矢量 $\boldsymbol{s}_{(t)}$ 的各个分量对矢量 $\boldsymbol{x}_{(t-k)}$ 的各个分量的偏导数接近于或等于 0，也即如果矢量 $\boldsymbol{s}_{(t)}$ 的取值几乎不会受到或完全不会受到矢量 $\boldsymbol{x}_{(t-k)}$ 的取值变化的影响，我们就说当前时刻（t 时刻）的隐含状态 $\boldsymbol{s}_{(t)}$ 已经大部分失去了或完全失去了对历史输入信息 $\boldsymbol{x}_{(t-k)}$ 的记忆。事实是，由于时序方向上的梯度消失问题的存在，当 k 的值较大或很大时，当前时刻的隐含状态 $\boldsymbol{s}_{(t)}$ 就会大部分失去或完全失去对 $\boldsymbol{x}_{(t-k)}$ 的记忆。也就是说，由于时序方向上的梯度消失问题的存在，当前时刻的隐含状态 $\boldsymbol{s}_{(t)}$ 仅仅只有**短时记忆（Short Term Memory）**能力而缺乏**长时记忆（Long Term Memory）**能力。显然，对于一个 RNN 来说，如果缺乏长时记忆能力，就无法对较长或很长的时间序列进行有效的处理，其实际应用也就会受到严格的限制。

如图 4-166 所示，为了增强长时记忆能力，LSTM 的做法是，在隐含层中保留原来的隐含状态 $\boldsymbol{s}_{(t)}$，同时在隐含层中引入一种新的状态 $\boldsymbol{c}_{(t)}$。$\boldsymbol{c}_{(t)}$ 称为**单元状态（Cell State）**，它可以用于有效地记住长时的历史信息。注意，与 $\boldsymbol{s}_{(t)}$ 一样，$\boldsymbol{c}_{(t)}$ 也是一个矢量，并且它的维数必须与隐含状态矢量 $\boldsymbol{s}_{(t)}$ 的维数相同。从图 4-166 中可以看到，LSTM 的单元状态 $\boldsymbol{c}_{(t)}$ 与隐含状态 $\boldsymbol{s}_{(t)}$ 之间有一个虚线箭头，这表明隐含状态 $\boldsymbol{s}_{(t)}$ 的取值是取决于单元状态 $\boldsymbol{c}_{(t)}$ 的取值的。

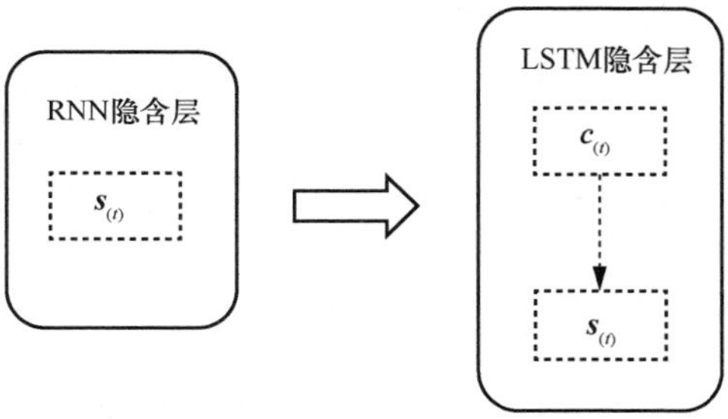

图 4-166　LSTM 引入了单元状态

将图 4-166 中的 LSTM 隐含层按时序展开，便得到图 4-167。图 4-167 表明，LSTM 当前时刻的单元状态和隐含状态取决于当前时刻的输入以及上一个时刻的单元状态和隐含状态。

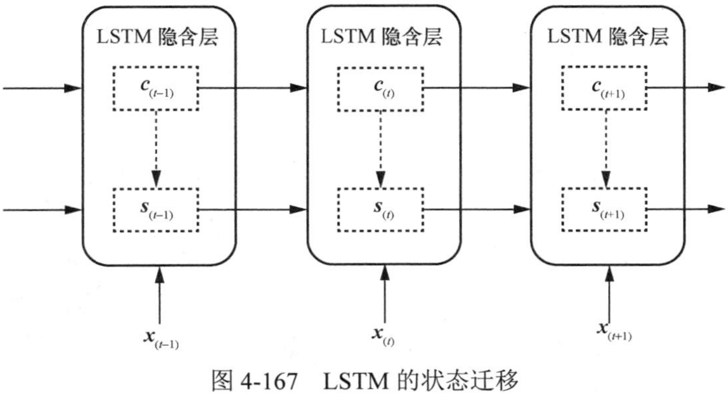

图 4-167　LSTM 的状态迁移

除了单元状态，LSTM 还引入了门（**Gate**）的概念。如图 4-168 所示，$\boldsymbol{x}$ 为门的输入矢量，$\boldsymbol{z}$ 为门的输出控制矢量，$\boldsymbol{y}$ 为门的输出矢量，$\boldsymbol{x}$、$\boldsymbol{z}$、$\boldsymbol{y}$ 均为维数相同的列矢量。注意，门的输出控制矢量 $\boldsymbol{z}$ 的各个分量的取值必须大于 0 且小于 1。

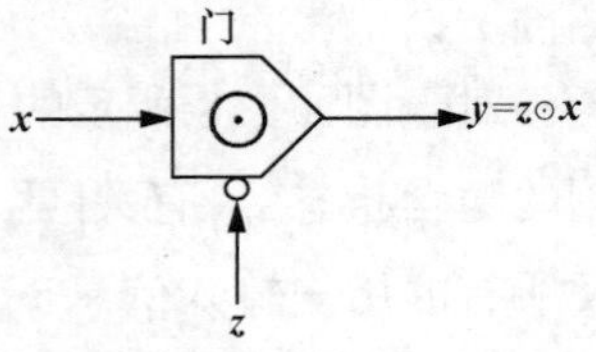

图 4-168　门的概念

那么，门的作用是什么呢？要回答这个问题，就得先了解一下矩阵的哈达玛乘积（Hadamard Product）。两个同型矩阵 $\boldsymbol{U}=(u_{ij})_{M\times N}$ 和 $\boldsymbol{V}=(v_{ij})_{M\times N}$，它们的哈达玛乘积定义为

$$\boldsymbol{U}\odot\boldsymbol{V}=(u_{ij})_{M\times N}\odot(v_{ij})_{M\times N}=(u_{ij}\times v_{ij})_{M\times N}$$

例如，如果 $\boldsymbol{U}=\begin{bmatrix}1 & -3\\3 & 0\end{bmatrix}$，$\boldsymbol{V}=\begin{bmatrix}-1 & -2\\2 & 1\end{bmatrix}$，则

$$\boldsymbol{U}\odot\boldsymbol{V}=\begin{bmatrix}1\times(-1) & (-3)\times(-2)\\3\times 2 & 0\times 1\end{bmatrix}=\begin{bmatrix}-1 & 6\\6 & 0\end{bmatrix}$$

两个同维数的矢量也可以进行哈达玛乘积，例如，如果矢量 $\boldsymbol{u}=[1\quad 2\quad -2]^{\mathrm{T}}$，矢量 $\boldsymbol{v}=[2\quad -3\quad -1]^{\mathrm{T}}$，则

$$\boldsymbol{u}\odot\boldsymbol{v}=\left[1\times 2\quad 2\times(-3)\quad (-2)\times(-1)\right]^{\mathrm{T}}=\left[2\quad -6\quad 2\right]^{\mathrm{T}}$$

门的作用就是对门的输入矢量进行某种灵活的增益处理之后再让其通过。如图 4-168 所示，门的输入矢量为 $\boldsymbol{x}$，门的输出控制矢量为 $\boldsymbol{z}$，$\boldsymbol{x}$ 在通过门之后将变为门的输出矢量 $\boldsymbol{y}=\boldsymbol{z}\odot\boldsymbol{x}$。例如，如果 $\boldsymbol{x}=[2\quad 1\quad -3]^{\mathrm{T}}$，$\boldsymbol{z}=[0.999\quad 0.999\quad 0.999]^{\mathrm{T}}$，则

$$\boldsymbol{y}=\boldsymbol{z}\odot\boldsymbol{x}=[1.998\quad 0.999\quad -2.997]^{\mathrm{T}}$$

可以将这种情况理解为门是完全敞开的。又例如，如果 $\boldsymbol{x}=[2\quad 1\quad -3]^{\mathrm{T}}$，$\boldsymbol{z}=[0.001\quad 0.001\quad 0.001]^{\mathrm{T}}$，则

$$\boldsymbol{y}=\boldsymbol{z}\odot\boldsymbol{x}=[0.002\quad 0.001\quad -0.003]^{\mathrm{T}}$$

可以将这种情况理解为门是完全关闭的。再例如，如果 $\boldsymbol{x}=[2\quad 1\quad -3]^{\mathrm{T}}$，$\boldsymbol{z}=[0.999\quad 0.001\quad 0.5]^{\mathrm{T}}$，则

$$\boldsymbol{y}=\boldsymbol{z}\odot\boldsymbol{x}=[1.998\quad 0.001\quad -1.5]^{\mathrm{T}}$$

可以将这种情况理解为门的有的部位是完全敞开的，有的部位是完全关闭的，有的部位是半开半闭的。

LSTM 在其隐含层中一共设置了 3 种门：第一种门是**遗忘门（Forget Gate，FG）**，它决定了上一个时刻的单元状态 $\boldsymbol{c}_{(t-1)}$ 有多少会通过遗忘门而成为当前时刻的单元状态 $\boldsymbol{c}_{(t)}$ 的一部分；第二种门是**输入门（Input Gate，IG）**，它决定了当前时刻的临时单元状态 $\hat{\boldsymbol{c}}_{(t)}$（注：后面会对 $\hat{\boldsymbol{c}}_{(t)}$ 进行介绍）有多少会通过输入门而成为当前时刻的单元状态 $\boldsymbol{c}_{(t)}$

的一部分；第三种门是**输出门（Output Gate，OG）**，它决定了当前时刻的单元状态 $\boldsymbol{c}_{(t)}$ 有多少会通过输出门而成为当前时刻的隐含状态 $\boldsymbol{s}_{(t)}$。

如图 4-169 所示，当前时刻的遗忘门的输出控制矢量的计算方法为

$$\boldsymbol{f}_{(t)}=\sigma\left(\boldsymbol{G}_f\begin{bmatrix}\boldsymbol{s}_{(t-1)}\\\hline\boldsymbol{x}_{(t)}\end{bmatrix}+\boldsymbol{b}_f\right)\tag{4.187}$$

在式（4.187）中，$\boldsymbol{x}_{(t)}$ 为 LSTM 的当前时刻的输入矢量，$\boldsymbol{s}_{(t-1)}$ 为 LSTM 的上一个时刻的隐含状态矢量，$\begin{bmatrix}\boldsymbol{s}_{(t-1)}\\\hline\boldsymbol{x}_{(t)}\end{bmatrix}$ 为 $\boldsymbol{s}_{(t-1)}$ 和 $\boldsymbol{x}_{(t)}$ 的行串接矩阵（请复习 2.1.11 小节中关于行串接矩阵的描述），$\boldsymbol{G}_f$ 为遗忘门的输出控制矢量的权重值矩阵，$\boldsymbol{b}_f$ 为遗忘门的输出控制矢量的偏置矢量，$\sigma(\cdot)$ 为逻辑函数，$\boldsymbol{f}_{(t)}$ 为当前时刻的遗忘门的输出控制矢量。

如图 4-170 所示，当前时刻的输入门的输出控制矢量的计算方法为

$$\boldsymbol{i}_{(t)}=\sigma\left(\boldsymbol{G}_i\begin{bmatrix}\boldsymbol{s}_{(t-1)}\\\hline\boldsymbol{x}_{(t)}\end{bmatrix}+\boldsymbol{b}_i\right)\tag{4.188}$$

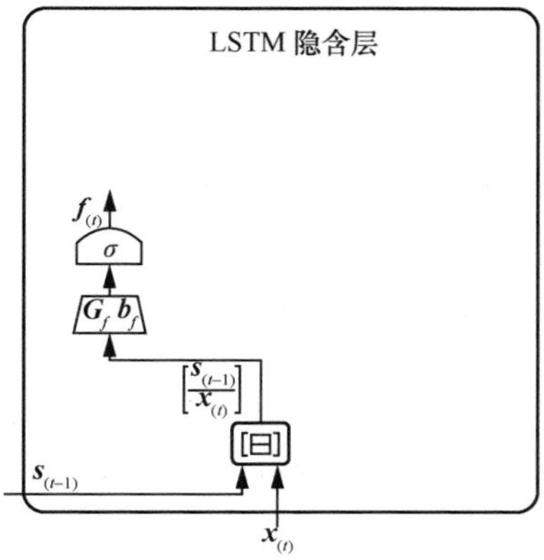

图 4-169　计算当前时刻的遗忘门的输出控制矢量 $\boldsymbol{f}_{(t)}$

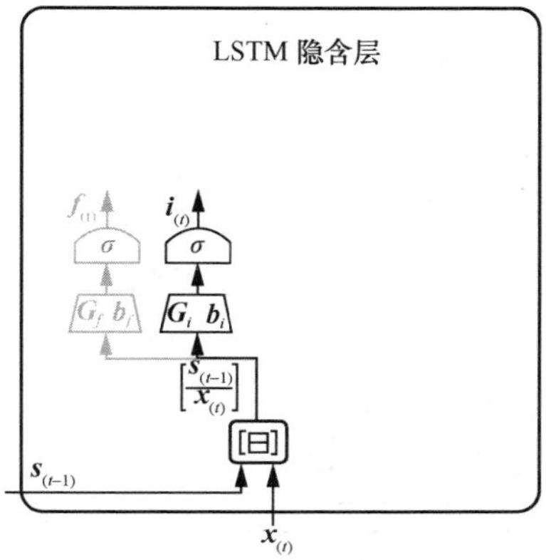

图 4-170　计算当前时刻的输入门的输出控制矢量 $\boldsymbol{i}_{(t)}$

在式（4.188）中，$\boldsymbol{x}_{(t)}$ 为 LSTM 的当前时刻的输入矢量，$\boldsymbol{s}_{(t-1)}$ 为 LSTM 的上一个时刻的隐含状态矢量，$\begin{bmatrix}\boldsymbol{s}_{(t-1)}\\\hline\boldsymbol{x}_{(t)}\end{bmatrix}$ 为 $\boldsymbol{s}_{(t-1)}$ 和 $\boldsymbol{x}_{(t)}$ 的行串接矩阵，$\boldsymbol{G}_i$ 为输入门的输出控制矢量的权重值矩阵，$\boldsymbol{b}_i$ 为输入门的输出控制矢量的偏置矢量，$\sigma(\cdot)$ 为逻辑函数，$\boldsymbol{i}_{(t)}$ 为当前时刻的输入门的输出控制矢量。

如图 4-171 所示，当前时刻的输出门的输出控制矢量的计算方法为

$$\boldsymbol{o}_{(t)}=\sigma\left(\boldsymbol{G}_o\begin{bmatrix}\boldsymbol{s}_{(t-1)}\\\hline\boldsymbol{x}_{(t)}\end{bmatrix}+\boldsymbol{b}_o\right)\tag{4.189}$$

在式（4.189）中，$\boldsymbol{x}_{(t)}$ 为 LSTM 的当前时刻的输入矢量，$\boldsymbol{s}_{(t-1)}$ 为 LSTM 的上一个时刻的隐含状态矢量，$\left[\dfrac{\boldsymbol{s}_{(t-1)}}{\boldsymbol{x}_{(t)}}\right]$ 为 $\boldsymbol{s}_{(t-1)}$ 和 $\boldsymbol{x}_{(t)}$ 的行串接矩阵，$\boldsymbol{G}_o$ 为输出门的输出控制矢量的权重值矩阵，$\boldsymbol{b}_o$ 为输出门的输出控制矢量的偏置矢量，$\sigma(\cdot)$ 为逻辑函数，$\boldsymbol{o}_{(t)}$ 为当前时刻的输出门的输出控制矢量。

LSTM 在隐含层中除了引入了单元状态 $\boldsymbol{c}_{(t)}$，还引入了临时单元状态 $\hat{\boldsymbol{c}}_{(t)}$。如图 4-172 所示，当前时刻的临时单元状态矢量的计算方法为

$$\hat{\boldsymbol{c}}_{(t)} = \tanh\left(\boldsymbol{G}_c\left[\frac{\boldsymbol{s}_{(t-1)}}{\boldsymbol{x}_{(t)}}\right] + \boldsymbol{b}_c\right) \tag{4.190}$$

在式（4.190）中，$\boldsymbol{x}_{(t)}$ 为 LSTM 的当前时刻的输入矢量，$\boldsymbol{s}_{(t-1)}$ 为 LSTM 的上一个时刻的隐含状态矢量，$\left[\dfrac{\boldsymbol{s}_{(t-1)}}{\boldsymbol{x}_{(t)}}\right]$ 为 $\boldsymbol{s}_{(t-1)}$ 和 $\boldsymbol{x}_{(t)}$ 的行串接矩阵，$\boldsymbol{G}_c$ 为临时单元状态的权重值矩阵，$\boldsymbol{b}_c$ 为临时单元状态的偏置矢量，$\tanh(\cdot)$ 为双曲正切函数，$\hat{\boldsymbol{c}}_{(t)}$ 为当前时刻的临时单元状态矢量。

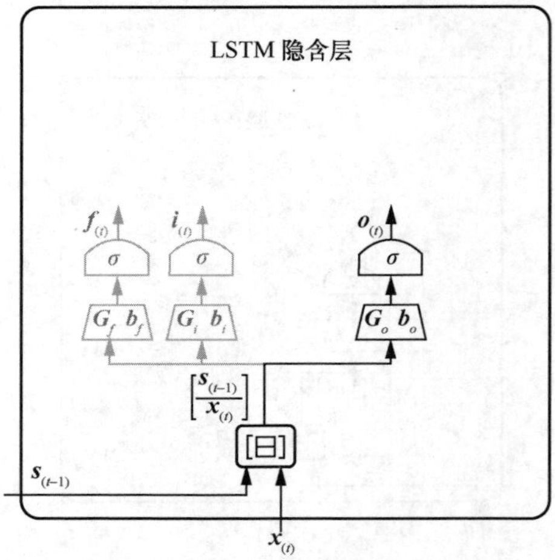

图 4-171 计算当前时刻的输出门的输出控制矢量 $\boldsymbol{o}_{(t)}$

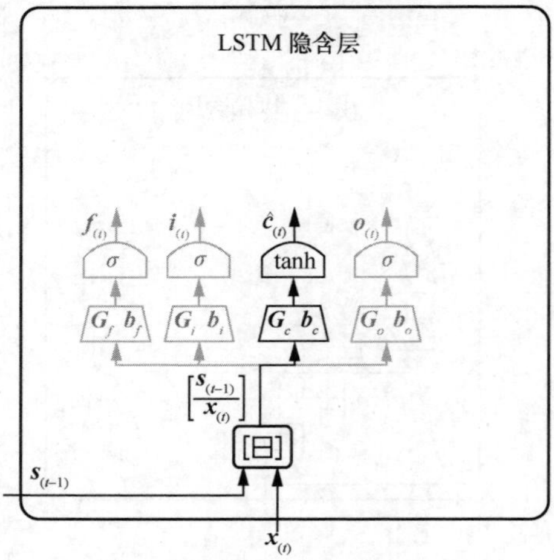

图 4-172 计算当前时刻的临时单元状态矢量 $\hat{\boldsymbol{c}}_{(t)}$

如图 4-173 所示，当前时刻的单元状态矢量 $\boldsymbol{c}_{(t)}$ 的计算方法为

$$\boldsymbol{c}_{(t)} = \boldsymbol{f}_{(t)} \odot \boldsymbol{c}_{(t-1)} + \boldsymbol{i}_{(t)} \odot \hat{\boldsymbol{c}}_{(t)} \tag{4.191}$$

式（4.191）表明，当前时刻的单元状态 $\boldsymbol{c}_{(t)}$ 是由两项相加而成的：第一项 $\boldsymbol{f}_{(t)} \odot \boldsymbol{c}_{(t-1)}$ 反映了上一个时刻的单元状态 $\boldsymbol{c}_{(t-1)}$ 通过遗忘门后还有多少能够留存作为当前时刻的单元状态的一部分，第二项 $\boldsymbol{i}_{(t)} \odot \hat{\boldsymbol{c}}_{(t)}$ 反映了当前时刻的临时单元状态通过输入门后还有多少能够成为当前时刻的单元状态的一部分。由此可知，当前时刻的单元状态既有过去的印迹，又有现时的影响，二者的分量分别取决于遗忘门和输入门的各个控制参数。

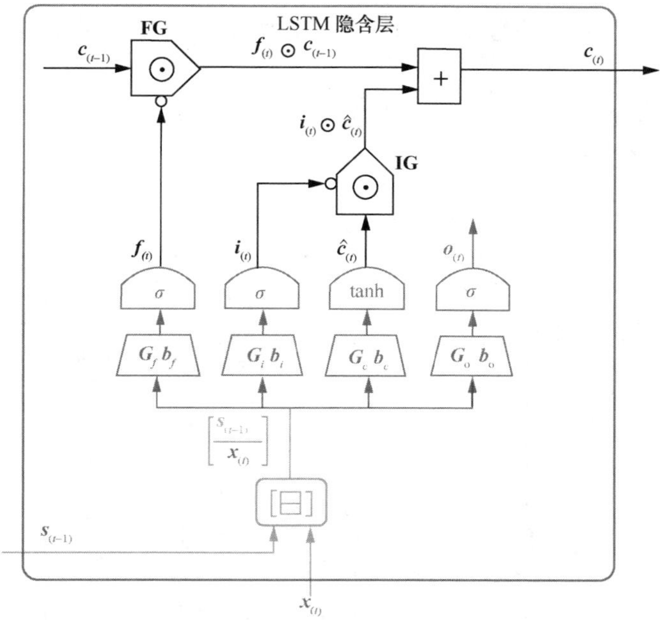

图 4-173　计算当前时刻的单元状态矢量 $\boldsymbol{c}_{(t)}$

如图 4-174 所示，当前时刻的隐含状态矢量 $\boldsymbol{s}_{(t)}$ 的计算方法为

$$\boldsymbol{s}_{(t)} = \boldsymbol{o}_{(t)} \odot \tanh(\boldsymbol{c}_{(t)}) \tag{4.192}$$

式（4.192）表明，当前时刻的单元状态 $\boldsymbol{c}_{(t)}$ 经过双曲正切函数映射，再通过输出门之后，便得到了当前时刻的隐含状态 $\boldsymbol{s}_{(t)}$。

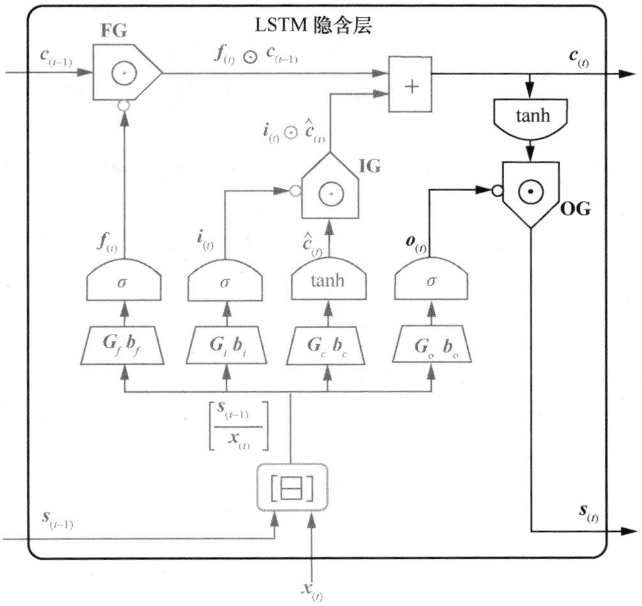

图 4-174　计算当前时刻的隐含状态矢量 $\boldsymbol{s}_{(t)}$

至此，我们便得到了完整的、如图 4-175 所示的 LSTM 隐含层的组成结构示意图。在图 4-175 中，各个矢量均为列矢量，形式上均是列数为1的矩阵。如果矢量 $\boldsymbol{x}_{(t)}$ 的维数是 N，矢量 $\boldsymbol{s}_{(t)}$ 的维数是 M，则矢量 $\boldsymbol{b}_f$、$\boldsymbol{b}_i$、$\boldsymbol{b}_c$、$\boldsymbol{b}_o$、$\boldsymbol{f}_{(t)}$、$\boldsymbol{i}_{(t)}$、$\hat{\boldsymbol{c}}_{(t)}$、$\boldsymbol{o}_{(t)}$、$\boldsymbol{c}_{(t)}$ 的维数都必须是 M，矩阵 $\boldsymbol{G}_f$、$\boldsymbol{G}_i$、$\boldsymbol{G}_c$、$\boldsymbol{G}_o$ 的行数都必须是 M、列数都必须是 $M+N$。

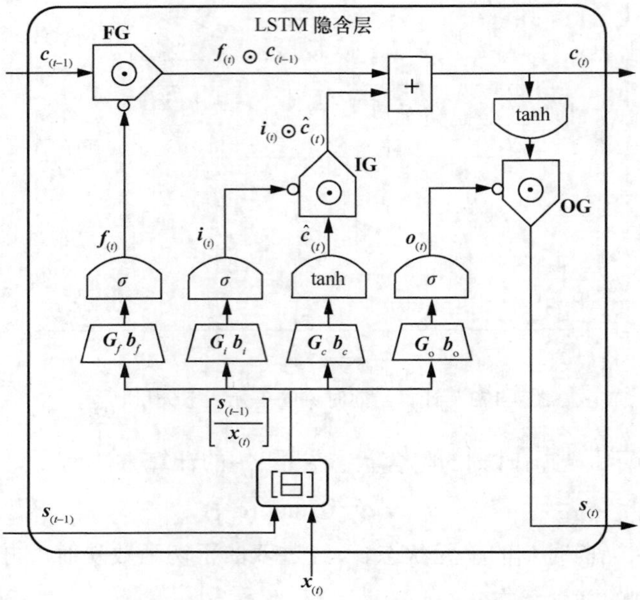

图 4-175 LSTM 隐含层的组成结构

根据图 4-167 和图 4-175，并参照图 4-158，我们可以得到图 4-176 所示的展开形式的 LSTM。针对图 4-158 所示的 RNN 和图 4-176 所示的 LSTM，有以下几点总结性的说明。

- LSTM 引入了遗忘门、输入门、输出门、临时单元状态、单元状态，这些概念都是 RNN 所没有的。
- 在 RNN 中，$\boldsymbol{s}_{(t)}$ 与 $\boldsymbol{x}_{(t)}$ 和 $\boldsymbol{s}_{(t-1)}$ 之间的关系由式（4.160）确定；在 LSTM 中，$\boldsymbol{s}_{(t)}$ 与 $\boldsymbol{x}_{(t)}$ 和 $\boldsymbol{s}_{(t-1)}$ 之间的关系由式（4.187）～式（4.192）共同确定。
- 在 RNN 中，$\boldsymbol{y}_{(t)}$ 与 $\boldsymbol{s}_{(t)}$ 之间的关系由式（4.161）确定；在 LSTM 中，$\boldsymbol{y}_{(t)}$ 与 $\boldsymbol{s}_{(t)}$ 之间的关系同样也是由式（4.161）确定。也就是说，LSTM 的隐含层与输出层之间的关系是与 RNN 一样的。
- 在 RNN 中，需要通过训练进行优化的模型参数有 $\boldsymbol{U}$、$\boldsymbol{W}$、$\boldsymbol{V}$、$\boldsymbol{\theta}^{[1]}$、$\boldsymbol{\theta}^{[2]}$；在 LSTM 中，需要通过训练进行优化的模型参数有 $\boldsymbol{G}_f$、$\boldsymbol{G}_i$、$\boldsymbol{G}_c$、$\boldsymbol{G}_o$、$\boldsymbol{b}_f$、$\boldsymbol{b}_i$、$\boldsymbol{b}_c$、$\boldsymbol{b}_o$、$\boldsymbol{V}$、$\boldsymbol{\theta}^{[2]}$。
- LSTM 的训练和 RNN 的训练均采用 BPTT 算法，但 LSTM 的训练比 RNN 的训练在细节上要更为复杂。

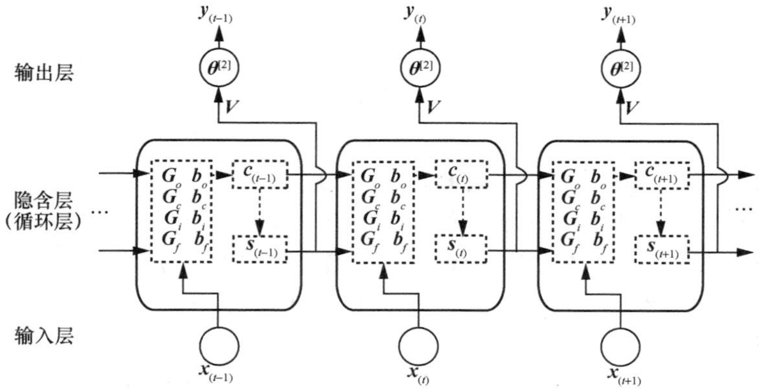

图 4-176　展开形式的 LSTM

到此为止，我们即将结束本书原理部分的内容。在结束之前，我们来简单地说一说人工神经网络的三次研究热潮。读者朋友们应该还记得，在 4.2.3 小节和 4.3.6 小节中，我们分别说过了人工神经网络的第一次和第二次研究热潮。那么，第三次研究热潮又是怎样的说法呢？为了免去作文之苦，笔者想到了直接求助于 ChatGPT。

笔者：

请简单地说一说人工神经网络的三次研究热潮。

ChatGPT：

当提到人工神经网络的三次研究热潮时，通常指的是以下三个重要时期。

第一次研究热潮（1950—1960 年）：这是人工神经网络的起源阶段。神经网络的概念最早由 Warren McCulloch 和 Walter Pitts 于 1943 年提出。在这个时期，人们开始研究神经元模型和神经网络的基本原理。Frank Rosenblatt 于 1958 年提出了著名的感知器模型，这是一种最简单的神经网络模型。1969 年，感知器模型的理论局限性被发现，这次热潮也就随之而退去。

第二次研究热潮（1980—1990 年）：在这个时期，研究者们开始探索更复杂的神经网络结构和学习算法。Hopfield 网络、反向传播算法和循环神经网络（RNN）等重要的神经网络模型和算法被提出。后来，一些限制性的因素，主要是计算能力和数据量的限制，导致了研究的停滞。

第三次研究热潮（2010 年至今）：随着计算能力的提升和大数据的普及，神经网络再次受到广泛关注。深度学习的复兴成为这个时期的重要标志，特别是卷积神经网络（CNN）和 LSTM 网络的应用。这些模型在计算机视觉、自然语言处理和语音识别等领域取得了大量突破性的实际应用成果。

关于人工神经网络的研究热潮，以下是一些相关链接供您参考。

……

希望这些资源能够帮助您更深入地了解人工神经网络的研究热潮。如果您有关于代码方面的问题，请随时提问。

习题 4

1.【单选题】下列陈述中最接近事实的是（　　）。

A. 人脑中包含了约 1 亿个神经元　　B. 人脑中包含了约 10 亿个神经元

C. 人脑中包含了约 100 亿个神经元　　D. 人脑中包含了约 1,000 亿个神经元

2.【单选题】不同神经元之间的连接部位是（　　）。

A. 树突　　B. 突触　　C. 轴突

3.【多选题】关于人脑相较于计算机的优势，下列说法中正确的是（　　）。

A. 人脑具有极强的学习能力　　B. 人脑具有极强的顽健性

C. 人脑精于模糊信息的处理　　D. 人脑具有高度并行的计算和存储能力

4.【单选题】MCP 模型的问世之年是（　　）。

A. 1943 年　　B. 1958 年　　C. 1969 年　　D. 1986 年

5.【单选题】Perceptron（感知器）模型的问世之年是（　　）。

A. 1943 年　　B. 1958 年　　C. 1969 年　　D. 1986 年

6.【多选题】下列陈述中错误的是（　　）。

A. 采用感知器训练算法来训练感知器解决非线性可分的分类问题时，如果学习率的取值足够小，迭代训练的次数足够多，则训练就是有可能完全收敛的

B. SLP 中的各个感知器是串行连接的

C. SLP 可以解决一些非常简单的非线性可分的分类问题

D. MLP 中的隐含层神经元不具备任何信息处理功能，只是扮演了占位符的角色

7.【单选题】图 4-177 给出了 MLP-U 和 MLP-V 的结构和参数，神经元的激活函数均为单位阶跃函数，则下列陈述中正确的是（　　）。

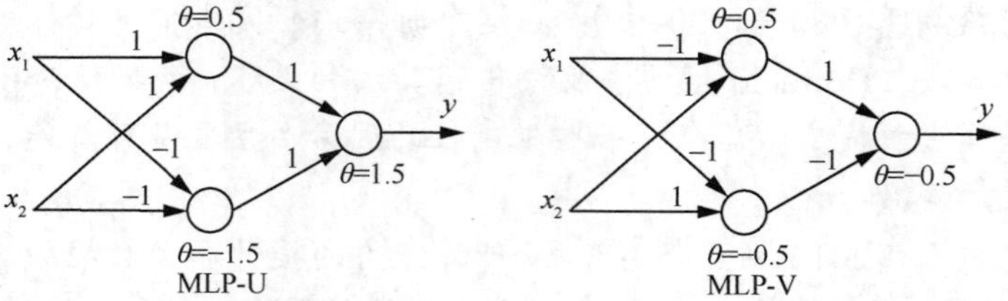

图 4-177　MLP 的结构和参数

A. MLP-U 对 XOR 问题给出了正确解；MLP-V 对 XOR 问题给出了错误解

B. MLP-U 对 XOR 问题给出了错误解；MLP-V 对 XOR 问题给出了正确解

C. MLP-U 和 MLP-V 对 XOR 问题都给出了正确解

D. MLP-U 和 MLP-V 对 XOR 问题都给出了错误解

8.【多选题】下列陈述中错误的是（　　）。

A. 在使用 BP 算法训练 MLP 的过程中，只会涉及前向计算，不会涉及后向计算

B. 在使用 BP 算法训练 MLP 的过程中，只会涉及后向计算，不会涉及前向计算

C. 在使用 BP 算法训练 MLP 的过程中，既会涉及前向计算，也会涉及后向计算

9.【多选题】下列陈述中错误的是（　　）。

A. 使用BP算法训练MLP，如果模型参数的初始值不同，则训练收敛的速度就有可能不同，但最终的训练收敛结果不会改变

B. 使用BP算法训练MLP，如果学习率的取值不同，则训练收敛的速度就有可能不同，但最终的训练收敛结果不会改变

C. 使用BP算法训练MLP，如果学习率的取值太大，就有可能因过冲而导致训练收敛的速度变慢，所以学习率的取值总是越小越好

10.【单选题】MLP的规模如果太大，则很容易导致（　　）。

A. 欠训练问题　　B. 过度训练问题

C. 欠拟合问题　　D. 过拟合问题

11.【单选题】如果图像（数表）X 和卷积核 K 分别为

$$X=\begin{bmatrix}2 & 0 & 2 & 4 & 1\\ 4 & 1 & -1 & 1 & 0.5\\ 6 & -0.5 & -5.5 & -7.5 & 0.25\end{bmatrix}\quad K=\begin{bmatrix}1 & 0.5\\ 0 & -1\end{bmatrix}$$

则 X 与 K 的卷积运算结果为（　　）。

A. $\begin{bmatrix}1 & 3 & 5 & 7\\ 2 & 4 & 6 & 1\end{bmatrix}$　　B. $\begin{bmatrix}1 & 2 & 3 & 4\\ 5 & 6 & 7 & 8\end{bmatrix}$　　C. $\begin{bmatrix}1 & 2 & 3 & 4\\ 5 & 6 & 7 & 1\end{bmatrix}$

12.【单选题】如果图像（数表）X 为

$$X=\begin{bmatrix}1 & 6 & 4 & 3 & 8 & 6\\ 2 & 8 & 3 & 4 & 1 & 1\\ 5 & 9 & 2 & 9 & 4 & 5\\ 6 & 5 & 3 & 7 & 7 & 2\end{bmatrix}$$

则 X 经过水平池化步幅为2、垂直池化步幅为2、池化尺寸为 2×2 的最大池化运算后，得到的池化特征映射图应该是（　　）。

A. $\begin{bmatrix}1 & 3 & 1\\ 5 & 2 & 2\end{bmatrix}$　　B. $\begin{bmatrix}8 & 4 & 8\\ 9 & 9 & 7\end{bmatrix}$　　C. $\begin{bmatrix}1 & 4 & 8\\ 5 & 2 & 4\end{bmatrix}$

13.【多选题】LSTM的隐含层中有3种门，它们是（　　）。

A. 遗忘门　　B. 单元门　　C. 输出门

D. 状态门　　E. 输入门

第 5 章 编程实验

主要内容

5.1 实验环境安装

5.2 线性回归

5.3 逻辑回归

5.4 K-Means 与 GNB

5.5 MindSpore 基础

5.6 手写体数字识别

5.1 实验环境安装

5.1.1 安装 Python

Jyh 是笔者姓名拼音的缩写，所以笔者在计算机的 D 盘下创建了名为 jyh 的文件夹，并准备将 Python 的安装目录指定为 D:\jyh。另外，笔者还在 D 盘下创建了名为 jyh-program 的文件夹，并在 jyh-program 这个文件夹中创建了名为 jyh-data 的文件夹，准备将自编的程序文件放在 D:\jyh-program 这个目录下，将自编程序所需的数据文件放在 D:\jyh-program\jyh-data 这个目录下。另外，笔者还在 jyh-data 这个文件夹中创建了名为 MNIST 的文件夹，并在 MNIST 这个文件夹中分别创建了名为 train 和 test 的文件夹。需要说明的是，以上只是笔者计算机上的目录结构，读者朋友们应该根据自己的情况和偏好在计算机上做出相应的目录规划。

如图 5-1 所示，让计算机处于联网状态，然后打开网络浏览器，并在浏览器的地址栏输入 Python 的官网地址，按“Enter”键后即可看到 Python 官网首页。

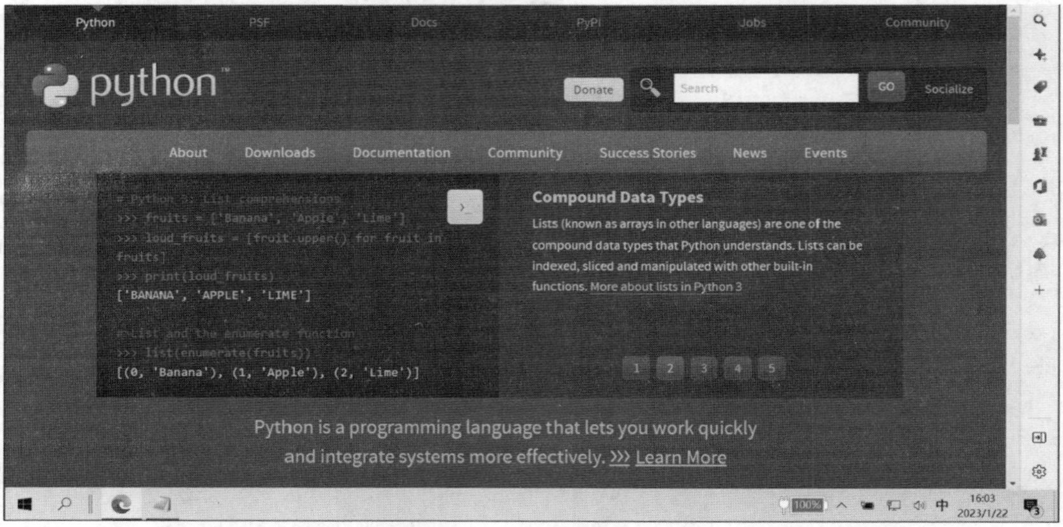

图 5-1 Python 官网首页

如图 5-2 所示，将鼠标移至图 5-1 中的 Downloads 选项后，会出现一个弹窗，弹窗中有 All releases、Source code、Windows、macOS 等选项。

笔者的计算机是 Windows 10 系统，故需单击图 5-2 弹窗中的 Windows 选项。单击之后会出现专门针对 Windows 系统的各个 Python 版本，如图 5-3 所示。在图 5-3 中，左边一列显示的是一些稳定版本（Stable Releases）。

在图 5-3 所示的界面中向下滚动，找到稳定版本 Python3.7.8-June 27,2020，如图 5-4 所示。

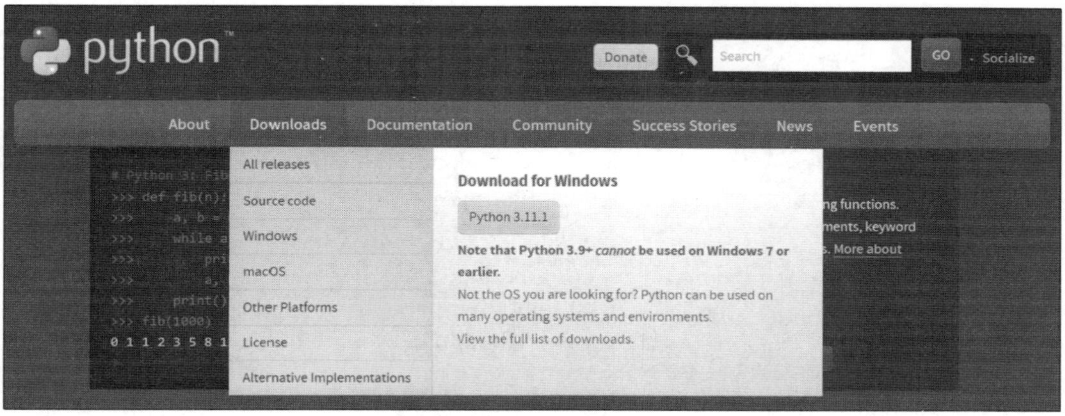

图 5-2　Downloads 选项

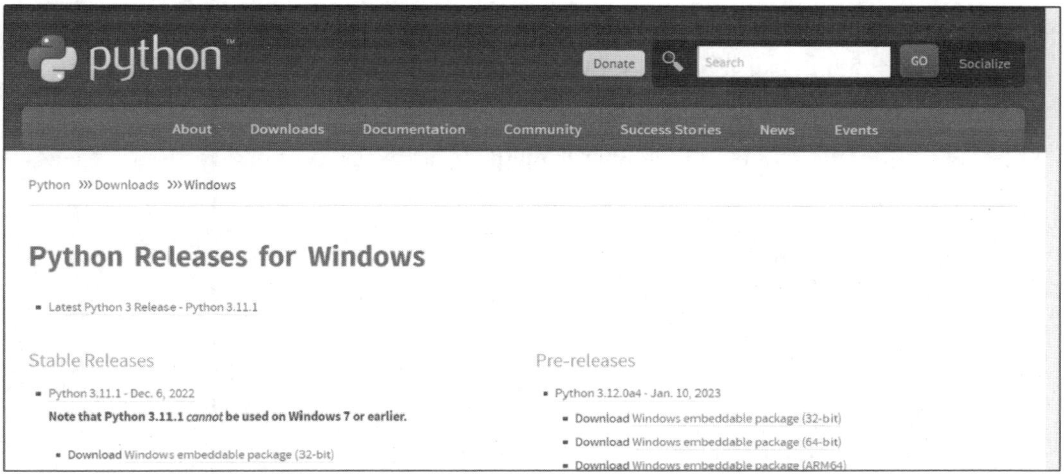

图 5-3　针对 Windows 系统的 Python 版本

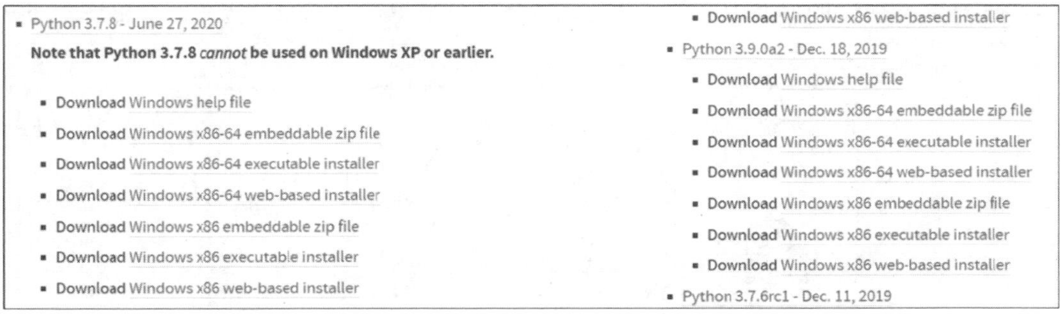

图 5-4　Python 3.7.8

单击图 5-4 左边一列中的“Download Windows x86-64 executable installer”选项，下载安装程序。下载完成后，会得到文件名为 python-3.7.8-amd64 的可执行文件。双击执行该文件之后，将出现图 5-5 所示的安装程序界面。

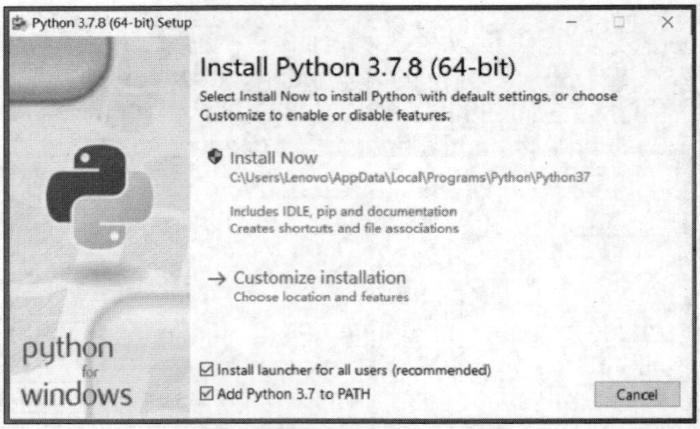

图 5-5　安装程序界面（开始页）

在图 5-5 所示的界面中，一定要勾选“Add Python 3.7 to PATH”选框。“Install launcher for all users(recommended)”选框能够勾选就将它勾选。然后，单击“Customize installation”选项后会出现图 5-6 所示的界面。

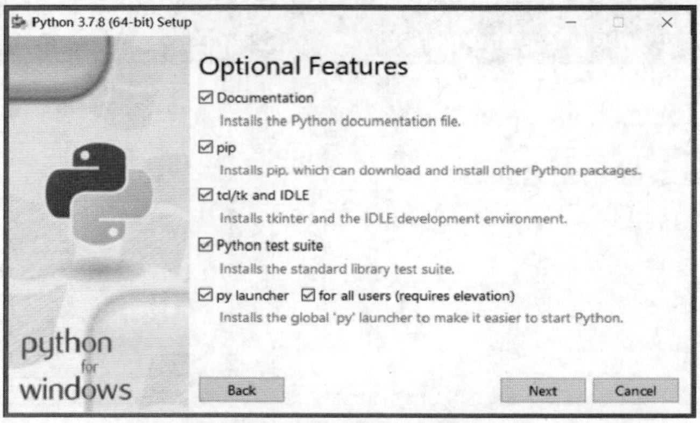

图 5-6　安装程序界面（可选特性）

在图 5-6 所示的界面中，勾选所有的选框，然后单击“Next”按钮，会出现图 5-7 所示的界面。

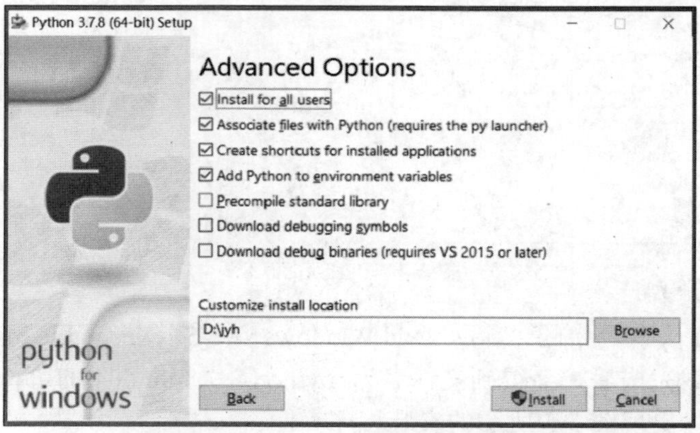

图 5-7　安装程序界面（高级选项）

在图 5-7 所示的界面中，勾选前面 4 个选框，然后单击“Browse”按钮，将安装位置指定为 D:\jyh。确认安装位置无误后，单击“Install”按钮开始正式安装，安装完成后会出现图 5-8 所示的界面。

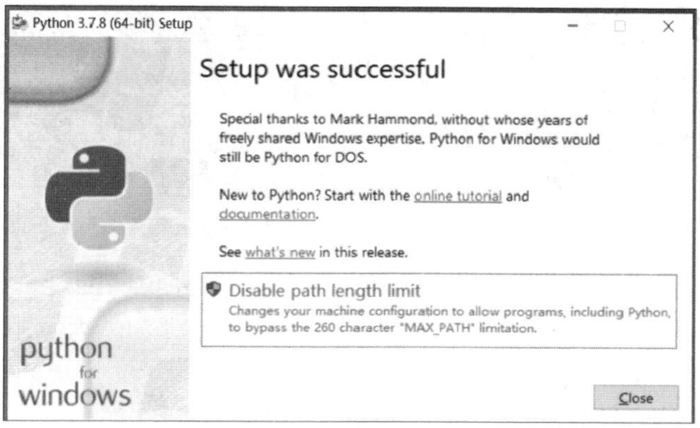

图 5-8　安装程序界面（结束页 1）

在图 5-8 所示的界面中，单击“Disable path length limit”选项，然后会出现图 5-9 所示的界面。

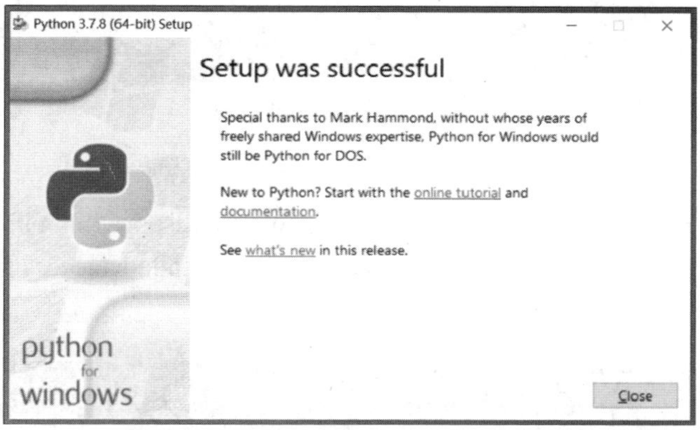

图 5-9　安装程序界面（结束页 2）

在图 5-9 所示的界面中，单击“Close”按钮，结束安装。

如图 5-10 所示，打开 cmd 命令行界面，在任意工作目录下输入 python 命令并按“Enter”键。如果出现 Python 3.7.8 等回显信息以及提示符>>>，则说明 Python 3.7.8 已经安装成功并已开始运行。

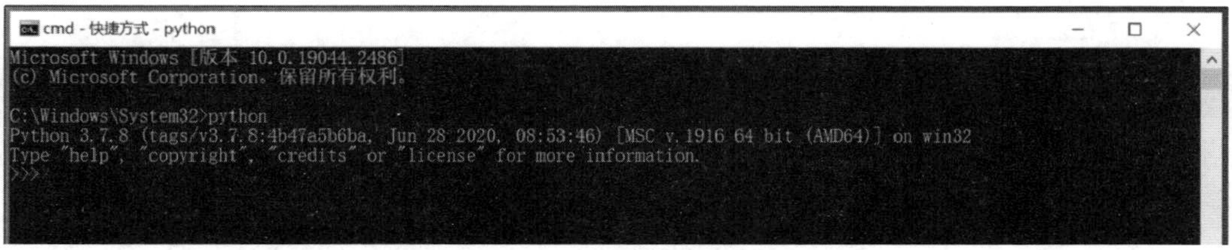

图 5-10　验证 Python 是否安装成功

如图 5-11 所示，在提示符>>>下按“Ctrl+z”快捷键，再按“Enter”键，即可让 Python 退出运行状态。

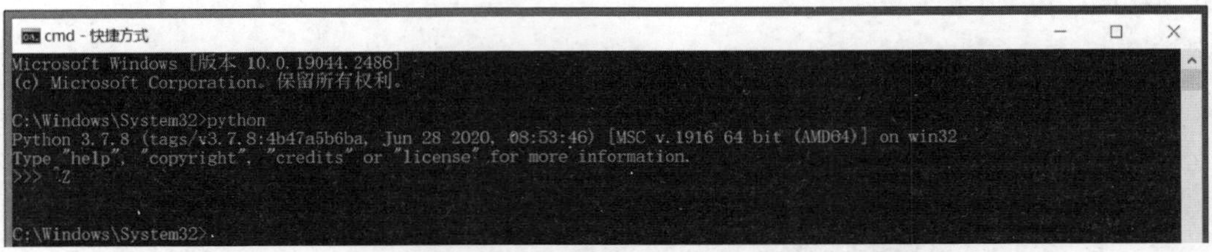

图 5-11 退出 Python

至此，我们就完成了 Python 3.7.8 的安装工作。需要说明的是，我们将安装和使用的 MindSpore 的版本号是 1.7.1，考虑到版本的兼容性问题，所以务请读者朋友们安装和使用版本为 3.7.x 的 Python。

5.1.2 安装 MindSpore

如图 5-12 所示，让计算机处于联网状态，在 cmd 命令行界面中的任意工作目录下输入并执行安装 MindSpore 的命令。注意，命令中的 1.7.1 就是所安装的 MindSpore 的版本号。

图 5-12 安装 MindSpore

如图 5-13 所示，待 MindSpore 安装完成之后，在 cmd 命令行界面中的任意工作目录下输入并执行命令“python c "import mindspore;mindspore.run_check()"”。如果出现“MindSpore version: 1.7.1”以及“MindSpore has been installed successfully”等回显信息，则说明 MindSpore 1.7.1 已经安装成功。

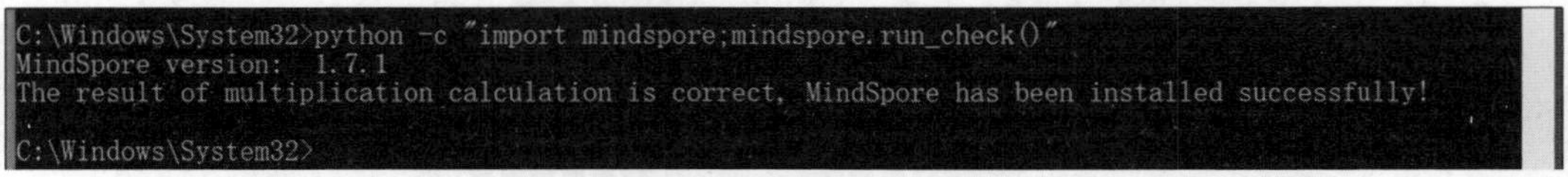

图 5-13 验证 MindSpore 是否安装成功

5.1.3 安装 Jupyter

如图 5-14 所示，让计算机处于联网状态，然后在 cmd 命令行界面中的任意工作目录下输入并执行安装 Jupyter 的命令。

图 5-14 安装 Jupyter

如图 5-15 所示，待 Jupyter 安装完成之后，在 cmd 命令行界面中的 D:\jyh-program 目录下输入并执行命令“jupyter notebook”，以启动 jupyter notebook 程序开发环境。

图 5-15 启动 jupyter notebook

“jupyter notebook”命令执行之后，如果出现了图 5-16 所示的 Web 页面，则说明 Jupyter 已经安装成功，并且 jupyter notebook 已经启动。从图 5-16 中可以看到，此时 D:\jyh-program 目录下还没有任何程序文件，只有笔者事先在 D:\jyh-program 目录下创建的文件夹 jyh-data。有了图 5-16 所示的程序开发环境，我们就可以灵活方便地编写和运行 Python 程序代码了。

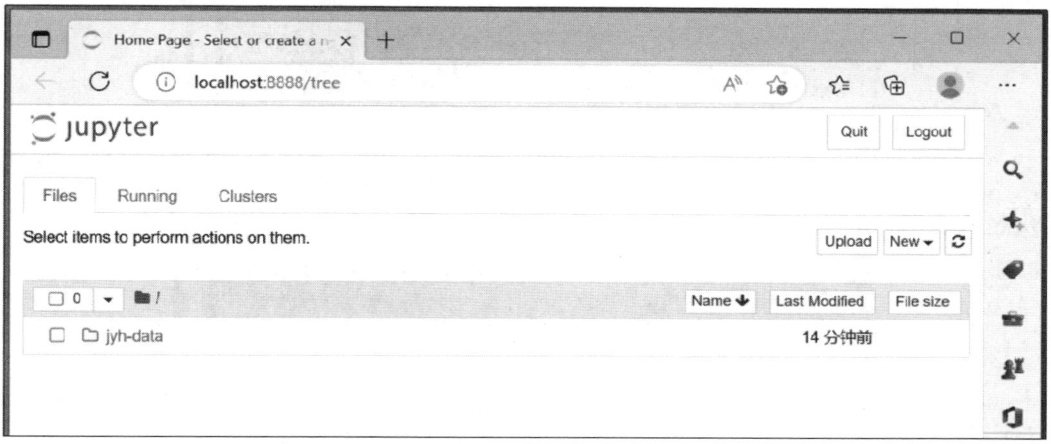

图 5-16 jupyter notebook 程序开发环境

由于我们还要继续安装几个工具库，所以现在需要关闭图 5-16 所示的 Web 页面，然后在 cmd 命令行界面中按“Ctrl+c”快捷键以退出 Python 内核的运行。

5.1.4 安装工具库

让计算机处于联网状态，然后在 cmd 命令行界面中的任意工作目录下输入并执行安装 NumPy 的命令，如图 5-17 所示。

图 5-17 安装 NumPy

待 NumPy 安装完成之后，在 cmd 命令行界面中的任意工作目录下输入并执行命令“python -c "import numpy"”。如果没有出现任何报错信息，则说明 NumPy 已经安装成功，如图 5-18 所示。

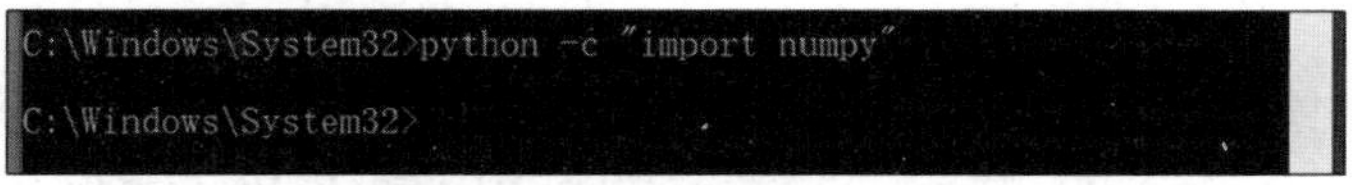

图 5-18 验证 NumPy 是否安装成功

让计算机处于联网状态，然后在 cmd 命令行界面中的任意工作目录下输入并执行安装 Matplotlib 的命令，如图 5-19 所示。

```
C:\Windows\System32>pip install matplotlib
```

图 5-19　安装 Matplotlib

待 Matplotlib 安装完成之后，在 cmd 命令行界面中的任意工作目录下输入并执行命令“python -c "import matplotlib"”。如果没有出现任何报错信息，则说明 Matplotlib 已经安装成功，如图 5-20 所示。

```
C:\Windows\System32>python -c "import matplotlib"

C:\Windows\System32>
```

图 5-20　验证 Matplotlib 是否安装成功

让计算机处于联网状态，然后在 cmd 命令行界面中的任意工作目录下输入并执行安装 SciPy 的命令，如图 5-21 所示。

```
C:\Windows\System32>pip install scipy
```

图 5-21　安装 SciPy

待 SciPy 安装完成后，在 cmd 命令行界面中的任意工作目录下输入并执行命令“python -c "import scipy"”。如果没有出现任何报错信息，则说明 SciPy 已经安装成功，如图 5-22 所示。

```
C:\Windows\System32>python -c "import scipy"

C:\Windows\System32>
```

图 5-22　验证 SciPy 是否安装成功

让计算机处于联网状态，然后在 cmd 命令行界面中的任意工作目录下输入并执行安装 scikit-learn 的命令，如图 5-23 所示。

```
C:\Windows\System32>pip install scikit-learn -i https://pypi.tuna.tsinghua.edu.cn/simple
```

图 5-23　安装 scikit-learn

待 scikit-learn 安装完成后，在 cmd 命令行界面中的任意工作目录下输入并执行命令“python -c "import sklearn"”，如果没有出现任何报错信息，则说明 scikit-learn 已经安装成功，如图 5-24 所示。

```
C:\Windows\System32>python -c "import sklearn"

C:\Windows\System32>
```

图 5-24　验证 scikit-learn 是否安装成功

注意，由于工具库之间的依赖性关系，所以在安装 scikit-learn 之前，必须确保 NumPy、Matplotlib、SciPy 都已经成功安装。另外，敬请读者朋友们自行去学习了解关于 NumPy、Matplotlib、SciPy、scikit-learn 这几个工具库的基本知识。

5.2　线性回归

5.2.1　示例验证

在 3.5.1 小节中，我们给出了一个非常简单的线性回归的例子，如图 3-24 所示。在本小节中，我们将通过编程实验来对这个例子进行验证。

打开 cmd 命令行界面，在 D:\jyh-program 目录下启动 jupyter notebook 程序开发环境，在程序开发环境中新建一个名为 P-5.2.1 的 Python 程序文件并完成代码编写工作。以下是程序代码及其描述和分析。

图 5-25 所示是 P-5.2.1 的代码片段 1，其作用是引入 NumPy、Python 绘图工具 pyplot 以及基本的线性回归模型 LinearRegression。注意，LinearRegression 是一个类名（Class Name）。

```
#########    线性回归示例验证    #########
import numpy as np   #引入NumPy
import matplotlib.pyplot as plt   #引入绘图工具
from sklearn.linear_model import LinearRegression   #引入线性回归模型
```

图 5-25　P-5.2.1 的代码片段 1

图 5-26 所示是 P-5.2.1 的代码片段 2，它定义了一个名为 display 的函数，该函数规定了绘图时横纵坐标的标注符号，同时还限定了横纵坐标的显示范围。

```
def display():
    plt.figure(figsize = (2.5, 2.5))
    plt.xlabel("x")   #横坐标标记为x
    plt.ylabel("y")   #纵坐标标记为y
    plt.xlim(-4, 3)   #限定横坐标的显示范围为从-4到3
    plt.ylim(-4, 9)   #限定纵坐标的显示范围为从-4到9
```

图 5-26　P-5.2.1 的代码片段 2

图 5-27 所示是 P-5.2.1 的代码片段 3，其作用是画出（−2，0）、（1，3）、（2，8）这 3 个样本点的位置分布图。

```
print("样本点的位置分布情况如下：")
x = np.array([-2, 1, 2]).reshape(-1, 1)   #3个样本点的横坐标分别为-2, 1, 2
y = np.array([0, 3, 8])   #3个样本点的纵坐标分别为0, 3, 8
display()
plt.scatter(x, y, marker = "o", c = "k",  edgecolor = "k")   #画出3个样本点的位置分布情况
plt.show()
```

图 5-27　P-5.2.1 的代码片段 3

图 5-28 所示是 P-5.2.1 的代码片段 4，其中的 lr 是属于 LinearRegression 这个类的一个实例，lr.fit(x,y)这条语句的作用是用（−2，0）、（1，3）、（2，8）这 3 个样本点对 lr 模型进行训练，训练完成后即可得到最优的拟合直线。

```
lr = LinearRegression()  #创建名为lr的线性回归模型实例
lr.fit(x,y)  #用样本点数据对lr模型进行训练
```

图 5-28　P-5.2.1 的代码片段 4

图 5-29 所示是 P-5.2.1 的代码片段 5，其作用是打印显示出拟合直线的斜率、截距以及相应的数学方程式。

```
w = lr.coef_[0]  #将拟合直线的斜率赋值给w
b = lr.intercept_  #将拟合直线的截距赋值给b
print("拟合直线的斜率为： w =", w)  #打印显示拟合直线的斜率值
print("拟合直线的截距为： b =", b)  #打印显示拟合直线的截距值
print("拟合直线的方程为： y = {}x + ({})".format(w, b))  #打印显示拟合直线的方程
```

图 5-29　P-5.2.1 的代码片段 5

图 5-30 所示是 P-5.2.1 的代码片段 6，其作用是将拟合直线和 3 个样本点的位置分布情况同时显示在一张图中。

```
print("拟合直线与样本点的位置关系图如下：")
display()
plt.scatter(x, y, marker = "o", c = "k", edgecolor = "k")  #画出3个样本点的位置分布情况
plt.plot([-4, 3], [-4*w+b, 3*w+b], "k-")  #画出拟合直线
plt.show()
```

图 5-30　P-5.2.1 的代码片段 6

图 5-31 所示是 P-5.2.1 的代码片段 7，其作用是计算 x=−3 时相应的 y 的预测值，并打印显示出预测结果。

```
t_x = np.array([-3]).reshape(-1,1) #假定横坐标为-3
t_y = lr.predict(t_x)  #计算横坐标-3所对应的纵坐标的预测值
print("如果x的取值为",t_x[0, 0],", 则y的预测值为",t_y[0], ", 请见下图：")
```

图 5-31　P-5.2.1 的代码片段 7

图 5-32 所示是 P-5.2.1 的代码片段 8，也是最后一个代码片段，其作用是将 3 个样本点、x=−3 时的预测位置点以及拟合直线同时显示在一张图中。

```
display()
plt.scatter(x, y, marker = "o", c = "k", edgecolor = "k")  #画出3个样本点的位置分布情况
plt.plot([-4, 3], [-4*w+b, 3*w+b], "k-")  #画出拟合直线
plt.scatter(t_x, t_y,  marker = "o", c = "w", edgecolor = "k") #画出预测的位置点
plt.show()
```

图 5-32　P-5.2.1 的代码片段 8

图 5-25～图 5-32 所示的各个代码片段合在一起就是 P-5.2.1 的全部代码。图 5-33 显示的是 P-5.2.1 的运行结果，其中的实心圆点代表训练样本数据点，空心圆点代表预测的位置点。

在图 3-24 所示的例子中，我们计算出了拟合直线的斜率的理论值为 $\frac{23}{13}$，截距的理论值为 $\frac{40}{13}$。从图 5-33 中可以看到，实验给出的结果是，拟合直线的斜率为 1.7692307692307698，截距为 3.0769230769230766。显然，如果不计实验过程中的计算误差，则实验结果与理论值是完全一致的。

样本点的位置分布情况如下：

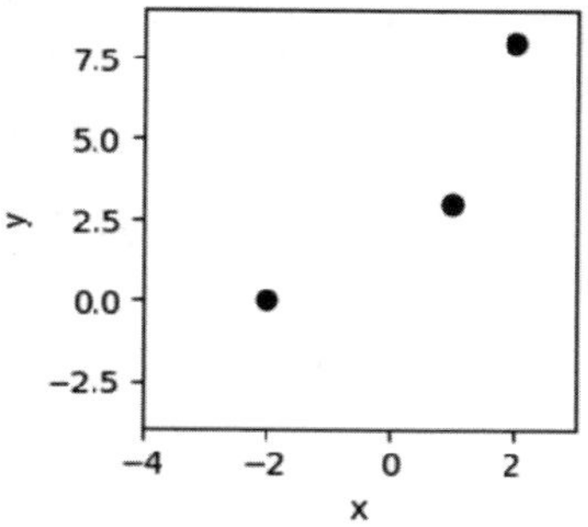

拟合直线的斜率为：　w = 1.7692307692307698
拟合直线的截距为：　b = 3.0769230769230766
拟合直线的方程为：　y = 1.7692307692307698x + (3.0769230769230766)
拟合直线与样本点的位置关系图如下：

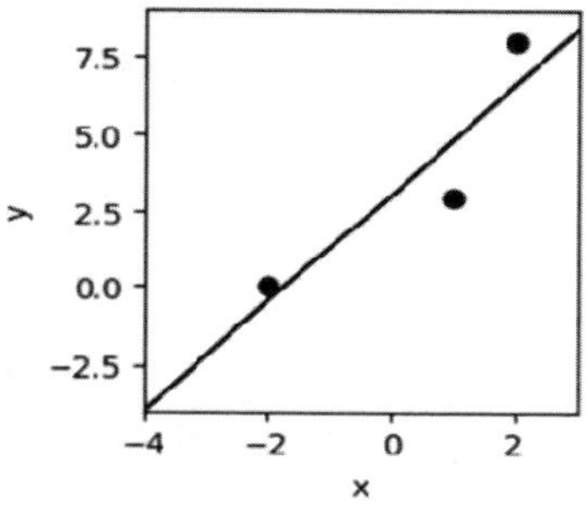

如果x的取值为 -3 ， 则y的预测值为 -2.2307692307692326 ， 请见下图：

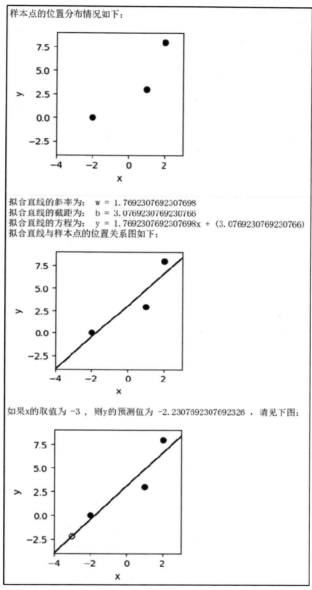

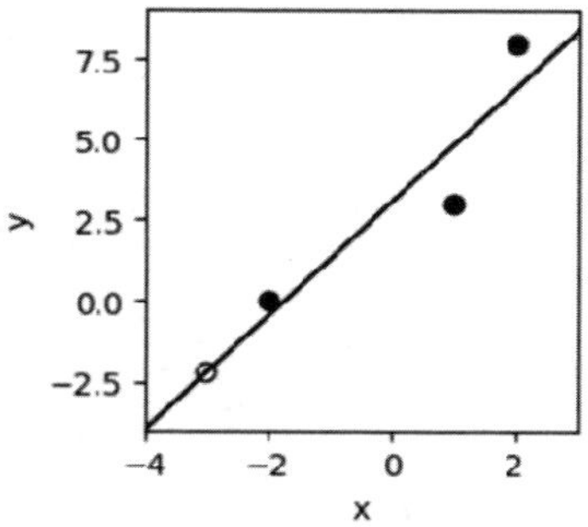

图 5-33　P-5.2.1 的运行结果

5.2.2　房价预测

图 5-34 所示是收集到的一组房屋价格和房屋面积的对照数据，这些房屋的地段、环境、装修等情况都是一样的。如果有一套房屋的面积是 $130m^2$，且其地段、环境、装修等情况与这些房屋是相同的，那么其价格估计会是多少呢？

房屋面积(x)/m^2	121	125	131	141	152	161
房屋价格(y)/万元	300	350	425	405	496	517

图 5-34　房屋价格和房屋面积对照数据

一般来说，在地段、环境、装修等因素条件都是一样的情况下，房屋的价格与房屋的面积基本上应该是一种线性关系。所以，采用线性回归方法来求解上面提到的问题是比较合理的。

打开 cmd 命令行界面，在 D:\jyh-program 目录下启动 jupyter notebook 程序开发环境，在程序开发环境中新建一个名为 P-5.2.2-1 的 Python 程序文件并完成代码编写工作。以下是程序代码及其描述和分析。

图 5-35 所示是 P-5.2.2-1 的代码片段 1，其作用是引入 NumPy、Python 绘图工具 pyplot 以及基本的线性回归模型 LinearRegression。

```
#########    房价预测(线性关系)    #########
import numpy as np  #引入NumPy
import matplotlib.pyplot as plt  #引入绘图工具
from sklearn.linear_model import LinearRegression  #引入线性回归模型
```

图 5-35　P-5.2.2-1 的代码片段 1

图 5-36 所示是 P-5.2.2-1 的代码片段 2，其作用是分别将房屋的面积数据和价格数据赋值给 x 和 y。

```
x = np.array([[121], [125], [131], [141], [152], [161]])  #房屋面积数据
y = np.array([300, 350, 425, 405 ,496, 517])  #房屋价格数据
```

图 5-36　P-5.2.2-1 的代码片段 2

图 5-37 所示是 P-5.2.2-1 的代码片段 3，其作用是用样本数据对 lr 模型进行训练，训练完成后即可得到最优的拟合直线。

```
lr = LinearRegression()  #创建名为lr的线性回归模型实例
lr.fit(x,y)  #用样本数据对lr模型进行训练
```

图 5-37　P-5.2.2-1 的代码片段 3

图 5-38 所示是 P-5.2.2-1 的代码片段 4，其作用是打印显示拟合直线的所有信息，并对面积为 $130m^2$ 的房屋的价格进行预测。

```
w = lr.coef_[0]  #将拟合直线的斜率赋值给w
b = lr.intercept_  #将拟合直线的截距赋值给b
print("拟合直线的斜率为: w =", w)  #打印显示拟合直线的斜率值
print("拟合直线的截距为: b =", b)  #打印显示拟合直线的截距值
print("拟合直线的方程为: y = {}x + ({})".format(w, b))  #打印显示拟合直线的方程
t_x = np.array([[130]])  #假定房屋面积是130
t_y = lr.predict(t_x)  #获取房屋面积为130的房价预测值
print("如果房屋面积是",t_x[0, 0],", 则房价的预测值为",t_y[0])
```

图 5-38　P-5.2.2-1 的代码片段 4

图 5-39 所示是 P-5.2.2-1 的代码片段 5，也是最后一个代码片段，其作用是将各个样本数据点、预测位置点以及拟合直线同时显示在一张图中。

```
plt.figure(figsize = (5, 3))
plt.xlabel("Area")  #横坐标标记为Area
plt.ylabel("Price")  #纵坐标标记为Price
plt.scatter(x, y, marker = "o", c = "k",  edgecolor = "k")  #画出样本点的位置分布情况
plt.plot([x[0], x[-1]], [x[0]*w+b, x[-1]*w+b], "k-")  #画出拟合直线
plt.scatter(t_x, t_y,  marker = "o", c = "w", edgecolor = "k")  #画出预测的位置点
plt.show()
```

图 5-39　P-5.2.2-1 的代码片段 5

图 5-35～图 5-39 所示的各个代码片段合在一起就是 P-5.2.2-1 的全部代码。图 5-40 显示的是 P-5.2.2-1 的运行结果。

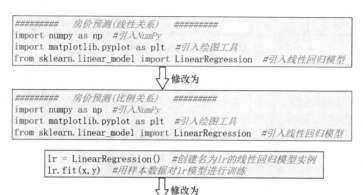

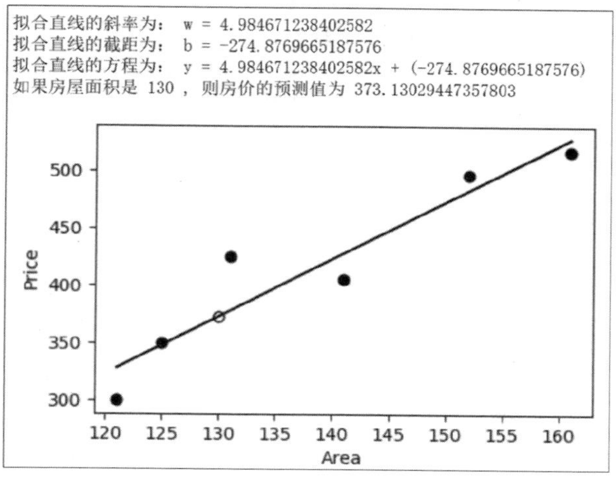

图 5-40　P-5.2.2-1 的运行结果

从图 5-40 中可以看到，拟合直线的方程是

$$y = 4.984671238402582x - 274.8769665187576$$

面积为 130m^2 的房子的价格估计约为 373 万元。然而，这里存在一个问题：假设房屋的面积为 0，那么根据上述拟合直线方程而计算出的房价就会是 −274.8769665187576 万元，这显然是不合理的。应对这个问题可以有两种方法：一种方法是指定该拟合直线方程的适用范围，也即指定房屋面积的大小范围；另一种方法是认定房屋价格与房屋面积不应该是一种普通的线性关系，而更应该是一种正比例关系。如果采用第二种方法，就需要限定拟合直线的截距为 0，并重新进行线性拟合。以下是采用第二种方法的实验过程和实验结果。

将程序文件 P-5.2.2-1 另存为 P-5.2.2-2，然后只需在 P-5.2.2-2 中进行两处修改，如图 5-41 所示。

```
#########    房价预测(线性关系)    #########
import numpy as np  #引入NumPy
import matplotlib.pyplot as plt  #引入绘图工具
from sklearn.linear_model import LinearRegression  #引入线性回归模型
```

⇩ 修改为

```
#########    房价预测(比例关系)    #########
import numpy as np  #引入NumPy
import matplotlib.pyplot as plt  #引入绘图工具
from sklearn.linear_model import LinearRegression  #引入线性回归模型
```

```
lr = LinearRegression()  #创建名为lr的线性回归模型实例
lr.fit(x,y)  #用样本数据对lr模型进行训练
```

⇩ 修改为

```
lr = LinearRegression(fit_intercept = False)  #创建名为lr的线性回归模型实例,限定截距为0
lr.fit(x,y)  #用样本数据对lr模型进行训练
```

图 5-41　修改代码

图 5-42 显示的是 P-5.2.2-2 的运行结果。从图 5-42 中可以看到，现在的拟合直线的方程变为

$$y = 3.0211461923959657x$$

面积为 130m^2 的房子的价格估计约为 392 万元。

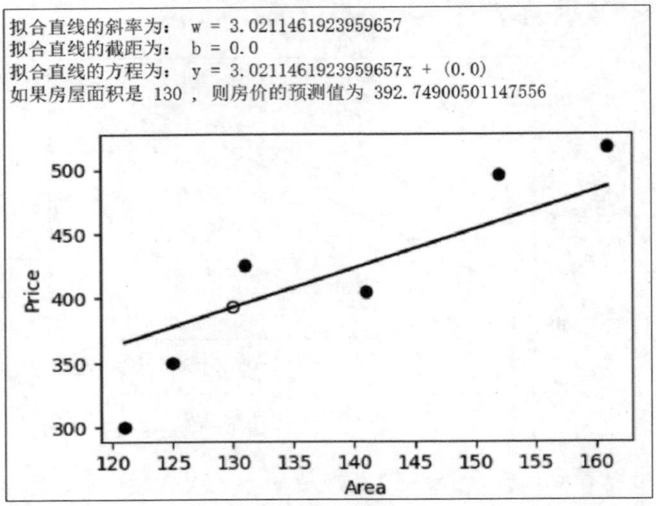

图 5-42　P-5.2.2-2 的运行结果

5.2.3　三维情况

前面几个线性回归实验所涉及的样本数据都是 2 维的，线性回归的结果是 2 维平面上的一条直线。在接下来的这个实验中，样本数据是 3 维的，线性回归的结果将是 3 维空间中的一个 2 维平面。一般地，如果样本数据是 N 维的，则线性回归的结果将是 N 维空间中的一个 $N-1$ 维超平面。

图 5-43 展示了 7 个 3 维的样本数据，实验的要求是对这些样本数据进行线性回归，并且计算出 $(x, y) = (2.0, 2.0)$ 时，相应的 z 的预测值是多少。

(x,y)	(0.0,0.0)	(1.0,0.5)	(1.3,2.0)	(2.5,2.5)	(1.5,3.0)	(3.0,1.0)	(2.8,0.2)
z	2.0	5.5	4.2	7.0	8.5	9.0	5.8

图 5-43　3 维样本数据

打开 cmd 命令行界面，在 D:\jyh-program 目录下启动 jupyter notebook 程序开发环境，在程序开发环境中新建一个名为 P-5.2.3 的 Python 程序文件并完成代码编写工作。以下是程序代码及其描述和分析。

图 5-44 所示是 P-5.2.3 的代码片段 1，其作用是引入 NumPy、Python 绘图工具 pyplot、3D 绘图工具 Axes3D 以及基本的线性回归模型 LinearRegression。

```
#########    3D线性回归    #########
import numpy as np  #引入NumPy
import matplotlib.pyplot as plt  #引入绘图工具
from mpl_toolkits.mplot3d import Axes3D  #引入3D绘图工具
from sklearn.linear_model import LinearRegression  #引入线性回归模型
```

图 5-44　P-5.2.3 的代码片段 1

图 5-45 所示是 P-5.2.3 的代码片段 2，其作用是用平面去拟合图 5-43 所给出的 7 个样本数据点，然后打印显示出拟合平面的数学方程式。

```
xy = np.array([[0.0, 0.0], [1.0, 0.5], [1.3, 2.0], [2.5, 2.5],
               [1.5, 3.0], [3.0, 1.0], [2.8, 0.2]])  #样本点的(x,y)坐标
z = np.array([2.0, 5.5, 4.2, 7.0, 8.5, 9.0, 5.8])  #样本点的z坐标
lr = LinearRegression()  #创建名为lr的线性回归模型实例
lr.fit(xy, z)  #用样本数据对lr模型进行训练，也即用平面去拟合所给定的3维样本点
w = lr.coef_  #将拟合平面方程的系数值赋给w
c = lr.intercept_  #将拟合平面方程的截距值赋给c
print("拟合平面的方程为:\nz = {}x + {}y + ({})".format(w[0], w[1], c))#打印拟合平面的方程
```

图 5-45　P-5.2.3 的代码片段 2

图 5-46 所示是 P-5.2.3 的代码片段 3，其作用是获取 $(x,y)=(2.0,2.0)$ 时相应的 z 的预测值，并将结果打印显示出来。

```
t_xy = np.array([[2.0, 2.0]]) #假定(x, y)=(2.0, 2.0)
t_z = lr.predict(t_xy)  #获取(2.0, 2.0)所对应的z坐标的预测值
print("如果(x,y)的值为(2.0,2.0), 则z的预测值为",t_z[0])
```

图 5-46　P-5.2.3 的代码片段 3

图 5-47 所示是 P-5.2.3 的代码片段 4，其作用是完成 3D 绘图前的准备工作：设定 3D 图形的尺寸大小，标记横、纵、竖坐标，设定格点间隔，规定格点的坐标范围，如此等等。

```
fig = plt.figure(figsize = (4, 4))  #设定绘图的尺寸大小
ax = Axes3D(fig, auto_add_to_figure=False)
fig.add_axes(ax)
ax.set_xlabel('x', fontsize = 15)  #将横坐标标记为x
ax.set_ylabel('y', fontsize = 15)  #将纵坐标标记为y
ax.set_zlabel('z', fontsize = 15)  #将竖坐标标记为z
delta = 0.5  #规定格点之间的间隔值为0.5
a = np.arange(-1, 4, delta)  #规定格点的x坐标范围是从-1到4
b = np.arange(-1, 4, delta)  #规定格点的y坐标范围是从-1到4
A, B = np.meshgrid(a, b)  #生成格点矩阵
C = w[0]*A + w[1]*B + c  #计算格点的z坐标
```

图 5-47　P-5.2.3 的代码片段 4

图 5-48 所示是 P-5.2.3 的代码片段 5，也是最后一个代码片段，其作用是将样本点的位置分布情况、样本点在拟合平面上的投影点的位置分布情况、预测的位置点以及拟合平面一起显示在同一个 3 维图像中。

```
ax.scatter(xy[:, 0], xy[:, 1], z, c = "k", s = 40)  #画出各个样本点的位置分布
ax.scatter(xy[:, 0], xy[:, 1], lr.predict(xy),
           marker = "s", c = "k", s = 35)  #画出样本点在拟合平面上的投影位置分布
ax.scatter(2.0, 2.0, t_z, marker = "^", c = "k", s = 40)  #画出预测位置点
ax.plot_surface(A, B, C, alpha = 0.6)  #画出拟合平面
plt.show()
```

图 5-48　P-5.2.3 的代码片段 5

图 5-44～图 5-48 所示的各个代码片段合在一起就是 P-5.2.3 的全部代码。图 5-49 显示的是 P-5.2.3 的运行结果，其中的圆点表示的是样本点，方形点表示的是样本点在拟合平面上的投影点，三角形点表示的是预测点。注意，方形点和三角形点都是位于拟合平面上的点。如果一个样本圆点位于其方形投影点的上方，则说明该样本圆点其实是位于拟合平面的上方的；如果一个样本圆点位于其方形投影点的下方，则说明该样本圆点其实是位于拟合平面的下方的。另外，三角形点的横坐标 x 和纵坐标 y 都是 2.0，竖坐标 z 是 6.962111187547626。

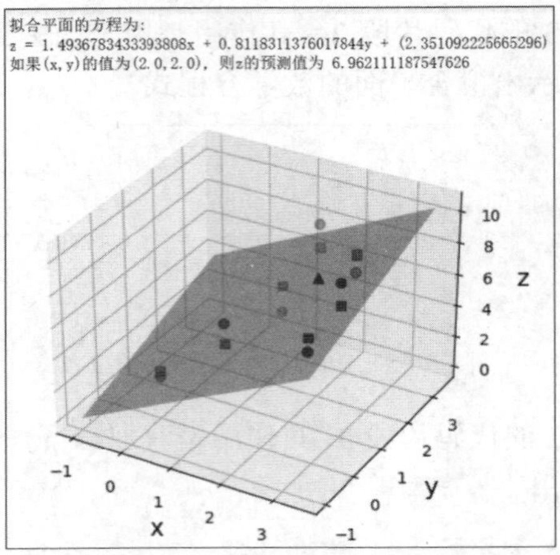

图 5-49　P-5.2.3 的运行结果

5.3　逻辑回归

5.3.1　跳高问题

本小节的实验针对的是 3.5.2 小节中的跳高问题。请读者朋友们先复习一下 3.5.2 小节的内容，再开始实验。

打开 cmd 命令行界面，在 D:\jyh-program 目录下启动 jupyter notebook 程序开发环境，在程序开发环境中新建一个名为 P-5.3.1 的 Python 程序文件并完成代码编写工作。以下是程序代码及其描述和分析。

图 5-50 所示是 P-5.3.1 的代码片段 1，其作用是引入 NumPy、Python 绘图工具 pyplot 以及基本的逻辑回归模型 LogisticRegression。注意，LogisticRegression 是一个类名。

```
#########    跳高问题    #########
import numpy as np  #引入NumPy
import matplotlib.pyplot as plt   #引入绘图工具
from sklearn.linear_model import LogisticRegression   #引入逻辑回归模型
```

图 5-50　P-5.3.1 的代码片段 1

图 5-51 所示是 P-5.3.1 的代码片段 2，其作用是完成样本数据的准备工作（见图 3-26 或图 3-27）。

```
x = np.array([1.0, 1.3, 1.6, 2.0, 2.4, 2.7,
              3.0, 3.3, 3.7, 4.0, 4.2, 4.6,
              4.9, 5.2, 5.5, 5.8, 6.0, 6.0,
              6.3, 6.6, 6.9, 7.2, 7.5, 7.9,
              8.1, 8.4, 8.8, 9.0, 9.3, 9.6]).reshape(-1, 1)   #样本点横坐标数据
y = np.array([0, 0, 0, 0, 0, 0, 0, 0, 0, 1,
              0, 1, 0, 0, 1, 0, 1, 0, 0, 1,
              1, 0, 1, 1, 1, 1, 1, 1, 1, 1])  #样本点纵坐标数据
```

图 5-51　P-5.3.1 的代码片段 2

图 5-52 所示是 P-5.3.1 的代码片段 3，其中的 lr 是属于 LogisticRegression 这个类的一个实例。lr.fit(x,y)这条语句的作用是用样本数据对 lr 这个逻辑回归模型进行训练。

```
lr = LogisticRegression()  #创建名为lr的逻辑回归模型实例
lr.fit(x,y)  #用给定的样本数据对lr模型进行训练
```

图 5-52　P-5.3.1 的代码片段 3

图 5-53 所示是 P-5.3.1 的代码片段 4，其作用是打印显示出概率估计函数的表达式[参见式（3.47）]。

```
w0 = lr.intercept_[0]  #获取概率估计函数中w0的值
w1 = lr.coef_[0, 0]  #获取概率估计函数中w1的值
#打印显示概率估计函数的表达式
print("概率估计函数为:\ng(x)=1/[1+exp({:.4f}+({:.4f})x)]".format(-w0, -w1))
```

图 5-53　P-5.3.1 的代码片段 4

图 5-54 所示是 P-5.3.1 的代码片段 5，其作用是获取训练时长为 4 小时及 8.6 小时所对应的达标概率预测值，并将计算结果打印显示出来。

```
t_x = np.array([4.0, 8.6]).reshape(-1, 1)  #假定训练时长分别为4小时和8.6小时
t_y = lr.predict_proba(t_x)  #获取达标概率的预测值
#打印显示达标概率的预测结果
print("如果训练时长为4小时，则达标的概率预测为 {:.4f}".format(t_y[0, 1]))
print("如果训练时长为8.6小时，则达标的概率预测为 {:.4f}".format(t_y[1, 1]))
```

图 5-54　P-5.3.1 的代码片段 5

图 5-55 所示是 P-5.3.1 的代码片段 6，也是最后一个代码片段，其作用是将各个样本数据点、预测位置点以及概率估计函数曲线同时显示在一张图中。

```
plt.xlabel("training hours")  #标记横坐标为training hours(训练时长)
plt.ylabel("probability of passing")  #标记纵坐标为probalility of passing(达标概率)
#画出概率估计函数曲线
a=np.linspace(0.0, 10.0, 50).reshape(-1, 1)
b=lr.predict_proba(a)
plt.plot(a[:, 0], b[:, 1], 'k-')
#画出样本点的位置分布情况
plt.scatter(x[:, 0], y, marker = 'o', color = 'k')
#画出预测位置点
plt.scatter(t_x[:, 0], t_y[:, 1], marker = 'o', color = 'white', edgecolor = 'k')
plt.show()
```

图 5-55　P-5.3.1 的代码片段 6

图 5-50～图 5-55 所示的各个代码片段合在一起就是 P-5.3.1 的全部代码。图 5-56 显示的是 P-5.3.1 的运行结果。

```
概率估计函数为:
g(x)=1/[1+exp(4.9846+(-0.8641)x)]
如果训练时长为4小时，则达标的概率预测为 0.1783
如果训练时长为8.6小时，则达标的概率预测为 0.9203
```

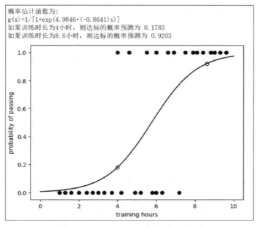

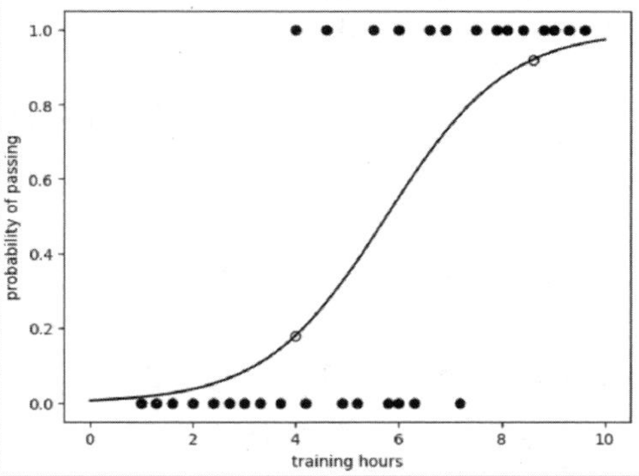

图 5-56　P-5.3.1 的运行结果

在图 5-56 中，S 形曲线为概率估计函数，顶部的 14 个实心圆点代表的是达标的 14 位男生的样本数据，底部的 16 个实心圆点代表的是未达标的 16 位男生的样本数据，两个空心圆点分别代表了王某和李某的情况。

5.3.2 房屋出租

一般来说，在地段、环境、装修等因素条件都是一样的情况下，一套房屋是否容易租得出去就主要取决于房屋的租金价格以及房屋的面积大小这两个因素。图 5-57 所示是收集到的一些房屋的出租情况，这些房屋的地段、环境、装修等情况都是一样的。在图 5-57 中，出租状态为 1 表示已经租出去了，为 0 表示一直未租出去。也可以这样来理解：出租状态为 1 的那些房屋是容易租出去的，出租状态为 0 的那些房屋是不容易租出去的。现在的问题是，假设有一套房屋，其租金价格为 2000 元/月，面积为 8m^2，那么它是否容易租出去呢？能够租出去的概率有多大呢？

租金价格/(元/月)，房屋面积/m^2

(租金价格，房屋面积)	(2200,15)	(2750,20)	(5000,40)	(4000,20)	(3300,20)
出租状态	1	1	0	0	1
(租金价格，房屋面积)	(2000,10)	(2500,12)	(12000,80)	(2880,10)	(2300,15)
出租状态	1	1	1	0	1
(租金价格，房屋面积)	(1500,10)	(3000,8)	(2000,14)	(2000,10)	(2150,8)
出租状态	1	0	1	1	0
(租金价格，房屋面积)	(3400,20)	(5000,20)	(4000,10)	(3300,15)	(2000,12)
出租状态	1	0	0	0	1
(租金价格，房屋面积)	(2500,14)	(10000,100)	(3150,10)	(2950,15)	(1500,5)
出租状态	1	1	0	1	0
(租金价格，房屋面积)	(3000,18)	(8000,12)	(2220,14)	(6000,100)	(3050,10)
出租状态	1	0	1	1	0

图 5-57 房屋出租情况

显然，这其实就是一个二元逻辑回归问题，其概率估计函数 $g(x_1,x_2)$ 是一个二元逻辑函数[参见式（3.48）]，即

$$g(x_1,x_2)=\frac{1}{1+\mathrm{e}^{-(w_0+w_1x_1+w_2x_2)}}$$

其中 x_1 是房屋的租金价格变量，x_2 是房屋的面积大小变量，w_0、w_1、w_2 是 $g(x_1,x_2)$ 的 3 个待定参数。一般地，二元逻辑函数的图像是 3 维空间中的一个 2 维 S 形曲面，如图 5-58 所示。

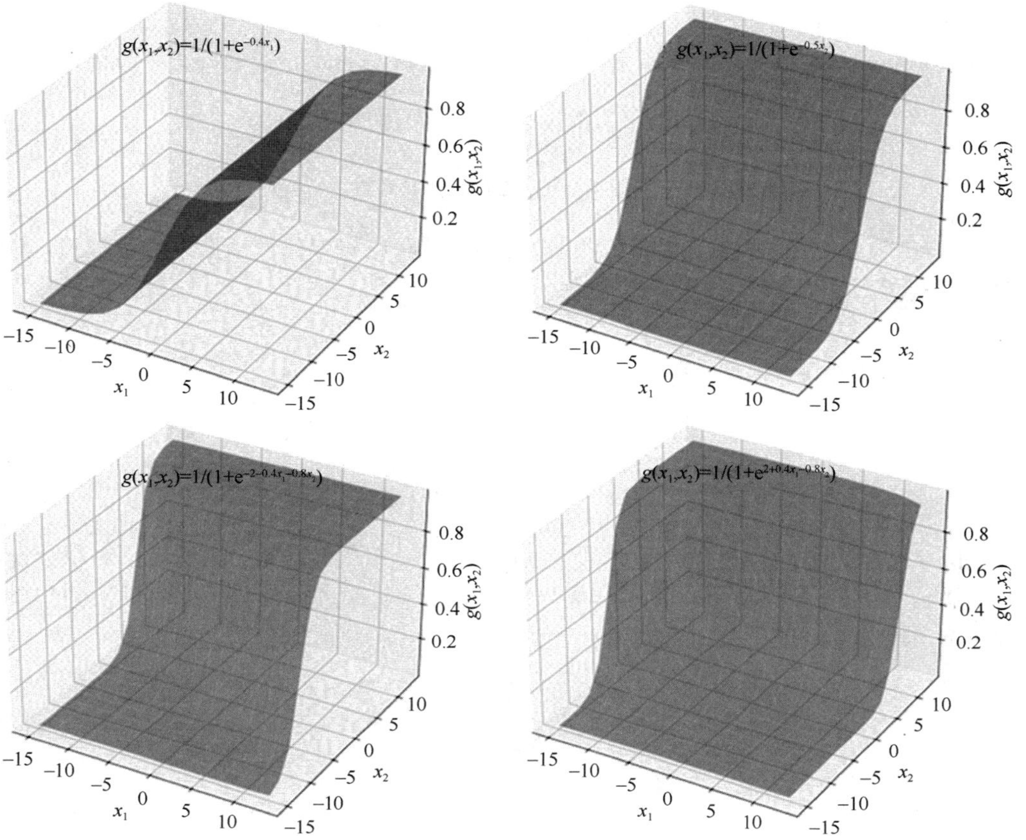

图 5-58　二元逻辑函数的图像

接下来我们就用编程实验的方法来求解上述二元逻辑回归问题。打开 cmd 命令行界面，在 D:\jyh-program 目录下启动 jupyter notebook 程序开发环境，在程序开发环境中新建一个名为 P-5.3.2 的 Python 程序文件并完成代码编写工作。以下是程序代码及其描述和分析。

图 5-59 所示是 P-5.3.2 的代码片段 1，其作用是引入基本的逻辑回归模型 LogisticRegression。

```
#########    房屋出租1    #########
from sklearn.linear_model import LogisticRegression   #引入逻辑回归模型
```

图 5-59　P-5.3.2 的代码片段 1

图 5-60 所示是 P-5.3.2 的代码片段 2，其作用是完成样本数据的准备工作。

```
#租金价格和房屋面积数据
X = [[2200, 15], [2750, 20], [5000, 40], [4000, 20], [3300, 20],
     [2000, 10], [2500, 12], [12000, 80], [2880, 10], [2300, 15],
     [1500, 10], [3000, 8], [2000, 14], [2000, 10], [2150, 8],
     [3400, 20], [5000, 20], [4000, 10], [3300, 15], [2000, 12],
     [2500, 14], [10000, 100], [3150, 10], [2950, 15], [1500, 5],
     [3000, 18], [8000, 12], [2220, 14], [6000, 100], [3050, 10]]
#出租状态数据
y = [1, 1, 0, 0, 1, 1, 1, 1, 0, 1, 1, 0, 1, 1, 0,
     1, 0, 0, 0, 1, 1, 1, 0, 1, 0, 1, 0, 1, 1, 0]
```

图 5-60　P-5.3.2 的代码片段 2

图 5-61 所示是 P-5.3.2 的代码片段 3，其中的 lr 是属于 LogisticRegression 这个类的一个实例。lr.fit(X,y)这条语句的作用是用给定的样本数据对 lr 这个逻辑回归模型进行训练。

```
lr = LogisticRegression()  #创建名为lr的逻辑回归模型实例
lr.fit(X,y)  #用给定的数据对lr模型进行训练
```

图 5-61 P-5.3.2 的代码片段 3

图 5-62 所示是 P-5.3.2 的代码片段 4，其作用是获取概率估计函数中的参数值，并将概率估计函数的表达式打印显示出来。

```
w0 = lr.intercept_[0]  #获取概率估计函数中w0的值
w1 = lr.coef_[0, 0]  #获取概率估计函数中w1的值
w2 = lr.coef_[0, 1]  #获取概率估计函数中w2的值
#打印显示概率估计函数的表达式
print("概率估计函数为:\ng(x1, x2)=1/[1+exp({:.8f}+({:.8f})x1+({:.8f})x2)]".
    format(-w0,-w1,-w2))
```

图 5-62 P-5.3.2 的代码片段 4

图 5-63 所示是 P-5.3.2 的代码片段 5，也是最后一个代码片段，其作用是对租金价格为 2000 元/每月、面积为 $8m^2$ 的房屋是否容易出租等问题进行预测，并将预测的结果打印显示出来。

```
t_X = [[2000, 8]]  #租金价格和房屋面积
label_y = lr.predict(t_X)[0]  #获取关于该房屋是否容易出租的预测结论
if label_y == 1:
    label = "容易"
else:
    label = "不容易"
proba_y = lr.predict_proba(t_X)[0, 1]  #获取该房屋能够租出去的概率大小
#打印预测结果
print("若租金价格为2000元/每月，面积为8平米，则该房屋{}出租".format(label),
    "(能够租出去的概率为{:.8f})".format(proba_y))
```

图 5-63 P-5.3.2 的代码片段 5

图 5-59～图 5-63 所示的各个代码片段合在一起就是 P-5.3.2 的全部代码。图 5-64 显示的是 P-5.3.2 的运行结果。

```
概率估计函数为:
g(x1, x2)=1/[1+exp(-2.70414230+(0.00296058)x1+(-0.42242414)x2)]
若租金价格为2000元/每月，面积为8平米，则该房屋容易出租 (能够租出去的概率为0.54050617)
```

图 5-64 P-5.3.2 的运行结果

从图 5-64 中可以看到，租金价格为 2000 元/月、面积为 $8m^2$ 的房屋是容易租出去的，因为能够租出去的概率为 0.54050617，大于 0.5。

5.3.3 数据标准化

在上一小节中，我们基于二元逻辑回归模型对图 5-57 所示的租金价格、房屋面积以及出租状态数据进行了处理，从而得到了概率估计函数，并对租金价格为 2000 元/月、面积为 $8m^2$ 的房屋是否容易出租以及能够租出去的概率大小进行了预测。如果仔细观察图 5-57 所示的那些数据，就会发现租金价格这一项的那 30 个数值一般都为几千元，而

房屋面积这一项的那 30 个数值一般都在几十左右。如果从方差的角度对租金价格和房屋面积进行比较，二者的差异就更大了。具体的计算表明，在图 5-57 所示的数据中，租金价格的均值为 3655，方差约为 5767818，房屋面积的均值约为 22，方差约为 609。也就是说，租金价格这一项的数值与房屋面积这一项的数值相比较，均值大了一百多倍，方差大了九千多倍。

数学上可以证明，采用多元逻辑回归方法对多维数据进行建模时，如果某个维度上的数据的方差越大，则这个维度上的数据对于模型的影响程度就越大；反之，如果某个维度上的数据的方差越小，则这个维度上的数据对于模型的影响程度就越小。在上一小节中，我们是在用二元逻辑回归方法对二维数据进行建模，第 1 个维度是租金价格，第 2 个维度是房屋面积。由于租金价格数据的方差比房屋面积数据的方差大了九千多倍，因此所建立的模型是失之偏颇的。或者说，所建立的模型受租金价格数据的影响会远远大于受房屋面积数据的影响。也可以说，在用相应的概率估计函数对目标房屋的可租性进行预测时，决定预测结果的主要因素将是租金价格。

如果需要平衡各个维度上的数据的重要性，消除不同维度上的数据对于模型的影响程度的差异性，从而建立一个均衡的模型，就需要对各个维度上的数据先进行标准化转换，然后在标准化转换之后的数据上进行模型的建立。所谓标准化转换，是指转换之后的每个维度上的数据的均值都为 0，方差都为 1。

接下来，我们就采用上述标准化转换方法来重复一遍上一小节中的实验。打开 cmd 命令行界面，在 D:\jyh-program 目录下启动 jupyter notebook 程序开发环境，在程序开发环境中新建一个名为 P-5.3.3 的 Python 程序文件并完成代码编写工作。以下是程序代码及其描述和分析。

图 5-65 所示是 P-5.3.3 的代码片段 1，其作用是引入基本的逻辑回归模型 LogisticRegression 以及数据标准化工具 StandardScaler。

```
#########   房屋出租2   #########
from sklearn.linear_model import LogisticRegression  #引入逻辑回归模型
from sklearn.preprocessing import StandardScaler  #引入数据标准化工具
```

图 5-65　P-5.3.3 的代码片段 1

图 5-66 所示是 P-5.3.3 的代码片段 2。该代码片段被执行之后，我们就可以看到原始样本数据中租金价格的均值和方差，以及房屋面积的均值和方差。注意，StandardScaler 是一个类名，ss 是 StandardScaler 的一个实例。

```
X = [[2200, 15], [2750, 20], [5000, 40], [4000, 20], [3300, 20],
     [2000, 10], [2500, 12], [12000, 80], [2880, 10], [2300, 15],
     [1500, 10], [3000, 8], [2000, 14], [2000, 10], [2150, 8],
     [3400, 20], [5000, 20], [4000, 10], [3300, 15], [2000, 12],
     [2500, 14], [10000, 100], [3150, 10], [2950, 15], [1500, 5],
     [3000, 18], [8000, 12], [2220, 14], [6000, 100], [3050, 10]]#租金价格和房屋面积数据
y = [1, 1, 0, 0, 1, 1, 1, 1, 0, 1, 1, 0, 1, 1, 0,
     1, 0, 0, 0, 1, 1, 1, 0, 1, 0, 1, 0, 1, 1, 0]#出租状态数据
ss = StandardScaler()#创建名为ss的数据标准化模型实例
ss.fit(X)#用ss标准化模型去处理原始的样本数据
print("标准化转换之前的租金价格的均值为:",
      ss.mean_[0]," 方差为:", ss.var_[0])#打印显示标准化转换之前的租金价格的均值和方差
print("标准化转换之前的房屋面积的均值为:",
      ss.mean_[1]," 方差为:", ss.var_[1])#打印显示标准化转换之前的房屋面积的均值和方差
```

图 5-66　P-5.3.3 的代码片段 2

图 5-67 所示是 P-5.3.3 的代码片段 3。该代码片段被执行之后，我们就可以看到经过标准化转化之后的租金价格数据和房屋面积数据。注意，标准化转换之后的数据是存放在变量 X_t 中的。

```
#对原始样本数据中租金价格数据及房屋面积数据进行标准化转换
X_t = ss.transform(X)
#打印显示标准化转换之后的租金价格
print("\n标准化转换之后的租金价格为:\n", X_t[:, 0])
#打印显示标准化转换之后的房屋面积
print("\n标准化转换之后的房屋面积为:\n", X_t[:, 1])
```

图 5-67　P-5.3.3 的代码片段 3

图 5-68 所示是 P-5.3.3 的代码片段 4，其中的 lr 是属于 LogisticRegression 这个类的一个实例。lr.fit(X_t,y)这条语句的作用是用经过标准化转换之后的样本数据对 lr 这个逻辑回归模型进行训练。训练完成之后，便可获取到概率估计函数中的参数值。

```
lr = LogisticRegression()  #创建名为lr的逻辑回归模型实例
lr.fit(X_t, y)  #使用标准化转化之后的数据对lr模型进行训练
w0 = lr.intercept_[0]  #获取概率估计函数中w0的值
w1 = lr.coef_[0, 0]  #获取概率估计函数中w1的值
w2 = lr.coef_[0, 1]  #获取概率估计函数中w2的值
#打印显示概率估计函数的表达式
print("\n概率估计函数为:\ng(x1,x2)=1/[1+exp({:.8f}+({:.8f})x1+({:.8f})x2)]".
     format(-w0,-w1,-w2))
```

图 5-68　P-5.3.3 的代码片段 4

图 5-69 所示是 P-5.3.3 的代码片段 5，其作用是打印显示出目标房屋在标准化转换前后的租金价格数据和房屋面积数据。因为需要对租金价格为 2000 元/每月、面积为 $8m^2$ 的这套房屋的可租性进行预测，所以我们把这套房屋称为目标房屋。

```
t_X = [[2000, 8]]  #标准化转换之前的目标房屋的租金价格和房屋面积
t_X_t = ss.transform(t_X)  #对目标房屋的租金价格和面积数据进行标准化转换
print("\n标准化转换之前的目标房屋的租金价格为:", t_X[0][0], " 面积为:", t_X[0][1])
print("标准化转换之后的目标房屋的租金价格为:", t_X_t[0][0], " 面积为:", t_X_t[0][1])
```

图 5-69　P-5.3.3 的代码片段 5

图 5-70 所示是 P-5.3.3 的代码片段 6，也是最后一个代码片段，其作用是对目标房屋的可租性进行预测，并将预测的结果打印显示出来。注意，在对目标房屋的可租性进行预测时，需要用到的是经过标准化转换之后的目标房屋的数据 t_X_t。

```
label_y = lr.predict(t_X_t)[0]  #获取关于目标房屋是否容易出租的预测结论
if label_y == 1:
    label = "容易"
else:
    label = "不容易"
proba_y = lr.predict_proba(t_X_t)[0, 1]  #获取目标房屋能够租出去的概率大小
#打印显示预测结果
print("\n预测结果: 目标房屋{}出租".format(label),
     "(能够租出去的概率为{:.8f})".format(proba_y))
```

图 5-70　P-5.3.3 的代码片段 6

图 5-65～图 5-70 所示的各个代码片段合在一起就是 P-5.3.3 的全部代码。图 5-71 显示的是 P-5.3.3 的运行结果。

```
标准化转换之前的租金价格的均值为: 3655.0  方差为: 5767818.333333333
标准化转换之前的房屋面积的均值为: 22.233333333333334  方差为: 608.9122222222221

标准化转换之后的租金价格为:
 [-0.60583897 -0.37682768  0.56003671  0.14365254 -0.14781638 -0.68911581
 -0.48092372  3.47472592 -0.32269773 -0.56420055 -0.89730789 -0.27273163
 -0.68911581 -0.68911581 -0.62665818 -0.10617796  0.56003671  0.14365254
 -0.14781638 -0.68911581 -0.48092372  2.64195758 -0.21027401 -0.29355084
 -0.89730789 -0.27273163  1.80918923 -0.59751129  0.97642089 -0.25191242]

标准化转换之后的房屋面积为:
 [-0.29313058 -0.09050576  0.71999355 -0.09050576 -0.09050576 -0.49575541
 -0.41470548  2.34099218 -0.49575541 -0.29313058 -0.49575541 -0.57680534
 -0.33365555 -0.49575541 -0.57680534 -0.09050576 -0.09050576 -0.49575541
 -0.29313058 -0.41470548 -0.33365555  3.15149149 -0.49575541 -0.29313058
 -0.69838024 -0.17155569 -0.41470548 -0.33365555  3.15149149 -0.49575541]

概率估计函数为:
g(x1,x2)=1/[1+exp(-0.48232768+(0.86011313)x1+(-1.29615546)x2)]

标准化转换之前的目标房屋的租金价格为: 2000  面积为: 8
标准化转换之后的目标房屋的租金价格为: -0.689115806418491  面积为: -0.576805342956715

预测结果: 目标房屋容易出租 (能够租出去的概率为0.58113048)
```

图 5-71　P-5.3.3 的运行结果

从图 5-71 中首先可以看到，标准化转换之前，租金价格的均值是

$$\mu_1 = 3655.0$$

租金价格的方差是

$$D_1 = 5767818.333333333$$

房屋面积的均值是

$$\mu_2 = 22.233333333333334$$

房屋面积的方差是

$$D_2 = 608.9122222222221$$

然后可以看到标准化转换之后的 30 个租金价格数据和 30 个房屋面积数据。那么，这 30 个租金价格数据和 30 个房屋面积数据是通过怎样的转换计算而得到的呢？标准化转换的计算公式其实非常简单：对于租金价格，其标准化转换计算公式为

$$\text{Data}_{转换后} = \frac{\text{Data}_{转换前} - \mu_1}{\sqrt{D_1}}$$

对于房屋面积，其标准化转换计算公式为

$$\text{Data}_{转换后} = \frac{\text{Data}_{转换前} - \mu_2}{\sqrt{D_2}}$$

例如，对于第 1 套房屋，标准化转换之前的租金价格为2200，面积为15，所以转换之后的租金价格为

$$\frac{2200-\mu_1}{\sqrt{D_1}} \approx \frac{2200-3655}{\sqrt{5767818.333333333}} \approx -0.60583897$$

面积为

$$\frac{15-\mu_2}{\sqrt{D_2}} \approx \frac{15-22.233333333333334}{\sqrt{608.9122222222221}} \approx -0.29313058$$

又例如，对于目标房屋，标准化转换之前的租金价格为2000，面积为8，所以转换之后的租金价格为

$$\frac{2000-\mu_1}{\sqrt{D_1}} \approx \frac{2000-3655}{\sqrt{5767818.333333333}} \approx -0.689115806418491$$

面积为

$$\frac{8-\mu_2}{\sqrt{D_2}} \approx \frac{8-22.233333333333334}{\sqrt{608.9122222222221}} \approx -0.5768053429566715$$

最后请注意，如果将图 5-71 与图 5-64 的内容进行对比，就会发现概率估计函数的表达式发生了一些变化，目标房屋能够租出去的概率的预测值也发生了一些变化。

5.4 K-Means 与 GNB

5.4.1 K-Means

本小节的实验将对 27 个样本数据点进行 K-Means 聚类（K 的取值分别为 2、3、4），并利用聚类的结果对 4 个新的数据点进行分类。

打开 cmd 命令行界面，在 D:\jyh-program 目录下启动 jupyter notebook 程序开发环境，在程序开发环境中新建一个名为 P-5.4.1 的 Python 程序文件并完成代码编写工作。以下是程序代码及其描述和分析。

图 5-72 所示是 P-5.4.1 的单元框 1，其作用是引入 NumPy、绘图工具以及 K-Means 聚类模型。

```
#########    K-Means聚类    #########
import numpy as np  #引入NumPy
import matplotlib.pyplot as plt  #引入绘图工具
from sklearn.cluster import KMeans  #引入K-Means聚类模型
```

图 5-72　P-5.4.1 的单元框 1

图 5-73 所示是 P-5.4.1 的单元框 2，其作用是完成数据准备工作，并画出样本数据点

的分布情况。

```
X = np.array([[0.10, 0.10], [0.20, 0.15], [0.30, 0.20], [0.32, 0.30], [0.38, 0.25],
     [0.40, 0.90], [0.42, 0.10], [0.50, 0.78], [0.51, 0.84], [0.55, 0.72],
     [0.45, 0.30], [0.70, 0.50], [0.65, 0.60], [0.68, 0.55], [0.90, 0.15],
     [0.15, 0.25], [0.55, 0.87], [0.82, 0.45], [0.45, 0.82], [0.45, 0.75],
     [0.63, 0.50], [0.80, 0.20], [0.85, 0.25], [0.82, 0.15], [0.88, 0.17],
     [0.75, 0.58], [0.92, 0.22]])  #需要进行聚类的27个样本数据点
X_t =np.array([[0.40, 0.18], [0.82, 0.55],
               [0.60, 0.80], [0.97, 0.10]]) #需要进行分类的4个新数据点
print("样本数据点的分布情况如下")
plt.figure(figsize = (3, 3))
plt.scatter(X[:, 0], X[:, 1], marker = "o", c = "black")  #画出样本点的分布情况
plt.show()
```

图 5-73　P-5.4.1 的单元框 2

图 5-74 所示是 P-5.4.1 的单元框 2 的运行结果。

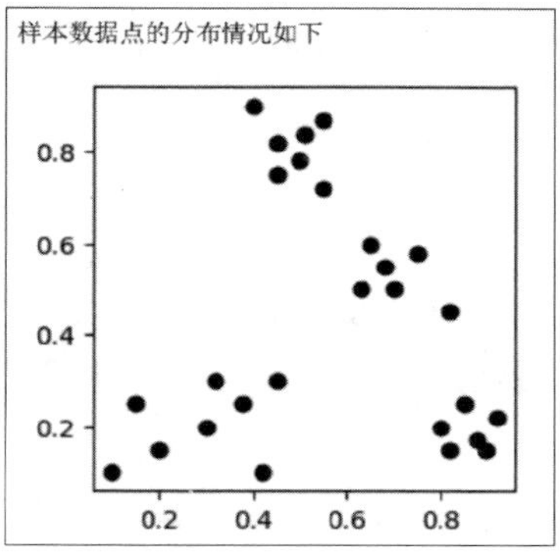

图 5-74　P-5.4.1 的单元框 2 的运行结果

图 5-75 所示是 P-5.4.1 的单元框 3，它定义了名为 cluster_and_classify 的函数，该函数的作用请见代码中的详细注释。

```
def cluster_and_classify(K):  #K表示人为指定的类别总数
    C = KMeans(n_clusters = K, random_state = 0)  #创建名为C的K-Means模型实例
    C.fit(X)  #对样本数据点进行聚类，也即用样本数据点对C模型进行训练
    label = C.predict(X_t)  #对新的数据点进行分类

    plt.figure(figsize = (3, 3))
    m = ["^", "v", "<", ">"]  #用朝向不同的三角形符号表示不同的类别
    print("类别总数为{}时的聚合及分类结果\n质心坐标为".format(K))
    print(C.cluster_centers_)  #打印显示出质心的位置坐标
    #画出对样本点的聚类以及对新数据点的分类的效果图，加号"+"表示质心的位置
    plt.scatter(C.cluster_centers_[:, 0], C.cluster_centers_[:, 1],
                marker = "+", s = 120, c = "black" )  #标记出质心的位置
    for i in range(K):
        plt.scatter(X[C.labels_ == i, 0], X[C.labels_ == i, 1],
                    marker = m[i], c = "black")  #标记出样本点的位置
        plt.scatter(X_t[label == i, 0], X_t[label == i, 1],
                    marker = m[i], c = "white", edgecolor ="black")#标记出新数据点的位置
    plt.show()
```

图 5-75　P-5.4.1 的单元框 3

图 5-76 所示是 P-5.4.1 的单元框 4 及其运行结果。注意，此时的类别总数为 2，实心三角形代表样本点，空心三角形代表新的数据点，三角形的不同朝向代表不同的类别，加号代表质心。

```
cluster_and_classify(2)  #指定类别总数为2并调用函数cluster_and_classify
```

```
类别总数为2时的聚合及分类结果
质心坐标为
[[0.58769231 0.68153846]
 [0.535      0.19928571]]
```

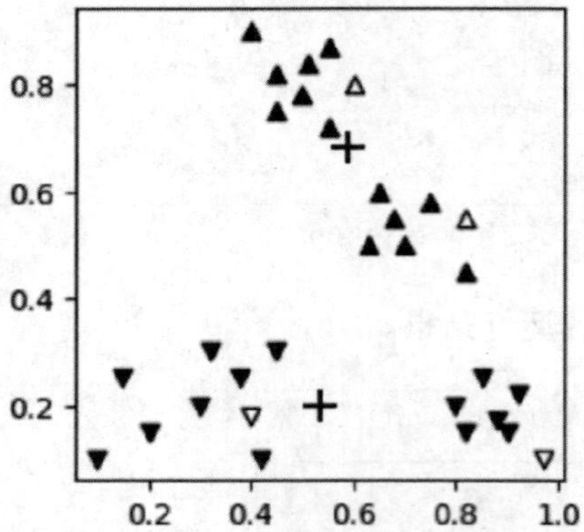

图 5-76 P-5.4.1 的单元框 4 及其运行结果

图 5-77 所示是 P-5.4.1 的单元框 5 及其运行结果。注意，此时的类别总数为 3，实心三角形代表样本点，空心三角形代表新的数据点，三角形的不同朝向代表不同的类别，加号代表质心。

```
cluster_and_classify(3)  #指定类别总数为3并调用函数cluster_and_classify
```

```
类别总数为3时的聚合及分类结果
质心坐标为
[[0.56833333 0.70083333]
 [0.85571429 0.22714286]
 [0.29       0.20625   ]]
```

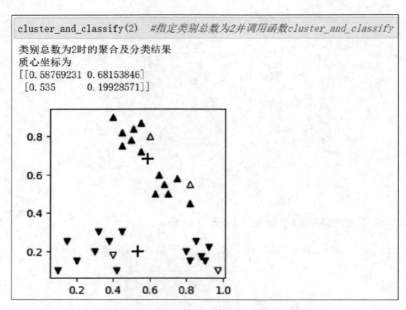

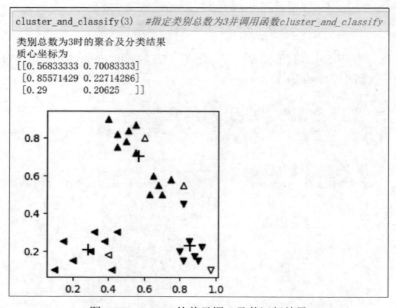

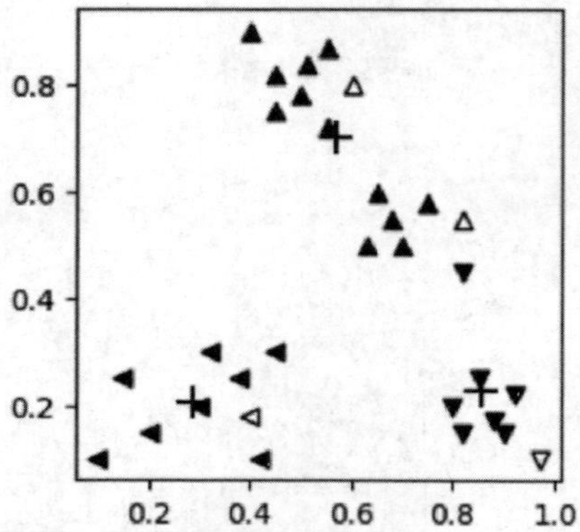

图 5-77 P-5.4.1 的单元框 5 及其运行结果

图 5-78 所示是 P-5.4.1 的单元框 6 及其运行结果。注意，此时的类别总数为 4，实心三角形代表样本点，空心三角形代表新的数据点，三角形的不同朝向代表不同的类别，加号代表质心。

```
cluster_and_classify(4)    #指定类别总数为4并调用函数cluster_and_classify
```

```
类别总数为4时的聚合及分类结果
质心坐标为
[[0.705      0.53      ]
 [0.86166667 0.19      ]
 [0.29       0.20625   ]
 [0.48714286 0.81142857]]
```

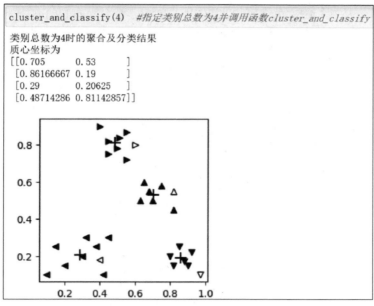

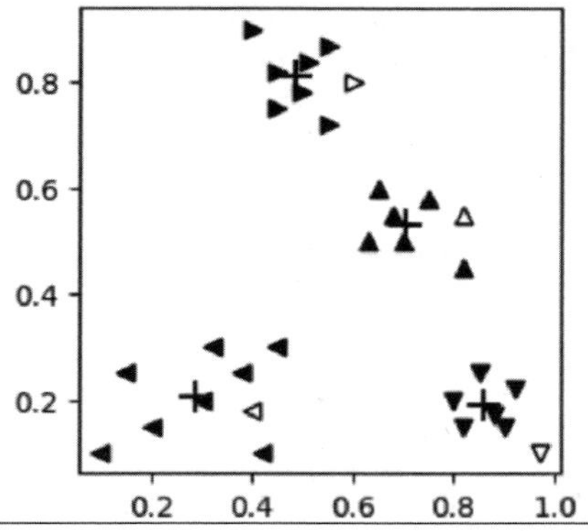

图 5-78　P-5.4.1 的单元框 6 及其运行结果

5.4.2　GNB

在 3.5.7 小节中，我们用了一个养鸡场的例子来讲述 GNB 分类器的工作原理和过程。本小节的实验是对养鸡场这个例子的复现，所以请读者朋友们先复习一下 3.5.7 小节的内容，再开始实验。

打开 cmd 命令行界面，在 D:\jyh-program 目录下启动 jupyter notebook 程序开发环境，在程序开发环境中新建一个名为 P-5.4.2 的 Python 程序文件并完成代码编写工作。以下是程序代码及其描述和分析。

图 5-79 所示是 P-5.4.2 的单元框 1，其作用是引入 NumPy 以及高斯朴素贝叶斯分类器模型 GaussianNB。

```
#########    GNB分类器    #########
import numpy as np    #引入NumPy
from sklearn.naive_bayes import GaussianNB    #引入高斯朴素贝叶斯分类器模型
```

图 5-79　P-5.4.2 的单元框 1

图 5-80 所示是 P-5.4.2 的单元框 2，其作用是完成样本数据的准备工作。注意，这些样本数据完全来自图 3-53 所示的测量数据。

```
#样本数据
X = np.array([[14.70, 2.61], [15.20, 2.38], [15.10, 2.25], [15.20, 2.53],
              [13.10, 3.51], [13.10, 3.42], [13.10, 3.03], [12.90, 3.45],
              [13.10, 3.90], [13.20, 3.61], [13.10, 3.42], [12.80, 3.20],
              [13.10, 2.91], [12.80, 3.31], [14.90, 3.19], [16.40, 3.10],
              [14.90, 3.43], [15.60, 3.18], [14.60, 3.17], [14.90, 3.32]])
y = np.array([1, 1, 1, 1,
              2, 2, 2, 2, 2, 2, 2, 2, 2, 2,
              3, 3, 3, 3, 3, 3])
```

图 5-80　P-5.4.2 的单元框 2

图 5-81 所示是 P-5.4.2 的单元框 3，其作用是创建一个名为 gnb 的高斯朴素贝叶斯分类器模型实例，然后用样本数据对 gnb 进行训练，并将训练完成之后的模型重新命名为 GNB。

```
gnb = GaussianNB()  #创建名为gnb的高斯朴素贝叶斯分类器模型实例
GNB = gnb.fit(X, y)  #利用样本数据对gnb模型进行训练
```

图 5-81　P-5.4.2 的单元框 3

图 5-82 所示是 P-5.4.2 的单元框 4 及其运行结果。可以看到，图 5-82 中的结果数据与图 3-54 所示的数据是完全一致的（忽略计算误差）。

```
#打印显示出各个高斯分布的均值的估计值
print("各个高斯分布的均值的估计值为:\n", GNB.theta_)
#打印显示出各个高斯分布的方差的估计值
print("各个高斯分布的方差的估计值为:\n",GNB.var_)

各个高斯分布的均值的估计值为:
 [[15.05        2.4425    ]
 [13.03        3.376     ]
 [15.21666667  3.23166667]]
各个高斯分布的方差的估计值为:
 [[0.0425     0.01916875]
 [0.0181     0.072884  ]
 [0.37138889 0.01211389]]
```

图 5-82　P-5.4.2 的单元框 4 及其运行结果

图 5-83 所示是 P-5.4.2 的单元框 5 及其运行结果。可以看到，GNB 分类器对于 A 那只鸡是公鸡、母鸡、阉鸡的概率的预测值分别约为 0、0.3、0.7，对于 B 那只鸡是公鸡、母鸡、阉鸡的概率的预测值分别约为 1、0、0。

```
#打印显示出随机捉取的那两只鸡A和B属于公鸡、母鸡、阉鸡的概率的预测值
print(GNB.predict_proba(np.array([[13.5, 3.1], [15.4, 2.31]])))

[[7.89783988e-16 3.06284870e-01 6.93715130e-01]
 [1.00000000e+00 2.21830806e-70 2.41549467e-15]]
```

图 5-83　P-5.4.2 的单元框 5 及其运行结果

图 5-84 所示是 P-5.4.2 的单元框 6 及其运行结果。可以看到，GNB 分类器对于随机捉取的那两只鸡的类别判定结果：A 那只鸡是阉鸡（类别 3），B 那只鸡是公鸡（类别 1）。

```
#打印显示出GNB分类器给出的关于那两只鸡A和B的类别判定结果
print(GNB.predict(np.array([[13.5, 3.1], [15.4, 2.31]])))

[3 1]
```

图 5-84　P-5.4.2 的单元框 6 及其运行结果

5.5　MindSpore 基础

5.5.1　张量的属性

打开 cmd 命令行界面，在 D:\jyh-program 目录下启动 jupyter notebook 程序开发环境，

在程序开发环境中新建一个名为 P-5.5.1 的 Python 程序文件并完成代码编写工作。以下是程序代码及其描述和分析。

图 5-85 所示是 P-5.5.1 的单元框 1，其中前几个语句的作用是要保证单元框里的所有交互式输出全部都能够显示出来，后几个语句的作用是引入相关模块。

```
#########    张量的属性    #########

#保证单元框里的所有交互式输出都能够显示出来
from IPython.core.interactiveshell import InteractiveShell
InteractiveShell.ast_node_interactivity = "all"

#引入相关模块
import numpy as np
from mindspore import Tensor
```

图 5-85　P-5.5.1 的单元框 1

图 5-86 所示是 P-5.5.1 的单元框 2 及其运行结果。从图 5-86 中可以看到，交互式输出的 x、y、z 全部都能够显示出来，分别是 10、20、30。

```
x = 10
y = 20
z = x + y
x
y
z
```

```
10

20

30
```

图 5-86　P-5.5.1 的单元框 2 及其运行结果

在 MindSpore 中，所有的运算和操作都是基于 Tensor（张量）的。从编程的角度来讲，对于一个张量，我们首先应该关心的是它的名字（Name）、它的值（Value），以及它的数据类型（Type）。图 5-87 所示是 P-5.5.1 的单元框 3 及其运行结果，其中的 a 就是张量的名字，a 的值是一个具有 2 层 3 行 4 列的整数阵列，a 的数据类型是 mindspore.common.tensor.Tensor，简称就是 MindSpore 的 Tensor。

```
#用NumPy阵列生成一个名为a的张量
a = Tensor(np.array([[[1, 2, 3, 4], [5, 6, 7, 8], [9, 10, 11, 12]],
    [[13, 14, 15, 16], [17, 18, 19, 20], [21, 22, 23, 24]]]))
print(a)  #打印输出a的值
type(a)  #显示a的数据类型
```

```
[[[ 1  2  3  4]
  [ 5  6  7  8]
  [ 9 10 11 12]]

 [[13 14 15 16]
  [17 18 19 20]
  [21 22 23 24]]]

mindspore.common.tensor.Tensor
```

a的值

a的数据类型

图 5-87　P-5.5.1 的单元框 3 及其运行结果

一个张量具有很多属性，这些属性包括但不限于张量的形状、张量的阶数、张量的元素的个数、张量的元素的数据类型、张量的单个元素占用的字节数、张量本身占用的字节数等等。图 5-88 所示是 P-5.5.1 的单元框 4 及其运行结果，其中的张量 a 是在单元框 3 运行之后生成的（见图 5-87）。从图 5-88 中可以看到，由于 a 的值是一个具有 2 层 3 行 4 列的阵列，所以它的形状为（2,3,4），它的阶数为 3，它所包含的元素的个数为 $2\times3\times4=24$。图 5-88 还表明，a 的元素的数据类型为 mindspore.int32，a 的单个元素占用的字节数为 4。显然，由于 a 所包含的元素的个数为 24，每个元素占用的字节数为 4，所以 a 占用的字节数为 $4\times24=96$。需要注意的是，a 的数据类型与 a 的元素的数据类型是两个完全不同的概念。在这里，a 的数据类型是 MindSpore 的 Tensor，a 的元素的数据类型是 MindSpore 的 int32。

```
a.shape      #a的形状
a.ndim       #a的阶数
a.size       #a的元素的个数
a.dtype      #a的元素的数据类型
a.itemsize   #a的单个元素占用的字节数
a.nbytes     #a占用的字节数
```

```
(2, 3, 4) ←―― a的形状
3 ←―― a的阶数
24 ←―― a的元素的个数
mindspore.int32 ←―― a的元素的数据类型
4 ←―― a的单个元素占用的字节数
96 ←―― a占用的字节数
```

图 5-88 P-5.5.1 的单元框 4 及其运行结果

图 5-89 所示是 P-5.5.1 的单元框 5 及其运行结果，它说明了用打印方式输出一个张量与用交互方式输出一个张量的差别：前者只会显示该张量的值，后者不仅会显示该张量的值，还会显示该张量的 shape 属性的值，以及该张量的 dtype 属性的值。注意，图 5-89 中的张量 a 是在单元框 3 运行之后生成的（见图 5-87）。

```
print(a)    #使用打印方式输出a
a    #使用交互方式输出a
```

```
[[[ 1  2  3  4]
  [ 5  6  7  8]
  [ 9 10 11 12]]

 [[13 14 15 16]
  [17 18 19 20]
  [21 22 23 24]]]
```

a的值，也即a的value属性的值

```
Tensor(shape=[2, 3, 4], dtype=Int32, value=
[[[ 1,  2,  3,  4],
  [ 5,  6,  7,  8],
  [ 9, 10, 11, 12]],
 [[13, 14, 15, 16],
  [17, 18, 19, 20],
  [21, 22, 23, 24]]])
```

a的元素的数据类型，也即a的dtype属性的值

a的形状，也即a的shape属性的值

a的值，也即a的value属性的值

图 5-89 P-5.5.1 的单元框 5 及其运行结果

5.5.2 张量的生成

张量的生成有很多种方法，本小节介绍的是一些最为常见的生成张量的方法。

打开 cmd 命令行界面，在 D:\jyh-program 目录下启动 jupyter notebook 程序开发环境，在程序开发环境中新建一个名为 P-5.5.2 的 Python 程序文件并完成代码编写工作。以下

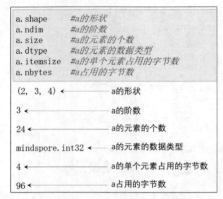

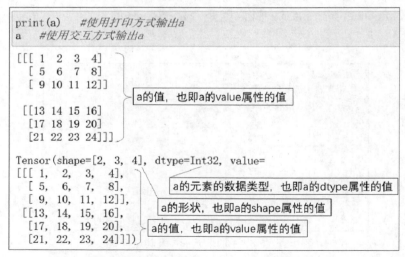

是程序代码及其描述和分析。

图 5-90 所示是 P-5.5.2 的单元框 1。

```
#########    张量的生成    #########

#保证单元框里的所有交互式输出都能够显示出来
from IPython.core.interactiveshell import InteractiveShell
InteractiveShell.ast_node_interactivity = "all"

#引入相关模块
import numpy as np
from mindspore import Tensor
from mindspore import dtype
from mindspore.ops import operations as ops
```

图 5-90　P-5.5.2 的单元框 1

图 5-91 所示是 P-5.5.2 的单元框 2 及其运行结果，它显示了如何用整数 300 生成张量 a，以及如何用整数 50 生成张量 b。可以看到，a 和 b 的 shape 的值均为空，这说明 a 和 b 都是 0 阶张量。另外还可以看到，b 的 dtype 的值为 int64，这是由于在生成张量 b 的时候指定了 dtype 的值为 int64。生成张量 a 的时候没有指定 dtype 的值，所以 a 的 dtype 的值为默认值 int32。注意，虽然 a 的值为 300，b 的值为 50，但 a 和 b 并不是普通的整数，而是 0 阶张量。

图 5-92 所示是 P-5.5.2 的单元框 3 及其运行结果，它显示了如何用浮点数 4.2 生成张量 a，以及如何用浮点数 2.5 生成张量 b。可以看到，a 和 b 的 shape 的值均为空，这说明 a 和 b 都是 0 阶张量。另外还可以看到，b 的 dtype 的值为 float16，这是由于在生成张量 b 的时候指定了 dtype 的值为 float16。生成张量 a 的时候没有指定 dtype 的值，所以 a 的 dtype 的值为默认值 float32。注意，虽然 a 的值为 4.2，b 的值为 2.5，但 a 和 b 并不是普通的浮点数，而是 0 阶张量。

```
#用标量值生成张量
a = Tensor(300)
b = Tensor(50, dtype.int64)
a
print(a)
b
print(b)
```

```
Tensor(shape=[], dtype=Int32, value= 300)

300

Tensor(shape=[], dtype=Int64, value= 50)

50
```

图 5-91　P-5.5.2 的单元框 2 及其运行结果

```
#用标量值生成张量
x =2.5
a = Tensor(4.2)
b = Tensor(x, dtype.float16)
a
print(a)
b
print(b)
```

```
Tensor(shape=[], dtype=Float32, value= 4.2)

4.2

Tensor(shape=[], dtype=Float16, value= 2.5)

2.5
```

图 5-92　P-5.5.2 的单元框 3 及其运行结果

图 5-93 所示是 P-5.5.2 的单元框 4 及其运行结果，它显示了如何用布尔值 True 生成张量 a，以及如何用布尔值 False 生成张量 b。可以看到，a 和 b 的 shape 的值均为空，这说明 a 和 b 都是 0 阶张量。另外还可以看到，b 的 dtype 的值为 bool，这是由于在生成张量 b 的时候就明确指定了 dtype 的值为 bool。生成张量 a 的时候没有指定 dtype 的值，所以 a 的 dtype 的值为默认值 bool。注意，虽然 a 的值为 True，b 的值为 False，但 a 和 b 并不是普通的布尔值，而是 0 阶张量。

```
#用标量值生成张量
x = False
a = Tensor(True)
b = Tensor(x, dtype.bool_)
a
print(a)
b
print(b)
```

```
Tensor(shape=[], dtype=Bool, value= True)

True

Tensor(shape=[], dtype=Bool, value= False)

False
```

图 5-93　P-5.5.2 的单元框 4 及其运行结果

图 5-94 所示是 P-5.5.2 的单元框 5 及其运行结果，它显示了如何用 NumPy 阵列生成张量。可以看到，a 的形状为（2,3），也即 a 的 shape 的值为（2,3），这就说明 a 是一个 2 阶张量。另外还可以看到，a 的元素的数据类型为 int16，也即 a 的 dtype 的值为 int16，这是由于在生成张量 a 的时候就明确指定了 dtype 的值为 int16。如果在生成张量 a 的时候没有指定 dtype 的值，那么 a 的 dtype 的值将会是默认值 int32。

```
#用NumPy阵列生成张量
a = Tensor(np.array([[1, 2, 3], [4, 5, 6]]), dtype.int16)
a
```

```
Tensor(shape=[2, 3], dtype=Int16, value=
[[1, 2, 3],
 [4, 5, 6]])
```

图 5-94　P-5.5.2 的单元框 5 及其运行结果

图 5-95 所示是 P-5.5.2 的单元框 6 及其运行结果，它显示了如何用 NumPy 阵列生成张量。可以看到，张量 a 和张量 b 的 shape 的值均为（5），这说明 a 和 b 都是 1 阶张量。由于 NumPy 阵列既包含了整数元素，又包含了浮点数元素，而在生成张量 a 的时候没有指定 dtype 的值，在生成张量 b 的时候指定了 dtype 的值为 int32，所以最终 a 的 dtype 的值为默认值 float64，b 的 dtype 的值为指定值 int32。注意，a 的前两个元素是 NumPy 阵列中前两个元素浮点化后的结果，b 的后 3 个元素是 NumPy 阵列中后 3 个元素取整后的结果。

```
#用NumPy阵列生成张量
a = Tensor(np.array([1, 2, 2.3, 2.5, 2.8]))
b = Tensor(np.array([1, 2, 2.3, 2.5, 2.8]), dtype.int32)
a
print(a)
b
print(b)
```

```
Tensor(shape=[5], dtype=Float64, value= [1.00000000e+000, 2.00000000e+000, 2.30000000e+
000, 2.50000000e+000, 2.80000000e+000])

[1.  2.  2.3 2.5 2.8]

Tensor(shape=[5], dtype=Int32, value= [1, 2, 2, 2, 2])

[1 2 2 2 2]
```

图 5-95　P-5.5.2 的单元框 6 及其运行结果

图 5-96 所示是 P-5.5.2 的单元框 7 及其运行结果，它显示了如何用 NumPy 阵列生成张量。可以看到，张量 a 的 shape 的值为（1,1,1），张量 b 的 shape 的值为（1,1,1,1,1），所以 a 是一个 3 阶张量，b 是一个 5 阶张量。另外，因为用于生成张量 a 的 NumPy 阵列的元素为整数，用于生成张量 b 的 NumPy 阵列的元素为浮点数，所以 a 的 dtype 的值为默认值 int32，b 的 dtype 的值为默认值 float64。

```
#用NumPy阵列生成张量
a = Tensor(np.array([[[2]]]))
b = Tensor(np.array([[[[[3.4]]]]]))
a
print(a)
b
print(b)
```

```
Tensor(shape=[1, 1, 1], dtype=Int32, value=
[[[2]]])

[[[2]]]

Tensor(shape=[1, 1, 1, 1, 1], dtype=Float64, value=
[[[[[3.40000000e+000]]]]])

[[[[[3.4]]]]]
```

图 5-96　P-5.5.2 的单元框 7 及其运行结果

图 5-97 所示是 P-5.5.2 的单元框 8 及其运行结果，它显示了如何用列表（List）生成张量。可以看到，张量 a 的 shape 的值为（2,3），所以 a 是一个 2 阶张量。

```
#用List生成张量
a = Tensor([[1, 2, 3],[4, 5, 6]])
a
print(a)
```

```
Tensor(shape=[2, 3], dtype=Int32, value=
[[1, 2, 3],
 [4, 5, 6]])

[[1 2 3]
 [4 5 6]]
```

图 5-97　P-5.5.2 的单元框 8 及其运行结果

图 5-98 所示是 P-5.5.2 的单元框 9 及其运行结果，它显示了如何用元组（Tuple）生成张量。可以看到，张量 a 的 shape 的值为（2,2,2），所以 a 是一个 3 阶张量。

```
#用Tuple生成张量
a = Tensor((((9, 8), (7, 6)), ((5, 4), (3, 2))))
a
print(a)
```

```
Tensor(shape=[2, 2, 2], dtype=Int32, value=
[[[9, 8],
  [7, 6]],
 [[5, 4],
  [3, 2]]])

[[[9 8]
  [7 6]]

 [[5 4]
  [3 2]]]
```

图 5-98　P-5.5.2 的单元框 9 及其运行结果

图 5-99 所示是 P-5.5.2 的单元框 10 及其运行结果。可以看到，生成的全 1 张量 a 继承了张量 x 的 shape 和 dtype 等属性，生成的全 0 张量 b 继承了张量 y 的 shape 和 dtype 等属性。

```
oneslike = ops.OnesLike()
zeroslike = ops.ZerosLike()
x = Tensor(np.array([1, 2, 3]), dtype.int64)
y = Tensor(np.array([[1.5, 2.5], [3.5, 4.5]]), dtype.float16)
a = oneslike(x)  #生成的全1张量a会继承张量x的shape、dtype等属性
b = zeroslike(y)  #生成的全0张量b会继承张量y的shape、dtype等属性
x
a
y
b
```

```
Tensor(shape=[3], dtype=Int64, value= [1, 2, 3])

Tensor(shape=[3], dtype=Int64, value= [1, 1, 1])

Tensor(shape=[2, 2], dtype=Float16, value=
[[1.5000e+000, 2.5000e+000],
 [3.5000e+000, 4.5000e+000]])

Tensor(shape=[2, 2], dtype=Float16, value=
[[0.0000e+000, 0.0000e+000],
 [0.0000e+000, 0.0000e+000]])
```

图 5-99 P-5.5.2 的单元框 10 及其运行结果

图 5-100 所示是 P-5.5.2 的单元框 11 及其运行结果，它显示了在生成全 1 张量和全 0 张量的时候如何指定其 shape 的值和 dtype 的值。

```
ones = ops.Ones()
zeros = ops.Zeros()
a = ones((1, 6), dtype.int16)
b = zeros((2, 3), dtype.float64)
a
b
```

```
Tensor(shape=[1, 6], dtype=Int16, value=
[[1, 1, 1, 1, 1, 1]])

Tensor(shape=[2, 3], dtype=Float64, value=
[[0.00000000e+000, 0.00000000e+000, 0.00000000e+000],
 [0.00000000e+000, 0.00000000e+000, 0.00000000e+000]])
```

图 5-100 P-5.5.2 的单元框 11 及其运行结果

5.5.3 张量的运算和操作

我们可以对张量进行各种各样的运算和操作，本小节将展示这方面的一些例子。

打开 cmd 命令行界面，在 D:\jyh-program 目录下启动 jupyter notebook 程序开发环境，在程序开发环境中新建一个名为 P-5.5.3 的 Python 程序文件并完成代码编写工作。以下是程序代码及其描述和分析。

图 5-101 所示是 P-5.5.3 的单元框 1。

```
#########    张量的运算和操作    #########

#保证单元框里的所有交互式输出都能够显示出来
from IPython.core.interactiveshell import InteractiveShell
InteractiveShell.ast_node_interactivity = "all"

#引入相关模块
import numpy as np
from mindspore import Tensor
from mindspore.ops import operations as ops
```

图 5-101 P-5.5.3 的单元框 1

图 5-102 所示是 P-5.5.3 的单元框 2 及其运行结果，其中的 c 是张量 a 与张量 b 相加之后得到的一个新的张量。

图 5-103 所示是 P-5.5.3 的单元框 3 及其运行结果，请注意 a、b、c 这 3 个张量的阶数。

```
a = Tensor(np.array([1, 2, 3, 4]))
b = Tensor(np.array([4, 3, 2, 1]))
c = a + b  #两个张量相加
a
b
c
```

```
Tensor(shape=[4], dtype=Int32, value= [1, 2, 3, 4])

Tensor(shape=[4], dtype=Int32, value= [4, 3, 2, 1])

Tensor(shape=[4], dtype=Int32, value= [5, 5, 5, 5])
```

图 5-102　P-5.5.3 的单元框 2 及其运行结果

```
a = Tensor([[[[8]]]])
b = Tensor([[7]])
c = a + b  #两个张量相加
a  #a是一个4阶张量
b  #b是一个2阶张量
c  #c是一个4阶张量
```

```
Tensor(shape=[1, 1, 1, 1], dtype=Int32, value=
[[[[8]]]])

Tensor(shape=[1, 1], dtype=Int32, value=
[[7]])

Tensor(shape=[1, 1, 1, 1], dtype=Int32, value=
[[[[15]]]])
```

图 5-103　P-5.5.3 的单元框 3 及其运行结果

图 5-104 所示是 P-5.5.3 的单元框 4 及其运行结果，它显示了关于两个张量逐项相乘的一个例子。

```
Mul = ops.Mul()
a = Tensor([3, 4, 5])
b = Tensor([6, 7, 8])
c = Mul(a, b)  #两个张量逐项相乘
a
b
c
```

```
Tensor(shape=[3], dtype=Int32, value= [3, 4, 5])

Tensor(shape=[3], dtype=Int32, value= [6, 7, 8])

Tensor(shape=[3], dtype=Int32, value= [18, 28, 40])
```

图 5-104　P-5.5.3 的单元框 4 及其运行结果

图 5-105 所示是 P-5.5.3 的单元框 5 及其运行结果，它显示了关于两个张量相乘的一个例子。注意，这里的张量 a 和张量 b 其实就是两个矩阵。因为 a 的形状为（2,3），b 的形状为（3,2），所以 c 的形状为（2,2）。

```
MatMul = ops.MatMul()
a = Tensor(np.array([[1.0, 2.0, 3.0], [4.0, 5.0, 6.0]]))
b = Tensor(np.array([[1.0, 2.0], [3.0, 4.0], [5.0, 6.0]]))
c = MatMul(a, b)  #两个张量相乘
a
b
c
```

```
Tensor(shape=[2, 3], dtype=Float64, value=
[[1.00000000e+000, 2.00000000e+000, 3.00000000e+000],
 [4.00000000e+000, 5.00000000e+000, 6.00000000e+000]])

Tensor(shape=[3, 2], dtype=Float64, value=
[[1.00000000e+000, 2.00000000e+000],
 [3.00000000e+000, 4.00000000e+000],
 [5.00000000e+000, 6.00000000e+000]])

Tensor(shape=[2, 2], dtype=Float64, value=
[[2.20000000e+001, 2.80000000e+001],
 [4.90000000e+001, 6.40000000e+001]])
```

图 5-105　P-5.5.3 的单元框 5 及其运行结果

图 5-106 所示是 P-5.5.3 的单元框 6 及其运行结果，它显示了关于张量堆叠的一个例子。

图 5-107 所示是 P-5.5.3 的单元框 7 及其运行结果，它显示了关于张量堆叠的又一个例子。

```
Stack0 = ops.Stack(0)
a = Tensor(np.array([[1, 1, 1], [2, 2, 2]]))
b = Tensor(np.array([[3, 3, 3], [4, 4, 4]]))
c = Stack0([a, b])  #将张量a和张量b进行堆叠
a
b
c
```

```
Tensor(shape=[2, 3], dtype=Int32, value=
[[1, 1, 1],
 [2, 2, 2]])

Tensor(shape=[2, 3], dtype=Int32, value=
[[3, 3, 3],
 [4, 4, 4]])

Tensor(shape=[2, 2, 3], dtype=Int32, value=
[[[1, 1, 1],
  [2, 2, 2]],
 [[3, 3, 3],
  [4, 4, 4]]])
```

图 5-106　P-5.5.3 的单元框 6 及其运行结果

```
Stack1 = ops.Stack(1)
a = Tensor(np.array([[1, 1, 1], [2, 2, 2]]))
b = Tensor(np.array([[3, 3, 3], [4, 4, 4]]))
c = Stack1([a, b])  #将张量a和张量b进行堆叠
a
b
c
```

```
Tensor(shape=[2, 3], dtype=Int32, value=
[[1, 1, 1],
 [2, 2, 2]])

Tensor(shape=[2, 3], dtype=Int32, value=
[[3, 3, 3],
 [4, 4, 4]])

Tensor(shape=[2, 2, 3], dtype=Int32, value=
[[[1, 1, 1],
  [3, 3, 3]],
 [[2, 2, 2],
  [4, 4, 4]]])
```

图 5-107　P-5.5.3 的单元框 7 及其运行结果

图 5-108 所示是 P-5.5.3 的单元框 8 及其运行结果，它显示了关于张量拼接的一个例子。注意，张量的拼接与张量的堆叠是两个不同的概念。

图 5-109 所示是 P-5.5.3 的单元框 9 及其运行结果，它显示了关于张量拼接的又一个例子。注意，张量的拼接与张量的堆叠是两个不同的概念。

```
Concat0 = ops.Concat(0)
a = Tensor(np.array([[1, 1, 1], [2, 2, 2]]))
b = Tensor(np.array([[3, 3, 3], [4, 4, 4]]))
c = Concat0([a, b])  #将张量a和张量b进行拼接
a
b
c
```

```
Tensor(shape=[2, 3], dtype=Int32, value=
[[1, 1, 1],
 [2, 2, 2]])

Tensor(shape=[2, 3], dtype=Int32, value=
[[3, 3, 3],
 [4, 4, 4]])

Tensor(shape=[4, 3], dtype=Int32, value=
[[1, 1, 1],
 [2, 2, 2],
 [3, 3, 3],
 [4, 4, 4]])
```

图 5-108　P-5.5.3 的单元框 8 及其运行结果

```
Concat1 = ops.Concat(1)
a = Tensor(np.array([[1, 1, 1], [2, 2, 2]]))
b = Tensor(np.array([[3, 3, 3], [4, 4, 4]]))
c = Concat1([a, b])  #将张量a和张量b进行拼接
a
b
c
```

```
Tensor(shape=[2, 3], dtype=Int32, value=
[[1, 1, 1],
 [2, 2, 2]])

Tensor(shape=[2, 3], dtype=Int32, value=
[[3, 3, 3],
 [4, 4, 4]])

Tensor(shape=[2, 6], dtype=Int32, value=
[[1, 1, 1, 3, 3, 3],
 [2, 2, 2, 4, 4, 4]])
```

图 5-109　P-5.5.3 的单元框 9 及其运行结果

图 5-110 所示是 P-5.5.3 的单元框 10 及其运行结果，它显示了关于张量切片的一个例子。

```
a = Tensor(np.array([[1, 2, 3, 4, 5], [6, 7, 8, 9, 10],
    [11, 12, 13, 14, 15], [16, 17, 18, 19, 20]]))
b = a[1:3, 1:4]  #b是a的一个切片
a
b
```

```
Tensor(shape=[4, 5], dtype=Int32, value=
[[ 1,  2,  3,  4,  5],
 [ 6,  7,  8,  9, 10],
 [11, 12, 13, 14, 15],
 [16, 17, 18, 19, 20]])

Tensor(shape=[2, 3], dtype=Int32, value=
[[ 7,  8,  9],
 [12, 13, 14]])
```

图 5-110　P-5.5.3 的单元框 10 及其运行结果

图 5-111 所示是 P-5.5.3 的单元框 11 及其运行结果，它显示了关于张量转置的一个例子。

图 5-112 所示是 P-5.5.3 的单元框 12 及其运行结果，它显示了如何将 MindSpore 的一个张量转换成 NumPy 的一个阵列。从图 5-112 中可以看到，a 的类型是 MindSpore 的 Tensor，b 的类型是 NumPy 的 ndarray。

```
a = Tensor(np.array([[1, 2, 3], [4, 5, 6]]))
b = a.T  #b是a的转置
a
b
```

```
Tensor(shape=[2, 3], dtype=Int32, value=
[[1, 2, 3],
 [4, 5, 6]])

Tensor(shape=[3, 2], dtype=Int32, value=
[[1, 4],
 [2, 5],
 [3, 6]])
```

图 5-111　P-5.5.3 的单元框 11 及其运行结果

```
a = Tensor([[1, 2, 3],[4, 5, 6]])
b = a.asnumpy()  #将张量a转换成NumPy阵列
a
type(a)
b
type(b)
```

```
Tensor(shape=[2, 3], dtype=Int32, value=
[[1, 2, 3],
 [4, 5, 6]])

mindspore.common.tensor.Tensor

array([[1, 2, 3],
       [4, 5, 6]], dtype=int32)

numpy.ndarray
```

图 5-112　P-5.5.3 的单元框 12 及其运行结果

5.5.4　数据集的加载和处理

mindspore.dataset 模块提供了加载和处理许多常见的知名数据集的 API（Application Programming Interface），这些知名的数据集中就有在 3.3 节中介绍过的 ImageNet，以及在 4.4.6 小节中介绍过的 MNIST。下面我们将以 MNIST 为例来描述和说明 MindSpore 对于数据集的加载和处理过程。

MNIST 数据集可以按照下述方法直接从网上获取。搜索并打开 Yann LeCun 的个人主页，单击其中的“MNISTOCRDATA”所指示的链接，然后直接下载下面这 4 个压缩文件：

- 压缩文件 1：train-images-idx3-ubyte.gz；
- 压缩文件 2：train-labels-idx1-ubyte.gz；
- 压缩文件 3：t10k-images-idx3-ubyte.gz；
- 压缩文件 4：t10k-labels-idx1-ubyte.gz。

下载完成之后，分别解压每一个压缩文件，得到下面 4 个文件：

- 文件 1：train-images.idx3-ubyte；
- 文件 2：train-labels.idx1-ubyte；
- 文件 3：t10k-images.idx3-ubyte；
- 文件 4：t10k-labels.idx1-ubyte。

其中文件 1 包含的是作为训练用的 60,000 个手写阿拉伯数字样本；文件 2 包含的是这 60,000 个训练样本的标签信息，也就是每个训练样本的类别信息；文件 3 包含的是作为测试用的 10,000 个手写阿拉伯数字样本；文件 4 包含的是这 10,000 个测试样本的标签信息，也就是每个测试样本的类别信息。图 5-113 显示了文件 1、文件 2、文件 3、文件 4 的存放位置。

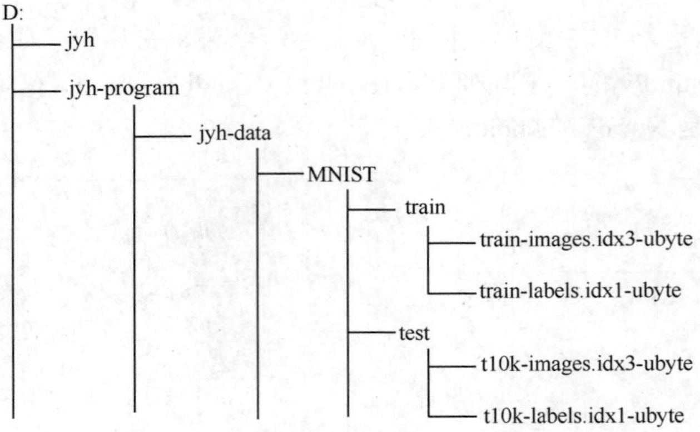

图 5-113　MNIST 数据文件的存放位置

打开 cmd 命令行界面，在 D:\jyh-program 目录下启动 jupyter notebook 程序开发环境，在程序开发环境中新建一个名为 P-5.5.4 的 Python 程序文件并完成代码编写工作。以下是程序代码及其描述和分析。

图 5-114 所示是 P-5.5.4 的单元框 1，它的作用是引入 P-5.5.4 需要用到的相关模块。

```
#########    数据集的加载和处理    #########
import numpy as np
import matplotlib.pyplot as plt
import mindspore.dataset as ds   #引入MindSpore的mindspore.dataset
```

图 5-114　P-5.5.4 的单元框 1

图 5-115 所示是 P-5.5.4 的单元框 2 及其运行结果。单元框 2 的第 1 个语句的作用是设置随机种子。注意，如果不设置随机种子，那么程序每次运行的结果都可能会不一样。第 2 个语句的作用是设置 MNIST 训练集的路径。注意，当前路径是 D:\jyh-program。第 3 个语句的作用是从 MNIST 训练集中只读取出 1 个样本数据。注意，如果指定 num_samples 的值为 3，则会从训练集中读取出 3 个样本数据；如果指定 num_samples 的值为 108，则会从训练集中读取出 108 个样本数据；如果不指定 num_samples 的值，则会从训练集中读取出所有的 60,000 个样本数据。第 4 个语句的作用是根据读取到的样本信息 tr_data 生成相应的迭代器 it。一般地，如果 tr_data 包含 n 个样本数据，则 it 就会包含 n 个 python 字典。由于我们这里指定了 num_samples 的值为 1，所以从训练集中只读取出了 1 个样本数据，也即这里的 tr_data 只包含了 1 个样本数据，因此这里的 it 只包含了 1 个字典。it 所包含的这个字典由两个 Key-Value 对组成：第 1 个 Key-Value 对中的 Key 是字符串“image”，Value 是一个形状为（28,28,1）的 NumPy 阵列，此阵列的各个元素的值就是 tr_data 所包含的这个样本图像的各个像素点的灰度值；第 2 个 Key-Value 对中的 Key 是字符串“label”，Value 就是 tr_data 所包含的这个样本的类别值。单元框 2 的最后一个语句中的 x 就是迭代器 it 所包含的那个唯一的字典，x['image'][:,:,0]是对 x 的索引，该索引的结果是一个 28 行 28 列的 NumPy 阵列，此阵列我们后面会将之显示为一个 28×28 的灰色图像。

```
ds.config.set_seed(19)  #设置随机种子
tr_dir = "./jyh-data/MNIST/train"  #设置MNIST训练集的路径
tr_data = ds.MnistDataset(dataset_dir = tr_dir, num_samples = 1)  #读取1个样本数据
it = tr_data.create_dict_iterator(output_numpy = True)  #生成迭代器
for x in it:
    print(x['image'][:, :, 0])  #一个28*28矩阵
```

```
[[  0   0   0   0   0   0   0   0   0   0   0   0   0   0   0   0   0   0
    0   0   0   0   0   0   0   0   0   0]
 [  0   0   0   0   0   0   0   0   0   0   0   0   0   0   0   0   0   0
    0   0   0   0   0   0   0   0   0   0]
                                         ⋮
 [  0   0   0   0   0   0   0   0 213 252 252 252 252 252 252 197 183 252
  252 217  31   0   0   0   0   0   0   0]
 [  0   0   0   0   0   0   0   0 214 253  66 174 253 253 253 255 253 253
  253 186   0   0   0   0   0   0   0   0]
 [  0   0   0   0   0   0   0   0 213 252 243 248 252 252 252 253 207 241
  252 213  28   0   0   0   0   0   0   0]
                                         ⋮
 [  0   0   0   0   0   0   0   0   0   0   0   0   0   0   0   0   0   0
    0   0   0   0   0   0   0   0   0   0]
 [  0   0   0   0   0   0   0   0   0   0   0   0   0   0   0   0   0   0
    0   0   0   0   0   0   0   0   0   0]]
```

图 5-115　P-5.5.4 的单元框 2 及其运行结果

图 5-116 所示是 P-5.5.4 的单元框 3 及其运行结果。单元框 3 与单元框 2 的主要内容是完全一样的，不同之处在于，单元框 2 的运行输出结果是一个 28 行 28 列的矩阵，而单元框 3 的运行输出结果则是一个 28×28 的灰色图像。

```
ds.config.set_seed(19)  #设置随机种子
tr_dir = "./jyh-data/MNIST/train"  #设置MNIST训练集的路径
tr_data = ds.MnistDataset(dataset_dir = tr_dir, num_samples = 1)  #读取1个样本
it = tr_data.create_dict_iterator(output_numpy = True)  #生成迭代器
fig = plt.figure(figsize = (3, 3))
for x in it:
    #print(x['image'][:, :, 0])  #一个28*28矩阵
    plt.imshow(x['image'][:, :, 0], cmap = 'gray')#显示图像，0为纯黑，255为纯白
plt.show()
```

```
<matplotlib.image.AxesImage at 0x1be55ffd208>
```

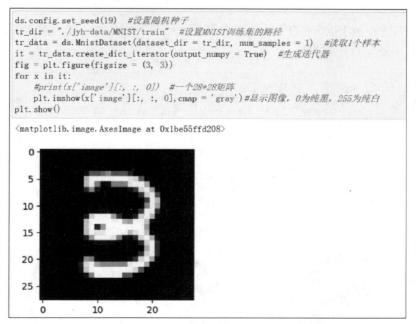

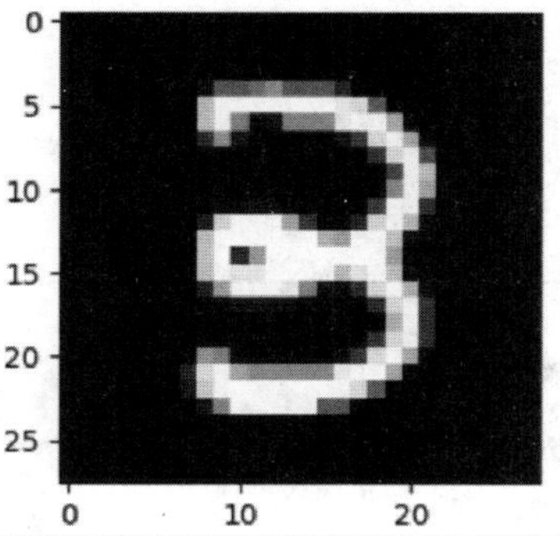

图 5-116　P-5.5.4 的单元框 3 及其运行结果

图 5-117 所示是 P-5.5.4 的单元框 4 及其运行结果。单元框 4 与单元框 3 的主要内容是完全一样的，不同之处在于，在单元框 3 中，cmap 的值为“gray”，所以灰度值为 0

表示纯黑，灰度值为 255 表示纯白，灰度值越大表示越白；在单元框 4 中，cmap 的值为“gray_r”，所以灰度值为 0 表示纯白，灰度值为 255 表示纯黑，灰度值越大表示越黑。可以看到，单元框 4 的输出图像是单元框 3 的输出图像的反图。

```
ds.config.set_seed(19)  #设置随机种子
tr_dir = "./jyh-data/MNIST/train"  #设置MNIST训练集的路径
tr_data = ds.MnistDataset(dataset_dir = tr_dir, num_samples = 1)  #读取1个样本
it = tr_data.create_dict_iterator(output_numpy = True)  #生成迭代器
fig = plt.figure(figsize = (3, 3))
for x in it:
    #print(x['image'][:, :, 0])  #一个28*28矩阵
    plt.imshow(x['image'][:, :, 0],cmap = 'gray_r')#显示图像，0为纯白，255为纯黑
plt.show()
```

```
<matplotlib.image.AxesImage at 0x1be56165248>
```

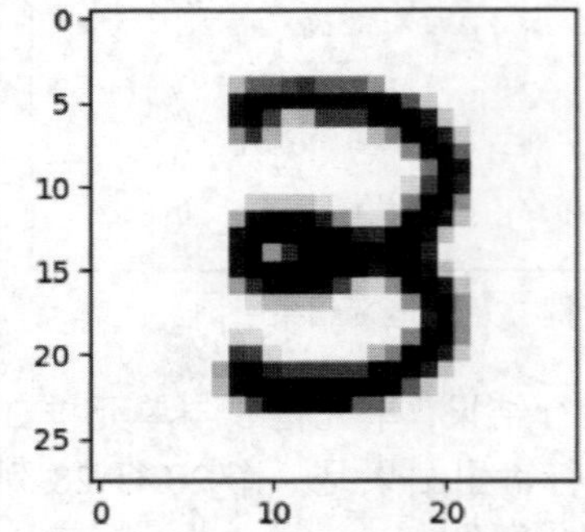

图 5-117　P-5.5.4 的单元框 4 及其运行结果

图 5-118 所示是 P-5.5.4 的单元框 5 及其运行结果，它显示了如何从 MNIST 训练集中读取并显示多个样本数据。

```
ds.config.set_seed(19)  #设置随机种子
tr_dir = "./jyh-data/MNIST/train"  #设置MNIST训练集的路径
tr_data = ds.MnistDataset(dataset_dir = tr_dir, num_samples = 3)  #读取3个样本
it = tr_data.create_dict_iterator(output_numpy = True)  #生成迭代器
fig = plt.figure(figsize = (7, 7))
i = 1
for x in it:
    m = plt.subplot(1, 3, i)
    n = plt.imshow(x['image'][:, :, 0],cmap = 'gray_r')#显示图像，0为纯白，255为纯黑
    i = i + 1
plt.show()
```

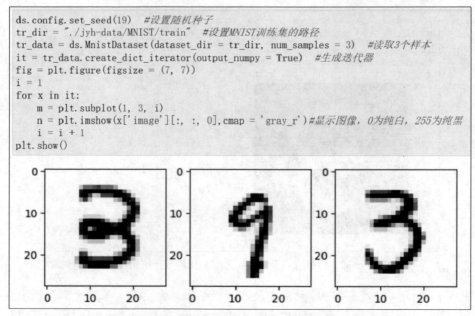

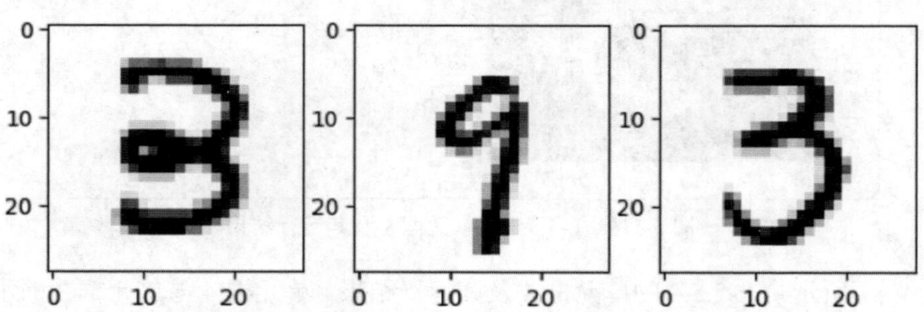

图 5-118　P-5.5.4 的单元框 5 及其运行结果

MindSpore 除了可以支持对一些常见的知名数据集进行直接加载和处理，还可以允许用户构造自定义的数据集类，然后通过 mindspore.dataset.GeneratorDataset 接口实现自定义方式的数据加载。图 5-119 所示是 P-5.5.4 的单元框 6 及其运行结果。从图 5-119 中可以看到，自定义的数据集类的名字是 jyhDataset，myDataset 是 jyhDataset 的一个实例，mydata1 包含了从 myDataset 这个数据集中读取出的所有 5 个样本。

```
np.random.seed(58)
class jyhDataset:  #jyhDataset是自定义的数据集类的名字
    #实例化数据集对象时，__init__函数会被调用，用户可在此进行数据集初始化等操作
    def __init__(self):
        self.data = np.random.sample((5, 2))
        self.label = np.random.sample((5, 1))
    #__getitem__函数可以根据索引值index来获取数据集中相应的样本数据
    def __getitem__(self, index):
        return self.data[index], self.label[index]
    def __len__(self):  #__len__函数可以用来获取数据集中的样本总数
        return len(self.data)
myDataset = jyhDataset() #myDataset是jyhDataset这个自定义的数据集类的一个实例
#从myDataset这个数据集中读取出所有的样本数据
my_data1 = ds.GeneratorDataset(myDataset, ["data", "label"], shuffle = False)
#打印显示出读取到的每一个样本的数据内容和标签信息
for x in my_data1.create_dict_iterator():
    print('数据内容:{}'.format(x["data"]), '标签信息:{}'.format(x["label"]))
```

```
数据内容:[0.36510558 0.45120592] 标签信息:[0.78888122]
数据内容:[0.49606035 0.07562207] 标签信息:[0.38068183]
数据内容:[0.57176158 0.28963401] 标签信息:[0.16271622]
数据内容:[0.30880446 0.37487617] 标签信息:[0.54738768]
数据内容:[0.81585667 0.96883469] 标签信息:[0.77994068]
```

图 5-119　P-5.5.4 的单元框 6 及其运行结果

图 5-120 所示是 P-5.5.4 的单元框 7 及其运行结果，它显示了在单元框 6 中定义的函数__getitem__和函数__len__的作用及使用方法。

```
print(myDataset.__getitem__(0))
print(myDataset.__getitem__(3))
print(myDataset.__len__())
```

```
(array([0.36510558, 0.45120592]), array([0.78888122]))
(array([0.30880446, 0.37487617]), array([0.54738768]))
5
```

图 5-120　P-5.5.4 的单元框 7 及其运行结果

MindSpore 提供的数据集接口具备一些常用的数据处理方法，如混洗（Shuffle）和分批（Batch）等等。图 5-121 所示是 P-5.5.4 的单元框 8 及其运行结果，它显示了混洗的一种实现方法和作用效果。对比单元框 8 和单元框 6 的运行结果可以看到，打印显示出来的样本的顺序已经发生了改变。

```
#先将myDataset这个数据集中的样本进行混洗，再从中读取出所有的样本数据
my_data2 = ds.GeneratorDataset(myDataset, ["data", "label"], shuffle = True)
#打印显示出读取到的每一个样本的数据内容和标签信息
for x in my_data2.create_dict_iterator():
    print('数据内容:{}'.format(x["data"]), '标签信息:{}'.format(x["label"]))
```

```
数据内容:[0.57176158 0.28963401] 标签信息:[0.16271622]
数据内容:[0.30880446 0.37487617] 标签信息:[0.54738768]
数据内容:[0.49606035 0.07562207] 标签信息:[0.38068183]
数据内容:[0.81585667 0.96883469] 标签信息:[0.77994068]
数据内容:[0.36510558 0.45120592] 标签信息:[0.78888122]
```

图 5-121　P-5.5.4 的单元框 8 及其运行结果

图 5-122 所示是 P-5.5.4 的单元框 9 及其运行结果，它显示了混洗的另一种实现方法和作用效果。对比单元框 9 和单元框 6 的运行结果可以看到，打印显示出来的样本的顺序已经发生了改变。

```
ds.config.set_seed(19)
my_data1 = ds.GeneratorDataset(myDataset, ["data", "label"], shuffle = False)
my_data3 = my_data1.shuffle(buffer_size = 10)#buffer_size表示进行混洗操作的缓存区的大小
for x in my_data3.create_dict_iterator():
    print('数据内容:{}'.format(x["data"]), '标签信息:{}'.format(x["label"]))
```

```
数据内容:[0.30880446 0.37487617] 标签信息:[0.54738768]
数据内容:[0.36510558 0.45120592] 标签信息:[0.78888122]
数据内容:[0.49606035 0.07562207] 标签信息:[0.38068183]
数据内容:[0.57176158 0.28963401] 标签信息:[0.16271622]
数据内容:[0.81585667 0.96883469] 标签信息:[0.77994068]
```

图 5-122　P-5.5.4 的单元框 9 及其运行结果

图 5-123 所示是 P-5.5.4 的单元框 10 及其运行结果，它显示了混洗以及批量化处理的方法和作用。首先，从 myDataset 这个数据集中读取出所有的 5 个样本，得到 my_data，然后对 my_data 进行混洗，再对混洗后的 my_data 进行批量化处理。需要注意的是，由于设置的每个批次的样本的个数为 2，而总的样本的个数为 5，所以第 1 个批次和第 2 个批次均包含了 2 个样本，第 3 个批次只包含了 1 个样本。

```
ds.config.set_seed(19)
my_data = ds.GeneratorDataset(myDataset, ["data", "label"], shuffle = False)
my_data = my_data.shuffle(buffer_size = 10)
my_data = my_data.batch(batch_size = 2)  #batch_size表示每个批次包含的样本个数
for x in my_data.create_dict_iterator():
    print('数据内容:\n{}'.format(x["data"]), '\n标签信息:\n{}'.format(x["label"]))
```

```
数据内容:
[[0.30880446 0.37487617]
 [0.36510558 0.45120592]]
标签信息:
[[0.54738768]
 [0.78888122]]
数据内容:
[[0.49606035 0.07562207]
 [0.57176158 0.28963401]]
标签信息:
[[0.38068183]
 [0.16271622]]
数据内容:
[[0.81585667 0.96883469]]
标签信息:
[[0.77994068]]
```

图 5-123　P-5.5.4 的单元框 10 及其运行结果

5.5.5　网络的构建

在学会用程序代码来构建一个神经网络之前，我们必须先学会如何用程序代码来构造神经网络的全连接层、卷积层、池化层、激活层、平展层等等。

先来说明一下关于神经网络的全连接层的概念。图 5-124 所示的结构就是全连接层的一个例子，其中 X 层的 3 个神经元排成了 1 行 3 列，Y 层的 4 个神经元排成了 1 行 4 列，X 层的每个神经元与 Y 层的每个神经元都有一个连接，连接的方向是从 X 层的神经元指向 Y 层的神经元。特别需要强调的是，当针对的是神经元之间的连接层时，所谓的全连接层在这里指的就是 X 层神经元与 Y 层神经元之间的连接层；当针对的是神经元层时，所谓的全连接层在这里指的就是 Y 神经元层，而不是 X 神经元层。另外，图中的 12.0、25.0、33.0 分别代表的是 X 层的第 1 个、第 2 个、第 3 个神经元的输出值。

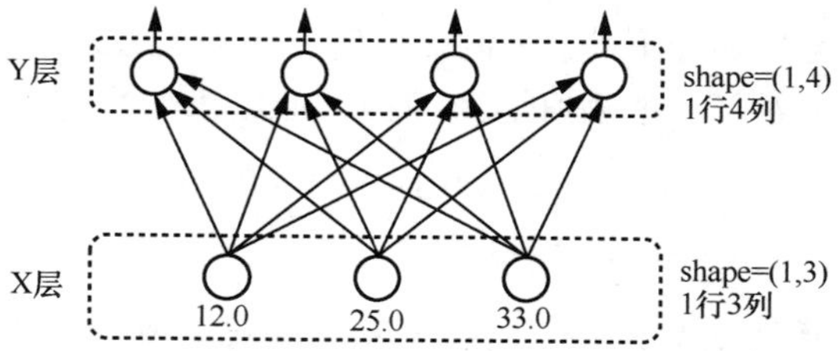

图 5-124　全连接层示例

显然，全连接层所涉及的连接的个数一般都非常多，要画出每一个连接箭头是非常麻烦的事，所以我们一般都会用简化图来表示全连接层。图 5-125 就是图 5-124 所示的全连接层的简化图，这两个图的含义是完全一样的。顺便提一下，全连接层也常常被称为密集层或 Dense 层。

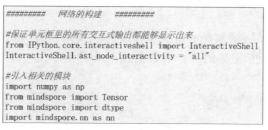

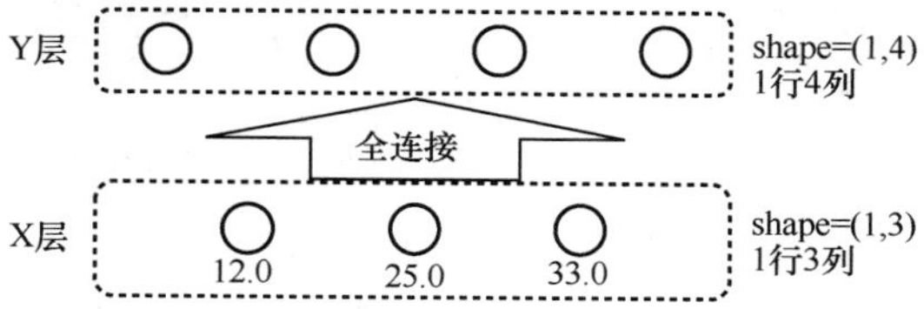

图 5-125　Dense 层示例一

接下来我们就要用程序代码来构造图 5-125 所示的 Dense 层。打开 cmd 命令行界面，在 D:\jyh-program 目录下启动 jupyter notebook 程序开发环境，在程序开发环境中新建一个名为 P-5.5.5 的 Python 程序文件并完成代码编写工作。以下是程序代码及其描述和分析。

图 5-126 所示是 P-5.5.5 的单元框 1，它的作用是引入 P-5.5.5 需要用到的相关模块。

```
#########   网络的构建   #########

#保证单元框里的所有交互式输出都能够显示出来
from IPython.core.interactiveshell import InteractiveShell
InteractiveShell.ast_node_interactivity = "all"

#引入相关的模块
import numpy as np
from mindspore import Tensor
from mindspore import dtype
import mindspore.nn as nn
```

图 5-126　P-5.5.5 的单元框 1

图 5-127 所示是 P-5.5.5 的单元框 2 及其运行结果。在 MindSpore 中，mindspore.nn 这个模块是专门用于构建神经网络的，而 mindspore.nn.Dense 这个模块则是专门用于构造神经网络的 Dense 层的。在单元框 2 中，in_channels 称为输入通道数，它是指 X 层神经元的列数；out_channels 称为输出通道数，它是指 Y 层神经元的列数。由于图 5-125

所示的 Dense 层中，X 层神经元的列数为 3，Y 层神经元的列数为 4，所以我们这里必须将 in_channels 的值指定为 3，将 out_channels 的值指定为 4。weight_init 表示的是 Dense 层的各个连接的权重值的初始值，这里姑且指定为 0.1。bias（偏置量）表示的是 Y 层的各个神经元的阈值的相反数，bias_init 表示的是 bias 的初始值，这里姑且指定为 1.5。activation 表示的是 Y 层的各个神经元的激活函数，这里姑且指定为 relu[参见 4.2.1 小节中的式（4.4）]。由于 X 层的 3 个神经元的输出值分别是 12.0、25.0、33.0，每个权重值的大小均为 0.1，每个 Y 层神经元的阈值均为 -1.5，所以每个 Y 层神经元的净输入均为

$$\begin{aligned}&(12.0\times0.1+25.0\times0.1+33.0\times0.1)-(-1.5)\\&=7.0-(-1.5)=8.5\end{aligned}$$

又由于 Y 层神经元的激活函数是 relu，所以 Y 层的每个神经元的输出值都应该是 8.5。从图 5-127 中可以看到，张量 Y 的 4 个元素的值的确都是 8.5。另外需要注意的是，图 5-125 中的 X 层的神经元是 1 行 3 列，图 5-127 中的 X 张量的元素也是 1 行 3 列，二者是完全一致的；图 5-125 中的 Y 层的神经元是 1 行 4 列，图 5-127 中的 Y 张量的元素也是 1 行 4 列，二者也是完全一致的。

```
#构造Dense层
X = Tensor(np.array([[12.0, 25.0, 33.0]]), dtype.float32)  #构造张量X
dense = nn.Dense(in_channels = 3, out_channels = 4, weight_init = 0.1,
                 bias_init = 1.5, activation = "relu")
Y = dense(X)  #构造张量Y
X
Y
```

```
Tensor(shape=[1, 3], dtype=Float32, value=
[[1.20000000e+001, 2.50000000e+001, 3.30000000e+001]])

Tensor(shape=[1, 4], dtype=Float32, value=
[[8.50000000e+000, 8.50000000e+000, 8.50000000e+000, 8.50000000e+000]])
```

图 5-127 P-5.5.5 的单元框 2 及其运行结果

图 5-128 所示是 P-5.5.5 的单元框 3 及其运行结果。单元框 3 与单元框 2 的唯一差别是，weight_init 的值改成了 -0.1。这样一来，每个 Y 层神经元的净输入就会变成

$$\begin{aligned}&\left[12.0\times(-0.1)+25.0\times(-0.1)+33.0\times(-0.1)\right]-(-1.5)\\&=(-7.0)-(-1.5)=-5.5\end{aligned}$$

又由于 Y 层神经元的激活函数是 relu，所以 Y 层的每个神经元的输出值都应该是 0。从图 5-128 中可以看到，张量 Y 的 4 个元素的值的确都是 0。

```
#构造Dense层
X = Tensor(np.array([[12.0, 25.0, 33.0]]), dtype.float32)  #构造张量X
dense = nn.Dense(in_channels = 3, out_channels = 4, weight_init = -0.1,
                 bias_init = 1.5, activation = "relu")
Y = dense(X)  #构造张量Y
X
Y
```

```
Tensor(shape=[1, 3], dtype=Float32, value=
[[1.20000000e+001, 2.50000000e+001, 3.30000000e+001]])

Tensor(shape=[1, 4], dtype=Float32, value=
[[0.00000000e+000, 0.00000000e+000, 0.00000000e+000, 0.00000000e+000]])
```

图 5-128 P-5.5.5 的单元框 3 及其运行结果

图 5-129 所示是 P-5.5.5 的单元框 4 及其运行结果。单元框 4 与单元框 2 的唯一差别是，weight_init 的值改成了“normal”，也就是说，这个 Dense 层的所有 12 个连接的权重值的初始值将会是服从正态分布（Normal Distribution）的随机值。从图 5-129 中可以看到，张量 Y 的 4 个元素的值（也就是 Y 层的 4 个神经元的输出值）现在已经是各不相同了。

```
#构造Dense层
X = Tensor(np.array([[12.0, 25.0, 33.0]]), dtype.float32)  #构造张量X
dense = nn.Dense(in_channels = 3, out_channels = 4, weight_init = "normal",
                 bias_init = 1.5, activation = "relu")
Y = dense(X)  #构造张量Y
X
Y
```

```
Tensor(shape=[1, 3], dtype=Float32, value=
[[1.20000000e+001, 2.50000000e+001, 3.30000000e+001]])

Tensor(shape=[1, 4], dtype=Float32, value=
[[8.91113639e-001, 1.53621864e+000, 1.12518072e+000, 1.99624944e+000]])
```

图 5-129　P-5.5.5 的单元框 4 及其运行结果

图 5-130 所示的结构是 Dense 层的第二个例子，其中 X 层的 6 个神经元排成了 2 行 3 列，Y 层的 8 个神经元排成了 2 行 4 列，X 层的每个神经元的输出值都是 1.0。需要特别强调的是，X 层的第 1 行的所有神经元只与 Y 层的第 1 行的所有神经元有全连接关系，X 层的第 2 行的所有神经元只与 Y 层的第 2 行的所有神经元有全连接关系。因此，图 5-130 所示的 Dense 层所包含的连接总共有 24 个。

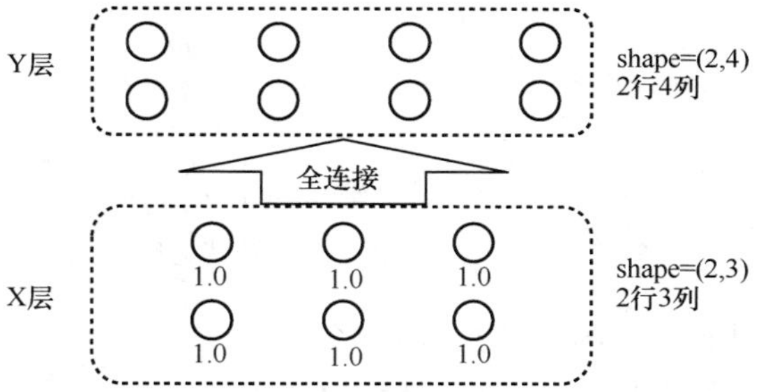

图 5-130　Dense 层示例二

图 5-131 所示是 P-5.5.5 的单元框 5 及其运行结果，其作用就是用代码来构造出图 5-130 所示的 Dense 层。由于 X 层神经元的列数为 3，Y 层神经元的列数为 4，所以我们在这里必须将 in_channels 的值指定为 3，将 out_channels 的值指定为 4。weight_init 在这里被随意指定成了 2.0，bias_init 在这里被随意指定成了 3.0，activation 在这里被随意指定成了 relu。由于 X 层的每个神经元的输出值均为 1.0，所以 Y 层的每个神经元的净输入均为

$$1.0 \times 2.0 \times 3 - (-3.0) = 6.0 + 3.0 = 9.0$$

又由于 Y 层神经元的激活函数是 relu，所以 Y 层的每个神经元的输出值都应该是 9.0。从图 5-131 中可以看到，张量 Y 的 8 个元素的值的确都是 9.0。另外需要注意的是，图 5-130 中的 X 层的神经元是 2 行 3 列，图 5-131 中的 X 张量的元素也是 2 行 3 列，二

者是完全一致的；图 5-130 中的 Y 层的神经元是 2 行 4 列，图 5-131 中的 Y 张量的元素也是 2 行 4 列，二者也是完全一致的。

```
#构造Dense层
X = Tensor(np.ones((2, 3)), dtype.float32)  #构造张量X
dense = nn.Dense(in_channels = 3, out_channels = 4, weight_init = 2.0,
                 bias_init = 3.0, activation = "relu")
Y = dense(X)  #构造张量Y
X
Y
```

```
Tensor(shape=[2, 3], dtype=Float32, value=
[[1.00000000e+000, 1.00000000e+000, 1.00000000e+000],
 [1.00000000e+000, 1.00000000e+000, 1.00000000e+000]])

Tensor(shape=[2, 4], dtype=Float32, value=
[[9.00000000e+000, 9.00000000e+000, 9.00000000e+000, 9.00000000e+000],
 [9.00000000e+000, 9.00000000e+000, 9.00000000e+000, 9.00000000e+000]])
```

图 5-131　P-5.5.5 的单元框 5 及其运行结果

图 5-132 所示是 P-5.5.5 的单元框 6 及其运行结果，其作用和效果与单元框 5 是完全一样的。比较单元框 6 和单元框 5 可以发现，二者的差别仅仅在于第 2 个语句的写法有所不同。

```
#构造Dense层
X = Tensor(np.ones((2, 3)), dtype.float32)  #构造张量X
dense = nn.Dense(3, 4, 2.0, 3.0, activation = "relu")
Y = dense(X)  #构造张量Y
X
Y
```

```
Tensor(shape=[2, 3], dtype=Float32, value=
[[1.00000000e+000, 1.00000000e+000, 1.00000000e+000],
 [1.00000000e+000, 1.00000000e+000, 1.00000000e+000]])

Tensor(shape=[2, 4], dtype=Float32, value=
[[9.00000000e+000, 9.00000000e+000, 9.00000000e+000, 9.00000000e+000],
 [9.00000000e+000, 9.00000000e+000, 9.00000000e+000, 9.00000000e+000]])
```

图 5-132　P-5.5.5 的单元框 6 及其运行结果

图 5-133 所示的结构是 Dense 层的第三个例子，其中 X 层的 24 个神经元排成了 2 层 3 行 4 列，Y 层的 12 个神经元排成了 2 层 3 行 2 列，X 层的每个神经元的输出值都是 1.0。需要特别强调的是，X 层的第 i 层第 j 行的神经元只与 Y 层的第 i 层第 j 行的神经元有全连接关系。因此，图 5-133 所示的 Dense 层所包含的连接总共有 48 个。

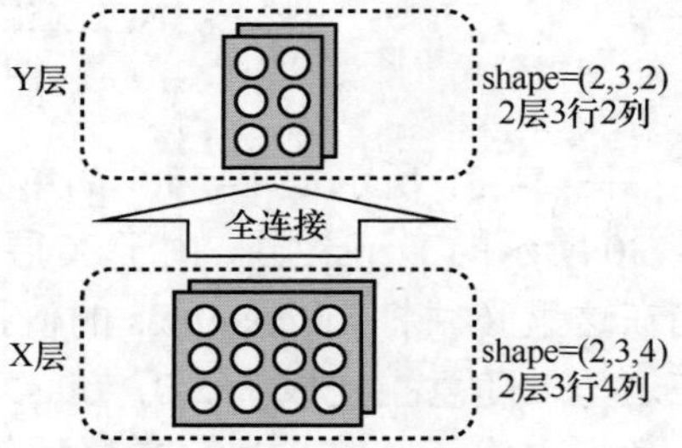

图 5-133　Dense 层示例三

图 5-134 所示是 P-5.5.5 的单元框 7 及其运行结果，其作用就是用代码来构造出图 5-133 所示的 Dense 层。由于 X 层神经元的列数为 4，Y 层神经元的列数为 2，所以我们在这里必须将 in_channels 的值指定为 4，将 out_channels 的值指定为 2。Y 层的每个神经元的净输入均为

$$1.0 \times 2.0 \times 4 - (-3.0) = 8.0 + 3.0 = 11.0$$

又由于 Y 层神经元的激活函数是 relu，所以 Y 层的每个神经元的输出值都应该是 11.0。从图 5-134 中可以看到，张量 Y 的 12 个元素的值的确都是 11.0。

```
#构造Dense层
X = Tensor(np.ones((2, 3, 4)), dtype.float32)  #构造张量X
dense = nn.Dense(in_channels = 4, out_channels = 2, weight_init = 2.0,
                 bias_init = 3.0, activation = "relu")
Y = dense(X)  #构造张量Y
X
Y

Tensor(shape=[2, 3, 4], dtype=Float32, value=
[[[1.00000000e+000, 1.00000000e+000, 1.00000000e+000, 1.00000000e+000],
  [1.00000000e+000, 1.00000000e+000, 1.00000000e+000, 1.00000000e+000],
  [1.00000000e+000, 1.00000000e+000, 1.00000000e+000, 1.00000000e+000]],
 [[1.00000000e+000, 1.00000000e+000, 1.00000000e+000, 1.00000000e+000],
  [1.00000000e+000, 1.00000000e+000, 1.00000000e+000, 1.00000000e+000],
  [1.00000000e+000, 1.00000000e+000, 1.00000000e+000, 1.00000000e+000]]])

Tensor(shape=[2, 3, 2], dtype=Float32, value=
[[[1.10000000e+001, 1.10000000e+001],
  [1.10000000e+001, 1.10000000e+001],
  [1.10000000e+001, 1.10000000e+001]],
 [[1.10000000e+001, 1.10000000e+001],
  [1.10000000e+001, 1.10000000e+001],
  [1.10000000e+001, 1.10000000e+001]]])
```

图 5-134　P-5.5.5 的单元框 7 及其运行结果

前面说过，mindspore.nn.Dense 这个模块是专门用来构造神经网络的 Dense 层的。mindspore.nn.Dense 实际上是一个类，图 5-135 显示了它涉及的所有参数。在这些参数中，只有 in_channels 和 out_channels 是必不可少的，并且要有明确的指定值，其中 in_channels 的值是指 X 层神经元的列数，out_channels 的值是指 Y 层神经元的列数。weight_int 的值是指连接的权重值的初始值，若不指定 weight_init 的值，则默认值是正态分布的随机值。bias_init 的值是指 Y 层神经元的阈值的相反数的初始值，若不指定 bias_init 的值，则默认值是 0。has_bias 可取布尔值 True 或 False，若不指定 has_bias 的值，则默认值为 True。当 has_bias 的值指定为 False 时，表示 Y 层神经元没有阈值，这等同于 Y 层神经元的阈值的取值恒为 0，在这种情况下去指定 bias_init 的值是没有任何意义和效果的。activation 的值是指 Y 层神经元的激活函数，若不指定 activation 的值，则默认值为 None，即没有激活函数，此时 Y 层的任意一个神经元的输出值就等于该神经元的净输入值。通常情况下，activation 的值可以是 sigmoid（标准逻辑函数）、relu（整流线性函数）、tanh（双曲正切函数）等等。最后需要说明的是，在构造 Dense 层时，张量 X 的阶数不得小于 2。构造过程完成之后，张量 Y 的阶数会与张量 X 的阶数自动保持一致。

```
class mindspore.nn.Dense(in_channels, out_channels, weight_init='normal',
                         bias_init='zero', has_bias=True, activation=None)
```

图 5-135　mindspore.nn.Dense

mindspore.nn.Conv2d 这个模块是专门用于构造神经网络的卷积层的，其中的 Conv2d 是 2 维卷积的意思。mindspore.nn.Conv2d 实际上是一个类，图 5-136 显示了它涉及的所有参数。关于这些参数的含义和作用，我们在此不做全面而详细的描述和讨论，希望下面的例子可以示意出 mindspore.nn.Conv2d 最基本的用法。

```
class mindspore.nn.Conv2d (in_channels, out_channels, kernel_size, stride=1,
                           pad_mode='same', padding=0, dilation=1,
                           group=1, has_bias=False, weight_init='normal',
                           bias_init=0, data_format='NCHW')
```

图 5-136　mindspore.nn.Conv2d

图 5-137 所示的结构是卷积层的第一个例子：图像 I 与卷积核 K 进行卷积运算之后得到卷积特征映射图 F，其中的 I 是位于 X 层的，F 是位于 Y 层的。特别需要强调的是，当针对的是神经元之间的连接层时，所谓的卷积层在这里指的就是 X 层神经元与 Y 层神经元之间的连接层；当针对的是神经元层时，所谓的卷积层在这里指的就是 Y 神经元层，而不是 X 神经元层。

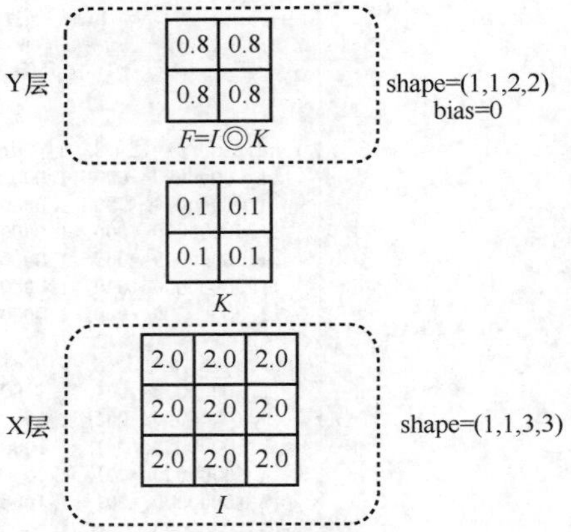

图 5-137　卷积层示例一

图 5-138 所示是 P-5.5.5 的单元框 8 及其运行结果，其作用就是用代码来构造出图 5-137 所示的卷积层。out_channels 是指卷积核的个数，kernel_size 是指卷积核的尺寸，weight_init 是指卷积核的元素的初始值（这里指定为 0.1）。由于只有 K 这一个卷积核，所以 out_channels 的值指定为 1；由于卷积核的尺寸是 2×2，所以 kernel_size 的值指定为 2。has_bias 的值指定为 False，这意味着 Y 层的神经元没有阈值，也即等同于 Y 层的神经元的阈值的取值恒为 0。显然，Y 层的每个神经元的输出值（也即卷积特征映射图 F 的每个像素点的像素值）应为

$$2.0\times 0.1+2.0\times 0.1+2.0\times 0.1+2.0\times 0.1=0.8$$

```
#构造卷积层
X = Tensor(np.array([[[[2.0, 2.0, 2.0],
                       [2.0, 2.0, 2.0],
                       [2.0, 2.0, 2.0]]]]), dtype.float32)  #构造张量X
conv2d = nn.Conv2d(in_channels = 1, out_channels = 1, kernel_size = 2,
                   has_bias = False, weight_init = 0.1, pad_mode = 'valid')
Y = conv2d(X)  #构造张量Y
print("X的shape", X.shape)
print("X的Value\n", X)
print("Y的shape", Y.shape)
print("Y的Value\n", Y)
```

```
X的shape (1, 1, 3, 3)
X的Value
 [[[[2. 2. 2.]
    [2. 2. 2.]   ←—— I
    [2. 2. 2.]]]]
Y的shape (1, 1, 2, 2)
Y的Value
 [[[[0.8 0.8]    ←—— F
    [0.8 0.8]]]]
```

图 5-138　P-5.5.5 的单元框 8 及其运行结果

图 5-139 所示是 P-5.5.5 的单元框 9 及其运行结果。单元框 9 与单元框 8 的唯一区别是将 has_bias 的值改成了 True，并且将 bias_init 的值指定成了 0.4。这样一来，Y 层的每个神经元的输出值（也即卷积特征映射图 F 的每个像素点的像素值）就会变为

$$(2.0\times0.1+2.0\times0.1+2.0\times0.1+2.0\times0.1)+0.4=0.8+0.4=1.2$$

```
#构造卷积层
X = Tensor(np.array([[[[2.0, 2.0, 2.0],
                       [2.0, 2.0, 2.0],
                       [2.0, 2.0, 2.0]]]]), dtype.float32)  #构造张量X
conv2d = nn.Conv2d(in_channels = 1, out_channels = 1, kernel_size = 2,
        has_bias = True, bias_init = 0.4, weight_init = 0.1, pad_mode = 'valid')
Y = conv2d(X)  #构造张量Y
print("X的shape", X.shape)
print("X的Value\n", X)
print("Y的shape", Y.shape)
print("Y的Value\n", Y)
```

```
X的shape (1, 1, 3, 3)
X的Value
 [[[[2. 2. 2.]
   [2. 2. 2.]    ← I
   [2. 2. 2.]]]]
Y的shape (1, 1, 2, 2)
Y的Value
 [[[[1.2 1.2]    ← F
   [1.2 1.2]]]]
```

图 5-139　P-5.5.5 的单元框 9 及其运行结果

图 5-140 所示的结构是卷积层的第二个例子。

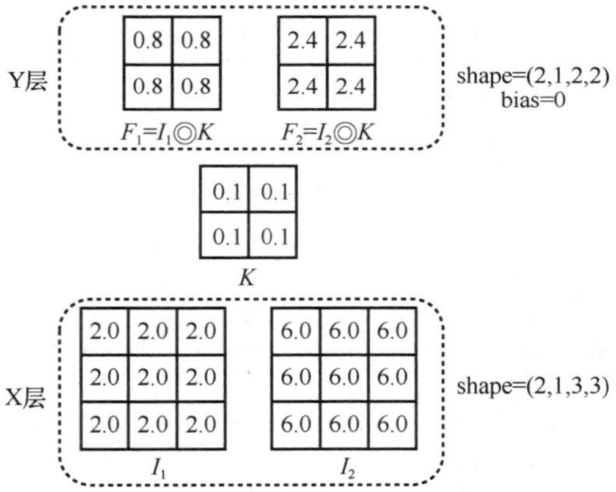

图 5-140　卷积层示例二

图 5-141 所示是 P-5.5.5 的单元框 10，其作用是用代码来构造出图 5-140 所示的卷积层。由于现在仍然只有 K 这一个卷积核，所以 out_channels 的值仍然指定为 1。

```
#构造卷积层
X = Tensor(np.array([[[[2.0, 2.0, 2.0], [2.0, 2.0, 2.0], [2.0, 2.0, 2.0]]],
    [[[6.0, 6.0, 6.0], [6.0, 6.0, 6.0], [6.0, 6.0, 6.0]]]]), dtype.float32)  #构造张量X
conv2d = nn.Conv2d(in_channels = 1, out_channels = 1, kernel_size = 2,
                   has_bias = False, weight_init = 0.1, pad_mode = 'valid')
Y = conv2d(X)  #构造张量Y
print("X的shape", X.shape)
print("X的Value\n", X)
print("Y的shape", Y.shape)
print("Y的Value\n", Y)
```

图 5-141　P-5.5.5 的单元框 10

图 5-142 所示是 P-5.5.5 的单元框 10 的运行结果，请参照图 5-140 来进行理解。

```
X的shape (2, 1, 3, 3)
X的Value
 [[[[2. 2. 2.]
   [2. 2. 2.]      ← I1
   [2. 2. 2.]]]


 [[[6. 6. 6.]
   [6. 6. 6.]      ← I2
   [6. 6. 6.]]]]
Y的shape (2, 1, 2, 2)
Y的Value
 [[[[0.8 0.8]      ← F1
   [0.8 0.8]]]


 [[[2.4 2.4]       ← F2
   [2.4 2.4]]]]
```

图 5-142 P-5.5.5 的单元框 10 的运行结果

图 5-143 所示的结构是卷积层的第三个例子。

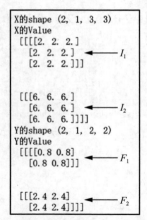

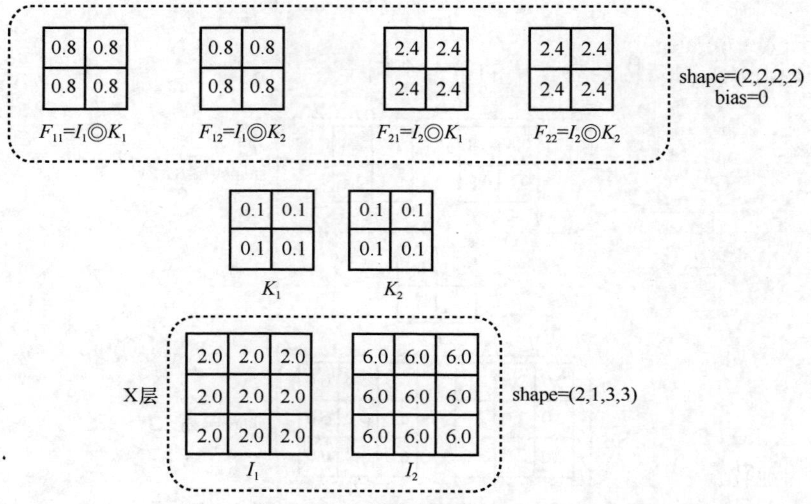

图 5-143 卷积层示例三

图 5-144 所示是 P-5.5.5 的单元框 11，其作用是用代码来构造出图 5-143 所示的卷积层。因为现在的卷积核有 K_1 和 K_2 这两个，所以需要将 out_channels 的值指定为 2。

```
#构造卷积层
X = Tensor(np.array([[[[2.0, 2.0, 2.0], [2.0, 2.0, 2.0], [2.0, 2.0, 2.0]]],
    [[[6.0, 6.0, 6.0], [6.0, 6.0, 6.0], [6.0, 6.0, 6.0]]]]), dtype.float32)  #构造张量X
conv2d = nn.Conv2d(in_channels = 1, out_channels = 2, kernel_size = 2,
                   has_bias = False, weight_init = 0.1, pad_mode = 'valid')
Y = conv2d(X)  #构造张量Y
print("X的shape", X.shape)
print("X的Value\n", X)
print("Y的shape", Y.shape)
print("Y的Value\n", Y)
```

图 5-144 P-5.5.5 的单元框 11

图 5-145 所示是 P-5.5.5 的单元框 11 的运行结果，请参照图 5-143 来进行理解。

```
X的shape (2, 1, 3, 3)
X的Value
 [[[[2. 2. 2.]
   [2. 2. 2.]      ←—— I1
   [2. 2. 2.]]]


 [[[6. 6. 6.]
   [6. 6. 6.]      ←—— I2
   [6. 6. 6.]]]]
Y的shape (2, 2, 2, 2)
Y的Value
 [[[[0.8 0.8]      ←—— F11
   [0.8 0.8]]

  [[0.8 0.8]       ←—— F12
   [0.8 0.8]]]


 [[[2.4 2.4]       ←—— F21
   [2.4 2.4]]

  [[2.4 2.4]       ←—— F22
   [2.4 2.4]]]]
```

图 5-145　P-5.5.5 的单元框 11 的运行结果

mindspore.nn.MaxPool2d 这个模块是专门用于构造神经网络的池化层的，其中的 MaxPool2d 是 2 维最大池化的意思。mindspore.nn.MaxPool2d 实际上是一个类，图 5-146 显示了它涉及的所有参数。关于这些参数的含义和作用，我们在此不做全面而详细的描述和讨论，希望下面的例子可以示意出 mindspore.nn.MaxPool2d 最基本的用法。

```
class mindspore.nn.MaxPool2d (kernel_size=1, stride=1,
                              pad_mode='valid', data_format='NCHW')
```

图 5-146　mindspore.nn.MaxPool2d

图 5-147 所示的结构是池化层的第一个例子：图像 I 经过池化窗口尺寸为 2×2、水平池化步幅为 2、垂直池化步幅也为 2 的最大池化之后得到池化特征映射图 P，其中的 I 是位于 X 层的，P 是位于 Y 层的。特别需要强调的是，当针对的是神经元之间的连接层时，所谓的池化层在这里指的就是 X 层神经元与 Y 层神经元之间的连接层；当针对的是神经元层时，所谓的池化层在这里指的就是 Y 神经元层，而不是 X 神经元层。

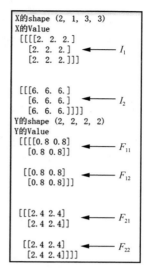

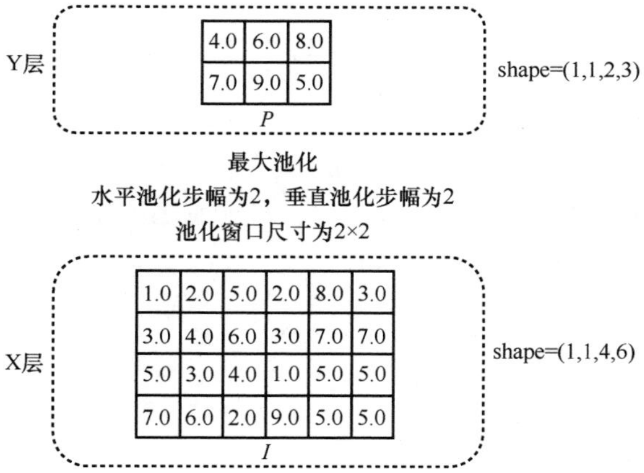

图 5-147　池化层示例一

图 5-148 所示是 P-5.5.5 的单元框 12，其作用是用代码来构造出图 5-147 所示的池化层。kernel_size 的值之所以指定为 2，是因为池化窗口的尺寸是 2×2。stride 的值之所以指定为 2，是因为水平池化步幅和垂直池化步幅都是 2。

```
#构造池化层
X = Tensor(np.array([[[
    [1, 2, 5, 2, 8, 3],
    [3, 4, 6, 3, 7, 7],
    [5, 3, 4, 1, 5, 5],
    [7, 6, 2, 9, 5, 5]]]]), dtype.float32)  #构造张量X
maxpool2d = nn.MaxPool2d(kernel_size = 2, stride = 2)
Y = maxpool2d(X)  #构造张量Y
print("X的shape", X.shape)
print("X的Value\n", X)
print("Y的shape", Y.shape)
print("Y的Value\n", Y)
```

图 5-148　P-5.5.5 的单元框 12

图 5-149 所示是 P-5.5.5 的单元框 12 的运行结果，请参照图 5-147 来进行理解。

```
X的shape (1, 1, 4, 6)
X的Value
 [[[[1. 2. 5. 2. 8. 3.]
   [3. 4. 6. 3. 7. 7.]      ← I
   [5. 3. 4. 1. 5. 5.]
   [7. 6. 2. 9. 5. 5.]]]]
Y的shape (1, 1, 2, 3)
Y的Value
 [[[[4. 6. 8.]              ← P
   [7. 9. 5.]]]]
```

图 5-149　P-5.5.5 的单元框 12 的运行结果

图 5-150 所示的结构是池化层的第二个例子：尺寸为 4×6 的图像 I_1、I_2、I_3，经过池化窗口尺寸为 2×3、水平池化步幅为 3、垂直池化步幅为 2 的最大池化之后，分别得到尺寸为 2×2 的池化特征映射图 P_1、P_2、P_3，其中的 I_1、I_2、I_3 是位于 X 层的，P_1、P_2、P_3 是位于 Y 层的。

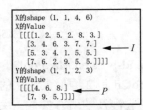

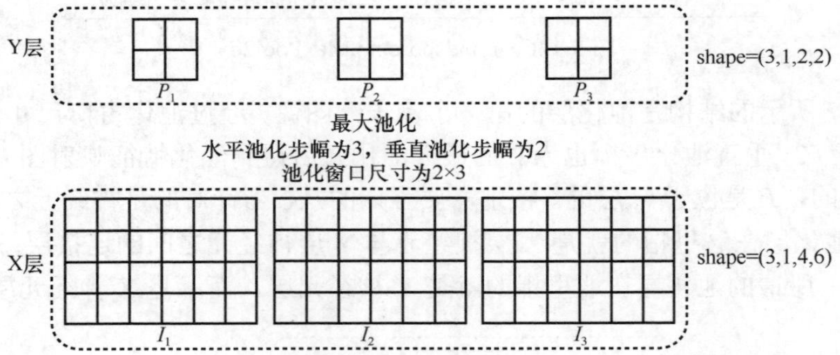

图 5-150　池化层示例二

图 5-151 所示是 P-5.5.5 的单元框 13，其作用是用代码来构造出图 5-150 所示的池化层。kernel_size 的值之所以指定为（2,3），是因为池化窗口的尺寸是 2×3。stride 的值之所以指定为（2,3），是因为垂直池化步幅是 2、水平池化步幅是 3。

```
#构造池化层
np.random.seed(169)  #设定随机种子
X = Tensor(np.random.randint(1, 10, (3, 1, 4, 6)), dtype.float32)  #构造张量X
maxpool2d = nn.MaxPool2d(kernel_size = (2, 3), stride = (2, 3))
Y = maxpool2d(X)  #构造张量Y
print("X的shape", X.shape)
print("X的Value\n", X)
print("Y的shape", Y.shape)
print("Y的Value\n", Y)
```

图 5-151　P-5.5.5 的单元框 13

图 5-152 所示是 P-5.5.5 的单元框 13 的运行结果，请参照图 5-150 来进行理解。

```
X的shape (3, 1, 4, 6)
X的Value
 [[[[4. 2. 6. 5. 4. 4.]
    [5. 6. 1. 2. 7. 9.]
    [4. 8. 9. 8. 5. 8.]   ←I1
    [6. 1. 5. 1. 5. 8.]]]


  [[[5. 4. 3. 1. 7. 1.]
    [7. 9. 5. 1. 9. 6.]
    [5. 3. 4. 7. 5. 7.]   ←I2
    [1. 7. 9. 7. 8. 5.]]]


  [[[6. 1. 7. 8. 8. 2.]
    [8. 8. 6. 8. 1. 6.]   ←I3
    [7. 9. 5. 6. 4. 2.]
    [7. 5. 1. 8. 5. 9.]]]]
Y的shape (3, 1, 2, 2)
Y的Value
 [[[[6. 9.]   ←P1
    [9. 8.]]]


  [[[9. 9.]   ←P2
    [9. 8.]]]


  [[[8. 8.]   ←P3
    [9. 9.]]]]
```

图 5-152　P-5.5.5 的单元框 13 的运行结果

注意，mindspore.nn.MaxPool2d 这个模块所涉及的池化运算是最大池化运算。对于平均池化运算，则应使用 mindspore.nn.AvgPool2d 这个模块。mindspore.nn.AvgPool2d 的使用方法与 mindspore.nn.MaxPool2d 极其类似，所以在这里不再赘述。

mindspore.nn.Relu、mindspore.nn.Sigmoid、mindspore.nn.Tanh 等模块是专门用于构造神经网络的激活层的，它们不会涉及参数值的选择问题，所以使用方法非常简单。

图 5-153 所示的结构是激活层的第一个例子，其中的 *I* 是位于 X 层的，*A* 是位于 Y 层的，*A* 是 *I* 的激活特征映射图。特别需要强调的是，当针对的是神经元之间的连接层时，所谓的激活层在这里指的就是 X 层神经元与 Y 层神经元之间的连接层；当针对的是神经元层时，所谓的激活层在这里指的就是 Y 神经元层，而不是 X 神经元层。

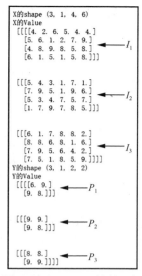

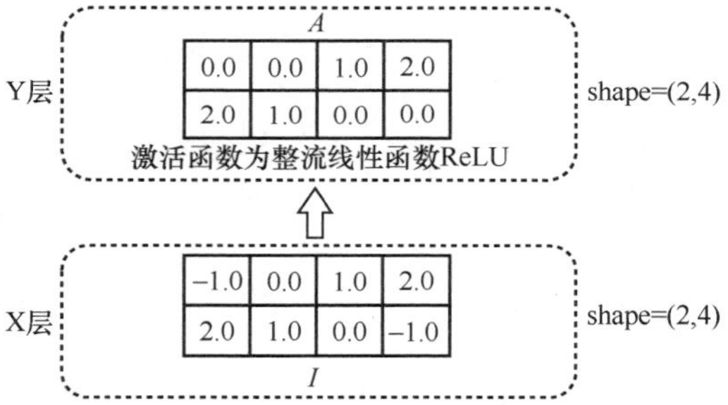

图 5-153　激活层示例一

图 5-154 所示是 P-5.5.5 的单元框 14 及其运行结果，其作用是用代码来构造出图 5-153 所示的激活层。注意，张量 Y 的 shape 是与张量 X 的 shape 保持一致的。

```
#构造激活函数为ReLU的激活层
X = Tensor(np.array([[-1, 0, 1, 2],
                     [2, 1, 0, -1]]), dtype.float32)  #构造张量X
relu = nn.ReLU()
Y = relu(X)  #构造张量Y
print("X的shape", X.shape)
print("X的Value\n", X)
print("Y的shape", Y.shape)
print("Y的Value\n", Y)
```

```
X的shape (2, 4)
X的Value
 [[-1.  0.  1.  2.]
 [ 2.  1.  0. -1.]]   ←I
Y的shape (2, 4)
Y的Value
 [[0. 0. 1. 2.]   ←A
 [2. 1. 0. 0.]]
```

图 5-154　P-5.5.5 的单元框 14 及其运行结果

图 5-155 所示的结构是激活层的第二个例子。

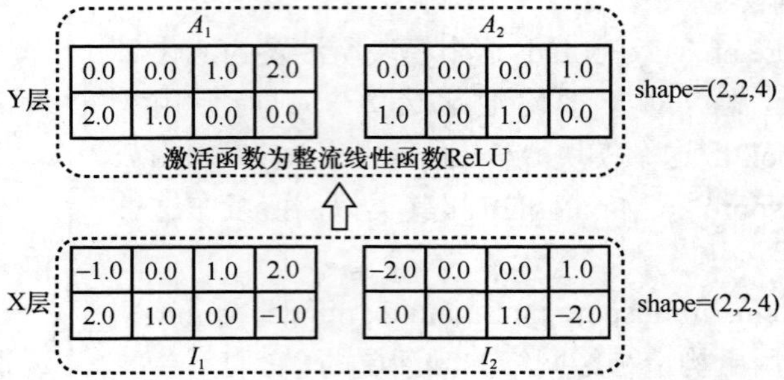

图 5-155 激活层示例二

图 5-156 所示是 P-5.5.5 的单元框 15 及其运行结果，其作用是用代码来构造出图 5-155 所示的激活层。注意，张量 Y 的 shape 是与张量 X 的 shape 保持一致的。

```
#构造激活函数为ReLU的激活层
X = Tensor(np.array([[[-1, 0, 1, 2],
                      [2, 1, 0, -1]],
                     [[-2, 0, 0, 1],
                      [1, 0, 1, -2]]]), dtype.float32)  #构造张量X
relu = nn.ReLU()
Y = relu(X)  #构造张量Y
print("X的shape", X.shape)
print("X的Value\n", X)
print("Y的shape", Y.shape)
print("Y的Value\n", Y)
```

```
X的shape (2, 2, 4)
X的Value
 [[[-1.  0.  1.  2.]     <—— I1
  [ 2.  1.  0. -1.]]

 [[-2.  0.  0.  1.]      <—— I2
  [ 1.  0.  1. -2.]]]
Y的shape (2, 2, 4)
Y的Value
 [[[0. 0. 1. 2.]         <—— A1
  [2. 1. 0. 0.]]

 [[0. 0. 0. 1.]          <—— A2
  [1. 0. 1. 0.]]]
```

图 5-156 P-5.5.5 的单元框 15 及其运行结果

图 5-157 所示的结构是激活层的第三个例子。

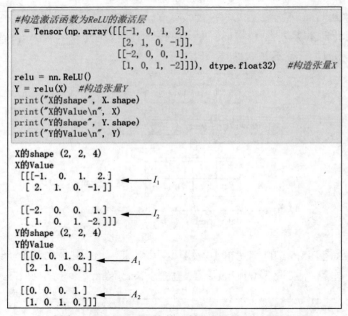

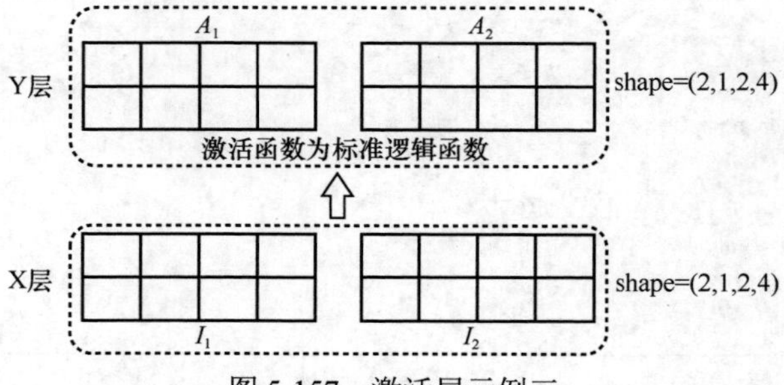

图 5-157 激活层示例三

图 5-158 所示是 P-5.5.5 的单元框 16 及其运行结果，其作用是用代码来构造出图 5-157 所示的激活层。注意，张量 Y 的 shape 是与张量 X 的 shape 保持一致的。

```python
#构造激活函数为标准逻辑函数的激活层
np.random.seed(169)  #设定随机种子
X = Tensor(np.random.randint(-1, 2, (2, 1, 2, 4)), dtype.float32)  #构造张量X
sigmoid = nn.Sigmoid()
Y = sigmoid(X)  #构造张量Y
print("X的shape", X.shape)
print("X的Value\n", X)
print("Y的shape", Y.shape)
print("Y的Value\n", Y)
```

```
X的shape (2, 1, 2, 4)
X的Value
 [[[[ 0.   0. -1.   1.]
   [-1.   0. -1.  -1.]]]        ←—— I1


 [[[ 0.   1.   0.   0.]
   [-1.   1.   0.   1.]]]]      ←—— I2
Y的shape (2, 1, 2, 4)
Y的Value
 [[[[0.5        0.5        0.26894143 0.7310586 ]
   [0.26894143 0.5        0.26894143 0.26894143]]]       ←—— A1


 [[[0.5        0.7310586  0.5        0.5       ]
   [0.26894143 0.7310586  0.5        0.7310586 ]]]]      ←—— A2
```

图 5-158　P-5.5.5 的单元框 16 及其运行结果

mindspore.nn.Flatten 模块是专门用于构造神经网络的平展层的，它不会涉及参数值的选择问题，所以使用方法非常简单。

图 5-159 所示的结构是平展层的第一个例子，其中的 I_1、I_2 是位于 X 层的，F 是位于 Y 层的。注意，当针对的是神经元之间的连接层时，所谓的平展层在这里指的就是 X 层神经元与 Y 层神经元之间的连接层；当针对的是神经元层时，所谓的平展层在这里指的就是 Y 神经元层，而不是 X 神经元层。

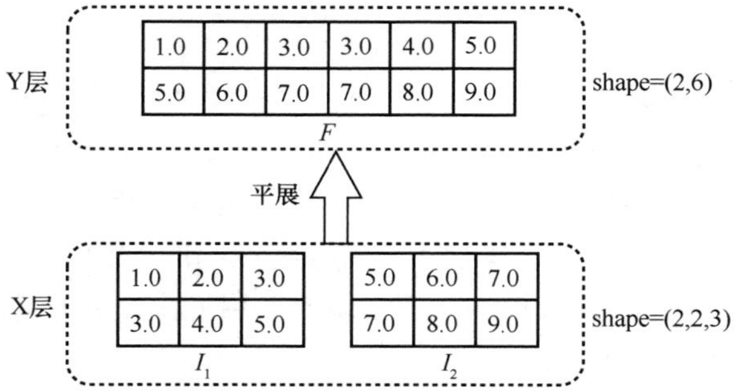

图 5-159　平展层示例一

图 5-160 所示是 P-5.5.5 的单元框 17 及其运行结果，其作用是用代码来构造出图 5-159 所示的平展层。

```
#构造平展层
X = Tensor(np.array([[[1, 2, 3],[3, 4, 5]],
    [[5, 6, 7],[7, 8, 9]]] ), dtype.float32)  #构造张量X
flatten = nn.Flatten()
Y = flatten(X)  #构造张量Y
print("X的shape", X.shape)
print("X的Value\n", X)
print("Y的shape", Y.shape)
print("Y的Value\n", Y)
```

```
X的shape (2, 2, 3)
X的Value
 [[[1. 2. 3.]
  [3. 4. 5.]]        ←— I1

 [[5. 6. 7.]
  [7. 8. 9.]]]       ←— I2
Y的shape (2, 6)
Y的Value
 [[1. 2. 3. 3. 4. 5.]
 [5. 6. 7. 7. 8. 9.]]  ←— F
```

图 5-160 P-5.5.5 的单元框 17 及其运行结果

图 5-161 所示的结构是平展层的第二个例子。

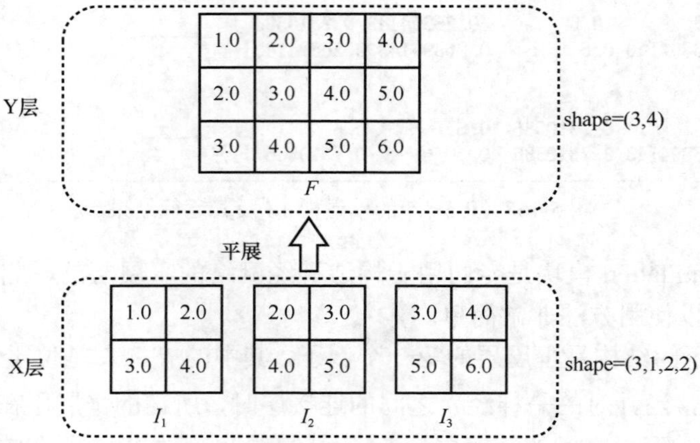

图 5-161 平展层示例二

图 5-162 所示是 P-5.5.5 的单元框 18 及其运行结果，其作用是用代码来构造出图 5-161 所示的平展层。

注意，在构造平展层的时候，张量 X 的阶数必须等于或大于 2。如果张量 X 的 shape 为$(N,N_1,N_2,\cdots,N_P)$，则张量 Y 的 shape 为$(N,N_1\times N_2\times\cdots\times N_P)$。

至此，我们已经介绍完了全连接层、卷积层、池化层、激活层、平展层的构造方法。灵活地运用这些方法，我们就可以构建出具有任何结构的 MLP 和 CNN。如果想要构建 RNN，则还需要了解 mindspore.nn.RNN 等模块的使用方法。由于篇幅所限，我们在这里就不展开去描述了。

最后，在结束本小节的内容之前，我们将用程序代码来构建图 5-163 所示的 CNN。该 CNN 的结构信息如下。

- 输入层的 shape 为（1,1,28,28）。
- 卷积核的个数为 3，卷积核的尺寸均为 5×5，卷积核的各个元素的初始值均为 1.0。

- 卷积层的 shape 为（1,3,24,24），卷积层神经元无阈值参数。
- 激活层的 shape 为（1,3,24,24），激活层神经元的激活函数为整流线性函数。
- 池化层的 shape 为（1,3,12,12），池化运算为最大池化，池化窗口尺寸为 2×2，垂直池化步幅和水平池化步幅均为 2。
- 平展层的 shape 为（1,432），平展层包含的神经元的个数为 $3\times12\times12=432$。
- 三个 Dense 层的 shape 分别为（1,100）、（1,50）、（1,8），三个 Dense 层包含的神经元的个数分别为 100、50、8。
- 每个 Dense 层的每个神经元的阈值的初始值均为 0，每个 Dense 层的每个权重值的初始值均为 1.0，每个 Dense 层的每个神经元的激活函数均为标准逻辑函数。

```
#构造平展层
X = Tensor(np.array([[[[1, 2], [3, 4]]], [[[2, 3], [4, 5]]],
    [[[3, 4], [5, 6]]]] ), dtype.float32)  #构造张量X
flatten = nn.Flatten()
Y = flatten(X)  #构造张量Y
print("X的shape", X.shape)
print("X的Value\n", X)
print("Y的shape", Y.shape)
print("Y的Value\n", Y)
```

```
X的shape (3, 1, 2, 2)
X的Value
 [[[[1. 2.]
   [3. 4.]]]      ←— l1


 [[[2. 3.]
   [4. 5.]]]      ←— l2


 [[[3. 4.]
   [5. 6.]]]]     ←— l3
Y的shape (3, 4)
Y的Value
 [[1. 2. 3. 4.]
 [2. 3. 4. 5.]    ←— F
 [3. 4. 5. 6.]]
```

图 5-162　P-5.5.5 的单元框 18 及其运行结果

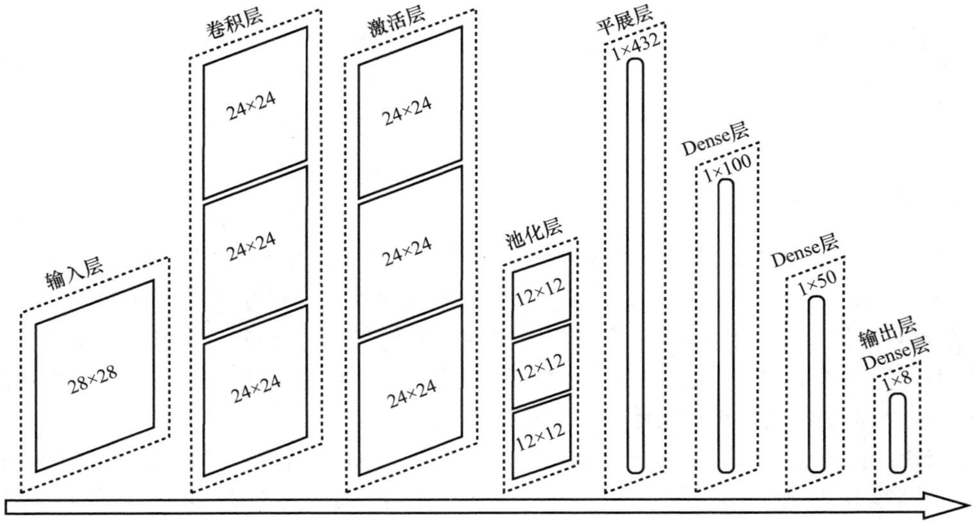

图 5-163　exampleNet

在构建网络的时候，通常都需要继承 mindspore.nn.Cell 这个类，因为这个类是构建任何网络的基类。图 5-164 所示是 P-5.5.5 的单元框 19，它展示了如何针对图 5-163 所示的 CNN 创建一个名为 exampleNet 的类。

```
#构建网络
class exampleNet(nn.Cell):  #在继承mindspore.nn.Cell的基础上创建exampleNet类
    def __init__(self):
        super(exampleNet, self).__init__()
        self.conv = nn.Conv2d(in_channels = 1, out_channels = 3, kernel_size = 5,
                              weight_init = 1.0, pad_mode = "valid")
        self.maxpl = nn.MaxPool2d(kernel_size = 2, stride = 2)
        self.relu = nn.ReLU()
        self.flat = nn.Flatten()
        self.d1 = nn.Dense(12*12*3, 100, weight_init = 1.0, activation = "sigmoid")
        self.d2 = nn.Dense(100, 50, weight_init = 1.0, activation = "sigmoid")
        self.d3 = nn.Dense(50, 8, weight_init = 1.0, activation = "sigmoid")
    def construct(self,X):
        X = self.conv(X)
        X = self.relu(X)
        X = self.maxpl(X)
        X = self.flat(X)
        X = self.d1(X)
        X = self.d2(X)
        X = self.d3(X)
        return X
```

构造所需的各种层

利用所构造的各种层构建exampleNet

图 5-164 P-5.5.5 的单元框 19

图 5-165 所示是 P-5.5.5 的单元框 20 及其运行结果，其中的 jyhNet 是 exampleNet 的一个实例。从单元框 20 的运行结果中可以看到，jyhNet 网络中的参数情况是完全吻合图 5-163 所示的 CNN 的。

```
#构建网络
jyhNet = exampleNet()  #创建一个属于exampleNet类的、名为jyhNet的实例
for m in jyhNet.parameters_and_names():
    print(m)  #打印显示出jyhNet网络中的参数情况
```

```
('conv.weight', Parameter (name=conv.weight, shape=(3, 1, 5, 5), dtype=Float32, requires_grad=True))
('d1.weight', Parameter (name=d1.weight, shape=(100, 432), dtype=Float32, requires_grad=True))
('d1.bias', Parameter (name=d1.bias, shape=(100,), dtype=Float32, requires_grad=True))
('d2.weight', Parameter (name=d2.weight, shape=(50, 100), dtype=Float32, requires_grad=True))
('d2.bias', Parameter (name=d2.bias, shape=(50,), dtype=Float32, requires_grad=True))
('d3.weight', Parameter (name=d3.weight, shape=(8, 50), dtype=Float32, requires_grad=True))
('d3.bias', Parameter (name=d3.bias, shape=(8,), dtype=Float32, requires_grad=True))
```

图 5-165 P-5.5.5 的单元框 20 及其运行结果

5.5.6 损失函数

损失函数（Loss Function）也称为代价函数（Cost Function）或目标函数（Objective Function）或误差函数（Error Function）。损失函数的具体形式是多种多样的，但其本质上都是对神经网络的实际输出矢量与相应的期望输出矢量之间的差异的某种反映。神经网络的训练过程，实际上就是通过优化神经网络的各个参数来实现损失函数最小化的过程。注意，损失函数的值一定是一个非负的标量值。

mindspore.nn.MSELoss、mindspore.nn.SoftmaxCrossEntropyWithLogits、mindspore.nn.L1Loss 等模块是专门用于定义各种不同形式的损失函数的。接下来我们只介绍 mindspore.nn.MSELoss 和 mindspore.nn.SoftmaxCrossEntropyWithLogits 的基本使用方法。

MSELoss 的中文说法叫平均平方误差损失，其中的 MSE 是 mean squared error 的简写形式。假设神经网络的输出层包含了 M 个神经元，$\boldsymbol{a}=[a_0,a_1,\cdots,a_{M-1}]$ 是其实际输出矢量，$\boldsymbol{b}=[b_0,b_1,\cdots,b_{M-1}]$ 是相应的期望输出矢量，则损失函数 MSELoss 定义为

$$\text{MSELoss}(\boldsymbol{a},\boldsymbol{b})=\frac{1}{M}\sum_{i=0}^{M-1}(a_i-b_i)^2 \tag{5.1}$$

例如，如果 $\boldsymbol{a}=[1.0\quad 3.0\quad -1.0\quad 1.0]$，$\boldsymbol{b}=[2.0\quad 1.0\quad 0.0\quad -1.0]$，则

$$\begin{aligned}\text{MSELoss}(\boldsymbol{a},\boldsymbol{b})&=\frac{1}{4}\sum_{i=0}^{3}(a_i-b_i)^2\\&=\frac{1}{4}\left[(1.0-2.0)^2+(3.0-1.0)^2+(-1.0-0.0)^2+(1.0+1.0)^2\right]\\&=\frac{1}{4}[1.0+4.0+1.0+4.0]=\frac{10.0}{4}=2.5\end{aligned}$$

下面我们就用程序代码来复现上面这个例子。打开 cmd 命令行界面，在 D:\jyh-program 目录下启动 jupyter notebook 程序开发环境，在程序开发环境中新建一个名为 P-5.5.6 的 Python 程序文件并完成代码编写工作。以下是程序代码及其描述和分析。

图 5-166 所示是 P-5.5.6 的单元框 1，其作用是引入 P-5.5.6 需要用到的相关模块。

图 5-167 所示是 P-5.5.6 的单元框 2 及其运行结果，它复现了我们前面所举的关于 MSELoss 的例子。

```
#########    损失函数    #########
#引入相关的模块
from mindspore import Tensor
from mindspore import dtype
import mindspore.nn as nn
```

图 5-166 P-5.5.6 的单元框 1

```
#MSELoss损失函数
a = Tensor([1.0, 3.0, -1.0, 1.0])
b = Tensor([2.0, 1.0, 0.0, -1.0])
loss = nn.MSELoss(reduction = "mean")
print(loss(a, b))

2.5
```

图 5-167 P-5.5.6 的单元框 2 及其运行结果

图 5-168 所示是 P-5.5.6 的单元框 3 及其运行结果。单元框 3 与单元框 2 的差别：在单元框 2 中，reduction 的值被指定成了 mean；在单元框 3 中，reduction 的值被指定成了 sum。因此，单元框 2 的运行结果是两个矢量的平均平方误差，单元框 3 的运行结果则是两个矢量的平方误差（注意，少了“平均”二字）。

图 5-169 所示是 P-5.5.6 的单元框 4 及其运行结果。单元框 4 与单元框 3 的差别：在单元框 3 中，reduction 的值被指定成了 sum；在单元框 4 中，reduction 的值被指定成了 none。因此，单元框 3 的运行结果是两个矢量的平方误差，单元框 4 的运行结果则是两个矢量的各个分量的平方误差。

```
#MSELoss损失函数
a = Tensor([1.0, 3.0, -1.0, 1.0])
b = Tensor([2.0, 1.0, 0.0, -1.0])
loss = nn.MSELoss(reduction = "sum")
print(loss(a, b))

10.0
```

图 5-168 P-5.5.6 的单元框 3 及其运行结果

```
#MSELoss损失函数
a = Tensor([1.0, 3.0, -1.0, 1.0])
b = Tensor([2.0, 1.0, 0.0, -1.0])
loss = nn.MSELoss(reduction = "none")
print(loss(a, b))

[1. 4. 1. 4.]
```

图 5-169 P-5.5.6 的单元框 4 及其运行结果

如图 5-170 所示，mindspore.nn.MSELoss 实际上是一个类，它只涉及 reduction 这一个参数。当 reduction 的值为 none 时，计算的是两个矢量的各个分量的平方误差；当 reduction 的值为 sum 时，计算的是两个矢量的平方误差；当 reduction 的值为 mean 时，计算的是两个矢量的平均平方误差。如果不指定 reduction 的值，则 reduction 的值为默认值 mean。

```
class mindspore.nn.MSELoss(reduction="mean")
```

图 5-170 mindspore.nn.MSELoss

现在，假设训练集中总共有两个训练样本：第 1 个训练样本对应的实际输出矢量为[1.0 3.0 −1.0 1.0]，相应的期望输出矢量为[2.0 1.0 0.0 −1.0]；第 2 个训练样本对应的实际输出矢量为[1.5 2.0 1.5 −2.0]，相应的期望输出矢量为[3.0 1.5 1.0 0.5]。在这样的情况下，mindspore.nn.MSELoss 的使用方法和使用效果如图 5-171 所示。

```
#MSELoss损失函数
a = Tensor([[1.0, 3.0, -1.0, 1.0], [1.5, 2.0, 1.5, -2.0]])
b = Tensor([[2.0, 1.0, 0.0, -1.0], [3.0, 1.5, 1.0,  0.5]])
loss = nn.MSELoss(reduction = "none")
print(loss(a, b))
loss = nn.MSELoss(reduction = "sum")
print(loss(a, b))
loss = nn.MSELoss(reduction = "mean")
print(loss(a, b))

[[1.   4.   1.   4.  ]
 [2.25 0.25 0.25 6.25]]
19.0
2.375
```

图 5-171 P-5.5.6 的单元框 5 及其运行结果

接下来介绍 mindspore.nn.SoftmaxCrossEntropyWithLogits 的使用方法，但在介绍之前必须先对 Softmax 函数以及 CrossEntropy（交叉熵）进行说明。

任意一个 M 维矢量 $\boldsymbol{a}$ 都可以通过 Softmax 函数的作用而映射成为一个 M 维概率矢量 $\boldsymbol{b}$。假设 $\boldsymbol{a}=[a_0,a_1,\cdots,a_{M-1}]$，$\boldsymbol{b}=[b_0,b_1,\cdots,b_{M-1}]$，则 $\boldsymbol{b}$ 的各个分量与 $\boldsymbol{a}$ 的关系为

$$\begin{cases} b_0 = g_0(\boldsymbol{a}) = \dfrac{\mathrm{e}^{a_0}}{\sum\limits_{i=0}^{M-1}\mathrm{e}^{a_i}} \\ b_1 = g_1(\boldsymbol{a}) = \dfrac{\mathrm{e}^{a_1}}{\sum\limits_{i=0}^{M-1}\mathrm{e}^{a_i}} \\ \vdots \\ b_j = g_j(\boldsymbol{a}) = \dfrac{\mathrm{e}^{a_j}}{\sum\limits_{i=0}^{M-1}\mathrm{e}^{a_i}} \\ \vdots \\ b_{M-1} = g_{M-1}(\boldsymbol{a}) = \dfrac{\mathrm{e}^{a_{M-1}}}{\sum\limits_{i=0}^{M-1}\mathrm{e}^{a_i}} \end{cases} \tag{5.2}$$

其中的 $g_0(\cdot)$、$g_1(\cdot)$ …… $g_{M-1}(\cdot)$ 就是 M 个 Softmax 函数。显然，$b_i(i=0,1,\cdots,M-1)$ 的值总是大于等于 0 且小于等于 1 的，并且 b_0、b_1 …… b_{M-1} 之和总是等于 1 的，所以 $\boldsymbol{b}$ 必然是一个概率矢量。

假设 $\boldsymbol{b}=[b_0,b_1,\cdots,b_{M-1}]$，$\boldsymbol{c}=[c_0,c_1,\cdots,c_{M-1}]$，并且 $\boldsymbol{b}$ 和 $\boldsymbol{c}$ 都是概率矢量，则根据式（2.141）可知，$\boldsymbol{c}$ 相对于 $\boldsymbol{b}$ 的交叉熵 CrossEntropy 为

$$\text{CrossEntropy}(\boldsymbol{b},\boldsymbol{c})=\sum_{i=0}^{M-1}(-b_i\ln c_i) \tag{5.3}$$

反过来，$\boldsymbol{b}$ 相对于 $\boldsymbol{c}$ 的交叉熵 CrossEntropy 为

$$\text{CrossEntropy}(\boldsymbol{c},\boldsymbol{b})=\sum_{i=0}^{M-1}(-c_i\ln b_i) \tag{5.4}$$

注意，通常情况下，$\text{CrossEntropy}(\boldsymbol{b},\boldsymbol{c})$ 与 $\text{CrossEntropy}(\boldsymbol{c},\boldsymbol{b})$ 并不是相等的。

介绍完了 Softmax 和 CrossEntropy，我们现在来说说 SoftmaxCrossEntropyWithLogits。为了便于描述，我们姑且将 SoftmaxCrossEntropyWithLogits 简写为 SCEWL。假定 $\boldsymbol{a}=[a_0,a_1,\cdots,a_{M-1}]$ 是神经网络的实际输出矢量，$\boldsymbol{b}=[b_0,b_1,\cdots,b_{M-1}]$ 是 $\boldsymbol{a}$ 经过 Softmax 函数映射之后得到的概率矢量，$\boldsymbol{c}^{[j]}$ 是实际输出矢量 $\boldsymbol{a}$ 所对应的期望输出矢量，并且 $\boldsymbol{c}^{[j]}$ 是一个独热矢量，那么我们就可以用 $\text{CrossEntropy}\left(\boldsymbol{c}^{[j]},\boldsymbol{b}\right)$ 来定义实际输出矢量 $\boldsymbol{a}$ 与期望输出矢量 $\boldsymbol{c}^{[j]}$ 之间的差异值，这里的 $\text{CrossEntropy}\left(\boldsymbol{c}^{[j]},\boldsymbol{b}\right)$ 就是所谓的 SCEWL，即

$$\text{SCEWL}\left(\boldsymbol{a},\boldsymbol{c}^{[j]}\right)=\text{CrossEntropy}\left(\boldsymbol{c}^{[j]},\boldsymbol{b}\right) \tag{5.5}$$

注意，实际输出矢量 $\boldsymbol{a}$ 在这里通常被称为 logit，期望输出矢量 $\boldsymbol{c}^{[j]}$ 在这里通常被称为 label（标签）。logit 是 **logistic unit** 的简称，关于这个术语的深意，我们就不展开去描述了。

上面提到的独热矢量 $\boldsymbol{c}^{[j]}$ 是指第 j 个分量为 1、其余分量皆为 0 的 M 维矢量，即有

$$c_i^{[j]}=\begin{cases}1 & (i=j)\\ 0 & (i\neq j)\end{cases} \tag{5.6}$$

也即 $\boldsymbol{c}^{[0]}=[1,0,\cdots,0]$，$\boldsymbol{c}^{[1]}=[0,1,\cdots,0]$ …… $\boldsymbol{c}^{[M-1]}=[0,0,\cdots,1]$。另外需要注意的是，独热矢量一定是概率矢量，但概率矢量不一定是独热矢量。

接下来我们推导一下 $\text{SCEWL}\left(\boldsymbol{a},\boldsymbol{c}^{[j]}\right)$ 的计算公式。将式（5.4）代入式（5.5），有

$$\text{SCEWL}\left(\boldsymbol{a},\boldsymbol{c}^{[j]}\right)=\sum_{i=0}^{M-1}\left(-c_i^{[j]}\ln b_i\right) \tag{5.7}$$

再将式（5.6）代入式（5.7），有

$$\text{SCEWL}\left(\boldsymbol{a},\boldsymbol{c}^{[j]}\right)=-\ln b_j \tag{5.8}$$

再将式（5.2）代入式（5.8），有

$$\text{SCEWL}\left(\boldsymbol{a},\boldsymbol{c}^{[j]}\right)=-\ln\left(\frac{\mathrm{e}^{a_j}}{\sum_{i=0}^{M-1}\mathrm{e}^{a_i}}\right)=\ln\left(\sum_{i=0}^{M-1}\mathrm{e}^{a_i}\right)-a_j \tag{5.9}$$

式（5.9）就是 $\text{SCEWL}\left(\boldsymbol{a},\boldsymbol{c}^{[j]}\right)$ 的计算公式。

例如，如果神经网络的实际输出矢量为 $\boldsymbol{a}=[1.0\quad 3.0\quad -1.0\quad 1.0]$，相应的期望输出矢量为 $\boldsymbol{c}^{[0]}=[1\quad 0\quad 0\quad 0]$，则有

$$\begin{aligned}\mathrm{SCEWL}\left(\boldsymbol{a},\boldsymbol{c}^{[0]}\right)&=\ln\left(\sum_{i=0}^{3}\mathrm{e}^{a_i}\right)-a_0\\&=\ln\left(\mathrm{e}^{a_0}+\mathrm{e}^{a_1}+\mathrm{e}^{a_2}+\mathrm{e}^{a_3}\right)-a_0\\&=\ln(\mathrm{e}^{1.0}+\mathrm{e}^{3.0}+\mathrm{e}^{-1.0}+\mathrm{e}^{1.0})-1.0\\&\approx 2.253856022085945\end{aligned}$$

这个例子的代码实现如图 5-172 所示。

```
#损失函数SoftmaxCrossEntropyWithLogits
a = Tensor([[1.0, 3.0, -1.0, 1.0]], dtype.float32)
c = Tensor([[1,    0,    0,    0]], dtype.float32)
loss = nn.SoftmaxCrossEntropyWithLogits(sparse=False)
print(loss(a, c))
```

```
[2.253856]
```

图 5-172　P-5.5.6 的单元框 6 及其运行结果

现在，假设训练集中总共有两个训练样本：第 1 个训练样本对应的实际输出矢量为 [1.0　3.0　–1.0　1.0]，相应的期望输出矢量为[1　0　0　0]；第 2 个训练样本对应的实际输出矢量为[1.5　2.0　1.5　–2.0]，相应的期望输出矢量为[0　0　1　0]。在这样的情况下，SoftmaxCrossEntropyWithLogits 的使用方法和使用效果如图 5-173 所示。

```
#损失函数SoftmaxCrossEntropyWithLogits
a = Tensor([[1.0, 3.0, -1.0, 1.0], [1.5, 2.0, 1.5, -2.0]], dtype.float32)
c = Tensor([[1,    0,    0,    0], [0,    0,    1,    0]], dtype.float32)
loss = nn.SoftmaxCrossEntropyWithLogits(sparse=False, reduction ="none")
print(loss(a, c))
loss = nn.SoftmaxCrossEntropyWithLogits(sparse=False, reduction ="sum")
print(loss(a, c))
loss = nn.SoftmaxCrossEntropyWithLogits(sparse=False, reduction ="mean")
print(loss(a, c))
```

```
[2.253856  1.3026189]
3.5564747
1.7782373
```

图 5-173　P-5.5.6 的单元框 7 及其运行结果

如图 5-174 所示，SoftmaxCrossEntropyWithLogits 实际上是一个类，它涉及 sparse 和 reduction 这两个参数。sparse 的值可以是 True 或 False，默认值是 False。reduction 的值可以是 none 或 sum 或 mean，默认值是 none。

```
class mindspore.nn.SoftmaxCrossEntropyWithLogits (sparse=False, reduction="none")
```

图 5-174　SoftmaxCrossEntropyWithLogits

图 5-173 已经反映出了 reduction 取不同的值时对运算结果的影响，但未反映出 sparse 取不同值的情况。为了理解清楚 sparse 的用法，我们来比较一下图 5-175 与图 5-173。一方面，在图 5-173 中，因为 sparse 的值为 False，所以要求张量 c 的 dtype 的值必须是 float16 或 float32，并且 c 的 dtype 的值必须与张量 a 的 dtype 的值保持一致；在图 5-175 中，因为

sparse 的值为 True，所以要求张量 c 的 dtype 的值必须是 int32 或 int64。另一方面，在图 5-173 中，因为 sparse 的值为 False，所以作为标签的独热矢量[1　0　0　0]和独热矢量[0　0　1　0]都必须被完整地写出来；在图 5-175 中，因为 sparse 的值为 True，所以独热矢量[1　0　0　0]和独热矢量[0　0　1　0]可以合并而简洁地被表示为[0　2]。注意，[0　2]中的 0 表示的就是独热矢量[1　0　0　0]，也即第 0 个分量为 1，其余分量皆为 0；[0　2]中的 2 表示的就是独热矢量[0　0　1　0]，也即第 2 个分量为 1，其余分量皆为 0。

```
#损失函数SoftmaxCrossEntropyWithLogits
a = Tensor([[1.0, 3.0, -1.0, 1.0],[1.5, 2.0, 1.5, -2.0]], dtype.float32)
c = Tensor([0, 2], dtype.int32)
loss = nn.SoftmaxCrossEntropyWithLogits(sparse=True, reduction ="none")
print(loss(a, c))
loss = nn.SoftmaxCrossEntropyWithLogits(sparse=True, reduction ="sum")
print(loss(a, c))
loss = nn.SoftmaxCrossEntropyWithLogits(sparse=True, reduction ="mean")
print(loss(a, c))
```

```
[2.253856  1.3026189]
3.5564747
1.7782373
```

图 5-175　P-5.5.6 的单元框 8 及其运行结果

关于 MindSpore，我们至此已经学完了张量的属性、张量的生成、张量的运算和操作、数据集的加载和处理、网络的构建、损失函数的计算等基础内容。在 5.6 节中，我们还将学习一些新的内容，如优化器的选择、模型的编译、模型的训练、模型的评估、模型的保存与加载等等。

5.6　手写体数字识别

5.6.1　设计概要

我们将基于 MindSpore 来设计并实现一个可用于识别手写体阿拉伯数字 0～9 的 MLP，该 MLP 的组成结构如图 5-176 所示。

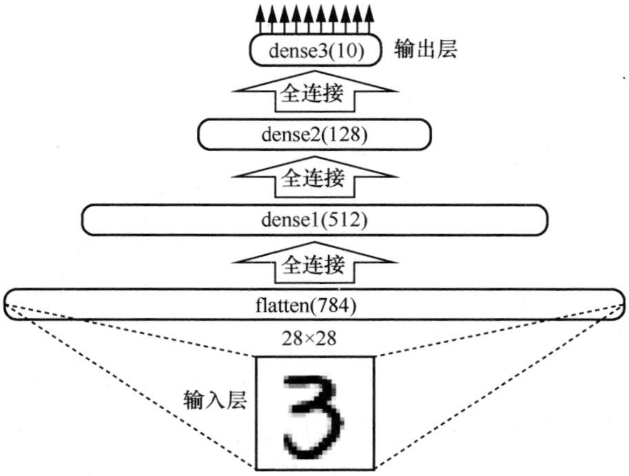

图 5-176　识别手写体阿拉伯数字 0～9 的 MLP

设计概要说明如下。

- 该 MLP 的输入是尺寸为 28×28 的手写体阿拉伯数字灰色图像。该 MLP 的输入层有 28×28 个平面状排列的神经元。
- 该 MLP 的 flatten 层包含了 28×28 = 784 个线状排列的神经元。
- 该 MLP 的 dense1 层包含了 512 个线状排列的神经元，每个神经元都有自己的阈值参数（bias 的相反数），阈值参数的初始值均为 0，权重值参数的初始值均服从正态分布，每个神经元的激活函数均为整流线性函数 relu。
- 该 MLP 的 dense2 层包含了 128 个线状排列的神经元，每个神经元都有自己的阈值参数（bias 的相反数），阈值参数的初始值均为 0，权重值参数的初始值均服从正态分布，每个神经元的激活函数均为整流线性函数 relu。
- dense3 层是该 MLP 的输出层，它包含了 10 个线状排列的神经元。dense3 层的每个神经元都有自己的阈值参数，但是都没有激活函数。dense3 层的每个神经元的阈值参数的初始值均为 0，权重值参数的初始值均服从正态分布。注意，因为没有激活函数，所以 dense3 层的某个神经元的输出值就等于该神经元的净输入值。
- 采用 MNIST 训练集中的 60,000 个样本作为该 MLP 的训练样本。
- 采用批量训练方式对该 MLP 进行训练，每个批次的训练样本个数为 50。
- 采用 MNIST 测试集中的 10,000 个样本作为该 MLP 的测试样本。
- 训练及测试的误差函数采用 SoftmaxCrossEntropyWithLogits(sparse = True,reduction = 'mean')，此即所谓的损失函数。
- 训练样本及测试样本对应的期望输出矢量（标签）为 10 维的独热矢量，它们与样本类别及阿拉伯数字之间的对应关系如图 5-177 所示。

期望输出矢量（标签）	样本类别	阿位伯数字
[1 0 0 0 0 0 0 0 0 0]	第0类	0
[0 1 0 0 0 0 0 0 0 0]	第1类	1
[0 0 1 0 0 0 0 0 0 0]	第2类	2
[0 0 0 1 0 0 0 0 0 0]	第3类	3
[0 0 0 0 1 0 0 0 0 0]	第4类	4
[0 0 0 0 0 1 0 0 0 0]	第5类	5
[0 0 0 0 0 0 1 0 0 0]	第6类	6
[0 0 0 0 0 0 0 1 0 0]	第7类	7
[0 0 0 0 0 0 0 0 1 0]	第8类	8
[0 0 0 0 0 0 0 0 0 1]	第9类	9

图 5-177 期望输出矢量（标签）、样本类别、阿拉伯数字的对应关系

5.6.2 数据准备

打开 cmd 命令行界面，在 D:\jyh-program 目录下启动 jupyter notebook 程序开发环境，在程序开发环境中新建一个名为 P-5.6 的 Python 程序文件并完成代码编写工作。

图 5-178 所示是 P-5.6 的单元框 1，它的作用是引入 P-5.6 需要用到的相关模块。

```
#########    手写体数字识别    #########

#引入相关的模块
from matplotlib import pyplot as plt
import mindspore.dataset as ds
import mindspore.dataset.vision.c_transforms as CV
import mindspore.dataset.transforms.c_transforms as C
from mindspore import Model, nn, dtype, load_checkpoint
from mindspore.nn.metrics import Accuracy
from mindspore.train.callback import (ModelCheckpoint,
CheckpointConfig, LossMonitor, TimeMonitor)
```

图 5-178　P-5.6 的单元框 1

图 5-179 所示是 P-5.6 的单元框 2 及其运行结果，其作用是查询 MNIST 训练集和测试集中样本的总数。

```
ds.config.set_seed(19)  #设置随机种子
DIR_TRAIN = "./jyh-data/MNIST/train"  #设置MNIST训练集的路径
DIR_TEST = "./jyh-data/MNIST/test"  #设置MNIST测试集的路径

trainSet = ds.MnistDataset(DIR_TRAIN)  #读取出MNIST训练集中所有的样本信息
testSet = ds.MnistDataset(DIR_TEST)  #读取出MNIST测试集中所有的样本信息

#查询MNIST训练集和测试集中样本的总数
print("训练集中样本的总数:", trainSet.get_dataset_size())
print("测试集中样本的总数:", testSet.get_dataset_size())
```

```
训练集中样本的总数: 60000
测试集中样本的总数: 10000
```

图 5-179　P-5.6 的单元框 2 及其运行结果

图 5-180 所示是 P-5.6 的单元框 3 及其运行结果，其作用是查询样本图像的高度（H）、宽度（W）、通道数（C）以及标签数据的 dtype 的值。这里的高度是指图像在竖直方向上的像素点的个数，这里的宽度是指图像在水平方向上的像素点的个数。另外需要说明的是，彩色图像的通道数是 3（红、绿、蓝），灰色图像的通道数是 1。MNIST 数据集中的样本图像都是灰色图像，所以其通道数是 1。

```
#查询样本图像的H/W/C以及标签数据的dtype
it = trainSet.create_dict_iterator(output_numpy = True)
i = 1
for x in it:
    print("样本图像的H(Height,高度)/W(Width,宽度)/C(Channnel,通道数):",
        x["image"].shape)
    print("样本图像的标签数据的dtype: ", x["label"].dtype)
    i += 1
    if i > 1:
        break
```

```
样本图像的H(Height,高度)/W(Width,宽度)/C(Channnel,通道数): (28, 28, 1)
样本图像的标签数据的dtype:  uint32
```

图 5-180　P-5.6 的单元框 3 及其运行结果

图 5-181 所示是 P-5.6 的单元框 4，其作用是查询读取出来的前 10 个训练样本的标签值并查看这 10 个训练样本的图像。

图 5-182 所示是 P-5.6 的单元框 4 的运行结果。从运行结果中可以看到，图像的标签值与图像的内容是完全吻合的。

```
#查询读取出来的前10个训练样本的标签值（类别值）
it = trainSet.create_dict_iterator(output_numpy = True)
i = 1
for x in it:
    print(x['label'], "          ", end="")
    i += 1
    if i > 10:
        break

#查看读取出来的前10个训练样本的图像
it = trainSet.create_dict_iterator(output_numpy = True)
plt.figure(figsize = (15, 5))
i = 1
for x in it:
    plt.subplot(2, 5, i)
    plt.imshow(x["image"][:, :, 0],  cmap = 'gray_r')
    i += 1
    if i > 10:
        break
plt.show()
```

图 5-181　P-5.6 的单元框 4

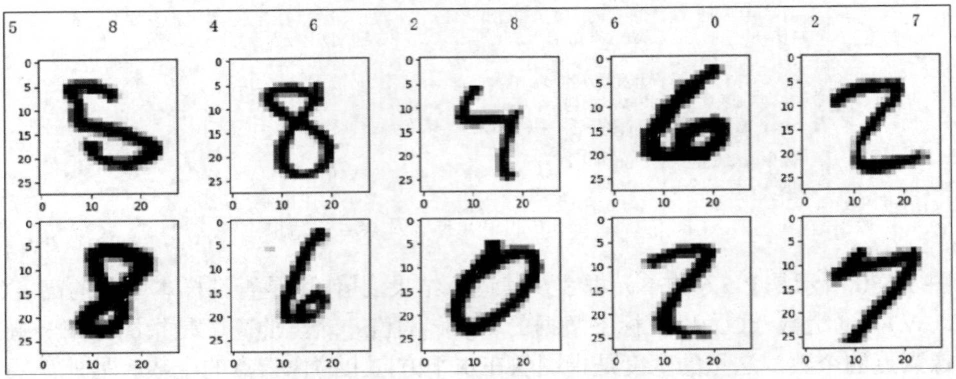

图 5-182　P-5.6 的单元框 4 的运行结果

P-5.6 的单元框 2（见图 5-179）中的 trainSet 是从原始的 MNIST 训练集中读取出的所有样本的数据，对这些样本数据我们没有进行任何加工处理，所以这些样本数据实际上还不能满足我们后面的使用要求。同样地，P-5.6 的单元框 2（见图 5-179）中的 testSet 是从原始的 MNIST 测试集中读取出的所有样本的数据，对这些样本数据我们也没有进行任何加工处理，所以这些样本数据实际上也不能满足我们后面的使用要求。

为了得到能够满足使用要求的样本数据集，我们需要自定义一个函数。图 5-183 所示是 P-5.6 的单元框 5，它的作用是自定义一个名为 create_my_dataset 的函数。注意，在 P-5.6 的单元框 5 中，第 4 行的 my_dataset 可能是从原始的 MNIST 训练集中读取出的所有样本，也可能是从原始的 MNIST 测试集中读取出的所有样本，这取决于参数 training 的取值情况。

根据我们后面的使用要求，样本图像的灰度值区间应该是[0, 1]。但是，从图 5-115 中可以看到，原始的样本图像的灰度值区间是[0, 255]。因此，P-5.6 的单元框 5 中的第 6 行定义了将灰度值区间从[0, 255]转换为[0, 1]的操作，此操作也就是将原来的每个像素点的灰度值都乘以 1/255。

另外，根据我们后面的使用要求，样本图像张量的 shape 应该是(C,H,W)，也就是(1,28,28)。但是，从图 5-180 中可以看到，原始的样本图像张量的 shape 是(H,W,C)，也就是(28,28,1)。因此，P-5.6 的单元框 5 中的第 8 行定义了从(H,W,C)转换为(C,H,W)的操作。

由于后面需要用到 SoftmaxCrossEntropyWithLogits(sparse = True,reduction = 'mean')这个损失函数，而这个损失函数要求样本图像的标签数据的 dtype 的值必须是 int32 或 int64，但是从图 5-180 中可以看到，原始的样本图像的标签数据的 dtype 的值是 uint32，因此，P-5.6 的单元框 5 中的第 14 行实施了将标签数据的 dtype 的值转换为 int32 的操作。

create_my_dataset 函数的结尾处是对样本进行混洗处理和分批处理，其中的 64 是指混洗时用到的缓存的大小，50 是指每一批样本所包含的样本个数。

```
1  def create_my_dataset(training = True):
2      #如果参数training的值为True，则从原始的训练集中读取出所有样本的信息
3      #如果参数training的值为False，则从原始的测试集中读取出所有样本的信息
4      my_dataset = ds.MnistDataset(DIR_TRAIN if training else DIR_TEST)
5      #定义操作1：将样本图像的灰度值区间从[0, 255]转换为[0, 1]
6      rescale_op = CV.Rescale(1/255, 0)
7      #定义操作2：将表示样本图像的张量的shape从(H, W, C)转换为(C, H, W)
8      hwc2chw_op = CV.HWC2CHW()
9      #实施操作1和操作2
10     my_dataset = my_dataset.map(input_columns = "image",
11                                 operations = [rescale_op, hwc2chw_op])
12     #实施操作3：将标签数据的dtype的值转换为int32
13     my_dataset = my_dataset.map(input_columns = "label",
14                                 operations = C.TypeCast(dtype.int32))
15     #实施操作4：对样本的先后次序进行混洗（shuffle），混洗时需要的缓存为64
16     my_dataset = my_dataset.shuffle(64)
17     #实施操作5：对样本进行分批，每50个样本为一批
18     my_dataset = my_dataset.batch(50)
19     return my_dataset
```

图 5-183　P-5.6 的单元框 5

图 5-184 所示是 P-5.6 的单元框 6 及其运行结果，其作用就是通过调用 create_my_dataset 函数来生成后面实际需要用到的训练数据集 trainSet 和测试数据集 testSet。在 P-5.6 的单元框 6 中，X 是来自 trainSet 的第 1 批训练样本。可以看到，X 的 shape 是(50,1,28,28)，其中，50 表示的是 X 中包含的样本的个数，1 表示的是样本图像的通道数，后面的两个 28 分别表示样本图像的高度和宽度。

```
#生成后面实际需要用到的训练集trainSet
trainSet = create_my_dataset(training = True)
#生成后面实际需要用到的测试集testSet
testSet = create_my_dataset(training = False)

X = trainSet.create_dict_iterator().__next__()
print(X["image"].shape)
```

```
(50, 1, 28, 28)
```

图 5-184　P-5.6 的单元框 6 及其运行结果

5.6.3　构建 MLP

如图 5-185 所示，根据图 5-176 及设计概要，定义一个名为 myMLP 的类，并创建 myMLP 的一个实例 myNet。myNet 便是我们接下来会实际用到的 MLP。

```
class myMLP(nn.Cell):
    def __init__(self):
        super(myMLP, self).__init__()
        self.flatten = nn.Flatten()
        self.dense1 = nn.Dense(784, 512, activation = 'relu')
        self.dense2 = nn.Dense(512, 128, activation = 'relu')
        self.dense3 = nn.Dense(128, 10, activation = None)

    def construct(self, x):
        x = self.flatten(x)
        x = self.dense1(x)
        x = self.dense2(x)
        x = self.dense3(x)
        return x
myNet = myMLP()  #myNet是myMLP的一个实例
```

图 5-185　P-5.6 的单元框 7

5.6.4　确定训练参数及相关选项

图 5-186 所示是 P-5.6 的单元框 8，其作用是设置学习率的大小和训练集的遍历轮数，并对一些相关选项进行选择。

训练过程中所使用的优化器会对训练速度和训练效果产生直接的影响。常见的优化器有 **Adam**（**Ada**ptive **m**oment estimation）、SGD（Stochastic Gradient Descent）、Ftrl（Follow the regularized leader）、Momentum、RMSprop（Root Mean Square propagation）等等，我们这里选用的是 Adam。

```
lr = 0.001  #设置学习率lr(learning rate)为0.001
epoch = 5  #设置训练集的遍历轮数为5

#选用SoftmaxCrossEntropyWithLogits作为损失函数
loss = nn.SoftmaxCrossEntropyWithLogits(sparse = True, reduction = 'mean')
#选用Adam作为优化器（optimizer）
optimizer = nn.Adam(myNet.trainable_params(), lr)
#选用准确率(Accuracy)作为模型评估的衡量指标
metrics = {"Accuracy":Accuracy()}
```

图 5-186　P-5.6 的单元框 8

5.6.5　模型的编译

所谓模型的编译，就是指将多个对象和参数整合封装在一起，从而形成一个可训练的模型。图 5-187 所示是 P-5.6 的单元框 9，其作用就是将前面定义过的 myNet、loss、optimizer、metrics 整合封装成一个可训练的模型 myModel。

```
#编译模型
myModel = Model(myNet, loss, optimizer, metrics)
```

图 5-187　P-5.6 的单元框 9

5.6.6　设置检查点

图 5-188 所示是 P-5.6 的单元框 10，其作用是设置训练过程中的 checkpoint（检查点）信息以及 callback（回调）信息。在图 5-188 中，congfig_ckpt 中的 ckpt 是指 **c**hec**k****p**oin**t**，ckpoint_cb 中的 cb 是指 **c**all**b**ack。

因为训练集中的样本总数是 60,000，每个批次的训练样本的个数前面已经设置成了 50，所以整个训练集一共包含了 1,200 个批次。由于训练迭代是按批次进行的，所以训练集每完成一轮遍历都需要进行 1,200 步迭代。在图 5-188 中，save_checkpoint_steps=600 的意思是，每 600 步迭代设置一个检查点，也即训练集的第 1 轮遍历的中点是第 1 个检查点，第 1 轮遍历的结束点是第 2 个检查点，第 2 轮遍历的中点是第 3 个检查点，第 2 轮遍历的结束点是第 4 个检查点，第 3 轮遍历的中点是第 5 个检查点，依次类推。

在训练过程中，每经过一个检查点时，模型的所有参数值（各个神经元的阈值的取值、权重值的取值等等）都会被存入一个扩展名为 ckpt 的文件中，这个过程称为模型的保存。经过第 1 个检查点时，会生成第 1 个 ckpt 文件；经过第 2 个检查点时，会生成第 2 个 ckpt 文件；经过第 3 个检查点时，会生成第 3 个 ckpt 文件；依次类推。在图 5-188 中，keep_checkpoint_max=100 的意思是，如果检查点的个数超过了 100，则只保留最后 100 个检查点所对应的 100 个 ckpt 文件，这 100 个检查点之前的那些检查点所对应的 ckpt 文件都将被自动删除。

ckpt 文件也称为检查点文件，其存放目录是由我们随意指定的。如果指定的目录已经存在，则 ckpt 文件就会直接被存放进指定的目录；如果指定的目录不存在，则 MindSpore 会先创建好指定的目录，再将 ckpt 文件存放其中。在图 5-188 中，directory= “./jyh-data/myCKPT” 的意思是，指定 ckpt 文件的存放目录为 “./jyh-data/myCKPT”。注意，当前目录是 “D:/jyh-program”，所以实际的存放目录是 “D:/jyh-program/jyh-data/myCKPT”。

ckpt 文件的文件名是由前缀（prefix）加上编号组成的，其中的前缀也是由我们随意指定的。在图 5-188 中，prefix= “jjj” 的意思是，指定 ckpt 文件的文件名的前缀为 jjj。

```
#设置checkpoint(检查点)信息
config_ckpt = CheckpointConfig(save_checkpoint_steps = 600,
                               keep_checkpoint_max = 100)
#设置callback(回调)信息
ckpoint_cb = ModelCheckpoint(prefix = "jjj",
                             directory = "./jyh-data/myCKPT",
                             config = config_ckpt)
```

图 5-188 P-5.6 的单元框 10

5.6.7 模型的训练

在对模型开始进行训练之前，通常还会设置一些在训练过程中需要打印显示的重要信息。通过观察这些重要信息，我们才能够及时地监控训练的进展情况。图 5-189 是 P-5.6 的单元框 11，其作用就是指示程序每隔 600 步训练迭代打印显示一次损失函数 loss 的值，并且每隔 1,200 步训练迭代打印显示一次时间信息。

```
#设置训练过程中需要打印显示的监控信息
loss_cb = LossMonitor(per_print_times = 600)  #每隔600步迭代打印显示一次loss的值
time_cb = TimeMonitor(data_size = 1200)  #每隔1200步迭代打印显示一次时间信息
```

图 5-189 P-5.6 的单元框 11

完成了前面所描述的各项准备工作之后，我们就可以对模型 myModel 实施训练了。图 5-190 显示了对模型 myModel 开始实施训练到训练结束时的完整过程，其中的 epoch 是指训练集遍历的轮数，step 是指某一轮遍历中训练迭代的步数。

从图 5-190 中可以看到：第 1 轮遍历的中点结束时，loss 的值为 0.22791214287281036，第 1 轮遍历结束时，loss 的值为 0.14516112208366394，第 1 轮遍历的总时长为 6727.498ms，第 1 轮遍历中每一步训练迭代的平均时长为 5.606ms；第 2 轮遍历的中点结束时，loss 的值为 0.10293794423341751，第 2 轮遍历结束时，loss 的值为 0.04995931684970856，第 2 轮遍历的总时长为 6415.437ms，第 2 轮遍历中每一步训练迭代的平均时长为 5.346ms；……

由于之前将 epoch 的值设置成了 5（见图 5-186），所以从图 5-190 中可以看到，训练集遍历了 5 轮之后，整个训练过程便告结束。从图 5-190 中还可以看到，loss 的值总体上是呈逐渐下降的趋势，但中间也有上下波动的情况。例如，第 3 轮遍历结束时的 loss 的值为 0.010648724623024464，但第 4 轮遍历的中点结束时，loss 的值不降反升，变成了 0.04602620005607605。

```
#实施对模型myModel的训练
print("****************** 训 练 开 始 ******************")
myModel.train(epoch, trainSet, callbacks = [ckpoint_cb, loss_cb, time_cb],
              dataset_sink_mode = False )
print("****************** 训 练 结 束 ******************")
```

```
****************** 训 练 开 始 ******************
epoch: 1 step: 600, loss is 0.22791214287281036
epoch: 1 step: 1200, loss is 0.14516112208366394
epoch time: 6727.498 ms, per step time: 5.606 ms
epoch: 2 step: 600, loss is 0.10293794423341751
epoch: 2 step: 1200, loss is 0.04995931684970856
epoch time: 6415.437 ms, per step time: 5.346 ms
epoch: 3 step: 600, loss is 0.03625437989830971
epoch: 3 step: 1200, loss is 0.010648724623024464
epoch time: 6609.481 ms, per step time: 5.508 ms
epoch: 4 step: 600, loss is 0.04602620005607605
epoch: 4 step: 1200, loss is 0.03587490692734718
epoch time: 6482.452 ms, per step time: 5.402 ms
epoch: 5 step: 600, loss is 0.013678955845534801
epoch: 5 step: 1200, loss is 0.004753764718770981
epoch time: 6607.481 ms, per step time: 5.506 ms
****************** 训 练 结 束 ******************
```

图 5-190 P-5.6 的单元框 12 及其运行结果

完成了对模型 myModel 的训练之后，我们会发现目录 D:/jyh-program/jyh-data 之下多出了一个名为 myCKPT 的文件夹。进入 myCKPT 文件夹之后，我们会看到图 5-191 所示的内容。

由于训练集中的样本总数是 60,000，每个批次的样本数为 50，训练是按批次进行迭代的，每轮遍历需要进行 1,200 步迭代，每 600 步迭代设置了一个检查点，整个训练的遍历轮数为 5，所以整个训练过程中的检查点的个数为 10。图 5-191 中所显示的扩展名为 ckpt 的 10 个文件，正是这 10 个检查点所对应的 10 个检查点文件。可以看到，这 10 个检查点文件的文件名的前缀正是我们之前设置的 jjj，其中的 jjj-1_600.ckpt 就是第 1 轮遍历的中点结束时的那个检查点所对应的检查点文件，jjj-1_1200.ckpt 就是第 1 轮遍历结束时的那个检查点所对应的检查点文件，jjj-2_600.ckpt 就是第 2 轮遍历的中点结束时的那个检查点所对应的检查点文件，依次类推。

图 5-191 中还显示了 jjj-graph.meta 这个文件。关于 jjj-graph.meta 的来由和作用，我们在这里就不展开去描述了。

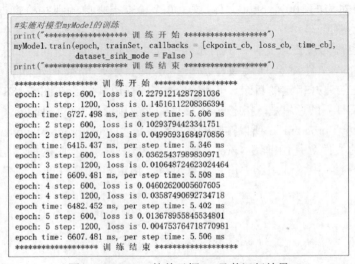

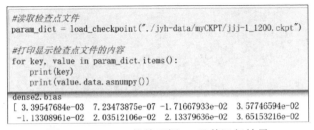

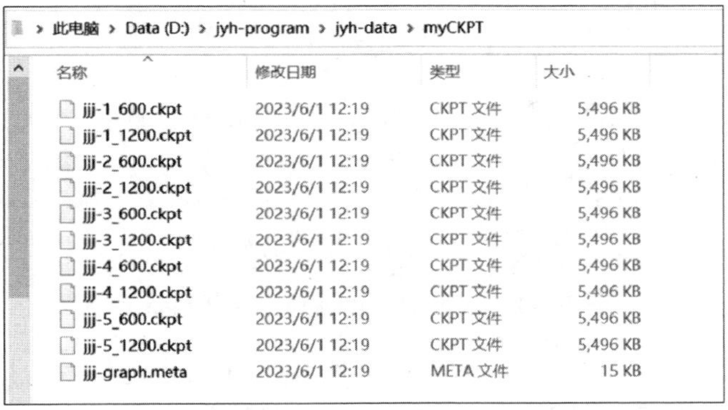

图 5-191　目录 D:/jyh-program/jyh-data/myCKPT 中的内容

5.6.8　模型的评估

图 5-192 所示是 P-5.6 的单元框 13 及其运行结果。我们采用了测试集 testSet 来对训练完成后的模型 myModel 进行评估。可以看到，训练完成后的模型 myModel 在测试集 testSet 上的准确率（Accuracy）为 97.62%。因为测试集 testSet 中样本的总数为 10,000，所以这就意味着 myModel 对其中的 9,762 个样本给出了正确的类别判断，对其中的 238 个样本给出了错误的类别判断。顺便提一下，图 5-192 中的 eval 是 evaluation（评估）这个词的缩写。

```
#使用测试集对训练结束后的模型myModel进行评估
acc = myModel.eval(testSet)
print(acc)
```

```
{'Accuracy': 0.9762}
```

图 5-192　P-5.6 的单元框 13 及其运行结果

5.6.9　模型的加载

检查点文件（ckpt 文件）所包含的主要内容是网络模型的各个参数的取值情况。图 5-193 所示是 P-5.6 的单元框 14 及其运行结果，其作用是先读取出第 1 轮训练集遍历完成时的检查点文件 jjj-1_1200.ckpt 的内容，然后将这些内容全部打印显示出来。注意，打印显示出来的内容非常多，图 5-193 显示的只是其中很少的一部分。

```
#读取检查点文件
param_dict = load_checkpoint("./jyh-data/myCKPT/jjj-1_1200.ckpt")

#打印显示检查点文件的内容
for key, value in param_dict.items():
    print(key)
    print(value.data.asnumpy())
```

```
dense2.bias
[ 3.39547684e-03  7.23473875e-07 -1.71667933e-02  3.57746594e-02
 -1.13308961e-02  2.03512106e-02  2.13379636e-02  3.65153216e-02
```

图 5-193　P-5.6 的单元框 14 及其运行结果

图 5-194 所示是 P-5.6 的单元框 15 及其运行结果，其作用是先读取出第 5 轮训练集遍历完成时（也就是整个训练过程结束时）的检查点文件 jjj-5_1200.ckpt 的内容，然后将这些内容全部打印显示出来。注意，打印显示出来的内容非常之多，图 5-194 显示的只是其中很少的一部分。

```
#读取检查点文件
param_dict = load_checkpoint("./jyh-data/myCKPT/jjj-5_1200.ckpt")

#打印显示检查点文件的内容
for key, value in param_dict.items():
    print(key)
    print(value.data.asnumpy())
```

```
dense2.bias
[ 0.13280547  0.12066724  0.04534626 -0.0181733  -0.0113309   0.0144661
  0.12808904 -0.00067402 -0.06620715 -0.06326523 -0.03097485  0.06924759
```

图 5-194 P-5.6 的单元框 15 及其运行结果

在图 5-193 和图 5-194 中，dense2.bias 是指 myNet 的 dense2 这一层的各个神经元的 bias（注意，bias 的取值与阈值的取值之间是相反数的关系）。可以看到，第 5 轮训练集遍历完成时的 dense2.bias 的取值情况相较于第 1 轮训练集遍历完成时的取值情况已经发生了明显的改变。

如果我们基于 myMLP 创建一个新的 MLP 网络实例，然后将已有的某个 ckpt 文件中的参数值直接加载到这个 MLP 网络，那么这个 MLP 网络无须进行训练就直接可用。当然，该 MLP 网络的性能好坏将完全取决于 ckpt 文件中的参数值的优化程度。将 ckpt 文件中的参数值直接加载到某个网络的过程通常称为模型加载。需要注意的是，进行模型加载时，网络的结构与 ckpt 文件中的参数的结构必须一致。

图 5-195 所示是 P-5.6 的单元框 16 及其运行结果。首先，我们分别创建了 myNet_1、myNet_2、myNet_5 这 3 个 MLP 网络实例，编译之后分别得到 myModel_1、myModel_2、myModel_5。然后，将 jjj-1_1200.ckpt 加载到 myNet_1，将 jjj-2_1200.ckpt 加载到 myNet_2，将 jjj-5_1200.ckpt 加载到 myNet_5。可以看到，myModel_1、myModel_2、myModel_5 在测试集上的准确率是不断提高的，分别为 96.25%、96.93%、97.62%，其背后的原因显然是不言而喻的。另外，细心的读者可能已经注意到，myModel_5 的准确率与图 5-192 中所显示的准确率是完全一样的，其背后的原因显然也是不言而喻的。

```
#分别创建myNet_1、myNet_2、myNet_5这三个MLP网络实例
myNet_1 = myMLP()
myNet_2 = myMLP()
myNet_5 = myMLP()
#分别对myNet_1、myNet_2、myNet_5进行编译
myModel_1 = Model(myNet_1, loss, optimizer, metrics)
myModel_2 = Model(myNet_2, loss, optimizer, metrics)
myModel_5 = Model(myNet_5, loss, optimizer, metrics)
#分别对myNet_1、myNet_2、myNet_5进行参数加载
load_checkpoint("./jyh-data/myCKPT/jjj-1_1200.ckpt", myNet_1)
load_checkpoint("./jyh-data/myCKPT/jjj-2_1200.ckpt", myNet_2)
load_checkpoint("./jyh-data/myCKPT/jjj-5_1200.ckpt", myNet_5)
#分别对myModel_1、myModel_2、myModel_5进行评估
acc1 = myModel_1.eval(testSet)
acc2 = myModel_2.eval(testSet)
acc5 = myModel_5.eval(testSet)
print(acc1)
print(acc2)
print(acc5)
```

```
{'Accuracy': 0.9625}
{'Accuracy': 0.9693}
{'Accuracy': 0.9762}
```

图 5-195 P-5.6 的单元框 16 及其运行结果

至此，本小节的内容便告结束。同时，本节、本章、本书的内容也到此结束。

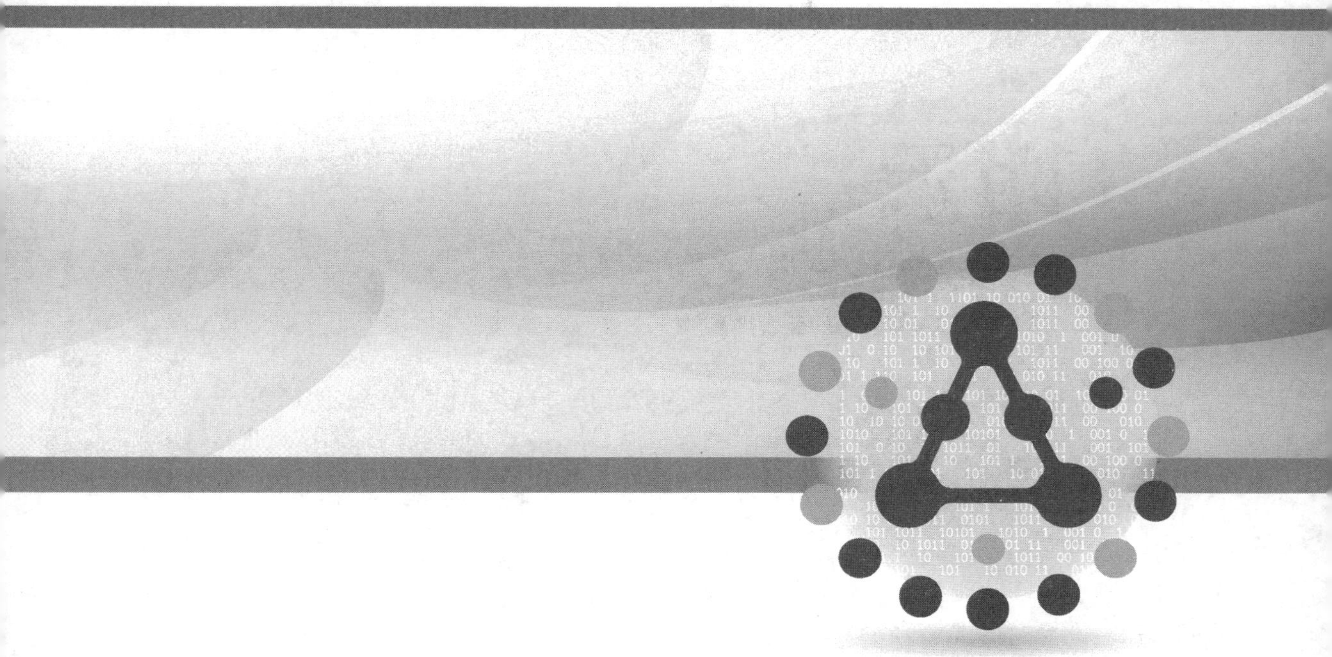

附录
习题答案

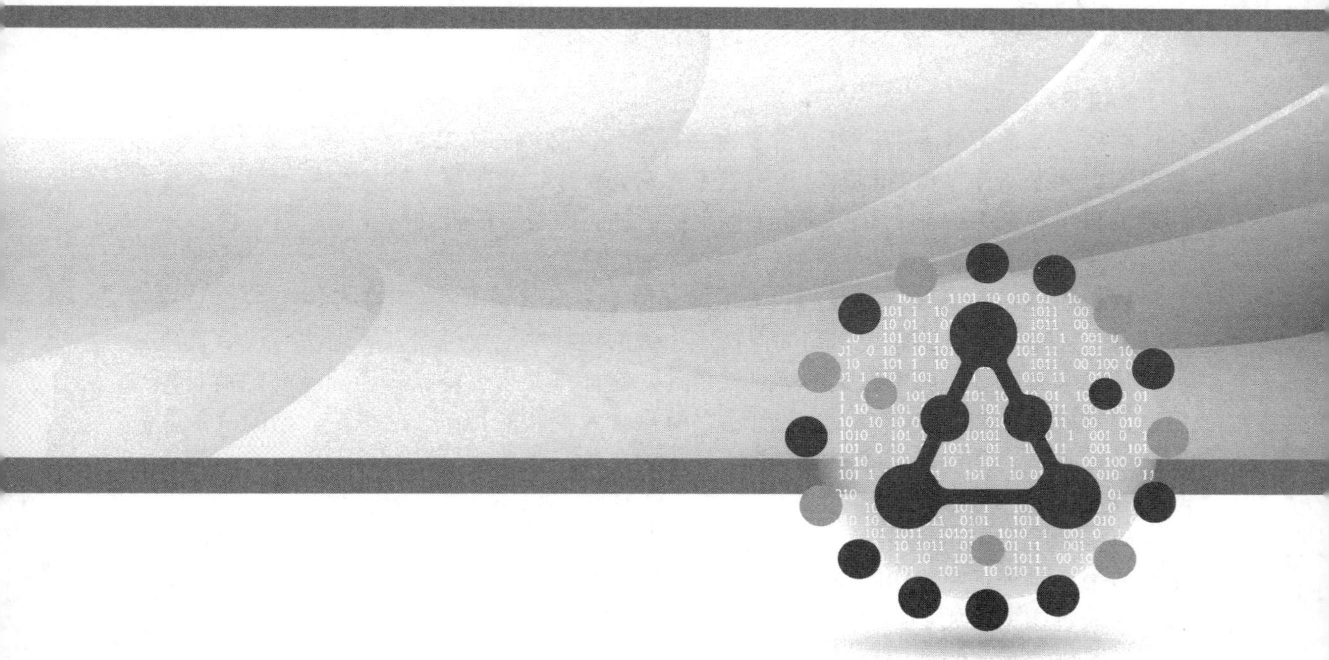

习题 1 答案

1.【B】

解析：A 是美国著名的密码学家、数学家、信息论的主要奠基人克劳德·香农；B 是英国数学家、计算机科学家、逻辑学家、密码学家、哲学家、理论生物学家、被誉为计算机科学和人工智能之父的阿兰·图灵；C 是美国著名的天文学家埃德温·哈勃。

2.【C】

解析：1956 年的夏天，名为“人工智能达特茅斯夏季研讨会”的学术会议，简称达特茅斯会议在美国新罕布什尔州的汉诺威小镇的达特茅斯学院召开。这次会议后来被公认为是一个具有重大历史意义的标志性事件，它标志着人工智能作为一个研究领域和一门新兴学科的正式诞生。今天，我们常常听到“人工智能元年”的说法，指的就是达特茅斯会议召开的这一年，即 1956 年。

3.【D】

解析：图 1-23 所示的照片拍摄于 1956 年夏天达特茅斯会议召开期间，拍摄地点就是达特茅斯学院。照片中的 7 个人是参与达特茅斯会议的部分人员，照片中的编号与人物之间的对应关系如下：

①出生于英国的美国计算机科学家奥利弗·塞弗里奇；

②美国计算机科学家纳撒尼尔·罗切斯特；

③美国数学家雷·所罗门诺夫；

④美国计算机及认知科学家马文·明斯基；

⑤美国数学及计算机科学家特伦查德·摩尔；

⑥美国计算机及认知科学家约翰·麦卡锡；

⑦美国密码学家、数学家、信息论的主要奠基人克劳德·香农。

4.【B】

解析：达特茅斯会议的 4 位发起人在向洛克菲勒基金会提交的基金申请建议书中首次正式使用了 Artificial Intelligence 一词来指称人工智能。那份建议书的落款日期是 1955 年 8 月 31 日，所以这一天也被公认为是 AI 一词的问世之日。

5.【BCE】

解析：AI 三大学派是指符号 AI 学派、控制论学派和连接主义学派。符号 AI 学派也称为逻辑主义学派、计算机学派、心理学派等等；控制论学派也称为行为主义学派、进化论学派等等；连接主义学派也称为仿生学派、生理学派等等。

6.【C】

解析：人工智能、机器学习和深度学习这三者之间的基本关系：深度学习是机器学习的一个真子集，而机器学习又是人工智能的一个真子集。

7.【B】

解析：1959 年，美国著名的计算机游戏专家、人工智能先驱人物亚瑟·塞缪尔在他发表的题为“Some Studies in Machine Learning Using the Game of Checkers”的研究论文中，首次提出并使用了 Machine Learning（机器学习）这一术语；1986 年，以色列计算机科学家里纳·德克特在她发表的题为“Learning While Searching in Constraint-Satisfaction Problems”的研究论文中，首次提出并使用了 Deep Learning（深度学习）这一术语。

8.【ACE】

解析：人与人以及人与环境主要是通过眼、耳、口进行信息交流的，因此，人工智能在图像、语音以及文字处理方面的应用便成了人工智能的 3 种基础应用，人工智能的很多复杂应用都离不开这 3 种基础应用的支持和结合。

习题 2 答案

1.【A】

解析：A 是“矢”，B 是“入”，C 是“人”，D 是“一”。

2.【ABC】

解析：根据矢量加法的三角形法则可知，$\boldsymbol{a}+\boldsymbol{b}$ 是以 $\boldsymbol{a}$ 的起点为起点、$\boldsymbol{b}$ 的终点为终点的矢量。同时，$\boldsymbol{d}+\boldsymbol{c}$ 是以 $\boldsymbol{d}$ 的起点为起点、$\boldsymbol{c}$ 的终点为终点的矢量。显然，$\boldsymbol{a}$ 的起点与 $\boldsymbol{d}$ 的起点是同一点，$\boldsymbol{b}$ 的终点与 $\boldsymbol{c}$ 的终点是同一点，所以，$\boldsymbol{a}+\boldsymbol{b}=\boldsymbol{d}+\boldsymbol{c}$。选项 A、B、C 都只是 $\boldsymbol{a}+\boldsymbol{b}=\boldsymbol{d}+\boldsymbol{c}$ 这个等式的变形而已，因此选项 A、B、C 都是正确的。

3.【AC】

解析：$\boldsymbol{a}=(0,2)-(-3,0)=(3,2)$，$\boldsymbol{b}=(3,0)-(0,2)=(3,-2)$，$\boldsymbol{c}=(3,0)-(-3,0)=(6,0)$。

4.【ABC】

解析：因为 $\boldsymbol{a}=(1,2)-(0,2)=(1,0)$，$\boldsymbol{b}=(-1,-2)-(-1,-1)=(0,-1)$，所以

$$|\boldsymbol{a}|=\sqrt{1^2+0^2}=1$$

$$|\boldsymbol{b}|=\sqrt{0^2+(-1)^2}=1$$

$$\boldsymbol{a}\cdot\boldsymbol{b}=1\times 0+0\times(-1)=0$$

因为 $(\boldsymbol{a}-\boldsymbol{b})=(1,0)-(0,-1)=(1,1)$，所以可以直接想象出 $(\boldsymbol{a}-\boldsymbol{b})$ 的方向是标准的东北方向。另一方面，因为 $\boldsymbol{b}=(0,-1)$，所以可以直接想象出 $\boldsymbol{b}$ 的方向是正南方向。因此，$(\boldsymbol{a}-\boldsymbol{b})$ 与 $\boldsymbol{b}$ 的夹角为 135°。

5.【C】

解析：因为 $\boldsymbol{a}=(1,2,2)-(1,0,0)=(0,2,2)$，所以 $\boldsymbol{a}$ 的 3 个方向余弦分别为

$$\cos\theta_1=\frac{0}{\sqrt{0^2+2^2+2^2}}=0$$

$$\cos\theta_2=\frac{2}{\sqrt{0^2+2^2+2^2}}=\frac{\sqrt{2}}{2}$$

$$\cos\theta_3 = \frac{2}{\sqrt{0^2+2^2+2^2}} = \frac{\sqrt{2}}{2}$$

因此，只有选项 C 才是正确的。注意，选项 B 给出的是 3 个方向角，而不是 3 个方向余弦。

6.【AC】

解析：因为矩阵乘法满足结合律，所以有 $\boldsymbol{ABC}=(\boldsymbol{AB})\boldsymbol{C}=\boldsymbol{A}(\boldsymbol{BC})$。要使第一个括号中的矩阵能够进行乘法运算，则 $\boldsymbol{B}$ 的行数必须等于 $\boldsymbol{A}$ 的列数；要使第二个括号中的矩阵能够进行乘法运算，则 $\boldsymbol{B}$ 的列数必须等于 $\boldsymbol{C}$ 的行数。因此，选项 C 是正确的。

假设 $\boldsymbol{A}=\begin{bmatrix}1 & 1\\0 & 0\end{bmatrix}$，$\boldsymbol{B}=\begin{bmatrix}1 & 1\\-1 & -1\end{bmatrix}$，$\boldsymbol{C}=\begin{bmatrix}1 & 0\\0 & 1\end{bmatrix}$，则有 $\boldsymbol{AB}=\begin{bmatrix}1 & 1\\0 & 0\end{bmatrix}\begin{bmatrix}1 & 1\\-1 & -1\end{bmatrix}=\begin{bmatrix}0 & 0\\0 & 0\end{bmatrix}=\boldsymbol{O}$，所以选项 A 是正确的。因为 $\boldsymbol{BA}=\begin{bmatrix}1 & 1\\-1 & -1\end{bmatrix}\begin{bmatrix}1 & 1\\0 & 0\end{bmatrix}=\begin{bmatrix}1 & 1\\-1 & -1\end{bmatrix}$，所以 $\boldsymbol{AB}\neq\boldsymbol{BA}$，因此选项 B 是错误的。计算可得 $(\boldsymbol{ABC})^{\mathrm{T}}=\boldsymbol{O}$，$\boldsymbol{A}^{\mathrm{T}}\boldsymbol{B}^{\mathrm{T}}\boldsymbol{C}^{\mathrm{T}}=\begin{bmatrix}1 & -1\\1 & -1\end{bmatrix}$，所以 $(\boldsymbol{ABC})^{\mathrm{T}}\neq\boldsymbol{A}^{\mathrm{T}}\boldsymbol{B}^{\mathrm{T}}\boldsymbol{C}^{\mathrm{T}}$，因此选项 D 是错误的。

7.【B】

解析：一个行阶梯形矩阵的秩就等于这个行阶梯形矩阵的非零行的个数；一个列阶梯形矩阵的秩就等于这个列阶梯形矩阵的非零列的个数。$\boldsymbol{E}$ 是一个行阶梯形矩阵，其非零行的个数为 3，所以 $R(\boldsymbol{E})=3$。$\boldsymbol{G}$ 是一个列阶梯形矩阵，其非零列的个数为 3，所以 $R(\boldsymbol{G})=3$。$\boldsymbol{F}$ 虽然不是一个行阶梯形矩阵，但是对其进行行操作 r_4+r_3 之后，便可得到一个非零行的个数为 3 的行阶梯形矩阵，所以 $R(\boldsymbol{F})=3$。综上可知，选项 B 才是正确的。

8.【AB】

解析：因为

$$\begin{bmatrix}1 & -1\\-1 & 1\end{bmatrix}\begin{bmatrix}3\\3\end{bmatrix}=\begin{bmatrix}0\\0\end{bmatrix}=0\times\begin{bmatrix}3\\3\end{bmatrix}$$

$$\begin{bmatrix}1 & -1\\-1 & 1\end{bmatrix}\begin{bmatrix}3\\-3\end{bmatrix}=\begin{bmatrix}6\\-6\end{bmatrix}=2\times\begin{bmatrix}3\\-3\end{bmatrix}$$

所以 $\begin{bmatrix}3\\3\end{bmatrix}$ 是 $\boldsymbol{E}$ 的一个对应于本征值 0 的本征矢量，$\begin{bmatrix}3\\-3\end{bmatrix}$ 是 $\boldsymbol{E}$ 的一个对应于本征值 2 的本征矢量。因为本征矢量不能为零矢量，所以 $\begin{bmatrix}0\\0\end{bmatrix}$ 不是 $\boldsymbol{E}$ 的本征矢量。

9.【C】

解析：$\boldsymbol{T}$ 的表达式中的方括号的层数为 3，所以 $\boldsymbol{T}$ 应该是一个 3 阶张量。$\boldsymbol{T}$ 有 2 层 3 行 1 列，所以其形状应该是（2,3,1）。下面的表达式中突显了 $\boldsymbol{T}$[1][1][0]的位置。

$$
\boldsymbol{T} = [\ [\ [1],\ [5],\ [3]\ ],\ [\ [5],\ [5],\ [6]\ ]\ ]
$$

10.【B】

解析：因为 $y = x^x\ (x>0)$，所以

$$\ln y = \ln x^x$$

$$\Rightarrow \frac{\mathrm{d}(\ln y)}{\mathrm{d}x} = \frac{\mathrm{d}(\ln x^x)}{\mathrm{d}x}$$

$$\Rightarrow \frac{\mathrm{d}(\ln y)}{\mathrm{d}x} = \frac{\mathrm{d}(x\ln x)}{\mathrm{d}x}$$

$$\Rightarrow \frac{\mathrm{d}(\ln y)}{\mathrm{d}x} = \frac{\mathrm{d}x}{\mathrm{d}x}\times\ln x + x\times\frac{\mathrm{d}(\ln x)}{\mathrm{d}x}$$

$$\Rightarrow \frac{\mathrm{d}(\ln y)}{\mathrm{d}x} = \ln x + x\times\frac{1}{x}$$

$$\Rightarrow \frac{\mathrm{d}(\ln y)}{\mathrm{d}x} = \ln x + 1$$

$$\Rightarrow \frac{\mathrm{d}(\ln y)}{\mathrm{d}y}\frac{\mathrm{d}y}{\mathrm{d}x} = \ln x + 1$$

$$\Rightarrow \frac{1}{y}\frac{\mathrm{d}y}{\mathrm{d}x} = \ln x + 1$$

$$\Rightarrow \frac{\mathrm{d}y}{\mathrm{d}x} = y(\ln x + 1)$$

$$\Rightarrow \frac{\mathrm{d}y}{\mathrm{d}x} = x^x(\ln x + 1)$$

因此，选项 B 是正确的。

11.【C】

解析：见式（2.71）及其说明。

12.【D】

解析：$f(x)$ 的导函数为

$$\frac{\mathrm{d}f(x)}{\mathrm{d}x}=\frac{\mathrm{d}\left[4x^3-2\sin(x^2-1)-\mathrm{e}^{2x}+3\right]}{\mathrm{d}x}$$

$$\Rightarrow\quad \frac{\mathrm{d}f(x)}{\mathrm{d}x}=\frac{\mathrm{d}(4x^3)}{\mathrm{d}x}+\frac{\mathrm{d}\left[-2\sin(x^2-1)\right]}{\mathrm{d}x}+\frac{\mathrm{d}(-\mathrm{e}^{2x})}{\mathrm{d}x}+\frac{\mathrm{d}(3)}{\mathrm{d}x}$$

$$\Rightarrow\quad \frac{\mathrm{d}f(x)}{\mathrm{d}x}=12x^2-4x\cos(x^2-1)-2\mathrm{e}^{2x}$$

所以 $f(x)$ 在 $x=1$ 处的导数为

$$\left.\frac{\mathrm{d}f(x)}{\mathrm{d}x}\right|_{x=1}=12\times1^2-4\times1\times\cos(1^2-1)-2\mathrm{e}^{2\times1}$$

$$\Rightarrow\quad \left.\frac{\mathrm{d}f(x)}{\mathrm{d}x}\right|_{x=1}=8-2\mathrm{e}^2$$

函数 $f(x)$ 在 $x=1$ 处沿 X 轴的反方向的变化率等于沿 X 轴的正方向的变化率的相反数，也即等于导数的相反数，所以正确答案应该是 $2\mathrm{e}^2-8$。

13.【B】

解析： $f\left(x,y\right)$ 的两个偏导函数为

$$f_x'(x,y)=\frac{\partial f(x,y)}{\partial x}=\frac{\partial(x^2y^2-x+y+2)}{\partial x}=2xy^2-1$$

$$f_y'(x,y)=\frac{\partial f(x,y)}{\partial y}=\frac{\partial(x^2y^2-x+y+2)}{\partial y}=2x^2y+1$$

所以 $f(x,y)$ 的梯度函数为

$$\nabla f(x,y)=\left[f_x'(x,y)\quad f_y'(x,y)\right]=\left[2xy^2-1\quad 2x^2y+1\right]$$

所以 $f(x,y)$ 在 $(-1,1)$ 处的梯度矢量为

$$\nabla f(-1,1)=\left[2\times(-1)\times1^2-1\quad 2\times(-1)^2\times1+1\right]=\left[-3\quad 3\right]$$

因此，选项 B 才是正确的。

14.【A】

解析： 从第 13 题的解析过程中已经知道了 $\nabla f(-1,1)=\left[-3\quad 3\right]$，所以梯度矢量 $\nabla f(-1,1)$ 的方向显然是标准的西北方向，而射线 l 的方向显然是标准的东北方向，所以射线 l 是垂

直于梯度矢量$\nabla f(-1,1)$的方向的。根据式（2.79）可知，$\left.\frac{\partial f}{\partial l}\right|_{(-1,1)}=|\nabla f(-1,1)|\cos 90^\circ=0$，因此选项A才是正确的。

15.【D】

解析：从第13题的解析过程中已经知道了$f_x'(-1,1)=-3$，$f_y'(-1,1)=3$。根据式（2.79）可得

$$\left.\frac{\partial f}{\partial l}\right|_{(-1,1)}=(-3)\cos 30^\circ+3\cos 60^\circ=\frac{3}{2}(1-\sqrt{3})$$

因此选项D才是正确的。

16.【ABC】

解析：函数在某一点沿着该点的梯度方向的方向导数等于该点的梯度矢量的模，而模是不可能为负值的，所以选项A是错误的。函数在某一点沿着与该点的梯度方向垂直的方向的方向导数必定等于0，所以选项B是错误的。如果函数在某一个点沿着某个方向的方向导数为负值a，则沿该方向的相反方向的方向导数必为a的相反数$-a$，所以选项C是错误的。

17.【DFH】

解析：P_4既不是一个最大值点，也不是一个最小值点，所以P_4不是一个最值点，因此选项D是错误的。鞍点的概念只适用于多元函数，因此选项F是错误的。P_7的左右两侧都是上凸的，所以P_7不是一个拐点，因此选项H是错误的。

18.【ABCDE】

解析：鞍点是指非极值点的驻点，所以选项A是错误的。多元函数不存在拐点的概念，所以选项B是错误的。可导的极值点才必定是一个驻点，不可导的极值点不是驻点，所以选项C是错误的。对于常数函数（注：常数函数在其定义域上的取值恒为一个常数），函数的每个点既是最大值点，也是最小值点，所以选项D是错误的。一个局部极大值点所对应的函数值完全有可能小于一个局部极小值点所对应的函数值，所以选项E是错误的。

19.【BCD】

解析：两个凸集的并集可能是一个凸集，也可能是一个非凸集，所以选项B是错误的。定义在凸区域上的常数函数（注：常数函数在其定义域上的取值恒为一个常数）既是凸函数，也是凹函数，所以选项C是错误的。凸函数可能会有多个全局极小值点，严格凸函数才有且只有一个全局极小值点，所以选项D是错误的。

20.【D】

解析：这4个人默想到的数值各不相同的概率为

$$\frac{5\times 4\times 3\times 2}{5\times 5\times 5\times 5}=\frac{24}{125}$$

所以，不同的人默想到了同一个数值的概率为$1-\frac{24}{125}=\frac{101}{125}$。

21.【A】

解析：根据全概率公式可知，小张取出的乒乓球是红色乒乓球的概率为

$$\frac{1}{3}\times\frac{25}{25+75}+\frac{1}{3}\times 0+\frac{1}{3}\times\frac{75}{25+75}=\frac{1}{3}$$

所以选项 A 是正确。另外，根据题意，可以理解为是小张从 $25+75+25+75+25+75=300$ 个乒乓球中随机地取出了一个乒乓球，而这 300 个乒乓球中总共有 $25+75=100$ 个红色乒乓球，所以小张取出的乒乓球是红色乒乓球的概率为

$$\frac{100}{300}=\frac{1}{3}$$

22.【A】

解析：根据题意，有

$$P(X)=\frac{15}{15+5+10}=\frac{15}{30}\qquad P(Y)=\frac{5}{15+5+10}=\frac{5}{30}\qquad P(Z)=\frac{10}{15+5+10}=\frac{10}{30}$$

$$P(\text{命中}|X)=4\%\qquad P(\text{命中}|Y)=6\%\qquad P(\text{命中}|Z)=3\%$$

再根据贝叶斯定理有

$$\begin{aligned}P(X|\text{命中})&=\frac{P(X)P(\text{命中}|X)}{P(X)P(\text{命中}|X)+P(Y)P(\text{命中}|Y)+P(Z)P(\text{命中}|Z)}\\&=\frac{\frac{15}{30}\times 4\%}{\frac{15}{30}\times 4\%+\frac{5}{30}\times 6\%+\frac{10}{30}\times 3\%}=50\%\end{aligned}$$

$$\begin{aligned}P(Y|\text{命中})&=\frac{P(Y)P(\text{命中}|Y)}{P(X)P\left(\text{命中}|X\right)+P(Y)P(\text{命中}|Y)+P(Z)P(\text{命中}|Z)}\\&=\frac{\frac{5}{30}\times 6\%}{\frac{15}{30}\times 4\%+\frac{5}{30}\times 6\%+\frac{10}{30}\times 3\%}=25\%\end{aligned}$$

$$\begin{aligned}P(Z|\text{命中})&=\frac{P(Z)P(\text{命中}|Z)}{P(X)P(\text{命中}|X)+P(Y)P(\text{命中}|Y)+P(Z)P(\text{命中}|Z)}\\&=\frac{\frac{10}{30}\times 3\%}{\frac{15}{30}\times 4\%+\frac{5}{30}\times 6\%+\frac{10}{30}\times 3\%}=25\%\end{aligned}$$

因此，命中靶心的这一枪是出自 X 的概率为 50% 、出自 Y 的概率为 25% 、出自 Z 的概率为 25% ，所以选项 A 是正确的。

23.【ABC】

解析：利用洛必达法则，有

$$\lim_{x\to 0^+} x\ln x = \lim_{x\to 0^+}\frac{\ln x}{\frac{1}{x}} = \lim_{x\to 0^+}\frac{\frac{1}{x}}{-\frac{1}{x^2}} = \lim_{x\to 0^+} -x = 0$$

$$\lim_{x\to 0^+} x^2\ln x = \lim_{x\to 0^+}\frac{\ln x}{\frac{1}{x^2}} = \lim_{x\to 0^+}\frac{\frac{1}{x}}{-\frac{2}{x^3}} = \lim_{x\to 0^+} -\frac{1}{2}x^2 = 0$$

所以选项 A 和选项 B 都是正确的。

$$\lim_{x\to 0^+} x^x = \lim_{x\to 0^+} \mathrm{e}^{\ln(x^x)} = \lim_{x\to 0^+} \mathrm{e}^{x\ln x} = \mathrm{e}^{\left(\lim\limits_{x\to 0^+} x\ln x\right)} = \mathrm{e}^0 = 1$$

所以选项 C 也是正确的。

24.【B】

解析：根据熵的定义，有

$$H(p_1) = \int_0^{0.5} p_1(x)\log_2\frac{1}{p_1(x)}\mathrm{d}x = \int_0^{0.5} 2\log_2\frac{1}{2}\mathrm{d}x = -2x\Big|_0^{0.5} = -2\times(0.5-0) = -1\,(\text{bit})$$

$$H(p_2) = \int_0^{1} p_2(x)\log_2\frac{1}{p_2(x)}\mathrm{d}x = \int_0^{1} \log_2 1\mathrm{d}x = \int_0^1 0\mathrm{d}x = 0\,(\text{bit})$$

$$H(p_3) = \int_0^{2} p_3(x)\log_2\frac{1}{p_3(x)}\mathrm{d}x = \int_0^{2} 0.5\log_2\frac{1}{0.5}\mathrm{d}x = 0.5x\Big|_0^{2} = 0.5\times(2-0) = 1\,(\text{bit})$$

所以选项 B 是正确的。

25.【B】

解析：利用分部积分法先计算出以下不定积分

$$\int x\ln x\mathrm{d}x = 0.5\times\int \ln x\mathrm{d}x^2 = 0.5\times\left[x^2\ln x - \int x^2\mathrm{d}\ln x\right]$$

$$= 0.5\times\left[x^2\ln x - \int x^2\times\frac{1}{x}\mathrm{d}x\right] = 0.5\times\left[x^2\ln x - \int x\mathrm{d}x\right] = 0.5\times\left[x^2\ln x - 0.5x^2\right]$$

$$= 0.5x^2\ln x - 0.25x^2$$

根据图 2-71 可知 $p_1(x) = 2x$，于是有

$$H(p_1) = \int_0^1 p_1(x)\ln\frac{1}{p_1(x)}\mathrm{d}x = -\int_0^1 p_1(x)\ln p_1(x)\mathrm{d}x$$

$$= -\int_0^1 (2x)\ln(2x)\mathrm{d}x = -0.5\times\int_0^1 (2x)\ln(2x)\mathrm{d}(2x)$$

$$
\begin{aligned}
&= -0.5 \times \int_0^2 x \ln x \mathrm{d}x \qquad (\text{换元法}) \\
&= -0.5 \times [0.5x^2 \ln x - 0.25x^2]\Big|_0^2 \\
&= -0.5 \times [0.5 \times 2^2 \times \ln 2 - 0.25 \times 2^2] \\
&= 0.5 - \ln 2 \text{ (nat)}
\end{aligned}
$$

根据图 2-71 可知 $p_2(x) = 0.5x$，于是有

$$
\begin{aligned}
H(p_2) &= \int_0^2 p_2(x) \ln \frac{1}{p_2(x)} \mathrm{d}x = -\int_0^2 p_2(x) \ln p_2(x) \mathrm{d}x \\
&= -\int_0^2 (0.5x) \ln(0.5x) \mathrm{d}x = -2 \times \int_0^2 (0.5x) \ln(0.5x) \mathrm{d}(0.5x) \\
&= -2 \times \int_0^1 x \ln x \mathrm{d}x \qquad (\text{换元法}) \\
&= -2 \times [0.5x^2 \ln x - 0.25x^2]\Big|_0^1 \\
&= -2 \times [0.5 \times 1^2 \times \ln 1 - 0.25 \times 1^2] \\
&= 0.5 \text{ (nat)}
\end{aligned}
$$

因为 $(0.5 - \ln 2) < 0.5$，所以选项 B 是正确的。

26.【C】

解析：因为

$$
H(p_1) = \int_0^2 p_1(x) \ln \frac{1}{p_1(x)} \mathrm{d}x = \int_0^1 x \ln \frac{1}{x} \mathrm{d}x + \int_1^2 (-x+2) \ln \frac{1}{-x+2} \mathrm{d}x
$$

而

$$
\begin{aligned}
&\int_1^2 (-x+2) \ln \frac{1}{-x+2} \mathrm{d}x = -\int_1^2 (-x+2) \ln \frac{1}{-x+2} \mathrm{d}(-x+2) \\
&= -\int_1^0 t \ln \frac{1}{t} \mathrm{d}t \qquad (\text{换元法}) \\
&= \int_0^1 t \ln \frac{1}{t} \mathrm{d}t = \int_0^1 x \ln \frac{1}{x} \mathrm{d}x
\end{aligned}
$$

所以

$$H(p_1)=\int_0^1 x\ln\frac{1}{x}\mathrm{d}x+\int_0^1 x\ln\frac{1}{x}\mathrm{d}x=2\int_0^1 x\ln\frac{1}{x}\mathrm{d}x=-2\int_0^1 x\ln x\mathrm{d}x$$

$$=-2\times[0.5x^2\ln x-0.25x^2]\Big|_0^1=-2\times[0.5\times1^2\times\ln1-0.25\times1^2]=0.5\ (\text{nat})$$

另外，根据第 25 题的解析过程可知 $H(p_2)=0.5(\text{nat})$，所以 $H(p_1)=H(p_2)$，因此选项 C 是正确的。

27.【AC】

解析：根据相对熵 $D_{KL}(p\|q)$ 和交叉熵 $H(p,q)$ 的定义公式进行计算，可得

$$D_{KL}(p\|q)=p(1)\ln\frac{p(1)}{q(1)}+p(2)\ln\frac{p(2)}{q(2)}=\frac{1}{3}\ln\frac{\frac{1}{3}}{\frac{1}{4}}+\frac{2}{3}\ln\frac{\frac{2}{3}}{\frac{3}{4}}=\frac{1}{3}\ln\frac{4}{3}+\frac{2}{3}\ln\frac{8}{9}\approx0.017372\ (\text{nat})$$

$$H(p,q)=p(1)\ln\frac{1}{q(1)}+p(2)\ln\frac{1}{q(2)}=\frac{1}{3}\ln\frac{1}{\frac{1}{4}}+\frac{2}{3}\ln\frac{1}{\frac{3}{4}}=\frac{1}{3}\ln4+\frac{2}{3}\ln\frac{4}{3}\approx0.653886\ (\text{nat})$$

所以选项 A 是正确的。进行 nat → bit 转换后可知，选项 C 也是正确的。

28.【C】

解析：因为抽样值 $x=5$，所以根据题目所给的 $p_w(x)$ 的表达式以及式（2.144）有

$$L(w|5)=p_w(5)=\frac{1}{w}\quad(w\geqslant5)$$

显然，在满足约束条件 $w\geqslant5$ 的前提下，要使 $\frac{1}{w}$ 取得最大值，w 就必须等于 5。因此，5 就是参数 w 的最大似然估计值。

习题 3 答案

1.【B】

解析：该事件发生于 2016 年 3 月 9 日至 3 月 15 日，地点是韩国首尔。第 1 局（3 月 9 日）AlphaGo 胜，第 2 局（3 月 10 日）AlphaGo 胜，第 3 局（3 月 12 日）AlphaGo 胜，第 4 局（3 月 13 日）李世石胜，第 5 局（3 月 15 日）AlphaGo 胜。

2.【C】

解析：数据、算力、算法是机器学习的 3 个要素，但机器学习的原理不是体现在数据方面或算力方面，而是体现在算法方面。

3.【A】

解析：103 机是中国科学院计算技术研究所于 1958 年研制成功的我国第一台电子计算机，其运算速度为 30 次/s。104 机是 103 机的后续型号之一，问世于 1959 年，其运算

速度超过了 1 万次/s。银河- I 是国防科技大学于 1983 研制成功的我国第一台运算速度超过 1 亿次/s 的计算机。银河-Ⅱ是银河- I 的后续型号之一，问世于 1992 年，它是我国第一台运算速度超过 10 亿次/s 的计算机。

4.【D】

解析：根据对(0,0)、(1,1)、(2,1)这 3 个数据点在平面上的位置分布情况的观察，很容易知道拟合直线的斜率和截距都应该是正值，因此选项 D 才是正确的。

5.【A】

解析：3小时的训练时长所对应的测试结果是未达标，8小时的训练时长所对应的测试结果是达标了。因为 $\frac{3+8}{2}=5.5$，所以根据对逻辑回归方法的理解，可以断定(5.5,0.5)就是概率估计函数（逻辑函数）的拐点。因此，如果训练时长小于 5.5 小时，则达标概率的预测值将小于 0.5；如果训练时长等于 5.5 小时，则达标概率的预测值将等于 0.5；如果训练时长大于 5.5 小时，则达标概率的预测值将大于 0.5。

6.【B】

解析：从图 3-90 中可以看到，与叉号最近的 7 个训练样本中，类别 1 的训练样本个数为 2，类别 2 的训练样本个数为 3，类别 3 的训练样本个数为 2。因此，基本的 7-NN 分类算法将会把叉号所代表的数据点划分到类别 2。

7.【ABD】

解析：K-NN 算法属于监督学习方法，K-Means 算法属于非监督学习方法，所以选项 A 和选项 B 都是错误的。K-Means 算法是一种典型的聚类算法，只能用于解决分类问题，无法用于解决回归问题，所以选项 D 也是错误的。K-NN 算法有 K-NN 分类算法和 K-NN 回归算法之分，前者用于解决分类问题，后者用于解决回归问题，所以选项 C 是正确的。

8.【BC】

解析：参见图 3-40 及其描述可知，这里的 $\boldsymbol{u}$ 是对应于 l 的属于类别 2 的支持矢量，$\boldsymbol{v}$ 是对应于 l 的属于类别 1 的支持矢量，所以选项 A 是正确的。从图 3-91 中可以看到，l 完全分隔了类别 1 的训练样本和类别 2 的训练样本，所以 l 是可以作为决策边界的，因此选项 B 是错误的。从图 3-91 中可以很容易看出，l 并非边距最大的决策边界，所以 SVM 算法确定出的最优决策边界不会是 l，因此选项 C 是错误的。

9.【B】

解析：假设 $\boldsymbol{F}$ 是矩阵 $\boldsymbol{E}$ 去均值后的结果，则有

$$\boldsymbol{F}=\begin{bmatrix}4&4\\1&3\\0&0\\3&1\end{bmatrix}-\begin{bmatrix}\frac{4+1+0+3}{4}&\frac{4+3+0+1}{4}\\\frac{4+1+0+3}{4}&\frac{4+3+0+1}{4}\\\frac{4+1+0+3}{4}&\frac{4+3+0+1}{4}\\\frac{4+1+0+3}{4}&\frac{4+3+0+1}{4}\end{bmatrix}=\begin{bmatrix}4&4\\1&3\\0&0\\3&1\end{bmatrix}-\begin{bmatrix}2&2\\2&2\\2&2\\2&2\end{bmatrix}=\begin{bmatrix}2&2\\-1&1\\-2&-2\\1&-1\end{bmatrix}$$

假设$\boldsymbol{G}$是$\boldsymbol{F}$的协方差矩阵，则有

$$\boldsymbol{G}=\begin{bmatrix}\dfrac{2^2+(-1)^2+(-2)^2+1^2}{4} & \dfrac{2\times2+(-1)\times1+(-2)\times(-2)+1\times(-1)}{4}\\ \dfrac{2\times2+1\times(-1)+(-2)\times(-2)+(-1)\times1}{4} & \dfrac{2^2+1^2+(-2)^2+(-1)^2}{4}\end{bmatrix}$$
$$=\begin{bmatrix}2.5 & 1.5\\ 1.5 & 2.5\end{bmatrix}$$

求解$\boldsymbol{G}$的本征值，得到第 1 个本征值为4，第 2 个本征值为1。然后求解$\boldsymbol{G}$的本征矢量，得到第 1 个本征矢量为$\begin{bmatrix}1\\1\end{bmatrix}$，第 2 个本征矢量为$\begin{bmatrix}-1\\1\end{bmatrix}$。因此，$\begin{bmatrix}1\\1\end{bmatrix}$和$\begin{bmatrix}-1\\1\end{bmatrix}$分别是$\boldsymbol{E}$的第 1 个主成分和第 2 个主成分，所以选项 B 是正确的。

注意，不同的主成分之间一定是相互垂直的，而选项 A 中的两个矢量的点积并不为 0，选项 D 中的两个矢量的点积也不为 0，所以选项 A 和选项 D 肯定都是错误的。选项 C 中的两个矢量的点积虽然为 0，但这两个矢量均不是$\boldsymbol{G}$的本征矢量，所以选项 C 也是错误的。

10.【AB】

解析：贝叶斯分类算法和朴素贝叶斯分类算法都不是具体的算法，而是算法簇。高斯朴素贝叶斯分类算法、伯努利朴素贝叶斯分类算法以及多项式朴素贝叶斯分类算法都不是算法簇，而是具体的算法。根据 3.5.7 小节中的描述可知，选项 A 和选项 B 是正确的，选项 C 和选项 D 是错误的。

11.【ABCD】

解析：计算可得

$$H(X)=P(X=1)\ln\frac{1}{P(X=1)}+P(X=2)\ln\frac{1}{P(X=2)}=\frac{3}{10}\ln\frac{10}{3}+\frac{7}{10}\ln\frac{10}{7}\approx0.610864\ (\text{nat})$$
$$H(Y)=P(Y=3)\ln\frac{1}{P(Y=3)}+P(Y=4)\ln\frac{1}{P(Y=4)}=\frac{4}{10}\ln\frac{10}{4}+\frac{6}{10}\ln\frac{10}{6}\approx0.673012\ (\text{nat})$$
$$H(X|Y)=P(Y=3)\left[P(X=1|Y=3)\ln\frac{1}{P(X=1|Y=3)}+P(X=2|Y=3)\ln\frac{1}{P(X=2|Y=3)}\right]$$
$$+P(Y=4)\left[P(X=1|Y=4)\ln\frac{1}{P(X=1|Y=4)}+P(X=2|Y=4)\ln\frac{1}{P(X=2|Y=4)}\right]$$
$$=\frac{4}{10}\left[\frac{1}{4}\ln4+\frac{3}{4}\ln\frac{4}{3}\right]+\frac{6}{10}\left[\frac{1}{3}\ln3+\frac{2}{3}\ln\frac{3}{2}\right]\approx0.606843\ (\text{nat})$$
$$IG(X,Y)=H(X)-H(X|Y)\approx0.004022\ (\text{nat})$$
$$IGR(X,Y)=IG(X,Y)/H(Y)\approx0.005976$$

根据以上的计算结果可知，选项 A、B、C、D 都是正确的。

12.【ABCD】

解析：根据 3.5.8 小节中的描述可知，选项 A、B、C、D 都是正确的。

13.【D】

解析：根节点是 X，所以应该首先检查因素条件中 X 的取值。因为因素条件 $u_2-v_1-x_1-y_3$ 中 X 的取值为 x_1，所以下一级子节点为 V。因为因素条件 $u_2-v_1-x_1-y_3$ 中 V 的取值为 v_1，所以下一级子节点为 U。因为因素条件 $u_2-v_1-x_1-y_3$ 中 U 的取值为 u_2，所以下一级子节点为叶节点 d_1。综上可知，决策路径应该是 $X-x_1-V-v_1-U-u_2-d_1$，所以选项 D 是正确的。

14.【ABCDE】

解析：根据 3.5.9 小节和 3.5.10 小节中的描述可知，选项 A、B、C、D、E 都是正确的。

15.【D】

解析：集成学习器的分类准确率应为

$$(1-85\%)\times 87\%\times 89\%+85\%\times(1-87\%)\times 89\%+85\%\times 87\%\times(1-89\%)+85\%\times 87\%\times 89\%\approx 95.4\%$$

因此，选项 D 是正确的。这个例子说明，个体学习器之间的性能差异较小时，集成学习器的性能就会高于性能最好的个体学习器。

16.【D】

解析：集成学习器的分类准确率应为

$$(1-55\%)\times 60\%\times 89\%+55\%\times(1-60\%)\times 89\%+55\%\times 60\%\times(1-89\%)+55\%\times 60\%\times 89\%\approx 76.6\%$$

因此，选项 D 是正确的。这个例子说明，个体学习器之间的性能差异较大时，集成学习器的性能就会低于性能最好的个体学习器。

17.【B】

解析：总的正确分类次数为 $97+93=190$，总的分类次数为 $97+3+93+7=200$，准确率 Accuracy 等于总的正确分类次数与总的分类次数之比（$190/200=95\%$），因此选项 B 是正确的。

习题 4 答案

1.【D】

解析：以下这段文字摘自 Wikipedia 网站。

“The adult human brain is estimated to contain 86±8 billion neurons, with a roughly equal number (85±10 billion) of non-neuronal cells. Out of these neurons, 16 billion (19%) are located in the cerebral cortex, and 69 billion (80%) are in the cerebellum.”

译文如下：

“成年人的脑（brain）中估计有（860±80）亿个神经细胞以及数量大致相等的（850 亿±100 亿个）非神经细胞。这些神经细胞中，约有 160 亿个（19%）位于大脑皮层中，约有 690 亿个（80%）位于小脑中。”

2.【B】

解析：树突和轴突是神经元本身的组成部分，不同神经元之间的连接部位是突触。

3.【ABCD】

解析：请参见 4.1.5 小节的内容。

4.【A】

解析：1943 年，美国神经生理学家沃伦 • 麦卡洛克和美国逻辑学家沃尔特 • 皮兹联合创建了关于生物神经元的数学模型，该模型后来被称为麦卡洛克–皮兹模型，简称 MCP 模型，也称为人工神经元模型。

5.【B】

解析：1958 年，30 岁的美国心理学家弗兰克•罗森布莱特提出了名为 Perceptron 的人工神经网络模型及其训练算法。罗森布莱特从数学上证明了：对于任何线性可分的二分类模式识别问题，Perceptron 训练算法总是收敛的。

6.【ABCD】

解析：SLP 中的各个感知器是并行排列的（参见图 4-42 和图 4-43），所以选项 B 是错误的。

在 MLP 中，输入层神经元并不是真正的 MCP，它们不接收任何输入，没有权重值，没有阈值，也没有激活函数，它们不进行任何信息计算和处理，它们只有输出值，并且某个输入层神经元的输出值直接就是该 MLP 的输入矢量的某个分量值。也就是说，MLP 的输入层神经元只是扮演了占位符的角色，它们只是放置 MLP 的输入的位置而已。MLP 中的隐含层神经元和输出层神经元都是真正的 MCP，所以选项 D 是错误的。

理论上已经证明，感知器和 SLP 都是不可能对任何非线性可分的分类问题给出正确解的，所以选项 A 和选项 C 都是错误的。

7.【C】

解析：直接进行验证计算后可知，MLP-U 和 MLP-V 对 XOR 问题都给出了正确解，所以选项 C 是正确的。

8.【AB】

解析：参见图 4-75 可知，选项 C 是正确的，选项 A 和选项 B 都是错误的。

9.【ABC】

解析：参见图 4-82 及其描述可知，如果模型参数的初始值选取得不同，则训练收敛的速度和最终的训练收敛结果都有可能不同，因此选项 A 是错误的。

参见图 4-86 及其描述可知，如果学习率的取值太大，就有可能出现"跳槽"现象，从而导致最终的训练收敛点发生改变，因此选项 B 是错误的。

参见图 4-84 及其描述可知，如果学习率的取值太小，就会出现下冲现象，导致训练收敛的速度极其缓慢，所以学习率的取值并非总是越小越好，因此选项 C 是错误的。

10.【D】

解析：一般地，MLP 的规模越小，就越容易导致欠拟合问题；MLP 的规模越大，就越容易导致过拟合问题。另外，欠训练问题或过度训练问题是迭代训练的次数太少或太多所致，与 MLP 的规模无关。

11.【C】

解析：直接进行卷积运算后可知，选项 C 才是正确的。

12.【B】

解析：直接进行池化运算后可知，选项 B 才是正确的。

13.【ACE】

解析：LSTM 的隐含层引入了单元状态的概念，但并无单元门或状态门之说。LSTM 的隐含层中的 3 种门分别是遗忘门、输出门和输入门。